SYMBOLAE SINICAE

BOTANISCHE ERGEBNISSE DER EXPEDITION DER AKADEMIE DER WISSENSCHAFTEN IN WIEN NACH SÜDWEST-CHINA 1914/1918

UNTER MITARBEIT VON

VIKTOR F. BROTHERUS · HEINRICH HANDEL-MAZZETTI
THEODOR HERZOG · KARL KEISSLER · HEINRICH LOHWAG
WILLIAM E. NICHOLSON · HEINRICH SKUJA
FRANS VERDOORN · ALEXANDER ZAHLBRUCKNER
UND ANDEREN FACHMÄNNERN

HERAUSGEGEBEN VON

HEINRICH HANDEL-MAZZETTI

IN SIEBEN TEILEN

MIT 30 TAFELN

VII. TEIL

ANTHOPHYTA

VON

HEINRICH HANDEL-MAZZETTI

MIT 43 TEXTABBILDUNGEN UND 19 TAFELN

SPRINGER-VERLAG WIEN GMBH

1929—1936

URSPRÜNGLICH ERSCHIENEN BEI JULIUS SPRINGER IN VIENNA 1939
SOFTCOVER REPRINT OF THE HARDCOVER 1ST EDITION 1936

ISBN 978-3-662-27868-0 ISBN 978-3-662-29370-6 (eBook)
DOI 10.1007/978-3-662-29370-6

Die einzelnen Lieferungen des Teiles VII Anthophyta sind erschienen:

1. Lieferung:	Seite 1— 210,	Tafeln 1— 4	am 5. Oktober 1929
2. Lieferung:	Seite 211— 448,	Tafeln 5— 8	am 10. August 1931
3. Lieferung:	Seite 449— 730,	Tafeln 9—12	am 28. August 1933
4. Lieferung:	Seite 731—1186,	Tafeln 13—19	am 1. Februar 1936
5. Lieferung:	Seite 1187—1450,	—	am 15. September 1936

Berichtigung

S 1107, Z. 3 von oben lies ***I. nervosa*** statt *l. venosa*; ebenso im Sachverzeichnis auf S. 1411, Spalte 3.

Abkürzungsverzeichnis.

In den Standortsaufzählungen sind folgende Abkürzungen benützt:

F. = Fukien,
H. = Hunan,
Ki. = Kiangsi (Djianghsi),
Kw. = Guidschou („Kweitschou"),
S. = Setschwan (südwestlichster Teil),
Y. = Yünnan,
birm. Mons. = Nordost-birmanisch—west-yünnanesisches Monsungebiet,
mittelchin. Fl. = mittelchinesisch-mitteljapanisches Florengebiet in Yünnan, sonst = Guidschou, Hunan, Kiangsi, Fukien in dieser Sammlung (s. mein oben zitiertes Kärtchen in KARSTEN u. SCHENCK),
Hg. St. = Hochgebirgs- (alpine) Stufe,
ktp. St. = kalttemperierte (subalpine) Stufe,
str. St. = subtropische Stufe,
tp. St. = temperierte Stufe,
tr. St. = tropische Stufe,
wtp. St. = warmtemperierte Stufe,
* = neu für China,
** = neue systematische Einheit.

Gymnospermae

Ginkgoaceae

Ginkgo L.

G. biloba L. Nirgends sicher wild gesehen, wohl auch nicht die großen Bäume, die reihenweise am Bache unterhalb Tienhsin zwischen Hsinhwa und Baotjing in **H.** in der str. St. auf Kalk, 300 m stehen (11972). Auf dem Yün-schan bei Wukang in der wtp. St., 1200 m kult. In **Kw.** bei Tailaohsin w Badschai, 1020 m, mit herabhängenden zapfenförmigen Auswüchsen am Basalteil der Äste, wie sie von WILSON (Plt. Wils, II., 2) und CAVALERIE (Bull. Ac. int. Géogr. bot., XVI, 96) erwähnt werden und in Japan (MOLISCH, Im Lande der aufgehenden Sonne, 345, Abb. 168, 169) sich zu vollständigen Luftwurzeln entwickeln.

Taxaceae

Cephalotaxus SIEB. et ZUCC.

C. Fortunei HOOK. In Gebüschen und Buschwäldern, gerne an Bächen, in der wtp. und tp. St., auf Kalk, Sandstein und Tonschiefer. **Y.**: 2250—3260 m. Beim Tempel Tanghwa-schan auf dem Taohwa-schan bei Beyendjing, kult.? (6248). Ober Hsiangschuiho zwischen Dali und Hodjing. Mehrfach im Tale von Weihsi, 27° 3′—18′ (7931, 10022; GEBAUER). Osthang des Litiping e von dort und bei Basulo am direkten Wege nach Djientschwan („Kientschwan"). Im E auf einem Rücken zwischen Magai und Sidsung. **S.**: Unter Hungga (2900) und unter Lidsekou am Rande des Beckens von Yenyüen. **Kw.**: 600—1100 m. E von Lungli gegen Guiding („Kweiting") einmal. Um Häuser zwischen Maliaotang und Pingtschaso bei Liping (10989) nahe der Grenze von **H.** Hier um Hsikwangschan und Ngandjiapu im Bezirke Hsinhwa überall sehr einzeln.

Torreya ARN.

T. Fargesii FRANCH. NW-**Y.**: In Mischwäldern, gerne an Bachufern, besonders in der wtp. St. des birm. Mons., seltener bis in die str. und tp. St. und nahe außerhalb dessen Grenzen, 1725—3260 m, auf Sandstein und Schiefer. Zwischen Djinscha-djiang („Yangtse") und Mekong bei Yisutsa, 26° 52′, Tschouko, häufig über Süschito, bei Aschalo am direkten Wege von Djientschwan nach Weihsi; beiderseits des Litiping e von hier; beim Kupferbergwerk auf dem Gebirge zwischen Weihsi und dem Mekong (GEBAUER); unter Tima und Kakatang n von dort; von Tschada bis Lienfu, 27° 34′, am Wege von hier nach Djitsung

(7848). Am Salwin bei Bahan, zwischen Tschamutong und Dara, unter Niualo und Tjionatong und in seinen Seitentälern Doyon-lumba (8302) und Tjiontson-lumba; 27° 56′—28° 2′.

Obgleich die Länge und Zuspitzung der Nadeln an dieser Art in ihrem Verbreitungsgebiete von E nach W bedeutend zunimmt, ist dcch *T. grandis* Fort. nebst dem von Wilson (Journ. Arn. Arb., VII, 41) dargelegten Unterschiede in der Frucht auch durch die Nadeln, die bei dieser kaum mehr spitz sind und die braunen Streifen der Unterseite mehr dem Rande genähert tragen, von ihr deutlich und, soweit das vorliegende Material ein Urteil zuläßt, durch eine Kluft in der Variationsreihe getrennt. Die Blätter der yünnanesischen Pflanze werden bis 39 mm lang und 4 mm breit, außerordentlich dünnspitzig, doch entsprechen die kleineren Stücke durchaus den Durchschnittsmerkmalen der mittelchinesischen. Ich sah die Art stets baumförmig, oft von sehr großen Ausmaßen und dem Wuchs einer Tanne. Der Saft der Frucht riecht nach Orangen. Tibetischer Name: Schündá.

Taxus L.

T. chinensis (Pilg.) Rehd. in Journ. Arn. Arb., I, 51. (*Cephalotaxus Mannii* Diels in Bot. Jahrb., XXIX, 214, non Hook. f. — *Taxus baccata* ssp. *Wallichiana* Pilg. e Diels in Bot. Jahrb., Beibl. 82., 3 [1905]. — *Cephalotaxus drupacea* Limpr. in Rep. n. sp., Beih. XII, 303, non S. et Z.). SE-**Ki.**: Bei Ningdu, am Wege bei Yüntungtschü (Plt. sin. 445) und beim Tempel auf dem Lienhwa-schan, Quarzit, c. 800 m (Plt. sin. 458, 15 m hoher Baum, von 1,3 m Stammdurchmesser, angeblich 2000 Jahre alt, tropft abends unter den Strahlen der untergehenden Sonne). E-**Kw.**: Zwischen Gudschou und Liping in der wtp. St. ober dem Dorfe Tschaimou, angepflanzt? (10903, ein riesenhafter, breiter Baum), aber auch einzeln im Walde, dann einzelne bei den Dörfern um Matang und Ludwan, Tonschiefer, 600—830 m. **S-S.**: Nantschwan (Bock u. Rosthorn 248). **Y.**: NE: Dungtschwan, Hügel im N, 700—800 m (Maire im Nat. Mus. Wien). SW: Tengyüe (Forrest 25385). Schweli—Salwin-Kette, 25° 48′ (F. 24778, 25154).

* ***T. Wallichiana*** Zucc. (*T. baccata ssp. Wallichiana* Pilg. in Pflzr. IV. 5., 112 [1903]. — *T. chinensis* Wils. in Journ. Arn. Arb., VII, 41 [1926] p. p. quoad pl. yünnanensem, non Rehd., l. c. I, 51 [1919]). In Mischwäldern der tp. St., 2800—3570 m, auf Kalk, Sandstein, Schiefer und Eruptivgesteinen. **Y.**: Nur ein Baum ober den Tempeln auf dem Dji-schan ne von Dali, 21. V. 1915 (6408). Am Bache ober Hsiangschuiho und unter dem Paß Dsuningkou bei Dienso zwischen Dali und Hodjing. Berg Hungguwo bei Hsinyingpan zwischen Yungbei und Yungning. Ober Tsasopie und ober Dschadse am direkten Wege von hier nach Lidjiang. Vom Lantschouba zum Paß Yenaping w von Djientschwan („Kientschwan"). Ober Anangu se und am Nguka-la sw von Dschungdien. Zwischen Djinscha-djiang und Mekong an der Ostseite des Passes Akelo, 27° 19′, 30. VIII. 1915 (7910), unter Schuba und ober Aoalo, 27° 45′. Im birm. Mons. in den w. Seitentälern des Mekong unter dem Si-la, 28°, 30. IX. 1915 (8451), unter dem Schöndsu-la und dem Doker-la, 28° 15′; im Tjiontson-lumba, einem w. Seitentale des Salwin gegen den Irrawadi, 27° 56′, in nur 2580 m (ob diese?). **S.**: Häufig ober dem Lagerplatz Dapingdse s Muli. Einzeln bei Yiwanschui halbwegs zwischen Yenyüen und Yungning. Gwandien zwischen Yenyüen und Kwapi und Ngaitschekou jenseits des Yalung n von hier, 28° 15′, 26. V. 1914 (2602).

Da WILSON (Journ. Arn. Arb., VII, 41) die Richtigkeit meiner Bestimmung anficht und die Pflanze zu *T. chinensis* stellt, bedarf es einer Erläuterung, weshalb ich bei meiner Bestimmung bleiben muß. Die *T. chinensis* Mittel-Chinas, die auch am Rande der Hochgebirge zur warmtemperierten Stufe gehört und nicht über 2100 m ansteigt (Plt. Wils., II, 8) ist von meiner Pflanze so verschieden, daß DIELS sogar die Gattung verkannte. Ihre Blätter sind 2½—4 mm breit, flach, und der Randstreif ist deutlich abgesetzt von der Spaltöffnungen tragenden Zone. In der *Pleurosigma*-Form der Blätter stimmt sie mit *T. Wallichiana* überein, aber bei dieser überschreitet ihre Breite nicht 1½—2½ mm, die Ränder sind zurückgekrümmt, die Textur ist fester und der Spaltöffnungen tragende Streif ist äußerlich nicht erkennbar. Möglicherweise werden die Zweige auch früher braun. Mit Exemplaren aus Khasia und Sikkim ist meine Pflanze, wie auch WILSON l. c. zugibt, vollkommen identisch, aber ebenso mit WALLICHS Nr. 6054 A aus Nepal und von ZUCCARINI selbst mitgeteilten WALLICHschen Exemplaren in unserem Museum.

Die von WILSON für *T. Wallichiana* gehaltene Pflanze des NW-Himalaya beginnt erst in Garhwal (DUTHIE 4384, 15584) und liegt noch vor von „Him. bor-occ." (THOMSON), „NW-India" (FALCONER 1000), Mussourie (KING), Dwali (JAESCHKE), Srinagar (KAMROOP) und Pir Panjohl (HÜGEL). Es ist jedoch nicht ausgeschlossen, daß schon gewisse Exemplare aus Nepal als Übergangsformen an der Verbreitungsgrenze anzusprechen sind. Diese Pflanze ist *T. orientalis* BERT., Misc. bot., XXIII, 17, t. II (1862). HOOKER (Fl. Br. Ind., V, 648) sagt zwar, BERTOLONI habe die Pflanze nach einem von ihm in Sikkim gesammelten Exemplare beschrieben, doch trifft dies nicht zu, denn dessen Angabe lautet: „Habui ex India orientali in Stim occid. in regione temperata ad altitudinem octo millium pedum", was falsch gelesen oder verdruckt aus HOOKER und THOMSONS Etikette „Him. Occ., 8000 ped." entstand, während für die Sikkim-Pflanze 7—10000 ped. angegeben sind. *T. orientalis* ist durch auffallend gerade (nur selten am Grunde etwas gebogene), lineale, allmählich scharf zugespitzte Blätter von *T. Wallichiana* und durch deren lange, scharfe Spitze und die braune Farbe der jungen Zweige auch von *T. baccata* verschieden, der sie allerdings sehr nahe kommt. Ob „*T. contortus*?" GRIFF. (nom. nudum) hieher gehört, ist unklar; nach dem Standorte wäre es wohl wahrscheinlich, aber die Abbildung mit den sehr dicken Zweigen und breiten Blättern müßte ganz mißlungen sein.

Die in den Knospen und den Früchten angegebenen Unterschiede bemühte ich mich vergeblich zu finden. Die Knospenhüllen bei *Wallichiana* sind wohl immer vorhanden, aber die Größe und Form der Schuppen ist so veränderlich, daß kein Unterschied gegenüber den sehr oft auch bei *baccata* sichtbaren vorliegt. Auch *T. chinensis* hat z. B. an WILSONS Nr. 1265 noch an alten Zweigen gut erhaltene Schuppen. Die lockere, zweizeilige Anordnung der Nadeln kommt bei *baccata* in ganz gleicher Weise, wenn auch seltener vor. Die Samen dieser sind 5—6 mm lang, von *Wallichiana* und *chinensis* 6 mm, *orientalis* (nur 1 Exemplar fruchtend) 6½ mm, bei der japanischen *T. cuspidata* SIEB. et ZUCC. 5 mm. Diese findet sich auch in China: Tschekiang (LIMPRICHT 281 als *Torreya nucifera*, wohl schon an *chinensis* anklingend; die anderen Nummern habe ich nicht gesehen), und die Pflanze der Philippinen, wenigstens die mir vorliegende Bur. of. Sci. 40234, halte ich auch für diese und nicht *Wallichiana*. Ihre Unterschiede gegenüber der europäisch-vorderasiatischen *baccata* sind übrigens mehr als problematisch. Die Knospen sind nicht immer spitzer als bei dieser, die Blätter nur manchmal noch plötzlicher in die Spitze zusammengezogen, die Zweige vielleicht wirklich etwas gelblicher oder bräunlicher, an wohlentwickelten Früchten von KOTSCHYS Nr. 422 vom Bulgar-dagh aber kann man an einem und demselben Zweige querbreitere bis länglich-ovale Formen finden.

Eine merkwürdige Eibe, deren Blätter so breit sind, wie bei keiner europäischen, dabei aber gerade, nicht gekrümmt wie bei *chinensis*, die aber in nur einem sterilen Exemplar vorliegt, findet sich in Nord-Persien: In monte Alburs (BUHSE 1849) und bedarf weiteren Studiums.

Da alle *Taxus*-Arten geographische Rassen mit aneinander grenzenden Arealen darstellen, ist es nicht verwunderlich, daß auch zwischen den beiden von mir gesammelten Mittelformen vorkommen. Sehr ausgesprochene solche sind CAVALERIES Nr. 7823 aus **Kw.**: Nganschun und FORREST 11789 aus **W-Y.**: Schweli—Salwin-Scheidekette, 25° 30′, open shady thickets, 10000′, VIII. 1913.

Schließlich sei noch bemerkt, daß die fossile *T. hoettingensis* WETTST. durch die kleinen, scharf zugespitzten Blätter von allen lebenden Arten so weit verschieden ist, daß man an ihrer Gattungszugehörigkeit zweifeln kann und die Unterordnung als ssp. unter *T. baccata*, die MURR (Jahrb. geol. Bundesanst., 76., 157) ohne jede Begründung vornimmt, auch tatsächlich jedes Grundes entbehrt.

Cupressaceae

Thuia L.

* ***T. orientalis*** L. (*Biota o.* ENDL.). **NW-Y.**: In der trockenen str. St. an der Grenze des birm. Mons. an Steilhängen und Felsen, oft an senkrechten Wänden, auch im Bachgerölle, bis an die Grenze der wtp. St., auf Kalk, Tonschiefer, kristallinischen Gesteinen und Granit, oft Wälder bildend mit *Cupressus Duclouxiana*. Im Flußgebiet des Djinscha-djiang („Yangtse-kiang") im Seitentale seines w Zuflusses am Wege nach Schuba von unterhalb Dsumbalo bis oberhalb Tseli, 27° 46′, 2300—2550 m, hier oft mit *Pseudotsuga Wilsoniana* HAY. Am Landsang-djiang (Mekong) besonders am rechten Ufer, an einer Felswand bei Ngaiwa, 27° 30′, 1850 m, und überall von Lota-Tanschan, 27° 55′, 10. IX. 1915 (7970) bis zur Mündung des Tales von Londjre, 28° 11′, 14. IX. 1915 (7983) und in diesem in s Exposition am Wege zum Doker-la bis 3100 m, 19. IX. 1915 (8175) und in ese Exposition am Wege zum Schöndsu-la bis 2725 m ansteigend. Im Mekong-Tale, zwischen V. und VII. 1914 (GEBAUER). Auch gepflanzt hier im Dorfe Serä und an vielen anderen Orten des ganzen bereisten Gebietes. **S.** Bei Kalaba n. von Yenyüen (2263).

Die Pflanze habe ich hier als neu für China bezeichnet, nicht weil nicht schon zahlreiche Angaben vorliegen würden, sondern weil sie als wildwachsend bisher überhaupt noch nicht sichergestellt worden war (s. zuletzt WILSON in Journ. Arn. Arb., VII, 62 [1926]). Es ist nun gar kein Zweifel, daß sie in dem ganzen oben angegebenen Gebiete Yünnans einheimisch ist, indem sie ausgedehnte Wälder an den unzugänglichsten Steilhängen und oft senkrechten Felswänden bildet. Gut ausgewachsene Bäume sind unterwärts astfreie Pyramiden, ganz alte aber haben eine oben breite und stumpfe Krone. S. KARSTEN und SCHENCK, Veget-.

Bild., 17. R., H. 7/8, Taf. 38a. Die kleineren Zweige werden von den Tibetern als Räucherwerk verwendet.

Cupressus L.

C. funebris Endl. **Ki.**: Am Flußufer bei Hanhsia-schi zwischen Tjingan (Ki-an) und Ningdu (Plt. sin. 274). W- und SW-**H.**: Auf Kalkhügeln und Karren der str. St., 200—400 m, an vielen Stellen zweifellos wild. In der Gegend zwischen Hsinhwa und Wukang zwischen Taohwaping, Lungtanpu (11986), Sihsiadjiang und Tschangpudse oft Haine, allerdings mitunter von verdächtig gleichem Alter der Bäume, und gegen den letzten Ort ansehnliche Wälder bildend, spärlich gepflanzt auch bei Ngaigumiao. Um Dungngan w von Yungdschou und von dort gegen Hsinning. **Kw.**: An Berghängen und oft auf den Spitzen der Karstkegel auch in der wtp. St., 600—1750 m. Wohl nur gepflanzt um die Dörfer im E, sehr einzeln zwischen Liping und Pingtschaso und überall von Badschai bis Guiyang (Schindse e von hier, Schoch 425, von Wilson auf Grund mangelhafter Etikettierung für den Bezirk von Yünnanfu angeführt). Im SW vielfach wild um Daschuikou, Gwanling, Taipinggai, Nanmutschang, Baling und auf den Höhen zwischen Hwangtsaoba und Djiangdi (10264) mit reichem natürlichem Nachwuchs. E-**Y.**: Nur im mittelchin. Fl. vielleicht noch wild auf der Höhe zwischen Kougai und Bantjiao, 1700—1800 m. Hier und um Loping auch an Gräbern gepflanzt (10225). Sonst nur gepflanzt beim Tempel oberhalb Dschungduilung ne von Yünnanfu, 2000 m (8610).

Die Art ist, wie *Cunninghamia*, eine Charakterpflanze des mittelchinesischen Florengebietes, doch, wie es scheint, in schroffem Gegensatze zu dieser, ein ausgesprochener Kalkbewohner. Der Baum 8610 ist ein Riese, aber auch wildwachsende sind oft sehr ansehnlich, pyramidenförmig, mit hängenden unteren Ästen.

C. Duclouxiana Hick. in Camus, Le Cyprès, 91 (1914). Wilson in Journ. Arn. Arb., VII, 60. (*C. sempervirens* Franch., non L. — *C. torulosa* Rehd. et Wils., non Don). **Y.**: Wild an Berghängen von der oberen str. durch die wtp. bis an die tp. St., auf Kalk, Tonschiefer und Granit, 1700—3200 m; außerdem vielfach an Tempeln, Friedhöfen und Kanälen gepflanzt. Überall um Yünnanfu, oft Haine bildend (158) und an den Felsen des Hsi-schan noch hoch über den Tempeln bis zum Kamme offenbar auch wild (349), so wohl auch in einem Waldrest bei der Taohwa-se dort. Ebenfalls ein wilder Hain am Wege nach Fumin über dem Bachdurchbruch. Im E viel bei Daschan und Lisuyen e von Yiliang und etwas auf dem Gebirge zwischen Bantjiao und Djiangdi. Im NE. bei Yanggai am Wege von Yünnanfu nach Suifu (Mell.). Im NW gepflanzt bei Lidjiang, wild spärlich an der NE-Seite des Passes über den Berg Lamatso zwischen Yungning und Dschungdien (7602) und häufig an der Grenze des birm. Mons. im Mekong-Tale vom Engpaß oberhalb Lota, 27° 55′ (7974) bis Londjre im Seitentale gegen den Doker-la, 28° 9′, und noch weiter nach N (Gebauer), an manchen Stellen in einer Reihe oder einer beiderseitigen Allee (so oberhalb Guta) den Strom einfassend, so daß die Stämme bei höherem Wasserstande im Wasser stehen. **S.**: Wohl nur gepflanzt beim Jamen von Kwapi und bei Kalaba (2305) n von Yenyüen.

Die Art war noch Stapf 1924 (Bot. Mag., t. 9049) nicht im wilden Zustande bekannt, doch von Wilson (Journ. Arn. Arb., VII, 60) durch die Identifikation mit der früher von ihm für *torulosa* gehaltenen Pflanze für W-Setschwan als einheimisch nachgewiesen, und auch bezüglich der ROCKschen Exemplare spricht er dort keinen Zweifel aus. Ich hatte auch auf dem Hsi-schan bei Yünnanfu den Eindruck, daß es sich auf dem Rücken um wildes Vorkommen handelt. Sehr merkwürdig und mit dem vorzüglichen Gedeihen an den Kanälen der Ebene hier vergleichbar ist das oben gekennzeichnete am Mekong-Ufer. Jüngere Bäume sind aus unten breiter Krone schlank pyramidenförmig, später erhalten sie die Kronenform von Fichten, und ganz alte werden nahezu schirmförmig.

Juniperus L.

J. formosana HAY. **Ki.**: Kuling bei Kiukiang, im Tale, 400 m (FABER). Schuinan-schi bei Kingan, am Bergfuße (Plt. sin. 271). In der wtp. und selten bis in die tp. St. in trockenen Lagen auf Kalk, Sandstein und Tonschiefer, 2000—3400 m, meist als Strauch, sehr oft aber auch als pyramidenförmiger Baum in **Y.**: Im E Haine bildend am Karsthang e ober Magai, im NE im Tale s Dungtschwan an Dörfern gepflanzt (MELL), im NW ober Dalu e von Yungbei, mehrfach zwischen Lidjiang und Dali (6438), und in **S.**: Um Kalaba (2310), Lidsekou und überall um Kwapi, 27° 53′ (2398) n von Yenyüen, bei Hungga, Woloho, Gaitiu zwischen Yenyüen und Yungning; Djatsüla ober Muli.

— — ** **f. *tenella*** HAND.-MZT.

Folia 4—7 mm tantum longa et vix ad 1 mm lata, valde squarrosa, internodiis ramulorum c. 1 mm tantum longis subconferta.

S.: In Gebüschen beim Schlosse Kwapi, 2750 m, auf Tonschiefer, 23. V. 1914 (2528).

Ein außerordentlich merkwürdiger Strauch von etwas hexenbesenartigem Aussehen (obwohl sicher kein eigentlicher solcher vorliegt), bei dessen Zuteilung ich mich an den in der Natur gewonnenen Eindruck halten muß, daß es sich nur um eine Zufallsform der Art handelt.

****J. Wallichiana*** HOOK. f. et THS. (*J. W.* var. *meionocarpa* HAND.-MZT. in Sitzgsanz. Ak. W., 1924, 107). In der ktp. St. als pyramidenförmiger Baum und in der Hg. St. als niedriges Krummholz, auf Kalk, Schiefer und Granit, 3700—4350, vielleicht bis 4700 m. **NW-Y.**: Auf dem Kamme zwischen Haba und Dugwantsun (ob dieser?) und an der Westseite des Gebirges Piepun, baumförmig (s. Naturbilder aus SW-China, B. 49) nur nahe den Bächen 10. VIII. 1914 (4643) se von Dschungdien („Chungtien"). Auf dem Waha bei Yungning (?). Im birm. Mons. unter dem Doker-la, 28° 15′, 17. IX. 1915 (8069), am Tongong und an der Westseite des Si-la, 28°, in der Mekong—Salwin-Kette und wohl auch diese häufig um die Pässe Tschiangschel und Pangblanglong, hier an Felsen, in der Salwin—Irrawadi-Scheidekette. **S.**: ? Ober dem Lagerplatz Dapingdse im S., auf dem Saganai und dem Gonschiga sw von Muli bis unter die Gipfel, wenn die Notizen nicht *J. squamata* betreffen.

Da KOMAROW (Not. syst. Herb. Ross., V, 26) die Samengröße der himalaischen Pflanze, von der mir zu wenig Material vorlag, mit 6—9 mm angibt, fällt die chinesische mit ihr zusammen, denn die Früchte sind sowohl hier als dort bald aufrecht, bald zurückgeschlagen und andere Unterschiede bestehen nicht. Von *J. pseudosabina* FISCH. et MEY. halte ich die Art mit KOMAROW, l. c. und WILSON (Journ. Arn. Arb., VII, 67) für ganz verschieden, doch könnte jene mit *J. macropoda* BOISS. zusammenfallen. WILSON stellt l. c. meine Nr. 4643 nach meiner ursprünglichen Bestimmung zu *J. squamata*, was ich jetzt nicht für richtig halte.

J. chinensis L. **S-H.**: Im Karstland der str. St. um Dungngan w von Yungdschou, 150—200 m, pyramidenförmige Bäume, aber wohl meist gepflanzt (11307). **Y.**: In der wtp. St. in einem Garten in Yünnanfu, 1920 m (SCHNEIDER 57).

SCHNEIDERS Pflanze wird von WILSON (l. c., 65) unter *J. squamata* var. *Fargesii* angeführt, doch glaube ich mit HENRY, daß es sich um eine Jugendform von *chinensis* handelt, da sie mit HERS' Nr. 2579 aus Honan völlig übereinstimmt und die Art auch nach WILSON von SCHNEIDER in Yünnanfu kultiviert gesammelt wurde (Nr. 51, von mir nicht gesehen).

* ***J. recurva*** HAM. **NW-Y.**: In der ktp. St., auf Schiefer, 3600—4050 m, stets aufrechte Bäume. Westseite des Passes Lenago zwischen Djinscha-djiang („Yangtse") und Mekong, 27° 45′, 7. VI. 1916 (8842). Im birm. Mons. im Mekong—Salwin-Scheidegebirge, 26° 10′, bei 3000 m (GEBAUER) und auf dem Rücken ober Tjionatong, 28° 7′.

J. Lemeeana LÉVL. et BLIN in LÉVL., Fl. Kouy-tchéou, 111 (1915), e typo. (*J. squamata* var. *Fargesii* KOM., e REHD. et WILS., Plt. Wils., II, 59 [1914]. — *J. Fargesii* KOM. in Not. syst. Herb. Ross., V, 30 [1924]). Meist an offenen Stellen in der tp. und ktp. St. auf Kalk, Glimmerschiefer, Sandstein und Diabas, 3000—4000 m. **NW-Y.**: Ober Beischaogo sw von Dschungdieṅ. **S.**: Unter dem Lagerplatz Tschako sw von Muli. (Ob der auf dem Saganai hier bis gegen 4500 m ansteigend gesehene hierher oder zum folgenden gehört, bleibt fraglich). Auf den Kämmen des Lungdschu-schan bei Huili (912). Überall um Yenyüen und zwar auf dem Passe gegen Niutschang, auf dem Daörlbi und ober Fumadi am Wege nach Yungning, bei Malade, Gwandien, ober Liuku und Ngaitschekou im Yalung-Gebiete n von dort.

Ich glaube, mich vollkommen KOMAROW (l. c. 1924) anschließen zu müssen, wenn er diese Pflanze als eigene Art behandelt. Sowohl nach ihm, als nach REHDER und WILSON sollen ihre dünnen Nadeln mit baumförmigem Wuchse verbunden sein, was natürlich den Schluß auf eine bloße Form der Niederungen nahelegen würde, der durch das Vorkommen des Originals in der wtp. St. bei Nganschun in **Kw.** unterstützt würde. Dies trifft jedoch durchaus nicht zu, denn einerseits steigt unsere Pflanze sehr hoch hinauf und bildet schon bei 3550 m Höhe bald zweifellos ohne künstliche Beeinflussung, bald durch solche, oft ganz niedriges, dem Boden angedrücktes Buschwerk, andererseits steigt die folgende Art auch mindestens ebenso tief wie unsere herab, ohne sich ihr in den Merkmalen zu nähern. Zu diesen gehören anscheinend auch die kleinen schwarzen Früchte, die von den viel größeren, im reifen Zustande roten und nur blau bereiften, soweit das trockene Material ein Urteil zuläßt, sehr verschieden sind. Mit *J. Lemeeana* identisch finde ich auch das mir vorliegende Exemplar von GRIFFITHS Nr. 4986 aus dem östlichen Himalaya, die als *recurva* ausgegeben, aber von REHD. und WILS. zur typischen *squamata* zitiert wurde.

LÉVEILLÉS Beschreibung „Frutex 1 m alta, ramis tortis, ramosissimis; foliis aciculatis, 3-striatis, 5—6 mm longis valde insignibus aspectu metallico ex canitie oriundo" ist, wie gewöhnlich, unzureichend, aber formell für den Prioritätsanspruch genügend.

J. squamata LAMB. (*J. Franchetiana* LÉVL. in KOMAROW, l. c. 30). Als Strauch an offenen Stellen und in Gebüschen von der tp. bis zur Hg. St., auf Kalk und Schiefer, 2950—4300, vielleicht bis 4700 m (s. oben unter *J. Wallichiana*). NW-Y.: In der Wiese am Beschui n von Lidjiang (4199). Aus dieser Gegend von Einheimischen (3782 **f. *Wilsonii*** REHD.). S.: Auf dem Liuku-liangdse zwischen Yenyüen und Kwapi, 27° 48′ (2283, 2374, f. *Wilsonii* REHD.) und auf dem Tschahungnyotscha n von hier. Auf dem Gonschiga bei Muli?

Die Blätter der vorletzten Nummer entbehren teilweise jeder Spitze, sind aber immer über dem Nerv auf dem Rücken gekielt und lassen sich daher von jenen größerer Formen von *J. Wallichiana* leicht unterscheiden. Die Blattform der f. *Wilsonii* findet sich hier auch an niederliegenden Exemplaren. LIMPRICHTS Nr. 1100 vom Dsang-schan bei Dali gehört auch zu unserer Art, nicht zu „var. *Fargesii*".

Abietaceae

(*Pinaceae*)

Abies DIETR.

A. Forrestii ROG. in Gard. Chron., ser. 3, LXV, 150 (1919). NW-Y.: Lidjiang („Likiang"), von Einheimischen (3787). Auf Kalk und Sandstein in der tp. St. oberhalb Alo se von Dschungdien, 3500 m (3616). Im birm. Mons. in der Mekong—Salwin-Scheidekette unter dem Doker-la, 28° 15′, auf Granit der ktp. St., 3800 bis 4150 m (8111). Im tp. Regenmischwald des Tjiontson-lumba unterhalb Tschamutong gegen den Irrawadi, 3050—3150 m (9211).

Da diese Art sich im Habitus nicht merklich von der folgenden unterscheidet, beziehen sich die unten zusammengefaßten Notizen teilweise auf sie und vielleicht auch auf *A. Faxoniana* REHD. et WILS., die von FORREST mehrfach gesammelt wurde, so auch am Doker-la (Not. B. G. Edinb., XIV, 143), während meine dort mit reifen Zapfen gesammelte Pflanze wegen der dünnen, sehr breit abgerundeten Zapfenschuppen und randständigen Harzgänge entschieden nicht dazu gehört. Da *A. Delavayi* weder von mir noch jemand anderem nordwestlich von der Linie Dschengga am Salwin—Lidjiang—Yungning—Muli gesammelt wurde, gehören vielleicht alle meine Notizen aus diesem Gebiete zu *A. Forrestii*, die allerdings bei Lidjiang zusammen mit jener vorkommen soll.

In der Blattanatomie weicht die Nr. 8111 von der ebenfalls mit jüngeren Zapfen vorliegenden Nr. 3787 dadurch ab, daß sie das Hypoderm unterseits unter der Rippe nur einschichtig hat, nicht zwei- bis dreischichtig, worin diese ebenso wie in den sklerenchymatischen Verdickungen am deutlich eckigen Rande mit *A. Delavayi* Nr. 2373 übereinstimmt. Alle meine Pflanzen haben die Zweige viel stärker behaart als das Original. Solche werden von den Edinburger Botanikern vorläufig als ***A. Georgei*** unterschieden (ORR mündlich).

A. Delavayi FRANCH. (*A. Fabri* [MAST.] CRAIB, cfr. WILSON in Journ. Arn. Arn., VII, 55). NW-Y.: Lidjiang, von Einheimischen (7806). Im birm. Mons. im Mekong—Salwin-Scheidegebirge, 26° 10′ (GEBAUER). S.: In der tp. und ktp. St., 2700—4250 m, auf Kalk, Sandstein, Schiefer und Diabas. Rücken Daörlbi halbwegs zwischen Yungning und Yenyüen (2922). Liuku-liangdse zwischen Yenyüen und Kwapi (2373). Lose-schan s von Ningyüen (1432). Im Daliangschan (Lolo-Lande) e von hier vom Dsiliba bis gegen Sosokou (1541).

Diese und die vorige Tanne, die mit der folgenden im Habitus nicht verwechselt werden können, sind Charakterpflanzen der ktp. (subalpinen) St., wo sie meist mehr oder weniger reine Wälder bilden, steigen aber in die tp. niemals in geschlossenen Mengen hinab, sondern nehmen nach unten rasch ab. Die geschlossenen Wälder beginnen meist in 3500 m, mitunter, wie an Steilhängen des Dsang-schan bei Dali schon in 3350 m Höhe. Auf Gebirgen, die diese Höhe nicht erreichen, fehlen diese Tannen. SE-Grenze daher der Dji-schan ne des Sees von Dali und der Lungdschu-schan bei Huili. Spärlicheres Vorkommen meist von 3000 oder 3100 m an. Tiefste Standorte: Unter Liuku gegenüber Kwapi, 2445 m (?, wohl die folgende, die der *A. Delavayi* dieses Gebietes, die sehr hochwüchsig werden soll, ähnlicher wird, als der *Forrestii*), 2600 m um Djingutang und Basulo ober Weihsi und ober Dseli im Tale von Schuba zwischen Djinscha-djiang und Mekong, sowie ober Serä an diesem, 2700 m im Lolo-Lande, 2750 m im birm. Mons. sw ober Londjre am Mekong, 2800 m ebendort an den beiderseitigen Zugängen zum Passe Tschiangschel zwischen Salwin und Irrawadi, 27° 53′, dann an der Westseite des Passes Yenaping w von Djientschwan sowie bei Hsiangschuiho zwischen Dali und Hodjing, 2850 m bei Doloho zwischen Yungning und Muli, dann schon viel bei 3000 m ober Schutsche am Djiou-djiang (e Irrawadi-Oberlauf). Untere Grenze aber oft sehr hoch, so bei 3650 m auf dem Lungdschu-schan bei Huili (hier nur ganz wenig), 3700 m am Hange des Schusutsu ober Bödö und im Zugangstale von Hsiao-Dschungdien zum Piepun, 3850 m bei der Alm Bödö ober Muli. Obere Grenze, die (oft gemeinsam mit *Sorbus*-Arten, selten anderen) mit der Baumgrenze überhaupt zusammenfällt, um Ningyüen, Yenyüen, Kwapi und Wali um 4200 m, um Yungning und Muli 4300 bis 4350 m, am Osthang des Gipfels Unlüpe im Yülung-schan bei Lidjiang 4125 m, Westhang des Piepun bei Dschungdien 4250 m, in der Mekong—Salwin-Scheidekette am Si-la, 28°, westseits 4100, ostseits 4235 m, am Pongatong, 28° 6′, 4120 m, am Yigöru gegen 4300 m und am Gondon-rungu, 28° 9′, südwestseits 4240 (nebenan am Rücken Tongong auch 4280), nordostseits 4225 m, am Doker-la, 28° 15′, (Ostseite) 4350 m, zwischen Salwin und Irrawadi am Passe Tschiangschel, 27° 52′, westseits 3950, ostseits 3900 m und um die Pässe Pangblanglong, Buschao und Tsukue, 27° 57′—28°, um 4100 m.

A. chensiensis V. Tiegh. In Mischwäldern und gerne an Bächen in der obersten wtp. und unteren tp. St., auf Schiefer, Sandstein, Kalk und Granit. NW-Y.: 2315—3200 m. Zwischen Djinscha-djiang („Yangtse") und Mekong ober Aschalo bei Weihsi, 27° 8′, an beiden Seiten des Passes Litiping e von dort, hinab bis in die Schlucht unter Lutien, und am Wege von Kakatang unter Weihsi nach Djitsung mehrfach (7913), abwärts bis Yato, 27° 35′. Im birm. Mons. unter der Alm Rüschaton im Tale von Tseku zum Si-la in der Mekong—Salwin-Kette, 28°. S.: (2440—)2800—3500 m. Zwischen Yenyüen und Kwapi ober Oti und um Gwandien (2824) und wohl auch diese auf dem Sattel ober Kalaba und unter Liuku gegenüber Kwapi. Um Ngaitschekou jenseits des Yalung n von dort, 28° 15′ (2601).

Die Ausmaße der gesammelten Zapfen (7913 auf dem Passe Akelo, s. oben) gehen noch über die von Wilson angegebenen (Plt. Wils., II, 45) hinaus, nämlich bis 11 × 6 cm. Da ich kein Meßinstrument zur Verfügung hatte, kann ich die Höhe dieses Baumes, der, wie auch in Photographien sichtbar, die Laubbäume um das Doppelte überragt und sich nur mit *Taiwania* messen kann, nur aus diesen Verhältnissen schätzen, und zwar auf etwa 60—70 m. Die unteren Äste hängen hart am Stamme etwa 10 m lang herab und die Krone ist sehr schmal, fast nadelförmig. Den Umfang eines Stammes maß ich mit 6 m. Wilson gibt die Art (Journ. Arn. Arb., VII, 54—57) für Yünnan nicht an, wohl aber *A. Beissneriana* R. et W., die ich nicht fand und mit der meine Pflanze nichts zu tun hat. Diese wurde gemeinsam mit Prof. A. Henry bestimmt, auch von Forrest gesammelt und in Edinburgh unabhängig ebenso benannt. Auch teilt mir H. Prof. Pilger mit, daß das Berliner Exemplar von Schneiders Nr. 1648, die Wilson zu jener zitiert, zweifellos *A. chensiensis* ist.

Keteleeria Carrière.

K. Davidiana (Bertr.) Beissn. In trockenen Wäldern, oft selbständig Haine bildend in der wtp. St., doch selten bis an ihre obere Grenze, und in der oberen str. St., doch hier vielleicht nur gepflanzt, auf Kalk, Sandstein, Mergel, Tonschiefer und Granit (1300—)1650—2500(—2775) m. **Y.**: Auf dem Hochland zwischen Yünnanfu (87), dem Djinscha-djiang, Tschuhsiung (Formalinmaterial), Yungbei, Lidjiang und Dali überall, doch streckenweise spärlich. Im Mekong-Tale wenigstens bis über Gangpu, 27° 30′, aufwärts. Auf dem Rücken s Möngdse. Im E um Daschan bei Yiliang und auf dem Gebirge zwischen Bantjiao und Djiangdi. **S.**: Um Dungngan, Huili und im Djientschang bis Ningyüen. Im Yalung-Gebiete bei Lumapu und Schahsinpu am Wege nach Yenyüen und um Kwapi und Oti, bei Datscho ober Wali. Unter Yiwanschui am Wolo-ho halbwegs zwischen Yenyüen und Yungning (höchster Standort).

Abgesehen von den von Wilson (Plt. Wils., II, 40) angegebenen Habitusmerkmalen ist der Baum durch die dürre, graue Farbe mit keiner Tanne zu verwechseln und durch die Borke, die einen echten, etwa 1 cm dicken Kork bildet, worüber ich in der Literatur nur bei Silva-Tarouca, Uns. Freil.-Nadelhlz., 208, eine Andeutung finde.

Pseudotsuga Carr.

P. Wilsoniana Hayata (*P. Forrestii* Craib). NW-**Y.**: An der Grenze des birm. Mons. auf Sandstein, Granit, Ton- und Glimmerschiefer. In der wtp. St. im Flußgebiete des Djinscha-djiang („Yangtse-kiang") im Seitentale seines w Zuflusses unterhalb Schuba, 27° 45′, 2475—2850 m oft gemeinsam mit *Thuia* (8617). An der w Lehne des Mekong-Tales einzeln am dürren Hange ober Niapaton bei Tseku, 28°, mit *Tsuga, Quercus dentata* und *semicarpifolia* und *Pinus yunnanensis*, c. 3000 m (10013) und häufiger um Londjre, 28° 9′—13′, in der untersten tp. St. an trockeneren Stellen am Wege zum Schöndsu-la, 2750 bis über 3200 m (8206) und am Wege zum Doker-la, 3000 bis c. 3250 m (8058), hier sehr reichlich auch im Regenmischwald und stellenweise fast rein Wälder bildend (s. Naturb. SW-China, B. 99).

Im Habitus erinnert der Baum mit seinem glatten, dunklen Stamm, kräftigen, fast schwarzen, wagrecht abstehenden Ästen, dunklen Nadeln und aufrechten Zapfen an eine nicht sehr breit gewachsene Zeder. Tibetischer Name: Dōssá.

Tsuga Carr.

** ***T. intermedia*** Hand.-Mzt. in Sitzgsanz. Ak. W., 1924, 82.

Arbor ad 40 m alta, lata, ramis deflexis, ramulis crassis vel crassiusculis, ramosissimis, hornotinis tenuibus, flavido-brunneis, angulatis, dense albido-hirtis, serius griseis, nonnisi post tertium annum glabrescentibus, basi perulis crustaceis, brunneis, inflatis, praeter extimas glabris, 2 mm longis vix ultra secundum annum cinctis; perulae interiores membranaceae, oblongae, 4 mm longae, deciduae. Pulvini vix $1/2$ mm longi, nitidi, apice tantum rufescentes, gemmis axillaribus latis, ovatis, compressis, papilloso-hirtis pluries breviores. Folia (4—)10—20 mm longa, 1,5—2 mm lata, alia rotundata, alia minute emarginata, basi in petiolum $^2/_3$ — fere 1 mm longum contracta, integerrima vel raro juvenilia denticulis paucis versus apicem praedita, crassa, obscure olivacea, plana, margine pallido paululum recurva, costa supra anguste impressa subtus latiuscula paulum prominua, hic stomatum seriebus utrinsecus 10—14, praeter marginem angustum cera in costa mox, ceterum sero evanida glaucescenti-candida; hypoderma in sulco et margine et hic illic imprimis supra canalos resiniferos paucis tantum cellularum seriebus constans. (Flores ♂ desunt). Strobili terminales et laterales, sessiles, crasse ovoidei, acutiusculi, 13—20 mm longi et lati. Bracteae appressae, bracteis sterilibus aequales. Squamae steriles rhombicae, 4—5 mm longae, apice emarginatae, marginibus anterioribus erosulae, dorso praeter marginem submembranaceam sicut partes obtectae squamarum fertilium rufo papilloso-velutinae, saepe glaucae; fertiles 12—22, e basi angustata orbiculares, 7—9 mm diametro, lignosae, erectae, marginibus latis tenuioribus subpatulae, (semper?) nitidulae, tenuiter multistriatae. Semina 3 mm, cum alis ovatis rotundatis brunneis 6—6,5 mm longa.

NW-**Y.**: Im tp. und wtp. Regenmischwald des birm. Mons. im Tjiontson-lumba, einem rechten Seitentale des Salwin unter Tschamutong, mit reichem Bambuseen-Unterwuchs, 2950 m, 29. VI. 1916 (9143) und besonders an Steilhängen oberhalb Schutsche am Djiou-djiang (e Irrawadi-Oberlauf), 27° 55′, 2620—3000 m, 9. VII. 1916 (9460); Granit. Wenn alle Pflanzen der Salwin—Irrawadi-Scheidekette zu dieser Art gehören, so ist sie im Tjiontson-lumba von 2400—3025 m an steilen Felswänden wie in der Sohle des Trogtales sehr häufig und steigt am Westhange des Passes Tschiangschel bis gegen 3400 m an, findet sich auch im Tale unter dem Gomba-la unter 3150 m. Möglicherweise gehören auch noch die anderen Aufzeichnungen aus dem Salwin-Gebiete, nämlich vom Rücken Alülaka, ober Bahan, im Doyon-lumba und ober Tjionatong, auf Glimmerschiefer bis gegen 3650 m hierher.

Wilson zieht die Pflanze (Journ. Arn. Arb., VII, 50), allerdings ohne sie gesehen zu haben, zu *T. chinensis*. Sie nimmt aber sowohl äußerlich in der Blattspitze, als in der Blattanatomie eine so genaue Zwischenstellung zwischen dieser und *T. yunnanensis* ein, daß man folgerichtig auch diese beiden Arten zusammenziehen müßte, wenn man *T. intermedia* nicht getrennt hält.

T. chinensis (Franch.) Pritz. (*T. formosana* Hayata. — *T. patens, Wardii, calcarea, Forrestii* Downie, e Wilson, l. c.). **S.**: In Mischwäldern der wtp. und tp. St. auf Kalk, Sandstein und Schiefer. Bei Muli, 2900 m (7354). Auf den Rücken ober Fumadi über dem Wolo-ho zwischen Yungning und Yenyüen, 3300 m (3029). Bei Kwapi n von hier, 2750 m (2735; Schneider 3892).

Die erstgenannte Nummer entspricht der *T. Forrestii* Downie, die anderen der echten *chinensis* auch in ihrer Auffassung.

T. yunnanensis (FRANCH.) MAST. (*T. dura* DOWNIE. — *T. leptophylla* HAND.MZT. in Sitzgsanz. Ak. W., 1924, 83, e WILSON, l. c.). In Wäldern der tp. St., 2600—3565 m. NW-**Y.**: Im birm. Mons. im Mekong-Salwin—Scheidegebirge, 26⁰ 10′ (GEBAUER), unter dem Doker-la an der tibetischen Grenze auf Granit (8056) und an seinem Rande ober Meti sw von Dschungdien gegen den Nguka-la auf Kalk und Diabas in Menge (7795). **S.**: Auf dem Lose-schan s von Ningyüen (1436) und mehrfach zwischen Yendselou und Sikwai im Daliang-schan (Lolo-Land) e von hier auf Sandstein (1502).

Die von mir als *T. leptophylla* beschriebene Pflanze (7795 und GEBAUER) kommt der indischen *T. dumosa* (DON) EICHL. (*Brunoniana* [WALL.] CARR.) so nahe, daß diese sich nur mehr durch die scharf gezähnelten Blätter unterscheidet, die besonders an den jungen Zweigen sehr deutlich sind. Ihre Unterschiede gegenüber *T. yunnanensis*, deren Nadeln an dem übrigen mir vorliegenden Material kürzer (oft undeutlich) gezähnelt und ganz stumpf und deren Knospen kürzer und meist schmäler mit schmäleren, stärker gewimperten Schuppen, die Zapfen stumpfer und die Nadelpolster dunkler sind, mögen tatsächlich nicht stichhaltig sein. Die Nr. 8056 hat Zapfen von nur 16 mm Länge und 8—9 mm Dicke, wohl infolge des trockenen Standortes.

Die *Tsuga*-Arten, die im Habitus miteinander übereinstimmen, spielen eine große Rolle in den Mischwäldern der tp. St. von 2800 oder 3000 bis über 3400 m. Die oben erwähnten Vorkommen der Nr. 7795 und ober Tjionatong bedeuten außergewöhnlich hohes Ansteigen. Massenvorkommen sind ziemlich selten, so ober dem Heschui n von Lidjiang und weiter am Wege nach Ndaku, wo sich auch reine Wälder finden, und n Tsasopie am Wege von dort nach Yungning. Selten steigen sie ein wenig in die wtp. St. herab, so außer den schon erwähnten Stellen in NW-**Y.** am Westhang des Yenaping w von Djientschwan bis 2780 m, unter Djingutang ober Weihsi bis 2600 m und zwischen Yato und Lienfu am Wege von Djitsung nach Kakatang n von hier bis 2350 m. Demgemäß fehlen sie auf dem eigentlichen Yünnan-Plateau und beginnen im W und N erst am Dsang-schan bei Dali, unter dem Dsuningkou s von Hodjing, am Sattel n Bolodi zwischen Yungbei und Yungning, ober Niutschang se von Yenyüen und am Lose-schan s Ningyüen.

Picea DIETR.

P. asperata MAST. Auf Kalk in der tp. bis zur ktp. St., 3100—3625 m. NW-**Y.**: Bei Lidjiang („Likiang"), von Einheimischen (4497), die Zapfen auf einem auf dem Sattel gegen die Mulde Gaba aufgenommenen Bilde deutlich erkennbar. **S.**: Im Mischwald auf dem Sattel ober Kalaba zwischen Yenyüen und Kwapi (2695, Zapfen, möglicherweise jedoch irrtümlich von folgender Nummer hierher geraten). Am Nordhang des Liuku-liangdse dort 27⁰ 48′ (2289).

P. likiangensis (FRANCH.) PRITZ. In der tp. St. und bis in die wtp. herab, auf Kalk und Sandstein, 2750—3300 m. NW-**Y.**: Bei Lidjiang, von Einheimischen (3785). **S.**: Auf den Rücken ober Fumadi über dem Wolo-ho zwischen Yenyüen und Yungning (3026). Beim Schlosse Kwapi n von Yenyüen (2729).

— — **var. *rubescens*** REHD. et WILS. Auf Sandstein und Tonschiefer in der obersten tp. und der ktp. St., 3600—3900 m. NW-**Y.**: Ober dem Dorfe Baoschi bei Dschungdien (7710). **S.**: Ober Muli gegen den Paß Döko (7431).

P. montigena MAST. S.: In der tp. St. auf Kalk auf dem Sattel ober Kalaba zwischen Yenyüen und Kwapi, 27° 42′, 3325 m (2341). Auf Tonschiefer unter Gwandien am Nordhang des Passes Linbinkou dort, 2700—2950 m (2816).

HENRY bestimmte meine Nr. 2289 als *P. likiangensis*, und DALLIMORE und JACKSON ziehen nach WILSON (Journ. Arn. Arb., VII, 48) *P. montigena* zu *asperata*. Auch über den Wert der Arten in der Sektion *Omorica* sind die Ansichten sehr verschieden (s. WILSON, l. c.). Ich habe auf dessen Arbeit hin im Sommer 1926 in Nord-Tirol, um Analogieschlüsse ziehen zu können, die Variabilität von *Picea excelsa* verfolgt und auf einer geringen Fläche in einem Walde im Voldertale Zapfen gesammelt, die in den Extremen einerseits der *P. asperata* (sect. *Eupicea*), andererseits der *P. likiangensis* (s. *Casicta*) vollständig gleichen und durch eine Reihe von Übergängen verbunden sind. Nun brauchen allerdings die Verhältnisse in China nicht analog zu sein, andererseits darf man aber nicht alles, was in der Kultur verschieden aussieht, für systematisch verschieden halten. Mein allerdings nicht großes chinesisches Material fügt sich in das Merkmalschema sehr gut ein, und daher will ich einer Entscheidung nicht vorgreifen. Aber man wird es mir nicht verübeln, wenn ich im Felde die drei oben angeführten Arten nicht unterschied und über sie nur summarisch mitteilen kann, während die folgenden am Habitus von ihnen meist leicht unterscheidbar sind.

Die drei behandelten Arten finden sich in S zwischen Yenyüen, Kwapi, Ngaitschekou n von dort und Yungning meist spärlich und oft nicht über 3400 m ansteigend, waldbildend nur auf dem Rücken ober Fumadi über dem Wolo-ho, 3300—3400 m, dann im Gebiete von Muli von 3100 (selten tiefer) bis 3900 m; in NW-Y. notierte ich sie nicht s von Lidjiang, von dort nach N und NW aber ist der Typus häufig, meist von 3000 oder 3100 m aufwärts bis um 3600 m (niemals bis an die Baumgrenze) an manchen Orten, besonders um 3100—3400 m, auch geschlossene Wälder bildend, so gegen das Beschui n von Lidjiang und an mehreren Stellen se von Dschungdien. Ob alle Fichten w des 99° 30′ Lg. zum folgenden Typus gehören, den ROCK auf dem Litiping gesammelt hat, bleibt nachzuprüfen.

P. complanata MAST. (*P. brachytyla* [FRANCH.] PRITZ. p. p.). NW-Y.: Auf Granit im tp. Regenmischwald des birm. Mons. im Tjiontson-lumba vom Salwin unter Tschamutong gegen den Irrawadi, 2400—3050 m (9209), um 2900 m vorherrschend, ebenso jenseits am Abhang des Passes Tschiangschel gegen diesen von etwa 2750 bis 3125 m und im Tale unter dem Gomba-la bei Tschamutong von der wtp. Stan, 2240—3000 m. S.: Auf Sandstein in der tp. St. des Daliangschan (Lolo-Landes) e von Ningyüen spärlich von Yendselou bis Sikwai, 2600 bis 3300 m (1501, 1748).

P. ascendens PATSCHKE. NW-Y.: In tp. Regenmischwäldern des birm. Mons. im Doyon-lumba am Lu-djiang (Salwin), 28° 2′, auf Schiefer, 2750 bis 3350 m (8395), am Rücken Alülaka üppigen Wald bildend.

Westlich des 99° 30′ finden sich Fichten, die wohl zu diesen beiden, voneinander habituell nicht verschiedenen Arten gehören, da ROCK in Djinschadjiang—Mekong-Kette im N *P. complanata*, im S *ascendens* sammelte, in dieser Kette schon bei 2350 m zwischen Yato und Lienfu und um den Paß Akelo, hier als vorwiegender Waldbestandteil am Wege von Djitsung nach Kakatang, reine Wälder bildend auf dem Plateau des Litiping um 3500 m und an seinen Hängen etwas in die Schluchten hinabsteigend, dann spärlich um Schuba und am direkten Wege von Weihsi nach Djientschwan bis gegen den Paß Yenaping. Im Mekong-Gebiete sah ich sie nur spärlich ober Londjre gegen den Doker-la, 28° 13′, 3100—3500 m und ebenso unter Rüschaton am Wege von Tseku zum Si-la, schließlich am Salwin auch ober Bahan von 3175 m aufwärts.

Pseudolarix CORD.

P. Kaempferi (LINDL.) GORD. (*P. Fortunei* MAYR. — *P. amabilis* [NELS.] REHD.). **H.**: In Mischwäldern von der str. bis in die wtp. St. auf Kalk und Sandstein um Hsikwangschan und Ngandjiapu im Bezirke von Hsinhwa überall, c. 300—790 m, V. 1918 (11772) (s. KARSTEN und SCHENCK., VegB., 14. R., Taf. 12b).

Das Vorkommen liegt 500 km abseits des bisher als westlichstes bekannten bei Kiukiang und ist, soweit die Literatur ein Urteil zuläßt, vielleicht das reichste. Meist sind die Bäume nur mäßig groß, doch stehen einige sehr mächtige, allerdings durch „Schneiteln“ verunstaltete auf dem Sattel nächst dem Dorfe Madüenngao. Da die älteste *Abies Kaempferi* LINDL. nicht zu unserer Gattung gehört, konnte GORDON bei der Aufstellung dieser ruhig LINDLEYS Namen in seiner späteren Fassung verwenden, worin ihm jetzt auch PILGER (in Nat. Pflzfam., 2. Aufl., XII., 326) wieder folgt. Meine schon längst veröffentlichte Angabe über das Vorkommen in Hunan ist allerdings dort sowie auf S. 187 übersehen.

Larix MILL.

L. Potaninii BAT. (*L. thibetica* FRANCH.). In der tp. und ktp. St. auf Kalk, Sandstein, Glimmerschiefer und Granitit, meist in Mischwäldern, selten fast reine Bestände bildend, meist um 3300, seltener 3000 m beginnend, tiefer nur ausnahmsweise und besonders an Bächen. NW-**Y.**: Yülung-schan und Yaoschan bei Lidjiang und von dort bis Yungning; s von hier ober Mudidjin, hier Bestände bildend, und auf dem Waha, hier bis 4350 m. Überall auf dem Hochland von Dschungdien stellenweise bis an die Baumgrenze (7711), waldbildend bei Alo in NE-Exposition und auf der Hochfläche gegen den Paß Schulakadsa; Piepun bis 4250 m. Ober Schuba zwischen Djinscha-djiang und Mekong, 27° 45′. Im birm. Mons. in der Mekong—Salwin-Kette von 28° bis 28° 15′, besonders reichlich im Hintergrunde des Doyon-lumba, und zwischen Salwin und Irrawadi, vorherrschend um 3000 m im Tjiontson-lumba und ober Schutsche, waldbildend um 3400 m am Westhange des Passes Tschiangschel, hier einzeln bis gegen 2700 m herab (9176). **S.**: Um Muli nicht unter 3550 m, auf dem Gonschiga dort bis 4325 m. Auf den Rücken ober Fumadi am Wolo-ho (3024). Liuku-liangdse (2291), am Nordhang stellenweise waldbildend, einzeln in Gräben bis 2900 m herab, gegenüber Wadi bei Kwapi und oberhalb Ngaitschekou n von Yenyüen.

Zapfen von 7 cm Länge, wie sie WILSON auffielen, finden sich auch an meinen Exemplaren aus Setschwan, weshalb ich davon absehen möchte, auf die noch etwas größeren hin die Pflanzen der Salwin—Irrawadi-Kette als var. *australis* abzutrennen, wie A. HENRY (mündlich) vorschlug.

Pinus L.

P. tabulaeformis CARR. (*P. sinensis* MAYR p. p.; SHAW; non LAMB., cfr. REHDER in Journ. Arn. Arb., VII, 22). NW-**Y.**: In der tp., seltener der ktp. St., selten bis zur wtp. herab. Auf Kalk bei Heniuschao ober Hodjing zwischen Dali und Lidjiang, 3100—3125 m (8734, Übergangsform zu *P. yunnanensis*). Bei Lidjiang, von Einheimischen (3786). In der tp. St. um den Paß Akelo zwischen Djinscha-djiang und Mekong, 27° 19′, auf Sandstein, 2800—3150 m, häufig (7923). **S.**: In der tp. St. der Rücken ober Fumadi am Wolo-ho zwischen Yenyüen und Yungning, Sandstein und Kalk, 3300 m (**var.** ***densata*** [MAST.] REHD., l. c., 23). Auf dem Liuku-liangdse zwischen Yenyüen und Kwapi, auf Kalk am Nordhange, 3350—3625 m (2290, var. *densata*). Beim Schlosse Kwapi, 27° 53′, auf Phyllit, 2750 m (2773). Im Daliang-schan (Lolo-Lande) e von Ningyüen häufig zwischen Alami und Sikwai, Sandstein, 3300 m (1492, var. *densata*). — In den Gebirgen meist von ungefähr 2950 m, selten tiefer, wie ober Londjre am Wege zum Schöndsu-la in der Mekong—Salwin-Kette von 2725 und unter Schuba zwischen Djinscha-djiang und Mekong von 2600 m aufwärts oft ausgedehnte Wälder bildend, selten über 3500 m ansteigend, wie ober Alo se von Dschungdien bis 3625 und s von Muli bis 3765 m. Fehlt auf dem Yünnan-Plateau und beginnt im NW und N erst am Dsang-schan bei Dali (Talifu), bei Lidjiang, zwischen Piyi und Yungning, Fumadi am Wolo-ho und im Lolo-Lande. Nach NW bis an den Osthang des Doker-la über Londjre, doch nur am trockenen, s exponierten Hang an der Grenze des birm. Mons.

An der unteren Grenze ihrer vertikalen Verbreitung oft in die folgende Art übergehend, wie oben Nr. 8734, dann in NW-**Y.** bei Hwadjiaoping e von Dschungdien, 2775 m, sw ober Londjre, 2725 m, in **S.** bei Wudjio zwischen Muli und Yungning, 2850 m, und Lidsekou n von Yenyüen, 3050 m.

Nebst den von WILSON mehrfach angegebenen Unterschieden ist die Art in der Natur von der folgenden durch die dunkle Farbe der Nadeln und den oft an *P. Cembra* erinnernden Wuchs auffallend verschieden, besonders wo sie mit ihr noch in höheren Lagen gemischt vorkommt. WILSON gibt sie (Journ. Arn. Arb., VII, 42) für Yünnanfu an, aber meine dort gesammelten Exemplare gehören zur folgenden Art und die Pflanzen der dortigen Gegend sind, sowohl hochwüchsige Bäume als verschnittenes, aber reichlich zapfentragendes Krummholz, entschieden systematisch einheitlich.

P. yunnanensis FRANCH. (*P. sinensis* var. *yunnanensis* SHAW). **Y.**: In der wtp. St. bei Yünnanfu an trockenen Orten häufig, ausgedehntes Krummholz und Wäldchen bildend, Kalk und Sandstein, 1900—2400 m (172). **S.**: Auf dem Houdsengai bei Dötschang („Tetschang") im Djientschang, von der str. bis zur tp. St. auf Sandstein, Schiefer und Granit, 1600—3200 m (1857). — Auf dem Hochland von **Y.** in der wtp., seltener schon in der str. St. und in den Gebirgen bis in die tp. St., von 1700—2900 m in trockenen Lagen meist rein oder mit einigen Eichen die meisten Wälder bildend, überall von dem Passe zwischen Möngdse und Manhao und von der Ostgrenze, wo sie bis über Dinghsiao bei Hwangtsaoba in **Kw.** hinübergreift, bis zum Lantschouba, am Mekong mindestens bis unter Londjre, 28° 10′, am Djinscha-djiang mindestens bis zum 27° 50′, bis Laba e Dschungdien und nach **S.** bis Djisö w von Yungning (um Muli nicht beobachtet), Molien ober Wali am Yalung, 28° 9′, Ningyüen, Sanwangho im Lolo-Lande. In offenen niedrigeren Lagen oft schon um 1200 m beginnend, wie bei Joschuitang n von Ami an der Eisenbahn, im Djientschang, im mittelchin. Fl. bei Djiangdi an der Grenze von **Kw.**; in den dürren Schluchten der Hochgebirge aber oft erst um 2100 m, wie am Yalung, oder 2500 m, wie bei Fongkou n von Lidjiang. Steigt oft bis 3300, selten, wie auf dem Passe Tschumehe bei Kwapi, bis 3500 m.

Die Grenze zwischen dieser und der vorigen Art ist offenbar sowohl systematisch, als in der Verbreitung sehr verwickelt. In den Notizen habe ich *P. yunnanensis* nach dem viel helleren Grün der viel längeren Nadeln und der Rinde der alten Stämme, die wie bei *P. Heldreichii* (*leucodermis*) gefeldert erscheint, unterschieden, Merkmale, die in der Natur sehr auffällig sind. Doch zeigt sich, daß sie nicht mit den von WILSON angegebenen Unterschieden zwischen beiden vereinigt sind, denn die bei Kwapi als *P. yunnanensis* gesammelte Pflanze erwies sich nach diesen als *tabulaeformis*, ebenso jene aus höheren Lagen des Lolo-Landes. *P. yunnanensis* hat als älterer Baum eine breite Krone, allerdings nur unter dem Einflusse starken Windes schirmförmig oder dann auch einseitig. Oft wächst sie als ganz niedriges Krummholz, auch in niedrigen Lagen, vielleicht unter der Einwirkung wiederholten Abbrennens, das jetzt um Yünnanfu endlich verboten wurde; da sie aber auch als solches sogar außerordentlich reichlich Zapfen trägt, bleibt doch zu untersuchen, ob nicht auch natürliche Ursachen dieses Wachstums hervorrufen können.

* ***P. insularis*** ENDL. (*P. Kasya* ROYLE). **NWY.**: In der wtp. St. des birm. Mons. Im Schweli—Salwin-Scheidegebirge, 25° 45′, über 2000 m, 1914 (GEBAUER). Am Salwin von 27° 58′—28° 9′, auch in der str. und tp. St. häufig, 1700 bis (an offenen Steilhängen in s und w Exposition) 3200 (ober Bahan) und 3550 m (ober Tjionatong), in den tiefen Urwäldern der Seitentäler jedoch nicht so hoch ansteigend, so im Tjiontson-lumba bis etwa 2500 m, im Doyon-lumba bis 3000 m, 24. IX. 1915 (8301). S. Naturb. a. SW-China, B. 101.

P. Massoniana LAMB. (*P. sinensis* LAMB., cfr. REHDER in Journ. Arn. Arb., VII, 22). In der str. und dem unteren Teile der wtp. St. vielfach Wälder bildend auf Kalk und kalkfreien Gesteinen, 35—800 m in **H.** zwischen Tschangscha, Yungdschou (11331) und der SW-Grenze gegen Liping fast überall, auch oft aufgeforstet, am Djinscha-djiang auf den Hügeln unterhalb Yodschou, in **Kw.** allmählich höher ansteigend, um Guiyang bis 1250 m (10476), nach W an meinem Reisewege nur bis in die Gegend des Flusses gleich jenseits Tschingdschen, hier nur mehr spärlich.

WILSON fand diese Art nur auf kalkfreien Gesteinen (Plt. Wils., II, 15); in dem von mir bereisten Gebiete aber ist sie nicht auf solche beschränkt, denn es ist nicht anzunehmen, daß ich die durch die viel dünneren, dunkleren Nadeln von den aus Yünnan gewohnten Föhren verschiedene und sehr konstante Pflanze vermischte. An meinem Wege durch West-Guidschou ist zwischen den Verbreitungsgebieten der beiden eine lange Strecke, auf der ich keine bemerkte. Nach Yünnan kann *P. Massoniana* wohl nur (vielleicht) von Kwanghsi aus ein wenig hineinreichen. LIMPRICHTS Nr. 258 ist nicht diese, sondern *P. tabulaeformis*.

P. Armandi FRANCH. Auf den verschiedensten Gesteinen in der wtp. und tp. St. bald zerstreut, bald ein wichtiger Bestandteil der Mischwälder, selten reine Haine oder Wälder bildend, von 1700 (in den Gebirgstälern entsprechend höher) bis 3350 m. **Y.**: Von Djiangdi, Yiliang und Yünnanfu (118, 1983) über Sanyingpan (667), Fumin und Dali bis Yungning, Meti bei Dschungdien, Schuba und ins birm. Mons. unter den Doker-la an der tibetischen Grenze, ins Salwin-

Tal bei Bahan (9932) und an seine w Lehne ins Tjiontson-lumba und unter Niualo, 28° 5′; Wäldchen bildend z. B. auf dem Rücken e Magai bei Luliang und vielfach oberhalb Dali. **S.**: Um Muli, sehr viel z. B. bei Hwayi, überall zwischen Yungning und Yenyüen, unter Bitji in 3325 m Höhe fast reinen Wald mit Bambusunterwuchs bildend, um Kwapi (2500, 2864) und jenseits des Yalung bei Molien und Ngaitschekou (2603), zwischen Huili und Yimön, bei Gungmuying im Djientschang Wälder bildend in der str. St. wenig über 1300 m. Im Walde des Soso-liangdse im Lolo-Lande e von Ningyüen (1674). SW-**Kw.**: Zerstreut auf dem Passe zwischen Djiangdi und Hwangtsaoba.

* ***P. excelsa*** WALL. NW-**Y.**: In der wtp. St. des birm. Mons. und bis in die str. herab am Djiou-djiang (Taron, e Irrawadi-Oberlauf) auf Granit und Glimmerschiefer in seinem linksseitigen Seitentale Naiwanglong, 5. VII. 1916 (9142) und ober dem Dorfe Schutsche, 27° 53′, 1900—2350 m, häufig in der *Pteridium*-Wiese an ausgesetzten Steilhängen, die Schluchten vermeidend, aber auch eingestreut in den Mischwäldern. S. KARSTEN und SCHENCK, Vegetbild., 17. R., H. 7/8, Taf. 37b.

Taiwania HAY.

* ***T. cryptomerioides*** HAY. NW-**Y.**: In den wtp. Mischwäldern des birm. Mons. an der w Lehne des Tales des Lu-djiang (Salwin), 27° 58′—28° 4′, auf Granit sowohl an oft felsigen Steilhängen als in der Sohle der Trogtäler, nur in ihren äußeren Teilen, und zwar im Tjiontson-lumba unterhalb Tschamutong von etwa 2250—2550 m, 28. VI. 1916 (8915) und im Tale unter dem Gomba-la vom Lissu-Dorfe Niualo einwärts und gegenüber noch etwas außerhalb dieses, gegen 2200—2300 m, 12. und 13. VII. 1916 beobachtet und 14. VIII. von Einheimischen mit Zapfen gesammelt (9664). S. KARSTEN und SCHENCK, l. c., Taf. 40a.

Der interessante Baum, nach WILSON einer der größten Nadelbäume überhaupt, wird in Yünnan höchstens von *Abies chensiensis* erreicht und mag sogar über 70 m hoch werden. Für genauere Schätzung fehlten mir leider Anhaltspunkte. Erwachsene Bäume sind weit hinauf astlos, die Äste stehen wagrecht ab und erreichen gewaltige Länge, doch gibt es auch mehrwipfelige Exemplare, indem einige Äste sehr bald sich kandelaberartig aufrichten; ich photographierte ein solches mit vier Wipfeln. Die Rinde ist grau, glatt, schließlich etwas der Länge nach spaltend, so daß der Habitus einer *Cryptomeria* zustande kommt. Doch liegt die Verwandtschaft bei *Athrotaxis*, wie SORGER (Österr. bot. Zeitschr., LXXIV, 81—102) nach meinem Material nachgewiesen hat, wo auch einige fehlerhafte Angaben über den Blütenbau berichtigt sind. Junge Exemplare tragen ausschließlich die Nadelblätter, die sie mit *Cryptomeria* geradezu verwechseln lassen.

Cunninghamia R. BR.

C. lanceolata (LAMB.) HOOK. (*C. sinensis* R. BR.). Wild vielleicht nicht außerhalb des mittelchin. Fl. Hier in der str. und wtp. St. auf Kalk, Schiefer und Sandstein in **H.** von 50—1400 m an allen meinen Reisewegen (11563), manchmal reine Wälder bildend, die jedoch oft sicher aufgeforstet sind, doch zweifellos an vielen Stellen auch wild, in **Kw.** im SW. bis 1760 m auf dem Passe zwischen Hwangtsaoba und Djiangdi (10249) und ebenfalls fast überall an meinem

Wege über Gwanling, Nganschun, Guiyang, Guiding, Duyün, Badschai, Sandjio und Gudschou nach Liping, dann im W bei Liangtoho, 2100 m (Schoch 392), auch vielfach zweifellos wild, so bei Daschuikou Mischwald mit *Cupressus funebris*. In **Y.**: Nur im E, vielleicht noch wild auf dem Gebirge zwischen Djiangdi und Bantjiao mit *Pinus Armandi* und *yunnanensis*, sehr viel im Senkungsfeld von Loping, vielleicht noch wild auf dem ersten Rücken w von Sidsung, nur gepflanzt auf den westlicheren gegen Magai, 2200 m. **S.**: Vereinzelte reine Wäldchen bildend unterhalb Gobankou bei Dötschang („Tetschang") im Djientschang, 1600 bis 2100 m (1189). Ebenso bei Samuping in einem Seitentale des Yalung gegen Yenyüen, 2100 m. Einzeln zwischen Hohsi und Djiuba-se sw von Ningyüen, 2100 m; wohl alles nur gepflanzt.

Ephedraceae

Ephedra L.

E. equisetina Bge. NW-**Y.**: Bei Lidjiang („Likiang"), von Einheimischen (3784). **S.**: In der ktp. Modermatte auf der Hochfläche des Liuku-liangdse, 3700—4200 m (2344), und auf dem Passe Linbinkou, 3150 m (2420) zwischen Yenyüen und Kwapi, 27° 48′, über Kalk.

Die Art ist bisher noch nicht südlich von Kansu angegeben. Zu ihr gehört auch Limprichts Nr. 1950 (als folgende).

E. Gerardiana Wall. **var. *sikkimensis*** Stapf. NW-**Y.**: Bei Lidjiang, von Einheimischen (3575). Unter den obersten Bäumen an der Westseite des Gebirges Piepun se von Dschungdien („Chungtien"), Sandstein, 4200 m (4674).

Ephedra wurde ferner beobachtet in **Y.** auf dem Berge Lamatso zwischen Dschungdien und Yungning, 3000 m, in **S.** bei der Alm Bädö, 3900 m, und gegenüber dem Lagerplatze Tschako, 4100 m, über Muli. Die Notizen lassen sich bestimmten Arten nicht zuweisen.

Dicotyledones

Monochlamydeae

Betulaceae

Betula L.

* ***B. cylindrostachya*** Wall. NW-**Y.**: An offeneren Stellen der Wälder in der str. St. des birm. Mons. in der Seitenschlucht Naiwanglong des Taron (Djiou-djiang, e. Irrawadi-Oberlaufes), 6. VII. 1916 (9408) und bei der Brücke von Sitjitong am Salwin, 27° 52′—28° 4′, Schiefer, 1725—2150 m. Im Walde an der Grenze der wtp. und tp. St. bei Tschada am Wege von Djitsung am Djinscha-djiang („Yangtse-kiang") nach Kakatang unterhalb Weihsi im Mekong-Gebiete, 27° 23′, Sandstein, 2800 m, 29. VIII. 1915 (7878)?

Die nr. 7878 besteht aus Stücken, die leider nebst einer Anzahl anderer Pflanzen vom Dschungdien-Hochlande und der Reise von dort zum Mekong durch Eindringen von Wasser in eine Kiste stark beschädigt wurden, gehört aber höchst wahrscheinlich auch hierher. Mit der aus demselben Bachgebiete beschriebenen *B. riparia* W. W. Sm. hat sie jedenfalls nichts zu tun. Die Angaben Schneiders (Plt. Wils., II., 466) über die Verbreitung von *B. cylindrostachya* sind mangelhaft, denn sie liegt in unserem Herbar, von H. Winkler richtig bestimmt, aus Khasia, Sikkim und Nepal vor. Auch erwähnt er nicht den guten Unterschied gegenüber *B. alnoides* in der Länge der Blattstiele.

B. luminifera H. Winkl. In Gebüschen und einzeln in der Buschwiese der wtp., sehr selten auch der str. St., auf Tonschiefer, Sandstein und Kalk, (350—) 500—2100 m. **Kw.**: Beim Dorfe Liangtoho (Schoch 395). Im Föhren-Erlen-Mischwalde zwischen Hwangtsaoba und Djiangdi (10256). Vielfach am Wege von dort über Nanmutschang zum Hwatjiao-ho, gegen Dschenning, zwischen Tschingdschen und Guiyang (Kweiyang) und weiter bis Guiding. Am Du-djiang unterhalb Sandjiang und auf dem Baotie-schan bei Gudschou, gegen Liping. SW-**H.**: Auf dem Übergang zwischen Laowutang und Hsüning am Wege Dsingdschou—Wukang.

B. Baeumkeri H. Winkl. **Y.**: Beyendjing („Pe-yen-tsin") halbwegs zwischen Tschuhsiung und Yungbei, in Wäldern bei Hsiungkwai (Ten 314). **S.** ?: Urwald des Soso-liangdse im Lolo-Lande e von Ningyüen (Schneider 1056, nur beblätterte Zweige).

Es lagen, von Ten gesammelt, drei reichlich Fruchtkätzchen tragende Zweige vor. An einem derselben fand sich ein Paar solcher, an einem anderen zwei Paare, sonst standen alle Kätzchen einzeln. Von der Originalbeschreibung, die nach Delavays wohl aus demselben Gebiete stammender Pflanze verfaßt wurde, weichen sie durch folgendes ab, beziehungsweise gehen sie über ihre Grenzen hinaus: Folia usque ad 3,8 cm lata, etiam ovata, dentibus ipsis indistinctis, apiculis cartilagineis pronis ½ — vix 1 mm longis terminatis dense simpliciter serrata, juvenilia utrinque dense hirsuta, nervis utrinsecus 8—11 tenuibus valde patulis; petioli usque ad 11 mm longi. Pedunculi 7—11 mm longi. Amenta fructifera densissima, (2,7—) 5—7 cm longa. Bracteae 2 mm longae, saepe ultra medium trilobae tantum, lobo laterali saltem altero saepe obsoleto.

Die Art ist besonders auffällig durch die gänzlich zwischen den Früchten versteckten Brakteen.

B. utilis D. Don. NW-**Y.**: Mit Tannen und Weiden in der ktp. St. unter dem Doker-la zwischen Mekong und Salwin, auf Granit, 3800—4150 m (8112). Hierher wohl die anderen Notizen aus derselben Kette beiderseits des Si-la und Schöndsu-la und ober Tjionatong in die tp. St. bis 3300 m herab, am Hange des Irrawadi-Tales über dem Naiwanglong über 3200 m viel und über Schutsche um 3100 m, beiderseits des Passes Lenago zwischen Mekong und Djinschadjiang („Yangtse"), 3550 bis gegen 3700 m, und vielleicht (wenn nicht zu *B. Forrestii*) vom Dschungdien-Hochlande vom Westhang des Nguka-la unter 3775 m, den Pässen Schulakadsa und Gitüdü, um 4000 und bei 3400 m, bei Anangu und vom Berge Lamatso, 3200 m, e von dort. **S.**: In Gebüschen der ktp. St. unter dem Passe Döko sw von Muli, Tonschiefer, 3650 m (7423).

B. albo-sinensis Burk. **S.**: In der tp. St. des Daliang-schan (Lolo-Landes) e von Ningyüen bei Alami (Schneider 933), zwischen Lolokou und dem Passe Dsiliba, 3100—3300 m (1758) und im Hochwalde des Soso-liangdse, 2600 bis 2800 m (1679; Schneider 1024), beide auf Sandstein. Ober Hungga zwischen

Yenyüen und Yungning, gegen 3500 m und zwischen Woloho und Tschoso dort (SCHNEIDER 1581) ebenso. NW-Y.: Bei Lidjiang am Rande des alten Seebeckens Gaba und am Abstiege von dort zum Beschui in Wäldern auf Kalk, um 3000 m.

B. Delavayi FRANCH. In Mischwäldern auf Kalk bei Kwapi n von Yenyüen, 27° 53', in der wtp. St., 2750 m (2404; SCHNEIDER 335, 3562) und häufig in der tp. St. besonders um Liuku bis über 3400 m (2400), wohl auch ober Gwandien und jenseits des Yalung oberhalb Ngaitschekou auf Schiefer, 3300 bis gegen 3700 m.

Brakteen auch auf der Fläche langhaarig. WINKLER schreibt solche Behaarung nur der Spitze des Mittelzipfels zu, doch zeigt sie seine Abbildung bis gegen den Grund. Die Identität meiner Nr. 2400 mit dem Original, das sich in etwas weniger entwickeltem Zustande befindet, wurde von H. GAGNEPAIN festgestellt, während er ebenso wie ich meine Nr. 4165 für spezifisch verschieden hält (s. die folgende).

B. Forrestii (W. W. SM.) HAND.-MZT. (*B. Delavayi* var. *Forrestii* W. W. SM. in Not. B. G. Edinbgh., VIII., 332 [1915]). S.: In Bambusbeständen der tp. St. am Nordhang des Dadjin zwischen Yenyüen und dem Yalung, 27° 31', auf Sandstein, 3200—3400 m (2168; SCHNEIDER 4127). Einzeln im Bachgerölle unter Betiaoho n von Yenyüen, 2900 m (ob diese ?). NW-Y.: An buschigen Hängen, in offenen Föhrenwäldern, seltener in üppigeren Waldbeständen in der tp. und ktp. St. des Yülung-schan bei Lidjiang auf Kalk, 2950—3550 m: Bei Ngulukö (3500) und gegen das Beschui (4165), ober jenem Dorfe und in der Schlucht Lokü, am Osthange des Gebirges (SCHNEIDER 1901, 3418; FORREST 22230).

— — **var. *calcicola*** (W. W. SM.) HAND.-MZT. (*B. Delavayi* var. *calcicola* W. W. SM. l. c. 333). NW-Y.: Bei Lidjiang, von Einheimischen (3924; SCHNEIDER 3393, 3455), von mir auf dem Gipfel des Lojatso e des Yülung-schan auf dürrem Kalkgestein der ktp. St., 3625 m, gesehen.

Bracteae fructiferae vix 5 mm longae, longitudine sua fere latiores, lobis tribus subaequilongis, latis, late rotundatis, basi stipitis et marginibus tantum hic illis hirsutulae.

W. W. SMITH hält den Typus der *B. Delavayi* für intermediär zwischen seinen beiden Varietäten, doch weicht dieser durch seine viel kleineren Kätzchen mit viel schmäleren und zarteren Brakteen so weit ab, daß ich GAGNEPAINS Meinung teile, nach der es sich in *B. Forrestii* um eine verschiedene Art handelt, zumal da Mittelformen nicht vorliegen. Ihre Blätter werden bis 8 cm lang. Die Varietät stellt, so sehr auch ihre Brakteen abweichen, sicher nur eine extreme Standortsform dar. Mit *B. Potaninii* BATT., zu der SCHNEIDER (Plt. Wils., II., 479) Beziehungen vermutet, hat sie keine nähere Verwandtschaft, denn sie hat nur ausnahmsweise bis 14 Paare von Seitennerven. Ob ein Teil der oben auf *B. utilis* bezogenen Notizen vielleicht zu *Forrestii* gehört, kann ich leider nicht sagen.

B. japonica SIEBD. **var. *szechuanica*** SCHNDR. In Wäldern und freistehend in Wiesen der tp. St. auf Sandstein, Schiefern und Kalk, 2700 bis über 3600 m. NW-Y.: Besonders auf dem Hochlande von Dschungdien bei Beischaogo im Sumpfe und im Buschwalde darüber (7772), überall um Hsiao-Dschungdien, und Alo (4609), Tomulang und Dugwantsun, bei Baoschi Haine bildend, Sattel

Gitüdü bei Anangu am Bache. Wenig ober Londjre gegen den Schöndsu-la in der Mekong—Salwin-Kette. Ober Tsasopie n von Lidjiang. **S.**: Wälder zwischen Liuku und Kwapi n von Yenyüen (SCHNEIDER 1320). In der Ebene und an den Berghängen um Lanba im Lolo-Lande e von Ningyüen (1538). Hierher auch LIMPRICHT 1891 (als *B. utilis*).

Birken wurden ferners beobachtet in **NW-Y.** in Wäldern ober Mudidjin und Sandjiaho s von Yungning, 3100—3400 m, auf dem Berge Schusutsu bei Bödö, 3750 m, auf dem Litiping zwischen Weihsi und dem Djischa-djiang und in **S.** auf den Rücken zwischen Woloho und Gaitiu (Yenyüen—Yungning) um 3400 m. Die Notizen lassen sich nicht mit einiger Sicherheit zuweisen.

Alnus GAERTN.

A. cremastogyne BURK. **S.**: An Bächen der str. St. bei Dötschang („Tetschang") im Djientschang („Kientschang"), Sandstein, 1450—1800 m (1196).

Da die ♀ Blütenkätzchen auffallend lang gestielt sind, muß man die vorliegende Pflanze wohl zu dieser Art stellen, obwohl keine reifen Früchte vorhanden sind. Die Behaarung der Zweige, jungen Blätter, Blatt- und ♀ Blütenstandstiele ist viel schwächer als bei der folgenden und *A. lanata* Duthie. Die ♂ Blüten scheinen nicht oder kaum verschieden zu sein, aber ihre Kätzchen werden bis 7 cm lang, dabei nur c. 2,5—3,5 mm dick und besitzen 6—10 mm lange Stiele mit 1—3 kleinen Hochblättern, während sie bei *A. Ferdinandi-Coburgii* nur c. 4 cm Länge bei 5 mm Dicke erreichen und nur 1 mm lang gestielt sind. SCHNEIDERS Nr. 709, von der ein reifer Same vorliegt, und 731, beide ebenfalls von Dötschang, scheinen jedoch eine Mittelstellung einzunehmen.

A. Ferdinandi-Coburgii SCHNDR. in Bot. Gaz., LXIV., 147 (1917). **NW-Y.**: In der wtp. St. auf Kalk und Sandstein überall bei Bidjigwan nächst Yünnanfu (SCHNEIDER 122), zwischen Baodu und Piyi am Wege von Yungning nach Yungbei, 2300—2800 m (3221). **S.**: An Bächen und Berghängen in der str. St. bei Ningyüen häufig, Sandstein, 1650 m (1315), im Moor auf dem Schaoschan se von dort, wtp. St., 2675 m (1363) und bei Sikwai im Lolo-Lande (SCHNEIDER 968).

** ***A. trabeculosa*** HAND.-MZT. in Sitzgsanz. Ak. W. W., 1922, 51.

Syn.: *A. Jackii* HU in Journ. Arn. Arb., VI., 140 (1925); REHDER, l. c., VIII., 96 (1927).

H.: An Bächen auf Kalk und Sandstein in der str. St., 50—380 m. Um Wadsiping und Daloping zwischen Hsianghsiang und Ninghsiang, 4. V. 1918 (11723). Unterhalb Tienhsin, 30. V. 1918 (11970) und bei Niaoschuhsia zwischen Hsinhwa und Baotjing.

Von *A. Jackii* liegt mir WULSINS Nr. 1514 (coll. CHING) vor, die mit meiner Art vollkommen übereinstimmt. Ich hatte sie, da mir nur im Frühjahre gesammeltes Material ohne ♂ Blüten und Zweigknospen vorlag, nicht richtig eingereiht. Sie steht *A. japonica* SIEBD. et ZUCC. außerordentlich nahe, doch sind ihre Blätter im allgemeinen kleiner, 30—86 (—110) mm lang, mit 7—17 (also verhältnismäßig vielen) Nervenpaaren, deren mittlere voneinander 3—9 mm weit abstehen, gegenüber 47—120 mm Länge mit 7—12 Nervenpaaren, deren mittlere 4—18 mm abstehen, bei jener. Wesentlicher verschieden ist der Blattgrund, nämlich nicht keilförmig, sondern im allgemeinen bedeutend stärker abgerundet, oft fast herzförmig. Eine vollständige Beschreibung mag nicht überflüssig sein, wobei aus den zitierten Beschreibungen Ergänztes, von mir selbst nicht Gesehenes in Klammern gesetzt ist:

Arbor spectabilis partibus juvenilibus parcissime puberulis, mox praeter barbas minutas in axillis nervorum glaberrima, valde ramosa, ramis crassiusculis griseo-corticatis, annotinis angulatis lenticellis minutis pallidis breviter ellipticis dense verruculosis. Folia decidua, chartacea, elliptica, (ovata) vel elliptico-obovata, 3—7,5 (—11) cm longa et longitudine sub 2 — sub 3^{plo} angustiora, breviter acuminata, basi rotundata vel rarius late cuneata vel in surculis elongatis etiam breviter cordata, toto margine breviter sed saepe duplicato-serrata, exsiccando atrata saepe subtus paulo magis rufescentia subtilissime et dissite papillosa et primum parcissime glandulosa, costa supra impressa subtus cum nervis utrinsecus (7—) 9—17 sub angulis $\pm 45^0$ abeuntibus strictis in dentes maiores exeuntibus argute prominua et fulvescente; trabeculae obliquae, numerosae, subirregulares et saepe venae maiores utrinque prominuae; venularum rete densissimum utrinque fusculum; petiolus tenuis, lamina 4—5^{plo} brevior, supra in sulco angusto puberulus. Stipulae deciduae, brunneae, lanceolatae, 5 mm longae, glabrae. Amenta ♂ 5—6na, cylindrica, autumno c. 2 cm longa, resinosa, pedunculis erectis, 8 mm longis. Amenta ♀ prope apices ramulorum annotinorum 2—4, ex axillis foliorum delapsorum singula, immatura in pedunculis 8—15 mm longis lepidoto-glandulosis apice bracteolis paucis deciduis breviter ovatis praeditis erecta, densissima, $\pm$ 10 mm longa, 3 mm crassa, bracteis crassis semiorbicularibus, (matura pedunculis usque ad 2 cm longis, ovoidea vel ellipsoidea, c. 2 cm longa et 1,2 cm diametro, bracteis apice truncatis, breviter lobulatis, c. 5 mm longis et 7 mm latis). Styli subulati, ½ mm longi. (Semina orbicularia, compressa, c. 3,5 mm diametro, apice acutiuscula, margine coriaceo angusto, nitida, castanea.)

A. nepalensis D. Don. **Y.**: In Wäldchen besonders an feuchten Stellen der Hänge und wohl auch diese in Brüchen auf verschiedensten Gesteinen in der wtp. und bis in die tp. St., 1800—3150 m, doch in den Notizen nicht von *A. Ferdinandi-Coburgii* getrennt und daher die Verbreitung insbesondere im bereisten Teil von S. fraglich. Überall um Yünnanfu (Schneider 224) bis Sangtang (1985), Hsinlung, Sanyingpan und Schalungschu, Fumin und an der Straße nach Dali. Beyendjing (Ten 314). Überall um Yungbei. Im birm. Mons. um Bahan, am Alülaka und streckenweise häufig im Tjiontson-lumba im Salwin-Tale, im Naiwanglong und um Schutsche am Djiou-djiang, an seiner Grenze auf dem Passe Akelo n von Weihsi im Walde mit Föhren und Eichen. Bei Tengyüeh (Schneider 2633). Auf dem Passe s von Möngdse. Bei Daschan e von Yiliang, reichlich und sehr viel bis Loping, 1600 m. **S.**: Im W ober Dötschang im Djientschang am Bache (Schneider 769). **Kw.**: Zwischen Djiangdi und Hwangtsaoba viel, auch mit *Pinus yunnanensis*, weiter e zwischen Hsindwen und Wandwen um 1500 m. Zwischen Lungli und Malung (Schoch 16). In der str. St. selten in Wäldern am Flusse unterhalb Sandjio, Schiefer, 350—400 m (10825).

Carpinus L.

* ***C. viminea*** Wall. **NW-Y.**: In der wtp. St. an der Grenze des birm. Mons. am Bache zwischen Mbädjü und Tschada in der Mekong—Yangtse-Scheidekette

am Wege von Djitsung nach Kakatang, 27° 24—28′, Sandstein, 2600—2800 m, 29. VIII. 1915 (7876).

Die große Variabilität der Fruchtflügel läßt sowohl die SCHNEIDERschen (Ill. Handb. Laubhzkd., II., 894) als die von diesem bestrittenen WINKLERschen (Pflzr. IV./61, 32) Angaben richtig erscheinen.

** ***C. Monbeigiana***[1] HAND.-MZT. in Sitzgsanz. Ak. W. W., 1924, 162.

Sect. *Eucarpinus* SARG.

Arbor parva ramulis tenuibus, juvenilibus spadiceis, ± subsericeo-pubescentibus, mox glabris fuscis, lenticellis parvis breviter ellipticis albidis notatis. Perulae fugaces, crustaceae, ovatae, 7—8 mm longae, brunneae, marginibus tantum molliter ciliatae, extimae brevissimae. Folia elliptica vel ovato-lanceolata, 5,8—8 cm longa et longitudine 2—2³/₄plo angustiora, subcaudato-acuminata, basi obtusa vel rotundata vel paululum cordata, ramulorum infima etiam minora et late cordato-ovata; toto margine (ad basin minus) duplicato (nec autem lobulato-) serrata, serraturis rectis crasse saepeque sat longe mucronatis, decidua, rigidule herbacea, supra opaca atroviridia, costa et juvenilia medio inter nervos parce sericea, subtus paulo pallidiora, nitidula; costa nervique utrinsecus c. 14 sub angulis 30—35° abeuntes recti supra plani subtus rubescentes prominui, (demum parce) sericei; venulae densissime reticulatae in sicco utrinque prominulae et glandulae densissimae pellucidae conspicuae; petiolus 6—10 mm longus, validiusculus, brevissime hirtellus et insuper longius sericeus. Stipulae serius deciduae, membranaceae, lanceolatae, 9—16 mm longae, acutae, pallidae, striatae, parce ciliatae. Amenta ♂ sessilia, 4 cm longa, 1 cm crassa, laxiuscula; bracteae late ovatae, naviculares, 6—7 mm longae, subpatulae, ceterum stipulis similes; antherae latae, 1,5 mm longae, antice longe flavidobarbatae, filamentis brevissimis. Amenta ♀ stipitata, laxiuscula, 1½—3 cm longa, bracteis lineari-lanceolatis, patentibus, 7—9 mm longis ciliatis; rhachis et prophylla 2 mm longa ovata lobulata praeter apices et ovaria longe albo-hirsuta. Amenta fructifera in pedunculis 1,5—2 cm longis laxiuscula, 5 cm longa; bracteae stipitibus crassis adpressis 3—4 mm longis suffultae, patentes, latius angustiusve semiovatae, 16—21 mm longae, acutae vel obtusae, basi subtruncatae, margine interiore integrae vel paucidenticulatae, exteriore parce usque duplicato- et inferne sublobato-serratae, prophyllis lobulos brevissimos formantibus, basi 3—5 nerviae, nervis secundariis paucis obliquis, omnibus sericeo-strigosis, venulis crassis valde reticulatis; nuculae 4—5 mm longae, subtilissime papilloso-velutinae, nervosae, resinoso-punctatae.

NW-Y.: In Wäldern und Gebüschen der wtp. St. auf Sandstein und Mergel ober Schidsilu n von Yungbei („Yungpeh"), 30. VI. 1914 (3324) und zwischen Dawan und Gwanyilang w von hier, 3. VII. 1914 (3431; SCHNEIDER 1752); 2400—2600 m. Sicher am Mekong (MONBEIG 1908), dort in der str. St. unter Gangpu von mir 1915 mehrfach gesehen, auf Schiefer, um 1900 m. Chienchuan—Mekong divide, 26° 30′ N, 99° 40′ E, 10000′ (FORREST 22030). Hierher wohl auch die in trockeneren str. Wäldern des birm. Mons. am Salwin mehrfach zwischen Tschamutong und Tjionatong und bis unter Niualo, 1700—1900 m, vorkommende Hainbuche.

[1] In memoriam collectoris missionarii T. MONBEIG eiusque fratris comitis erga me nominata.

Species positione ambigua, bracteis *C. laxiflorae* Bl. eiusque varietatum, cuius autem folia forma diversa remotinervia et petioli longiores tenuiores nuculaeque glabrae; bracteae latitudine fere *C. Turczaninowii* Hce. bracteas aequant, sed multo magis incisae sunt foliaque diversissima et nuculae velutinae. Certe affinis *C. viminea* Wall. foliis praeter caudam longiorem omnino congruens sed nuculis glabris et bractearum lobis quamvis valde variabilibus tamen semper aliis diversa.

Schneider hatte seine Nr. 1752 als *C. Seemeniana* Diels bestimmt, doch hat diese kürzer zugespitzte Blätter mit ganz anderer Zähnung und ist nicht nahe verwandt. Die doppelte Zähnung wird bei meiner Art selten und nur streckenweise undeutlich.

C. Turczaninowii Hce. In Wäldern an der Grenze der wtp. und str. St. **S.**: Oberhalb Otang (2743; Schneider 3567) und bei Kwapi (Schneider 1343) am Yalung n von Yenyüen, Phyllit, 2600 m. **E-Y.**: Auf dem Hügel bei Bantjiao unter Loping, Kalk, 1550 m (10222).

Schneiders Exemplare entsprechen in den Blättern besser der **var. *ovalifolia*** Winkl. Von seiner Nr. 3567 sah ich eine Zeichnung der sehr spärlich gefundenen Früchte mit der Bemerkung, daß die Nuculae sehr fein behaart sind. Wenn dieses Merkmal konstant ist (s. aber var. *firmifolia* Winkl.!), handelt es sich wohl um eine nahe verwandte neue Art.

C. Fargesiana Winkl. **Kw.**: Auf Kalk, Sandstein und Quarzit in Wäldern der Hügel und Schluchten der wtp. St. oft häufig, 660—1250 m. Tschwenningschan (10510) und Dung-schan (10549) bei Guiyang („Kweiyang"). Von Wongtschengtjiao gegen Guiding, bei Madjiadwen und gegen Gudong, bei Dodjie zwischen Duyün und Badschai. Zwischen Matang und Ludwan am Wege von Gudschou nach Liping.

An einem von Schneider und Winkler als *C. Seemeniana* bestimmten, noch nicht ganz reifen Stücke von Wilsons Nr. 1170 im Wiener Herbar finde ich die Nüßchen kahl und halte es für zusammengehörig mit dem reiferen richtig als *Fargesiana* bestimmten. Ein drittes Stück dieser Nummer, das Winkler als *Henryana* bestimmte, hat wesentlich anders behaarte Blattstiele und Blattunterseite; Form und Zähnung stimmen aber völlig überein, die Nüßchen sind ausgefallen. Zu *Henryana* gehört es wegen der ausgesprochen doppelten Zähnung entschieden nicht; wenn die Früchte kahl sind, wohl zu *Turczaninowii.*

** ***C. Handelii*** Rehd. in Journ. Arn. Arb., I., 59 (1919). **H.**: In Wäldern auf Kalk der str. St., 400—550 m. Bei Djintie-se, 14. VIII. 1917 (11248), Hwalinse und Wangdjiapu zwischen Hsinning und Dungngan. Unter Tungdjiapai, 20. V. 1918 (11884) und vielleicht diese bei Tindjiatang nächst Hsikwangschan im Bezirke von Hsinhwa.

C. Seemeniana Diels. **H.**: Auf Kalk in der wtp. St. jenseits des Passes Duschu-ling bei Hsikwangschan, 750 m (11932).

C. polyneura Franch. **H.**: In Waldschluchten auf Sandstein in der wtp. St. bei Ngandjiapu nächst Hsikwangschan, 700 m (11795).

Ostrya Scop.

***O.* sp. S.**: An bebuschten felsigen Hängen auf Kalk in der str. St. südl. oberhalb Lumapu an einem Zuflusse des Yalung gegen Yenyüen, 27° 37′, 1950 m (2065).

Leider nur mit eben abfallenden ♂ Blütenkätzchen. Durch die langen, schmalen, unterseits dicht behaarten Blätter mit keinem anderen von mir gesehenen Exemplare aus der Gattung stimmend.

Ostryopsis Decne.

O. Davidiana Decne. var. ***cinerascens*** Franch. In trockenen Gebüschen der str. St. auf Phyllit und kristallinischen Gesteinen, 900—2500 m. **Y.**: Mekong und Yangtse-Tal, um 27° 45′ (Gebauer), dort bei Guta, 28° 9′, hier im Seitentale unter Ronscha sehr viel, 27° 44′. Zwischen Homöndschang und Bödschagwan in der Seitenschlucht des Djinscha-djiang n von Yünnanfu (700). **S.**: Oberhalb Otang unter Kwapi am Yalung n von Yenyüen (2745). Lumapu (Schneider 1152) und Schahsinpu ne von hier.

O. nobilis Balf. f. et W. W. Sm. in Not. R. B. G. Edinbgh., VIII., 194 (1914). NW-**Y.**: In Gebüschen auf Kalk an der Grenze der wtp. und str. St. zwischen Bödo und Waschwa se von Dschungdien („Chungtien"), 2500 m (4454). **S.**: Häufig an trockenen Hängen (Phyllit) der str. St. zwischen Otang und Datjiaoku unter Kwapi am Yalung n von Yenyüen, 2125—2375 m (2522; Schneider 1354).

Die Art variiert oft bedeutend über die Angaben der Originalbeschreibung hinaus. An niedrigen Sträuchern sind die größten Blätter oft nur 4 cm lang mit kaum 2 mm langen Stielen, unregelmäßig und stellenweise doppelt gesägt, oberseits auf der ganzen Fläche grau behaart, während der im trockenen Zustande ockergelbe Filz der Unterseite im Leben fast weiß ist, die Nebenblätter fast kahl; Fruchtähren kurz und dicht, kopfförmig, mit oft nur 7 mm langen Fruchthüllen. An anderen Exemplaren werden diese bis fast 2 cm lang. Die Nuculae sind dicht kurzhaarig.

Corylus L.

* ***C. ferox*** Wall. NW-**Y.**: Im tp. Regenmischwald des birm. Mons. im Doyon-lumba am Lu-djiang (Salwin) bis gegen den Rücken Alülaka, c. 28° 2′, 23. IX. 1915 (8324) und wohl auch diese zwischen dem Passe Tschranalaka und der Alm Doschiratscho am Aufstiege vom Mekong zum Si-la. Schiefer; 3100 bis 3200 m.

Die Blattform des vorliegenden großen Strauches entspricht vollkommen jener der *C. tibetica*, doch ist die Fruchthülle wesentlich verschieden. Ihre Dorne bilden keinen unentwirrbaren Knäuel, sondern der ganze untere Teil jeder Cupula ist frei zu sehen und die Dorne sind nicht länger als dieser.

C. tibetica Bat. **S.**: In Gebüschen der oberen wtp. und unteren tp. St. auf Sandstein und Kalk, 2600—3050 m. Oberhalb Döm (1629) und am Sosoliangdse (Schneider 1057) im Lolo-Lande e von Ningyüen (Lingyüen). An den Osthängen des Sandao-schan, 27° 31′ (5577), ober Niutschang, 27° 21′, und um den Paß Linbinkou, 27° 46′ (2843), zwischen Yenyüen und dem Yalung. **Y.**: Nigu bei Beyendjing (197; Ten 410).

Die Winklersche, von Schneider übernommene Abbildung stellt offenbar diese und nicht die vorige Art dar. Die Blätter meiner Pflanze gleichen ganz der echten *ferox*, sind am Grunde sogar noch stärker verschmälert, so daß darin sicher kein Unterschied liegt. Von der chinesischen Pflanze liegen mir im übrigen keine männlichen Kätzchen vor.

C. chinensis FRANCH. In Mischwäldern und an Bächen in der tp. St., mitunter durch die wtp. herab, auf Kalk, Sandstein, Tonschiefer und Granit 2400—3200 m. NW-Y.: Am Heschui n von Lidjiang (4374). Zwischen Dugwantsun und Hungschischao und um Meti (7796) an den Hängen des Dschungdien-Hochlandes. In der Yangtse—Mekong-Scheidekette am Westfuße des Litiping, mehrfach zwischen Djitsung und Kakatang und unterhalb Schuba, 27° 12—45′, bei Basulo am direkten Wege von Weihsi nach Djientschwan, 26° 55′ (10040). Im birm. Mons. beim Lagerplatze Tschoschwa und am Aufstiege zum Schöndsu-la ober Londjre in der Mekong—Salwin-Kette, 28° 11′, und im Tjiontson-lumba zwischen diesem und dem Irrawadi-Oberlaufe. S.: Bei Gwandien zwischen Yenyüen und dem Yalung, 27° 47′ (2807; SCHNEIDER 1448).

Die Nr. 7796 ist durch sehr spitze Blätter auffallend und dasselbe vermerkte ich für die Pflanzen von Schuba und dem Aufstiege zum Schöndsu-la, während mir die anderen notierten wohl nur nach den Blättern mit der gleich anzuführenden Nr. 6826 identisch schienen. Die gesammelten Früchte der Nr. 2807, deren Blätter ebenfalls mit 6826 stimmen, sind jedoch ganz gleich 7796, zweifelloser *C. chinensis*.

? C. chinensis × heterophylla NW-Y.: Im üppigen Mischwalde der tp. St. am Wege oberhalb Akalü jenseits Ganhaidse bei Lidjiang („Likiang"), auf Kalk, 2900 m, ein riesenhafter Baum, 19. VI. 1915 (6826).

Von *C. chinensis* durch viel kürzere, allerdings auch röhrenförmig zusammenschließende Involucra mit viel kürzeren und breiteren, allerdings wieder tiefer als bei *heterophylla* eingeschnittenen Zipfeln und dickere Drüsenbekleidung verschieden. Auch soll bei *chinensis* die Rinde korkig sein, während sie bei diesem Baume in Schuppen abblättert. Die Involucra sind ziemlich jung, aber es ist ganz ausgeschlossen, daß sie noch zu jenen von *C. chinensis* auswachsen würden.

C. heterophylla FISCH. var. ***yunnanensis*** FRANCH. In Gebüschen der wtp. und unteren tp. St., 1900—3200 m, auf Kalk und Sandstein. Y.: Bei Sanyingpan 26° (SCHNEIDER 411) und Babugu n von Yünnanfu, 26° 4′ (692). Beyendjing (TEN 25, 59, 66). Bei Ngulukö nächst Lidjiang besonders an den Hängen gegen das Beschui häufig (6794; SCHNEIDER 1865, 3309). S.: Überall zwischen Duölliangdse und Hungga im Becken von Yenyüen (2891). Bei Dugungpu von hier gegen den Yalung, 27° 32′ (2121). Bei Lemoka im Lolo-Lande e von Ningyüen (1567).

— — var. ***Crista-galli*** BURK. S.: In Gebüschen der tp. St. auf Tonschiefer bei Bakuwe nächst Kwapi n von Yenyüen, 27° 53′, 2800 m (2497).

Wenn man diese Varietät auf die fast kahlblätterigen Formen mit drüsenborstigen Zweigen und Blattstielen bezieht, so sind meine Exemplare sehr extrem ausgebildet.

— — var. ***sutchuenensis*** FRANCH. Kw.: In trockenen Gebüschen der wtp. St. auf Quarzit, Sandstein, Mergel und Kalk, 1300—1700 m, bei Gutscha nächst Guiyang („Kweiyang") (10479), massenhaft mit *Pteridium aquilinum* zwischen Hsintscheng (10331) und Tjiaolou, von da bis Loping in E.-Y.

Die Art ohne Rücksicht auf Varietäten wurde ferner in NW-Y. ober Duinaoko und um den Lagerplatz Rüto bei Lidjiang und mehrfach um Yungning und in S. mehrfach zwischen Yungning und Yenyüen, ober Oti und Mabaho n von hier und s von Muli beobachtet.

Fagaceae

Fagus L.

F. longipetiolata Seem. SW-**H.**: In der wtp. St. im oberen Teile des Laubhochwaldes des Yün-schan bei Wukang häufig, Tonschiefer, 1170—1400 m (11112).

Castanea Mill.

C. Bungeana Blume (*C. mollissima* Seem., Rehd., non Bl.; cfr. Nakai in Bot. Mag. Tok., XL., 585). In der wtp. und str. St. auf Kalk, Mergel und kristallinischen Gesteinen. **Y.**: 1600—2300 m, wohl nur kultiviert, überall um die Dörfer um Yünnanfu (13082), bei Dabantjiao (Schoch 355) und Loping e von dort; Beyendjing (Ten 145); bei Gwanyilang zwischen Lidjiang und Yungbei, gegen Schigu (Schneider 3223) und im Tale w von Djitsung am Yangtse-Oberlauf; im birm. Mons. am Salwin bei c. 26° (Gebauer). In **S.** wohl ebenso, 1300 bis 1980 m, bei Fongsaying s von Huili (5108; Schneider 599) und häufig im Djientschang („Kientschang") über Dötschang (1095; Schneider 796) bis Ningyüen. **H.**: Wild in der Waldschlucht von Ngandjiapu nach Lantien bei Hsikwangschan im Bezirke Hsinhwa, 400 m (11798).

C. Seguinii Dode. In Gebüschen und als Charakterpflanze der Buschwiesen in der wtp., seltener str. St., 100—1900 m, auf Kalk, Mergel, Sandstein, Quarzit und Tonschiefer, oft mit *Pteridium aquilinum* massenhaft, aber nur als Strauch. E-**Y.**: Nur im mittelchin. Fl. am Hange ober Djinsolo bei Loping (10204). **Kw.**: Von Ahung bis Hsintscheng. Nganping (Schoch 418). Gutscha (10492) und bis Gwanyinschan bei Guiyang (Kweiyang). Zwischen Duyün und Badschai zwischen Gudschou und Liping. **H.**: Dsingdschou. Zwischen Ngaidso und Pukai am Wege von hier nach Wukang. Auf dem Yün-schan dort (12533). Tschangscha.

C. Henryi (Skan) Rehd. et Wils. In Wäldern der wtp. St. auf Mergel, Sandstein und Tonschiefer, 500—1350 m. SE-**Kw.**: Auf dem Baotie-schan bei Gudschou (10894). **H.**: Yün-schan bei Wukang, mehrfach, erst von 1180 m aufwärts (12067). Um Hsikwangschan bei Hsinhwa auch in Gebüschen (11858). NE-**Y.**: Dschenfungschan, Hügel, 750 m (Maire: Hb. Wien).

Castanopsis Spach.

C. hystrix Hook. f. et Ths. SE-**Kw.**: In trockenen Wäldern der wtp. St. auf Silikatgestein und Mergel zwischen Gudschou und Liping, 600—950 m (10940). SW-**H.**: In der str. St. zwischen Dsingdschou und Moschi, um 400 m. **Ki.-F.**-Grenze: Auf dem Dunghwa-schan zwischen Schitscheng und Ninghwa, c. 1000 m (Plt. sin. 309).

C. Fargesii Franch. **H.**: Im Hartlaubwalde der str. St. auf dem Yolu-schan bei Tschangscha, Sandstein, 200 m (12841).

An meiner Pflanze, an Mells Nr. 615 aus dem n Kwangtung sowie der von Diels nicht gesehenen Nr. 616 Bock und Rosthorns aus **S.-S.** liegen keine Blüten oder Früchte vor. Untereinander stimmen alle überein und sind ausgezeichnet durch die schmalen, unterseits stark bräunlichen Blätter, deren Seitennerven unter sehr großen Winkeln abstehen, viel größeren als bei *C. tribu-*

loides (SM.) DC. vorkommen. Das Original hat etwas zahlreichere unter ± 50⁰ abstehend.

C. caudata FRANCH. (*C. asymetrica* LÉVL., Fl. Kouy-Tch., 125 [1915]). SW-**H.**: Einzeln am Waldrande auf dem Rücken des Yün-schan bei Wukang sw über dem Tempel Gwanyin-go, wtp. St., Tonschiefer, 1300 m (12221). **Ki.-F.**-Grenze: Dunghwa-schan zwischen Schitscheng und Ninghwa, c. 1000 m (Plt. sin. 284). **Kw.**: (CAVALERIE 1065 p. p.); Tschwenning- („Kienlin-") schan bei Guiyang (CHAFFANJON in BODINIER 2078, 2235).

Steht *C. tribuloides* (SM.) DC. zunächst und unterscheidet sich durch kleinere, breitere, ausgesprochen eiförmige, meist am Grunde sehr schiefe Blätter von dickerer Konsistenz, olivenfarbene Unterseite ohne bräunlichen Filz, weniger vortretende Nerven, aber deutliche Netzaderung.

C. concolor REHD. et WILS. (*C. chinensis* FRANCH. in Journ. de Bot., XIII., 194, non HANCE. — *C. sclerophylla* DIELS in Not. R. B. G. Edinbgh., VII., 41, non [LDL.] SCHKY.). In Buschwäldern der wtp. St. auf Sandstein und Mergel, 2000—2500 m. **Y.**: Beim Tempel Haiyen-se nächst Yünnanfu (SCHOCH 101). Häufig am Wege von hier nach Dali zwischen Dafu-se und Bupeng (8683). Auf dem Rücken ober Dsaodjidjing gegen Hwadung e des Dsolin-ho (4997). Beyendjing (TEN. ex hb. Arn. Arb. 88, Berlin 82). **S.**: Auf dem Lu-schan bei Ningyüen (1955).

C. ceratacantha REHD. et WILS. **S.-S.**: Nantschwan (BOCK et ROSTHORN 631).

Vergleichsmaterial dieser Art sah ich nicht. Die vorliegende, von DIELS nicht gesehene Pflanze ist steril, stimmt aber sehr gut mit der Beschreibung überein, doch erreichen die Blätter 18 cm Länge.

C. platyacantha REHD. et WILS., teste REHDER. SW-**H.**: Im schattigen Laubhochwald der wtp. St. des Yün-schan bei Wukang, Tonschiefer, 1190 bis 1380 m (12056).

C. tibetana HCE. In üppigen Hochwäldern der str. und untersten wtp. St. auf Sandstein und Tonschiefer, 80—1100 m. **H.**: Spärlich auf dem Yolu-schan bei Tschangscha (11700). Im SW zerstreut von den Höhen w Hsüning über Dsingdschou nach **Kw.** Hier auf dem Nandjing-schan bei Liping, von hier gegen Gudschou um Tschaimou und Dayung, unter Tailaohsin w von Badschai und in den Waldschluchten bei Madjiadwen zwischen Guiding (Kweiting) und Duyün (10654). Pinfa, selten (CAVALERIE 7520). Tinfan—Pitsche (C. 1845 p. p.). **E-F.**: Im Walde bei Schihsiangwan am Tienhwaschan e von Dingdschou („Tingchow") (Plt. sin. 393).

Nebst *C. fissa* (CHAMP.) R. et W. die mächtigste und eindrucksvollste Eiche Ostasiens. Die Bäume auf dem Yolu-schan zeigen wohl die dicksten Stämme, die ich in Mittelchina sah. Die hellgraue Rinde splittert in Längsstreifen ab. Die Höhe erreicht aber, wie mit Ausnahme von *Liquidambar* bei allen Bäumen des Gebietes, sicher nicht viel über 20 m. Der Name, der nach einem „aus dem Westen" eingeführten Exemplare gegeben wurde, ist ganz irreführend.

C. Delavayi FRANCH. Charakterbaum der trockenen Wälder der wtp. St. auf dem Hochlande von **Y.** und im angrenzenden **S.** stellenweise fast reine Wäldchen bildend, auch in die str. St. herabsteigend, auf verschiedensten Gesteinen, 1250—2700 m. Von Yünnanfu (344) über Gwangdung (4870), Schayidjia (6177),

Lidjiang (Schneider 2231) bis Sangaidse ober Schigu am Djinscha-djiang, Yungbei (3323) und Boloti (Schneider 1683); Lanba und Niutschang am Yalung gegen Yenyüen und über Huili (873) durch das Djientschang (1100, 1190; Schneider 687, 811, 847) bis über Hohsi, 27° 43′ (2018).

C. sclerophylla (Lindl.) Schky. (*C. chinensis* [Ab.] Schky.). **H.**: In Hartlaubwäldern der str. St. auf Sandstein, 50—300 m. Yolu-schan bei Tschangscha (11659). Dungtai-schan bei Hsianghsiang (12746). W-**Ki.**: Um Pinghsiang, c. 600 m (Plt. sin. 148) und an der Grenze von **F.**: Auf dem Dunghwa-schan zwischen Schitscheng und Ninghwa, an steinigen Orten in der Tiefe von Gräben (Plt. sin. 342).

C. cuspidata (Thbg.) Schky. **H.**: Vorherrschend im Hartlaubwalde des Yolu-schan bei Tschangscha, Sandstein der str. St., 70—300 m (11699).

Hierher ferner Fortunes Nr. 40, die Forbes und Hemsley zu *sclerophylla* stellen und Bock und Rosthorns Nr. 237 (von Diels als *Fargesii*? angeführt) und 767 (von ihm nicht gesehen).

C. fissa (Champ.) Rehd. et Wils. SE-**Kw.**: Im str. Walde bei Pingü am Du-djiang unterhalb Sandjio, Grauwacke, 350 m (10851).

NB.: *C. Cavaleriei* Lévl. in Rep. n. sp., XII., 506 ist *Sloanea* sp.

Lithocarpus Blume.

L. dealbata (Hook. f. et Thoms.) Rehd. in Journ. Arn. Arb., I., 124 (1919). (*Quercus thalassica* var. *vestita* Franch. in Journ. de Bot., XIII., 154 [1899] e descriptione). **Y.**: In der wtp. St. auf Kalk und Sandstein oft Wälder bildend, besonders in Schluchten und an steilen Berghängen, 2000—2600 m. Tschangtschung-schan bei Yünnanfu (278). Hsinlung jenseits des Pudu-ho n von hier (490). Beyendjing (Ten 211). Logoschuitsun dort (Ten ex hb. Arn. Arb. 387). Zwischen Dawan und Gwanyilang w von Yungbei (3438; Schneider 1705, 3960). Lidjiang (von Einheimischen, Formalinmaterial).

Die Art spielt sowohl als Baum wie als Strauch auf dem Hochland von Yünnan und in tieferen Teilen der Hochgebirge in nicht zu trockenen Lagen eine große Rolle, doch kann ich die Notizen wegen Verwechslung mit der ähnlichen *L. variolosa*, vielleicht auch anderen Arten und im sterilen Zustande mit echten Eichen aus der Verwandtschaft der *Quercus glauca* nicht erschöpfend verwenden. Die belegten Höhengrenzen dürfte sie wenig überschreiten. Sie geht wohl mit Sicherheit bis ins birm. Mons. bei Tschamutong am Salwin, wo sie nur beschränkte, für dieses Gebiet trockene Stellen bewohnt, sonst nach N bis zum 27° 15′ nördlich der Lidjianger Schleife des Djinscha-djiang und nach S. bis Woloho und Molien, 28° 9′. Ob die bei Djiangdi und zwischen Hwangtsaoba und Dinghsiao (hier unter 1300 m) in SW-**Kw.** beobachteten Pflanzen dazu gehören, ist wohl weniger sicher.

Nach Franchets Angaben scheint mir, obwohl Belege in Paris nicht zu finden sind, kaum zweifelhaft, daß seine Varietät, von der er keine reifen Früchte sah, nicht zu *Lithocarpus glabra* (*thalassica*) gehört, sondern zu *L. dealbata*, und zwar zu den am stärksten behaarten Formen, wie sie von mir gesammelt wurden. *Lithocarpus variolosa* sieht ihnen in den vegetativen Teilen sehr ähnlich und diese wird von ihm mit *dealbata* verglichen.

** ***L. paniculata*** Hand.-Mzt. in Sitzgsanz. Ak. W. W., 1922, 51.

Arbor 20 m alta coma elongata ovoidea. Ramuli elongati, tenuiusculi, hornotini angulati sordide brunnescenti-velutini, annotini et vetustiores teretes nigrocorticati glabrescentes, lenticellis crebris minutissimis concoloribus inconspicuis. Folia dispersa, triennia, obovato-lanceolata, 8—17 cm longa et longitudine $2^2/_3$— ultra 4^{plo} angustiora, in caudam angustam obtusiusculam 1—2 cm longam marginibus saepe undulatis $\pm$ sensim attenuata, in petiolum brevissimum 5— raro 15 mm longum teretiusculum supra tenuiter sulcatum hirtello-velutinum secundo anno calvum plerumque longissime rarius cuneato-attenuata, margine subtiliter recurvo integerrima, rigide coriacea, sicca utrinque nitida olivacea vix brunnescentia, hornotina concoloria, annotina subtus paululum pallidiora, pilis inflatis conglutinatis ceriferis subtilissimis cinereo-tomentella; costa subtus interdum strigoso-pilosula et nervi utrinsecus 8—14 sub angulis 40—45° obliqui sensim curvati ad marginem ipsum indistincte anastomosantes supra paululum subtus argute prominui et hic ochrascentes; trabeculae densae, transversae, utrinque tenuiter prominulae; venulae in foliis annotinis subtus hic illic conspicuae, in biennibus occultae. Stipulae deciduae (desunt). Perulae interiores lanceolatae acuminatissimae ad 1 cm longae, exteriores abbreviatae, omnes albido-sericeae. Spicae ♂ in apicibus ramulorum et axillis foliorum summorum large paniculatae, ad 10 cm longae, singulae parte inferiore multiramosae, ramis gracilibus elongatis erectopatulis floribus inclusis 2—2,5 mm crassis, tenuiter velutinis, spica terminali interdum in medio ♀. Bracteae glutinosae, margine ciliatae, ceterum glabrae, ramos fulcrantes deciduae, late ovatae, scariosae, florum fasciculos fulcrantes persistentes, lanceolatae, acutissimae, brunneae, 2 mm longae. Florum fasciculi elongati, $\pm$ 3 mm longi, axi adnati, 3—4 flori, basi spicarum laxe apice densissime dispositi. Perianthium breviter et late 6 lobum, breviter villosum; stamina 10, ad 2 mm longa, tenuia; ovarii rudimentum magnum villosum. Flores ♀ terni glomerati; perianthii phylla 6, villosula; staminum rudimentariorum antherae sessiles antheris fertilibus aequales; ovarium et styli supra basin villosuli, hi 3, subulati, recti, vix 1 mm longi, pallide brunnei, persistentes. Fructus in rhachidibus ramulis aequicrassis nigris glabrescentibus 7—14 cm longis usque ultra 100, glomerulis confluentibus, densi, $3—5^{ni}$ glomerati sessiles, biennes, vix coalescentes, $\pm$ 5 mm diametro. Cupula globosa, lignosa, squamis imbricatis lanceolatis obtusis appressis liberis 1,5 mm longis subtiliter tomentellis, intus basi sericea. Glans inclusa, minuta, vix ultra 2 mm longa, depresso-ovoidea, nitida, castanea, glabra, stylopodio magno pileiformi coronata.

In der wtp. St. im mittelchin. Fl. SW-**H.**: Hauptbestandteil des Laubhochwaldes des Yün-schan bei Wukang, Tonschiefer, 900—1300 m, 8. VII. bis 1. VIII. 1918 (12366). S-S.: Nantschwan: Tjienniuping, Wald (Bock et Rosthorn 791).

Species *L. fenestratae* (Roxb.) Rehd. proxima, quae differt foliis angustioribus medio vel infra medium latissimis, longius acuminatis, basi autem brevius angustatis, exsiccando brunnescentibus. *L. glabra* (Thbg.) Nak. certe etiam affinis differt foliis minoribus, brevius acuminatis, crassioribus, venis transversalibus supra occultis, spicis ♂ simplicibus, cupulae squamis minutis brevissimis.

In Schottkys System wäre die Art an *L. spicata* (Sm.) Rehd. et Wils. und ihre Verwandten anzuschließen, denen sie jedoch wenig ähnlich sieht. Von jener selbst unterscheidet sie sich auch durch verhältnismäßig sehr kurz gestielte

Blätter und die sehr zahlreichen und kleinen Früchte, von *L. cleistocarpa* (SEEM.) REHD. et WILS. und *viridis* (SCHKY.) R. et W., die ihr vielleicht näher kommen, durch die behaarten Zweige, viel kürzer gestielte Blätter, viel längere Fruchtähren u. a. Verzweigte ♂ Ähren kommen nur noch bei *L. spicata* und *Mairei* vor, sind aber dort sehr verschieden. Die Früchte sind bei *L. fenestrata* sehr veränderlich (SCHOTTKY in Bot. Jahrb., XLVII., 661), ebenso bei *L. spicata* (s. unten), und kommen auch bei *L. glabra* teilweise kaum größer als bei *paniculata* und von der cupula fast umhüllt, aber sonst gut ausgebildet, in einer Ähre zusammen mit normalen großen vor (CHING in WULSIN 2343, verteilt als *Qu. Henryi*). Es ist wohl möglich, daß solche, die aus der Cupula hervortreten, auch bei der neuen Art zur Ausbildung kommen können. Jedenfalls scheint mir diese einerseits mit *fenestrata*, andererseits mit *glabra,* die sie in den Blättern nachahmt, am ehesten verwandt. BOCK und ROSTHORNS Exemplar wurde von DIELS (Bot. Jahrb., XXIX., 294) als *Quercus thalassica* angegeben und von SCHOTTKY (l. c., XLVII., 670) als wahrscheinlich zu deren var. *vestita* gehörig bezeichnet.

L. glabra (THBG.) NAK. in Cat. sem. hort. Tok., 1916, 8 (*L. thalassica* HCE.). **H.**: In der str. St. auf Sandstein in den Hartlaubwäldern des Yolu-schan bei Tschangscha und des Dungtai-schan bei Hsianghsiang und in den Wäldchen um die Bauernhöfe bei Tschangscha häufig, 50—250 m (11394). Vielleicht hierher die Notizen aus E-**Kw.**: Maotsaoping zwischen Badschai und Duyün spärlich mit *Pinus Massoniana* und e von Gudschou, 400—800 m.

NAKAI trennt neuerdings (Bot. Mag. Tok., XL., 581 [1926]) die Hongkonger Pflanze als *L. thalassica* (HCE.) NAK. von *L. glabra,* die auf Japan beschränkt sein soll, indem er der ersten ganz kahle diesjährige Zweige zuschreibt. Dies beruht auf einer Etikettenverwechslung im Pariser Herbar, wo *L. Harlandii* (HCE.) REHD. mit der *thalassica*-Etikette liegt. Die wirklichen Originale stimmen mit BENTHAMS Beschreibung (Fl. Hongkg., 321) und den japanischen Pflanzen. Die Cupulae sind bedeutend kleiner als „18—20 mm lata", wie NAKAI angibt. *L. inversa* (LDL.) NAK., die sich durch verkehrt eiförmige Eicheln und zartere Blütenstände unterscheiden soll, liegt mir leider nicht vor, ist aber nach meinen Erfahrungen (s. auch VI. Teil, 16, 35) wohl auch nachzuprüfen.

L. variolosa (FRANCH.) CHUN in Journ. Arn. Arb., IX., 153 (1928). (*Quercus variolosa* FRANCH. in Journal de Bot., XII., 156 [1899]. CHUNG, Cat. Tr. Shr. Ch., 29 [1924]). **S.**: Laubwälder der tp. St. auf dem Lungdschu-schan bei Huili bildend, Diabas 2700—3200 m (906; SCHNEIDER 577). **Y.**: Kuti bei Beyendjing, in Wäldern (TEN 194). Hierzu wohl manche Notizen aus höheren Lagen in Yünnan, doch steigt keine *Lithocarpus* über 3350 m an. Deutlich erkennbar ist die Blattform auf einer Photographie unter dem Passe Dsuningkou sw von Hodjing.

L. Mairei (SCHKY.) REHD. in Journ. Arn. Arb., I., 128 (1919). **Y.**: Auf dem Mangan-schan bei Yünnanfu, wtp. St., 2300 m (SCHOCH 154). Zwischen Yünnanyi und Bupeng an der Straße von hier nach Dali (LIMPRICHT 883, in Rep. n. sp., Beih. XII., 355 als *L. spicata*). Auf dem Hochlande von Yünnan offenbar sehr verbreitet, daher wohl viele meiner Notizen darauf bezüglich.

Die entwickelten Blätter erreichen an MAIRES Nr. 386 (ex herb. Arn. Arb.) bis $14\frac{1}{2} \times 4\frac{1}{2}$ cm.

L. spicata (SM.) REHD. et WILS. **var. *chittagonga*** (KING) REHD. in Journ.

Arn. Arb., I., 131 (1919). **Y.**: In üppigen Wäldern der wtp. St., auch in die tp. auf-, seltener in die str. absteigend, 1750—3270 m. Kuti bei Beyendjing halbwegs zwischen Tschuhsiung und Yungbei (TEN ex hb. Arn. Arb. 144, Berlin 83, Kopenhagen 200). Im NE im mittelchin. Fl. auf Bergen bei Dschenfungschan, 650 m (MAIRE). Häufig im birm. Mons. am Salwin bei Bahan (9010), im Doyon-lumba, zwischen Sitjitong und Tjionatong, unter Niualo und im Tale unter dem Gomba-la, vorherrschend streckenweise im Tjiontson-lumba und Irrawadi-Gebiete im Naiwanglong und ober Schutsche, auf Schiefer und Granit, 27° 52′—28° 7′. **S-S.**: Nantschwan (BOCK et ROSTHORN 265 als *Lindera* n. sp. DIELS in Bot. Jahrb., XXIX., 352).

— — * **var. *Collettii*** (KING.) HAND.-MZT. (*Quercus spicata* var. *Collettii* KING in HOOK., Fl., Brit. Ind., V., 610 [1888]). In trockenen Wäldern und Buschwäldern der wtp. St. auf Kalk, Mergel, Sandstein und Phyllit, 1800—2750 m. **Y.**: Bei Hsinlung (SCHNEIDER 327) und überall zwischen Hsiaodsang und Loheitang (5675; SCHNEIDER 375) n von Yünnanfu, 25° 36—50′. Ebenso zwischen Dafu-se und Bupeng an der Straße nach Dali (Talifu) (8684). Nigu bei Beyendjing (TEN ex hb. Arn. Arb. 412). Im E bei Pienschan zwischen Sidsung und Loping (10135). **S.**: Neben dem Schlosse Kwapi n von Yenyüen, 27° 53′ (2412) und darunter oberhalb Otang in Mischwäldern spärlich (2746).

Die Früchte, die mir nur an meiner Nr. 5675 vorliegen, sind dick, kugelig, und die Becher fast ganz flach, wie sie HOOKER (Fl. Br. Ind., V., 610) von *chittagonga* beschreibt, doch sind diese Merkmale in der Verwandtschaft sehr veränderlich (s. unten unter *L. Henryi*). Var. *Collettii* ist von allen aus dem Formenkreise der *L. spicata* wohl die xerophilste. Daß die Blätter beim Trocknen grün bleiben, ist für sie auch sehr bezeichnend und vielleicht damit im Zusammenhang. BRANDIS (Ind. Tr., 629) meint, daß *Collettii* und *chittagonga* zusammen eine eigene Art darstellen mögen und kann damit sehr gut Recht haben, doch habe ich nicht genug davon gesehen, als daß ich die praktische Folgerung zu ziehen verantworten könnte. Untereinander werden diese beiden Varietäten verbunden durch var. *yunnanensis* SCHKY. in Not. B. G. Edinbgh., VII., 41 (1912) (nomen nud.). Sie wurde von SCHNEIDER zwischen Yungbei und Boloti (1687) und zwischen Lidjiang und Schigu (2680, 3374) und von FORREST weiter aufwärts am Djinschadjiang (19420 und 19428, als *Qu. fenestrata* in Not. B. G. Edinbgh., XLV., 85, 86) gesammelt.

L. Henryi (SEEM.) REHD. et WILS. **SW-H.**: Im Laubhochwalde der wtp. St. des Yün-schan bei Wukang auf Tonschiefer häufig im oberen, trockeneren Teile besonders auf den Kämmen, 1250—1460 m (11103) und spärlich an den Bachläufen darunter, 1050—1160 m (11167).

Die Bäume von den beiden verschiedenen Vorkommen auf dem Yün-schan haben nicht unwesentlich verschiedenes Aussehen. Jene aus der höheren trockeneren Lage haben die Blätter meist kurz und breit elliptisch, bis 9,5 × 5 und 12,5 × 6,5 cm, aber immer lang gestielt, doch erreichen sie auch bei ihnen 19 × 7 cm, was SEEMENS Maß schon nahekommt. Die Angabe der längsten Blattstiele von *L. spicata* mit 1 inch bei KING (in Ann. R. B. G. Calc., II., 47) bezieht sich auf die var. *gracilipes*, so daß auch dieser Unterschied zu Recht besteht. Auch sind die Blätter von *L. Henryi* wohl immer dicker. Ihr wichtigstes Merkmal scheinen mir aber die dünnen, flachen, angedrückten, dünn gekielten

Cupula-Schuppen zu sein, welche die Cupula, besonders wenn die Eichel ausgebildet ist, nicht höckerig erscheinen lassen wie bei *spicata*. Die Eichel ist entweder kurz und dick, abgestumpft, sogar breiter als lang, dann preßt sie die Cupula weiter auseinander und entspricht WILSONS Nr. 2228 (VEITCH Exp.). Auch bei dieser ist die Cupula 5 mm lang. Ist die Eichel aber klein, schmal und spitz (an sonst völlig übereinstimmenden Pflanzen), 1 cm lang und 8—9 mm dick, dann ist die Cupula sogar etwas mehr als halbkugelig.

Quercus L.

Qu. glandulifera BL. (*Qu. serrata* THBG.,[1] non aut., e KOIDZUMI in B. Mag. Tok., XXXIX., 313) **var. *brevipetiolata*** (DC.) NAK. in Journ. Arn. Arb., V., 76 (1924). **Y.**: In der str. St. bei Homendschang am Djinscha-djiang n von Yünnanfu, 900 m (SCHNEIDER 444). Tschoudjiadsetung bei Dungtschwan, 2600 m (MAIRE). Wohl diese von Loping im mittelchin. Fl. bis zur Grenze von **Kw.** Hier in der wtp. und str. St. auf Kalk, Mergel, Sandstein und Tonschiefer. E von Langtai (SCHOCH 412). Bei Ahung ne von Hwangtsaoba. Spärlich zwischen Nganping und Tschingdschen. Bei Gutscha (10490) und auf dem Nanyo-schan bei Guiyang (Kweiyang). Häufig bci Madjiadwen. Um Gudschou und Liping. Ebenso in **H.**: Moschi bei Dsingdschou. An Waldrändern des Yünschan und auf Hügeln bei Gaoscha-se nächst Wukang. Häufig in Gebüschen und Wäldern um Hsikwangschan (11929). Dungtai-schan bei Hsianghsiang und überall um Tschangscha (11614). 40—1800 m. Hierher auch LIMPRICHTS *Qu. „gilva“* Nr. 204 und 823 aus Tschekiang.

Die Varietät ist nicht auf China beschränkt, sondern kommt auch in Japan vor, von wo sie unter den Namen var. *subattenuata*, *subcrenata* und *polymorpha*, vom Leydener Herbar verteilt, mit den gleichen Merkmalen vorliegt.

Qu. aliena BL. **var. *acuteserrata*** MAXIM. **Y.**: Überall in Wäldern der wtp. St. auf Kalk und Sandstein zwischen Hsiaodsang und Loheitang n von Yünnanfu, 25° 40—50′ (5676).

LIMPRICHTS Nr. 1398 gehört keineswegs zu dieser Art, sondern ist eine merkwürdige, mir unbekannte Pflanze, leider jung und daher unvollständig.

Qu. Griffithii HOOK. f. et THOMS. In der wtp. und untersten tp. St. auf Kalk, Sandstein und Schiefern, 1800 mit Sicherheit bis über 2900 m. **Y.**: Auf dem Berge Sandjigu ober Hsinlung jenseits des Pudu-ho n von Yünnanfu (5685). Lidjiang („Likiang“), von Einheimischen (3923). **S.**: Zwischen dem See von Yungning und dem Wolo-ho am Wege nach Yenyüen Wälder bildend (3091). Mehrfach in Dolinen in der Steppe unter Hungga bei Yenyüen (2879). Ober Mabaho n von hier.

Die Nummern 2879, 3923 und 7215 zeichnen sich durch längere, abstehende Behaarung der jungen Sprosse aus, bei 3923 besteht auch der Filz der Blattunterseite aus längeren Büschelhaaren statt der kurzen Sternhaare, 7215 hat die entwickelten Blätter — mit Ausnahme langer Büschelhaare an der Unterseite der Nerven — ganz kahl, 2879 den typischen Sternfilz. Nr. 3923 und 7215 entsprechen jedenfalls *Qu. Griffithii* var. *urticaefolia* FRANCH. in Journ. de Bot.,

[1] Wegen dauernden Anlasses zu Verwechslungen und Irrtümern nicht anwendbar.

XIII., 148, non *Qu. urticaefolia* BLUME. Von *Qu. aliena* unterscheidet sich die Art außer durch die von REHDER und WILSON, Plt. Wils., III., 233 hervorgehobenen Merkmale auch durch die fast sitzenden Blätter.

Qu. dentata THBG. **var.** ***oxyloba*** FRANCH. Im unteren Teile der tp. und durch die wtp. hier und da bis in die str. St. herab, auf Kalk, Sandstein und Schiefern, meist von etwa 2600—3200 m. **Y.**: Ober Piyi zwischen Yungbei und Yungning (3170). Im NE um Dungtschwan (MAIRE). **S.**: Um Kwapi n von Yenyüen (2401; SCHNEIDER 1317, 3566). Ober Daliaopingdse am Dadjin zwischen Yenyüen und Ningyüen (2144). Häufig zwischen Gungmuying und Loyao im Djientschang, 1300—1450 m (1102, die Varietät weniger ausgeprägt).

Die Art zeigt in Yünnan nicht die von REHDER und WILSON (Plt. Wils., III., 211) aus ihrem Gebiete hervorgehobene Konstanz. Außer der var. *oxyloba*, die auf Yünnan beschränkt und vom Typus recht auffallend verschieden ist, ist *Qu. yunnanensis* FRANCH. aufgestellt, die nach der Beschreibung mit der nordchinesischen *Qu. dentata* var. *MacCormickii* (CARR.) SKAN zusammenfallen könnte, die in der neueren Literatur nicht erwähnt wird. Typische *dentata* wurde von FORREST in NW-Yünnan am Djinscha-djiang oberhalb Schigu gesammelt (19426). Sein Exemplar hat wohl auch etwas kürzere Cupulaschuppen an der jungen Frucht, aber noch viel längere als meine Nr. 3170 ebenfalls an der jungen und CAVALERIES Nr. 92 (Herb. Upsala) von Yünnanfu an der ganz reifen. In der Blattzähnung entsprechen diese ganz der var. *oxyloba*. Wieder die Zähnung des Typus, aber (an ganz jungen Früchten) noch viel kürzere Schuppen hat H. SMITHS Nr. 1613 von Bergen WSW von Yünnanfu. Das vielfach in miteinander nicht vergleichbaren Stadien vorliegende Material reicht zur Beurteilung des Wertes dieser Formen nicht aus.

Da die Unterscheidung zwischen *Qu. dentata* var. *oxyloba* und *Qu. Griffithii* in sterilem Zustande sehr schwer ist, kann ich nicht entscheiden, wie die Aufzeichnungen zu verteilen sind, nach denen diese Eichen oft allein oder mit *Pinus yunnanensis* oder *sinensis* Wälder bilden in **Y.** im E ober Yadjitang zwischen Magai und Sidsung und auf dem Rücken zwischen Dadji und Yiliang, dann zwischen Yünnanfu und Dali w von Fumin und mehrfach von Gwangdung bis Dschaodschou, überall von Boloti n Yungbei bis Yungning, über dem Beschui, über Ahsi und Ndaku und beim Lagerplatze Rüto bei Lidjiang, überall an den Hängen und in den Tälern des Hochlandes von Dschungdien, in der Yangdse—Mekong-Scheidekette vom 26° 46′ bis zum 27° 46′, im birm. Mons. in der Mekong—Salwin-Kette ober Tseku, hier auf dem Nisselaka bis 3300 m und an der Westseite des Rückens Alülaka se von Tschamutong, in **S.**: auch um Molien jenseits des Yalung n von Yenyüen.

Qu. acutissima CARR. (*Qu. serrata* aut., non THBG., cfr. NAKAI in B. Mag. Tok., XXXIX., 57). In Wäldern der str. und im untersten Teile der wtp. St., 30—1250 m, auf Kalk, Tonschiefer und Sandstein. **H.**: Um Tschangscha (11640). Wahrscheinlich diese zwischen Ngaidso und Pukai am Wege von Wukang nach Dsingdschou. **Kw.**: Tschwenning-schan bei Guiyang (10499) und auf dem Hügel bei Dodjie zwischen Duyün und Badschai.

Qu. variabilis BLUME. In trockenen Lagen der wtp. St., kaum in die str. hinab, auf verschiedensten Gesteinen, oft waldbildend, 1300—2400 m. **Y.**: Überall um Yünnanfu (1999; SCHOCH 354), über Hsiao-Magai (397; SCHNEIDER

283) nach N bis Hsinlung (SCHNEIDER 257), nach W und NW über Tschuhsiung (4835), Beyendjing (TEN 383), Yungbei und Lidjiang (3428; SCHNEIDER 1750, 3210) im Tale des Djinscha-djiang (8782) bis unter Schuba, 27° 46', am Mekong unter Yedsche viel. Im birm. Mons. bei Tjionra am Lu-djiang (Salwin), 28°. Im E über Loping bis Djiangdi. Im S bei Asandschai s von Möngdse. **S.**: Ebenso. Se von Huili. Bei Maomaoying und Gwanyintang im Nganning-ho-Gebiete. Unterhalb Pudi von hier gegen den Yalung und bei Datung an diesem, 27° 41'. Bei Lemoka im Lolo-Lande e von Ningyüen (1568; SCHNEIDER 1004). **Kw.**: Hsindwen und Ahung e von Hwangtsaoba. Nanyo-schan bei Guiyang. E ober Wongtschengtjiao. Wendwen bei Duyün. Um Sandjio und Gudschou und gegen Liping. **H.**: Auf den Höhen zwischen Moschi und Hsüning. Zwischen Pukai und Wukang und auf den Hügeln bei Gaoscha-se n von hier. Gegenüber Lengschuidjiang oberhalb Hsinhwa. Auf dem Dungtai-schan bei Hsianghsiang. An diesen beiden Standorten unter 200 m, doch könnten in Hunan mit Ausnahme der beiden ersten angeführten Standorte (um 600 m) Verwechslungen mit der vorigen Art vorliegen, während das Vorkommen bei Gudschou auch nur 300 m hoch liegt. Hierher auch LIMPRICHT 1164 (als *Qu. Engleriana*).

Qu. Franchetii SKAN. In der str. und dem unteren Teile der wtp. St. in trockenen Lagen auf Kalk, Mergel, Sandstein und Eruptivgesteinen stellenweise allein lockere Wälder bildend, 1250—2200 m. **Y.**: Schilungba (SCHNEIDER 4020) sw und Dschungduilung ne von Yünnanfu. Häufig überall zwischen Loheitang und Hsiaodsang n von hier (572; SCHNEIDER 386). An den Hängen des Yangdse-Tales bei Bödschagwan (SCHNEIDER 443) und zwischen Hoyenschan und Djiangyi nw von dort (5053) und nach W ober Datiengai, unter Weischa und zwischen Datschang und Dalu e von Yungbei. Von Gwanfang unter Beyendjing bis ober Mitien mehrfach Wälder bildend. Sischiwulitsun w Bintschwan (TEN 368). An den unteren Hängen des Dji-schan ne von Dali. Unter Schuidsai bei Djiangying n von dort. **S.**: Sattel Yidjia-liangdse unter Dungngan (SCHNEIDER 505). Unterhalb Lanba und Luguho im Yalung-Tale, 27° 8—10' (5300).

Der Filz der Blattunterseite wird nur beim Trockenen gelegentlich gelb, im Leben ist er weiß oder grauweiß. Die Art wächst meistens als kräftiger und dickstämmiger, aber nicht hoher Baum.

Qu. Engleriana SEEM. **S.**: In Wäldern der tp. St. auf Sandstein, als hochwüchsiger Baum, 2600—2800 m. Soso-liangdse im Lolo-Lande e von Ningyüen (1673; SCHNEIDER 1046, 1066). Lose-schan s von hier (SCHNEIDER 4000).

** ***Qu. pannosa*** HAND.-MZT. (non BOSC. in DC., Prodr., XVI/$_2$., 21 velut syn.).

Syn.: *Qu. Ilex* var. *rufescens* FRANCH. in Journ. de Bot., XIII., 151 (1899), saltem p. p., vide notam p. 153 ad DELAVAY 2234.

Qu. semecarpifolia vel. aff. W. W. SM. in Not. R. B. G. Edinbgh., XIV., 232 (1924).

Qu. aquifolioides vel. aff. et var. *rufescens* W. W. SM., l. c. 246, 247.

Sect. *Lepidobalanus* ENDL., subs. *Revolutostylosae* SCHKY.

Frutex vel arbor tortuosus, 60 cm—8 m altus. Ramuli crassi, nodosi, spadicei, juveniles dense fulvo- vel ferrugineo-, rarius isabellino-floccoso-tomentosi, annotini glabrescentes, demum glabri fuscescentes, lenticellis orbicularibus ad $^3/_4$ mm diamentientibus, paulo pallidioribus sparse tuberculati. Gemmarum perulae ovatae, spadiceae, juveniles aeque ac ramuli tomentosae. Folia ovata vel obovata vel oblonga vel nonnulla subspathulata vel suborbicularia, 2—5,5 cm longa et longitudine usque duplo angustiora, obtusa vel rotundata, raro acutiuscula, basi obtusa vel ± late rotundata vel subcordata, margine anguste revoluto integerrima vel dimidio superiore vel fere toto subsinuato-dentato, dentibus patentibus, grossis, spinosis, adulta crasse coriacea, supra nitidula vel opaca, costa nervisque utrinsecus 5—9 sub angulis 50—60° patentibus versus marginem ramosis vel furcatis impressis sparse fulvo stellato-pilosa vel subglabra, subtus tota ± fulvo vel intense ferrugineo (hornotina interdum isabellino) crasse pannosa, tomento stratis tribus pilorum, brevissimorum enim stellatorum conglutinatorum, mediorum stellatorum paulo longiorum, superiorum fasciculatorum longorum floccis lanatis detersilium consistente densissime, raro vetustiora laxius obtecta, costa nervisque plerumque prominentissimis demum glabris; petioli 1—6 mm longi, crassi, tomentosi vel demum glabri. Stipulae inferiores ovatae vel elliptico-ovatae, superiores oblongae vel elliptico-oblongae, 7—9 mm longae, scariosae, brunneae, dorso densius pilosae. Amenta ♂ pendula vel subpatentia, 3—7,5, rarissime ad 14 cm longa, pedunculo 5—18 mm longo, densiuscula, rarius laxa, rhachi fasciculato-tomentella; flores singuli, sessiles, perianthii lobis 1,5 mm longis, ovatis, brunneis, membranaceis, dorso fasciculato-pilosulis vel subglabris, antheris fere 1 mm longis, quam filamenta subduplo brevioribus. Flores ♀ foliorum superiorum axillis singuli vel ad terni breviter spicati, pedunculo 4—6 mm longo, tomentosi; stigmata ad ½ mm longa, crassiuscula, late divaricata. Fructificatio biennis. Cupula semiglobosa, 11—21 mm diametro, firma, intus dense fulvo-tomentosa, squamis permultis imbricatis, anguste ovatis, minutis ± dense fulvo- vel ferrugineo-tomentosis, apicibus obtusis vel acutiusculis paulum patentibus glabrescentibus; glans crassissime ovoidea vel subglobosa, $1^3/_4$—$2^1/_4$ cm longa, apice vix puberula, stigmatibus persistentibus apiculata, decidua.

Auf Kalk und verschiedenen kalkfreien Gesteinen von der wtp. durch die tp. und ktp. St., mitunter in besonders trockenen Lagen die Baumgrenze bildend, meist in reinen, schwer durchdringlichen Beständen, aber auch unter Föhren, 2600—4300 m. NW-**Y.**: Bei Lidjiang („Likiang“), von Einheimischen (3922; SCHNEIDER 3444). E flank of Lichiang Range, V. 1922 (FORREST 21156). Hills s-w of Lichiang, VI. 1922 (FORREST 21316, 21317, 21319). **S.**: Oberhalb Muli, 31. VII. 1915 (7374). Zwischen Woloho und Tschoso am Wege von Yungning nach Yenyüen VI. 1914 (SCHNEIDER 1567). Hwangliangdse zwischen Yenyüen und Kwapi, 27° 48′, 5. X. 1914 (5508). Lungdschu-schan bei Huili, 25. III. 1914 (909; SCHNEIDER 582). Lose-schan bei Ningyüen im Djientschang 16. IV. 1914 (1395). — Da die Art in den Aufschreibungen nicht oder nur undeutlich von *Qu. semicarpifolia* getrennt gehalten wurde, kann ich die Verbreitung nicht weiter angeben. Sicher beziehen sich darauf die Notizen aus NW-Yünnan von mehreren Stellen auf dem Dschungdien-Hochlande und von Basulo zwischen Weihsi und Djientschwan und aus Setschwan von Wadi bei Kwapi und vom Dsiliba und Lanba im Lolo-Lande. Nach den vorliegenden Aufsammlungen scheint sie weniger verbreitet zu sein als die drei folgenden Arten und auf dem Hochlande von Yünnan östlich von 100° 30′ und südlich vom Djinscha-djiang zu fehlen.

Die Unmöglichkeit, nach der vorhandenen Literatur zu befriedigenden Bestimmungen der sehr verschiedenen, von mir gesammelten Eichen aus der Verwandtschaft der *Quercus aquifolioides* und *semicarpifolia* zu kommen, nötigte mich, den Formenkreis an der Hand eines möglichst großen Materials gemeinsam mit H. Dr. Mack von neuem zu untersuchen, was zu Ergebnissen führte, die von der bisherigen Auffassung wesentlich abweichen. Ich entlehnte dazu das vollständige Material der Herbarien von Berlin und Edinburgh, deren Direktoren hier mein besonderer Dank ausgedrückt sei, ebenso wie für zwei Originalnummern aus Kew. Das ganze dortige Material und jenes in Paris untersuchte ich gelegentlich eines Besuches dort. Vor allem zeigte sich, daß die Merkmale des Induments hier — wie übrigens auch in anderen *Quercus*-Gruppen — wichtig und bisher zu wenig beachtet sind. Es gibt sehr verschiedene Haartypen (s. die obige Diagnose und den Schlüssel unten), die bei verschiedenen Arten verschieden verteilt sind oder teilweise oder ganz fehlen. Wenn man in einer Masse von Material sieht, daß Übergänge zwischen diesen Behaarungstypen (auch in der Färbung) nicht oder nur an ganz vereinzelten Stücken vorkommen, so muß man dem Indument den Wert eines Artmerkmales beimessen und bedenken, daß es sich in den seltenen Mittelformen um Bastarde handeln kann. Dagegen bin ich zur Überzeugung gekommen, daß das Stehenbleiben der Blätter bis ins nächste oder zweitnächste Jahr von geringer Konstanz ist, wie bei anderen mehr oder weniger immergrünen Pflanzen des Gebietes vom geschützteren oder weniger geschützten Standorte abhängig. Was die Dauer der Fruchtentwicklung anbelangt, so kann ich Rehder und Wilson nicht beipflichten, wenn sie sagen, daß *Qu. aquifolioides* und *Gilliana* im ersten Jahre reifen, sondern fand, daß auch bei diesen die Frucht erst im zweiten Jahre reif wird, wie ich unter diesen Arten ausführe.

Qu. pannosa ist durch die im Schlüssel dargelegten Merkmale von den Verwandten verschieden. An meiner Nummer 3922 könnte man sich ebenfalls leicht täuschen lassen und die Früchte für diesjährig ansehen, denn sie sitzen nahe den Zweigenden, doch sind sie offenbar im Frühjahre vor dem neuen Austreiben gesammelt oder ist solches überhaupt unterblieben, denn die Behaarung dieser Zweige ist viel zu verrottet, als daß es sich um diesjährige handeln könnte. Diese Art und die vier folgenden bewohnen wenigstens teilweise dasselbe Gebiet und sind im Vorkommen oft nicht voneinander verschieden.

** ***Qu. senescens*** Hand.-Mzt.

Syn.: *Qu. semicarpifolia* King in Ann. R. B. G. Calc., II., 21 (1889) p. p., non Wall.

Qu. Ilex var. *rufescens* Franch. in Journ. de Bot. XIII., 151 (1899) p. p. („tomento — — detersili“).

Qu. aquifolioides var. *rufescens* W. W. Sm. in Not. R. B. G. Edinbgh., XIV., 233, 241, 242 (1924).

Qu. Ilex? Gamble e Brandis, Ind. Tr., 625 (1906).

Differt a praecedente ramulis junioribus albo vel rarius flavo tomentosis foliisque subtus tomento cinereo vel vetustioribus saepe flavescente vix rubescente indutis et cupula 9—15 mm diametiente, squamis lanceolato-ovatis, ± dense albo-tomentosis, apicibus glabrescentibus vix patentibus, glandibus ovoideis. Frutex metralis vel arbor usque ad 10 m alta.

In der tp. und wtp. St., 1965—3300 m. **Y.**: Yünnanfu (Maire 51). NE-Y.: (Maire 524 ex hb. Arn. Arb., 1215, 1216, 1231, 2701). 2600 m (M., distr. Bonati B 3465). Im NW se vom Lidjiang (Forrest 21167) auf dem Dung-schan (F. 15230) und bei Duinaoko dort, um Yungning (F. 22466), dort auf dem Hoörl, und im birm. Mons. (MONBEIG 237), hier in der *Pteridium*-Wiese unter Niualo am Salwin, 28° 5'. S.: Um Muli (FORREST 22462, 22463). Gaitiu zwischen Yungning und Yenyüen. Oberhalb Duörlliangdse im Becken von Yenyüen, 12. VI. 1914 (2880). Molien jenseits des Yalung n von hier, 28° 6', 25. V. 1914 (SCHNEIDER 1421). Abstieg von Hsiyê-hsien (BOURNE). E. Himalaya: Chumbi: Pa-roo (KINGS collector 451, 459).

Obwohl der angegebene Unterschied in der Färbung des Haarkleides nur gering ist und auch die in den Früchten festgestellten keinen besonders verläßlichen Eindruck machen, konnten in dem reichen vorliegenden Material keine Übergänge in die vorige Art gefunden werden und muß daraus wenigstens vorläufig der Schluß gezogen werden, daß es sich in der Pflanze, die auch ein weit größeres Gebiet zu bewohnen scheint als jene, um eine selbständige Art handelt. KINGS Nr. 333 aus Tschumbi ist wohl eine Übergangsform zur folgenden Art.

Qu. semicarpifolia SM. in REES, Cyclop., XXIX., 29., nr. 20 (1819). KANITZ, Bot. Res. c.-as. Exp. SZÉCHENYI in Math. n. nat. Ber. Ung., III., 13 (1884) p. p. (Nr. 235). FRANCHET in Journ. de Bot., XIII., 150 (1899) saltem p. p. REHD. et WILS. in Plt. Wils., III., 221 (1916). W. W. SMITH in Not. R. B. Edinbgh., XIV., 150, 200, 246, 247 (1924).

Syn.: *Qu. obtusifolia* HAM. in DON., Prodr. Fl. Nepal., 56 (1825).

Qu. Cassura HAM., l. c. 57.

Qu. semicarpifolia var. *rufescens* SCHOTTKY in Bot. Jahrb., XLVII., 642 (1912) saltem p. p.

Craibiodendron Forrestii W. W. SM. in Not. R. B. G. Edinb., V., 160 (1912).

Qu. aquifolioides REHD. et WILS. in Plt. Wils., III., 222 (1916) excl. var.

In trockenen Lagen der wtp. und tp. St. auf verschiedensten Gesteinen meist von 2200—3550 m. Y.: Hügel ober Butji bei Yünnanfu (1997). Zwischen Dasungschu und Sanyingpan n von hier (SCHNEIDER 377). Um Yünnanfu und in NE-Yünnan (MAIRE 1261, 2078, 3656, 562/1913, 874/1914; distr. BONATI 1201). Im NW bei Dapingdse: Piiu-se (DELAVAY 3256), Maörlschan (D. 3936), Kuti bei Beyendjing (TEN 201), Lidjiang (SCHNEIDER 3916, Übergang zur var.) und vielfach von FORREST (1143, 5572, 10026, 20184, 20741, 21318, 21320), Tseku (MONBEIG), Atendse am Mekong, 28° 28' (GEBAUER). S.: Houdsengai bei Dötschang im Djientschang (1856). Ober Duörlliangdse im Becken von Yenyüen (2881). Liuku-liangdse zwischen Yenyüen und Kwapi (2294). W: Tatsienlu und Kwan-hsien (WILSON 4281a, 4372a, 4503, 4580), Yargong (SOULIÉ 3825). Wie oben gesagt, lassen sich meine Notizen auf diese Art und *Qu. pannosa* nicht mit Sicherheit verteilen. Sie steigt anscheinend nicht so hoch an wie diese, denn die höchste Angabe ist bei FORRESTS Nr. 20184: NE of Atentze, 12000', clothing considerable moorland areas. Im Hochgebirgsgebiete steigt sie kaum unter 2400 m herab, nur am Oberlaufe des Djinscha-djiang ober Schigu mehrfach bis in die str. St. bis 1920 m, im Salwin-Tale am 26° 12' bis 3000—3500' (1000 m) (FORREST 1143). Sie fehlt vollständig zwischen Yünnanfu, Beyendjing und Dali, findet sich erst auf dem Dji-schan (wenn nicht *pannosa*) ne von hier und bei Tengyüe. Ebenso fehlt sie im oberen Salwin-Tale um den 28. Grad, wurde erst in 28° 24' in der Salwin—Irrawadi-Kette gefunden (FORREST 20741) und oberhalb Londjre am Mekong gegen den Schöndsu-la und Doker-la von mir. In günstigen Lagen und ungestört bildet sie nicht nur niedriges Buschwerk, sondern auch Bäume von mindestens 25 m Höhe.

— — ** **var.** ***longispica*** HAND.-MZT.

Syn.: *Qu. guayavaefolia* LÉVL. in Rep. n. sp., XII., 363 (1913).

Pedunculi spicarum ♀ spicis subaequilongi. Spicae ipsae usque ad 12 cm longae, floribus usque ad 30, saepe remotis superioribusque masculis. Indumentum typi.

Y.: Dawan-schan ober Helungtang bei Yünnanfu, Gebüsche und an Felsen Bäume bildend, 2400—2500 m (13060). NE (MAIRE 2006). Beyendjing, in silvis Kuti (TEN in hb. Edinbgh. 558). NW.: (DELAVAY 3936). E flank of Lichiang Range, 9000—11000′ (FORREST 22015). **S.**: Um Betjiaoho, Lidsekou usw. n von Yenyüen Gebüsche bildend überall, 2900—3300 m (5470).

Die mit dem Typus lückenlos verbundene Varietät ist in extremer Ausbildung sehr auffallend und findet sich im Himalaya nicht. Durch das häufige Auftreten männlicher Blüten in den weiblichen Ähren könnte sie für eine Abnormität gehalten werden, doch ist dies nicht das Wesentliche daran. Sie entwickelt reichlich Früchte, wenn auch nicht alle reifen. Den LÉVEILLÉschen Artnamen anzunehmen, schien mir nicht angezeigt, da das Merkmal nicht in den Blättern liegt.

— — **subsp.** ***glabra*** (FRANCH. p. p.) HAND.-MZT.

Syn.: *Qu. semicarpifolia* var. *glabra* FRANCH. in Journ. de Bot., XIII., 151 (1899) p. p.

Qu. semicarpifolia DIELS in Not. R. B. G. Edinbgh., VII., 93, 103 (1912).

Qu. spinosa var. *Miyabei* HAYATA, Ic. Plt. Formos., VII., 37 (1917).

Qu. sp. aff. *Gilliana* W. W. SM. l. c., XIV., 227, 230, 232 (1924).

Qu. spinosa vel aff. W. W. SM., l. c., 231, 238, 251.

Qu. Rehderiana HAND.-MZT. in Sitzgsanz. Ak. W. W., 1925, 129, non *Qu. Rehderi* TREL. 1917 (nom. und.).

Folia subtus glabra vel raro et praecipue juvenilia pilis stellatis brevissimis conglutinatis tenuiter obsita, interdum granulis ceraceis sparsis quoque et rarissime pilis fasciculatis brevibus sparsissimis. Spicae ♀ maturae 2—6,5 cm longae. Frutex vel arbor usque ad 25 m alta.

In Wäldern und als Busch Macchie bildend in der wtp. und tp. St. 1900—3500 m. Von Djiaohsi bei Sanyingpan (680) im N und Fumin (6140) im NW von Yünnanfu über Datiengai, den Taohwa-schan bei Beyendjing, Hsiang-schuiho ne von Dali (6448), Hwanglipin (DELAVAY 541, 542, 544, 548), Langtjiung und Djientschwan (FORREST 21146) bis Dschutong n von Tengyüe, 25° 30′ (F. 12128, 12350), über Lidjiang (F. 2056, 2163, 21108, 21151, 21158, 21212, 21217, 21218, 21219) bis auf das Dschungdien-Hochland (F. 12599), zum Wadidi-schan, 27° 40′ (F. 15377), über Dsanyilo und den Litiping bei Weihsi bis Tseku am Mekong und Tjiontson und dem Alülaka-Rücken am Salwin, 28°, und über Yungbei bis Yungning. **S.**: Houdsengai bei Dötschang im Djientschang (1853). Sosoliangdse im Lolo-Lande (SCHNEIDER 4004). Dadjin zwischen dem Yalung und Yenyüen (2140; SCHNEIDER 4121). Zwischen Kalaba und Liuku (SCH. 1299) und überall um Gwandien (2822), Kwapi (2394; SCHNEIDER 1328, 1355), Molien und Ngaitschekou, 28° 9′, n von dort. Zwischen Yapikou und Woloho am Wege von Yenyüen nach Yungning. Muli (FORREST 21365) und Datu sw von dort. Taiwan: Mt. Niitaka, 9000′ (KANEHIRA et SASAKI, Govt. Herb. Formos. 21805)

NW-Himalaya: Daukuri-Bangla, 9000′ (Jaeschke: Herb. Univ. Wien). Daukuri panar 7000′, Wälder bildend (ebenso, in den Typus übergehend). Kishtwar (Clarke 31372).

Wie ich im Pariser Herbar feststellen konnte, stellt ein guter Teil von Franchets Exemplaren doch diese Pflanze dar, weshalb man am besten seinen Namen anwendet, der von Schottky auf *Qu. dilatata* bezogen wurde. Wenn man nur das reiche chinesische Material betrachtet, wäre man geneigt, die Subspezies als Art zu bewerten, obwohl die Unterschiede nur im fast vollständigen Fehlen der Behaarung liegen; es gibt nämlich in diesem Gebiete auch bei gemeinsamem Vorkommen kaum jemals Übergänge, und daher wurde die Pflanze von den Edinburgher Botanikern gar nicht mit *Qu. semicarpifolia* in Beziehungen gebracht. Nur Tens Nr. 346 im Berliner Herbar, von Logoschuidjing zwischen Beyendjing und Bintschwan schwankt in den Merkmalen. Anders verhält es sich aber im Himalaya, wo die Subspezies vom Typus durchaus nicht scharf geschieden ist, z. B. in Kumaon (Strachey), obwohl sie auch in gleich extremer Ausbildung vorkommt. Es liegt hier wieder ein Fall vor, in dem man die Pflanzen am besten in verschiedenen Gebieten verschieden behandeln würde (s. Österr. bot. Zeitschr., LXXII., 255). Viel enger als mit dem Typus ist die ssp. *glabra* in China mit den beiden folgenden Arten verbunden. In Forrests Nrn. 21152, 21153 und 21159, allen vom Westhange des Yülung-schan bei Lidjiang, 10000′, liegen Übergänge zu *Qu. monimotricha* vor und in Maires Nr. 432/1913 von Lupu in NE-Yünnan, „rocailles à mi mont.“, 2600 m, solche zu *Qu. Gilliana*. Bei den ersten könnte man an Bastarde denken, von Maire aber wurde *Qu. semicarpifolia* ssp. *glabra* nicht gesammelt.

Die Einziehung der *Qu. aquifolioides* Rehd. et Wils. zur typischen *Qu. semicarpifolia* beruht auf von H. Rehder mir freundlichst übersandten Blättern der Wilsonschen Nummern 4372a und 4580, die, auch in den mikroskopischen Merkmalen des Induments, vollständig mit kleineren der himalayischen Pflanze übereinstimmen, und dem aus Kew entlehnten, als *Qu. semicarpifolia* veröffentlichten Exemplar von dessen Nr. 4281a. Dieses zeigt nebst der gleichen Behaarung auch genau die gleiche Stellung der Früchte wie ein Original Wallichs ebenfalls im Kew-Herbarium. Neben ihnen finden sich vertrocknete Knospen, die zeigen, daß die Triebe des Sammeljahres (die Pflanze ist im Oktober gesammelt) nicht zur Entwicklung gekommen waren, und der fruchttragende Sproß erweist sich auch nach Färbung und Zustand der Haare als ein allerdings gut erhaltener vorjähriger, obwohl an dem ganzen Stücke kein diesjähriger, den man vergleichen könnte, vorhanden ist. Die Cupula hat an dieser Wilsonschen *semicarpifolia* nur 9 mm Durchmesser und die Eichel 8 mm, also sogar weniger als er für *aquifolioides* angibt, die sich durch kleinere Früchte unterscheiden soll. Mit der irrtümlichen Auffassung der vorjährigen Triebe als diesjährige fällt auch der angegebene Unterschied in der Dauer der Blätter. Auch bei Schneiders Nr. 3916 wurden an einem fruchtenden Aste keine diesjährigen Triebe angesetzt, doch kann man sich hier nicht täuschen lassen, da an den sterilen Zweigen solche vorhanden sind und von den fruchtenden verschiedene Färbung und Indument zeigen. Vielleicht wird das Nichtaustreiben manchmal gerade durch die Fruchtausbildung hervorgerufen. Die Frucht braucht zur Reife ziemlich genau ein Jahr (nach Brandis 15 Monate), doch mag sie gelegentlich durch Wetterverhältnisse beschleunigt oder verzögert werden. Die Blütezeit liegt anscheinend sehr verschieden, bei FORRESTS Nr. 20184 im Spätsommer, die Fruchtreife im nächsten Sommer, bei meiner Nr. 13060 im Winter an Sprossen vom Herbst, ebenso offenbar an MAIRES Nr. 2006 (ohne Sammeldatum), ebenfalls aus einer Gegend mit ziemlich ununterbrochener Vegetationszeit; an SCHNEIDER 1328, MAIRE 874/1914 und FORREST 5572 sieht man im Mai des zweiten Jahres unreife Früchte.

GRIFFITHS Nr. 4453 aus Bhutan hat mehr sternhaariges als klebriges Indument, während seine Nr. 2549, ebenfalls von dort, ganz dem Typus entspricht. Eine Mittelform zwischen typischer *semicarpifolia* und *Qu. monimotricha* stellt PRATTS Nr. 201 von Dadjienlou dar mit recht stark bullaten Blättern mit *semicarpifolia*-Indument und außerdem reichlichen kurzen Büschel-Sternhaaren, die schließlich alle verschwinden.

** ***Qu. monimotricha*** HAND.-MZT.

Syn.: *Qu. semicarpifolia* KANITZ, Bot. Res. c.-as. Exp. SZÉCH. in Math. u. nat. Ber. Ung., III., 13 (1884) p. p. (Nr. 269).

Qu. Ilex var. *rufescens* FRANCH. in Journ. de Bot., XIII., 151 (1899) saltem p. p., non *Qu. rufescens* BICKN. in Bull. Torr. B. Cl., XLV., 376 (1918).

Qu. semicarpifolia var. *rufescens* SCHOTTKY in Bot. Jahrb., XLVII., 642 (1912).

Qu. aquifolioides var. *rufescens* REHD. et WILS. in Plt. Wils., III., 223 (1916).

Qu. sp. aff. *semecarpifolia* W. W. SM. in Not. R. B. G. Edinbgh., XIV., 231 (1924).

Qu. sp. aff. *Gilliana* W. W. SM., l. c., 232, 249, 345.

Qu. spinosa var. *monimotricha* HAND.-MZT. in Sitzgsanz. Ak. W. W., 1925, 129, excl. specim. MONBEIGiano.

Sect. *Lepidobalanus*. ENDL., subs. *Revolutostylosae* SCHKY.

Fruticulus 15 — vix ultra 60 cm altus, ramosissimus. Ramuli saepe subverticillati, tenues crassioresve, teretes, brunnei vel purpurascentes, annotini quoque breviter et sordide fasciculato-tomentelli, vetustiores lenticellis sparsis orbicularibus pallidis tuberculati. Folia oblongo-elliptica usque suborbiculari-ovata, 12—35 mm longa et longitudine usque ad triplo angustiora, utrinque acuta usque rotundata et basi breviter cordata, toto margine remote et sinuato spinoso-dentata, spinis tenuibus, plerumque longis, porrectopatentibus, raro nonnulla subintegra, juvenilia supra interdum dense stellato-tomentella, matura pedibus pilorum aspera, subtus pilis fasciculatis longis sordidis juvenilia saepe tomentosa vel sparsius induta et ceraceo-granulata, vetusta interdum ad nervos venasque tantum fasciculato-hirsuta, venularum reti denso tunc subtus conspicuo, coriacea, exsiccando olivascentia vel fulvescentia, ad autumnum secundi anni persistentia, nervis utrinsecus 4—7 patentibus furcatis cum costa supra valde impressis subtus argute prominuis bullata; petiolus crassus, usque ad 3 mm longus, indumento ramulorum vel glaber. Stipulae membranaceae, brunneae, spathulatae, ± 5 mm longae, praesertim inferne et nervi dorso pilis et simplicibus et fasciculatis pilosulae, deciduae. Amenta ♂ in ramulorum hornotinorum terminalium partibus inferioribus creberrima, una cum foliis aperta, decidua, brevipedunculata, suberecta, 1—4 cm longa, ± densiflora, rhachidibus tenuibus, fasciculato-tomentellis. Bracteae late obovatae, flores aequantes, membranaceae, brunneae, praesertim marginibus villoso-ciliatae, fugacissimae. Flores singuli vel hic illic oppositi, subsessiles; perianthium c. 1½ mm longum, urceolatum, lobis ovatis, rotundatis ceterum bracteis similibus; filamenta tenuia, demum perianthium superantia; antherae subglobosae, ¾ mm longae, primum rubellae, dein flavidae. Flores ♀ prope apices surculorum singuli vel bini, brevistipitati. Fructus singuli, autumno secundo maturi. Cupula lata, 8—10 mm diametro, 3—4 mm alta, firma, squamis 1 mm longis, e basi ovata lingulatis, obtusissimis, adpressis, inferne tomentellis, superne ciliolatis ore dense ciliolata. Glans crasse ovoidea, ± 1 cm longa, retusa et umbonata, glabra.

In der wtp. und tp. St. selbständig und unter Kiefern Gebüsche bildend, auf Kalk und Sandstein, 2500—3400 m. **Y.**: Im NW bei Lidjiang (Schneider 3915), hier am Osthang des Yülung-schan (Forrest 21154, 21157) und auf dem Berge Lojatso e davon, 10. VI. 1916 (12985). Heschanmen? (Delavay 27. VIII. 1888, Probe und Zeichnung im Herb. Berlin). Im NE bei Dungtschwan (Maire 1451/1913, 3848, distr. Bonati 7384) und Hodjiakou (Maire distr. Bonati 3550). **S.**: Leilung-schan, 28° 10′ (Forrest 15221) und Gebirge ne von Muli (F. 21341, 22506). Auf den Rücken ober Fumadi am Wolo-ho zwischen Yungning und Yungbei, 15. VI. 1914 (3020). Häufig zwischen Alami und Sikwai im Lolo-Lande e von Ningyüen, 21. IV. 1914 (1487). Dadjienlou (Wilson, Arn. Arb. Exp. 3626). Yangtse-Ufer (W., Veitch Exp. 4506). Ober-Birma: Manipur, 8000′, zwischen *Rhododendron* (Watt 5980). Hierher vielleicht auch einige meiner unter der folgenden Art gebrachten Notizen.

Die neue Art steht der *Qu. spinosa*, als deren Varietät ich sie zuerst beschrieb, nicht so sehr nahe wie der folgenden Art. Jene unterscheidet sich wesentlich durch den dicken Filz, der die Blattrippe auf dem Rücken bis zur Mitte deckt, während die Blätter sonst kahl sind, diese durch die ganz oder nahezu ganz kahlen Blätter, deren Haare in diesem Falle ganz kurz sind. In dem reichen vorliegenden Material fehlen Übergangsformen trotz der Geringfügigkeit der Unterschiede, weshalb man sie derzeit als Art betrachten muß. *Qu. Ilex* var. *rufescens* Franchet bezieht sich nach dem eingesehenen Exemplare teilweise sicher auf unsere Pflanze, nach dem Namen und der Beschreibung aber auch auf andere. Das Indument erinnert äußerlich mitunter an *Qu. senescens*, doch fehlen die beiden unteren Schichten verschiedener Haartypen.

Qu. Gilliana Rehd. et Wils.

Syn.: *Qu. spinosa* vel aff. W. W. Sm. in Not. R. B. G. Edinbgh., XIV., 231 (1924).

In Steppen und auf Felsboden, besonders aber unter Föhren ausgedehnte, oft nur spannenhohe Gebüsche bildend, selten im Laubwalde als Bäumchen in der wtp. und unteren tp. St., seltener in die str. herab, auf Kalk, Sandstein und Glimmerschiefer, 1600—3450 m. **Y.**: Gipfelregion des Taohwa-schan bei Beyendjing halbwegs zwischen Tschuhsiung und Yungbei. Heniuschao s von Hodjing. Dungtien zwischen Djientschwan und Weihsi. Im NW um Yungning, am Osthang des Yülung-schan bei Lidjiang (Forrest 21151), auf dem Dschungdien-Hochlande bei Waschwa, Alo, Latsa, ober Dugwantsun und am Westhange des Nguka-la, gegenüber Weihsi, im birm. Mons. bei Sitjitong am Salwin, 28° 4′. Im NE bei Lupu (Maire, distr. Bonati B 3353). **S.**: Unter Piyi sw von Muli. Überall im Becken von Yenyüen, am Südhang des Linbinkou, unter Hwangliangdse und um Kwapi. Bei Ningyüen (1245). Im Lolo-Lande e von dort (SCHNEIDER 971) bei Sikwai (1489), im Walde des Soso-liangdse dort (1683) und um Tjiaodjio und Lemoka (1556). Im W (WILSON, Arn. Arb. Exp. 4583: Hb. Kew). Tung-ho-Tal (W., VEITCH Exp. 4507). Einige der nicht belegten Notizen gehören vielleicht zur vorigen Art.

Das Originalexemplar, welches mir aus Kew geliehen wurde, zeigt, daß auch diese Art nicht einjährige, sondern zweijährige Fruchtreife besitzt. Die diesjährigen Triebe der im Oktober gesammelten Pflanze zeigen ihr geringeres Alter deutlich in der Dicke, Färbung und dem Zustande der Behaarung, obwohl die fruchttragenden in diesem Jahre nicht weiter tieben und die Früchte daher endständig erscheinen. REHDER stimmt mir (briefl. 27. V. 1927) bei, daß FORRESTS Nr. 22506 (*monimotricha*) davon verschieden ist. Die Cupulaschuppen sind bei *Qu. Gilliana* möglicherweise auch stärker behaart und haben kürzere und breitere Spitzen als bei jener, doch liegt mir zu wenig Material vor, als daß ich die Konstanz dieses Unterschiedes behaupten könnte.

Qu. dilatata LINDL.

Syn.: *Qu. semecarpifolia* var. *glabra* FRANCH. in Journ. de Bot., XIII., 151 (1899) p. p.

Qu. dilatata var. *yünnanensis* SCHOTTKY in Bot. Jahrb., XLVII., 645 (1912).

In Gebüschen und Wäldern der str. und wtp. St. auf Kalk, Sandstein und krystallinischen Gesteinen, 1800—3000 m. **Y.**: Zwischen Homöndschang und Bödschagwan in der Seitenschlucht des Djinscha-djiang n von Yünnanfu (770; SCHNEIDER 442). Wahrscheinlich diese auf dem Rücken ober Yadjitang zwischen Magai und Sidsung e von Yünnanfu. Mehrfach zwischen Laoyagwan und Yaoschangai an der Straße von Yünnanfu nach Dali (8653). Bintschwan (TEN 341). Hwanglipu (DELAVAY 543 p. p.). Dapingdse (D. 3871). Böschaho bei Mosoying (D. 3419). Westseite des Yülung-schan bei Lidjiang (FORREST 21170). Dungschan (F. 12588). Dschungdien Plateau (F. 11394, 12400). Tiefere Hänge dse Beiti-schan, 27° 45′ N, 100° 18′ E (F. 20518). NE der Yangdse-Schleife (F. 10341). Yungbei (F. 11043). **S.**: Unter dem Schlosse Kwapi im Yalung-Gebiete n von Yenyüen, 27° 54′ (2447). SE von Muli (am Wolo-ho) (FORREST 22948). Wadiyischan (F. 15382).

Die in verschiedenen Entwicklungszuständen gesammelten Pflanzen stimmen so vollständig mit entsprechenden indischen überein, daß ich nicht einsehe, woraufhin sie als var. *yünnanensis* abgetrennt werden sollten. Früchte liegen allerdings nicht vor. *Qu. obscura* SEEM., die von SCHOTTKY (S. 654) hier verglichen wird, ziehen REHDER und WILSON zu *Engleriana*, wogegen wohl nichts einzuwenden ist.

Qu. phillyraeoides A. GR.

Syn.: *Qu. phillyreoides* var. *sinensis* SCHKY. in Bot. Jahrb., XLVII., 643 (1912).

Qu. fokienensis NAK. in Journ. Arn. Arb., V., 75 (1924).

Kw.: In der str. St. im Hartlaubwalde des Kalkhügels bei Dodjie zwischen Duyün und Badschai, 700 m (10726).

WILSONS Nr. 363 der VEITCH-Exp. hat genau dieselbe Verteilung der Zähne wie meine Pflanze, die NAKAI zu *Qu. fokienensis* stellt, nur sind sie kürzer. Nach genauem Vergleiche des schönen japanischen Materials des Berliner Herbariums finde ich aber, daß auch dort ihre Verteilung wie an allen ihren Verwandten so sehr variiert, daß die chinesische Pflanze nicht daraufhin abgetrennt werden kann. *Qu. Wrightii* NAK., l. c., kann im besten Falle als Varietät beibehalten werden.

** ***Qu. cocciferoides*** HAND.-MZT. in Sitzgsanz. Akad. W. W., 1925, 128.

Syn.: *Qu. semecarpifolia* var. *glabra* FRANCH. in Journ. de Bot., XIII., 151 (1899) p. p.

Qu. Ilex var. *phyllireoides* FRANCH., l. c., 152.

Sect. *Lepidobalanus* ENDL., subs. *Revolutostylosae* SCHKY.

Arbor ramulis juvenilibus pilis stellatis adpresse cinereo-tomentosis, annotinis brunneis pulverulentis, vetustioribus fuscescentibus, cortice reticulatim fissili et albescente, lenticellis orbicularibus et transversis rufulis crebre tuberculatis. Gemmarum perulae parvae, ovatae, rotundatae, crustaceae, brunneae, antice ciliolatae, deciduae. Folia oblonga et ovato-oblonga, 2½—6 cm longa, longitudine 2—3 plo angustiora, acuta vel subobtusa, basi plerumque obliqua (saepe anguste) rotundata, margine plus quam dimidio superiore vel fere toto dentibus remotis spinulosis porrectis nervos quosque terminantibus serrulata, tenuiter coriacea, decidua, jam juvenilia praeter costae partem inferiorem utrinque cinereo-tomentosam et subtus praeterea parcipilosam, adulta saepe tota glaberrima, in sicco brunnescentia maturaque olivacea nitidula; costa nervique utrinsecus 6—10 sub angulis 40—50° abeuntes rectiusculi venulaeque supra quam subtus saepe densiores utrinque prominui; petiolus 4—7 mm longus, gracilis, ut ramuli tomentosus. Stipulae 7—8 mm longae, inferiores oblongae, superiores lineares, scariosae, brunneae, albido-marginatae, antice dense ciliatae et dorso puberulae. Amenta ♂ supra bases ramulorum hornotinorum farcta necnon e gemmis propriis, 3,5—4,5 cm longa, bervistipitata, laxa, rhachi fasciculato-tomentella; flores singuli, pedicellis fere 1 mm longis, perianthii lobis late ovatis, 1,5 mm longis, brunneo-membranaceis, molliter ciliatis et pilosulis, antheris fere 1 mm longis, quam filamenta subduplo brevioribus, pilosis. Flores ♀ foliorum superiorum axillis 2—3 ni breviter spicati, pedunculo 3—6 mm longo, subglabri; stigmata brevissima, crassa, depressa. Fructificatio biennis. Cupula plus quam semiglobosa vix 1 cm diametro, firma, intus densissime et brevissime albo-sericea, squamis permultis minutis, angustis, imbricatis, stellato-pulverulentis, apicibus oblongis appressis, glabrescentibus; glans globosa, subinclusa, parte superiore sericea, crasse apiculata, aegre decidua.

In Wäldern und Gebüschen, seltener selbständig solche bildend, in der str. und dem untersten Teile der wtp. St. in trockenen Lagen auf Kalk, Tonschiefer und Diabas, 1440—2000 und in den Gebirgstälern gelegentlich gegen 3000 m. Kuti bei Beyendjing (TEN 45 ex hb. Arn. Arb., 149 ex hb. Kopenhagen). Hwanglipin (DELAVAY 543 p. p.). Am Fuße des Dji-schan bei Bientjio und sw von Hwangdjiaping. N von Lunggai am Djinscha-djiang. Unter Weischa und zwischen Datschang und Dalu e von Yungbei. Im NW bei Tschoutang und Sabe nächst Ndaku, zwischen Bödö und Waschwa, 4. VIII. 1914 (4453), und viel um Tschwadse n und nw von Lidjiang. Überall im Mekong-Tale bis über Londjre, 28° 11', hier das höchste Vorkommen. Wohl diese auch sehr viel an der Eisenbahn ober Pohsi bis gegen Hsiaodjiatou. S.: Muli, unter dem Kloster, 2. VIII. 1915 (7388) und gegen Dseia. Oberhalb Woloho zwischen Yungning und Yenyüen.

Unterhalb Kwapi n von hier, 27° 54', 19., 21. V. 1914 (3632; SCHNEIDER 1318) bis gegen Datjiaoku.

Die echte *Qu. phillyreoides* unterscheidet sich von dieser Art beträchtlich durch dickere, mindestens zweijährige Blätter mit viel weniger hervortretenden Nerven und Adern, kurze, dicke Blattstiele und, soweit Material vorliegt, längere Eicheln. Ihre jungen Blätter sind ganz kahl, auch auf der Rippe, die jungen Sprossen und Blattstiele dicht bräunlich filzig. Obwohl die entwickelten Blätter von *Qu. cocciferoides* ausgesprochen lederig sind, fallen sie doch anscheinend immer im ersten Herbste oder Winter ab. Die Art kommt auch *Qu. dilatata* sehr nahe und nimmt gewissermaßen eine Mittelstellung zwischen ihr und *phillyreoides* ein, teilweise auch in der Verbreitung. Bei Kwapi, wo sie mit ihr gemeinsam in blühendem Zustande gesammelt wurde, war sie durch die Behaarung sofort zu unterscheiden; später lassen schon die viel kleineren Blätter, die an jene von *Qu. coccifera* L. erinnern, keine Verwechslung zu.

** ***Qu. parvifolia*** HAND.-MZT. in Sitzgsanz. Akad. W. W., 1925, 129.

Syn.: *Qu. phillyraeoides* vel aff. W. W. SM. in Not. R. B. G. Edinbgh., XIV., 163 (1924).

Sect. *Lepidobalanus* ENDL., subs. *Revolutostylosae* SCHKY.

Arbor usque ad 15 m alta, ramulis gracillimis, juvenilibus pilis stellatis adpressis cinereis tomentosis, annotinis spadiceis pulverulentis, vetustis fuscescentibus cortice reticulatim fissili et albescente, lentellis raris orbicularibus et transversis rufulis obsito. Gemmarum perulae parvae, ovatae, rotundatae, crustaceae, brunneae, antice ciliolatae, deciduae. Folia oblongo- vel anguste ovato-lanceolata, 20 × 7 usque ad 35 vel 45 × 11 mm, acutissima, basi plerumque oblique (saepe anguste) rotundata, margine plus quam dimidio superiore vel fere toto dentibus saepe remotis subpatenti-porrectis nervos quosque terminantibus argute spinuloso-serrulata vel rarius integerrima, tenuiter coriacea, decidua, supra lucida matura olivacea exsiccando saepe brunnescentia, subtus tomento denso adpresso pilis stellatis radiis flexuosis constante cinereo-alba; costa hic prominua nonnisi ad basin crasse et sordide tomentosa, supra cum nervis utrinsecus 6—11 sub angulis 40—50° abeuntibus rectiusculis venulisque tenuiter prominua; petiolus 4—7 mm longus, gracilis, ut ramuli tomentosus. Stipulae et amenta ♂ ignota. Flores ♀ foliorum superiorum axillis 2—3^{ni} breviter spicati, pedunculo 2—3 mm longo, tomentoso; stigmata fere 1 mm longa, gracilia. Cupula semiglobosa, 11 mm diametro, firma, intus brevissime et densissime flavescenti-sericea, squamis permultis, minutis, anguste ovato-oblongis, imbricatis, stellato-tomentosis, ± abrupte in apices obtusiusculos appressos ferrugineos glabros angustatis; glans ovoidea vel oblonga, cupula 3—4^{plo} longior, apice sericea, crasse apiculata, decidua.

NW-Y.: In trockenen Wäldern der str. St. im birm. Mons. und an seiner Grenze auf Schiefer, 1720—2700 m. Bei Dsondio am Djinscha-djiang („Yangtsekiang") nw von Lidjiang, 27° 36', 25. VIII. 1915 (7776). In thickets by streams in the Mekong valley, 28° N, 98° 45' E, IX. 1921 (FORREST 20757). Mekong valley (F. 20288, 20290). Open dry situations in oak forest on the Mekong—Salwin divide, (F. 16522), 28° 20' N, 98° 43' E, IX. 1921 (F. 20335). Am Lu-djiang (Salwin) unter Tjionatong und bei Sitjitong, 28° 4—6'.

Diese Art verhält sich zur vorigen genau wie *Qu. acrodonta* SEEM. zu *philly-*

reoides, doch sind die Blätter auch etwas dicker und die Nerven weniger hervortretend. Das FORRESTsche fruchtende Material ergab auch Unterschiede in der Eichel. *Qu. acrodonta* unterscheidet sich durch größere, persistierende Blätter von anderer Form und mit gelbgrauem Filze. In gedruckten Etiketten wurde der Name *Quercus parvifolia* (CHAPM.) SMALL ohne Beschreibung oder Zitat ausgegeben, doch nennt SMALL diese Pflanze in seinen Veröffentlichungen *Qu. Chapmanii* SARG. (*obtusiloba* var. *parvifolia* CHAPM.). Der Name ist daher frei.

Qu. spathulata SEEM. (*Qu. Ilex* var. *phyllireoides* FRANCH. in Journ. de Bot., XIII., 152 [1899] p. p.). **S.**: Im trockenen str. Wald oberhalb Helugö bei Kwapi n von Yenyüen, Tonschiefer, 2325 m (2473). Dadjienlou: Mosymien (SOULIÉ 697). Auch in **NW-Y.**: hier bis 3000 m, also durch die wtp. St. Gebirge um Yungbei (FORREST 16505), gegen Lidjiang (F. 10098, 10572, 11414) und am Dschungdien-Hochlande (F. 10600).

Die Unterscheidung der drei „Kreise“ der *Qu. semecarpifolia*, *Ilex* und *dilatata* durch SCHOTTKY scheint mir wenig glücklich, denn die Arten des zweiten derselben sind in der Ausbildung der Cupula-Schuppen voneinander viel weiter verschieden als *Qu. phillyreoides* von *dilatata*. Ich bringe daher für die chinesischen Arten dieser Kreise gemeinsam einen Schlüssel zur Darlegung der Unterschiede.

1. a) Cupulae squamae lineari-lanceolatae vel subulatae patentes exterioresque reflexae. Folia subtus pilis stellatis brevibus albis obsita. Petioli conspicui: 2.

b) Cupulae squamae ovatae vel ovato-lanceolatae, adpressae: 4.

2. a) Folia coriacea, obovata vel spathulata, raro ovata, plerumque margine dimidio anteriore breviter mucronato-serrata, subtus pilis ob radios brevissimos squamiformibus sparse induta usque tomentosa, serius glabrescentia, supra sparsissime stellato-pilosa vel glabra. Cupulae squamae lineari-lanceolatae: *spathulata* SEEM.

b) Folia late vel ovato-lanceolata: 3.

3. a) Folia subcoriacea, late lanceolata, raro ovato-lanceolata, acuta, integerrima vel margine anteriore dentibus mucronatis paucis instructa, supra sparse stellato-pilosa, subtus sicut petioli validi ramique juveniles pilis distincte stellatis longiramosis tomentosa. Cupulae juvenilis squamae lineari-lanceolatae, ad 4 mm longae: *oxyphylla* (WILS.) HAND.-MZT.[1]

---

[1] ***Qu. oxyphylla*** (WILS.) HAND.-MZT., comb. nova.

Syn.: *Qu. Ilex* SEEM. in Bot. Jahrb., XXIX., 289 (1901).

Qu. spathulata var. *oxyphylla* WILS. in Journ. Arn. Arb., VIII., 100 (1927).

S-**S.**: Nantschwan (BOCK et ROSTHORN 1504, 1519, 1520). Nganhui (TSCHING 3116 e WILSON, l. c.,). Hubei: Yitschang (HENRY 2954, 3425).

Nach WILSONS Beschreibung handelt es sich in der Varietät wohl zweifellos um dieselbe Pflanze, die von BOCK und ROSTHORN gesammelt wurde und mir vorlag. SCHOTTKY erwähnt sie nicht. Die Blattform von *Qu. spathulata* ist so charakteristisch und konstant, daß die Varietät um so mehr Artrecht beanspruchen zu können scheint, als sie eine eigene Verbreitung besitzt, die Verhältnisse in China nicht immer mit den europäischen vergleichbar und auch dort innerhalb verschiedener Gruppen oft sehr verschiedene sind und außer jenem in der Blattform auch ein wesentlicher Unterschied in den Sternhaaren vorliegt. Außerdem scheint *Qu. oxyphylla* höchstens wintergrün zu sein, da an BOCK und ROSTHORNS im April und Sommer gesammelter Pflanze nur diesjährige Blätter vorliegen. Ihre Früchte sind im April des zweiten Jahres

b) Folia tenuiter coriacea, ovato-lanceolata, acuta, margine mucronato-serrata, supra nitida glabra, subtus pilis stellatis ob radios brevissimos conglutinatosque squamiformibus sparse induta et costa petioloque stellato-tomentosa; petioli tenues. Cupulae squamae subulatae, ad 5 mm longae: *Baronii* SKAN.

4. a) Folia adulta subtus crasse pannosa tomento stratis tribus pilorum, brevissimorum enim stellatorum conglutinatorum, mediorum stellatorum paulo longiorum, superiorum fasciculatorum longorum floccis lanatis detersilium constante. Petioli crassi, brevissimi, raro usque ad 5 mm longi: 5.

b) Folia adulta subtus ± glabra vel simpliciter stellato- vel fasciculato-pilosa vel juvenilia tomentosa, vel pilis stellatis brevissimis conglutinatis tomentosa pilis fasciculatis parcis interdum immixtis: 6.

5. a) Foliorum tomentum cinereum, vetustius saepe paululum flavescens vix rubescens: *senescens* HAND.-MZT.

b) Foliorum maturorum tomentum ± fulvum vel intense ferrugineum: *pannosa* HAND.-MZT.

6. a) Petioli brevissimi crassi. Folia biennia vel perennia: 7.

b) Petioli graciles etsi saepe breves tantum. Folia vix ad alteram aestatem persistentia, glabra vel albo-tomentosa: 12.

7. a) Folia subtus pilis brevissimis stellatis conglutinatis fulvo-brunneis adpresse tomentosa, interdum pilis stellatis sparsissimis immixtis vel (ssp. *glabra* [FR.] H.-M.) glabra, nervis lateralibus subtus valde prominuis. Spicae fructiferae brevissimae usque (var. *longispica* HAND.-MZT.) ad 17 cm longae: *semicarpifolia* SM.

b) Folia pilis stellatis liberis, vel fasciculatis paululum intertextis, albo-cinereis vel flavocinereis tomentosa vel sparse obsita vel glabra, tunc aut nervi laterales non vel vix prominui aut costa subtus usque ad medium folium crasse stellatotomentosa. Spicae fructiferae ½—1 cm tantum longae: 8.

8. a) Folia nervis supra valde impressis bullata, lamina glabra vel fasciculato-pilosa: 9.

b) Folia plana vel margine paulum revoluto tantum undulata: 10.

9. a) Folia subtus ± dense et longe fasciculato-pilosa et ceraceo-granulata, demum interdum glabrescentia. Costa eodem indumento cinereo: *monimotricha* HAND.-MZT.

b) Folia subtus praeter nervum dimidio inferiore dense stellato-tomentosum glabra vel subglabra: *spinosa* DAV.

10. a) Nervi laterales subtus valde prominui. Folia plerumque valde et patenter spinosa-serrata, subtus sparsissime stellato-pilosa: *Gilliana* REHD. et WILS.

b) Nervi laterales subtus non vel vix prominuli vel folia subtus dense flavocinereo-tomentosa, serraturis minutis vel porrectis: 11.

---

noch unentwickelt. Reife liegen nicht vor. HENRYS Pflanzen scheinen den morphologischen, aber gleichzeitig auch geographischen Übergang zu vermitteln.

Qu. Ilex L. ist auch in jenen Exemplaren, die SEEMEN (l. c. 290) für identisch hält, durch die viel zarteren und mehr verwebten Sternhaare und kurzen Cupula-Schuppen ganz verschieden.

11. a) Folia subtus glabra vel subglabra, ovata vel obovata, margine anteriore vel fere toto serrulata, rarissime subintegerrima: *phillyraeoides* A. Gr.

b) Folia subtus dense flavocinereo stellato-tomentosa, oblonga vel cuneato-oblonga, margine dimidio anteriore grosse subspinuloso-serrata: *acrodonta* Seem.

12. a) Folia subtus dense stellato-tomentosa, oblongo- vel anguste ovato-lanceolata, acutissima, margine infra dimidium usque vel fere toto remote spinuloso-serrata, rarius integerrima: *parvifolia* Hand.-Mzt.

b) Folia subtus glabra vel subglabra: 13.

13. a) Ramuli juveniles dense stellato-tomentosi. Folia ovato-oblonga raro ovata, 2—6,3 cm longa et duplo vel triplo angustiora, acuta, raro subobtusa, margine anteriore infra medium usque vel fere toto remote et porrecte spinuloso-serrulata: *cocciferoides* Hand.-Mzt.

b) Ramuli juveniles sparse stellato-pilosi. Folia ovata vel obovata vel oblonga, 3,5—9, raro ad 13 cm longa et duplo vel triplo angustiora, acuta vel raro subrotundata, margine anteriore infra medium usque porrecte vel subpatenter mucronato-serrata vel serrulata, rarius integerrima: *dilatata* Ldl.

** ***Qu. Jenseniana***[1] Hand.-Mzt. in Sitzgsanz. Akad. W. W., 1922, 52.

Sect. *Cyclobalanopis* (Oerst.) Prtl., subs. *Cyclobalanoides* Oerst.

Arbor 10 m alta ramulis crassis, hornotinis sulcatis cum foliis juvenilibus stipulisque perulisque initio brunneo-furfuraceis mox nigrescentibus valde glutinosis, annotinis fusco- et vetustioribus griseo-corticatis, lenticellis orbicularibus planis demum cretaceis notatis. Folia oblonga, matura 12—20 cm longa et longitudine 2— plus $2\frac{1}{2}^{\text{plo}}$ angustiora, in apicem indistinctum curvatum (in sicco complicatum) subrotundato-contracta, basi late cuneata vel subrotundata et in petiolum 2,5—4 cm longum crassum glabrum supra profunde et anguste sulcatum basi valde incrassatum breviter decurrentia, margine angustissime incrassato et recurvo integerrima paulum undulata, biennia, tenuiter coriacea, exsiccata supra olivacea lucida glaberrima, subtus papillis densissimis depressis valde glauca et subtilissime araneosa; costa et nervi utrinsecus (10—) 12—14 sub angulis ca. 40° abeuntes stricti sat procul a margine curvati vix anastomosantes utrinque fulvescentes supra paulum impressi subtus argute prominui; trabeculae obliquae rectiusculae numerosae et venularum rete arctissimum secus costas autem laxius plerumque bene conspicua. Stipulae filiformi-lineares, scariosae, brunneae, 6 mm longae, fugacissimae. Perulae crustaceae, ovatae, obtusae, 3—4 mm longae. (Flores ♂ ignoti.) Flores ♀ in spicis axillaribus ad axem crassiusculam primum sparse hirtam numerosi, sessiles, singuli; bracteae late triangulari-ovatae, 1 mm longae, furfuraceo-tomentellae; perianthium brevissimum, ciliatum; styli 3, crassi, vix 1 mm longi, stigmatibus magnis crassis semiorbicularibus. Fructificatio biennis videtur. Fructus ad rhachides crassas lenticellatas solitarias sed saepe numerosissimas acumine brevi sterili delapso 2—4,5 cm longas sessiles 5—15; cupula annotina globoso-turbinata, 2,5—4 mm diametro, annulis concentricis 4—5 tenuibus integris extus griseobrunneo-furfuraceis, intus praesertim inferne sericeis. (Glans ignota.)

[1] Species Laur. Jensen, olim missionario Wukangensi, cuius hospes diu eram, dedicata.

SW-**H.**: Im schattigen Laubhochwalde der wtp. St. des Yün-schan bei Wukang am Wege unter dem Tempel Gwanyin-go unweit des Baches selten, Tonschiefer, 1050 m, 25. VI., 8. VII. 1918 (12210). N-Kwangtung: Lungtouschan e von Schaodschou, bei Ju (WULSINS Sammler 12568, 12575).

Species valde peculiaris, *Qu. argentatae* KORTH. Sumatrae incolae tantum affinis, quae differt foliis tenuiter petiolatis caudatis, lenticellis densissimis multo minoribus etc.

Obwohl von meiner Pflanze keine ♀ Kätzchen vorliegen, glaube ich, daß sie zu *Quercus* und nicht zu *Lithocarpus* gehört, deren Arten sie im Habitus völlig gleicht, wie *L. Clementiana* (KING), die durch die kurzen Blattstiele sofort zu unterscheiden ist. *Qu. argentata*, von der mir männliches Material vorliegt, das KING nicht sah und das ihre Zugehörigkeit zu *Quercus* bestätigt, steht ihr nämlich offenbar noch näher als irgend eine *Lithocarpus*. An meiner Pflanze liegt nur ein junger ♀ Blütenstand an einem diesjährigen Zweige vor; alle anderen sind an vorjährigen in großer Menge, aber es ist nicht zu erkennen, ob ihre befruchteten Blüten sich in einem Stadium zwei- oder vielleicht sogar dreijähriger Fruchtreife befinden oder abortierten. Keinesfalls hatten die ♀ Ähren ♂ Endteile, und das Fehlen irgendwelcher Reste von ♂ Kätzchen legt es noch mehr nahe, daß die Pflanze keine *Lithocarpus* ist. Auch daß im Spätsommer noch keine der gewöhnlich im Herbste blühenden *Lithocarpus*-Ähren angelegt sind, spricht für frühjahrsblütige abfällige Staubblütenkätzchen. Die Narbe entspricht vollständig dem *Cyclobalanopsis*-Typus, von dem ihr Bau bei *Qu. argentata* den Übergang zu *Lithocarpus* bildet (vgl. SCHOTTKY in Bot. Jahrb., XLVII., 647). Solange freilich die ♂ Blüten nicht bekannt sind, ist die Einreihung dieser in der chinesischen Flora ganz isolierten Pflanze noch nicht ganz sicher.

Qu. pachyloma SEEM. (*Qu. picta* HAND.-MZT. in Sitzgsanz. Akad. W. W., 1922, 53).

E-**Kw.**: Im trockenen Walde bei Ludwan zwischen Gudschou und Liping, auf Mergel der str. St., 650 m (10967).

Nachdem ich nun Material vom Originalstandorte der *Qu. pachyloma* erhalten habe (CHUNG 2730), kann ich meine Pflanze nicht mehr für spezifisch verschieden davon halten. Die aus SEEMENS Beschreibung abgeleiteten Unterschiede bestehen nämlich nicht; seine Angabe „foliis subtus tomentosis calvescentibus" mag sich auf junge Blätter beziehen, die mir nicht vorliegen. Das CHUNGsche Exemplar unterscheidet sich wohl noch ein wenig von meiner Pflanze, indem es die Blattlamina unterseits tief grubig (tesselata) hat und nicht glauk, sondern grün, doch scheint mir dies umso weniger zu bedeuten, als auch bei meiner das Adernetz unterseits deutlich sichtbar ist. Die Standorte liegen wohl sehr weit voneinander entfernt, doch wird sie in dem zwischenliegenden Gebiete, dessen Erforschung noch kaum in Angriff genommen ist, sicher auch gefunden werden.

Qu. nubium HAND.-MZT. in Sitzgsanz. Akad. W. W., 1922, 137.

Syn.: *Qu. sessilifolia* SIEBD. et ZUCC. et al., non BLUME, e NAKAI in Bot. Mag. Tok., XL., 583 (1926).

Qu. paucidentata FRANCH. in NAK., l. c. (1926).

SW-**H.**: Im schattigen Laubhochwalde in der wtp. St. des Yün-schan bei Wukang um den Tempel Gwanyin-go selten, Tonschiefer, 1180—1200 m (11168). S-**S.**: Nantschwan (BOCK u. ROSTHORN 262).

Qu. nubium wurde von mir auf die Autorität REHDERS als verschieden von der japanischen *Qu. „sessilifolia"*, von der mir damals kein gutes Vergleichsmaterial vorlag, aufgestellt. Nach dem reichen Material des Berliner Herbars kann ich jetzt aber keinen Unterschied feststellen. Die Blattkonsistenz ist an verschieden starken Trieben meiner Pflanze sehr verschieden und teilweise ganz übereinstimmend mit japanischen Stücken, und das Hervortreten des Adernetzes hängt damit zusammen. Auch japanische Pflanzen zeigen an starken langen Trieben sehr dicke Blätter, wie MAXIMOWICZ' Pflanze vom Nagayama, die als *Qu. acuta* ausgegeben, aber mit Recht von SCHOTTKY zu *sessilifolia* gestellt wurde. Blattstiele fehlen auch an manchen Zweigen meiner Pflanze und an BOCK u. ROSTHORNS Nr. 262 nahezu und an SHIRAI Nr. 14 aus Japan soviel wie völlig. Wie NAKAI, l. c., erklärt, ist das Original keineswegs unsere Pflanze, es gleicht eher einer Form von *Lithocarpus spicata.*

Qu. oxyodon MIQ. **NW-Y.**: In den Regenmischwäldern der tp. St. des birm. Mons., auf Schiefer und Granit, 2800—3050 m. Unter dem Doker-la, 28° 15′ (8054) und gemein als Hauptbestandteil im Doyon-lumba, 28° 2′ (8381) in der Mekong—Salwin-Scheidekette.

Es liegen nur Zweige mit diesjährigen 14—19 cm langen Blättern vor. Die Zweige und Blattstiele sind dicht aschgrau büschelhaarig, die Blätter unterseits glauk und mit weißen krausen Büschelhaaren bedeckt und auf den Nerven mehr gelblich behaart. Das mir vorliegende HOOKER und THOMSONsche Exemplar aus Khasia hat dieselbe Blattbehaarung, aber kahle Sprossen und Blattstiele. Der *Qu. Thomsoniana* DC., von der ich keine Beschreibung der Sprosse und Blattbehaarung fand, entspricht meine Pflanze wohl auch sonst nicht gut, vielleicht stellt sie aber eine Mittelform zwischen diesen dar. Auch *Qu. lineata* var. *Lobbii* WENZG. steht ihr nahe, scheint aber eine mehr xerophile Form mit dickem gelblichem Filz zu sein. Jedenfalls bin ich nicht überzeugt, daß meine Pflanze von *Qu. oxyodon* verschieden sein könnte.

Qu. glauca THBG. *(Qu. Vaniotii* LÉVL. in Rep. n. sp., XII., 364 [1913] e typo). **Y.**: Beyendjing halbwegs zwischen Tschuhsiung und Yungbei (TEN 209, 344, 380, 390); dort bei Kuti, Manganschan, Swenui und Daipu (TEN 80, 81, 385, 531). Im NW zwischen Yungbei und Boloti, 2800 m (SCHNEIDER 1686). Bei Lidjiang gegen Schigu (SCHN. 2681). Im str. Walde des birm. Mons. zwischen Tschamutong und Tjionatong am Salwin häufig, auf krystallinischem Kalk und Phyllit, 28° 3—6′, 1725—1800 m (9800). **S.**: Zwischen Fumadi und Woloho (Yenyüen—Yungning), 2200 m (SCHNEIDER 1555). Im Mischwalde im untersten Teile der tp. St. auf dem Soso-liangdse im Lolo-Lande e von Ningyüen, Sandstein, 2600—2800 m (1686). **H.**: In trockenen Wäldern der str. und wtp. St. auf Kalk, Sandstein und Tonschiefer, 40—1350 m. Um die Bauernhöfe jenseits des Liuyang-ho bei Tschangscha (11649). Auf dem Dschao-schan unter Hsiangtan (11381) und dem Dungtai-schan bei Hsianghsiang. Unter Tungdjiapai bei Hsikwangschan und gegenüber Lengschuidjiang ober Hsinhwa. Auf dem Yünschan bei Wukang, 1250—1350 m (12110, **f. *gracilis*** REHD. et WILS.). **Ki.**: Kuling bei Kiukiang, selten (FABER, dieselbe **f.**).

Meine Nr. 1686 entspricht den größten Formen des Himalaya (DUTHIE 2042 aus Mussoorie, als *Qu. serrata)*, wie sie annähernd auch in Khasia vorkommen, mir aber aus China sonst nicht vorlagen. Die Blätter erreichen bei ihr bis zu

30 cm Länge. Bei Nr. 12110 stehen noch nach der Blütezeit (im Juni) die Früchte vom Vorjahre an den Zweigen, sie sind aber schlecht entwickelt und wohl nur deshalb nicht abgefallen, täuschen dadurch zweijährige Reifezeit vor.

Qu. myrsinaefolia Bl. **H.**: Am Bache in der wtp. St. bei Ngandjiapu nächst Hsikwangschan im Bezirke Hsinhwa einzeln, Sandstein, 575 m (11791).

Qu. salicina Bl. ** **var. *orgyalis*** Hand.-Mzt. in Sitzgsanz. Akad. W. W., 1925, 130.

Syn.: *Qu. lamellosa* Seem. in Bot. Jahrb., XXIX., 294 (1901).

Folia 7—21 cm longa, usque ad $6\frac{1}{2}$ cm lata, angustius serrata, dentibus interdum 5 mm longis, lanceolatis, porrectis et incurvis, nervis utrinsecus 12—20; petioli 11—25 mm longi.

SW-**H.**: Im schattigen Laubhochwald der wtp. St. auf dem Yün-schan bei Wukang häufig, Tonschiefer, 1150—1250 m, 7. VIII. 1917, 14. VI. 1918; Wang-Te-Hui IV. 1919 ♂ (11133). W-Hubei (Wilson V. 1900, Veitch Exp. 735a). S-**S.**: Nantschwan (Bock et Rosthorn 458, 997).

Da die ganzen Unterschiede gegenüber dem Typus nur in der Größe liegen und keine größeren sind, als innerhalb der Variationsweite von *Qu. glauca* vorkommen, bin ich überzeugt, daß es sich hier trotz der großen äußerlichen Verschiedenheit nur um eine Regenwaldform oder vielleicht richtiger um den phylogenetischen Typus von *Qu. salicina* handelt. Diese Art kommt in China auch in der japanischen Form, dem nomenklatorischen Typus, vor, denn Bock und Rosthorns Nummern 268 und 349, die Seemen als *Qu. glauca* var. *hypargyrea* beschrieb, sind damit identisch. Nr. 268 ist nicht, wie Schottky sagt, unterseits „durch —— Haare schneeweiß", sondern durch eine Wachsschicht und außerdem locker behaart, Nr. 349 ebenso, aber nur ganz spärlich behaart. Beide haben andere Zähnung als *glauca* und kürzere Blattstiele. In der Zusammenziehung dieser und der damit übereinstimmenden japanischen Pflanzen (*Qu. glauca* var. *stenophylla* Bl.-Original, Wawra Nr. 1606 u. a.) mit *Qu. salicina* folge ich nur der Autorität Rehder und Wilsons, denn das mir vorliegende Originalmaterial dieser Art ist dafür nicht beweisend.

Qu. Schottkyana Rehd. et Wils. in Plt. Wils., III., 237 (1916) (*Qu. glaucoides* [Schky.] Koidz., non Mart. et Gal.). In Wäldern und Gebüschen der wtp. bis in die str. St., auf Kalk, Sandstein, Tonschiefer und Diabas, 1700 bis über 2700 m. **Y.**: Yünnanfu (Schneider 63); Schilungba (Schn. 157). Zerstreut zwischen Luföng und Schidse an der Straße von hier nach Dali (8661). Bei Beyendjing (Ten 213). Im NW am Bache oberhalb Lanba zwischen Yungning und Dschungdien (7656). **S.**: Auf dem Lungdschu-schan bei Huili (904). Oberhalb Helugö unter Kwapi im Yalung-Tale n von Yenyüen (2468).

Qu. Delavayi Franch. (*Qu.*? an *gilva* Kanitz in Wiss. Erg. R. Széchenyi Ostas., II, 731 [1898]). **Y.**: In Wäldern und Buschwäldern der wtp. bis in die str. St. auf Kalk, Mergel, Sandstein und Schiefer, 1900—2800 m. Von Yünnanfu bis gegen Schilungba (223) und nach N bis auf den Laolingschan bei Sanyingpan, 26°. Überall zwischen Dafu-se und Bupeng an der Straße nach Dali (Talifu) (8682). Beyendjing (Ten 320 im Herb. Berlin). Im NW bei Yungbei (Schneider 3480) und im Tale des Djinscha-djiang nw von Lidjiang („Likiang") häufig von 27° 20′ (8793) bis unter Meti, 27° 39′ (7783).

** ***Qu. hunanensis*** Hand.-Mzt. (Taf. II, Abb. 3).

Sect. *Cyclobalanopsis* Oerst.

Arbor excelsa, ramulis tenuibus costulatis, juvenilibus pilis stellatis adpresse rufescenti-tomentosis, vetustioribus fuscescentibus superne pulverulentis, lenticellis sparsis minutis orbicularibus. Gemmarum perulae parvae, ovatae, rotundatae, crustaceae, brunneae, dense sericeae, deciduae. Folia lanceolata vel obovato-lanceolata, 5,8—12,3 cm longa et longitudine plus triplo usque plus quadruplo angustiora, acutissima, basi ad petiolum 7—12 mm longum gracilem rufescenti-tomentosum anguste cuneata raro subrotundata, margine anteriore plerumque infra medium usque vel praeter quintum inferum toto dentibus tenuibus porrectopatentibus 1—2 mm longis nervos quosque terminantibus spinuloso-serrulata, tenuiter coriacea, decidua, raro unum alterumve annotinum sub anthesi persistens, matura supra olivacea in sicco leviter brunnescentia et alutacea, basin versus costa impressa nervisque stellato-pilosa, subtus tomento adpresso pilis stellatis radiis flexuosis constante albescentia; costa nervique utrinsecus 7—17 sub angulis 35—45^0 abeuntes recti subtus prominui glabrescentes et rufescentes; trabeculae densae subtus prominulae. Stipulae 8—11 mm longae, superiores anguste lineares, inferiores anguste spathulato-lanceolatae, scariosae, brunneae, dorso paulum sericeae, caducae. Amenta ♂ supra bases ramulorum hornotinorum necnon in ramulis abbreviatis aphyllis e surculis annotinis farcta, pendula, 5,5—10,5 cm longa, pedunculis tenuibus 1—2,5 cm longis, cum rhachidibus pilis stellatis rufescentibus tomentellis, densa, decidua. Flores singuli, sessiles: perianthium ad $1^1/_4$ mm longum, ad dimidium in lobos late ovatos vel obovatos fissum, brunneo-membranaceum, margine molliter ciliatum, extus stellato-tomentellum, intus glabrum; stamina paululum stellato-pilosa, antheris fere ½ mm longis, quam filamenta subduplo brevioribus. Flores ♀ foliorum superiorum axillis 2—5^{ni} densissime spicati, pedunculo 5—6 mm longo, aeque ac rami juveniles dense tomentoso; stigmata brevia, crassa, depressa. Fructus (certe annui) ignoti.

H.: In der str. St. insbesondere um Bauernhöfe einzeln, auf Kalk, 145—300 m. Mehrfach zwischen Taohwaping und Lungtanpu, 2. VI. 1918 (11988) und bei Sihsiadjiang im Bezirke von Wukang. Tangtiaotjiao ober Lantien bei Hsikwangschan.

Species proxima *Qu. gilva* Bl. differt foliis multo crassioribus, exsiccando magis rufescentibus, distinctius obovato-spathulatis, longius sed crassius acuminatis, late serrulatis serraturis interdum aristulatis.

Obwohl das Material dieser Pflanze nicht sehr vollständig ist, ist sie so charakteristisch, daß sie auch in einem anderen Zustande nach der Beschreibung wird erkannt werden können. Von den näheren Verwandten der *Qu. glauca* Thbg., wo sie am ehesten mit *Qu. Delavayi* Franch. Ähnlichkeit hat, unterscheiden sie schon die verhältnismäßig viel kürzeren Blattstiele und dichter stehenden Nerven, die feinen Grannenzähne und scharfen Blattspitzen.

Qu. gilva Bl., deren Vorkommen in China von Rehder und Wilson (Plt. Wils., III., 237) in Zweifel gezogen wird, liegt mir in zweifellosen Exemplaren vor aus S-Tschekiang: zwischen Pingyung und Taisuan, 500—900 m (Ching in Wulsin 2204, verteilt als *Qu. Delavayi*?). Verbreitet ist sie allerdings sicher nicht.

Myricaceae

Myrica L.

M. esculenta HAM. (*M. sapida* WALL. — *M. esculenta* var. *sapida* CHEVAL.). **Y.**: Auf Sandstein nahe dem Djinscha-djiang („Yangtse“) nw von Yünnanfu in wtp. Föhrenwäldern n ober Dapogwan zwischen Dsotjio und Datiengai, 2100 m (13036) und im str. Mischwalde zwischen Hwaping (Djiuyaping) und Hsingai, 1400—1800 m (13022). **E-Kw.**: Im str. Laubwalde bei Pingü am Dudjiang unter Sandjio, 350 m (10852).

Mächtige, anfangs November blühende Bäume.

M. rubra (LOUR.) SIEBD. et ZUCC. In Wäldern der str. und wtp. St. auf Kalk, Sandstein und Tonschiefer, 200—1250 m. **Kw.**: Häufig auf dem Tschwenning-schan bei Guiyang (10501), gegen Gwanyinschan, überall zwischen Madjiadwen, Duyün und Maotsaoping, auf dem Baotie-schan bei Gudschou. **H.**: Mehrfach zwischen Dsingdschou und Wukang. Tangdjiakou am Tsi-djiang oberhalb Hsinhwa (11976).

Die Früchte des Baumes werden eingekocht gegessen, schmecken aber sehr sauer und harzig.

M. nana CHEVAL. Charakterpflanze trockener, besonders exponierter Gebüsche und Steppen, seltener in lockeren Föhrenwäldern auf dem ganzen Hochland von **Y.** auf Kalk und Sandstein, 1800—2550 m, selten höher. Hsi-schan, Schilungba (120, **var. *luxurians*** CHEV.) und Dalitjing-yakou (8620) bei Yünnanfu, nach N bis Djiaohsi n von Sanyingpan, über Fumin, Lodse (6156), Yünnanyi bis Dali, über Hedjing, Beyendjing, Djiping bis ober Dienso bei Hodjing, 26° 23′, hier bis 2800 m, und über Datiengai bis zum Passe zwischen Dalu und Weischa e von Yungbei. Im E gegen Tienschenggwan e von Yiliang. Hierher auch FORRESTS Nr. 19380 und MAIRE 362 (ex hb. Arn. Arb.) von Tschehai bei Dungtschwan. **Kw.**: Spärlich auf Quarzit des Rückens zwischen Tjiaolou und Hsintscheng, 1700 m; bei Goutscha zwischen Tschingdschen und Guiyang, 1300 m.

Immer nur ganz niedriger Strauch, der im ersten Frühjahre blüht. Die var. *luxurians* CHEVAL. in Mém. Soc. sc. nat. Cherbg., XXXII., 204 (1900—1902) hat kaum systematischen Wert. Ihre Blattstiele werden bis 2½ mm lang und sind daher das schwächste Merkmal der Art. Die Blätter zeigen mitunter eine etwas stärkere Behaarung auf der Oberseite der Mittelrippe und die Drüsen der Unterseite sind wohl ebenso goldig glänzend zu nennen, wie sie der Autor für *M. adenophora* beschreibt.

NB.: *Myrica Seguini* LÉVL. in Rep. n. sp., XII., 537 (1913) ist nach der Originalnummer im Herb. DELESSERT *Distylium chinense* (FRANCH.) DIELS.

Juglandaceae

Juglans L.

* ***J. regia*** L. **NW-Y.**: Wild in den wtp. Mischwäldern des birm. Mons., mitunter auch in die str. herab, auf Schiefer und Granitit, eingesprengt oder eigene Haine bildend (s. KARSTEN u. SCHENCK, Vegetationsbilder, 17. R., H. 7-8, Taf. 39), 1960—2600 m, am Salwin um Bahan (Pehalo 9576), im Doyon-lumba gegen den Alülaka, zwischen Lussu und Hsiolamenkou und im Seitentale unter

dem Gomba-la; 27° 58′—28° 5′. Nach Angaben der Einheimischen auch auf den Bergen um Weihsi. Gepflanzt in der ganzen Provinz in der str. und wtp. St., 1300—2600 m, in Yünnanfu auf den Markt gebracht (13050), an Waldrändern bei Hsinlung (SCHNEIDER 349) und bei Böschagwan am Djinscha-djiang (723; SCHNEIDER 417) n von Yünnanfu, Alaodjing, um Beyendjing (TEN 334, 342), Schuidschou am Dji-schan, um Lidjiang (SCHNEIDER 3219), zwischen Yungbei und Yungning mehrfach (SCHNEIDER 1668) und besonders häufig in den trockenen Tälern und Seitentälern des oberen Djinscha-djiang und Mekong, von diesem aus nach Bahan am Salwin eingeführt (9870). **S.**: Gepflanzt vielfach, so im Djientschang bei Gungmuying (SCHNEIDER 667), unter Lumapu am Zuflusse des Yalung gegen Yenyüen (2097). SW-**H.**: Ebenso bei Oudwan nächst Dsingdschou, 400 m.

Die Nüsse der wilden Bäume im Salwin-Gebiete haben eine sehr harte und so dicke Schale, daß der Kern nur verschwindend klein ist; sie gelten allgemein als unverwendbar. Die untersuchten kultivierten Nüsse dagegen sind dünnschalig, doch nach der Literatur ist dies durchaus nicht immer der Fall.

J. cathayensis DODE. SW-**H.**: In der wtp. St. des Yün-schan bei Wukang, im schattigen Laubhochwalde unter dem Tempel Gwanyin-go als Baum (12365) und als Strauch am Bächlein des vom Gipfel nach NE hinabziehenden Tales einzeln, Tonschiefer, 800—1190 m.

Die von REHDER, Manual cult. Tr. a. Shr., 127 (1927) gegebene Charakteristik trifft insoferne nicht ganz zu, als die Früchte bei dieser Art wohl recht zahlreich, aber in nur ganz kurzen Ähren gehäuft sind, so auch an WILSON, VEITCH Exp. 393. *J. mandshurica* MAX. hat (KOMAROW 463) fast 8 cm lange Ähren an ebenso langen Stielen. *J. Sieboldiana* MAX. hat im Gegensatz zu diesem stark behaarte Blätter, und mit ihm stimmt die mir steril vorliegende, als *J. mandshurica* verteilte Nr. 2517 von HERS, die REHDER in Journ. Arn. Arb., IV., 148 noch nicht anführt, überein.

Carya NUTT.

C. cathayensis SARG., Plt. Wils., III., 187 (1916). REHDER in Journ. Arn. Arb., I., 59 (1919). SE-**Kw.**: Gepflanzt beim Dorfe Maotunggai halbwegs zwischen Gudschou und Liping, 940 m (10917). Zwischen Liping und Dsingdschou von Maliaotang über den Sattel Gaipai, hier anscheinend wild in den Wäldern der Hänge neben dem Bache, bis Pingtschaso, streckenweise die ganzen Hänge bedeckend, aber so wohl gepflanzt, ebenso weiter in SW-**H.** bis gegen Sandjingtjiao als ganze Wälder. Auch bei Bömatien nächst Hsinning gegen Wukang. Tonschiefer der str. St., 360—650 m.

Engelhardtia LESCH.

E. Colebrookiana LDL. In trockenen Wäldern der str. und wtp. St., auf Kalk, Sandstein, Tonschiefer und kristallinischen Gesteinen, 1000—2350 m. **Y.**: Um Yaotou zwischen Möngdse und Manhao (5967). Asandschai bei Möngdse. Zwischen Homöndschang und Bödschagwan am Djinscha-djiang n von Yünnanfu (720). Überall zwischen Gwannanden und Dadschwangkou n von Luföng (6167). Oberhalb Tschalaschao unter Beyendjing. Um Yungbei zwischen Hsintschwang und Hwaping und in Menge unter Dawan. **S.**: Am Nganning-ho bei Gwanyintang und an seinem Zuflusse gegen Huili bei Podjia (SCHNEIDER 615). Um Luguho und Schidsimiao an einem Zuflusse des Yalung gegen Yenyüen, 27° 14′. SW-**Kw.**: Bei Djiangdi w von Hwangtsaoba (10253).

E. chrysolepis HCE. E-**Kw.**: In trockenen Wäldern der str. St. auf Kalk und Mergel, 600—700 m. Bei Liping gegen Gudschou zerstreut (10945). Hügel bei Dodjie zwischen Duyün und Badschai (10729). S-**S.**: Nantschwan (BOCK u. ROSTHORN 364 „*Sapindus* sp. n." DIELS in Bot. Jahrb., XXIX., 450). NE-**Y.**: Hügel von Taipingtien, 400 m (MAIRE).

Pterocarya KTH.

P. stenoptera DC. An Flüssen und Bächen, oft in der Überschwemmungszone, beinahe nur in der str. St., auf Kalk, Mergel, Tonschiefer und Alluvien. **H.**: 30—850 m. Am Hsiang-djiang bei Tschangscha (11580), überall zwischen Dungngan, Hsinning und Wukang (Plt. sin. 77), hier am Yün-schan bis zum Tempel Banschan-miao, viel von hier gegen Pukai, bei Ngaidso. **Kw.**: 300 bis 1460 m. Viel am Du-djiang unter Sandjiang. Zwischen Wandwen und Ahung ober Hwangtsaoba und bei Djiangdi an der Grenze von Yünnan. **Y.**: 1250 bis 1650 m. Im E bei Tschingschui zwischen Djiangdi und Loping (10242) und bei Hsiaodukou nächst Yiliang (10122). Am Pudu-ho zwischen Hsiao-Magai und Hsinlung n von Yünnanfu (428; SCHNEIDER 303).

P. insignis REHD. et WILS. **S.**: In der wtp. St. des Lolo-Landes e von Ningyüen (Lingyüen) bis an die tp. auf Sandstein am Bächlein ober Sikwai und in der Waldschlucht des Soso-liangdse dort, 2400—2700 m (1742; SCHNEIDER 930). Vielleicht diese oberhalb Niutschang se von Yenyüen, 2600 m. Ferner NE-**Y.**: Felsen von Ma-hong, 3000 m (MAIRE VI. 1910 im Wiener Nat. Museum) und W-Hubei (WILSON, VEITCH Exp. 1857).

Amenta ♂ usque ad 18 cm longa, subessilia, ♀ ultra 20 cm longa in pedunculis 6 cm longis bracteis nonnullis elongatis sterilibus instructis; bracteae fertiles flores aequantes, subulatae. Perianthium vix 1½ mm longum, leviter lobatum, sicut ovarium eo paulo longius lepidotum; styli 3—4 mm longi, hirsuti et apice plumosi. Perulae (singula adest) extus partim dense brunneo-tomentosae. Folia juvenilia subtus dense glanduloso-lepidota, lepidibus cito deciduis.

FRANCHETS Angaben über die Länge der Kätzchen sind irrtümlich in mm statt in cm, bzw. cm statt dm gedruckt oder beziehen sich auf ganz junge Kätzchen, da er die ♀ Blüten nicht genau beschreibt und ihre Brakteen als zweimal so lang angibt. Die Art steht jedenfalls *P. Delavayi* FRANCH. (s. unter der folgenden) sehr nahe, hat aber ganz kahle Früchte (bei meiner Pflanze vorjährig und schon dürr, bei jener MAIRES ganz jung). Die ausgewachsenen Blätter sind viel kahler als bei *P. Forrestii* W. W. SM.

P. Forrestii W. W. SM. in Not. Bot. Gard. Edinbgh., XIV., 87, 261, 317 (1924) (nomen).

Sect. *Chlaenopterocarya* REHD. et WILS.

Arbor trunco simplici, saepe gigantea. Ramuli juniores atropurpurei, serius nigrescentes, lenticellati. Gemmae apicales, solitariae, perulis 3 oblongo-lanceolatis acuminatis, 2—3 cm longis, convolutis, apice tomentellis vel glabris et lepidotis praeditae. Folia cum petiolis 20—35 cm longa, foliola 3—5 paria cum impari, opposita, oblongo-elliptica, (5—) 7—17 cm longa et longitudine fere triplo angustiora, lateralia basi inaequilatera antice obtusata postice rotundata vel subcordata, terminale petiolo 1½—2 cm longo, basi aequaliter cuneatum, omnia fere a basi minute serrata, subtus in nervis venulisque (partim fasciculato-) hirtella, supra pilis minutissimis densissime et glandulis minutis sparsissime obsita, nervis utrinsecus 15—25 sub angulis c. 50—60° patentibus in serraturas excurrentibus et juxta marginem inter se anastomosantibus, subtus paulum elevatis, nervulis subtransversis rete laxissimum formantibus; petiolus 4½—12 cm longus, 2—4 mm crassus, sicut rhachis costarumque dorsa densissime fulvo-tomentosus. Racemi fructiferi foliis longiores, usque ad 50 cm longi, rhachidibus fulvo-tomentosis. (Flores ignoti.) Fructus alis 2 oblique orbiculari-ovatis, apice rotundatis, 1—2½ cm longis et longitudine fere dimidio angustioribus usque paulo latioribus, glabris vel glandulosis, tomentellus et densissime glandulosus.

NW-**Y.**: In Mischwäldern der tp. und wtp. St. des birm. Mons. auf Schiefer und Sandstein, besonders den Bächen entlang oft häufig, 2400—3150 m. Zwischen Djinscha-djiang („Yangtse-kiang") und Mekong am Wege von Djitsung nach Kakatang zwischen Mbädyü und Schatyama, 27° 21—27′, 29. VIII. 1915 (7869), und unterhalb Tima, unterhalb Djingutang bei Weihsi und im Tale von Schuba, 27° 45′, am Litiping, VI. 1921 (FORREST 19441) und bei 26° 36′, VII. (F. 21471) und IX. 1922 (F. 22236). Bei der Alm Doschiratscho ober Tseku, bei Bahan im Salwin-Gebiete, 27° 58′, 22. VII. 1916 (9575) und im Doyon-lumba in der Mekong—Salwin-Scheidekette. Salwin-Tal (FORREST 13901, 13378).

Proxima *P. Delavayi* FRANCH. differt fructibus valde pilosis, nucularum partibus liberis minus elatis, magis autem costatis, alis minoribus forma quoque diversis, foliis subtus minus pilosis, permanenter autem et crebre glandulosis.

Auch *P. Delavayi* gehört nach den ♂ Exemplaren mit vegetativen Knospen, die ich aus dem Pariser Herbare sah und die wohl eingelaufen sind, nachdem FRANCHET seine Diagnose veröffentlicht hatte, in die auch ihm bekannte Sektion *Chlaenopterocarya*. Blattstiel und Spindel sind danach besser „tomentosi" statt „tomentelli" zu nennen und gleichen vollständig jenen unserer Art.

P. Paliurus BAT. SW-**H.**: Am Bache im wtp. Laubhochwalde des Yün-schan bei Wukang unter dem Tempel Gwanyin-go auf Tonschiefer, c. 1050 m, (11165), ein Baum, der im nächsten Jahre (1918) geschlagen war.

Platycarya SIEBD. et ZUCC.

P. strobilacea SIEBD. et ZUCC. In trockenen Wäldern der str. und im unteren Teile der wtp. St., auf Kalk und Sandstein, meist einzeln und strauchförmig. **H.**: 100—1400 m. Um Tschangscha. Viel bei Daloping. Gemein um Hsinkwang-schan und Ngandjiapu, hier und da als mächtiger, breiter Baum. Gaoscha-se und auf dem Yün-schan bei Wukang. Zwischen Hsinning, Dungngan und Yung-dschou. **Kw.**: Bis 1650 m. Um Liping und Gudschou. Dodjie zwischen Badschai und Duyün. Zwischen Gudong und Madjiadwen. Auf den Karstkegelbergen um Guiyang (Kweiyang) und zwischen Gwanling und Muyu. Zwischen Ahung und Tjiaolou. Ober Djiangdi. **Y.**: 1500—1800 m. Überall von Djiangdi über Bantjiao (10229) bis Loping. Um den Paß Da-schao n von Yünnanfu. Unterhalb Djiunien-ping jenseits Fumin (6138).

Salicaceae

Populus L.

* ***P. ciliata*** Wall. NW-Y.: Im tp. Regenmischwalde des birm. Mons., insbesondere den Bächen entlang, auf Schiefer und Granit, 3200—3600 m. In der Mekong—Salwin-Scheidekette im Tale vom Si-la nach Tseku, 16. VI. 1916 (8911) und jenseits im Saoa-lumba, dann an den Wegen von Londjre zum Schöndsu-la und zum Doker-la. Im Tjiontson-lumba vom Salwin gegen den Irrawadi bis 2900 m herab. 27° 56′—28° 15′.

Meine Sammler haben leider nur sterile untere Zweige der mächtigen Bäume erreicht, freilich keineswegs Wasserschosse. Ihre Blätter sind ganz kahl, während sie nach Schneider (Plt. Wils., III., 27) fere semper distincte ciliata sind. Wegen der 8—13 cm langen Blattstiele können sie nicht zur folgenden Art gehören. Diese hat in Forrests Nr. 19609 vom Beima-schan in der Mekong—Yangdse-Kette, die der sitzenden Früchte halber sicher richtig bestimmt ist, ebenso deutlich gewimperte Blattränder, wie sie für *P. ciliata* typisch sind.

P. szechuanica Schndr. In Mischwäldern und an Bächen der tp. St. auf Kalk und Sandstein, 2850—3500 m. Oberhalb Akalü jenseits Ganhaidse bei Lidjiang (6829). Wohl sicher diese bei Alo und e von Hsiao-Dschungdien. S.: Oberhalb Doloho und um die Wiese Gumadi im Gebiete von Muli.

P. yunnanensis Dode. In der wtp. St., insbesondere an Kanälen und Bachufern, bis an ihre oberste Grenze und in die str. herab, 1450—2650 m auf Sandstein und Tonschiefer. Y.: Dalidjing-yakou bei Yünnanfu. Einzeln im Becken von Hsiaodsang und im Tale über Loheitang bis zum Passe Yunengo n von dort. Biendjio ne und Tienwei (8541) n von Dali (Talifu). Im NW häufig am Bache bei Basulo am direkten Wege von Djientschwan nach Weihsi (10046). Wohl auch diese bei Selüboto am Wege von Djitsung am Djinscha-djiang nach Weihsi und oberhalb Serä am Mekong, 28° 6′. S.: Bei Hsiao-Dschangdschung s von Huili (813). Dötschang im Djientschang (1146). Quelle am Hange des Lu-schan bei Ningyüen. Alüdo bei Tjiaodjio im Lolo-Lande. Im Becken von Yenyüen und oberhalb Oti am Yalung n von hier.

Die bisher ganz unzulänglich beschriebene Art steht *P. laurifolia* Led. sehr nahe und unterscheidet sich vor allem durch die durchschnittlich viel größeren Blätter und die viel weniger kantigen blühenden Zweige. Weibliche Blüten und Früchte liegen mir nicht vor, aber eine vollständige Beschreibung des bisher Bekannten wird angebracht sein:

Arbor excelsa. Ramuli annotini purpurascenti- vel floriferi flavescenti-brunnei, nitiduli, teretes vel apice subangulati, turionum flavescenti-brunnei et aeque ac hornotini valde angulati, vetustiores ± brunnei dein cinerascentes. Gemmae 2 cm excedentes, elongato-ovoideae, acutae, squamis longe ovatis, glabrae, resinosae, ± purpurascentes. Folia turionum papyracea, 6,5—16 cm longa; lamina ovato-lanceolata vel ± late ovata vel interdum subdeltoidea, petiolo 1—4 cm longo triplo usque sexies longior, 2—7,5 cm lata, ± longe acuminata, basi rotundata vel subcuneata, supra intense viridis nitidula, in costa nervisque primariis 6—9 sub angulis 50—60° patentibus paulum puberula, subtus albescens et glabra, margine glandulose anguste crenato-dentato primum puberulo-ciliato, demum glabro. Folia ramulorum floriferorum 7,5—17 cm longa et

4—12 cm lata, pauca minora, (saepe latissime) ovata, basi ± rotundata vel cordata, rarissime angustiora et cuneato-angustata ima basi tantum subrotundata, in apicem acutum sensim et longe angustata vel acuminata vel obtusiuscula, subcoriacea, opaca vel juniora vix nitidula, glabra, supra viridia vel paulum glaucescentia, subtus albescentia vel ± brunnescentia, petiolis 2—9 cm longis, ceterum foliis turionum aequalia. Amenta ♂ pendula, subsessilia, 6—10 cm longa, rhachi glabra. Bracteae late obovatae, stipitibus ad 0,5 mm longis, 2 mm longae et fere aequilatae, scariosae, margine anteriore fimbriis brunneis ad 2,5 mm longis instructae. Perianthium glabrum. Antherae vix 2 mm longae et dimidio angustiores, filamentis tenuissimis subaequilongae.

P. Simonii CARR. **Y.**: In der wtp. St. im NW. häufig im Geschiebe der Bäche um Weihsi, 2300 m (10034). Im NE an allen Wasserläufen bei Dungtschwan am Wege nach Yünnanfu (MELL). Dies ein kleines Stück anscheinend eines Langtriebes, dessen Bestimmung nicht ganz sicher ist.

P. adenopoda MAXIM.

Syn.: *P. macranthela* LÉVL. et VANT. in Bull. Soc. bot. Fr., LII., 142 (1905): in Mde. d. Plt., XII., 9 (1910). GOMB. in Math. Term. Közl., XXX., 157 (1908).

P. Duclouxiana DODE (Extr. Mon. *Pop.*, 32, t. 11, fig. 34A) in Mém. Soc. Nat. Hist. Autun, XVIII (1905).

P. rotundifolia GRIFF. var. *macranthela* GOMB. in Bot. Közl., X., 25 (1910). LÉVEILLÉ, Fl. Kouytch., 380 (1915).

P. rotundifolia var. *Duclouxiana* GOMB. in Math. Term. Közl., XXX., 130 (1908). SCHNEIDER in Plt. Wils., III., 25 (1916) p. p. (quoad citata, excl. descr. et pl. WILSONiana).

P. Bonatii GOMB. in Bot. Közl., X., 25 (1911) p. p., non LÉVL.

? *P. tremula* LÉVL., Fl. Kouytch., 380 (1915).

In Gebüschen und trockeneren Wäldern der str. und wtp. St. auf Kalk, Mergel, Sandstein und Tonschiefer, 200—1350 m. Kiangsu (Herb. Univers. Nanking 167 als *P. tomentosa* det. MERRILL). **H.**: Hsikwangschan (11860), zwischen Ngandjiapu und Lantien (11800), Tindjiatang und große Haine bildend bei Lengschuidjiang im Bezirke von Hsinhwa. Yün-schan bei Wukang. Zwischen Lianglitang und Hsüning. **Kw.**: Pinfa (CAVALERIE 974). Baotie-schan bei Gudschou. Viel um Madjiadwen zwischen Guiding und Duyün. Um Guiyang überall (BODINIER 2101 ?, nur blühend), hier auf dem Nanyo-schan. Zerstreut zwischen Nganschun und Tschingdschen (10466). Ober Djiangdi an der Grenze von **Y.** (10254). Hier noch in Tälchen des Tschangtschung-schan („Tchong-chan") bei Yünnanfu (DUCLOUX, ded. BONATI 666) und im NE bei Dschaotung: Kokui (MEY, ded. BONATI 667).

Die Untersuchung der LÉVEILLÉschen Originale, die mir Herr Prof. W. W. SMITH freundlichst ermöglichte, läßt keinen Zweifel an der Irrtümlichkeit ihrer bisherigen Deutung. Die Entwicklung der Drüsen ist sehr veränderlich und an manchen Blättern fehlen sie ganz, so an den *macranthela*-Originalen. Die Pflanze vom Tschangtschung-schan hat c. 8 Staubgefäße, nicht 12—15, wie GOMBOCZ für *P. Bonatii*, zu der er sie stellt, angibt, und wie für diese vielleicht wirklich charakteristisch ist. Sie ist auch in den Blättern von jener von Bintschwan ganz verschieden. Diese entsprechen völlig DODEs Abbildung, die also klar *P. adenopoda* darstellt.

P. Bonatii LÉVL. in Monde d. Plt., XII., 9 (1910). GOMB. in Bot. Közl., X., 25 (1911) p. p. SCHNEIDER in Plt. Wils., III., 39 (1916) p. p.

Syn.: *P. rotundifolia* var. *Duclouxiana* SCHNEIDER in Plt. Wils., III., 25, 29 (1916) p. p. (quoad descr. et pl. WILSONianam), non (DODE) GOMB.

In trockeneren Wäldern und Buschwäldern auf allen Gesteinen in der wtp. bis in die tp. St., 2000—3350 m. **Y.**: Verbreitet von den Bergen um Yünnanfu (1989; MAIRE 1977, 2471) nach N bis Sanyingpan (SCHNEIDER 405). Zwischen Bupeng und Mupangpu am Wege von Tschuhsiung nach Dali (8687). Gipfelkamm des Dji-schan ne von hier (phot.). Patawan bei Bintschwan (PY, ded. BONATI 665). Um Beyendjing (TEN 160, 335), auf dem Taohwa-schan hier. Im W und NW bei Hsiangschuiho zwischen Dali und Hodjing, Yungbei, Ganhaidse bei Lidjiang, unter Dsanyilo und bei Deschenkou am direkten Wege von Djientschwan nach Weihsi, Schuba zwischen Djinscha-djiang und Mekong. Im birm. Mons. n von Tengyüe (FORREST 7703, 9760), im Tale von Matschanggai, $25^{0}\,20'$ (F. 11746) und in der Schweli—Salwin-Kette bei $25^{0}\,30'$ (F. 11934). **S.**: Rücken Luidaschu s von Huli. Houdsengai bei Dötschang (1808). Lu-schan (1959), ober Daschiban und auf dem Soso-liangdse im Lolo-Lande bei Ningyüen. Dadjin bei Dugungpu gegen Yenyüen.

Ob die bis 3400 m ansteigenden Zitterpappeln der Gegenden um Yenyüen, Kwapi, Molien und Muli in **S** und jene von Dschungdien und Yungning in **Y.**, die bei Baoschi bis über 3500 m aufsteigen, hierher oder zu *P. tremula* L. var. *Davidiana* (DODE) SCHNDR. gehören, läßt sich in Ermangelung von Material nicht mehr feststellen. Von dieser liegt aus **Y.** ein Exemplar im Edinburgher Herbar: Atcndse, Wälder an Bächen, 11000′ (WARD).

Die Art steht *P. tremula* var. *Davidiana* sehr nahe und unterscheidet sich nur durch das von SCHNEIDER im Schlüssel auf S. 29 der Plt. Wils. unter *P. rotundifolia* angegebene Merkmal des Blattgrundes, denn auch bei *P. tremula* erreichen ♀ Kätzchen 17 cm Länge. Auch SCHNEIDERS Kritik an GOMBOCZ' Zeichnung stimme ich völlig bei. Ob *P. Bonatii* tatsächlich immer 10 und mehr Staubgefäße hat, wird noch an großem Material nachzuprüfen sein. Die kleine, entfernte Zähnung der Blätter ist dieselbe wie bei *P. tremula* var. *Davidiana*, die auch noch in Korea vorkommt (FAURIE 183) und von der typische *tremula* durch mehr ausgeschweift-gekerbte Zähnung mit etwas vorgerichteten Kerbzähnen doch auch morphologisch deutlich verschieden ist. Die Verbreitungsgebiete von *P. Bonatii* und *tremula* var. *Davidiana* grenzen aneinander und es ist sehr möglich, daß es an der Grenze Übergangsformen gibt. Meine Nr. 1808 könnte als eine solche angesprochen werden und 1959 vielleicht auch schon als eine Annäherung.

P. rotundifolia GRIFF. lag mir im Original aus Kew vor, das gleichzeitig der Typus von *P. microcarpa* HOOK. f. et THOMS. ist. Seine Blätter sind schlecht erhalten, zeigen aber deutlich runden oder höchstens quer gestutzten Grund und ganz runde Spitze ohne jede Zuspitzung, entsprechen also in beiden Punkten nicht ganz der Abbildung in GRIFF., Ic. 546; die Ränder sind entfernt geschweift-breitgekerbt. Die Art steht der echten *P. tremula* L. jedenfalls näher, als irgend einer chinesischen Form.

P. tomentosa CARR. **Y.**: Ebene von Yünnanfu, 1900 m (MAIRE 2474 in hb. Edinburgh).

Salix L.

S. araeostachya SCHNDR. An Flüssen und Bächen der str. St. auf Kalk und Kalkschiefer, 1650—1900 m. **Y.**: Überall zwischen Tschalaschao und Hwangtsaoschao unter Beyendjing (6319 ster.). Umgebung von Yünnanfu (MAIRE 2092 ♂). Im birm. Mons. im Tale von Tengyüe (FORREST 27204 ♂, 27778 fr.). Schweli—Salwin-Wasserscheide 25° 45′ (F. 25149 ♂). E von Tengyüe gegen diese (ROCK 7697 ♂). **S.**: Zwischen Dsaluping und Gwanyinngai am Zuflusse des Yalung gegen Yenyüen 27° 19′ (5361 ♂). Hsitji bei Ningyüen (SCHNEIDER 923 fr.).

Meine Pflanze hat 4 Staubgefäße, HENRYS Nr. 9338B 5—7, also auch mehr als SCHNEIDER angibt, doch besteht in diesen Zahlen keine Grenze. Ich halte daher auch die ♂ Pflanzen nicht für *S. ichnostachya* LDL., mit deren Exemplaren aus Khasia, 2—4000′ (HOOKER u. THOMSON) sie auch sehr gut stimmen, sondern für die aus Yünnan auch ♀ bekannte und in diesem Geschlechte nicht verwechselbare *S. araeostachya*.

S. dictyoneura v. SEEM. e typo. An Bach- und Flußufern der str. St., auf Kalk und Sandstein, 150—1000 m. **H.**: Lantien (11746 ♂) und Lengschuidjiang bei Hsikwangschan im Bezirke Hsinhwa häufig. Von hier gegen Wukang ober Tschangpudse gegen Hwangbetjiao. Zwischen Wukang und Djütjitjiao (11998 fr.). **Kw.**: Zwischen Liping und Pingtschaso überall. Gudong zwischen Duyün und Guiding („Kweiting") (10669 fr.). **F.**: An der Grenze von Tschekiang (CHING in WULSIN 2269 fr.). Tschekiang: Titai-schan (CHING 1573 fr.). Nganhui: Tschuhwa-schan (JEN-CHANG-CHING 2756 fr.). N-Kwangtung: Lungtouschan bei Ju (Cant. Chr. Coll. 12671 ♀).

Besonders in meiner Nr. 11669 liegen Triebe vor, die ganz dem Original entsprechen, nur sind die Kapseln kleiner und länger gestielt, was etwas veränderlich ist. Die Pflanzen zeigen alles, was SCHNEIDER, l. c., 40 für *S. glandulosa* v. SEEM. als Unterschiede gegenüber *Wilsonii* v. SEEM. angibt, doch wird jene nie so behaart. Meine Nr. 11998 hat welke ♂ Kätzchen mit 4 Staubgefäßen, die im übrigen *S. Wilsonii* entsprechen.

S. Rosthornii v. SEEM. e typo. **H.**: An Lachen und in Eisenbahnausstichen der str. St. auf Sandstein, 30—40 m, bei Tschangscha gegen den Gu-schan (11635 ♂) und außerhalb Lingwandu bis Bögaho (11597 ♂, ♀, Bltt.).

Von *S. Wilsonii* verschieden durch unterseits grüne und schmälere, lang zugespitzte Blätter, deren untere übrigens an einzelnen Zweigen von den oberen oft wesentlich verschieden sind, dann durch ausgesprochen vor den Blättern erscheinende Kätzchen (wenigstens die ♂). Stamina 3—4. Der Färbungsunterschied wäre wohl nur der var. *glaucophylla* SER. von *S. triandra* L. analog einzuschätzen, aber die Frühblütigkeit erscheint doch wichtiger. Auch ist der Wuchs mehr von *S. triandra*, jener von *S. Wilsonii* mehr von *S. Caprea* L.

S. Wilsonii v. SEEM. e typo. An Bächen, Lachen und in Eisenbahnausstichen in der str. und wtp. St. auf Sandstein und Kalk, 30—1200 m. **H.**: Gegen den Gu-schan (11637 ♂), außerhalb Lingwandu bis Bögaho (11598 ♂, ♀, Bltt.) und zwischen Schaotangho und Daolin (11707 fr.) bei Tschangscha. **Kw.**: Von Madjiadwen bis Lungli (10584 ster.) überall. Nganhui: Nanking (Nank. Univ. Herb. 170). Kiangsu: Schanghai (CARLES 365 ster., 366 ♂). Hudschou (C. 83 ♀).

Es kommen genau wie bei *S. glandulosa* v. SEEM. ausgebildete Nebenblätter vor, was den Verdacht der Zusammengehörigkeit mit dieser (Journ. Arn. Arb., IV., 138) verstärkt, aber die Blätter sind mehr gekerbt als drüsenzähnig und an den Blattstielen habe ich keine Drüsen gefunden.

S. Cavaleriei LÉVL. An Bächen und Kanälen der str. und wtp. St. auf verschiedenen Substraten, 1450—2500 m. **Y.**: Häufig in der Ebene von Yünnanfu (13065 ♀; SCHNEIDER 154 ♀; DUCLOUX 662 ster.; MAIRE 2088 fr., 2091 fr., 2509 ♀). Hier gegen Bidjigwan (162 ♀), in den Bergen ober Sandjia häufig (13062 ♂, ♀) und bei Helungtang (DUCLOUX 658 ♀, 669 ♀). Zwischen Sangtang und Hsiao-Magai (391 ♂) und weiter n bei Hsinlung (SCHNEIDER ♂). Im NW bei Lidjiang (SCHNEIDER 1779 ♀) und unter Baodu zwischen Yungbei und Yungning. Im NE bei Daipu (MAIRE ex Arb. Arn. 309) und Datjio (M. item 521). Im birm. Mons. auf Hügeln nw von Tengyüe (FORREST 9609 ♂). Schweli—Salwin-Kette, 25° 6′ (F. 21127 ♂). **S.**: Im Djientschang bei Dötschang (1143 fr., SCHNEIDER 774 fr.) und überall bis Ningyüen.

Die von SCHNEIDER noch nicht ganz sichergestellte Identität der *S. yunnanensis* LÉVL. kann ich nach Vergleich des Originalexemplares bestätigen. Die kurzen und breiten Nebenblätter bilden auch ein gutes Merkmal der Art im sterilen Zustande.

** ***S. heteromera*** HAND.-MZT. (an *S. Cavaleriei* × *babylonica*?) (Taf. I., Abb. 1, 2).

Arbor usque ad 10 m alta, ramis patentibus haud pendulis, ramulis sub angulis c. 45° ramosis, vix fragilibus, elongatis, tenuibus, juvenilibus inferne parce sericeis mox glaberrimis, annotinis spadiceis vel rufis, nitidis. Gemmae parvae, complanato-ovoideae, rotundatae, rufae, initio medio dorso sericeo-pubescentes. Folia anguste lanceolata, sub anthesi usque ad 7 cm longa, adulta 5 × 1½—10 × 1,7, turionum etiam 10 × 2½ cm, tenuiter acuminata, basi in petiolos 4—8 mm longos tenues primum villosulos attenuata, margine dense glanduloso-serrulata, laete viridia, saepe olivascentia, valde juvenilia parcissime et brevissime sericea, mox glaberrima, adulta in sicco subchartacea utrinque lucida, costa nervisque utrinsecus 15—26 sub angulis 30—45° abeuntibus ochrascentibus utrinque aequaliter tenuiter sed argute et subtus cum venularum reti densiusculo prominuis. Stipulae late semicordatae, usque ad 5 mm longae et latae, breviter apiculatae, remote denticulatae, foliaceae. Amenta ♂ tantum nota coëtanea, in pedunculis brevissimis usque 7 mm longis tenuibus, foliis 2—3 ± normalibus obsitis subsessilia, cylindrica, 2—3 cm longa, densa, absque filamentis 4—6 mm crassa. Rhachis ut pedunculus dense laxiusve villosa. Bracteae ovatae vel subtriangulares, 2 mm longae, rotundatae vel obtusae, flavovirides, margine parce ciliatae. Glandulae 2, ventralis ovato-rectangularis interdum emarginata, dorsalis paulo maior, bracteam dimidiam aequans, saepe sublobata, saepeque glandulae accessoriae et in floribus inferioribus stamina abortiva adsunt. Stamina 2, in floribus inferioribus nonnullis interdum 3—4 uno saepe abbreviato, filamentis liberis quam bracteae c. duplo longioribus, glabris vel basi parce pilosulis, antheris flavis, globosis, ½ mm diametientibus.

An Flußufern und Bächen, Kanälen und Tümpeln der str. und wtp. St. auf Sandstein und kalkhaltigem Schlammboden, 1650—2300 m. **Y.**: Yünnanfu, gegen den Bahnhof, 11. III. 1917 (13061 ♂), gegen Bidjigwan, 21. II. 1914 (161 ♂) und häufig bei Schilungba, 20. II. 1914 (SCHNEIDER 162 ♂). Tälchen e der Stadt, 16., 27. V. 1906 (DUCLOUX 659 ster., 656 ♂). Um Tjitiaowan am Wege von Yungbei nach Yungning, 25. VI. 1914 (3208 ster.). **S.**: Um Ningyüen (Lingyüen), 11. IV. 1914 (1219 ster.).

— — ** **var. *villosior*** HAND.-MZT.

Differt a typo supra descripto bracteis brunnescentibus, nervatis, intus villosis, glandulis minoribus, simplicibus, dorsali quam bractea triplo breviore, staminibus 1—4, filamentis basi villosis.

An Bächen der wtp. St., 1800—1960 m. **Y.**: Zwischen Sangtang und Hsiao-Magai n von Yünnanfu, 8. III. 1914 (130 ♂; SCHNEIDER 253 ster.). **S.**: Bei Huili, 24. III. 1914 (878 ♂). Im W zwischen Tengyüe und Lidjiang (ROCK 8171 ♂).

Differt a *S. babylonica* L. foliis latioribus, petiolis patule nec sericeo pilosulis, stipulis brevibus, staminibus quoad numerum variabilibus interdum glabris, a *S. Cavaleriei* foliis angustioribus, staminibus paucioribus saepe pilosis. Characteribus *S. Wilsonii* SEEM. appropinquat foliis multo latioribus subtus glaucis, amentis multo laxioribus autem diversam. *S. dealbata* ANDSS. etiam similis esse videtur, sed foliis glaucis saepe integris, bracteis villosis, staminibus 4—6 distat.

Das Wesen der hier beschriebenen, anscheinend nicht seltenen Pflanze ist noch durchaus nicht klar, zumal da kein ♀ Exemplar vorliegt, das dazugerechnet werden könnte. Die sterilen Zweige mit ausgewachsenen, jenen von *S. babylonica* ähnlichen Blättern gehören wegen der kurzen Nebenblätter nicht zu dieser und können auch zu keiner anderen bekannten gestellt werden, während gegen ihre Zuweisung hierher nichts spricht. Die als Varietät aufgestellten Pflanzen nähern sich in den Brakteen mehr *S. Cavaleriei*, in den Filamenten mehr *S. babylonica*, während sich der Typus umgekehrt verhält. Gegen die Deutung als Bastard spricht nur das Vorkommen von Blüten mit nur einem Stamen, doch finden sich solche im Gebiet auch bei Pflanzen, die von *S. babylonica* sonst nicht verschieden sind. Kreuzung mit einer einmännigen Weide kann nicht in Betracht kommen, doch ist es nicht ausgeschlossen, daß weiteres Material und Beobachtung in der Natur die Pflanze als eine zu den *Acmophyllae* gehörige, mit *S. dealbata* ANDSS. verwandte Art wird erkennen lassen. Von den unten bei *S. babylonica* angeführten, nicht belegten Standorten gehören vielleicht jene, bei denen nicht Trauerweidenwuchs notiert wurde, auch zu unserer Pflanze.

? ***S. cantoniensis*** HCE. **E-Kw.**: Am Du-djiang unter Sandjio und an Bächen über dem Städtchen gegen Tjiaoli als Baum und Strauch häufig, str. St., Schiefer, 400—800 m (10794 ster.).

Die von mir gesammelte Pflanze ist morphologisch von *S. alba* L. nicht zu unterscheiden, nur die (durch Feuchtigkeit?) dunklen, beiderseits grob und lang seidig behaarten Brakteen eines Nachzüglerkätzchens, dessen Geschlecht sich noch nicht feststellen läßt, sind etwas abweichend. SCHNEIDER bezieht alle früheren Angaben für diese aus China auf *S. babylonica* L., von der ich aber keine so stark seidenhaarigen Exemplare gesehen habe. HANCE beschreibt nur die ausgewachsenen Blätter von *S. cantoniensis* als kahl. Im Herbar Edinburgh liegt eine ♀ Pflanze aus der Umgebung von Kanton (Cant. Christ. Coll. 2101), die in der Behaarung meiner gleicht, in den Kätzchen der *S. babylonica*. Manche Triebe der Nummern 11669 und 11998 von *S. dictyoneura* zeigen in Behaarung und Blattform Annäherungen, so daß es sich auch um einen Abkommen dieser Art handeln könnte, vorausgesetzt, daß sich die Kätzchen als ganz verschieden von der Kantoner Pflanze erweisen. Daß echte *S. alba* in diesen entlegenen Winkel Chinas gekommen sei, ist wohl gar nicht anzunehmen.

S. babylonica L. An Fluß- und Bachufern, Lachen und bei Häusern in der str. und wtp. St. auf Sandstein und Kalk, 25—2750 m. **H.**: Bei Tschangscha längs des Hsiang-djiang häufig (11388 ♂ u. ster.), an der Militärstraße s der Stadt (11544 ♂ u. ster.), hinter dem Yolu-schan (11536 ♂, ster.) und gegen den Gu-schan (11636 ♀). SW-**Kw.**: Zwischen Hsintscheng und Baling. **Y.**: Um Yünnanfu da und dort in der Ebene (DUCLOUX 83 ♂; MAIRE 2089 ster.). Djiaohsi am direkten Wege von Yünnanfu nach Huili (724 ♂). Asandschai s von Möngdse. Nach W mehrfach bis Landjing bei Dingyüen (ob diese oder *heteromera*?), und bei Hwangdjiaping. Unter Weischa bei Hwaping. Im NW bei Lidjiang (SCHNEIDER 3413 ster.), am Djinscha-djiang bei Sangaidse nw und Tschwadse n von hier, am Dschungdjiang-ho bei Losiwan, unter Baodu zwischen Yungning und Yungbei, auf den Sinterterrassen von Bödö, gegen den Mekong bei Kaku, 27° 30′, und in der Mekong—Salwin-Kette am 28° 12′ (FORREST 16200 ♂). Im NE in der Ebene von Dungtschwan (MAIRE ♂). **S.**: Unter Dungngan s von Huili. Dötschang (1148 ster.) und Inseln im See von Ningyüen im Djientschang. Lemoka im Lolo-Lande. Im Becken von Yenyüen und bei Oti nächst Kwapi n von hier. Wo? (SCHNEIDER 994 ster.).

In Größe, Form und Behaarung der Brakteen und Färbung der Zweige recht veränderlich. Die Verschiedenheit von *S. Matsudana* KOIDZ., die nach SCHNEIDER, l. c., 108, und REHDER in Journ. Arn. Arb., IV., 139 *S. babylonica* in N-China vertreten soll, ist mehr als fraglich. Die von SCHNEIDER als echt bezeichneten europäischen *babylonica*-Exemplare unseres Herbars haben hellgelbe bis olivenfarbige Zweige, meine Pflanze aus Yünnan teils tief kirschrote, teils schmutzig gelbe, Nr. 11388 die blühenden schwarzrot, die beblätterten rotgelb, 11636 olivenfarbige, aber die zweijährigen schwarzbraun. Auch liegt typische *S. babylonica* mit den von beiden Autoren hervorgehobenen Merkmalen aus N-China vor von Peking (CHING 45), Tientsin (WAWRA 1114), SE-Tschili: Tschangdjiatschwang (LICENT 26) und Tschifu (WAWRA 1278). In meiner Nr. 724 liegen Zweige mit durchaus diandrischen Blüten vor und solche, deren Kätzchen (auch im unteren Teile) monandrische Blüten eingemischt haben, was in diesem Falle nur den Eindruck des zufälligen macht, zumal da es sich um typische Trauerformen handelt. Nr. 11388 hat an den unteren, oft Überflutung ausgesetzten Zweigen viel kürzere und stumpfere Blätter als an den oberen. Nr. 11536 hat breitere Blätter und etwas später erscheinende Kätzchen, vielleicht weil es eine Kopfweide ist. Da sie durchwegs nur zwei Stamina hat, ist nicht gut an Kreuzung mit *S. Wilsonii* zu denken. Am Ufer des Yitsche-ho, 2500 m, sammelte MAIRE (ex hb. Arn. Arb. 194) eine ♂ Pflanze, die durch längere Kätzchen abweicht, an der ich nur eine Blüte mit einem Staubgefäß fand, während alle anderen normal zweimännig sind. Vielleicht gehört sie doch zu *S. heteromera*.

** ***S. vaccinioides*** HAND.-MZT. (Taf. I., Abb. 18).

Sect. *Denticulatae* SCHNDR. (?).

Fruticulus erectus ramosissimus, ultra 30 cm altus, ramis erectopatentibus tenuiusculis, angulatis, olivaceo-fuscis, nitidissimis, junioribus etiam atropurpureis, ab initio glaberrimis. Gemmae minutae, late ovatae, glabrae. Folia elliptica usque suborbicularia, 1—2½ cm longa, longitudine paulo plus quarta parte usque paulo plus duplo angustiora, obtusa vel rotundata et truncata, margine anguste revoluto integerrima, sicca herbacea, decidua (adulta ignota), supra atroolivacea subtiliter rugulosa vix nitidula, subtus caesiopruinosa, primum in costa nervisque supra interdum subtilissime rufo-velutina, ceterum ab initio glaberrima; costa nervique utrinsecus 6—9 patuli dein valde arcuati et prope marginem conjuncti venaeque laxiuscule reticulatae supra indistincte impressi, subtus tenuiter prominui et costa hic saepe purpurascens; petiolus lamina c. 5^{plo} brevior, tenuis, superne marginibus dilatatis et ad laminam breviter productis purpureo-pellucidus. Stipulae oblique vel late ovatae, usque ad 3 mm longae, plerumque paucidentatae, interdum purpureo-substipitatae, foliaceae. Amenta ♀ tantum nota, in ramulis gracilibus 1—1½ cm longis foliis 3—5 praeter infima diminuta omnino normalibus instructis stipitibus c. 5 mm longis suffulta, erecta, 2½—4½ cm longa, 4 mm crassa, laxi- et inferne saepe valde dissitiflora. Rhachis gracilis, rufa, fulvido-pilosula. Bracteae suborbiculares, 1 mm longae, subtruncatae, crassiusculae, purpureobrunneae, glabrae. Glandula ventralis ovoideo-lageniformis, bracteae $^2/_3$ aequans, dorsalis nulla. Ovarium subsessile, ad 2 mm longum, anguste ovoideum, attenuatum, glabrum, caesio-pruinosum; styli liberi, paulum ultra $^1/_3$ mm longi, stigmatum ramis brevissimis. (Capsulae ignotae.)

NW-**Y.**: Im Rasen an einem Lawinenstrich in der ktp. St. des birm. Mons. nahe der tibetisch-birmanischen Grenze an der Ostseite des Passes Tschiangschel zwischen Salwin und Irrawadi, 27° 52′, Glimmerschiefer, 3275 m, 3. VII. 1916 (9225 ♀).

Plantula elegans *Vaccinium uliginosum* L. revocans, characteribus *S. resectae* Diels et *resectoidi* Hand.-Mzt. comparabilis, sed praeter ramulos glabros foliaque longius petiolata amentaque laxa imprimis bracteis parvis distans; amentis *S. dissae* C. Schndr. similis indumento et foliorum forma valde diversae.

Ohne Kenntnis der ♂ Kätzchen kann die Stellung der Art natürlich noch nicht sichergestellt werden. In der Sect. *Denticulatae* fällt sie durch die lockeren Kätzchen auf und würde *S. longiflora* Andss. am nächsten kommen, aber durch die kurzen und breiten Blätter als Gebirgsform von allen abweichen. Das Adernetz erscheint an jungen, daher noch nicht bereiften Blättern unterseits viel dichter, weil die nicht vortretenden kleinsten Adern später durch die Reifdecke unsichtbar werden. *S. vaccinioides* Schleich. ist numen nudum, der zwar nicht nach den Nomenklaturregeln, aber tatsächlich verwechselbare Name *S. vacciniformis* Rydbg. ist der Synonymie verfallen (Schneider in Journ. Arn. Arb., III., 70).

S. erioclada Lévl. in Rep. n. sp., III., 22 (1906) e typo. C. Schneider in Plt. Wils., III., 118 (1916). (Abb. 1, Nr. 1, 2). In der tp. St. auf Kalk und Sandstein, 2550—3450 m. **S.**: Am Bächlein bei Laodschang am Lose-schan s von Ningyüen (1463 ♀). Bambusbestände bei Lolokou im Daliang-schan e von hier (1749 ♀). **Y.**: Wälder und Gebüsche zwischen Piyi und Sandjiaho am Wege von Yungbei nach Yungning (3183 fr.), Osthang des Yülung-schan bei Lidjiang (Rock 8185 fr. juv.). Wälder bei Lungtji nächst Beyendjing (Ten 345 ♂). Im NE auf dem Plateau von Yematschwang (Maire ex Arb. Arn. 313 ♀).

Nach der Ähnlichkeit der Kätzchen beider Geschlechter und der Übereinstimmung der jungen Blätter habe ich keinen Zweifel an der Identität der hier zusammengestellten Pflanzen. Nur meine Nr. 3183 fällt durch die (geschrumpft) sehr kleinen Brakteen und das Verkahlen der Fruchtknoten auf, das aber öfter vorkommt. Die Lage des Originalstandortes ist mir nicht bekannt. Da aber von demselben auch *S. Wallichiana* ANDSS. vorliegt, fällt ein pflanzengeographisches Bedenken weg. Die ♀ Pflanze hat äußerlich etwas Ähnlichkeit mit *S. Wallichiana* ANDSS., doch sind ihre Fruchtknoten fast sitzend, die Griffel länger und die Kätzchen dünner. Der Name ist nicht besonders bezeichnend. An den Originalzweigen ist die Behaarung allerdings sehr auffallend stark, doch haben sie darunter dieselbe rote Rinde wie meine. An MAIRES Pflanze ist diese mehr gelb und teilweise kahl, bei TEN oberwärts behaart, unten kahl, meine Nr. 1463 hat streckenweise meist einseitig auch starke Behaarung. SCHNEIDER stellt die Art zu den gleichzeitig mit der Blattentwicklung blühenden *Denticulatae*, von denen sie als ausgesprochen frühblühend abweicht, doch weiß ich ihr keine bessere Stellung zuzuweisen. Sie erinnert auch an *S. heterochroma* v. SEEM. und *S. Rehderiana* SCHNDR., die aber beide nur eine Drüse in den ♂ Blüten und andere Blätter haben. *S. Léveilléana* SCHNDR. gleicht ihr auch völlig bis auf den kahlen Fruchtknoten. Da solche Parallelformen anderwärts vorkommen, könnte sie ganz gut eine Form von *erioclada* darstellen, bei der die Behaarung nur an seinem Stiel auftritt.

Abb. 1. Blüten von *Salix* 1 und 2 *erioclada* LÉVL., 1 ♂ (TEN. 345), 2 ♀ (HANDEL-MAZZETTI 1463); 3 *tetradenia* HAND.-MZT. ♂ (H.-M. 13070); 4 *tenella* SCHNDR. var. *trichadenia* H.-M. ♀; 5 *clathrata* H.-M. ♂; 6, 7 *hirticaulis* H.-M., 6 ♀, 7 ♂ (7½fach vergr.)

Die Beschreibung sei hier ergänzt: Frutex altus, ramulis ± tarde glabrescentibus tunc rufo-spadiceis vel lutescentibus. Folia elliptica, convoluta, subtus ochrascenti sericeo-velutina, expansa costa tantum argenteo-sericea, mox glabrata, adultiora (si huc pertinent) ad 5 cm longa et 1,5 cm lata, obtusa et partim rotundata, basi anguste rotundata, integra, herbacea, atroviridia, subtus glaucopruinosa, costa saepeque nervis utrinsecus 7—12 obliquis ante marginem arcuato conjunctis supra velutinis subtus cum venis laxe reticulatis calvescentibus et crassiuscule prominuis; petiolus lamina 6—10plo brevior, gracilis, laxe sericeovelutinus. Amenta praecocia, subsessilia, foliis 2—3, lineari-lanceolatis, vix 1 cm longis, deciduis fulta, anguste cylindrica, saepe curvata, 2,5—6 cm longa, sub anthesi 6—7 mm crassa, densa; ♂ ut a cl. SCHNEIDER l. c. 119 descripta, sed bracteae etiam obovatae et dorso quoque longe sericeae pilis stamina tota aequantibus, glandulae subaequales vel ventralis dorsali multo maior et latior, filamenta basi longe sericea vel magis lanata, antherae parvae, globosae; ♀ rhachis laxiuscule villosa, bracteae ellipticae fere 2 mm longae, acutiusculae, brunneae, dense et longissime argenteo-sericeae; glandula ventralis c. ½ mm longa, ovoideo-cylindrica, dorsalis nulla; ovarium pedicello glandula breviore stipitatum, ovoideo-fusiforme, ad 3 mm longum, dense sericeo-tomentosum, in stylos graciles quam ipsum c. triplo breviores, ad vel ultra medium connatos sensim attenuatum; stigmata tota in ramos ellipsoideos divisa. Capsulae (si huc pertinent) 4— ad 6 mm longae, glabrescentes.

S. dibapha SCHNDR. in Bot. Gaz., LXIV., 146 (1917). Gebüsche und Mischwälder der wtp. und tp. St., auf Kalk, Sandstein und Granit, 2000—3350 m. **S.**: Djiuba-se zwischen Yalung und Nganning-ho, 27° 43′ (2006 ster.; SCHNEIDER 1124 ster.). Ober Daliaopingdse am Berge Dadjin zwischen jenem und Yenyüen, 27° 31′ (2142 ♂, ♀). Unter Liuku n von hier am Hange gegen Kwapi (2399 ♀). **NW-Y.**: Bei Piyi s von Yungning (SCHNEIDER 1646 fr.). Im NE auf dem Laokouschan (MAIRE ex Arb. Arn. 515 fr.).

Solange mir *S. Balfouriana* SCHNDR. von Lidjiang nicht ♂ bekannt war, war ich geneigt, *S. dibapha* von ihr nicht zu trennen, da die Griffel große Veränderlichkeit zeigen. An SCHNEIDERS Exemplar im Berliner Herbar finde ich ihre freien sowie die verwachsenen Teile viel länger, als seine Zeichnung zeigt. Daß seine Nr. 1124, die er in Bot. Gaz., LXIV., 138 mit Vorbehalt zu *S. Balfouriana* stellt, die vollständig entwickelten Blätter zu meiner Nr. 2142 von benachbartem Standorte darstellt, die schließlich unterseits ebenso schneeweiß werden wie bei jener, unterliegt wohl keinem Zweifel. Bei *S. Balfouriana* jedoch sind sie vom Anfang an so weiß und stärker behaart. Nach den ♂ wie ♀ Kätzchen gehört *S. dibapha* zu den *Denticulatae*, wo sie die am üppigsten entwickelte Art darstellt. Die blühenden ♀ ähneln sogar sehr jenen von *S. inamoena* HAND.-MZT., doch sind die Blätter vollkommen ganzrandig und viel größer. Die ♂ Kätzchen sind von jenen der *Balfouriana* vollständig verschieden. Sie seien hier beschrieben:

Amenta ♂ in ramulis brevibus, foliis normalibus 4—5 instructis subsessilia coëtanea, tenuiter cylindrica, 3½ cm longa, 5 mm crassa. Rhachis tomentella. Bracteae obovatae, vix 1½ mm longae, rotundatae, tenues, fuscobrunneae, extus breviuscule et tenuiter sericeo-pilosae. Glandulae 2, aequales, breviter cylindricae, vix ½ mm longae. Stamina 2, libera, filamentis 2½ mm longis, tenuibus, fere ad medium sericeo-villosulis, antheris globosis, $^2/_5$ mm diametientibus, ochraceis.

In S. unter Liuku sammelte SCHNEIDER eine ♀ Pflanze (1280), die *S. Wallichiana* ANDSS. sehr ähnlich sieht, aber wegen der ausgesprochen kahlen Griffel und fast sitzenden Fruchtknoten nicht dazu gehört. Die kupferfarbige Behaarung ihrer jungen Teile erinnert an *dibapha*, wo solche auch mehr oder weniger deutlich vorkommt, doch sind ihre Fruchtknoten viel länger (7 mm). Möglicherweise handelt es sich um eine *dibapha*×*Wallichiana*. Ganz ähnlich ist SCHNEIDERS Nr. 1055 aus dem Walde des Soso-liangdse im Lolo-Lande, aber ihre Fruchtknoten verkahlen später.

S. longiflora ANDSS. HOOK., Fl. Brit. Ind., V., 633 p. p. DIELS in Not. R. Bot. Gard. Edinbgh., VII., 252. (*S. cathayana* DIELS, l. c., V., 281 [1912]; SCHNEIDER in Plt. Wils., III., 57 p. p. min., excl. pl. WILSONianis. W. W. SMITH in Not. R. B. G. Ed., XIV., 81, 82.) An Bächen und in Erosionsgräben, in Gebüschen und Wäldern, gerne mit Bambus, selten in offenem Lande, in der wtp. und tp. St., auf Kalk, Sandstein, kristallinischen Gesteinen, Diabas und Granit, 2000—3600 m. **Y.**: Rücken des Hsi-schan bei Yünnanfu (6061 ♀). Hsiaoschidschou e des Dsolin-ho (6185 ♀). Beyendjing (TEN 198 in hb. Berlin fr.). Kamm des Dji-schan ne von Dali (6413 fr.). Dsangschan ober Dali (8720 ♂, ♀; FORREST

19387 fr.). Hsiangschuiho zwischen Dali und Hodjing. Yülung-schan bei Lidjiang, von Einheimischen (8766 fr.); dort bei Ngulukö (3502 fr.; SCHNEIDER 2021 fr.); am Osthang (ROCK 3339 ♂, 3789 fr., 4096 ♀). Zwischen Djientschwan und dem Mekong am Wege über Ladjimin (ROCK 8586). Im NE: Lupu bei Dungtschwan (TEN in DUCLOUX 1225 ♂). **S.**: Soso-liangdse (1747 ♀; SCHNEIDER 1049 ♂) und Lolokou (1481 ♀) im Lolo-Lande. Luschue (1452 ♂, ♀) und Schagoma (SCHNEIDER 898 ♂, ♀) am Lose-schan s von Ningyüen. Unter Djiuba-se zwischen Yalung und Nganning-ho, 27° 43′ (2019 fr.). Zwischen Kalaba und Liuku (SCHNEIDER 1278 ♂) und bei Kwapi (SCHN. 3564 fr.) n von Yenyüen.

— — ** **var. *psilolepis*** HAND.-MZT.

Bracteae amentorum et ♂ et ♀ glabrae.

S.: Houdsengai bei Dötschang (Tetschang) im Djientschang („Kientschang"), 5. IV. 1914 (1206 ♂; SCHNEIDER 737 ♂, 742 ♂). Dötschang (SCHNEIDER 762 ♀). Döm bei Tjiaodjio im Lolo-Lande, 24. IV. 1914 (1626 ♂). **NW-Y.**: Osthang des Yülung-schan bei Lidjiang, V.—X. 1922 (ROCK 3451 ♂), 1923—1924 (ROCK 8371 ♂).

Daß die hier zusammengefaßten Exemplare zur gleichen Art gehören, kann ich nicht bezweifeln, obwohl diese nun eine recht große Variationsweite besitzt. Es scheint mir eher möglich, daß diese noch weiter geht und einige im folgenden getrennt gehaltene Arten hineinfallen. Ich muß SCHNEIDER beistimmen, daß die von DIELS mit *S. longiflora* identifizierte und die von ihm als *cathayana* beschriebene Pflanze durch keine guten Merkmale unterschieden sind, denn das jetzt vorliegende Material verbindet sie lückenlos. Nach den von mir am Originalstandorte gesammelten ♂ Exemplaren der bisher nur ♀ bekannten Pflanze gehören aber die von SCHNEIDER beschriebenen ♂ aus Setschwan nicht zu dieser Art. Nach einem Original aus Paris stellen sie vielmehr *S. Daltoniana* var. *Franchetiana* BURK. dar, die mit echter *Daltoniana* nichts zu tun hat und für die der Name *S. Franchetiana* frei ist. *S. longiflora* hingegen hat in den ♂ Blüten zwei Drüsen und gehört in die Sektion *Denticulatae* SCHNDR. Die Behaarung der jungen Teile ist oft gelblich und selbst fuchsrot. Die Kätzchen stehen (im Fruchtzustande) an langen, kräftigen, großblätterigen Trieben oft an bis zu 3 cm langen Zweigen mit bis zu sechs Blättern. Der Typus entspricht schmalblätterigeren, weniger bereiften chinesischen Exemplaren. Die Blätter sind gerundet bis spitz, beide Formen und ihre Verbindung zeigen meine Nummern 6185 und 6413. Sie erreichen bis zu 7 × 2,7 cm und dadurch werden größere Exemplare *S. Balfouriana* nicht unähnlich, die aber u. a. seidige Fruchtknoten hat. An meiner Nr. 2019 sind einige Blätter ganz fein und unmerklich drüsenzähnelig. Die Brakteen sind kurz und auch für die ♀ gilt die unten gegebene Beschreibung. Am Original ist der Fruchtknoten ganz am Grunde (am undeutlichen, dicken Stiele) etwas flaumig, sonst meist ganz kahl. Die (ventrale) Drüse ist meist sehr breit. Die var. *albescens* BURK. gehört nicht hierher. Die ♂ *S. longiflora* ist folgendermaßen zu beschreiben: Amenta ♂ ± coëtanea, in ramulis brevissimis usque 1 cm longis, foliis subnormalibus 2—5 sed angustioribus, juvenilibus tergo sericeis instructis subessilia, cylindrica, 2—4 cm lonag (absque filamentis), 2½—3 cm crassa, densa. Rhachis crassa, hirtello-villosa. Bracteae late obovatae, late rotundatae, subglabrae vel praesertim inferne molliter ciliatae vel praesertim intus pilosae. Glandulae 2, subaequales, bractea dimidia longiores usque tota subaequilongae, cylindricae vel truncato-conicae. Filamenta 2, libera, bractea plus duplo longiora, usque ad medium laxiuscule villosa; antherae globosae, pallidae.

S. tenella C. Schndr. in Bot. Gaz., LXIV., 137 (1917). **S.**: Dschungelrand in der wtp. St. am Hange des Rückens Daörlbi·ober Hungga halbwegs zwischen Yenyüen und Yungning, Kalk, 3500 m (2957 ♂).

Die Pflanze ist weiter entwickelt als Schneiders ♀ Original, die Blätter sind bis 48 × 16 mm groß, unterseits stark ins Violette bereift wie am Typus und der gleich zu beschreibenden Varietät, im übrigen stimmen sie in allen vergleichbaren Teilen mit jenem überein, auch in der teilweise bräunlichen Behaarung, die bei der Varietät spärlicher ist. Es ist nur ein Rest eines ♂ Kätzchens vorhanden, nach dem folgendes beschrieben werden kann:

Amenta ♂ c. 3 mm crassa. Bracteae obovatae, rotundatae, c. 1 mm longae, parce pilosae. Glandulae 2, ventralis?[1], dorsalis bractea triplo brevior, glabra. Filamenta 2, libera, tertio infero villosa; antherae parvae, globosae.

— — ** **var. *trichadenia*** Hand.-Mzt. (Abb. 1, Nr. 4).

Glabrior quam typus. Bracteae ♀ dorso versus basin et margine dimidio inferiore ciliatae. Glandula dorsalis penicillato-pilosa dimidia ventrali maior vel saepe ad callum albopilosum reducta. Ovarii stipes brevissimus saepe ventre pilis paucis brevissimis obsitus.

S.: Humöse Gebüsche auf Kalk der ktp. St. auf dem Rücken Daörlbi, 3750 bis 3800 m, 13. VI. 1914 (2972 ♀). Wahrscheinlich **NW-Y.**: Blockhalden im Wald, 13000′, 29. VI. 1913 (Ward 600 ♂, ♀). Schutthalden, 13000′ (Ward 568 p. p. ♂).

Die Varietät nähert sich durch teilweise Reduktion der dorsalen Drüse der ♀ Blüten und Auftreten von Behaarung gewissen Exemplaren der *S. longiflora*, die aber längere Griffel besitzt. Die Kätzchen von Wards Nr. 600 erreichen 3 cm Länge und 3 mm Dicke, entsprechen sonst dem Typus und haben die äußere Drüse gleich der inneren. Der Reif der Blätter verliert sich später. Seine Nr. 568 hat (im Aufblühen) schmälere Kätzchen (15 × 2 mm) und die Staubfäden im unteren Teile mehr seidig als wollig.

Der Varietät steht die in den ♀ Kätzchen ganz übereinstimmende Nr. 8372 Rocks aus **NWY.**: Osthang des Yülung-schan nahe; sie hat aber die jungen Blätter unterseits dicht seidig und recht reichlich drüsig gezähnelt. Zu dieser gehört als ♂ Pflanze jedenfalls seine Nr. 8184 von dort, die durch kahle Staubfäden von *S. tenella* abweicht. Wegen der Reste langer Seide an den Blättern und der drüsigen Zähnelung gehört hierzu wohl auch meine völlig entwickelte Pflanze mit Blättern von 45 × 11 mm Größe aus dem tp. Walde ober der Wiese Gitüdü oberhalb Anangu se von Dschungdien, Sandstein, 3400 m, 15. VIII. 1915 (7660 fr.). Mit diesen Zuweisungen ist allerdings das letzte Wort über die schwierige Gruppe der *Denticulatae* sicher noch nicht gesprochen, weshalb ich auch von einer Neuaufstellung absehen will, obwohl diese Pflanze zu keiner anderen gestellt werden kann.

S. luctuosa Lévl. in Rep. n. sp., XIII., 342 (1914), e typo. (*S. dyscrita* Schndr. in Plt. Wils., III., 53 [1916], e typo). **S.**: Auf dem

[1] In der einzigen Blüte, die ich opfern wollte, abgerissen.

höchsten Rücken des Berges Dadjin in der tp. St. ober Dugungpu zwischen Yenyüen und dem Yalung, 27° 31′, Sandstein, 3400 m (2190 ♂). **Y.**: Im NW am Yülung-schen bei Lidjiang, von Einheimischen (13097 fr.). Dort an steinigen Stellen, 3600 m (SCHNEIDER 2323 fr.). Am Osthang desselben (ROCK 3564, 3856, 3862, 4124, alle ♂, 3834, 3837, 3851, 4126, 4131 ♀, 3802 und 4122 ♂, ♀, 3844 und 3849 fr.). Dort auf Kalk in Föhrenwäldern, 11000′ (FORREST 5630 fr.). Im NE: Gebüsche des Yo-schan, 3200 m (MAIRE 818/1914 ♂, 819/1914 ♂).

Die Art steht sicher den beiden vorigen sehr nahe, unterscheidet sich aber durch die sehr lang seidig gewimperten Brakteen („squamae glabratae" der Originalbeschreibung ist falsch), längere Filamente und die in der Jugend besonders am Rande und auf der Rippe glänzend seidigen, beim Trocknen mehr grün bleibenden Blätter. Auch hat sie einen anderen, mehr sparrigen und kurzästigen Habitus. Von der oben im Anschluß erwähnten Pflanze unterscheiden sie auch die ganzrandigen Blätter und behaarten Filamente. Für die ♀ *S. luctuosa* sei hier eine vollständige Beschreibung gegeben:

Amenta ♀ ramulis subnullis et saltem sub fructu aphyllis vel usque ad 1½ cm longis et foliis subnormalibus usque ad 4 obsitis, sericeo-villosis brevipedunculata, suberecta, anguste cylindrica, 2½—4 cm longa, sub anthesi 4 mm crassa, laxiuscule patentiflora. Bracteae brunnescentes, suborbiculares, vix 1 mm diametro, ut in planta ♂ longissime sericeae. Glandula ventralis compresso-ovoidea, ½ mm longa. Ovarium ovoideo-fusiforme, 1½ mm longum, glabrum vel ima basi circumcirca breviter sericeum vel saepius dorso tantum pilorum penicillo instructum, in stylos crassiusculos ¾ mm longos fere totos connatos longe angustatum; stigmata in ramos subcapitatos fissa. Capsula 3 mm longa, acuta, pallida. — Folia adulta usque ad 40 × 20 mm, elliptica, utrinque obtusa.

** ***S. inamoena*** HAND.-MZT. (Taf. I., Abb. 14, 15)

Syn.: *S. elegans* BURKILL in Journ. Linn. Soc., Bot., XXVI., 528, non WALL.

Sect. *Denticulatae* SCHNDR.

Frutex humilis, ramis virgatis, primum subtiliter velutinis, dein glabrescentibus et rufis, demum cinerascentibus. Ramuli juveniles sericeo-velutini. Gemmae ovoideae, perulis rufis, pubescentibus, caducis. Folia elliptica, 13—25 mm longa (adulta ignota) et longitudine subduplo — 2½^{plo} angustiora, pedunculorum autem saepe minora et lineari-oblonga et longitudine fere quadruplo angustiora, minora obtusa et apiculata, maiora acutiuscula, omnia basi ad petiolum brevissimum velutinum anguste rotundata, margine ± remote glandulis prominulis tantum denticulata vel angustiora integra, herbacea, sicca supra obscure olivaceo-viridia, opaca, praesertim maiora initio parce sericea, subtus glauca et juvenilia saepe dense argenteo- vel partim ochrascenti-sericea, mox, maiora saepe praeter costae basin, glabra; costa nervique utrinsecus 6—8 obliqui paulum arcuati tenues supra vix impressi subtus prominuli et cum venis dense reticulatis violascentes. Amenta subcoëtanea, in pedunculis brevissimis usque (in planta ♀) 7 mm longis secus ramos annotinos copiosis foliis supra descriptis 2—4 obsitis brevistipitata, anguste cylindrica, 1—6 cm longa, saepe curvata, sub anthesi (♂ absque filamentis) 3—4 mm crassa, densiflora. Rhachis crassiuscula, ut pedunculus sericeo-villosula. Bracteae suborbiculares, vix 1 mm longae, brunneae, glabrae. Floris ♂ glandulae 2, cylindricae, interior bracteam dimidiam aequans, exterior aequalis vel multo tenuior vel praeterea multo brevior. Filamenta 2, libera, bractea plus duplo usque subtriplo longiora, tenuia, fere ad apices usque villosa; antherae globosae, vix $^1/_3$ mm diametro, ochraceae. Floris ♀ glandula una ventralis, minuta, retusa. Ovarium sessile, crasse ovoideum, vix 2 mm longum, dense et breviter lanatum; styli brevissimi, fere toti connati, crassitudine vix longiores, stigmata in capitula bina fissa. Capsulae (immaturae) anguste ovoideae, 3½ mm longae, obtusae, haud glabrescentes.

Y.: Steppen der wtp. St. auf den Bergen um Yünnanfu, auf Kalk, 2500 bis 2600 m (Maire 1490 ♂). Hsi-schan, 2. IV. 1915 (6010 ♂). Im NW der Stadt, 27. IV. 1916 (Schoch 25 ♂, 26 ♀). Windausgesetzte Rücken auf den Bergen ober Daschao, 12. V. 1917 (11105 ♂, 13069 ♀). Tschangtschung-schan (Ducloux, distr. Bonati 671 ♂). Im NE bei Dungtschwan (Maire, distr. Bonati 7350 ser. B ♂). Ufer des Niulan-djiang, 1800 m (M., d. B. 3712 ser. B ♂?). Im W irgendwo zwischen Tengyüe und Lidjiang (Rock 8140 ♂?, sehr jung).

S. luctuosa Lévl. (*dyscrita* Schndr.), sub quo nomine planta Schochiana edita fuit, differt foliis anguste ellipticis, obtusis, integerrimis, non glaucis, initio sericeis, bracteis ♂ magis elongatis, margine densissime sericeis, ovariis glabris. *S. Biondiana* Seem. iisdem bracteis, amentis brevioribus in pedunculis elongatis foliatis, foliis obovatis rotundatis subglabris integris longipetiolatis etiam valde diversa est. Amentis ♀ nostra cum *S. Balfouriana* Schndr. congruit foliis autem integerrimis et amentis ♂ valde diversa.

An der Zusammengehörigkeit der Schochschen ♂ und ♀ Pflanzen kann kein Zweifel aufkommen und meine stimmen mit diesen und in den vegetativen Merkmalen untereinander so völlig, daß dasselbe gilt. An Maires Nr. 3712 scheinen drei Drüsen vorzukommen, doch gehört sie nach den freilich noch wenig entwickelten Blättern hierher oder höchstens zu den unten gekennzeichneten Bastarden, was aus dem einzigen Exemplare nicht festgestellt werden kann, keineswegs aber zur folgenden Art.

** ***S. tetradenia*** Hand.-Mzt. (Abb. 1, Nr. 3; Taf. I., Abb. 16, 17).

Sect. *Denticulatae* Schndr.

Frutex virgatus saepe ultra 1 m altus, ramis fuscis, diu velutino-tomentellis, ramulis juvenilibus dense albido-tomentosis. Gemmae 4 mm longae, late complanato-ovoideae, perulis coriaceis, fuscobrunneis, subsericeis, caducis. Folia elliptica, 10—40 mm longa, longitudine sesqui- usque duplo angustiora, obtusa usque rotundata, basi ad petiolum brevem tomentosum anguste rotundata, marginibus angustissime revolutis pleraque remotiuscule et hydathodibus tantum multidenticulata, herbacea, sicca supra fuscoviridia primum araneoso-sericea, mox praeter costam sericeo-velutinam glabrescentia, venularum reti denso impresso subalutacea, subtus intense glauco-pruinosa et primum crasse argenteo- et partim ochrascenti-sericea, mox glabrescentia, nervis utrinsecus 6—8 patentibus ad marginem arcuatis vix confluentibus cum venis crassiusculis prominuis et calvis densiuscule reticulata. Amenta subcoëtanea, utraque in pedunculis brevissimis usque ad 5 mm longis, foliis 2—4 quam cetera multo minoribus et angustioribus et glabrioribus plerumque integris instructis brevistipitata, tenuiter cylindrica, 2—6½ cm longa, 3 mm crassa, ± arcuato-patentia. Rhachis crassiuscula, hirto-tomentosa. Floris ♂ bractea late obovato-spathulata, ± 1 mm longa, rotundata, profunde cucullata, brunnea, glabra vel ± villosa. Glandulae 4, ventralis bractea paulo plus duplo brevior, truncato-conica, dorsalis illa paulo brevior et angustior, laterales iis duplo vel ultra minores, in floribus superioribus saepe minutissimae vel altera deficiens. Stamina 2, filamentis liberis bractea vix duplo longioribus, ad medium longe sericeo-lanatis; antherae globosae, fere 1 mm diametro, ochraceae. Floris ♀ bractea ovata, vix $\frac{1}{2}$ mm longa, retusa, brunnea, glabra vel parce et margine longius sericea. Glandula ventralis compresso-ovoidea, retusa, ovario plus quadruplo brevior, dorsalis nulla. Ovarium sessile vel subsessile, conicum, apice angustatum bractea tertio usque sesquilongius, glabrum vel ima basi parcissime brevissimeque pilosum; styli vix dimidium ovarium aequantes, ad dimidium vel apicem connati, crassitudine sua vix plus duplo longiores; stigmata iis c. duplo breviora, fere tota in capitula oblonga divisa. Capsula 3 mm longa, valvis angustiusculis.

Y.: In der wtp. St. um Yünnanfu auf Kalk an buschigen Hängen des Rückens gegen Fumin, 2000—2200 m, 27. IV. 1915 (6102 ♀), auf Sandstein auf dem Sattel von da gegen Lodse-Magai, 2450 m, und auf Kalk auf den Bergen ober Daschao, 2600 m, 12. V. 1917, auf windausgesetzten Rücken (13070 ♂) und an günstigeren Stellen (11276 ♂, 13076 ♀).

Differt a praecedente ramulis juvenilibus tomentosis, foliis latioribus, magis indutis, demum magis rugosis, pedunculorum a ceteris magis diversis, floris ♂ glandulis 4, ovario glabro, stylo longiore. Glandulis *S. atopantha* SCHNDR. appropinquare videtur, quae multo glabrior, ovariis tomentosis ceterumque diversissima. Haud dissimilis etiam *S. praticola* HAND.-MZT. jam bracteis valde differt.

Obwohl durchaus nicht feststeht, daß gerade die ganz kahlen, bzw. extrem stark behaarten Fruchtknoten Artmerkmale ausmachen, halte ich die beiden hier beschriebenen Typen, die an verschiedenen Stellen übereinstimmend gefunden wurden, für die Arten und die nur einmal bei Zusammenvorkommen dieser gefundenen im folgenden charakterisierten Zwischenformen für Bastarde. Die ♂ Exemplare mit dem auffallenden Merkmal der vier Drüsen sind durch das tertium comparationis der Blattmerkmale mit den ♀ verbunden.

** ***S. inamoena* × *tetradenia*.**

Plantae ♀, characterum parentium combinationibus diversis inter illos ambigentes.

Y.: Auf den Bergen ober Da-schao hinter Helungtang bei Yünnanfu, auf Kalk in der wtp. St. auf windausgesetzten Rücken als ganz niedriger Busch (12922, 12934) und an üppigeren Stellen als über meterhoher Strauch (13068, 13071), 12. V. 1917.

Die Merkmale der wohl außer Zweifel stehenden Stammarten verbinden sich hier in verschiedener Weise. Nr. 12934 hat die Fruchtknoten kahl, die Brakteen seidig und auch kahl, die Blätter unterseits bereift und seidig-wollig, die jungen Zweige flaumig, Nr. 13068 die Fruchtknoten kahl, nur an den längsten der teilweise auffallend verlängerten Kätzchen behaart, die Brakteen seidig, Blätter bereift und seidig, die jungen Zweige filzig, 12922 ebensolche Brakteen, junge Zweige und Blätter, aber dicht, mehr seidig als wollig, behaarte Fruchtknoten, 13071 endlich die Blätter nur wenig seidig und teilweise kaum bereift, die jungen Zweige nur flaumig, die Brakteen kahl und die Fruchtknoten nur locker seidig. Alle haben die Griffel länger als *inamoena* und mit Ausnahme von 13068 etwas weniger lang verwachsen als beide Stammeltern.

S. etosia SCHNDR. in Plt. Wils., III., 73 (1916). (*S. Camusii* LÉVL. in Bull. Soc. agr. Sarthe., sér. 2., 326 [1904] p. p. SCHNEIDER in Plt. Wils., III., 119 [1916] p. p., quoad pl. ♀). NE-Y.: Berge von Motsu, 800 m (MAIRE ♂, ♀). Gebüsche von Motsu, 850 m (M. 922/1913 ♂, ♀), beide im Hb. Edinburgh.

Über die Zugehörigkeit der ♀ *S. Camusii* vgl. unten unter *S. praticola*. Eine Ähnlichkeit der von SCHNEIDER noch keiner Sektion zugewiesenen Pflanze mit *S. Wallichiana* ANDSS. kann ich nicht finden. Sie bildet wohl einen Übergang von den *Psilostigmatae* zu den *Denticulatae* und steht *S. erioclada* LÉVL. am nächsten, von der sie sich durch kahle, sitzende Fruchtknoten mit kurzen Griffeln und weniger behaarte Brakteen, dafür stärker behaarte Filamente unterscheidet und die sie im NE vertritt. Die Beschreibung sei hier ergänzt:

Folia magis evoluta (etiam in planta WILSONiana herb. Edinbgh.) elliptica, 25 × 9 mm, utrinque aequaliter acutiuscula, subtus violascenti-glauca, glabrescentia, supra diutius pilosula, integra, nervis utrinsecus c. 9, patentibus, supra incisis, subtus cum reti venularum angusto prominuis. Amenta ♂ tenuiter cylindrica, 5 cm longa, 5 mm crassa, densiuscula, in ramulis ♀ aequalibus. Bracteae brunneae, oblongae, 1½ mm longae, margine anteriore pilis porrectis sericeis quam ipsae dimidiae longioribus penicillato-sericeae. Glandulae 2, ventralis cylindrica ½ mm longa, dorsalis minor, rectangularis. Filamenta 2, libera, ad 3 mm longa, tenuia, ultra medium usque longe villosa; antherae minutae, globosae, flavae.

** ***S. praticola*** HAND.-MZT. in Sitzgsanz. Ak. W. W., 1926, 95.

Syn.: *S. Camusii* LÉVEILLÉ in Bull. Soc. agr. Sarthe, sér. 2., XXXI., 326 (1904) p. p. SCHNEIDER in Plt. Wils., III., 119 (1916) p. p., quoad pl. ♂.

Sect. *Psilostigmatae* SCHNDR.

Frutex saepe humilis, ramulis virgatis sordide velutino-tomentosis, mox glabris et spadiceis, dense foliosis. Gemmae ovoideae, complanatae 5 mm longae, perulis spadiceis, hirto-sericeis. Folia elliptico-lanceolata, 45 × 12—60 × 28 et 70 × 20—25 mm, acuta vel breviter acuminata, basi anguste rotundata, marginibus integerrima et undulata vel glandulis prominulis tantum vel denticulis minutis parcis vel usque ad 10 pro cm denticulata, firmula, sicca supra atro-olivacea, juvenilia molliter pubescentia, mox praeter costam diutius subtiliter velutinam glaberrima, subtus valde glauco-pruinosa, primum molliter sericea, mox praeter costam nervosque diu albido-villosulos glabra; costa et nervi utrinsecus 10—18 patentes, ad marginem curvati, vix confluentes et venae dense reticulatae subtus argute prominui utrinque fulvi; petioli crassi, 4—5 mm longi, villosi. Amenta ♂ subpraecocia, in ramulis brevissimis foliis diminutis 2—4 instructis subsessilia, graciliter cylindrica, 2—4 cm longa, absque filamentis 3 mm crassa, densa. Bracteae suborbiculares, ²/₃ mm diametro, margine et intus longe sericeae. Glandulae 2, ventralis oblonga, ½ mm longa, apice incisa (an semper?), dorsalis minor, tenuis. Filamenta 2, libera, bracteis 4—5 plo longiora, tenuia, basi villosa; antherae minutae, globosae, flavae. Amenta ♀ (tardiva) in ramulis 1½ cm longis foliis 2—3, 2—2½ cm longis, rotundatis necnon emarginatis ceterum normalibus instructis stipitibus 1—2 cm longis sufulta, erecta, filiformi-cylindrica, 3½ — ultra 7 cm longa, 3—4 mm crassa, sublaxiflora, argenteo-micantia. Rhachis ut pedunculus albovillosa. Bracteae ovatae, 1½ mm longae, 1 mm latae, rotundatae, brunneae, pilis porrectis ultra 1 mm longis praesertim marginibus densissime sericeo-villosae. Glandula ventralis minuta, ovoidea, dorsalis nulla. Ovarium stipite brevissimo ventre tantum vel circumcirca dense sericeo, bractea subduplo longius, ovoideum, attenuatum, glabrum; styli 0,6 usque 0,7 mm longi, breviter connati, stigmatum lobis globosis. Capsula 4 mm longa.

Kw.: Charakterpflanze der Buschwiesen und Gebüsche der wtp. St. von Nganping (10474 ster.) über Guiyang („Kweiyang") bis Lungli (10586 ♀), auf Kalk, Mergel und Sandstein, 1000—1400 m.

Die ♂ und ♀ Originalexemplare der *S. Camusii* im Herbar Edinburgh mit sehr allgemeiner Standortsangabe gehören offenbar nicht zusammen. Der schöne ♀ Zweig stimmt vollkommen mit *S. etosia* Schndr., die auch von Maire in beiden Geschlechtern gesammelt wurde und in den ♂ Kätzchen durch längere, spärlich und kürzer seidige Brakteen und kürzere, weiter aufwärts wollige Staubfäden abweicht. Der ebenso schöne ♂ Zweig der *S. Camusii* stimmt in allem Vergleichbaren, insbesondere in den Brakteen, mit meiner *S. praticola* überein, deren von mir gesammelte ♀ Kätzchen offenbar Nachzügler (oder Vorläufer) sind. Er wurde oben in der Diagnose inbegriffen, wobei ich Schneiders Angabe über kahle Filamente zu berichtigen fand. Da *S. Camusii* von Anfang an Verschiedenes umfaßt, muß sie fallen gelassen werden. Es ist auch nicht wahrscheinlich, daß weitere Beobachtung eine ganz außergewöhnliche Variabilität ergeben und die beiden Arten wieder zusammenbringen wird.

S. psilostigma Andss. An Bächen, in üppigen und auch reichlich in trockenen Gebüschen der wtp. St., auf Kalk und Sandstein, 2300—2950 m. **Y.**: Ober Bupeng am Wege von Yünnanfu nach Dali (8678 ♀). Zwischen Yungbei und Yungning gegen Boloti und ober Hsinyingpan. **S.**: Ober Gaitiu und zwischen Duörlliangdse und Hungga (2886 fr.) am Wege von Yenyüen und Yungning. Unter dem Urwalde des Soso-liangdse im Lolo-Lande e von Ningyüen (1536 ♀; Schneider 932 ♀).

S. wolohoënsis Schndr. in Bot. Gaz., LXIV., 140 (1917). **S.**: An Quellen in der wtp. St. auf Sandstein am Hange des Lu-schan bei Ningyüen (Lingyüen), 2000 m (1952 fr.).

Von der vorigen Art vielleicht doch nicht spezifisch verschieden.

S. phaedima Schndr. *(„phaidima")*. **Y.**: Beyendjing, in Wäldern bei Lungdji (Ten 340 ♀).

Blätter etwas kürzer, Brakteen länger seidig, sonst mit Wilsons Nr. 1409 gut stimmend.

? ***S. spathulifolia*** v. Seem. **Kw.**: Gebüsche der str. St. auf Sandstein bei Maotsaoping zwischen Duyün und Badschai, 800 m (10746 ster.).

Blätter unterseits zwischen der mehr hervortretenden Netznervatur nicht so glatt und violett, sondern weißlich papillös und im ganzen mehr braun. Der Name paßt schlecht, denn die Blätter von Giraldis Nr. 7268 sind ebenfalls verlängert lanzettlich, etwas dichter gekerbt als an meiner, stimmen aber sonst gut. Schneider bezeichnete diese als aff. *plocotrichae*, die ich nicht kenne. Es wäre sehr merkwürdig, wenn eine dieser beiden Gebirgspflanzen im unteren Guidschou vorkäme, aber aus dem sterilen Material läßt sich nichts anderes machen.

S. radinostachya Schndr. in Plt. Wils., III., 121 (1916).

Syn.: *S. longiflora* Hook., Fl. Brit. Ind., V., 633 (1888) p. p., e descr., non Anderss. 1860.

S. Guébriantiana SCHNDR. in Bot. Gaz., LXIV., 139 (1917).

S. caloneura SCHNDR., l. c., 141 (1917).

In der tp. St. auf Schiefer und Kalk, 2900—3700 m. NW-Y.: (WARD 673 ♀). Im birm Mons. in der Mekong—Salwin-Kette ober Bahan auf *Pteridium*-reichen Wiesen häufig, 27° 58′ (8954 fr.), auf dem Sattel Nisselaka und wahrscheinlich unter dem Doker-la, 28° 15′; am 28° 12′ (FORREST 16425 ♀). S.: Molien jenseits des Yalung n von Yenyüen, 28° 10′, an Bächen beim Dorfe (2553 ♂) und darunter (2692 fr.; SCHNEIDER 1425). Gebüsche zwischen Yenyüen und Hungga (SCHNEIDER 1488 ♂).

Nach dem jetzt vorliegenden Material kann an der Zusammengehörigkeit der oben zitierten Pflanzen kein Zweifel bestehen. Die Art ist nicht einmal besonders veränderlich. *S. radinostachya* ist in HOOKERS *longiflora* klar mit inbegriffen. Unser Exemplar von HOOKERS Pflanze aus Sikkim, auf die SCHNEIDER seine Art begründete, hat die Kätzchen an sehr großblätterigen Zweigen und zeigt große Variationen in der Spaltung der Narben. Griffel samt Narben sind ungefähr so lang wie die Fruchtknoten, jene zur Gänze verwachsen, so lang wie die bis zum Grunde oder nur zur Hälfte in dünne Äste geteilten Narben. Die Kapseln sind in einem und demselben Kätzchen nahezu sitzend und mit Stielen von der Länge der pfriemenförmigen Drüse. An den ♂ Blüten ist die dorsale Drüse nicht immer ausgebildet. Die fruchtenden Pflanzen zeigen deutlich dieselbe abfällige Seide an den ersten Blättern, wie die ♂, während die später austreibenden Blätter eine ganz andere Behaarung haben. Bei SCHNEIDERS Nr. 1425 und meiner 8954 werden sie fast kahl, bei meiner 2692 verdeckt etwas graue, ziemlich grobe Wolle die schwächeren Nerven völlig. Sein *caloneura*-Typus hat kürzere Blätter und demgemäß gedrängtere Nerven. Genau die gleichen Blätter hat ein fruchtendes Zweiglein aus Sikkim, 10—11000′ (HOOKER als *S. elegans* β), in unserem Herbar. Die größten Blätter erreichen 16 × 4 cm. Alle Exemplare zeigen die prächtig kirschrot glänzenden Zweige. Die Art, deren Beschreibungen nun leicht zu einer die ganze Variabilität umfassenden zu vereinigen sind, gehört meines Erachtens in die Verwandtschaft von *S. Fargesii* BURK. Mit *S. longiflora* ANDSS. hat sie nichts näheres zu tun.

S. Balfouriana SCHNDR. in Bot. Gaz., LXIV., 137 (1917). NW-Y.: Offene Stellen auf steinigen und kiesigen Matten und in Kiefernwäldern der tp. St., auf Kalk, 3325—3600 m. Yülung-schan bei Lidjiang (FORREST 10243 fr.). Osthang desselben (F. 5718 ♀; ROCK 3683 ♂). Auf der Matte Saba im Moränenzirkus (4333 fr.). Unter dem großen Gletscher (SCHNEIDER 2059 fr.).

Die Stellung in der Sect. *Eriostachyae* SCHNDR. ist wohl richtig, obwohl die Pflanze auch Ähnlichkeit mit *S. Delavayana* HAND.-MZT. hat. Man vergleiche auch das oben unter *S. dibapha* SCHNDR. Gesagte. Die ♂ Kätzchen seien hier beschrieben:

Amenta ♂ coëtanea (unicum quod adest), in pedunculo brevissimo folio uno 1 cm longo basi instructo, crasse cylindricum, 3½ cm longum, 6 mm crassum, densiusculum. Rhachis crassa, dense et breviter sericeo-hirsuta. Bracteae latiuscule obovatae, fere 3 mm longae, subretusae et erosulae, concavae, submembranaceae, antice prupurascentes, extus marginibusque parteque anteriore etiam intus pilis quam ipsae plus duplo brevioribus dense sericeae. Glandulae 2, ad 1 mm longae, dorsalis ventrali paulo longior et angustior. Stamina 2, libera, 6 mm longa, tenuia, ultra tres partes dense villosa; antherae parvae, subglobosae, $^2/_3$ mm diametro, pallidae.

** ***S. salwinensis*** HAND.-MZT. in Sitzgsanz. Ak. W. W., 1926, 95 (Taf. I, Abb. 9, 10).

Syn.: *S. viminalis* var. *Smithiana* BRANDIS in HOOK., Fl. Brit. Ind., V., 632 (1888), non (WILLD.) ANDERSS.

S. eriophylla BRANDIS, Ind. Trees, 638 (1906) p. p. („probably").

Sect. *Eriostachyae* C. SCHNDR.

Frutex c. 1½ m altus, ramis erectopatentibus, tenuiusculis, dissite nodosis, ramulis juvenilibus cinereo-pubescentibus, vetustioribus glabrescentibus et fuscis. Gemmae anguste ovoideae, 3—4 mm longae, fulvae, pubescentes. Folia opposita, lanceolata vel lineari-lanceolata, 8 × 2,8 vel 9,5 × 2,5 — 11 × 1,5 et matura fere 20 × 5 cm, ramulorum inferiora abbreviata, acuta usque acuminatissima, basi ad petiolum subnullum usque 3 mm longum tomentosum cuneata vel rotundata, integerrima, herbacea, supra obscure viridia, opaca, subtus glaucescentia, utrinque dense et brevissime vel subtus paulo longius cinereo-sericea vel -velutina haud nitentia; costa nervique utrinsecus 12—42 patentes ad marginem arcuati sed vix confluentes pallidi vel fulvidi supra plani, subtus paulum prominuli, demum supra tenuiter incisi, subtus cum venis dense reticulatis prominui. Stipulae semicordatae, usque ad 6 mm longae, foliaceae. Amenta ♂ in pedunculis brevissimis foliis paucis lineari-oblongis parvis obsitis sessilia, cylindrica, 2—4½ cm longa, 5 mm crassa, densissima. Rhachis sericeo-velutina. Bracteae imbricatae, obovatae, 2½ mm longae, 1½ mm latae, subtruncatae, saepe erosulae, tenues, pallidae, extus et margine sericeo-pubescentes, intus subglabrae. Glandulae 2, variabiles, flavae, ventralis ½ — fere 1 mm longa, dorsalis paulo minor vel aequalis, interdum illa bi-, haec tripartita. Filamenta 2, libera, bracteis subduplo longiora, ad ½ vel $^3/_4$ villosa; antherae breviter oblongae, ± ½ mm longae, ochraceae. Amenta ♀ in pedunculis usque ad 1 cm longis, foliis 3—4 oblongo-obovatis usque ad 2½ cm longis subtus dense sericeis et argenteo-micantibus obsitis breviuscule stipitata, longe cylindrica, sub anthesi 2½—5, serius usque ad 8 cm longa, 5—6 mm crassa, floribus subverticillatis haud densissima. Bracteae eaedem ac ♂ necnon latiores, partim mox glabrescentes. Glandula ventralis minuta, compresse ovoidea, dorsalis nulla. Ovarium sessile, ovoideum, bracteam vix excedens, acuminatum, praeter basin dense sericeum; styli tenues, vix 1 mm longi, brevissime connati, stigmatibus in lobos inaequales oblongos fissis. Capsula vix ultra 2½ mm longa, haud glabrescens, valvis latis.

NW-Y.: In den *Pteridium*-Wiesen der tp. St. des birm. Mons. bis in die Tannenwälder der ktp. an den Osthängen des Salwin-Tales, 27° 58′—28° 8′, auf Schiefer, 3150—3700 m. Westhang des Schöndsu-la, 23. IX. 1915 (8354 ster.). Ober Tjionatong. In Mengen ober Bahan (Pehalo), 18. VI. 1916 (8956 ♀, 8957 ♂). Wo? Blockhalden, 13000′, 29. VI. 1913 (WARD 613 ♂). Mekong—Yangdse-Kette, 27° 40′, VII. 1914 (FORREST 12840 fr.). Sikkim, reg. temp., 9—14500′ (HOOKER als *S. viminalis* L. affinis: Hb. Wien ♀, gemischt mit *S. Daltoniana* ANDERSS.).

In sectione foliis oppositis insignis, praeterea a. *S. eriostachya* WALL. foliis angustioribus multo longius petiolatis et indumento, a ceteris multo longius diversa. Haud dissimilis etiam *S. wolohoënsis* SCHNDR. in sect. vix naturali et characteribus aegre diversa *Psilostigmatae* SCHNDR. differt foliis minoribus alternis, subtus magis sericeis, amentis ♀ brevioribus, bracteis multo brevioribus latioribusque, stylis brevibus.

Die gegenständigen Blätter stellen die Art wohl nicht außerhalb der Sektion, da sie bei *S. purpurea* L. z. B. innerhalb der Variationsweite der Art vorkommen. Die Beschreibung ENANDERS (in der Originalveröffentlichung) mußte ich etwas erweitern, da sich weiteres Material als zugehörig erwiesen hat. Als „tomentosa" möchte ich die Blätter nicht bezeichnen. Das Exemplar aus Sikkim entspricht wohl sicher der von BRANDIS später nach HOOKERS Vorschlag mit Vorbehalt zu *S. eriophylla* gestellten Pflanze. Es läßt sich auch, wenn man auf die Originalbeschreibungen zurückgeht, zu keiner aus Indien beschriebenen Art stellen. Hätte ich es gleich als hierher gehörig erkannt, so hätte ich der Art natürlich einen anderen Namen gegeben.

** ***S. salwinensis*** HAND.-MZT. × ***radinostachya*** SCHNDR.

A *S. salwinensi* supra descripta differt ovariis glabris vel partim inferne perparce pilosis.

NW-Y.: Auf der tp. *Pteridium*-Wiese des birm. Mons. ober Bahan am Salwin mit den Stammeltern, 18. VI. 1916 (1726 ♀).

Die Merkmale und das Vorkommen dieser Pflanze zusammen mit den in den vegetativen Teilen mit Ausnahme der Behaarung sehr ähnlichen Arten macht Hybridität sehr wahrscheinlich, doch handelt es sich vielleicht nur um eine kahlfrüchtige Form von *S. salwinensis*, wie ja auch bei manchen kahlfrüchtigen Arten, z. B. *S. Rehderiana* SCHNDR., behaartfrüchtige vorkommen.

** ***S. bistyla*** HAND.-MZT. (Taf. I, Abb. 7, 8).

Sect. *Eriostachyae* SCHNDR.

Frutex c. 1½ m altus, virgatus, ramis crassiusculis nigris, nitidulis, ramulis densis primum sericeo-villosis mox glabrescentibus. Gemmae 6 mm longae, perulis late obovatis, coriaceis, spadiceis, glabris, sero deciduis. Folia densissima, elliptica usque oblongo-lanceolata, 6 × 2,6 et 8 × 3 — 2,5 × 1 et 8 × 1½ cm, acuta vel ramulorum inferiora diminuta obtusa et in perulas transeuntia, basi ad petiolum crassum, 3—5 mm longum, tomentosum cuneata, margine remote et glandulis prominentibus tantum vel superiora magis conspicue et mucronulis incurvis denticulata, herbacea, supra obscure viridia, cinereo-tomentella, subtus cinereo-albo vel fere niveo pannoso-tomentosa; costa nervique utrinsecus 10—15 obliqui arcuati in margine ipso conjuncti supra paulum impressi et densius tomentelli, subtus tenuiter prominui vix calvescentes. Stipulae foliaceae, inaequaliter reniformes et obtusae usque semicordatae et acutae, petiolos excedentes, glanduloso-serratae. Amenta coëtanea, in ramulis 2—6 cm longis foliis normalibus 5—7 instructis subsessilia, erecta, crasse cylindrica, 4—9 cm longa, 1 cm crassa, densissima. Bracteae imbricatae, late obovato-flabellatae, truncatae, submembranaceae, flavidae, ♂ 5 mm longae et antice 3½ mm latae, utrinque inferne longe et superne breviter sed dense lanato-albosericeae, ♀ 4 mm longae et latae, praesertim intus paulo laxius sed antice quoque longe sericeae. Floris ♂ glandulae 2, cylindricae, 1 mm longae, dorsalis tenuior. Filamenta 2, libera, bracteam quinta usque paulo plus tertia parte tantum superantia, fere tota longe denseque villosa; antherae oblongae, 1 mm longae, luteae. Floris ♀ glandula ventralis cylindrica, 1 mm longa, dorsalis nulla. Ovarium sessile, anguste ovoideum, longe attenuatum, 3—3½ mm longum, dense sericeo-tomentosum; styli toti liberi, 4 mm longi, tenues, fusci, ultra medium usque hirto-tomentelli; stigmata paulum incrassata, circinnato-revoluta, in ramos brevissimos lineares fissa. (Capsula ignota.)

NW-Y.: In einer offenen *Artemisia*-Hochstaudenflur in der tp. St. des birm. Mons. an einem Seitenbache im Tjiontson-lumba vom Salwin unterhalb Tschamutong gegen den oberen Irrawadi, Granit, 2650 m, 28. VI. 1916 (9138♂, ♀).

Proxima *S. Ernesti* SCHNDR. foliis partim sericeo-micantibus, pedunculis brevibus, amentis multo tenuioribus, bracteis multo brevioribus glabrioribusque, filamentis longis, stylis glabris distat.

Jedenfalls eine der merkwürdigsten Weiden. Die blühenden Kätzchen haben durch die großen, dicht dachigen Brakteen eine ganz glatte Oberfläche, die von den Griffeln und Staubgefäßen kaum überragt wird. Die jungen Blätter haben gar kein seidiges Indument außer den untersten der Zweige, die in Knospenschuppen übergehen. Die Blätter sind sehr weich und verkahlen auch später sicher nicht.

S. Ernesti SCHNDR. NW-Y.: In Wäldern und Gebüschen der tp. und ktp. (und wtp.?) St., auf Kalk und Sandstein, (2300?—) 2650—3825 m. Ober Ganhaidse bei Lidjiang (6726 ♀). SE-Seite des Yülung-schan (SCHNEIDER 2913 ster.). Zwischen Yungbei und Dawan (SCHNEIDER 3512 ster.).

WILSONS Pflanze ist in der Behaarung recht veränderlich. Die yünnanesischen Exemplare stimmen mit seiner zwischen den Extremen in der Mitte stehenden Nr. 2153.

** ***S. spodiophylla***[1] HAND.-MZT.

Syn.: *S. floccosa* DIELS in Not. R. B. Gard. Edinbgh., VII., 119. SCHNEIDER in Plt. Wils., III., 148 p. p. W. W. SMITH in N. R. B. G. Edinbgh., XIV., 242, non BURK.

Sect. *Glaucae* E. FR.

Frutex 15 cm—1,20 m altus, ascendens, ramosissimus, ramulis crassis, rufis vel fuscis, crebre nodosis, juvenilibus longipilosis, mox glabris et ± nitidis. Gemmae fere 1 cm longae, perulis exterioribus coriaceis, primum fuscis, demum nigris, paris extimi ± alte connatis et dorso saepe ± sericeis. Folia obovata usque obovato-lanceolata, 25 × 12—73 × 18 mm, inferiora obtusissima, superiora oblique acutiuscula, basi angustata et ad petiolos 4—8 mm longos tenues supra persistenter pubescentes ipsos cuneata, integerrima, concolori dilute viridia, supra persistenter breviuscule sed dense cinereo-araneosa, plana, subtus pilis sericeis longis argenteo-micantibus primum dense tecta serius praesertim costa marginibusque floccosa, adulta (praeter infima) glaberrima, rigidula, costa nervisque utrinsecus 10—17 patentibus ad marginem arcuatis et vix conjunctis cum trabeculis crebris valde prominulis pallescentibus, venulis parcis; stipulae nullae. Amenta subcoëtanea, in ramulis brevissimis squamis tantum vel foliis parvis usque ad 3 instructis subsessilia, oblonga vel cylindrica, 5— fere 10 mm crassa, ♂ 2—3, ♀ 2½— demum 9 cm longa. Rhachis crassa, sericeo-hirsuta. Bracteae 3—4 mm longae brunneae, submembranaceae, extus necnon antice intus dense et longe penicillato-sericeae, ♂ obovatae, apice purpurascente retusae

[1] σποδιός = griseus.

vel emarginatae, ♀ angustiores, lineari-oblongae, truncatae. Floris ♂ glandula ventralis $\frac{1}{2}$ mm longa, subcompresso-cylindrica, dorsalis minuta angusta vel nulla. Stamina 2, filamentis crassis, 5—7 mm longis, liberis vel ad $^1/_4$ connatis, fere ad medium longe villosis; antherae breviter oblongae, $^3/_4$ mm longae, flavae. Floris ♀ glandula ventralis rectangularis, dorsalis nulla. Ovarium sessile, ovoideo-fusiforme, bracteam aequans, ima basi vel totum dense sericeo-pilosum, in stylos crassos subliberos quam ipsum dimidium longiores, in stigmata longa, filiformia fissos longe attenuatum. Capsula 3$\frac{1}{2}$ mm longa, glabra vel sericea valvis apicibus reflexis.

S.: Steinige Stellen auf Kalk der ktp. St. im Waldunterwuchse auf dem Berge Saganai bei Muli Gebüsche bildend, 4000—4300 m, 30. VII. 1915 (7309 fr.). Berge e von Yungning, blockbedeckte Bergwiesen, 12000′, VI. 1922 (Forrest 21263 ♀). NW-Y.: Yülung-schan bei Lidjiang, offene Alpenmatten, 12000′, VI. 1913 (Forrest 10256 ♀), offene felsige Matten, 12000′ ,V. 1913 (F. 10121 ♂); Westseite zwischen Felsen auf trockenen Alpenmatten, 12000′, VI. 1910 (F. 5833 ♂, ♀); Osthang (Rock 3593 ♂). Zwischen Lidjiang, Yungbei und Yungning am Wege nach Muli, V.—VI. 1922 (R. 3372 ♀). Auf dem Hochlande von Dschungdien, VIII. 1914 (4532 ster.[1]). Wo?, Hochgebirgsstufe, 14000′, 30. VI. 1913 (Ward 617 ♂).

S. Ernesti Schndr. similis est, sed foliis multo latioribus et subtus villosioribus, bracteis latioribus, ovariis multo villosioribus, stylis filamentisque liberis differt. *S. floccosa* quam nostra multo glabrior, foliis saepe crenatis, reticulatis, et habitu valde differt.

Es kann keinem Zweifel unterliegen, daß die Variabilität der Blüten eine ziemlich große ist, aber selbst die Pflanzen mit kahlen und behaarten Fruchtknoten zusammengehören. Die übrigens ebenfalls dem Grade nach veränderliche Verwachsung der Filamente ist ein auffallendes Merkmal, stellt die Art aber sicher in keine andere Verwandtschaft.

** ***S. Delavayana*** Hand.-Mzt.

Syn.: *S. sikkimensis* Burk. in Journ. Linn. Soc., Bot., XXVI., 532, non Anderss., e Delavay 2792 ♂.

Sect. *Glaucae* E. Fr.

Frutex 2—6 m altus, ramulis ± divaricatis, crassiusculis, ± distanter nodosis, fuscis, juvenilibus albo-pubescentibus, vetustioribus glabris, ± opacis. Gemmae ovoideae, 5—10 mm longae, perulis coriaceis, brunneis, glabris. Folia latius angustiusve elliptica, 35 × 17 — 55 × 18 vel 55 × 30 et 82 × 37 mm, acuta vel breviter acuminata, inferiora etiam rotundata, basi ad petiolos graciles 3—6 mm longos praesertim supra pubescentes cuneata vel anguste rotundata, integerrima, crassiuscule herbacea, dilute olivaceo-viridia, subtus glauca, prima juventute utrinque albido sericeo-puberula, mox praeter costam subtiliter velutinam et in foliis inferioribus dorso longius sericeam glabrescentia; costa nervique utrinsecus 7—14 patentes arcuati ad marginem indistincte conjuncti supra cum reti venularum denso demum pallidi, subtus valde prominui; stipulae minutae, late ovatae. Amenta coëtanea, in ramulis brevissimis usque 12 mm longis foliis

[1] Ein Rest eines Exemplares, das mit einigen anderen *Salix*- und *Populus*-Nummern ohne endgültige Etiketten irrtümlich irgendwohin verschickt wurde; falls sie sich finden sollten, werden sie in einen Nachtrag aufgenommen werden.

paucis valde diminutis usque subnormalibus praeditis subsessilia, densiuscule cylindrica, ♂ 2—4 cm longa, 4—7 mm crassa, ♀ multo tenuiora, 2—5 et sub fructu 10 cm longa, 3—5 mm crassa. Bracteae oblongae vel obovatae, 1½—2½ mm longae, rotundatae, submembranaceae, brunneae, pilis quam ipsae subduplo brevioribus margine ciliatae et dorso ± villosae. Floris ♂ glandula ventralis conico-ovoidea vel truncata, interdum bifida, quam bractea triplo brevior, dorsalis subulata ± aequilonga. Filamenta 2, libera, 4—5 mm longa, tenuia, ultra medium dense et longe villosa; antherae breviter oblongae, ²/₃ mm longae, flavae. Floris ♀ glandula ventralis compresso-ovoidea brevis vel cylindrica et longissima, dorsalis nulla. Ovarium subsessile vel brevistipitatum, ovoideo-fusiforme, glabrum vel basi parcissime sericeum, in stylos ipso ± aequilongos bracteas superantes crassos vix dimidios vel totos connatos sensim attenuatum, partibus liberis subdivaricatis; stigmata in ramos crassos oblongos fissa. Capsula angusta, ad 5 mm longa, aperta valvis rectiusculis.

Um Bäche, in üppigen Gebüschen und in Wäldern der tp. und ktp. St. auf Kalk und Sandstein, 3250—3800 m. **Y.**: Paß Sanschischao bei Hodjing (8738 ♂, ♀). Vielfach am Yülung-schan bei Lidjiang (Forrest 5669 ♀, 5741, monözische Kätzchen, 21325 ♂; Rock 3384, 3683, 3835, 4123, 4125 alle ♂, 3807 androgyn, 3836, 4141, 4750 alle fr.). Vielleicht auch diese auf dem Gipfel des Dji-schan ne von Dali, ober Hsiangschuiho n von dort und beim Lagerplatz Mahaidse am Wege von Lidjiang nach Yungning und s von diesem Orte. **S.**: Paß zwischen Woloho und Gaitiu und Rücken Daörlbi (2971 ♀) zwischen Yenyüen und Yungning.

S. sikkimensis Andss. amentis multo crassioribus densioribusque, bracteis maximis latissimis longe sericeo-lanatis, ovariis dense sericeis, foliis, si matura a W. W. Smith collecta in herb. Kew huc ducta re vera ad eam pertinent, subtus crasse cupreo-sericeis valde differt. *S. opsimantha* qualis e clave Schneideriana determinaretur, amentis subglabris ♂ multo laxioribus, foliis denticulatis subtus papilloso-punctatis distat. Mihi affinis videtur imprimis *S. resectoidi* Hand.-Mzt. foliorum forma, glabritie, ramulis amentiferis multo longioribus diversae.

Durch die im allgemeinen gegenüber den übrigen *Glaucae* beträchtlich verkürzten, oft fast fehlenden Kätzchenzweige leitet die Art wahrscheinlich zu den *Psilostigmatae* hinüber. Äußerlich ähnelt sie auch etwas der *S. Balfouriana* Schndr., die durch andere Behaarung der jungen Teile, filzige Fruchtknoten und ganz verschiedene ♂ Kätzchen abweicht. Bemerkenswert ist die große Veränderlichkeit in der Verwachsung der Griffel, die an zweifellos zusammengehörigen Pflanzen zu beobachten ist.

Sehr ähnlich ist Schneiders ♀ Nr. 3550 von **S.**: Tschahungnyotscha ober Wali, 4000 m, hat aber dichtseidige Fruchtknoten.

** ***S. Coggygria***[1] Hand.-Mzt. (Taf. I, Abb. 5, 6).

Sect. *Glaucae* E. Fr.

Frutex ascendens ultra 50 cm altus, ramis crassiusculis, spadiceo-fuscis, remote nodosis, subdivaricato-ramosis, ramulis juvenilibus albido- vel rufo-tomentellis mox glabrescentibus. Gemmae 7 mm longae, perulis sericeis caducis. Folia late usque suborbiculari-obovata, 1½—4½ cm longa et longitudine usque

[1] Foliis *Cotino Coggygriae* Scop. valde similis.

sesquiangustiora, utrinque late rotundata vel summa obtusa et apice plicata, integerrima vel raro antice denticulis paucis praedita, sicca herbacea, supra olivaceo- vel fulvido-viridia, saepe nitidula, subtus paulum vel valde pruinoso-caesia, raro (serius quoque?) concoloria, juvenilia supra densius et magis regulariter quam subtus sericeo-floccosa, mox glabrescentia; costa nervique utrinsecus 6—11 porrectopatentes valde arcuati vix confluentes supra paulum conspicui, subtus cum venulis dense reticulatis argute prominuli et serius rufuli; petioli 2—5 mm longi, latiusculi, ut ramuli induti. Stipulae rarae ovatae, 2 mm longae, acutae, foliaceae, glanduloso-denticulatae. Amenta coëtanea, ramulis 1—3 cm longis, foliis 3—5 praeter infima minora et magis longitudinaliter nervata normalibus instructis terminalia, stipitibus 2— (praesertim ♀) 10 mm longis crassis suffulta, nutantia, cylindrica, 2—4 cm longa, 5—7— (♂ tantum) 10 mm crassa, sublaxiflora vel ♂ etiam densiflora. Rhachis hirto-tomentella. Bracteae flabellato-obovatae, 2—3 mm longae, 2 mm latae, retusae, submembranaceae, purpurascentes et serius brunnescentes, dorso parce, margine dense lanato-ciliatae, nervosae. Floris ♂ glandulae 2, bractea quadruplo breviores, ventralis lageniformis, dorsalis angustior cylindrica. Filamenta 2, libera, bracteis duplo longiora, ad $\frac{1}{2}$—$\frac{3}{4}$ dense lanata; antherae globosae, $\frac{1}{2}$ mm diametro, rubrobrunneae. Floris ♀ glandula ventralis illarum longitudine, rectangularis vel ovoidea, dorsalis nulla. Ovarium sessile, ovoideum, acutum, bractea aequilongum, dense lanato-sericeum; styli eo plus duplo breviores, tenues, glabri, breviter connati, stigmatibus in ramos breves et tenues fissis.

NW-Y.: Auf Glimmerschiefer in der ktp. St. des birm. Mons. in den obersten Waldresten beiderseits des Passes Si-la zwischen Mekong und Salwin, 28°, 3900—4225 m, 17. VI. 1916 (8944 ♂) und an Bächlein beiderseits des Passes Tschiangschel zwischen Salwin und Irrawadi, 27° 52′, 3500—3950 m, 4. VII. 1916 (9295 ♂, ♀).

Characteribus *S. resectae* DIELS valde propinqua foliis angustioribus firmioribus supra alutaceis subtus valde albo-glaucis vix reticulatis in costa sericeis, pedunculis tenuibus, bracteis glabrioribus, ovariis brevius strictiusque pilosis, stylis iis aequilongis ad dimidium connatis diversae, sed ramis itaque habitu multo graciliore foliisque multo maioribus magis differt.

Die Exemplare der beiden Nummern zeigen einige Verschiedenheiten, indem Nr. 8944 reichlichere und mehr silberweiße Behaarung und dickere ♂ Kätzchen hat als Nr. 9295, wo die Behaarung spärlicher und kürzer und mehr bräunlich ist, doch zweifle ich nicht an ihrer spezifischen Zusammengehörigkeit. Ein Zweig der letzten Nummer hat fast alle (auffallend großen) Blätter unbereift.

Eine ähnliche Pflanze sammelte WARD am 29. VI. 1913 auf Blockhalden, 13000′, wo? (601). Sie hat schmälere, fast spitze, teilweise stark gekerbte Blätter mit abfälligen Seidenflocken und viel wolligere ♂ Kätzchen und ist ein kleinerer Strauch mit kirschroten Ästen.

** ***S. resectoides*** HAND.-MZT. (Taf. I, Abb. 3, 4).

Sect. *Glaucae* E. FR.

Frutex ascendens, c. 30—50 cm longus, ramis crassiusculis, fuscis, nitidulis, subremote nodosis, divaricato- vel subdivaricato-ramosis, ramulis juvenilibus sericeo-puberulis, mox glabris. Gemmae late compresso-ovoideae, 3 mm longae, rotundatae, spadiceae, glabrae. Folia late obovata usque suborbiculari-elliptica,

1½—4 cm longa, longitudine usque subduplo angustiora, utrinque obtusissima vel rotundata vel apice minute apiculata et basi late cuneata, integerrima vel glandulis prominulis remotis tantum parce denticulata, sicca herbacea, obscure olivacea, opaca, subtus ± glauco-pruinosa, juvenilia subtus paululum et supra in nervis diutius saepe fulvido- vel rufo-velutina, ramulorum infima minora subparalleli-paucinervia tantum initio longe argenteo-sericea; costa nervique utrinsecus 6—12 valde patentes arcuati et ad marginem conjuncti venulaeque dense reticulatae supra tenuiter incisae subtus argute prominuae; petioli 2 mm longi, latiusculi, supra puberuli. Stipulae ovatae, acutae, ad 2 mm longae, foliaceae, parce denticulatae, glabrae. Amenta ♀ tantum nota, coëtanea, in ramulis 1½ usque 3 cm longis foliis 4—5 omnino normalibus instructis brevistipitata, erecta, anguste cylindrica, 2—3— (maturescentia) 4½ cm longa, 3½—4 mm crassa, praesertim inferne sublaxiflora. Rhachis pubescens. Bracteae 1½—1¾ mm longae, ± late obovatae, late rotundatae vel subtruncatae, glabrae vel parcissime ciliatae, submembranaceae, brunneae. Glandula ventralis anguste ovoidea, bractea dimidia subaequilonga, dorsalis minuta squamiformis interdum adest. Ovarium 2 mm longum, sessile, fusiformi-ovoideum, glabrum vel inferne longe et grosse sericeum; styli crassi, ½ mm longi, ad medium connati, dein divaricati, stigmatum ramis brevissimis oblongis. Capsulae immaturae crassae, 5 mm longae.

NW-Y.: Im birm. Mons. in der Mekong—Salwin-Scheidekette an sumpfigen Stellen der ktp. St. des Passes Si-la, 28°, 3750—4225 m, 16., 17. VI. 1916 (8942♀) und im Gehängeschutte der Hg. St. zwischen dem See und Paß Yigöru, 28° 9′, 4150—4300 m, 6. VIII. 1916 (9722 ♀); Glimmerschiefer.

Proxima *S. Coggygria* Hand.-Mzt. differt gemmis sericeis, foliis juvenilibus supra sericeis, amentis ♀ crassioribus nutantibus, bracteis latioribus, lanatis, glandula maiore, ovario breviore, lanato. Habitu similior *S. resecta* Diels foliis adultis quidem multo angustioribus minoribusque, supra diu pubescentibus subtus fere albis nervis occultis, ovariis dense sericeis, stylis longis subliberis differt. *S. Limprichtii* Pax et Hffm. in Rep. n. sp., Beih. XII., 353 (1922) e descriptione quoad glandulas falsa[1] etiam comparanda differt foliis dense crenato-denticulatis, foliis glabris, valde et supra inciso-reticulatis, subtus multo magis albis. *S. opsimantha* Schndr. jam bracteis multo longioribus angustioribusque distat.

Obwohl es bei manchen Weiden Parallelformen mit kahlen und mit behaarten Fruchtknoten zu geben scheint (s. *S. Rehderiana* Schndr. und var. *brevisericea* Schndr.), kann für die hier beschriebene, mit Rücksicht auf die Summe anderer kleiner Unterschiede, Vereinigung mit einer behaartfrüchtigen nicht in Betracht kommen.

S. resecta Diels. Y.: Am Hange des Dsang-schan bei Dali häufig mit kleinen Bambuseen in der tp. St. auf krystallinischem Gestein, 2850—3600 m (8718 ♂, ♀).

Ad descriptionem addenda: Frutex intricatus ramis crassis dense nodosis. Amenta ♀ sub anthesi densissima, 25 × 4 mm. Ovaria dense et breviter alboseri-

[1] Die bisher allein bekannten ♂ Blüten haben nicht nur 1 Drüse, wie die Autoren beschreiben, sondern 2. Die äußere, die man allerdings, wie gewöhnlich, meist erst nach Aufkochen findet, ist länger und dünner als die innere. Sie gehört daher nicht zu den *Caesiae*, stellt aber anscheinend eine gute Art dar.

cea bracteis dense imbricatis purpurascentibus occulta. Amenta ♂ aequidensa, 30 × 5 mm, bracteis iisdem. Rhachis crassa. Glandulae 2, ultra $^3/_4$— fere ½ bracteae aequantes, cylindrico-conicae, ventralis interdum latior et apice emarginata. Stamina 2, libera, filamentis crassis, bractea vix duplo longioribus, ad $^3/_4$ ut bracteae crebre lanato-longipilosis, antheris parvis globosis luteis.

Wegen der zwei Drüsen gehört die Art nicht in die meines Erachtens wohl nicht natürliche Sektion *Longiflorae* SCHNEIDERS, von deren Vertretern sie auch sonst recht abweicht, sondern zu den *Glaucae*, wo sie die kleinste Art darstellt. Die fast bis zum Grunde freien Griffel entsprechen besser DIELS' als SCHNEIDERS Beschreibung, doch kann dies veränderlich sein.

Vielleicht stellt FORRESTS Nr. 13983 vom Beima-schan, offene, steinige Matten, 14000—15000′ (♀), eine hochalpine Form davon dar. Es ist ein niederliegender Strauch von 14—26 cm, vom Habitus der *S. clathrata*, von der sie durch die seidenfilzigen Fruchtknoten und ausgesprochen später blühenden Kätzchen abweicht. Diese sind kaum 1 cm lang, an sehr kurzen Stielen mit nur zwei bis drei gut entwickelten Blättern, was mit dem gedrungenen Wuchse und der Höhenlage zusammenhängen mag.

S. Faxoniana SCHNDR. in Bot. Gaz., LXIV., 143 (1917). (*S. hastata* et *S.* aff. *h.* W. W. SM. in Not. R. Bot. Gard. Edinbgh., XIV., 171, 175). **S.**: Humöse Stellen der Hg. St. auf Kalk auf dem Berge Saganai bei Muli, 4450—4525 m (7342 ♀). NW-**Y.**: Osthang des Yülung-schan bei Lidjiang (ROCK 4473 ♂).

Amenta ♂ maiora et laxiora quam in specie sequente, bracteis longius crebriusque sericeo-hirsutis, filamentis 7 mm longis, basi tantum sericeis.

In den Details finde ich keinen Unterschied gegenüber *S. opsimantha* SCHNDR., die aber ein aufrechter, 1—3 m hoher Busch sein soll und nach einer dies besagenden Notiz auf den Bergen im NE der Lidjianger Schleife des Djinscha-djiang von FORREST gesammelt wurde (10800 ♂). Beiden kommt die echte *S. floccosa* BURK. sehr nahe, die sich, wenn überhaupt, höchstens durch schmälere Blätter unterscheidet. Im Gegensatze zu *S. oreinoma* ist *S. Faxoniana* anscheinend ausschließlich Kalkpflanze.

S. oreinoma SCHNDR. NW-**Y.**: Auf steinigen Matten, an Bächen und in Hochkrautfluren der tp. und ktp. und an Lawinenstrichen bis in die tp. St. hinab auf Glimmerschiefer und Granit im birm. Mons., 3025—4375 m. In der Mekong—Salwin-Scheidekette am Si-la, 28° (8928 ♀), im Hintergrunde des Doyon-lumba und unter dem Doker-la, 28° 15′ (8106 fr., 8079 fr.; FORREST 16670 ♂). In der Salwin—Irrawadi-Kette im Tjiontson-lumba und beiderseits des Passes Tschiangschel, 27° 52′ (9296 ♂, ♀) und im Tale unter dem Gomba-la bei Tschamutong.

Von dieser Art sah ich kein Originalmaterial, doch unterscheiden sich meine Pflanzen von der vorigen Art nur durch die von SCHNEIDER bei dieser angegebenen Unterschiede, zu denen die geringen in den bisher unbekannten ♂ Kätzchen kommen. Seine Beschreibung (Plt. Wils., III., 138) ist dahin zu erweitern, daß die ♀ Brakteen auch am Vorderrande fast kämmig gezähnelt vorkommen und nur vorne spärlich flaumig. Mitunter kommt auch eine sehr kleine und schmale dorsale Drüse vor. Die Griffel sind oft fast ganz frei und die Narben nur kurz zweispaltig, doch ist beides veränderlich. In meiner Nr. 8106 liegen aufrechte, etwas sparrig verzweigte Äste vor, aber nach einer Notiz war der Stamm auch kriechend. An Langtrieben erreichen die Blätter 5,5 × 2 cm, doch sind viele Triebe vorhanden, die der Originalbeschreibung entsprechen. Weit über jene Masse geht jedoch meine Nr. 8079 hinaus, der FORRESTS 14884 entspricht. Es sind niederliegende, aber sehr üppige Exemplare aus einer Hochkrautflur, mit 15 cm langen blühenden Ästchen mit 12 Blättern, deren größte 11 × 5 cm erreichen und in 3½ cm lange Stiele lang verschmälert sind. Zwischen gerundetem und keiligem Blattgrund gibt es jedoch alle Übergänge. Die ♂ Kätzchen sind zu beschreiben:

Amenta ♂ 1½—2 cm longa, 6 mm crassa, densiuscula vel densissima. Bracteae flabellato-obovatae, 3 mm longae, antice erosae, praesertim marginibus sericeo-villosulae. Glandula ventralis fere 1 mm longa, ovoideo-cylindrica, dorsalis fere aequalis. Filamenta 2, libera, bractea duplo longiora, usque ad medium villosa; antherae fere 1 mm longae, breviter ellipticae, ochraceae.

S. microphyta DIELS in Not R. Bot. Gard. Edinbgh., VII., 252 (FORREST 4603) ist nicht FRANCHETS Pflanze, sondern ich finde sie identisch mit *S. flabellaris* ANDSS., die sich von *oreinoma* vor allem durch kleinere, am Grunde durchwegs gerundete Blätter und kahle Filamente unterscheidet und von FORREST auch in NE Ober-Birma gesammelt wurde (24604 ♂). SCHNEIDER (Plt. Wils., III., 146) vergleicht sie mit *S. calyculata*, zu der sie aber schon wegen der reichblütigen Kätzchen nicht gehört. Ihre Verwandtschaft hat sie jedoch sicher hier. FORRESTS Nr. 26943 ♂, ebenfalls vom Djimili ist zwischen beiden ungefähr intermediär. *S. microphyta* FRANCH. gehört jedenfalls auch in die Verwandtschaft, hat aber viel dünnere Blätter mit stark vortretenden Adern und längere Kätzchen.

S. calyculata HOOK. f. ** **var. *glabrifolia*** HAND.-MZT.

Syn.: *S. flabellaris* et aff. *fl.* W. W. SM. in Not. R. B. G. Edinbgh., XIV., 126, 325, non ANDSS.

Indumentum longum sericeum typi in partibus juvenilibus tantum et rarum adest. Filamenta saepe inferne parce strigosa, interdum tota et antherae connata. Folia usque ad 34 × 16 mm, petiolis usque ad 13 mm longis, angustissima autem 13 × 8 mm.

NW-**Y.**: Bei Lidjiang („Likiang"), von Einheimischen (3921 ♂, ♀). Dort an Kalkfelsen unter dem großen Gletscher (SCHNEIDER 2318 fr.). Osthang des Yülung-schan (ROCK 4948 ♂, 4994 ♂). Westhang desselben an Kalkfelsen (FORREST 23580 ♂). Steinige humöse, windgeschützte Stellen der Hg. St. auf dem Kamme zwischen Haba und Dugwantsun se von Dschungdien, Schiefer, 4350—4450 m (6918 ♂). Djientschwan—Mekong-Scheidegebirge, offenes feuchtes alpines Moorland, 12000—13000′ (FORREST 22302 fr.) und feuchte steinige Alpenmatten, 12000′ (F. 23580 ♂). Im birm. Mons. in Hochkrautfluren der Hg. St. unter dem Doker-la an der tibetischen Grenze, Granit, 4200—4250 m (8080 ♀). Dort am Kakerbo (Kagurpu), 28° 40′, Felsbänder und feuchte steinige Matten, 14500′ (FORREST 16774 ♂).

Die Unterschiede gegenüber dem Typus, den FORREST auf der Mekong—Salwin-Kette am 28° 12′, 13000′, (14289 ♀) und WARD am Kakerbo, 15000 bis 16000′ (604 ♂, 805 ♂) gesammelt haben, sind nur relative und jener in den Filamenten, der gewichtiger erscheint, ist in einem und demselben Kätzchen nicht konstant. Die Pflanze sieht auch *S. Lindleyana* WALL. ähnlich, bei der aber auch die größten Blätter genau elliptisch oder selbst eiförmig-elliptisch, nicht verkehrteiförmig sind, beiderlei Kätzchen vollkommen kahl, die Brakteen in der Länge zwar veränderlich, aber immer schmäler und vorne etwas verschmälert, wenn auch an der Spitze selbst gerundet, und die Fruchtknoten dunkel und blau bereift. Auch *S. Souliei* kommt nahe, hat die gleiche Behaarung, aber durchwegs ganzrandige Blätter, fast kahle Kätzchen und kahle Filamente. Die Varietät wurde von SCHNEIDER in Bot. Gaz., LXIV., 145 mit *S. Lindleyana* und *Souliei* verglichen, doch ist sie sicher zu keiner von beiden zu stellen. Die Brakteen der ♀ Kätzchen sind an seiner Pflanze kahl, an meiner Nr. 3921 am Rande recht lang und kraus gewimpert, an 8080 aber nur teilweise und viel spärlicher so. Die Drüse der ♀ Blüte ist sehr veränderlich, oft sehr breit, oft aber lang und stiftförmig, einmal fand ich sie bis zum Grunde zweiteilig. Die Verwachsung der Staubgefäße an FORRESTs Nr. 23580 ist bei der sonstigen völligen Übereinstimmung sicher als nur zufällig und bedeutungslos einzuschätzen.

** **S. piptotricha** HAND.-MZT. (Taf. I, Abb. 11).

Sect. *Lindleyanae* SCHNDR.

Fruticulus trunco crasso repente radicante, ramis prostratis, ad 15 cm longis, ramosissimis, angulatis, fulvis, nitentibus, glabris vel primum parce sericeo-longipilosis. Gemmae late complanato-ovoideae, 3 mm longae, perulis coriaceis fulvis, per plures annos persistentibus et tunc ochraceis. Folia obovata, 5—15 mm longa, longitudine sesqui- usque duplo angustiora, obtusa, basi in petiolos quam ipsa 2—3 plo breviores crassos sensim angustata, cum iis subtus longissime et grosse albo-sericea, demum partim glabrata, a medio remote et minute incurvo glanduloso-serrulata, adulta (tantum nota) crasse coriacea, supra fulvescentia, aspera, scintillantia, subtus epapillosa, glauca, opaca, costa nervisque 4—6 paribus obliquis arcuatis vix confluentibus tenuibus fuscis supra incisis subtus prominulis, venis inconspicuis. Amenta ♀ in apicibis ramulorum normalium sessilia vel brevipedunculata, fructifera (tantum nota) $\pm$ 5 mm longa, rhachi crassa hirtella, laxiuscule 10—15 flora. Bracteae oblongae, 2 mm longae, rotundatae, tenues (siccae) brunneae, venosae, saepe dorso sparse pilosae. Glandula ventralis 1 mm longa, subulata, dorsalis nulla. Pedicellus crassus, eam aequans. Ovarium fusiformi-ovoideum, vix $1\frac{1}{2}$ mm longum, sericeo-hirsutum. Styli fere 2 mm longi, ad $^1/_3$ connati, tenues; stigmata brevia, linearia. Capsula 4 mm longa, glabrescens.

NW-Y.: Kalkschutt der Hg. St. des birm. Mons. am Nordfuße des Berges Maya zwischen Landsang-djiang (Mekong) und Lu-djiang (Salwin), 28° 4′, 4025 m, 23. IX. 1915 (8377 ♀).

S. brachista SCHNDR. eacum crescens differt foliis subtus viridibus, juvenilibus quidem et ovariis glabris. *S. Souliei* v. SEEM. certe proxima foliis integris, ovariis glabris, stylis brevibus diversa est. *S. calyculata* HOOK. f. differt bracteis longioribus angustioribus, ovariis glabris, stylis multo brevioribus crassis.

Nach den Unterschieden gegenüber *S. brachista* könnte man an eine Kreuzung mit *S. oreinoma* SCHNDR. denken, doch zeigen sich im Habitus keinerlei Anklänge an diese.

** **S. hirticaulis** HAND.-MZT. (Abb. 1, Nr. 6, 7; Taf. I, Abb. 12).

Sect. *Lindleyanae* SCHNDR.

Fruticulus truncis prostratis, usque ad 30 cm longis, radicantibus idque saepe usque ad apices, ramosis, nigris, demum glabrescentibus. Ramuli erecti, 1—4 cm longi, foliis accrescentibus obsiti et multi amentis brevistipitatis terminati, setulis subpatentibus fulvidis dense velutino-hirtelli. Gemmae 3 mm longae, perulis spadiceis, serius deciduis. Folia anguste usque suborbiculari-elliptica, 4 × 1½—11 × 8 mm, obtusa, basi ad petiolos quam lamina plus quintuplo breviores rotundata vel angustiora attenuata, imprimis minora inferiora integra, maiora antice serraturis remotis utrinque 1—3 minutis adpressis instructa, tenuiter coriacea, decidua, supra obscure viridia, papillosa, opaca, subtus vix pallidiora, papillis non confluentibus caesia, initio interdum cum petiolis in costa pilis sericeis brevibus et paucis adspersa; costa nervique utrinsecus 3—6 porrecto-patentes valde arcuati antice ante marginem conjuncti supra tenuissime incisi, subtus cum venis laxe reticulatis purpurascentes et late prominuli. Stipulae rarae, subulatae, ad 1 mm longae. Amenta coëtanea, erecta, ovoidea, 3—7 mm longa, laxe 7— fere 20 flora. Rhachis ut ramuli pedunculique sed laxius pilosa. Bracteae obovatae, 1,5 mm longae, retusae necnon emarginatae denticulataeque, glabrae, submembranaceae, fulvae, complicatae, ♀ serius elongatae. Floris ♂ glandula ventralis cylindrica, quam bractea 2—3^{plo} brevior, dorsalis paulo minor. Filamenta 2, libera, in floribus inferioribus autem interdum singulum, bractea duplo longiora, crassa, ultra tertiam partem pilosa; antherae globosae, ½ mm diametro, brunneae. Floris ♀ glandula ventralis cylindrica, ½ mm longa, ovarii ovoidei glabri bracteam aequantis pedicello aequilonga, dorsalis nulla. Styli $^1/_4$ mm longi, subliberi, stigmatibus brevissime bilobis.

NW-**Y.**: In der ktp. St. des birm. Mons. mehrfach an Bächlein auf Glimmerschiefer beiderseits des Passes Tschiangschel zwischen Lu-djiang (Salwin) und Taron (Djiou-djiang, e Irrawadi-Oberlauf), 27° 52′, 3500—3950 m, 4. VII. 1916 (9294 ♂, ♀).

Proxima videtur *S. calyculatae* Hook. f. indumento adpresse sericeo et filamentis glabris diversae et *S. oreophilae* Hook. f. glabritie et ovariis brevius pedicellatis distinctae. Habitu *S. Serpyllum* Andss. similis est, quae foliis angustioribus, argutius serratis, bracteis longioribus, nigris, longipilosis, stylis longioribus longius distat.

Im Blütenbau zeigt die Pflanze eine gewisse Veränderlichkeit. Das Normale ist, daß in den ♂ Blüten die dorsale Drüse etwas kleiner als die ventrale und spindelförmig ist. Einmal fand ich diese trockenhäutig, jene fleischig und ein andermal beide als häutige Schuppen, die ventrale kurz und breit rechteckig, die dorsale quadratisch. Auch androgyne Kätzchen mit mehr oder weniger verkümmerten Fruchtknoten kommen vor. Die Blätter unseres sterilen Originalexemplares der nahestehenden *S. oreophila* Hook. f. entsprechen nicht Schneiders Beschreibung (Plt. Wils., III., 146), sondern stimmen gut mit meiner Pflanze in Färbung und Nervatur, sind auch wenig gezähnt, aber schmäler. Delavay's Nr. 2069 kommt dem Typus dieser Art entschieden sehr nahe, hat aber sehr kleine Blätter mit oberseits nicht eingeschnittenen Nerven und regelmäßiger, entfernter, sehr kleiner Zähnelung und stimmt mit keiner anderen mir bekannten Pflanze völlig überein.

S. brachista Schndr. (*S. Lindleyana* Diels in Not. R. B. G. Edinbgh., VII., 121, 134. W. W. Smith, l. c., XIV., 93, non Wall.). NW-**Y.**: Bei Lidjiang, von Einheimischen (13098 ♂, ♀). Dort am Osthange des Yülung-schan (Schnei-

DER 3445 fr.; ROCK 3463 ♂; FORREST 2340 ♀, 2474 fr.). Wohl diese im Kalksande des Moränenzirkus Saba, 3325 m. Schlucht des Dschung-ho, Kalk, 10500′ (WARD 268 ♂). Osthang des Dsang-schan bei Dali, Felsbänder und Schutt, 9000—11000′ (FORREST 7262 ♂). Im birm. Mons. im Kalkschutt am Nordfuße des Berges Maya in der Mekong—Salwin-Kette, 28° 4′, Hg. St., 4025 m (8378 ster.). Dort auf dem Passe von Londjre, 28° 12′ (FORREST 19520 ♂, ♀).

Die ♂ Pflanzen von Lidjiang stimmen vollständig mit dem Original und der Beschreibung in Plt. Wils., III., 145, die ♀ mit der Beschreibung des Autors in Bot. Gaz., LXIV., 144, wo er diese mangels ♂ von dort zu dieser Art noch mit einem Bedenken stellt, das jetzt wohl wegfällt. Sie steht *S. oreophila* HOOK. f. jedenfalls am nächsten, die aber dickere, etwas glauke Blätter mit viel weniger vorspringenden Nerven hat. WARDS Nr. 811 ♂ (16000′, wo ?) steht offenbar zwischen dieser, deren vollkommen kahle Kätzchen sie hat, und *S. brachista*, der sie in den (immer noch dickeren) Blättern mehr ähnelt.

** ***S. clathrata*** HAND.-MZT. (Abb. 1, Nr. 5; Taf. I, Abb. 13).

Sect. *Lindleyanae* SCHNDR.

Fruticulus clathratus, truncis fuscis non radicantibus ramisque crassis nodosis intricato-ramosissimis rufescentibus subtilissime velutinis *Cotoneasteris microphyllae* instar supra saxa expansus, ad 30 cm longus. Gemmae ± 3 mm longae, anguste ovoideae, compressae, perulis rufis coriaceis deciduis. Folia latiuscule ovata, obtusissima, basi rotundata, petiolis quam ipsa 2½—3 plo brevioribus latis, sub anthesi aperiunda, crassa, cartilagineo-marginata, integerrima, supra olivaceo-viridia, subtus glauco-ceracea, nonnulla initio hic praesertim circa costam subsericea et margine ciliata, adulta (perpauca annotina quae adsunt) 10—11 mm longa, 6—7 mm lata, crasse coriacea, supra nitida, subtus opaca et caesio-pruinosa, costa utrinque velutino-puberula nervisque utrinsecus 5—6 porrectopatentibus ad marginem arcuato-anastomosantibus supra impressis subtus vix prominulis, venis nullis. Amenta ♂ subpraecocia, in ramulis brevissimis sericeo-velutinis folia 3 adhuc normalia subsessilia autem gerentibus, ellipsoidea, 5 mm longa et absque staminibus 3 mm crassa, densiuscule multiflora. Rhachis crassa, longe sericeo-villosa. Bracteae cucullato-obovatae, vix 2 mm longae, late rotundatae, carnosulae, antice purpurascentes, glabrae. Glandulae 2, ventralis bracteae fere $^1/_3$ aequans, lageniformis, dorsalis cylindrica ea paulo brevior angustiorque. Filamenta 2, libera, bractea subduplo longiora, tenuia, basi longe villosa; antherae globosae, $^2/_5$ mm diametro, superiores purpureae, inferiores flavae. Amenta ♀ in ramulis brevissimis unifoliatis, fructifera densa, 1 cm longa, 5 mm crassa, c. 30flora. Rhachis crassa, parce pubescens. Bracteae oblongae, ± 1½ mm longae, cucullatae, retusae, glabrae, carnosae, rubellae. Glandula ventralis bractea duplo brevior, angusta, compressa, dorsalis nulla. Ovarium sessile, ovoideum, vix 1 mm longum, glabrum, in stylos aequilongos, crassos, totos vel fere totos connatos sensim angustatum; stigmatum rami breves, oblongi, divaricati. Capsula angusta, subfusiformis, 6 mm longa.

S.: Kalkfelsen der ktp. St. auf dem Liuku-liangdse, 27° 48′, zwischen Yenyüen und Kwapi, 4000 m, 18. V. 1914 (2375 ♂). Steinige, feuchte Alpenwiesen der Berge e von Yungning, 101° E, 13000′, VI. 1922 (FORREST 21256 fr.).

In sectione ramulis crassis non radicantibus, amentis subpraecocibus, dense multifloris insignis. *S. Souliei* v. SEEM. forsitan proxima etiam ramulis glabris vel sericeis, staminibus glabris bracteas paulo excedentibus, ovariis stipitatis differt.

Die merkwürdige Pflanze läßt sich in keine andere Sektion einreihen. FORRESTS Pflanze scheint mehr aufrechten Wuchs zu haben als meine. Ihre Blätter sind selbst im Fruchtstadium noch nicht voll entwickelt. Die im folgenden beschriebene Varietät zeigt mehrere kleine Unterschiede, die aber alle in der Gattung von geringem Werte sind.

— — ** **var. *Rockiana*** HAND.-MZT.

Differt a typo supra descripto foliis usque ad 15 mm longis paulum angustioribus, acutioribus, margine dense et subtiliter puberulis, valde juvenilibus etiam subtus brevissime puberulis, basin versus interdum glandulis nonnullis instructis, demum paulo mollioribus, nervis subtus prominulis, costa glabra, bracteis imprimis antice longius breviusve ciliatis, glandulis eis vix duplo brevioribus.

NW-**Y.**: Osthang des Yülung-schan bei Lidjiang, 1922 (ROCK 3975 ♂). Dort am Osthang des Gipfels Dyinaloko, 1923 (ROCK 9033 ♀). Gebirge des Dschungdien-Hochlandes, Blöcke und felsige Matten, 12000′, VII. 1913 (FORREST 10598 fr.).

S. Wallichiana ANDSS. (*S. pachyclada* LÉVL. e typo. — *S. funebris* LÉVL. in Rep. n. sp., XII., 287 [1913] e typo). Wälder und feuchte Gräben der tp. und wtp. St. auf Sandstein und Schiefer, 2500—3300 m. **S.**: Houdsengai bei Dötschang im Djientschang (1205 ♂, ♀; SCHNEIDER 735). Lolokou im Daliangschan e von Ningyüen (SCHN. 934 ♂). Zwischen Kalaba und Liuku (SCHN. 1277 ♂), Gwandien ober Oti am Yalung und ober Ngaitschekou jenseits dieses (2687 ster.) n von Yenyüen. **Y.**: Beyendjing, Motaotsun bei Gudi (TEN 126 ♂) und Lungdji (TEN 344 ♀). Osthang des Yülung-schan bei Lidjiang (ROCK 9818 ♂). Im birm. Mons. in der Umgebung von Tengyüe (ROCK 7946 ♂). Mekong—Salwin-Kette, 28° 12′ (FORREST 16199 ♀). Hierher vielleicht auch die Notizen unter *S. Delavayana* (s. oben). Im NE (MAIRE 614/1914, 652/1914). Bei Daipu (M. ex hb. Arn. Arb. 310 ♂). Lentschaidse 700 m (M. 383/1913 ♂). Motsu, 800 m (M. 774/1913 ♂). **Kw.**: Guiyang (BODINIER 2078 ♀, 2102 ♂).

S. cheilophila SCHNDR. An Bächen und in feuchten Gebüschen der wtp. und untersten tp. St. auf Kalk, Schiefer und Sandstein, 2230—2950 m. **S.**: Betiaoho, zwischen Kalaba und Liuku (SCHNEIDER 1287 fr.) und jenseits des Yalung ober Datscho bei Wali (2595 ster.) n von Yenyüen. **Y.**: Am Beschui bei Lidjiang (4197 ster.). Bödö. Zwischen Ronscha und Puto an einem w Zuflusse des Djinscha-djiang, 27° 45—46′ (8828 fr.). Dort im Tale von Djitsung gegen Weihsi. Überall um Basulo am direkten Wege von hier nach Djientschwan.

S. Bockii v. SEEM. W-**S.**: Min-Tal von Maodschou bis unter Wöntschwan (WEIGOLD).

S. Duclouxii LÉVL. in Bull. Soc. bot. Fr., LVI., 298 (1909). (*S. variegata* BURK. in Journ. Linn. Soc., Bot., XXVI., 534 [1899] p. p., non FRANCH. — *S. Duclouxii* var. *kouytchensis* LÉVL., l. c. [1909]. — *S. kouytchensis* SCHNDR. in Plt. Wils., III., 171 [1916]. — *S. variegata* vel aff. W. W. SM. in Not. R. B. G. Edinbgh., XIV., 291). Im Sand und Kies der Bäche, auch in sandigen Ebenen und an Dämmen, in der str. und wtp. St. auf kalkfreiem Boden, 1450—2550 m. **Y.**: Umgebung von Yünnanfu (MAIRE 2539). N von Yünnanfu im Becken von Hsiaotsang und bei Sanyingpan (619 fr.). W von dort mehrfach zwischen Yanggai und Dsaodjidjing e des Dsolin-ho (4956 ♀). Djiangyi n von hier. Gudi bei Beyendjing (TEN 536). Zwischen Schödse und Dadsi-se an der Straße nach Dali. Um Dali (8546 ♂; FORREST 7285 ♂). Santschwanba unter Yungbei (3372 ♂). Lidjiang (FORREST 6268 ♂, ♀, 6438 ster., 10959 ♂). Zwischen Djientschwan und dem Mekong-Tale (FORREST 21993 ♂, ♀). Im birm. Mons. an der Westseite der Schweli—Salwin-Kette, 25° 20′ (FORREST 8943 ♀). Im NE bei Dungtschwan, 2500—2700 m (MAIRE 235/1914) und Banpiengai (M.). **S.**: Im Djientschang unter Dötschang spärlich, ober Gudschön bei Ningyüen (1332 fr.). Schamenkou im Becken von Yenyüen. **Kw.**: Zwischen Pingyi und Yidsekong (SCHOCH 383 ♂, ♀).

LÉVEILLÉ beschreibt die Zweige und Blätter als „fulvo-tomentosis" und dies läßt sich oft beobachten, meist aber ist die Behaarung silberweiß. Die rotgelbe Behaarung zeigt sich immer mehr oder weniger verklebt und wird beim Aufkochen weiß. Die Farbe rührt nur von Roterde her, deren feinster Staub bei Überschwemmungen, denen die Standorte der Pflanze oft unterworfen sind, überall anklebt. Die betreffenden Zweige zeigen meist auch größeres angeschwemmtes Material und die nach dem Rückgang der Überschwemmung entwickelten Sprosse keine Färbung. SCHNEIDER möchte *S. kouytchensis* auf Grund der tief gespaltenen Drüse abtrennen, doch finde ich sie am Typus auch nur einfach kegel-stiftförmig, so daß sich dies als durchaus nicht konstant erweist. Die stumpfen Brakteen bilden einen Unterschied der S. *Duclouxii* gegenüber *Bockii*. Sie sind auch lang, aber auf dem Rücken meist weniger dicht, seidig, weshalb vor dem Aufblühen die braunen Endteile durchleuchten. Die Blätter sind gegen den Grund länger verschmälert, daher mehr keilförmig-länglich und meist stumpf oder abgerundet, auch die kleinsten meist reichlich gezähnelt. Der Grad der Behaarung ist veränderlich, oft nur in der Jugend die Rippe am Rücken seidig. *S. Bockii* hat regelmäßig längliche oder lanzettliche Blätter mit nur einzelnen kleinen Drüsenzähnchen. Ich zögere daher mit STAPF (Bot. Mag. tab., 9079), sie zusammenzuziehen, wenngleich sie schließlich vielleicht nur als Varietät betrachtet werden wird, zumal da Pflanzen von Lidjiang (FORREST 10959) der *S. Bockii* schon sehr nahe kommen. Die von SEEMEN angegebenen und von SCHNEIDER bestätigten Verschiedenheiten der Blütensprosse, die *S. variegata* FRANCH. von *S. Bockii* SEEM. unterscheiden, sind bei *S. Duclouxii* verbunden. Ein geköpfter diesjähriger Trieb meiner Nr. 3372 hat kurze beblätterte Seitentriebe mit endständigen Kätzchen und sterile Seitenzweige an Stelle solcher. Der ♀ Zweig von FORRESTS Nr. 21993 (Herb. Edinburgh) zeigt die Merkmale noch deutlicher vereint, aus dem vorjährigen Triebe sterile Seitenzweige und kurze beblätterte mit endständigen Kätzchen im August schon im Fruchtzustande, sowie längere mit achselständigen sitzenden noch in Knospe. Seine Nr. 8943, ♀, aber einzelne Kätzchen oberwärts ♂, hat an diesjährigen Zweigen die oberen sitzend, die unteren allmählich an kurzen beblätterten Stielen. Bei der kaum unterbrochenen Vegetationsperiode hängt das Austreiben so verschiedener Sprosse offenbar nur von Wetterverhältnissen ab und ist systematisch nicht verwertbar. Es scheint mir auch sehr fraglich, ob es einen Unterschied zwischen *S. variegata* und *Bockii* bildet, denn das Edinburgher Exemplar von WILSONS Nr. 2120 *(variegata)* zeigt die Merkmale dieser Art nur sehr undeutlich, die ♂ Kätzchen sehr kurz gestielt und nur eines mit einem Blättchen am Stiele, die ♀ etwas länger gestielt mit vielen herabgerückten sterilen Brakteen und ebenfalls nur eines mit einem Blättchen am Stiele. Die Brakteen sind schmal und sehr kahl. Das ♂ Exemplar von HENRYS Nr. 7175 in Edinburgh, der Originalnummer von *S. densifoliata* SEEM., die SCHNEIDER zu *variegata* stellt, hat die Kätzchen an diesjährigen Zweigen und wäre ebenfalls zu *S. Bockii* zu stellen. WILSONS Nr. 1414 *(S. Bockii)* hinwiederum hat die ♀ und noch deutlicher die ♂ Kätzchen an teilweise beblätterten Zweigen, deren mehrere aus vorjährigem Holz entspringen. Immerhin hat *S. variegata* die Brakteen der *S. Duclouxii* und die Blätter der *S. Bockii,* weshalb ich diese noch nicht einziehen möchte.

S. myrtillacea ANDSS. (*S. subpycnostachya* BURK. — *S. squarrosa* SCHNDR. in Bot. Gaz., LXIV., 142 [1917]). S.: In feuchten Senkungen in der ktp. St. des Liuku-liangdse, 27° 48′, zwischen Yenyüen und Kwapi, Kalk, 3700 m (2369 ♂; SCHNEIDER 1246 ♀). Im NE auf Bergen hinter Motsu, 900 m (dies wohl irrtümlich) (MAIRE 830/1913 ♀). Busch von Dahaidse, 3200 (M. ♀). Im NW am Osthange des Yülung-schan bei Lidjiang (ROCK 8341 ♀, 8342 ♂).

Nach dem mir vorliegenden Typus der *S. subpycnostachya* BURK. und meinen ♂, mit den von SCHNEIDER am gleichen Standorte gesammelten ♀ sonst völlig übereinstimmenden Exemplaren kann es keinem Zweifel unterliegen, daß seine *S. squarrosa* damit identisch ist. Das Vorkommen und jene in Yünnan verbinden Dadjienlou mit Sikkim.

***S.* sp.** NW-Y.: Im Bachgerölle der tp. St. des birm. Mons. unter dem Doker-la an der tibetischen Grenze, 28° 15′, Granit, 3000 m (8057 ster.).

Einer großblätterigen *S. purpurea* L. ähnlich, aber die Blätter unterseits mit gleichmäßig zerstreuten, kurzen, anliegenden Haaren bedeckt.

Moraceae.

Fatoua GAUDICH.

F. villosa (THBG.) NAK. in Bot. Mag. Tok., XLI., 516 (1927). (*F. japonica* THBG., non L. f.) BL. In Gebüschen der str. St. bei Lengschuidjiang am Tsidjiang oberhalb Hsinhwa, Kalk, 200 m (12835).

Morus L.

** ***M. Wittiorum***[1] HAND.-MZT. (Taf. II, Abb. 1, 2).

Arbor 20 m alta, robusta, praeter pulvinos juveniles et rhachides amentorum imprimis masculorum puberulos et perulas medias extus sericeas intimasque ciliatas necnon nervos foliorum juvenilium subtus interdum paucipilosos glaberrima, dioica. Ramuli elongati, graciles, obtusanguli, cortice fusco, serius subtiliter areolato, lenticellis crebris fulvis linearibus. Gemmae ovatae, ad 1 cm longae; perulae extimae imbricatae coriaceae fuscae et mediae crustaceae latissimae, intimae filiformi-lineares, ad 15 mm longae. Folia decidua; stipulae brunneo-membranaceae, anguste ovatae, 4 mm longae, mox deciduae; petiolus crassus, fuscus, supra tenuiter sulcatus, 15—30 mm longus; lamina late elliptica, basi raro paulum obliqua rotundata, apice in caudam saepe obliquam vel tortam acutam 15— fere 30 mm longam costa excurrente mucronulatam abrupte con-

[1] In honorem fratrum H. et Dris. E. WITT. missionariorum hunanensium, qui mihi adjumento erant, nominata.

tracta, 8 × 5 — 13 × 9 et 18 × 10,5 cm, herbacea, saturate viridis, subtus olivascens, margine angustissime cartilagineo remote et minutissime denticulata, nervis primariis basalibus 3 lateralibus fere directis ½—⅔ folii percurrentibus, extus nervos crebros juxta marginem anastomosantes edentibus, secundariis utrinsecus 3—4 illis parallelis ibidem anastomosantibus et ad apicem ipsum percurrentibus, omnibus cum venis transversalibus crebris et venularum reti densissimo fuscis, praesertim subtus valde conspicuis. Amenta filiformia, pendula, laxiuscula, 5—12 cm longa, ♂ 6 mm, fructifera 4 mm crassa, pedunculis tenuibus, 10—18 mm longis. Flores ebracteati, ♂ interdum brevissime pedicellati, perianthii lobis suborbicularibus, 1,5—2 mm longis, quam stamina fere duplo brevioribus, ♀ sessiles, perianthii lobis ad fructum 1,5 mm longis carnosis, stylis liberis 1 mm longis; nucula pallida, lenticularis, 1 mm diametro, latere embryonis crassior et bicarinata.

SW-**H.**: Im wtp. Regenlaubwalde des Yün-schan bei Wukang, auf Tonschiefer, 900—1100 m, 6.—12. VI. 1918 und ♂ WANG-TE-HUI, IV. 1919 (12030).

Proxima *M. levigata* WALL. foliis obliquis crenato-serrulatis, nervis pallidis, infimis brevioribus, amentis villosioribus, nuculis rotundatis nec tricarinatis differt.

M. cathayana HEMSL. (det. REHDER). SW-**H.**: Mit vorigem bei 950 m (12106).

M. mongolica (BUR.) SCHNDR. **Y.**: Überall in der str. St. zwischen Tschalaschao und Hwangtsaoschao unterhalb Beyendjing, Kalkschiefer, 1725—1900 m (6320). Westlich ober Lagatschang am Djinscha-djiang n von Yünnanfu (SCHNEIDER 490?). **S.**: Auf der kleinen Insel im See von Yungning an der yünnanesischen Grenze, tp. St., Kalk, 2800 m (3123).

SCHNEIDERS Exemplar ist sehr wenig entwickelt, aber die dicken Zweige und das starke Indument der ♂ Kätzchen sind so charakteristisch, daß es sich kaum um eine andere Art handeln kann.

M. alba L. **S.**: Häufig kultiviert in der str. St. des Djientschang unterhalb Dötschang (1103), bei Hohsi (SCHNEIDER 1110) und in seinem Seitentale gegen Huili unterhalb Bögowan (SCHNEIDER 613, 616). In der wtp. St. bei Kwapi, im Becken von Yenyüen und in **Y.** in und um Yünnanfu, im tr. Teile bei Manhao und im NW bei Meidsiping zwischen Lidjiang und Dschungdien und wohl auch sonst viel, 200—2770 m.

M. australis POIR. in LAM., Enc. meth., IV., 380 (1796) e NAKAI in Journ. Arn. Arb., VIII., 236 (1927). (*M. acidosa* GRIFF. — *M. indica* ROXB., non L. s. str. — *M. longistyla* DIELS. — *M. bombycis* KOIDZ.). In Gebüschen, an Grabenrändern und Bächen der str. und wtp. St., auf Kalk und Sandstein, 1450—2700 m. **Y.**: Häufig um die Tempel Hwading-se und Taihwa-se auf dem Hsi-schan (6079) und auf den Bergen ober Daschao (13072) bei Yünnanfu, auch gegen Yiliang und bei Daschao jenseits von hier (10118). Weiter im E auf Bergen zwischen Sidsung und Loping (BODINIER 1512). Hsiao-Magai (SCHNEIDER 249) und am Friedhof von Sanyingpan (SCHN. 403) n von Yünnanfu. Rücken ober Dsaodjidjing gegen Hwadung e des Dsolin-ho (4998). Beyendjing (TEN 49). Hewa sw von Yungning. **S.**: Huili (870). Bei Dötschang (SCHNEIDER 718), dort kultiviert und verwildert (SCHN. 724), w von dort (SCHN. 801), bei Schangliangdse (1182). Sattel zwischen Tjiaodjio und Lemoka im Lolo-Lande (1613). Dwangungpu am Yalung. Yenyüen (SCHNEIDER 4114). Zwischen Kalaba und Liuku n von dort, 3000 m (SCHN. 1301). Woloho zwischen Yenyüen und Yungning (SCHN. 1547). Bei Muli.

Die Länge des ungeteilten Griffelanteiles ist höchst veränderlich, an SCHNEIDERS Nr. 724 sogar an einem und demselben Zweige. Wenn dieser kurz ist und die Narben abgebrochen sind, ist die Art durch die kleineren Perianthien mit spitzeren, vorne länger und büschelförmig gewimperten Zipfeln von *M. alba* immer noch leicht zu unterscheiden.

Allaeanthus THWAIT.

* ***A. Kurzii*** HOOK. fil. **Y.**: In tr. Bambusbeständen und offenen Wäldern gegenüber Manhao nahe der tonkinesischen Grenze flußaufwärts bis an den nächsten Zufluß, Tonschiefer, 200 m, 1. und 3. III. 1915 (5890).

Broussonetia L'HÉRIT.

B. Kaempferi SIEBD. In Gebüschen und Wäldern der wtp. St. **H.**: Auf Kalk um Hsikwangschan bei Hsinhwa, 650 m (11766). Auf Tonschiefer auf dem Yün-schan bei Wukang, 1000—1250 m (12096). **S.**: Daschiban bei Ningyüen (Lingyüen) (SCHNEIDER 868).

B. papyrifera (L.) L'HÉR. In trockenen und feuchten Gebüschen der str. und wtp. St., 200—2800, ausnahmsweise auch 3200 m, auf Kalk, Sandstein und Tonschiefer. **H.**: Dschao-schan bei Hsiangtan. Yün-schan bei Wukang (Plt. sin. 30). **Kw.**: Viel an den Hängen des Flußtales unter Sandjiang. Felskanten bei Hwangtsaoba (10290) und Ahung ne von dort. **Y.**: Yiliang. Houyendjing ne von Tschuhsiung. Beyendjing (TEN ex hb. Arn. Arb. 353). Überall häufig e von Yungbei. Zwischen Lidjiang und Dali an den Dämmen der Kanäle. Im NW unter Laba zwischen Yungning und Dschungdien; am Lagerplatze Tschoschwa unter dem Doker-la. **S.**: Muli. In den Erosionsgräben der Hänge um Ningyüen (1264). Wa-schan s von Yadschou (WEIGOLD).

Taxotrophis BLUME.

T. macrophylla (BL.) BOERL. (*T. ilicifolia* VID., cfr. MERRILL in Journ. Arn. Arb., VI., 130). **Y.**: In der tr. St. flußaufwärts gegenüber Manhao nahe der tonkinesischen Grenze Hartlaubwälder bildend, Tonschiefer, 200 m (5839).

Aus China bisher nur von der Insel Hainan bekannt (MERRILL, l. c.).

Vanieria LOUR.

(*Cudrania* TRÉC.)

V. cochinchinensis LOUR. (*Cudrania javanensis* TRÉC.) **H.**: In Hecken auf Kalk der str. St. zwischen Gaoscha-se und Hwangbetjiao im Bezirke von Wukang häufig, 290—370 m (12550). Hierher vielleicht die in gleichen Lagen überall zwischen Wukang und Dungngan und hier und da von Tschangscha bis gegen Lantien beobachtete Pflanze.

V. tricuspidata (CARR.) HU in Journ. Arn. Arb., V., 228 (1924) (*Cudrania tricuspidata* [CARR.] BUR.). In Gebüschen und Hecken der str. und wtp. St., auf Kalk, Mergel, Sandstein und Schiefern, 800—2550 m. **H.**: Wohl diese und nicht die vorige bei Ngandjiapu nächst Hsikwangschan. Yün-schan bei Wukang (Plt. sin. 49), hier auch im Hochwalde verbreitet (12064). **Kw.**: Überall von Duyün über Guiyang bis Hwangtsaoba zerstreut, hier häufig. **Y.**: Um Yünnanfu. Selten unterhalb Loheitang n von hier und auf dem Hochlande von Lodse-Magai bis Landjing. Zwischen Tsaopu und Laoyagwan jenseits Nganning zerstreut (8646). Bei Wumo und zwischen Matschang und Jenhogai in der Niederung um den Djinscha-djiang. Im NW zwischen Waschwa und Bödö se von Dschungdien. Im NE bei Dungtschwan (MAIRE ex hb. Arn. Arb. 474). **S.**: Bei Lungguho, Beidjeho (2228) und Daschuitang im Becken von Yenyüen. Im Sande unterhalb Wali am Yalung n von hier (2720). Zerstreut im Djientschang zwischen Dötschang und Ningyüen (1875). S: Nantschwan (BOCK u. ROSTHORN 296).

Artocarpus L.

A. integrifolia L. **Y.**: Nahe Häusern in der tr. St. gegenüber Manhao nahe der tonkinesischen Grenze, 200 m (5834).

Ficus L.

F. cuspidifera MIQ. (*F. gibbosa* BL. var. *cuspidifera* (MIQ.) KING. — *F. rhomboidalis* LÉVL. et VANT. in Mem. Ac. Ci. Barcel., VI., 153 [1907], gemischt mit Zweigen, die mit *F. formosana* MAX. zu vergleichen sind. — *F. Michelii* LÉVL. in Rep. n. sp., VIII., 61 [1910]). In Wäldern und oft einzelstehend in der tr. und str. St., auf Kalk, Sandstein, Tonschiefer u. a., 200—1600 m. **Kw.**: Von Hwanggoso w Dschenning bis zum Westhange der Schlucht des Hwatjiao-ho (10353) verbreitet. Wohl auch diese beim Dörfchen Hwanggoso unter Hwangtsaoba. **Y.**: Manhao nahe der tonkinesischen Grenze, in lichten Wäldern flußaufwärts gegenüber dem Orte (5824). Hsinlung n von Yünnanfu (SCHNEIDER 271). Homendschang und in einem Tälchen ober Lagatschang (754; SCHNEIDER 469) am Djinscha-djiang n von dort. **S.**: Ober Podjio im Seitentale des Nganning-ho gegen Huili. Am Yalung unter Lanba und zwischen Delipu und Datung, 27° 42′. Diese oder *F. superba* auch bei Daschiban am See von Ningyüen.

F. altissima BL. **W-Y.**: Tengyüe gegen den Salwin (SCHNEIDER 3182).

F. parvifolia MIQ. (*F. glabella* BL. var. *affinis* [WALL.] KING.) SE-**Kw.**: Am Du-djiang von unterhalb Sandjio bis Gudschou in der str. St. auf Schiefer um die Dörfer, aber auch in den Seitenschluchten, 300—400 m (10823). Lofu (CAVALERIE 3588).

F. superba MIQ. (*F. Wightiana* WALL., nom. nud.?; BENTH. — *F. Tenii* LÉVL. in Rep. n. sp., VI., 112 [1908.]) In trockenen Wäldern der str. St., auch einzeln um die Dörfer, auf Kalk und krystallinischen Gesteinen, 1000—1750 m. **Y.**: Tälchen ober Lagatschang am Djinscha-djiang n von Yünnanfu (727; SCHNEIDER 492). Beyendjing (TEN 114). Hwangdjiaping ne von Dali (Talifu) und gegenüber Piendjio unter dem Passe dorthin (6361). Im NE bei „Kiao-kia“ (MAIRE, distr. BONATI 3806 B). **S.**: (SCHNEIDER 656 b). Im Djientschang („Kientschang“) zwischen Gungmuying und Loyao häufig (1094) und in seinem Seitentale gegen Huili bis über Podjia (1036). Im S bei Nantschwan (BOCK u. ROSTHORN 603).

Die nächstverwandte *F. lacor* HAM. (*F. infectoria* ROXB.) mit am Grunde (hier sogar besonders auffallend) verschmälerten Blättern mit kurzen Stielen, wie sie KINGS Tafel 75 zeigt, wurde ebenfalls bei Nantschwan von BOCK und ROSTHORNS Sammler gesammelt (776, 941).

F. obscura BL. **Y.**: Im tropischen Regenwalde beim großen Saugloche zwischen Schuidien und Yaotou am Wege von Möngdse nach Manhao, Kalk, 1150 m (5854).

F. longepedata LÉVL. et VANT. in Mem. Acad. Ci. Barcel., VI., 152 (1907), e typo. (*F. trichopoda* LÉVL. in Rep. n. sp., XII., 538 [1913]. — *F. sordida* HAND.-MZT. in Sitzgsanz. Ak. W. W., 1922, 55.) Descriptio completa:

Sect. *Sycidium* KING.

Frutex ramis longis divaricatis tenuibus, cuiusque anni innovationibus brevibus, hornotinis cum petiolis densissime ferrugineo-hirtis, annotinis calvescentibus, vetustioribus cortice spadiceo longitudinaliter plicato, lenticellis parvis orbicularibus parcissimis obsito tectis. Folia sparsa, biennia, oblonga vel obovato-oblonga, 6—10 cm longa et longitudine 2— sub 3^{plo} angustiora, breviter obtuse acuminata, ad basin cuneata et hac ipsa saepe angustissime rotundata, margine angustissime cartilagineo integerrima, supra praeter costam impressam dense et nervos parce strigillosos glabra, subtus tota dense albo-hirtella, pergamena, sicca sordide olivacea opaca; costa angusta et nervi infimi basales cum ceteris, a folii tertio vel quarto infero sursum utrinsecus 4—6 sub angulis 40—50^0 abeuntibus, strictis ante marginem usque in apicem arcuatim conjuncti et venae reticulatae subtus pallidi argute prominui; venularum rete arctum, supra tenuiter subtus crassius prominuum. Petioli 6—14 mm longi, exsiccando haud decidui, 1 mm crassi, teretes, sulco angustissimo clauso. Stipulae 4 mm longae, e basi ovata acuminatae, strigosae. Receptacula copiosa e foliorum annotinorum et delapsorum vetustiorum axillis gemina et (indole quoque?) singula, pedicellis tenuiusculis usque ad 14 mm longis hirtellis vel ut petioli hirtis suffulta et inferiora saepe subsessilia, basi bracteis tribus late ovatis liberis 1 mm longis fulta, globosa, 6—8 mm diametro, plumbea, dense fulvido-strigillosa, ceterum levia, ore squamis ovatis acutis horizontalibus clausa. Flores cecidiferi subsessiles vel stipitibus ad 1 mm longis fulti, tepalis 3 liberis lingulatis ad 1,5 mm longis vinosis glabris; ovarium brevistipitatum piriforme, stylo sublaterali brevi tubaeformi ad cecidium evolutum laterali eius apicem vix superante.

SE-**Kw.**: Im str. Laubwalde bei Pingü unterhalb Sandjiang am Du-djiang, Schiefer, 350 m, 18. VII. 1917 (10849).

Die Art, deren Originalbeschreibung wegen des falschen „Folia subtus tomentosa" irreführend ist und die erst durch Einsicht des Exemplares klargestellt werden konnte, scheint mit keiner sehr nahe verwandt zu sein.

* ***F. Cunia*** HAM. Im tr. Regenwalde beim großen Saugschlunde zwischen Schuidien und Yaotou am Wege von Möngdse nach Manhao, Kalk, 1150 m (6018).

** ***F. caesia*** HAND.-MZT. in Sitzgsanz. Ak. W. W., 1922, 54. (Taf. II, Abb. 8).

Sect. *Covellia* (GASP.) BENTH.

Arbuscula glaberrima ramulis crassissimis 9 mm diametientibus, perularum cicatricibus annulatis, cortice crasso, hornotino badio nitido, vetustiore cinereo longitudinaliter plicato et lenticellis brunnescentibus orbicularibus dense verrucoso. Folia 5—6na terminalia subverticillata patula, biennia (?[1]), late elliptica,

[1] Zu Beginn der Regenzeit stehen nur jene einer Saison am Baume, diese aber machen ganz den Eindruck, als ob sie überwintert hätten. Es ist mir daher wahr-

obtusa vel brevissime et obtusissime apiculata, basi rotundata vel truncata vel obsolete cordata, supra petiolum ipsum minutissime cordata, 7,2—13,5 cm longa et longitudine tertia parte usque subduplo angustiora, margine anguste cartilagineo integerrima, crasse coriacea, sicca opaca supra e plumbeo nigrescentia subtus papillis costiformibus flexuosis reticulatis eximie caesia necnon violascentia; costa crassa subtus pallide brunnea et nervi tenues utrinsecus 8—11 sub angulis 60—70° et infimis etiam maioribus abeuntes stricti procul a margine arcubus magnis anastomosantes et venae cum nervis minoribus subparallelis illis intersitis rete laxum formantes et juxta marginem in nervum flexuosum confluentes supra paulum subtus valde prominui; venularum rete arctissimum supra valde subtus minus prominuum et hic saepe colore plumbeo elucens. Petiolus folio 4—7^{plo} brevior, crassissimus, basi valde deciduus, 3—4 mm diametro, supra sulco angustissimo omnino clauso percursus. Gemmae late conicae, acuminatae, 5 mm longae, perulis late ovato-lingulatis coriaceis fuscis. Receptacula in apice innovationis biennis sessilia terna (an semper?), globosa, 11—15 mm diametro, pallide brunnea, levia, bracteis 3 brevissimis obtusis. Ostium squamis permultis exterioribus lingulatis horizontalibus interioribus lanceolatis inflexis clausum. Flores ♂ intra ostium haud permulti, inter bracteas sessiles; perianthii lobi 3 (semper?[1]), ovato-lanceolati, 1 mm longi, glabri, fusci; stamina singula, filamentis crassis 1,5 mm longis, antheris oblongis 1,5 mm longis pallidis purpureopunctatis. Flores cecidiferi numerosissimi eadem receptacula ceterum explentes necnon floribus ♂ immixti, perianthiis iisdem ac illi, ovario sessili stylo primum subterminali subulato vel supra tubaeformi 1 mm longo, dein ad cecidium ovato-globosum 1 mm longum laterali.

SW-**Kw.**: Auf der Kalkfelskante ober dem Dörfchen Falang in der dürren str. Schlucht des Hwatjiao-ho am Wege von Dschenning nach Hwangtsaoba, 900 m, 20. VI. 1917 (10378).

Planta speciosa inter species penninervias nec trinervias cum *F. orthoneura* LÉVL. et VANT. comparabilis, quae foliis angustioribus, petiolo multo longiore tenuiore sulco non clauso et receptaculis parvis pedunculatis differt. *F. callosae* WILLD. e sect. *Urostigma* foliis similis est, quae differt textura multo tenuiore, colore laete viridi, nervis obliquis arcuatis, petiolis tenuibus.

F. hispida L. f. **Y.**: In der tr. Waldschlucht hinter dem Dorfe Manhao unweit der tonkinesischen Grenze, Tonschiefer, 200—400 m (5804).

F. pumila L. (*F. Hanceana* MAXIM.) In der str. und dem untersten Teile der wtp. St., die höchsten Bäume, besonders *Liquidambar*, auch Kastanien, und *Cunninghamia* bis an die äußersten Zweigspitzen durchspinnend und auch tötend, seltener an Felsen, auf Kalk, Mergel, Sandstein und krystallinischen Gesteinen, 100—800 m. **H.**: Am Fuße des Gu-schan bei Tschangscha. Um Daolin. Lantien. Lengschuidjiang ober Hsinhwa am Tsi-djiang (12691). Im SW zwischen Ngaidso und Hsüning und von Oudwan nach **Kw.** über Liping (10992) bis gegen Tschaimou (10929) am Wege nach Gudschou.

---

scheinlich, daß die Endknospe, deren äußere Schuppen schon abfallen, während jener Zeit austreibt und die vorigjährigen Blätter inzwischen verloren werden.

[1] Die Blüten sind in einem Zustande, daß die einzelnen Blättchen auseinanderfallen und sich nicht immer erkennen läßt, was Perianthblätter und was Brakteen sind.

Hierzu auch wenigstens das in Edinburgh gesehene Exemplar von WILSONS Nr. 2797 der Arn. Arb. Exp. (als *F. foveolata* var. *Henryi* in Plt. Wils., III., 310).

Nach meinem Material und auch nach HANCES Nr. 1457 ist KINGS Beschreibung dadurch zu ergänzen, daß die Feigen oft sitzend und bis 8 cm lang, dick birnförmig sind, mit fast 2 cm dicker Rinde von wollartiger Beschaffenheit.

F. foveolata WALL. (*F. nipponica* FRANCH. et SAV. — *F. rufipes* LÉVL. et VANT. in Mem. Ac. Sci. Barcel., VI., 154 [1907] p. p.[1]). **Ki.-F.**-Grenze: Unter einer Brücke am Fuße des Dunghwa-schan zwischen Schitscheng und Ninghwa (Plt. sin. 288). **H.**: In der str. St. an Bäumen in der Schlucht hinter der Schule am Yolu-schan bei Tschangscha, 100 m (11554). Im Walde unter Tungdjiapai bei Hsikwangschan, 600 m. An Tonschieferfelsen auf dem Yün-schan bei Wukang, 600—1150 m (12007). Zwischen Meikou und Ngaidso am Wege von Wukang nach Dsingdschou, 375 m. SE-**Kw.**: Hier und da zwischen Gudschou und Liping. **S.**: Von der str. bis in die tp. St., besonders an Erdabrissen und senkrechten Felsen auf Kalk und Sandstein, 1300—2800 m. In Hecken zwischen Loiao und Dötschang im Djientschang (SCHNEIDER 712). Auf dem Sattel zwischen Tjiaodjio und Lemoka im Lolo-Lande (1599; SCHNEIDER 1002). Ningyüen. Unter Lumapu am Zuflusse des Yalung gegen Yenyüen (2101). Woloho zwischen Yenyüen und Yungning. Hier auf der kleinen Insel im See (3124). **Y.**: Ebenso, besonders an Bäumen schlingend, bis in die tr. St. herab, 650—2830 m. Unterhalb Yaotou zwischen Möngdse und Manhao (5937). Überall um Hsinlung (817; SCHNEIDER 338), am Friedhofe von Sanyingpan (SCHN. 408) und bei Galaoma (719) n von Yünnanfu. Auf dem Hochlande auch mehrfach von Fumin bis Beyendjing (hier TEN 138) und auf dem Hauptwege bis über Gwangdung. Ober Gwanyinschan zwischen Dali und Lidjiang viel. Ngulukö am Fuße des Yülung-schan (3835; SCHNEIDER 2076). Ladsagu am Djinscha-djiang nw und Beitsopie gegenüber Fongkou n von dort und in seinem Seitentale bis über Mujendu.

— — **var. *Henryi*** KING. **H.**: Am Bache in der str. St. oberhalb Lantien gegen Hsikwangschan, 200 m (11760).

F. Martinii LÉVL. et VANT. in Mem. Acad. Ci. Barcel., VI., 152 (1907), e typo.

Syn.: *F. lacrymans* LÉVL., Fl. Kouy-Tch., 431 (1915), e typo.

F. Baileyi HUTCHINS. in Gentes herb., I., 19, Fig. 4 B, C (1920). HANDEL-MAZZETTI in Sitzgsanz. Ak. W. W., 1923, 95.

F. impressa HEMSL. p. p., non Champ.

F. leucodermis HAND.-MZT., l. c., 1921, 227.

Ad descriptiones ll. c. addita: Trunco crasso saepe altissime scandens. Ramuli tenues, penduli, lenticellis crassis, concoloribus verrucosi. Folia etiam anguste lanceolata, usque ad 11,5 cm longa, basi saepe acuta, sicca subtus papillis densissimis albida, nervis lateralibus utrinsecus usque ultra 16, venularum reti supra tenuiter sed argute prominulo; petiolus usque ad 15 mm longus. Receptacula ♀ etiam gemina et sessilia, globosa. Flores ♀ sessiles, ebracteolati, perigonii lobis 4, membranaceis, cucullatis, glabris, purpureis, ovarium glabrum sine stylo latere inserto e basi stricta flagelliformi hoc triplo usque superante aequantibus, serius elongatis attenuatis. Caryopsis straminea, 1,5 mm longa, ovata, antice tantum

[1] Nur die Nr. 340. Nr. 75 und 76 sind Rubiaceen!

angulata et stylo flexuoso, longo, tenui instructa, levis. Indumentum potius strigosum quam „pubescens“ et „tomentosum“.

SW-**H.**: Im schattigen Laubhochwalde der wtp. St. des Yün-schan bei Wukang, 1000—1200 m (12107). S-**Y.**: An Kalkfelsen im tr. Savannenwalde bei Schuidien zwischen Möngdse und Manhao, 1300 m (5995).

LÉVEILLÉ u. VANIOTS Typus entspricht der Varietät, doch muß der Name nach den Nomenklaturregeln für die ganze Art verwendet werden. Nachdem ich von BAILEY zitierte Exemplare seiner Art gesehen hatte, mußte ich auch sie damit identifizieren.

— — var. ***saxicola*** HAND.-MZT., l. c., 1923, 95. (*F. Martini* LÉVL. et VANT., l. c., s. str. — *F. leucodermis* var. *saxicola* HAND.-MZT., l. c., 1921, 228).

Folia rigidiora, minora et latiora, 3—6 cm longa et 3— vix 4 ^{plo} angustiora, basi rotundata et minute cordata; petiolus 4—9 mm longus; stipulae magis persistentes, 5 mm longae, glabrae. Receptacula ♂ pedunculis usque ad 3 mm longis, ± 3,5 mm diametro, basi in stipitem brevissimum angustum constricta. Flores ♂ ebracteolati, pedicellis quam ipsi dimidio brevioribus vel aequilongis suffulti, perianthii lobis 4, raro 3, liberis, vix 1 mm longis, profunde cucullatis, obtusis, membranaceis, glabris, vinosis stamina 2, rarius (in floribus obliquis petalis 2 maioribus et 2 minoribus praeditis) singula alba filamentis antheris dimidiis brevioribus liberis instructa aequantibus. Flores cecidiferi in eorundem receptaculorum partibus inferioribus sessiles; perianthium idem; ovarium triquetro-lenticulare, brevistipitatum, cum stylo quam ipsum paulo vel multo breviore recto apice tubaeformi illo paulo brevius.

SW-**Kw.**: Kletternd an Kalkfelsen der wtp. St., auf einer Felskante bei Hwangtsaoba, 1400 m, 15. VI. 1917 (10294).

Da HUTCHINSON ebenfalls eine ♂ Pflanze beschrieb, ist nun ganz klar, daß es sich in den Unterschieden nicht um sekundäre Geschlechtsmerkmale handelt, sondern sie vielleicht eher auf das Substrat und den besonders trockenen Standort zurückzuführen sind. Solange aber der Zusammenhang nicht ganz sichergestellt ist, muß man diese durch zahlreiche kleine Unterschiede auffallende Pflanze mindestens als Varietät getrennt halten. Nach der Angabe der Originaletikette im Herbar LÉVEILLÉ stammt seine Pflanze vom gleichen Standorte wie meine.

F. Ti-Koua BUR. In Steppen und an feuchteren grasigen Stellen, auch an Erd- und Konglomeratabrissen der str. und wtp. St. kriechend, auf Kalk, Sandstein und Schiefern, 500—2650 m. **Y.**: In einem Tälchen ober Lagatschang in der Schlucht des Djinscha-djiang („Yangtse“) n von Yünnanfu (736). Am Aufstiege von da nach Sanyingpan (SCHNEIDER 432, 447). An der Bahn bei Pohsi (SCHNEIDER 10). Im E um Loping und Bantjiao überall. Häufig um Gwangdung und Tschuhsiung, zwischen Hungngai und Yünnanhsien, um Houdjing und Dingyüen, Piendjio. Im NW bei Ahsi und Ndaku am Djinscha-djiang, bei Holo am Wege von dort an den Mekong, 27° 38′, und im birm. Mons. in der *Pteridium*-Wiese bei Bahan und Meradon im Salwin-Tale, 27° 58′. Im NE am Hsiao-ho (MAIRE, distr. BONATI 3082, 3728). **S.**: Gemein auf dem Hochlande von Huili und im Djientschang, am Yalung zwischen Ningyüen und Yenyüen und zwischen Otang und Wali n von hier. Um Muli. **Kw.**: Liangtoho (SCHOCH 396). Im E gegen Sandjio immer gemein. **H.**: Hsikwangschan bei Hsinhwa (12588).

In Yünnan habe ich die Pflanze nur einmal fruchtend gesehen. Ebenso sind meine hunanesischen Exemplare fruchtend. Bei beiden Pflanzen waren die Früchte keineswegs unterirdisch, sondern auf feuchterem, lockererem Boden vielleicht nur zwischen einzelnen Erdbrocken etwas versteckt.

F. Beecheyana HOOK. et ARN. **Ki.-F.**-Grenze: An einer steinigen Stelle bei Luanschipai auf dem Hwangdschu-ling zwischen Dingdschou und Ningdu (Plt. sin. 377).

** ***F. comata*** HAND.-MZT. in Sitzgsanz. Ak. W. W., l. c., 1921, 227. (Taf. II, Abb. 4—6).

Sect. *Eusyce* GASP.

Frutex. Rami flexuosi, longe simplices, hornotini pilis brevibus strigosis albidi, vetustiores glabri rufobrunnei. Folia decidua, in ramulis dispersa vel ad apices comas patulas formantia, obovato-oblonga, sensim obtuse usque caudato-acuminata, ad basin ipsam saepe anguste rotundatam sensim attenuata, 5—12 cm longa et 2—3 plo angustiora, margine tenui integra, tenuiter chartacea, sicca supra brunnescentia opaca vix asperula subbullata, subtus pallidiora viridioraque granulata et brevissime albo-strigosa; costa nervique laterales utrinsecus 7—9, infimi paulo magis distantes fere basales submarginales breves, ceteri sub angulis 50—60° abeuntes arcuati inferiores elongati subliberi superiores ante marginem anastomosantes utrinque et subtus magis prominui; venae tenues laxe reticulatae, subtus prominulae fusculae; petiolus crassus 3—8 mm longus, supra late canaliculatus, dense strigosus. Stipulae deciduae, lanceolatae, longe acuminatae, 8—10 mm longae, 2 mm latae, crustaceae, brunneae, carina albo-strigillosae. Receptacula axillaria singula, brevissime strigillosa, bracteis 3 late triangularibus acutis brunneo-scariosis 1,5 mm longis glabellis suffulta, ♀ pedunculis crassis, 2—4 mm longis, globosa, 10—13 mm diametro, brevissime strigillosa, sparse pallide vittata, ostio parvo non producto squamis permultis late ovatis obtusis inflexis clauso. Flores ♀ sessiles, ebracteolati, perigonii lobis 4, liberis, cymbiformibus, 1 mm longis, membranaceis, roseis, apice ciliatis, ovario late semilunari glabro albido aequilongis; stylus tenuis illo longior, curvatus, stigmate subulato. Caryopsis straminea, 2,5 mm longa, crasse triangulo-ovata, levis. Receptacula ♂ pedunculis crassis 6—9 mm longis, globosa, 8—10 mm diametro, indistincte longitudinaliter nervata. Flores cecidiferi sessiles vel pedicellis iis aequilongis suffulti, ebracteolati, perianthii lobis 4 liberis, anguste cymbiformibus, 1½—2 mm longis, membranaceis, purpureobrunneis, acuminatis vel cucullatis, ovario ovato-globoso, 1 mm diametiente, isabellino. Flores ♂ pauci, ad apicem receptaculi sessiles, perianthii lobis 4 liberis, cymbiformibus, plerisque 1½ mm longis, membranaceis, purpureobrunneis, acuminatis, staminibus 2, antheris 1 mm diametientibus, reniformibus, quam filamenta duplo longioribus.

Kw.: In der str. St. in Gebüschen bei Sandjio gleich am Wege nach Tjiaoli, auf Kalk, 400 m, 16. VII. 1917 (10796). **NE-Y.**: E-Ufer des Gwa-ho bei Tantu am Wege von Yünnanfu nach Suifu, Sandsteinberge, 22. IX. 1914 (MELL). **F.**: Fudschou, Yisü-schan, nahe bei Dorfhäusern, 13. VIII. 1924 (CHUNG, Herb. Univ. Amoy 2817).

Planta habitu *Fici umbonatae* REINW. (ex icone KINGiano), quae ad sectionem *Sycidium* pertinet, affinis autem *F. erectae* THBG. foliis basi lata longipetiolatis et *F. formosanae* MAXIM. foliis glabris, longius petiolatis, nervis subhorizontalibus, receptaculis parvis diversis. *F. Chaffanjoni* LÉVL. et VANT. ramis griseis, foliis glabris, longius petiolatis diversa describitur.

Für CHUNGS Pflanze trifft der Name weniger zu, als für meine, da an ihr die Blätter mehr gleichmäßig verteilt sind. MELLS Exemplar ist der *F. formosana* schon recht ähnlich, hat aber rauhere Blätter.

Ficus Henryi WARBG. scheint mir nach BOCK und ROSTHORNS Nr. 1134 von kugelfrüchtigen Formen der *F. clavata* WALL. nur durch die längeren Blattstiele schwach verschieden. WILSONS Nr. 1937 (Veitch Exp.) von Patung hat aber ebenfalls eiförmige Früchte. Bei Laogai an der Grenze von Yünnan und Tonkin sammelte dieser *F. clavata* (V. E. Nr. 2791).

F. formosana MAXIM. **F.**: Wäldchen bei Schihsiangwan am Tienhwaschan w von Dingdschou („Tingchow"), Sandstein (Plt. Sin. 395).

F. silhetensis MIQ. **Y.**: In Buschwäldern und feuchten Wäldern der wtp. St. auf Kalk und Sandstein, 1600—2200 m. Unterhalb Djiunienping jenseits Fumin bei Yünnanfu (6142). Nigu bei Beyendjing (TEN 398). Im E im mittelchin. Fl. bei Djinsolo (10212) und auf dem Hügel bei Djindjischan (10193) nächst Loping.

F. heteromorpha HEMSL. In Wäldern und Gebüschen der str. und wtp. St., auf Kalk, Mergel und Tonschiefer, 280—1300 m. **H.**: Um Hsikwangschan bei Hsinhwa (11782), auch gegen Ngandjiapu. Zwischen Lungtanpu und Djütjitjiao bei Wukang (11990). Auf dem Yün-schan bei Wukang (12225, 12228). SE-**Kw.**: Zwischen Tschaimou und Matang am Wege von Gudschou nach Liping (10924).

Die immer nur als niedriger Strauch wachsende Art zeigt in der Tat unglaubliche Variabilität der Blattform, doch ist diese innerhalb jedes Exemplares konstant. Meine Nr. 12225 hat die — allerdings ganz jungen — Rezeptakeln behaart. Die Art stellt sich zwischen *F. erecta* THBG. und *silhetensis*. DUNN und TUTCHER führen in der Fl. of Hongkong auch bei ungestielten Feigen auf *erecta* und haben daher vielleicht *F. heteromorpha* inbegriffen.

F. variolosa LINDL. SE-**Ki.**: In Wäldchen des Lienhwa-schan bei Ningdu auf Quarzit, 700—800 m (Plt. Sin. 464).

F. pyriformis HOOK. et ARN. An Bachufern, oft lange überschwemmt, in der oberen str. und untersten wtp. St., auf verschiedenen Gesteinen. **Y.**: 1650—2000 m. Zwischen Hsiao-Magai und Hsinlung n von Yünnanfu mehrfach (478; SCHNEIDER 307). Um Fumin und Schödse w von dort. **Kw.**: Unterhalb Maotsaoping zwischen Duyün und Badschai, 660 m (10774). Vielleicht hierzu auch die nicht belegten für *F. stenophylla* notierten Standorte (s. unten). **H.**: Vielfach zwischen Ngaidso und Wukang (11082) und von dort bis Ludu (Laodao), 360 bis 450 m. W-**Ki.**: Um das Kohlenbergwerk Pinghsiang (Plt. Sin. 207).

F. Abelii MIQ. (*F. pyriformis* HOOK. et ARN. var. *Abelii* KING). In der Überschwemmungszone an Bach- und Flußufern, seltener in trockeneren Gebüschen der tr. und str. St., auf Kalk, Sandstein und Tonschiefer, 130—1450 m. **H.**: Zwischen Lantien und Hsikwangschan bei Hsinhwa (11810). Überall zwischen Lengschuidjiang, Tienhsin (11971), Ludu und Wukang. S-**Y.**: Flußaufwärts gegenüber Manhao am Roten Flusse (5849). **S.**: Bei Dötschang („Tetschang") im Djientschang (1155).

F. stenophylla HEMSL. E-**Kw.**: In den Hügelwäldern bei Wendwen und mehrfach um Duyün („Tuyün") (10695), bei Maotsaoping und Liping und wohl auch diese im monatelang überschwemmten Ufergebüsche des Du-djiang unterhalb Sandjiang (s. aber oben unter *F. pyriformis)*.

F. hirta Vahl. SE-**Kw.**: In str. Wäldern am Flusse unter Sandjio, Grauwacke, 350—400 m (10828). W-**Y.**: In der Gegend von Tengyüe (Schneider 3901).

An meiner Pflanze erreichen Langtriebblätter 35 cm Länge und 18 cm Breite und sind fast bis zur Hälfte dreilappig. In ihren Achseln stehen schon Früchte.

* ***F. nemoralis*** Wall. **var. *gemella*** (Wall.) King. NW-**Y.**: Im wtp. Regenmischwalde des birm. Mons. unter dem Sommerdorfe Lussu über dem rechten Salwin-Ufer, 28°, Schiefer, 2300 m. 27. VI. 1916 (9113).

** ***F. filicauda*** Hand.-Mzt. in Sitzgsanz. Ak. W. W., 1923, 180. (Taf. II, Abb. 7).

Sect. *Eusyce* Benth.

Arbuscula ramosissima, ramis tenuibus flexuosis, hornotinis nigropurpureis et annotinis petiolisque pedunculisque subtiliter albo-hirtellis, vetustioribus cortice albido longitudinaliter plicato tectis, cicatricibus gibberosis. Gemmae fusiformes, 7 mm longae, perulis coriaceis, spadiceis, lanceolatis, glabris. Folia numerosa, sparsa, lanceolata, in caudam laminam dimidiam subaequantem usque superantem, angustissimam, acutissimam angustata, sine illa 3½—8 cm longa et plus duplo — plus triplo angustiora, basi late cuneata usque subrotundata, hibernantia, chartacea, supra atroviridia opaca, subtus olivacea nitidula et dense purpureo-granulata; costa nervique utrinsecus ad 20 subhorizontales, recti, prope marginem angustissime cartilagineum subrectangule conjuncti, tenues venaeque laxiuscule reticulatae utrinque $\pm$ aurantiaci vel purpurascentes et prominuli; petiolus tenuis, 6—10 mm longus, nigrellus, supra anguste et profunde sulcatus. Receptacula foliis hornotinis axillaria singula vel gemina, pedunculis saepe deflexis, tenuibus, 2 mm longis, bracteis 3, late ovatis, $1^1/_4$ mm longis, carnosulis, purpureis suffulta, globosa vel crasse obovalia, 5—6 mm longa, levia, purpureo-brunnea. Squamae oris magnae, exteriores bracteis similes, suberectae. In receptaculo perscrutato juniore adsunt tantum flores feminei, alii numerosi sessiles, sepalis 3 liberis, obovatis, $^3/_4$ mm longis, concavis, purpureis, ovario (cecidifero?) lenticulari aequilongo levi, stylo subbasali duplo longiore, tenui, geniculato, alii pauciores pedicellati duplo minores, sepalis 6 liberis, interioribus quam exteriora duplo minoribus, ovario minuto, stylo terminali hoc aequilongo, recto.

NW-**Y.**: Im wtp. Regenmischwalde des birm. Mons. oberhalb Schutsche am Taron (Djiou-djiang, e Irrawadi-Oberlaufe) nahe der birmanisch-tibetischen Grenze, 27° 55′, Granit, 2400—2800 m, 9. VII. 1916 (9458).

Proxima *F. nemoralis* var. *Fieldingii* (Miq.) King glabritie, foliis maioribus, latioribus, brevius latiusque caudatis nervisque multo magis obliquis, prorsus arcuatis, florum structura differt.

Mit *F. nemoralis* teilt die neue Art auch die rote Körnelung der Blattunterseite. Daß sie jene im Osten vertritt, wie ich anfangs meinte und angab, trifft nicht zu, da ich *F. nemoralis* nun aus demselben Gebiete nachweisen konnte. Blätter mit vergleichbar langen Träufelspitzen sah ich nur an Forbes' Nr. 2310, die ich nirgends zitiert finde.

F. Roxburghii WALL. (*F. macrocarpa* LÉVL. et VANT. in Mem. Ac. Ci. Barcel., VI., 152 [1907]. — *F. Letacqui* LÉVL. et VANT. in Rep. n. sp., VIII., 550 [1910]). **Y.**: In tr. Regenwäldern um Manhao nahe der tonkinesischen Grenze bis über Schuidien am Wege nach Möngdse, Kalk und Tonschiefer, 200—1500 m (5752).

Eine flüchtige Durchsicht der Feigen der LÉVEILLÉschen Herbars ergab, daß die folgenden Arten mit den nach dem Doppelpunkt beigesetzten zu vergleichen sind und sich wahrscheinlich mit ihnen identisch erweisen werden:

Mairei, *pseudopyriformis* und *Taquetii*: *erecta*,

laceratifolia und *pinfaënsis*: vielleicht zu *comata*, jene sehr zerschlitzt, diese oberseits sehr rauh,

lageniformis: *formosana*,

macropodocarpa, *Nerium*, *Schinzii*: *piriformis* und Verwandte,

Porteri: *hirta*,

retusiformis: *retusa*,

Stapfii: *heteromorpha*.

F. Marchandii ist anscheinend eine *Capparis*, *F. Salix* ist *Salix (babylonica?)* mit Gallen.

Cannabaceae

(*Moraceae* p. p.)

Humulus L.

H. japonicus SIEBD. et ZUCC. In Gebüschen und an Dämmen der tr. bis in die wtp. St. auf Kalk, Sandstein und Mergel, 40—1300 m. **H.**: Um Tschangscha (11349). Ngandjiapu bei Hsikwangschan. **Kw.**: Gutscha bei Guiyang (Kweiyang) (10481). S-**Y.**: Am großen Saugschlunde oberhalb Yaotou zwischen Möngdse und Manhao (6014).

Cannabis L.

C. sativa L. Gebaut besonders bei den Gebirgsvölkern in **Y.** Beyendjing (TEN 298).

Ulmaceae

Ulmus L.

* *U. Wallichiana* PLANCH. (?). S-**S.**: Nantschwan (BOCK u. ROSTHORN 56). Ein steriler Zweig, der gut übereinstimmt mit DUTHIES Nr. 2025, während die WALLICHschen Originale nicht mit so reifen und daher unterseits weniger rauhen Blättern vorliegen.

* ***U. Uyematsui*** HAYATA (?). **Kw.**: Im schattigen Schluchtwalde an der oberen Grenze der wtp. St. bei Madjiadwen zwischen Guiding und Duyün, Sandstein, 1100 m, 8. VII. 1917 (10610). S.-**S.**: Nantschwan (BOCK und ROSTHORN 618). S.-Tschekiang: (CHING 2194a).

Sterile Zweige, die in Blattform, Zähnung und Behaarung der Blattunterseite untereinander und mit der Originalbeschreibung gut stimmen. Von meiner Pflanze liegen Langtriebe vor, deren Blätter 14 × 6 cm erreichen (gegenüber 10 × 4,5 cm der Originalbeschreibung); die Triebe selbst sind dicht abstehend samtig rostbraun behaart, an CHIENS und ROSTHORNS Pflanzen spärlicher. HAYATA beschreibt die Zweige nicht. Die Blattoberseiten sind besonders an der letzten Pflanze auffallend rauh. Die Zähnung der Blätter ist einfacher und kürzer als bei der folgenden Art.

U. Bergmanniana C. SCHNDR. NW-Y.: In Waldschluchten der wtp. St. an der Grenze des birm. Mons. um das Dorf Dschunggo unter Meti zwischen Djitsung und Dschungdien, 27° 38′, Kalk, 3000 m (7785). Auch mehrfach gesehen an Bächen zwischen Weihsi und Dungdien.

Ebenfalls nur steril, doch liegt die folgende Varietät fruchtend vor, weshalb es sich um diese Art handeln wird und nicht um *U. Brandisiana* SCHNDR., mit der die gut ausgewachsenen Blätter von 15 × 8 cm Größe ebenso gut stimmen würden.

— — var. *lasiophylla* SCHNDR. NW-Y.: Hochland von Dschungdien, 27° 30′, in offenen Gebüschen, 9000′ (FORREST 12414). Mekong—Yangtse-Kette n von Pientiengo, 27° 30′ N, 99° 30′ E, 10000′, in Gebüschen (F. 25473).

U. castaneifolia HEMSL. (*U. campestris* LÉVL., Fl. Kouy-Tch., 436) liegt im Edinburgher Herbar mehrfach aus **Kw.** vor, und zwar ohne Standortsangabe (ESQUIROL 753). Pinfa (CAVALERIE 1306, 965). An der Nr. 1306 ist das Verhältnis der Länge zur Breite der Früchte nur 16 : 12 und 18 : 13 mm, an WILSONS Nr. 545 teilweise auch 15 : 9½ mm. Die sehr langen und stark sichelig übergreifenden Flügelenden sind für die Art auch bezeichnend. Sie erinnern an die Zeichnung von *U. Uyematsui*, die aber, wenn die Habituszeichnung richtig ist, eine andere Form der ganzen Frucht hat. Keine der Pflanzen aus Guidschou hat Blätter.

U. Wilsoniana C. SCHNDR. An Flüssen und Bächen und in offenen Gebüschen der wtp. St., 1900—2500 m, auf Kalk und Sandstein. **S.**: Bei Huili (1167) und von hier gegen Bögowan (SCHNEIDER 534). Bei Muli bis 2800 m (ob die folgende?). **Y.**: Yünnanfu (MAIRE 1481). Ebene von Lidjiang (FORREST 21139). Schweli—Salwin-Scheidekette, 25° 20′ (F. 12226). Ob die Notizen von Tschintschanggwan bei Dayao, Djinschuiho und Baörlso n von Yungbei, Ladsagu n von Lidjiang und Kaku zwischen Djitsung und Weihsi hierher oder zur habituell übereinstimmenden folgenden Art gehören, ist nicht sicher.

— — **var. *subhirsuta*** SCHNDR. **S.**: In Gebüschen der wtp. St. in der Yalung—Nganning-ho-Scheidekette, 27° 43′, auf Schiefer, 2200 m, über Schabinpu (2020) und über Hohsi (SCHNEIDER 1113).

U. pumila L. An Bächen und in Gebüschen der wtp. St., Sandstein, 1800 bis 2000 m. **Y.**: Um Hsiao-Magai (403; SCHNEIDER 262) und Hsinlung (SCHN. 310) n von Yünnanfu, alle zwischen der Varietät und dem Typus schwankend, der von FORREST im W in der Ebene von Tengyüe (17793), auf Hügeln nw. von dort (26260) und im Schweli-Tale, 25° (9601) gesammelt wurde.

— — **var. *pilosa*** REHD. in Journ. Arn. Arb., I., 141 (1920). In offenen Gebüschen der wtp. St. **S.**: Auf Kalk bei Sandjiatsun am Nebenflusse des Wolo-ho zwischen Yenyüen und Yungning, 2700 m (3079). **Y.**: Yünnanfu (MAIRE 694). Ostseite des Dsang-schan bei Dali (FORREST 12289). Lavabett w von Tengyüe (F. 9524). Vgl. auch die Bemerkung unter voriger Art.

U. lanceaefolia ROXB. W-Y.: Im birm. Mons. bei Tengkeng am Salwin, 25° 50′ (GEBAUER). Auch die Pflanze ROCKS 2565 aus Süd-Yünnan ist diese Art und nicht *U. macrocarpa* HCE., als die sie ausgegeben wurde.

U. parvifolia Jacq. **H.**: In der str. St., auf Kalk und Sandstein, 40—300 m. In der Waldschlucht ober der Schule auf dem Yolu-schan bei Tschangscha (11556). In Gebüschen überall von da bis Hsiangtan (12751) und weiter bis Lantien unter Hsikwangschan. Häufig am Bache unter Tienhsin zwischen Hsinhwa und Baotjing (11969).

Celtis L.

C. Vandervoetiana Schndr. (det. Rehder e typo). SW-**H.**: Im schattigen Laubhochwalde der wtp. St. auf dem Yün-schan bei Wukang, Tonschiefer, 950 m (12127).

Blätter bis 15 cm lang mit bis 2 cm langer Spitze und 10 mm langen Stielen.

C. sinensis Pers. **H.**: Überall in den Wäldchen um die Bauernhöfe bei Tschangscha (11594). Auf dem Dschao-schan bei Hsiangtan, Sandstein, str. St., 50—200 m. SW-**Kw.**: Im str. Walde zwischen der Brücke Baling-tjiao und dem Städtchen Muyu-se am Wege von Dschenning nach Hwangtsaoba, Kalk, 800 bis 1000 m (10421, **f. *maior*,** foliis usque ad 13 × 5½ cm). Diese auch in W-**Y.**: Im birm. Mons. an Hängen des Mingkwong-Tales in Gebüschen, 25° 20', (Forrest 8408) und in Gebüschen und offenen Mischwäldern an Bächen in der Schweli—Salwin-Scheidekette, 25° 45', 98° 40', 8000', (F. 24403, 26099).

Die typische kleinblätterige Pflanze liegt ferner vor von Hongkong, gemein auf der Insel (Bodinier 520). **Kw.**: Po-iu-gu (Cavalerie im Herb. Léveillé in Edinburgh). „Kouy tcheou“ (ebenso). Lan (Nan)-yo-schan (Bodinier 2587), wonach auch meine Aufzeichnungen von diesem und dem Tschwenning-schan bei Guiyang, 1250 m, und unter Sandjiang in SE-Kw. zu dieser Art gehören dürften.

Bodiniers Nr. 2587 wurde von ihm selbst sowohl als Léveillé und Schneider mit 1633 vom Betang-Garten identifiziert und als *C. Bodinieri* Lévl. aufgestellt. Die blühende Nr. 2587 aber (Schneider führt in Plt. Wils., III., 276 die Nummern vertauscht an) hat reichlich gesägte junge Blätter und schon viel schwächer und ganz anders behaarte Zweige und Blütenstiele als die fruchtende, der die Beschreibung entspricht. Eine junge Pflanze, die *C. Bodinieri* entsprechen könnte, liegt dagegen von Pinfa (Cavalerie 966) vor. *C. sinensis* steht zweifellos *C. tetrandra* Roxb. sehr nahe, die sich durch Kahlheit und längere Fruchtstiele unterscheidet.

** ***C. hunanensis*** Hand.-Mzt. in Sitzgsanz. Ak. W. W., 1922, 53. (Taf. I, Abb. 1).

Sect. *Euceltis* Planch.

Arbor ramosissima, ramulis griseis tenuibus, hornotinis dense patule pilosulis, annotinis glabrescentibus petiolorum ramulorumque cicatricibus nodosis, vetustioribus etiam lenticellis parcis minutis verrucosis. Folia decidua, valde obliqua, latere altero semielliptica vel late linearia, altero semiovata usque subtriangularia, illo basi cuneata vel breviter rotundata, hoc late rotundata vel cordata, apice obtusissima, margine praeter interiorem dimidium vel interdum fere totum et exterioris partem ascendentem grosse et saepe irregulariter crenata crenis nervis excurrentibus mucronulatis, (praeter ramulorum infima minora) 4—5 cm longa et latitudine $^1/_3$—$^2/_5$ metientia, matura praeter nervos supra asperos et barbulas albidas subtus in axillis illorum sitas glaberrima, chartacea, concolori-laeteviridia, subopaca, supra dense sed discontigue grosse papillosa; costa nervique basales 2 ultra dimidium folium percurrentes extus ramosi, ramis cum nervis superioribus utrinsecus 2—3 valde pronis ante marginem arcuatim anastomosantibus, trabeculaeque dissitae transversales pallide brunneae, supra paulum subtus valde prominui; venulae laxe reticulatae utrinque argute prominulae. Petioli 2—4 mm longi, late sulcati, dense puberuli. (Flores ignoti.) Drupae axillares singulae, pedunculis erectis validis petiolos ± aequantibus dense puberulis, ellipsoideae, 5—6 mm longae, 3,5—4 mm crassae, utrinque breviter attenuatae, (immaturae?) nigrovirides; putamen costatum et grosse reticulatum.

H.: In der str. St., bei Lengschuidjiang oberhalb Hsinhwa am Tsi-djiang, Sandstein, 200 m, 29. V. 1918 (11968). Ob auch diese um die Häuser bei Tienhsin im nächsten Seitentale flußaufwärts, 300 m, und im Walde unter Tungdjiapai bei Hsikwangschan, Kalk, 600 m?

Proxima *C. nervosae* HEMSL. videtur, quae monente cl. REHDER foliis minoribus crassioribus integris vel apice paucidentatis, petiolis ramulisque juvenilibus adpresse pilosulis pedunculisque gracilibus longioribus differt. *C. labilis* SCHNDR. ob ramulos in nostra quoque plerumque deciduos forsitan affinis, *C. sinensis* PERS. ceteraeque longe distant.

C. Bungeana BLUME. An Bächen und Kanälen, in Gebüschen und auch in trockenen Wäldern der str. und wtp. St., auf Tonschiefer, Sandstein, Mergel und Kalk, 1600—2600 m. **Y.**: In der Ebene von Yünnanfu häufig und oft die Weiden ersetzend (MAIRE 573, 796). N von hier zwischen Hsiao-Magai und Hisnlung (SCHNEIDER 275), im Becken Hsiaodsang jenseits des Pudu-ho (552), bei Sanyingpan. Im NE um Dungtschwan (MAIRE 582/1914, 221, 222, 323 ex hb. Arn. Arb.; distr. BONATI 3036 B, 3115 B, 3122 B). Nach W überall bis Schayidjia, Tschuhsiung und Dayao, um Beyendjing unterhalb Midien (6327), bei Kuti (TEN 133), Kuti-ho (T. 177, 384, 583) und Schuibantsun (T. 134) hier. Paß zwischen Dschaodschou und Hungngai. Gwanyinschan zwischen Dali und Lidjiang. Santschwanba unter Yungbei. Landjidschou zwischen Yungbei und Yungning (SCHNEIDER 1667). Zwischen Djientschwan und dem Mekong, 26° 36′ N, 99° 40′ E (FORREST 21966, in Not. R. Bot. Gard. Edinbgh., XIV., 288 als *C. yunnanensis*). Mekong—Salwin-Kette, 28° 12′ (F. 14897). **S.**: Dungngan s und Podjia n von Huili. Auf der Stadtmauer (SCHNEIDER 855) und am Südende des Sees (SCHN. 3980) bei Ningyüen. Bei der heißen Quelle von Lemoka im Lolo-Lande (SCHN. 981). Dseia bei Muli.

Die von REHDER in Journ. Arn. Arb., IV., 171 (1923) dargelegte Variabilität läßt sich in genau gleicher Weise am yünnanesischen Material beobachten. SCHNEIDERS Nr. 1667 von einem geköpften Baume, die in Plt. Wils., III., 269 mit Vorbehalt unter *C. labilis* SCHNDR. angeführt wurde, ähnelt TENS Nr. 133 und gehört sicher auch zu *Bungeana*.

Die WALLICHschen, als *C. tetrandra* ROXB. angegebenen Exemplare Nr. 3695 B aus Kumaon stimmen mit solchen von *C. Bungeana* im gleichen, nicht völlig entwickelten Zustande völlig überein. Nach der Fl. Brit. Ind. müßten sie als *C. australis* L. bestimmt werden, zu der sie sicher nicht gehören. Auch mit *C. tetrandra* haben sie nichts zu tun. Sie stellen *C. glabra* PLANCH. dar.[1] Es muß

[1] HOOKER, Fl. Brit. Ind., V., 484 schreibt *C. glabra* var. *nepalensis* PLANCH. statt *glabra* & *nepalensis*.

einem Vergleich fruchtenden Materials vorbehalten bleiben, zu entscheiden, ob die Pflanze mit unserer identisch ist und *C. glabra* PLANCH. 1828 statt *Bungeana* BL. 1852 zu heißen hat.

Äußerlich unserer Art sehr ähnlich, aber durch etwas längere Blütenstiele und grubigen Steinkern verschieden ist *C. yunnanensis* SCHNDR. Sie liegt außer im Original von Yünnanfu (MAIRE 104, 280), Dungtschwan (M.), vom Dji-schan ne von Dali, in Gebüschen, 9000′ (FORREST 13459) und von Sunggwe zwischen Dali und Hodjing (SCHNEIDER 2709) vor, und es ist nicht ausgeschlossen, daß einige meiner Aufzeichnungen zu ihr und nicht zur vorigen gehören. *C. yunnanensis* kommt *C. tetrandra* näher, die aber zu mehreren doldige, kürzere Blütenstiele und kleinere Früchte hat.

C. cerasifera SCHNDR. (det. EVANS e typo) findet sich im birm. Mons. in W-Y. wieder in der Schweli—Salwin-Scheidekette, 25° 35′, in Gebüschen und an offenen Stellen an Bächen in Seitentälern, 7000′ (FORREST 25180) und 25° 40′, in Mischwäldern, 8000′ (F. 24471) und in NE-Ober-Birma (F. 24540).

C. Léveilléi NAKAI in Bot. Mag. Tok., XXIII., 266 (1914) **var. *holophylla*** NAK. in Journ. Arn. Arb., V., 74 (1924). **E-Y.**: Im Laubwalde der wtp. St. des mittelchin. Fl. auf dem Hügel bei Djindjischan nächst Loping, Kalk, 1600 m (10184).

Die Steinfrüchte sind noch nicht ganz reif, so daß die endgültige Farbe noch nicht zu erkennen ist. Die Pflanze stimmt aber mit WILSONS Nr. 249, die den Typus darstellt, vollkommen überein.

Aus dem Happy Valley bei Hongkong wird von DUNN und TUTCHER in Kew Bull., Add. ser., X., 243 *C. philippinensis* BLANCO angegeben, von SCHNEIDER in Plt. Wils. jedoch nicht erwähnt. Die von BODINIER (NR. 1102) dort gesammelte Pflanze gehört nicht in deren Sektion, sondern zu *Sponioceltis* und steht *C. cinnamomea* WALL. mindestens sehr nahe, von der ich allerdings kein Originalmaterial gesehen habe.

Hemiptelea PLANCH.

H. Davidii (HANCE) PLANCH. SW-**H.**: In Hecken der str. St. bei Wukang, c. 8 m hoher Baum, Kalk, 360 m (12547).

Zelkova SPACH.

* ***Z. serrata*** (THBG.) MAK. (*Z. Keaki* [SIEBD.] MAX.) In Wäldern der wtp. St. SW-**H.**: Auf dem Yünschan bei Wukang auf Tonschiefer, 1050 m, 7. VIII. 1917 (11154). **S.**: Am Rande des mittelchin. Fl. auf dem Soso-liangdse im Lolo-Lande e von Ningyüen auf Sandstein, 2600 m, 25. IV. 1914 (1740).

Die voll entwickelte Nr. 11154 entspricht den größtblätterigen Formen, die von den kleinblätterigen, wie sie besonders aus Korea vorliegen, auffallend verschieden sind, aber lückenlos in diese übergehen.

** ***Z. Schneideriana*** HAND.-MZT.

Arbor interdum permagna, ramulis tenuibus, brunneis, juvenilibus sat sparse breviter et patenter albido-pilosis, vetustioribus badiis, glabris, lenticellis paucis rotundatis pallidioribus obsitis. Gemmae minutissimae, obtusae, perulis spadiceis, glabris. Folia ovato-elliptica et inferiora ovata, 3—8,5 cm longa, longitudine quarta parte usque duplo angustiora, basi obliqua rotundata et saepe minute cordata, in apicem ± acuminata, margine sat grosse crenato-serrata serraturis apiculatis, utrinque aspera, sicca crassiuscule chartacea, olivacea, supra brevissime setuloso-pilosa, subtus dilutiora et praesertim costa nervorumque paribus 7—14 et venularum reti albido-hirtella; petioli 2—7 mm longi, hirtello-velutini. (Flores fructusque ignoti.)

In Gebüschen der str. St. **H.**: Zwischen Daolin und Daloping w von Tschangscha, Sandstein, 50—180 m, 4. V. 1918 (11720). **Y.**: Überall zwischen Tschalaschao und Hwangtsaoschao unter Beyendjing, Kalkschiefer, 1725—1900 m 15. V. 1915 (6321).

Z. sinica SCHNDR. et *Z. serrata* (THBG.) MAK. differunt foliis angustioribus, praeter barbas nervis axillares glabris vel subglabris, levibus praetereaque prior crenaturis vix apiculatis, posterior serraturis maioribus texturaque tenuiore.

Nach den Bemerkungen SCHNEIDERS in Plt. Wils., III., 286 handelt es sich hier wohl sicher um dieselbe Art, die MEYER unter den Nummern 342 und 1444 in Kiangsu sammelte. Obwohl sie bisher nur steril bekannt ist, ist sie so gut charakterisiert durch Merkmale, die in der Gattung anscheinend wichtiger sind, als jene der generativen Organe, und für die subtropische Stufe eines weiten Gebietes bezeichnend, daß ihre Beschreibung nicht mehr weiter aufgeschoben werden soll.

Trema LOUR.

Clavis analytica specierum Chinae et Indiae.

1. a) Folia subtus dense argenteo-sericea vel sericeo-pannosa, supra asperrima, 6—22 cm longa, 2—8½ cm lata, nervis 3 subaequalibus vel lateralibus infimis arcuatis et dimidium folium saepissime superantibus: *1. orientalis.*

b) Folia subtus glabra vel papilloso-asperrima vel sparse hirta vel puberula, 2—12 cm longa et 1—3 (—4,5) cm lata: 2.

2. a) Folia utrinque levia vel sublevia, subtus glabra vel in venis puberula. Ramuli hornotini adpresse vel subadpresse strigillosi: 3.

b) Folia supra asperrima, subtus quoque asperrima vel hic sparse hirta, chartacea. Ramuli hornotini patule vel subpatenter hirsuti vel hirto-asperi: 4.

3. a) Folia omnia penninervia, chartacea, longitudine 3—4plo angustiora, subtus venis pubescentia. Ramuli hornotini dense strigilloso-pubescentes: *5. levigata.*

b) Folia ± distincte trinervia, nervis secundariis infimis dimidium folium subattingentibus vel superantibus, arcuatis, submembranacea, latitudine 2—3½ (raro fere 4)plo longiora, subtus glabra vel in nervis paucipilosula. Ramuli hornotini parce et minute strigillosi: *2. virgata.*

4. a) Folia subtus papillis densissimis asperrima et valde glauca, latitudine 3—4plo longiora, trinervia et nervis secundariis paucis. Ramuli hornotini hirto-asperi: *6. angustifolia.*

b) Folia subtus epapillosa vel ad venulas sparse papillosa, quam supra ± pallidiora, penninervia vel ± indistincte trinervia, latitudine 2—3plo longiora. Ramuli hornotini hirsuti: 5.

5. a) Folia ovata vel ovato-lanceolata, longitudine 1½—3plo angustiora, nervorum secundariorum paribus 3—4, inferiore medium folium saepe superante, subtus setulosa. Ramuli hornotini subpatenter albo-pilosi: *3. Dielsiana.*

b) Folia ovato-oblonga vel oblongo-lanceolata, longitudine 2—3plo angustiora, nervorum secundariorum paribus 5—6, aequalibus vel inferiore medium folium subattingente, subtus in nervis strigosa. Ramuli hornotini hirsuti:

4. timorensis.

1. T. orientalis (L.) BLUME (*T. cannabina* LOUR. — *T. amboinensis* [DECNE.] BL. — *T. Dunniana* LÉVL. in Rep. n. sp., X., 146 [1911]; Fl. Kouytchéou 436 [1915]). **F.**: Fudschou (WARBURG 5894; CHUNG 2795). Schanghai (FABER, Standortsverwechslung?). Kwangtung: Hongkong (Faber; HANCE 1353; WAWRA 750; NAUMANN; BODINIER 722; BEUL). FORTUNE 54. Syngmun (MEYEN). Liaten (?) (MEYEN). Hainan (HENRY 8430). **Kw.**: (ESQUIROL 871). Tropisches **Y.**: Im Tale des Roten Flusses (HENRY 13707), dort bei Manpan (H. 10664) und Manko, 4000′ (H. 10650, 10650 A). **W-S.**: Kiating (WILSON, Veitch Exp. 4465 in Hb. Kew.).

Die Überprüfung eines reichen Materials führte zu demselben Schlusse, den KOORDERS (Excfl. Java, II., 78) zieht, daß *T. amboinensis* von *orientalis* nicht getrennt werden kann. Die Identität von *T. Dunniana* ist nach dem Originalexemplare klar und bedarf keiner Erörterung. Die von RECHINGER in Denkschr. Akad. W. W., m.-n. Kl., LXXXV., 269 und LXXXIX., 533 als *T. amboinensis* angegebenen Nummern 39, 1060 und 4224 von den Salomonsinseln und Samoa sind identisch mit VAUPELS Nr. 226 und von der richtig bestimmten RECHINGERschen Nr. 3972 ganz verschieden. Sie stehen *T. timorensis* (DECNE.) BL. nahe, unterscheiden sich aber durch oft noch länger zugespitzte Blätter und die etwas kürzere Behaarung dieser sowie der Blattstiele und Zweige, dann durch die fast glatte, nur gleichmäßig und ziemlich dicht behaarte Außenseite des Perianths, die bei *timorensis* fast nur am Rande gewimpert, auf der Fläche aber durch Papillen rauh ist. Sie stimmen mit keiner beschriebenen Art überein.

2. T. virgata (ROXB.) BLUME (*T. timorensis* HEMSL. in Journ. Linn. Soc., Bot., XXVI., 452 p. p. SCHNEIDER in Plt. Wils., III., 289 p. p. min.). Hainan (HENRY 8559). Kwangtung: (LEVINE 3347). W. River (SAMPSON in HANCE 11474 p. p.). Gebirgstal Thaiyong w von Swatou, 2000′ (DALZIEL im Herb. Edinburgh und Wien). **Ki.**: Anyüen (HU 1096 im Herb. Berlin).

3. ** *T. Dielsiana* HAND.-MZT.

Syn.: *T.* sp. verosim. nova SCHNEIDER in Plt. Wils., III., 289, vix *T. timorensis* HEMSL. nec. (DECNE.) Bl.

Frutex vel arbor parva, ramulis tenuiusculis, hornotinis purpurascentibus et superne pilis subpatentibus albis dense obsitis, inferne glabrescentibus, vetustioribus fuscocinerascentibus, lenticellis parvis suborbicularibus densiuscule obsitis. Gemmae parvae, perulis ± fuscis, antice albociliatis. Folia ovato-lanceolata, 2—11 cm longa et longitudine 1½—3plo angustiora, sensim angustata usque subcaudata, basi vix obliqua in petiolum 1½—3½ mm longum ut ramuli indutum subito attenuata, margine serrulata, chartacea, utrinque asperrima, supra intense viridia, subglabra vel sparse pilosa, subtus pallidiora, strigosopilosa serius glabrescentia; nervi secundarii 3—4pares, valde obliqui, leviter prorsus curvati, infimi quam ceteri longiores medium folium saepe superantes arcuati extus ramosi, raro illis subaequales, supra leviter impressi, subtus prominuli. Cymae brevipedunculatae vel subsessiles, petiolis 2—5plo longiores. Flores laxiusculi, dioici. Perianthium ♀ glabrum, tepalis ovatis, margine anteriore dense et breviter ciliatis. Fructus immaturi subglobosi, ad 2 mm diametro, sparse pilosuli, stigmatibus rubescentibus. (Flores ♂ ignoti.)

China (MILLETT: Hb. Kew). **Ki.**: Kuling bei Kiukiang, an Wegrändern gemein, 3000', 1. VIII. 1907 (WILSON, Arn. Arb. Exp. 1586). Tschekiang: Sze-ton, S of Siachu, 150—600 m, 30. V.—1. VI. 1924 (CHING in WULSIN 1724). Mokanschan (bei Hangdschou), zwischen Bambusgestrüpp, 17. VII. 1926 (KLAUTKE 115 in herb. Berlin). Hubei: Changyang (HENRY 6210).

4. T. timorensis (PLANCH.) BLUME, non HEMSLEY in Journ. Linn. Soc., Bot., XXVI., 452 (*T. politoria* [PLANCH.] BL. — *T. acuminatissima* (MIQ.) BOERL. — *Sponia sumatrana* GANDGR.) vereinigt HOOKER, Fl. Brit.-Ind., V., 483, sicher mit Unrecht mit *T. virgata*, die sich durch glatte, deutlich dreinervige Blätter und meist dickere Zweige unterscheidet. Ich bin gemeinsam mit Dr. MACK darin zu demselben Ergebnis gekommen wie KOORDERS (Excfl. v. Java, II., 77). Aus der Vereinigung dieser beiden Arten ergab sich dann offenbar die Abtrennung von *T. politoria*, die wir mit der Pflanze von Timor vollkommen identisch finden, bei HOOKER. Die Art kommt in China nicht vor.

5. ** ***T. levigata*** HAND.-MZT.

Syn.: *T. timorensis* HEMSL. in Journ. Linn. Soc., Bot. XXVI., 452 p. p. (1894), non (PLANCH.) BL.

T. virgata SCHNEIDER in Plt. Wils., III., 289 (1916) p. p. W. W. SM. in Not. R. B. G. Edinbgh., XIV., 176 (1924), non (PLANCH.) Bl.

Frutex vel arbor usque ad 10 m alta (ex HENRY), ramulis tenuiusculis hornotinis purpurascentibus et superne dense et adpresse albo-pilosis, vetustioribus cinerascentibus, glabris, lenticellis parvis, suborbicularibus densiuscule obsitis. Gemmae parvae. Folia ovato-lanceolata vel lanceolata, 1,6—10 cm longa, et longitudine 3—4 plo angustiora, apice sensim angustata vel longe acuminata, basi paulum obliqua subcordata, margine crenato-serrulata, chartacea, supra intense viridia, glabra et levia raro subasperula, subtus multo pallidiora, interdum subglaucescentia, levissima et in nervis venularumque reti pubescentia; nervi secundarii omnes aequales 4—6 pares, leviter prorsus curvati, inferiores sub angulis 30—45° patentes pari basali ceteris non crassiore, extus ramoso, raro usque ad medium folium producto, sicut costa supra subimpressi subtus vix prominuli; petioli 3—8 mm longi, indumento ramulorum hornotinorum. Cymae subsessiles vel brevipedunculatae, primum densae, dein laxiusculae, multiflorae, petiolis plus sesquilongiores. Flores dioici (an semper?). Periantium ♂ pilosulum, tepalis ovato-rotundatis, margine anteriore dense ciliatis. Fructus immaturi subglobosi ad 2 mm diametro.

In Steppen, an Bächen und im Savannenwalde der str. St., auf Kalk, Mergel und Schiefer, 1000—2300 m. **Y.**: DELAVAY 3069. Zwischen Homöndschang und Bödschagwan in einer Seitenschlucht des Djinscha-djiang („Yangtse“) n von Yünnanfu, 20. III. 1914 (784). In der Niederung um den Strom im W von da überall zwischen Yüenmou und Hailo, 10. IX. 1914 (5042) und zwischen Hsindschwang und Hwaping (Djiuyaping), 31. X. 1916 (13021). E von Yungning, 101° E, VII. 1921 (FORREST 11236, 10339, 16458, 20504). Laodselou bei Fongkou n von Lidjiang. Möngdse (HENRY 10011). **S.**: Zwischen Datung und Dölipu am Yalung, 27° 43', 8. V. 1914 (2038). W (WILSON, Veitch Exp. 2812). Hubei: (FABER 573). Tschangyang (HENRY 7170). W. (WILSON, Veitch Exp. 872a).

Species praecedenti proxima, foliis angustioribus, levibus, subtus pubescentibus, ramulis hornotinis adpresse strigillosis optime distincta.

6. T. angustifolia Blume. (*Sponia Sampsoni* Hce. — *Trema timorensis* Hmsl., l. c. p. p.) S-Y.: (Henry 9321). Kwangtung (Ford ex hb. Hongkg. 170). Secus fl. W. River (Sampson in Hance 11474 p. p.).

Aphananthe Planch.

A. aspera (Thbg.) Planch. SW-H.: Häufig im Walde der str. St. längs des Flusses zwischen Ngaidso und Meikou e von Hsüning, Schiefer, 400 m (11088).

Urticaceae

Urtica L.

Clavis analytica specierum sinensium.

1. a) Stipulae saltem inferiores in nodis quaternae, inter se liberae, superiores saepe per paria ad dimidium connatae. 2.

b) Stipulae in nodis binae, per paria enim totae inter se connatae, interpetiolares, herbaceae. Folia grosse vel duplicato-dentata vel lobata vel densissime serrulata. Spicae ♀ plerumque paniculatae, rhachidibus semper tenuibus: 10.

2. a) Cystolithi oblongi vel breviter lineares. Folia ovata, simpliciter serrata vel crenato-dentata. Stipulae angustae. Plantae graciles dioicae vel inferne ♀ superne ♂, spicastris ♀ brevibus simplicibus: 3.

b) Cystolithi punctiformes, exacte globosi, vel in *U. dioica* partim elongati. Plantae dioicae vel (ubi monoicae notae) inferne ♂ superne ♀ vel sexubus in spicastris singulis mixtis: 4.

3. a) Folia grosse serrata. Planta praeter stimulos (interdum subnullos) superne adpresse cinereo-strigillosa. Nuculae leves: *7. laetevirens.*

b) Folia crenato-dentata. Planta praeter stimulos et foliorum setulas nonnullas sepalaque glabra. Nuculae verrucosae: *9. silvatica.*

4. a) Folia ambitu late ovata, usque ad basin ipsam vel ultra 5 partes in lobos 3, quorum laterales dimidium medium superant, pinnatifidos necnon subbipinnatifidos fissa. Planta dioica vel inferne ♂ superne ♀, praeter stimulos superne paulum pubescens: *6. cannabina.*

b) Folia indivisa vel raro pinnatisecta, tunc ambitu elongato-triangularia lobis infimis patentibus vix auctis: 5.

5. a) Folia latissime dentata vel crenato-dentata, dentibus ad apicem folii decrescentibus, acuminata. Inflorescentiae dioicae vel (ubi monoicae notae) inferiores ♂ superiores ♀, laxe subracemosae. Nuculae parce verruculosae. Plantae praeter stimulos subglabrae: 6.

b) Folia late vel anguste serrata, serraturis inter se aequalibus vel ad apicem folii accrescentibus, sicca saturate viridia. Inflorescentiae ♂ paniculatae, ♀ densae: 7.

6. a) Folia inferiora late cordata, summa sensim ovato-oblonga, acuminata, late dentata, dentibus acuminatis, sicca herbacea, supra intense, subtus luteoviridia. Stipulae omnes liberae. Rhachis ♀ tenuis, ♂ crassior: *5. dentata.*

b) Folia inferiora ovata, superiora ovato-lanceolata, caudata, superficialiter crenato-dentata, sicca membranacea, laete viridia. Stipulae superiores ad medium connatae. Spicae ♀ tantum notae, rhachidibus incrassatis: *8. pachyrrhachis.*

7. a) Planta ☉, foliis ellipticis, basi longe angustatis, apice ambitu subrotundatis, profunde et anguste serratis, paniculis brevibus sexu mixtis: *1. urens.*

b) Plantae ♃ foliis acutis, basi breviter angustatis usque cordatis: 8.

8. a) Folia (infimis juvenilibus interdum exceptis) lanceolata vel ovato-lanceolata, ad basin acutam vel obtusiusculam breviter angustata vel rotundata, subremote serrata, cystolithis globosis farctissimis, petiolis quam laminae 4—10plo brevioribus. Planta plerumque dioica raro floribus ♂ inter ♀ mixtis, elata, saepe subinermis et subglabra. Nuculae leves: *2. angustifolia.*

b) Folia ovata vel elongato-triangularia, basi rotundata usque cordata, inciso-serrata, petiolis inferioribus laminis non plus duplo, superioribus his usque 4plo brevioribus: 9.

9. a) Folia ovata, basi rotundata vel subcordata, anguste serrata, cystolithis laxis partim oblongis. Planta dioica vel floribus ♂ nonnullis ad apices spicastrorum ♀. Perianthii ♀ lobi exteriores interioribus duplo breviores. Nuculae leves: *3. dioica.*

b) Folia elongato-triangularia, basi late truncata vel cordata, late subpatenter serrata, cystolithis globosis farctis. Planta inferne ♂ paniculis amplis, superne ♀. Perianthii ♀ lobi exteriores interioribus plus triplo breviores. Nuculae saltem plurimae dense verrucosae: *4. triangularis.*

10. a) Planta praeter stimulos subglaberrima, robusta, ramosissima. Folia ovata, grosse inciso-dentata, maiora dentibus singulis accessoriis additis, intense olivaceo-viridia, nitida. Stipulae herbaceae, lanceolatae. Inflorescentiae ♀ crebre paniculatae: *10. macrorrhiza.*

b) Plantae praeter stimulos superne hirtae vel strigillosae. Folia lobata et crebre duplicato-dentata vel densissime serrulata. Stipulae ovatae usque orbiculares. Plantae dioicae vel inferne ♂ superne ♀: 11.

11. a) Folia membranacea, levia, orbicularia usque late ovata, ± cordata, lobata, lobis irregulariter pluriserratis et saepe iterum lobulatis. Stipulae ovatae. Spicae paulum ramosae, ♂ rhachidibus gracilibus. Planta gracilis: *11. fissa.*

b) Folia crassiuscule herbacea, plerumque valde rugulosa, atroviridia, toto margine dense serrulata praeteraque saepe lobata. Spicae ramosissimae. Plantae robustiores: 12.

12. a) Folia cordato-orbicularia et superiora late ovata, breviter acuminata, lobulata vel lobata et duplicato-serrulata. Stipulae ovatae. Rhachides ♂ subdilatatae: *12. Mairei.*

b) Folia ovata, sensim acuminata, duplicato-serrulata. Stipulae suborbiculares. Rhachides ♂ tenues: *13. parviflora.*

1. U. urens L. Bei Ningpo (Savatier nach Franchet), sicher nur eingeschleppt.

2. U. angustifolia Fisch. (*U. dioica* L. var. *angustifolia* [Fisch.] Led. C. H. Wright in Journ. Linn. Soc., Bot. XXVI., 472 p. p. mai. — *U. foliosa* Blume?) Nur von N-Kansu und Schandung nordwärts (Bretschneider. Faber 1750. David 2315. Bodinier. Hemeling 372, 373. Chanet 1205. Licent 4609. H. Smith 69, 254). Auch in Japan.

Hierzu wahrscheinlich die ganz jungen Pflanzen mit teilweise nierenförmigen Blättern von: Shinking. Shady hill side E of Fung-Chung (Ross 132 und 210), die WRIGHT l. c. 473 ohne Bestimmung anführt. Über solche Jugendformen vgl. MAXIMOWICZ in Mél. biol., IX., 619. Die Nr. 93 aber hat lineale Cystolithen und gehört zu *U. laetevirens*, wenn nicht solche, wie bei *U. dioica*, auch bei *angustifolia* an den ersten Blättern vorkommen. Die beiden Originalbogen von *U. foliosa* BL., Mus. bot. Lugd.-bat., II., 142 (1856), die mir aus Leiden freundlichst geliehen wurden, zeigen keine Infloreszenzen, obwohl die Art als ♂ beschrieben wurde. Das Exemplar scheint durchaus in den Variationskreis der *U. angustifolia* zu gehören. Diese ist entgegen der Angabe ASCHERSONS (Syn. mitteleurop. Fl., IV., 610) „aber ebensolche Formen auch bei uns nicht selten" auf Ostasien beschränkt. Die schmalblätterigen europäischen Formen (z. B. CALLIER, Fl. siles. exs. 448) haben stark pubeszenten Stengel, was bei den ostasiatischen niemals vorkommt, und längere Blattstiele ($^1/_3$ der Lamina und darüber). Nur eine Pflanze aus Lulea-Lappland liegt vor (ANDERSON 183) mit Blattstielen von nur $^1/_4$ Spreitenlänge, aber ebenfalls mit stark behaartem Stengel und reichverzweigten ♂ Rispen. Die amerikanischen zu *U. angustifolia* gestellten Pflanzen weichen durch ein ganz anderes Indument ab.

3. ***U. dioica*** L. Die typische Pflanze liegt mir aus China nur von H. SMITH in NW-S gesammelt und aus Samen Nr. 733 im Göteborger botanischen Garten kultiviert vor. Wahrscheinlich gehören zu ihr auch die von mir in NW-**Y.** am Bache ober Hsiangschuiho zwischen Dali und Lidjiang photographierten und unter Hochstauden bei der heißen Quelle unter Baoschi bei Dschungdien und im birm. Mons. in Weidendickichten im Saoa-lumba zwischen Mekong und Salwin, 28°, zwischen 3200 und 2450 m aufgeschriebenen Pflanzen.

— — ** **var. *atrichocaulis*** HAND.-MZT.

Syn.: *U. dioica* var. *angustifolia* LÉVL., Cat. Fl. Kouy-tcheou, 436.

Caulis ramique praeter stimulos parce strigillosi vel subglabri. Planta ± humilis, valde ramosa, dioica vel floribus ♂ nonnullis ad apices spicastrorum ♀.

Meist an Wassergräben in der wtp. St. **Y.**: Yunnan Expedition (ANDERSON im Herb. Kew). Base of hills to W of Tengyueh, stony rocky situations, VII. 1912 (FORREST 8410). Beyendjing, in silvis (TEN 119). Yünnanfu (MAIRE 340 im Herb. Edinburgh); 1900 m, VII. 1916 (SCHOCH 259). Dungtschwan („Tongtchouan"), bords des ruisseaux, plaine, 2500 m (MAIRE 81/1913; distr. BONATI 6196); rives des canaux, plaine de Lakou, 2400 m (M. im Hb. Edinbgh.). **Kw.**: Pinfa, ruis., 22. V. 1902 (CAVALERIE 1296: Hb. LÉVEILLÉ in Edinbgh.).

Diese Varietät erinnert durch ihre meist geringe Größe etwas an die europäische var. *galeopsidifolia* (WIERZB.) KAN., die allerdings nach TAUSCHERS Beobachtung (in schedis) nur eine spät entwickelte Schattenform darstellt. Während aber alle kleinen westlichen Formen der *U. dioica* die Pubeszenz besonders stark ausgebildet haben, fehlt sie hier fast ganz, auch sind die Blätter hier viel stärker eingeschnitten, als an jenen, und die Pflanze bewohnt ein eigenes Gebiet.

4. ** ***U. triangularis*** HAND.-MZT. (Abb. 2, Nr. 5).

Rhizoma obliquum, c. 1 cm crassum, radicibus tenuibus praesertim apice fasciculatis. Caules 1—3, geniculato-erecti, 60 cm—1½ m alti, validi, quadranguli, subsimplices vel inferne crebre longiramosi, praeter stimulos glabri vel sparsissime strigillosi, internodiis mediis 6—11 cm longis, ceteris brevioribus. Folia elongato-triangularia, (2—) 4—11 cm longa et longitudine 2—3plo angustiora, acuta, basi truncata vel ± cordata, toto margine subregulariter grosse inciso-serrata, serraturis inter se aequalibus vel ad apicem folii accrescentibus, (2—) 5—13 mm inter se distantibus, acutis, herbacea, saturate et supra atro-viridia, supra sparsissime, subtus ad nervos tantum strigillosa, cystolithis globosis farctis instructa; nervis primariis 3, subtus paulum prominuis et pallidis, lateralibus medium folium attingentibus, secundariis sub angulis 30—50° patentibus, in dentes excurrentibus, venis dense reticulatis; petioli tenues, inferiores laminis aequilongi vel duplo, superiores usque quadruplo breviores, stimulis validis crebris instructi. Stipulae lineari-triangulares, liberae, (2—) 5—10 mm longae, submembranaceae. Flores monoici, paniculis inferioribus ♂ amplis, superioribus ♀ densis, brevissime pedicellati. Perianthium ♂ c. 2 mm diametro, pilosulum, in lobos subliberos oblongo-ovatos obtusiusculos submembranaceos fissum, filamentis filiformibus dimidio c. superatum. Perianthii ♀ lobi virides, strigillosi et parce stimulosi, interiores ovati c. 2 mm longi, exteriores minuti iis plus triplo breviores. Nuculae c. 2 mm longae, compresso-ovoideae, brunneae, pleraeque dense verrucosae.

S.: Grasige Ruderalstellen der wtp. St. neben dem Klosterstädtchen Muli, Sandstein, 2800 m, 26. VII. 1915 (7275). Im NW bei Ch'osodjo, 3200 m (H. Smith 670, aus Samen gezogen im bot. Garten Göteborg). Drogochi, ad pagum in cultis, 2800 m, 25. IX. 1922 (H. Smith 4508). **NW-Y.**: NW flank of the Lichiang Range, open rocky situations, 10000′, VII. 1914 (Forrest 13138).

— — ** **f. *pinnatifida*** Hand.-Mzt. (Abb. 2, Nr. 6).

Folia ad tres quartas et hic illic usque ad costam pinnatisecta, lobis infimis plus quam tertiam folii partem attingentibus, erectopatentibus, extus iterum inciso-serratis.

NW-Y.: Around Atentze, 28° 20′ N, open stony situations, 11500′, VII. 1917 (Forrest 14103).

Die Art ist durch die dunklen, grob- und dichtwarzigen Nuculae sehr ausgezeichnet, die an H. Smiths Exemplaren gut ausgebildet sind, während alle anderen sich erst in Blüte befinden. Nur einige hellere und glatte sind eingemischt. Ob es sich dabei um noch nicht völlig entwickelte handelt oder, wie bei *Pilea*-Arten, nicht alle Früchte gleich ausgebildet sind, muß noch dahingestellt bleiben. Im Habitus kommt ihr die australische *U. incisa* Poir. sehr nahe, die sich vor allem durch umgekehrte Verteilung der Geschlechter an einhäusigen Exemplaren unterscheidet. Während nämlich bei anscheinend allen Arten Ein- und Zweihäusigkeit leicht wechselt, ist die Anordnung der Geschlechter an solchen offenbar sehr konstant. In der Teilung der Blätter kommt ihr *U. dioica* in den in Plt. Finlandiae exs. 598a ausgegebenen Exemplaren am nächsten. Die f. *pinnatifida* erinnert auch an *U. cannabina*, aber nur sehr entfernt.

U. sikokiana Mak. (Bot. Mag. Tok., XXIV., 55 [1910]. — *U. dioica* var. *sikokiana* Mak., l. c., XXXIII., 84 [1909]) hat ebenfalls abgerundeten oder fast herzförmig gestutzten Blattgrund, aber viel schmälere, nur gezähnte Blätter mit kurzen Stielen und kann ohne Autopsie nicht geklärt werden. Mit *U. platyphylla* Wedd., zu der die als *dioica* var. *angustifolia* ausgegebene Nr. 5882 Fauries aus Japan gehört, haben unsere Pflanzen auch nicht zu tun.

5. ** ***U. dentata*** HAND.-MZT. (Textb. 1, Abb. 7, 8).

Syn.: *U. dioica* var. *angustifolia* WR. in Journ. Linn. Soc., Bot., XXVI., 472 (1899) p. p., non FISCH.

Rhizoma repens (?), usque ad 3 mm crassum, radicibus tenuibus. Caules e basi ± geniculata et radicante erecti, simplices vel cum ramis abbreviatis, 40 cm — ultra 1 m alti, ad 5 mm crassi, internodiis mediis 7—15 cm longis, ceteris brevioribus, quadranguli, pallidi, stimulis albidis ad 2 mm longis sparse obsiti. Folia cordato late ovata et superiora oblongo-ovata usque lanceolata, in apicem acutissimum angustata, (2—) 5—10 cm longa, toto margine late dentata dentibus apiculatis ad apicem folii saepe decrescentibus, membranacea, supra saturate viridia, subtus sicca flavovirentia, utrinque stimulis sparsissime et setulis minimis sparse obsita, cystolithis minutissimis globosis densissimis; nervi primarii 3—5 (—7), supra paulum impressi, subtus prominui pallidi, secundarii sub angulis 50—80^0 patentes, margine anastomosantes, cum tertiariis tenuissimis rete laxum formantes; petioli inferiores laminas aequantes, superiores iis sensim subquadruplo breviores, pallidi, stimuliferi; stipulae liberae, lanceolatae, 3—9 mm longae, acutae. Flores dioici vel monoici, bini vel terni, in paniculas angustissimas, pauci- et breviramosas, inferiores masculas suberectas, 4—15 cm longas, superiores femineas nonnullas mox subdeflexas (1—) 2—5 cm longas compositi; rhachides crassiusculae; pedicelli brevissimi et nulli. Perianthium ♂ 1½—2 mm longum, pallidum, sparsissime setulosum, ad $^3/_4$ in lobos 4 ovato-cucullatos fissum; stamina eo subaequilonga usque duplo longiora. Perigonium ♀ viride, lobis exterioribus quam interiores ovati obtusiusculi c. 1 mm longi plus duplo brevioribus, verrucosum et praesertim apice brevissime setulosum. Nucula compresso-ovoidea, ad 1½ mm longa, brunnescens, parce asperula.

SW-**H.**: Auf dem Yün-schan bei Wukang zwischen 400 und 1400 m, Tonschiefer, IV. 1919 (WANG-TE-HUI in H.-M., Plt. sin. 262). Hubei: Patung (HENRY 5401). Djienschi (Chienshih) (HENRY 5859).

HENRYS Nr. 5401 wurde von WRIGHT l. c. eigens hervorgehoben. An seiner Nr. 5859 sind die unteren Blätter schon abgefallen, während der obere Teil der Pflanze voll entwickelt ist. Da sie hier nur schmale Blätter treibt, macht sie einen sehr verschiedenen Eindruck, doch beweisen meine Exemplare die Zusammengehörigkeit. Zu Nr. 5859 bemerkte der Sammler: Hairs of stem sting violently, but leaves don't sting.

Eine ähnliche, aber oberwärts besonders an der Blattunterseite dicht grau behaarte Pflanze liegt vor von N-Schensi: Quan-tou-san (GIRALDI 5860) und Kan-y-san (Lao-y-san) (GIR. 5855). Die Exemplare sind rein ♂ oder haben vielleicht oberwärts ganz unentwickelte ♀ Infloreszenzen und können daher noch nicht beschrieben werden.

6. *U. cannabina* L. Nord-China. Bedarf keiner Erörterung.

7. *U. laetevirens* MAXIM. S.-Schanhsi: Yedscho-schan bei Yüantschü, steiniger Laubwald, 1500 m (H. SMITH 6646). Schandung: Taianfu, T'ai-shan mts. (CLEMENS 1364 in hb. Edinburgh). Tsien mts. (FABER 1748 in hb. Kew). Tschili: Hsiao Wutai-schan (H. SMITH 492). Prov. Shinking (ROSS 93: Kew). Quelpert (FAURIE 912, 1417, 1418).

H. SMITHS Nr. 6646 hat einige obere Stipelnpaare auch zur Hälfte verwachsen. In den Cystolithen liegt kein großer Unterschied gegenüber *U. Thun-*

bergiana, bei der sie auch, wenigstens zum größten Teile, ganz kurz länglich sind. Doch hat diese ganz verwachsene Nebenblätter, immer doppelt gezähnte Blätter und, wenn sie einhäusig ist, umgekehrte Anordnung der Geschlechter, nur an den oft verkürzten unteren Ästen kommen wieder ♀ Ähren vor, die auf den ersten Blick Unregelmäßigkeit vortäuschen. Rein ♀ Exemplare liegen von Yokohama (WAWRA 1598) vor. Die Angabe im Bestimmungsschlüssel MAXIMOWICZ' (Mél. biol., IX., 618) ist irrtümlich. Die Pflanzen von Quelpert sind stärker bewehrt und trocken von dunklerer Farbe, einen anderen Unterschied kann ich nicht finden. Mit ihnen stimmt die junge Pflanze ROSS 93, die deutlich lineale Cystolithen hat. Auch CLEMENS' Nr. 1364 ist recht dunkel, aber wehrlos.

8. ** ***U. pachyrrhachis*** HAND.-MZT. (Abb. 2, Nr. 3, 4).

Rhizoma repens, caulem e basi geniculata erectum simplicem vel ramulis abbreviatis praeditum, ad 75 cm altum, basi c. 4 mm crassum, quadrangulum, pallidum, stimulis ad 1½ mm longis albidis et setulis minimis sparse obsitum edens. Folia in nodis mediis 5½—13½ cm, ceteris brevius inter se distantibus, inferiora mox decidua, ovata vel anguste ovata, c. 6 cm longa et 2½—3½ cm lata, longe acuminata, cauda integra apice ipso saepe obtusiuscula interdum fere tertiam laminae partem efficiente, basi leviter cordata, margine late et breviter crenato-dentata, dentibus 1—1,5 mm longis interdum subapiculatis, membranacea, laete viridia, subtus in nervis praesertim sparsissime setulosa, cystolithis globosis minutis densissimis; nervi primarii 3, supra vix impressi, subtus paulum prominui pallescentes, laterales vix arcuati 3 vel 4 partes laminae percurrentes, secundarii pauci angulis 30—40^0 patentes, cum tertiariis indistinctis rete laxum formantes et exteriores secus marginem anastomosantes; petioli saepe valde inaequales, laminis subquadruplo breviores usque aequilongi, virides. Stipulae 2—4 mm longae, oblongae, acutae, inferiores liberae, superiores per paria ad medium connatae, virides, praesertim margine sparse setulosae. Flores (quot noti) dioici, ♀ 2—3^{ni} conferti brevissime pedicellati in spicastris 15—50 mm longis, subsimplicibus, rhachidibus ½—1 mm crassis, sparsissime stimulosis. Perianthium ♀ fere ad basin in lobos 2 interiores late ovatos, obtusos, ad 1 mm longos et 2 exteriores angustos, dimidio breviores fissum, brevissime setulosum et verruculosum. Nucula compresso-ovoidea, ad 1,5 mm longa, pallide brunnescens, parce asperula. (Planta ♂ ignota.)

SW-**H.**: Im schattigen Laubhochwalde der tp. St. des Yün-schan bei Wukang in dem nördlich des Tempels Gwanyin-go entspringenden, gegen Wuli-ngan herabziehenden Graben, Tonschiefer, 1000 m, 12. VI. 1918 (12099).

Eine spärlich gesammelte Art, die sich mit *U. dentata* vergleichen läßt, aber sicher von ihr verschieden ist. Die dicken, im trockenen und vielleicht auch im frischen Zustande flachen Spindeln der ♀ Blütenstände erinnern etwas an jene der ♂ bei *U. membranacea* POIR.

9. ** ***U. silvatica*** HAND.-MZT. (Textb. 1, Abb. 1, 2).

Syn.: *U. Thunbergiana* DIELS in Bot. Jahrb., XXIX., 301 (1900) p. p., non SIEBD. et ZUCC.

Rhizoma repens, radicibus tenuibus, fasciculato-ramosis. Caules sparsi, e basi geniculata erecti, subsimplices, ramis abbreviatis, $^1/_4$—$^3/_4$ m alti, basi 2—4 mm crassi, quadranguli, pallide brunnei, stimulis 1½ mm longis albidis sparsissime obsiti, internodiis mediis 5—14 cm longis, ceteris brevioribus. Folia ovata, 5—8 cm longa, longitudine sexta parte usque duis quintis angustiora, subcaudato-acuminata, apice ipso obtusiuscula, basi rotundata vel leviter cordata, praeter caudam crenato-dentata, dentibus 2½— fere 5 mm longis antice accrescentibus, longitudine saepe latioribus, membranacea, utrinque atroviridia, cystolithis minimis oblongis dense instructa, margine sparse setulosa; nervi primarii 3 supra vix impressi, subtus paulum prominui et pallidi, laterales rectiusculi, ½ vel $^2/_3$ folii percurrentes, secundarii pauci sub angulis 30—50° patentes, secus marginem anastomosantes, cum tertiariis indistinctissimis rete laxum formantes; petioli tenues, laminis sesqui- usque (superiores) subduplo breviores, sparse stimuliferi. Stipulae lanceo-

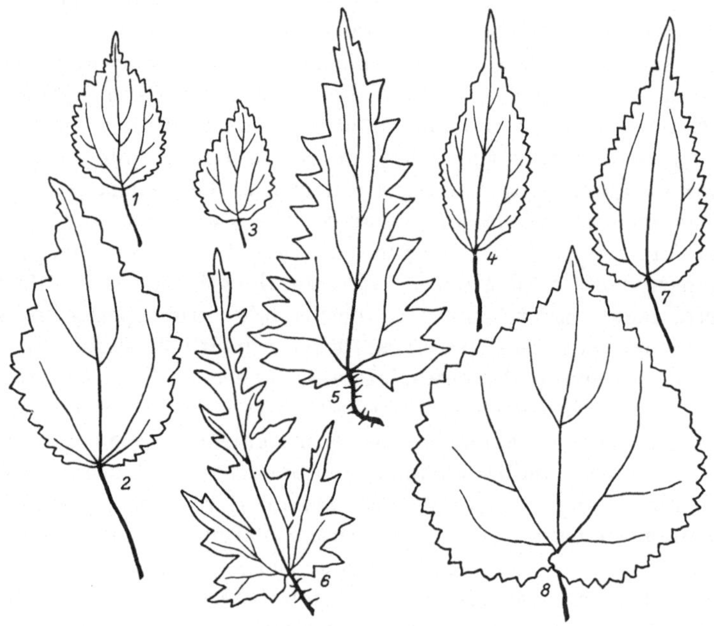

Abb. 2. Blätter von *Urtica*.

1. Oberes, 2. unteres Blatt von *U. silvatica* Hand.-Mzt., 3. unteres, 4. oberes Blatt von *U. pachyrhachis* Hand.-Mzt., 5. *U. triangularis* Hand.-Mzt., 6. *U. triangularis* var. *pinnatifida* Hand.-Mzt., 7. oberes, 8. unteres Blatt von *U. dentata* Hand.-Mzt. $^1/_2$ nat. Gr.

latae, 3½—4½ mm longae, liberae vel superiores ad dimidium connatae, membranaceae, virides, sparse setulosae, apiculatae, mox reflexae. Flores dioici vel monoici spicis inferioribus ♀, paniculis superioribus ♂ floribus nonnullis ♀ immixtis, secus rhachides tenues 8—80 mm longas 2—7^{ni} fasciculati, brevissime pedicellati. Perianthium ♀ membranaceum, viride, dense setulosum, fere ad basin in lobos interiores late ovatos ad 1 mm longos, obtusos, exteriores duplo et sub fructu plus triplo breviores fissum. Nucula late compresso-ovoidea, ad 1½ mm longa, pallida, verruculosa. Perianthium ♂ globosum, pallidum, ad 1½ mm diametro, parce setulosum.

NW-Y.: An Bächen im Tannenwalde der ktp. St. auf dem Nguka-la zwischen Djitsung am Djinscha-djiang und Dschungdien („Chungtien"), Diabas, 3750 bis 3800 m, 25. VIII. 1915 (7797). **N-S.**: Dongrergo bei Sungpan, im Tannenurwalde, 3900 m, 10. VIII. 1922 (H. SMITH 3486); NW: Karlong, im Tannenurwalde, 3400 m, 27. VIII. 1922 (H. SM. 4229), Drogotschi, in buschigem Tale, 3600 m, 26. IX. 1922 (H. SM. 4705). S-Schenhsi (GIRALDI 1345 im Herb. Berlin). SE-Kansu: Vers Pei la hia, 28. IV. 1919 (LICENT 5166, ? ganz jung). GIRALDIS Pflanze hat die ♀ Blütenhülle länger borstenhaarig, und etwas schmälere Zähne werden an den beim Pressen nicht schön ausgebreiteten Blättern vielleicht nur vorgetäuscht. Von H. SMITH liegen nur zweihäusige Exemplare vor; sie sind etwas schwächer und 3486 hat schmälere Blätter als meine. Ohne Kenntnis der Geschlechterverteilung an einhäusigen Exemplaren ist ihre Identität also nicht unbedingt sicher.

10. ** *U. macrorrhiza* HAND.-MZT.

Syn.: *U. Thunbergiana* DIELS in Not. R. B. G. Edinbgh., VII., 258 (1912), non SIEBD. et ZUCC.

Rhizoma pluriceps, usque ad 4 cm crassum, radicibus crassis, lignosis, ultra 50 cm usque longis. Caules plures, erecti vel geniculato-ascendentes, 60—130 cm longi, in axillis breviramosi, inferne ad 1 cm crassi, quadranguli, pallidi, fistulosi, internodiis inferioribus usque 12½, superioribus 4½ cm longis, stimulis albidis inferne dense, superne sparsissime obsiti et sparse et minutissime strigillosi. Folia (interdum terna verticillata), ovata et minora ovato-oblonga, 5—11 cm longa, longitudine dimidio angustiora usque subaequilata, acutissima, basi subcordata, membranacea, toto margine grosse dentata, dentibus 5—15 mm inter se distantibus antice paulum accrescentibus, apiculatis, dentibus singulis accessoriis hic illic additis, sicca supra intense olivaceo-viridia, subtus pallidiora, supra sparsissime, subtus sparse et juniora in dentibus crebrius stimulis obsita, cystolithis minimis partim oblongis partim globosis densissimis; nervi primarii 5, supra paulum impressi, subtus prominui pallidi et minutissime pilosi, secundarii sub angulis 50—80° patentes in dentes excurrentes, cum tertiariis tenuissimis rete laxum formantes; petioli quadranguli, inferiores laminas subaequantes, superiores iis sensim subquadruplo breviores, stimuligeri. Stipulae per paria in interpetiolares oblongas, ad ½ cm longas, acutas, margine submembranaceas, cystolithis minutissimis linearibus dense instructas connatae. Inflorescentiae (quot adsunt) dioicae, ♀ in axillis foliorum superiorum geminae patentes, laxissime paniculatae, 6½—12 cm longae, pedunculis ad 1 cm longis quadrangulis, floribus glomeratis, brevissime pedicellatis, bracteis binis minutissimis, triangularibus, totae setulosae. Perianthium ad basin fissum, lobis interioribus ad 1 mm longis obovato-ellipticis, exterioribus duplo brevioribus, omnibus subherbaceis margine anguste membranaceis. Nucula lenticularis, ad 1,5 mm longa, straminea, levis. (Planta ♂ ignota.)

W-Y.: Dsang-schan bei Dali. Open scrubby situations on the margins of thickets on the eastern flank, 7000—9000′, V.—VII. 1906 (FORREST 4671).

Die Ähnlichkeit mit *U. Thunbergiana* und den anderen mit dieser verwandten Arten ist gering, ebenso hat sie mit den fünf vorhergehenden nichts zu tun, sondern kommt vielleicht *U. triangularis* am nächsten.

11. U. fissa PRITZ. in Bot. Jahrb., XXIX., 301 (1900). *(U. Thunbergiana* FORB. et HEMSL., l. c. p. p. DIELS. in Bot. Jahrb., l. c. p. p. — *U. Buraei* LÉVL. et VANT. in Bull. Soc. bot. Fr., LI., CXLIV [1904] e descr. — *U. pinfaënsis* LÉVL. et BLIN. in Rep. n. sp., X., 371 [1912]; in Fl. Kouy-tcheou, 437 [1915]. — *U.*

Thunbergiana var. *duplodentata* WARBG. in sched.). **Kw.**: Pinfa (CAVALERIE 771 in hb. Edinbgh.). S-S.: Nantschwan (BOCK et ROSTHORN 866). NW.: Hsütsing, trockener, buschiger Hang, 2100 m (H. SMITH 4595). Hubei: Yitschang (HENRY 2900 in hb. Kew). Tonkin: Tu-Phap, très rare (BALANSA 2527). Formosa (FAURIE 1411). Kuanania (WARBURG 10478).

Die Art steht *U. Thunbergiana* SIEBD. et ZUCC., die in China fehlt und nur in Japan vorkommt, außerordentlich nahe. Bei dieser haben die Lappen (oder besser nur sehr groben Zähne) der Blätter nur je einen oder zwei sekundäre Zähne und die Behaarung der jungen Teile ist angedrückt, nicht abstehend. Die ganze Pflanze ist vielleicht auch schwächer, mit dünner Wurzel. LÉVEILLÉs Exemplar ist entgegen der Beschreibung rein ♀.

12. ***U. Mairei*** LÉVL. in Repert. n. sp., XIII., 183 [1913]. (*U. Thunbergiana* FORB. et HEMSL. in Journ. Linn. Soc., Bot., XXVI., 472 [1899] p. p., non SIEBD. et ZUCC. — *U. fissa* DIELS in Not. R. B. G. Edinbgh., VII., 9, 258 [1912], non PRITZ.). An Gräben, Schuttplätzen, auch an steinigen Stellen in Wäldern der str. und wtp. St., auf Sandstein, Schiefer und Kalk, 1500—2900 m. **S.**: Ningyüen (1781). Meidsepu im Yalung-Tale am Wege von dort nach Yenyüen. Zwischen Muli und Dseia. **Y.**: Yünnanfu (DUCLOUX 523; MAIRE 342). Möngdse (HENRY 9065 A, B). Dungtschwan (MAIRE 1003/1913, 1187/1913, 237/1914, distr. BONATI 6714 B). Alaodjing ne von Tschuhsiung. Dali (FORREST 4670). Am Kanal zwischen Dengtschwan und Langtjiung. Ngulukö bei Lidjiang (phot.; FORREST 6393). Losiwan am Wege nach Dschungdien. Gemein bei Schuba zwischen Djinschadjiang und Mekong (FORREST 59) und im Mekong-Tale.

Die Art verbindet in den Merkmalen wie in der Verbreitung die vorige mit der folgenden, indem sie ein großes Gebiet als einzige aus dieser Gruppe bewohnt. Durch die Originalbeschreibung mit den in meinem Schlüssel gegebenen Ergänzungen dürfte sie genügend charakterisiert sein. Die Blätter gleichen recht sehr den breitesten der javanischen *U. grandidentata* MIQ., die aber baumartig wird.

13. U. parviflora ROXB. Tr. **Y.**: Fengtschenling Gebirge, Wälder, 7000′ (HENRY 11197).

U. cordatifolia STEUD. mit wechselständigen Blättern kann, wie FORBES und HEMSLEY bemerken, nicht zur Gattung gehören.

Nanocnide BLUME.

N. japonica BL. **H.**: In der str. St. in Gebüschen am Liuyang-ho bei Tschangscha, Sandstein, 35 m (11685). In der wtp. St. an einer Mauer beim Tempel Gwanyin-go auf dem Yün-schan bei Wukang, Tonschiefer, 1190 m (12057). NW-**Y.**: Im wtp. Regenmischwalde des birm. Mons. bei Bahan am Salwin, 27° 58′, 2400—2600 m (9015).

Laportea GAUDICH.

L. terminalis WIGHT (*L. evittata* WEDD.). **Y.**: An kräuterreichen Stellen in Wäldern, besonders an Bächen und Quellen in der tp. St., auf Kalk, Sandstein und Schiefer, 2700—3250 m. Mehrfach um Yungning (7046, 7167), bei Lidjiang (SCHNEIDER 1977), um Dungtschwan, hier anscheinend auch in der wtp. St., 2600—3300 m (MAIRE 141, 287, 461/1914), im birm. Mons. (MONBEIG

233), hier in der Mekong—Salwin-Kette unter der Alm Doschiratscho ober Tseku, am Wege zum Doker-la und im Doyon-lumba gemein. **S.**: Ebenso, häufig ober Muli. SW-**H.**: An grasig-krautigen Hängen der wtp. St. beim Tempel Gwanyin-go auf dem Yün-schan bei Wukang, 1200 m (12385).

MAXIMOWICZ stellt (Mél. biol., IX., 622) WEDDELLS Angaben dahin richtig, daß bei dieser Art (als *L.* „*evitata*") die Frucht marmoriert ist, was sich an reichlichem Material bestätigt. Es sind wurmförmige, erhabene und meist rot gefärbte Linien. Die ♀ Perianthien finde ich auch tatsächlich immer sehr kurz borstelig, nicht aber, wie er sie nennt, „stimuliferum". Sie kommt auch rein ♀ vor, ihre Kelchzipfel sind immer angedrückt borstelig, kurz, in Form und Konsistenz aber sehr veränderlich. Der Blattgrund ist immer gerundet und oft herzförmig.

L. sinensis C. H. WR. (*Boehmeria Bodinieri* LÉVL. in Rep. n. sp., XI., 550 [1913]; Fl. Kouy-Tchéou, 422). SW-**H.**: Im wtp. Laubhochwalde des Yün-schan bei Wukang, Tonschiefer, 1300—1400 m (12509). **Kw.**: Guiyang, Mt. du Collège, à l'entrée de la grotte de Kematong (BODINIER 1748). W-Hubei (WILSON, VEITCH Exp. 1225a, 2516). S. Wuschan (W., V. E. 1034). Yitschang (HENRY 413).

WRIGHT beschreibt die ♂ und ♀ Pflanze getrennt. Mir lag HENRYS Originalnummer 4942 aus dem Herbar Kew vor, die aus einem einhäusigen und einem ♂ Exemplare besteht. Sie gleicht so vollkommen *L. bulbifera* (SIEBD. et ZUCC.) WEDD., daß sie ohneweiters als eine bulbillenlose Form davon aufgefaßt werden könnte. Sie unterscheidet sich von *L. terminalis* bedeutend durch glatte oder ganz klein und schwach, wenn auch farbig, gepunktete Früchte; auch sind die Blätter schmal oder, wenn breit, nur selten mit gerundetem Grunde (HENRY 413) und sie ist immer sehr kahl, was aber bei *L. terminalis* auch vorkommt. Ohne Früchte dürfte sie nicht in allen Fällen mit Sicherheit zu unterscheiden sein.

L. bulbifera (S. et Z.) WEDD. hat die Kelchzipfel über $^2/_3$ so lang als die Frucht, in Form und Behaarung zeigen sie keinen durchgreifenden Unterschied, wie ihn MAXIMOWICZ zu finden meint. Die Früchte gleichen jenen von *L. sinensis*. Marmorierte, wie er angibt, sah ich nicht. Sollten solche vorkommen, so bleibt wohl kein Unterschied mehr übrig.

HENRYS Nr. 6767 aus Hubei, CHIENS Pflanze von Yitschang (Herb. Berlin) und STEWARD 2679 von **Ki.**: Lu-schan bei Kiukiang, first peak, brushy ground stimmen untereinander gut und in der Blattform mit *L. bulbifera* überein (nur HENRYS hat nur schmal gerundeten und teilweise stumpfen Grund), haben aber keine Bulbillen und kleinere äußere Kelchblätter, diese ganz kahl, die Früchte ganz fein gepunktet; sie dürften als Annäherungsformen aufzufassen sein.

** *L. vitifolia* HAND.-MZT.

Frutex 1 m altus, ramulis superioribus c. 4 mm crassis, fragilibus, succulentis, purpurascentibus, puberulis. Folia apicibus ramulorum 2—5 mm inter se distantia, late ovata, 5—7,5 cm longa et paulo angustiora, rotundata vel acuta, basi truncata vel subcordata paulum obliqua, fere a basi crenata, sinubus (2—) 4—6 mm inter se distantibus, membranacea, mox decidua, sicca supra saturate viridia, subtus pallidiora, utrinque cystolithis minutis globosis densissime instructa, a basi trinervia et superne penninervia, nervis subtus magis conspicuis, sparse et subtilissime pilosis, exterioribus et secundariis utrinsecus 3—4 sub angulis 30—50^0 patentibus, illis fere ad tertium superum rectis, in crenas ut secundarii excurrentibus et cum iis in sinubus anastomosantibus, venis tenuibus, subtransversis, rete laxissimum formantibus; petioli 2—7,5 cm longi, usque ad 1½ mm crassi. Stipulae interpetiolares, triangulares, c. 5 mm longae, mox deciduae. Inflorescentiae dioicae (?), ♀ in axillis foliorum summorum singulae, 9½—16 cm longae, laxissime cymoso-ramosae, pedunculis 2½—6 cm longis, ut rami subaequales secundi erecti usque 2½ cm longi ad 2 mm crassis, hirtellis, floribus minutissime bracteolatis, glomeratis, pedicellis usque ad 4 mm longis, superne alato-dilatatis, apice emarginatis. Perianthii lobi minutissimi, sicut bracteolae triangulares. Ovarium oblongo-ovoideum, stigmate usque ad 4 mm longo. Nucula ad 3 mm longa, oblique lenticularis, avellanea, verrucis punctiformibus crebris obsita, margine incrassato purpurascente. (Inflorescentiae ♂ ignotae.)

Kwanghsi: Lungchow (Lungdschou), Top of Pan Wang Hills, near cave (MORSE 218 in herb. Kew).

Eine höchst auffallende Art tropischer Verwandtschaft. Brennhaare fehlen in dem reifen Zustande ohne junge Triebe, denn ob die ganz kleinen vorhandenen Börstchen brennen, ist wohl sehr fraglich.

Sceptrocnide MAXIM.

S. macrostachya MAXIM.

Syn.: *Laportea grossedentata* C. H. WR. in Journ. Linn. Soc., Bot., XXVI., 474 (1899).

Lap. Giraldiana PRITZ. in Bot. Jahrb., XXIX., 301 (1901).

Lap. longispica PAMP. in N. Giorn. bot. it., n. s., XVII., 256 (1910).

Lap. Forrestii DIELS in Not. R. B. G. Edinbgh., V., 292 (1912).

SW-**H.**: An krautigen Grashängen der wtp. St. beim Tempel Gwanyin-go auf dem Yün-schan bei Wukang, Tonschiefer, 1250 m (11135). W-Hubei: C. China (WILSON, Veitch Exp. 1322). Paokang, Wälder (WILSON V. E. 2140). **S.**: Am Bache im Tale zwischen Lidsekou und Malade in der wtp. St. n von Yenyüen, Kalk, 2885 m (5452). Wu-schan (WILSON, V. E. 4476a).[1] NW-**Y.**: Täler des Mekong und Yangdse, 5—7000′ (FORREST 7520). Andere Standorte in der Literatur unter den Synonymen.

Von FAURIES Nr. 2342 aus Japan liegt mir je ein monözisches Exemplar aus dem Herbar Kew und dem Wiener Universitätsherbar vor. Das erste hat noch zwei Blätter unter dem Infloreszenzen tragenden Teile und alle diese entsprechen in Form und Zähnung den WILSONschen Nummern 2140 und 4476a. Beim zweiten entspricht nur die Zähnung der obersten Blätter diesen, jene der unteren aber *Lap. Giraldiana*, WILSONS Nr. 1322, FORREST 520 und meinen Pflanzen. Beide sind etwas schwächer behaart, als das Original MAXIMOWICZ′, besonders das Wiener unterseits nur auf den Nerven und einigen Adern kurz rauhhaarig. Die ♂ Blüten sind hier abgefallen, an jenem in Kew nur jung und daran finde ich die Filamente mit den Perianthzipfeln nicht deutlich verwachsen. Unser Originalexemplar ist leider rein ♀. Die Veränderlichkeit der Blätter an FAURIES einzelner Nummer wiederholt sich an den Originalexemplaren

[1] Diese Etikette und „4569 woods 8—10000′" mit anderem Datum auf einem Bogen mit einem Individuum im Herbare Kew. Außerdem W-Hubei, VEITCH Exp. 1364 ein Stück gemischt mit *Boehmeria gracilis* WRIGHT im Wiener Museum, wohl durch Verwechslung.

der *Lap. grossedentata* („folia ovata vel orbiculata") nach durch H. Dr. COTTON aus Kew freundlichst verschafften Zeichnungen. Zwischen sehr dichter und fast fehlender Bewehrung und Behaarung finden sich keine Grenzen, und die Zähne können eine solche Ausbildung erreichen, daß mehrere der vorderen einen in dem halbkreisförmigen Ausschnitt angesetzten Mittelzipfel haben. Alle chinesischen Exemplare haben in den Blattachseln Bulbillen oder Rudimente solcher und auch die japanischen zeigen in den weiten Blattachseln ihrer zickzackförmig gebogenen Stengel Narben abgefallener. Die Wurzeln stehen in einem Büschel und sind rübenförmig verdickt, 2—22 cm lang.

Die Frage mag berechtigt sein, ob die Gattung haltbar ist, denn zwischen dem hier seitlich herausragenden Nuculastiel und dem aufrechten von *Laportea* ist nicht viel Unterschied und die ährenähnliche ♀ Infloreszenz bietet wohl keinen generischen.

Girardinia GAUDICH.

G. palmata (FORSK.) GAUDICH. (*G. heterophylla* DECNE.). **Y.**: Im E in der wtp. St. bei Lukou nächst Loping, 1600 m. Im NW in der str. St. bei Yedsche am Mekong, 1950 m. **S.**: In Gebüschen der str. St., auf Kalk zwischen Meidsepu und Lumapu am w. Zuflusse des Yalung, 27° 40′, 1500—1650 m (5589).

G. condensata WEDD. NE-**Y.**: Djintschungschan, dürre Hügel, 2550 m (MAIRE: Hb. Wien).

Pilea LINDL.

Clavis analytica specierum sinensium.

1\. a) Flores ♂ sessiles, inaperti ultra 2 mm longi, secus ramulos inferiores aphyllos vel raro apice foliatos in capitula plura sessilia compositi, 4meri, ♀ in foliorum caulinorum superiorum axillis in cymas cincinnatas subsessiles dense conferti. Herba succulenta, foliis magnis subaequalibus membranaceis, grosse serratis, nervis secundariis transversalibus approximatis: *1. monilifera.*

b) Flores ♂ in cymas vel paniculas foliis axillares ± laxas compositi, plerumque minores, ♀ laxius cymosi vel paniculati: 2.

2\. a) Flores glabri, ♂ dimeri, ♀ perianthii lobis 3 subaequalibus, e basi ovata sublinearibus, nuculam magnam ± aequantibus. Plantae saepe monoicae, floribus ♂ et ♀ in quavis cyma mixtis, illis praecocioribus, herbaceae, debiles, stipulis minutis vel nullis, foliis latis serratis: 3.

b) Flores ♂ tetrameri, ♀ perianthii lobis aut valde inaequalibus, aut 4—5, aut suborbicularibus. Plantae dioicae, vel monoicae inflorescentiis sexu distinctis, mediis tantum interdum mixtis et floribus ♂ sterilibus cum ♀ mixtis: 4.

3\. a) Nuculae partim leves, partim minute et sparse pustulatae. Staminodia in floribus fertilibus nulla. Planta erecta, foliis ovatis, acutis, serratis: *2. mongolica.*

b) Nuculae verrucis coloratis elongatis magnis instructae. Staminodia in floribus ♀ plurimis magna, persistentia. Planta inferne prostrata et saepe repens, foliis rhomboideis, obtusis, crenato-serratis: *3. Hamaoi.*

4\. a) Folia aut c. 2 cm longa et basifixa, serrato-crenata, aut multo maiora: 5.

b) Folia aut 3—4½ cm longa et peltata, aut 2 cm non attingentia integerrima vel obscure paucicrenata vel crebre et minute crenulata: 32.

5. a) Inflorescentiarum brevium, cymoso-ramosarum, densarum axes taenioideo-dilatatae. Caulis villosus. Stipulae submembranaceae, late triangulares, ad 4 mm longae. Folia magna, ovata, grosse crenato-dentata, membranacea, nervis secundariis remotis, subobliquis, cystolithis conspicuis: *4. villicaulis.*

b) Inflorescentiarum axes tenues vel vix incrassatae: 6.

6. a) Folia minute usque grosse serrata vel crenata vel dentata: 7.

b) Folia integerrima vel versus apicem uno alterove denticulo praedita. Caules succulenti: 28.

7. a) Cystolithi crassi valde conspicui, subtus secus nervos transversales inter se remotos venasque seriati necnon in parenchymate, supra ubique, dispersi. Folia sicca viridia. Stipulae magnae, intrapetiolares, deciduae. Cymae subsessiles. Perianthia ♂ ad dimidium gamotepala: 8.

b) Cystolithi venis nervisque non approximati, vel tenues in nervis ipsis quoque. Folia ovata usque sublanceolata. Herbae erectae vel ascendenti-erectae, caulibus saepe succosis: 10.

8. a) Folia oblongo-lanceolata, plurima latitudine plus triplo longiora, serrulata, rigidula, subtus papillosa, petiolis plus 4^{plo} longiora. Caules longi, rigescentes, flexuosi. Flores rubri: *8. rubriflora.*

b) Folia ovata vel ovato-elliptica, latitudine absque cauda $\pm$ duplo longiora, serrulato-crenata vel serrulata, herbacea. Petioli longiores laminas dimidias vel fere totas aequantes. Stipulae magnae, herbaceae, deciduae. Caules erecti vel geniculato-erecti. Flores virides: · 9.

9. a) Folia adpresse serrulato-crenata. Perianthium ♀ minutum, fere ad basin trilobum. Nucula dense et alte verrucosa. Flores ♂ in thyrsis laxis glomerati: *7. notata.*

b) Folia partim duplicato crenato-serrata. Perianthium ♀ spathaceum, $\pm$ dimidiam nuculam includens, paulum lobatum. Nucula levis vel fere levis. Flores ♂ in cymis laxis glomerati: *6. angulata.*

c) Folia serrata. Perianthium ♀ nuculam dimidiam subaequans, in lobos 3 aequales, suborbiculares fissum. Nuculae plurimae crasse verrucoso-corticatae, virides. Flores ♂ in cymis pauciramosis in capitula magna compositi: *5. Hookeriana.*

10. a) Nervi transversales valde inaequales omnes obliqui vel interstitiis in foliis maioribus plus quam 2 mm inter se distantes et maiores obliqui: 11.

b) Nervi transversales (partim minores abbreviati) in foliis maioribus quoque interstitiis plurimis 1—1½ mm tantum inter se distantes, sub angulis rectis vel subrectis patentes: 17.

11. a) Folia breviter mucronato-serrulata, magna, elliptica, nervis secundariis ante marginem confluentibus subquinquenervia. Perianthium ♀ aequaliter 5 fidum. Nuculae ad 2 mm longae, minute verrucosae, margine complanatae: *11. pentasepala.*

b) Folia crenato-serrata vel grossius serrata, nervis secundariis exterioribus nonnisi margine ipso conjunctis trinervia. Nuculae vix ultra 1 mm longae: 12.

12. a) Folia crassa, exsiccando subfulvescentia, subtus papillosa, cystolithis subtus et raro tantum et supra secus margines valde conspicuis, 1½—3½ cm longa. Perianthii ♀ lobi triangulares, inaequales. Nuculae verrucosae. Planta glabra, 5—20 cm alta: *21. lomatogramma.*

b) Folia herbacea vel membranacea, cystolithis supra quoque ubique conspicuis: 13.

13. a) Folia utrinque 4—6dentata, c. 2—4 cm longa. Perianthii ♀ lobi oblongi. Plantae subglaberrimae: 14.

b) Folia crebre crenata vel serrata, multo maiora: 15.

14. a) Perianthii ♀ lobi 5, subaequales. Nuculae partim verruculosae. Folia dente terminali ± producto caudata. Planta erecta, 6—15 cm alta vel longe prostrata dein ascendens: *34. japonica.*

b) Perianthii ♂ lobi 3, inaequales. Nuculae leves. Folia obtusa. Planta 6—20 cm alta: *33. Swinglei.*

15. a) Folia maiora c. 6 cm longa, membranacea, obtuse crenato-serrata. Cymae ♀ parvae. Perianthii ♀ lobi inaequales. Nuculae vix $^3/_4$ mm longae, dense tuberculatae. Planta superne papilloso-velutina: *22. velutinipes.*

b) Folia subduplo vel pluries maiora, herbacea, acute serrata vel serrato-dentata. Perianthii ♀ lobi subaequales. Plantae superne ± pubescentes vel subglabrae: 16.

16. a) Folia late serrato-dentata, saepe late et oblique ovata. Stipulae magnae, lineari-oblongae, subherbaceae, deciduae. Inflorescentiae tantum ± pubescentes, longipedunculatae, amplae. Perianthii ♀ lobi 5, aequales, nuculam angustam, subrectam, crasse verrucosam subaequantes: *12. Hilliana.*

b) Folia ovata vel ovato-elliptica, dense serrata. Stipulae breves et latae, membranaceae. Inflorescentiae brevipedunculatae, ♂ densius, ♀ dense cymosae. Perianthii ♀ lobi 3, nucula lata valde obliqua, minute verrucosa subduplo breviores. Planta superne ± pubescens: *13. producta.*

17. a) Folia abrupte integro-caudata, grosse et saepe crenato-serrata serraturis antice accrescentibus. Petioli etiam inferiores laminis duplo breviores. Cymae breviusculae, subsessiles, ramis divaricato-paniculatis, dioicae vel quaevis androgyna. Perianthii ♀ lobi aequales, lati, membranaceo-marginati. Nuculae leves vel nonnullae minute verruculosae. Planta glabra vel fere glabra: *10. fasciata.*

b) Folia acuta vel acuminata serraturis antice decrescentibus, vel sensim caudata caudis serratis. Inflorescentiae dioicae vel monoicae, quaevis unisexualis. Perianthii ♀ lobi valde inaequales: 18.

18. a) Folia magna, maiora saltem 10 cm longa, serrata, serraturis patentibus, maiorum marginibus anterioribus fere 2 mm longis vel multo longioribus, ut caules viridia, cystolithis tenuibus crebris inspersa. Inflorescentiae thyrsoideo-ramosissimae. Nuculae leves vel leviusculae. Caules erecti. Rhizoma brevissimum, radicibus crassissimis. Plantae ± ciliatae vel pilosae: 19.

b) Folia serrata, serraturis accumbentibus vix ultra 1 mm abstantibus vel profundius serrata et infra 6 cm longa aut planta rufescens et cymae breves etsi longipedunculatae: 20.

19. a) Caulis herbaceus. Planta superne ± pubescens. Stipulae magnae, deciduae, subherbaceae, rotundatae. Planta dioica vel inferne ♀ superne ♂. Nuculae $^3/_4$ mm longae, interdum marginatae: *14. umbrosa.*

b) Caulis crasse succosus. Flores foliorumque evolutorum margines tantum ciliolati. Stipulae submembranaceae, 3—6 mm longae, triangulares, intrapetiolares. Planta dioica vel inferne ♂ superne ♀. Nuculae levissimae, fere 1 mm longae: *15. Martinii.*

20. a) Caulis crasse succosus, viridis, internodiis incrassatis, exsiccando collabentibus. Folia (viva crassa?) subtus caesia, cystolithis minutis praesertim subtus densissimis, serrulata vel subintegra, magna, venulis subtus latis, subaequalibus, dense reticulatis. Inflorescentiae thyrsoideo-ramosissimae. Nuculae parvae, verrucosae et marginatae, interdum levibus intermixtis: *16. trinervia.*

b) Caulis gracilis raro ad 5 mm crassus, saepe rubescens. Folia subtus viridia vel tota rufescentia, venulis paucis vel tenuibus vel inaequaliter incrassatis: 21.

21. a) Flores ♂ in inflorescentiis plerumque thyrsoideo-ramosis, vix 1 mm longi. Nuculae disco incrassato et versus marginem latam tenuem annulo colorato cincto. Folia brevissime serrulata vel crenulata mucronulis interjectis. Caules subsucculenti, virides: 22.

b) Flores ♂ 1½—2 mm longi, in specie una gracilicauli serratifolia inferne ♂ cymosiflora tantum minores. Nuculae leves vel verrucosae, vix marginatae: 23.

22. a) Folia crebre serrulata, nervulis secundariis exterioribus in dentes arcuatim excurrentibus, non anastomosantibus. Folia plana. Venae dense reticulatae, subtus prominuae. Nuculae c. $^2/_3$ mm longae: *17. scripta.*

b) Folia remote crenulata, in sinubus mucronulata, nervulis secundariis exterioribus rectis, in nervum marginalem ceteris subaequalem conjunctis. Folia cellulis collabentibus reticulata. Venae vix conspicuae. Nuculae 1 mm longae: *18. Howelliana.*

23. a) Folia acuta, maiora basi cuneata, usque ad 6 cm longa, herbacea, serrata vel crenato-serrata, venis parce reticulatis. Nuculae verrucosae: *23. gracilis.*

b) Folia acuminata vel caudata, basi rotundata nisi maiora vel subcoriacea, venis dense reticulatis: 24.

24. a) Plantae siccae, imprimis caules, rufescentes. Stipulae minutae vel late cordatae. Cystolithi tenues et saepe minuti: 25.

b) Plantae siccae intense virides. Inflorescentiae thyrsoideae, longipedunculatae. Stipulae magnae, persistentes, oblongae. Folia adpresse serrata: 26.

25. a) Folia basi (saepe anguste) rotundata vel (si subcoriacea) etiam angustata, mucronato-serrulata, serraturis infimis saepe ad mucronulos reductis. Nuculae complanatae, stramineae, leves vel marginatae: *19. Symmeria.*

b) Folia membranacea, crenato-serrata, basi angustata. Nuculae crassae, obscure brunneae, verrucosae: *20. verrucosa.*

26. a) Folia ovata, petiolata, caudato-acuminata. Cystolithi tenues, densissimi: *24. bracteosa.*

b) Folia oblique ovato-lanceolata vel lanceolata, longe caudata, superiorum altera subsessilia. Cystolithi crassi, densi: *25. semisessilis.*

27. a) Foliorum 15 cm et ultra longorum subtus caesiorum nervi transversales 1—1½ mm inter se distantes, venulae subtus latae, dense reticulatae (cfr. sub 20a): *16. trinervia.*

b) Foliorum nervi transversales irregulares, 3—5 mm inter se distantes vel subnulli, venulae vix reticulatae. Plantae glaberrimae: 28.

28. a) Caules 30—60 cm alti. Folia elliptico-lanceolata, sicca dilute viridia.

Cymae omnes subsessiles. Nuculae ad 2 mm longae, disco annulo fusco-brunneo cincto, margine pallido plano: *9. longicaulis.*

b) Caules 10—44 cm alti. Folia suborbicularia vel breviter elliptica vel ovata usque ovato-sublinearia, sicca atroviridia. Cymae vel paniculae ♂ longipedunculatae. Nuculae (ubi notae) non marginatae: 29.

29. a) Folia peltata, suborbicularia. Stipulae magnae, siccae coriaceae, deciduae: *28. peperomioides.*

b) Folia basifixa, breviter elliptica usque ovato-sublinearia. Stipulae minutae, membranaceae: 30.

30. a) Folia ovata usque ovato-sublinearia, caudato-acuminata, nervis secundariis laxe reticulatis: *26. plataniflora.*

b) Folia breviter elliptica, breviter acuminata, nervo secundario interiore raro ullo: *27. Morseana.*

31. a) Folia supra basin peltata, $1\frac{1}{2}$—$4\frac{1}{2}$ cm longa, crenato-serrata. Nuculae ± marginatae: *29. peltata.*

b) Folia basifixa: 32.

32. a) Folia integerrima vel leviter paucicrenata et crassa, cystolithis densissimis, eglandulosa: 33.

b) Folia tenuia, parce vel dense crenulata, cystolithis sparsis densioribusve et subtus plerumque colorato-glandulosa. Plantulae erectae vel geniculato-erectae, simplices vel inferne ramosae: 35.

33. a) Folia oblongo-elliptica, integerrima, supra cystolithis transverse parallelis et marginem cingentibus. Caules diffusi, ramosissimi, filiformes vel succulenti, leves, ubique foliati. Planta annua vel biennis, cymis sessilibus, minutis: *31. microphylla.*

b) Folia orbicularia vel latissime ovato-orbicularia, cystolithis irregularibus et marginem cingentibus. Plantae perennes: 34.

34. a) Caules herbacei, erecti, leves, simplices vel superne cymosi, comatofoliati. Folia integerrima, basi rotundata vel subcuneata. Cymae ♂ longipedunculatae. Nuculae leves: *32. Cavaleriei.*

b) Caules longi, rigiduli, verrucosi, prostrati, subsimplices, ubique foliati, inferne serius denudati. Folia parce crenulata, basi truncata minute cordata. Cymae ♂ parvae, subsessiles vel pedunculis petiolos subexcedentibus: *30. crassifolia.*

35. a) Folia rhombea, crebre crenulata. Cymae axillares, subsessiles, brevissimae. Nuculae lenticulares, levissimae vel marginatae: *35. peploides.*

b) Folia ovata vel elliptica, parce undulato vel serrato-crenata. Cymae capitatae, foliis superioribus axillares, longipedunculatae. Nuculae oblongoovoideae, verrucosae: *36. subalpina.*

Zu einer natürlichen Anordnung der Arten muß die Einteilung der Flora Brit. Ind. nach glatten oder warzigen Früchten fallen gelassen werden, denn in diesem Merkmale verschiedene Arten stehen einander oft zweifellos zunächst und HOOKER machte auch schon auf seine Veränderlichkeit bei einzelnen aufmerksam. Zu einer endgültigen Gruppierung konnte ich natürlich ohne umfassendes Studium der ganzen Gattung nicht kommen, sondern ich reihe die Arten so an, wie sie mir an der Hand eines reichen Materials, das ich, wie für die übrigen *Urticaceen*, durch das Entgegenkommen der Herbardirektionen von Kew, Edinburgh, Berlin und Paris vergleichen konnte, untereinander verwandt scheinen, wobei sich einige sicher natürliche Gruppen ergeben, auf die ich unter ihren ersten oder letzten Arten aufmerksam mache.

1. ** ***P. monilifera*** HAND.-MZT. (Taf. I, Abb. 2).

Rhizoma repens, caulis crassitie, radicibus longis, ramosis, tenuissimis. Caules sparsi, subgeniculato-erecti, praeter ramulos floriferos simplices, 48—70 cm alti, succulenti, 4—7 mm crassi, internodiis 5—12 cm longis, superioribus etiam brevioribus. Folia elliptica vel ovato-elliptica, 6½—12½ cm longa et tertia parte usque plus duplo angustiora, caudato-acuminata, apice ipso obtusa, basi paulum obliqua rotundata alteroque latere saepe cordato-producta, cuiusque paris subaequalia vel valde inaequalia, margine brevissime sparseque ciliato grosse serrata, sicca membranacea, intense viridia, supra sparse albido-setulosa, utrinque cystolithis fusiformibus densiuscule instructa, inferiora mox decidua; nervi primarii 3 supra leviter impressi, subtus prominuli, laterales in tertio extero arcuatim fere ad apicem percurrentes, secundarii inaequales, densi, sub angulis subrectis vel rectis patentes, latiusculi, cum venis subtus prominulis rete laxum formantes; petioli in paribus saepe valde inaequales, laminis subaequilongi usque alteri 7^{plo} breviores. Stipulae in triangulares intrapetiolares 1—1½ mm longas siccas brunnescenti-membranaceas connatae. Flores monoici, ♂ sessiles in capitula 2—4 densissima, secus ramulos 2—6 cm longos foliis inferioribus axillares apice interdum comato-foliatos racemose sessilia congesti. Perianthium ♂ ovoideum, carnosum, 2—$2^1/_4$ mm longum, brunnescens, extus hirtellum, fere ad basin in lobos 4 cucullatos acutos fissum; stamina 4, filamentis perianthio paulo longioribus, antheris magnis. Inflorescentiae ♀ foliorum superiorum axillis subsessiles, anthesi ineunte vix ultra ½ cm longae, cincinnato-cymosae, densissimae. (Nuculae ignotae.)

NW-**Y.**: In den wtp. Mischwäldern des birm. Mons. im Doyon-lumba neben Bahan, 20. VI. 1916 (9017) und am Aufstiege zum Schöndsu-la (phot.), Tonschiefer, 2400—2750 m.

Die ♂ Infloreszenzen dieser Pflanze von unklarer Verwandtschaft erinnern an gewisse *Boehmeria*-Arten, die aber niemals saftige Kräuter sind und fadenförmige, nicht wie hier pinselförmige Narben haben. Die Blütenknäuel selbst erinnern an *P. Hookeriana*, bei der sie jedoch cymös angeordnet sind und deren seltene stark gesägte Exemplare auch noch durch große Nebenblätter und entfernt stehende Quernerven abweichen. Die gleiche Verteilung der Blüten ist von *P. plataniflora* beschrieben, aber nicht charakteristisch (s. unten). Im Habitus gleicht unsere Pflanze vollkommen *Lecanthus peduncularis* (ROYLE) WEDD.

2. P. mongolica WEDD. in DC., Prodr., XVI/1., 135 (1869). FORB. et HEMSL. in Journ. Linn. Soc., Bot., XXVI., 476 (1899).[1]

Syn.: *P. pumila* MAXIM., Mél. biol., IX (631). FORBES et HEMSL., l. c., 477. LÉVL., Fl. Kouy-Tchéou, 435, non (L.) A. Gr.

? *P. viridissima* MAK. in Bot. Mag. Tok., XXIII., 87 (1909).

Kw.: Pinfa, Lumongdwan (CAVALERIE 691 p. p.); Hsihougai (CAV. 548); ohne Standort (CAV. 697 E). NE-**Y.**: Ebene von Dungtschwan, am Fuße von Mauern im N, 2500 m (MAIRE, als „*P. stipulata*?“ det. LÉVEILLÉ).

[1] S. 477 WEDDELL sowie FRANCH., Plt. Dav., I., 271, als Synonym von *P. pumila* nochmals zitiert.

Das Original von *P. mongolica* stimmt wegen des aufrechten 2—4 cm hohen Stengels und der glatten Früchte auf diese Pflanze und nicht auf *P. Hamaoi.* Allerdings kommen mit glatten Früchten gemischt solche mit kleinen, gefärbten Pusteln vor. Die Länge der Kelchzipfel und ihr Verhältnis zur Frucht ist recht veränderlich. Staminodien finde ich keine oder nur in einzelnen Blüten, in denen keine Fruchtknoten ausgebildet sind (steril ♀ mit typischem Perianth der ♀ Blüte). Ob die für *P. viridissima* beschriebenen Staminodien einen Artunterschied ausmachen, ist wohl recht fraglich. Die mir vorliegenden Materialien aus Japan lassen es auch möglich erscheinen, daß sie von *P. Hamaoi* nicht scharf geschieden ist, denn FAURIES Nr. 767 und 2335 sind große Pflanzen vom *mongolica*-Habitus, mit gekniet-aufrechtem Wuchse, mit dem ♀ Perianth nur $^1/_3$ bis ½ so lang als die klein und auch größer gepunktete Frucht und den meisten fertilen Blüten ohne Staminodien, während die schwächere, lang einwurzelnde Nr. 2333 das Perianth gleich lang mit der klein gepunkteten Frucht hat und keine Staminodien. Die Blätter sind bei diesen allen gleich mit langer, stumpfer Spitze. Ein Teil der Exemplare von CAVALERIES Nr. 691 fällt durch die sehr zahlreichen sterilen Blüten bei Fehlen von Staminodien in den fertilen und kleine Pünktchen der Früchte auf, sie erweckten in mir den Verdacht von Bastarden *Hamaoi* × *mongolica.*

3. * ***P. Hamaoi*** MAKINO in Bot. Mag. Tok., X., 364 (1896) c. descr. japonica; XXIII., 86 (1909) c. descr. anglica.[1] **NW-Y.**: In sumpfigen Gebüschen der str. St. bei Tjibi in einem w Seitentale des Djinscha-djiang, 27° 36′, Schiefer, 2125 m, 27. VIII. 1915 (7841). **S.**: In einer Tropfquelle in der str. St. des Djientschang („Kientschang“) unter dem Dorfe Bandjiayin unterhalb Dötschang, krystallinisches Gestein, 1350 m, 3. IV. 1914 (1113). Omi, Felsen 9000′ (WILSON, Veitch Exp. 4477). **Kw.**: Hsingyi-hsien (ESQUIROL 1059). Pinfa: Lanmongdwan (CAVALERIE 691 p. p.).

Meine Nr. 1113 ist eine kleine, gedrungene Form mit kurzen Blattstielen.

4. ** *P. villicaulis* HAND.-MZT.

Rhizoma longe repens, usque ad 5 mm crassum, rigidulum, radicibus tenuissimis ramosissimis. Caules geniculato-ascendentes (10—) 20—40 cm alti, succulenti, usque ad 4 mm crassi, simplices, pilis hyalinis ½—2 mm longis praesertim superne dense villosi, internodiis inferioribus usque ad 11 superioribus 1 usque 5½ cm longis. Folia oblique oblongo-ovata usque late ovata et inferiora orbicularia, (2½—) 5—14½ cm longa, longitudine usque subduplo angustiora, acuta usque breviter caudata, basi obtusissima vel rotundata, inferiora saepe 1½ cm tantum longa, saepe decidua, omnia grosse crenato-dentata, dentibus (1½—) 5—10 (—12) mm inter se distantibus, latitudine c. aequilongis antice saepe accrescentibus, membranacea, sicca saturate viridia, subtus dilutiora et cystolithis linearibus dense instructa, supra sparse, subtus in nervis tantum setuloso-pilosa, trinervia, nervis lateralibus circa tertium superum terminatis et ramosis, nervis secundariis inter se remotis, sub angulis c. 55—75° patentibus, exterioribus in dentes excurrentibus; petioli laminis sesqui- usque 5 (—10)^{plo} breviores, ad 1 mm crassi, villosi, superiorum alteri alteris saepe duplo longiores. Stipulae

[1] Da ein nach 1. Januar 1908 ohne lateinische Diagnose veröffentlichter Name nicht als gültig angesehen wird, wird nun die oben im Schlüssel gegebene Charakteristik der Form Genüge leisten.

per paria in intrapetiolares late triangulares c. 3—4 mm longas saepeque latiores, submembranaceas, margine villosas connatae. Inflorescentiae dioicae, foliis superioribus axillares, cymoso-ramosae, axibus pedunculisque taeniaeformidilatatis, floribus glomeratis, bracteis minutissimis, membranaceis, ♀ densissimae, subglobosae, c. 5—10 mm diametientes, subsessiles, ♂ geminatae, c. 1 cm longae et subaequilatae vel subduplo angustiores, pedunculis usque ad ½ cm longis. Flores ♀ ½—1 mm diametientes, pedicellis c. ½ mm longis; perianthii lobi 3 subliberi, posterior lineari-oblongus, acutus, nucula subaequilongus, ceteri fere duplo breviores, ovati, acuti vel truncati, omnes submembranacei; staminodia 3; nuculae ad 1 mm longae, suboblique compresso-ovoideae, isabellinae, plurimae crassae, dense et minute verrucosae, lenticularibus levibus anguste marginatis immixtis. Flores ♂ floribus abortivis multis minutissimis pedicellis taeniaeformibus usque ad 2 mm longis insidentibus immixtis, 1½ mm diametientes, pedicellis brevioribus vel aequilongis, perianthii lobis 4 subliberis, ellipticis, submembranaceis, staminibus 4 filamentis corollam paulo excedentibus, rudimento ovarii nullo.

S-**Y.**: Semao, forest ravine, 4500′ (Henry 13195); W forests, 5000′ (H. 12544); S forests, 5000′ (H. 13134 B).

Im Habitus einer großen *P. mongolica* nicht unähnlich, ist diese Art durch die Behaarung und die verbreiterten Infloreszenzachsen, welche die Cymen, von rückwärts gesehen, beinahe *Elatostema*-artig erscheinen lassen, sehr ausgezeichnet und anscheinend recht isoliert.

5. P. Hookeriana Wedd. **Y.**: Yünnanfu (Ducloux 802 p. p.; Maire 346 [341]). Möngdse, E forests, 7000′ (Henry 11339).

Die chinesischen Pflanzen, die nur ♀ vorliegen, gleichen nicht vollständig dem Typus, sondern haben schmälere, viel gröber gesägte Blätter und weniger deutlich den Adern entlang gereihte Cystolithen. Mit ihnen stimmt eine indische Pflanze von Kohima, Naga Hills, 5500′ (C. B. Clarke 41076 B) völlig überein. Solange ♂ Exemplare dazu nicht bekannt sind, ist die Identität nicht ganz sichergestellt.

6. ***P. angulata*** Blume, Mus. Bot. Lugd.-Bat., II., 55 (1856). (*Urtica angulata* Blume, Bijdr., 494 [1825]. — *U. stipulosa* Miq. 1851—1855. — *Pilea stipulosa* Miq. 1854—1855, s. Koorders, Exkfl. Java, II., 131. — *U. petiolaris* Siebd. et Zucc. 1846. — *P. petiolaris* Wedd. 1854). SW-**H.**: an grasigen, kräuterreichen Hängen der wtp. St. beim Tempel Gwanyin-go auf dem Yün-schan bei Wukang, Tonschiefer, 1200 m (12423). S-Tschekiang: Kingyüan (Ching 2492). W-**Y.**: Im birm. Mons. an den Hängen des Mingkwong-Tales, 25° 15′, feuchte offene Stellen an Gebüschrändern, 7000′ (Forrest 8301).

Soviel sich an dem ♂ Material erkennen läßt, stimmt die Pflanze mit der japanischen, mir nur ♀ vorliegenden ebenso wie mit den javanischen überein. Blume beschrieb das sehr charakteristische, wenn auch etwas veränderliche cupulaartige ♀ Perianth überhaupt nicht, Weddell jenes indischer Exemplare, die mit Ausnahme eines mangelhaften Stückes von Thwaites, soweit sie mir vorliegen, nicht zur Art gehören.

7. ***P. notata*** C. H. Wr. (*Boehmeria Vanioti* Lévl. in Rep. nov. sp., XI., 551 [1913]; in Fl. Kouy-Tchéou, 423). **H.**: In Waldschluchten der str. St. des Yolu-schan bei Tschangscha, Sandstein, 80 m (12760). **Ki.**: Kiukiang, Hügel

(CARLES 192). **Kw.**: Pinfa, SW., Höhleneingang (CAVALERIE 279). Guiyang, „Mont du College", Felsen bei Kematong (BODINIER 1697). Nganping, häufig in Wasserläufen in der Stadt (MARTIN u. BODINIER 1655).

Die ♂ Pflanze ist von *P. angulata* sehr wenig verschieden, die ♀, wie sie in meiner Nr. 12760 vorliegt, durch die Ausbildung der Nuculae (s. im Schlüssel unter Punkt 11) sehr bedeutend.

8. P. rubriflora C. H. WR. Nur in der Originalaufsammlung und nur ♂ bekannt. Dürfte der vorigen nicht ferne stehen.

9. ** *P. longicaulis* HAND.-MZT.

(Radix ignota). Caules 30—60 cm alti, 2 mm crassi, viriduli, ut tota planta glabri. Folia elliptico-lanceolata, multa subobliqua, 10—15 cm longa, longitudine ± triplo angustiora, acuminata, basi obtusata, saepe altera minora et breviora, sicca utrinque subaequaliter dilute viridia et cystolithis magnis linearibus dense instructa, usque ad apicem trinervia, nervulis transversalibus remotis subhorizontalibus, interioribus in nervum tenuiorem ± indistictum confluentibus, exterioribus in submarginalem anastomosantibus, in foliis vetustioribus tantum prominulis; petioli 2—4 cm longi, fere 1 mm crassi. Stipulae minutissimae, submembranaceae, late triangulares, intrapetiolares. Inflorescentiae dioicae, laxe paniculato-cymosae, 1—4 cm longae et 2—3^{plo} angustiores, pedunculis 3—10 mm longis, bracteis minutissimis. Flores ♂ brevipedicellati, 2—3^{ni} fasciculati, glomerulis usque 5 mm inter se distantibus, perianthii lobis 4 liberis ad 1½ mm longis, ovatis, apice gibbosis, submembranaceis, filamentis 4, usque ad 2 mm longis, ovarii rudimento nullo. Flores ♀ pedicellis usque ad 1 mm longis, parvi, perianthii lobis 4 liberis, ellipticis, apice gibbosis, ad 1 mm longis, submembranaceis; nuculae usque ad 2 mm longae, compresso-ovoideae, multae subobliquae, disco crasso fuscobrunneo, annulo erosulo cincto, margine angusto plano pallidiore. Flores steriles tetrameri staminodiis 4 praediti immixti.

Kwanghsi: Lungdschou („Lungchow"), in wooded ravine, March (MORSE 494: Herb. Kew); on hills, IV (M. 492, aber dieser Zettel vielleicht nicht dazugehörig).

Eine sehr auffallende, äußerlich *P. smilacifolia* (WALL.) WEDD. etwas ähnliche Pflanze. Sehr bemerkenswert ist das vierzipfelige ♀ Perianth. Im übrigen dürfte sie doch der vorigen Art am nächsten stehen, deren Früchte leider noch nicht bekannt sind. Die langen, wenig steifen Stengel erinnern sehr daran. Ihre Internodien sind im unteren Teile verdickt, doch ist dies wohl auf irgend eine Störung zurückzuführen und kein Artmerkmal. Eine Andeutung von Reihung der Cystolithen längs der Nerven ist vorhanden. Außerdem findet man an den älteren Blättern besonders auf der Unterseite in der Mitte der Nervenfelder je einen dunklen Punkt, wie es WRIGHT für *P. Henryana* (s. unten unter 33) beschreibt; hier erscheinen diese Flecken manchmal von sternförmig angeordneten Cystolithen umgeben und machen auch nicht den Eindruck einer normalen Bildung.

10. ***P. fasciata*** FRANCH., Plt. David., II., 119 in Nouv. Arch. Mus. Par., 2. sér., X. (1888). (*P. Symmeria* C. H. WR. in Journ. Linn. Soc., Bot., XXVI., 479 [1899], non WEDD. — *P. producta* DIELS in Not. R. B. G. Edinbgh., VII., 269 [1912], non BL.). An Bachrändern, in Wäldern, im Bambusdschungel, zwischen Felsblöcken, in kräuterreichen Wiesen der wtp. und tp. St., auf

Kalk, Tonschiefer und Eruptivgesteinen. **Y.**: 2000—3350 m. Im W ober Hsiangschuiho (6452) und unter dem Passe Dsuningkou zwischen Dali und Lidjiang, hier beim Stauweiher von Ngulukö (phot.; SCHNEIDER 2086) und in der Schlucht Lokü. Osthang des Dsang-schan bei Dali (FORREST (4786). Im birm. Mons. im Lavabett w von Tengyüe (F. 8406). Yünnanfu, unter dem Tempel Taihwa-se (SCHOCH 213); in Grotten der Berge (CAVALERIE). Möngdse (HANCOCK 357). Im NE bei Dungtschwan (MAIRE 616, 617, 850/1913, distr. BONATI 6700). SW-**H.**: Yün-schan bei Wukang, 1000—1250 m (12330). W-Hubei (WILSON, VEITCH Exp. 942, 2140a); Nanto (W. 1220); Patung distr. (HENRY 4043). ? **S.**: Omi (WILSON, VEITCH Exp. 5158, mit kleiner und mehr gekerbt-gezähnten Blättern).

Weiß gestreifte Blätter, wie sie FRANCHET beschreibt, habe ich nicht gesehen, sie treten gelegentlich bei mehreren Arten auf und sind systematisch bedeutungslos. Nach Beschreibung und Abbildung gehört *P. Matsudai* YAMAM. in Suppl. Ic. Pl. Form., I., 7 (1925) wahrscheinlich auch hierher. *P. fasciata* bildet mit den folgenden 15 Arten eine natürliche Verwandtschaftsgruppe. „Petioli 2—4 mm" der Originalbeschreibung ist ein Druckfehler für cm. Herr Dr. GAGNEPAIN machte mich auch aufmerksam, daß *P. fasciata* mit *P. hygrophila* (MIQ.) BL. nach WEDDELLS Bestimmungen im Pariser Herbar zusammenfalle. Das Original in Leiden ist aber eine ganz andere Pflanze mit kleinen, unterseits behaarten Blättern. HOOKER hat also recht, wenn er WEDDELLS *P. hygrophila* als ein Gemisch bezeichnet. Die Pflanze von den Nilgherries ist wohl *P. Wightii* WEDD. var. *macrophylla* HOOK. f., die nach WIGHTschen Exemplaren größere Blätter mit demgemäß mehr Zähnen hat, aber die selbe durch die tiefeinschneidenden obersten Zähne isolierte Blattspitze und kurze oder mehr gestreckte, aber immer sitzende Cymen, deren einzelne Äste spreizend rispig verzweigt sind. PERROTTETS Nr. 1042 möchte ich aber für eine kahlere *P. umbrosa* (WALL.) WEDD. halten, obwohl diese für die Nilgherries noch nicht angegeben ist. Dagegen stimmt mit einem ♂ WIGHTschen Exemplare wieder eine ♀ Pflanze aus Khasia, 5—6000′ (HOOKER u. THOMSON) überein, die als *P. stipulosa* ausgegeben, aber in der Fl. Brit. Ind. nicht angeführt ist, und ein Exemplar aus Ceylon (THWAITES 2184 p. p., mit einem zweiten, das wohl *P. angulata* ist); die drei anderen dieser Nummer aber haben ganz andere Nebenblätter und Perianthien. Von echter *P. Wightii* WEDD., die ein kriechend aufsteigendes, schwaches, aber saftiges Kraut mit langgestielten Infloreszenzen ist, scheinen mir alle diese sehr verschieden.

11. ** *P. pentasepala* HAND.-MZT.

Caulis e rhizomate repente, radicibus tenuibus obsito geniculato-ascendens, simplex, succulentus, c. 30 cm altus, ad 3 mm crassus, viridis, glaber, internodiis superioribus 1—3 cm, inferioribus usque ad 8 cm longis. Folia elliptica usque oblongo-elliptica, 7½—14½ cm longa, longitudine 2—3^{plo} angustiora, multa paululum obliqua, acuminata usque caudato-acuminata, basi obtusata, altera plerumque minora breviusque petiolata, inferiora mox decidua, ubique breviter serrulata serraturis mucronatis 2½—8 mm inter se distantibus, herbacea, sicca saturate subtusque pallidius viridia, cystolithis linearibus supra tenuibus et in dentibus farctis, subtus crassis dense instructa, usque ad apicem trinervia, nervis secundariis irregularibus paucis subtus conspicuis transversis exterioribus in nervos tenuiores arcuato-flexuosos anastomosantibus, ramis tenuissimis in sinus excurrentibus; petioli 1—5½ cm longi, ad 1 mm crassi, cuiusque paris alter altero fere duplo longior. Stipulae late triangulares, usque ad 2 mm longae, submembranaceae, acutae. Inflorescentiae monoicae (?), foliis superioribus axillares singulae, pedunculis 0,3—8,5 cm longis, laxe cymoso-ramosae, usque ad 1½ cm longae et aequilatae vel duplo angustiores. Flores ♀ subsessiles vel pedicellis usque ad 2 mm longis, pedicellis multis sterilibus ad 3 mm longis clavatis (floribus ♂ delapsis?) immixtis, bracteis minutissimis. Perianthii ♀ lobi 5, liberi, aequales, ad 2 mm longi, oblongo-ovati, submembranaceo-marginati. Nuculae lenticulares, ad 2 mm longae, subobliquae, rufobrunneae, margine angusto complanato isabellino, minutissime verrucosae.

S-Y.: Mts. S. of Mengtze, in wood, 6000′ (HENRY 9771: Herb. Kew).

Die Pflanze entspricht durch die fünf gleichen ♀ Perianthzipfel dem Gattungscharakter von *Achudemia*, doch kommt ihr durch die drei gleichgroßen Zipfel *Pilea fasciata* so nahe und zeigt das ♀ Perianth in der Gattung überhaupt so verschiedene Typen, daß sie nicht generisch abgetrennt werden kann. Vielleicht steht sie auch *P. pachycarpa* WEDD. nahe, die sich durch ober- und unterseits fast gleichmäßige Cystolithen, dichter stehende Sekundärnerven, deren äußere nicht in einen Randnerven zusammenlaufen, drei ungleiche ♀ Perianthzipfel und nicht berandete Nüßchen unterscheidet.

12. ** ***P. Hilliana***[1] HAND.-MZT. (*P. stipulosa* C. H. WR. in Journ. Linn. Soc. Bot., XXVI., 478 p. p., non MIQ.).

Caules e rhizomte repente lignescente, radices tenuissimas edente geniculato-erecti, 20—70 (?) cm alti, glabri, serius lignescentes et brunnescentes, 2—6 mm crassi, saepe sparse papillosi, internodiis inferioribus c. 10 cm longis, superioribus abbreviatis. Folia oblongo-ovata, (2,5—) 8—17 cm longa, longitudine ± duplo angustiora, subobliqua, acuminata, basi obtusa usque unilateraliter rotundata, in paribus plerumque inaequimagna et inaequaliter petiolata, inferiora multo minora saepe suborbicularia, fere a basi grosse et late serrato-dentata, dentibus subaequalibus 4—13 mm inter se distantibus acutiusculis, sicca supra saturate virida subtus pallidiora, glabra, trinervia, nervis lateralibus saepe duas tertias folii percurrentibus, secundariis utrinsecus 6—8 inter se remotis obliquis, exterioribus ad sinus anastomosantibus et in dentes excurrentibus, venis subtransversis laxissime reticulatis, supra cystolithis linearibus minutis, subtus maioribus densissime instructa; petioli 1—4 cm longi, c. 1 mm crassi. Stipulae anguste triangulares, usque ad 1 cm longae, submembranaceae, intrapetiolares, mox deciduae. Inflorescentiae dioicae, axillares, laxissime paniculato-cymosae, pedunculis (2—) 4—12 cm longis, paulum complanatis, marginibus hirtellis, bracteis minutissimis. Flores ♂ c. 1 mm diametro, singuli vel 2—3^{ni} fasciculati subsessiles, glomerulis usque ad 4 mm inter se distantibus, perianthii lobis 4 liberis, submembranaceis, exterioribus cymbiformibus, interioribus obovatis; filamenta perianthio subaequilonga; ovarii rudimentum nullum. Flores ♀ magis farcti, perianthii lobis 5, subliberis, oblongis, 1 mm longis, membranaceo-marginatis. Nuculae perianthio paulo longiores, compresso-ovoideae, subobliquae, brunneae,

---

[1] Directori herbarii Kewensis, cuius generositati cognitionem specierum plurimarum sinensium huius generis debeo, gratiam agens dedicata.

praesertim versus margines crasse verrucosae. Flores steriles pentameri, staminodiis 5 praediti immixti.

Y.: Semao, S. mountain forests, 4000′ (H. 12460). Möngdse, mountains, 6000′ (H. 10295); E. forests, 7000′ (H. 11344); N. mt. forests, 7000′ (H. 11294). Yünnanfu (Ducloux 802 p. p.).

Ducloux' ♂ Pflanze klebt auf demselben Bogen mit einer ♀ der yünnanesischen *Hookeriana* und war vom Sammler mit dieser für identisch erklärt worden. In Nervatur, Cystolithenverteilung und Stipeln sind sie aber voneinander weit verschieden. Die Art bildet, wie *P. pentasepala*, den Übergang zum *Achudemia*-Typus.

13. P. producta Blume, Mus. bot. Lugd.-Bat., II., 56 (1856). **Y.**: S.: Szemao, forests, 4000′ (Henry 13134); forest ravines 5000′ (H. 13134c); S forests, 4500′ (H. 13134 A). Tengyüe (Howell 328). W.: Tali (Forrest 4786).

Die Exemplare stimmen mit dem Original in unserem Herbar gut überein, sind nur etwas kahler. Die Sekundärnerven der Blätter stehen recht entfernt und schräg, das Maschennetz ist regelmäßig und gleichmäßig, dick, die Pflanze ist also doch durch wichtige Merkmale von *P. umbrosa* verschieden, obwohl der Blattgrund auch breit keilig, selbst schmal gerundet-gestutzt vorkommt. Die ♀ Exemplare von Henrys Nr. 13134c im Berliner Herbar haben durchaus rot gepustelte Nüßchen, jene in Edinburgh glatte mit nur einzelnen solchen gemischt. Da die ♀ Pflanze noch nicht bekannt war, seien ihre Infloreszenzen hier beschrieben: Cymae ♀ in axillis foliorum superiorum singulae, densae, 5—10 mm longae pleraeque subaequilatae, pedunculis 1—5 mm longis, dilatatis, hirtellis; bracteae minutissimae, submembranaceae; pedicelli c. ½ mm longi. Perianthii lobi 3, liberi, ovati, subaequales, nuculis fere duplo breviores, submembranacei; staminodia 3. Nuculae usque ad 1 mm longae, late compresso-ovoideae, valde obliquae, levissimae vel minute verrucosae, saepe margine complanato cinctae, isabellinae.

Henrys Nummern 12243 von Semao, E forests 4500′ und 12355 von dort, S forests 4500′ sind ähnlich, aufrecht oder offenbar niederliegend und bis zu den mittleren der blütentragenden Knoten Adventivwurzeln treibend, mit stark behaartem Stengel, schmal elliptischen Blättern mit noch schrägeren Seitennerven und sehr engem Adernetz, auf diesem unterseits dicht borstelig, mit langen und schmalen, häutigen Nebenblättern und fast sitzenden rispigen ♂ Blütenständen. Da nur solche vorliegen, ist ein abschließendes Urteil darüber unmöglich.

14. ***P. umbrosa*** (Wall.) Wedd. In Wäldern, schattigen Gräben, an Bachrändern, unter Felsen in der wtp. und unteren tp. St., 1900—3250 m, auf Kalk, Sandstein und Schiefer. **Y.**: Zwischen Piyi und Baörlso am Wege von Yungbei nach Yungning (3224). Um Ngulukö (3826; Forrest 2629, 5935, 6642; Schneider 2287, 1977; Rock 4490) und Ganhaidse (phot.) bei Lidjiang. Im birm. Mons. auf Hügeln e von Tengyüe (Forrest 7738). Im S. bei Semao (Henry 12460). Im NE bei Dungtschwan (Maire 620, 847/1913, distr. Bonati 2836 B, 3661, 6326). **S.**: Datu sw von Muli (phot.). Kwapi am Yalung n von Yenyüen (2785). Ober Banschan gegen Pudi zwischen Nganning-ho und Yalung (phot.). Dadjienlou (Pratt 110, 142).

15. **P.** ***Martinii*** (Lévl.) Hand.-Mzt. (*Boehmeria Martinii* Lévl. in Rep. nov. sp., XI., 551 (1913); Fl. Kouy-Tchéou, 423. — *Pilea Symmeria* C. H. Wr. in Journ. Linn. Soc., Bot., XXVI., 479 p. p.).

Descriptio completa: Rhizoma brevissimum, usque ad 1½ cm crassum, radicibus fasciculatis crassissimis longis. Caules geniculato-ascendentes, 18 cm—1 m alti, simplices vel ramosi, succulenti, glabri, internodiis superioribus 2—8, inferioribus usque ad 20 cm longis. Folia ovato-oblonga usque elliptico-lanceolata, pleraque ± obliqua, 7—20 cm longa et longitudine fere duplo usque quadruplo angustiora, acuta usque caudata, basi obtusata usque subcordata, inferiora decidua minora saepeque suborbicularia, omnia fere a basi ± grosse serrata serraturis (1½—) 4—8 (—13) mm inter se distantibus plerumque antice accrescentibus, herbacea, sicca saturate viridia, supra sparsissime pilosa, margine ciliolata, utrinque cystolithis parvis linearibus dense instructa, usque ad apices trinervia, nervis transversalibus densis sub angulis 70—90° patentibus, exterioribus in sinubus furcatis et in dentibus anastomosantibus; petioli plerumque inaequilongi, longiores laminis subaequilongi usque 5^{plo} breviores, breviores illis usque 4^{plo} breviores, apice sparse pilosi. Stipulae in triangulares, acutas, 3—6 mm longas, submembranaceas plerumque pedunculos amplectentes connatae. Inflorescentiae dioicae vel monoicae, inferiores ♂, superiores ♀, axillares singulae, laxe thyrsoideo-ramosae, 2—8 cm longae, subaequilatae usque triplo angustiores, pedunculis ½—6 cm longis, compressis, bracteis minutissimis, sparsis, cymbiformi-lanceolatis, floribus sessilibus vel subsessilibus glomeratis. Flores ♂ fere 1 mm diametro; perianthii lobi 4 subliberi elliptici, submembranacei, setulis serius deciduis demum cicatricosi; filamenta 4, lobos subaequantia; ovarii rudimentum nullum. Flores abortivi multi pedicellati immixti. Flores ♀ fere 1 mm diametro, perianthii lobis liberis 3 submembranaceis, posteriore cymbiformi nucula subduplo breviore, ceteris triangularibus subtriplo maiore. Nuculae fere 1 mm longae, compresso-ovoideae, multae paululum obliquae, stramineae, leves.

In tiefschattigen Wäldern der wtp. St., selten bis in die unterste tp. SW-**II.**: An überronnenen Tonschieferfelsen auf dem Yün-schan bei Wukang, 1300 m (12370). W. Hubei (Wilson, Veitch Exp. 1225b); Patung distr. (Henry 1815, 4752); Kuei (H. 6178); Nanto (Wilson, V. E. 1225). **S.**: Omei, 8000′ (Faber 435, Wilson, V. E. 5159). **Kw.**: Nganping („Ganpin"), Plante rare, au fond d'une excavation profonde en forme de grotte (Martin u. Bodinier 1902). **Y.**: Yünnanfu (Ducloux 685). Im NW im birm. Mons. auf Schiefer unter Doschiratscho, 3100 m, im Doyon-lumba bis 2725 m und bei Bahan, 2400—2600 m (9020), zwischen Salwin und Mekong, um 28° N. NE Upper Burma: Hills n of Htawgaw, 26° 10′ N, 98° 25′ E, 7000′ (Forrest 24840).

Die Unterschiede gegenüber *P. umbrosa* sind oben im Schlüssel, wo die Arten nebeneinanderstehen, leicht zu ersehen. Von gröber gesägten Formen von *P. Symmeria*, mit denen sie verwechselt wurde, unterscheidet sie sich außer der Färbung durch den fleischigen Stengel und die kleinen ♂ Blüten, doch ist Henry 4989 wohl eine Annäherungsform.

16. P. trinervia Wight (non Diels in Bot. Jahrb., XXIX., 302). (*P. ansiophylla* C. H. Wr. in Journ. Linn. Soc., Bot., XXVI., 475, non Wedd.). S-**Y.**: Möngdse (Henry 11287; Hancock 416). Semao, 6000′ (Henry 13534), forests, 6000′ (H. 13139), forest ravines, 5000′ (H. 13139 A). Hainan (Mc. Clure,

Cant. Chr. Coll. Herb. 3389). Formosa (HENRY 1634 mit den kleineren Blättern abnormal sitzend).

Die chinesischen Exemplare haben nahezu ganzrandige Blätter, doch liegen solche von WIGHT vor, die ihnen darin schon ganz nahe kommen. Die größten Zähne indischer Pflanzen haben 2 mm lange Vorderränder. Die Art ist nicht immer kahl, sondern Exemplare des Autors haben noch auf den Adern der Blattunterseite dichtstehende und auf der Blattoberseite und am oberen Stengelteil zerstreute Börstchen, solche von Malabar und Concan (STOCKS, LAW) weniger. Glatte Nuculae kommen gemischt mit höckerigen an MEEBOLDS Nr. 13389 vor. *P. trinervia* hat in Indien eine weitere Verbreitung, als in HOOKER, Fl. Brit. Ind., V., 557 ersichtlich ist. Sie liegt im Herbar Kew auch von Darjeeling, 5000′ (CLARKE 26937; GAMBLE 9417) und Rungbee in Sikkim, 5000′ (CLARKE 8565 A, 12194), teils als *P. Hookeriana*, teils als *Symmeria* bestimmt, und von Mishmi (GRIFFITH 4518 p. p.).

Boehmeria Cavaleriei LÉVL. in Repert. n. sp., XI., 550 (1913); in Fl. Kouy-Tchéou., 422—423 ist eine *Pilea* mit, soviel sich ohne entwickelte Blüten feststellen läßt, den Merkmalen von *P. trinervia*, doch von anderem Habitus, verzweigt, wenigstens nach Abbrechen des Hauptstengels, mit anscheinend dünnen und trockenen, gefurchten Ästen. Die Untersuchung der Originale konnte keine Aufklärung bringen.

17. P. scripta (HAM.) WEDD. Y.: Dali (FORREST 4781). Schweli—Salwin-Scheide n von Hotou, 25° 50′ N, 98° 45′ E, 9—10000′ (F. 26225). Möngdse (HENRY 10414, 11393 nach FORBES u. HEMSLEY).

P. pachycarpa WEDD. 1856 ist offenbar dieselbe Pflanze wie *P. Griffithii* BLUME, die weder WEDDELL, noch HOOKER bekannt war. In unserem Herbare befindet sich ein auf die Beschreibung völlig stimmendes Exemplar mit dem Namen von BLUMES Handschrift. Da nach WRIGHT, in Journ. Linn. Soc., XXVI., 479, sowie nach PRITZEL BLUMES Mus. Lugd.-Bat. auch erst 1856 erschien, ist von den gleich alten Namen der WEDDELLsche mit der besseren Beschreibung versehene vorzuziehen. Die Angabe „Malacca“ steht nicht auf einer Originaletikette, sondern auf einer unseres Museums und ist wohl irrtümlich.

*18. ** P. Howelliana* HAND.-MZT.

Rhizoma repens, crassitie caulis, radicibus tenuissimis ramosissimis. Caules erecti vel geniculato-ascendentes, simplices (vel etiam ramosi?), 10—20 cm alti, usque ad 2½ mm crassi, succulenti, virides, ut tota planta glabri, internodiis inferioribus 1½—3 cm longis, superioribus usque ad 0,5 cm abbreviatis. Folia ovata usque ovato-lanceolata, multa paululum obliqua, 1½—6 cm longa, longitudine sesqui- usque triplo angustiora, acuta vel acuminata, basi rotundata ipsaque saepe minute cordata, altera plerumque minora et brevius petiolata, inferiora minora et breviora mox decidua, omnia ubique levissime crenata et in sinubus (2—) 3—9 mm inter se distantibus apiculis patulis instructa, sicca saturate viridia, utrinque cellulis epidermidis magnis collabentibus sub lente reticulata, secus nervos pallescentia, cystolithis parvis linearibus ubique densis instructa, usque ad apicem tenuiter trinervia, nervulis transversis densiusculis, exteriorum maioribus quoque subtransversis in nervum marginalem anastomosantibus; petioli usque ad 2 cm longi, fere ½ mm crassi, parium superiorum alteris plerumque quam alteri duplo longioribus. Stipulae intrapetiolares, usque ad

1 mm longae, triangulares, acutae, antice membranaceae. Inflorescentiae monoicae, paniculatae, foliis superioribus axillares, bracteis pluribus sterilibus, minutissimis, ovato-oblongis, acutis, submembranaceis. Inflorescentiae inferiores ♀, pedunculis brevissimis usque 2 cm longis, ½—1½ cm longae et aequilatae vel duplo usque angustiores, florum subsessilium glomerulis approximatis. Perianthii ♀ lobi 3, posterior fere nuculam dimidiam aequans, linearis, apice gibbosus, ceteri minutissimi, triangulares, acuti, submembranacei. Nuculae compresso-ovoideae, obliquae, 1 mm longae, melleae, margine lato tenuiore pallidioreque cinctae, disci centralis margine incrassata crenulata et brunnescente. Inflorescentiae superiores ♂ axillares singulae, 2—3 cm longae et longitudine fere dimidio angustiores, pedunculis 6—7 cm longis, laxe thyrsoideae, divaricato-ramosae, floribus multis abortivis, ♂ glomeratis sessilibus. Perianthii lobi 4 liberi, oblongo-elliptici, acuti, submembranacei; stamina 4, filamentis ad 1 mm longis; ovarii rudimentum nullum.

W-Y.: Near Tengyüeh, 1911 (Howell 329 in herb. Edinbgh.).

Diese kleine Pflanze ist im Habitus *P. plataniflora* Wr. nicht unähnlich, steht aber zunächst *P. pachycarpa* Wedd., die sich durch größere Ausmaße, gesägte Blätter ohne Randnerv und nicht berandete Nuculae unterscheidet, und *P. scripta* (Ham.) Wedd., deren Unterschiede im Schlüssel ersichtlich sind.

19. ***P. Symmeria*** Wedd.; C. H. Wr. in Journ. Linn. Soc., Bot., XXVI., 479 p. p. (*P. aquarum* Dunn in Journ. Linn. Soc., Bot., XXXVIII., 366 [1908]). Y.: Im NW im tp. Regenmischwalde des birm. Mons. im Doyon-lumba am Salwin, 28° 2′, Schiefer, 2800—3000 m (8396). Im S bei Semao in Wäldern, 6000′ (Henry 13185). W-Hubei: Dschangyang, nasse Plätze (Wilson, Veitch Exp. 616 p. p.). Patung (Henry 7340). Hongkong: Mt. Parker (Tutcher, Ex. hb. Hongkg. Bot. G. 675, mangelhaft, aber nicht unwahrscheinlich). F.: Yenping (Dunn, Hgkg. hb. 3477).

Meine fruchtenden Exemplare haben die typischen großen Nuculae, meist glatt, aber einige mit flachen, roten Pusteln, nicht mit der von Hooker als manchmal vorhanden angegebenen Linie innerhalb des Randes; diese Merkmale in schwacher Ausbildung sind aber sehr veränderlich und die sonstige Übereinstimmung mit Sikkim-Pflanzen ist vollständig. Die ♀ Exemplare von Wilsons Pflanze (Herb. Berlin) zeigen die typische Infloreszenz, aber mit glatten, recht kleinen Früchten, wie die folgende Varietät. Die ♂ damit gemischten sind, wenigstens zum Teile, *P. verrucosa* Hand.-Mzt. *P. aquarum* Dunn ist eine kleine Form, die sich der var. *subcoriacea* nähert, aber dünne Blätter hat. Sie ist oberwärts nur mit den gewöhnlichen Börstchen etwas dichter besetzt, von „calyx hispidus" ist aber keine Rede, und die Nüßchen sind spärlich warzig. Es ist auffallend, daß die chinesischen Formen sich durch viel kleinere auszeichnen als die himalaischen. Ähnlich, mehr gestreckt, ist auch die Nr. 298 Wrights von Liu-tschiu, die C. H. Wright zu *P. stipulosa* stellte, mit der sie nichts zu tun hat. Henrys Nr. 7340 hat verarmte ♂ Infloreszenzen, wie sie von *P. plataniflora* ursprünglich beschrieben sind. Seine Nr. 4989 aus dem Patung-Distrikt hat typische 2 mm lange Nüßchen, aber der Stengel ist durchaus grün und auch die Blätter werden nur wenig braun und einige haben Zähne mit bis 4 mm langen Vorderrändern. Wahrscheinlich bildet diese Pflanze einen Übergang zu *P. Martinii*. Auch ist natürlich die Möglichkeit von Bastardierung in Betracht zu ziehen.

— — ** var. ***salwinensis*** HAND.-MZT.

Planta ramosissima, ad 1 m alta, glabra vel foliis juvenilibus subtus in nervulis dense adpresse velutinis. Cymae ♀ brevissimae. Nuculae pleraeque c. ½ mm tantum longae.

NW-Y.: Im wtp. Regenmischwalde des birm. Mons. bei Bahan am Salwin, 27° 58′, Schiefer, 2400—2600 m, 20. VI. 1916 (9021). Annähernd auch in E-Y.: Mile distr., mt. forest (HENRY 10453) mit verschmälertem Blattgrunde, die ganze Pflanze oberwärts dicht papillös-samtig, und S-Y. (HANCOCK 459, oberwärts behaart).

HOOKER (Fl. Brit. Ind., V., 554) bezeichnet die großen Nuculae als charakteristisch für die Art. An dieser Form nähern sich nur ganz einzelne der von ihm angegebenen Größe „1/12 in. or less". Die Kleinheit der nach HOOKER sehr veränderlichen Infloreszenzen steht mit der Üppigkeit der ganzen Pflanze nicht im Einklang und macht sie benennenswert.

— — ** var. *subcoriacea* HAND.-MZT. (*P. trinervia* DIELS in Bot. Jahrb., XXIX., 303, non WIGHT).

Folia crassiuscula, basi saepe acute angustata (f. *stenobasis* HAND.-MZT.); nervi secundarii crassi paulum autem prominui. Cystolithi tenuissimi, supra paulum, subtus non conspicui. Stipulae in surculis validis magnae, 5—8 mm longae, intrapetiolares, late cordatae, brunneo-membranaceae, marginibus reflexis. Inflorescentiae ♀ breves, densissimae, brevipedunculatae. Nuculae vix 1 mm longae, leves vel parce pustulatae.

S-Y.: Szemao, E, 4500′ (HENRY 12007, f. *stenobasis*). **S.**: Omi (WILSON, VEITCH Exp. 5153, f. *stenobasis*). Nantschwan (BOCK u. ROSTHORN 667). „W China" wet places, 6000′ (WILSON, VEITCH Exp. 4473), shady places, 6000′ (W. V. E. 4474). **Kw.**: (CAVALERIE 7155). W-Hubei: Ichang, beneath waterfall (WILSON, VEITCH Exp. 131, f. *stenobasis*).

In der f. *stenobasis* geht das von HOOKER als für die Art bezeichnend angegebene Merkmal des Blattgrundes verloren, doch gehört sie zweifellos zu dieser Varietät, deren breitblätterige Formen keineswegs dünnblätterige Schattenpflanzen sind und daher eine gewisse Konstanz besitzen müssen. Diese haben die Blätter mehr gekerbt, aber die Kerben klein bespitzt und die untersten meist auf diese Anhängsel reduziert. Mäßig breitblätterige Exemplare gleichen in den Blättern *P. pachycarpa* WEDD., die aber große, deutliche Cystolithen, andere Nebenblätter, Blütenstände und Früchte hat.

20. ** ***P. verrucosa*** HAND.-MZT.

Rhizoma tenue, longe repens, radicibus apice fasciculatis, tenuissimis, ramosissimis. Caules ascendenti-erecti, simplices, 20—40 cm alti, 1—2 mm crassi, fulvo-fuscescentes, glabri, superne foliorum paribus (½—) 1½—5½ cm inter se distantibus obsiti, internodiis inferioribus 6—18 cm longis mox nudis. Folia elliptica vel elliptico-lanceolata, maiora 6—10 cm longa, altera usque duplo minora breviusque petiolata, longitudine 2—3^{plo} angustiora, acuminata, basi cuneata vel obtusa, praeter partem basalem longius breviusve crenato-serrata, membranacea, supra sicca fulvescenti-atroviridia, sparse pilosa, subtus dilutiora et glabra, utrinque cystolithis crassiusculis linearibus instructa, tenuiter trinervia, nervulis transversalibus sat densis cum venis laxe reticulatis prominuis, exterioribus oblique arcuatis, in dentes excurrentibus; petioli 1—4 cm longi, usque ad

1 mm crassi. Stipulae ovatae, acutae, usque ad 1 mm longae, submembranaceae. Inflorescentiae dioicae, glabrae, laxe cymoso-ramosae, longitudine subaequilatae, in axillis geminae vel profunde furcatae, pedunculis usque ad 2½ cm longis, tenuibus. Bracteae minutissimae, triangulares, membranaceae, plurimae recaulescentes. Pedicelli ♂ tenues, floribus subaequilongi. Perianthii ♂ lobi 4 liberi, exteriores ultra 1 mm longi anguste obovati, rotundati, in alabastro infracti, interiores duplo minores, acuminati, dorso gibbosi. Pedicelli ♀ crassi, nuculis subduplo breviores. Perianthii ♀ lobi 3, liberi, oblongo-elliptici subacuminati, posterior nucula plus duplo brevior, infra apicem gibbosus, ceteri eo minores; staminodia 3. Nucula oblique lenticularis, subumbrina, 0,5—0,7 mm diametro, castaneo-verrucosa. Flores alares inferiores singuli rudimentarii, superiores et nonnulli apicales ♂ steriles staminodiis 4, rudimento ovarii nullo.

SW-**H.**: Im wtp. Laubhochwalde des Yün-schan bei Wukang unter dem Tempel Gwanyin-go, Tonschiefer, 1180 m, 18. VI. 1918 (12145). W-Hubei: Changyang, wet places, V. 1900 (Wilson, Veitch Exp. 696 p. p.).

Die dunklen, grobwarzigen Nuculae lassen die ♀ Pflanze leicht von der vorigen Art unterscheiden. Schwieriger ist dies bei der ♂, die von Wilson gesammelt wurde. Ihre Blätter sind mehr gekerbt, ohne bespitzte Zähne und der Grund ist nie gestutzt, wie bei der dünnblätterigen typischen *Symmeria.*

21. ** *P. lomatogramma* Hand.-Mzt. (*P. oxyodon*? C. H. Wr. in Journ. Linn. Soc., Bot., XXVI., 477 [1899], non Wedd.)

(Rhizoma ignotum.) Caules e basi longe repente radicibus tenuissimis sparsis obsita ascendentes vel erecti, 5½—20 cm alti, simplices, succulenti, 1—2 mm crassi, praesertim inferne albido-pruinosi, internodiis superioribus usque ad 2 mm abbreviatis, inferioribus usque ad 9½ cm longis. Folia cuiusque paris subaequalia, ovata vel obovata, 1—3,7 cm longa, longitudine subaequilata usque subduplo angustiora, inferiora minora mox decidua, omnia obtusa, basi rotundata vel subcuneata subaequilatera, margine fere toto subincrassato subundulato crenato-dentata, dentibus brevissime apiculatis, crassiuscula, in sicco fulvescentia, subtus papillosa, cum tota planta glaberrima, cystolithis parvis fusiformibus subtus tantum et raro conspicuis inspersa et maioribus secus margines utrinque notata; nervi 3, quorum laterales arcuatim ultra tertium superum producti, et secundarii irregulares inter se remoti sub angulis 60—90° patentes, exteriores in dentes excurrentes et venae laxe reticulatae utrinque tenuissime prominuli; petioli (2—) 5—17 mm longi, crassiusculi. Stipulae intra petiolos connatae, triangulares, ad 2 mm longae, membranaceae, mox brunnescentes, deciduae. Inflorescentiae monoicae vel dioicae foliis summis axillares singulae, ♀ inferiores laxe cymoso-ramosae, c. 5 mm longae et latae, pedunculis 2—10 mm longis complanatis, bracteis minutissimis, submembranaceis, pedicellis incrassatis quam nuculae c. duplo brevioribus. Perianthii lobi 3, ad $^1/_3$ connati, posterior nucula subduplo brevior, anguste triangularis, ceteri eo duplo breviores late triangulares, omnes submembranacei, gibbosi; staminodia 3. Nuculae lenticulari-ovoideae, c. 1 mm diametro, paululum obliquae, isabellinae vel avellaneae, verrucosae. Inflorescentiae ♂ superiores, laxe cymosae, 1—1½ mm latae, pedunculis 1,5—4,2 cm longis, minutissime bracteatae. Perianthii lobi 4, 2—3 mm longi, ad $^1/_3$ connati, cucullati, saepe apiculati, rubescentes; stamina 4, filamentis rubescentibus perianthio sublongioribus, antheris ad 1 mm longis albidis.

S.: Mt. Omi, 5000′ (FABER 441); VI. 1904 (WILSON, VEITCH Exp. 5152), beide im Herbar Kew. Hubei: Djienschi (HENRY 5826). S-H.—Kwangtung-Grenze: An Bächen am Mandse-schan, 3. IV. 1915 (Einheimische in MELL 415).

Die großen ♂ Blüten stellen die Pflanze in die Verwandtschaft der *P. Symmeria*, wo sie breitblätterigen Formen der var. *subcoriacea* recht ähnlich ist, sich aber durch viel kleinere Ausmaße, bei gleichen Abständen viel weniger Blattzähne und lockeres Nervennetz gut unterscheidet.

Eine sehr ähnliche Pflanze, nur männlich, aber mit gleichmäßig verteilten Cystolithen, mehr Blattzähnen und sehr lang gehörnten Perianthzipfeln liegt im Berliner Herbar von **Ki.**: Anfu, Wukung-schan, an feuchten Stellen, 5000′ (HU 242).

22. ** ***P. velutinipes*** HAND.-MZT. (Taf. I, Abb. 3).

Rhizoma tenue, longe repens, radicibus tenuibus longis. Caules sparsi, e basi geniculata flacce erecti, simplices, 10—17 cm alti, subsucculenti, 1—2 mm crassi, internodiis inferioribus 3—12½ cm longis, superioribus multo brevioribus, praesertim superne sicut petioli nervorumque dorsa brevissime brunnescenti papilloso-velutini. Folia cuiusque paris subaequalia vel valde inaequalia, elliptica vel lanceolato-elliptica, 2—6 cm longa, longitudine 2—3^{plo} angustiora, infima diminuta, omnia subacuminata, apice ipso obtusiuscula, basi raro paululum obliqua cuneata vel subrotundata, fere a basi obtuse crenato-serrata, membranacea, supra atroviridia, subtus glaucescentia, nervis 3 paulum prominulis lateralibus in tertio extero arcuatim ad tertium vel quartum superum currentibus, secundariis irregularibus sub angulis 60—70^{0} patentibus, exterioribus in dentes arcuatim excurrentibus et in sinus productis, cum tertiariis utrinque tenuiter prominulis rete laxum formantibus, cystolithis fusiformibus tenuibus albis utrinque crebris instructa et parce albido-setulosa; petioli cuiusque paris saepe valde inaequilongi, laminis subaequilongi usque 12^{plo} breviores, tenues. Stipulae intrapetiolares, 1½—2½ mm longae, triangulares, membranaceae, brunneae. Inflorescentiae (quae notae) dioicae, ♀ subsessiles, subdivaricato-cymosae, 3—7 mm longae, minutissime bracteatae. Flores 2—4^{ni} glomerati, brevissime pedicellati. Perianthii lobi 3 liberi, posterior cucullatus, obtusus, nucula duplo brevior, ceteri brevissimi, anguste triangulares. Nuculae oblique ovoideae, ½—¾ mm longae, brunneae, dense tuberculatae. Flores steriles pauci apicales. (Inflorescentia ♂ ignota.)

SW-**H.**: Im schattigen Laubhochwalde der tp. St. des Yün-schan bei Wukang, Tonschiefer, 1000 m, 12. VI. 1918 (12092).

Die samtige Behaarung und die dunklen, kaum flachgedrückten, warzigen Nuculae kennzeichnen diese verhältnismäßig kleine und zarte Pflanze, die auch in der Blattform mit keiner zu verwechseln ist. Im übrigen scheint sie zwischen *P. Symmeria* und der im folgenden beschriebenen *P. gracilis* zu stehen. *P. cuneatifolia* YAMAM. in Suppl. Icon. Plt. Formos., I., 5 (1925) wäre nach den angegebenen Merkmalen wohl zu vergleichen, doch hat meine Pflanze keine Ähnlichkeit mit *P. umbrosa*, der jene sehr ähneln soll.

23. ** *P. gracilis* HAND.-MZT.

Rhizoma longe repens, crassitie caulis, radicibus tenuissimis ramosis. Caules erecti vel e basi longe prostrata geniculato-ascendentes, 7—32 cm alti, 1—1½ mm crassi, simplices, saepe radices adventivos edentes, succosi, glabri, internodiis superioribus 5—25 mm, inferioribus usque ad 6 cm longis. Folia oblongo-ovata, nonnulla paululum obliqua, (1—) 2—6 cm longa, cuiusque paris alterum fere duplo minus et brevius petiolatum, longitudine subsesqui- usque triplo angustiora, acuta, basi obtusa, inferiora late ovata et minora saepe decidua, omnia a tertio infero serrata vel crenato-serrata, serraturis 2—5 mm inter se distantibus, sicca membranacea, supra saturate viridia, plerumque albido-fasciata, subtus dilutiora, cystolithis linearibus subtus valde conspicuis laxiuscule instructa, supra sparse hyalino-pilosa, nervis 3 supra paulum impressis, lateralibus usque ad tertium superum productis, secundariis interioribus densiusculis subtransversis, anterioribus et exterioribus sub angulis c. 60⁰ patentibus, his inter se in sinubus anastomosantibus et in dentes excurrentibus, venulis tenuissimis, rete laxissimum formantibus; petioli tenues, laminis subaequilongi vel usque 4^{plo} breviores. Stipulae minutissimae ad marginem interpetiolarem reductae. Inflorescentiae dioicae vel monoicae, foliis superioribus axillares geminae, laxe cymoso-ramosae, bracteis minutissimis, submembranaceis, ♂ inferiores, ♀ superiores. Cymae ♂ ½—3 cm longae, longitudine 2—3^{plo} angustiores, pedunculis (2—) 10—25 mm longis tenuiusculis, pedicellis usque ad 1 mm longis. Perianthium c. 1 mm diametro, ad $^{2}/_{3}$ in lobos 4 aequales, ovatos, submembranaceos fissum; filamenta 4, eo subaequilonga; ovarii rudimentum nullum. Cymae ♀ (2—) 5—10 mm longae et subaequilatae, inferiores pedunculis usque ad 4 mm longis complanatis, superiores subsessiles, pedicellis c. ½ m longis. Perianthii lobi 3 liberi, submembranacei, gibbosi, posterior oblongo-ellipticus, nucula subaequilongus, ceteri triangulares eo fere duplo breviores; staminodia 3. Nuculae usque ad 1 mm longae, compresso-ovoideae, subobliquae, isabellinae, verrucosae.

S-**Y.**: Szemao, forest ravines, 4000′ (Henry 13167), 4500′ (H. 12556), 5000′ (H. 13167 A, 13352).

Eine zierliche Art, die sich ungefähr zwischen *P. verrucosa* und *bracteosa* stellt.

24. ***P. bracteosa*** Wedd. (non Forb. et Hemsl.). (P. zwischen *umbrosa* und *Wightii* C. H. Wr. in Journ. Linn. Soc., Bot., XXVI., 479). S-**Y.**: Fengtschenlin (Henry 11230).

— — ** **var.** ***striolata*** Hand.-Mzt.

A typo cystolithis tenuibus linearibus nec substellato-punctiformibus diversa.

NW-**Y.**: Im str. Regenlaubwalde des birm. Mons. in der Seitenschlucht Naiwanglong des Taron (Djiou-djiang, e Irrawadi-Oberlaufes), 27⁰ 53′, Granit, 2150 m, 5. VII. 1916 (9344). Khasia, reg. subtrop., 3—5000′ (Hooker et Thomson).

Weddell beschreibt *P. bracteosa* und *oxyodon* mit kurz linealen und punktförmigen Cystolithen und Hooker zieht sie sicher mit Recht zusammen, aber ein Teil der Exemplare aus Khasia, sowie meine weichen durch die normal linealen auffallend und unvermittelt ab.

25. ** ***P. semisessilis*** Hand.-Mzt. (*P. Symmeria* Wr. in Journ. Linn. Soc., XXVI., 479 p. p., non Wedd.)

Rhizoma caulis crassitie, longe repens, radicibus tenuibus ramosissimis. Caules geniculato-ascendentes, hic illic radices adventivos edentes vel ramosi, 40—60 cm alti, usque ad 3 mm crassi, virides, ut tota planta glabri, cystolithis parvis densissime lineolati, internodiis superioribus ½—10 cm, inferioribus non infra 2 cm longis. Folia ovato-lanceolata vel lanceolata, multa subfalcato-obliqua, (2—) 5—12 cm longa et longitudine 2—4^{plo} angustiora, superiorum parium altera usque duplo minora et subsessilia, inferiora minora et breviora, mox decidua, acuminata, maiora longe caudato-acuminata, basi anguste rotundata ipsaque saepe minute cordata, omnia ubique subremote breviter serrata, serraturis inferioribus 2—7 mm superioribus usque ad 15 mm inter se distantibus apicibus tantum subpatentibus, cauda uno serraturarum pari instructa, herbacea, sicca intense viridia, cystolithis subtus crassis longe linearibus, supra minutis dense instructa, usque ad caudam tenuiter trinervia, nervulis transversis tenuibus densis, inter nervos primarios utrinsecus in nervum tenuem flexuosum confluentibus, exterioribus arcuatis, maioribus in sinubus bifurcis et juxta marginem continuis; petioli usque ad 6 cm longi, ad 1 mm crassi, foliorum inferiorum inter se subaequilongi. Stipulae per paria in intrapetiolares usque ad 8 mm longas, late ovatas usque triangulares, saepe acutas, submembranaceas connatae. Inflorescentiae dioicae vel monoicae, in axillis foliorum singulae, saepe ♂ in axillis foliorum brevipetiolatorum, ♀ longipetiolatorum oppositorum et inferiorum, pedunculis 1,5—6 cm longis et ♀ inferiores subsessiles, laxissime divaricato-thyrsoideae, 2—8 cm longae et latae vel duplo angustiores, glomerulis usque ad 12 mm inter se distantibus 3- — plurifloris. Bracteae plures steriles, minutissimae, obovato-oblongae, submembranaceae. Perianthii ♂ 1,5 mm diametientis lobi liberi 4, oblongo-elliptici, submembranacei, acuminati; filamenta 4, usque ad 1½ mm longa; ovarii rudimentum nullum. Flores abortivi multi immixti. Perianthii ♀ lobi 3 liberi, posterior maior oblongo-ovatus, ad ½ mm longus, atrovirens, ceteri minores, acuti, submembranacei; nucula compresso-ovoidea, usque ad 1 mm longa, isabellina, levis.

SW-**H.**: An grasigen, kräuterreichen Hängen der wtp. St. beim Tempel Gwanyin-go auf dem Yün-schan bei Wukang, Tonschiefer, 1250 m, 27. VII.—5. VIII. 1918 (12331). S-**S.**: Nantschwan (BOCK et ROSTHORN 848). S-**Y.**: Mengtze, Mt. woods to SW, 6000′ (HENRY 9790).

Die große Verschiedenheit in der Stielung der Blätter der oberen Paare, die allerdings auch bei *P. Symmeria* ähnlich vorkommt, macht die Art sehr auffallend und nähert sie vielleicht *P. Clarkei* HOOK. f. Auch *P. bracteosa* ist recht ähnlich, hat jedoch u. a. niemals so lang geschwänzte Blätter.

26. ***P. plataniflora*** C. H. WR. in Journ. Linn. Soc., Bot., XXVI., 477 (1899).

Syn.: *Pilea* sp. (19) WRIGHT, l. c., 479.

P. Blinii LÉVL. in Rep. nov. sp., XI., 65 (1912); in Fl. Kouy-Tchéou, 435.

P. Dielsiana HAND.-MZT. in Sitzgsanz. Ak. W. W., 1920, 243.

Descr. completa: Rhizoma longe repens, vix subterraneum, radicibus tenuissimis ramosissimis saepe fasciculatis, caules sparsos geniculato-erectos edens 10—44 cm altos, 1½—4 mm crassos, succulentos, basi indurascentes, cerino-pruinosos, inferne mox longe nudos, nodis saepe gemmuliferis 1—5 cm inter se distantibus, superioribus brevioribus. Folia ovata vel ovato-lanceolata usque ovato-sublinearia, caudato-acuminata, 8 × 20 et 22 × 44 usque 38 × 140 et 40 × 110 et 28 × 144 mm, infima saepe diminuta, basi aequali vel paulum obliqua rotundata interdum subcordata vel raro subcuneato-angustata, infima saepe valde diminuta, subsucculenta, atroviridia, cum tota planta glaberrima, margine paulum incrassato integerrima vel subundulata, supra cystolithis fusiformibus densissime inspersa, nervis 3 lateralibus in tertio extero usque ad apicem productis, secundariis irregularibus sub angulis 60—90° patentibus cum tertiariis tenuiter prominulis laxe reticulatis; petioli suberecti, 4—40 mm longi, cuiusque paris interdum valde inaequilongi. Stipulae intrapetiolares, 1½—4 mm longae, triangulares, membranaceae, virides vel siccae rubellae. Flores monoici (necnon dioici?)[1] 3—5^{ni} brevissime pedicellati in glomerulos minutissime bracteatos secus ramos tenues cymarum longipedunculatarum divaricatarum raro simplicium, ♂ folia fulcrantia superantium, ♀ iis immixtarum abbreviatarum dissitos compositi. Perianthii ♂ globoso-piriformis, ad 1—2 mm longi brunnei lobi 4 ad dimidium connati, lati, cucullati, saepe apiculati; filamenta 4 flavida perianthio duplo longiora; antherae magnae albae. Perianthii ♀ lobi 3 subliberi, posterior vix ½ mm longus cucullatus, ceteri multo minores anguste triangulares; staminodia nulla. Nucula complanato-ovoidea, ½ mm longa, pallide brunnea, parce verrucosa.

An Kalk- und Tonschieferfelsen besonders zwischen Moosen unter Gebüschen, von der tr. bis zur untersten wtp. St., 200—2050 m. **Y.**: Hsi-schan bei Yünnanfu (8635; Schoch 86). Yünnanfu (Maire 343, 2263). Beyendjing: Mangan-schan (Ten 1269). Dsilidjiang e von Lidjiang („Likiang") (3430). Möngdse (Hancock 52). Unter Yaotou zwischen Möngdse und Manhao (5962) und flußaufwärts gegenüber diesem Orte (5835). Im E auf dem Hügel bei Djindjischan nächst Loping (10191). **S.**: Omi-schan (Scallan in hb. Giraldi 5322). Wa-schan (Weigold). **Kw.**: Überall von Hwangtsaoba bis Tjiaolou. Tschatang (Esquirol 186). Kwanghsi: Lungdschou (Morse 493). Hubei: Yitschang (Henry 4352, 4352 A, B, C; Chien 1922). Nanto und Berge n (Henry 2046). Taiwan (Formosa): Large Oak forest, Sakuraga mine, Musha distr., 7000′ (Price 785). Dense forest in shade, Hokukei, Maibara valley, Horisha (Price 728).

Die Originalbeschreibung dieser häufigen und sehr veränderlichen Art bezieht sich auf ein Exemplar mit abnormerweise unverzweigter ♂ Infloreszenz. Unter dem heute vorliegenden Material leiten mehrere Exemplare wie Maires Nr. 2263 zu der vom Autor für verschieden gehaltenen *Pilea* 19 des Index Fl. sin. über. An Léveillés Beschreibung ist „Rhizomate fruticoso, folia flaccida, obovata" falsch und „Pedicelli capillares" kann sich nur auf die paniculae rami beziehen. Die Art steht unter den chinesischen isoliert und nähert sich am meisten der indischen *P. smilacifolia* (Wall.) Wedd., die aber halbstrauchigen Wuchs, geringere Wachsausscheidung, durchschnittlich größere Blätter mit allmählich und meist deutlich keilig verschmälertem Grunde und dichteren, regelmäßigeren Sekundärnerven und kurzgestielte, zweihäusige Blütenstände, die ♂ und ♀ gleich ausgebildet, hat. Recht ähnlich ist auch die mexikanische *P. glabra* Wats., die viel kräftiger ist, mit einem deutlichen Randnerv und schrägeren Sekundärnerven, und ganz kleine Nebenblätter hat. Es ist mir unklar, unter welchem Namen die japanischen Botaniker die Pflanze von Formosa führen.

---

[1] Die Pflanze von Morse Nr. 493 ist rein ♀, aber die junge Stengelspitze abgebrochen.

27. ** *P. Morseana* Hand.-Mzt.

Rhizoma rigidulum, longe repens, radicibus tenuibus. Caules geniculato-ascendentes vel erecti, 10—12 cm alti, fere 1 mm crassi, succulenti, virides, ut tota planta glabri, internodiis inferioribus 3,5—4,3 cm, superioribus 0,5—2,5 cm longis. Folia superiora maiora, breviter elliptica, 2—5½ cm longa, longitudine plus dimidio angustiora, acuta usque acuminata, plerumque alterum minus et brevius petiolatum, inferiora minora brevioraque 1,2 cm longa, late obovata, rotundata, mox decidua, omnia integerrima, sicca subtus pallidius quam supra fuliginea, crassa, utrinquę cystolithis longe linearibus supra magis conspicuis dense instructa, nervis tribus basi ad 2 mm connatis, lateralibus arcuatis sub apice terminatis, supra tenuiter prominuis, subtus atrioribus, secundario interdum uno obliquo praetereaque exterioribus tenuibus ante marginem partim contiguis; petioli ½—2 cm longi, superiores crassiores. Stipulae intrapetiolares, triangulares, usque ad 1 mm longae, acutae, submembranaceae. Inflorescentiae dioicae, ♂ 3—6 cm longae et aequilatae, usque triplo angustiores, laxe thyrsoideo-ramosae, foliis superioribus axillares, pedunculis c. 7½ cm longis, florum subsessilium vel pedicellis usque ad 1 mm longis insidentium glomerulis usque ad 5 mm inter se distantibus, bracteis minutissimis submembranaceis triangularibus. Perianthii ♂ ad 1½ mm diametientis lobi 5 oblongo-ovati, apice rotundati et gibbosi; filamenta lobis subaequilonga; rudimentum ovarii nullum. (Inflorescentia ♀ ignota.)

Kwanghsi: Lungdschou („Lungchow"), wooded ravine (Morse 495 in hb. Kew).

Eine schon in den vegetativen Merkmalen leicht kenntliche Pflanze. An dem einen Exemplare ist der blühende Stengel ein Ast eines niederliegenden, unvollständig gesammelten Teiles, dessen Natur als Rhizom oder Stengel nicht sicher zu erkennen ist; seine Rinde ist reich mit Papillen besetzt.

28. ***P. peperomioides*** Diels in Not. R. Bot. Gard. Edinbgh., V., 292 (1912). (*Podophyllum Cavaleriei* Lévl. in Bull. Ac. Géogr. bot., XIV., 142 [1914], e typo). **S.**: Kalkfelsen der str. St. zwischen Banbiengai und Schenhsienling in einem Seitentale des Djientschang gegen Huili, 1700 m (1038). **Y.**: Yünnanfu, in Blumentöpfen gezogen, 1950 m (13081). Dali (Forrest 7190). Mekong-Tal, 25° 16′, 5—6000′ (F. 21162). **Kw.**: Dschenning (Cavalerie 3937).

29. *P. peltata* Hce. Kwangtung: Kaikunschek (Sampson in hb. Hance 11408). Yingtak (Tutcher Hongkg. hb. 10617). Kwanghsi: Lungchow, Ah Chin Hill, in jungle (Morse 579).

Die Originalpflanze ist nur ♀, Tutchers und Morses Pflanzen sind einhäusig, mit bald rispig lang- und wenigästigen, bald kopfig gehäuften Infloreszenzen. Bei Morse variiert sogar die Stellung, indem an einem Exemplare die unteren ♀ und kurzgestielt, die oberen ♂ und langgestielt, an einem anderen die unteren ♂ und kurzgestielt, die oberen ♀ und langgestielt sind. Mit *P. bracteosa* hat die Art keinerlei Verwandtschaft, auch nicht mit *P. Swinglei*. Der Stengel ist dickfleischig und der Habitus erinnert recht sehr an die vorige Art. Die Stipeln sind 1½ mm lang, eiförmig, und die ♂ Blüten groß, fast 2 mm lang, tetramer mit lang gehörnten Zipfeln; die Nuculae haben einen mehr oder weniger abgeflachten Rand und oft innerhalb desselben einen sehr deutlichen Ring.

30. *P. crassifolia* Hce. (det. R. Good e typo in Mus. Brit.). (*P. peploidea* var. *Cavaleriei* Lévl., Fl. Kouy-Tchéou, 435 [1915] p. p.) **Kw.**: Plateaux de Touang Cha, 1100 m (Esquirol 2077 in hb. Edinbgh.).

Blätter oft mit 2 Kerben jederseits, die auch am Typus angedeutet sind. Sehr ähnlich ist SCHINDLERS Nr. 427 (als *Chrysosplenium* verteilt) aus SW-F.: Tjiaodschoukang im Kreise Schanghang, 600 m, nur sind ihre Stengel (noch ?) nicht verholzend und nicht warzig, fiederig verzweigt, die Blätter durchwegs ganzrandig.

31. P. microphylla (L.) LIEBM. (*P. muscosa* LINDL.). Kwangtung, eingeschleppt.

32. ***P. Cavaleriei*** LÉVL. in Repert. nov. sp., XI., 65 (1912). (*P. peploidea* var. *Cavaleriei* LÉVL., Fl. Kouy-Tchéou, 435 (1915) p. p.) An Kalkfelsen, besonders im Schatten, in der str. und untersten wtp. St., 300—1300 m. **Kw.**: Zwischen Wongtschengtjiao und Maschangtschwen bei Guiding (10628). Nganping (MARTIN 1631). Von Tsingai nach Dschouse (MARTIN). Weg von Pinfa nach Lungli (CAVALERIE 3282). **H.**: Lududsai zwischen Hsinhwa und Wukang (12554). Unter Tungdjiapai bei Hsikwangschan (12625).

Die Pflanze wurde von LÉVEILLÉ zuerst eindeutig beschrieben, dann mit anderen verwechselt. Unterordnung unter *peploides* als Varietät kann nicht in Betracht kommen, wenngleich die Verwandtschaft keine sehr ferne ist.

33. P. Swinglei MERR. in Phil. Journ. Sci., Bot., XIII., 136 (1918). (*P. Henryana* C. H. WR. in Gentes herb., I., 20, Fig. 3 [1920]. — *Pilea* 20 WR. in Journ. Linn. Soc., Bot., XXVI., 480). Tschekiang: Ningpo (FABER 312/87). **Ki.**: Kuling (BAILEY). Lu-schan (STEWARD 2740). Hubei: Patung (HENRY 7295). Kwangtung: Lofou-schan (MERRILL 10771, 11036; LEVINE 1806; MELL 174). Ob hierher die von DUNN u. TUTCHER in KewBull. Addit. ser., X., 248 (1912) von Hongkong angegebene, im Herbar Kew nicht belegte *P. Wightii*?

Das eine der FABERschen Stücke kommt *P. Cavaleriei* schon sehr nahe, von der es sich durch (nur wenig) gekerbte Blätter unterscheidet. Die vom Autor erwähnten roten Punkte auf der Blattunterseite sind vielleicht doch Drüsen, die die Art der *P. peploides* näherbringen.

P. Wightii WEDD. steht der *P. Swinglei* jedenfalls nahe. Ihre var. *macrophylla* HOOK. stellt wohl eine eigene Art dar, die der *P. fasciata* FRANCH. sehr nahe kommt (s. dort).

34. ***P. japonica*** (MAXIM.) HAND.-MZT. (*Achudemia japonica* MAXIM. in Mél. biol. IX., 627 [1876]. C. H. WR. in Journ. Linn. Soc., Bot., XXVI., 480 [1899]. — *Nanocnide Closii* LÉVL. in Bull. Soc. bot. Fr., XLI., p. CXLIV [1904] e descr. ?). Hubei (HENRY 2896, 4461). Hainan (HENRY 8745 e C. H. WR., l. c.). **Kw.**: Pinfa. Lumongdwan (CAVALERIE 691 p. p.).

Nach der Auffindung typisch zweihäusiger *Pilea*-Arten mit 5 ♀ Perianthzipfeln (*P. pentasepala* und *Hilliana*) und der vierzipfeligen *P. longicaulis* ist es wohl nicht mehr möglich, die Gattung *Achudemia* aufrecht zu erhalten.

35. P. peploides (GAUDICH.) HOOK. et ARN. N-Kwangtung (Cant. Christ. Coll. 12082). **F.** (DUNN 3475 in herb. Kew).

Die Art geht nicht weit ins Innere. Von GIRALDIS Pflanzen, die DIELS (Bot. Jahrb., XXIX., 302) hierher stellt, ist Nr. 1822 *Elatostema obtusum*; die sterile, ganz mangelhafte Nr. 1812 hat keine Cystolithen und gehört sehr wahrscheinlich nicht zu den Urticaceen. Die Gebirgspflanze aus Yünnan ist im folgenden beschrieben.

36. ** ***P. subalpina*** HAND.-MZT. (*P. peploides* DIELS in Not. R. B. G. Edinbgh., VII., 147, 267 [1912], non [GAUD.] HOOK. et ARN.). (Taf. I, Abb. 4.)

Caulis e rhizomate tenui radicibus tenuissimis praedito ascendens vel flacce erectus, simplex vel brevissime pauciramosus, 2—11 cm altus, ½—ultra 1 mm crassus, subsucculentus, internodiis summis abbreviatis, infimis usque ad 7 cm longis. Folia superiora subverticillata, patentia, elliptica vel ovata, pauca suborbicularia, in apicem obtusum sensim angustata, basi rotundata ipsa saepe inaequaliter minute auriculata, 6—20 mm longa et longitudine usque duplo angustiora, parce undulato- vel serrato- et interdum apiculato-crenata, membranacea, sicca supra flavescenti- vel atroviridia, subtus paululum glaucescentia, nervis primariis 3—5 paulum conspicuis lateralibus ad tertium vel quartum superum productis, secundariis perpaucis tenuissimis sub c. 45—60° patentibus, cum venis indistinctissimis rete laxum formantibus, cystolithis fusiformibus, fuscis, secus marginem saepe maioribus supra dense, subtus laxius instructa maculisque glandulosis minutis flavis vel ferrugineis dense obsita, ut tota planta glabra; petioli cuiusque paris interdum valde inaequilongi, 1—13 mm longi, tenues. Stipulae triangulares, $^3/_4$—1 mm longae, membranaceae, brunneae. Flores dioici, ♂ 2—4^{ni} in capitula subsessilia, ♀ 3—5^{ni} sessiles vel subsessiles in cymas compositas densas, pedunculis usque ad 2 cm longis fultas, minutissime bracteatas congesti. Perianthium ♂ ad 2,5 mm longum, brunneum, extus papillosum, ad $^2/_3$ in lobos 4 cucullato-triangulares acutiusculos fissum; filamenta 4, perianthio vix longiora, antheris albidis. Perianthii ♀ lobi 3 subliberi, posterior ad 1 mm longus cucullatus, ceteri eo duplo breviores anguste triangulares; nucula oblongo-ovoidea, 1½ mm longa, duplo angustior, apiculata, vix obliqua, viridula, purpureo glanduloso-tuberculata.

NW-**Y.**: Im Moosgrunde der Wälder, an moos- und humusbedeckten Felsen, auch auf Matten der ktp. St., auf Kalk, Diabas und Glimmerschiefer, 3600 bis 3900 m. Osthang des Yülung-schan bei Lidjiang („Likiang"), 20. VII. 1914 (4246), VII. 1906 (FORREST 2618, 5903). Nguka-la zwischen Dschungdien und Djitsung, 25. VIII. 1915 (7805). Osthang des Dsang-schan bei Dali (Talifu), 8000—10000′, VI. 1906 (FORREST 4766). Im birm. Mons. bei der Alm Dotitong unter dem Si-la in der Mekong—Salwin-Kette, 28°, 27. VIII. 1916 (9979). Tibet: Tschumbi (KINGS Sammler: Hb. Kew).

Von *P. peploides* in den Blättern, Infloreszenzen und Früchten weit verschieden, doch zeigen die Drüsen der Blattunterseite tatsächliche Verwandtschaft an.

Lecanthus WEDD.

L. peduncularis (ROYLE, Ill., t. 83 [1839] sub *Procris*) WEDD. (*L. Wallichii* WEDD. C. H. WR. in Journ. Linn. Soc., XXVI., 480. — *L. Wightii* HOOK., Fl. Br. Ind., V., 559 p. p., non WEDD.) In tiefschattigen Wäldern der wtp. und obersten str. St. NW-**Y.**: Im birm. Mons. unterhalb Schutsche am Irrawadi-Oberlaufe, 1725—2000 m, auf Granit (9425), im Doyonlumba am Salwin, 28° 2′, 2750 m, auf Tonschiefer (phot.). Schweli—Salwin-Scheidekette, 25° 48′ (FORREST 24692). SW-**H.**: Auf dem Yün-schan bei Wukang, Tonschiefer, 1100—1350 m (11231).

ROYLE gibt zwar keine Beschreibung, aber eine Analyse und erwähnt nicht den gleichlautenden, von WALLICH nicht gültig veröffentlichten Namen, so daß seiner der älteste gültige ist.

L. obtusus (ROYLE) HAND.-MZT. (*Procris obtusa* ROYLE, Ill., t. 83 [1839]. — *Lecanthus Wightii* WEDD. in Ann. Sci. nat., 4. sér., I., 187 [1854]. HOOK., Fl. Brit. Ind., V., 559 [1888] p. p. C. H. WR. in Journ. Linn. Soc., Bot., XXVI., 480 [1899]). NE-**Y.**: Ebene von Dungtschwan, 2500 m (MAIRE). Moosige Felsen der Berge hinter Dungtschwan, 2700 m (MAIRE).

ROYLES Name ist ebenso veröffentlicht, wie der vorige und stellt den ältesten der Art dar.

Elatostema FORST.

(incl. *Polychroa* LOUR. = *Pellionia* GAUDICH., et *Procris* COMM.).

E. levigatum (BL.) HASSK. (*Procris levigata* BL.) NW-**Y.**: Im str. Laubwalde des birm. Mons. zwischen Tjiontson und Pipiti am Lu-djiang (Salwin) unter Tschamutong, Tonschiefer, 1700 m (9834).

Bei der Bestimmung meiner und anderer chinesischer Arten der drei hier zusammengezogenen Gattungen bin ich zu demselben Ergebnisse gekommen, wie HALLIER (Ann. Jard. Bot. Buitenzg., XIII., 308—316 [1896]) und H. WINKLER (Bot. Jahrb., LVII., 520 [1922]). Die unten unter einigen Arten dargelegte allzu nahe Verwandtschaft solcher, die zu *Pellionia*, mit solchen, die zu *Elatostema* gestellt waren, macht es sogar wahrscheinlich, daß eine natürliche Neueinteilung die Gattungen sogar als Sektionen wird fallen lassen müssen.

* *E. Helferianum* (WEDD.) HALL., l. c., 316. S-**Y.**: Semao, S mts., 4000′ (HENRY 12112). „Hainam 2226 K“ (Herb. Kew).

E. radicans (SIEBD. et ZUCC.) WEDD. (*Pellionia radicans* WEDD.) **H.**: Feuchte Stellen in den Waldschluchten des Yolu-schan bei Tschangscha, str. St., Sandstein, 100 m (11547). Im wtp. Laubhochwalde des Yün-schan bei Wukang, Tonschiefer, 1190 m (12045). Tschekiang: Tientai-schan, 3000′ (FABER 107: Hb. Kew).

E. Cavaleriei (LÉVL.) HAND.-MZT. (*Pellionia Cav.* LÉVL. in Repert. n. sp., XII., 22 [1913]; in Fl. Kouy-tch., 434—435. — *P. scabra* LÉVL. in Fl. Kouy-tch., 435.) **Kw.**: Pinfa (CAVALERIE 1295, 1297). W-Hubei: Nanto, feuchtschattige Orte (WILSON, Veitch Exp. 773 p. p.). Kwangtung: Thaiyong, 60 Meilen w von Swatao, 2000′ (DALZIEL: Hb. Edinbgh.).

A sequente differt bracteolis longis et inflorescentiis ♀ (breviter) pedunculatis. Ut illa monoica et dioica invenitur.

Dünnblätterige Exemplare, wie jene WILSONS, haben deutlicher hervortretende Cystolithen.

E. scabrum (BENTH.) HALL., l. c. **S.**: Omi (WILSON, VEITCH Exp. 5156). **Ki.**: Kiukiang Hills, Felsspalten (CARLES 226).

E. viride (C. H. WR.) HAND.-MZT. (*Pellionia viridis* C. H. WRIGHT in Journ. Linn. Soc., Bot., XXVI., 481 [1899]). W-**S.**: Omi (WILSON, Veitch Exp. 5155). Banks of Min River (W., V. E. 4475).

Mit *E. ambiguum* (WEDD.) HALL., l. c., ist die Art kaum vergleichbar, eher mit *E. Cavaleriei*, sie hat dieselben sehr langen Anhänge der ♂ Perianthzipfel, während sie bei *E. scabrum* kürzer sind, aber der Blattgrund ist bei *E. viride* kaum schief, kurz schildförmig über den Stiel vorgezogen, die Zähne sind kleiner, oft sehr klein, und die ganze Pflanze ist kahler. An WILSONS Nr. 4475 ist an einem Aste eine ganz junge, anscheinend ♀ kugelige Infloreszenz von 3 mm Durchmesser zu sehen, während ein anderer derselben Pflanze nur ♂ Blütenstände trägt.

E. Henryanum HAND.-MZT., nom. nov. (*E. Griffithianum* [WEDD.] HALL. in Ann. Jard. Bot. Buitenzg., XIII., 316 [1896], non *E. Griffithii* HOOK. f. 1888.)

** **var. *oligodontum*** HAND.-MZT.

Caulis inflorescentiaque ♂ glaber vel superne parce setulosus. Folia superne tantum et parce remotissimeque undulato-crenulata, glabra, cystolithis crassis, densis. Stipulae minores, magis herbaceae.

Tonkin: Phomoi bei Laogai an der Grenze von **Y.**: In tr. Bambusbeständen des Tälchens Ngoikoden, kristallinisches Gestein, 150 m, 2. II. 1914 (10). S-**Y.**: Möngdse, SE forests, 5000′ (HENRY 11261). Semao, S. forests, 4000′ (H. 12678).

Die Varietät erinnert etwas an größeres, kahleres *E. scabrum*, wie es in WILSONS Nr. 5156 vorliegt, ist aber noch viel größer, kahler, und hat gestielte ♀ Infloreszenzen.

Typisches *E. Henryanum* hat die Blätter von nahe über dem Grunde an reichlich gekerbt oder gekerbt-gesägt, zarte und oft spärlichere Cystolithen, und ist dicht kurz papillös-haarig, besonders am Stengel und der Unterseite der Nerven. Es liegt vor aus S-**Y.**: Möngdse, Mt. woods to S, 5000′ (HENRY 9163 A); SE forests, 5000′ (H. 9163 c). Semao, ravine, 4000′ (H. 12866); S forests, 4500′ (H. 12351); E mt. forests, 5000′ (H. 11706). Da bisher nur ♂ Infloreszenzen beschrieben sind, mag die Diagnose hier nach den nun mehrfach vorliegenden ♀ ergänzt werden:

Flores dioici vel monoici, ♀ subsessiles, in glomerulos cymosos axillares, pedunculis 5—60 mm longis fultos, c. 1 cm diametientes compositi. Perianthium ♀ usque ad basin in lobos 5, valde inaequales, 3 carinatos, sursum subulatos, 3 mm longos, parce hirsutos, ceteros plus duplo breviores fissum, viride. Nucula anguste ovoidea, vix compressa, ad 1½ mm longa, pallide brunnea, grosse rubescenti-tuberculata. Flores steriles longius pedunculati staminodiis praediti saepe multi immixti.

E. papillosum WEDD. (HENRY 11405) steht dem vorigen außerordentlich nahe. Das ♀ Exemplar hat die Rezeptakeln mehr oder weniger aufgelöst und in Früchten und Perianth kaum einen Unterschied. Von der indischen Pflanze liegt mir nur ein ♂ Exemplar vor.

E. Bodinieri (LÉVL.) HAND.-MZT. (*Pellionia Bodinieri* LÉVL. in Repert. n. sp., XI., 551 [1913]; in Fl. Kouy-Tch. 434, non *Elatostema Bodinieri* LÉVL.) hat sehr dichte, sehr reich- und großblütige ♂ Infloreszenzen ohne Receptaculum, entspricht also dem Gattungscharakter von *Pellionia*, ist aber doch sicher *Elatostema sessile* FORST. zunächst verwandt, von dem es sich auch durch die (reichlich) gekerbten Blätter unterscheidet.

E. umbellatum (SIEBD. et ZUCC.) BL. ist ebenfalls eine Art, die nicht ohne Grund zwischen *Elatostema* und *Pellionia* schwankte. WILSONS Pflanze von Nanto, wet shady places (773 p. p.) hat stumpfe Sägezähne und Blattspitzen und die ♀ Infloreszenzen an bis zu 16 mm langen, dünnen, rauhhaarigen Stielen, die Involukralzipfel ebenso behaart.

E. involucratum FRANCH. et SAV. **Ki.**: Kuling (DIETZ 232: Hb. Berlin). W-Hubei (WILSON, VEITCH Exp. 619, 912).

WILSONS Pflanzen haben die ♂ Infloreszenzen nur 1 bis 10 mm lang gestielt. Die Unterscheidung solcher Pflanzen von *E. sessile* wird oft sehr schwer, besonders von Exemplaren dieses mit kleinen Rezeptakeln, denn der Diskus mit den am Rande angesetzten grünen Brakteen kommt einem solchen, der am Rande in grüne Lappen geteilt ist, ganz gleich. Die ♂ Blüten sind aber bei *E. involucratum* länger gestielt und die reichlichen grünen Brakteen und kurzhaarigen Brakteolen im Köpfchen jenes fehlen hier. Auch scheinen die Stipeln (bei *involucratum* klein, rot gepunktet, bei *sessile* groß, häutig, mit grünem Mittelnerven) verschieden. Einen Unterschied in der Färbung der trockenen Pflanze, wie ihn FRANCHET und SAVATIER angeben, kann ich nicht finden. Das japanische *E. sessile* im Sinne MAXIMOWICZ' (von Mohidzi) ist vom festländischen sehr verschieden durch nur bis siebenzähnige Blattränder. Es liegt mir nur ♀ vor und entspricht bis auf die glatten Nuculae (deren einzige mir leider etwas zu früh davonrollte) vollständig der Beschreibung von *E. involucratum*, das er falsch deutete.

* *E. dissectum* WEDD. **S-Y.**: S vom Roten Flusse (HENRY 13701). Semao, Wälder 5000′ (H. 12873). Im birm. Mons. an feuchten Felsen der Hügel nw von Tengyüe, 25⁰, 6—7000′ (FORREST 8194), im Matschanggai-Tale, 25⁰ 20′, 7000′, üppige Wiese an schattigen Bächen (F. 11779), auf dem Rücken ober Laktang, 7—8000′, großen Teil des Unterwuchses im unteren Walde bildend (WARD 3055).

Steht jedenfalls in Beziehungen zu *E. involucratum* und besonders *E. umbellatum*.

E. sessile FORST. **var. *cuspidatum*** (WIGHT) WEDD. (*E. Bodinieri* LÉVL. in Repert. n. sp., XI., 551 [1913]; in Fl. Kouy-Tch. 425). **NW-Y.**: Auf Tonschiefer in wtp. Mischwäldern des birm. Mons. bei Bahan am Salwin, 27⁰ 58′, 2400—2600 m (9024). **Kw.**: Feuchtschattige Stellen der str. St. auf dem Baotieschan bei Gudschou, Mergel, 500 m (10880). Guiyang, Felsen im Tempelwalde des „Kienlin-chan“ (Tschwenning-schan) und bei Kematong (BODINIER 1696). Nganping, Grund einer feuchten Grotte (MARTIN u. BODINIER). W-Hubei (WILSON 619 a). Kwanghsi: Lungdschou, in einem Graben (MORSE 254).

— — var. *hispidula* HOOK. f. (*E. pilulifera* LÉVL. in Repert. n. sp., XI., 296 (1912); in Fl. Kouy-Tch., 425). **Kw.**: (CAVALERIE 905).

— — **var. *pubescens*** HOOK. f. **Y.**: In moosbedecktem Sandsteinschutte der wtp. St. beim Tempel Taihwa-se nächst Yünnanfu, 2200 m (13051). **SW-H.**: Am Bächlein in der wtp. St. um den Tempel Gwanyin-go auf dem Yünschan bei Wukang, Tonschiefer, 1180—1350 m (12489). Hubei: Yitschang (CHIEN 5303).

— — **var. *polycephalum*** (WALL.) HOOK. **NW-Y.**: In wtp. Regenwäldern am Salwin, 27⁰ 58′—28⁰ 7′, auf Schiefer, 1730—2750 m, bei Bahan, im Doyonlumba (8294), unter Tjionatong, unter dem Gomba-la und zwischen Hsiolamenkou und Lussu. **SW-H.**: Im wtp. Hochwalde und am Bache auf dem Yün-schan bei Wukang, Tonschiefer, 1000—1350 m (11230).

Meine Nr. 11230 hat an kleinem Diskus zahlreiche freie, häutig berandete Brakteen mit verschieden langen, teilweise recht langen, grünen Hörnern. WALLICHS Nr. 4629 gleicht ihr bis auf die kürzeren Hörner.

Eine von MAIRE gesammelte Pflanze (**NE-Y.**: Paß von Gulungtschang,

700 m: Herb. Mus. Wien) hat bis gegen 10 cm lang gestielte Infloreszenzen ganz vom Baue dieser Art. Ob sie noch in deren Variationskreis gehört, muß weiteren Beobachtungen vorbehalten bleiben.

* ***E. Stracheyanum*** WEDD. (*Pellionia Esquirolii* LÉVL. in Rep. n. sp., XI., 551 [1913]; Fl. Kouy-Tch. 435). **NW-Y.**: Am Bache im wtp. Regenmischwalde des birm. Mons. neben Bahan bei Tschamutong am Salwin, 27° 58', Schiefer, 2400 m, 20. VI. 1916 (9003). Hügel e von Tengyüe, zwischen Gras an Gebüschrändern, 6000' (FORREST 7722). Mingkwong-Tal, 25° 20', feuchte, felsige Plätze, 7000' (F. 8384). Im S bei Semao, Waldgräben, 4000' (HENRY 12355, 12866 p. p.). **Kw.**: Sehr feuchte und kalte Stellen (wo?) 10. III. 1906 (ESQUIROL 222).

HENRYS Pflanzen sind einhäusig, kurz und aufrecht und auffallend kurzblätterig, ebenso jene ESQUIROLS. Sie entsprechen dem *E. sorzogonense* MERR., das anscheinend noch nicht veröffentlicht wurde und auch nicht als Art abtrennbar sein dürfte.

E. Myrtillus (LÉVL.) HAND.-MZT. (*Pellionia Myrtillus* LÉVL. in Rep. n. sp., XI., 553 [1913]; Fl. Kouy-Tch. 435). **Kw.**: Gwanyintang (ESQUIROL 698). Auf Felsen um Nganping (BODINIER 1548). Pinfa, colline de Si-tieou-gai, crevasse, 29. IX. 1902 (CAVALERIE 559).

Die Beschreibung dieser *E. lineolatum* WIGHT var. *bidentatum* HOOK. f. am ehesten vergleichbaren und wohl auch mit ihm verwandten Pflanze ist durchaus unzureichend und sei daher durch eine vollständige ersetzt:

Caules e rhizomate brevi usque ad 5 mm crasso erecti, 16—40 cm alti, 1—2 mm crassi, simplices vel superne fastigiato-ramosissimi, inferne densissime purpureo glanduloso-verrucosi, rigiduli, in sicco sulcati, internodiis superioribus 1,5—3, inferioribus usque ad 5 cm longis, ramulis densissime foliatis. Folia oblongo-ovata, acuta vel acuminata, e basi inaequali antice truncata, postice usque ad 4 mm auriculato-producta valde obliqua, (0,7—) 1,5—2,7 cm longa et longitudine fere duplo (usque quadruplo) angustiora, toto margine subremote crenato-serrata, sinubus 2—5 mm inter se distantibus, herbacea, sicca supra saturate viridia subtus pallidiora, utrinque cystolithis maiusculis linearibus supra magis conspicuis dense instructa, nervo mediano paululum arcuato, lateralibus binis sub 30 et 50° patentibus duas tertias percurrentibus ut secundarii in parte exteriore 2—3 in serraturas excurrentibus et in sinubus anastomosantibus, venulis tenuissimis, rete laxissimum formantibus; petioli c. 1 mm longi. Stipulae minutissimae, triangulares, submembranaceae. Inflorescentiae dioicae, in axillis foliorum superiorum subsessiles, subglobosae, sessili-glandulosae in parte inferiore caulis saepe multae steriles hirsutae. Inflorescentiae ♂ 2—5 mm diametientis, 1 — c. 6 florae involucrum phyllis liberis c. 8 obovatis c. 2 mm longis, truncatis, submembranaceis, penicillato-hirsutis constans; pedicelli alabastris subaequilongi. Perianthium ♂ 1½—2 mm diametro, ad basin in lobos 4 obovatos, submembranaceos, penicillato-hirsutos, papillosos fissum; stamina 4 perianthio fere duplo breviora; ovarii rudimentum nullum. Glomeruli ♀ usque ad 2 mm diametro, involucri phyllis c. 6, floribus sessilibus, bracteolis c. 1 mm longis, linearibus, truncatis, penicillato-hirsutis. Perianthium ♀ minutissimum, ad $^2/_3$ in lobos 4 aequales, suborbiculares, submembranaceos fissum, glabrum; staminodia 4. Nuculae brevipedicellatae, oblongo-ovoideae, c. ½ mm longae, isabellinae, costis paucis elatis.

E. lineolatum Wight var. *maius* Thw. S-Y.: Möngdse, SE Bergwälder, 6000′ (Henry 10958).

? * *E. acuminatum* (Poir.) Brong. S-Y.: Semao, Waldgräben, 4500′ (Henry 12093), östliche Berge, 5000′ (H. 12093 D).

Die Pflanzen sind nicht ganz kahl, stehen im übrigen *E. lineolatum* nahe, aber die Cystolithen sind fast oder (in 12093 D) ganz unsichtbar.

* ***E. rupestre*** (Don.) Wedd. Y.: Im W im Lavabett w von Tengyüe zwischen Blöcken an Bächen, 5000′ (Forrest 7874). Im S bei Semao, Waldgraben, 4000′ (Henry 11964). Tonkin, an der Grenze von Y.: Laokai (Wilson 2794).

Forrests Pflanze ist außerordentlich groß und breitblätterig; der Stengel ist 7 mm dick, die Blätter erreichen 18 × 9 cm. Auch Henrys Pflanze hat ebenso breite Blätter.

— — * **var. *salicifolium*** Wedd. (*E. longistipulum* Hand.-Mzt. in Sitzgsanz. Ak. W. W., 1920, 242.) **Tonkin:** Truppweise zwischen Steinen im Bache der tr. St. im Tälchen Ngoikoden bei Phomoi nahe der Grenze von Y., 150 m, 2. II. 1914 (29).

Nach der Untersuchung richtig bestimmten Materials erwies sich meine Pflanze mit der Varietät identisch. Auch das Vorkommen ist genau dasselbe, wie es Hooker angibt. Zu ergänzen ist, daß die Pflanze auch monözisch auftritt.

* *E. sesquifolium* (Reinw.) Hassk. S-Y.: Semao, Wälder, 4500′ (Henry 12093 c). Im birm. Mons. an schattigen, felsigen Plätzen in Seitentälern der Hügel w von Tengyüe, 6000′ (Forrest 7875).

E. platyphyllum Wedd. W-Y.: Im birm. Mons. an feuchtschattigen Stellen zwischen Felsen am Hange des Mingkwong-Tales, 25° 15′, 7000′ (Forrest 7983) und an Gebüschrändern zwischen Felsen im Lavabette am Hange des alten Vulkans nw von Tengyüe, 6—7000′ (F. 8181).

E. ficoides (Wall.) Wedd. (*E. platyphyllum* Lévl., Fl. Kouy-Tch., 425). Hubei: Yitschang, beschatteter Bachrand, 2600′ (Chien 5345: Hb. Berlin). **Kw.**: ? Häufig an feuchten Orten (wo ?) (Esquirol 592: Hb. Edinbgh.).

Chiens Pflanze entspricht dem Typus, hat aber etwas stumpfere Blattzähne als das mir vorliegende Exemplar aus Sikkim. Esquirols Pflanze ist ♀ mit kurzgestielten Rezeptakeln und höckerigen Nuculae. Ich habe keine andere ♀ Pflanze gesehen.

— — ** var. *brachyodontum* Hand.-Mzt. (*E. ficoideum* Lévl., Fl. Kouy-Tch., 425).

Differt a typo dentibus foliorum paucioribus (5 in 3 cm marginis), latioribus, brevioribus, margine anteriore usque ad 2 mm tantum longo et receptaculis ♂ breviter (usque ad 1 cm tantum) pedunculatis.

W-Hubei: Ichang (Henry 4163); shady side of stream, 2700′ (Chien 5343). Nanto, ravine, VI. 1900 (Wilson, Veitch Exp. 1252). **Kw.**: Gaopo-Pinfa (Cavalerie 1245). Nganping, fond d'un ravin près de la ville (Martin 1747).

Die Hauptmasse der chinesischen Exemplare unterscheidet sich durch die angegebenen Merkmale von den indischen. An Chiens Pflanze sind die oberen Infloreszenzen ♀, jung und diesem Zustande mit hakig eingekrümmten Diskuslappen sternförmig umgeben, was an den noch viel jüngeren des mir vorliegenden Typus auch der Fall zu sein scheint.

E. obtusum Wedd. (*Pilea peploides* Diels in Bot. Jahrb., XXIX., 302

p. p.). **Y.**: An feuchtschattigen Felsen, Hohlwegrändern und in Wäldern von der wtp. bis zur ktp. St., auf Sandstein, Schiefer und Granit, 2000—4100 m. Im birm. Mons. ober Tseku gegen den Si-la in der Mekong—Salwin-Kette, 28° (8910). Ostseite des Nguka-la zwischen Dschungdien und Djitsung am Djinscha-djiang (7758). Dugwantsun se von Dschungdien (6974). Hsinlung jenseits des Pudu-ho n von Yünnanfu (512). Yünnanfu (MAIRE 191, 2880). Berge im N von Möngdse (HENRY 13779). Schenhsi: Hwadsoping (GIRALDI 1822).

** *E. trichocarpum* HAND.-MZT. (9. *Elatostema* sp. C. H. WR. in Journ. Linn. Soc., Bot., XXVI., 484 [1899]. — *Pellionia radicans* LÉVL., Fl. Kouy-Tch., 435).

Caules e rhizomate repente, aequicrasso, ramoso, radices tenues edente erecti, 10—20 cm alti, ½—1 mm crassi, rigiduli, superne ad angulos stigillosi, internodiis superioribus 0,2—3 cm, inferioribus usque ad 9 cm longis, cystolithis parvis linearibus lineolati. Folia oblique ovato-oblonga, 1,5—4 cm longa, longitudine 2—3^{plo} angustiora, basi valde inaequali latere inferiore producto late, superiore anguste cordata, apice obtusa, inferiora minora suborbicularia, mox decidua, omnia margine breviore a medio et longiore a tertio infero ad apicem serrato-crenata, sinubus inter se 2—5 mm distantibus, supra interdum cystolithis paucis linearibus praesertim versus marginem instructa sparsissime et minute setulosa, sicca olivascentia, subtus paulo dilutiora herbacea nervis primariis 3—5 cystolithis lineolatis, supra paulum impressis, subtus magis conspicuis, exterioribus brevioribus medio ramosis, secundariis paucis valde obliquis in dentes excurrentibus et inferne in nervum tenuissimum intramarginalem confluentibus, venulis tenuissimis laxissime reticulatis; petioli 1—2 mm longi. Stipulae anguste triangulares, usque ad 1½ mm longae, acuminatae, submembranaceae, citissime deciduae. Inflorescentiae monoicae vel dioicae, subglobosae, albae, in axillis foliorum superiorum singulae. Capitula ♂ inferiora, ½—1 cm diametro, umbellis 2 in pedunculis 1,3—1,8 mm longis hirtis geminatis constantia sessilia, c. 12flora. Involucrum bracteis c. 12 liberis, oblongo-triangularibus, usque ad 5 mm longis, sub apice cornutis, submembranaceis, brunneo-punctatis, pilosulis compositum. Pedicelli involucrum subaequantes, crassi, apice in discum dilatati. Perianthium ♂ 1,5 mm diametro, in lobos 4 aequales ovatos, gibbosos, submembranaceos fissum; stamina 4. Capitula ♀ superiora 3—4 mm diametro, sessilia vel pedunculis usque ad 8 mm longis, bracteis linearibus, hirsutis, usque ad 2 mm longis. Flores ♀ brevipedicellati. Perianthii phylla 3, ovata, ovario pluries breviora, herbacea. Nuculae fere 1 mm longae, oblongo-ovoideae, stramineae, costatae et plurimae inter costas subtuberculatae, parcipilosae.

Hubei: Djienschi (HENRY 5984). **Kw.**: Tang kia chan (Tangdjiaschan), lieux ombreux et humides, 10. V. 1906 (ESQUIROL: Hb. Edinbgh.).

Die durch die behaarten Früchte einzigartige Pflanze ist wohl verwandt mit *E. cornutum* WEDD. HENRYS Pflanze ist nur ♀, ESQUIROLS einhäusig. Im Berliner Herbar liegt eine in der Behaarung sehr ähnliche Pflanze von **Ki.**: Kuling, in Felsspalten, Wasserrinnsalen, 740 m (DIETZ 234); sie weicht aber sonst stark ab und dürfte eine stark behaarte Form von *E. involucratum* sein.

** *E. stipulosum* HAND.-MZT.

Caules e basi radicante erecti, usque ad 26 cm alti, 1—3 mm crassi, glabri, ramosi, internodiis superioribus 7—25 mm, inferioribus usque ad 3½ cm longis. Folia oblique angustiuscule ovata (0,8—) 2—5,5 cm longa et longitudine 2 (—4)^{plo} angustiora, basi inaequalia, latere inferiore valde producto late cordata, superiore obtusa, apice acuta vel acuminata, inferiora saepissime minora et breviora, margine breviore a medio, longiore a tertio infero usque ad apicem serrato-crenata, sinubus 3—7 mm inter se distantibus, glabra, crassiuscule herbacea, sicca olivascentia et praesertim subtus fulvescentia, hic sparse papillosa, nervis praeter medianum in tertio infero subobliquum, dein usque ad apicem rectum a basi in latere latiore binis, in angustiore singulo, hoc recto procul a margine duas tertias folii percurrente, illis ramosis, inter se et cum secundario interiore unico procul a margine anastomosantibus, secundariis exterioribus obliquis in dentes excurrentibus, venulis rete laxissimum formantibus; petioli 1—2 mm longi. Stipulae (2—) 6—12 mm longae, ovato-oblongae, rotundatae vel acutae, submembranaceae, inferiores mox deciduae. Inflorescentiae monoicae, ♂ in axillis foliorum superiorum singulae vel oppositae, ½—1 cm diametro, pedunculis 5—15 mm longis, strigillosis, umbellis geminatis sessilibus glabris constantes. Involucrum bracteis 3, c. 4 mm longis, triangularibus, basi paulum connatis, submembranaceis, acutis, exterioribus longe cornutis constans; bracteolae multae, minutissimae, latissimae, glabrae. Alabastra ♂ pedicellata. (Inflorescentiae ♀ nimis juveniles.)

W-S.: Mt. Omi, VIII. 1904 (WILSON, Veitch Exp. 5160: Hb. Kew).

Obwohl der Blütenbau der *Elatostema*-Arten in vielen Fällen auch wichtige diagnostische Merkmale zeigt, ist die hier nach noch nicht aufgeblühtem Material beschriebene schon in ihren vegetativen Merkmalen so charakteristisch, daß sie stets wird erkannt werden können. Sie kommt großen Formen von *E. surculosum* WIGHT. nahe, das sich aber durch das kleine gegenständige Blättchen und die ganz kleinen Nebenblätter unterscheidet, auch nie so kräftig wird. Nach der Beschreibung ist auch *E. nasutum* HOOK. f. zu vergleichen, das aber andere Nervatur und vom Grunde an scharf gesägte Blätter hat.

E. surculosum WIGHT (*E. diversifolium* [WALL.] WEDD.) **var. *elegans*** (WALL.) HOOK. (*Pellionia Mairei* LÉVL. in Mde. d. Plts., XVIII., 28 [1916]). **Y.**: An moosigen Kalk- und Schieferfelsen, oft epiphytisch auf Baumstämmen in der wtp. und tp. St., 2500—3400 m. Yülung-schan bei Lidjiang (6647; SCHNEIDER 2099). Im birm. Mons. beiderseits des Schöndsu-la in der Mekong—Salwin-Kette, 28° 2—8′ (8296). Im S bei Semao (HENRY 13029, 13113). Im NE bei Dungtschwan (MAIRE). **S.**: Muli, unter Wasserfall (WARD 4765).

E. Stewardii MERR. in Phil. Journ. Sci., XXVII., 161 (1925) entspricht den größten Formen dieser Varietät mit Blättern bis zu 7 × 2½ cm, wie sie aber aus Indien auch vorliegen und auch von HENRY gesammelt wurden.

— — **var. *pinnatifidum*** HOOK. f. **NW-Y.**: Im wtp. Regenmischwalde des birm. Mons. ober Schutsche am e Irrawadi-Oberlaufe, Granit, 27° 55′, 2400 bis 2800 m (9472). Annähernd auch im NE an moosigen Felsen hinter Dungtschwan, 2700 m (MAIRE 237: Hb. Edinbgh.).

— — var. *ciliatum* HOOK. f. **W-Y.**: Im birm. Mons. in der Schweli—Salwin-Scheidekette, 25° 40′ N, 98° 45′ E, 9—10000′ (FORREST 24508).

Boehmeria JACQ.

* *B. glomerulifera* MIQ. in ZOLLGR., Syst. Verz., 104 (1854).[1] (*Urtica malabarica* WALL., Cat. 4610, nom. nud. — *Boehmeria depauperata* WEDD. in Ann. Sci. nat., 4. sér., Bot., I., 202 [1854]. — *B. malabarica* WEDD., Mon. Fam. *Urt.*, 355 cum *β depauperata* [356] [1856]). S-Y.: Semao, W forests, 5000′ (HENRY 12896: Hb. Kew).

Da WALLICHS Name nicht vor 1856 gültig veröffentlicht wurde, muß einer der beiden älteren, soviel sich nachweisen läßt, untereinander gleichalten, gelten, von denen *glomerulifera* wohl bezeichnender ist. HENRYS Nr. 13189 aus S-Y.: Wenyüan, 4500′, stellt wahrscheinlich eine neue, mit dieser verwandte Art dar, doch ist das Material nicht vollständig genug.

B. Blinii LÉVL. in Rep. n. sp., XI., 551 (1913); Fl. Kouy-Tch., 422 (1915). (*B. Zollingeriana* C. H. WR. in Journ. Linn. Soc., Bot., XXVI., 488 [1899], non WEDD. — *B. polystachya* LÉVL., Fl. Kouy-Tch., 423, non WEDD.) **Kw.** (ESQUIROL 887: Hb. Edinbgh.). „Po-tchang Po-kouan" (E. 940). Taiwan (SELMÜSER in HENRY 468 B; HENRY 390; PRICE 447).

Die Art unterscheidet sich von der folgenden nur durch die wesentlich schmäleren Blätter. An ESQUIROLS Nr. 940 werden sie breiter, bis 8 × 4 cm. Sie nähert sich dadurch vielleicht dieser. OLDHAMS Nr. 520 im Wiener Museum ist ein- und zweihäusig, die ♀ Rispen sind endständig oder seitlich lang gestielt und stets sparrig verzweigt.

B. Zollingeriana WEDD., e typo. (*B. heteroidea* BL., e typo). SW-Y.: Wenyüen, 4500′ (HENRY 13189: Hb. Berlin u. Kew). Semao, westliche Berge, 5000′ (H. 12541,[2] 12541 A: Hb. Kew u. Edinbgh.).

Die Angabe „India or. HELFER" bei BLUMES Original in unserem Herbare steht nicht auf einer Originaletikette, sondern auf einer unseres Museums. Daß HENRYS Nr. 13189 die ♂ Pflanze zu den anderen ♀ ist, kann meines Erachtens keinem Zweifel unterliegen. Die Nummer 12541 und die Originale haben endständige ♀ Rispen. Obwohl das geflügelte ♀ Perianth keinen Unterschied gegenüber *B. platyphylla* bildet, zeigen die endständigen ♀ und die kugeligen achselständigen ♂ Infloreszenzen, daß *B. heteroidea* nicht zu dieser Art gehören kann. Da die vorliegenden ♂ Exemplare unvollständig sind, ist es noch nicht sicher, ob die Art immer zweihäusig ist. Nach dem Material mögen die Masse der Blätter erweitert werden: Folia maiora cordata, caudato-acuminata, toto fere margine leviter dentato-crenata, 12—18 cm longa, 7—13 cm lata, minute strigillosa; petioli longiores 3—8 cm longi, 1 mm crassi, glabri.

B. platyphylla D. DON (var. *macrostachya* [WIGHT] WEDD. — *B. spiciflora, massuriensis, Hügeliana* BL. e typis in herb. Vindob.). S-Y.: Semao, Graben, 4800′ (HENRY 12262 A). **Kw.**: Wald von Dayang (ESQUIROL 3734).

B. cuspidata BL. fällt nach dem Original in unserem Herbare auch unter diese Art und nicht weit vom Typus.

— — * var. *rotundifolia* (DON) WEDD. NW-Y.: Berge ne der Yangtse-Schleife, schattig, am Rande feuchter Gebüsche, 9000′ (FORREST 10703). Annähernd im Mingkwong-Tale, steinige Stellen, 25° 15′, 6—7000′ (F. 7991).

[1] Nach PRITZEL 1854—1855. Die Stelle befindet sich ungefähr in der Mitte des Werkes.

[2] Im Edinburgher Herbar trägt dieselbe Etikette die Nr. 12581, wohl verschrieben.

— — * var. **tomentosa** WEDD. **S.**: An Gräben der str. St. bei Hsiaokoudschou unterhalb Dötschang im Djientschang („Kientschang"), kristallinisches Gestein, 1375 m, 19. X. 1914 (5619). **Y.**: Im S bei Semao, östliche Wälder, 4500′ (HENRY 12303), im W bei Dali (Talifu) in Hecken (SCHNEIDER 2508) und im birm. Mons. in offenen Lagen zwischen Gebüsch auf Hügeln ne von Tengyüe, 6000′ (FORREST 8506).

— — var. *pilosiuscula* (BL.) HAND.-MZT. (var. *clidemioides* WEDD., C. H. WR., non *B. clid.* MIQ.). **S-Y.**: Semao, s Wälder, 4000′ (HENRY 12370), 5000′ (H. 12696).

— — var. *scabrella* (GAUD.) WEDD. **Kw.**: „Ri ré", 700 m (ESQUIROL 3701: Hb. Edinbgh., annähernd).

— — * var. *canescens* (WALL.) WEDD. **S-Y.**: Semao, s Wälder, 4000′ (HENRY 12371).

— — var.? **S-Y.**: Semao (HENRY 12262 b).

Das Exemplar dieser Nummer in Kew hat die ♂ Ähren zum größten Teile an der Spitze mit Blattschöpfen versehen, jenes in Edinburgh alle nackt. Ob hier die Grenze zwischen *B. platyphylla* und *clidemioides* verwischt wird?

B. Sieboldiana BL. (e descr.). (*B. platyphylla* var. *stricta* C. H. WR.) Kwangtung: Thay-yong, Bergtal, 2000′ hoch, 60 Meilen w von Swatou (DALZIEL: Hb. Edinbgh.).

* *B. Hamiltoniana* (WALL.) WEDD. **S-Y.**: Semao, s Wälder, 4000′ (HENRY 12353: Hb. Kew).

B. macrophylla D. DON. An Gräben und steinigen Hängen auf Sandstein und Tonschiefer in der str. St., 1400—2600 m. **S.**: Tsaodsanba zwischen dem Yalung und Nganning-ho, 26° 57′ (5238). Helugö unter Kwapi n von Yenyüen. Zwischen Muli und Dseia. **Y.**: Tsedjrong am Mekong, 28° 2′. Im birm. Mons. bei Tengyüe (SCHNEIDER 2555) und im Schweli-Tale, 25° 20′ (FORREST 11986). Im S bei Semao, Wälder im S (HENRY 9063 D, 12540). Im NE bei Maodjiatjiao bei Tjiaodjia („Kiaokia") (TEN in DUCLOUX 1631).

B. densiflora HOOK. et ARN. **SW-H.**: Selten bei Häusern zwischen Wukang und Gaoscha-se, Kalk der str. St., 350 m (12540). **S-Ki.**: Ningdu (HU 1191).

B. gracilis C. H. WR. (*B. spicata* LÉVL., Fl. Kouy-Tch., 423). **Kw.** (ESQUIROL 715: Hb. Edinbgh.? Mangelhaft). W-Hubei (WILSON, VEITCH Exp. 1364).

B. spicata THBG. **Ki.**: Hsinfeng (HU 1018). W-Hubei (WILSON, VEITCH Exp. 1140).

B. grandifolia WEDD. (*B. japonica* LÉVL., Fl. Kouy-Tch., 423, non [L.] MIQ.). **Kw.**: Hwangtsaoba (CAVALERIE 4135). Umgebung von Guiyang („Kweiyang"), Bachränder der Ebene und der Berge (BODINIER 1649). Pinfa (ESQUIROL 516); Bach von Satong (CAVALERIE 607). Wo? (ESQUIROL 713). **Ki.**: Tayü (HU 966).

B. platanifolia FRANCH. et SAV. **SW-H.**: An kräuterreichen Grashängen der wtp. St. beim Tempel Gwanyin-go auf dem Yün-schan bei Wukang, Tonschiefer, 1250 m (12332). W-Hubei (WILSON, VEITCH Exp. 1551). **Ki.**: Lu-schan (SCHINDLER 360, als *Urtica Thunbergiana*). Tschekiang: Tientai-schan (HU 357). Mokanschan (KLAUTKE 48: Hb. Berlin).

* *B. frutescens* THBG. e NAKAI in Bot. Mag. Tok., XLI., 513 (1927). S-Tschekiang: Kingyüen, 900—1200 m (CHING 2388: Hb. Edinbgh.). Kwanghsi:

Lungdschou (MORSE 722: Hb. Kew). S-Y.: Semao, w Berge, 5000′ (HENRY 12542).

Die Darstellung NAKAIS ist einigermaßen unklar, da er S. 514 als wichtigsten Unterschied gegenüber *B. nivea* die grünen Blätter bezeichnet, aber gleichzeitig eine var. *concolor* (MAK.) NAK. dazu aufstellt. Die systematische Trennbarkeit von *B. nivea* ist jedenfalls noch sehr nachprüfungsbedürftig.

B. nivea (L.) GAUDICH. SW-**H.**: In Gebüschen und an krautigen Stellen der Buschwiese der wtp. St. auf dem Yün-schan bei Wukang, Tonschiefer, 1200 bis 1400 m (11187). NE-**Y.**: Dungtschwan, Ebene, 2500 m, kultiviert und verwildert. Zwei- oder dreimal jährlich geschnitten (MAIRE).

Var. *crassifolia* C. H. WR. ist *Maoutia Puya.*

B. clidemioides MIQ. e typo. (*B. sidaefolia* WEDD.) **Y.**: In einem schattigen Tälchen der wtp. St. bei Aschantschwan nächst Alaodjing e des Dsolin-ho, Sandstein, 1875 m (4882). Dungtschwan (MAIRE). Yünnanfu (DUCLOUX 755; MAIRE 340, 746, 2343). Möngdse, Wälder, 5500′ (HENRY 9792 c). Semao, se Wälder, 4000′ (H. 12795). **Kw.**: Guiding (CAVALERIE 722: Hb. Edinbgh.). **S.**: Omei (FABER 431, in FORB. et HEMSL. als *B. spicata*).

— — **var. *diffusa*** (WEDD.) HAND.-MZT. (*B. diffusa* WEDD.; C. H. WR. in Journ. Linn. Soc., Bot., XXVI., 484. — *B. Maugeretii* LÉVL. et VANT. in Bull. Soc. bot. Fr., XLI., CXLIV [1904]; Fl. Kouy-Tch., 423). SW-**H.**: An kräuterreichen Grashängen der wtp. St. beim Tempel Gwanyin-go auf dem Yün-schan bei Wukang, Tonschiefer, 1200 m (12329). Hubei: Yitschang (HENRY 1692; CHIEN). **F.**: Grenze von Tschekiang (CHING 2235). **Kw.**: Guiyang, Kollegiumsberg, Bachränder und feuchte Hecken (BODINIER 1715). Pinfa (CAVALERIE 369). Umgebung von Nganping (MARTIN 1715). **Y.**: Semao, Wälder, 4500′ (HENRY 12262: Hb. Kew, sehr ähnlich 12262 b, siehe unter *B. platyphylla*). Im birm. Mons. an offenen Stellen an Bächen in der Schweli—Salwin-Scheidekette, 25° 30′, 10000′ (FORREST 15885). Laktang, 5000′ (WARD 3463).

Wie WRIGHT, l. c., bemerkt, ist *B. diffusa* die Parallelform mit wechselständigen Blättern zu *B. clidemioides*. Ihr systematischer Wert ist jedenfalls sehr gering, zumal da jetzt auch aus China beide nachgewiesen sind.

— — ** **var. *umbrosa*** HAND.-MZT.

Planta saepe subglaberrima. Folia membranacea, ad $^1/_3$ vel $\frac{1}{2}$ saepissime oblique biloba.

Y.: Im NW im str. Regenwalde des birm. Mons. nahe der tibetisch-birmanischen Grenze in der Seitenschlucht Naiwanglong des Taron (e Irrawadi-Oberlaufes), Granit, 2130—2150 m, 5. VII. 1916 (9340). Im NE in feuchten Gärten von Dschenfungschan (MAIRE: Hb. Mus. Wien). W-**S.**: Omi (WILSON, Veitch Exp. 5157: Hb. Kew).

Meine sterile Pflanze mit gegenständigen Blättern erinnert in höchst auffälliger Weise an *B. biloba* (SIEBD.) WEDD., die aber durch dicke, stark behaarte, tesselate, kleiner gekerbte Blätter mit einem stark vortretenden Nervenpaare weit unter der Bucht und dicke Blattstiele leicht zu unterscheiden ist. MAIRES Pflanze ist ♂ und ♀ und stärker behaart, WILSONS ♀ sonst ebenso, aber mit wechselständigen Blättern, teilweise von ganz abenteuerlichen, unregelmäßigen Mittelformen. KOIDZUMI macht (Bot. Mag. Tok., XL., 345) aus *Splitgerbera japonica* MIQ. ganz unberechtigterweise die Kombination *Boehmeria Splitgerbera* (MIQ.) KOIDZ.

NB.: *Boehmeria Amaranthus* LÉVL. in Repert. n. sp., XI., 550 (1913); Fl. Kouy-Tch., 422, ist *Acroglochin persicarioides* (POIR.) MOQ.

Chamabainia WIGHT.

C. cuspidata WIGHT. NW-**Y.**: Im wtp. Regenmischwalde des birm. Mons. bei Bahan am Salwin, 27° 58′, Schiefer, 2400—2600 m (8995). **Kw.**: Pinfa (Niang-wang) (CAVALERIE 373).

Die Nebenblätter meiner Pflanze sind schmäler als gewöhnlich, in den Weichstachel allmählich verschmälert und nicht geöhrelt und durchwegs herabgeschlagen, was alles auf Standortseinflüsse zurückzuführen sein dürfte.

Pouzolzia GAUDICH.

P. ovalis MIQ. (*P. viminea* [WALL.] WEDD. — *Boehmeria diffusa* LÉVL., Fl. Kouy-Tch., 423). An trockenen Hängen, Quellen, zwischen Felsen, auch im Regenwalde der str. und unteren wtp. St. auf Kalk, Sandstein, Schiefer und Granit. **Y.**: 1725—2200 m. Im birm. Mons. in der Schlucht Naiwanglong am e Irrawadi-Oberlaufe, 27° 53′ (9417). Lavabett w von Tengyüe (FORREST 7845). Yünnanfu (MAIRE 338, 344, 1844). **S.**: Ober Schihuiyao bei Huili (5132). Luschan bei Ningyüen (1951). Bei Schidsimiao in einem Seitentale des Yalung gegen Yenyüen (phot.). Min-Tal n von Kwanhsien (WEIGOLD). **Kw.**: Unter Tingdaoyin in der Schlucht des Hwatjiao-ho zwischen Dschenning und Hwangtsaoba, 1100 m (10366). Dischui—Hwangtsaoba (ESQUIROL 1554). Wangmu (E. 102). Wo? (E. 547).

P. elegans WEDD. In trockenen Gebüschen der str. St., 1100—2225 m, auf Kalk, Sandstein und Phyllit. **S.**: Überall im Yalung-Tale um Dölipu zwischen Ningyüen und Yenyüen (SCHNEIDER 1118, 1134), am Wege von Huili nach Yenyüen, 27° 12′. **Y.**: Am Djinscha-djiang ober Lagatschang n von Yünnanfu (744), unter Daschuidjing e von Yungbei und bei Dsowa an seinem Nebenflusse n der Lidjianger Schleife. Santschwanba unter Yungbei (3369). Im tr. Tonkin am Flußufer bei Laokai an der Grenze von Y., 150 m (WILSON 2797).

Memorialis BUCH.-HAM.

M. hirta (BL.) WEDD. (*Pouzolzia hirta* [BL.] HASSK. — *Driessenia? sinensis* LÉVL. in Repert. n. sp., XI., 494 [1913], e Fl. Kouy-Tch., 436. — *Pouzolzia hypericifolia* LÉVL., Fl. Kouy-Tch., 436). Unter Felsen, in Gebüschen und an Gräben der str. und wtp. St., auf Kalk und Sandstein. **Y.**: 2000—2900 m. Yünnanfu (SCHOCH 254; MAIRE 332, 548, 1050, 1562). Möngdse (HENRY 10737). Dungtschwan (MAIRE 24/1913, 500/1914, distr. BONATI 7340 B). Beyendjing (TEN 230, 1285). Ngulukö bei Lidjiang (SCHNEIDER 2227). Ober Yulo am Djinscha-djiang nw von hier (phot.). Im birm. Mons. bei Tengyüe (FORREST 8101, 8141, 15903). Laktang (WARD 3497). **S.**: Ober Muli. Zwischen Duörlliangdse und Mubaying bei Yenyüen (2878). **Kw.**: Guiyang (BODINIER 1676). Landsunggwan (B. 1676). **F.**: Fudschou (CARLES 716). Taiyong, 60 Meilen w von Swatou (DALZIEL).

Debregeasia GAUDICH.

* ***D. salicifolia*** (ROXB.) RENDLE, in PRAIN, Fl. trop. Afr., VI./2., 295 (1917). (*Urtica salicifolia* ROXB., Hort. Beng., 67 [1814] nom. nud. — *Boehmeria sal.* DON, Prodr. Fl. Nep., 60 [1825]. — *D. bicolor* [ROXB. 1832] WEDD. — *D. hypoleuca* [HOCHST. 1851] WEDD.). **Y.**: In der str. St. in einem Seitengraben der Schlucht des Djinscha-djiang („Yangtse") ober der Herberge Lagatschang n von Yünnanfu, Kalk, 1000—1100 m, 19. III. 1914 (739; SCHNEIDER 475).

D. edulis (SIEBD. et ZUCC. p. p.) WEDD. In Gebüschen besonders an Bachrändern von der str. bis in die unterste tp. St., auf Kalk, Sandstein und Schiefern, 1285 bis gegen 3000 m. **Y.**: Hsi-schan bei Yünnanfu (342; SCHNEIDER 181). Am Pudu-ho n von hier, 25° 34′ (427; SCHNEIDER 280). Auf dem Sattel Yunengo s von Sanyingpan. Dschenmindö in einer Seitenschlucht des Djinscha-djiang n von hier. Jenseits Fumin. Alaodjing e des Dsolin-ho. Beyendjing (TEN 53, 68). Laodselou n, Haba und besonders massenhaft bei Bödö nw von Lidjiang. Schogo im w Seitentale des Djinscha-djiang gegen Weihsi, als Überpflanze auf einem Nußbaume. Im birm. Mons. in einem Graben neben Bahan am Salwin, 27° 58′. **S.**: Unter Muli. Höso w von Yungning. Unter Yiwanschui zwischen Yungning und Yenyüen. Datung am Yalung zwischen Yenyüen und Ningyüen. Am Luschan hier. Berge w von Dötschang (SCHNEIDER 782). **Kw.**: Auf einer Felskante bei Hwangtsaoba nahe der Grenze von Y. Im SE bei Gudschou gegen Liping.

Die vorliegenden Pflanzen gehören entschieden nicht zur südindischen *D. longifolia* (BURM.) WEDD. (s. SCHNEIDER in Plt. Wils., III., 313). Auch jene aus Sikkim und Nepal stehen *D. edulis* entschieden viel näher als jener.

Oreocnide MIQ.

(*Villebrunea* GAUDICH.)

O. rubescens BL. (*Villebrunea sylvatica* BL. — *V. scabra* WEDD.). **Tonkin:** Laogai an der yünnanesischen Grenze, in tr. Bambusbeständen des Tälchens Ngoikoden bei Phomoi, kristallinisches Gestein, 150 m (25). S-**Y.**: Semao (HENRY 11654 B, C). **Kw.**?: In trockenen wtp. Gebüschen auf dem Sattel zwischen Muyu-se und dem Baling-tjiao am Wege von Dschenning nach Hwangtsaoba, Kalk, 1100 m (10417). Langtriebe eines Bäumchens, deren junge Blätter besonders in der samtigen Behaarung der Unterseite sehr an solche von *V. integrifolia* GAUDICH. erinnern, aber gekerbt-gezähnelt sind. Von *V. rubescens* liegt mir kein gleiches Stadium zum Vergleiche vor.

O. fruticosa (GAUDICH.) HAND.-MZT. (*Villebrunea fr.* [GAUD.] NAKAI in Bot. Mag. Tok., XLI., 514 [1927]. — *V. frutescens* [non THBG.] BL.). In offenen Wäldern, Bambusbeständen, Gebüschen, besonders an Grabenrändern der tr. und str. St., auf Sandstein und Tonschiefer, 150—1750 m. **Y.**: Flußaufwärts gegenüber Manhao nahe der Grenze von Tonkin (5819). Semao (HENRY 10855). Beyendjing (TEN). **S.**: Schangliangdse bei Dötschang im Djientschang (1184; SCHNEIDER 790). **H.**: Dungtaischan bei Hsianghsiang (12737). S-Tschekiang: Tsingtien (KENG 42).

Maoutia WEDD.

* ***M. Puya*** (WALL.) WEDD. (*Boehmeria nivea* var. *crassifolia* C. H. WR. in Journ. Linn. Soc., Bot., XXVI., 486 [1899]. — *B. Esquirolii* LÉVL. et BLIN in Rep.

n. sp., X., 372 [1912]; in LÉVL., Fl. Kouy-Tch., 423). **S.**: In schattigen Gebüschen der str. St. bei Dschenbaörl an einem Zuflusse des Yalung gegen Yenyüen, 27° 5′, Tonschiefer, 1375 m, 23. IX. 1914 (5277). **S-Y.**: Semao, 5000′ (HENRY 12188). **Kw.**: Wangmön (ESQUIROL: Hb. Edinbgh.).

Piperaceae

Piper L.

P. Betle L. **W-Y.**: Aliwadi im Salwin-Tale, 26° (GEBAUER). Gepflanzt?

P. Wallichii (MIQ.) HAND.-MZT. (*P. aurantiacum* WALL. p. p., nom. nud.; DC. 1869; HOOK. 1886. — *Chavica Wallichii* MIQUEL, Syst. Pip., 254 [1844]) **var. *hupeense*** (C. DC.) HAND.-MZT. (*P. aurantiacum* var. *hupeense* C. DC. in Notbl. B. G. Berl., VII., 478 [1921]). **NW-Y.**: In der str. und wtp. St. des birm. Mons. Baumstämme oft dick überziehend (s. KARSTEN u. SCHENCK, Vegetb., 17. R., H. 7/8, Taf. 38 B), 1675—2600 m, bei Bahan (9002), im Graben zwischen Hsiolamenkou und Lussu, in der Flußschlucht ober Tschamutong und an der Mündung des Tjiontson-lumba am Salwin, 27° 58′—28° 4′.

? ***P. sinense*** (CHAMP.) DC. **SE-Kw.**: An Schieferfelsen der str. St. in einer Seitenschlucht des Du-djiang bei Pingü, 350 m (10859). Steril.

Peperomia RUIZ et PAV.

P. reflexa (L. f.) DIETR. **Y.**: An den Stämmen insbesondere einzeln stehender xerophiler Bäume oft massenhaft, selten an Felsen, in der str. und unteren wtp. St., 1725—2400 m. Berge e von Yünnanfu, von Einheimischen (5701). Kalkfelsen jenseits Fumin. Auf *Castanopsis Delavayi* bei Beyin-se nächst Gwangdung (4891). Am Djinscha-djiang ober Schigu auf *Albizzia Julibrissin*, ober Keluwan und bei Djitsung. Im birm. Mons. am Mekong sehr viel von Tsedjrong bis Serä, am Salwin unter Tjionatong, 28° 6′.

Saururaceae

Saururus L.

S. chinensis (LOUR.) BAILL. (*S. Loureirii* DECNE. — *Neobiondia Silvestrii* PAMP.). **SE-Kw.**: Feuchte Gebüschränder an der Grenze der wtp. St. auf Tonschiefer zwischen Tschaimou und Dayung am Wege von Gudschou nach Liping, 600 m (10933). **H.**: In der str. St. vielfach von Widin bei Daolin nach W besonders in Gräben, um 100 m. **Ki.-F.**-Grenze: In Lachen am Fuße des Hwangdschu-ling zwischen Dingdschou und Ningdu (Plt. sin. 369).

Gymnotheca DECNE.

G. chinensis DECNE. (*Saururus Cavaleriei* LÉVL. in Repert. n. sp., X., 149 [1911]). **Kw.**: An feuchtschattigen Stellen in einer Waldschlucht in der obersten str. St. bei Madjiadwen zwischen Guiding und Duyün, Sandstein, 1100 m (10641).

ENGLER zieht (Nat. Pflzfam., III 1.,) 3 die Gattung zu *Houttuynia* (nicht zu *Saururus*, wie MERRILL in Univ. Calif. Publ., Bot., XIII., 128 [1926] sagt) und hält die Art anscheinend mit *H. cordata* für identisch, die er als einzige angibt. Der von Decaisne falsch, von Hooker, Ic., tab. 1873 richtig beschriebene bogig-niederliegend einwurzelnde Habitus und der Mangel an Brakteen entfernt sie genügend von *Houttuynia*, obwohl sie dieser näher steht als der Gattung *Saururus*. Die Herkunft des Decaisneschen Originals ist nicht angegeben. Die Beschreibung Léveillés ist, wie mir Herr Evans nach dessen Original mitteilt, insoferne fehlerhaft, als sein Exemplar anscheinend rein ♂ ist, daher „staminibus ovarium superantibus" unbegründet. Im übrigen stimmt es mit meiner und Fabers Pflanze überein. Die Wurzel riecht stark nach *Heracleum*.

Houttuynia Thbg.

H. cordata Thbg. In der wtp. St., auf verschiedensten Gesteinen, selten in die str. herab. **Ki.**: Im SE am Wegrande bei Gukouschi nächst Ningdu (Plt. sin. 357). Im W beim Kohlenbergwerk Pinghsiang, 600 (Plt. sin. 200). SW-**H.**: Häufig auf dem Yün-schan bei Wukang in der Buschwiese und in Gebüschen, 900—1400 m. **Kw.**: An gleichen Stellen oft massenhaft, 1000—1700 m. Madjiadwen (10656). Guiding. Zwischen Ahung und Tjiaolou und auf der Höhe zwischen Hwangtsaoba und Djiangdi. **Y.**: Paß zwischen Sidsung und Loping. Feuchtschattige Stelle am Fuße einer Mauer bei Schilungba nächst Yünnanfu, 1900 m (Schoch 170). Sonst nur an Wassergräben, bis 2600 m. Tienwei zwischen Dali und Lidjiang. Häufig bei Hodjing. Beyendjing (Ten 76). Zwischen Lidjiang und Böscha (4327). Bei Yulo nw von dort (6822). Bödö se von Dschungdien (4468). Yedsche am Mekong. Im birm. Mons. um Bahan am Salwin, 27° 58′, in der *Pteridium*-Wiese. **S.**: Hosö w von Yungning, 2900 m.

Chloranthaceae

Chloranthus Sw.

C. brachystachys Bl. **W-F.**: Wegrand bei Schihsiangwan am Tienhwaschan e von Dingdschou (Plt. sin. 394).

C. serratus (Thbg.) Roem. et Schult. SW-**H.**: Im schattigen Laubhochwalde der wtp. St. des Yün-schan bei Wukang, Tonschiefer, 1300 m (12061). Ob die weiter w bis Hsüning in der str. St. um 500 m nur fruchtend beobachteten Pflanzen zu dieser oder einer der folgenden Arten gehören, ist nicht sicher. Auch die in **Kw.** in Kiefern-Eichen-Mischwäldern bei Madjiadwen se von Guiding auf Sandstein, 1100 m, verblüht gesammelte Nr. 10660 kann hierher oder zum folgenden gehören.

C. Henryi Hemsl. **H.**: Auf Sandstein der wtp. St. längs des Bächleins bei Ngandjiapu nächst Hsikwangschan, 650 m (11789). W-Hubei (Wilson 1021).

C. Fortunei Solms. **H.**: In Waldschluchten der str. St. auf dem Yolu-schan bei Tschangscha, Sandstein, 100 m (11577).

— — ** var. ***holostegius*** Hand.-Mzt.

Bracteae late ovatae, integrae. Spicae usque ad 5, semper simplices. Folia sub fructu usque ad 16 cm longa et 8 cm lata, crassiuscula.

Kw.: In humösen Furchen bebuschter Kalkfelsen auf einer Kante in der wtp. St. bei Hwangtsaoba nächst der yünnanesischen Grenze, 1400 m, 15. VI. 1917 (10286). Ohne Standort (Cavalerie 7594). S-**Y.**: (Henry 9962).

Die Brakteen der typischen Art sind immer gestutzt und dreispaltig. Wilsons fruchtende Nr. 452 von Yitschang hat auch Blätter von $8\frac{1}{2} \times 5$ cm, so daß in der Größe wohl kein bemerkenswerter Unterschied liegt. Die noch nicht beschriebene Frucht ist glatt und vom Stiele nicht abgesetzt.

Proteaceae

Helicia Lour.

H. cochinchinensis Lour. **H.**: Im Hartlaubwalde der str. St. auf dem Yolu-schan bei Tschangscha, Sandstein, 270 m (10909). Im SW im Schluchtwalde derselben St. bei Moschi nächst Dsingdschou, Schiefer, 400 m (11045). **Ki.**: Bei einem Bächlein am Fuße des Hangaodsu zwischen Ningdu und Tjingan („Kian") (Plt. sin. 501). **NE-Y.**: Berge von Dschenfungschan, 650 m (Maire).

Santalaceae

Phacellaria Benth.

P. ferruginea W. W. Sm. in Not. R. Bot. Gard. Edinbgh., X., 188 (1918). **NW-Y.**: Auf *Loranthus caloreas* in Kiefernwäldern der wtp. St. bei Haba se von Dschungdien, 2650 m (4414).

Die Farbe der lebenden Pflanze ist hell ockergelb.

Osyris L.

O. Wightiana Wall. (*O. arborea* Wall.). In trockenen Wäldern und dichten Gebüschen der wtp. St., selten in die str. herab, auf Kalk, Sandstein und Schiefer, (1550—) 1800—2200 m. **Y.**: Yünnanfu, auf dem Hsi-schan (343) und sonst auf Hügeln (Schoch 102). Über Fumin (6098) und Tschuhsiung (4842) überall bis unter Beyendjing. Im NW auf dem Berge Lamatso am Nordende der Yangdse-Schleife bei 2725 m und bis an den Mekong. Im birm. Mons. unter Tjionatong am Salwin, 28° 7′. **S.**: Zwischen Djiangyi und Hokou sw von Huili.

Thesium L.

T. chinense Turcz. **H.**: Häufig in Steppen der str. St. um Tschangscha, Sandstein, 40—300 m (11588).

T. longifolium Turcz. An trockenen Hängen und steinigen Stellen, auch an Bächen, in der wtp. St., seltener in die tp. auf- und in die str. absteigend, auf Kalk, Sandstein und Tonschiefer, 1600—2950 m. **Y.**: Tschangtschungschanmiao bei Yünnanfu (Schoch). Ob im E bis an die Grenze von Kw. bei Djiangdi dieses oder das vorige? **S.**: Lemoka im Lolo-Lande e von Ningyüen (1564). Hwalipu in der Ebene von Yenyüen (2241). Unter Gwandien (2823) und bei Tschalu im Yalung-Gebiete n von dort.

T. himalense Royle. **NW-Y.**: Am Rande des Fichtenwaldes der tp. St. ober Ngulukö bei Lidjiang, an steinigen Stellen, Kalk, 2900 m (6639).

** ***T. longiflorum*** Hand.-Mzt. (*T. himalense* var. 3? *pachyrhiza* Hook., Fl. Br. Ind., V., 230, saltem p. p. — *T.* vielleicht *chinense* Lingelsh. in Rep. n. sp., Beih. XII., 356).

Rhizomatis rami elongati, tenues, remote squamati. Caules diffusi, 8—13 cm longi, 1—1½ mm crassi, striati, ut tota planta glabri, plerumque a basi dense ramosi, densiuscule foliati et tota fere longitudine floriferi vel apice steriles subcomosi. Folia lineari-lanceolata, 7—17 mm longa, 1—2,5 mm lata, sessilia, crassa, indisticte trinervia, levia. Flores pedicellis perianthio ± aequilongis fulti, bracteis saepe ± recaulescentibus et florem paulo superantibus, bracteolis 2 perianthio dimidio usque duplo brevioribus, lineari-lanceolatis, margine interdum papilloso-asprellis. Flores 6—10 mm longi, albi, perianthio cylindrico, lobis 3—4 mm longis, oblongo-linearibus, superne patentibus, anguste et pallide marginatis, apice leviter cucullatis. Stylus perianthio subaequilongus, stamina paulo superans. Nux globosa, c. 2 mm diametro, stipite 1 mm longo, perianthio vix mutato ea c. duplo longiore superata, nervis primariis c. 10, superne saepe parcissime parallele ramosis, non reticulatis.

SW-**S.**: In trockeneren Wäldern der tp. St. auf den Rücken ober Fumadi am Wolo-ho zwischen Yenyüen und Yungning, Kalk und Sandstein, 3300 m, 15. VI. 1914 (3022). Hor Tschango: Schtiala, Berglehnen ne des Dorfes, 3800—4000 m, 22. VII. 1914 (LIMPRICHT 2044). Sikkim: 12—13000′ (HOOKER als *Th. multicaule* LED.).

Die Art hat wohl die größten Blüten in der Gattung und ist durch das zur Fruchtzeit unveränderte, lange Perianth besonders gut gekennzeichnet. Das vorliegende Exemplar aus Sikkim ist mangelhaft, aber offenbar identisch.

Loranthaceae

Loranthus L.

L. Delavayi V. TIEGH. **Y.**: Auf Birnbäumen in der wtp. St. bei Schilobu nächst Hsiao-Magai n von Yünnanfu, 25° 26′, 1800 m (416).

L. odoratus WALL. **H.**: Auf *Manglietia insignis* im wtp. Hochwalde des Yün-schan bei Wukang, 1190 m (12048). Auf verschiedenen Laubbäumen mehrfach zwischen Dungngan und Wangdjiapu am Wege von Hsinning nach Linling (Yungdschou), str. St., 150—250 m (11279).

VAN TIEGHEM (Bull. Soc. bot. Fr., XLI., 535) und LECOMTE (Not. syst., III., 169) geben nur *Loranthus Delavayi* aus China an, da sich HENRYS von FORBES und HEMSLEY als *odoratus* angeführte Nr. 7849 als jener erwies. Meine blühende Nr. 12048 ist zwitterig und daher sicher *L. odoratus*, 11279, schon im Fruchtzustande und könnte auch *Delavayi* sein, doch ist dies mit Rücksicht auf die Nähe der Standorte unwahrscheinlich.

L. Maclurei MERR. in Philipp. Journ. Sci., XXI., 494 (1922). SW-**H.**: Auf verschiedenen Laubbäumen in der str. St. zwischen Wukang und Gaoscha-se, 350 m (12543) und auf dem Sattel zwischen Hsüning und Ngaidso, 550 m (11072).

L. Scurrula L. Auf verschiedenen Laubbäumen. **Y.**: In der str. St., 1500—2150 m. Am Pudu-ho unter Hsinlung n von Yünnanfu, 25° 34′ (430). Im NW am Mekong unter Hsiao-Weihsi und an seinem Zuflusse unter Kakatang, 27° 18—26′, hier und da (10018). **S.**: Häufig auf *Ligustrum lucidum* in der wtp. St. zwischen Banschan und Pudi zwischen Yalung und Nganning-ho, 27°, 1750 bis 2050 m (5263).

L. caloreas DIELS in Not. R. Bot. Gard. Edinbgh., V., 251 (1912). NW-**Y.**:

Auf *Abies*, *Picea*, *Pinus* und *Tsuga* in der tp. St. oft massenhaft um 3000—3300 m um Lidjiang (3998), Yungning und in S um Muli.

— — **var. *Fargesii*** LECTE. in Not. syst., III., 49 (1914). Auf *Keteleeria*, *Pinus yunnanensis*, *Tsuga*, *Quercus variabilis* und anderen Laubbäumen, auch auf *Rhododendren* und *Rosa Mairei* in der wtp. und bis in die tp. St., 1800—2800 m. **Y.**: Von Sugö bei Yünnanfu (1996) nach N über Santang (394), Loheitang (573) häufig bis Sanyingpan. Ngannangwan (MELL), um Yünnanyi. Im NW bei Haba se von Dschungdien (4423), wohl auch dieser auf *Pseudotsuga Wilsoniana* unter Schuba zwischen Djinscha-djiang und Landsang-djiang, im birm. Mons. am Westhange des Doyon-lumba ober der Brücke Schingudoba, 28° 1′. **S.**: Kalaba (2262) und Kwapi (2782) n von Yenyüen. Soso-liangdse im Lolo-Lande e von Ningyüen (1681).

Die auf Föhren zwischen dem Laschiba und Ahsi w von Lidjiang Ende Mai in Menge mit Früchten vom gleichen Feuerrot wie die Blüten beobachtete Pflanze gehört wohl auch hierher, und die Angabe LECOMTES (l. c.) über deren schwarze Farbe dürfte auf noch nicht ganz reifem Herbarmaterial beruhen, zumal da auch meine Herbarexemplare der Nr. 2782 rote Farbe zeigen.

L. Balfourianus DIELS, l. c., 250. Auf Obstbäumen in der wtp. St., 1850 bis 2700 m. **Y.**: Überall zwischen Butji und Sangtang bei Yünnanfu (1986). Ober Tienschengtang an der Straße von hier nach Dali (Talifu) (8685). **S.**: Bei Gaitiu und Sandjiatsun am Zuflusse des Wolo-ho zwischen Yenyüen und Yungning (3051). Hierher wohl auch die n von Yünnanfu zwischen Sanyingpan und dem Djinscha-djiang auch häufig auf Weiden notierte Pflanze, während andere Aufzeichnungen, von denen besonders die Vorkommen auf *Quercus semicarpifolia* bei Hsinyingpan zwischen Yungbei und Yungning, auf *Xanthoxylon* bei Hsiangschuiho s von Hodjing und auf *Albizzia Julibrissin* n von Dali, sowie einige um Huili und Yenyüen interessant sind, auch zur vorigen Art gehören könnten.

L. Yadoriki SIEBD. et ZUCC. **SE-Ki.**: An *Camellia oleifera* auf dem Wuhwaschan bei Ningdu, c. 800 m (Plt. sin. 448). **H.**: An Laubbäumen in der str. St. um Hsianghsiang und Guschui, 80—300 m (12736). **Y.**: Bei Yünnanfu häufig an Laubbäumen der wtp. St. gegen Fumin, 1800—2200 m (6101). Im NE auf *Sophora japonica* im Tale von Sandaokou, 2400 m (MAIRE). Ob die folgenden Aufzeichnungen hierher oder vielleicht zu einer andern braunfilzigen Art, wie *L. vestitus* WALL. gehören, ist nicht sicher: Am Pudu-ho n von Yünnanfu. Im NW auf *Quercus dentata* bei Lukudsche und auf *Qu. semicarpifolia* bei Minying n von Lidjiang, um 3000 m. Mujendu e von Dschungdien. Auf *Juglans* bei Djitsung am Djinscha-djiang, 27° 35′, die Luftwurzeln mehrere Meter weit am Stamme heruntertreibend. Im birm. Mons. ober der Brücke Schingudoba im Doyonlumba und bei Dara am Salwin, 28° 2′.

Arceuthobium M. a B.

A. chinense LECTE. in Not. syst., III., 170 (1914). Auf *Pinus tabulaeformis*, *Abies*, meist aber auf *Keteleeria* in der wtp. und tp., selten str. St., 1600—3500 m. **Y.**: W von Fumin. Yanggai e des Dsolin-ho (4999). Schanyakou bei Dingyüen. Datiengai. Zwischen Hanio und Djiangying. Im NW bei Lidjiang (Likiang), von Einheimischen (3997), s von Yungning und ober Alo und Dahota se von Dschungdien. **S.**: Paß Daörlbi zwischen Yenyüen und Yungning (2952). Zwischen

Molien und Tiaolu jenseits des Yalung n von Yenyüen (2629). Zwischen Sosokou und dem Passe Dsiliba im Lolo-Lande (1540).

Die Diagnose ist dahin zu erweitern, daß (2629) unter die meist dreizähligen ♂ Blüten auch vierzählige eingemischt vorkommen und die Länge der Fruchtstiele ziemlich veränderlich ist. Von meinen Sammlern erhielt ich spannenlange junge Föhrenpflanzen, deren unterer Teil vom Parasiten ganz aufgetrieben ist, bei Alo beobachtete ich ihn am Grunde alter Föhrenstämme und bei Fumin kleine Keteleerien vollständig tötend. *A. Oxycedri* (DC.) M. a B. hat ebenfalls langgestielte Früchte, aber oft mehrere in einer Scheide, auch größere ♂ Perianthzipfel und kommt nur auf *Juniperus*-Arten vor, auf denen ich in China kein *Arceuthobium* sah.

Korthalsella V. TIEGH.

K. japonica (THBG.) ENGL. in ENGL. et PRTL., Nat. Pflzfam., Nachtr. I., 138 (1897). (*Viscum opuntia* THBG., Fl. jap., 64 [1784]. — *V. japonicum* THBG. in Trans. Linn. Soc., II., 329 [1794]. — *Viscum moniliforme* WIGHT et ARN., Prodr., Fl. pen. Ind. or., 380 [1834.] — *Korthalsella moniliformis* LECTE. in Bull. Mus. Par., XXII., 265 [1916]). **Y.**: Auf *Quercus variabilis* in der str. St. zwischen Gwanfang und Tschalaschao unter Beyendjing halbwegs zwischen Tschuhsiung und Yungbei, 1500—1700 m (6307). SE-**Kw.**: Am Du-djiang unter Sandjio, 350—400 m (10832). Wegen der niedrigen str. Lage gehören vielleicht auch die Notizen von Ladsagu nw Lidjiang, unter Yedsche am Mekong und von Dara am Salwin, 28° 1′, in NW-Y. und aus **S.**: Zwischen Datiaoku und Otang am Yalung n von Yenyüen hierher und nicht zur folgenden Pflanze.

Der älteste Name wäre *Viscum opuntia* THBG., doch ist dieser nicht verwendbar, da es sich wohl nur um eine falsche Deutung von *Viscum opuntioides* L. 1763 handelt.

Viscum L.

V. articulatum BURM. **Y.**: In der wtp. St. zwischen Hsiao-Magai und Sangtang n von Yünnanfu auf *Quercus variabilis* und anderen Bäumen (392), auch auf *Loranthus caloreas*, wenn es sich hier nicht um eine Verwechslung mit *Phacellaria* handelt. **S.**: Auf Eichen im tp. Mischwalde des Soso-liangdse im Lolo-Lande, 2800 m.

* ***V. ramosissimum*** WALL. In der tp. St., 2750—3000 m. **S.**: Um Gwandien n von Yenyüen, 27° 46′, auf *Corylus chinensis* (2811) und *Sorbus* sp. Sandjiatsun an einem Zuflusse des Wolo-ho zwischen Yenyüen und Yungning auf *Acer* sp. Ebenso und auf *Populus Bonatii* am Aufstiege von Muli zum Passe Tschescha. **Y.**: Auf *Quercus semicarpifolia* bei Haba se von Dschungdien.

Die gesammelte Pflanze ist jung und noch ohne Blüten, daher handelt es sich mit Rücksicht auf die hohe Lage der Standorte vielleicht um eine neue, ähnliche Art.

V. album L. **H.**: Auf *Pterocarya stenoptera* in der str. St. bei Tschükoupu nächst Baotjing („Paoking") (11985). Auf derselben Unterlage von WILSON in Hubei gesammelt (VEITCH Exp. ohne Nummer).

Balanophoraceae

Balanophora FORST.

B. involucrata HOOK. f. ***α rubra*** HOOK. f. NW-**Y.**: In tp. Mischwäldern, 2850—3500 m. Yülung-schan bei Lidjiang, von Einheimischen (12957). Im birm. Mons. im Salwin-Tale um Tschamutong: Rücken Alülaka und im Hintergrunde des Doyon-lumba (9611), ober Punka bei Tjionatong und im Tale unter dem Gomba-la (9546).

B. polyandra Griff. S.-H.: Auf felsigen Bergen bei Dschöndschou, leg. H. Dohr (12808).

Chenopodiaceae

Acroglochin Schrad.

A. persicarioides (Poir.) Moq. (*A. chenopodioides* Schrad. — *Boehmeria Amarantus* Lévl. in Rep. n. sp., XI., 550 (1913). — *B. Martini* var. *Amar.* Lévl., Fl. Kouy-Tch., 422, e typis). **Y.**: Yünnanfu, in der wtp. St., ruderal, 1900 m (Schoch 274). Beyendjing. Logoschui-tsun (Ten 231 ex hb. Berlin, 1286) Yünnanfu—Suifu, trockener Wegrand bei Datschutang (Mell). Kulturen bei Dungtschwan, 2500 m (Maire). **S.**: Krautfluren in der str. St. bei Gwanyinngai am Zuflusse des Yalung gegen Yenyüen, 27° 20′, 1700 m (5349). **Kw.**: Umgebung von Nganiping (Martin u. Bodinier). Dahaidse (Esquirol 2520).

Chenopodium L.

C. Botrys L. **S.**: Schutthänge u. dgl. in der wtp. und str. St. zwischen Yalung und Nganning-ho am 27° 43′ überall, Sandstein, 1500—2500 m (5609). Dseia bei Muli, 2600 m. **NW-Y.**: Hewa gegenüber Fongkou n von Lidjiang, 2900 m.

C. ficifolium Sm. **S.**: Raine in der str. St. bei Dötschang im Djientschang („Kientschang"), Sandstein, 1450 m (1135 **f. *dolichophyllum*** Murr, det. Aellen). Feuchter Schlamm in der tp. St. am See von Yungning an der yünnanesischen Grenze, 2800 m (3116?, jung). **Y.**: Ruderal in Äckern und an Wegrändern der Ebene von Yünnanfu, wtp. St., 1900 m (Schoch 107 p. p.).

C. album L. **Y.**: Im NW bei Lidjiang („Likiang"), von Einheimischen (3688). Am Wege von Yünnanfu nach Suifu vor Dungtschwan stellenweise gebaut (Mell).

— — ** ssp. ***yünnanense*** Aellen.

Planta magna, copiose ramosa, vix farinosa. Folia longitudine aequilata, crassiuscula, triangulari-deltoidea, ± manifeste triloba; lobus medius foliorum mediorum latus, marginibus fere parallelis, dentibus maioribus nonnullis, superiorum convexe rotundatus, integer; petiolus laminam adaequans. Glomeruli inflorescentias spicatas interdum paulum cymosas formant.

Y.: Yünnanfu, ruderal in Äckern und an Wegrändern der wtp. St. in der Ebene, 1900 m, 20. V. 1916 (Schoch 107 p. p.).

Eurotia Adans.

E. ceratoides (L.) C. A. Mey. **W-S.**: Min-Tal von Tietschi bis Maodschou (Weigold).

Kochia Roth.

K. scoparia (L.) Schrad. **Y.**: Beyendjing (Ten 190 ex hb. Berlin). Biendjio, in Gärten (Ten 1232). Im NW in der str. St. am Zuflusse des Mekong unter Londjre auf Tonschiefer, 2100 m.

Salsola L.

S. collina PALL. **Y.**: Im Flugsand in der str. St. am Djinscha-djiang („Yangtse-kiang"), 885—1850 m. Lagatschang n und massenhaft bei Lunggai nw von Yünnanfu. Im NW bei Ndaku nw von Lidjiang (4399).

Amarantaceae

Deeringia R. BR.

D. baccata (RETZ.) MOQ. (*D. celosioides* R. BR.). In Hecken, Gebüschen und von Felsen hängend in der str. und bis in die wtp. St., auf Kalk und Sandstein, 1450—2200 m. **Y.**: Um Dali (Talifu) bis gegen Langtjiung (8545). Bei Gwanyilang zwischen Lidjiang und Yungbei. **S.**: In den Seitentälern des Yalung gegen Yenyüen bei Tienba, 27° 18′ (5365) und zwischen Lumapu und Meidsepu, 27° 42′.

Celosia L.

C. argentea L. Gehängeschutt und besonders im Gerölle der Bäche in der tr. und str. St., 100—1700 m. **Y.**: Manhao nahe der Grenze von Tonkin (5799). Am Djinscha-djiang bei Lagatschang n von Yünnanfu massenhaft und gegenüber Lunggai nw von dort (5060). Bintschwan (TEN 1229). **S.**: In den Seitentälern des Yalung gegen Yenyüen zwischen Siwangho und Gwanyinngai und zwischen Datung und Dölipu, 27° 42′ (5602). **H.**: Ruderal auf dem Yolu-schan bei Tschangscha, leg. A. BRAMMER (11913). Loudi und sonst gegen Hsikwangschan verbreitet.

Amarantus L.

A. viridis L. **S-Y.**: Ruderal in der tr. St. in Manhao s von Möngdse, 200 m (5884).

* ***A. celosioides*** HB., BPL., KTH. **NW-Y.**: Häufig kultiviert in der trockenen str. St. am Mekong, 27° 21—30′, 8. X. 1915 (8479).

A. hypochondriacus L. s. str. (*A. hyp.* II *erythrostachys* [MOQ.[THELLG. in ASCHERS. u. GRAEBN., Syn. mitteleurop. Fl., V_1., 241). **Y.**: Am Wege von Yünnanfu nach Suifu vor Dungtschwan, gebaut und verwildert (MELL). Um Dali und überall bei den Lissu oberhalb Weihsi wohl auch diese Art gebaut, da die Felder weithin rot leuchten.

A. hybridus L. s. str. (*A. hypochondriacus* I *chlorostachys* [WILLD.[THELLG., l. c. 236). var. ***aciculatus*** THELLG. **Y.**: Beyendjing, Felder bei Tieso (TEN 1429). **W-S.**: Min-Tal von Maodschou bis unter Wöntschwan (WEIGOLD).

Cyathula LOUR.

* *C. tomentosa* (ROTH.) MIQ. **Y.**: Yünnanfu, bei einer Pagode, 1919 (CAVALERIE 76). Ufer des Niulan-djiang, 2000 m (MAIRE).

Aerva FORSK.

Aerva scandens (ROXB.) WALL. Gebüsche, Felsen und trockene Hänge von der tr. bis in die wtp. St., auf verschiedensten Gesteinen, 900—2400 m. **Y.**: Yaotou und Schuidien zwischen Möngdse und Manhao. Bahndamm bei Lufongtsun am Beida-ho (32). Homöndschang (771) und Djiaoping am Djinscha-djiang n von Yünnanfu. Zwischen Dschaodschou und Hungngai s von Dali. Überall von Fumin über Yüenmou, Datiengai, Yungbei bis Dsilidjiang. Im NW gemein im Mekong-Tale von 27° 25′ bis 28° 10′. S.: Unterhalb Dungngan s von Huili (5654).

Achyranthes L.

A. aspera L. Steppenhänge, Gebüsche, Kanaldämme, anscheinend wenig über die str. St. ansteigend, 1200—2400 m, wenn die nicht belegten Notizen nicht zur folgenden Art gehören. **S.**: Ningyüen (1273). Im Yalung-Tale und seinem Seitentale gegen Yenyüen bis Niutschang. Unter Muli. **Y.**: Zwischen Lidjiang und Dali. Unter Dawanying e von Lidjiang. Im NW am Djinscha-djiang unterhalb Dschütien und bei Tsedjrong am Mekong.

— — var. ***porphyristachya*** (WALL.) HOOK. **Y.**: Beyendjing (TEN 184 ex hb. Berlin).

A. bidentata BL. NW-**Y.**: Lidjiang („Likiang"), von Einheimischen (3740). **Kw.**: Hsingyi-hsien (Hwangtsaoba) (CAVALERIE 4347).

Alternanthera FORSK.

A. sessilis (L.) R. BR. **Y.**: In üppigen Gebüschen der wtp. St. zwischen Tschuhsiung und Gwangdung, Sandstein, 1800—2100 m (4848).

Phytolaccaceae

Phytolacca L.

P. acinosa ROXB. (*P. esculenta* V. HOUTTE). **Y.**: Hecken in der wtp. St. bei Schilungba nächst Yünnanfu, 1900 m (SCHOCH 209). Beyendjing? (TEN in hb. Kopenhagen). Tieso (TEN 14 in hb. Berlin). Lidjiang, ruderal (SCHNEIDER 3173). Ebene von Dungtschwan, da und dort, 2500 m (MAIRE).

Bezüglich der Untrennbarkeit von *P. acinosa* und *esculenta* im Sinne H. WALTERS (in Pflzr., IV/83, 40, 41) muß ich mich LOESENERS Ansicht (in Beih. Bot. Centrbl., XXXVII 2, 117) anschließen. VAN HOUTTES Publikation kann nur als nomen nudum betrachtet werden. Er gibt Indien als Herkunftsland an, was WALTER übersieht. MOQUINS Angaben in DC., Prodr., beruhen nur auf der Originalpublikation, jene in Fl. des Serres IX., 236 besagen nicht mehr und nichts anderes als ROXBURGHS. *P. acinosa* erwähnt MOQUIN nirgends. Auffallend ist die große Veränderlichkeit in der Länge der Blütenstiele, die bis über 10 mm erreicht, was weit über die von WALTER und anderen angegebenen Maße hinausgeht. Vielleicht werden sich danach zwei einigermaßen konstante Typen unterscheiden lassen. SCHOCHS, SCHNEIDERS und MAIRES Pflanzen gehören dem bisher beschriebenen kurzstieligen, TENS dem langstieligen Typus an.

** ***P. hunanensis*** HAND.-MZT.

Subg. *Pircuniopsis* H. WALT., Sect. *Pircuniophorum* H. Walt.?

Herba elata caule succulento, ultra 1 cm crasso, simplici (?), praeter racemos glaberrima. Folia elliptica vel subovato-elliptica, 14½—26 cm longa, longitudine plus duplo usque triplo angustiora, breviter acuminata, mucrone terminata, basi cuneata et in petiolum 1—4 cm longum decurrentia, sicca tenuiter membranacea, laete viridia, striolis brevissimis dissitis albidis impellucidis instructa, margine cartilagineo angustissimo undulato-erosula; costa nervique utrinsecus 10—12 patuli, ante marginem prorsus curvati et arcuatim conjuncti, utrinque pallidi; venularum rete laxum, inconspicuum. Racemi oppositifolii et pseudoterminalis, brevipedunculati, (3—) 13—14 cm longi, rhachi 2—2½ mm crassa, ut pedicelli c. 100, 6—9 mm longi, raro geminati vel ternati patuli papilloso-velutina. Bracteae filiformi-subulatae, vix ultra 1 mm longae, a pedicellis basi valde dilatatis remotae. Bracteolae minores, pedicellis circa medium variis modis insertae. Flores 8—8,5 mm diametro, ♀, albo-rubri (e collectore). Tepala 5, late elliptica usque obovato-elliptica, c. 2 mm lata, obtusissima usque rotundata et antice ± denticulata, sicca membranacea, valde concava. Stamina uniseriata, 7—8, filamentis subulatis, c. 2,5 mm longis, basi connatis, antheris subrectangularibus, $^3/_4$ mm longis. Carpella 6, in ovarium depressum connata, apicibus ± liberis; styli conico-filiformes, erecti, rectiusculi vel curvatuli.

SW-**H.**: Yün-schan bei Wukang, Tonschiefer der wtp. St., IV. 1919, Wang-Te-Hui (Plt. sin. 48), von mir im Gebüsche am Waldbach um 1100 m gesehen.

A speciebus sectionis nominatae sat procul est, mihi potius affinis videtur *P. brachystachy* Moq., quae differt foliis minoribus, farcte punctatis, margine multo latius cartilagineo levibus, bracteis bracteolisque multo maioribus latioribusque, ovariis omnino connatis.

P. polyandra Bat. **S.**: An Wegen in der tp. St. bei Ngaitschekou und Tiaolu im Gebirge jenseits des Yalung n von Yenyüen, Schiefer, 2800—3000 m (2628).

In der von mir analysierten Blüte finden sich 20 entwickelte Stamina, während H. Prof. Heimerl in einer nur sieben fand. Wenigstens einige der folgenden Notizen aus gleicher Höhenlage werden hierher gehören. **S.**: Ober Naoliangdse bei Yenyüen. Ober Muli gegen Yungning. **Y.**: Dschadse sw von Yungning. Bödö, 2500 m. Unter Ronscha w des Djinscha-djiang, 2200 m (diese beiden vielleicht zu *P. acinosa*, die habituell übereinstimmt).

Nyctaginaceae

Mirabilis L.

M. Jalapa L. (var. *Eu-Jalapa* Heim.). Gebüsche und Hochgrasbestände der str. bis in die wtp. St., 600—2400 m. **Y.**: Yünnanfu, ruderal (Schoch 304). Im Tale des Djinscha-djiang nw von hier, in seinem Seitentale gegen Datiengai und in der umgebenden Niederung bis über Matouschan bei Yüenmou. Niugai n von Dali. Laba e von Dschungdien. **S.**: Zwischen Meidsepu und Lumapu am Zuflusse des Yalung gegen Yenyüen, 27° 40′ (5587). **Kw.**: Im E gegen Liping zerstreut.

* ***M. himalaica*** (Edgew.) Heim. in Engl. u. Prtl., Nat. Pflzfam., III 1b., 21 (1889); Beitrg. Syst. *Nyctag.*, in 23. Jahresber. k. k. St.-Realschule 15. Bez. Wiens, 21 (1897). (*Oxybaphus himalaicus* Edgew.) **S.**: An den Stadtmauern von Yenyüen, wtp. St., 2625 m, 10. X. 1914 (5568). **NW-Y.**: Gemein in der str. St. im Mekong-Tale von Yedsche bis Serä ober Tsedjrong, Tonschiefer, 1950—2400 m. Schenhsi: centr., Umgebung von Yumöndschön, 27. IX. 1916 (Licent 2987).

Boerhavia L.

B. diffusa L., amplif LAM. **var. *eu-diffusa*** HEIM. **Y.**: In der str. St. im Sande des Djinscha-djiang („Yangtse") bei der Fähre Lagatschang n von Yünnanfu, 900 m (762). Sand beim Dorfe Ndaku n von Lidjiang, 27° 20', 1850 m (4397).

— — **var. *mutabilis*** R. BR. **Y.**: Dürre Hänge in der str. St. um Lunggai am Djinscha-djiang nw von Yünnanfu, 970—1100 m (5066).

Ficoidaceae

(*Aizoaceae*)

Mollugo L.

M. stricta L. **NW-Y.**: In Äckern in der str. St. des birm. Mons. bei Tschamutong am Lu-djiang (Salwin), Sandstein, 1900 m (9819).

Talinum ADANS.

* *T. patens* (JACQ.) WILLD. **NE-Y.**: Gärten der Ebene bei Dungtschwan (MAIRE).

Da wir ein indisches Exemplar dieser Art ohne Namen aus dem Herbar WIGHT besitzen, gehört wohl *T. indicum* WIGHT et ARN. hierher und nicht zu *T. cuneifolium* WILLD., zu dem es von THIS.-DYER in HOOK., Fl. Brit. Ind., I., 247, gezogen wird.

Cactaceae

Opuntia MILL.

* ***O. monacantha*** HAW. An Felsen, Mauern, Erdhängen und in Hecken, manchmal kultiviert, meist aber ganz verwildert, in der str. und untersten wtp. St., auf Kalk und kalkfreien Gesteinen, 900—2150 m, oft massenhaft. **Y.**: Yiliang. Yünnanfu und gegen Djitien. Zwischen Homöndschang und Dschenmindö in der Yangtse-Schlucht n von da, 18. III. 1914 (721). Wenig zwischen Tschuhsiung und Gwangdung, zwischen Hungngai und Yünnan-hsien. Yanggai e des Dsolin-ho, Hedjing und gegen Dayao. Beyendjing und darunter gegen Mitien, Hsintschwang bei Hwaping. Zwischen Dali und Langtjiung. Sunggwe. Unter Yungbei und Gwanyilang. Am Djinscha-djiang bei Ndaku n von Lidjiang, ober Ahsi und um Totyü, 27° 46'. **S.**: Dungngan s von Huili. Im Djientschang bei Schasung. Dötschang, 6. IV. 1914 (1191), Ningyüen. Im Yalung-Tale am 27° 42' und bei Datjiaoku n von Kwapi, 28°.

Daß es sich überall um die gleiche Art wie die gesammelte handelt, kann ich natürlich nicht behaupten, doch ist es recht wahrscheinlich, da diese die einzige ist, die bis nach Ober-Birma eindringt (BURKILL in Rec. Bot. Surv. Ind., IV., 287 und Karte).

Basellaceae

Basella L.

B. rubra L. **H.**: Kultiviert in der str. St. bei Tschangscha, 30 m (11347).

Polygonaceae

Von Gunnar Samuelsson (Stockholm)

Eine Bearbeitung chinesischer Polygonaceen ist kein leichtes Unternehmen. Die Familie ist überhaupt reich an kritischen Gruppen, in China besonders *Polygonum*, *Rheum* und *Rumex*. Als Ausgangspunkt bei der Bestimmungsarbeit dient noch immer in erster Linie J. D. Hookers „The Flora of British India", V. (1890). Gute Dienste leisten auch A. T. Gages „A Census of the Indian Polygonums" (Rec. Bot. Survey India, II., Nr. 5, 1903) und besonders für einige Unkräuter H. B. Dansers vortreffliche Arbeit „Die Polygonaceen Niederländisch-Ostindiens" (Bull. Jard. Bot. Buitenzorg, Ser. III., Vol. VIII., Livr. 2—3, 1927). Sehr wenig verwendbar ist dagegen H. Léveillés „Clef des *Polygonum* de Chine et de Corée" (Bull. Soc. Bot. de France, LVII., 1910). Mehrere Arten hat der Verfasser offenbar nicht einmal gesehen, verschiedene sind in unrichtige Sektionen gestellt usw. Über seine eigenen Schöpfungen vgl. unten.

Vor etwa 15 Jahren beschäftigte sich H. Gross mit einer Revision der Polygoneen Ostasiens, besonders derjenigen des Herbarium Léveillé („Academie internationale de Géographie Botanique") und begann auch seine Resultate als „Remarques sur les Polygonées de l'Asie Orientale" (Bull. Acad. Géogr. Bot., XXII., 1913) zu veröffentlichen. In einem ersten, bis jetzt einzigen Teil behandelte er vollständig die von ihm als Gattungen aufgefaßten *Pteroxygonum*, *Pleuropteropyrum*, *Polygonum* (= Sect. *Avicularia* Meisn.), *Bistorta* und *Fagopyrum* (= Sect. *Tiniaria* Meisn. + *Fagopyrum* Meisn.) und außerdem von *Persicaria* die Sect. *Aconogonon* Meisn. Gross' Bearbeitung hat gegenüber Léveillés bedeutende Verdienste. Die systematische Verwandtschaft der Arten hat er im allgemeinen richtig aufgefaßt. Einige von Léveillés Arten hat er richtiggestellt. Aber anderseits hat er allzu unbedeutende Merkmale besonders in den Bestimmungsschlüsseln und auch bei der Umgrenzung der Arten verwendet, weshalb seine Arbeit nicht so nützlich wie erwünscht ist.

Seit 1890 sind mehr als 50 neue *Polygonum*-Arten aus China beschrieben worden. Die meisten stammen von Léveillé und sind sehr unvollständig beschrieben. Gute Diagnosen haben dagegen u. a. Hemsley, Diels und Gross gegeben. Mit Einzeldiagnosen kommt man indessen bekanntlich in kritischen Gruppen wenig aus. Bei meinen ersten Versuchen, die von Dr. Handel-Mazzetti und Dr. Harry Smith (Upsala) aus China mitgebrachten Sammlungen zu bestimmen, war es mir deshalb auch unmöglich, über zahlreiche Arten Klarheit zu gewinnen. Durch Entgegenkommen der Direktoren bekam ich allmählich Vergleichsmaterialien aus den botanischen Museen in Berlin, Breslau, Edinburgh, Kew, Leningrad (Botanischem Garten), Paris und Wien (Botanischem Institut der Universität und Naturhistorischem Museum). Ich konnte somit authentische Exemplare von den allermeisten aus China und, insofern sie für meine Arbeit Bedeutung hatten, auch aus Indien beschriebenen Arten untersuchen. Besonders wichtig war es, die Léveilléschen Arten, welche ich aus Edinburgh bekam, kennenzulernen.

Die folgende Darstellung ist nicht einfach eine Bearbeitung der Ausbeute Dr. Handel-Mazzettis, sondern gründet sich gleichzeitig gewissermaßen auf eine Revision der chinesischen Polygonaceen. Für zahlreiche Arten kann ich somit kritische Bemerkungen geben. Die aufgenommenen Synonyme sind stets, wenn nicht anders ausdrücklich angegeben wird, auf Untersuchung von Originalexemplaren begründet. In den meisten Fällen fand ich es nicht notwendig, in dieser Beziehung meine Auffassung zu motivieren. Besonders bemüht war ich, die LÉVEILLÉschen „Arten“ zu revidieren und richtigzustellen. Die allermeisten sind ohneweiters in die Synonymie zu stellen. Höchstens vier seiner Schöpfungen aus China sind leidlich gute Arten. Außer drei unten besprochenen Arten betrachte ich nur *Polygonum Bodinieri* LÉVL. et VANIOT (aus Hongkong) als verhältnismäßig gut, obgleich es *P. strigosum* R. BR. sehr nahesteht. Der Vollständigkeit wegen will ich hier erwähnen, daß ich *P. Chaneti* LÉVL. zu *P. Bungeanum* TURCZ., *P. Fauriei* LÉVL. et VANT. zu *P. dissitiflorum* HEMSL. und *P. gloriosum* LÉVL. zu *P. pinetorum* HEMSL. ohne Zögern stelle, und daß *Rumex cacaliifolius* LÉVL. eine *Rheum*-Art ist, die nur in einem Individuum mit halbreifen Früchten bekannt ist und sich deshalb vorläufig nicht sicher deuten läßt. Für alle übrigen LÉVEILLÉschen Arten aus China finde ich unten Gelegenheit, meine Auffassung mitzuteilen. In diesem Zusammenhang will ich auch mitteilen, daß ich *Polygonum Schinzii* SCHUSTER mit *P. Hydropiper* L. ssp. *microcarpam* DANSER, *P. taliense* LINGELSH. mit *P. subscaposum* DIELS und *Rheum scaberrimum* LINGELSH. mit *R. spiciforme* ROYLE identisch gefunden habe.

Rumex L.

R. crispus L. Schlamm an Bachrändern und ähnliche Stellen der tp. St., auf Sandstein, 2700—2800 m. **NW-Y.**: Um Lidjiang, von Einheimischen (4132). Yungning (3142). **S.**: Fumadi über dem Wolo-ho am Wege von dort nach Yenyüen.

** ***R. remotiflorus*** SAM.

Sect. *Lapathum* CAMPD.

Perennis. Caulis usque metralis, erectus, strictus, plurifoliatus, inferne simplex et levissime striatus, in parte summa ramos floriferos nonnullos erecto-patentes usque 1,5 dm longos emittens ibique in statu sicco striatus. Folia basalia non visa; caulina lamina glabra margine subplana v. paululum undulata, inferiorum basi subcordata usque truncata, apice breviter acutata, oblongo-ovali, 8—11 cm longa, 3—3,5 cm lata, petiolo 3—6 cm longo instructa, superiora sensim decrescentia, breviter petiolata, eorum lamina basi attenuata, apice acutiore. Inflorescentia laxa, 2,5—3,5 dm longa, inferne foliata, caeterum aphylla; verticillastri multiflori remoti non confluentes. Pedicelli fructiferi filiformes perigonio paulo longiores, infra medium articulatione conspicua crassiuscula instructi, apice incrassati. Perigonii fructiferi phylla exteriora oblongo-linearia obtusa dimidio diametro transversali interiorum subaequilonga, marginibus interiorum adpressa; phylla interiora (valvae) paululum inaequalia, 3,5—4 mm longa, 3—4 mm lata, e basi recta $\pm$ late triangularia, membranacea, venis anastomosantibus valde elevatis reticulata, vulgo valva unica callo prominente dimidiam valvam longitudine subaequante, interdum etiam valva secunda callo minuto praedita, utroque margine dentibus vulgo 4—6 elongatis inaequilongis triangularibus usque linearibus instructa, apice obtusiuscula nonnunquam hamata. Nux (non rite matura) brunnescens, triquetro-ovoidea, basi fere rotundata, 3 mm longa, 2 mm lata, apice acuta.

NW-Y.: Im Gekräute an Bächen der tp. St. bei Yungning am Wege nach Lidjia-tsun mehrfach, Sandstein, 2725—2800 m, 23. VII. 1915 (7164). Vielleicht hierher auch einige der unten zu *R. nepalensis* gezogenen Notizen.

Habitu *R. sanguineo* L. similis, qui jam valvis minutissimis intregris differt. *R. obtusifolius* L. foliis latioribus, valvis angustioribus minus prominenter venoso-reticulatis gaudet. *R. turkestanicus* O. PAULS. jam inflorescentiae ramis longioribus, crassioribus et magis distantibus differt.

R. dentatus L. In Äckern, an Rainen und Kanälen, auf Schlamm der str. und wtp. St., 1650—2700 m. **Y.**: Yünnanfu (314; SCHNEIDER 163; SCHOCH 42) und auf dem Hochlande nach W bis Dingyüen. Dschaoping n von Yungbei. **S.**: Huili (839). Ningyüen (1227).

R. nepalensis SPRENG. (*R. Esquirolii* LÉVL.). Sumpfwiesen und Waldwiesen, Hochstaudenfluren, auch ruderal, in der tp. und bis an die ktp. und wtp. St., auf Kalk, Sandstein und Schiefer, 2700—3400 (—3800?) m. **Y.**: Hsinyingpan zwischen Yungbei und Yungning (3242). Berg Hoörl hier (3128). Bei Lidjiang (SCHNEIDER 3295). Hier bei Ganhaidse, am Böschui und über den Heschui. An der heißen Quelle unter Baoschi bei Dschungdien (7720). Täler an der Westseite des Gebirges Piepun und Wiese Da-Niutschang se von hier. **S.**: Gumadi sw von Muli. Im NW um Sungpan (WEIGOLD). Die nicht belegten Notizen jedoch vielleicht teilweise zu *R. remotiflorus*.

** ***R. yungningensis*** SAM.

Sect. *Lapathum* CAMPD.

Perennis. Caulis usque 1,5 m altus erectus, strictus, plurifoliatus, in sicco praesertim prope basin sulcato-striatus, a basi c. 8 mm crassa ramosus, in parte inferiore in axillis foliorum ramos foliiferos breves steriles emittens, in parte fere tertia supera fere aphylla ramis floriferis numerosis suberectis instructus. Folia basalia non visa; caulina lamina glabra, basi in petiolum c. 1 cm longum breviter attenuata (vel infimorum rotundata), margine plana, inferiorum 10—12 cm longa, 3,5—4 cm lata, ovato-lanceolata, obtusiuscula usque $\pm$ acuta, superiorum angustiore sensim decrescente, apice vulgo $\pm$ acuta. Inflorescentia thyrsoidea, 2—4 dm longa, inferne foliis minimis instructa et ob ramos distantes interrupta, caeterum aphylla, continua, densa; verticillastri multiflori, approximati. Pedicelli fructiferi filiformes, perigonio paullo longiores, prope basin articulatione valde inconspicua instructi, apice incrassati. Perigonii fructiferi phylla exteriora oblongo-linearia, obtusa, dimidio diametro transversali interiorum aequilonga vel paullo breviora, marginibus interiorum adpressa; phylla interiora (valvae) aequalia, circ. 5 mm longa, 4 mm lata, e basi vix vel leviter cordata fere triangularia vel marginibus leviter convexo-curvatis, membranacea, venis anastomosantibus paulum elevatis reticulata, ecallosa (rarissime valva unica nervo medio in parte inferiore $\pm$ incrassato praedita, marginibus crenulata, apice obtusiuscula. Nux fusca, triquetro-fusiformis, 2,5 mm longa, paululum infra medium latior, utrinque attenuata.

NW-**Y.**: Wiesen und kräuterreiche Stellen an Bächen auf Kalk und Sandstein der tp. St., 2750—3000 m. Bei Yungning bis jenseits Mudidjin, 23. VI. 1914 (3167) und gegen Lidjia-tsun, 23. VII. 1915 (7162). Am Wege von dort nach Yungbei unter Gwamao-schan und bei Dschaoping, 30. VI. 1914 (SCHNEIDER 1680)

Species ramis brevibus foliiferis sterilibus axillarum inferiorum insignis, ex affinitate *R. salicifolii* WEINM., qui jam valvis callosis differt.

R. hastatus D. DON. (*R. dissectus* LÉVL.). An Steppenhängen, Felsen, Stadtmauern, auch im Sande an den Flüssen, in der str. und unteren wtp. St., auf Schiefern, Sandstein, Mergel und Kalken, 900—2300 m, oft massenhaft, besonders in den Tälern, nicht so allgemein auf dem Hochlande. **Y.**: Um den Pudu-ho n von Yünnanfu bis über Hsiao-Magai (390). In der Schlucht des Djinscha-djiang n von da. Um den Dsolin-ho bei Hedjing und Landjing. Zwischen Hungngai und Yünnan-hsien. Butsangho e von hier. Dali (Talifu) (SCHNEIDER 2880) und von da bis gegen Langtjiung. Hodjing (SCHNEIDER 2482). Yungbei. Ober Ndaku n von Lidjiang. Im SE an der Eisenbahn ober Hsiao-Djiadu. **S.**: Huili. S von hier am Abstieg zum Djinscha-djiang, Mitte März fast alleinherrschend. Im Djientschang bis Ningyüen (1870) und in seinem s Seitentale bis gegen Bögowan. Am Yalung und in seinen Seitentälern gegen Yenyüen bis Gwanyinngai, 27° 20′ und über Schahsinpu, 27° 47′, um Wali n von Yenyüen, 28° 6′. Am Wolo-ho zwischen Yenyüen und Yungning.

R. Acetosa L. Wiesen von der str. bis durch die tp. St. auf Sandstein, Tonschiefer und Kalk, 40—3600 m, durchaus nicht verbreitet. **H.**: Häufig bei Tschangscha (11656). Im SW auf dem Yün-schan bei Wukang bis zum Gipfel (Plt. sin. 116). NW-**Y.**: Um Lidjiang, von Einheimischen (4134). Westseite des Gebirges Piepun se von Dschungdien (4781).

Oxyria HILL.

O. digyna (L.) HILL. NW-**Y.**: Bei Lidjiang, von Einheimischen (4142). Hier an der Waldgrenze unterhalb des kleinen Gletschers, 2500 m, also in der Schlucht Lokü, auf Kalk (SCHNEIDER 2276). Im birm. Mons. in der Mekong—Salwin-Scheidekette im Gehängeschutte der Hg. St., 4300—4600 m, auf Granit am Doker-la, 28° 15′ (8133), auf Kalk am Maya, 28° 4′ und reichlich über der Alm Rüschaton ober Tseku in die tp. St. bis 3500 m herab.

O. sinensis HEMSL. (*O. Mairei* LÉVL.). Im Bachkies, an Stadtmauern und besonders an trockenen Hängen in der wtp. und str. St. oft massenhaft, seltener in Gebüschen und ausnahmsweise in Wäldern bis in die tp. St., auf verschiedensten Gesteinen, 1500—3350 m. **S.**: Ningyüen im Djientschang (1304; SCHNEIDER 858). Von dort zum Yalung, zwischen Hohsi und Dölipu (2033; SCHNEIDER 1129) und jenseits über den Paß Sandao-schan und durch das Becken von Yenyüen (2239). Kwapi und Wali am Yalung n von hier. Ober Muli. **Y.**: Überall um Hsinyingpan zwischen Yungning und Yungbei. Überall um Gwanyinschan zwischen Dali und Lidjiang. Landjing bei Hedjing am Dsolin-ho. Im NW ober Ngulukö bei Lidjiang. Tschwadse n von hier, 27° 47′. Am Mekong überall um Tsedjrong und Londjre.

Rheum L.

R. Delavayi FRANCH. (*R. strictum* FRANCH.). Rasenhänge, Schutt und steinige Stellen der Hg. St. bis in die ktp. St., auf Kalk, 3600—4700 m. NW-**Y.**: Bei Lidjiang, von Einheimischen (4140). Dort unter dem großen Gletscher des Yülung-schan (SCHNEIDER 3603). Waha bei Yungning (7099). Westseite des Gebirges Piepun se von Dschungdien (4681). **S.**: Bei Muli ober der Alm Bädö und gleich unter dem Gipfel des Berges Gonschiga.

Mit dieser Art muß man meiner Ansicht nach *R. strictum* vereinigen. Die Unterschiede, die FRANCHET in den Früchten gefunden zu haben glaubt, sind nicht stichhaltig. Von *R. strictum* hat er offenbar nur halbreife Früchte gesehen.

Beide Namen sind gleichzeitig publiziert. Der Name *R. Delavayi* ist mehr verwendet worden, weshalb ich diesen wähle.

R. Forrestii DIELS. Trockene Gebüsche, Wiesen und Bachbetten, offene Mischwälder, besonders an Brandstellen, auch in der Modermatte in der tp. und ktp. St., (nur?) auf Kalk, 3100—4000 m. NW-**Y.**: Ober Ngulukö am Yülungschan bei Lidjiang (4141; SCHNEIDER 1983). Paß Gaogu am Wege von hier nach Yungning und jenseits des Djinscha-djiang unter dem letzten Passe ober Dschadse. Auf dem Hochlande von Dschungdien oberhalb Dugwantsun, auf dem Schusutsu und der Alm Da-Niutschang bei Bödö und ober Anangu. **S.**: Bei Muli am Wege zum Passe Döko und jenseits des Passes Tschescha. Höhe des Daörlbi halbwegs zwischen Yenyüen und Yungning (2995 steril, aber ziemlich sicher). Die nur notierten Standorte gehören vielleicht zu der anschließend besprochenen Art.

Diese ausgezeichnete Art war noch nicht vollständig bekannt. Sie wird wenigstens im Fruchtstadium bis 9 dm hoch. Der Stengel kann blattlos oder mit zwei Blättern versehen sein. Die Blätter sind zumeist etwas länger als breit und von sehr wechselnder Größe, die größten gesehenen (an Fruchtexemplaren) 35 × 30 cm. Sie sind an der Oberseite kahl oder stellenweise papillös, an der Unterseite an den Nerven (auch den kleineren) behaart. Die Blüten und Früchte sind von DIELS gut beschrieben. Charakteristisch sind in erster Linie die verlängerten Perianthblätter und die granulierten Fruchtkörper.

Außer dieser Art kommt in Yünnan eine zweite habituell und vegetativ sehr ähnliche *Rheum*-Art vor. Sie unterscheidet sich von *R. Forrestii* leicht durch die etwas schwächer papillösen Infloreszenzen und vor allem durch die rundlichen Perianthblätter und die glatten nichtgranulierten Fruchtkörper. Ich habe die betreffende Pflanze im Edinburgher Herbar gesehen. Von den vorhandenen Nummern sind zwei (MONBEIG 84/1912; ROCK 8653) rotblütig, acht weißblütig (FORREST 2356, 4589, 6926, 7117; Kingdon WARD 427, 725; ROCK 3590, 4683). Sie liegen als *R. emodi* WALL., eine Bestimmung, die ursprünglich auf DIELS zurückgeht. Ob diese zutreffend ist, erscheint zweifelhaft. Das echte *R. emodi* wird von J. D. HOOKER (Flora of British India, V., 57) als eine viel größere Pflanze beschrieben und soll noch größere Blüten haben. Besser stimmt *R. Webbianum* ROYLE, aber diese soll ganz kahle (nicht papillöse) Infloreszenzen haben. Ich habe von beiden nur sehr spärliches, mangelhaftes Material gesehen und wage kein sicheres Urteil über die Yünnan-Pflanze auszusprechen, halte es aber nicht für unwahrscheinlich, daß eine selbständige Art vorliegt.

***R.* sp.** NW-**Y.**: Moorige Stellen am Bache der ktp. St. an der Westseite des Gebirges Piepun bei Dschungdien, mit *R. officinale*, Kalk, 3875 m (4770).

Nur sterile Blattrosetten, die jenen von *R. Alexandrae* ähneln, doch sind die Blätter viel größer (Spreite fast 30 × 40 cm) und mit grob gekerbt-ausgeschweiften Rändern.

R. officinale BAILL. Moorige Stellen der ktp. St., auf Kalk, 3700 bis über 4200 m. NW-**Y.**: Am Bache eines Tales an der Westseite des Gebirges Piepun se von Dschungdien (4644). Zwischen Dschungdien und dem Djinscha-djiang (SCHNEIDER 2416). **S.**: Bei Muli reichlich unter dem Passe Döko und spärlich auf einem Felsen ober der Alm Bädö.

Beide Nummern sind rotblütig. Die Art kommt auch mit weißgelben Blüten vor.

R. palmatum L. NW-S.: Gebirge um Sungpan (WEIGOLD).
Das vorliegende Exemplar hat weißgelbe Blüten. Wenigstens in Kansu und angrenzenden Teilen Osttibets tritt die Art auch in rotblütigen Formen auf.

Ob das nur in einem einzigen Stücke (in Knospen!) bekannte *R. laciniatum* PRAIN wirklich von dieser Art spezifisch verschieden ist? Mir scheint es nur eine Form davon mit stärker als gewöhnlich zerteilten Blättern zu sein.

R. Alexandrae BATAL. An Bächen und Moortümpeln auf Kalk in der ktp. St., 3600—4200 m. NW-Y.: Bei Lidjiang, von Einheimischen (4139). Unter dem Lagerplatz Mahaidse jenseits des Passes Hwayanggo am kleinen Wege von hier nach Yungning. Westseite des Gebirges Piepun se von Dschungdien (4642). Zwischen der Alm Oscha und dem Nguka-la (Niutschang) am Wege von hier nach Djitsung. S.: Beiderseits des Passes Döko sw von Muli.

Koenigia L.

* ***K. islandica*** L. In der Hg. St., 4200—4325 m. „W. China", 1904 (WILSON, VEITCH Exp. 4400: Herb. Kew). S.: In Quellwässern auf Tonschiefer des Passes Döko sw von Muli, 5. VIII. 1915 (6943). NW-Y.: Sumpf am See Waha-schimi auf dem gleichnamigen Gebirge s von Yungning, Kalk, 20. VII. 1915 (7118). Atendse, an offenen, grasigen Stellen, 1913 (WARD 1000: Hb. Edinburgh).

Polygonum L.

Sect. *Eleutherosperma* HOOK. f.

P. delicatulum MEISN. NW-Y.: In Wäldern, Waldlichtungen, an beschatteten Felsen und unter Rhododendren in der ktp. St., auf Kalk, Sandstein, Schiefer und Granit, 3600—4200 m. Westseite des Gebirges Piepun se von Dschungdien (4673). Im birm. Mons. in der Mekong—Salwin-Kette am Westhange des Passes Nisselaka, 28°, und unter dem Doker-la, 28° 15′ (8023).

P. filicaule WALL. S.: In dichten Tannenwäldern der ktp. St. an der Nordseite des Passes Tschescha s von Muli, Kalk, 4000—4100 m (7243).

P. radicans HEMSL. kommt dieser Art so nahe, daß es meines Erachtens nicht spezifisch verschieden sein kann.

P. cyanandrum DIELS. Auf nassen Wiesen, in Quellen und an Bächlein in der tp. und ktp. St. auf Kalk, Sandstein und Tonschiefer, 3000—4100 m. NW-Y.: Mudidjin s von Yungning (3203). Ober Ganhaidse bei Lidjiang. Paß zwischen Bödö und Alo se von Dschungdien (4520) und an der Westseite des Gebirges Piepun dort. S.: Rücken n des Passes Tschescha s von Muli. Im NW auf den Gebirgen um Sungpan (WEIGOLD).

Daß diese Nummern mit *P. cyanandrum* identisch sind, habe ich durch Untersuchung von Originalexemplaren aus dem Hb. Edinbgh. feststellen können. Dagegen ist mir ihr Verhältnis zu *Koenigia pilosa* MAXIM. und *Polygonum Huberti* LINGELSH. nicht recht klar. Vielleicht sind alle nur Formen einer Art.

Sect. *Avicularia* MEISN.

P. plebeium R. BR. H.: Im schlammigen Sande der str. St. im Flußbett des Hsiang-djiang bei Tschangscha, 30 m (11701). S.: Ackerraine der str. St.

bei Dötschang im Djientschang, 1450 m (1132) und der wtp. St. bei Huili, 1960 m (849), auf Sandstein. **Y.**: Yünnanfu (MAIRE 675/1906: Hb. Kew).

Die Art wird hier in der kollektiven Bedeutung der meisten neueren Autoren aufgefaßt. Wenn man sie aufspalten will, hat man die vorliegenden Nummern bei *P. Roxburghii* MEISN. unterzubringen.

P. aviculare L. **S.**: Sumpfige Weiden am See beim yünnanesischen Dorfe Yungning, tp. St., auf Kalk und Sandstein, 2800 m (3106). **Y.**: Dingyüen (wenn nicht das vorige). Yünnanfu (MAIRE 167 und 774/1906: Hb. Kew).

Alle von mir eingesehenen chinesischen Exemplare dieser Art sind vom Typus des *P. heterophyllum* LINDM.

Sect. *Tovara* A. GRAY.

P. virginianum L. (*P. filiforme* THBG.). **H.**: In Laubwäldern und Gebüschen der str. und wtp. St. auf Tonschiefer, Sandstein und Kalk, 100—1400 m. Yolu-schan bei Tschangscha. Dungtai-schan bei Hsianghsiang. Hsikwangschan (12636) und Lengschuidjiang bei Hsinhwa. Yün-schan bei Wukang, häufig (12432). Schidjiaping am Wege von hier nach Dsingdschou (11087). **Kw.**: Mischwald bei Langtai (SCHOCH 409). **W-S.**: Kwan-hsien (WEIGOLD). **NE-Y.**: Im mittelchin. Fl. bei Lungdji, 600 m (MAIRE).

Sect. *Bistorta* D. DON.

P. viviparum L. Matten, Schutt und humöse Stellen der Hg. St. auf Kalk und Glimmerschiefer. **Y.**: Im NW, 4025—4650 m: Gebirge Waha bei Yungning (phot.). Westhang des Piepun se von Dschungdien (4699). Im birm. Mons. in der Mekong—Salwin-Kette häufig auf dem Rücken Pongatong, 28° 5′ (9663) und in der Karflur im Tale Schidsaru, 28° 9′. Im NE bei Dungtschwan, 2600 m MAIRE 1092/1913): **S.**: Berge Saganai (7333) und Gonschigabei Muli. Im NW auf Gebirgen um Sungpan (WEIGOLD).

Diese Art ist in China zum Teil durch ganz andere Formenkreise als in Europa vertreten. Besonders gilt dies von den aus Yünnan und Hubei eingesehenen Formen. Sie sind oft kräftiger, haben gern breitere Blätter (H.-M. 9663 hat ein Blatt mit den Dimensionen 8 × 4 cm) und öfters rosafarbige Blüten. Es finden sich Exemplare, die man fast nur durch das Vorhandensein von Brutknospen einerseits von *P. paleaceum* WALL., anderseits von *P. sphaerostachyum* MEISN. unterscheiden kann.

P. sphaerostachyum MEISN. (*P. Bistorta* LINGELSH. p. p. [LIMPRICHT 1590]). Im Gehängeschutt, Hochstaudenfluren und oft massenhaft in festem Rasen (Jakweide) der Hg. St., auf Kalk und Tonschiefer, 4000—4725 m. **S.**: Paß Döko (7410) und Berge Saganai und Gonschiga bei Muli. Im NW auf Gebirgen um Sungpan (WEIGOLD). **NW-Y.**: Yülung-schan bei Lidjiang. Rücken ober Dugwantsun und Westhang des Piepun (phot.) auf dem Hochlande von Dschungdien. Gebirge Waha bei Yungning (phot.). Im birm. Mons. auf dem Doker-la, Si-la, Schöndsu-la und dem Berge Maya in der Mekong—Salwin-Kette, 28°—28° 15′. Die untere Grenze nicht sicher, da es im Habitus in die folgende Art übergeht; auf dem Sattel Gitüdü ober Anangu se von Dschungdien (3325 m) wurden große und kleine Pflanzen nebeneinander beobachtet. In diesem Gebiete (SCHNEIDER 2206).

Diese Art ist eine sehr kritische. Es gibt Formen, die sich nur mit größter Schwierigkeit einerseits von *P. paleaceum* WALL., anderseits von *P. viviparum* L. abgrenzen lassen. Nicht einmal die hier angeführten drei Nummern stimmen untereinander ganz überein. H.-M. 7410 und SCHNEIDER 2206 gehören zu einem in Yünnan verbreiteten Formenkreis, der im großen und ganzen mit Himalaja-Exemplaren (z. B. aus Sikkim) gut übereinstimmt. Die Blätter sind an der Unterseite spärlich bis ziemlich dicht behaart, haben stark hervortretende Nerven, besonders am krenulierten umgebogenen Rande, etwas wechselnde Form, bei H.-M. 7410 etwa 2 × 1—1,2 cm, bei SCHNEIDER 2206 im Hb. Kew etwa dieselben Proportionen, im Hb. Berlin sehr schmal und ausgezogen, z. B. 8—11 × × 0,3—0,6 cm, andere Yünnan-Exemplare im Hb. Edinbgh. (FORREST, ROCK) halten etwa die Mitte. Die Blüten sind rosafarbig (oder bei einzelnen Individuen von H.-M. 7410 weiß), bei den meisten Nummern zweigeschlechtig, bei H.-M. 7410 ♀. Ein paar Nummern im Hb. Edinbgh. (FORREST 14460 und 19050) aus der Mekong—Salwin—Djioudjiang-Gegend haben auf der Unterseite fast weißfilzig behaarte Blätter.

WEIGOLDS Pflanze aus der Sungpangegend gehört einem anderen Formenkreis, wozu ich sämtliche von mir eingesehenen Nummern von *P. sphaerostachyum* aus Hubei, Schenhsi, Kansu, Ost- und Hochtibet und die meisten aus Setschwan rechne. Hierhergehörige Pflanzen sind 1—3,5 dm hoch. Die Blätter sind fast ganzrandig mit weniger hervortretenden Nerven, zumeist ganz kahl (ROCK 14335 im Hb. Berlin aus Nordosttibet hat jedoch die Blattunterseite ziemlich dicht behaart), die basalen 3—7 × 0,7—2 cm mit quergestutzter Basis. Blütenrispe 1—3 × 0,7—1,5 cm. Blüten stets weiß, nur selten mit licht rosafarbigen Spitzen der Perigonblätter, zweigeschlechtig und dann mit etwa 2 mm langen Perigonblättern, die überragenden Staubblätter mit schwarzen Antheren, oder rein weiblich und dann etwas kleiner mit weit herausragenden Griffeln. Die beiden Blütentypen verteilen sich auf verschiedene Individuen.

Die beiden jetzt besprochenen Formenkreise bewohnen offenbar im großen und ganzen verschiedene Gebiete. Sie sind wohl deshalb wenigstens als verschiedene Unterarten zu bewerten. Vorläufig will ich sie indessen nicht als solche aufstellen und mit Namen belegen. Die Nomenklatur ist allzu verwickelt, und ich habe nicht Gelegenheit gehabt, sie näher nachzuprüfen. In der Flora of Br. India (V, 32) führt J. D. HOOKER eine ganze Reihe von Namen auf, die er, wenn auch mit Zögern, als Synonyme von *P. sphaerostachyum* aufführt. Wenn sich wirklich alle auf eine Art beziehen, so würde diese wohl *P. macrophyllum* D. DON heißen.

P. paleaceum WALL. ap. HOOK. f. (*Bistorta chinensis* et *yunnanensis* H. GROSS. — *P. Bistorta* LINGELSH. p. p. [LIMPRICHT 1104]). Trockene Hänge, Steppen, Heidewiesen und Föhrenwälder, auch (ob dasselbe?) auf schwarzerdigen Sumpfwiesen, durch die wtp. und tp. St. häufig, (nur?) auf Sandstein, 1800—3400 m. **Y.**: Spärlich auf dem Rücken zwischen Loheitang und Hsiaodsang n von Yünnanfu. Um Dsaodjidjing und Hwadung e des Dsonlin-ho. Im NE bei Doyün und hinter Gungschan am Wege von Yünnanfu nach Suifu (MELL). Um Dungtschwan (MAIRE). Im NW um Yungning und Lidjiang, hier am Ostfuße des Yülung-schan (SCHNEIDER 3318), bei Ganhaidse und im Sande des Moränenzirkus Saba. Latsa und Da-Niutschang se von Dschungdien (?, s. unter voriger

Art). S.: Berg Dadjin am Zuflusse des Yalung gegen Yenyüen (2148) und überall in dieser Gegend, um Yenyüen, Kwapi, Wali und bis Yungning. Die Notizen können sich auch auf die Varietät beziehen, vielleicht teilweise auch auf *P. Milletii* LÉVL. (s. unten).

Davon, daß die beiden von H. GROSS aufgestellten *Bistorta chinensis* und *B. yunnanensis* in den Rahmen von *P. paleaceum* fallen, habe ich mich durch Untersuchung der Originalexemplare im Hb. Edinbgh. überzeugen können. Wenn man Arten auf so geringfügige Merkmale wie die von GROSS in diesen Fällen verwendeten gründen wollte, so könnte man eine fast beliebige Anzahl von neuen Arten in der *Bistorta*-Gruppe aufstellen.

P. paleaceum ist eine in Yünnan in nicht zu hohen Lagen sehr verbreitete Art. Besonders im Hb. Edinbgh. liegt sie reichlich vor. Sonst habe ich es in China nur aus West-Setschwan und Guidschou gesehen. Es wird auch aus anderen Provinzen angegeben. Aber wenigstens zum größten Teil liegen Verwechslungen mit anderen Arten, u. a. mit *P. sphaerostachyum* MEISN., vor.

Charakteristisch für *P. paleaceum* sind in erster Linie die herablaufenden, mehr oder weniger schmalen Basalblätter und die ausgezogenen, gewöhnlich 2—5 cm langen, 0,8—1,2 cm breiten (selten kürzeren oder längeren) Blütenstände mit ihren spitzen, besonders vor der Anthese stark hervortretenden Brakteen.

Wie ich gegenwärtig *P. paleaceum* auffasse, ist es zweifelhaft, ob es wirklich einheitlich ist. Es finden sich Formen, die sich vom Typus weit stärker entfernen als die oben erwähnten von GROSS aufgestellten „Arten", die ich zu *P. paleaceum* s. str. rechne. Eine solche, die im Hb. Edinbgh. durch FORREST 208 u. 986, ROCK 6004 u. 10729, im Hb. Berlin durch SCHNEIDER 3318 vertreten ist, hat 8—15 cm lange, 2,8—4 cm breite Blätter mit deutlich herzförmiger Basis und auf lange Strecken fast parallelen Blatträndern. Sonst scheint sie mit der Hauptform gut übereinzustimmen. Stärker abweichend ist folgende Form:

— — ** var. ***pubifolium*** SAM.

Folia basalia petiolo quam in typo breviore 3—4 (—5) cm longo, lamina coriacea crassiore 5—15 cm longa, 2,5—3 cm lata, utrinque attenuata marginibus involutis subtus cinereo- usque pallide ferrugineo-, juniore densissime, adultiore parcius, crispato-pubescente.

Y.: Yünnanfu, beim Tempel Haiyen-se, 28. V. 1916 (SCHOCH 193). Beyendjing 1918 (TEN 162: Hb. Berlin). Hänge von Djimi-se ober Djiangying, 5. VII. 1889 (DELAVAY: Hb. Paris.) Lidjiang, von Einheimischen, 1914—1916 (4135); VII. 1914 (GEBAUER). S.: Lu-schan, 17. IV., 2. V. 1914 (1945) und Schagoma (SCHNEIDER 897) bei Ningyüen. Hauptsächlich um Dadjienlou („Tatsienlu"), 2700—4000 m (PRATT 780).

Man könnte wohl diese Varietät mit fast ebenso gutem Recht als eigene Art aufstellen. Da aber Behaarungsverhältnisse bei *Polygonum*-Arten bekanntlich zumeist keine größere Rolle spielen, will ich dies vorläufig nicht tun, bis die *Bistorta*-Gruppe überhaupt besser bekannt sein wird.

** ***P. coriaceum*** SAM.

Caudex crassus, stipulis 6—7 cm longis adultis fibrillosis densissime obtectus. Caules vulgo 2, stricte erecti, 3—6 dm longi, glabri, striati, in parte inferiore diametro 3—4 mm, 1—3-foliati, vulgo laminis 1—2 bene evolutis instructi, simplices. Foliorum basalium petiolus 3—8 cm longus, 1,5—2 mm latus, glaber vel papillosus; lamina coriacea, ovato-elliptica v. ovato-lanceolata, 4—14 cm longa, 2—4,5 cm lata, basi truncata usque subcordata, raro brevissime decurrens, apice acuta v. obtusiuscula, utrinque leviter reticulato-venosa, supra glaberrima, subtus ± glaucescens in statu juniore ± sparsim pilosa, marginibus parum incrassatis revolutis. Ochreae inferiores scariosae, brunneae, 4—5 cm longae, acutae, glabrae, superiores virescentes nonnunquam hispidulae apice libero scarioso brunneo. Racemi solitarii densiflori 4—5 cm longi, c. 2 cm lati; bracteae paleaceae, scariosae, lucidae, acuminatae, pallidae, floribus occultae; pedicelli 4—5 mm longi patuli subdecurvi, bracteis longiores. Perigonium intense roseum, fere usque ad basin sectum, segmentis oblongis obtusis 5—6 mm longis. Stamina 8, segmentis perigonii longiora, antheris oblongis coeruleo-nigrescentibus. Ovarium c. 1,25 mm longum; styli liberi bene evoluti usque 5 mm longi. Nux perigonio inclusa, trigona, rostrata, (vix matura) 4 mm longa, 2 mm lata, fulvo-cinerascens, nitida.

NW-Y.: Bei Lidjiang („Likiang"), von Einheimischen, 1914—1916 (5720). Dort unterhalb des großen Gletschers des Yülung-schan, 3200 m (SCHNEIDER 3442). Ostabhang desselben, 2700—3600 m (FORREST 2208, 5812, 6610; ROCK 3341 und 5679 im Hb. Edinbgh.).

P. subscaposo DIELS proximum, quod i. a. primo visu foliis subtus tomento ± cinnamomeo dense vestitis differt. *P. paleaceum* WALL. i. a. folia angustiora et racemos longiores angustiores habet.

Die Beschreibung ist nach FORRESTS und ROCKS gut entwickelten Exemplaren gemacht worden. Soweit ich verstehe, gehören indessen auch HANDEL-MAZZETTIS Exemplare derselben Art. Es sind davon drei Individuen vorhanden, davon nur eines im Blüte. Dieses hat mehr herablaufende Blattbasis als die übrigen, stimmt aber sonst mit ihnen gut überein.

P. calostachyum DIELS (*P. kermesinum* K. WARD). NW-Y.: Krautfluren der Hg. St. des birm. Mons. auf dem Rücken Pongatong in der Mekong—Salwin-Scheidekette, 28° 4—7′, auf Kalk und Schiefer häufig, 4025—4375 m (9665).

Diese stattliche Art ist offenbar in Nordwest-Yünnan und den angrenzenden Teilen von Südost-Tibet und Nordost-Oberbirma nicht selten. Es liegen im Hb. Edinbgh. allein schon zwölf verschiedene Nummern vor. Sie scheint eine echte Gebirgspflanze zu sein. Die Höhenangaben liegen zwischen 3000 und 4375 m ü. d. M. Nach einem Brief (im Hb. Edinbgh.) aus Kew an Prof. BALFOUR soll unsere Art mit dem unvollständig beschriebenen und bekannten *P. Griffithii* HOOK. f. aus Bhutan identisch sein. Bis sie dort wieder aufgefunden wird, läßt man indessen am besten diesen Namen unberücksichtigt dahinstehen.

P. Milletii LÉVL. NW-Y.: Yülung-schan bei Lidjiang („Likiang"), 4000 m (DELAVAY 2206). Abhänge desselben, auf Kalkfelsen, 3800 m (SCHNEIDER 1814). Osthänge desselben, in offenen Gebirgswiesen und an den Rändern von Nadelwäldern, 3300—3600 m (FORREST 2435, 6184; ROCK 4966). Im NE: Hochebene von Dahai, 3200 m (MAIRE 644/1913 Original).

Diese Sippe steht *P. Bistorta* L. (s. str.) äußerst nahe und ist kaum davon spezifisch verschieden. Besonders von den niederen arktischen Formen dieser Art ist sie fast nur durch mehr ausgezogene Blattspitzen und dunkler gefärbte Blüten („deep rose", „deep pink", „fl. violettes", „fl. rubro-coccinei") verschieden.

Anderseits weicht sie von dieser Art, wie sie in den nordchinesischen Bergen vorkommt, erheblich ab. Hier ist *P. Bistorta* eine zumeist etwa halbmeterhohe Pflanze mit breiten Blättern und geflügelten Blattstielen und fast stets weißen Blüten.

P. amplexicaule D. DON **var. *speciosum*** (MEISN.) HOOK. f. **S.**: Im tp. Walde bei der Wiese Gumadi ober Muli, Tonschiefer, 3425 m (7433). **Y.**: Lupu unweit Dungtschwan (TEN in DUCLOUX 1515: Hb. Edinbgh.)

P. suffultum MAXIM. (*P. constans* CUMMINS. — *P. Limprichtii* LINGELSH. — *P. Marretii* LÉVL.). Gebüsche, Bambusdschungel und Mischwälder der tp. St., auf Kalk, Sandstein und Schiefer, 2600— 3600 m. **S.**: Soso-liangdse im Daliangschan (Lolo-Lande) (1719; SCHNEIDER 1019). Unter Ngaitschekou jenseits des Yalung n von Yenyüen (2680). Rücken Daörlbi halbwegs zwischen Yenyüen und Yungning (2924). Im W auf dem Wa-schan s von Yadschou (WEIGOLD). **Y.**: Paß Dsuningkou ober Dienso, 26° 24′, zwischen Dali und Hodjing (6562).

Eine in Ostasien weit verbreitete Art. Ihr Gebiet erstreckt sich von Japan über Korea und Ost- und Nord-China (Tschekiang, Tschili, Schanhsi) bis Zentral- und West-China (Schenhsi, Hubei, Kansu, Setschwan, Yünnan) und zum Himalaya (Yatung). Sie ist ziemlich vielgestaltig. Besonders wechseln die Blütenrispe in Länge und Dichte und die Blütengröße. Wenigstens zum Teil dürfte es sich um Erscheinungen handeln, die mit Geschlechtsdimorphismus verbunden sind. In anderen Fällen liegen wohl kleine genetische Unterschiede vor, ohne daß es berechtigt erscheinen kann, die verschiedenen Formen mit Namen zu belegen. In West-China entsprechen die häufigsten Formenkreise der var. *rufescens* FRANCH. Hierher gehören *P. constans* CUMMINS und *P. Limprichtii* LINGELSH. Etwas abweichender ist

— — **var. *pergracile*** (HEMSL.) SAM. n. comb. (*P. pergracile* HEMSL. in Journ. Linn. Soc., Bot., XXVI., 344 [1891[). **NW-Y.**: Bambusbestände der ktp. St. des birm. Mons. in der Mekong—Salwin-Scheidekette in dem nach Tibet hinabziehenden Tale Schidsaru, Glimmerschiefer, 3800—3900 m (9709).

Die Pflanze ist überhaupt sehr grazil, zeichnet sich indessen in erster Linie durch die bis 7 cm ausgezogenen Blütenrispen, in denen die unteren Blüten bis 1 cm voneinander entfernt sitzen können, aus. Sonst stimmt sie in allem Wesentlichen mit der Hauptart überein.

P. emodi MEISN. **NW-Y.**: Betsaoling bei Beyendjing (TEN 314). Trockene Stellen auf dem Dji-schan ne von Dali (Talifu), Diabas, 3050 m. Bei Lidjiang („Likiang"), von Einheimischen (4137). Dort bei 3200 m (SCHNEIDER 1905). Berg Lamatso über dem Djinscha-djiang zwischen Yungning und Dschungdien, 3000 m, auf Kalk. **S.**: Lungdschu-schan bei Huili (SCHNEIDER 587).

— — **var. *dependens*** DIELS. (*P. zigzag* LÉVL. et VANIOT). Dichte Gebüsche der wtp. und tp. St., auf Kalk und Schiefer, 2600—3200 m. **Y.**: Bei Lidjiang, von Einheimischen (4138). Dort an der Ostseite des Yülung-schan (SCHNEIDER 1853). Beyendjing (TEN 11: Hb. Berlin). Im NE hinter Dungtschwan, von Felsen hängend (MAIRE). **S.**: Bei Muli (7359).

DIELS hebt in der Originalbeschreibung hervor, daß die Varietät sich von der Hauptart nur durch Größenverhältnisse unterscheidet. Die habituellen Unterschiede, die hierdurch entstehen, sind indessen so auffallend, daß man fast an eine eigene Art glauben wollte. Die Verbreitung ist auch eine selbständige. Die

Varietät ist nur aus Yünnan und dem nächstliegenden Teil von Setschwan bekannt, die Hauptart von Südwest-Setschwan über fast den ganzen Himalaja verbreitet.

** ***P. sinomontanum*** SAM. (Taf. III., Abb. 6).

Caudex crassus horizontalis, stipulis fuscis dense obtectus. Caules complures 3—6 dm alti, glabri, usque 7-foliati, simplices vel prope basin ramosi, internodiis in partibus media et summa caulis 4—10 cm longis, inferioribus brevioribus. Foliorum basalium petiolus 4—14 cm longus, lamina anguste decurrente alatus; lamina subcoriacea, lanceolato-linearis, 10—17 cm longa, basi saepe inconspicue a petiolo delimitata, 1—2(—3) cm lata, apicem versus sensim attenuata cuspidata, utrinque minute reticulato-venosa, supra opaca glabra, subtus pallidior interdum brunnescens glabra (vel tantum in nervo medio ± parce pilosa), marginibus incrassatis paulum revolutis et paulum crenulatis. Ochreae scariosae, totae pattide brunneae, in parte inferiore caulis 3—6 cm longae, acutae, glaberrimae. Folia caulina foliis basalibus similia sed breviora et minora, summa fere sessilia, sursum decrescentia; ochreae summae interdum elaminatae. Racemi vulgo solitarii pedunculo 2—7 cm longo, 2—4,5 cm longi, 1—1,5 cm lati, densiflori; bracteae imbricatae, paleaceae, scariosae, lucidae, ovato-lanceolatae, acuminatae, pallidae, margine hyalinae; pedicelli 3—5 mm longi, erecto-patentes, bracteas subaequantes. Perigonium roseum, usque ad basin sectum, segmentis oblongis 3—5 mm longis. Stamina 8, segmentis perianthii paulo longiora, antheris globosis usque oblongis roseis vel coerulescentibus. Ovarium circ. 1,25 mm longum; styli liberi, bene evoluti c. 3 mm longi. Nux perigonio inclusa, trigona, 3,5 mm longa, 2,5 mm lata, fulvo-cinerascens, nitida.

S.: Zwischen den Diabasfelsen am Gipfel des Lungdschu-schan bei Huili, an der Grenze der tp. und ktp. St., 3600 m, 17. IX. 1914 (5197). Im W hauptsächlich bei Dadjienlou („Tatsienlu") (PRATT 494; CUNNINGHAM 329: Hb. Edinbgh.). Sw von dort bei Dungngolo („Tongolo") (SOULIÉ 730, 2941). **Y.**: Oberhalb Yendsehei an kühlen und etwas feuchten Orten, 3300 m, 7. VIII. 1888 (DELAVAY 3680). Im Walde unweit des Passes Heischanmen, 31. V. 1889 (D. 4792; beide: Hb. Paris).

Ex affinitate *P. Bistortae* L. (s. str.), sed jam foliis numerosis angustioribus et longioribus cuspidatis omnino diversum. A ceteris speciebus sinensibus Sect. *Bistortae* foliorum petiolis alatis primo visu distinctum.

Sect. *Persicaria* MEISN.

P. orientale L. (*P. Spaethii* DAMMER). **Y.**: Bei Dali (SCHNEIDER 2741). Beyendjing, Äcker (TEN 33). Yünnanfu (MAIRE 153/1906). Im NE bei Dschaotung fast in jedem Dorfe in einzelnen Stöcken gebaut, genossen mit Schweinefleisch gegen Schwäche der Kinder (MELL). Sümpfe, bewässerte Reisfelder und andere Kulturen um Dungtschwan und Lagu, 2400—2500 m (MAIRE).

P. amphibium L. **Y.**: In der wtp. St. im See von Dali (Talifu), 2075 m. Yünnanfu (MAIRE 144/1906: CAVALERIE 4739). Im NE in der Ebene von Dungtschwan, 2500 m (MAIRE).

P. lapathifolium L. ssp. ***nodosum*** (PERS.) WEINM. (*P. pyramidale* LÉVL. — *Persicaria Vaniotiana* LÉVL.). Feuchte Stellen, Raine und Gräben von der str. bis zur tp. St., 1450—3000 m. **Y.**: Yünnanfu (SCHOCH 62; MAIRE). E Hwangdjiaping im NE von Dali. Im NE um Dungtschwan (MAIRE), Lagu (M.) und Maschu (M.). **S.**: Dötschang im Djientschang („Kientschang“) (1123). Am See von Tschoso beim yünnanesischen Flecken Yungning (3107; SCHNEIDER 1599). Im W im Min-Tale von Maodschou bis unter Wöntschwan (WEIGOLD).

Diese in China sehr häufige und verbreitete Pflanze ist auch hier außerordentlich vielgestaltig, besonders in Größe und Behaarungsverhältnissen. Fast alle von mir gesehenen chinesischen Exemplare der Art rechne ich zur ssp. *nodosum*. Hierher stelle ich auch als extrem dicht- und weißfilzige Form *P. lanigerum* MEISN. Vgl. DANSER in Bull. Jard. Bot. Buitenzorg, Ser. III., Vol. III, S. 186 (1927), wo er dieses ebenfalls zu *P. lapathifolium* stellt, jedoch ohne sich über seine Zugehörigkeit zu einer bestimmten Unterart auszusprechen.

P. viscosum D. DON (cfr. DANSER). (*Persicaria Kükenthalii* LÉVL.) **Y.**: Yünnanfu (MAIRE 147/1906). Im W in Sumpfgräben der wtp. St., auf Sandstein, 2100—2750 m. Dengtschwan bei Dali. Tima zwischen Mekong und Djinscha-djiang am Wege von Kakatang nach Djitsung, 27° 19′ (7906).

P. barbatum L. ssp. ***gracile*** DANSER (*P. serrulatum* auct. mult.). **Y.**: Am Bache in der str. St. bei Hwangdjiaping ne von Dali (Talifu), Sandstein, 1550 m (6374).

P. longisetum DE BR. (*P. Blumei* MEISN. sec. DANSER. — *Persicaria Gentiliana* LÉVL.) **S.**: Sumpfige Weiden der tp. St. beim See nächst dem yünnanesischen Dorfe Yungning, Kalk und Sandstein, 2800 m (3111).

Diese Art ist bis jetzt fast stets mit anderen Arten, wohl in erster Linie mit *P. minus* HUDS., verwechselt worden. Ihre Klarstellung verdanken wir DANSER (in Bull. Jard. Buitenzorg, Ser. III., Vol. III., 170ff. [1927]). Meine Nachprüfung der chinesischen Materialien hat ergeben, daß sie zu den häufigsten *Polygonum*-Arten Chinas gehört. Ob ein echtes *P. minus* überhaupt dort vorkommt, erscheint sogar zweifelhaft. Wenn man die weite Fassung, die DANSER (a. a. O.) dieser Art gegeben hat, akzeptiert, muß man indessen wenigstens einige Exemplare aus Formosa (HENRY 1771 in Hb. Kew) und der Canton-Gegend (HANCE 6057 in Hb. Kew s. nom. *P. jucundi* MEISN.) hierher und dann am nächsten zu ssp. *micranthum* (MEISN.) DANSER rechnen.

P. caespitosum BL. **SW-H.**: Im schattigen wtp. Laubhochwalde des Yün-schan bei Wukang, Tonschiefer, 950—1200 m. NE-**Y.**: Im mittelchin. Fl. an Bachrändern bei Dschenfungschan, 600 m (MAIRE).

** ***P. limicola*** SAM.

Perenne? Caulis basi repens radicans, ramos usque 30 cm longos simplices edens; rami decumbentes, glabri, striatuli; internodia ramorum floriferorum inferiora 2—2,5 cm longa superiora paullo longiora, ramorum sterilium breviora. Ochreae 0,5—1 cm longae, truncatae, membranaceae, fuscae, ubique setosae et apice setis 4—8 mm longis instructae; petiolus 2—4 mm longus, ochrea multo brevior; lamina lanceolato-oblonga apice acutata, in parte media ramorum floriferorum 2—3 cm longa, 1—1,25 cm lata, inferne et sursum minor, supra nervo medio setuloso excepto glabra, subtus nervis setulosa caeterum ± hispidula, margine setulosa. Racemi terminales solitarii, spiciformes, 1—2,5 cm longi, densiflori, pedunculis glabris; bracteae tubulosae, apice oblique truncatae, imbricatae, 3—4 mm longae, roseo-virides, apice setis 1—1,5 mm longis instructae; pedicelli bracteas usque 2 mm superantes. Perigonium eglandulosum, alboroseum, ± campanulatum, fere ad $^3/_4$ lobatum, segmentis c. 3,5 mm longis orbicularibus. Stamina 8, segmenta perigonii subaequantia vel paullo breviora, antheris globosis purpureis. Ovarium 0,75—1 mm longum; styli 3, fere ad medium connati c. 1,5 mm longi; stigmata capitata. (Fructus non visi.)

H.: Sandiger Schlamm der str. St. am Hsiang-djiang und an Lachen am Fuße des Yolu-schan gegenüber Tschangscha, 25 m, 5. XI. 1917 (11389).

Species insignis, habitu *P. caespitosi* BLUME, quae species jam floribus multo minoribus differt.

P. jucundum MEISN. **H.**: In der str. St. auf Sandstein an Wegrändern um Tschangscha häufig, 50 m (11385). Gräben bei Hsianghsiang (wenn nicht die vorige Art).

Bei der Bestimmung dieser seltenen und fast vergessenen Art bin ich nebst der Originalbeschreibung den Bestimmungen R. HAYAKAWAS von drei Nummern im Hb. Berlin aus Ningpo und dem unteren Yangtse-Tal (FABER, NIEDERLEIN) gefolgt. Charakteristisch sind in erster Linie die hell rosafarbigen, langgestielten Blüten, die gegen die zumeist purpurnen Brakteen auffallend kontrastieren, und die braunen, glänzenden, dreikantigen Früchte. Die Pflanze scheint mit kriechenden, reich verzweigten basalen Sproßteilen perennieren zu können. Sie gehört durchaus den wärmeren Teilen Chinas an. Wahrscheinlich gehört *P. hangchouense* MATSUDA zur selben Art. Ich kenne dasselbe nur nach der Diagnose, die indessen für unsere Pflanze sehr gut stimmt. Diese sah ich übrigens gerade aus der Hangdschou-Gegend (CHING 3713: Hb. Upsala).

P. Hydropiper L. **NE-Y.**: Gräben in der Ebene von Dungtschwan, 2500 m (MAIRE).

P. japonicum MEISN. (*P. macranthum* MEISN. — *P. Martini* LÉVL. et VANT. — *P. Myosurus* FRANCH.). Sümpfe und Gräben der wtp. (und tp?) St., auf Kalk, Sandstein und Schiefern, 1700—2700 (—3400?) m. **Y.**: Yünnanfu (MAIRE 143/1906; CAVALERIE: Hb. Upsal.). Djientschwan zwischen Dali und Lidjiang (8524). Unweit Dali (SCHNEIDER 2785). Im NW ober Mujendu nahe dem Nordende der Yangdse-Schleife. Beim kleinen See unter dem Lamakloster von Dschungdien (ob dieses?). Lutien e von Weihsi und überall am Mekong bis Tsedjrong. Im NE bei Dungtschwan (MAIRE). **S.**: Überall zwischen Banschan und Pudi (5255) zwischen Yalung und Nganning-ho, 27°.

MEISNER beschrieb von *P. japonicum* die Früchte als zumeist bikonvex, nur selten dreikantig. Das mir vorliegende reichliche Material zeigt indessen, daß beide Fruchtformen ebenso häufig, obgleich im großen und ganzen an verschiedene Biotypen gebunden sind. Als Konsequenz dieser Erfahrung folgt, daß alle drei oben als Synonyme aufgenommenen „Arten“ nur als Formen von *P. japonicum* aufzufassen sind.

Sect. *Cephalophilon* MEISN.

P. glaciale HOOK. f. Im Rasen und auf bloßer Erde der ktp. und Hg. St., auf Sandstein und Kalk, 3750—4075 m. **NW-Y.**: Am Zaun der Almhütte Maoniubi auf dem Berge Waha bei Yungning (7087). **S.**: Rücken n des Passes Tschescha s von Muli (7223). Hwang-liangdse, 27° 48′, zwischen Yenyüen und Kwapi (5514).

P. nepalense Meisn. **Y.**: In Quellen, feuchten Gebüschen, Wiesen und ruderal in der wtp. und tp. St., 1830—3000 m, auf Sandstein. In der Ebene (Schoch 275) und beim Tempel Tjiungdschu-se (Schoch 262) bei Yünnanfu. Hedso bei Gwangdung am Wege nach Dali (4883). Ober Dahwaschu bei Yungbei (3394). Ostseite des Yülung-schan bei Lidjiang (Schneider 2831). Dungtschwan (Maire 1167/1913).

P. runcinatum D. Don (*P. panduriforme* Lévl. et Vaniot). In Wäldern, Buschwäldern, Bambusdschungeln, Krautfluren zwischen Gestein und an Bachrändern in der wtp. und tp. St. auf verschiedensten Gesteinen. **Y.**: 2100—3400 m. Yünnanfu (Schoch 15). Ober Houdjing e des Dsolin-ho. Hsiagwan s von Dali. Zwischen Dali und Hodjing (Schneider 2903). Dschaoping n Yungbei (3346). Ober Piyi s von Yungning (3169). Unter Ngulukö und am Wege nach Ndaku bei Lidjiang. Haba und massenhaft bei Dugwantsun se von Dschungdien. Überall am Mekong um Yedsche. Im birm. Mons. in der Mekong—Salwin-Kette unter Doschiratscho ober Tseku, im Doyon-lumba und am Doker-la, in der Salwin—Irrawadi-Kette im Tjiontson-lumba unter Tschmutong. Im NE mehrfach bei Dungtschwan (Maire). **S.**: Lungdschu-schan bei Huili (5157). Zwischen Yenyüen und dem Yalung ober Niutschang und Dugungpu immer häufig, 27° 20—33′. Ober Muli. Die nicht belegten Notizen aber vielleicht teilweise zur vorigen Art gehörig. **Kw.**: Madjiadwen zwischen Guiding („Kweiting") und Duyün, 1100 m (10655). **SW-H.**: Yün-schan bei Wukang, zwischen 400 und 1420 m (Plt. sin. 64).

Die vorliegenden Nummern gehören zur Hauptform mit ± gut entwickelten Basallappen der Blätter. Sonst ist in Südwest-China var. *sinense* Hemsl. (Syn. var. *exauriculatum* Lingelsh.) mit ± vollständig fehlenden Basallappen fast ebenso häufig. Diese Form ist in Herbarien öfters mit *P. Wallichii* Meisn. verwechselt worden, unterscheidet sich indessen leicht u. a. durch die ± herablaufende Blattbasis.

P. criopolitanum Hance. **H.**: Im sandigen Schlamme am Hsiang-djiang und an Lachen am Fuße des Yolu-schan bei Tschangscha (11390). Sandige Stellen von Reisfeldern bei Hsianghsiang. Str. St., 25—50 m.

Eine wegen der langgestielten Blüten in doldenähnlichem Blütenstand leicht kenntliche Art. Nur aus Südost-China bekannt, aber dort an mehreren Stellen.

P. capitatum D. Don. An Felsen, auf Roterde, Steppenboden, Wiesen und an Feldrainen in der str. und wtp. St., 600—2800 m, auf Kalk, Sandstein, Tonschiefer und krystallinischen Gesteinen. **Y.**: Yünnanfu, am Wege nach Kunyang (Schoch 174) und an Felsen. Zwischen Hungngai und Yünnan-hsien. Am Mekong unter Lotonda, 27° 39′ (7946) und in seinem Seitentale unter Anadon bei Weihsi. Im birm. Mons. im Salwin-Tale bei Dschengga, 26° 10′ (Gebauer) und auf dem Rücken Alülaka unter Tschamutong. Im NE im mittelchin. Fl. bei Dschenfungschan (Maire). **S.**: Gungmuying (Schneider 683) und Dötschang (1105) im Djientschang. **Kw.**: Im e Teile überall bis zwischen Gudschou und Liping.

P. chinense L. (*P. paradoxum* Lévl.). **Y.**: Im S im Dschungelbusch der tr. St. unter Yaotou zwischen Möngdse und Manhao, Kalk, 1000 m (5928, ***f. hispidum*** Hook. f.). Im NW-**Y.**: Im mittelchin. Fl. an Bachläufen bei Dschenfungschan, 640 m (Maire).

Von *P. paradoxum* LÉVL. habe ich freilich nicht das Originalexemplar gesehen, dagegen ein zweites unter diesem Namen im Hb. LÉVEILLÉ aufbewahrtes Exemplar (ESQUIROL 896). Dieses gehört zu *P. chinense* var. *hispidum* HOOK. f.

P. Dielsii LÉVL. (*P. jucundum* DIELS, non MEISN.). Gebüsche, Hecken, Mauern, Wälder, sumpfige Stellen und Ackerränder, auf Sandstein der wtp. St., 1800—2350 m. **Y.**: Yünnanfu (SCHOCH). Zwischen Alaodjing und Dsaodjidjing e des Dsolin-ho häufig (4927). Beyendjing (TEN 327 ex hb. Berl.; 67). Dort am Lung-schan (TEN 1438). Bei Dali (SCHNEIDER 2688). Zwischen Dali und Yangpi (SCHN. 2588). Dort bei Dengtschwan. **S.**: Zwischen Yenyüen und dem Yalung zwischen Samuping und Niutschang, 27° 20′, und ober Dugungpu, 27° 32′.

Diese Art war bis jetzt nur in der Originalnummer (FORREST 4576) bekannt. Sie liegt indessen in beinahe allen Sammlungen aus Yünnan vor, obgleich fast stets unbestimmt (z. B. CAVALERIE 4669; DUCLOUX 216; FORREST 1064; HENRY 9045, 9279, 9922, 13672; MAIRE 159, 1556). Sie steht *P. chinense* L. äußerst nahe und unterscheidet sich kaum von dessen Formen stärker als verschiedene Formen dieser vielgestaltigen Art untereinander. Anderseits zeigt sie einen verhältnismäßig einheitlichen Typus und eine charakteristische Verbreitung. Die besten Merkmale des *P. Dielsii* gegenüber *P. chinense* finden sich in den schmalen zugespitzten Blättern und der zumeist wenig zusammengesetzten Infloreszenz. Kritische Formen sah ich nur wenige, so z. B. HENRY 9279 A, die breitere Blätter als gewöhnlich hat, und HANCOCK 359 (Hb. Kew), die durch eine sehr aufgelöste Infloreszenz (bis 22 kleine Köpfchen) auffallend ist. Letztere stelle ich zu *P. chinense*.

** ***P. adenopodum*** SAM.

Perenne. Caulis basi decumbens vix radicans atropurpureus scabridulus, ramos floriferos suberectos, usque 4 dm et ultra longos, vulgo simplices edens; rami purpurascentes, leviter striati, internodiis infimis 1,5—2,5 cm longis, mediis et summis 5—6 cm longis, in parte summa internodiorum et praesertim in nodis $\pm$ dense et recurve strigillosi. Ochreae scariosae, fuscobrunneae 1—2 cm longae, apice valde oblique truncatae acutae, glabrae; petiolus 0,5—1 cm longus ochrea multo brevior; praesertim folia summa ad basin petioli auriculis parvis nonnunquam praedita; lamina ovato-oblonga, basi rotundata, apice acuminata, in parte media ramorum 9—11 cm longa, 3,5—4,5 cm lata, utrinque glabra, margine scabridula. Inflorescentia terminalis interdum ramo ex axilla folii summi aucta; capitula 2—6, pedunculis 1,5—3,5 cm longis glandulis stipitatis circ. 0,5 mm longis rubris dense obtectis pedunculata, 1—1,5 cm diametro; bracteae late ovatae, concavae, glandulis nonnullis stipitatis instructae, c. 3,5 mm longae, rubrae; pedicelli bracteis vix longiores. Perigonium campanulatum rubrum basi rotundatum, perigynio c. 1 mm longo, segmentis oblongis 4—5 mm longis. Stamina 8, segmenta perigonii subaequantia, antheris globosis purpureis. Ovarium c. 0,75 mm longum; styli 3 c. ad medium connati c. 1,5 mm longi; stigmata capitata. Nux perigonio inclusa, 4 mm longa, 2,5 mm lata, trigona, opaca, leviter punctulata.

NW-**Y.**: Im str. Regenwalde des birm. Mons. nahe der tibetisch-birmanischen Grenze im Seitentale Naiwanglong des Djiou-djiang (e Irrawadi-Oberlaufes), 27° 53′, Schiefer und Granit, 1725—2150 m, 6. VII. 1916 (9407).

Ex affinitate *P. chinensis* L., sed praecipue capitulis et floribus majoribus rubris primo aspectu diversum.

So gewagt es auch erscheinen muß, eine neue Art aus der nächsten Verwandtschaft des sehr polymorphen *P. chinense* aufzustellen, finde ich es ganz unmöglich, unsere Pflanze in den Rahmen dieses hineinzuziehen. Ich habe nichts ähnliches unter den zahlreichen Exemplaren von *P. chinense*, die zu meiner Verfügung gestanden haben, gesehen.

** ***P. umbrosum*** Sam. (Taf. III, Abb. 6).

Perenne. Caulis decumbens vel inter muscos scandens, radicans, suffrutescens, usque 1 m vel ultra longus, ramos graciles floriferos usque 7 dm longos vulgo simplices edens; rami fulvescentes leviter striati glaberrimi, internodiis mediis 5—9 cm longis, infimis et summis paullo brevioribus. Ochreae scariosae, fulvescentes, 1—1,4 cm longae, apice (interdum paulum oblique) truncatae, obtusae, glabrae; petiolus ochrea multo brevior, inferiorum 5—7 mm longus, superiorum nullus; auriculae desunt; lamina tenuis ovato-oblonga, longissime cuspidata, in parte media ramorum 7—12 cm longa, 2—3 cm lata, foliorum infimorum et mediorum basi ± rotundata, summorum basi truncata usque oblique cordata, utrinque glabra, margine setulosa. Inflorescentiae terminales et vulgo etiam ad folia summa axillares; racemi et in inflorescentia terminali et in inflorescentiis axillaribus 3—6, pedunculis glabris vel inter flores glandulis solitariis instructis, c. 1 cm longis, paullum elongati, basi interdum laxiflori, 5—8 mm longi; bracteae late ovatae c. 1,3 mm longae, roseae; pedicelli bracteas subaequantes. Perigonium campanulatum roseum, perigynio conico c. 1 mm longo, segmentis 2—2,5 mm longis late obovatis. Stamina 6—8, segmentis perigonii paullo breviora, antheris globosis purpureis. Ovarium c. 0,75 mm longum; styli 3 usque supra medium connati, c. 0,75 mm longi; stigmata capitata. (Fructus non visi.)

NW-**Y.**: Im str. Regenwalde des birm. Mons. in der Schlucht Naiwanglong, wie vorige Art, bei der Seilbrücke auf Granit, 2150 m, 5. VII. 1916 (9350).

Species flexilis pluviisilvae ex affinitate *P. chinensis* L., sed jam foliis cuspidatis et racemis vix capituliformibus facile distincta.

P. hastatosagittatum Makino (*P. Cavaleriei* Lévl. — *P. oliganthum* Diels). An und in sumpfigen Gräben, Lachen, Ackerrändern und auf feuchten Wiesen der str. und wtp. St., auf Sandstein (und Kalk?), 50—2100 m. **H.**: Um Tschangscha (11375), Hsianghsiang und Tanschi. SE-**Ki.**: Wuhwa-schan bei Ningdu (Plt. sin. 451). **Y.**: Ober Dsaodjidjing e des Dsolin-ho (4920). Dschennan nw von Tschuhsiung. Yünnanfu (Maire 157/1906). Dschaotung (M.). Dungtschwan (M.).

Diese Pflanze ist bis jetzt mit den verschiedensten Arten verwechselt worden, wohl zumeist mit *P. sagittatum* L., aber auch mit *P. dissitiflorum* Hemsl. (Limpricht n. 203) und *P. Thunbergii* Sieb. et Zucc. (als var. *Maackianum* (Rgl.) Maxim., Komarov 554 aus Nord-Korea). Wenigstens in Süd- und Ost-China nebst Korea und Japan ist sie weit verbreitet. Sie steht zweifellos *P. sagittatum* L. am nächsten, unterscheidet sich aber leicht u. a. durch viel größere Blüten und fein rauh behaarten Blattrand. Wahrscheinlich ist sie ± perenn. *P. Cavaleriei* und *P. oliganthum* sind beide kleinblättrige Formen mit quer abgerundeter Blattbasis. Eine ganz identische Form sah ich aus Japan. Die Formen mit den größten und breitesten Blättern entsprechen *P. nipponense* MAK. (Syn.. *hastato-sagittatum β latifolium* MAK.), das ich nicht für spezifisch verschieden halten kann. MATSUDA erwähnt in Bot. Mag. Tok., XXVII., 10 (1913) diese „Art" für drei Stellen in der Umgebung von Hangdschou in Tschekiang.

P. sagittifolium LÉVL. (*P. Darrissi* LÉVL.). Gebüsche und Waldränder der str. und wtp. St. auf Tonschiefer, Mergel und Kalk, 400—1250 m. **H.**: Hsikwangschan und Sattel Swanhaoling bei Hsinhwa. Yün-schan bei Wukang (11203). **Kw.**: Ludwan zwischen Gudschou und Liping (10966). Am Du-djiang unter Sandjio. Lofu (CAVALERIE 3468: Hb. Kew).

Diese Art steht freilich *P. senticosum* FRANCH. et SAVAT. ziemlich nahe, unterscheidet sich indessen sofort davon durch die länger ausgezogenen Blätter und die schmalen, lineal-lanzettlichen (bis 1,5 cm langen) stipelähnlichen Blattohren.

P. perfoliatum L. In Gebüschen auf Kalk, Sandstein und Mergel der str. und wtp. St., 50—1300 m. **H.**: Tschangscha, Hecken ganz überdeckend. **Kw.**: Überall um Duyün und Gudong (10691). Ludischao bei Tschingdschen (10461). **W-Y.**: Im birm. Mons. bei Tengyüe (SCHNEIDER 3160).

Sect. *Aconogonon* MEISN.

P. rude MEISN. (*P. Esquirolii* LÉVL. — *P. tsangshanicum* LINGELSH. et BORZA). **W-Y.**: In lichten Gebüschen und an kräuterreichen Hängen des Dsang-schan bei Dali, 2500—2600 m (SCHNEIDER 2520, 2725); Berghänge gegen den Tempel bei Dali, 2500 m (SCHN. 2761); unweit Tengyüe, 1800 m (SCHN. 2595).

P. polystachyum MEISN. **S.**: In der Tiefe der Waldschlucht des Sosoliangdse im Daliang-schan e von Ningyüen, tp. St., Sandstein, 2700 m (1729);

P. lichiangense W. W. SM. In Wäldern, Lichtungen, Staudenfluren, Gebüschen der tp. St. bis auf Matten der Hg. St., auf Kalk und Sandstein, 2750—4075 m. **NW-Y.**: Lidjiang, von Einheimischen (4136, f.). Dort unter dem Gipfel Sabä des Yülung-schan (4339). Ober der Wiese Gitüdü bei Anangu auf dem Hochlande von Dschungdien (7664). S Tungapi bei Hsiao-Dschungdien. Von hier gegen den Djinscha-djiang (SCHNEIDER 2183). **S.**: Dapingdse s von Muli. Gipfel des Hwang-liangdse, 27° 48′, zwischen Yenyüen und Kwapi (5514). Die bloßen Notizen vielleicht zur vorigen oder folgenden Art.

P. campanulatum HOOK. f. (*P. alpinum* ALL. var. *sinicum* DAMMER. — *P. Duclouxii* LÉVL. et VANT.). An Bachufern, in Krautfluren, üppigen Wäldern und Buschwäldern von der oberen wtp. bis zur ktp. St., auf Kalk, Glimmerschiefer, Granit und Diabas, 2500—3600 m. **NW-Y.**: Osthang des Yülung-schan bei Lidjiang (SCHNEIDER 2118). Dort auf der Wiese Ndwolo ober Ngulukö (4260). Im birm. Mons. in der Mekong—Salwin-Kette bei der Alm Rüschaton ober Tseku (s. KARSTEN u. SCHENCK, Veg. Bild., 17. R., Taf. 41 a), bei Bahan (9023), im Doyon-lumba und unter dem Doker-la, 27° 58′—28° 15′. Im NE bei Dungtschwan (MAIRE), Tjiaometi (M. 1043/1913) und auf dem Yo-schan (M. 113, 658/1914). **S.**: Lungdschu-schan bei Huili (5159).

Diese Art ist früher in großem Maßstab mit anderen Arten verwechselt worden und nur selten aus China angegeben. In den Gebirgen von Yünnan ist sie indessen häufig. Auch in Setschwan ist sie mehrmals gesammelt worden.

P. sibiricum LAXM. **NW-Y.**: In Bachläufen der tp. St. bei Dschungdien („Chungtien") gegen das Lamakloster, Kalk, 3400 m (7735).

P. nummularifolium MEISN. (*P. Forrestii* DIELS var. *pumilio* LINGELSH., die ☿ Pflanze). NW-Y.: In Schneetälchen der Hg. St. des birm. Mons. beim See Pongatong auf der Mekong—Salwin-Scheidekette, 28° 6′, Glimmerschiefer, 4175 m (9687 ♀).

P. Forrestii DIELS. NW-Y.: Schutt und Felsen der ktp. und Hg. St., 4000—4600 m, auf Glimmerschiefer und Granit, auch in die tp., 2700 m herab. Bei Lidjiang, von Einheimischen (4143; SCHNEIDER 2144). Berghänge bei Dali, 2800 m (?) (SCHNEIDER 3051). Im birm. Mons. in der Mekong—Salwin-Kette auf dem Si-la und Nisselaka, 28°, dem Rücken Pongatong (9675) und dem Doker-la, 28° 15′ (8126); in der Salwin—Irrawadi-Kette auf dem Passe Buschao und auf dem Übergange vom See Tsukue in das Tal Gümbalo ober Tschamutong, von Einheimischen (9920).

P. Hookeri MEISN. (*P. acaule* HOOK. f., non BOISS. — *Rheum hirsutum* MAXIM. in sched. et sec. FRANCH. — *R. nanum* LINGELSH.). NW-Y.: Bei Lidjiang, von Einheimischen (4133). Dort auf etwas feuchten Wiesen am Osthange des Yülung-schan, 3600 m (SCHNEIDER 1835).

Eine in West-China weit verbreitete Art, die ich auch aus Setschwan und Kansu nebst den angrenzenden Teilen von Ost-Tibet sah. Ihre Geschichte ist eine merkwürdige. Zweimal wurde sie als neue *Polygonum*-Art, zweimal als neue *Rheum*-Art aufgestellt. Außerdem habe ich sie in Herbarien zweimal als *Rumex* sp. bezeichnet gefunden. Tatsächlich handelt es sich um eine sehr eigentümliche Pflanze, deren Einreihung in die Sect. *Aconogonon* noch nicht ganz sichergestellt ist. Sie ist streng diözisch. Von 15 untersuchten Nummern enthielten nur zwei ♀ Individuen, alle anderen ausschließlich ♂. Die Größe wechselt von wenigen Zentimetern bis über drei Dezimeter. Die ♂ Infloreszenz ist viel stärker verzweigt und überhaupt blütenreicher als die ♀. Die Farbe der ♂ Blüten wird als „greenish", „yellowish-red", „reddish", „dull crimson" oder „deep crimson" bezeichnet. Sie haben 8—9 Staubblätter in zwei Wirteln außerhalb eines tellerförmigen Diskus.

Sect. *Tiniaria* MEISN.

P. cynanchoides HEMSL. E-Kw.: Gebüsche der str. St., auf Kalk und Sandstein zwischen Duyün und Maotsaoping, 750—1100 m (10714). Hierher, wenn nicht zum folgenden, vielleicht auch die in H. überall notierte Pflanze.

P. multiflorum THUNB. Hecken und Gebüsche, auch an Stadtmauern, auf Sandstein in der str. und wtp. St., 1600—2800 m. Y.: Yünnanfu (SCHOCH 252; MAIRE 165, 166/1906). Häufig zwischen Tschwangdse und Hsiao-Magai n von hier (5698). Ebenso zwischen Alaodjing und Dsaodjidjing e des Dsolin-ho (4930). Wohl dieses an einer Brücke zwischen Schedse und Dadse-se und im Becken von Yünnan-hsien an der Straße nach Dali. Im NE bei Dungtschwan (MAIRE). S.: Ningyüen (SCHNEIDER 857). Dieses oder das folgende bei Lomikou am Wege von hier nach Yenyüen und unter Pudi zwischen Yalung und Nganning-ho, 1400 m. Mehrfach um Muli. SW-Kw.: Wohl dieses überall um Hwangtsaoba und Hsintscheng. Pinfa (CAVALERIE 480). H. (DIETZ: Hb. Berlin). Dort überall, wenn nicht voriges.

P. Aubertii HENRY. NW-Y.: Trockene Wälder der str. St. am Djinscha-djiang („Yangtse") nw von Lidjiang, von Bölo seinen w Zufluß aufwärts bis Ronscha, 27° 44—46′, Kalk und Phyllit, 2100—2200 m (8810). Dies wohl auch die Pflanze, die in gleichem Vorkommen an der Mündung des Seitentales von Londjre in den Mekong, 28° 11′, ganze Hänge weißlich färbt. Aus Gebüschen um Hsiaopudse e des Dsolin-ho in Mittel-Y. spindelförmige Wurzelknollen erhalten, die als Medizin verwendet werden und vielleicht von dieser Art stammen (6188). Im NE im mittelchin. Fl. in Hecken bei Lungdji, 600 m (MAIRE). **W-S.**: Min-Tal von Sungpan bis Tietschi (WEIGOLD).

Diese erst spät beschriebene Art ist in der Tat in West-China weit verbreitet. Exemplare liegen mir auch aus Kansu und Schenhsi vor.

Sect. *Pleuropterus* TURCZ.

P. cuspidatum SIEB. et ZUCC. (*P. Forbesii* HANCE. — *P. yunnanense* LÉVL. in Rep. n. sp., VI, 112 [1908], non Cat. Plant. Yun-Nan, 208 [1915], quod est *P. paleaceum* WALL.). Gebüsche und an Bächen der str. und wtp. St., auf Sandstein und Quarzit, 50—1700 m. **H.**: Fuß des Gu-schan (11364) und hinter der Schule am Fuße des Yolu-schan bei Tschangscha. **Kw.**: Madjiadwen zwischen Guiding und Duyün und sonst mehrfach. Gwanling. Namnutschang. Zwischen Hsintscheng und Tjiaolou (10318). **Y.**: Yünnanfu (MAIRE 31, 1226). Im NE bei Dungtschwan, 2500 m (M. 545) und Dschenfungschan, 600 m (M.).

Sect. *Fagopyrum* MEISN.

P. Fagopyrum L. Besonders im W überall kultiviert, 1800—2900 m. **Y.**: Hsi-schan bei Yünnanfu (SCHOCH). Dschengga im Salwin-Tale (GEBAUER). Ober Weihsi und überall im Mekong-Tale. Losiwan s von Dschungdien, gleich nach Verbrennen der Wälder. **S.**: Im Gebiete von Muli in dem w von Yungning herabziehenden Tale ebenso (7549).

P. cymosum MEISN. (*P. Labordei* LÉVL. et VANT. sec. H. GROSS. — *P. tristachyum* LÉVL.). **Y.**: Yünnanfu (MAIRE 30). Dort auf Bergen im W., Sandstein, 2100 m (SCHOCH 338). Im NW bei Lidjiang, von Einheimischen (4171). Im NE bei Dungtschwan, 2550 m (MAIRE).

P. tataricum L. **S.**: Gleich nach Verbrennen der Wälder in der tp. St. im Gebiete von Muli in dem w von Yungning herabkommenden Tale, Schiefer, 2900 m (7548). **Y.**: Äcker bei Dawan zwischen Yungbei und Lidjiang, Sandstein, 2650 m. **SW-H.**: Rodungen beim Tempel Gwanyin-go auf dem Yün-schan bei Wukang, wtp. St., Tonschiefer, 1200 m.

** *P. caudatum* SAM.

Annuum. Caulis usque 50 cm altus, basi et parte inferiore ramosus; rami ± decumbentes v. adscendentes, striatuli, internodiis in parte infima ramorum 1,5—3 cm longis, in parte media et summa usque 8 cm longis, usque in inflorescentiam foliati. Ochreae 3—4 mm longae, valde oblique truncatae, membranaceae, stramineae usque fulvescentes; petioli foliorum inferiorum 10—12 mm longi, superiorum breviores; lamina foliorum inferiorum triangulari-sagittata obtusiuscula, 10—12 mm longa, 10—11 mm lata, superiorum hastata angustissime triangularis usque linearis, obtusa, 1—3 cm longa, lobis basalibus lanceolatis usque linearibus obtusis usque 10 mm longis instructa. Inflorescentia terminalis interdum ramis axillaribus aucta. Racemi laxiflori, interrupti, 3—12 cm longi; bracteae semicymbiformes, 2—2,5 mm longae, saepe erubescentes; pedicelli usque 3 mm longi. Perigonium roseum, perigynio c. 0,5 mm longo, segmentis subellipticis apice rotundatis c. 2 mm longis instructum, post anthesin usque 3,5—4,5 mm auctum. Antherae ovales, pallidae. Ovarium trigonum; styli 3, liberi, c. 0,75 mm longi, mox reflexi. Nux perigonium vix usque c. $^1/_3$ superans, trigona, faciebus concavis ovatis utrinque acutis, leviter punctulata, nitida, c. 5 mm longa, 3,5 mm lata.

W-S.: Min-Tal von Tietschi bis Maodschou, Ende August 1914 (WEIGOLD). Min-Tal, 1650 m, Aug. 1903 (WILSON, Veitch Exp. 4405: Hb. Kew).

Nulli aliae speciei arcte affine. *P. urophyllum* BUR. et FRANCH., interdum foliis superioribus similibus praeditum, est suffrutex erectus multo altior.

Das vorhandene Material ist spärlich, WEIGOLDs überhaupt fragmentarisch und verstümmelt, WILSONs entschieden besser, aber nur mit halbreifen Früchten. Eine gute Art liegt indessen zweifellos vor.

P. urophyllum BUR. et FRANCH. (*P. Mairei* LÉVL.). In trockenen Gebüschen, Wäldern und Steppen der str. bis in die unterste wtp. St., auf Sandstein, Tonschiefer und Kalk, 500—2800 m. **S.**: Im Yalung-Tale zwischen Ningyüen und Yenyüen bis oberhalb Lumapu (2105; SCHNEIDER 1141). Ober Helugö bei Kwapi (2461) und bei Oti über dem Yalung n von Yenyüen. **Y.**: W von Yünnanfu (SCHOCH 152 p. p.). Um den Djinscha-djiang („Yangtse") zwischen Hwaping und Datiengai überall (wenn nicht folgendes). Beyendjing halbwegs zwischen Tschuhsiung und Yungbei. Zwischen Tschalaschao und Hwangtsaoschao dort (6326). Santschwanba unter Yungbei (3371). Um den Djinscha-djiang am Wege von hier nach Lidjiang (SCHNEIDER 1753). Im NE bei Tschaho, Djiangdi, Djintchungschan und Tsiaogai (alle MAIRE).

Eine in Yünnan und Setschwan offenbar gar nicht seltene Art. Dessen ungeachtet enthält die Literatur über dieselbe keine anderen Angaben als solche, die auf die Originaldiagnose zurückgehen. Später eingegangene Exemplare liegen in den Herbarien zumeist unbestimmt oder mit einigen Analysen versehen als nova species bezeichnet. Durch eine aus Paris freundlichst übersandte Photographie des Originalexemplares und ein Fragment eines zweiten von FRANCHET bestimmten Exemplares aus der Yünnanfu-Gegend (DUCLOUX 483) war es mir möglich, über *P. urophyllum* Klarheit zu erreichen. Es ist eine ausgezeichnete Art, die unter den bekannten nur mit *P. Statice* LÉVL. (vgl. dieses) einige Ähnlichkeit aufweist. *P. urophyllum* ist ein bis meterhoher Halbstrauch mit Jahrestrieben von wechselnder Länge. Die Blattform ist äußerst variabel. Bisweilen sind die Blätter breit dreieckig mit herzförmiger Basis. Zumeist haben sie indessen eine mehr oder weniger lang ausgezogene Spitze, die sogar schmal lanzettlich bis lineal sein und der erweiterten Blattbasis ansitzen kann, diese mag dann mit rundlichen Öhrchen ausgebildet sein. Bei ein und demselben Sproß findet sich oft eine ausgeprägte Heterophyllie. Am stärksten entwickelt ist diese an besonders langen Jahressprossen, während sterile Kurzsprosse die einförmigsten Blätter aufweisen. Die Beblätterung reicht bis in die Infloreszenz hinauf. Die Scheinährchen erreichen während der Blütezeit zumeist eine Länge von 3—4 cm, können aber bis 15 cm lang werden. Die Perianthblätter sind etwa 3 mm lang.

P. Statice LÉVL. Dürre Hänge, Felsen und Schutt, auch an Gräben der str. St. bis in die unterste wtp., auf Mergel, Sandstein, krystallinischen Gesteinen und Granit, 1000—2100 m. **Y.**: Um den Djinscha-djiang ober Homöndschang am direkten Wege von Yünnanfu nach Huili (764) und im Becken von Yüenmou um Hailo (5016) und Langgai. Yünnanfu (DUCLOUX 752). Berge w von hier

(SCHOCH 152 p. p.: Hb. Berlin). Ami-dschou (ENANDER: Herb. Stockholm). Möngdse (HENRY 9305). SW-**Kw.**: Hwangtsaoba (CAVALERIE 4564).

Diese Art steht *P. urophyllum* BUR. et FRANCH. zweifellos nahe. Die Blätter sind indessen einförmiger, eiförmig mit herz- bis pfeilförmiger Basis und ± stumpfer dreieckiger Spitze. Sie sind mehr gegen die Sproßbasis angehäuft, weshalb die Gesamtinfloreszenz schärfer abgesetzt hervortritt. Die Blüten sind etwas kleiner, die Perianthblätter etwa 2 mm lang. An einigen Exemplaren findet man ein knollenförmig angeschwollenes, kräftig verholztes Rhizom.

P. gracilipes HEMSL. (incl. *P. Bonatii* LÉVL. et *Fagopyrum odontopterum* GROSS.). NW-**Y.**: In der tp. St. bei Lidjiang in trockenen Wiesen und offenen Wäldern gegen das Beschui, Kalk, 2950—3100 m (4170, f. *typica*). Dort auf Feldern, 2800 m (SCHNEIDER 2015 p. p.: Hb. Kew f. typica, Hb. Berlin **var. *odontopterum,*** in beiden Herbarien mit *P. leptopodum* DIELS gemischt). NW-**S.**: Min-Tal von Sungpan bis Tietschi (WEIGOLD).

Eine in Yünnan, Setschwan und Hubei offenbar nicht besonders seltene Art. Schon aus der Originaldiagnose HEMSLEYS (Journ. Linn. Soc. Bot., XXVI., 340 [1891]) geht hervor, daß diese Art mit zwei verschiedenen Fruchtformen („nux . . . acute triquetra vel trialata") auftreten kann. Der Verf. sagt indessen nicht, ob diese an verschiedene Individuen gebunden sind. Dies ist aber der Fall. Pflanzen mit geflügelten Nüssen haben H. GROSS (Bull. Ac. Géogr. Bot., XXIII., 25 [1913]) Veranlassung gegeben, eine neue Art, *Fagopyrum odontopterum*, aufzustellen, übrigens ohne daß er erkannte, daß diese mit *P. Bonatii* LÉVL., das er doch gesehen hatte, identisch ist. Die anderen Merkmale, in erster Linie in den Infloreszenzen, die GROSS für die Unterscheidung der Arten verwendet, sind nicht stichhaltig. Die Scheinährchen können gipfelständig (einzelne!) oder axillär, dicht- oder lockerblütig sein, ohne mit einer bestimmten Fruchtform kombiniert zu sein. Es erscheint mir nicht ausgeschlossen, daß die verschiedenen Fruchtformen mit Heterostylie verbunden sein können. In zwei Nummern habe ich beide Typen beobachtet. Jedenfalls scheint es mir auf der Hand zu liegen, daß man in diesem Fall die systematische Bedeutung der Fruchtform nicht allzu hoch bewerten darf. Vorläufig stelle ich die Form mit geflügelter Nuß als var. *odontopterum* (H. GROSS) SAM. zu *P. gracilipes.*

* ***P. Gilesii*** HEMSL. in HOOK., Icones, XVIII., t. 1756 (1888). NW-**Y.**: An der Grenze des birm. Mons. an trockenen Hängen der str. St. im Seitentale des Mekong unter Londjre, 28° 11′, Urgestein, 2100—2200 m, 15. IX. 1915 (8071).

Früher nur vom Nordwest-Himalaya bekannt. In der Originalbeschreibung und GAGES „A census of the Indian Polygonums" (Rec. Bot. Surv. Ind., II., 410 [1903]) steht diese Art in der Sect. *Cephalophilon*. Diese Einreihung ist sicher unrichtig. Der ganze Habitus und ganz besonders die kleinen schief abgeschnittenen Stipularscheiden weisen auf die Sect. *Fagopyrum* hin, wohin es auch von H. GROSS gestellt worden ist (Bot. Jahrb. XLIX., 272).

P. leptopodum DIELS. NW-**Y.**: Bei Lidjiang in Heidewiesen und offenen Wäldern der tp. St. gegen das Beschui, Kalk, 2950—3100 m (5693). Dort in Feldern, 2800—2900 m (SCHNEIDER 2015 p. p., 3110).

Wahrscheinlich ein Endemismus der Lidjianggegend. Auch von ROCK (4900, 6133, 10700) dort gesammelt.

— — var. ***Grossii*** (LÉVL.) SAM. (*P. Grossii* LÉVL. in Rep. n. sp., XI., 297 [1912]). **Y.**: Steppenunterwuchs der Kiefernwälder der wtp. St. auf dem Berge Sandjigu n von Yünnanfu, 25° 36′, Sandstein, 1800—2350 m (5682). Im NE auf Bergweiden hinter Banpiengai, 2500 m (MAIRE in Hb. Edinbgh., Original), La-gu, 2400 m (M.) und Mahung, 2800 m (M.: ebendort). Im W auf offenen, steinigen Weiden an der Ostseite der Tali-Kette (FORREST 4570, 6883, 7047).

Nur durch die zumeist etwas höher hinaufreichende Beblätterung des Stengels, die durchschnittlich etwas spitzeren Blätter und vor allem die längeren, im unteren Teil aufgelösten Scheinährchen von der Hauptart verschieden. DIELS' Originaldiagnose von *P. leptopodum* berücksichtigt beide Formen. Er zitiert nämlich zu diesem auch FORREST 4570.

** ***P. lineare*** SAM. (Taf. III, Abb. 5).

Annuum. Caulis 30—40 cm altus, valde ramosus, subglaber; rami $\pm$ stricti erecti v. basi adscendentes, striatuli et in parte inferiore ramos secundarios edentes, internodiis 2,5—3 cm longis, sursum decrescentibus, usque in partem mediam inflorescentiae foliati. Ochreae 1—2 mm longae, valde oblique truncatae, stramineae usque fulvescentes; petiolus foliorum inferiorum 2—4 mm longus, superiorum brevior usque subnullus; lamina linearis, inferiorum 15—20 mm longa, 1,5—2 mm lata, hastata, lobis basalibus linearibus 1,5—3 mm longis angustissimis, superiorum minor angustior, lobis minutissimis usque nullis instructa. Inflorescentia valde elongata fere ad basin ramorum racemifera. Racemi densiflori, 6—9 mm longi, pedunculis filiformibus 15—20 mm longis (apicem versus brevioribus) instructi; bracteae ochreis similes semicymbiformes, circ. 1,5 mm longae, saepe pallide purpurascentes; pedicelli ad 3 mm longi. Perigonium alboroseum, perigynio circ. 0,5 mm longo, segmentis subellipticis apice rotundatis circ. 1,5 mm longis instructum. Antherae globosae, albidae. Ovarium trigonum apice mucronatum; styli 3, liberi, circ. 0,75 mm longi, mox reflexi. Nux perigonio inclusa, apice vix exserta, trigona, fusco-atra, nitida, circ. 1,3 mm longa, 1 mm lata.

Y.: Steppenhänge der wtp. St. zwischen Hungngai und Yünnanyi se von Dali (Talifu) häufig, Kalk und Sandstein, 1900—2400 m, 29. X. 1915 (8569).

Haec species *P. leptopodum* DIELS, praesertim varietatem *Grossii* (LÉVL.) SAM., in memoriam revocat, sed inter alia foliis multo angustioribus et inflorescentia elongata $\pm$ foliata facile distincta.

Caryophyllaceae

Stellaria L.

S. aquatica (L.) SCOP. (*Malachium aquaticum* [L.] RCHB.) **Y.**: Beyendjing in Äckern (TEN 360 p. p.).

S. media (L.) VILL. Im Schlamme der Reisfelder, an Rainen, Kanälen und auf trockenen Äckern in der str. und wtp. St., 50—2500 m. **Y.**: Yünnanfu (31; SCHNEIDER 180). Hsinlung und Lagatschang (SCHNEIDER 479) n von dort. Dungtschwan (MAIRE, distr. BONATI 7140 B, 7243 B). Beyendjing (TEN 360 p. p.). Tieso (TEN 51). **S.**: Zwischen Bögowan und Mosoying (SCHNEIDER 653). Ningyüen (1215). Wa-schan s von Yadschou (WEIGOLD). **H.**: Tschangscha (11567).

S. wushanensis WILLS. in Journ. Linn. Soc., Bot., XXXIV., 434 (1899) ** var. ***trientaloides*** HAND.-MZT. (Taf. IV, Abb. 10).

Basi paulum prostrata et ramosa, stolonifera, laxe cespitosa, ad 13 cm tantum alta, foliis superioribus congestis, floribus ☿ iis axillaribus, pedicellis erectis 2½—6 cm longis, tota praeter folia setulis brevibus articulatis sparsis ciliata, petiolis quam laminae glaberrimae inferioribus tantum et paulo longioribus. Sepala 5,5—6 mm longa, plurima acuta. Petala 8 mm longa, obcordata, ± profunde bifida, alba. Stamina 7—9, inaequalia, calyce breviora, antheris flavidis. Styli 3, elongati. Flores ♀ apetali in axillis inferioribus rarissimi, calyce normali 5 mero, stylis 2 elongatis liberis.

SW-**H.**: Auf dem Yün-schan bei Wukang, wahrscheinlich im wtp. Walde zwischen 900 und 1400 m, Tonschiefer, IV. 1919 WANG-TE-HUI (Plt. sin. 91). Wahrscheinlich Hubei oder **S.** (angeblich FABER, aber die Handschrift: „*Stellaria Davidi* HMSL. var. sepalis glabratis" ist von HENRY: Nat. Mus. Wien).

Zur Originalbeschreibung der Art ist nach dem Originalexemplare, das ich aus Kew freundlichst zugeschickt erhielt, zu berichtigen, daß der Stengel nicht kahl, sondern wie die Blätter von etwas längeren und dünneren Gliederhaaren als an meiner gewimpert ist, und daß die einzige im Fruchtzustande vorhandene Blüte nicht apetal ist, sondern verwelkte Petalen enthält. Der Typus unterscheidet sich von meiner Varietät durch Größe, reiche Verzweigung und mehr niederliegenden Wuchs, längere Blattstiele und reichlich gewimperte Blätter, also Merkmale, die nicht alle als die einer bloßen Schattenform gedeutet werden können. Die Art erinnert in vieler Hinsicht an *Krascheninnikowia* und es liegt keine so vollständig gesammelte Wurzel vor, daß das Vorkommen von Knollen ausgeschlossen erscheint. Da aber die ☿ Blüten heranreifende Früchte zeigen, die ♀ aber pentamer und ihre Griffel normal ausgebildet sind, kann sie nicht zu dieser Gattung gestellt werden.

S. Delavayi FRANCH. **Y.**: In Hochgrasfluren der wtp. Abhänge zwischen Sangtang und Hsiao-Magai n von Yünnanfu, 25° 18—26′, zerstreut, auf Sandstein, 1700—1800 m (5696).

Sehr üppige, im November blühende Exemplare, deren größte Blätter 9 × 4 cm erreichen und stark krause Ränder besitzen.

S. pilosa FRANCH. NW-**Y.**: Felsige Stellen der tp. St. oberhalb Ngulukö bei Lidjiang („Likiang"), auf Kalk, 3100—3400 m (6690). **S.**: Bei Kwapi n von Yenyüen, 27° 53′, auf Phyllit und Tonschiefer der wtp. und tp. St., 2750 bis 3200 m, im Mischwalde neben dem Yamen (2779) und in Gebüschen oberhalb Wadi (2505).

Die Exemplare der Nr. 2779 sind groß, mit Blättern bis zu 45 × 12 mm.

— — var. ***capillipes*** (FRANCH.) HAND.-MZT. (*St. saxatilis* var. *capillipes* FRANCH., Plt. Del., 99 [1889]). **S.**: Überall in dichten Gebüschen der tp. St. auf den Rücken über Fumadi am Wolo-ho zwischen Yenyüen und Yungning, Kalk und Sandstein, 2900—3300 m (3047). An Bächlein auf Tonschiefer der tp. St. bei Gwandien zwischen Yenyüen und Kwapi, 27° 46′, 3000 m (2803).

Das Original der Varietät (Hb. Kew) hat keine Sternhaare und gehört daher nicht zu *S. saxatilis*. Es stimmt mit meiner Nr. 2803, während 3047 sitzende und größere Blätter (bis zu 5 × 2½ cm) hat, die unteren am Grunde fast herzförmig, die übrigen eiförmig. Diese fast kahle Pflanze sieht habituell der typischen Art schon sehr unähnlich. Der Name besagt keinen Unterschied gegenüber typischer *S. pilosa*.

S. saxatilis HAM. Wegränder, Feldraine, feuchte Stellen auf Sandstein in der str. und wtp. St., 1450—2600 m. **Y.**: Yünnanfu (SCHOCH 87) und wohl diese auch in Dickichten immer gemein bis gegen Hodjing. Yülung-schan bei Lidjiang, unter dem großen Gletscher (SCHNEIDER 3652). **S.**: Huili (838; SCHNEIDER 597). Dötschang (1160). Gemein um Tjiaodjio im Lolo-Lande e von Ningyüen (1622).

— — ** var. ***amplexicaulis*** HAND.-MZT.

Folia ovato-lanceolata, usque ad 9 × 3 cm, basi auriculato-amplexicaulia. Planta usque ad 1,30 m longa.

Y.: Äcker der tp. St. zwischen Dsutoupo und Gwamaoschan am Wege von Yungbei nach Yungning, Sandstein, 2800—3000 m, 29. VI. 1914 (3300). Im NW im birm. Mons. im tp. Walde unter dem Sattel Tschranalaka ober Tseku am Mekong, Schiefer, 3200 m, 29. VIII. 1916 (10010). **S.**: In bambusreichen Gebüschen der tp. St. ober Niutschang zwischen Yenyüen und dem Yalung, 27° 22', auf Sandstein, 3000—3200 m, 30. IX. 1914 (5397).

Nach der Beschreibung möchte man die Pflanze für *S. saxatilis* var. *capillipes* FRANCH. halten, die aber nicht zu dieser Art gehört (s. oben). Nr. 5397 ist gefördert ♂, ihre Petalen sind länger als der Kelch und auch auffallend breit.

S. infracta MAXIM. (*S. nutans* WILLS. e SOULIÉ 216, 549.[1] — *Arenaria velutina* PAX et HFFM. in Rep. nov. sp., Beih. XII, 367 [1922] e typo). **NW-S.**: Gebirge um Sungpan (WEIGOLD).

** ***S. pseudosaxatilis*** HAND.-MZT. (Taf. IV, Abb. 9).

Sect. *Eustellaria* FZL.

E radice parva multicaulis, flaccida, tota praeter flores ubique aequaliter pilis sordidis fasciculato-stellatis ½—1 mm diametientibus radiis paucis strictis constantibus laxe et in foliorum marginibus pedicellisque densius induta. Caules 30—60 cm longi, basi radicantes et ramosi, inferne glabrescentes et stramineo-nitidi, ubique foliati, internodiis 3—5½ cm longis, superne in cymas ter—quater dichotomas vix divaricatas soluti. Folia ± late ovata, 27 × 16 et 30 × 15 usque ad 40—45 × 25 mm, obtusa, infima in petiolos alatos laminis dimidiis breviores cuneato-contracta, superiora in bracteas sensim decrescentia basi rotundata vel subcordata sessilia, omnia membranacea, dilute viridia, costa nervisque secundariis paucis obliquis tenuibus his in nervum submarginalem confluentibus. Pedicelli capillares, 10—15 et demum 25 mm longi, virides, infimi inter folia normalia alares. Bracteae summae tantum fere subulatae et anguste scarioso-marginatae. Calyx 4 mm et sub fructu ad 6 mm longus, basi angustatus, antice glabrescens. Sepala 5, lanceolata, c. ⅔ mm et sub fructu plusquam 1 mm lata, acutissima, viridia, anguste scarioso-marginata. Petala alba, calyce paulo brev iora, ad basin in lobos 2 lanceolato-lineares fissa. Stamina 10, petala aequantia, filamentis albidis lineari-subulatis, antheris magnis globosis ochraceis. Ovarium crasse ovoideum; styli 3, longi et tenues. Capsula ovoidea, calycem aequans, crustacea, viridula. Semina multa, subcompressa, ad 1½ mm longa, spadicea, margine verruculoso excepto levia.

H.: Sandsteinboden im Walde der wtp. St. über dem Dörfchen Tungdjiapai bei Hsikwangschan im Bezirke Hsinhwa, 800 m, 14. V. 1918 (11839).

---

[1] Unter den chinesischen *Caryophyllaceae* des Herbars DELESSERT, deren Zusendung ich Herrn Direktor Dr. BRIQUET verdanke, fanden sich einige Nummern SOULIÉS, die ganz überraschende Resultate mit Bezug auf die Aufstellungen WILLIAMS' ergaben. Auch sind dort die SCHNEIDERschen krautigen Pflanzen am vollständigsten vertreten.

Proxima *S. saxatilis* HAM. differt indumento pilis tenuioribus breviradiatis itaque squamiformi-stellatis constante, foliis crassioribus acutissimis basi attenuatis nisi lanceolatis et auriculatis, panicula pedunculata, bracteis scariosis, *S. stellatotomentosa* HAY. e descriptione eacum congruit, ex autore differentiis non indicatis „aegre distinguenda". *S. tomentosa* MAXIM. petalis deficientibus etc. valde differt, *S. Uchiyamana* MAK. floribus terminalibus quoque singulis, foliis supra glabris subtus tomentosis.

Habituell und in der Form der Blätter kommt der neuen Art nebst Pflanzen MAIRES von Dungtschwan und Djintschungschan („Kin-tchong-chan") HANCOCKS Nr. 521 von *S. saxatilis* von Möngdse, schattige Dämme in feuchten Waldschluchten, nahe; sie hat aber außer der langgestielten typischen Infloreszenz dieser die obersten Blätter scharf bespitzt und am Grunde kurz verschmälert, und ihre spärliche Behaarung besteht aus den schuppenförmigen Sternhaaren, ist also ganz verschieden, so daß trotz der großen Veränderlichkeit der *S. saxatilis* unsere Pflanze durch eine unüberbrückte Kluft von deren Formenkreis geschieden ist.

* ***S. brachypetala*** BGE. in LEDEB., Fl. altaica, II., 161 (1830). NW-**Y.**: Im str. Laubwalde des birm. Mons. zwischen Tjiontson und Pipiti unterhalb Tschamutong am Salwin, 1700 m, Tonschiefer, 17. VIII. 1916 (9835).

Eine große, aber hingestreckte Pflanze mit sehr zarten Blütenstielen und nur 5 mm langen Kelchen.

— — var. *erecta* BGE., Verz. ö. T. Altai ges. Pflz., in Mém. Ac. St. Pétbg. Sep., 35 (1836). Tschili (LIMPRICHT 2487, in Rep., Beih. XII, 365 als *S. graminea*; LICENT 3122). Schandung (LICENT 6261). S-Schanhsi (LICENT 1324, 1866, 2069).

S. graminea L. W-Hubei (WILSON, Veitch Exp. 988, 1149).

S. chinensis BGE. (*S. Hassiana* LOES. in Beih. Bot. Centrbl., XXXVII 2., 119 [1920] e ZIMMERMANN 468). SW-**H.**: Im wtp. Laubhochwalde des Yün-schan bei Wukang, 1300 m, Tonschiefer (12080).

S. yunnanensis FRANCH. Heidewiesen und lichte Wälder der wtp. und tp. St. auf Kalk und Tonschiefer, 2000—3100 m. **Y.**: Yünnanfu (SCHOCH). Beyendjing, in Äckern (TEN 55: Hb. Berlin). Bei Lidjiang gegen das Beschui (4175) und bei Ngulukö gegen die Lamase (SCHNEIDER 2010). Ober Dali (S. 2947). **S.**: Kwapi n von Yenyüen (SCHNEIDER 3608). Dseia bei Muli.

S. Souliei WILLS., e SOULIÉ 914, kommt dieser Art am nächsten, hat aber schmälere Blätter mit sehr scharfen Borstenhaaren an den Rändern wie am Stengel.

S. Alsine GRIMM in N. Act. phys.-med. Nat. Cur., III., App., 313 (1767) (*S. uliginosa* MURR. 1770). **S.**: Feuchter Mergel bei einer Quelle nächst Dawanying n von Huili, wtp. St., 2200 m (1033). NE-**Y.**: Ausgetrocknete Reisfelder bei Dungtschwan, 2500 m (MAIRE).

— — * **var. *alpina*** (SCHUR) HAND.-MZT. (*Larbraea uliginosa* b *alpina* SCHUR, Enum. Pl. Trassilv., 115 [1866]. — *Stellaria glacialis* LAGG. 1868. — *S. uliginosa* var. *alpicola* BECK 1890. — *S. ulig.* var. *alpina* GÜRKE 1897). NW-**Y.**: Tonschiefer in einer Quelle am Passe Hsiao-Niutschang zwischen Bödö und Alo se von Dschungdien, ktp. St., 4100 m, 7. VIII. 1914 (4519). **S.**: In Quellen in der Hg. St. des Passes Döko sw von Muli, Tonschiefer, 4200—4300 m, 5. VIII. 1915 (7456, sehr kleine Exemplare, die Blüten mit drei und vier Griffeln). Im W bei Dungngolo („Tongolo") (SOULIÉ 384).

— — ** var. **phaenopetala** HAND.-MZT.

Petala calyce usque plus sesquilongiora, lobis latis.

Y.: Feuchter, kalkhaltiger Schlamm der Reisfelder in der tp. St. bei Schilungba nächst Yünnanfu, 1900 m (189). Feuchte Stellen an Bächen in der Mekong—Salwin-Kette, 28° 12', 8—9000' (FORREST 16183). **S.** (FABER 337). **H.**: In der str. St. bei Tschangscha, an Ackerrainen über Sandstein, 50 m (11566) und im Schlammsand des Flußbettes, 25 m (11516). Tschekiang: Gebirge von Ningpo (FABER 1644). Japan: Tokio (TERASAKI: Hb. Kew). Yokoska, Reisfelder (SAVATIER 132). Ufer des Sees Biwa (FAURIE 7832).

Weder in der europäischen, noch in der ostasiatischen Literatur kann ich eine Angabe über das Vorkommen von den Kelch überragenden Petalen bei der Art finden und habe solche auch an keinen anderen Exemplaren gesehen. Die Varietät ist also an ein bestimmtes Gebiet gebunden, wo sie allerdings neben dem Typus vorkommt. Die Länge der Petalen ist bei ihr recht veränderlich; am Herbarmaterial gelingt es aber kaum, festzustellen, ob sie lückenlos in den Typus übergeht, was nicht unwahrscheinlich ist und weshalb ich ihr keinen höheren Rang geben will. FABERS Nr. 337 wird von WILLIAMS in Journ. Linn. Soc., Bot., XXXIV., 435 als übereinstimmend mit typischer *uliginosa* erwähnt. Die Blüten ähneln sehr jenen von *St. crassifolia* EHRH., die sich aber durch krautige Brakteen unterscheidet. Daß die Blätter nicht so seegrün wären, kann ich im Herbar nicht finden. Das Exemplar von „*S. graminea* f. nana foliis brevioribus, minus acutis" (WILLIAMS in Journ. Linn. Soc., Bot., XXXVIII., 396) aus Tibet (YOUNGHUSBAND), das ich im Herbar DELESSERT sah, gehört zu *S. Alsine*. Die aus dieser Tibet-Kollektion verteilten *Caryophyllaceae* sind meistens falsch benannt.

* ***S. subumbetlata*** EDGEW. in HOOK., Fl. Brit. Ind., I., 233 (1874). NW-**Y.**: Moorboden der ktp. St. des birm. Mons. bei der Alm Dewatschratscho am Si-la zwischen Mekong und Salwin, 28°, Glimmerschiefer, 3600 m, 16. VI. 1916 (8926).

S. decumbens EDGEW. NW-**Y.**: Auf nacktem Boden an Waldrändern und zwischen Felsblöcken und auf solchen auf Schiefer und Granit in der ktp. und Hg. St. des birm. Mons., 3600—4600 m. In der Mekong—Salwin-Kette bei der Alm Dewatschratscho (8925), auf dem Schöndsu-la (8374), Gondonrungu (9749) und an der Grenze von **Tibet**: auf dem Doker-la (8147). Zwischen Salwin und Irrawadi am Hange des Gomba-la ober Tschamutong gegen den See Tsukue, von Einheimischen (9890).

— — * var. **acicularis** EDG. et HOOK. f. in HOOK., Fl. Brit. Ind., I., 235 (1874). NW-**Y.**: Granitschutt am Bache in der tp. St. des birm. Mons. oberhalb Schutsche am Taron (e. Irrawadi-Oberlaufe), 27° 58', 3000—3150 m, 9. VII. 1916 (9442).

Nach dem mir vorliegenden Material kann ich der Vereinigung von *S. decumbens* mit *S. petraea* BGE., die WILLIAMS in Bull. Herb. Boiss., 2. sér., VII., 830 (1907) durchführt, keineswegs zustimmen. Sie sind wohl miteinander verwandt, aber gut geschieden.

S. viridiflora PAX et HFFM. in Rep. n. sp., Beih., XII., 364 (1922) wird von den Autoren als „verwandt mit *S. decumbens*" bezeichnet, mit der sie nicht verwechselt werden kann. Es scheint mir aber sehr fraglich, ob sie sich von *S. cherleriae* (FISCH.) WILLS. in Bull. Hb. Boiss., 2. sér., VII., 830 p. p. (*S. petraea*

Bge.) unterscheiden läßt, deren Typen aus dem Altai die Blätter keineswegs „subulato-triquetra" (Maximowicz in Mél. biol., IX., 40), sondern lanzettlich und flach haben, vielleicht aber doch durchgehends dicker und stärker berandet als Limprichts Pflanze.

Krascheninnikowia Turcz.

K. sylvatica Maxim. NW-Y.: In Bambusbeständen auf Kalk der tp. St. ober der Wiese Ndwolo am Yülung-schan bei Lidjiang, 3500 m (6675).

Die Exemplare sind nur 15 cm hoch und recht zart, stimmen aber sonst völlig mit den vorliegenden dieser mehr nördlichen Art, von der Krylow (in Hannig u. Winkler, Pflzareale., I. R., H. 8, Karte 71) einen isolierten Standort in West-Setschwan verzeichnet.

K. Davidii Franch. var. *flagellaris* Franch. (annähernd). W-S.: Waschan s von Yadschou (Weigold).

K. himalaica (Franch.) Korsh. in Bull. Ac. imp. Sci. St. Pétbg., V. sér., IX., 40 (1898). (*Stellaria Davidii* var. *himalaica* et var. *sessilifolia* Franch., Plt. Delav., 100 [1889]). NW-Y.: Im üppigen tp. Walde auf Kalk ober Akalü jenseits Ganhaidse bei Lidjiang, 3000 m (6830). Auf bemoosten Glimmerschiefersteinen in der ktp. St. des birm. Mons. bei der Alm Dewatschratscho zwischen Salwin und Mekong, 28°, 3600 m (8927). S.: Im Grunde einer Waldschlucht in der tp. St. des Soso-liangdse im Daliang-schan (Lolo-Lande) e von Ningyüen, Sandstein, 2600—2800 m (1725).

Früchte liegen nicht vor, und in diesem Zustande stimmen besonders die letzten Exemplare auch völlig mit *K. rupestris* Turcz., doch werden sie mit Rücksicht auf die Verbreitung sicher nicht dazu gehören. Krylow hat übrigens l. c. das Vorkommen der Gattung in Yünnan ganz übersehen.

Cerastium L.

C. ciliatum Turcz. in Bull. Soc. Nat. Mosc., XV., 616 (1842), non Waldst. et Kit. 1812, quod est *C. rigidum* (Scop.) Vitm.

Syn.: *C. rigidum* Ledeb. in Mém. Ac. Sci. St. Pétbg., V., 538 (1814), non (Scop.) Vitm. Fenzl in Ledeb., Fl. Ross., I., 407.

C. vulgatum ζ ciliatum (Turcz.) Fenzl l. c., 410.

C. vulgatum α angustifolium, β brevifolium, γ acutifolium (p. 102) Franch., Plt. Delav., 101 (1889).

Trockene und feuchte Wiesen auf Kalk und Sandstein von der tp. bis zur Hg. St., 2800—4250 m. NW-Y.: Ngulukö (8765) und Ganhaidse bei Lidjiang. Osthang des Gipfels Unlüpe im Yülung-schan dort (3510 **var. *acutifolium*** [Franch.] Hand.-Mzt.). Berg Hungguwo bei Sanyingpan zwischen Yungbei und Yungning (3274 **var. *brevifolium*** [Franch]. Hand.-Mzt.). Da-Niutschang zwischen Bödö und Alo se von Dschungdien. S.: Paß Daörlbi halbwegs zwischen Yenyüen und Yungning (2919; Schneider 1520). Yenyüen, in Gräben (Schneider 4119). Im NW auf den Gebirgen um Sungpan (Weigold). Tschili (Potanin).

Maximowicz (Mél. biol., IX., 53) identifiziert *C. vulgatum ζ ciliatum* und *C. rigidum* Led. mit *C. alpinum* L. *β Fischerianum* (Sér.) Reg. Hultén (Fl. of Kamtchatka, in Kgl. Sv. Vet. Ak. Handlg., V., Nr. 2, 74) trennt *C. rigidum* auf Grund der gewimperten Petalen und Filamente von *C. Fischerianum* Reg.

aus Kamtschatka, wo es immer kahl ist. Meine Nr. 2919 ist in den vegetativen Teilen am stärksten behaart und hat wie 3274 und 3510 und SCHNEIDERS Nr. 1520 und 4119 auch die Filamente reichlich gewimpert, die Nr. 8765 aber nur die Petalen, nicht die Stamina, und diese gehört zu *C. vulgatum* ζ *ciliatum* im Sinne FENZLS, hat aber mit *C. cespitosum* in Wirklichkeit nichts zu tun, und ich glaube, daß das Übergehen der Haare auch auf die Filamente bei der sonstigen völligen Übereinstimmung keine spezifische Verschiedenheit bedeutet. Die Blätter sind an meiner Nr. 8765 bald ganz kahl, bald etwas behaart, an ROCKS sonst damit ganz übereinstimmender Nr. 9655 vom Haba-schan stark behaart. Die Petalen sind an 2919 kürzer, sie ist aber noch wenig aufgeblüht.

Da *C. rigidum* (SCOP.) VITM. mit Recht als Art betrachtet werden kann, ist der Name nicht frei, während für *C. ciliatum* WALDST. et KIT. dies nicht in Betracht kommt. Allerdings ist TURCZANINOWS Name totgeboren, doch ist es besser, dieses Prinzip, das vom internationalen botanischen Kongreß 1905 implicite abgelehnt worden war, nicht anzuerkennen, als daraufhin neue Namen zu machen, wie es hier notwendig wäre.

C. Fischerianum Sér. var. *Beeringianum* (CHAM. et SCHLDL.) HULT., l. c., 73 (*C. Limprichtii* PAX et HFFM. in Rep. n. sp., Beih. XII, 365 [1922] e typo. — Hierher wohl auch *C. alpinum* β *Fischerianum* FRANCH. in Journ. de Bot., IV., 303). W-S.: Dadjienlou („Tatsienlu") (SOULIÉ 146: Hb. DELESSERT). Schenhsi: Gipfel des Tapai-schan (LICENT 2913). Tschili (LIMPRICHT 2533).

C. cespitosum GILIB. **Y.**: Reisfelder in der wtp. St. bei Schilungba nächst Yünnanfu, 1900 m (180). Beyendjing, Äcker bei Tieso (TEN 52). **S.**: Feuchte Grabenränder der str. St. bei Schangliangdse nächst Dötschang, 1750 m (1177).

C. viscosum L. **SW-H.**: Yün-schan bei Wukang, Tonschiefer zwischen 400 und 1420 m (Plt. sin. 42).

Sagina L.

S. maxima A. GR. (*S. sinensis* HCE.). Feuchter Schlamm der str. und wtp. St., 25—2500 m. **Y.**: Reisfelder bei Schilungba nächst Yünnanfu (188). Tieso bei Beyendjing (TEN 1434). Im NE bei Dungtschwan (MAIRE) und Tjiaodjia (M.). **S.**: Am Flusse bei Huili (853) und bei Lemoka im Lolo-Lande. **H.**: Flußsand bei Tschangscha (11523).

Die Pflanze wird vom Autor als „Annua?" bezeichnet. Dies trifft konstant zu, und auch die langen, beblätterten Stengel und verhältnismäßig viel kürzeren Blütenstiele geben ihr einen von *S. saginoides* (L.) D. T. (*Linnaei* PRSL.) ganz verschiedenen Habitus.

Brachystemma D. DON.

B. calycinum DON. (*Arenaria nepalensis* WILLS.). Gebüsche der tr. und str. St., 1000—1500 m. **Y.**: Yaotou zwischen Möngdse und Manhao, stellenweise massenhaft, auf Kalk (5990). Eisenbahnstation Hsindjiadu („Sin-kia-tou") (SCHNEIDER 17). **S.**: Selten in dem gegen Huili führenden s Seitentale des Djientschang („Kientschang") (1045).

Arenaria L.

A. orbiculata ROYLE. **NW-Y.**: Steinige Stellen auf Kalk in der ktp. St. des Yülung-schan bei Lidjiang um die Wiese Ndwolo, 3500 m (6679). Hochkrautfluren in der tp. St. des birm. Mons. im Tale Saoa-lumba zwischen Mekong und Salwin, 28°, Glimmerschiefer, 3500—3600 m (8982).

A. serpyllifolia L. Auf Schlamm, in Flußalluvien, an Rainen, auf nackter Erde in Steppen und Föhrenwäldern in der str. und wtp. St., 100—2200 m. **Y.**: Hsiao-Magai (400) und Hsinlung n von Yünnanfu. **S.**: Huili (843). Tjiaodjio und Lemoka im Lolo-Lande e von Ningyüen (1560). Wa-schan bei Yadschou (Weigold). **H.**: Tschangscha (11674).

A. oresbia W. W. Sm. in Not. R. Bot. Gard. Edinbgh., XI., 197 (1919). NW-**Y.**: Gesteinfluren (Kalk) auf dem Berge Waha bei Yungning, 4300—4500 m (7111).

A. lichiangensis W. W. Sm., l. c., VIII., 110 (1913). NW-**Y.**: Yülung-schan bei Lidjiang, von Einheimischen (3704). Hier an felsigen, grasigen Stellen des Osthanges, 3400 m (? wohl höher!) (Schneider 1957). Gehängeschutt (Kalk) am Westhange des Gebirges Piepun se von Dschungdien, 4450—4650 m (4714). W-**S.**: Dungngolo (Soulié 356).

Die Nummer 4714 weicht von der Originalbeschreibung ab durch am Rande papillös-rauhe Blätter der sterilen Stämmchen, die sich aber auch an Forrests Originalnummer finden, bis 2½ cm lange Blütenstengel mit zwei Blattpaaren und 2½ mm breite Sepalen, die die Originalpflanze ebenfalls zeigt.

A. kansuënsis Maxim. Gesteinfluren auf Kalk und Rasen auf Kalkschiefer in der Hg. St., 4300—4730 m. NW-**Y.**: Waha bei Yungning (7095). **S.**: Gonschiga sw von Muli (7483). Gebirge um Sungpan (Weigold).

A. Forrestii Diels in Not. R. Bot. Gard. Edinbgh., V., 181 (1912). NW-**Y.**: Yülung-schan bei Lidjiang, von Einheimischen (3696).

A. roseotincta W. W. Sm. in Not. R. B. G. Edinbgh., VIII., 111 (1913). (*A. rhodantha* Pax et Hffm. in Rep. n. sp., Beih. XII. 367 [1922].) **S.**: Humöse Stellen auf Schiefer zwischen Steinen und Rasen in der Hg. St. des Gipfels Gonschiga sw von Muli, 4625—4725 m (7473).

Mit *A. kansuënsis*, mit der Pax und Hoffmann ihre Pflanze vergleichen, hat sie nicht die entfernteste Ähnlichkeit. Sie steht vielmehr der vorigen Art am nächsten, von der sie gewissermaßen eine Zwergform mit fast haarförmig verlängerter Blattspitze darstellt, und hat samt dieser ihre Verwandtschaft bei *A. glanduligera* Edgew.

A. napuligera Franch. NW-**Y.**: Steinige Stellen von Wiesen der ktp. St., auf Kalk, 3600—3900 m. Yülung-schan bei Lidjiang, um die Wiese Ndwolo (4244), am Osthang (Schneider 2824) und unter dem kleinen Gletscher (S. 3614, 3453). Auf dem Patü-la zwischen Anangu (Ngannantschang) und Dschungdien (7690).

Nr. 7690 ist eine kleinblütige Form mit am Rande gewimperten Kelchzipfeln, wie sie weniger ausgesprochen, mehr auf dem Rücken behaart, an Delavays Nr. 1665 vorkommen, während seine sonst mehr oder weniger übereinstimmenden Nummern 2939, 3405, 4322 und 4485 keine Wimpern zeigen.

A. ionandra Diels in Not. R. B. G. Edinbgh., V., 182 (1912). NW-**Y.**: Yülung-schan bei Lidjiang, von Einheimischen (3699).

Die großen, nickenden Blüten sind wohl für die der vorigen sehr nahestehenden Art (s. W. W. Smith in N. R. B. G. Ed., XI., 197) das bezeichnendste Merkmal. An vielen Individuen meiner Pflanze sowie am Originalexemplare sind die untersten Blüten kleistogam, ♀, Kelche und Petalen nur 2—3 mm lang; in ROCKS Nr. 10784 liegen normale ☿ Exemplare vor und ein rein ♀ sehr reich sparrig verzweigtes mit nur 5 mm langen Petalen, das mit Ausnahme dieser von Anthokyan ganz schwarzpurpurn ist.

A. longistyla FRANCH. NW-Y.: Steinige Stellen auf Kalk der ktp. St. auf dem Patü-la zwischen Anangu und Dschungdien, 3800—3900 m (7686).

— — **var. *pleurogynoides*** DIELS, l. c., 182. NW-Y.: Yülung-schan bei Lidjiang, von Einheimischen (3700, 3701). Dort an Kalkfelsen am Osthange, 3600 m (SCHNEIDER 3358) und an felsigen Stellen unter dem kleinen Gletscher, 3600—4000 m (SCHN. 3611).

Meine Nr. 3701 bildet aus kleiner Pfahlwurzel Rasen von fast 30 cm Durchmesser mit gegen 15 Stengeln, ebenfalls mit ♀ Blüten im unteren Teile, deren Petalen kürzer sind als die Sepalen, Nr. 3700 hat intensiv (violett-) rosafarbige Blüten.

** ***A. nigricans*** HAND.-MZT. (Taf. IV, Abb. 8).

Sect. *Euthalia* FZL. (Subg. *Euarenaria*, sect. *Euthaliae* WILLS.).

Radix parva, vix napiformis, simplex, fibris longis pallidis, caulem singulum, fere a basi ramosum, bifariam puberulum, usque ad 4—6 cm altitudinis foliorum magnorum paribus 5—7 instructum, dein in inflorescentiam usque ad quinquies dichotomam, 7—20 cm longam, laxam, bracteis minoribus praeditam solutum edens. Folia infima parva, orbicularia, petiolata, serius marcida, sequentia oblonga vel lineari-oblonga, 30 × 9 — 50 × 8 mm, obtusissima, basi sensim subpetiolato-angustata in vaginas brevissimas connata et ciliolata, ceterum glaberrima, crassa, margine angustissime cartilaginea, exsiccando nigricantia et pustulata, costa plana, nervis secundariis utrinsecus c. 4, tenuissimis, fere longitudinalibus. Pedunculi suberecti, pallidi, ± debiles, internodiis mediis usque ad 7 cm longis, ut pedicelli ubique glanduloso-pubescentes, pilis tenuibus pallidis patulis. Bracteae ovatae et superiores late ovatae, sessiles, acutiores, hae parce glanduloso-pilosae, ceterum foliis pares. Pedicelli 1— (alares inferiores) 4 cm longi, summi breviores, sub fructu quoque erecti. Calyx 4—5 mm longus, basi anguste truncatus, sepalis 5 suberectis, oblongis, rotundatis, late membranaceo-marginatis, ceterum herbaceis, glanduloso-pilosis. Petala 5, alba, calyce duplo longiora, ex ungue lato quam sepala breviore late obovata, levissime emarginata. Stamina 10, calyce paulo longiora, filamentis filiformibus, 5 alternantibus glandulis disci parvis subglobosis insidentibus, antheris magnis, globosis, flavis. Ovarium calyce triplo brevius, turbinato-obovoideum, stylis 2 id aequantibus. Capsula valvis 4 usque ad basin dehiscens. Semina magna, brunnea, levia, anguste marginata.

NW-Y.: Dürre Kalkfelsen der tp. St. zwischen den beiden Sätteln des Berges Lamatso zwischen Yungning und Dschungdien, 3200 m, 12. VIII. 1915 (7609).

Species sine dubio optime evoluta ex affinitate *A. napuligerae* FRANCH., partibus supraterraneis *A. melandryiformi* WILLS. haud dissimilis, sed foliis latioribus indumentoque sparso.

Diese und die drei folgenden Arten stellen jedenfalls gut gefestigte Ruhepunkte in einer durch die Wurzel und die übrigen vegetativen Merkmale besser als durch den Blütenbau gekennzeichneten, mit *A. napuligera* beginnenden Entwicklungsreihe dar. Auch *A. dsharaënsis* PAX et HFFM. wird in den oberirdischen Teilen unserer Art recht ähnlich, ist aber perenn und vielstengelig. Man vergleiche über sie das am Ende der Gattung gesagte.

** ***A. inconspicua*** HAND.-MZT.

Sect. *Euthalia* FZL.

Radix napiformis, brevis, vel elongata et tenuior, caules 1—2, 1—4 cm altos, a basi dichotome et trichotome divaricato-ramosissimos et floriferos, pro plantula nana validiusculos, unilateraliter subtilissime nigro-hirtellos ipsosque saepe nigrescentes edens. Internodia 3—5, summa abbreviata. Folia inferiora spathulata, usque ad 8 mm longa et 2,5 mm lata, obtusa, basi longe subpetiolato-angustata, internodiis usque duplo breviora, basi in vaginas brevissimas patentes dilatata et connata, basalia mox marcida, superiora decrescentia, lanceolata, acutissima, omnia crassiuscula, glaberrima vel setula una alterave obsita, costa raro conspicua. Pedicelli validiusculi, alares usque ad 1 cm longi, ultimi brevissimi, omnes ut caulis induti, sub fructu quidem erecti. Sepala oblonga, 2—2½ mm longa, rotundata, $\pm$ cymbiformia, basi saccata, herbacea, antice late membranaceo-marginata, dorso et interdum margine setis nigris nonnullis obsita, demum dimidio superiore extus curvata. Petala alba, calyce paulo usque duplo breviora, elliptica vel anguste ovata, rotundata vel acutiuscula vel bidentata. Stamina 10, iis paulo breviora, inter se inaequilonga; filamentorum 5 alternantia deorsum sensim paulum dilatata eaque basi utrinque glandula parva auriculaeformi aucta; antherae parvae, subglobosae, fusco-plumbeae. Ovarium stylis 2 vel 3 crassis, erectis longius. Capsula calycem aequans, crasse ovoidea, crustacea, usque ad basin valvis 4 dehiscens; semina 5, magna, fusca, subcompressa, margine gibberosa.

NW-Y.: Auf nacktem, schlammigem Glimmerschiefer- und Granitschutte in der Hg. St. des birm. Mons. in der Mekong—Salwin-Kette, auf dem Rücken Pongatong, 28° 9′, 4300—4375 m, 4. VIII. 1916 (9677) und an der Grenze von **Tibet** auf dem Doker-la, 4600 m, 17. IX. 1915 (8146).

Habitu simillima *A. Schneiderianae* HAND.-MZT., quae petalis obcordatis et staminibus 5 praecipue differt.

In den Petalen zeigen die beiden Nummern einige Verschiedenheit; bei Nr. 9677 sind sie nur etwas kürzer als die Sepalen, elliptisch und abgerundet, bei 8146 weniger oder etwas mehr als halb so lang wie diese, schmal eiförmig, spitz oder zweizähnig. Die Pflanze muß auch sehr ähnlich *A. saginoides* MAXIM. sein, von der der Autor ebenfalls große Variabilität der Petalenform beschreibt. Diese ist aber tetramer gebaut, wenngleich hier und da ein fünftes Sepalum vorkommt, und, wenn Haare vorhanden sind, haben sie einen Drüsenkopf. Auch *Gooringia Litteldalei* (HMSL.) WILLS. kommt recht nahe, von der SPRAGUE (in HOOKERS Icones, t. 2944) nachweist, daß sie regelmäßig Petalen hat und die Zahl der Stamina mitunter 3 statt 2 beträgt. Doch ist auch diese im übrigen vierzählig gebaut. Zwei und drei Griffel kommen an meiner Pflanze an einem und demselben Stücke vor; auch die dreigriffeligen Kapseln scheinen vierklappig aufzuspringen.

** ***A. Schneideriana***[1] HAND.-MZT. in Sitzgsanz. Ak. W. W., 1920, 46 (Taf. VI, Abb. 4, 5).

Sectio *Euthalia* FZL.

Radix biennis (?), perpendicularis, anguste napiformis, fibris longis tenuibus

[1] Species dendrologo C. SCHNEIDER dedicata, qui itinere meo interrupto hasce plantas siccandas curavit.

patulis, e collo nudo saepe pluricaulis. Caules 4—8 cm longi, erecti, pluries dichotomi, ramis sub angulis 45—60° divergentibus, in speciminibus a basi ramosissimis cumulos laxos semiglobosos formantes, internodiis infimis abbreviatis, ceteris 10—20 mm longis, tenuiusculi, stricti, straminei vel purpurascentes, teretes vel indistincte bicostulati, unilateraliter vel bifariam pilis albis, brevissimis, paucicellularibus puberuli. Folia infima mox emarcida, parva, lingulata, latitudine triplo longiora, sequentia internodia sua superantia, sursum accrescentia ad suprema lanceolato-linearia, internodiis subaequilonga, usque ad 1,5 cm longa et octies angustiora; omnia carnosula, saepe recurva, glaberrima, uninervia, basibus in vaginas brevissime connatas sensim angustata, apicibus obtusiuscula. Pedicelli alares et terminales, tenuiusculi, stricti, 4—13 mm longi, floriferi apicibus $\pm$ nutantes, post anthesin subdeflexo-patuli, fructiferi semierecti, aeque ac caules et praeterea plerumque pilis violaceo-septatis, interdum glanduliferis, eorum diametro aliquantum brevioribus vestiti. Calyx campanulatus, 2—3, fructifer ad 4 mm longus, basi truncata paulum induratus; sepala elliptica, latitudine sua $2\frac{1}{2}^{plo}$ longiora, viridia, herbacea, late hyalino-marginata, apicibus saepe cucullatis et extus curvatis rotundata et saepe subtilissime crenulata, enervia, plurima dorso uniserialiter pilis cum pedicellorum pilis longioribus congruentibus ciliata. Discus annularis, glandulis 5 transverse elliptico-rectangularibus staminiferis lobatus. Petala sepalis paulo breviora et aequilata, anguste obovata, unguiculata, apice ad $5—6^{tam}$ longitudinis partem saepe inaequaliter biloba, lobis et sinubus rotundatis, alba vel pallide rosea, tenuissime nervata. Stamina 5, episepala, filamentis tenuissimis petalis paulo brevioribus, antheris globosis conspicuis flavidis vel viridulis. Ovarium obovatum, $1\frac{1}{2}$ mm longum; styli bini, eo duplo breviores. Capsula ovata, acutiuscula, 4 mm longa, quadrivalvis; semina 8, magna, compressa, cristis obtuse tuberculatis cincta.

NW-**Y.**: In Schneetälchen der Hg. St. auf Kalk am Westhange des Gebirges Piepun bei Dschungdien, 4400—4650 m, 11. VIII. 1914 (4724).

Petalis parvis staminumque numero praeter alia ab *A. napuligera* FRANCH. valde diversa.

Die verhältnismäßig starke Ausbildung der Diskusdrüsen, die nicht in die Diagnose der Untergattung *Euarenaria* bei WILLIAMS (in Journ. Linn. Soc., Bot., XXXIII., 333) paßt, scheint mir kein Hindernis zu sein, ihre Verwandtschaft hier zu suchen, da diese Organe in der Gattung nicht die Bedeutung von Rudimenten oder Orimenten haben und ihr systematischer Wert nicht zu hoch eingeschätzt werden darf.

** ***A. reducta*** HAND.-MZT. in Sitzgsanz. Ak. W. W., 1920, 47.

Sect. *Euthalia* FZL.

Ab *A. Schneideriana* supra descripta differt notis sequentibus: Caulis tenuis, basi procumbens. Folia omnia aequalia, valde recurva, lamina rhombeo-elliptica, 2 mm haud excedente, duplo angustiore, acuta, in vaginam abruptius contracta. Indumentum brevissimum, totum album. Sepala vix 2 mm longa, praeter margines versus apicem et basin eroso-ciliolatas glabra. Petala nulla. Styli ovario sesquilongiores, sepala saepe superantes.

NW-**Y.**: Mit voriger, ein einziges Individuum gesammelt, 11. VIII. 1914 (4725).

Cum *A. thangoënsi* W. W. SM. in Rec. Bot. Surv. Ind., IV., 180 (1913) comparabilis esse videtur, quae e descriptione pubescentia viscosa differt.

Es würde naheliegen, in diesem Exemplar eine Kümmerform der vorigen Art zu sehen, zumal da die Unterschiede in den vegetativen Teilen wenig Gewicht zu haben scheinen. Da aber selbst die kleistogamen, rein ♀ Blüten anderer Arten stets gut ausgebildete Petalen haben, hier aber auch die Staubgefäße vollkommen normal sind, glaube ich diesen Standpunkt nicht vertreten zu können. Nach meinen jetzigen Erfahrungen über die Variabilität der Behaarung an einigen anderen Arten ist es jedoch nicht ausgeschlossen, daß sie zu *A. thangoënsis* gehört, bewiesen kann aber auch dies noch nicht werden.

** ***A. Weissiana***[1] HAND.-MZT. in Sitzgsanz. Ak. W. W., 1920, 47 (Taf. IV, Abb. 2, 3).

Sect. praecedentium (?).

Radix perennis, perpendicularis, crasse fusiformis, caudiculis numerosis brevibus vaginis nunnullis foliorum emarcidorum obsitis cespitosa, caules numerosissimos omnes floriferos emittens. Caulis 2—6 cm longus, strictus, erectus, basi glarea immersa etiolatus, ceterum saepe purpurascens, cum foliis pulverulento-scaberulus, quadricostulatus, lateribus binis setulis reversis albidis pilosulus, internodiis infimis brevibus, ceteris c. 1—2 cm longis, superne dichotome ramosus ramis suberectis et ex axillis pedicellos singulos emittens. Folia elliptica vel obovata, 2 × 3, 4 × 6 usque 3 × 7 et 4 × 7 mm, rotundata vel summo apice tantum obtusa, in petiolos alatos laminis aequilongos vel plus dimidio breviores, basi in vaginas margine sparse et longe ciliatas et breviter connatas contracta, crassiuscula, atroviridia, recta vel subrecurva, nervis medianis et marginibus conspicue incrassatis, adultiora laminis utrinque pustulatis. Pedicelli stricti, apice nutantes, 12—30 mm longi, ebracteolati, teretes, unilateraliter et ad apices circumcirca pilis usque ad ½ mm longis violaceis articulatis glanduliferis dense obsiti. Calyx late campanulatus, basi truncatus, sepalis porrectis, ovatis, 4 × 2 usque 5 × 2½ (in planta ♀ 2½ × ¾) mm metientibus, obtusissimis, interdum fere cucullatis, herbaceis, viridibus, marginibus latiuscule alboscariosis, glaberrimis vel sparse glanduloso-ciliatis, nervis singulis latis, planis, plerumque purpurascentibus. Petala alba, calyce subduplo vel duplo longiora, orbiculari-obovata, basi attenuata breviter unguiculata, apice cordato-emarginata vel obsolete tricrenata pluridenticulatave. Discus in glandulas 5 carnosas, profunde rotundato-bilobas, stamina exteriora basi cingentes productus. Stamina 10, filamentis subulatis sepala subaequantibus, antheris ellipticis brunneis vel olivaceis. Ovarium ovoideum, ad 2 mm longum; styli 3 (in speciminibus ♀ etiam 4—5) filiformes, eo paulo longiores. (Capsula et semina ignota.)

NW-Y.: Yülung-schan bei Lidjiang (DELAVAY 290 im Hb. Paris als *A. Delavayi*). Dort von Einheimischen, 1914—1916 (3657, 3698 ♀). Gehängeschutt (Kalk) am Westhange des Gebirges Piepun se von Dschungdien, 4300—4650 m, 11. VIII. 1914 (4682). Dortselbst (SCHNEIDER 3641).

Species partibus supraterraneis *A. ionandrae* DIELS haud dissimilis eamque etiam petalorum variabilitate cum sectionis *Odontostemma* speciebus perennibus velut *A. Delavayi* FRANCH. connectens. Quae nostrae forsitan proxima differt sepalis acutis, petalis brevioribus laciniatis, antheris coloratis, stylis 2. *A. dshara-*

[1] Planta dom. FRIDERICO WEISS, legationis consiliario, dedicata, tunc consuli Germaniae provinciae Yünnan accredito, de successubus itinerum meorum meritissimo.

ënsis Pax et Hffm. etiam persimilis indumento tenui crispulo albo partium superiorum differt.

Die bei der ersten Beschreibung vermutete Verwandtschaft mit *A. glandu- ligera* Edgew. hat sich bei weiterem Studium nicht bestätigt. Obwohl ich dieses nicht so weit betreiben konnte, daß ich Klarheit über die ganzen Verwandtschaftskreise hätte bekommen können, muß ich heute *A. Weissiana* als *A. Delavayi* Franch. nicht fernstehend erkennen, wenngleich sie nicht die ausgesprochenen *Odontostemma*-Petalen besitzt. Äußerlich sind ihr auch *A. xerophila* W. W. Sm. in Not. R. Bot. Gard. Edinbgh., XI., 198 (1919) und *A. inornata* W. W. Sm., l. c. 196, ähnlich, unterscheiden sich aber u. a. schon durch nur zwei Griffel.

A. dsharaënsis Pax et Hffm. in Rep. n. sp., Beih. XII, 366, schließt sich nach einer anderen Richtung an. Limprichts Nr. 1878, die von Pax, l. c. 365, als *Cerastium melanandrum* bestimmt wurde, unterscheidet sich von diesem in Behaarung und Kelchblättern bedeutend und ist die ☿ Pflanze von *A. dshara- ënsis*, deren Originalnummer ♀ ist und daher kleinere Blüten hat. Seine Nr. 2215 hat schmale Petalen und gehört zu keiner von beiden, liegt aber zu mangelhaft vor. Herrn Professor H. Winkler danke ich für die Zusendung der Exemplare.

A. quadridentata (Maxim.) Wills. in Journ. Linn. Soc., Bot., XXXIII., 432. NW-S.: Gebirge um Sungpan (Weigold).

** ***A. Fridericae***[1] Hand.-Mzt. in Sitzgsanz. Ak. W. W., 1920, 142 (Taf. IV, Abb. 6, 7).

Sect. *Odontostemma* (Benth.) Pax.

Planta perennis, pilis sordidis, 1 mm longis, interdum fusco-septatis et partim glandulosis parce vel densissime induta. Radix brevis cespitosa fibris crassissimis longissimis, e collo squamato multicaulis vel ramosa et articulis clavatis, saepe moniliformi-aggregatis composita. Caules sub glarea saepe elongati et ob cataphylla emarcida subnudi, ceterum etiam uni- vel bifariam brevipilosi, 7— ultra 35 cm longi, debiles, pluries dichotome ramosi, $\pm$ quadranguli, internodiis 1,5—4 cm longis. Folia ovata, 10×4 et $20 \times 10 - 40 \times 11$ mm, acutiuscula, subsessilia vel in petiolos brevissimos vix connatos plicato- vel subcordato-contracta, patula, crasse herbacea, atroviridia, sicca pustulato-scaberula, nervis medianis tenuibus. Flores terminales et in dichotomiis superioribus alares, pedicellis angulatis 10—25 mm longis, apice nutantibus, serius deflexis. Calyx late campanulatus, basi truncatus; sepala porrecta, ovata, 5,5—6,5 mm longa et 2—2,6 mm lata, obtusa, herbacea, nonnulla anguste hyalino-marginata, uninervia. Petala alba, calyce $\pm$ sesquilongiora, late cuneato-obovata, 5—6 mm lata, sensim unguiculata, breviter biloba et margine anteriore in dentes c. 15, ½— fere 1 mm longos lacerata. Discus in glandulas 5, carnosas, bilobas, stamina exteriora dorso et partim lateribus fulcrantes productus. Stamina 10, calycem $\pm$ aequantia; filamenta subulata; antherae oblongae, 1 mm longae, flavae. In floribus ♀ filamenta vix 2 mm longa, antherae minutae, hyalinae, alternantes interdum subabortivae. Ovarium globosum; styli 2 et in uno codemque specimine interdum 3, e basi recta excurvati, in specimibus ♀ et ☿ ultra 3 mm longi, in ♂ breviores et stigmatibus carentes. Capsula calyce brevior.

[1] Species in memoriam optimae meae matris, amoris in scientiam botanicam testatricis, nominata.

NW-Y.: Gehängeschutt, Moränen und Felsen auf Kalk in der Hg. St., 3625—4650 m. Yülung-schan bei Lidjiang, am Osthange, VII. 1910 (FORREST 6074 p. p.; ROCK 4114, 4869; von Einheimischen, 1914—1916 3697, f. glandulosa; 1914 SCHNEIDER 1925). Am Fuße des Gletschers ober der Schlucht Lokü, 18. VI. 1915 (6813). Westhang des Gebirges Piepun se von Dschungdien, 11. VIII. 1914 (4684).

Characteribus *A. trichophorae* FRANCH., quae radice napiformi, habitu elato, antheris atris differt. Crescendi modus *A. Delavayi* FRANCH. similis indumento breviore, foliis angustioribus, floribus minoribus, sepalis acutis, petalis multo magis laceratis diversae. Proxima autem *A. pogonantha* W. W. SM. cuius specimina eglandulosa indumento multo robustiore, petalis angustioribus calycem subduplo superantibus marginibus etiam deorsum dentatis differunt silicemque incolunt.

A. pogonantha W. W. SM. in Not. R. Bot. Gard. Edinbgh., XI., 198 (1919). NW-Y.: Glimmerschieferfelsen in der Hg. St. des birm. Mons. am Westhange des Passes Gondon-rungu zwischen Mekong und Salwin, 28° 9', 4300—4400 m (9748).

Einige Exemplare sind drüsenlos, die meisten haben aber Drüsen eingemischt.

A. trichophora FRANCH. Y.: Im NW im steinigen Rasen der Hg. St. auf Kalk am Osthange des Gipfels Ünlüpe im Yülung-schan bei Lidjiang, 3700—4250 m (3517 ♀). Dortselbst (SCHNEIDER 3751). In der tp. St. über Bödö, 3200 m (wenn nicht folgende). Im NE an einem etwas feuchten Schluchthange hinter Gungschan am Wege von Yünnanfu nach Suifu, gegen die var. neigend (MELL). Bachränder und Kulturen (MAIRE 369/1914) um Lagu, 2500 m (M. 6687), Luke-tsun (M.) und Lupu, 3000 m (M.). S.: Ränder von *Potentilla*-Gebüschen in der Hg. St. auf dem Passe Döko sw von Muli, 4350 m (vielleicht folgende).

— — **var. *angustifolia*** FRANCH. Von der wtp. bis zur ktp. St., 1775—3800 m Y.: Osthang des Yülung-schan bei Lidjiang an felsigen Stellen auf Kalk (SCHNEIDER 2067). Bötsaolin bei Beyendjing, in Wäldern (TEN 1371). Im birm. Mons. im Bachgerölle über dem Saoa-lumba in der Mekong—Salwin-Kette, 28° (8438), eine ähnliche Pflanze, aber mit kurzen und teilweise hellen Antheren auch ober Tseku (MONBEIG). Im NE (MAIRE 112/1914). Felsen auf dem Gipfel des Yo-schan (M.). S.: Diabasfelsen am Gipfel des Lungdschu-schan bei Huili (5200). Kalkfelsen bei Waluping unter Pudi zwischen Yalung und Nganning-ho, 27° 2' (5288).

Für die Art sind die langen, dunklen Antheren bezeichnend, wie FRANCHET (Plt. Del., 95), hervorhebt. Sie ist aus einer meist einfachen Rübenwurzel mehrstengelig. Viele Exemplare der Varietät sind drüsenlos, mit ganz kahlen Blättern, doch kommt dies an DELAVAYS Exemplaren auch vor. Die Petalen meiner ebenfalls drüsenlos, aber reichlich behaarten Nr. 3517 sind nur 4 mm lang, die Staubgefäße kurz und leer (Taf. IV, Abb. 1).

A. yunnanensis FRANCH. NW-Y.: Bei Lidjiang, von Einheimischen (3702; SCHNEIDER 3720?, ganz welk).

WILLIAMS ordnet ihr (in Journ. Linn. Soc., Bot., XXXIII., 430) *A. trichophora* als Varietät unter, was, obwohl die Behaarung keinen Unterschied bietet, mit Rücksicht auf die hellen, kürzeren Antheren, die größeren Blätter und kleine, anscheinend einjährige Wurzel nicht in Betracht kommen kann.

A. barbata FRANCH. Y.: Kalkhänge der wtp. St. unterhalb Djiuho zwischen

Dali und Lidjiang, 26° 38′, 2450 m (10060). Bei Lidjiang, von Einheimischen (3703). Dort auf trockenen Wiesen der Ebene gegen Ngulukö, 2900 m (SCHNEIDER 3371).

A. roseiflora SPRGUE. in Kew. Bull., 1916, 33 (*Moehringella roseiflora* H. NEUM. in Verh. Zool.-bot. Ges. Wien, LXXIII., [14] [1923]). NW-Y.: Gehängeschutt auf Granit und Glimmerschiefer in der Hg. St. des birm. Mons., 4300 bis 4600 m in der Mekong—Salwin-Scheidekette, 28°—28° 15′. Westseite des Sila. Rücken Pongatong (9683). Doker-la (7930).

Ad descriptionem addenda: Radixa crassa, saepe inter glaream elongata et pluries fasciculata. Folia usque ad 4,5 mm lata et tum tertio infero latissimo, margine basi tantum vel toto ciliato, subtus glabra. Petala usque ad 2 cm longa. Capsula 11 mm longa, ad ½ in valvas 4 lanceolatas obtusas dehiscens; semina lenticularia, 1,5 mm diametro, crasse alata.

Die schmalen und dicken Flügel entstehen durch Ausstülpung der Außenschichte der Testa, also wie bei *Wahlbergella* s. str.,[1] wo sie aber von festerer Konsistenz sind, aber nicht ganz so wie bei *Sporgularia*-Arten, deren Samen FRANCHET jenen von *Moehringella* gleichstellt. Die Samenflügel der *Spergularia*-Arten bestehen nämlich im äußeren (größeren) Teile ihrer Breite aus trichomartigen Ausstülpungen der Zellen einer dorsalen Zellreihe der Außenschichte der Testa; diese Trichome sind seitlich miteinander verschmolzen und bilden den äußeren (dünneren) Teil des Flügels, nur der dickere innere Teil ist die (nur wenig) ausgestülpte Außenschichte der Testa. Nur zunächst der Spitze der Radicula finden sich auch bei *A. roseiflora* trichomartige Ausstülpungen, welche zu einem Büschel vereinigt sind. Hiedurch erinnert sie an *Moehringia*, wozu WILLIAMS[1] (in Journ. Linn. Soc., Bot., XXXIV., 437) *A. linearifolia* FRANCH. stellt. Doch wird bei dieser Gattung das Hilum allseits von Trichomen umgeben und überdeckt, während die bei *Moehringella* die Flügel bildenden Ausstülpungen des Integuments hier fehlen. H. NEUMAYER.

A. roseiflora stellt zusammen mit *A. Rockii* DIELS (in Notbl. Bot. Gart. Berl., IX., 1027), *melandryoides* EDGEW. (s. Beschreibung des jungen Samens in HOOKER, Fl. Brit. Ind., I., 241), *melandryiformis* WILLS. und wahrscheinlich *melanandra* (MAX.) MATTF. in sched. (*Cerastium melanandrum* MAXIM.) und *dsharaënsis* PAX et HFFM., deren Samen noch nicht bekannt sind, eine natürliche Gruppe dar, die aber auch auf Grund anderer Merkmale als des Samenflügels (s. unten unter *Melandryum*) wegen der durch die letztgenannte Art hergestellten allzu engen Verbindung mit *Odontostemma* (s. oben unter *A. Weissiana*) nicht als Gattung abgetrennt werden kann. *A. linearifolia* FRANCH., der Typus der Sektion *Moehringella,* ist aber habituell so verschieden, daß ihre Vereinigung mit den genannten unnatürlich scheint.

Drymaria WILLD.

D. cordata (L.) WILLD. S.: An Gräben, Tropfquellen und anderen feuchten Plätzen der str. St., 1350—1400 m, auf Sandstein und kristallinischen Gesteinen. Unter Bandjiayin (1114) und zwischen Loyao und Dötschang (SCHNEIDER 705) im Djientschang. Tsaodsanba zwischen Yalung und Nganning-ho, 26° 57′(5241).

[1] H. NEUMAYER in Verh. Z.-B. Ges. Wien, LXV. (22) (1915) und LXXII, (55) (1923).

Polycarpaea Lam.

P. corymbosa (L.) Lam. **Y.**: Auf Sand in der str. St., 900—1150 m. Schiefer in Äckern unter Homöndschang in einer Seitenschlucht des Djinschadjiang („Yangtse“) n von Yünnanfu (5662). Überall in den Flußbetten zwischen Magai und Wumo nw von Yünnanfu (13042).

Silene L.

S. cryptantha Diels in Not. R. Bot. Gard. Edinbgh., V., 180 (1912). **Y.**: Bei Lidjiang, von Einheimischen (3695). Dort auf Wiesen bei Ngulukö, 2900 m (Schneider 2014). In tp. Föhrenwäldern auf Schiefer am Fuße des Berges Waha bei Yungning, 3200 m (7074). In offenen Gebüschen ober Hsinyingpan zwischen Yungning und Yungbei, Kalk, 2600 m (Schneider 2124). Im NE um Dungtschwan (Maire).

S. Fortunei Vis. (*S. Argyi* Lévl. in Bull. Ac. Géogr. bot., XXIV., 292 [1914] e typo). SE-**Ki.**: Am Wege bei Gutsunschi nächst Ningdu (Plt. sin. 443). W-**S.**: Min-Tal von Sungpan bis Maodschou (Weigold).

S. tenuis Willd. **var.** ***rubescens*** Franch. An trockenen Stellen von der str. bis in die Hg. St., auf Kalk und Kalkschiefer, 2000—4200 m. **Y.**: Unter Djiuho zwischen Dali und Lidjiang (8526). Um Lidjiang, von Einheimischen (3692; Schneider 3748). Dort am Osthange des Gipfels Ünlüpe im Yülung-schan (3534; Schneider 2120) und unter dem Gletscher (Schn. 3353). Gemein zwischen Mujendu und Kodso am Wege von Yungning nach Dschungdien und im Mekong-Tale. Tempel Haiyen-se bei Yünnanfu (Schoch 296). Im E auf dem Laogui-schan bei Mile (Ducloux: Hb. Berlin). **S.**: Südseite des Passes Tschescha zwischen Muli und Yungning (7175). Hwang-liangdse, 27° 48′, zwischen Yenyüen und Kwapi (5504).

S. yunnanensis Franch. NW-**Y.**: Felsige Stellen der tp. St. am Yülung-schan bei Lidjiang, Kalk, 3100—3400 m (6685; Schneider 2032).

S. grandiflora Franch. NW-**Y.**: Gebüsche auf Sandstein in der str. St. bei Gwanyilang in der Schlucht des Djinscha-djiang e von Lidjiang, 2300 m (3418; Schneider 1755).

NB.: *S. Esquirolii* Lévl. ist *Swertia* sp.

Melandryum Roehlg.

Die Gattung wird von Neumayer, ebenso wie *Lychnis*, in Verh. Zool.-bot. Ges. Wien, LXV, (24) zu *Silene* eingezogen, da die teilweise Fächerung des Fruchtknotens bei dieser im üblichen Sinne nicht eine Entwicklungsreihe, sondern eine mehrfach erreichte Entwicklungshöhe bedeutet und die Zahl der Griffel schwankt, dafür werden die flügelsamigen *Wahlbergella*-Arten auf Grund dieses Merkmales als Gattung abgetrennt. Die Richtigkeit der beiden ersten Argumente soll nicht bestritten werden, aber die als *Melandryum* gehenden Arten haben schon habituell (von *M. cardiopetalum* vielleicht abgesehen) so viel Gemeinsames, daß ihre Zusammengehörigkeit nur einer neuen Begründung bedarf, die aus einem Studium aller Arten, mit dem ich mich nicht befassen konnte, sich wohl ergeben wird. Die *Wahlbergella*-Arten mit und ohne Flügeln an den Samen stehen aber einander so nahe, daß sie oft überhaupt schwer zu unterscheiden sind, so daß dieser Unterschied sicher keinen Gattungswert hat, zumal da bei *Spergularia*-Arten solche Samen gemischt in derselben Kapsel vorkommen.

M. cardiopetalum (FRANCH.) HAND.-MZT. (*Silene cardiopetala* FRANCH. in Bull. Soc. bot. Fr., XXXIII., 419 [1886]; Plt. Delav., 80, tab. 21 [1889]). NW-**Y.**: Trockene Stellen, besonders in Gebüschen auf Sandstein und Schiefer in der str. und bis in die wtp. St., 1500—2600 m. Am Djinscha-djiang e von Lidjiang bis Dawan (13002) und nw von dort unterhalb Dschütien gemein (8507). Beim tibetischen Tempel von Böscha nächst Lidjiang, 2900 m (SCHNEIDER 2477). Auch am Mekong. Im NE in der Ebene von Dungtschwan (MAIRE) und bei Yematschwan (M.).

An besonders breiten Petalen hat die Platte über dem unteren Drittel einen kleinen abstehenden Seitenzipfel, doch fehlt dieser an anderen Blüten derselben Aufsammlung (13002). Die Antheren sind, wie an FORRESTS Nr. 11295, hell, nicht schwärzlich. Sollte FRANCHET verpilzte gehabt haben?

M. rubicundum (FRANCH.) HAND.-MZT. (*Silene rubicunda* FRANCH. in Bull. Soc. bot. Fr., XXXIII., 417 [1886]; Plt. Del., 79 [1889]). W-**Y.**: Bergwiesen bei Dali, 3000 m (SCHNEIDER 2516).

M. platyphyllum (FRANCH.) HAND.-MZT. (*Silene platyphylla* FRANCH., ll. c. 419 et 81) **f. *involucrata*** (FRANCH. ll. c. 420 et 81) HAND.-MZT. **Y.**: In Gebüschen auf Sandstein in der wtp. St. zwischen Dawan und Gwanyilang bei Yungbei, 2350—2650 m (3379). Wahrscheinlich diese auch in der *Pteridium*-Wiese des birm. Mons. auf dem Rücken Alülaka gegenüber Bahan am Salwin, 2800 m (phot.).

M. adenanthum (FRANCH.) HAND.-MZT. (*Silene lutea* FRANCH. in Bull. Soc. bot. Fr., XXXIII., 420 [1886]. — *S. asclepiadea* var. *glutinosa* FRANCH., l. c. 422. — *S. adenantha* FRANCH., Plt. Del., 84 [1889]). Gebüsche auf Kalk und Sandstein in der tp. St., 2900—3450 m. NW-**Y.**: Bei Lidjiang, von Einheimischen (3690). Dort am Osthang des Yülung-schan (SCHNEIDER 2033, 3732). Oberhalb Duinaoko e von dort (3443). Gemein im Mekong-Tale (in niedrigerer Lage; ob dieses?). **S.**: Gumadi sw von Muli.

FRANCHET gibt in Plt. Del. als Unterschied gegenüber *S. asclepiadea* unter anderem „petalis exauriculatis" an, die hierher als Synonym gestellte *S. lutea* hatte er aber „ungue in auriculas rotundatas late dilatato" beschrieben. Bei meinen Pflanzen kommen diese Öhrchen sogar ausgefressen-gezähnelt vor. Der nach den Nomenklaturregeln gültige Name wäre der auf einer irrtümlichen Angabe des Sammlers beruhende *lutea*, aber es ist doch zu erwarten, daß früher oder später solche wohlbegründete Selbstberichtigungen des Autors werden angenommen werden können.

M. napuligerum (FRANCH.) HAND.-MZT. (*Silene napuligera* FRANCH., Plt. Del., 82 [1889]). NE-**Y.**: Ebene von Dungtschwan, 2500 m (MAIRE, distr. BONATI 2711, ser. B). Lagu, Hänge und Felsen, 2500 m (M., distr. B. 3022 B). Ebene von Tjiaodjia, 900 m (ebenso 3215 B).

M. lankongense (FRANCH.) HAND.-MZT. (*Silene lankongensis* FRANCH. in Bull. Soc. bot. Fr., XXXIII., 421 [1886]; Plt. Del., 83 [1889]). **Y.**: In Äckern, Buschwäldern und an wüsten Stellen von der str. bis zur tp. St. auf Kalk, 1720 bis 3100 m. Oberhalb Duinaoko e von Lidjiang (2455). Beyendjing (TEN 59, 308: Hb. Berlin; 23). Nigu (TEN 1382). Oberhalb Tschamutong am Salwin (9808).

Die seitlichen Zähne der Petalen sind nur an TENS Nr. 23 ausgebildet, an den anderen sonst völlig übereinstimmenden Pflanzen nicht. FRANCHET sagt: „les deux lobes latéraux variables, du reste". Meine Pflanzen haben die Infloreszenzen nicht ganz drüsenlos.

M. viscidulum (FRANCH.) WILLS. in Journ. Linn. Soc., Bot., XXXVIII., 407 (1909). (*Silene Bodinieri* LÉVL. in Rep. n. sp., X., 350 [1912] e typo. — *S. Mairei* LÉVL. in Bull. Ac. Géogr. bot., XXV., 13 [1915] e typo.) **Y.**: An Abhängen in Föhrenwäldern der wtp. und tp. St. auf Sandstein zwischen Dschaoping und Boloti n von Yungbei, 2600—3000 m (3357). Im NE auf Bergtriften bei Maliwan, 2550 m (MAIRE). Hecken an Hängen hinter Dschoudjiadsetang, 2600 m (M., distr. BONATI 3250 B).

An meiner Pflanze kommen die seitlichen Zähne der Petalen klein, aber hier und da verdoppelt, und auch größer, fast halb so lang wie die beiden mittleren Zipfel vor.

— — **var. *szechuanense*** (WILLS.) HAND.-MZT. (*Silene szechuensis* WILLS. in Journ. Linn. Soc., Bot., XXXIV., 428 [1899], e SOULIÉ 111. — *S. platyphylla* f. DIELS in Not. R. Bot. Gard. Edinbgh., VII., 225, non FRANCH.).

Folia ovata vel elliptica, imprimis superiora basi rotundata, usque ad 45 × 22 mm, tenuia, nervis 3 vel 5 prominuis, faciebus glabra. Petala saepe alba, calyce interdum fere duplo longiora, dentibus lateralibus instructa. Ceterum cum typo congruens. Radix fibris fusiformi- vel napiformi-incrassatis fasciculatis.

In Gebüschen, an steinigen Stellen u. dgl. auf Sandstein, Diabas und Kalk in der wtp. und tp. St., 1400—3675 m. **Y.**: Taihwa-se bei Yünnanfu (SCHOCH 156). Osthang des Dsang-schan bei Dali (FORREST 4309). Vielfach um Dungtschwan (MAIRE 423/1914, 521/1914, 1159, distr. BONATI, ser. B, 2825, 2938, 2967, 3257, 3983, 6187, 6728, 6749). **S.**: Lungdschu-schan bei Huili (5213). **Kw.**: Rücken zwischen Tjiaolou und Lungduwan am Wege von Dschenning nach Hwangtsaoba (10327) und zwischen Nganschun und Nganping.

Die Varietät erscheint habituell vom Typus recht verschieden, hat aber dieselbe bezeichnende Behaarung und ist durch MAIRES Pflanze von Hügeln bei Dungtschwan, 2600 m, im Herbar Stockholm mit ihm verbunden. *M. platyphyllum* hat viel größere Kelche und Korollen, drüsenlose und an den Kelchen borstelige Behaarung. WILLIAMS hat die Verwandtschaft seiner Pflanze ganz verkannt. Der von ihm gegebene Name ist, wie die oft von Franzosen gegebene Latinisierung „sutchuense" nicht im Einklang mit dem chinesischen Namen der Provinz, doch ziehe ich es einer Neubenennung, zu der ich berechtigt wäre, vor, ihn unter Berichtigung des allernotwendigsten beizubehalten.

M. lichiangense (W. W. SM.) HAND.-MZT. (*Silene lichiangensis* W. W. SM. in Not. R. Bot. Gard. Edinbgh., XI., 225 [1919]). **NW-Y.**: Offene Gebüsche der Hügel w von Lidjiang, 2900 m (SCHNEIDER 1903).

M. kermesinum (W. W. SM.) HAND.-MZT. (*Silene kermesina* W. W. SM., l. c., 224). **NW-Y.**: Gebüsche der tp. St. auf Kalk se von Yungning, 3150 m (3159; SCHNEIDER 1619).

Die Blätter sind beiderseits nicht nur rauh, sondern spärlich behaart. Die Kelchzähne ohne deutlichen häutigen Kopf, da die Nerven auslaufen, doch kann die Pflanze mit keiner anderen identifiziert werden.

* ***M. brachypetalum*** (HORN.) FZL. in LEDEB., Fl. Ross., I., 326 (1842). (*Lychnis brachypetala* HORNEM., Hort. Hafn., Suppl., 51 [1819]). **S.**: Steinige Stellen auf

Kalk in der ktp. St. am Südhange des Passes Tschescha zwischen Muli und Yungning, 3800—3950 m, 24. VII. 1915 (7177). **NE-Y.**: Dungtschwan, Weiden der Ebene und Hügel, 2500 m (MAIRE: Hb. Berlin); Felsen, 2500 m (M. distr. BONATI 2877 B).

Die Petalen meiner Pflanze überragen den Kelch um mehr als die Hälfte; ihre Nägel sind in Öhrchen vorgezogen, die Platten bis zur Hälfte oder zwei Drittel zweispaltig. Nach ROHRBACH (in Linnaea, XXXVI., 232) sind sie reichlich veränderlich. Sie ist über und über kurz drüsenhaarig und entspricht dadurch der Form aus Kamtschatka, während jene MAIRES ganz drüsenlos kurzborstelig ist, sibirische Pflanzen aber meist oberwärts drüsig, unten drüsenlos länger haarig und kultivierte hier oft ganz kahl sind. Für Setschwan wurde die Art inzwischen von HULTÉN (Fl. Kamtch., in K. Sv. Vet. Ak. Hdlg., V., Nr. 2, 93 [1928]) schon angegeben. *M. kialense* WILLS. (SOULIÉ 666) fällt wahrscheinlich auch in den Variationskreis. Die Blüten sind an den größeren Ästen seiner Dichasien traubig angeordnet. Typisch liegt die Art in SOULIÉS Nr. 645 vor, die WILLIAMS ganz falsch als *S. tenuis* WILLD. anführt.

M. Delavayi (FRANCH.) HAND.-MZT. (*Silene Del.* FRANCH. in Bull. Soc. bot. Fr., XXXIII., 424 [1886]; Plt. Del., 86 [1889]). **NW-Y.**: Heidewiesen, offene Wälder und steinige Stellen der tp. St. auf Kalk, 2950—3300 m. Bei Lidjiang am Wege zum Beschui (4182), am Osthange des Yülung-schan (SCHNEIDER 3585, 3822, 3831, 3864), dort im Tale unter dem großen Gletscher (SCHN. 3334, 3749); auf der Hügelkette e von Ngulukö (SCHN. 2470).

M. scopulorum (FRANCH.) HAND.-MZT. (*Silene sc.* FRANCH. ll. c. 423, 85). **NW-Y.**: Yülung-schan bei Lidjiang, grasige Hänge im Tale unter dem großen Gletscher (SCHNEIDER 3333).

M. oblanceolatum (W. W. SM.) HAND.-MZT. (*Silene oblanceolata* W. W. SM. in Not. R. Bot. Gard. Edinbgh., XI., 227 [1919]). **S.**: Tonschieferfelsen der tp. St. zwischen Tangetu und Hwangliangdse im Gebirge n von Yenyüen, 27° 45′, 3300 m (5474). **NW-Y.**: Ostfuß des Yülung-schan bei Lidjiang, 3000 m (SCHNEIDER 2853 ?, fruchtend, ganz dürr).

Mit Ausnahme der Petalen entspricht meine Pflanze genau FORRESTS Nr. 20645, die l. c., XIV., 191 (1924) als *S. obl.* vel aff. veröffentlicht wurde. Herr EVANS findet diese dem Typus entsprechend, bei dem die Kelchzähne ebenfalls nur $^1/_5$ bis $^1/_4$ seiner ganzen Länge betragen und die mit dem Karpophor verwachsenen Teile der Filamente und Petalen ziemlich spärlich zurückgerichtet behaart sind. Die Kelchzähne sind bei meiner Pflanze beinahe halb so lang wie die Röhre, die Blätter bei beiden auffallend dick und verkehrteiförmig, was aber nur einen graduellen Unterschied ausmacht. Meine Pflanze ist longistyl, der Griffel ist so lang wie Fruchtknoten + Gynophor, die Petalen entsprechen Fig. b der Textabbildung 3, während jene von FORRESTS zitierter Pflanze, bei welcher der Griffel etwas kürzer als der Fruchtknoten allein und der Karpophor fast so lang wie dieser ist, in Fig. a dargestellt sind.

M. atrocastaneum (DIELS) HAND.-MZT. (*Silene atrocastanea* DIELS in Not. R. Bot. Gard. Edinbgh., V., 181 [1912]). **NW-Y.**: Lidjiang, von Einheimischen (3691). Hier auf Alpenwiesen des Yülung-schan (SCHNEIDER 2458). Im W zwischen Yangpi und Yungtschang, 2000—2200 m (SCHN. 2578).

Ad descriptionem addenda. Flores usque ad 8. Petalorum ungues et filamenta ad $^1/_3$ longitudinis inter se et eius summo 1 mm excepto cum gynophoro apice glabro connata, a basi illi usque ad apices, haec minus alte dense et longe villosa. Squamae latissimae membranaceae, saepe inferne fere in annulum dimidium inflexae. Laminae colore variabilis lobi medii saepe irregulariter fissi.

** ***M. longipes*** HAND.-MZT.

Rhizoma crassum, descendens, pluriceps, foliorum rosulas et caules infrarosulares plures basi saepe prostratos dein geniculato-ascendentes simplices, 18—35 cm longos, pilis articulatis brevibus retrorsis saepe purpurascentibus praesertim superne dense pubescentes edens. Folia superiora ovato-, inferiora anguste et spathulato-lanceolata, basalia usque ad 10 × 1,2 cm, caulina 4—6-paria sensim usque ad 15 × 5 mm decrescentia, mucronulato-acuta, basi inferiora longissime, superiora brevissime angustata et in vaginas brevissimas connata, crassiuscula, saturate viridia, praeter margines densissime et subtiliter et basi longius ciliatos glaberrima, nervis tenuibus secundariis valde obliquis subtus paulum prominulis. Flores 1—3 terminales vel quartus es axilla summa additus, pedicellis 4—8 cm longis validis erectis apice nutantibus, singulus vel medius ebracteolatus, ceteri bracteolarum subbasalium vel alte insertorum foliaceorum pari instructi. Calyx obovoideus, inflatus, basi subtruncatus, 15— fere 20 mm longus, ± duplo angustior, ad $^1/_4$ c. in dentes late ovatos obtusos vel partim late rotundatos et apiculatos margine barbato-ciliatos fissus, membranaceus, pallidus, apice purpurascens, nervis 10 crassis nigrescentibus ad sinus furcatis et in dentibus conjunctis ceterum vix vel non ramosis ut caules pedicellique pubescentibus. Petala calyce tertia parte usque duplo longiora, expansa, purpureo-lilacina, glabra, ungue in auriculas rotundatas margine eroso-dentatas paulum dilatato, lamina profunde quadripartita lobis lateralibus linearibus inaequalibus dimidio brevioribus, mediis ad medium bipartitis laciniis linearibus apice laceratis accessoriisque saepe additis; squamae oblongae, profunde et irregulariter laceratae. Filamenta calycis $^2/_3$ aequantia, inferne carpophoro crasso quam capsula triplo breviori adnata, glabra; antherae oblongae, pallidae. Styli 3, capsula duplo breviores. Semina levia.

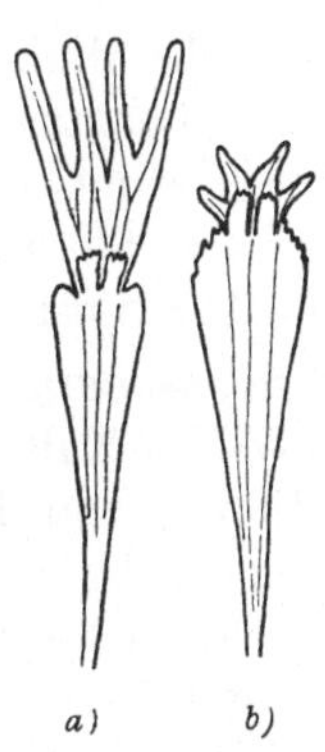

Abb. 3
Petalen von *Melandryum oblanceolatum* (W. W. SM.) HAND.-MZT.
a) FORREST, 20 645
b) HANDEL-MAZZETTI, 5474. — ($^1/_2$ nat. Größe.)

NW-Y.: Alpenwiesen am Osthange des Yülung-schan bei Lidjiang, 6. VIII. 1914 (SCHNEIDER 2147), 4000 m, 8. IX. 1914 (SCHN. 2959). Bergwiesen der Gegend von Dschungdien, 3400 m, VIII. 1914 (SCHN. 2992).

Ab omnibus comparabilibus indumento eglanduloso et pedicellis elongatis statim dignoscendum. Proximum *M. glandulosum* (MAX.) WILLS. etiam petalis simpliciter bipartitis squamisque integris differt. Floribus speciei praecedenti comparabile inflorescentia autem subracemosa, indumento longo, caule florifero centrali etc. valde diversae. Inflorescentiae habitus magis *M. melananthi* (FRANCH.) HAND.-MZT. (*Silene melanantha* FRANCH. in Bull Soc. bot. Fr., XXXIII., 423 [1886]) etiam brachypetali, glandulosi, brevipedicellati. *M. Delavayi* (FRANCH.) HAND.-MZT. calycibus angustis, foliis caulinis parvis quoque differt.

M. glandulosum (MAXIM.) WILLS. in Journ. Linn. Soc., Bot., XXXIV., 430. **S.**: In der Hg. St. im Gebiete von Muli, 4200—4500 m. Humus auf Kalk auf dem Gipfel Saganai (7328). Weidenbestände auf Tonschiefer am Südhange des Passes Döko (7414).

Nr. 7328 sind einblütige Exemplare, deren Blüten gut MAXIMOWICZs Abbildung (Fl. Tang., t. 29, fig. 1—6) entsprechen, nur sind die Platten der Petalen noch etwas breiter und die Nerven des Kelches kaum verbunden. Nr. 7414 entspricht im Habitus völlig dem Typus, hat auch die unter den Zähnen verbundenen Kelchnerven, aber die Platten der Petalen sind viel länger, fast so lang wie die Nägel, vom Grunde bis zur Spitze gleich breit und bis unter die Hälfte in zwei lineal-längliche Zipfel gespalten, deren einer mitunter einen groben seitlichen Zahn hat. Solche Variationen kommen in der Verwandtschaft offenbar mehrfach vor (s. oben unter *M. oblanceolatum* u. a.). Die Samen sind noch jung, aber sicher nicht breit geflügelt.

Eine sehr ähnliche Pflanze ist HOOKER und THOMSONS *M. „apetalum“* vom Nordwest-Himalaya, 10—17000′, ebenfalls drüsig und oft mehrblütig, aber kleiner. Sie ist nicht *M. apetalum* (L.) FZL. und auch nicht dessen stets einblütige var. *arcticum* TH. FR., vielleicht aber *M. pumilum* (ROYLE) WALP. Die Samen sollen nach HOOKER sehr veränderlich sein.

M. nigrescens (EDGEW.) WILLS. in Journ. Linn. Soc., Bot., XXXVIII., 405. **NW-Y.**: Kalk- und Granitschutt der ktp. und Hg. St., 3500—4650 m. Bei Lidjiang, von Einheimischen (3693 rasenbildend und breitblätterig, 3695 hochwüchsig, lang- und schmalblätterig). Unter dem kleinen Gletscher des Yülung-schan (SCHNEIDER 3616). Hier auf dem Berge Lojatso ne von Ngulukö (12984). Bei Hsiao-Dschungdien, (angeblich) 3200—3400 m (SCHNEIDER 3710). Dort auf dem Gebirge Piepun (4711). Im birm. Mons. auf dem Berge Maya in der Mekong—Salwin-Kette, 28° 4′ (9650, bis zu vierblütig). An der Grenze von **Tibet** auf dem Doker-la (8141).

M. apetalum (L.) FZL. **S.**: In tiefem Kalkschutte der Hg. St. auf dem Gipfel Saganai ober Muli, 4300—4375 m (7327). **NW-Y.**: Trockene Bergwiesen am Yülung-schan bei Lidjiang, „3200 m“ (SCHNEIDER 3416). Steinige Wiesen am Osthange, „3100 m“ (SCHN. 3650).

Die Exemplare sind drüsenlos und entsprechen dem Typus, den ich aus dem Himalaya nicht sah. Alle Exemplare von dort, mit Ausnahme der oben nach *M. glandulosum* erwähnten, stellen vielmehr die var. *arcticum* TH. FR. (in Ofv. Sv. Akad. Forhdlg., 1869, 133) dar. HOOKER vereinigt (Fl. Brit. Ind., I., 223) *Lychnis Falconeri* ROHRB. mit *apetala* L. Unser von ROHRBACH bestimmtes Exemplar des Herb. l. E. Ind. Cp. 235 ist aber nach HOOKERS Beschreibung zweifellos *L. macrorrhiza* ROYLE (*Melandryum macrorhizum* [ROYLE] WALP.). Das größte Stück ist dreiblütig.

M. Souliei WILLS. (e SOULIÉ 820). (*M. apetalum* LIMPR. in Rep. n. sp., Beih. XII, 362). **S.**: W (LIMPRICHT 2154). N: Gebirge um Sungpan (WEIGOLD).

Wird vom Autor mit *M. brachypetalum* verglichen, mit dem es wenig Ähnlichkeit hat, ist vielmehr wahrscheinlich nur eine teilweise zweiblütige Form von *apetalum*.

Lychnis L.

L. Senno Siebd. et Zucc. **Ki.**: Kuling, im Gebüsche (Faber).

Cucubalus L.

C. baccifer L. In Gebüschen, auch aus Bambus, in der wtp. und tp. St. auf Sandstein und Tonschiefer. **Y.**: 1950—3300 m. Tschwangdse n von Yünnanfu. Überall auf dem Hochlande um Gwangdung und Hodjing. Hecken bei Dengtschwan nächst Dali (Schneider 3817). Im NW bei Lidjiang (Schn. 2348). Dort überall zwischen dem Beschui und dem Dorfe Lukudsche (4361). Oberhalb Bödö. **S.**: Bei Hosö im Gebiete von Muli, w von Yungning, 2950 m (7545). Ober Niutschang zwischen dem Yalung und Yenyüen, 2900 m. Im NW im Min-Tale n von Gwan-hsien (Weigold). SW-**H.**: Auf dem Yün-schan bei Wukang selten, 1200 m (12220).

Dianthus L.

D. longicalyx Miq. in Journ. de Bot. Néerl., I., 127 (1861); Forb. et Hmsl. in Journ. Linn. Soc., Bot., XXIII., 63 (1886). (*D. oreadum* Hce. in Ann. Sci. nat., 5 sér., V., 207 [1866]. — *D. superbus* f. *longicalycina* Maxim. in Act. Hort. Petr., XI., 64 [1890]). **H.**: Buschsteppen der wtp. St. auf Kalk und Sandstein um Hsikwangschan im Bezirke Hsinhwa, 650—800 m (12567). Tschekiang: Ningpo, Bergtal (Faber). Dort häufig im Sand am Flußufer (F. 105). W-Hubei (Wilson, Veitch Exp. 1501). S-Schanhsi: Tschaoyingdschön (Licent 2332). Schandung: Tschifu (Wawra 1189).

Die Art wird vom Autor mit „bracteolis circiter 5" beschrieben. Das Original, dessen Zusendung ich Herrn Prof. Pulle in Utrecht verdanke, besitzt an einer Blüte vier, an einer anderen drei vollständige Brakteolenpaare und ist mit meinen Pflanzen identisch. *D. oreadum* wird von Forbes und Hemsley mit *D. superbus* vereinigt, von Williams in Journ. Linn. Soc., Bot., XXIX., 392 (1892) getrennt dort belassen, wo ihn sein Autor einreihte, nämlich unweit *D. monspessulanus* L., mit dem er allerdings gar nichts zu tun hat. Die Beschreibung zeigt sehr zutreffend die Unterschiede gegenüber dem nächstverwandten *D. superbus* L., den *D. longicalyx* in ganz Ost-China vertritt, nämlich die 6 bis 8 statt 4 Brakteolen, immer sehr straffe Stengel, sehr langen und schmalen Kelch und unbedeutend schwächer gespaltene Petalenplatten. An seiner Nordgrenze geht er vielleicht in *D. superbus* L. über, denn Wawras Exemplare sind teilweise nicht mehr so charakteristisch. Auch in W-Hubei kommt schon *D. superbus* dazu (Wilson, Veitch Exp. 2362).

D. superbus L. W-**S.**: Im Min-Tale auf Gebirgen um Sungpan und abwärts bis gegen Tietschi (Weigold).

Tafelerklärung

Tafel I.

Abb. 1, 2. *Salix heteromera* HAND.-MZT. 1. alte Blätter (H.-M. 1219), 2. ♂ Zweig (H.-M. 13061).
„ 3, 4. *Salix resectoides* HAND.-MZT. 3. sterile Zweige, 4. ♀ Zweig (beide H.-M. 8942).
„ 5, 6. *Salix Coggygria* HAND.-MZT. 5. ♀ Zweig, 6. ♂ Kätzchen (beide H.-M. 9295).
„ 7, 8. *Salix bistyla* HAND.-MZT. 7. steriler Seitenzweig, 8. ♀ Kätzchen mit Stiel.
„ 9, 10. *Salix salwinensis* HAND.-MZT. 9. steriler Zweig, 10. ♀ Zweige (beide H.-M. 8956).
„ 11. *Salix piptotricha* HAND.-MZT., alte Blätter und ♀ Kätzchen.
„ 12. *Salix hirticaulis* HAND.-MZT. ♂.
„ 13. *Salix clathrata* HAND.-MZT. ♂.
„ 14, 15. *Salix inamoena* HAND.-MZT. 14. ♂ Zweig (H.-M. 6010), 15. ♀ (vorgeschrittener) Zweig (H.-M. 13069).
„ 16. 17. *Salix tetradenia* HAND.-MZT. 16. ♀ (vorgeschrittener) Zweig (H.-M. 13076), 17. beblätterter Zweig (H.-M. 6102).
„ 18. *Salix vaccinioides* HAND.-MZT. ♀.

$^2/_3$ nat. Gr.

Tafel II.

Abb. 1, 2. *Morus Wittiorum* HAND.-MZT. 1. Fruchtender Zweig, 2. ♂ Kätzchen.
„ 3. *Quercus hunanensis* HAND -MZT.
„ 4—6. *Ficus comata* HAND.-MZT. (H.-M. 10796), 4. Frucht, 5. ♀ Blüte, 6. Blatt.
„ 7. Blätter von *Ficus filicauda* HAND.-MZT.
„ 8. *Ficus caesia* HAND.-MZT.

1—4 und 6—8 $^1/_2$ nat. Gr.; 5 6fach vergr.

Tafel III.

Abb. 1. *Celtis hunanensis* HAND.-MZT.
„ 2. *Pilea monilifera* HAND.-MZT. ♂.
„ 3. *Pilea velutinipes* HAND.-MZT. ♀.
„ 4. *Pilea subalpina* HAND.-MZT. ♀ (H.-M. 9979).
„ 5. *Polygonum lineare* SAM.
„ 6. *Polygonum sinomontanum* SAM. (HANDEL-MAZZETTI 5197).
„ 7. *Polygonum umbrosum* SAM.

$^1/_2$ nat. Gr.

Tafel IV.

Abb. 1. *Arenaria trichophora* FRANCH. ♀ (HANDEL-MAZZETTI 3517).
„ 2, 3. *Arenaria Weissiana* HAND.-MZT. (H.-M. 4682), 2. Habitus, 3. ☿ Blüte.
„ 4, 5. *Arenaria Schneideriana* HAND.-MZT. 4. Habitus, 5. Blüte.
„ 6, 7. *Arenaria Fridericae* HAND.-MZT. 6. ♀ Blüte (H.-M 4684), 7. f. *glandulosa*. Habitus (H.-M. 3697).
„ 8. *Arenaria nigricans* HAND.-MZT.
„ 9. *Stellaria pseudosaxatilis* HAND.-MZT., Infloreszenz.
„ 10. *Stellaria wushanensis* WILLS. var. *trientaloides* HAND.-MZT. (H.-M., Plt. sin. 91).

1, 2, 4, 7—10 $^2/_3$ nat. Gr.; 3, 5, 6 2fach vergr.

Manzsche Buchdruckerei Wien IX

Verlag von Julius Springer in Wien

Verlag von Julius Springer in Wien

1
2
3
4
5
6
7

Verlag von Julius Springer in Wien

Euphorbiaceae

Jatropha L.

J. Curcas L. In trockenen Lagen der tr. und str. St. auf verschiedenen Gesteinen, 200—2200 m, vielfach gepflanzt und heute wie wild. **Y.**: Manhao nahe der Grenze von Tonkin. Schlucht des Djinscha-djiang n. von Yünnanfu (712) und in der Niederung nw von hier um Yüenmou und von Jenhogai bis unter Weischa e von Yungbei. Gwanfang und Tschalaschao unter Beyendjing. **S.**: Im Yalung-Gebiete von Lanba bis Siwanho (5331) und um Dölipu und Dawanpu, 27⁰ 40′ (2029), am Nganningho zwischen Dsungschan und Panglingkou nw von Huili.

Aleurites Forst.

A. moluccana (L.) Willd. **S.-Y.**: Tonschiefer in der tr. St. beim Dorfe am nächsten rechtsseitigen Zuflusse des Roten Flusses oberhalb Manhao, 200 m (5903).

A. montana (Lour.) Wils. **SW-H.**: Selten in Gebüschen der str. St. bei Dsingdschou gegen Lianglitang, Schiefer, 470 m (11052). **W-Ki.**: Um Pinghsiang (Plt. sin. 143).

Die letzte Nummer ist nur in Blüte und hat große, teilweise dreilappige Blätter. Da ein Unterschied gegenüber *A. cordata* (Thbg.) R. Br. nur in der Frucht besteht, könnte sie auch zu dieser Art gehören (vgl. Kew Bull., 1914, 1—4), die aber von Wilson nur für Japan angegeben wird. Nr. 11052, nur mit Früchten und ungelappten Blättern, wächst gemischt mit *A. Fordii*, aber spärlicher als dieser, für dessen Spielart mit stark hervortretendem Rippennetz[1] der Frucht ich sie in der Natur hielt. Die Untersuchung des Materials zeigt aber, daß die Blätter größer sind als bei dem dort gesammelten *Fordii* und auch der von Wilson angegebene Unterschied in den Drüsen zutrifft. Die Blätter sind auch beim Trocknen mehr rotbraun geworden, und dies, sowie ihre bessere Entwicklung zur Zeit der Blüte scheint auch ein Unterschied von *A. montana* und *cordata* gegenüber *Fordii* zu sein.

A. Fordii Hemsl. Wild in Gebüschen und Waldschluchten auf verschiedenen Gesteinen, häufiger kultiviert als Holzöl in Gärten und an Berghängen durch die str. bis in die unterste wtp. St., 70—2000 m. **H.**: Yolu-schan (11664) und sonst um Tschangscha. Viel zwischen Tanschi und Guschui. Überall um Hsikwangschan und Ngandjiapu. Im SW viel zwischen Dsingdschou und Lianglitang (11053). **Kw.**: Baotie-schan bei Gudschou. Ober Sandjio und bis Madjiadwen, hier auch wild viel. Hwangtsaoba. Djiangdi. **Y.**: Unter Pohsi an der Bahn. Gepflanzt auf den Vorbergen des Tschangtschung-schan bei Yünnanfu (8623), um Luföng an der Straße nach Dali und überall um den Djinscha-djiang von unterhalb Datiengai über Hwaping bis Hsintschwang. Beyendjing (Ten 375). **S.**: Im Djientschang („Kientschang“) häufig kultiviert aufwärts bis Loyao unter Dötschang (1097) und in seinem Seitentale gegen Huili (1040). Kiangsu: Schanghai (Jelinek, Exp. Novara).

Baliospermum Blume.

* ***B. montanum*** (Willd.) Müll. Arg. **Y.**: An grasigen Graben- und Wegrändern auf Mergel und Sandstein in der str. St. in der Niederung um den Djin-

scha-djiang („Yangtse-kiang") nw von Yünnanfu häufig zwischen Yüenmou und Hailo, 10. IX. 1914 (5031) und ebenso von Magai bis Wumo, 7., 8. XI. 1916 (13041), 1050—1400 m.

Unter meinen Exemplaren befinden sich auch entschieden zweihäusige.

Excoecaria L.

E. acerifolia DIDR. **var.** ***genuina*** MÜLL. Arg. (var. *himalayensis* [KLOTZSCH] PAX). An trockenen Hängen der str. St. meist in Massenvorkommen Gebüsche bildend, auf Tonschiefern, Sandstein und Kalk, 2100—2400 m. **Y.**: Beyendjing, ober Hwangtsaoschao (6336), bei Schelawuta (Tieso) (TEN 29), Gudi (TEN 263) und Schuiban-tsun (TEN 147). Biendjio. Unter Yungbei (3384). Am Djinscha-djiang um Fongkou n von Lidjiang bis Dsowa am Zuflusse Doutschu; an dessen w Zuflusse bis unter Laba; ober Ndaku und Yulo und aufwärts bis unter Ronscha am Djiu-tschu. Am Mekong aufwärts bis Londjre, 28° 11', und nach Angabe der Missionäre nach N bis Yerkalo. **S.**: Am Yalung und Hsiao-Djing-ho n von Yenyüen ober Oti und unter Kwapi von Otang (2527) bis Wali (2599).

Die beiden in Setschwan gesammelten Nummern nähern sich mehr der **var.** ***lanceolata*** PAX et HFFM. Der am Mekong gewonnene Heilstoff soll im N viel konzentrierter vorhanden sein, als im S.

Sapium P. BR.

S. sebiferum (L.) ROXB. Wild in trockenen Gebüschen und Wäldchen auf Sandstein, Schiefer und Kalk in der str. und untersten wtp. St., auch häufig gepflanzt, 50—2200 m. **Y.**: Um Hwangdjiaping (6363), Biendjio und Bintschwan. Einzeln zwischen Djiaoping und Bödschagwan am Djinscha-djiang n von Yünnanfu. Unter Weischa e von Yungbei. **S.**: Huili (5117) und über Panglingkou an den Yalung. Hier zwischen Ningyüen und Yenyüen, 27° 40' (2027). Im Djientschang um Gungmuying und Dötschang (1145). **Kw.**: Djiangdi an der Grenze von Yünnan. Von Hsintscheng nach E überall, ebenso unter Badschai. **H.**: Bachufer zwischen Pingtschaso und Pukou sw von Dsingdschou. Um Dungngan und Yungdschou. Hsikwangschan gegen Tindjiatang. Um Tschangscha und Wadsiping.

S. discolor (CHAMP.) MÜLL. Arg. **Ki.**: Im SE in Wäldchen des Lienhwaschan bei Ningdu, Quarzit, c. 700 m (Plt. sin. 462). Im W um Pinghsiang, c. 600 m (Plt. sin. 220).

S. rotundifolium HEMSL. Kalkfelsen und trockene Gebüsche der str. und untersten wtp. St., 150—1400 m. **S-H.**: Überall zwischen Dungngan und Schitjidian-se am Wege von Linling (Yungdschou) nach Hsinning (11305). **W-Kw.**: Viel auf den Karsthügeln zwischen Gwanling und Muyu. Unter Tingdaoyin am Hwatjiao-ho (10371). Bei Hwangtsaoba (10279).

Die Beschreibung der bisher nur unvollständig bekannten Art sei hiemit ergänzt: Arbuscula. Petioli ad 1½ mm crassi. Lamina supra nitida, venularum reti denso valde prominuo, subtus papillosa venulis minus conspicuis. Flores

[1] PAX übersetzt in Pflanzenr. IV/147, XIV, Add. VI., 8 varicosus irrtümlich mit warzig.

dioici. Racemi ♂ terminales singuli, spiciformes, simplices, subsessiles, ad 5 cm longi, 8 mm diametro, rhachi c. 1 mm crassa. Bractea 1 mm longa et latior, retusa et mucronata, mucrone eam subaequante, utrinque glandula elliptica aucta. Flores c. 6^{ni}, pedicellis ad 2½ mm longis, basi bracteolis brunneis lanceolatis laceratis cinctis, supra basin articulatis. Calyx vix vel breviter lobatus, margine subtiliter fimbriatus. Stamina 2 et nonnunquam 1, filamentis illum vix excedentibus. Fructus multi subcapitato-paniculati, ad 15 mm diametro. Semina 5 mm diametro, pallida.

Die ♂ Blütenstände erinnern ganz an jene von *S. discolor*.

* ***S. insigne*** (ROYLE) BENTH. (var. *genuinum* PAX). **S-Y.**: Bei Dörfern in der tr. St. bei Manhao nahe der Grenze von Tonkin, Tonschiefer, 200 m, 3. III. 1915 (5905). Auch in der str. St. im Savannenwalde an der Eisenbahn unter Pohsi.

S. japonicum (SIEBD. et ZUCC.) PAX et HFFM. **SW-H.**: Im wtp. Laubhochwalde des Yün-schan bei Wukang, Tonschiefer, 1000—1200 m (12051).

Speranskia BAILL.

S. cantonensis (HCE.) PAX et HFFM. **H.**: In der str. St. an Dämmen auf Kalk bei Loudi im Bezirke Hsianghsiang, 90 m (11730) und in feuchten Gebüschen auf Schiefer zwischen Schidjiaping und Meikou am Wege von Wukang nach Dsingdschou, 400 m (11081).

Discocleidion (MÜLL. Arg.) PAX et HFFM.

D. rufescens (FRANCH.) PAX et HFFM. (*Alchornea r.* FRANCH.). **H.**: In der str. St. auf Kalk am Bache unter Daloping gegen Loudi im Bezirke Hsianghsiang, 150 m (11737) und in Hügelwäldern ober Djintie-se zwischen Yungdschou und Hsinning, 400 m (11251).

Claoxylon JUSS.

* ***C. khasianum*** HOOK. f. **Tonkin**: In tr. Bambusbeständen im Tälchen Ngoikoden bei Phomoi nächst Laokai an der Grenze von **Y.**, kristallinischer Boden, 150 m, 2. II. 1914 (17).

Mallotus LOUR.

M. barbatus (WALL.) MÜLL. Arg. **S-Y.**: In tr. Bambusbeständen und offenen Wäldern flußaufwärts gegenüber Manhao, Tonschiefer, 200 m (5848). **Kw.**: In Wäldern der str. St. auf Kalk, Grauwacke und Tonschiefer, 400—950 m. Im W am Südhang der Schlucht des Hwatjiao-ho am Wege von Dschenning nach Hwangtsaoba (10364). Im SE an den Hängen zum Du-djiang ober und unter Sandjio und gemein als Charakterbaum um Dayung zwischen Gudschou und Liping.

M. nepalensis MÜLL. Arg. In Wäldern der str. und wtp. St. auf Schiefer, Granit, Quarzit und Kalk. **NW-Y.**: Im birm. Mons. bei Bahan (9014) und Lussu unter Tschamutong am Salwin und in der Seitenschlucht Naiwanglong des e Irrawadi-Oberlaufes; 27° 52—58′; 2000—2600 m. **E-Kw.**: Häufig bei Madjiadwen (10616, **var. *floccosus*** [MÜLL. Arg.] PAX) und mehrfach von da gegen Duyün, 800—1000 m.

M. Japonicus (THBG.) MÜLL. Arg. (*M. tenuifolius* PAX. — *M. apelta* var. β *tenuifolius* PAX et HFFM.). Gebüsche und Wälder auf Sandstein und Tonschiefer. W-F.: Tienhwa-schan w von Dingdschou („Tingchow"), an steinigen Stellen (Plt. sin. 391). H.: Um Hsikwangschan bei Hsinhwa an der Grenze der wtp. und str. St., 500—650 m (11921). Yün-schan bei Wukang (Plt. sin. 46). Hieher auch SILVESTRI's nr. 5011 (als *M. repandus* var. *scabrifolius*).

HUTCHINSON unterscheidet in Plt. Wils., II., 526 die chinesische Pflanze, die er mit *M. tenuifolius* PAX (*M. apelta* var. β *tenuifolius* PAX et HFFM. in Pflzr. IV/147, VII., 171) identifiziert, von der japanischen auf Grund der einfachen Infloreszenzen. Solche kommen aber auch in Japan vor, und THUNBERG bildet die ♀ so ab. Dort ist der Grad der Verzweigung sehr veränderlich, aber auch aus China: Tschekiang (CHING in WULSIN 1926) liegen verzweigte ♂ vor. Meine Nr. 11921 hat den Grund der teilweise dreilappigen Blätter gestutzt und hier und da selbst etwas herzförmig, 46 hat ihn an ungeteilten, eiförmigen Blättern keilförmig verschmälert. Das Original nimmt eine Mittelstellung ein.

M. apelta (LOUR.) MÜLL. Arg. (*M. a.* var. *chinensis* [GEIS.] PAX et HFFM.). In Gebüschen und Hochwäldern der str. bis an die wtp. St., auf Kalk und Tonschiefer, 200—600 m. H.: Schlucht bei Moschi nächst Dsingdschou (11043). Von Hsikwangschan bei Hsinhwa bis gegen Wukang (11965). Dungtai-schan bei Hsianghsiang. W-Ki.: Um Pinghsiang (Plt. sin. 209).

M. microcarpus PAX et HFFM. in Pflzr. IV/147, VII., 172 (1914). H.: In der str. St. am Ufer des Tsi-djiang bei Lengschuidjiang oberhalb Hsinhwa an der Überschwemmungsgrenze, Kalk, 200 m (12710). E-Kw.: In Gebüschen an der Grenze der wtp. St. zwischen Dayung und Tschaimou am Wege von Gudschou nach Liping, Tonschiefer, 600 m (10926).

Die fruchtende Pflanze Nr. 12710 hat die ♀ Ähren zu mehreren, aber alle unverzweigt, so wie FORDS Pflanze die ♂. Die Blätter sind teils gegen-, teils wechselständig. GAGNEPAIN stellt die Art in Fl. gén. Indo-Chine, V., 364 zu den glattfrüchtigen, was aber der Originalbeschreibung, sowie meinen und BALANSAS fruchtenden Exemplaren widerspricht. Meine Nr. 10926 hat an jungen Teilen das lange Indument reichlich, ist einhäusig mit gemischtblütigen Ähren und hat die Sepalen mit schwefelgelben Sitzdrüsen bestreut. Ihre Zugehörigkeit zur Art ist vielleicht nicht ganz sicher.

M. contubernalis HCE. PAX in Pflzr. IV/147, VII., 180 (1914). (*M. repandus* HUTCH. in Plt. Wils., II., 526 [1916], non MÜLL. Arg.). In Gebüschen oft als schließlich überhängender Spreizklimmer, auch an Bäumen schlingend, in der str. und wtp. St., auf Kalk und Sandstein, 300—1200 m. W-F.: Tienhwa-schan w von Dingdschou (Plt. sin. 437). W-Ki.: Um Pinghsiang (Plt. sin. 239). H.: Hsikwangschan bei Hsinhwa (11964). Kw.: Im SE wahrscheinlich dieser, wenn nicht der folgende unter Badschai und überall gemein gegen Liping. Lofu (CAVALERIE). Guiyang („Kweiyang") (BODINIER 2275). Hubei: W (WILSON, Veitch Exp. 389). N (SILVESTRI 5012).

—— **var. *chrysocarpus*** (PAMP.) HAND.-MZT. (*M. chrysocarpus* PAMP. in N. Giorn. bot. Ital., n. ser., XVII., 413 [1910]). SW-Kw.: Trockene Gebüsche der wtp. St. bei Hwangtsaoba, Kalk, 1400 m (10281).

In dem mir vorliegenden Material ist die Varietät durch die längeren Büschelhaare („molliter pubescentia" PAMPANINIS) doch auffallend vom Typus mit seinen schuppenartigen Sternhaaren, die mitunter wie die Drüsen ganz schwinden, verschieden. HUTCHINSON spricht von Variabilität im Grade der Behaarung, aber nicht in der Art dieser. Meine Nummern 437 und 11964, FABERS Nr. 1554 und CHINGS 1579 (in WULSIN), beide aus Tschekiang, sind ganz kahl und tragen nur die eine oder andere Drüse.

M. philippinensis (LAM.) MÜLL. Arg. In üppigen Wäldern und Gebüschen der tr. und str. St. auf Kalk, Sandstein, Tonschiefer und Granit, 800 bis 1800 m. SW-**Kw.**: Unter Gwanling (10406). **Y.**: Unter Yaotou zwischen Möngdse und Manhao (5965). An der Eisenbahn ober Dalungtan. Am Pudu-ho n von Yünnanfu (SCHNEIDER 308). Um Hsiangschuigwan W von Luföng am Wege von hier nach Dali (8667). Beyendjing (TEN 279). Von dort gegen Bintschwan zwischen Tschalaschao und Hwangtsaoschao (6313). **S.**: Am Yalung um Datiaoku und Podjio, 27° 10′ (5305).

LAMARCK schreibt *Croton philippense*, aber der allgemein durchgeführten Berichtigung in *philippinense* steht wohl nichts entgegen.

Alchornea Sw.

A. Davidii FRANCH. **H.**: In Gebüschen der str. St. auf dem Gu-schan bei Tschangscha, Sandstein, 250 m (11630).

* ***A. mollis*** (BENTH.) MÜLL. Arg. SW-**Kw.**: Auf einem Kalkfelsrücken der str. St. ober Falang in der trockenen Schlucht des Hwatjiao-ho am Wege von Dschenning nach Hwangtsaoba, 900 m, 20. VI. 1917 (10380).

BOCK und ROSTHORNS Nr. 620 (als *A. „Davidii?“*) besteht nur aus einem Blatt mit Stiel. Sein Grund ist herzförmig und der Rand etwas ausgeschweift gezähnelt, die Textur wesentlich dünner als an meiner Pflanze, doch zeigen die mir aus Kew vorliegenden Sikkim-Exemplare (C. B. CLARKE 11890 A; HAINES 857) dieselbe Veränderlichkeit in Konsistenz, Blattgrund und Zähnen, die bald nur als kurze Drüsenhöcker auslaufende Nervenspitzen, bald wirkliche Zähnchen mit 1 mm langen Vorderrändern sind. Die meisten Blätter sind schmäler und länger zugespitzt, doch kommen übereinstimmende fast kreisrunde mit gestutztem Grunde vor. BOCK und ROSTHORNS Pflanze hat im oberen Teile des Stieles nebst dem Samt zerstreute lange Haare.

Mercurialis L.

M. leiocarpa SIEBD. et ZUCC. **H.**: Am Rande der str. St. im Walde unter Tungdjiapai bei Hsikwangschan, Kalk, 550 m (11887). **S.**: In der untersten tp. St. im Walde des Soso-liangdse im Daliang-schan e von Ningyüen, Sandstein, 2700 m (SCHNEIDER 1045).

Macaranga THOU.

M. denticulata (BL.) MÜLL. Arg. S-**Y.**: In der tr. Waldschlucht hinter Manhao am Roten Flusse, Tonschiefer, 200—400 m (5802).

Acalypha L.

A. Mairei (LÉVL.) SCHNDR. **Y.**: Im str. Savannenwalde unterhalb Beyendjing halbwegs zwischen Tschuhsiung und Yungbei, Kalkschiefer, 1500—1600 m

(6277). S-Y.: (HENRY 10525 A, von PAX u. HOFFMANN in Pflzr. IV/147., XVII., 137 unter *A. acmophylla* erwähnt). S.: Bei Dölipu am Yalung, 27⁰ 42′ (SCHNEIDER 1117).

A. acmophylla HEMSL. (*A. Mairei* PAX et HFFM. in Pflzr. IV/147, p. p. non [LÉVL.] SCHNDR. — *A.* sp. aff. *szechuanensis* W. W. SM. in Not. R. Bot. Gard. Edingbh., XIV., 308). Trockene und felsige Hänge der str. St., 1000 bis 2400 m, auf Kalk, Schiefer und kristallinischen Gesteinen. S.: Im s Seitentale des Djientschang gegen Huili (1057). Vom Yalung gegen Lumapu (SCHNEIDER 1142) und s ober diesem Dorfe 27⁰ 37′ (2069). Unter Kwapi gegen Datjiaoku n von Yenyüen, 27⁰ 58′ (SCHNEIDER 3552). Muli, 2700—3050 m (FORREST 22150). Y.: Zwischen Homöndschang und Bödschagwan in einer Seitenschlucht des Djinscha-djiang n von Yünnanfu (704). Dapingdse ne von Dali (TEN ex hb. Arb. Arn. 332). Im W oder NW (FORREST 15066).

Alle diese Pflanzen haben einen wesentlich anderen Behaarungstypus als *A. Mairei*, nämlich keineswegs „folia subvillosa", sondern nur parce strigillosa und manchmal, besonders an SCHNEIDER 1142, etwas länger und reichlicher so. Sie entsprechen darin den *acmophylla*-Originalen, an denen ich die jüngeren Teile reichlich hispida finde und das Ovarium nicht nur durch Behaarung, wie von HEMSLEY beschrieben, hispidum, sondern außerdem reichlich weichstachelig (echinatum). Von *A. Mairei* liegen auch in Berlin keine Fruchtknoten vor, weshalb sich PAX' Beschreibung dieser jedenfalls auf SCHNEIDERS nicht dazugehörige Pflanze bezieht. SCHNEIDERS und meine Exemplare haben wesentlich kürzere Blattstiele als der Typus, nur bis 10 mm lang. Sie sind von knorrigem, gestauchtem Wuchs und haben nur kurze Triebe, während an jenem nur Langtriebe mit Blattstielen von 4—40 mm Länge vorliegen. FORRESTS Nr. 15066 hat Lang- und Kurztriebe und verbindet mit Blattstielen von 20 mm Länge an jenen, 6 mm Länge an diesen beide Typen. Auch die Stiele der am Original übrigens nur sehr spärlich vorliegenden ♀ Blüten sind sehr veränderlich, 12 mm lang an diesem, bis über 30 mm an FORREST 22150. Ebenso veränderlich ist die Blattspitze, die bald, wie am Typus und FORRESTS 22150 lang und dünn geschwänzt, bald mit breiter und gerundeter Schwanzspitze, bald nur allmählich gespitzt ist, mit allen Übergängen dazwischen.

Am Original von *A. szechuanensis* HUTCH. kann ich an einem allerdings noch recht jungen Fruchtknoten keine Spur von Weichstacheln finden. Ihre Behaarung ist ähnlich jener von *acmophylla*, wenn auch etwas weicher. An Langtrieben hat sie aber entschieden kürzere Blattstiele, doch sind keine ausgewachsenen Zweige und Blätter vorhanden. Ihre Identität mit *A. Mairei* scheint mir noch keineswegs sicher.

A. Schneideriana PAX et HFFM. beschreiben die Autoren ausdrücklich mit „ovarium laeve". Zu ihr scheint FORRESTS Nr. 21459 (in Not. R. B. G. Edinbgh. XIV., 260 als *szechuanensis* var.) zu gehören, die die jungen Blätter unterseits sehr dicht drüsig hat, was sich aber sehr bald verliert.

A. brachystachya HORN. Y.: In üppigen Gebüschen der wtp. St. zwischen Tschuhsiung und Gwangdung, Sandstein, 1800—2100 m (4843). Im NW in Kulturen der Ebene von Dungtschwan, 2600 m (MAIRE).

A. australis L. Reisfelder der str. und wtp. St. auf Kalk. H.: 200 bis 650 m. Überall zwischen Wangdjiapu und Djindie-se am Wege von Yungdschou nach Hsinning (11274). Hsikwangschan bei Hsinhwa (12639). NE-**Y.**: Dungtschwan (MAIRE, distr. BONATI 7342).

Croton L.

** ***C. caudatiformis*** HAND.-MZT. in Sitzgsanz. Ak. W. W., 1925, 225. Subgen. *Eucroton* MÜLL. Arg., sect. *Astraeopsis* GRISEB. (*Lasiogyne* [KLOTZSCH] PAX), subsect. *Medea* MÜLL. Arg.

Arbor monoica vel dioica parva, valde ramosa, ramulis rhachidibusque juvenilibus foliisque supra parce, his subtus ad nervos dense stellato-tomentellis, póst anthesin mox praeter capsulas brevissime furfuraceo stellato-pulverulentas glaberrima. Ramuli $\pm$ 3 mm crassi, grisei vel griseobrunnei, innovationibus brevibus foliis accrescentibus comato-foliatis. Folia late ovata vel orbiculari- vel rhombeo-ovata, 4—10½ cm longa, breviter acuminata usque (praesertim inferiora) rotundata, basi late cuneata usque latiuscule cordata, margine crebre et hic illic duplicato crenato-serrata, hydathodibus brevibus crassis, glandulis ad insertionem 2, peltatis, pallide marginatis, demum stipitibus usque ad 1 mm longis insidentibus, saturate concolori-viridia, densissime pellucido-glandulosa, adulta rufescentia, subchartacea, decidua; costa nervique basales 4 ceterique utrinsecus 3—6 aequidistantes, valde obliqui, stricti, prope marginem anastomosantes, tenues trabeculaeque $\pm$ irregulares venularumque rete densum in sicco utrinque prominula et praesertim subtus rubescentia; petiolus lamina 2½—4^{plo} brevior, $\pm$ gracilis. Stipulae 5—7 mm longae, subulato-lineares, tomentosae vel glabratae, fugaces. Racemi ramulis terminales singuli, erecti, subsessiles, 8—20 cm longi, simplices, raro basi ramis paucis serotinis (vel aborientibus?) aucti, rhachi sulcata, 1½ mm crassa, pedicellis ♂ 2—4^{nis} fasciculatis glabriusculis irregulares, laxiusculi. Bracteae lineares, pedicellos tenues 2—3 mm longos subaequantes, membranaceae, subglabrae, deciduae. Pedicelli inferiores interdum ♀ singuli, tomentosi. Floris ♀ sepala 5, oblonga, 3 mm longa, viridia, apice barbellata; petala (glandulae?) subtriplo breviora, spathulata, purpurea. Ovarium illa aequans, dense tomentosum; styli eo aequilongi, tenues, purpurei, tortuosi, inferne connati et hirti. Capsula pedicello usque ad 8 mm elongato fulta, globosa, 13 mm diametro, pariete crassa septisque tenuibus lignosis; semina ellipsoidea, subcompressa, 7 mm longa, pallide brunnea, ventre costata et praesertim hic purpureo-punctata. Floris ♂ sepala petalaque aequalia 5, late elliptica, 2 mm longa, brunneo-membranacea, apice tantum barbellata; discus albovillosus; stamina c. 14, ad 4 mm longa, filamentis quam antherae late ellipticae duplo longioribus.

Im Savannenwald und trockenem Gebüsche der str. St. auf Phyllit, 1500 bis 2300 m. **Y.**: Beyendjing (TEN 212). Dort bei Gwanfang, 13. V. 1915 (6299, Typus). An den Zuflüssen des Djinscha-djiang n von Lidjiang bei Laodselou und zwischen Yumi und Sandjia-tsun, 27° 46—50′, 10. VIII. 1915 (7576). **S.**: Datjiaoku unter Kwapi am Yalung n von Yenyüen, 29. V. 1914 (2709; SCHNEIDER 1440). Um Muli, VI. 1922 (FORREST 21398).

Proximus *C. caudatus* GEISEL differt scandens, inflorescentiis cum calycibus dense foliis quoque densius tomentosis, foliis angustis ovatis. *C. euryphyllus* W. W. SM. in Not. R. B. Gard. Edinbgh., XIII., 159 cum *C. Tiglio* L. comparatus sed meo simillimus foliis maioribus profunde cordatis et cum ramulis juvenilibus multo glabrioribus diversus est.

C. yunnanensis W. W. SM. in Not. R. Bot. Gard. Edinbgh., XIII., 159 (1921). In trockenen Gebüschen der str. St. auf Kalk und Phyllit, 1850—2100 m. **NW-Y.**: Ndaku am Djinscha-djiang n von Lidjiang („Likiang"), 27° 20′ (4396). **S.**: Ober Oti bei Kwapi am Hsiao-Djing-ho n von Yenyüen (2794; SCHNEIDER 1212).

Die Kelchzipfel wachsen an der Frucht bis zu 7 × 4 mm heran.

C. Tiglium L. (*Alchornea Vanioti* LÉVL., Cat. Pl. Yun., 95 [1916], e typo). E- **Kw.**: Wälder der str. St. am Flusse unterhalb Sandjio, Grauwacke, 350—400 m (10814).

Tragia L.

T. involucrata L. appr. var. *intermedia* MÜLL. Arg. (*Alchornea Mairei* LÉVL., Cat. Pl. Yun., 94 [1916], e typo). **NE-Y.**: Tal von Yufangkou, 800 m (MAIRE).

Ricinus L.

R. communis L. In der tr. und str. St. vielfach kultiviert, 200—1400 m. **Y.**: Im S in Bambuseten und lichten Wäldern flußaufwärts gegenüber Manhao als Strauch (5893, var. ***genuinus*** MÜLL. Arg. f. ***glaucus*** [HFFGG.] MÜLL. Arg.). An der Bahn bei Datschwang und um Pohsi, hier sicher auch wild als Strauch. Im W bei Lugu am Salwin, 45° 50′ (GEBAUER, var. ***genuinus*** MÜLL. Arg.). **S.**: Überall unter Gwanyintang im Djientschang, am Yalung zwischen Ningyüen und Yenyüen.

Antidesma L.

A. microphyllum HEMSL. (*A. Seguinii* LÉVL. in Rep. sp. n., IX., 460 [1911] e descr. et loco class.). Kalk- und Tonschieferfelsen an Flußufern der tr. und str. St., 200—1060 m. **Y.**: Manhao nahe der Grenze von Tonkin (5865). Im NE massenhaft von Laowatan bis Hwandjiang (MELL). **Kw.**: Hwanggoso bei Dschenning (10426).

** ***A. filipes*** HAND.-MZT.

Frutex usque ad 6 m altus, ramis crassioribus lenticellis orbicularibus pallidis dense obsitis, ramulis tenuibus spadiceis vel griseis, juvenilibus brevissime pilosulis, crebre et aequaliter foliatis. Folia elliptica usque lanceolata, 2½—15 cm longa, longitudine 2½—5plo angustiora, longe acuminata, basi cuneata usque anguste rotundata, integerrima, chartacea, biennia, saturate viridia, praesertim subtus lucida, complicata dorso strigillosa, mox glaberrima; costa nervique utrinsecus 5—8 valde proni, arcuati et ante marginem indistincte conjuncti venaeque laxe reticulatae tenues supra paulum subtus magis prominui; petioli 2—10 mm longi, supra ± sulcati, ut ramuli induti. Stipulae subulato-lanceolatae, petiolis ± aequilongae, caducae. Racemi dioici, ramis ramulisque interdum brevibus et caducifoliis terminales, saepe nutantes, foliis subduplo breviores, saepe ramis paucis subbasalibus axi tenui subaequilongis aucti, fere a basi laxe multiflori, parce et subtilissime hirtelli vel glabrescentes. Bracteae ovatae, ½ mm longae, acutae, marginibus membranaceae. Pedicelli 2 mm et fructiferi ad 4 mm longi, divaricati, filiformes et nunc rigidiores. Flos ♂ viridulus (e nota collectoris); perianthium 1 mm diametro, ad ½ in lobos 3—5 semiorbiculares fissum, glabrum; stamina (3—) 4 (—5), filamentis filiformibus, ad 1½ mm longis, antheris didymis ¼ mm longis; discus parvus; ovarii rudimentum nullum. Perianthium ♀ profundius partitum, lobis angustioribus. Ovarium ovoideum, glabrum, stylis subliberis, ½ mm longis, latis, acutis, recurvis. Fructus late et suboblique ellipsoidei, 3—5 mm longi, carinato-subcompressi, grosse et parce oblique reticulati, rubri, demum nigri; semen rubrum, nitidum.

In der str. und wtp. St. auf Sandstein, Tonschiefer und Granit. **H.**: Hartlaubwald in der Schlucht hinter der Schule am Yolu-schan bei Tschangscha, str. St., 100 m, 21. II., 20. X. 1918 (11483, Typus). **E-Kw.**: Laubwald der untersten wtp. St. bei Dayung zwischen Gudschou und Liping, 700 m, 22. VII. 1917 (10937). **Ki.—F.**-Grenze: An Gräben am Fuße des Hwangdschu-ling zwischen Dingdschou und Ningdu, Anfang VI. 1921 (Plt. sin. 365). N-Kwangtung: Yiu-schan im Lungtou-schan e von Schaodschou, 800 m, 6.—19. IX. 1917 (MELL 843). Häufig im Walde sw des Passes Tsatmukngao bei Lienping, 600 bis 900 m, 15. VII. 1920 (MELL 609).

Proximum *A. japonicum* SIEBD. et ZUCC. differt racemis pilosioribus, bracteis ♂ longioribus, ♀ brevioribus, pedicellis brevioribus, perianthii ♂ lobis ovatis acutis, fructubus maioribus; *A. delicatulum* HUTCH. in Plt. Wils., II, 522 (1916) autem foliis subtus in nervis setuloso- et in axillis lanato-pubescentibus, petiolis hirsutis, stipulis setuloso-pubescentibus, bracteis longioribus, pedicellis ♂ demum vix 1 mm longis.

Die Art ist von *A. japonicum*, das mir ♂ nur in einer PAX' Beschreibung völlig entsprechenden Aufsammlung (W-Tschekiang, CHING in WULSIN 1866) vorliegt, in beiden Geschlechtern deutlich verschieden. *A. delicatulum* kenne ich nur aus der Beschreibung, nach der es noch bedeutend weiter abweicht. *A. gracile* HEMSL. hat nach dem Originalexemplar mehr graue, völlig glanzlose Blätter, ist aber sonst von *japonicum* kaum zu unterscheiden.

Andrachne L.

** ***A. attenuata*** HAND.-MZT. in Sitzgsanz. Ak. W. W., 1921, 178.

Sect. *Arachne* (NECK.) ENDL.

Suffrutex c. 1 m altus, monoicus, truncis virgatis erectis gracilibus, ad 3 mm diam., glaucis, teretibus, inferne strigilloso-puberulis et papillis nitidis granulatis, ceterum glabris, ramulis laxis longis costulatis. (Perulae deciduae). Folia 1—4 cm inter se distantia, sicca valde decidua; petioli 3—10 mm longi, supra concavi et praesertim margine ciliolati; lamina oblongo-lanceolata, utrinque longe attenuata, in apicem acutiusculum acuminata, 4,5—9 cm longa et 2—sub 3^{plo} angustior (in ramulorum infimis minor, obtusa), tenuiter chartacea, saturate viridis, subconcolor, nitidula, juvenilis ubique, matura margine saepe inferiore tantum parce crispule setulosa, costa et nervis utrinsecus c. 4, inferioribus valde, superioribus minus obliquis procul ante marginem arcuato-anastomosantibus, parce ramosis, tenuibus, vix prominulis; stipulae minutissimae, fuscae, subulatae, hirtae, deciduae. Flores inferiores ♀, superiores pauci ♂, virides, axillares singuli, raro bini vel terni, pedicellis filiformibus flexuosis, illorum sursum incrassatis, 16—23 mm longis, glabris. Sepala 5, basi paulum connata, vix nervosa, extus et margine parce strigosa, ♀ campanulata, ovata, 5—6 mm longa, acuta,

♂ patula, spathulata, 2 mm longa, apiculata; petala 1 mm longa, oblonga, obtusa, glabra. Discus planus, 3 mm diametro, ad dimidium in lobos 10 ligulatos fissus. Stamina 5, disco breviora, filamentis tenuibus, antheris viridulis globosis parvis. Ovarium crasse ovatum, strigoso-setosum, stylis 6—7, ipsum aequantibus, patulis, 1 mm longis, in flore ♂ rudimentarium conspicuum. Capsula depressa, 6 mm diametro, valvis 6 vel 7 dehiscens et decidua, glabrescens, interdum distincte vittata; semina triquetro-ovata, 2,5 mm diametro, fusca, levia, subopaca.

In Wäldern auf Sandstein und Kalk der wtp. St. **Kw.**: Auf dem Karsthügel bei Djitschangping nächst Muyu, 1050 m, 22. VI. 1917 (10402, Typus). Hieher wahrscheinlich auch eine Notiz vom Tschwenning-schan bei Guiyang („Kweiyang"). **Y.**: Beim Tempel Taihwa-se nächst Yünnanfu, 2200 m, 28. XII. 1916 (13052).

— — ** var. ***microcalyx*** HAND.-MZT.

Calyx 3 mm tantum longus. Capsula 4 mm diametro. Folia basi ipsa rotundata, ramulorum minora.

Y.: Feuchte Waldschluchten der str. St. unter Beyendjing zwischen Tschuhsiung und Yungbei, Kalkschiefer, 1500—1600 m, 13. V. 1915 (6283, Typus). Beyendjing (TEN 165 ex hb. Berlin). Im NW auf offenen steinigen Matten der Berge von Dschungdien (Chungtien), 3350 m, VIII. 1913 (FORREST 10917). **S.**: Hecken der str. St. ober Mosoying am Zuflusse des Djientschang („Kientschang") gegen Huili, Sandstein und Granit, 1400—? 1900 m, 21. X. 1914 (5631).

Proxima *A. hirsuta* HUTCH. a specie nostra differt indumento longiore, strigoso-hirsuto, densissimo, lutescente, foliis angustioribus, pedicellis paulo brevioribus, sepalis ♀ multo minoribus et latioribus.

Infolge Überschätzung der Behaarungsmerkmale hatte ich die Pflanze bei der ersten Veröffentlichung nicht mit *A. hirsuta* verglichen, der sie am nächsten steht, wie PAX im Pflzr., IV/147, XV, 316 bemerkt, sondern mit *A. cordifolia* (DECNE.) MÜLL. Arg., die durch am Grunde gestutzte oder herzförmige, an der Spitze stumpfe und weichstachelige, zweifarbige Blätter, kahlen Fruchtknoten und lange Filamente weiter abweicht. Meine Nummer 13052 ist stärker behaart als 10402, besonders auf dem Rücken der Blattnerven.

** ***A. Lolonum*** HAND.-MZT. in Sitzgsanz. Ak. W. W., 1921, 178.

Sect. *Arachne* (NECK.) ENDL.

Frutex erectus, dioicus, ramosissimus, trunco robusto, cortice spadiceo, opaco, lenticellis dispersis orbicularibus verrucoso tecto, ramulis sub angulis dimidiis patentibus tenuibus, strictis, glabris, junioribus valde angulatis. Perulae crustaceae, triangulares, ciliolatae, exteriores persistentes, 1—1,5 mm longae, spadiceae, albomarginatae, interiores deciduae, pallidae, ad 5 mm longae. Folia disticha, 3—10 mm inter se remota; petioli 2—2,5 mm longi, supra valde concavi, juveniles saepe pilosuli; lamina lineari-lanceolata, 16—38 mm longa et 3—5^{plo} angustior, maxima latitudine circa tertium inferum, breviter acuta, basi rotundata, membranacea, supra glabra saturate viridis opaca, subtus papillis albidis pallidior dense adcumbenti-villosula (in ramulorum foliis infimis denique glabrescens), costa et nervis utrinsecus 4—6, valde pronis, procul a margine vix anastomosantibus, supra interdum fulvescentibus, subtus tenuiter prominulis. Stipulae membranaceae, subcordato-ovatae, 1 mm longae, ± acutae, fuscae, saepe ciliolatae. Flores ♂ axillares singuli, rarissime gemini, pedicellis suberectis filiformibus glaberrimis 8—10 mm longis, viridiflavi, 7—8 mm diametro; sepala 5, membranacea, ad 1 mm connata, oblonga, 1,5—2 mm lata, rotundata, trinervia, basi raro parcipilosa; petala duplo breviora et ± triplo angustiora, obtusa. Discus his aliquantum brevior, planus, ad ½ in lobos 10 lineares fissus. Stamina 5 filamentis tenuibus discum aequantibus vel paulo superantibus, antheris parvis pallidis globosis; ovarii rudimentum minutum glabrum. (Flores ♀ fructusque ignoti.)

S.: Gebüsche der wtp. St. bei Wudadjing am Lose-schan s von Ningyüen, Sandstein, 2450 m, 15. IV. 1914 (1383).

Species foliis angustis et floribus (semper?) dioicis insignis, *A. chinensi* BGE. var. *pubescenti* HUTCH. affinis, quae etiam foliis rigidioribus, floribus minoribus, petalis pro sepalis maioribus differt.

Mit *A. hirsuta* HUTCH., mit der ich die Pflanze anfangs nach der Beschreibung in Beziehung brachte, erweist sie sich nach Einsicht des Originals nicht näher verwandt, sondern nur mit *A. chinensis*. Der Unterschied in der Blütengröße ist auffallend und deshalb kann ich die von PAX in Pflzr., IV/147, XV., 316 (1922) vorgenommene Vereinigung mit dieser vor Kenntnis der ♀ Pflanze nicht in Betracht ziehen. Die Blattform wird an LICENTS Nr. 1748 aus Schenhsi wohl meiner schon ähnlich, doch ist sie auch dort noch kürzer und breiter.

A. chinensis BGE. Dürre Hänge und Gebüsche der str. (und bis in die wtp.?) St. auf Kalk und Sandstein, 1450—2100 m. **NW-Y.**: Um Lidjiang, von Einheimischen (3761). Am Djinscha-djiang e von dort (3413). **S.**: S ober Lumapu im Yalung-Tale zwischen Yenyüen und Ningyüen (2081).

— — var. ***pubescens*** (HUTCH.) HAND.-MZT. (*A. capillipes* var. *pubescens* HUTCH. in Plt. Wils., II., 516 [1916]). **NW-Y.**: Tonschiefermauern der str. St. bei Laodselou n von Lidjiang („Likiang"), 27° 35′, 2100 m (7034). Häufig im Mekong-Tale (ob die Var.?).

Bridelia WILLD.

B. stipularis (L.) BLUME. **Y.**: An offenen und bebuschten Grashängen der tr. St. bei Manhao nahe der Grenze von Tonkin, Tonschiefer, 200 m (5766).

Bischofia BL.

B. trifoliata (ROXB.) HOOK. (*B. javanica* BL.). **Y.**: Tr. Gebüsche mit Hochgrasdschungel überragend unterhalb Yaotou zwischen Möngdse und Manhao, Kalk, 1000 m (5924). **SW-Kw.**: Am Bache oberhalb Hwangtsaoba, wtp. St., Kalk, 1300 m (10297).

Securinega COMM.

S. ramiflora (AIT.) MÜLL. Arg. **S-S.**: Nantschwan (BOCK et ROSTHORN 410: Herb. Univ. Graz).

Flueggea WILLD.

F. virosa (ROXB.) BAILL. (*F. microcarpa* BL.). **Y.**: An dürren Hängen, in Gebüschen und Savannenwäldern der str. St. auf Sandstein, Kalkschiefer und Kalk, 1000—1700 m. Ober Lagatschang und unter Bödschagwan in der Schlucht des Djinscha-djiang („Yangtse") n von Yünnanfu (742). Beyendjing (Ten 286). Unterhalb dieses Ortes und bis gegen Midien (6310). Im Sand am Bache unter Piendjio (6354).

Phyllanthus L.

P. glaucus Wall. Gebüsche der str. und wtp. St., 70—950 m (und höher?) auf Sandstein und Tonschiefer. **E-Kw.**: Bei Badschai (10760). **H.**: Yün-schan bei Wukang (Plt. sin. 92). Waldschluchten des Yolu-schan bei Tschangscha (11662). **W-Ki.**: Um Pinghsiang (Plt. sin. 129).

An Nr. 11662 wechseln 3 und 4 Staubgefäße, an Nr. 92 sind sie in einzelnen Blüten ganz verwachsen.

P. microcarpus (Benth.) Müll. Arg. in DC., Prodr., XV/2., 343 (1863), *β genuinus* tantum. (*Cicca microcarpa* Benth., Fl. Hongkg., 312 [1861]. — *Phyllanthus sinensis* Müll. Arg. in Linnaea, XXXII., 12 [1863], nom. nudum.) **S-Y.**: Trockene Hänge der tr. St. bei Manhao am Roten Flusse, Tonschiefer, 200—400 m (5763).

Müller stellt *P. microcarpus* unter § 2 mit drei fast der ganzen Länge nach verwachsenen Filamentes und Hooker vereinigt ihn mit *P. reticulatus* Poir. Meine Pflanze entspricht Benthams Beschreibung, die dieser Einreihung gänzlich widerspricht, und ist von dem reichlich vorliegenden *P. reticulatus* sehr verschieden. Sie gleicht auch vollkommen Hance und Simsons Nr. 617 von Hongkong, nur sind an dieser die Blütenstiele länger (5—7 mm), doch beschreibt sie Bentham mit 1—2 lines. Wie sich var. *α dalbergioides* (Wall.) Müll. Arg. dazu verhält, kann ich nicht beurteilen, da mir kein Material davon vorliegt. Der Name *Kirganelia sinensis* findet sich bei Baillon 1858 nicht, sondern *Anisonema sinensis* (sic) als nomen nudum, wobei er *Anisonema* allerdings nur als Sektion von *Kirganelia* anführt.

P. Emblica L. Charakterpflanze des str. Savannenwaldes auf verschiedenen Gesteinen, selten in der tr. St. beobachtet und nur spärlich im untersten Teile der wtp., 300—2250 m. **Y.**: Hänge se und n von Manhao nahe der Grenze von Tonkin. An der Bahn von oberhalb Hsiaolungtang bis Yiliang. Auf dem Hochlande auf dem Rücken zwischen Tschuhsiung und Gwangdung, im Talsystem zwischen Schödse und Dadsi-se sehr einzeln und ebenso bei Gwannandün ne von Luföng. Überall im Tale des Djinscha-djiang („Yangtse") von Homöndschang n von Yünnanfu (697) über Dsilidjiang e von Lidjiang („Likiang") (3412) bis unter Yumi nw von Yungning und in den Becken und Tälern seiner Zuflüsse bis über Yüenmou gegen Yanggai, Landjing ober Hedjing am Dsolin-ho, Hwangtsaoschao unter Beyendjing (6318), über Biendjio und Bintschwan, an den SW-Hang des Djischan ne von Dali, ins Becken Santschwanba unter Yungbei und e von dort bis unter Weischa und auf die Höhe zwischen Hwaping und Hsingai. **S.**: Am Yalung über Pudi bis Datung und Dawanpu, 27° 43′ (2047) und am Nganning-ho über Panglingkou bis in sein s Seitental gegen Huili (1052). **W-Kw.**: In der Schlucht des Hwatjiao-ho gegenüber Falang bis 825 m.

Die Blätter klappen abends zusammen wie die Fiederblättchen einer *Acacia*. Die Früchte werden gegessen, sind aber sehr sauer.

P. tsarongensis W. W. Sm. in Not. R. Bot. Gard. Edinbgh., XIII., 177 (1921), teste Evans e typo. NW-Y.: Gebüsche der str. St. um die Mündung des Dou-tschou in den Djinscha-djiang n von Lidjiang, 27° 46′, zerstreut, Phyllit, 1600—1800 m (7588).

Die vom Autor in die Sektion *Euphyllanthus* gestellte Art gehört meines Erachtens zu *Paraphyllanthus* Müll. Arg. und ist mit *Ph. Lawii Hook.* f. zunächst verwandt, hat aber größere Blätter, deutlichere Nervatur, keine Dornen und längere Griffel.

P. urinaria L. NE-Y.: Kulturen im mittelchin. Fl. bei Lungdji, 600 m (Maire).

* ***P. Roeperianus*** Wall. var. ***parvifolius*** Müll. Arg. Felsige Stellen und Hartlaubgebüsche der wtp. und str. St. auf Diabas, Mergel und Kalk, 950 bis 2800 m. Y.: Selten zwischen Schadschou und Dschennan an der Straße von Yünnanfu nach Dali, 1. XI. 1915 (8586). Unter Heniuschao gegen Ho-djing s von Lidjiang, 20. V. 1916 (8751). Osthang des Yülung-schan bei Lidjiang, 3300—3650 m, IX. 1921 (Forrest 20588, in Not. R. Bot. Gard. Edinbgh., XIV., 186 [1924]). Am Djinscha-djiang oder Schigu. Am Salwin bei Tengkeng, 25° 50′, II. 1914 (Gebauer). Im NE bei Tschoudjiawan (Maire). S.: Ober Dindjiatsun am Lungdschu-schan bei Huili, 16. IX. 1914 (5185).

Indisches Material habe ich nicht gesehen, doch stimmen die Pflanzen mit der Beschreibung, nur sind die Samen nicht deutlich skulpturiert.

P. simplex Retz. Y.: An Gräben zwischen Yüenmou und Hailo in der str. St. des Beckens s des Djinscha-djiang nw von Yünnanfu, Mergel, 1050 bis 1350 m (5026).

P. Niruri L. Y.: Schuttplätze der tr. St. bei Manhao am Roten Flusse, Tonschiefer, 200 m (5882).

P. Forrestii W. W. Sm. in Not. R. Bot. Gard. Edinbgh., VIII., 195 (1914). Y.: Beyendjing („Peyentsin"), in Wäldern (Ten 105).

Capsula ad 4 mm diametro, verrucis filiformibus 1 mm longis densissimis fere tomentosa.

** ***P. anthopotamicus***[1] Hand.-Mzt.

Sect. *Phyllanthodendron* (Hemsl.) Beille in Lecte., Fl. gén. Indo-Chine, V., 573.

Frutex metralis ramis crassiusculis, griseo-corticatis, tarde glabrescentibus, ramulis densissimis, ad 20 cm longis, simplicibus, tenuibus, vix angulatis, pruinosis et brevissime griseo velutino-puberulis, densc distiche foliatis. Folia ovata, usque ad 4 × 1,7 cm, ramulorum inferiora autem multo minora, acuta, basi obtusa, biennia, rigide chartacea et demum coriacea, supra pallide olivacea costa marginibusque anguste revolutis tantum sparsissime velutina, subtus cera glauco-alba, in costa ± nervisque utrinsecus 6—8 valde prorsus arcuatis sparsissime velutina, his cum trabeculis dissitis irregularibus utrinque paulum prominulis et ochrascentibus; venae latae, densiuscule reticulatae, subtus paulum impressae; petiolus crassus, 3 mm longus, ut ramuli indutus. Stipulae lanceolatae, 4 mm longae, brunneo-membranaceae, dorso puberulae, supra basin persistentem deciduae. Flores e gemmis axillaribus perulis imbricatis late ovatis

[1] e nomine sinensi loci (= flumen florum).

ad $1\frac{1}{2}$ mm longis acutis partim persistentibus 1—4ni, dioici, luteoli (e nota ad plantam vivam). Pedicelli tenues, 1—2 mm longi, glabri vel puberuli. Floris ♂ sepala 5, brevissime connata, late elliptica, 3—4 mm longa, paulum concava, tertio vel quarto supero in subulam constricta et complicata, costa valida nec vero carinata, in sinubus undulata et interdum glandula minuta subulata instructa, marginibus et exteriora dorso breviter albo-ciliata. Stamina 3, c. 1 mm longa, glabra; filamenta quam antherae duplo breviora, in columnam tenuem connata; antherae liberae, ellipticae, erectae, extrorsae, rimis longitudinalibus, pallidae, connectivis purpureis in subulas quam antherae duplo breviores productis. Floris ♀ sepala 6, latiora. Styli 3, liberi, breviter bifidi. (Fructus ignotus.)

SW-**Kw.**: Auf dem felsigen Kalkrücken der str. St. ober Falang in der Schlucht des Hwatjiao-ho am Wege von Dschenning nach Hwangtsaoba, 900 m, 20. VI. 1917 (10377).

Proximus *Phyllanthodendro Dunniano* LÉVL. in Rep. n. sp., IX., 324 (1911), quod differt ramulis alatis (haud, ut autor dicit, glabris) foliis maioribus, 4—6 cm longis, pro dimensionibus brevius petiolatis, floribus multo maioribus, 8 mm longis, sepalis late ovatis. Affinis etiam *Phyllanthus mirabilis* MÜLL. Arg. differt ramulis dimorphis, foliis sterilium enim multo maioribus, sepalis multo longius acuminatis, glandulis subulatis semper praesentibus. Habitus foliaque (absque nervatura) *Breyniam fruticosam* (L.) HOOK. f. valde admonent.

Von *Phyllanthodendron Dunnianum* lagen mir aus dem Edinburgher Herbar CAVALERIES Nummern 2659 blühend und 3500 fruchtend, ebenfalls von Lofu, vor. Die Unterschiede in den vegetativen Teilen könnten wohl auf die größere Üppigkeit der Exemplare zurückzuführen sein, jener in der Blütengröße aber sicher nicht. Die Frucht, die an *P. anthopotamicus* fehlt, ist von krustiger Beschaffenheit und hat 2 cm Durchmesser. Wenn er sich auch immerhin vielleicht nur als Varietät erweisen wird, so ist eine vollständige Beschreibung sicher nicht überflüssig.

Glochidion FORST.

G. puberum (L.) HUTCH. (*G. obscurum* [WILLD.] BL.). In trockenen Gebüschen der str. und wtp. St. auf Kalk, Mergel, Sandstein und Quarzit, 50 bis 1300 m, meist gemein. **H.**: Um Tschangscha. Als Zwergstrauch auf wüstenähnlich bestandenen Hügeln zwischen Yungdschou und Dsiyang. Von dort über Wukang nach **Kw.**: Über Badschai, Guiding, Guiyang (10483) bis Nganping. Ober Hsintscheng. E-**Y.**: Nur im mittelchin. Fl. von Loping bis Bantjiao häufig, 1500—1600 m (10160).

G. Daltoni (MÜLL. Arg.) KURZ. Trockene Gebüsche der tr. und str. St. bis an die wtp., auf kristallinischen Gesteinen, Tonschiefer, Sandstein und Mergel, 200—1700 m. **Y.**: In der Schlucht hinter Manhao nahe der Grenze von Tonkin (5803). Östlich von Luföng an der Straße von Yünnanfu nach Dali (8658). **S.**: Häufig im Djientschang („Kientschang") unterhalb Dötschang (1098) und bis ober Gaoyao bei Ningyüen (1322).

Die Griffel sind dreimal so lang wie der Kelch, wie auch die Exemplare im Herbar Kew zeigen.

* ***G. velutinum*** WIGHT. Gebüsche und Buschwälder der wtp. St. auf Sandstein und Mergel, 1650—2350 m. **Y.**: An der Straße von Yünnanfu nach Dali

(Talifu) e von Luföng, 30. IV. 1916 (8656) und um Hsiangschuigwan, 1. V. 1916 (8668). N von dieser häufig zwischen Gwannandün und Dadschwangkou, 30. IV. 1915 (6172). Hieher offenbar auch LIMPRICHTS Nr. 875 (als *G. villicaule*), von der mir allerdings nur ein mangelhaftes Stück vorliegt. **S.**: Zwischen Banschan und Dahaitsun am Wege vom Yalung zum Nganning-ho, 27°, 22. IX. 1914 (5257).

G. villicaule HOOK. f. **S-Y.**: Im tr. Regenwalde unter Yaotou zwischen Möngdse und Manhao, Tonschiefer, 650 m (5945).

Die Blattnerven sind jederseits nur 4 bis 6, während HOOKER 6 bis 10 Paare angibt.

Euphorbia L.

E. indica LAM. (*E. hypericifolia* HOOK., Fl. Brit. Ind., V., 249 p. p., non L., cfr. THELLUNG in ASCHERS. u. GRÄBN., Synops, mitteleurop. Fl., VII., 434. — *E. thymifolia* W. W. SM. in Not. R. Bot. G. Edinbgh., XIV., 375, non BURM.). **Y.**: An Gräben in der str. St. zwischen Yüenmou und Hailo nw von Yünnanfu, Mergel, 1050—1350 m (5020). Am Djinscha-djiang e von Lidjiang, auf trockener steiniger Weide, 2100 m (FORREST 23065), und im NE bei Tjiaodjia, 400 m (MAIRE 395/1913; distr. BONATI 3793 B). **Kw.**: Lofu (CAVALERIE 3667). „Hoa-kouang“? (C. 2154). **F.**: Swatou (DALZIEL: Hb. Edinburgh).

E. humifusa WILLD. **W-S.**: Min-ho (WILSON, Veitch Exp. 4456). **Kw.**: Tsingai, Felsen der Berge (CAVALERIE 1140).

E. pilulifera L. **Y.**: Dürre Stellen der str. St. am Djinscha-djiang auf Kalk und Sandstein e von Lidjiang, 1400—2100 m (3414, **var. *hirta*** [L.] THELLG.) und im Sande bei der Herberge Lagatschang n von Yünnanfu, 900 m (763).

* ***E. Royleana*** BOISS. in DC., Prodr., XV/2., 83 (1862). Dürre Felshänge, Sand der Flußtäler und alte Mauern der str. St. auf Kalk, Sandstein und kristallinischen Gesteinen, auch als Hecken gepflanzt, 900—1750 m. **Y.**: Schluchten und Niederungen um den Djinscha-djiang („Yangtse“) zwischen Homöndschang und Dschenmindö n von Yünnanfu, 18. III. 1914 (822) bis Dungtien s Yüenmou und gegen Weischa e Yungbei, Tietsun ober Bintschwan, zur Brücke von Dsilidjiang e Lidjiang. Santschwanba unter Yungbei. **S.**: Am Yalung bis zum 27° 40′ und gepflanzt in Oti (1990 m) n von Yenyüen. Im Djientschang („Kientschang“) über Dötschang 4. IV. 1914 (1165) bis Ningyüen. **W-Kwanghsi**: Lungdschou, Hecken (MORSE 277: Herb. Kew?, sehr mangelhaft).

E. Wallichii HOOK. f. (*E. himalayensis* BOISS., HOOK., non KLOTZSCH). **Y.**: Im NW auf Kalk in der tp. St., 2900—3600 m, in üppigen Wiesen und an krautigen Hängen an der Westseite des Gebirges Piepun se von Dschungdien („Chungtien“) (4786) und an steinigen Stellen am Rande von Fichtenwäldern ober Ngulukö am Osthange des Yülung-schan bei Lidjiang (6641; ROCK 3665). Yünnanfu (MAIRE 1073).

Die chinesischen Pflanzen verbinden *E. Wallichii* mit *himalayensis* (in HOOKERS Sinne) in solcher Weise, daß diese Arten nicht getrennt gehalten werden können. Er sagt von *Wallichii*: „distinguished from all other Indian ones by the large involucres, capsules and seeds“, gibt aber bei *himalayensis* für die Hüllen und Samen dieselben Maße, für die Kapsel bei *Himalayensis* $^1/_4{}'$, bei *Wallichii* $^1/_2{}'$ Durchmesser; bei den chinesischen Pflanzen entspricht dieser $^1/_3{}'$ (7—8 mm). Die Teilung der Griffeläste in die Narben und die Verwachsung der Griffel untereinander geht an diesen recht verschieden weit. „Hispid" von kurzen Börstchen sind die Hüllen eher bei *himalayensis* (Lachen, HOOKER: Hb. Kew), bei *Wallichii*-Originalen mehr wollig. Diese haben behaarte Kapseln. Die weniger trocken gewachsene Pflanze von Dschungdien hat auch im Fruchtstadium nur entfernte Papillen und ist nicht oder doch viel weniger glauk, hat auch dünnere Blätter als jene von Lidjiang. FORRESTS Nr. 2375 ist oberwärts nicht kahl, wie DIELS (Not. R. Bot. Gard. Edinbgh., VII., 124) sagt, sondern ganz fein samtig und ist sicher richtig bestimmt. *E. himalayensis* KLOTZSCH halte ich nach dem Original für eine Form von *E. Stracheyi* (s. unten).

E. chrysocoma LÉVL. et VANT. Y.: In feuchten Gebüschen, an Bachrändern und in Gräben auf Kalk und Sandstein der wtp. St., 1700—2500 m. Yünnanfu bis Schilungba (224; SCHOCH 171, beide var. ***glaucophylla*** LÉVL. et VANT.; DUCLOUX 721). Unter Djiunienping jenseits Fumin (6149 var. *glaucophylla*). Bezirk Yimön (DUCLOUX: Herb. Kew). Möngdse (HENRY 9331; HANCOCK 15). Fengtschenling (HENRY 9331 A). Im NE in Kulturen der Ebene von Tschehai (MAIRE 718/1913). Tal von Datjiao (M. 219/1914). **Kw.**: Wiesenmoor zwischen Lungli und Lungdsu, 1100 m (10564). Hwangtsaoba (CAVALERIE 4083, 7549). Kwanghsi: (BOURNE: Hb. Kew).

Die Art steht *E. sikkimensis* BOISS. sehr nahe, die sich nach einem mir freundlichst geliehenen vollständigen, aber noch nicht fruchtenden Exemplar im Herbar Kew durch die durchaus krautigen und auch oben 4 mm dicken, weichen Stengel, die bis auf die obersten grünen Brakteen und nach der Beschreibung durch um die Hälfte größere und ebensoviel länger gestielte Kapseln unterscheidet. Die Blattstiele finde ich an dieser auch sehr undeutlich. *E. chrysocoma* hat unten und mitunter außerdem oben verzweigte, stark verholzende, nach HANCOCKS Etikette bis $1\frac{1}{2}$ m hohe und spreizkimmende Stengel und erinnert darin sehr an *E. dendroides* L. und die von MAXIMOWICZ in Mél. biol., XI, 835 gekennzeichneten Exemplare der *E. pekinensis* RUPR. von Tschifu. Das Original (BODINIER 1619) besteht aus sehr kräftigen, nur 30 cm lang abgebrochenen Schossen, die die Verholzung nicht zeigen, aber gleichen von mir gesammelten entsprechen.

E. cyanophylla LÉVL. in Rep. sp. n., XII., 287 (1913).

Ad descriptionem addenda: Planta xerophila, e rhizomate $\pm$ repente sub anthesi 10—30 cm alta, praeter folia subtus interdum pilosa glabra. Folia usque ad $5\frac{1}{2} \times 1\frac{1}{2}$ cm, basi late cuneata usque longe attenuata et sessilia vel petiolis usque ad 5 mm longis, apice acuta vel imprimis inferiora rotundata, crassa, nervis supra saepe anguste incisis, subtus paulum prominuis. Umbellae radii 5, tenues, bracteis folia aequantibus duplo breviores; umbellae accessoriae pedunculis tenuibus foliis brevioribus. Bracteae umbellularum obovatae, ad basin angustatae. Perianthium intus sericeum. Glandulae rotundae. Ovarium leve; stylus brevis.

NE-Y.: Außer den Originalstandorten, von wo auch unter Nr. 187/1913 und 294/1913: Kiaometi, Weiden der Berge (3200 m; MAIRE 803/1914). W-S.: Heiden, 3630 m (WILSON, Veitch Exp. 4457). Dahsiangling, 2600 m (W., V. E. 4457 a).

Die Art dürfte *E. Griffithii* HOOK. f. zunächst stehen, die ich nur nach der Beschreibung kenne, die aber hochwüchsig ist und sehr dünne Blätter hat.

E. erythrocoma Lévl. in Rep. sp. n., XII., 287 (1913).

Ad descriptionem addenda: Glabra, rhizomate tenui repente, caule superne longe nudo. Folia ovato-lanceolata, inferne latiora, usque ad 10 × 3 cm, basi angustata usque rotundata, sessilia, carnosula (?), subtus distincte reticulato-venosa. Umbella bis vel ter composita; radii primarii 6—8, foliis fulcrantibus quam folia caulina paulo tantum brevioribus aequilongi usque duplo longiores. Bracteae umbellularum rhombeo-ovatae, latae. Perianthii lobi longi angustique, intus villosi. Glandulae rotundae. Ovarium globosum, 4 mm diametro, inter coccos non constrictum, leve. Semina 3 mm longa, paulum longitudinaliter rugosa.

NE-Y.: Vom Originalstandort auch unter Maire 201/1913.

Steht *E. Griffithii* Hook. f. habituell wohl näher als die vorige Art, doch unterscheidet sich jene durch sehr dünne Blätter mit undeutlicher Nervatur und kleine, am Grunde spitze Involukralblätter.

** **E. sericocarpa** Hand.-Mzt.

Sect. *Tithymalus* (Scop.) Boiss., subs. *Galarrhaei* Boiss.

(Radix ignota.) Caulis 25—40 cm altus, a basi 2—3 mm crassus, simplex, inferne densissime et tenuiter sed longe albo-hirsutus, totus aequaliter et crebre foliatus. Folia oblonga, 3 × 1 — 4 × 1,4 et 5 × 1,3 cm, obtusa et costa excurrente mucronulata, basi sessili cuneata, membranacea, inferiora utrinque ut caulis hirsuta, dilute viridia, nervis utrinsecus 5—9 obliquis tenuissimis, in sicco utrinque et subtus cum venularum reti denso conspicuis, inferiora decidua. Umbella bracteis ovatis basi rotundatis ceterum autem foliis simillimis etsi brevioribus, purpurascentibus, radiis 5, ad 2—6 cm longis tenuibus glaucescentibus, secundariis binis usque ad 1 cm longis, interdum cyathio ex axilla folii caulini superioris cuiusdam addito. Bracteae umbellularum binae, orbiculari-ovatae, 1—2 cm diametro, mucronulatae, purpureae. Cyathia 3 mm longa et lata, turbinata, extus glabra, lobis late ovatis margine villosis, glandulis oblongis paulum curvatis rotundatis. Ovarium stipite tenui lobos superante, globosum, trisulcum, densissime depresso-verrucosum et tenuiter patule hirsutum; styli 2 mm longi, subliberi, brevissime bifidi. (Capsula ignota.)

NW-Y.: In der str. St. am Djinscha-djiang e von Lidjiang („Likiang“), Kalk und Sandstein, 1450—2100 m, 3. VII. 1914 (3408, Typus; Schneider 1729).

Proxima *E. erythrocoma* Lévl. differt robustior, cyathiis sub umbella multis accessoriis, bracteis minoribus angustioribus potius rhombeis, capsulis levibus glabris. *E. porphyrastra* Hand.-Mzt. infra descripta praeter notas ibi elucentes foliis basi non attenuatis distat.

Die auffallende Behaarung des Fruchtknotens ist von ganz gleicher Art, wie jene der Blätter bei *E. porphyrastra*, die hier fehlt.

** **E. porphyrastra** Hand.-Mzt. in Sitzgsanz. Ak. W. W. 1925, 226. (Taf. V, Abb. 2).

Subsect. praecedentis.

E bulbo ellipsoideo vel crasse cylindrico interdum deorsum ramoso griseo, 3—7 cm longo, ad $2\frac{1}{2}$ cm crasso, radici longae et crassae insidente et supra saepe in cormum subterraneum annulatum, 5 mm crassum, usque ad $4\frac{1}{2}$ cm longum producto caulem floriferum singulum vel usque ad 3, interdum praeterea steriles usque ad 2 edens, praeter summitatem parce vel dense albido longipilosa.

Caulis simplex vel inferne cum ramo uno alterove et persistens, 15—30 cm longus, erectus, 1—2 mm crassus, inferne squamis ovatis ± fugacibus, superne foliis sensim accrescentibus dense obsitus. Folia linearia usque lanceolata et praesertim superiora paulo laxiora basi dilatata ovato-lanceolata, 2—3 cm longa, longitudine 3—7^{plo} angustiora, inferiora obtusa, summa acuta et purpurea, basi in petiolum brevissimum ± angustata vel rotundata, herbacea, atroolivacea, subtus caesia, margine reflexa; costa in sicco utrinque prominula, nervi nulli. Umbella pedunculo 1—3 cm longo fulta, bracteis 5—6 ovatis acutis purpureis 12—17 mm longis, radiis 5, 3—30 mm longis, quorum unus saepe ad cyathium subsessile nudum reductus, interdum autem furcatis radiis secundariis 1 cm longis, saepe radio e folii summi axilla addito. Cyathiorum bracteae 2, umbellaribus similes vel latiores, saepe rotundatae. Cyathium extus glabrum, intus albovillosum, cum glandulis $1^1/_3$ mm latis transverse ellipticis lateribus rotundatis purpureum. Ovarium dense depresso-verrucosum, glabrum; styli 1—2 mm longi.

Y.: In str. Steppen des zentralen Teiles. NE von Dali (Talifu) gegenüber Piendjio unter dem nach Hwangdjiaping führenden Sattel, Sandstein, 1750 m, 19. V. 1915 (6368, Typus). Beyendjing (TEN 149: Hb. Berlin); Banyitien, 14. IX. 1919 (TEN 1175). Datien bei Djiuyaping, 6. VI. 1909 (NGUEOU in DUCLOUX 1428: Hb. Edinburgh).

Species distinctissima, partibus vegetativis formis quibusdam *E. cognatae* BOISS. simillima, radicibus autem *E. Rapulum* KAR. et KIR. admonens, quamvis huic multo breviores sint. Seminibus ignotis species maxime affinis nominari nondum potest.

E. bupleuroides DIELS in Not. R. Bot. Gard. Edinbgh., V., 218 (1912). (*E. Mairei* LÉVL. in Rep. sp. n., XII., 286 [1913], e typo). Steppen, steinige Orte und trockene Wiesen von der str. bis zur tp. St., auf Kalk und Sandstein, 1600—3400 m. Y.: Möngdse (HENRY 10115). Im NE bei Dungtschwan (MAIRE auch 1463/1913). Im NW um Dschungdien („Chungtien") (7746), wahrscheinlich auch s von Yungning. S.: Houdsengai bei Dötschang (1855) und um Ningyüen (1242) im Djientschang. Wohl auch diese um Yenyüen und unter Liuku bei Kwapi überall.

Radix bulbo elongato formata, cormo brevi coronata, caudiculos inferne tenues, usque ad 10 cm longos edente caulibus floriferis usque ad 30 cm longis terminatos. Interdum (nr. 1855) etiam glandulae, ovaria, filamenta pilosa.

Die von DIELS l. c. unter *E. megistopoda* ausgesprochene Vermutung, daß es sich vielleicht nur um eine Standortsform von *E. Stracheyi* (*megistopoda*) handeln könnte, hat sich an weiterem Material nicht bestätigt.

E. Stracheyi BOISS. (*E. himalayensis* KLOTZSCH, non BOISS. nec HOOK. — *E. megistopoda* DIELS in Not. R. Bot. Gard. Edinbgh., V., 218 [1912]. — *E. Riae* PAX et HFFM. in Rep. sp. n., Beih., XII., 433 [1922]). Felsige Stellen, Heidewiesen und Modermatten der tp., ktp. und Hg. St. auf Kalk und Schiefer, 2950—4300 m. NW-Y.: Bei Lidjiang oberhalb Ngulukö (6693) und am Wege von dort zum Beschui (4162). Kiefernwald ober Dugwantsun und bei Guha se von Dschungdien. Paß Lenago vom Djinscha-djiang zum Mekong, 27° 42'. Im birm. Mons. am Doker-la (WARD 626) und Kakerbo („Kagurpw") (W. 815, 845A) an der Grenze von Tibet. S.: Liuku-liangdse zwischen Yenyüen und

Kwapi (2346) und Tschahungnyotscha jenseits des Yalung n von hier (2653). Daörlbi halbwegs zwischen Yenyüen und Yungning. Alm Bätö und Paß Döko ober Muli. Im W (WILSON, Veitch Exp. 4455, 4459).

Nach gutem, aus Kew geliehenem Material der Pflanze des Himalaya kann ich diese von *E. megistopoda* nicht unterscheiden. Die Wurzel, die nach HOOKERS Beschreibung verschieden scheinen könnte, stimmt an GAMBLES Nr. 24363 aus Tihri Garhwal ganz überein. Das Berliner Original der *E. himalayensis* hat BOISSIER erst lange nach seiner Arbeit für den Prodromus gesehen, aber wohl nicht mit anderem Material verglichen. Es zeigt einen mindestens 4 cm langen Rhizomast, von dem in der Abbildung nur das oberste Drittel undeutlich dargestellt ist, und hat mit *E. himalayensis* im Sinne HOOKERS (s. oben unter *Wallichii*) nichts zu tun, sondern gehört entschieden in die Variationsweite von *E. Stracheyi*, von der WILSONS Nr. 4455 mit 25 cm langem Stengel mit Seitentrieben, deren einer blüht, ihm sehr nahekommt. Die Verwendung des ältesten Namens *himalayensis* für die Art würde aber nur Verwirrung anstiften. *E. Riae* besteht aus besonders üppigen Exemplaren mit verlängerten Seitenzweigen.

E. kansuensis PROCH. in Bull. Ac. Sci. URSS, 6. sér., XX., 1389 (1926). S-Schanhsi: Gegen Yahsiang (LICENT 1869). Kansu: Mindschou (PURDOM: Hb. Kew). Im W (LICENT 4171; ROCK 13941).

E. Sampsoni HCE. in Ann. Sci. nat., Sér. 5, Bot., V., 240 (1866). **H.**: Gebüsche der str. St. zwischen Wangdjiapu und Djintie-se am Wege von Yungdschou nach Hsinning, Kalk, 200—500 m (11268). **Ki.**: Lu-schan bei Kiukiang, 1100 m (SCHINDLER 362; BULLOCK 85). Schandung (WILLIAMSON: Hb. Edinburgh). Tschili: Kupeiku (WAWRA 871, nur die oberen Teile vorhanden, aber anscheinend auch hieher gehörig). Wo? WILSON 1573.

FORBES und HEMSLEY vereinigen die Art mit *E. pekinensis* RUPR. Sie unterscheidet sich aber von dieser durch die äußerst dicht stehenden, linealen, spitzen, unterseits sehr glauken Blätter, die nur selten und spärlich gesägt sind, und den dicken, saftigen Stengel, der tatsächlich an *E. Jolkini* BOISS. erinnert.

** ***E. nematocypha*** HAND.-MZT. in Sitzgsanz. Ak. W. W., 1926, 2.

Syn.: *E. Jolkini* FORB. et HEMSL. in Journ. Linn. Soc. Bot., XXVI., 415 (1894) p. p.; DIELS in Not. R. Bot. Gard. Edinbgh., VII., 251 (1912), non BOISS.

Sect. *Tithymalus* (SCOP.) BOISS., subs. *Galarrhaei* BOISS.

E radice crassissima lignescente descendente uni- vel pluricaulis 20 cm—1 m alta, in typo praeter involucra glabra vel foliorum dorsis parce pilosa. Caulis herbaceus, fistulosus, erectus, usque ad $1\frac{1}{2}$ cm crassus, teres, simplex vel superne ramis sterilibus saepe elongatis et decapitatus etiam floriferis auctus, basi foliis squamiformibus lingulatis ultra 1 cm longis sursum accrescentibus imbricatis mox caducis obsitus ceterumque $\pm$ dense foliatus, sub umbella autem saepe longe nudus. Folia lanceolata et oblongo-lanceolata et inferiora obovato-lanceolata, usque ad 45×16 et 60×14 mm, obtusissima usque acutiuscula, basi sensim angustata anguste latiusve sessilia, integerrima, herbacea, margine angustissime cartilaginea, viridia, subtus papilloso-glaucescentia; costa latiuscula nervique utrinsecus 9—15 valde obliqui tenues irregulares eorumque ramuli nonnulli utrinque prominuli. Umbella semel vel bis composita, saepe radiis accessoriis paucis $\pm$ remotis aucta, radiis primariis 5—7 validis, vix 1 cm usque

6 cm longis, ceteris sensim brevioribus. Bracteae umbellae tot quot radii, his sub fructu usque plus duplo et foliis summis paulo breviores, ceterum his simillimae, juveniles tantum flavescentes. Bracteae umbellularum ternae cyathiorumque saepe binae, sensim decrescentes et dilatatae, ultimae late ellipticae usque obovatae vel suborbiculares, 5—10 mm longae, apiculatae. Cyathia breviter et crasse stipitata, campanulato-turbinata, 3—4 mm longa, teretia, brunnea, intus infra glandulas crasse villosa; lobi longitudine latiores, emarginati vel late rotundati, lateribus villosuli; glandulae rufae, transverse late ellipticae, fere 2 mm latae, margine anteriore $\pm$ recto saepe fere semiorbiculares. Ovarium verrucis filiformi-elongatis densissime indutum; styli $1\frac{1}{2}$ mm longi, tenuiusculi, liberi, subintegri vel brevissime bifidi. Capsula stipite crassissimo 2—3 mm emersa, crasse ovoideo-globosa, 4—5 mm longa et latior, paulum constricta, verrucis immutatis; semina crassissima, ochrascentia vel violascentia, interdum paululum marmorata, carunculis magnis depressis pallidis.

An Bächen und in Sumpfwiesen der wtp. und tp. St. auf Kalk, Sandstein und Schiefer, 1800—3400 m. **Y.**: Überall häufig um Yungning, 19. VI. 1914 (3125, Typus; Schneider 1602), gegen Yungbei bis jenseits des Passes Gwamaoschan. Oft massenhaft um Hsiao-Dschungdien und Tungapi, auf dem Sattel Gitüdü ober Anangu und bei Laba e von dort. Osthang des Dsang-schan bei Dali, IV.—VII. 1906 (Forrest 4594, 4597). Flußgebiet des Schweli und Umgebung von Tengyüe, II. 1923 (Rock 7942). Yünnanfu (Maire 226). Lungwangmiao, V. 1910 (Maire 3860; distr. Bonati B 3742). Hinter Dungtschwan (Maire). Möngdse, 1500 m, 1893—1895 (Hancock 2), II. 1894 (H. 30). Dort an einem Bergbach selten (Henry 9237). **S.**: Molien jenseits des Yalung n von Yenyüen, 25. V. 1914 (2539). Unter Bidjieliangdse zwischen Yenyüen und Yungning. Ober Muli.

— — ** var. ***induta*** Hand.-Mzt.

Forma xerophila tota patule molliter pilosa. Caulis foliaque vinosa. Umbellae radii usque ad 8, accessorii permulti ex axillis foliorum superiorum. Styli $2\frac{1}{2}$ mm longi, saepe paulo profundius fissi.

NE-**Y.**: Weiden der Täler und Hügel um Dungtschwan, 2550 m (Maire: Hb. Mus. Wien).

Species *E. Jolkini* Boiss. proxima, quae differt minor, simplex, capsulae verrucis brevibus vesiculosis densioribus.

Von Wilson liegt eine Pflanze aus Hubei: Djienschi (934) im Herbar Kew, die durch kürzere Warzen der Kapseln sich der japanisch-koreanischen *E. Jolkini* zu nähern scheint. Sie ist auch der *E. pekinensis* Rupr. ähnlich, unterscheidet sich aber von ihr durch breitere, daher anders geformte Blätter und kürzere Warzen. Solange dieses einzige Exemplar aus Mittel-China vorliegt, hält man *E. nematocypha* am besten als Art aufrecht.

** ***E. hylonoma*** Hand.-Mzt.

Syn.: *E. pilosa* Forb. et Hemsl. in Journ. Linn. Soc., Bot., XXVI., 416 (1894) p. p., non L.

Subsect. praecedentis.

Radix crassa collo saepe napiformi et usque ad 15 mm crasso, deorsum fasciculato-ramosa ramis crassis descendentibus, fibris crassiusculis. Caulis singulus, e basi saepe geniculata erctus, strictus, 25 cm — certe ad 1 m altus et basi usque ad 8 mm crassus, fistulosus etsi superne saepe gracilis, haud perdurans, simplex vel ex axillis superioribus umbellis accessoriis vel cyathiis singulis tantum longipedunculatis ramosus, glaber vel superne puberulus, dissite foliatus, sub umbella terminali longe nudus. Folia a vaginis basalibus sursum sensim accrescentia, obovata usque obovato-lanceolata, ad 55×23 et 65 × 14 — 85 × 20 et 110 × 23 mm, rotundata usque acutiuscula, basi cuneata usque longe et saepe petiolato-angustata, integerrima, membranacea, intense viridia, subtus vix pallidiora, marginibus interdum purpurascentia, opaca, glabra vel subtus pilosula; costa nervique utrinsecus 5—8 obliqui ramosi tenues utrinque conspicui. Umbella glabra, simplex usque ter composita, bracteis umbellaribus foliis caulinis omnino aequalibus primariis 5, radiis gracilibus, primariis 5, 2½—10 cm longis, ceteris ternis ultimisque binis brevioribus. Bracteae umbellularum cyathiorumque ternae vel binae, anguste et subrhombeo- usque late triangulari-ovatae, 11 × 6 usque 23 × 9 et 45 × 25 mm, ± obtusae, ceterum foliis aequales, sed magis conspicue venulosae. Cyathia minuta, brevia et lata, vix 3 mm diametro, pallida, lobis brevissimis retusis; glandulae oblongae, 1 mm longae, curvatae, rotundatae, olivaceae usque rufopurpureae. Ovarium brevistipitatum; styli crassi, 2 mm longi, subliberi, ± ⅓ bifidi. Capsula depresso-globosa, ± 3 mm longa, inter coccos paulum constricta, tergis coccorum seriebus binis verrucarum paucarum crassarum instructa. Semina vix 2 mm longa, pallida, levia; caruncula sub apice lateralis, minuta, pileiformis.

SW-**H.**: Yün-schan bei Wukang, auf Tonschiefer zwischen 400 und 1400 m, IV. 1919 (Wang-Te-Hui in Plt. sin. 59, Typus). W-Hubei („Hupeh") (Wilson, Veitch Exp. 1117a). Tschangyang, Wälder, VI. 1900 (W., V. E. 1117). W-**Kw.**: Hwangtsaoba (Hsingyi-hsien), Berge (Cavalerie 4469). E-**S.**: S. Wuschan (Henry 5556, 5556 A, 5556 B). Bezirk Patung (H. 696, 4011, 4746). Dort an Felsen (H. 2448). Schenhsi: Südseite des Taipeischan, 1914 (Purdom, wie vorige Hb. Kew).

Species valde affinis *E. lucorum* Rupr., quae differt tantum foliis brevioribus latioribus, bracteis latioribus, verrucis capsularum crebrioribus maioribus confluentibus.

Nach Ausscheidung der nicht hieher gehörigen Pflanzen mit gehörnten Drüsen (s. unten unter *E. luticola*) ist die chinesische bisher zu *E. pilosa* L. gestellte Pflanze sehr einheitlich, kommt aber keiner der europäischen oder indischen Formen dieser Art gleich, die entweder runde Brakteen oder ganz andere, nämlich reichlicher und grob warzige Kapseln haben. Sie kann vielmehr als eine südliche Rasse der *E. lucorum* betrachtet werden. Silvestris als *E. pilosa* ausgegebene Nr. 4890 ist *E. pekinensis* Rupr.

E. lucorum Rupr. Korea: Kangkai (Mills 79: Hb. Kew).

E. micractina Boiss. in DC., Prodr., XV/2., 127 (1866). (*E. altaica* Kanitz e Forb. et Hemsl[1] non C. A. Mey. — *E. shetoënsis* Pax et Hffm. in Rep. n. sp., Beih. XXII., 433 [1922]. — *E. tangutica* Proch. in Bull. Ac. Sci. Leningr., 6. sér., XX., 1384 [1926]). Diese Art, die Hooker unbekannt war, liegt sicher vor in Duthies Nr. 11330 aus Kaschmir: Above Gulmarg, die fälschlich als *E. Stracheyi*

[1] In der deutschen Ausgabe der Wiss. Erg. Reise Széch. Ostas. II. ist keine *Euphorbia* enthalten.

BOISS. verteilt wurde. Im Wiener Universitätsherbar sind unter dieser Nummer kahle und behaarte Exemplare gemischt. Sie haben nur einfache Stengel, doch zeigen chinesische (SOULIÉ 296) traubig angeordnete sekundäre Dolden aus den Blattachseln, wie sie BOISSIER beschreibt, an dünnen, bis 5 cm langen Stielen. Diese sind alle kahl. Die Wurzel ist ausgesprochen rübenförmig und vielstengelig. Die Astblätter sind von den Stengelblättern mitunter sehr verschieden, mitunter aber gar nicht. Die Dolde ist (4?—) 5—10strahlig. Die Kapsel, von 2—4 mm Durchmesser, ist sehr spärlich bis dicht warzig. Die ersten Döldchen haben je 3 Brakteen, die sekundären je 2. Samen glatt, violett; Caruncula hutförmig. Aus China sah ich folgende Exemplare: W-S.: Tongolo (SOULIÉ 296). Sümpfe, 3500 m (WILSON, Veitch Exp. 4458). Dadjienlou („Tatsienlu") (SOULIÉ 179, 743; LIMPRICHT 1739). Kansu: Mindschou, 8000′ (PURDOM: Hb. Kew). Im N zwischen Luoschan und Hsiamagwan (LICENT 3881). Im W gegen den Hsinlungschan und den Maho-schan (L. 4434). E-Tibet (ROCK 14093, 14241).

Die Art kommt der *E. altaica* C. A. MEY. sehr nahe, die aber die Brakteen immer nur zu zweien und ein ganz kahles Perianth hat. Habituell ähneln kleine Exemplare der *E. Stracheyi*; sie unterscheiden sich aber sofort durch die Wurzel, den nur wenig und kurz verdünnten Stengel, Mangel der kurzen Behaarung und die warzigen Früchte. Die größten Formen (*E. shetoënsis*) sehen schon sehr verschieden aus. Die chinesische Pflanze hätte so zu heißen, wenn man einen Unterschied gegenüber der indischen feststellen könnte.

E. Lathyris L. In der wtp. St. S.: Trockene Diabashänge bei Dindjia-tsun nächst Huili, 2600 m (885). Y.: Yünnanfu (DUCLOUX 739). Hsi-schan dort (SCHOCH). Gotjiu bei Möngdse (HANCOCK 447). Äcker auf dem Munyi-schan bei Dapingdse (DELAVAY: Hb. Kew).

E. Helioscopia L. Y.: Yünnanfu (DUCLOUX 630; MAIRE 1482). Ebene von Dungtschwan, 2500 m (MAIRE). Hubei: Yodschou (MORSE: Hb. Kew).

E. prolifera HAM. (*E. nepalensis* BOISS. — *E. Pinus* LÉVL. in Rep. n. sp., XI., 296 [1912], e typo). In Steppen und auch an feuchten Rainen der str. und wtp. St., 1400—2400 m, auf Sandstein und Mergel. Y.: Um Yünnanfu (46, 13080; SCHNEIDER 79; SCHOCH 5; DUCLOUX 345; CAVALERIE 4688). Möngdse (HENRY 9121; HANCOCK 490). Im NE bei Dungtschwan (MAIRE). S.: Im Djientschang („Kientschang") gemein von Dötschang (1109; SCHNEIDER 728) bis Ningyüen (Lingyüen) (1890; SCHNEIDER 827). Über dem Yalung s ober Lumapu, 27° 37′ (20870).

Unter MAIRES Exemplaren von Dungtschwan befinden sich im Herbar Edinburgh solche, die nach Abbildung und Beschreibung ganz der *E. tarokoënsis* HAY., Ic. Pl. Formos., VII., 34 (1918) gleichkommen.

E. hippocrepica HEMSL. (*E. erythraea* HEMSL.). Y.: Beyendjing, Sümpfe (TEN 357). Umgebung von Yünnanfu (MAIRE 2262). W-Hubei (WILSON, Veitch Exp. 934a). Yitschang, Unkraut (W., V. E. 128). Tschekiang: Tientaischan, 970 m (FABER 110, von FORB. u. HEMSL. als *E. pilosa* angeführt).

Das nun vorliegende Material gestattet nicht, *E. hippocrepica* und *erythraea* getrennt zu halten. In Anbetracht der Veränderlichkeit in der Farbe und in der Ausbildung der Drüsen ist keiner der beiden Namen besonders bezeichnend. SILVESTRIS Nr 4893 aus N-Hubei, die als *E. pekinensis* verteilt wurde, gehört auch hieher oder doch in die nächste Nähe. Eine in W-Y.: Tengyüe (HOWELL 326:

Hb. Edinbgh.) gesammelte Pflanze unterscheidet sich nur durch den kurzen Flaum, der ihre oberen Teile bedeckt.

E. szechuanica PAX et HFFM. in Rep. sp. n., Beih. XXII., 433 (1922) hat an den blühenden Stengeln eine auffallend andere Blattform, steht *E. hippocrepica* aber sonst sehr nahe, scheint jedoch eine gute Art zu sein.

** ***E. luticola*** HAND.-MZT. (Taf. V, Abb. 1).

Syn.: *E. pilosa* FORB. et HEMSL. in Journ. Linn. Soc., Bot., XXVI., 416 (1894) p. p., non L.

Sect. *Tithymalus* (SCOP.) BOISS., subs. *Esulae* BOISS.

E radice longa tenuiuscula descendente et partim breviter repente fibris crassis praedita caulem singulum vel caules multos fasciculatos, erectos, 14—30 cm altos, 2½—4 mm crassos, simplices, raro surculis sterilibus axillaribus et umbellaribus abnormalibus instructos, teretes, partim persistentes edens, glaberrima, dilute olivaceo-viridis. Folia in caulibus floriferis et sterilibus (raris) densiuscula, inferiora abbreviata decidua, cetera oblonga, 30 × 6—13 usque 50 × 15 (in surculis sterilibus etiam 10 × 2) mm, rotundata usque levissime emarginata, basi sensim angustata sessilia, integerrima vel in surculis adventiciis antice erosula, herbacea, opaca, subtus paulo pallidiora; costa latiuscula nervique tenues utrinsecus c. 7, valde obliqui, irregulares, ramosi imprimis subtus paulum prominuli. Umbella terminalis 5—8 radiata, dichotome semel usque ter composita; radii accessorii radiis umbellaribus aequales ex axillis superioribus saepe additi racemum formantes. Bracteae umbellares foliis caulinis aequales vel latiores usque ad 3 × 2 cm, basi minus angustatae. Radii 1—5 cm longi, tenuiusculi, rigiduli, suberecti, secundarii sensim breviores. Bracteae cyathiorum magnae, liberae, ovato-trapezoideae, longitudine aequilatae usque sesquilatiores, retuso-rotundatae et maiores minute emarginatae, basi truncatae, angulis rotundatae, ceterum foliaceae, flabellatim paucinerviae. Cyathia brevistipitata, turbinata, 2—2½ mm longa, brunnea; lobi breves, truncati, 1 mm lati; glandulae purpurascentes, lunatae, 1½ mm longae, latae, cornubus acutis incurvis glandulae crassitiem aequantibus. Capsula stipite 1 mm emerso elevata, globosa, 3—5 mm diametro, inter coccos paulum constricta, levis. Styli 2 mm longi, tenuiusculi, versus medium connati, profunde bifidi. Semina subglobosa, levia, pallida, caruncula apicali minuta.

Dämme, Gebüschränder und Äcker der str. und wtp. St. auf Sandstein und Mergel, 40—1900 m. **H.**: Um den Liuyang-ho bei Tschangscha, 18. IV. 1918 (11642). Hubei: Yitschang und unmittelbare Umgebung (HENRY 818, 3588 A). **Kw.**: (CAVALERIE: Hb. Kew). **E-Y.**: Sidsung, 10. VI. 1917 (10138, Typus).

Species inter *E. Esulae* formas et *E. Rothianam Sieboldianam*que ponenda. *E. Esula* L. differt bracteis exacte rotundatis, inferioribus multo minoribus, capsulis multo minoribus depressis, stolonibus; *E. latifolia* C. A. MEY. habitu similis etiam umbellis multiradiatis coccisque tuberculatis distat. *E. Rothiana* SPRG. umbellis valde compositis similis bracteis umbellarum elongatis, umbellularum autem multo maioribus triangulis et glandularum cornubus multo longioribus differt, *E. Sieboldiana* MORR. et DECNE. bracteis inferioribus triangulis quoque ambitu attenuatis, umbellularum autem et glandulis praecedentis, caulibus densius foliatis. *E. Henryi* HEMSL. quoad umbellam similis eius bracteis brevioribus capsulisque minoribus quoque distat.

Aus Guidschou („Kweitschou") liegt im Herbar Kew nur ein Individuum von CAVALERIE mit 4 verschiedenen Nummern, 3 verschiedenen Standortsangaben (Daten) und den Namen *E. Cavaleriei* LÉVL. und *E. Esquirolii* LÉVL., doch paßt die Beschreibung keiner dieser beiden darauf.

Zu *E. Henryi* HEMSL. gehört PURDOMS Pflanze vom Taipei-schan (Hb. Kew). Sie hat die Blätter nicht so ausgesprochen quirlständig, aber doch gehäuft, die unteren, entfernteren, noch erhalten. Die Dolde hat 7 Strahlen und ist vierfach zusammengesetzt, ihre größten Brakteen sind 4 cm breit, die sekundären Strahlenäste sind ebenfalls lang.

* *E. Rothiana* SPRG. **Y.**: Semao, 1500 m (HENRY 13416). Möngdse (HENRY 10241). Yünnanfu (MAIRE 246, 302, 1072; CAVALERIE 7919). Berge ne der Lidjianger Schleife des Djinscha-djiang, 27° 45′, steinige trockene Lagen, 2700 bis 3000 m (FORREST 10433). **W-S.**: Wa-schan s von Yadschou (WEIGOLD). „W-China", Wegrand, 2900 m (WILSON, Veitch Exp. 4460).

* ***E. dracunculoides*** LAM. **Y.**: In Steppen und an sandigen Orten der str. St. auf Kalk, Sandstein und kristallinischem Boden, 400—1850 m. Zwischen Bintschwan und Biendjio ne von Dali überall, 17. V. 1915 (6350). Bei der Herberge Lagatschang am Djinscha-djiang n von Yünnanfu und gegenüber unter Dungngan in S., 20.—21. III. 1914 (761). Im NE bei Monggu (MAIRE, distr. BONATI 3787) und in Kulturen bei Tjiaodjia (M. 812/1913).

* *E. Peplus* L. F.: Fudschou, 660 m über der Ebene, 1897 (CARLES 570: Hb. Kew).

NB.: *Euphorbiopsis lucidissima* (LÉVL. et VANT.) LÉVL. in Rep sp. n., IX., 446 (1911) hat den Blütenbau von *Canscora* (*Gentianaceae*) subgen. *Pentanthera* C. B. CLKE. und stellt hier eine neue Art dar: *Canscora lucidissima* (LÉVL. et VANT.) HAND.-MZT. (*Euphorbia lucidissima* LÉVL. et VANT. in Bull. Herb. Boiss., 2. sér., VI., 763 [1906]), deren vollständige Beschreibung ich in der Bearbeitung der Gentianaceen geben werde. Was mit „glandulae longe stipitatae, breviter cornutae" gemeint ist, ist am Originalexemplar im Edinburgher Herbar nicht zu finden, und der Griffel ist nicht dreizähnig.

Daphniphyllaceae

Daphniphyllum BL.

D. Oldhamii (HEMSL.) ROSENTH. in Pflzr. IV/147a, 8 (1919). **SW-H.**: Laubhochwald der str. Flußschlucht bei Moschi nächst Dsingdschou, Schiefer, 400 m (11050).

„Fructus — — calyce persistente suffultus" in der Diagnose ROSENTHALS ist falsch und im Widerspruch mit dem Schlüssel und den Originalexemplaren. Die Blätter werden bis 5,2 cm breit, an Originalen auch bis 4,5.

D. macropodum MIQ. **SW-H.**: Im wtp. Laubhochwalde des Yün-schan bei Wukang, Tonschiefer, 1100 m (12104).

D. Paxianum ROSENTH. in Pflzr. IV/147a, 13 (1919). **Y.**: Hartlaubgebüsche der wtp. St. bei Schanyakou nächst Dingyüen w des Dsolin-ho, häufig, Sandstein, 2000 m (6204).

Klein, die Blätter nur bis 11,5 cm lang und 3,5 cm breit, ihre Stiele bis 2 cm lang, sonst völlig stimmend. Wohl Produkt des trockenen Standortes.

Buxaceae

Sarcococca LINDL.

S. Hookeriana BAILL. **var.** ***digyna*** FRANCH. (*Pachysandra Mairei* LÉVL. e typo). **Y.**: In Gebüschen der wtp. St. auf dem Rücken zwischen Dsaodjidjing und Hwadung e des Dsolin-ho, Sandstein, 2600 m (4973). Im NW um Lidjiang, von Einheimischen (3763). **S.**: In der tp. St. des Lungdschu-schan bei Huili, Diabas, 2700—3100 m (919).

S. ruscifolia STAPF. In der str. und wtp. St. auf Kalk. **S.**: Schutt s ober Lumapu im Tale des Yalung zwischen Ningyüen und Yenyüen, 27° 40′, 1750 m (2112). Mischwald beim Schlosse Kwapi n von hier, 27° 53′, 2750 m (2734). Im S bei Nantschwan (BOCK u. ROSTHORN 189). **Kw.**: Gebüsche bei Guiding e von Guiyang („Kweiyang"), 1000 m (10626).

— — **var.** ***chinensis*** (FRANCH.) REHD. et WILS. In trockenen Wäldern, Gebüschen und unter Felsen der wtp., auch der str. St. auf Kalk, Sandstein und Tonschiefer, 1700—2325 m. **Y.**: Unter den Tempeln des Hsi-schan (350) und jenseits Schilungba (202) bei Yünnanfu. Unter Djiunienping jenseits Fumin nw von hier (6134). Im E im mittelchin. Fl. unter Begung bei Djiangdi an der Grenze von Guidschou (10238). **S.**: Ober Helugö bei Kwapi im Yalunggebiete n von Yenyüen (2470).

Ohne Unterscheidung der Arten, deren erste nach den Aufsammlungen höhere, die zweite niedrigere Lagen bewohnt, wurde *Sarcococca* notiert in **Y.**: Unter Heniuschao bei Hodjing, 2900 m, und viel am Bache ober Hsiangschuiho s von hier, bis 3300 m, unter dem Sattel Gwamaoschan bei Hsinyingpan zwischen Yungbei und Yungning, 3000 m, unter Meti zwischen Dschungdien und Djitsung am Djinschadjiang, 3000 m, und massenhaft unter dem Lagerplatze Luna bei Londjre in der Mekong—Salwin-Kette, 3050 m, 28° 8′. **S.**: Gaitiu zwischen Yungning und Yenyüen, 2700 m, Gwandien bei Kwapi am Yalung, 3000 m, Wudadjing bei Ningyüen, 2450 m.

Pachysandra L. C. RICH.

P. axillaris FRANCH. **Y.**: Laubwald der wtp. St. bei Hosaodien w des Dsolin-ho, Sandstein, 2000 m (6213). Taohwa-schan bei Beyendjing, an Bächlein, 2900 m. W-Seite des Dsang-schan bei Dali, 3000 m (FORREST 15529, sehr verkahlend). Umgebung von Yünnanfu (MAIRE 238, 318, 555; CAVALERIE 53: Hb. Stockholm), hier bei Schilungba (SCHNEIDER 4052), auf dem Tschangtschungschan in Gräben (DUCLOUX 3610) und zwischen Blockwerk auf Kalk, an Gräben ober Lugö. Feuchte Felsen bei Hsinlung n von hier (SCHNEIDER 322). Im NE an Felsen bei Lagu, 2400 m (MAIRE ex hb. Arb. Arn. 304; distr. BONATI 5907 B), und Hsiaolungtan, 3000 m (M., distr. BON. 7154 B).

Im Gegensatze zur folgenden Art hat diese die Blätter ausgesprochen eiförmig, reichlich und tief gesägt, sehr spitz, mindestens die unteren mit gestutztem bis herzförmigem (MAIRE, distr. BONATI) Grunde, von dünner Beschaffenheit, die Stiele selten etwas länger als $^1/_3$ der Spreiten und an den oberen Blättern auch nur $^1/_5$, die Blütenähren kurz und locker, das Perianth häutig, die Filamente 9—12 mm lang, dünn, und die Antheren kurz. MAIRE 304 hat die Blätter mehr von *P. axillaris*, die Blüten anscheinend mehr von *stylosa*, liegt aber nur in mangelhaften Stücken vor.

P. stylosa DUNN. (*P. axillaris* FORB. et HEMSL. in Journ. Linn. Soc., Bot., XXVI., 419 p. p. DIELS in Bot. Jahrb., XXIX., 431 p. p. REHD. et WILS. in Plt. Wils. II, 165, non FRANCH. — *P. Bodinieri* LÉVL. in Rep. sp. n. XII, 187 [1913]. — *P. axillaris* f. *kouytchensis* LÉVL. Fl. Kouy-Tch., 166 [1914]). — In Gräben, Gebüschen, an steinigen Stellen und in Wäldern der str. und wtp. bis in die tp. St., 500—3000 m. **Ki.**: Fuß des Hangaodsu zwischen Ningdu und Tjingan („Ki-an") (Plt. sin. 491). **H.**: Beim Antimonwerk Hoyi in Hsikwang-schan bei Hsinhwa (12638). W-Hubei: (WILSON, Veitch Exp. 439). Kultiviert (W. 953). „W. China" (W., V. E. 4451). **Kw.**: Guiyang, Kollegiumsberg (CHAFFANJON 2186). Wo? (CAVALERIE 1333). Hwangtsaoba (Hsingyi-hsien) (CAVALERIE 57: Hb. Stockholm, 7956). **S.**: Im E bei S-Wuschan (HENRY 5589, 5709, 7529). Dschengkou (FARGES). Im W am Wa-schan s von Yadschou (WEIGOLD). Dadjienlou (PRATT 796). **Y.**: Im E zwischen Magai und Sidsung, Felsen am Eingang zum Tienhsin-tjiao (BODINIER 1525). Lunan (HENRY 9959 A). Im NE im Tale von Tjiaometi (MAIRE 622/1914). Im S bei Möngdse, Berge im S (HENRY 9959 b; HANCOCK 16). Im W im Salwin-Tale am 28° (FORREST 16338).

— — ** var. ***glaberrima*** HAND.-MZT.

Tota planta glaberrima.

Y.: Unter Sträuchern in einem Graben bei Sanyingpan n von Yünnanfu, 26°, Sandstein der wtp. St., 2400 m, 14. III. 1914 (607; SCHNEIDER 396) und wohl auch diese etwas weiter n bei Bitsei, 2325 m.

An einem Individuum der Varietät findet sich an einer Stelle auch eine Spur von Behaarung, so daß die Pflanze sicher nur Varietätwert besitzt. Ein Gegenstück dazu bildet eine von DUCLOUX ohne Standort und Nummer gesammelte Pflanze im Herbar Kew, die verhältnismäßig sehr lang behaart ist, übrigens in den Staubgefäßen trotz der etwas kürzeren Filamente an *P. axillaris* erinnert.

P. stylosa unterscheidet sich von der vorigen Art durch mehr elliptische Blätter, mit verschmälertem oder oft breit gerundetem, aber nie quer gestutztem Grunde und immer sehr breiter, im ganzen stumpferer und nie so vorgezogener, wenn auch am Ende scharfer Spitze; die Zähne sind nie tief und immer sehr breit, nie vorgerichtet, nicht selten ist allerdings der Blattrand nur gewellt, doch ist das Original entgegen der Beschreibung nicht ganzrandig; die Blattstiele sind 2 bis 4mal kürzer als die Spreite. Die Blätter sind etwas dicker, und das Perianth ist entschieden fleischiger. Im Griffel, nach dem sie benannt ist, kann ich keinen Unterschied finden, denn am Originalexemplar ist seine Größe nur im Einklang mit dem kräftigeren Bau des ganzen, wie auch seine langen, dichten Ähren, die an den vielen schwächeren Exemplaren, die, durch Übergänge verbunden und geographisch nicht getrennt, sicher zur Art gehören, sich nicht so ausgebildet finden.

Buxus L.

B. mollicula W. W. SM. in Not. R. Bot. Gard. Edinbgh., X., 16 (1917) ** var. ***glabra*** HAND.-MZT.

Planta praeter petiolos juveniles costaeque sulcum glaberrima.

NW-**Y.**: Üppiger Schluchtwald der str. St. bei Bolo an einem Zuflusse des Djinscha-djiang n von Lidjiang, 27° 47′, Kalk, 2100 m, 10. VIII. 1915 (7581). Wahrscheinlich auch die Art in ähnlichen Lagen unter Ronscha w von Dschungdien und am Mekong gegenüber Tseku und unter Londjre.

FORRESTS Nr. 20590, die nur spärlich behaart ist, verbindet den Typus mit der Varietät. Von *B. Wallichiana* DC. unterscheidet sie sich durch viel breitere, dickere und oberseits nicht deutlich genervte Blätter.

B. microphylla SIEBD. et ZUCC. (*B. Harlandi* PAX et HFFM. in Rep. sp. n., Beih. XII., 434, non HCE.). **F.**: N. (CHING in WULSIN 2227). SW (SCHINDLER 429). Kiangsu (LIMPRICHT 10, von PAX u. HFFM. vom Standort als 58 angeführt).

Kahle, dem Typus entsprechende Pflanzen.

— — var. *aemulans* REHD. et WILS. in Plt. Wils. II, 165 (1914). (*B. sempervirens* DIELS. in Bot. Jahrb., XXIX., 431, non L.). S-**S.**: Nantschwan (BOCK u. ROSTHORN 432).

— — **var. *platyphylla*** (SCHNDR.) HAND.-MZT. (*B. Harlandi* var. *platyphylla* SCHNDR., Handb. Laubholzkd., II., 139 [1912]. — *B. microphylla* var. *sinica* REHD. et WILS., l. c.). NW-**Y.**: Lidjiang, von Einheimischen (3765).

— — **var. *rupicola*** W. W. SM. in Not. R. Bot. Gard. Edinbgh., IX., 88 (1916). NW-**Y.**: Dürre Kalkfelsen der tp. St. zwischen den beiden Pässen des Berges Lamatso zwischen Yungning und Dschungdien n von Lidjiang, 3200 m (7606).

— — **var. *prostrata*** W. W. SM. in Not. R. Bot. Gard. Edinbgh., X., 16 (1917). NW-**Y.**: Bei Lidjiang, von Einheimischen (3764). Zwischen Yungning und Mudidjin, 3000 m (SCHNEIDER 3510). An dürren Kalkfelsen der tp. St. neben der heißen Quelle von Baoschi bei Dschungdien, 3400 m (7702).

Vom Typus und den anderen Varietäten außer durch den Habitus auch verschieden durch die sehr dicken Blätter, deren Nerven weder ober- noch unterseits zu sehen sind, wohingegen oberseits eine Querrunzelung sehr deutlich ist, und die deutlichen, voneinander entfernten Papillen der Unterseite. Der eine Zweig von WILSONS Nr. 3398 aus W-Hubei in unserem Herbar ist ebenfalls dazu zu stellen. In Ermanglung von Unterschieden in den Früchten (♂ Pflanzen liegen nicht vor) handelt es sich doch nur um eine extrem xerophile Form.

B. Harlandii HCE. ** **var. *linearis*** HAND.-MZT.

Folia linearia, vel spathulato-linearia, ad 22 × 3—3½ mm. Fructus juniores dense hirtello-velutini, demum glabrescentes. Frutex vix ultra 50 cm altus.

E-**Kw.**: Monatelang überflutete Grauwackefelsen des Ufers des Du-djiang unter Sandjio, Bestände bildend, str. St., 370 m, 17. VII. 1917 (10809).

Von echtem *B. Harlandii* liegt mir nur eine einzige reife Frucht vor, die kahl ist. Zu diesem gehört aber nach dem Typus anscheinend auch *B. cephalantha* LÉVL., doch sind an einem seiner Triebe die oberen Blätter recht breit.

Callitrichaceae

Callitriche L.

C. verna L. (sensu KÜTZG., det SAMUELSSON). **Y.**: In Lachen der tp. St. auf Kalk und Sandstein, 3100—3450 m. Berg Hungguwo bei Hsinyingpan zwischen Yungbei und Yungning, an austrocknenden Stellen (3277). Im NW in der moorigen Wiese Da-Litiping ober Weihsi (8492). Ostseite des Yülung-schan bei Lidjiang (FORREST 22575).

C. stagnalis SCOP., det. SAMUELSSON. **NW-Y.**: Sumpf in der tp. St. bei Beischaogo nächst Dschungdien („Chungtien"), 3500 m (7762). Im NE in frischen Quellen der Ebene von Dungtschwan, 2500 m (MAIRE).

Hamamelidaceae

Bucklandia R. BR.

B. populnea B. BR. **NW-Y.**: Im str. Regenlaubwalde des birm. Mons. in der Seitenschlucht Naiwanglong des Taron (Djiou-djiang, e Irrawadi-Oberlaufes), 27° 53′, Schiefer, 2000—2150 m, 6. VII. 1916 (9400).

Liquidambar L.

L. formosana HCE. In Wäldern, besonders an Hängen und in Schluchten, aber nicht im eigentlichen Schluchtwald und Regenwald, in der str. und bis in die wtp. St. auf Kalk, Sandstein, Quarzit, Tonschiefer, Grauwacke und Mergel, 30—1250 m. In **H.** von Tschangscha über Dungngan, Hsikwangschan und Wukang nach **Kw.** überall. Hier ebenso (10609) bis Guiyang (10554), weiter w nur um Dörfer zwischen Tschingdschen und Gutscha gesehen (10496).

Mit etwa 25 m Höhe der größte Baum Hunans (und Guidschous ?), im Herbst schön tiefrot gefärbt.

Distylium SIEBD. et ZUCC.

D. chinense (FRANCH.) DIELS. **Kw.**: An oft überfluteten Stellen der Flußufer in der str. St. auf Schiefer, Sandstein und Kalk, 300—1250 m. Im E bestandbildend von Sandjio bis Gudschou (10810). Bei Duyün („Tuyün") (10692). Im SW an der Grenze von Yünnan reichlich bei Djiangdi (10272).

Unsere Exemplare von WILSONS Originalnummer 115 des *Distylium strictum* HEMSL. haben genau wie meine vollkommen ganzrandige Blätter, LIMPRICHTS Nr. 1149 von Yitschang dagegen hat sie nur 1—2 cm lang, oft gestutzt und an der Spitze scharf gezähnelt, so daß ich meine, daß *D. strictum* HEMSL. keine verschiedene Art darstellt.

Corylopsis SIEBD. et ZUCC.

C. sinensis HEMSL. **SW-H.**: Gebüsche der wtp. St. auf Kalk, Sandstein und Tonschiefer, 700—1325 m. Von Hsikwangschan bei Hsinhwa gegen Ngandjiapu (11771). Yün-schan bei Wukang (12050).

** ***C. velutina*** HAND.-MZT. in Sitzgsanz. Ak. W. W., 1925, 130.

Frutex ramulis virgatis spadiceis fuscescentibus, junioribus velutino-pilosulis, dein glabrescentibus, cortice longitudinaliter tenuiter fissili, lenticellis minutis humilibus orbicularibus vel transverse breviter ellipticis crebre punctulato. Folia modo explicata ovato-elliptica, ad 5 mm longa et 3 cm lata, breviter acuminata, basi rotundata, antice late denticulata, herbacea, decidua, viridia, supra dense et adpresse albo-pubescentia, subtus albo villosulo-velutina et in nervis densissime subochrascenti-sericea; costa nervique utrinsecus c. 10 recti inferiores extus multiramosi supra impressi subtus prominui; petiolus 6—8 mm longus ut nervi pilosus; stipulae oblongae, rotundatae, 15—18 mm longae, submembranaceae, inferiores purpurascentes, extus dense pubescentes, intus longe et dense sericeae, deciduae, Perulae similes, ad 7 mm longae, orbiculares, firmiores, valde fugaces. Amenta in ramulis brevibus 2—3foliatis terminalia, densa, pendula, pedunculis 1 cm longis, sicut axes 2—3 cm longae dense hirsutis. Bracteae orbiculares, 3—3½ mm longae, ut stipulae indutae. Receptaculum dense hirsutum; calycis lobi ovati, 1 mm longi, glabri vel ciliolati, decidui. Petala sulphurea (e nota ad pl. vivam), orbicularia, 3½—4 mm diametro, margine undulata, unguibus brevibus latis. Staminodia 10, linearia. Stamina glabra, 3 mm longa, antheris fere 1 mm diametientibus. Ovarium dense hirsutum; styli 1,5 mm longi. (Capsula ignota.)

S.: Buschwälder der wtp. St. auf Sandstein und Schiefer, 2200—2550 m, auf dem Houdsengai bei Dötschang, 5. IV. 1914 (1810), ober Daschipan am Wege zum Schao-schan und bei Laodschang am Lose-schan, 16. IV. 1914 (1458) s von Ningyüen, ober Mohatscho und vielleicht diese im Walde des Soso-liangdse e von hier.

Proxima *C. sinensis* HEMSL., etsi indumento variat, eodem stato evolutionis multo glabrior est staminodiisque per paria connatis stylisque longioribus differt, *C. yunnanensis* DIELS autem iisdem ac nostra glandulis praedita imo glabrior et glauca est.

C. yunnanensis DIELS in Not. R. Bot. Gard. Edinbgh., V., 226 (1912). **S.**: Bambusdschungel der tp. St. am Nordhange des Dadjin zwischen Yenyüen und dem Yalung, 27° 31′, Sandstein, 3200—3400 m (2167), ebenso an Waldrändern dort und (dieselbe?) ober Niutschang in derselben Kette am 27° 22′. **Y.**: Beyendjing Wälder bei Guti (TEN 128, 180). Im NE bei Hodjiagu, 3000 m (MAIRE).

C. Wilsoni HEMSL. Gebüsche der str. St. auf Kalk, Grauwacke und Tonschiefer, 350—750 m. SE-**Kw.**: Sandjio (10797) und darunter am Du-djiang. Ludwan w von Liping. SW-**H.**: Zwischen Dsingdschou und Moschi.

Capsulae maturae dense spicatae, pedicellis complanatis 4—5 mm longis latisque, late rotundatae 10—12 mm longae lataeque, calycibus turbinatis tertio infero immersae. Semina anguste ovoideo-ellipsoidea, 1 cm longa, eburnea, lateribus fuscescentia, nitida.

C. glaucescens HAND.-MZT. in Sitzgsanz. Ak. W. W., 1925, 130.

Frutex arboreus 7 m altus, truncis crassis levibus, ramulis brunneis glaberrimis lenticellis minutis pallidis asperatis. Gemmae ovoideo-fusiformes, 8—10 mm longae, perulis subscariosis brunneis obtusis extus glabris intus albo-sericeis. Folia orbiculari-elliptica, 3,5—12 cm longa, longitudine c. ¼ angustiora, paulum obliqua, brevissime acuminata, basi breviter cordata sinu late aperto vel clauso, integra vel nervis eorumque ramis excurrentibus obscure vel antice magis conspicue denticulata, herbacea, decidua, supra saturate viridia matura inter nervos parce albo longipilosa, subtus glaucescentia ad nervos longipilosa glabrescentia; costa nervique a basi utrinque bini extus valde ramosi et secundarii utrinsecus 6—8 sub angulis c. 30° abeuntes recti hic illic furcati vel inferiores extus ramos 3 edentes supra tenuiter impressi, subtus ochracei et argute prominui; trabeculae crebrae parallelae et venae reticulatae minus prominuae; petiolus crassiusculus, 5—20 mm longus. (Stipulae ignotae.) Amenta in ramulis primariis et in brevibus 1—2foliatis terminalia, fructifera laxiuscula, 4—5 cm longa, pedunculis 1—2 cm longis, rhachi fasciculato-pilosa. Receptaculum late sessile, turbinatum, 1 mm longum, glaucum. Calycis lobi semiorbiculares eo dimidio breviores, decidui. Petala flava, elliptica, 4 mm longa (et maiora?), $1^2/_3$ mm lata, obtusissima, indistincte unguiculata. Staminodia 10, quadrata et paulum elongata. Styli praeter basin tenues, subdivaricati, 3 mm longi. Capsula 6 mm lata et longa, e calyce accreto costato $2\frac{1}{2}$ mm exserta, brunnea; semina ellipsoidea, 4—5 mm longa, eburnea, nitida.

NW-Y.: Im wtp. und tp. Regenmischwald des birm. Mons. auf Schiefer und Granit, 2400—3100 m. Am Salwin bei Bahan, 20. VI. 1916 (9018, Typus) und im Doyon-lumba, 23. IX. 1915 (8301), sowie im Tjiontson-lumba unter Tschamutong. Am Irrawadi-Oberlaufe am Westhange des Passes Tschiangschel und im Seitentale ober Schutsche. 27° 52′—28° 2′.

Petalo unico praesente cum *C. Griffithii* HEMSL. quadrat, cui certe proxima, quae autem differt ramulis pilosis, foliis antice, quamvis late, angustatis, acutis, valde serratis, stylis brevioribus.

Leider konnte ich nur mehr ein einziges Petalum im Herbarmaterial finden, das dem schmalen Typus angehört und aussieht wie jenes von *C. Griffithii*. Die Griffel sind entschieden viel länger als an HEMSLEYS Zeichnungen der indischen Arten. Von den chinesischen stimmt, auch vom Blütenbau abgesehen, keine überein. Die Samen sollen nach REHDER bei allen Arten schwarz sein, hier aber sind die aus den heranreifenden Kapseln im Herbar schon von selbst ausfallenden elfenbeinweiß und nur die in vorjährigen verbliebenen schwarz.

LIMPRICHTS Nr. 1461, die von PAX in Rep. n. sp., Beih. XII., 440 als *Stachyurus himalaicus* HOOK. f. et THOMS. veröffentlicht wurde, ist *Corylopsis Willmottiae* REHD. et WILS.

Loropetalum R. BR.

L. chinense (R. BR.) OLIV. In lichten Wäldern und Gebüschen der str. St. auf Schiefer, Kalk, Sandstein, Mergel und Laterit, 40 — gegen 700 m, meist massenhaft. **H.**: Tschangscha, auch in Steppen (11593). Über Hsianghsiang, Lengschuidjiang und Yungdschou (11270) bis Dsingdschou (11030). Weiter durch **Kw.** über Liping (10998), Gudschou, Sandjio bis Tjiaoli und um Dodjie (10702) zwischen Duyün und Badschai.

Sycopsis OLIV.

S. sinensis OLIV. **Ki.-F.**-Grenze: Steinige Stellen bei Luanschipai am Hwangdschu-ling zwischen Dingdschou und Ningdu, Tonschiefer (Plt. sin. 378).

Hamamelis L.

H. mollis OLIV. SW-H.: Yün-schan bei Wukang, selten im wtp. Hochwalde, besonders in den Schluchten gegen den Gipfel, Tonschiefer, 1200—1350 m (11199).

Cercidiphyllaceae

Cercidiphyllum SIEBD. et ZUCC.

C. japonicum SIEBD. et ZUCC. **var. *sinense*** REHD. et WILS. **S.**: Am oberen Rande der wtp. St. am Bächlein am Waldrande des Soso-liangdse im Daliang-schan (Lolo-Lande) e von Ningyüen, auf Sandstein, 2600 m (1534), ein geköpfter, aber blühender Baum.

Die Varietät ist nach HARMS in Mitt. deutsch. dendrol. Ges. Nr. 26, 72 (1917) vom Typus nicht zu trennen. Das Vorkommen zeigt, daß dort die Grenze des mittelchin. Fl. nicht ferne sein kann.

Trochodendraceae

Euptelea SIEBD. et ZUCC.

E. pleiosperma HOOK. f. et THOMS. NW-Y.: In Regenwäldern der wtp. bis in die str. und tp. St. auf Kalk und Schiefer, 2000—3000 m. Im birm. Mons. im Doyon-lumba (8394), zwischen Hsiolamenkou und Lussu und bei Tjionatong (9948 leg. GENESTIER) um Tschamutong am Salwin, an seiner Grenze um das Dörfchen Dschunggo ober Djitsung am Djinscha-djiang gegen Dschungdien („Chungtien“) (7786).

Magnoliaceae

Magnolia L.

M. Delavayi FRANCH. Hauptsächlich im *Lithocarpus*-Buschwalde, nur zerstreut in trockeneren Lagen, auch an Felsen auf Kalk und Sandstein in der wtp. St., 1800—2400 m. **Y.**: Tschangtschung-schan (284) und Schanduilung bei Yünnanfu. An der Straße von hier nach Dali ober Luföng, überall zwischen Schödse, Alaodjing und Gwangdung (4863), w Schadschou und viel zwischen Hungngai und Schaodschou. N von dieser unter Djiunienping jenseits Fumin (6129), viel auf den Höhen zwischen Hsiaoschidschou und Hedjing und zwischen Schanyakou und Hoschaodien nw von Dingyüen, Beyendjing (TEN 287). N von Yünnanfu um Hsinlung, Dasungschu (SCHNEIDER 362) und bis gegen Loheitang. Gegen NW ober Matouschan bei Magai und ober Datiengai. Ober Gwanyinschan am Fuße des Aufstieges gegen Hodjing. Im E zwischen Daschao und Tienschenggwan e von Yiliang, im Talsystem w von Sidsung und sehr viel von hier gegen Loping auf dem Rücken des Beling-schan. Im S viel unter Passe zwischen Asandschai und Schuidien s von Möngdse. **S.**: Dawanying bei Huili. Dahaitsun vor Pudi zwischen Yalung und Nganning-ho, 27°.

M. rostrata W. W. SM. in Not. R. Bot. Gard. Edinbgh., XII., 213 (1920) p. p. mai., cfr. WILSON in Journ. Arn. Arb., XII., 235. NW-Y.: Im wtp. und tp. Regenwalde des birm. Mons. auf Schiefer und Granit, 2250—3000 m. Ober Bahan (Pehalo) (9933), im Doyon-lumba (8392) und Tjiontson-lumba (9126) unter Tschamutong am Salwin.

M. globosa HOOK. f. et THOMS. (*M. tsarongensis* W. W. SM., l. c. 215, cfr. WILSON im Journ. Arn. Arb., VII., 235). NW-**Y.**: Als gekniet-aufsteigendes Krummholzbäumchen unter Rhododendren im tp. Regenmischwalde des birm. Mons. im Tjiontson-lumba unter Tschamutong am Salwin gegen den Irrawadi, Granit, 3100 m, 2. VII. 1916 (9212).

M. Wilsonii (FIN. et GAGN.) REHD. (*M. taliensis* W. W. SM., cfr. DANDY in Not. R. Bot. Gard. Edinbgh., XVI., 126). **Y.**: Am Waldrande der tp. St. auf dem Gipfelrücken des Dji-schan ne von Dali, Diabas, 3350 m (6410). Beyendjing (TEN 197, 313). Dort in Wäldern bei Guti (T. 165). Im NE in Wäldern des Tschötschang bei Dungtschwan (MAIRE).

M. liliiflora DESR. (*M. obovata* THBG.). W-**Y.**: Weihsi, 2400 m (GEBAUER).

M. Sargentiana REHD. et WILS. (det. DANDY). **S.**: Im Wäldchen bei Döm nächst Tjiaodjio in der wtp. St. des Lolo-Landes e von Ningyüen, Sandstein, 2600 m (1639).

M. denudata DESR. (det. DANDY). SW-**H.**: Im wtp. Laubhochwalde des Yün-schan bei Wukang selten, Tonschiefer, 1175 m (11166).

M. Campbellii HOOK. f. et THOMS. (*M. mollicomata* W. W. SM., l. c. 211, cfr. DANDY in N. R. Bot. Gard. Edinbgh., XVI , 123). NW-**Y.**: Tp. Regenwälder des birm. Mons. auf Schiefer und Granit, 2500—3200 m, im Tale von Tseku am Mekong zum Si-la unter dem Sattel Tschranalaka (10012), am Salwin um Tschamutong auf dem Rücken Alülaka gegenüber Bahan (9849), im Doyon-lumba (8304), im Tjiontson-lumba (9188) und im Tale unter dem Gomba-la, von Einheimischen (9853).

Die Nummern 9853 und besonders 8304 (det. DANDY) sind viel schwächer behaart als die von SMITH beschriebenen Pflanzen und entsprechen dem himalaischen Typus. An Langtrieben von 8304 erreichen die Blätter 35 × 21 cm.

Manglietia BLUME.

M. insignis (WALL.) BL. In wtp. Regenwäldern auf Schiefer und Sandstein. NW-**Y.**: Bei Bahan im birm. Mons. am Salwin, 27° 58′, 2400—2600 m (8314, 9001). **Kw.**: Hügel bei Gudong zwischen Duyün und Guiding („Kweiting“), 1000 m (10672). SW-**H.**: Yün-schan bei Wukang, 900—1100 m (11131).

Michelia L.

** ***M. platypetala*** HAND.-MZT. in Sitzgsanz. Ak. W. W., 2921, 81 (p. p. ?).

Arbor 6 m alta. Ramuli brevissime fulvescenti-sericei, vetustiores glabri, fusci, lenticellis pallidis orbicularibus. Perulae ovato-lanceolatae, basi subauriculatae, cupreo-sericeae. Folia erectopatula, lanceolata, 9—18 cm longa et $2\frac{1}{2}$—$3\frac{1}{2}$plo angustiora, basi ± rotundata, apice acuminata hoc ipso obtusissimo, persistentia, tenuiter coriacea, subtus papilloso-glaucescentia serius rufescentia, pilis brevissimis albidis subtus densiuscule supra saepe sparsissime strigillosa, costa nervisque utrinsecus 8—14 tenuibus venulisque dense reticulatis utrinque argute prominulis, margine angustissime recurva; petiolus 1,5—2,5 cm longus, crassus, sursum latius, deorsum angustissime sulcatus, indumento ramorum. Flores in axillis foliorum annotinorum superiorum 1—2 singuli. Spathae late ovatae, 4 cm longae, intus pallide brunneae alutaceae glabrae, extus cum pedunculis crassis 7—10 mm longis bractearum paucarum cicatricibus notatis brevissime cupreo-sericeae. Petala 9, obovato- vel elliptico-lanceolata, acutiuscula, alba, vix carnosa, 4,6—6,5 cm longa et 2—$2\frac{1}{2}^{plo}$ angustiora, patula. Rhachis brevis parcipilosa. Stamina numerosa, filamentis ± 2 mm longis, quam antherae latioribus et plus triplo brevioribus, connectivi appendice 1 mm longa lanceolata. Gynophorum 4—5 mm longum, cum carpellis c. 20 laxis, anguste ovatis pilis papilliformibus accumbentibus densissime albido-velutinum. Ovula 8; styli subulati erecti, apice curvuli, 3 mm longi, glabri.

SW-**H.**: Auf dem Yün-schan bei Wukang, IV. 1919, WANG-TE-HUI (12281 [p. p. ?]).

Species *M. Cavaleriei* FIN. et GAGN. simillima, quae differt indumento albido et carpellis praeter setulas paucas subapicales glaberrimis.

** ***M. fallax*** DANDY in Not. R. Bot. Gard. Edinbgh., XVI., 130 (1928). SW-**H.**: Im wtp. Laubhochwalde des Yün-schan bei Wukang, Tonschiefer, 950 m, 12. VII. 1918 (12281 p. p.).

Meine ursprüngliche Beschreibung von *M. platypetala* umfaßt auch diese fruchtenden Exemplare, die DANDY auf Grund der verschiedenen Farbe eines Teiles des Induments als *M. fallax* abtrennte. Die vorliegenden Sprossen sind jedoch nicht ganz vergleichbar, die blühenden sind vorjährige, während nur an den fruchtenden, in späterer Jahreszeit gesammelten schon diesjährige Triebe entwickelt sind. Die Unterschiede sind so minimal, daß ich beinahe bezweifeln möchte, daß es sich um verschiedene Pflanzen handelt, zumal da mein Sammler die spärlichen am einzigen Wege stehenden Bäume zur Blütezeit nicht übersehen haben, von jenem aber nicht viel abgegangen sein wird.

** *M. microtricha* HAND.-MZT. in Sitzgsanz. Ak. W. W., 1921, 81.

Arbor e notis collectoris 3—20 m alta. Ramuli hornotini subtilissime sericei, annotini glabrescentes, fusci, vetustiores cortice brunneo longitudinaliter fissili, parce lenticellato instructi. Gemmae fusiformes, usque ad 12 mm longae; perula extima coriacea, subtilissime cinereo-velutina, interiores cupreo-sericeae. Stipulae fugaces. Folia erecta, lanceolata, 8—16 cm longa et 3—4^{plo} angustiora, basi cuneata, apice angustata, brevissime acuminata, obtusa, persistentia, matura rigide coriacea, supra nitida nigricantia, subtus opaca sicca brunnescentia cerino-papillosa, pilis brevissimis rufescentibus subtus dense, supra sparsissime strigillosa, costa supra paulum impressa, subtus terete valde prominua, nervis utrinsecus 8—14 tenuibus, ± irregularibus, sub angulis dimidiis abeuntibus et venulis dense reticulatis utrinque prominulis, margine paulum incrassato sursum undulata; petiolus 2—3 cm longus, tenuiusculus, supra angustissime sulcatus, glaber. Flores in axillis foliorum annotinorum 2—3, singuli. Pedicelli crassi, 5—8 mm longi, subtilissime cinereo- vel fulvescenti-velutini. Spathae herbaceae 3,5—3,9 cm longae, late ovatae, obtusae, carnosae, intus ochraceae, multinerviae, glabrae, extus brevissime cupreo velutino-sericeae. Petala c. 12, 3,5—4 cm longa, carnosa, alba (nota collectoris), exteriora obovato-oblonga usque 1,7 cm lata, interiora angustiora acutiora, patula; Rhachis brevissima, glabra. Stamina numerosa, filamentis 1—1,5 mm longis, quam antherae 6—7 mm longae angustioribus, connectivi appendice 1—1,5 mm longo, lanceolato.

Gynophorum 6 mm longum, cum carpellis cinereo papilloso-velutinum; carpella c. 25—40 in spicam densam stamina paulo superantem composita, stylis glabrescentibus 1,5 mm longis, subulatis, erectis. (Fructus ignoti.)

Y.: Lungdji bei Beyendjing, in Wäldern, 8. III. 1919 (Ten 339). Hsiotangwutji dortselbst, 18. III. 1919 (Ten 304).

M. Wilsonii Fin. et Gagn. et *M. floribunda* Fin. et Gagn. foliis glaberrimis forma diversis, illa praeterea floribus subterminalibus, filamentis longioribus breviter mucronatis, carpellis in gynoeceo petala aequante dissitis, haec floribus confertis, petalis 28 × 7 mm metientibus describuntur. *M. Kisopa* Ham. indumento cum nostra congruens floribus multo minoribus, spathis albo-velutinis, connectivi appendicibus longioribus differt.

M. Figo (Lour.) Spreng. (*M. fuscata* Bl.). **Ki.-F.**-Grenze: Dunghwaschan zwischen Schitscheng und Ninghwa, c. 1000 m (Plt. sin. 294 dunkelviolett, 307 weiß blühend).

M. yunnanensis Fin. et Gagn. Im Hartlaubbusch und lichten Wäldern der wtp. St. auf Sandstein, Kalk und auch auf besonders dürren Mergelrücken, 1700—2600 m. **Y.**: Überall um Yünnanfu häufig (117, 290, 6076; Schoch 52). Im E häufig zwischen Yiliang und Tienschenggwan (10114). Sanyingpan n von Yünnanfu. Fumin. Manganschan ober Magai. An der Straße nach Dali bis gegen Yünnanyi. Zwischen Dsaodjidjing und Hwadung e des Dsolin-ho (4975) und häufig bei Schanyakou w dieses (6202). **S.**: Huili und Dawanying n von hier.

Schizandra L. C. Rich.

S. grandiflora (Wall.) Hook. f. et Thoms. **W-Y.**: Gebüsche um den Bach in der tp. St. auf dem Passe Sanschischao (Kualapo) bei Hodjing, Sandstein, 3250 m (8740). Jedenfalls am Mekong (Monbeig).

Die Pflanzen entsprechen mit ihren großen, weißen (♀) Blüten vollständig dem Typus.

S. rubriflora (Franch.) Rehd. et Wils. (cfr. Stapf in Bot. Mag., tab. 1946). **NW-Y.**: Im tp. Regenmischwalde des birm. Mons. im Tale vom Si-la in der Mekong—Salwin-Kette nach Tseku, Granit und Schiefer, 3200—3500 m (8922).

Das Vorkommen dieser sonst dem Westrande des mittelchinesischen Florengebietes angehörigen Art im birmanischen Monsungebiete hat viele Analoga.

S. sphaerandra Stapf in Bot. Mag., CLII., sub tab. 9146 (1926). Wälder der tp. St. auf Schiefer, Diabas und Kalk, 3100—3500 m. **W-Y.**: Gipfelrücken des Dji-schan ne von Dali (6411). Gudi bei Beyendjing (Ten 257). Um Lidjiang, von Einheimischen (3996). **S.**: Rücken Daörlbi halbwegs zwischen Yungning und Yenyüen (2962). Ober Ngaitschekou jenseits des Yalung n von hier (2688).

S. Henryi C. B. Clke. **SW-H.**: Lichte Stellen am Waldrande des Yünschan bei Wukang, wtp. St., Tonschiefer, 1300—1350 m (12062). **Kw.**: Schluchtwälder der wtp. St. bei Madjiadwen zwischen Guiding („Kweiting") und Duyün, Sandstein, 1100 m (10632).

S. pubescens Hemsl. et Wils. Syn.: *S. vestita* Pax et Hffm. in Rep. sp. n., Beih. XII., 381 (1922), e typo.

S. sphenanthera Rehd. et Wils. Feuchte Gebüsche und dichte Wälder der str. und wtp. St. auf Kalk, Sandstein, Tonschiefer und Diabas. **H.**: 180 bis 700 m. Mindjingtjüen bei Loudi (11740) und um Hsikwangschan (11933) im Bezirke Hsinhwa. Yün-schan bei Wukang (Plt. sin. 95). **S.**: 2250—2800 m. Sattel zwischen Tjiaodjio und Lemoka im Lolo-Lande e von Ningyüen (1611). Ober Datscho jenseits des Yalung n von Yenyüen (2583). **Y.**: 2600—2750 m. Hsiangschuiho zwischen Dali und Lidjiang (6456). Unter Schuba in der Yangtse—Mekong-Kette, 27° 45′ (8822).

Nr. 8822 ist die einzige aus dem Hochgebirgslande, die mit geöffneten Blüten vorliegt. Sie sind rot mit grünlicher Außenseite, wodurch sie von den immer gelben in Hunan abweichen. Rock gibt sie aber nach Wilson in Journ. Arn. Arb., VII., 237, auch als rot und rötlich an.

S. propinqua (Wall.) Hook. f. et Thoms. **Y.**: Auf Kalk in der wtp. St. im E in trockenen Gebüschen bei Kougai zwischen Loping und Djiangdi im mittelchin. Fl., 1700 m (10245). Felsen der wtp. St. ober Hwagung bei Fumin nw von Yünnanfu, 1800 m (6089) und in der str. St. in der Schlucht ober Hsintschwang bei Hwaping e von Yungbei, 1400 m. Beyendjing in Wäldern (Ten 216; ex hb. Berolin. 173).

— — **var. *sinensis*** Oliv. **NW-Y.**: Gebüsche der trockenen str. St. ober Gangpu am Mekong, kristallinischer Boden, 27° 35′, 1900 m (10017). **SW-Kw.**: Ebenso auf Kalk in der wtp. St. auf dem Sattel zwischen Muyu und dem Baling-tjiao, 1100 m (10418).

Kadsura Juss.

K. chinensis Hce. **SW-H.**: Im wtp. Laubhochwalde des Yün-schan bei Wukang, Tonschiefer, 1170 m (12126).

K. peltigera Rehd. et Wils. **SW-H.**: Wie vorige, in die höchsten Baumwipfel kletternd, 950—1200 m (11218).

K. japonica (Thbg.) Juss. **H.**: Wälder der str. St. um Hsikwangschan bei Hsinhwa, Kalk und Sandstein, auf dem Boden kriechend, 200—550 m (12626). **S-S.**: Nantschwan (Bock u. Rosthorn 1041).

Illicium L.

I. Henryi Diels. **Ki.**: Steinige Stellen am Fuße des Hangaodsu zwischen Ningdu und Tjingan („Ki-an") (Plt. sin. 495).

I. yunnanense (Franch.) Fin. et Gagn. Wälder und Buschwälder vom Lorbeertypus in der wtp. und bis in die tp. St., 2200—3250 m, auf Schiefer, Sandstein, Diabas und Granit. **Y.**: Ober Djiunienping jenseits Fumin bei Yünnanfu (6128). Laoling-schan bei Sanyingpan n von hier (668). Im NW im birm. Mons. unter der Alm Doschiratscho am Wege von Tseku zum Si-la in der Mekong—Salwin-Kette. **S.**: Lungdschu-schan bei Huili. Houdsengai bei Dötschang (1812). Lose-schan bei Ningyüen. Soso-liangdse, ober Mohatscho und bei Döm nächst Tjiaodjio (1624) im Lolo-Lande. Niutschang se von Yenyüen.

Tetracentron Oliv.

T. sinense Oliv. **NW-Y.**: In wtp. Regenmischwäldern des birm. Mons. im Doyon-lumba am Lu-djiang (Salwin), 28° 2′, Schiefer, 2500—2700 m (8295).

Annonaceae

Melodorum HOOK. f. et THOMS.
(*Fissistigma* LOUR.)

** ***M. chloroneurum*** HAND.-MZT. in Sitzgsanz. Ak. W. W., 1924, 83.

Arbor ramulis gracilibus ± 2 mm crassis, subflexuosis, cortice nigro reticulato, primum cum foliis convolutis pedicellisque alabastrisque cupreo-sericeis, mox his canescentibus illis glaberrimis. Folia oblonga, 15—25 cm longa, longitudine 2½ — subtriplo angustiora, breviter acuminata, basi rotundata raro late cuneata, pergamena, supra atroviridia glabra, subtus griseoviridia pilis minutis appressis albidis laxe induta; costa nervique utrinsecus 17—20 tenues sub angulis ± 70° abeuntes mox curvati et sub 40° marginem fere attingentes ibique indistincte arcuatim conjuncti supra paululum sulcati subtus prominui atrovirides; trabeculae subremotae et venulae laxe reticulatae supra paululum subtus distincte prominulae; petiolus 10—12 mm longus, crassissimus, siccus niger et transverse rugosus, supra valde sulcatus, prope basin deciduus. Cymae foliis oppositae vel paulo inferiores, subsessiles, 3—5 florae; pedicelli 3—5 mm longi, crassiusculi, supra medium bracteola ovata acutiuscula ad 1 mm longa instructi. Sepala 3, triangulari-ovata, acutiuscula, ad 2 mm longa, concava. Petala exteriora in alabastro aequilonga, ovata, crassissima, extus cupreo-sericea, interiora minora, glabra, inferne excavata, superne intus carinata.

S-Y.: In tr. Regenwaldresten unter Yaotou zwischen Möngdse und Manhao, Tonschiefer, 800—900 m (5964).

Proximum *M. rufinerve* HOOK. f. et THOMS. foliis paulo crassioribus, subtus olivaceo-glaucis, venis ibi vix conspicuis, nervis paucioribus remotioribus subtus rufis, petiolis tenuioribus differt, glabrum autem, ut autores dicunt, non est, sed eodem indumento ac meum praeditum.

Annona L.

A. squamosa L. („*Anona*" *squ.*). S-Y.: Bei Häusern in der tr. St. flußaufwärts gegenüber Manhao, Tonschiefer, 200 m (5838).

***Annonacea* gen.** S-H.: In Gebüschen der str. St. überall auf den Hügeln um Tsiyang unter Yungdschou ungefähr von Djiamupu bis Hwamipu, Kalk, 150 m (11333).

Sterile Zweige, die jenen von *Unona discolor* VAHL sehr ähnlich sehen, doch sind die Blätter schmäler, sehr spitz, auch am Grunde keilförmig oder doch schmäler gerundet, auch von etwas festerer Beschaffenheit.

Aristolochiaceae

Asarum L.

A. himalaicum HOOK. f. et THOMS. NW-Y.: Auf einem morschen Strunke im wtp. Regenwalde des Tjiontson-lumba, eines w Seitentales des Salwin unter Tschamutong, 3050 m (9194).

A. Franchetianum DIELS. SW-H.: Im wtp. schattigen Laubhochwalde des Yün-schan bei Wukang, Tonschiefer, 850—1300 m (12039).

A. Forbesii Maxim. **H.**: Auf Humus zwischen Kalkblöcken der str. St. im Walde unter Tungdjiapai bei Hsikwangschan im Bezirke von Hsinhwa, 550 m (11882).

Aristolochia L.

A. tubiflora Dunn. **SW-H.**: Bambusdschungelrand in der wtp. St. des Yün-schan bei Wukang, Tonschiefer, 1300 m (12298).

Der Vergleich mit dem Typus läßt die vorliegende Pflanze nur als eine groß- und dünnblätterige (bis 16 × 14 cm) Schattenform erscheinen.

A. debilis Siebd. et Zucc. **H.**: Reisfeldraine in der str. St. bei Lengschuidjiang am Tsi-djiang ober Hsinhwa, Kalk, 200 m (11959).

A. Delavayi Franch. appr. **var. *micrantha*** W. W. Sm. in Not. R. Bot. Gard. Edinbgh., XII., 195 (1920). **NW-Y.**: Gehängeschutt und Flußsand der str. St. am Djinscha-djiang n von Lidjiang auf Kalk und Tonschiefer, 1580 bis 1800 m, bei Ndaku (4392) und bei der Fähre über den Dou-tschu nahe seiner Mündung.

Die Blüten meiner Pflanze sind 2,5—3,5 cm lang.

A. mollissima Hce. **H.**: An Dämmen in der str. St. auf Kalk bei Pumiengai (11733) und Guschui zwischen Hsianghsiang und Loudi, 75—100 m.

A. yunnanensis Franch. **Y.**: Im tp. Walde am Osthange des Dji-schan ne von Dali (Talifu), Sandstein, 2950 m (6377).

— — ** var. ***meionantha*** Hand.-Mzt. in Sitzgsanz. Ak. W. W., 1924, 163.

Perianthium ± 3 cm tantum longum, labio vix ultra 2,5 cm lato.

Y.: Gebüsche auf Diabasschutt oberhalb des Tempels am Osthange des Djischan, wtp. St., 3100 m, massenhaft, 21. V. 1915 (6403).

Die Untersuchung bestätigte den in der Natur gewonnenen Eindruck, daß der nur spärlich gefundene nomenklatorische Typus abnorm großblütige Exemplare darstellt.

A. moupinensis Franch. Gebüsche in feuchten Mulden und an Bachläufen der wtp. und tp. St. auf Kalk und Sandstein, 2400—3200 m. **S.**: Im Lolo-Lande e von Ningyüen ober Sikwai gegen den Soso-liangdse (1734). **Y.**: Unter Lanyitji bei Yungbei (3364). Zwischen den Pässen des Berges Lamatso zwischen Yungning und Dschungdien (7615).

Calycanthaceae

Meratia Lois.

(*Chimonanthus* Lindl.)

M. praecox (L.) Rehd. et Wils. (*Chimonanthus fragrans* Lindl.). **H.**: Um den Bach ober Lantien gegen Hsikwangschan bei Hsinhwa, str. St., Kalk, 120 bis 400 m (11758).

M. yunnanensis (W. W. Sm.) Hu in Journ. Arn. Arb., VI., 140 (1925). (*Chimonanthus y.* W. W. Sm. in Not. R. Bot. Gard. Edinbgh., VIII., 182 [1914]). **Y.**: In der wtp. St. in und um Yünnanfu der duftenden Blüten halber gepflanzt, 1950 m (5705).

M. nitens (Oliv.) Rehd. et Wils. **Ki.-F.**-Grenze: Tonschiefer auf dem Hwangdschu-ling zwischen Dingdschou und Ningdu, am Wegrande, c. 800 m (Plt. sin. 362).

Lauraceae

Cinnamomum L.

C. Camphora (L.) Siebd., Syn. Pl. oec. Jap., 23 (1830[1]) e Koidz. Fl. Symb. or.-as., 22 (1930). **Ki.**: Um Pinghsiang (Plt. sin. 151). **H.**: In der str. St. um Tschangscha (11691), von da über Lantien (11748) bis Lengschuidjiang ober Ḥsinhwa am Tsi-djiang überall gepflanzt als mächtiger Baum, doch offenbar auch wild im Hartlaubwalde des Dungtai-schan bei Hsianghsiang (s. Karsten u. Schenck, Vegetbild., 14. R., Taf. 7), unter Tungdjiapai bei Hsikwangschan und in jenem gegenüber Lengschuidjiang, Kalk und Sandstein, 50—550 m.

C. glanduliferum (Wall.) Meissn. Wälder der wtp. St. bis in die str. auf Kalk, Mergel und Schiefer. **Y.**: Im NW am Bache ober Laba zwischen Yungning und Dschungdien, 2400 m (7651). Jedenfalls am Mekong (Monbeig). Im NE am Fuße der Berge bei Tschuwentsen, 2500 m (Maire ex Arb. Arn. 477), und auf hohen Bergen bei Lufangkou, 3000 m (Maire, distr. Bonati 6250B). Im E im mittelchin. Fl. mehrfach auf den Bergen zwischen Bantjiao und Djiangdi, 1600—1800 m (10233). **Kw.**: Oft Hauptbestandteil der Hügelwälder von Nganschun bis Guiyang, 1100—1400 m. Im E bei Ludwan zwischen Gudschou und Liping, 650 m (10970). **SW-H.**: 400—600 m. Jenseits Pukou bei Dsingdschou (11012) und häufig zwischen Lianglitang und Hsüning am Wege von hier nach Wukang (11059).

Ähnlich ist Bock und Rosthorns Nr. 1174 (steril), hat aber hellbraune, stark kantige Zweige und unterseits sehr merkwürdig kraus behaarte Blätter. Wahrscheinlich eine neue Art. Auch die „*Litsea* n. sp.?“ Nr. 774 (Diels in Bot. Jahrb., XXIX., 349) ist wohl eher ein *Cinnamomum* aus dieser Verwandtschaft.

** ***C. (?) pittosporoides*** Hand.-Mzt. in Sitzgsanz. Ak. W. W., 1924, 19 (Taf. V, Abb. 3, 4).

Arbor magna ramulis tenuibus, teretibus, hornotinis angulatis, cum inflorescentiis petiolisque sordide velutino-puberulis, annotinis teretibus serius glabris, cortice spadiceo aromate cinnamomi, lenticellis parcis magnis elongatis. Folia alterna, elliptica vel lanceolato-elliptica, 9—13 cm longa et longitudine $2\frac{1}{2}$—4^{plo} angustiora, longe acuminata, basi cuneata, tenuiter coriacea, perennantia, supra sicca brunnescentia opaca praeter nervos tenuiter elevatos furfuraceo-pilosulos glabra, subtus violascenti-glauca ubique puberula; costa nervique bini 2—6 mm suprabasales recte ad tertium superum marginis percurrentes ceterique a tertio vel medio sursum utrinsecus 1—3 raro bene oppositi arcuati prorsus illis paralleli vix conjuncti nec cuspidem attingentes et trabeculae crebrae flexuosae subtus prominui; petiolus 8—12 mm longus, 1,5 mm crassus, teretiusculus, supra paululum sulcatus. Racemi in axillis foliorum summorum suboppositorum necnon folii tertii subapproximati glomerati breves, subsessiles vel cum pedunculis 2—5 cm longi, 1—7flori. Pedicelli divaricati, crassiusculi, 3—6 mm longi, bracteis et bracteolis, his saepe subbasalibus, triangularibus, 1 mm longis. Perianthium campanulatum, 7—9 mm longum, aureum, basi ad 2 mm connatum, lobis obovato-oblongis, obtusis, 2,5—3 mm latis, extus dense puberulis, intus potius sericeis. Stamina paulo breviora, filamentis quam an-

---

[1] Pritzel gibt für dieses mir unbekannte Werk 1827 als Erscheinungsjahr.

therae oblongae omnes introrsae vel loculis inferioribus magis laterales duplo longioribus porrecte ciliatis, 6 exteriora simplicia perianthio paulum adnata, 3 interiora libera glandulis binis reniformibus in stipitibus longis basalibus dimidia attingentibus aucta, cum staminodiis triplo brevioribus hastatis (hic illic binis) alternantia. Ovarium ovatum, in stylum crassum antheras aequantem sensim attenuatum et cum illo hirtum; stigma latum pileatum.

Y.: Feuchte Stellen des wtp. Waldes beim Tempel Tanghwaschan auf dem Taohwa-schan bei Beyendjing („Peyentsin") halbwegs zwischen Tschuhsiung und Yungbei, Sandstein, 2775 m, 10. V. 1915 (6245).

Floribus maximis aureis *Pittosporum* aemulantibus et antheris omnibus introrsis insigne, etsi gemmis deficientibus et foliorum nervatione transitum a trinerviis ad penninervia sistente sectio adhuc dubia est.

In der Größe der Blüten kommt dieser merkwürdigen Art nur *C. Burmanni* Bl. nahe, erreicht sie aber noch nicht. Die Einreihung in die Gattung *Cinnamomum* kann nur als vorläufige betrachtet werden. Die introrsen äußeren Antheren unterscheiden sie von allen bekannten Arten der Gattung ebenso wie von allen anderen Cinnamomeen. Von allen vergleichbaren Litseen aber ist sie durch die Infloreszenz und Zwitterigkeit verschieden. Sie könnte sehr gut auch eine eigene Gattung darstellen, doch hat *Cinnamomum linearifolium* Lecte. die Klappen der äußeren Antheren mitunter seitlich, wodurch das Merkmal an Gewicht verliert. Daß die Epidermis nicht verholzt ist, läßt auch eine endgültige Entscheidung zugunsten von *Cinnamomum* nicht zu, sondern es muß auf die Auffindung der Früchte gewartet werden.

C. Wilsonii Gble. **H.**: In Wäldern der Hügel in der str. St. auf Kalk (und Sandstein?), 300—400 m. Zwischen Gaoscha-se und Sihsiadjiang im Bezirke Wukang zerstreut (12548). Ober Tjintie-se zwischen Yungdschou und Hsinning (11252) und wohl auch dieses herab bis gegen Höngdschou und von Hsinning gegen Wukang im *Liquidambar* — *Pinus Massoniana*-Walde. **S.**: Gebüsche der str. und wtp. St. von Schangliangdse bis über Linkan am Houdsengai bei Dötschang im Djientschang, Schiefer und Granit, 1780—2300 m (1199).

** ***C. Jensenianum*** Hand.-Mzt. in Sitzgsanz. Ak. W. W., 1921, 63.

Syn.: *C. Tamala* Diels in Bot. Jahrb., XXIX., 347 (1901), non Nees.

Sect. *Malabathrum* Meisn.

Arbuscula vix 6 m alta, trunco tenui, cortice levi aromate valido *C. zeylanici*, ramulis flexuosis, biennibus brunneis crebre lenticellatis, annotinis angulatis, hornotinis sicut pedunculis pedicellisque nigricantibus glaberrimis. Gemmae fusiformes, perulis crustaceis 6 mm longis, convolutis, acutis, extus brevissime sericeis. Folia pleraque subopposita, petiolis 6—12 mm longis crassis pruinosis supra concavis, in laminam paulum decurrentem dilatatis suffulta, lanceolata, 4×10—6×21 cm, caudato-acuminata, juvenilia subtus pulverulento-puberula, matura saepe glaberrima, crasse coriacea, annos 3 persistentia, supra laete viridia nitida, subtus opaca cera tecta, sed viva vix glaucescentia, margine incrassato sicut nervis utrinque prominuis flavido, nervorum lateralium pari unico 2—10 mm supra basin abeunte ad tertium exterum c. prorsus autem propius margini fere ad caudam currente, rarissime altero basali submarginali tenui addito, nervulis permultis transversaliter arcuatis et extrorsum paucis prorsus arcuatis prope marginem confluentibus, omnibus supra tenuiter, subtus vix prominulis, venularum reti arctissimo supra pallido. Umbellae 2—5 florae saepe solutae et floribus remotis singulis vel oppositis auctae in partibus basalibus ramulorum hornotinorum saepe nondum elongatorum approximatae, pedunculis 15—80 mm longis strictis tenuibus. Pedicelli 5—20 mm longi, stricti, sursum incrassati. Bracteae 2 mm longae, triangulari-subulatae, caducissimae. Perianthium flavum (sec. notam collectoris), 4 mm longum, lobis obovatis extus glaberrimis intus sericeis margine papilloso-ciliolatis. Stamina 12, extimorum 4—5 filamenta lata, ima basi pilosa, in antheras aequilongas glabras cochleato-dilatata, media 5 ligulata, cum antheris subduplo brevioribus pilosa, medio glandulis 2[1] disciformibus pallidis obsita, intima (staminodia) 2—3 ceteris duplo breviora 1,75 mm longa, paulum ciliata, sagittata. Ovarium parvum et stylus staminibus paululum brevior crassus glabra; stigma irregulariter disciforme. Fructus pauci evolvuntur; cupula obovata 3 mm lata, margine plano intus setoso plerumque perianthio fere toto persistente coronato; capsula minuta, depressa, glabra.

SW-**H.**: Nicht häufig im wtp. Laubhochwalde des Yün-schan bei Wukang, Tonschiefer, 950—1300 m, 8.—31. VII. 1918 fr. und IV. 1919 Wang-Te-Hui bl. (12287, Typus). **Ki.-F.**-Grenze: Wäldchen des Dunghwa-schan zwischen Schitscheng und Ninghwa, c. 1000 m, Mitte V. 1921 (Plt. sin. 351). S-**S.**: Nantschwan (Bock u. Rosthorn 178, 835).

Huic speciei proximum *C. Wilsonii* Gble. differt foliis diutius et longius sericeo-pilosis, textura paulo tenuioribus et nervis venisque minus prominuis, pedunculis pedicellis perianthiis extus sericeis nec nigricantibus, his albis.

Einer Auffassung dieser Art als Schattenform der vorigen stehen die dicken Blätter entgegen, die als Anpassungsmerkmal im Widerspruch zum Vorkommen und der größeren Kahlheit stehen würden. Übrigens sind sie an dem sterilen Langtrieb Plt. sin. 351 wesentlich dünner. *C. Loureirii* Nees kommt unserer Pflanze auch nahe, hat aber ganz kahle, glanzlose Blätter und einfach doldige Infloreszenzen.

* ***C. recurvatum*** (Roxb.) Wight (*C. pauciflorum* Nees). **H.**: In Wäldern der Schluchten der str. St. auf Kalk (und Sandstein?), (100?—) 400—550 m. Bei Hsikwangschan im Bezirke von Hsinhwa im Walde unter Tungdjiapai, 9. IX. 1918 (12624) und bei Ngandjiapu gegen Lantien, 10. V. 1918 (11797). Ob auch dieses am Yolu-schan bei Tschangscha?

Die Pedunculi können auch bei den indischen Pflanzen nicht gut „slender“ genannt werden (Brandis, Ind. Trees, 533), sondern sind in sehr bezeichnender Weise oberwärts zweischneidig flachgedrückt. Die Calyculi sind bei dem mir vorliegenden indischen Material ganz kahl, an meiner Pflanze aber recht dicht kurz seidig, nach Brandis, l. c. „panicles nearly glabrous“.

** ***C. Appelianum*** Schewe in Sitzgsanz. Ak. W. W., 1924, 20.

Sect. *Malabathrum* Meissn.

Opposite ramosissimum et foliatum, ramulis crassiusculis, primum cum petiolis 4—5 mm longis validis planoconvexis sordide hirto-tomentosis, annotinis glabrescentibus cinnamomeis lenticellis parcis parvis oblongis pallidis, paulum aromaticum. Gemmae anguste ovatae, 5 mm longae, perulis ovatis, acutis,

---

[1] Occurrunt formae intermediae glandula singula praeditae.

imbricatis, coriaceis, fuscis, puberulis. Folia elliptica, 4,5—9,5 cm longa et longitudine 2—$2^2/_3$^{plo} angustiora, breviter late obtuseque caudata, basi cuneata, perennantia, juvenilia supra praesertim ad nervos subtus ubique dense crispule griseo-pilosa, annotina valde coriacea, supra glabra, olivaceo-brunnea, nitidula, subtus subglaucescentia, utrinque alutaceo-rugulosa; costa nervique bini 1—3 mm suprabasales arcuatim in medio utriusque lateris ad caudam percurrentes supra tenuiter subtus crasse prominui, hi extus ramosi ramis in nervum $\pm$ continuum a margine remotiusculum confluentibus; trabeculae creberrimae, irregulares, subtus $\pm$ prominulae. Paniculae supra basin surculorum hornotinorum approximatae et in axillis foliorum superiorum, pedunculis tenuibus erectopatulis 1—1,5 cm longis sicut pedicelli porrecti 2 mm longi hirtello-pubescentibus, saepe umbellato-triflorae vel racemosae, raro vere paniculato 7 florae, foliis semper pluries breviores, bracteis lanceolatis usque ad 3 mm longis pubescentibus fugacibus. Perianthium urceolatum, 3 mm longum, album (e nota collectoris), basi brevissime connatum, lobis late obovatis, utrinque laxe sericeis, margine dense albo papilloso-fimbriatis. Stamina paulo breviora, antheris filamenta glabra vel parcipilosa aequantibus, 3 interiora glandulis cordato-orbicularibus in medio filamento sessilibus; staminodia brevia, hastata, parcipilosa. Ovarium cum stylo crasso glabrum, stamina aequans; stigma latum, pileatum.

SW-**H.**: Yün-schan bei Wukang, Tonschiefer zwischen 400 und 1420 m, IV. 1919 Wang-Te-Hui (Plt. sin. 75).

Species in genere indumento peculiaris, quo cum *C. Bonii* Lecte. congruere videtur jam pedicellis paniculisque multo longioribus diverso.

C. Delavayi Lecte. in N. Arch. Mus. Par., sér. 5., V., 77 (1913). (*C. parvifolium* Lecte., l. c. 80). **S.**: In feuchten Schluchten der str. St. um den Yalung von Dschenbaörl unter Pudi (5297) durch sein w Seitental gegen Yenyüen bis Gwanyinngai (5352) verbreitet, 27° 4—20′, Kalk und Tonschiefer, 1500—1700 m. **Y.**: Bei Dali in der wtp. St. (Schneider 2769). Ebenso ober Matouschan bei Magai nw von Yünnanfu, 2000 m. Im NE bei Sandjia (Maire ex Arb. Arn. 29). Im S (Henry 10796, 10796A).

Fructus in pedicello 25—35 mm longo sursum valde clavato-incrassato, globosus, nigro-coerulescens, 12 mm crassus, calyce persistente erectopatente fultus.

— — ** var. ***mekongense*** Hand.-Mzt. in Sitzgsanz. Ak. W. W., 1925, 218.

Folia ramulique glaberrima. — Petioli usque ad 12 mm longi. Flores interdum singuli.

NW-**Y.**: Trockenwälder der str. St. unter Kakatang am Zuflusse des Mekong, 27° 17—21′, häufig auf Tonschiefer, 1800—2200 m, 31. VIII. 1915 (7928).

Varietas characteribus *C. Fargesii* Lecte. appropinquatur, quod foliis multo brevius acuminatis et floribus maioribus certe differt.

Die Merkmale der vom Grunde selbst oder erst darüber dreinervigen Blätter, nach denen Lecomte seine beiden Arten trennte, wechseln oft an einem und demselben Zweige und gehen ineinander über, indem der eine Seitennerv am Grunde und der andere weiter oben entspringt, und auch in der Zahl der Blüten (4—6 gegenüber 6—10) liegt keine Grenze. An Forrests Nr. 19471 stehen sie einzeln. Am nächsten kommt der Art *C. caudatum* Nees, das aber nach Meissners Beschreibung dünn gestielte Cymen hat (an dem mir vorliegenden

Material unvollständig) und beim Trocknen (allerdings nicht sehr stark) braun werdende Blätter. Ob *C. Delavayi* und *Fargesii* mit Recht zur Gattung gestellt wurden oder wegen der doch ganz abweichenden Infloreszenz und der stehenbleibenden Kelchzipfel besser eine eigene darstellen, bleibt wohl noch dahingestellt.

BOCK und ROSTHORNS Nr. 277 „*C. pedunculatum* var. *angustifolium*" ist sicher nicht dieses, sondern wahrscheinlich eine mir unbekannte *Actinodaphne* sp.

Machilus NEES.

M. yunnanensis LECTE. in N. Arch. Mus. Par., sér. 5., V., 100 (1913). NW-Y.: Im Tempel im Dorfe Sunggwe bei Hodjing, 2000 m (SCHNEIDER 2707).

M. Thunbergii SIEBD. et ZUCC. S-S.: Nantschwan (BOCK u. ROSTHORN 182).

Die typische Pflanze, weshalb REHDER und WILSONS Ansicht, daß diese in Zentral-China durch die folgende vertreten sei, nicht standhält.

M. ichangensis REHD. et WILS. Kw.: Hügellaubwald der wtp. St. bei Schibanfang nächst Nganschun, Sandstein, 1400 m (10435). S-S.: Nantschwan (BOCK u. ROSTHORN 334, von DIELS in Bot. Jahrb., XXIX., 349 als vielleicht *Litsea cupularis*, 797). S-Y.: (HENRY 12847B).

Eine Frucht von 12 mm Durchmesser (entgegen 6—7 mm nach den Autoren) liegt mir an WILSON, Veitch Exp. 119, vor.

— — ** var. ***leiophylla*** HAND.-MZT. in Sitzgsanz. Ak. W. W., 1921, 146. Folia jam juvenilia glaberrima.

SW-H.: Im wtp. Laubhochwalde des Yün-schan bei Wukang, Tonschiefer, 850—1000 m, 6. VI. 1918 (12040).

** ***M. leptophylla*** HAND.-MZT.

Arbuscula vel arbor usque ad 8 m alta (e collectoribus), ramulis plerumque crassiusculis, fusco-spadiceis, opacis, ab initio glabris. Gemmae terminales subglobosae, perulis exterioribus late ovatis, 2 mm longis, apiculatis, subcoriaceis, minute sericeis, deciduis, interioribus longius fulvido-sericeis, axillares minutae. Folia alterna, apicibus innovationum cuiusque anni subverticillata, biennia, obovato-oblonga, 12—23 cm longa, longitudine $\pm$ 3—$3\frac{1}{2}^{\text{plo}}$ angustiora, maxima latitudine infra tertium anticum, breviuscule et tenuiter acuminata, ad basin subsensim attenuata, hac ipsa anguste cuneata, sicca chartacea, margine vix recurvo cartilaginea, supra olivacea subtilissime foveolata opaca glabra, subtus glaucescentia brevissime et subtilissime discontigue et in nervis densius argenteo-sericea, demum interdum calvescentia; costa lata supra sulcata subtus valde prominua; nervi tenues utrinsecus 14—20 sub angulis $\pm$ dimidiis abeuntes paulum prorsus curvati vix confluentes utrinque prominuli et rufescentes; trabeculae laxae venulaeque laxiuscule reticulatae minus prominulae; petiolus 1—3 cm longus carnosulus, supra leviter sulcatus, fuscus, glaber. Paniculae inter folia inferiora ramulorum hornotinorum, fructiferae in pedunculis longis, patentibus, crassiusculis, strictis, densiuscule sericeis vel subglabris, ipsae pauperae, paulum compositae, foliis subduplo breviores; pedicelli demum divaricati, 5—10 mm longi. (Bracteae floresque ignotae.) Calyx sub fructu patens, duriusculus, in lobos lineri-oblongos, 6—7 mm longos, obtusos, extus dense et subtilissime sericeos fissus. Bacca globosa, 1 cm diametro.

W-F.: Tienhwa-schan w von Dingdschou („Tingchow"), Sandstein, c. 800 m, anderswo nicht gesehen, VI.—VII. 1921 WANG-TE-HUI (Plt. sin. 392). Tschekiang: Chen Chiong, 40 miles s of Siachu, 450—900 m, 3.—4. VI. 1924 (CHING in WULSIN 1806, Typus). Region of King Yuan, 900—1200 m, VIII.—IX. 1924 (CHING in WULSIN 2368). N-Kwangtung: Lungtou-schan e von Schaodschou, Granit, 1917 (MELL 692).

M. longifolia BLUME, sub quo nomine plantae tschekiangenses editae fuerunt, e specimine originali mihi ex herbario Lugduni-Batavi benigne communicato differt foliis exacte lanceolatis multis imo versus basin distincte dilatatis, subtus valde brunnescenti-violascentibus brevissime et parce crispule pubescentibus. *M. ichangensis* REHD. et WILS. jam foliorum dimensionibus consistentiaque longius distat.

M. longipedicellata LECTE. in N. Arch. Mus. Par., sér. 5., V., 101 (1913).
Y.: Buschwälder der wtp. St. ober Djiunienping jenseits Fumin bei Yünnanfu, Sandstein, 2200—2450 m (6114).

Die Außenseite der Blüten und die Unterseite der jungen Blätter variieren kahl und ganz kurz dicht seidig auch am Originalmaterial.

— — ** var. ***synechothrix*** HAND.-MZT.

Syn.: *M. ichangensis* var. *synechothrix* HAND.-MZT. in Sitzgsanz. Ak. W. W., 1925, 218.

Folia subtus persistenter brevissime puberula.

NW-Y.: Im üppigen Schluchtwalde der str. St. unter Meti am Wege vom Djinscha-djiang nach Dschungdien („Chungtien"), 27° 39', Tonschiefer, 2400 m, 25. VIII. 1915 (7778).

Nach der Blattkonsistenz und den 1—1,5 cm langen Fruchtstielen ist die Pflanze richtig hieher zu stellen. Ob sie, wie andere auf Grund der Behaarung benannte, als eigene Varietät aufrechtzuerhalten ist, kann allerdings erst nach viel mehr Material beurteilt werden.

** ***M. viridis*** HAND.-MZT.

Syn.: *M.* sp. aff. *Kurzii* W. W. SM. in Not. R. Bot. Gard. Edinbgh., XIV., 144 (1924).

Frutex vel arbor usque ad 6 m alta, aromatica, ramulis tenuiusculis, primum atro-olivaceis angulatis subtilissime sericeis, mox fuscis glabris opacis. Gemmae lanceolatae, perulis paucis angustis herbaceis fulvido-sericeis. Folia sparsa vel in partibus superioribus innovationum farcta, perennia, lanceolata, 7—17 cm longa, longitudine vix 4- usque fere 6plo angustiora, longe acuminata (vel unum alterumve inferius obtusissimum), apice ipso $\pm$ obtusa, basi cuneata, sicca tenuiter coriacea, margine recurvo anguste cartilaginea, laete viridia, opaca, subtus paululum glaucescentia, venularum reti densissimo utrinque subtiliter foveolata vel vetustiora alutacea, prima juventute utrinque dense sed subtiliter sericea, mox supra sparsius quam subtus subtilissime sericea vel illic omnino glabrescentia; costa supra leviter sulcata, subtus crasse prominua ochracea; nervi utrinsecus 5—10 irregulares, obliqui, prorsus arcuati, imprimis antice ante marginem conjuncti, tenues, subtus magis quam supra prominui; venae maiores crebrae, irregulares, utrinque prominulae; petiolus 10—18 mm longus, tenuiusculus, fuscus, paulum sulcatus et sericeus. Paniculae basi innovationum paucae, ut folia indutae, pedunculis petiolos aequantibus, subumbellato 3—6-

florae. Bracteae? (valde deciduae). Pedicelli 2—3 mm longi. Tepala olivaceobrunnea, exteriora 3 oblonga, 4 mm longa, ad 2 mm lata, obtusa, interiora 3 ultra 5 mm longa, ultra $2\frac{1}{2}$ mm lata, rotundata, omnia herbacea, brevissime et extus multo parcius quam intus sericea et marginibus crispule puberula, indistinctissime venosa. Stamina exteriora 6 perianthio paululo breviora simplicia glaberrima, interiora 3 illud aequantia inferne parce longipilosa et glandulis subbasalibus longistipitatis hippocrepicis dimidium filamentum attingentibus aucta; antherae quadrivalves valvis inferioribus sublateralibus, superioribus multo minoribus introrsis, in staminibus intimis autem extrorsis. Staminodia 3, filamentorum glandulas aequantia, stipitibus latioribus inferne pilosis, glandulis ipsis sagittatis. Ovarium glabrum, stylo filamenta exteriora aequante. Bacca globosa, 11—13 mm diametro, fusco-olivacea, opaca, calyce persistente immutato nisi paulum indurato horizontaliter patente suffulta.

NW-**Y.**: Im birm. Mons. in der Mekong—Salwin-Scheidekette in wtp. Regenwäldern des Doyon-lumba, 28° 2′, 2500—2700 m, Schiefer, 23. IX. 1915 (8288), am 28° in Dickichten in Gräben am 98° 50′ E, 2730 m, VI. 1921 (FORREST 19507, Typus) und ebenso und in Mischwäldern von Seitentälern am 98° 42′ E, 1820—2150 m, IX. 1921 (F. 20133).

Foliis in sicco viridibus *M. villosa* (WIGHT) HOOK. f. tantum congruit, ceterum valde diversa.

M. salicina HCE., det. HENRY e typo. SE-**Kw.**: Massenhaft im monatelang überschwemmten Gebüsche am Ufer des Du-djiang unter Sandjio, Grauwacke, 300—400 m (10808).

Phoebe NEES.

P. neurantha (HEMSL.) GBLE. **Y.**: Gebüsche noch in der wtp. St. um Hsiangschuigwan w von Luföng, Sandstein, 1650 m (8664). Beyendjing, in Wäldern bei Guti (TEN 144) und bei Schuipandjing (T. 262). Im NW in der str. St., 1900—2100 m, am Djinscha-djiang n von Lidjiang und an seinem Zuflusse Dschungdjiang-ho bis Meidsiping übeıall, 27° 10—15′, Schiefer (6841) und als riesenhafter Baum im Wäldchen an der Quelle von Djitsung nw von dort, 27° 34′, Kalk (7831).

** ***P. hunanensis*** HAND.-MZT. in Sitzgsanz. Ak. W. W., 1921, 146.

Arbuscula ramulis gracilibus glaberrimis, hornotinis fuscis angulosis, annotinis teretibus, lenticellis parcissimis elevatis orbicularibus brunneis. Gemmae ovatae, 9—20 mm longae, perulis imbricatis, extus velutinis, versus marginem ciliolatum glabris, intus spadiceis glabris, exterioribus coriaceis orbicularibus minutissime mucronulatis, interioribus membranaceis anguste ovatis. Folia persistentia, apicibus ramorum hornotinorum saepe ramosorum approximata, lanceolata, 10—21 cm longa et sub 3—4^{plo} angustiora, acuminata vel breviter caudata, basi in petiolum crassiusculum 7—24 mm longum semiteretem longe attenuata, supra glaberrima, subtus juvenilia praeter nervos tenuissime micantisericea, adulta brevissime sericeo-strigillosa, tenuiter coriacea, supra opaca, corii modo subtilissime alutacea, subtus glaucescentia, papillosa et subtilissime fusco glanduloso-punctata, costa et nervis utrinsecus 6—13 irregularibus obliquis et paulum arcuatis, superioribus tantum prope marginem anguste incrassatum anastomosantibus, utrinque fulvis, supra vix impressis, subtus cum trabeculis dissitis valde prominuis, his supra et venulis utrinque aegre conspicuis. Bracteae ramos et inflorescentias sub foliis enatas fulcrantes lanceolatae, penninerviae, usque ad 2,7 cm longae, panicularum ramos fulcrantes eosque juveniles superantes filiformi-lineares, omnes herbaceae, subtus longe fulvo-sericeae, deciduae. Paniculae in ramis praesertim inter folia copiosae, laxe usque ad 17 florae, usque ad 4 cm longae, pedunculis 3—8 cm longis tenuibus erectis, glaberrimae. Pedunculi partiales umbellas paucifloras gerentes et pedicelli superiores saepe singuli 4—9 mm longi, subdivaricati, hi sub flore haud incrassati. Perianthium anguste campanulatum, 3—4 mm longum, viridi-luteum, lobis 6 late obovatis, acutiusculis, tenuiter 5 nerviis, margine dense ciliolatis, exterioribus paulo brevioribus glaberrimis, interioribus extus interdum in medio parcipilosis, intus dense pilosis. Stamina 6 perianthium aequantia, filamentis latis antheras paulo superantibus parce ciliolatis, exterioribus eglandulosis, interioribus supra basin glandulis 2 scutellatis instructis; staminodia filamenta interiora aequantia brevistipitata, cordato-ovata, acuta. Ovarium depressum, glabrum; stylus crassiusculus, stamina aequans, stigmate calyptriformi pallido.

H.: In Wäldern der wtp. St. um Hsikwangschan bei Hsinhwa, Kalk und Sandstein, 550—650 m, 9., 20. V. 1918 (11785).

Species foliorum nervatione *P. neuranthae* (HEMSL.) GBLE. et *P. Nanmu* HEMSL. instructa, inter has foliis subtus glanduloso-punctatis semper sericeis, ramulis autem et floribus extus glabris excellens.

P. Sheareri (HEMSL.) GBLE. **SW-H.**: Häufig im wtp. Laubhochwalde des Yün-schan bei Wukang, Tonschiefer, 850—1100 m (11111, 12028). **S-S.**: Nantschwan (BOCK u. ROSTHORN 1279?, steril, von DIELS in Bot. Jahrb., XXIX., 349, als „*Litsea mollis* HEMSL. ähnlich" angeführt). **Y.**: Wtp. Buschwälder des Tales ober Djiunienping jenseits Fumin bei Yünnanfu, Sandstein, 2200—2450 m (6125). Beyendjing, in Wäldern bei Guti (TEN 296). Im NE auf Hügeln bei Baörlgai, 750 m (MAIRE).

Meine Nr. 6125 entspricht in der Blattform WILSON, Veitch Exp. 1329 (s. die Bemerkung in Plt. WILS.), die sehr dichte und recht lange Behaarung der jungen Teile aber ist dieselbe wie an CHINGS Nr. (in WULSIN) 1635. Der einzige Baum meiner Nr. 12028 hat nur diesjährige, dünnere Blätter, die bis zu 20 × 12 cm erreichen und an der Spitze mitunter abgerundet sind. Er machte den Eindruck, als ob er nach einem Jahre der Ruhe stark aufgeschossen wäre.

Pseudosassafras LECTE.

P. Tzumu (HEMSL.) LECTE. in Not. syst., II., 269 (1911). (*Sassafras Tzumu* HEMSL. — *Litsea laxiflora* HEMSL.). Wälder und Gebüsche der oberen str. und der wtp. St. auf Kalk, Sandstein und Schiefer, 300—1380 m. **H.**: Um Hsikwangschan (11828), ober Ngandjiapu und Lengschuidjiang bei Hsinhwa. Von hier gegen Wukang spärlich in der Schlucht ober Lududsai. Ganz einzeln am oberen Waldrande des Yün-schan bei Wukang. **Kw.**: Osthang des Sattels zwischen Lopu-se und Wendwen bei Duyün (10699).

Actinodaphne NEES.

A. confertifolia (HEMSL.) GBLE. **SW-H.**: Im wtp. Laubhochwalde des Yün-schan bei Wukang, Tonschiefer, 1250 m (12071).

Neolitsea (BENTH.) MERR. in Philip. Journ. Sci., I., Suppl., 56 (1906). (*Tetradenia* NEES, non BENTH.)

N. (?) Levinei MERR. in Philipp. Journ. of Sci., XIII C 3, Bot., 138 (1918). **W-F.**: Steinige Stelle am Fuße des Tienhwa-schan w von Dingdschou („Tingchow"), Sandstein (Plt. sin. 390).

Nur mit jungen Früchten, weshalb die Gattungszugehörigkeit noch unsicher bleibt. Nach allem, was bekannt ist, kommt sie aber wohl *N. lanuginosa* (NEES) GBLE. sehr nahe.

Litsea LAM.

L. Cubeba (LOUR.) PERS. (*L. citrata* BL.). **H.**: Im Hartlaubwalde der str. St. auf dem Yolu-schan bei Tschangscha, Sandstein, 200 m (11527). Im SW im wtp. Walde des Yün-schan bei Wukang, Tonschiefer, um 1000 m. **Ki.**: Kuling (FABER). **E-Kw.**: Im str. Laubwalde bei Pingü am Du-djiang unterhalb Sandjiang, Grauwacke, 350 m (10850).

* ***L. Kingii*** HOOK. f., Fl. Brit. Ind., V., 156 (1886). **NW-Y.**: Im tp. Regenmischwalde des birm. Mons. im Tjiontson-lumba, einem w Seitentale des Salwin unter Tschamutong, Granit, 2950—3150 m, 2. VII. 1916 (9201).

L. sericea (WALL.) HOOK. f. **W-Ki.**: Um die Kohlengruben Pinghsiang, c. 600 m (Plt. sin. 232).

Für die fruchtende Pflanze halte ich mich an die von REHDER in Journ. Arn. Arb., I., 144 angegebenen Unterschiede in den Blättern gegenüber *Benzoin umbellatum* (THBG.) REHD., während ich die dort angegebenen in der Frucht nicht finden kann.

L. Veitchiana GBLE. **S.**: Wälder und Gebüsche der wtp. St. bis an die tp., auf Kalk, Sandstein und Phyllit, 2200—2900 m. Unter Laodschang am Lose-schan s von Ningyüen (1457). Ober Daliaopingdse am Berge Dadjin zwischen Ningyüen und Yenyüen (2139). Unterhalb Betiaoho (5486) und bei Kwapi (2784) n von hier.

„Folia supra glabra" GAMBLES trifft auch an WILSONS Original Nr. 3672 nicht zu. „Perulis acuminatis" bezieht sich wohl nur auf die äußeren noch geschlossener Knospen; die inneren wohlentwickelten sind über $1\frac{1}{2}$ cm lang, breit elliptisch und abgerundet. Die Blätter erreichen bis zu 18×9 cm. Die ♂ Blüte sei hier beschrieben: Calyculus $\frac{1}{2}$ mm longus, ut pedicelli c. 5 mm longi extus $\pm$ sparse sericeus. Tepala 6, 3 mm longa, late ovata, praesertim interiora late rotundata, dense glanduloso-punctulata, venis paucis validis, marginibus late submembranaceis, glabra. Stamina 9, exteriora 6 filamentis antheras aequantibus ligulatis tepala dimidia paulo superantia, valvis introrsis, interiora 3 breviora, valvis superioribus tantum introrsis, inferioribus partim saltem extrorsis, haec glandulis basalibus irregulariter globosis vel oblongis magnis, interdum altera deficiente, aucta. Staminodia nulla. Ovarii rudimentum parvum, glabrum, stylo aequilongo terminatum.

REHDER vermutet in Journ. Arn. Arb., I., 144, daß die Art nur eine Varietät von *L. sericea* sein könnte. Die chinesische *sericea* in seinem Sinne entspricht nicht ganz der Beschreibung der himalaischen, von der ich leider gar kein Material sah. Vor allem sind die Blattnerven viel weniger zahlreich und ist niemals eine Spur von gelbroter Behaarung vorhanden. Auch meine hier angeführten Pflanzen entsprechen durch die keineswegs schwarzen, sondern zimtfarbenen Zweige, breiteren Blätter von im Trockenen olivengrüner Farbe nicht der Beschreibung jener, wohl aber gut der *L. Veitchiana*.

L. pungens HEMSL. **Y.**: Wälder und Gebüsche an nicht zu trockenen Stellen der wtp. St. Überall zwischen Lugö, Sugö und Dschangkou nw von Yünnanfu, Sandstein, 2400 m (1989), mehr vereinzelt bis Sanyingpan. Guti (TEN 175, 181) und Matou-tsun (T. 123) bei Beyendjing. Im NE bei Dschouwentsen (MAIRE ex Arb. Arn. 210). Im W im Salwin-Tale bei Schanpingdse, 26° 10′ (GEBAUER).

L. moupinensis LECTE. in Bull. Soc. bot. Fr., LX., 84 (1913). **S.**: Gebüsche und Bambusdschungel der tp. St. auf Kalk und Sandstein, 2600—3500 m. Mehrfach zwischen Yendselou und Sikwai im Lolo-Lande e von Ningyüen (1503). Ober Hungga am Hange des Daörlbi halbwegs zwischen Yenyüen und Yungning (2958). Im W auf dem Wa-schan s von Yadschou (WEIGOLD). **Y.**: Beyendjing, bei Lungdji (TEN 330) und Guti (T. 169).

Die Art ist auch im Pariser Material ziemlich veränderlich, TENS Nr. 330 entspricht DAVIDS Typus, seine Nr. 169 der DELAVAYschen Pflanze von Mosoying. Die am besten entwickelten, wenn auch noch nicht ganz reifen Blätter meiner Nr. 2958 seien hier beschrieben, da solche noch nicht bekannt sind: Folia lanceolata, 27—60 mm longa, longitudine c. quadruplo angustiora, utrinque acutissima, herbacea, sicca olivaceo-viridia, subtus pallidiora, utrinque breviter albido sericeo-strigillosa, subtus citius quam supra glabrescentia, glandulis pellucidis creberrimis minutis; costa supra densius sericea subtus in axillis barbulata nervique utrinsecus c. 6 valde obliqui irregulares anteriores procul a margine anastomosantes utrinque rufi et prominuli; venularum rete densissimum, utrinque valde conspicuum, praesertim supra ut margo cartilagineus anguste revolutus rufescens.

L. rubescens LECTE. in N. Arch. Mus. Par., sér. 5., V., 86 (1913). Wälder und Gebüsche der wtp. und bis in die str. und tp. St., auf Kalk, Mergel, Sandstein und Schiefern, 1700—3150 m. **Y.**: Häufig zwischen Baodu und Daschan am Wege von Yungbei nach Yungning (3225). In NW am Passe Akelo zwischen Djinscha-djiang („Yangtse“) und Mekong, 27° 19′ (7916). Im E unter Pienschan bei Sidsung (10136) **S.**: Ober Danfang im s Seitental des Djientschang gegen Huili (1070). Bei der Brücke zwischen Sili und Dseia bei Muli (7208).

L. populifolia (HEMSL.) GBLE. in Plt. WILS. II, 77 (1916). Syn.: *Lindera p.* HEMSL., in Journ. L. S., Bot., XXVI., 390 (1891). — *Litsea obovata* FRANCH., non NEES. — *L. longipetiolata* LECTE. in Bull. Soc. Bot. Fr., LX., 85 (1913) e typo.

L. elongata (NEES) HOOK. f. **SW-H.**: Im wtp. Laubhochwalde des Yünschan bei Wukang, Tonschiefer, 1000—1350 m (11152). **Y.**: Im NW im wtp. oder tp. Regenwalde des birm. Mons. im Tale unter dem Gomba-la in der Salwin—Irrawadi-Kette ober Tschamutong, Granit, zwischen 2300 und 3100 m, von Einheimischen (9856). Im NE im mittelchin. Fl. in Gebüschen bei Dschenfungschan, 650 m (MAIRE).

L. monopetala (ROXB.) PERS., Syn. Plt., II., 4 (1807). (*Tetranthera monopetala* ROXB., Plts. Corom., II., 26 [1798]. — *Litsea polyantha* JUSS. in Ann. Mus. Par., VI., 211 [1805]). **S-Y.**: Im tr. Regenwalde unter Yaotou zwischen Möngdse und Manhao, Tonschiefer, 800—900 m (5963).

Benzoin Fabr.
(*Lindera* Thbg.)

B. commune (Hemsl.) Rehd. in Journ. Arn. Arb., I., 144 (1919). (*Lindera Paxiana* H. Winkl. in Rep. sp. n., Beih. XII., 382 [1922], e typo). In trockenen Wäldern und Gebüschen der str. bis in die unterste wtp. und die tr. St. auf Kalk, Sandstein und Tonschiefer. **Y.**: 1300—1950 m. Sidian bei Yünnanfu (174). Guti bei Beyendjing (Ten 140, 182). Im E bei Djinsolo nächst Loping (10216). Im S bei Schuidien zwischen Möngdse und Manhao (6021). **S.**: Bei Huili, 1960 m (867). **H.**: Unter Tungdjiapai bei Hsikwangschan nächst Hsinhwa, 550 m (11883). Unter dem Tempel Wuli-ngan am Yün-schan bei Wukang, 650—850 m (12020).

Die Art kommt auch ganz kahlblätterig vor.

B. Nacusua (Don) O. Ktze. (*Lindera bifaria* Nees). NW-**Y.**: Im birm. Mons. in der nächsten Umgebung von Tjionatong ober Tschamutong am Salwin, leg. Genestier (9956). Dort in der Salwin—Irrawadi-Kette nw von Sitjitong (Forrest 21629).

B. glaucum Siebd. et Zucc. **H.**: In Gebüschen und Wäldern der str. und wtp. St. auf Kalk, Sandstein und Tonschiefer, 50—1200 m. Häufig um Tschangscha (11639) und Hsikwangschan. Zwischen Dungngan und Schitjidian-se (11293). Im SW auf dem Yün-schan bei Wukang (12334).

B. touyunense (Lévl.) Rehd. in Journ. Arn. Arb., X., 194 (1929) **f. megaphyllum** (Hemsl.) Rehd., l. c., XI., 158 (1930). (*B. grandifolium* Rehd., l. c., I., 145 [1920]. Hand.-Mzt. in Sitzgsanz. Ak. W. W., 1922, 58. — *Lindera megaphylla* Hemsl. — *Actinodaphne crassa* Hand.-Mzt., l. c., 1921, 146). **H.**: Im str. Walde unter Tungdjiapai bei Hsikwangschan im Bezirke Hsinhwa, Kalk, 550 m (11888).

Der behaarte (nomenklatorische) Typus liegt auch vor aus **Kw.**: Nganschun (Cavalerie 7138).

B. umbellatum (Thbg.) Rehd. in Journ. Arn. Arb., I., 146 (1919). (*B. membranaceum* [Maxim.] O. Ktze.). **H.**: In Wäldern der str. St. auf Sandstein, 50 bis 300 m, um die Bauernhäuser (12820) und auf dem Yolu-schan (11504) bei Tschangscha. Vielleicht auch diese häufig im wtp. Walde des Yün-schan bei Wukang. **Kw.**: Gebüsche der wtp. St. zwischen Badschai und Tailaohsin, Sandstein, 1050 m (10765).

Hieher scheint auch Diels „*Lindera* n. sp.“ (Bock u. Rosthorn 468) zu gehören. Nakai sagt in Bot. Mag. Tokio, XLII., 472 (1928), *B. sericeum* Siebd. et Zucc., den Rehder als Varietät zu *umbellatum* zieht, sei für China fraglich, denn die Pflanzen, die Hance und Hemsley dafür hielten, seien *B. glaucum* S. et Z. Die Behaarung zeigt eine große Variationsweite, insbesondere haben viele Exemplare keine Seide, sondern nur eine kurze krause Behaarung, doch liegt mir kein Material vor, nach dem ich beurteilen könnte, wie var. *sericeum* (S. et Z.) Rehd. definiert wird.

* ***B. sikkimense*** (Meissn.) O. Ktze. (*Lindera sikkimensis* Meissn. in DC., Prodr., XV/I., 245 [1864]). **Y.**: Häufig mit Bambuseen in der tp. St. des Dsangschan bei Dali (Talifu), kristallinisches Gestein, 2850—3600 m, 15. V. 1916 (8723). Im NW im birm. Mons. waldbildend in der ktp. St. der Mekong—

Salwin-Kette ober Bahan, 28°, Glimmerschiefer, 3700—3800 m, 27. IX. 1915 (8417). Am Hange vom Passe Tschiangschel zum Irrawadi-Oberlaufe, Granit, 3270 m.

Die ♂ Nummer 8723 stimmt mit einem im gleichen Entwicklungszustande befindlichen sterilen Zweige der Originalaufsammlung vollkommen überein, dessen Blätter nur im Umrisse gerundet, aber mit stumpfer Spitze versehen sind. Da die ♂ Blüten der von HOOKER deshalb nur mit ? in der Gattung belassenen Art noch nicht bekannt sind, seien sie hier beschrieben: Perianthium ♂ 6 mm diametro, lobis late ellipticis, rotundatis et undulato-erosulis, medio dorso sparse sericeis. Stamina 9 extra discum latum inserta, perianthium dimidium paulo superantia, antheris rectangularibus biloculatis exterioribus intus, interioribus magis lateraliter aperiundis, 3 intima glandulis magnis discoideis sessilibus instructa, sicut ovarii rudimentum glabra. Die sterile Nr. 8417 mit reifen Blättern hat dunkel kastanienbraune diesjährige Zweige, die Behaarung der Blätter ist mehr weißlich, was beides auf das größere Alter zurückzuführen sein mag; im übrigen ähneln die Blätter bis auf die Behaarung jenen des *B. kariense*, sind aber etwas kleiner und ausgesprochen spitzer (55 × 23 — 65 × × 30 mm), doch unterscheidet sich FORRESTS mit Vorbehalt zu diesem gestellte Nr. 13464 in der Form nicht mehr, wohl aber durch vollständige Kahlheit, mit Ausnahme der untersten des Jahrestriebes. Es ist daher gewiß in Betracht zu ziehen, ob nicht beide Formen einer Art darstellen.

B. kariense (W. W. SM.) HAND.-MZT. (*Lindera kariensis* W. W. SM. in Not. R. Bot. Gard. Edinbgh., XIII., 165 [1921]). NW-**Y.**: In tp. Regenwäldern des birm. Mons., 2750—3700 m, häufig ober Bahan am Salwin, 27° 58′, Schiefer (8952) und ober dem Lagerplatze Dschibang im Tjiontson-lumba von dort gegen den Irrawadi.

Meine Pflanze ist offenbar vom Anfang an ganz kahl; FORRESTS Nr. 13950 bildet den Übergang zu den stärker behaarten Formen.

B. supracostatum (LECTE.) REHD. in Journ. Arn. Arb., I., 146 (1919). (*Lindera supracostata* LECTE. in N. Arch. Mus. Hist. nat. Par., sér. 5., V., 113 [1913]). **Y.**: Beyendjing (TEN 390 ex hb. Berol.). Dort bei Guti in Wäldern (T. 179).

B. strychnifolium (SIEBD. et ZUCC.) O. KTZE. (*Lindera Limprichtii* H. WINKL. in Rep. n. sp., Beih. XII., 382 [1922], e typo). **H.**: In der str. St., 70—200 m. In Föhren—Eichen-Mischwäldern auf Sandstein hinter der Stadt Tschangscha (12800) und in Gebüschen auf Kalk zwischen Lantien und Loudi e von Hsinhwa zerstreut (11741).

— — var. ***Hemsleyanum*** (DIELS) REHD. in Journ. Arn. Arb., I., 145. E-**Y.**: Im Laubwalde der wtp. St. des mittelchin. Fl. auf dem Hügel bei Djindjischan nächst Loping, Kalk, 1600 m (10194).

An Blüten eines Originalexemplares von *L. Limprichtii* finde ich sowohl 6 als 9 Stamina, womit ihr Unterschied wegfällt.

B. pulcherrimum (NEES) O. KTZE. (*Lindera caudata* DIELS, e BOCK et ROSTH. 781). SW-**H.**: Häufig im wtp. Laubhochwalde des Yün-schan bei Wukang, Tonschiefer, 900—1400 m (11107). S-**S.**: Omei-schan, 1000 m (FABER).

B. Prattii (GBLE.) REHD. in Journ. Arn. Arb., I., 145. NW-**Y.**: Im wtp. Regenwalde des birm. Mons. ober Schutsche am Taron (Djiou-djiang, e Irrawadi-Oberlaufe), 27° 55′, Granit, 2400—2800 m (9463).

Die Behaarung der jungen Zweige ist bei meiner Pflanze mehr grau und nicht so rotbraun, wie bei WILSON 3715, mit der aber jene der Knospenschuppen übereinstimmt. Die Blätter sind am Grunde etwas mehr verschmälert. Die Art steht der vorigen sehr nahe, jedenfalls viel näher als dem *B. strychnifolium.*

B. cercidifolium (HEMSL.) REHD., l. c., 144. NW-**Y.**: Föhren-, Tannen- und Laubmischwälder der tp. und wtp. St. auf Schiefern, Diabas, Granit und Sandstein, 2800—3800 m. In der Yangtse—Mekong-Kette am Westhange des Nguka-la zwischen Dschungdien und Djitsung (7790) und des Litiping bei Weihsi und am Osthange des Passes Lenago am 27° 45′ (8867). Im birm. Mons. in der Mekong—Salwin-Kette zwischen dem Sattel Tschranalaka und der Alm Doschiratscho ober Tseku, unter dem Doker-la an der tibetischen Grenze und ober dem Lagerplatze Luna am Wege von Londjre zum Schöndsu-la.

An einigen Zweigen sind die Früchte in kugelige knospenartige Gallen umgewandelt.

Hernandiaceae

Illigera BLUME.

I. mollissima W. W. SM. in Not. R. Bot. Gard. Edinbgh., X., 42 (1917). **Y.**: Gebüsche der str. St. auf Phyllit und Sandstein, 1400—1900 m, zwischen Hoyenschan und Djiangyi n von Lunggai am Djinscha-djiang (5049) und um die Mündung des Dou-tschu in diesen n von Lidjiang, 27° 46′ (7591). Im NE (MAIRE: Herb. DELESSERT).

Menispermaceae

Tinospora MIERS.

* ***T. Rumphii*** BOERL. (*T.* [?] *gibbericaulis* HAND.-MZT. in Sitzgsanz. Ak. W. W., 1923, 95). S-**Y.**: An Bäumen in tr. Bambusbeständen und offenen Wäldern hoch schlingend flußaufwärts gegenüber Manhao, Tonschiefer, 200 m, 1. III. 1915 (5816).

Originalmaterial aus Buitenzorg zeigt, daß die dortige Pflanze denselben dicht und grobhöckerigen Stengel und dieselbe ganz feine Wimperung der inneren Sepalen hat, die ich früher für einen Unterschied hielt. Meine hohe Bäume dicht überwuchernde Pflanze war vollständig blattlos.

Diploclisia MIERS.

D. chinensis MERR. in Philipp. Journ. Sci., XV., 235 (1919). **H.**: In der str. St. zwischen Lududsai (Laodao) und Schilischan zwischen Hsinhwa und Wukang, Schiefer, 320 m (12559), und zwischen Tschatang und Dschangdjiatang e von Hsikwangschan, Kalk, 180 m.

Cocculus DC.

C. trilobus (THBG.) DC. Trockene Wälder, Gebüsche und an Mauern in der str. und bis in die wtp. St. auf Kalk, Mergel, Kalkschiefer und Sandstein. **H.**: 100—650 m. Hsikwangschan bei Hsinhwa (12576) und hinab bis Loudi.

Kw.: Nanyo-schan bei Guiyang, 1300 m. **Y.**: 1500—1800 m. Im E bei Bantjiao nächst Loping. Jöschuitang n von Yünnanfu (440). E ober Luföng an der Straße nach Dali (8655). Unter Beyendjing halbwegs zwischen Tschuhsiung und Yungbei (6296). **S.**: 1500—2100 m. Im Djientschang häufig von Dötschang („Tetschang“) (1876) bis Ningyüen (1260), hier bis in das Wäldchen des Luschan (1957).

C. mollis WALL. In der str. St. **Y.**: Feuchte Waldschluchten auf Kalkschiefer unter Beyendjing, 1500—1600 m (6282). SW-**Kw.**: Felsiger Kalkrücken ober Falang in der Schlucht des Hwatjiao-ho, 900 m (10385).

Sinomenium DIELS.

S. acutum (THBG.) REHD. et WILS. (*S. diversifolium* [MIQ.] DIELS) **var. *cinereum*** (DIELS) REHD. et WILS. Gebüsche der str. und wtp. St. auf Kalk. **Kw.**: Sattel zwischen Lopu-se und Wendwen bei Duyün, 1000 m (10700). **S.**: An steinigen Stellen s ober Lumapu am Zuflusse des Yalung gegen Yenyüen, 27° 37′, 1950 m (2052). Yenyüen (SCHNEIDER 4138). NE-**Y.**: Maliwan, 2600 m (MAIRE).

Stephania LOUR.

S. Delavayi DIELS in Pflzreich., IV/94, 275 (1910). In Gebüschen, auch an Felsen der str. und wtp. St. auf Schiefer, Sandstein und Kalk, 1600—2750 m. **Y.**: NW von Yünnanfu (SCHOCH 131). Hwangduho se von hier. Unter Beyendjing. Hier bei Sanguschui (TEN 1197). Hsinyingpan zwischen Yungbei und Yungning (3289). Am Djinscha-djiang und seinem Zuflusse Dschungdjiang-ho nw Lidjiang (7000) und nach NW überall bis Londjre über dem Mekong, 28° 12′. Um den Yalung zwischen Huili und Yenyüen und s ober Lumapu am 27° 37′ (2053).

S. Japonica (THBG.) MIERS. Gebüsche der str. und wtp. St., 200—1300 m, auf Kalk, Sandstein und Tonschiefer. **H.**: Von Lengschuidjiang am Tsidjiang ober Hsinhwa bis Tienhsin am Wege nach Baotjing (12565). Im SW auf dem Yün-schan bei Wukang, besonders an kräuterreichen Stellen (11234).

** ***S. disciflora*** HAND.-MZT.

Sect. *Botryodiscia* DIELS (amplificanda).

Herba perennis volubilis vel scandens, glaberrima, usque 3,3 m longa, saepe ramosa. Folia late triangulari-orbicularia, 3—8 cm longa et paulo latiora, saepe ± distincte acute vel obtuse acuminata, mucronata, margine basali paulum convexo, herbacea, supra olivaceo-viridia, subtus obscure papilloso-glaucescentia; nervi ascendentes 3, medianus antice cum secundariis maioribus 2, laterales pluribrachiati, descendentes 4—6, omnes in sicco utrinque pallidi vel rufescentes, imprimis subtus cum venularum reti densiusculo valde conspicui; petiolus quinto infero peltatim insertus, tenuis, lamina ± sesquilongior. Inflorescentiae foliis normalibus et caulis et ramorum axillares singulae, pedunculis c. 8 mm longis, discos subcarnosos simplices margine lobulatos ♂ 2½ mm, ♀ sub fructu usque ad 8 mm diametientes formant. Flores in disci lobulis sessiles, ♂ viriduli (e CHING), ad 1½ mm diametientes; sepala 6, variabilia, maiora obovato-rotundata, minora ovata, vel omnia spathulato-cochleata; petala 3, iis plus duplo breviora, late obovata; synandrii 4—5locularis columna brevissima et crassissima; (♀ ignoti). Fructus crasse lenticulares, 4—5 mm diametro, exocarpio carnosulo rubro vel aurantiaco (e notis collectorum), endocarpio imperforato costa dorsali leviter gibberosa, costulis transversalibus crassis prominulis.

Kw.: Gebüsche und Laubwälder der wtp. St., 750—1100 m, zwischen Badschai und Tailaohsin auf Sandstein, 14. VII. 1917 (10767, Typus) und zwischen Duyün und Lopu-se, 11. VII. 1917 (10693). Kwanghsi: „Laug Shian, 105 li n of Luchen, 1200′" in offenen Gebüschen gemein, 4. VI. 1928 (Ching 5667). „Bin Long, Miu Shan, N. Luchen, Border of Kweichou, 4500′", in Gebüschen selten, 17. VI. 1928 (Ching 6092 ♂).

Die Pflanze konnte erst durch die kürzlich erfolgte Auffindung der ♂ Blüten aufgeklärt werden. Die Fruchtstände stimmen genau mit dem Faberschen Ningpo-Exemplare von *S. tetrandra* Sp. Moore var. *glabra* Max. überein, doch hat dieses, wie alle anderen der Varietät und wie es auch Maximowiczs Abbildung zeigt, den Blattgrund etwas ausgerandet. Die Blätter sind nicht deutlich klebrig, wie an der von Diels (in Pflzr. IV/94, 282) erwähnten Bodinierschen Pflanze, die aber doch möglicherweise auch hieher gehört. Die beträchtliche Variabilität der Sepalen beobachtete ich in einem und demselben Blütenstande. Die Diagnose der Sektion, in die die Art doch zweifellos zu stellen ist, muß durch Weglassung des Merkmales der blattlosen infloreszenztragenden Äste erweitert werden.

Sargentodoxaceae

Sargentodoxa Rehd. et Wils.

S. cuneata (Oliv. p. p.) Rehd. et Wils. **H.**: In Gebüschen, offenen Wäldern und an Waldrändern der wtp. bis an die str. St. auf Schiefer und Sandstein, 450—1325 m. Jenseits des Sattels Duschu-ling (11928) und gegen Sanutji bei Hsikwangschan nächst Hsinhwa. Im SW auf dem Yün-schan bei Wukang (12318) und zerstreut auf dem Berglande an der w Hälfte des Weges von hier nach Dsingdschou (11056).

Die Familie wurde von Stapf in Bot. Mag., tab. 9112 (1925) auf die klare Mittelstellung hin begründet, welche die Gattung zwischen den Lardizabalaceen und Schizandraceen einnimmt und wegen der ich hier von meiner sonstigen Anlehnung an das Wettsteinsche System abgehe. Wegen dieser habe ich auch die Magnoliaceen nicht, wie Hutchinson, (Fam. Flow. Plts., 1) tat, aufgeteilt; man müßte sie dann folgerichtig auch in dieselbe Reihe stellen. *Sargentodoxa cuneata* hat im wilden Zustande viel lebhaftere Farben, als Stapfs Abbildung l. c. zeigt. Die Blattränder sind rötlich, die Fruchtstiele purpurn überlaufen und stechen gegen die blau bereiften Beeren prächtig ab. Bei üppiger Entwicklung sind die Fruchtdolden deutlich traubig angeordnet wie die ♂ Blüten.

Lardizabalaceae

Decaisnea Hook. f. et Thoms.

D. Fargesii Franch. In Gebüschen, Bambusdschungeln und lockeren Lorbeereichenwäldern, besonders in Tälchen, auf Schiefern, Sandstein und Dahamit, in der oberen wtp. und unteren tp. St. SW-**H.**: Yün-schan bei Wukang, 1220 m (Plt. sin. 103). **S.**: 2300—3200 m. Luschan bei Ningyüen (1931). Von hier gegen Yenyüen mehrfach am Berge Dadjin jenseits des Yalung (2132). Ober Niutschang zwischen dem Yalung und Yenyüen, 27° 22′ (5393) und bei Tiaolu gegenüber Molien jenseits des Yalung n von hier. **Y.**: Unter dem Passe von Fumin nach Magai nw von Yünnanfu. Beyendjing (TEN 377 ex hb. Berolin.). Dort bei Guti (T. 204). Ober Schuidschou am Dji-schan ne von Dali. Belo w von Yungning.

? * ***D. insignis*** (GRIFF.) HOOK. f. et THOMS. **NW-Y.**: Im str. Regenwalde des birm. Mons. in der Seitenschlucht Naiwanglong des Taron (w Irrawadi-Oberlaufes), Granit, 1800 m. Vielleicht hieher auch die am Salwin in wtp. Regenwäldern auf Granit und Glimmerschiefer um 2700—2800 m z. B. im Tjiontsonlumba und auf dem Rücken Alülaka unter Tschamutong als verbreitet notierte Pflanze.

Auf einer Photographie (s. KARSTEN und SCHENCK, Vegetbild., 17. Reihe, Taf. 37 A) erkennt man deutlich die kurz bespitzten Blättchen dieser Art, die ich leider nicht sammelte und in den Notizen nicht unterschied.

Stauntonia DC.

** ***S. brachyanthera*** HAND.-MZT. in Sitzgsanz. Ak. W. W., 1921, 90.

Scandens, robusta, monoica, glaberrima, ramulis annotinis saepe elongatis, 3 mm crassis, viridibus, sexangulis et tenuiter multistriatis, vetustis atro-olivaceis, lenticellis fusiformibus parcis praeditis. Perulae magnae, numerosae, (exsiccatae saltem) fuscobrunneae, carnosae (?), exteriores breves, imbricatae, obtusae, latissimae, interiores 4 cm longae, lingulatae. Folia 7—9^{nata}; petiolus strictus 6,5—11,5 cm longus, sicut petioluli longiores 1,5—3,5 cm longi et pedunculi pluristriatus; foliola spathulata, longe caudata,[1] mucrone filiformi 2—5 mm longo serius deciduo terminata, basi plicatula anguste rotundata, 8 × 2,5—12 × 4 vel 4,5 cm, lateralia minora, magis lanceolata, brevipetiolata, (pauca?) persistentia demum coriacea, supra nitida, subtus papillosa, vix vel paulum glaucescentia, costa et nervis utrinsecus ca. 6—10 irregularibus patulis sat procul a margine anastomosantibus et venularum reti laxiusculo supra impressis, subtus paulum elevatis et atrioribus. Racemi in axillis foliorum necnon perularum singuli, pedunculis rigidis, 3—7 cm longis, sursum dilatatis, 4—8 cm longi, 8—13 flori; pedicelli patuli, subaequales, 7—15 cm longi; bracteae subulato-lanceolatae, ± 1 cm longae, saepe revolutae. Flores carnosi, viriduli (nota collectoris), exsiccati brunnei, inferiores pauci ♀, superiores ♂. Perianthii phylla a medio patula, 3 exteriora ovato-lanceolata, 9—12 mm longa, apice cucullato rotundata, basi saccata, interiora 3 linearia aliquantum breviora, omnia sursum intus papilloso-velutina. Floris ♀ ovaria 3 libera, fere 5 mm longa, angusta, stigmatibus pallidis hippocrepiformibus; antherae rudimentariae 6 liberae, sessiles. Floris ♂ filamenta in columnam angustam 3,5 mm longam connata, antherae vix 2 mm longae, incurvulae, vix apiculatae, capitulum globosum album formantes; ovaria rudimentaria minuta baculiformia.

SW-H.: Auf dem Yün-schan bei Wukang auf Tonschiefer zwischen 400 und 1400 m, IV. 1919 WANG-TE-HUI (Plt. sin. 93).

---

[1] Foliolo quodam infra caudam obcordato-constricto.

St. Cavalerieana GAGNEP. sola affinis et simillima differt multo gracilior, floribus dioicis, antheris distincte mucronatis capitulum elongatum formantibus; ceterae species inflorescentiis vel ceterum valde diversae sunt.

Der Vergleich des Originalmaterials der *St. Cavalerieana* hat die nach der Beschreibung und nach der Abbildung in LECOMTE, Fl. gén. Indo-Chine, I., 156 festgestellten Unterschiede etwas vermindert. Die Antheren dieser Art sind nämlich 2 mm und die Staubfadenröhre ist 3 mm lang. Der Habitus, die Zweihäusigkeit und die kleinen Unterschiede in Form und Spitze der Antheren scheinen mir aber eine Vereinigung doch noch nicht zuzulassen.

Holboellia WALL.

H. latifolia WALL. **Y.**: Auf Diabas in der tp. St. des Dji-schan ne von Dali über den Tempeln, 3050—3350 m (6407). Im wtp. Regenwalde des birm. Mons. im Tale Gümbalo bei Tschamutong am Salwin, Granit, über 2300 m, von Einheimischen (9871).

? *H. angustifolia* WALL. **S.**: Im wtp. Mischwalde bei Kwapi n von Yenyüen, 27° 53′, Kalk, 2750 m (2737 steril und mangelhaft). NW-Y.: Gebüsche in der großen Doline bei Lidjiang („Likiang“), 3000 m (SCHNEIDER 2834, fruchtend, Blättchen den breiteren Formen entsprechend, aber unterseits glauk.). Unter dem Lager Luna bei Londjre im birm. Mons. in der Mekong—Salwin-Kette, 3050 m und mehrfach nach einer kaum auf etwas anderes bezüglichen Notiz.

H. Fargesii RÉAUB. **S.**: Strauchreicher Bambusdschungel der tp. St. ober Niutschang zwischen Yenyüen und dem Yalung, 27° 22′, Sandstein, 3000 bis 3200 m. In der wtp. St. des Lolo-Landes e von Ningyüen im Walde des Sosoliangdse (SCHNEIDER 1028) und an Grashängen zwischen Sikwai und Tjiaodjio (SCHN. 986). Gebüsche bei Schagoma s von Ningyüen (SCHN. 896).

Meine ♀ Pflanze liegt nur mit diesjährigen jungen Blättern vor, die ein deutliches Nervennetz haben. Um *H. marmorata* kann es sich aber wegen der langen Zuspitzung nicht handeln.

** ***H. marmorata*** HAND.-MZT. in Sitzgsanz. Ak. W. W., 1921, 89.

Scandens, dioica, glaberrima, ramulis annotinis elongatis, 2,5 mm crassis, violascentibus, longitudinaliter multicostulatis, vetustis crassis cortice brunneo longitudinaliter fisso tectis. Folia 3—9^{nata} petiolo teretiusculo, 1,3—8,5 cm, petiolulo medio 1—2,5 cm longo, lateralibus paulo brevioribus, extimis raro subnullis. Foliola oblonga usque lineari-oblonga, terminale (4—) 5—9 cm longum, lateralia paulo minora, latitudine 2—7 (—10)^{plo} longiora, utrinque obtusa vel basi saepe obliqua rotundata, apice mucronulo deciduo instructo, crasse coriacea, supra viridia nitida, subtus papillis partim botryoidi-fasciculatis albida, costa supra impressa, subtus cum margine incrassato argute prominua, nervis basalibus 2 et secundariis utrinsecus c. 6—10 tenuibus, irregularibus, sub angulis 45—80° abeuntibus, cum his sat procul a margine anastomosantibus et venarum reti laxiusculo supra ± prominulis, subtus quamvis vix prominulis et ipsis papillosis tamen opacis serius violascentibus laminam pulcherrime marmorantibus. Cymae ♂ inter perulas persistentes, late ovatas, 3 mm non excedentes, tenuiter coriaceas, castaneas, margine pallidas usque ad 6^{nae} fasciculatae, pauciflorae, pedunculis tenuibus 3—10 mm longis, bracteis ligulato-spathulatis 5—7 mm longis, brunneis, pedicellis 3—5 mm longis. Perianthium carnosulum, sulphurascens (exsiccatum atro cerinoplumbeum); tepala 6 ligulato-oblonga, obtusa (7—) 9—10 mm longa et 3 lata interiora paulo breviora; glandulae 6 depressae. Stamina 6, petala subaequantia, antheris quam filamenta paulo latioribus et aequilongis (vel paulo longioribus), connectivo crasso in appendicem (0,4—) 0,7 mm longam obtuse pyramidatam producto, loculis dorsalibus fere contiguis. Ovaria rudimentaria minuta, subulata. Flores ♀ fructusque ignoti.

Y.: Buschwälder der wtp. St. auf Sandstein, 2000—2450 m. In der kleinen Schlucht unter Hsinlung jenseits des Pudu-ho n von Yünnanfu, 25° 34′, 10. III. 1914 (496, Typus) und im Tälchen ober Djiunienping jenseits Fumin nw von hier, 28. V. 1915 (6126). Im NE in Gebüschen von Motsu, 800 m (Maire: Hb. Berlin).

Proxima *H. Fargesii* Réaub. foliis acutioribus, multo minus coriaceis, venis in annotinis inconspicuis, floribus maioribus, connectivi mucrone minore differt.

Maires Pflanze ist klein, sehr schmalblätterig und hat keine sichtbaren Adern. Die eingeklammerten Teile der Diagnose beziehen sich auf sie. Vielleicht ist sie als Übergangsform gegen *H. Fargesii* anzusprechen, aber ihre Blättchen sind ganz besonders dick.

H. coriacea Diels. Gebüsche der wtp. St. **H.**: Um Hsikwangschan bei Hsinhwa, Sandstein und Kalk, 500—700 m (11781). **S.**: Am Bächlein auf dem Sattel zwischen Tjiaodjio und Lemoka im Lolo-Lande e von Ningyüen, Sandstein, 2250 m (1590).

Akebia Decne.

A. trifoliata (Thbg.) Koidz. in Bot. Mag. Tok., XXXIX., 308 (*A. lobata* Decne.) var. ***australis*** (Diels) Rehd. in Journ. Arn. Arb., X., 189 (1929). **Ki.**: Um die Kohlengrube Pinghsiang (Plt. sin. 240). **H.**: Schluchten des str. Hartlaubwaldes des Yolu-schan bei Tschangscha, Sandstein, 100 m (11617). **S.**: Im Djientschang („Kientschang“) auf Sandstein in Gebüschen der wtp. St. des Lu-schan bei Ningyüen, 2300 m (1938) und an feuchten Grabenrändern in der str. St. bei Schangliangdse nächst Dötschang, 1750 m (1178; Schneider 797).

Ranunculaceae

Paeonia L.

P. albiflora Pall. **W-S.**: Wa-schan s von Yadschou (Weigold).

P. Veitchii Lynch in Gard. Chron., XLVI., 2 (1909). **NW-S.**: Gebirge um Sungpan (Weigold). Hieher auch Limpricht 1676 (als *P. anomala*).

** ***P. oxypetala*** Hand.-Mzt. in Sitzgsanz. Ak. W. W., 1920, 265.

Sect. *Palaearcticae* Huth. subs. *Herbaceae* Huth.

Herba rhizomate crasso perennis, 40 usque c. 60 cm alta, glaberrima praeter nervos interdum supra hic illic brevissime papilloso-hirtellos et ovaria (an omnia ?) juvenilia brevissime et densissime aureo-hirta. Caules simplices, subflexuosi, ad 6 mm crassi, multisulcati, basi vaginis 5 membranaceis approximatis, imis 10 mm longis et latis, summis 30 mm longis, 8 mm latis, rotundatis et foliis 4—5 a tertio infero usque ad florem inter se aequidistantibus instructi. Petioli supra basin vix dilatatam profunde sulcati, erectopatentes, infimi 14—17, summi 2 cm longi. Folia biternata (summa saepe tantum ternata), petiolulis lateralibus

3—5 cm longis, terminali sesqui- usque duplo longiore. Foliola lateralia illorum saepe bifida vel binata, horum integra; omnia saepe iterum brevipetiolulata et terminalia saepe bifida; herbacea, subconcolori-viridia, lanceolata vel obovato-lanceolata, maiora 10×3 — 16×6 cm, sensim acuminata, apicibus obtusa, marginibus callosulis et subtilissime crenulatis, nervis utrinque 5—7 paribus, valde obliquis, procul a margine anastomosantibus, cum venulis laxe reticulatis subtus magis conspicuis. Flos singulus, bracteis his magnis foliaceis simplicibus saepe late stipitatis, illis e basi dilatata membranacea brevicaudatis in sepala pauca venosa oblonga 2—3 cm longa, 1 cm lata rotundata transeuntibus fultus, 10—12 cm diametro, laete ruber. Petala 6—8, obovata, 2,5—3,8 cm lata, acuta. Stamina numerosa, filamentis tenuibus 10 mm, antheris 4—6 mm longis. Discus angustus. Ovaria 3—4, atra, erecta, in stylos crassos sublongiores, stigmatibus magnis patulis terminatos sensim attenuata. (Folliculi ignoti).

S.: Sandsteinfelsen im tiefen Schatten einer Waldschlucht des Soso-liangdse bei Sikwai im Daliang-schan (Lolo-Lande) e von Ningyüen, wtp. St., 2700 m, 25. IV. 1914 (1735).

Species foliolulis etsi interdum strigillosis, tamen raro incisis et latioribus inter formas *P. corallinae* RETZ.[1] et *anomalae* L. ambigua, sed petalis acutis in toto genere unica.

P. Delavayi FRANCH. Wiesen und Gebüsche der tp. bis in die ktp. St. auf Kalk und Sandstein, 2800—3700 m. **Y.**: Häufig ober Ngulukö (6699) und auf dem Yao-schan bei Lidjiang. N von dort bei Tsasopie am Wege nach Yungning und hier gegen Miki und ober Santschaho. Im NW ober Bödö se von Dschungdien. Donaku in der Yangtse—Mekong-Kette, 27° 20′, fruchtend, vielleicht die folgende? **S.**: Von Yenyüen gegen Yungning ober Schanhopien und gegen Tschoso. Ober Bakuwe bei Kwapi n von dort, ob die folgende? (noch nicht aufgeblüht).

P. lutea FRANCH. (*P. Delavayi* FRANCH. var. *lutea* [FR.] FIN. et GAGN.). In Gebüschen, Föhrenmischwäldern und auf Wiesen in der tp. und herab bis an die str. St. auf Kalk und Schiefer, 1950—3400 m. **Y.**: Ober Schuba zwischen Djinscha-djiang und Mekong, 27° 45′ (8868). Atendse über diesem, 28° 28′ (GEBAUER). Sattel Hungschischao se von Dschungdien (6969). **S.**: Zwischen Duörlliangdse und Hungga bei Yenyüen (2885? nur fruchtend). S ober Lumapu zwischen Yenyüen und dem Yalung, 27° 37′ (2067).

In den Blättern liegt ein Unterschied, wie ihn KOMAROW (in Not. syst. Leningr., II., 7) zu sehen glaubt, nicht vor; auch FINET und GAGNEPAIN stellen einen solchen in Abrede. Doch stehen die Blütenfarben unvermittelt und konstant nebeneinander, so daß kein Grund zur Einziehung als Varietät unter die vorige Art vorliegt.

Trollius L.

T. yunnanensis (FRANCH.) ULBR. in Rep. sp. n., Beih. XII., 368 (1922) p. p. SCHIPCZ. in Not. syst. Leningr., IV., 9 (1923) p. p. STAPF in Bot. Mag., CLII. t. 9143 (1926). **NW-Y.**: Üppige steinige Matten der ktp. und Hg. St.

[1] DUTHIES Nr. 15814 und 17017 aus Chitral (als *P. Emodi* WALL.) gehören nach der Einteilung HUTHS zu *P. corallina*, obwohl er sie noch nicht südöstlicher als Russisch-Armenien angibt.

des Yülung-schan bei Lidjiang, Kalk, 3450—4250 m (1864, typisch, sensu STAPF l. c.). Beima-schan, 4540 m (FORREST 19595 als *T. pumilus* in Not. R. Bot. Gard. Edinbgh, XIV, 98).

— — f. ***ubera*** STAPF l. c. NW-Y.: Trockene Wiesen und offene Föhren- und Mischwälder der tp. St. bei Lidjiang gegen das Beschui, Kalk, 2950—3100 m (4187).

— — var. ***eupetalus*** STAPF l. c. NW-Y.: Yülung-schan bei Lidjiang, wie der Typus (3567). S.: Offene steinige Stellen der ktp. Wälder bei der Alm Bädö ober Muli, Kalk, 3900 m (7285). Großer, ungefüllter *Trollius*, der sicher wenigstens größtenteils hieher gehört, ist verbreitet in trockenen und sumpfigen Wiesen und Gebüschen der tp. und ktp. St. in NW-Y. um Lidjiang, bei Latsa, am Hange des Piepun und auf den Sätteln gegen Bödö se von Dschungdien, bei Basulo s von Weihsi, im birm. Mons. ober Doschiratscho am Si-la, im oberen Doyon-lumba, im Tale Schidsaru und unter dem Doker-la, 28°—28° 15′, in der Mekong—Salwin-Kette auf Granit und Glimmerschiefer, unter dem Passe Pangblanglong in der Salwin—Irrawadi-Kette, 27° 58′ und in S.: überall in höheren Lagen um Yungning und Muli.

T. pumilus DON. NW-Y.: Feuchte Stellen der Hg. St. des birm. Mons. in der Mekong—Salwin-Kette auf dem Schöndsu-la, 28° 4′, Kalk, 4000 m (9626) und auf dem Doker-la an der Grenze von **Tibet**, Granit, 4600 m (8148). NW-S.: Gebirge um Sungpan (WEIGOLD).

Nr. 8148 stellt sehr üppige Exemplare dar mit Blättern von 6 cm Durchmesser, teilweise über dem Grunde gegabelten Schäften und zur Fruchtzeit rosenfarbenen Kelchen. Wirkung des Bodens wie bei *Cremanthodium campanulatum* (FRANCH.) DIELS von der gleichen Stelle? LIMPRICHTS Nr. 1716 ist nicht *T. pumilus*, sondern *T. ranunculoides* HEMSL.

T. Buddae SCHIPCZ. in Not. Syst. Leningr., IV., 10 (1923); in Bull. Jard. Bot. Leningr., XXIII., 72 (1924). NW-Y.: Feuchte Stellen in der Hg. St. des birm. Mons. auf dem Schöndsu-la in der Mekong—Salwin-Kette, 28° 4′, Kalk, 4000 m (9625). NW-S.: Gebirge um Sungpan (WEIGOLD).

Meine Pflanze halte ich für die gleiche Art wie kleine Exemplare von POTANIN aus Kansu von 1885, die allerdings im Habitus mehr *T. pumilus* gleichen, aber sonst ganz der Beschreibung von *T. Buddae* entsprechen. *T. Farreri* STAPF in Bot. Mag. CLII., t. 9143 (1926) scheint damit zusammenzufallen.

** ***T. vaginatus*** HAND.-MZT. (Taf. VI, Abb. 2).

Radices fasciculatae, permultae, longae, rigidulae, caulem singulum saepeque foliorum fasciculos 1—2 edentes. Caulis 4—11 cm longus, simplex, fere ad medium glarea immersus et hic foliis 2—3 brevipetiolatis substrato incumbentibus, inferioribus autem profundius insertis longiusque petiolatis, summo raro paulo altius posito cinctus. Folia ambitu orbicularia, 1—3 cm diametro, ad basin trisecta, segmento medio ambitu cuneato, ad medium circiter quinquefido lobis ad medium tri- vel quinquefidis et lateralibus bifidis, segmentis lateralibus latioribus fere ad basin $\pm$ inaequaliter bifidis, partibus anterioribus simili modo ac segmentum medium fissis, laminis nusquam ultra 4 mm latis, lobulis ultimis lanceolatis et partim ellipticis, $\pm$ 1 mm latis, acutis, sinubus acutis, subcoriacea, atroviridia, subtus in sicco brunnescentia, nervis supra incisis subtus prominuis; petioli crassi, inferne in vaginas amplexicaules ovatas 6 mm latas membranaceas dilatati, in foliis fasciculorum laminis usque quadruplo longiores, longius angustiusque vaginati. Flos erectus, 25—37 mm diametro, luteus (nota ad pl. vivam), siccus apicibus tantum virescens. Sepala 5, obovata vel late obovata, rotundata, apice minute erosula, firma, persistentia, valde venosa. Petala c. 12, 4 mm longa, lutea, e stipitibus laminis aequilongis oblonga, apicibus rotundato-spathulata. Stamina ad 60, filamentis filiformibus ea superantibus, antheris linearibus, $2\frac{1}{2}$ mm longis. Ovaria 4—6, fusiformia, filamentis aequilonga. Folliculi (vix maturi) ultra 7 mm longi, angusti, in rostra crassa, vix 2 mm longa, recta subsensim attenuati. Semina pauca, levia (?).

NW-Y.: In feuchtem Schieferschutt an der Baumgrenze am Osthange des Kammes zwischen Haba und Dugwantsun se von Dschungdien („Chungtien"), 4175 m, 22. VI. 1915 (6885, Typus). Gebirge des Hochlandes von Dschungdien, 27° 55′, 3000—3300 m (?), feuchte kalkige Matten, VIII. 1913 (Forrest 10796). Ebenso 27° 30′, VI. 1914 (F. 12557). Gebirge ne von Dschungdien, 28°, 4250 m, VII. 1918 (Forrest 16633).

T. pumilus Don, etsi folia similiter distributa occurrunt, differt his multo tenuioribus, minus dissectis, lobis brevioribus latioribusque tenuiter autem mucronatis, vaginis angustioribus firmioribus vix membranaceo-marginatis, floribus pro tota planta minoribus, rubescentibus, carpellis plerumque multis. *T. ranunculoides* Hemsl. foliorum forma similis lobulis ultimis multo brevioribus cauleque aphyllo vel unifolio distat. Proximus videtur *T. Gammieanus* (King) Stapf, caule basi fibris tunicato, altiore, foliis altius insertis et summo altius elevato, quamvis vaginis partitioneque idem, etiam, qualem novi, floribus multo minoribus (petalis filamentisque brevioribus?) diversus.

Eine auffallende Pflanze, die sich mit keiner bekannten Art vereinigen läßt. Bei *T. pumilus* geht nur an besonders kleinen Exemplaren die Zahl der Fruchtknoten bis auf 5 herab, und auch die anderen dargelegten Unterschiede sind in der Gattung von Wert. Das Vorkommen erinnerte mich an *Ranunculus Seguieri* Vill. in Südtirol, und auch Forrests Exemplare zeigen dieselbe Unterlage im Wurzelwerk.

** ***T. micranthus*** Hand.-Mzt. (Taf. VI, Abb. 1).

Radices fasciculatae, multae, rigidulae, spadiceae, crebre fibrosae, foliorum fasciculum et caulem basi fibris tenuibus pallidis cinctos edentes. Caulis scapiformis, sub fructu 17—24 cm altus, ima basi unifolius vel hic vel paulo altius furcatus et usque ad tertiam fere partem 2—3 foliatus, tenuis, costulatus. Folia ambitu suborbicularia, 13—35 mm diametro, ad basin trisecta, segmento medio $\pm$ late obovato, fere ad medium trifido, lobis obovatis, medio utrinque, lateralibus extus dente ovato auctis, segmentis lateralibus multo latioribus, ad tertium inferum subaequaliter bifidis, partibus ut segmentum medium, sed minus regulariter incisis, sinubus omnibus acutis, marginibus anguste revolutis contiguis (caulinum summum, si plura, paulo simplicius), subchartacea, supra atroviridia, subtus pallida, nervis inconspicuis; petioli tenues, exteriores laminis duplo tantum longiores, interiores eas ad vel paulum ultra medium caulem elevantes, paulum vaginantes, foliorum caulinorum autem his multo breviores, basi in vaginas breves et latas submembranaceas amplexicaules dilatati. Flos erectus, 12—15 mm diametro, luteus (e nota collectoris), sub fructu aurantiacus necnon intense purpurascens (e sicco). Sepala 5, obovata, obtusa, apice interdum denticulata, crassa et firma, persistentia, paucivenosa. Petala 2 mm longa, ex unguibus brevibus clavata. Stamina 3½ mm longa, filamentis filiformibus quam antherae lineares paulo longioribus. Folliculi c. 7, erecti, calycem aequantes, 2 mm lati, apice truncato-rotundati, rostris erectis $^{3}/_{4}$ mm longis, stigmatibus minutis hamatis; semina ellipsoidea, 1 mm longa, olivacea, levia.

NW-Y.: Im Glimmerschieferschutt der Hg. St. des birm. Mons. am Hange des Gomba-la in der Salwin—Irrawadi-Kette ober Tschamutong gegen den Paß Tsukue, über 4200 m, 15.—17. VIII. 1916, von Einheimischen (9877).

Species foliorum forma floribusque exiguis valde peculiaris.

Da sich nur spärliche Reste von Staubgefäßen in dem Material finden, läßt sich ihre Zahl nicht angeben. Die Staubfäden scheinen etwas länger als die Petalen zu sein.

Asteropyrum DRUMM. et HUTCH.

A. peltatum (FRANCH.) DRUMM. et HUTCH. in Kew Bull. 1920, 155. NW-Y.: Dichte Wälder der ktp. bis in die tp. St. auf Glimmerschiefer und Granit, 3000 bis 4100 m. In der Mekong—Salwin-Kette auf dem Passe Nisselaka, 28° (8976) und am Osthange des Schöndsu-la, 28° 4′ (8257). In der Salwin—Irrawadi-Kette im Tjiontson-lumba unter Tschamutong (9202) und auf dem Grate an der Westseite des Passes Tschiangschel, 27° 52′, (9317).

Caltha L.

C. palustris L. An Bächen, in Sümpfen und auf feuchten Wiesen von der wtp. bis zur ktp. St. auf Kalk, Sandstein und Schiefern oft massenhaft, 2200—4175 m. S.: Überall im Lolo-Lande e von Ningyüen (1594) und auf dem Schao-schan s von hier (1378). Im Becken von Yenyüen und auf den Bergen seiner Umrahmung: Sandao-schan, Liuku-liangdse (2368), Linbinkou und Daörlbi. Ober Bakuwe bei Kwapi n von dort (2493) und bei Molien jenseits des Yalung. Im W auf dem Wa-schan s von Yadschou (WEIGOLD). Im NW auf Gebirgen um Sungpan (WEIGOLD). Y.: Zwischen Magai und Mangan-schan nw von Yünnanfu. Schanyakou bei Dingyüen. Um Lidjiang und überall massenhaft um Yungning bis Woloho und unter Piyi. Im NW ober Dugwantsun se von Dschungdien und im birm. Mons. am Osthange des Passes Tschiangschel zwischen Salwin und Irrawadi, 27° 52′ (9315).

— — var. ***umbrosa*** DIELS in Not. R. Bot. Gard. Edinbgh., V., 264 (1912). Y.: In der wtp. St. am Bache eines Tälchens im NW, 2200 m (SCHOCH 22). Im NW in üppigen Wiesen un an kräuterreichen Hängen der tp. St. an der Westseite des Gebirges Piepun bei Dschungdien, Kalk, 3500—3600 m (4792). S.: Feuchte Stellen der tp. St. bei Haimendschou am See von Yungning, Kalk und Sandstein, 2800 m (3087). Hieher wohl auch die Aufzeichnungen über sehr große *Caltha* bei der Alm Bätö und unter dem Passe Tschescha bei Muli, 3700 m, und vielleicht einige unter der Art angeführte.

** ***C. gracilis*** HAND.-MZT. in Sitzgsanz. Ak. W. W., 1923, 181 (Taf. VIII, Abb. 2).

Sect. *Populago* DC.

Unicaulis, scaposa, radicibus fasciculatis, crassiusculis, breviusculis, longe fibrosis. Scapus 4—7 cm altus, gracilis, uniflorus vel paulo supra basin furcatus biflorus et tunc unifoliatus, ad 1½—2½ cm vaginis pallidis petiolorum partim in stipulas scariosas ovatas, acutas, ad 3 mm longas productis involutus. Folia reniformia vel suborbicularia, cordata, 1—2 cm lata, grosse pauci- (7—17-) crenata vel -dentata vel unum alterumve ad ½ lobatum, crassiuscula, petiolis supra vaginas 1—2 cm longis. Flos luteus, ± 2 cm diametro. Sepala 5, oblonga, 4,5—6 mm lata, rotundata, nervis e basi 3, exterioribus extus binos sursum furcatos emittentibus longitudinaliter percursa. Stamina c. 20, filamentis anguste lingulatis, 2 mm longis, antheris oblongis, 1 mm longis. Ovaria ad 10, illis paulo longiora.

NW-Y.: Im Rasen der Hg. St. des birm. Mons. an der Westseite des Passes Tschiangschel zwischen Salwin und Taron (e. Irrawadi-Oberlaufe), 27° 52′, Glimmerschiefer, 4000—4085 m, 4. VII. 1916 (9277).

C. scaposa HOOK. f. et THOMS. robustior multicaulis foliis cordato-oblongis subintegris et petalis latis differt.

Den Merkmalen nach könnte die Pflanze einem Bastard *C. scaposa* × *palustris* entsprechen, aber der durch die Zartheit von beiden verschiedene Habitus spricht gegen eine solche Deutung.

C. scaposa HOOK. f. et THOMS. In Schneetälchen, Schneewässern, Sümpfen und im Rasen der Hg. St. auf Glimmerschiefer und Tonschiefer, 4000—4400 m. **Y.**: Im birm. Mons. auf dem Si-la, 28° (9969) und dem Rücken Pongatong, 28° 9′ (9678) in der Mekong—Salwin-Kette. Ostseite des Passes Tschiangschel, 27° 52′ (9268) und Paß Tsukue, 28°, in der Salwin—Irrawadi-Kette. Dsang-schan bei Dali (FORREST 11651). **S.**: Waldgrenze unter dem Gipfel Gonschiga sw von Muli (7445).

Calathodes HOOK. f. et THOMS.

C. palmata HOOK. f. et THOMS. W-S.: Wa-schan s von Yadschou (WEIGOLD).

SPRAGUE gibt im Journ. of Bot., LXI., 219 (1923) *C. oxycarpa* SPRGUE. (in Kew Bull. 1919, 403) vom Wa-schan an (WILSON 3056), für die WILSONschen Nummern von *C. palmata* aber keinen Standort.

Paraquilegia DRUMM. et HUTCH.

P. microphylla (ROYLE) DRUMM. et HUTCHINS. in Kew Bull. 1920, 157. Kalk-, Schiefer-, und Granitfelsen der Hg. St., 4100—4500 m. NW-**Y.**: Yülungschan bei Lidjiang (4077). Waha bei Yungning (7112). Im birm. Mons. vom See zum Passe Yigöru, 28° 8′, und unter dem Doker-la, 28° 15′ (8095) in der Mekong—Salwin-Kette, sowie auf dem Passe Tschiangschel zwischen Salwin und Irrawadi, 27° 52′.

Isopyrum L.

I. Fargesii FRANCH. SW-H.: Auf einem morschen Stamme im wtp. Laubhochwalde des Yün-schan bei Wukang, 1000 m (12105).

Die Blättchen sind breit, fast fächerförmig abgerundet und entsprechen damit nicht gut FRANCHETS Beschreibung, wohl aber genauestens jenen seiner Originalexemplare und HENRYS Nr. 5558a.

I. auriculatum FRANCH. **Y.**: Beyendjing, an Sumpfstellen bei Tschumaodsui (TEN 355).

Semiaquilegia Mak.

S. adoxoides (DC.) Mak. in Bot. Mag. Tok., XVI., 119 (1902). **H.**: Gebüschränder der str. St. von Tschangscha (11562) bis Hsikwangschan bei Hsinhwa überall, Sandstein, 25—600 m.

Aquilegia L.

A. oxysepala Trautv. var. ***kansuënsis*** Brühl in Journ. As. Soc. Beng., LXI., 285 (1892). Wälder und Gebüsche der tp. und ktp. St. auf Kalk, Schiefern und Granit, 2800—3900 m. **NW-Y.**: Um Lidjiang, von Einheimischen (4114). Ober Mudidjin s von Yungning. Von Hsiao-Dschungdien zum Gebirge Piepun. Im birm. Mons. in der Mekong—Salwin-Kette ober Doschiratscho am Wege von Tseku zum Si-la massenhaft und im Tale Schidaru 28°—28° 9′. In der Salwin—Irrawadi-Kette im Tale unter dem Gombo-la bei Tschamutong, von Einheimischen (9862). **S.**: Paß Tschescha s von Muli. Unter Yiwanschui halbwegs zwischen Yenyüen und Yungning (2941). Im W auf dem Wa-schan s von Yadschou (Weigold).

? *A. viridiflora* Pall. **NW-S.**: Gebirge um Sungpan (Weigold).

Durch Staubgefäße, die durchwegs viel kürzer sind als die Petalenplatten, abweichend.

Beesia Balf. f. et W. W. Sm.

B. calthifolia (Maxim.) Ulbr. in Notizbl. Bot. Gart. Berl., X., 872 (1929) p. p. (*B. cordata* Balf. f et W. W. Sm. in Not. R. Bot. Gard. Edinbgh., XI., 63 p. p. et tab. 148 [1915]). Mischwälder der tp. und Tannenwälder der ktp. St. auf Granit und Schiefer, 3200—4100 m. **NW-Y.**: Ostseite des Nguka-la zwischen Dschungdien („Chungtien") und Djitsung am Djinscha-djiang (7759). Im birm. Mons. im Tale vom Si-la in der Mekong—Salwin-Kette nach Tseku an jenem (8917). **S.**: Ober Wali jenseits des Yalung n von Yenyüen (Schneider 1406).

** ***B. elongata*** Hand.-Mzt. in Sitzgsanz. Ak. W. W., 1922, 245. (*B. cordata* Balf. f. et W. W Sm., l. c., 63 [1915] p. p.).

Differt a specie praecedente foliis elongatis caudato-acuminatis, 13 × 9,5 usque 20 × 14 cm metientibus, bracteis latioribus, lanceolatis et spathulatis, sepalis maioribus, 6,5—8 mm longis, acuminatis.

Die Originalbeschreibung der *Beesia cordata* umfaßt die beiden deutlich und konstant verschiedenen Arten, ohne daß eines der beiden Originalexemplare als Typus bezeichnet ist. Da aber nur Forrests Nr. 12955 vom Kari-la, die *B. calthifolia* ist, abgebildet wurde, muß wohl bei der Aufteilung der Name in erster Linie auf diese bezogen und kann nicht ohne Gewalt für *B. elongata* verwendet werden.

Souliea Franch.

S. vaginata (Maxim.) Franch. (*Coptis ospriocarpa* Brühl in Ann. R. Bot. Gard. Calcutta., V., 89 [1896]). Wiesen, Gebüschränder und Modermatte der ktp. und obersten tp. St. auf Kalk und Schiefern, 3600—4200 m. **S.**: Rücken zwischen dem Lagerplatze Tschako und dem Berge Gonschiga sw von Muli. **NW-Y.**: Bei Lidjiang, von Einheimischen (4194). N von hier viel zwischen den Sätteln Hwayangkou und Laoyingnga am Wege nach Yungning. Ober Dugwan-tsun se von Dschungdien (phot.). Atendse am Mekong (GEBAUER). Im birm. Mons. im Tale Schidsaru in der Mekong—Salwin-Kette, 28° 9′.

Die aus der Abbildung einleuchtende Identität der Sikkim-Pflanze wird mir von H. HUTCHINSON nach dem Material des Kew-Herbariums bestätigt. Die quer verlaufenden Fasern der Früchte in der Abbildung beruhen auf einem Zeichenfehler.

Cimicifuga L.

C. foetida L. (s. str. = varr. β et γ REG.; HUTH. — *Actaea cimicifuga* L.). Steinige, aber üppige Waldwiesen und feuchtere Gebüsche, auch unter Tannen, in der tp. und ktp. St. auf Kalk, Sandstein, kristallinischen Gesteinen und Granit, 3050—4150 m. **NW-Y.**: Um Lidjiang, von Einheimischen (4113). Hier am Yülung-schan um die Wiese Ndwolo. Auf dem Hochlande von Dschungdien ober Bödö, überall um Latsa, am Westhange des Piepun und bei Baoschi. Im birm. Mons. in der Mekong—Salwin-Kette mehrfach im Hintergrunde des Doyon-lumba und unter dem Doker-la an der Grenze von Tibet (8113), 28° 4—15′. **S.**: Alm Bätö ober Muli und Lagerplatz Guyi am Wege von hier nach Yungning. Bei Lidsekou (5450) und zwischen Tangetu und Hwangliangdse (5552) im Gebirge zwischen Yenyüen und Kwapi, 27° 45′. Im NW auf Gebirgen um Sungpan (WEIGOLD).

LIMPRICHTS Nr. 3019 ist nicht diese Art, sondern *C. dahurica* (TURCZ.) HUTH.

Actaea L.

A. spicata L. **W-S.**: Wa-schan s von Yadschou (WEIGOLD).

Delphinium L.

D. Forrestii DIELS in Not. R. Bot. Gard. Edinbgh., V., 265 (1912). **NW-Y.**: In der Hg. St. im Kare Pältschwa des Yülung-schan bei Lidjiang, Kalk, 4350 m, von Einheimischen (4106). **S.**: Rasen auf Kalk in der Hg. St. des Hwang-liangdse zwischen Yenyüen und Kwapi, 3900—4075 m (5515).

** ***D. tsarongense*** HAND.-MZT. in Sitzgsanz. Ak. W. W., 1922, 245.

Syn.: *D. Brunonianum* W. W. SM. in Not. R. Bot. Gard. Edinbgh., XIV., 217 (1924) non ROYLE.

Sect. *Elatopsis* HUTH., trib. *Brevicalcarata* HUTH.

E radice tenuiscula perpendiculari deorsum divisa parcifibrosa, collo vaginis parcis marcidis obsita unicaule dense gregarium vel pluricaule cespitosum, pumilum, 9—12 cm altum, totum crispule pubescens. Caulis crassus, saepe flexuosus, foliis praeter basalia usque ad 4 pedicellos vel ramum unum alterumve bracteantibus obsitus. Folia ambitu reniformi-orbicularia, 2,5—7 cm diam., petiolis basi in vaginas ± 5 mm latas dilatatis, inferiorum quam laminae duplo usque longioribus, angustis, superiorum interdum lamina brevioribus, basi latissime vel angustissime cordata, in lobos 3 ad $^2/_3$—$^5/_6$ palmatipartita, lobis lateralibus quam medius multo latioribus ad ½—$^2/_3$ tripartitis, partibus et lobo terminali iterum trifidis cuneatis et antice grosse inciso-dentatis, dentibus hydathodibus crassis obtuse apiculatis, sinubus omnibus angustissimis, superne saepe tectis, basi autem rotundatis; rigidula, dilute viridia, nervis tenuibus et saepe venulis laxe reticulatis in sicco praesertim subtus conspicuis. Pedicelli in caule 1—5, crassi, erecti, 2,5—7,5 cm longi, medio vel in quarto supero bracteolis 2 foliaceis lanceolatis trilobis raro integris usque foliis omnino conformibus obsitus. Flos horizontalis, pallide coeruleo-violaceus. Sepala membranacea, inflata, suborbicularia, 3,5—4,2 cm longa, rotundata vel acutiuscula, valde venosa, pilis albis longiusculis extus crebre intus sparse induta, superum in calcar variabile, 13—23 mm longum, sacciforme usque longe conicum obtusum, rectiusculum vel medio sub angulo recto declinatum productum. Petala ad 2 cm longa, superiora (interdum 3!) late linearia, in lobos breves inaequales acutiusculos bifida, calcaribus tenuibus rectiusculis vel circinatis; lateralia angustissime unguiculata, lamina oblonga, deflexa, 4 mm lata, infra medium in lobos lineari-lanceolatos obtusos fissa, praesertim ventre longe hirsuta. Stamina 12 mm longa, filamentis deorsum dilatatis glabris. Ovaria 3, villoso-hirsuta. (Capsula seminaque ignota.)

SE-**Tibet**, Prov. Tsarong: Granitschutt der Hg. St. auf dem Doker-la, 4600 m, 17. IX. 1915 (7934, Typus); X. 1921 (FORREST 20979). Schutt und steinige Matten der Salwin—Irrawadi-Kette, 28° 40′, IX. 1919 (FORREST 18962).

Proximum *D. Brunonianum* ROYLE differt calcare breviore recto conico, floribus minoribus, in speciminibus elatis tantum flores speciei nostrae in genere maximos subaequantibus. Habitu similius *D. chrysotrichum* FIN. et GAGNEP. indumento, florum minorum calyce multo longius calcarato, petalis lateralibus breviter hirtis multo longius distat.

Die Verwandtschaft dieser Art liegt sicher bei *D. Brunonianum*, doch haben dessen niedrigste Exemplare, die sich im Wuchs am meisten nähern, viel kleinere Blüten, die kleinsten in der Variationsreihe der Art, als deren höchstalpine Form also *D. tsarongense* keineswegs angesprochen werden kann.

D. anthriscifolium HCE. **H.**: Unter Kalkfelsen der wtp. St. bei Ngandjiapu nächst Hsikwangschan im Bezirke Hsinhwa, 600 m (11802).

—— var. *Calleryi* (FRANCH.) FIN. et GAGNEP. **W-S.**: Wa-schan s von Yadschou (WEIGOLD).

D. tanguticum HUTH. **NW-S.**: Gebirge um Sungpan (WEIGOLD).

D. ceratophorum FRANCH. **NW-Y.**: Um Lidjiang („Likiang"), von Einheimischen (4102).

** ***D. jugorum*** HAND.-MZT. (Abb. 5, Nr. 4 auf S. 291).

Sect. *Kolobopetala* HUTH.

Rhizoma crassum, prostratum et saepe pluriceps, fibrosum, radices crassos aequales et folia nonnulla et caulem singulum edens. Caulis 45—60 cm altus, simplex vel superne parce ramosus, crassus, sulcatus, retrorsum hirtellus, foliis 3—4 aequaliter dissitis vel circa medium longe nudus. Folia ambitu pentagono-et basalia exacte orbicularia, caulina inferiora maxima 11—14 cm diametro, sursum sensim decrescentia, ad c. 1 cm supra basin trifida, lobis lateralibus infra medium inaequaliter bi- vel subtrifidis, partibus omnibus late rhomboideo-obovatis obtusis medio contiguis, maioribus ad medium circiter trifidis marginibus inferne concavis integris ceterum grosse et irregulariter anguste crenato-dentatis et hic illic incisis, crenaturis hydathodibus latis terminatis, crassiuscule herbacea, obscure viridia, utrinque in nervis dense in lamina sparse supra aureo subtus brevissime et albido prorsus strigosa et marginibus ciliata; petioli foliorum infimorum validi, laminis 3—4plo longiores, summorum sensim ad vaginas vix usquam distinctas reducti, ut caulis induti. Racemi dense 8—13 flori, ramorum reducti, ut caulis sed densissime et patentius subaureo-vestiti. Bractea infima saepe foliis par, ceterae sensim oblongo-lanceolatae petiolatae integrae, pedicellis breviores Pedicelli erecti, superiores 1½, inferiores sensim usque ad 6 cm longi. Bracteolae subapicales, oblongo- usque lineari-lanceolatae, saepe distincte stipitatae, 10—15 mm longae, herbaceae. Flos horizontalis, 35—40 mm longus, coeruleo-violaceus (e nota ad plantam vivam). Sepala late obovata, 3 exteriora apice breviter producta, 2 interiora omnino rotundata, extus illa tota, haec mediani parte inferiore tantum brevissime strigillosa, marginibus undulatis et horum erosulis ciliolata, venis c. 11 antice anastomosantibus; calcar laminam subaequans, basi ± 3½ mm latum, a medio magis attenuatum, apice acuto paululum deflexum, subaureo-hirtum. Petala superiora sepalorum ²/₃ aequantia, 3½ mm lata, antice aurantiaca (e sicco) angustata et paulum sursum curvata obtusa vix emarginata, margine inferiore antice late rotundata, anguste alata, basi margine angusto inflexo aucta, glabra, calcaribus angulo recto ascendentibus latis a medio angustatis calcare sepalino brevioribus; lateralia eis paulo longiora, ex ungue lamina sesquilongiore antice sensim dilatato et basi dilatata appendice deflexa aucto, dorso hirto deflexa, ovata, ad ¹/₄ bifida lobis obtusis, ventre medio breviter hirta et supra basin crista brevi instructa. Stamina 7 mm longa, glabra, filamentis, a medio deorsum paulum dilatatis, antheris elongatis fuscis. Ovaria 3, dense et brevissime prorsus cuprescenti-strigosa, stylis tenuibus 2 mm longis apice glabris. (Capsula seminaque ignota.)

NW-Y.: Im birm. Mons. in der Mekong—Salwin-Scheidekette, 28° 4—9′, auf Glimmerschiefer, im dichten Walde der ktp. St. am Osthange des Schöndsu-la, 3700—3850 m, 22. IX. 1915 (8254) und im Rasen der Hg. St. zwischen dem See und Paß Yigöru, 4200—4300 m, 6. VIII. 1916 (9712, Typus).

Species affines videntur *D. pachycentrum* HEMSL. et *Kingianum* BRÜHL quarum illa differt calcare pro sepalis breviore, his intus pubescentibus, haec calcare longiore, carpellis alio modo villosis, utraque calcare obtuso, petalis lateralibus subintegris ciliatis.

D. Maximowiczii FRANCH. NW-S.: Gebirge um Sungpan (WEIGOLD).

D. grandiflorum L. Gebüsche und kräuterreiche Steppen der wtp. St. auf Kalk und Sandstein, 1950—2800 m. S.: Zwischen Hsioyomiao und Djinschuiho bei Huili (5230). Häufig ober Schamenkou bei Yenyüen (5466). Im NW um Sungpan (WEIGOLD). Y.: Im NW um Lidjiang, von Einheimischen (4103). Unter Laba e von Dschungdien. Im NE bei Dungtschwan (MAIRE).

D. mosoyinense FRANCH. Gebüsche, Hochgrasfluren, zwischen Felsen in der wtp. und bis in die str. St. auf Kalk und Sandstein, 1650—2600 m. Y.: Hsi-schan bei Yünnanfu (SCHOCH 276; MELL). N von hier bei Loheitang und jenseits mehrfach. Im NE bei Dungtschwan (MAIRE). S.: Hier und da zwischen Hokou und Fongsaying bei Huili (5103). Zwischen Dsaluping und Gwanyinngai am Wege von hier nach Yenyüen.

D. tatsienense FIN. et GAGNEP. S.: Steinige Stellen auf Tonschiefer der tp. St. ober Muli gegen den Paß Döko, 3700 m (7430).

„Totum hispidum“ ist auch über das Originalexemplar etwas zu viel gesagt, denn dies trifft nur für die Blattunterseite, die Scheiden-, bzw. Blattstielränder und Brakteolen zu. Die Blattzipfel sind ± 3 mm breit.

D. batangense FIN. et GAGNEP. NW-S.: Gebirge um Sungpan (WEIGOLD). Recht mangelhaftes Exemplar, aber identisch mit LIMPRICHT 2244, das die von den Autoren angegebenen Unterschiede gegenüber *D. likiangense* zeigt und mit der Beschreibung von *D. Souliei* FRANCH., als welches es veröffentlicht wurde, gar nicht übereinstimmt.

D. thibeticum FIN. et GAGNEP. ** **var. *schizophyllum*** HAND.-MZT. (Abb. 4, Nr. 2).

Planta ad 80 cm alta, foliis ad 20 cm diametientibus, petiolis 10—34 cm longis. Laminae rigidioris partes usque ad 1 cm longitudinis subpetiolulato-angustatae, lobuli ultimi longe elliptico-lineares.

NW-Y.: Bei Lidjiang, 1914—1916, von Einheimischen (4100, Typus). Steinige Stellen und Wiesen auf Kalk und Sandstein um die Pässe Patü-la und Schulakadsa zwischen Anangu und Dschungdien, 3700—4000 m, 16. VIII. 1915 (7671).

** ***D. coleopodum***[1] HAND.-MZT. (Taf. V, Abb. 6).

Syn.: *D. yunnanense* vel aff. W. W. SM. in Not. R. Bot. Gard. Edinbgh., XIV., 342, 343, non FRANCH.

Sect. *Kolobopetala* HUTH.

Rhizoma usque ad 5 cm longum, descendens, tenuiusculum, demum fibris reticulatum et caulibus petiolisque mortuis longis comatum, radices fasciculatas crasse grumosas ad 2½ cm longas fibris tenuibus praeditas et caulem singulum edens. Caulis 20—30 cm altus, crassus, inferne saepe flexuosus, retrorsum hirtellus longiusve hirsutus vel utrumque, hic tantum paucifoliatus foliis valde decrescentibus, sursum saepe glaber, simplex vel paulum ramosus vel decapitatus aequaliter pluriramosus, interdum fere a basi floriger. Folia pentagono- vel heptagono-orbicularia, usque ad 10 cm diametro, ad paucos mm supra basin 5- vel partibus exterioribus bifidis sub 7-fida, partibus ambitu rhombeis, laminis integris saltem 1 cm latis, ad medium circiter trifidis, lobis iterum hic illic incisis, lobulis oblongis vel elongato-triangularibus subdivaricatis, 2—7 mm latis, acutis vel obtusis, hydathodibus crassissimis terminatis, crassiuscula, subtus pallidius viridia, supra marginibusque revolutis dense et brevissime strigillosa, subtus praesertim ad nervos parce sed longe hirsuta; petioli validi foliorum inferiorum caule subaequilongi deorsum hirtelli paulum dilatati, superiorum breviores in vaginas cymbiformes usque ad 1½ cm latas, marginibus late membranaceas et ciliatas, ceterum glabras vel inferiores dorso strigillosas, saepe violascentes, interdum laminis carentes dilatati. Racemi densiusculi, 4—8 flori. Bracteae inferiores vaginis petiolorum similes, superiores subulatae, omnes pedicellis erectis apicibus nutantibus inferioribus ad 4 cm superioribus 1½—2 cm longis ± hirsutis c. duplo breviores. Bracteolae a flore usque ad 1 cm remotae, subulatae, ut bracteae hirsutae, in pedicellis superioribus saepe bractea concaulescente visu ternae. Flos ± horizontalis, intense violascenti-coeruleus. Sepala elliptica, 20—32 mm longa, 12 mm lata, ambitu acuminata, apicibus exteriora obtusissima, interiora rotundata et eroso-crispata, dorso illa tota, haec vitta mediana tantum strigoso-hirsuta et marginibus minute ciliata, longitudinaliter c. 12 venosa; calcar 2—2½ cm longum, sensim angustatum, obtusissimum, rectum vel retro

[1] χολεός = vagina; ποῦς = pes, petiolus.

medium 2 mm crassum in angulum usque subrectum deflexum, villoso-hirsutum. Petala superiora sepalis subduplo breviora, 3 mm lata, ligulata, rotundata, margine inferiore antice paulum convexo, supra basin indistincte costata tantum, calcaribus tenuibus calcare sepalino aequilongis, inferne subtiliter ciliolata; lateralia sepalorum $^2/_3$ attingentia, ex ungue tenui dorso hirtello basi valde dilatato et appendice minuta hamata instructo lamina aequilongo deflexa, suborbicularia, breviter emarginata, dorso hirsuta et margine ciliata, ventre supra basin crebre aureo-barbata. Stamina 8 mm longa, dimidio inferiore sensim dilatata, superiora hirta, antheris oblongis 1 mm longis. Ovaria 3, dense prorsus fulvo-hirsuta, stylis glabris. (Capsula seminaque ignota.)

NW-Y.: Yülung-schan bei Lidjiang („Likiang"), 1914—1916, von Einheimischen (4105, Typus). Dort auf trockenen steinigen Wiesen und an Gebüschrändern an der NW-Seite, 3000—3300 m, X. 1922 (Forrest 22483) und auf offenen alpinen Matten derselben, 4250 m, X. 1922 (F. 22471). Leilungschan w von Muli, offene steinige Matten, auch an Rändern von Föhrenwäldern, 3700 m, VIII., IX. 1917 (F. 15173, 15198).

Affine *D. pachycentro* Franch. et *lankongensi* Franch., quae differunt foliis radicalibus minus divisis subtus albido-glaucescentibus, petiolis vix vaginatis, calcare acuto sepalis multo minoribus duplo longiore.

Forrests geköpftes Exemplar, das daher mehrere Blütentrauben trägt, hat die kleinsten Kelche.

D. likiangense Franch. (*D. oliganthum* Franch., non Boiss.). NW-Y.: Yülung-schan bei Lidjiang, von Einheimischen (4098). Hier auf steinigen Matten der SE-Seite, 3800—4000 m (Schneider 2928).

D. Beesianum W. W. Sm. in Not. R. Bot. Gard. Edinbgh., VIII., 130 (1913). NW-Y.: Bei Lidjiang, von Einheimischen (4104). Im Granitschutt der Hg. St. des birm. Mons. unter dem Doker-la an der tibetischen Grenze, 4225—4600 m (8128).

„Petala inferiora glabra" der Beschreibung ist auch nach der Originalnummer irrtümlich; sie sind überall grob gewimpert und tragen in der Mitte einen dichten goldgelben Bart. Die Pflanze vom Doker-la hat viel breitere, teilweise breit elliptische und gerundete Blattabschnitte und wie Forrests Nr. 21007 von derselben Stelle sehr lange Blütenstiele (bis 17 cm). Die seitlichen Petalen variieren fast ganz und tief zweispaltig.

D. autumnale Hand.-Mzt. (Taf. V, Abb. 5).

Sect. *Kolobopetala* Huth.

Rhizoma brevissimum, fibris et caulium petiolorumque vetustorum partibus comatum, radices saepe fasciculatas et grumoso-incrassatas et caulem singulum edens. Caulis 25—45 cm altus, rigidulus sed $\pm$ flexuosus, striatulus, glaber vel parce hispidus et inferne brevius densiusque retrorsum strigosus, dissite sed ad inflorescentiam aequaliter paucifoliatus, saepe ramosus. Folia orbicularia, 5—9 cm diametro, usque ad basin trifida, lobis lateralibus item bi- vel trifidis laciniarum latitudine tantum cohaerentibus, partibus omnibus irregulariter et distanter subbipinnatim fissis laciniis patentibus elongato-linearibus, $1\frac{1}{2}$—$2\frac{1}{2}$ mm latis, acutissimis, crassiuscula, supra marginibusque revolutis dense, subtus parce longiusque strigillosa; petioli foliorum inferiorum dimidium caulem $\pm$ aequantes, summorum simpliciorum subaequaliter 7 fidorum tantum laminis breviores, in vaginas breves et angustas marginibus barbato-ciliatas et inferiores dorso strigillosas dilatati, ceterum ut caulis induti. Racemi caule ramisque terminales, usque ad 5 flori, breves, densiusculi. Bracteae subulato-lineares, pedicellos dimidios vel totos subaequantes, ciliatae. Pedicelli calcaria toto et superiores dimidia tantum aequantes, sicut axis glabri apicibus tantum uti sepala induti, sub anthesi erectopatentes apice nutantes, sub fructu sursum arcuati. Bracteolae circa medium pedicellum vel plerumque altera vel utraque omnino basalis, subulatae, 4—10 mm longae, herbaceae, ciliatae. Flos $\pm$ horizontalis, coeruleus (e vivo). Sepala late elliptica, c. 20 mm longa, 10—12 mm lata, 3 exteriora apice mucronato-incrassata, toto dorso breviter et crispule longiusque et stricte pilosula, 2 interiora late rotundata saepeque erosula, vitta media tantum eodem modo induta, omnia longitudinaliter c. 12 venosa; calcar $2\frac{1}{2}$ cm longum, sensim angustatum, obtusissimum, e medio $2\frac{1}{2}$ mm crasso paulum vel in angulum rectum decurvum, indumento sepalorum exteriorum. Petala superiora sepalorum ultra $^2/_3$ attingentia, $\pm$ 3 mm lata, vix unguiculata, appendice vix semiorbiculari incumbente, anguste rotundata, margine inferiore circa medium leviter convexo, intus leviter carinata, apice parcissime ciliolata, calcaribus tenuibus calcare sepalino fere aequilongis; lateralia sepalorum ultra $^3/_4$ attingentia, ex ungue angusto quam lamina sesquibreviore exappendiculato deflexa, suborbicularia vel breviter obcordata, toto dorso breviter et margine longius albo ciliata, ventre supra basin aureo-barbata. Stamina 5 mm longa, filamentis deorsum ligulato-dilatatis hic illic ciliolatis, antheris oblongis coeruleis, ultra $1\frac{1}{2}$ mm longis. Ovaria 3, dense aureo hirsuto-villosa, stylis sursum glabris. (Semina matura ignota.)

S.: Matten und Bambusdschungelränder der ktp. St. auf dem Hwangliangdse, 27° 48′, zwischen Yenyüen und Kwapi, Kalkschiefer, 3600—3900 m, 5. X. 1914 (5495).

Affine *D. likiangensi* Franch. et *Beesiano* W. W. Sm., quae differunt rhizomate elongato radicibus tenuibus, habitu humili ramoso, inflorescentia subcymosa pilosa, bracteolis latis in illo flori contiguis, calcare crassiore recto, illud praeterea sepalis maioribus acutioribus, petalis superioribus emarginatis pilosis, lateralibus anguste bilobis.

** *D. lilacinum* Hand.-Mzt. (Abb. 4, Nr. 10, 11).

Sect. *Diedropetala* Huth.

Rhizoma brevissimum (quale adest), radices tenues densissimas et caulem singulum edens. Caulis 50—60 cm altus, validus, striatus, hirsutus, aequaliter foliatus et fere a basi ramos debiles edens. Folia ambitu pentagona, 7—12 cm diametro, ad $^3/_4$ et infima ad $^7/_8$ quinquefida, lobis ovato-rhombeis marginibus raro contiguis posterioribus integris paulum concavis anterioribus crebre et grosse crenato-serratis hic illic profundius incisis, herbacea, subconcolori-viridia, supra laxe, marginibus sat dense, subtus in nervis tantum sparsissime strigoso-hirsuta, subtus reticulato-venosa; petioli laminis medii sesquilongiores, superiores infimique duplo breviores crassiusculi saepe violascentes, breviuscule et $\pm$ anguste vaginati, parce hirsuti. Racemi caule ramisque terminales, dissite usque ad 14 flori, toti dense retrorsum albido-strigillosi et insuper aureo-hirsuti. Bractea infima folium tripartitum referens, bracteae sequentes simpliciores, superiores subulato-lanceolatae pedicellis duplo breviores et summae aequilongae. Pedicelli erectopatentes, infimi sursum arcuati, ad 5 cm, summi vix 1 cm longi, apice paululum nutantes. Bracteolae in quarto supero pedicelli, lineari-lanceolatae, ± 5 mm longae, herbaceae, ut bracteae superiores margine nervique dorso hispide ciliatae. Flos ± horizontalis, lilacinus (e sicco), 3 cm longus. Sepala late ovata, ad apicem rotundatum sinuato-attenuata, extus (interiora medio tantum) prorsus albo-strigillosa et aureo-hispida, marginibus dense ciliolata, venis 5 percursa exterioribus ramosis; calcar lamina subduplo longius, tenue, sensim attenuatum, medio vix 2 mm latum, apice bilobulatum et paululum primum sursum demum deorsum curvatum. Petala sepalis aequilonga, superiora 3 mm lata, apice attenuato in lobos anguste lineares obtusos $1\frac{1}{2}$ mm longos bifida, margine inferiore antice convexo, anguste carinata, calcaribus tenuibus calcaris sepalini longitudine, extus puberulis; lateralia ex ungue tenui lamina aequilongo, basi valde dilatato et appendice minuto hamato inflexo aucto deflexa, 3 mm lata, $^2/_3$ in lobos lineares obtusos fissa, basi ventre crista brevi et alta instructa, longe albo hispido-barbata et marginibus ciliata, dorso parce aureo-ciliata. Stamina 6 mm longa, filamentis tenuibus e medio deorsum sensim dilatatis, antheris oblongis 1 mm longis fuscis. Ovaria 3, parce argenteo-strigosa. (Folliculi ignoti.)

Y.: Beyendjing („Peyentsin"), Wälder bei Guti, 29. VIII. 1919 (Ten 1292).

Affine speciei sequenti, quae differt floribus maioribus coeruleis, petalis superioribus pubescentibus et in var. *acuminato* foliis similiore quidem eorum lobis magis incisis.

Nach den angegebenen Unterschieden scheint mir die Pflanze keineswegs mehr in den Formenkreis des allerdings sehr veränderlichen *D. Delavayi* Franch. zu fallen.

D. Delavayi Franch. **S.**: Gebüschränder der wtp. St. um Muli, Sandstein, 2800 m (7265).

— — **var.** ***acuminatum*** Franch. NW-**Y.**: Hecken, Gebüsche und an Wassergräben der wtp. und tp. St. um Lidjiang bis Ngulukö häufig, Kalk, 2500—2850 m. Um Yungning, 2725 m (ob die var. ?). Im NE in feuchten Tälern der Berge um Dungtschwan, 2600 m (Maire).

— — **f.** ? NW-**Y.**: Um Lidjiang, von Einheimischen (4101).

Obere Petalen kahl, Kelch größer, Sporn verhältnismäßig kürzer, Blattabschnitte im Umriß viel stumpfer, wenig geteilt. Vielleicht als Annäherung an *D. pogonanthum* aufzufassen.

** ***D. umbrosum*** Hand.-Mzt. (Abb. 4, Nr. 7—9).

Sect. *Diedropetala* Huth.

Rhizoma breve, crassissimum, radices fasciculatas longissimas crassas lignescentes ramosas et fibris validis obsitas et caules complures partibus basalibus persistentes edens. Caulis 60—90 cm altus, simplex, sulcatus, breviter retrorsum strigosus, aequaliter foliatus. Folia ambitu pentagono-reniformia, usque ad 12 cm lata, fere ad basin tripartita, partibus lateralibus minus profunde bipartitis, omnibus anguste rhombeo-obovatis, ± longe acuminatis, marginibus posterioribus paulum concavis integris, anterioribus grosse sed anguste duplicato crenato-serratis et hic illic incisis crenaturis hydathodibus latis terminatis, membranacea, atroviridia, supra ubique sparse, subtus praesertim ad nervos breviter strigosa, venis elongato-reticulatis in sicco conspicuis; petioli foliorum mediorum laminas aequantes, superiorum breviores, tenues, in vaginas angustas tenuiter ciliolatas sensim angustati, ut caulis induti. Racemus laxe ad 10 florus, densissime retrorsum hirtus, inferne foliis normalibus brevius tantum petiolatis, superne laminis integris lanceolatis et summis linearibus longipetiolatis pedicellis brevioribus bracteatus. Pedicelli superiores 1½, inferiores usque ad 6 cm longi, suberecti, serius sursum arcuati. Bracteolae apicales vel altera paululum remota, lineares, 8—10 mm longae, herbaceae, strigillosae. Flos horizontalis, violaceus (e nota ad pl. vivam). Sepala latissime ovata, 12—15 mm longa, rotundata, exteriora apice nervi mediani dilatato tantum verrucosa eiusque dorso strigillosa; calcar lamina plus duplo longius, in ellipsam deflexum, basi 3 mm latum, sensim attenuatum, obtusum, magis patule hirtum. Petala superiora sepalis fere 3 mm breviora, fere 3½ mm lata, exappendiculata, paulum oblique truncata, apice minute et acute bilobulata, margine inferiore antice rotundata, vix alata, glabra, calcaribus calcare sepalino aequilongis; lateralia breviora, ex ungue dorso hirto, basi paulum dilatata minute et subadpresse appendiculato in laminam eo breviorem fere totam in lobos oblongos obtusos bifidam ventre albido-hispidam et basi ala brevi sed alta emarginata cristatam deflexa. Stamina 7 mm longa, glabra, filamentis a medio deorsum sensim et paulum dilatatis, antheris fuscis elongatis. Ovaria 3, juvenilia apice tantum parce setulosa, stylis tenuibus 3 mm longis. (Capsula seminaque ignota.)

NW-Y.: Tannenwälder der ktp. St. auf dem Nguka-la zwischen Dschungdien („Chungtien") und Djitsung am Djinscha-djiang, Diabas, 3750—3800 m, 25. VIII. 1915 (7809).

Affine *D. Delavayi* FRANCH. quod differt foliis crassioribus, bracteis lanceolatis sessilibus, calcare multo minus reflexo, petalis superioribus multo obliquius truncatis, lateralibus crebre ciliatis, ovariis valde pilosis. *D. spirocentrum* quoque simile distat jam bracteolis flori non contiguis hoc maiore huiusque colore.

** ***D. pogonanthum*** HAND.-MZT. (Abb. 4, Nr. 1).

Sect. *Diedropetala* HUTH.

Rhizoma breve, crassum, prostratum vel descendens, fibrosum et caulium basibus persistentibus comatum, radices permultas tenues longas et caules 1—2, 35—85 cm altos, crassos, fistulosos, simplices, setis crassis hyalinis ± retrorsis hispidos, crebre et aequaliter foliatos edens. Folia ambitu late cordato-ovata, 6—15 cm longa et paulo latiora, ad quartum vel sextum inferum tripartita, partibus lateralibus duplo minus et inaequaliter bipartitis, his late et oblique, centrali rhombeo-ovatis, triangulari-acutis, marginibus inferioribus rectis vel valde concavis breviter integris, ceteris crebre et anguste et partim duplicato-crenatis et hic illic nunquam ad mediam lateris partem anguste incisa, crenaturis hydathodibus brevibus crassis terminatis, membranacea vel subherbacea, atroviridia, utrinque ut caulis petiolique hispida et marginibus subtilius ciliata; petioli inferiores laminis duplo vel subduplo longiores, summi (bractearum inferiorum) sensim subnulli, basi anguste vaginati. Racemus simplex vel basi ramulo quodam debili auctus, laxe 4—22 florus. Bracteae infimae foliaceae saepe petiolatae quidem, superiores sensim lanceolato-lineares, pedicellis saepe longiores, herbaceae. Pedicelli infimi usque ad 6 cm, superiores sensim 1 cm tantum longi, erecti, ut rhachis tenuius et saepe flavescenti-villosi. Bracteolae apicales, flori adpressae, lineares, 8—10 mm longae, herbaceae, sicut bracteae ut caulis hispidae. Flos nutans, intense coeruleus vel violascens (e notis ad pl. vivas). Sepala elliptica, 12—14 mm longa, rotundata, exteriora extus pilosa et sub apice setis paleaceis hyalinis 2 mm longis densissimis barbata, interiora his parcis tantum, margine saepe altero tantum inferne parce ciliata, venis longitudinalibus c. 4, exterioribus ramosis; calcar 2—2½ cm longum, sensim attenuatum, medio 2½ mm crassum, acutum, pilosum. Petala sepalorum ultra $^2/_3$ attingentia, superiora ad 3 mm lata, ± oblique truncata, apice obtuso saepe bilobulata, margine inferiore rotundato basi breviter inflexo, indistincte alata, calcaribus tenuibus calcare sepalino aequilongis, glabra; lateralia ex ungue lamina aequilongo dorso hirto basi valde dilatato et appendice magna hamata instructo deflexa, ovata vel oblonga, ad ½ in lobos lanceolatos acutiusculos fissa, ventre supra basin crista humili instructam breviter hispido-barbata, marginibus glabra vel longe ciliata. Stamina 5—6 mm longa, glabra, filamentis infra medium sensim dilatatis, antheris oblongis ultra 1 mm longis. Ovaria 3, parce hirsuta, stylis tenuibus 2 mm longis superne glabris. Folliculi angusti, 1 cm longi, erecti, anguste rotundati; semina (juniora) vesiculoso-squamata.

Tannenwälder, Wiesen und steinige Gebüsche auf Kalk, Tonschiefer und Diabas der ktp. St., 3600—4025 m. NW-**Y.**: SE von Dschungdien an der Westseite des Kammes zwischen Bödö (Peti) und Alo, 8. VIII. 1914 (4576, Typus) und häufig im Tale von Hsiao-Dschungdien gegen das Gebirge Piepun. Nguka-la zwischen Dschungdien und Djitsung, 25. VIII. 1915 (7819). **S.**: Nordseite des von Muli gegen Dschungdien führenden Rückens, 4. VIII. 1915 (7424).

Affine *D. Delavayi* FRANCH., foliis indumentoque insigne.

D. Bulleyanum FORR. in Not. R. Bot. Gard. Edinbgh., V., 265 (1912). NW-**Y.**: Bei Lidjiang, von Einheimischen (4099). Wälder und Krautfluren der ktp. St. ober Bödö se von Dschungdien, Sandstein, 3750—4000 m (4563).

** ***D. spirocentrum*** HAND.-MZT. (Abb. 4, Nr. 3—6).

Sect. *Diedropetala* HUTH.

Rhizoma saepe elongatum, fibris longis demum crassissime corticatum et fissile, radices longas rigidulas et folia complura et caulem singulum vel plures edens. Caulis 16—90 cm altus, interdum pauciramosus, saepe crassus, fistulosus, sed herbaceus, multistriatus, setis hyalinis patule et inferne retrorsum hispidus, raro glabrescens, foliis aequaliter dissitis, saepe autem folio unico tantum obsitus. Folia ambitu pentagono-orbicularia, 4—14 cm diametro, ad c. 6 mm supra basin quinquepartita, lobis exterioribus autem saepe plus duplo altius connatis, omnibus ambitu subquadrato- vel angustius ovoideo-rhombeis, acutissimis usque, praesertim in foliis radicalibus-subrotundatis, ad ½ vel $^3/_4$ trifidis, marginibus posterioribus ± concavis integris anterioribus grosse sed anguste crenato-dentatis et hic illic saepe iterum profunde incisis, lobulis ± divergentibus, laminis non infra 3 mm latis, herbacea, saturate viridia, supra brevius subtus longius parce usque densissime et marginibus breviter prorsus strigosa, nervis subtus prominuis; petioli foliorum infimorum laminis duplo vel subduplo longiores, summorum sensim subnulli, crassiusculi, indumento caulis, basi in vaginas in inferioribus distinctas etsi angustas submembranaceas hispido-ciliatas dilatati. Racemi simplices, laxiuscule usque laxissime 4—25 flori, ramorum abbreviati, indumento caulis sed tenuiore mollioreque. Bracteae inferiores omnino foliaceae vel folia tripartita aequantes vel ad lacinias 3 lanceolatas subintegras reductae, summae sensim lineares pedicellos aequantes, hispidae. Pedicelli stricte erecti vel paulum patentes, inferiores 3—10, superiores sensim 1½ cm longi. Bracteolae lineares, a flore paulum vel ad medium pedicellum remotae, herbaceae, hispidae. Flos nutans, coeruleus (e vivo). Sepala obovata, fere 2 cm longa, exteriora anguste et plicato-, interiora late et undulato-rotundata, dorso illa tota, haec vitta media lata tantum partim aureo-hirtella et ± hispida, margine anteriore ± ciliolata, venis longitudinalibus c. 7, ramosis; calcar lamina sesquilongius, basi 3 mm crassum, sensim paulum attenuatum, obtusissimum, in ellipsam usque ad basin recurvum vel plerumque sese trajiciens in spiram contortum. Petala sepalis subduplo breviora, superiora 3 mm lata, apice paulum obliquo obtuso sinuata vel bidenticulata, margine inferiore paulum convexo exappendicu-

Abb. 4. *Delphinium*. 1. Blatt von *D. pogonanthum* HAND.-MZT. (H.-M. 7424). 2. Blatt von *D. thibeticum* FIN. et GAGN. var. *schizophyllum* H.-M. (H.-M. 7671). 3, 4 Blüten, 5, 6 Blätter von *D. spirocentrum* H.-M. (3, 4, 5 H.-M. 7307, 6 4656). 7 oberes, 8 seitliches Petalum, 9 Blatt von *D. umbrosum* H.-M. 10 Blüte, 11 Blatt von *D. lilacinum* H.-M. 1—6, 9—11 $^1/_3$ nat. Gr.; 7, 8 2fach vergr.

lata, calcaribus tenuibus calcare sepalino aequilongis, glabra; lateralia ex unguibus laminis paulo usque subduplo brevioribus dorso pilis minute glanduloso-capitatis villosulis, basi dilatatis et appendicibus hamatis auctis deflexa, late vel saepius anguste ovata, breviter vel fere ad basin biloba rarius leviter triloba, lobis obtusis, dorso ± pilosa et marginibus longe ciliata, basi crista brevi et alta instructa et supra hanc breviter aureo-barbata. Stamina 7 mm longa, filamentis inferne sensim dilatatis, antheris oblongis fuscis, glabra. Ovaria 3, dorso hirsuta, stylis tenuibus 2 mm longis glabris (vel ad medium hirtis ?). Folliculi (si huc pertinent) angusti, 1½ cm longi, erecti, anguste truncati; semina $1^1/_4$ mm longa, fusca, squamata.

Üppige Wiesen, steinige Gebüsche und Hochkrautfluren der ktp. und Hg. St. auf Kalk, 3900—4300 m. **NW-Y.**: Westseite des Gebirges Piepun bei Dschungdien, 11. VIII. 1914 (4656, Typus). **S.**: Um Muli an der Nordseite des

Passes Tschescha, 25. VII. 1915 (7229) und auf dem Berge Saganai, 30. VII. 1915 (7302). Rasen und Bambusdschungelränder auf dem Hwangliangdse zwischen Yenyüen und Kwapi, 27° 48′, Kalkschiefer, 3600—3900 m (5493?).

Praecedenti affine, quod petalorum lateralium unguibus pilis truncatis nec distincte glandulosis instructis simile, caule autem duro, indumento cetero tenui, floribus minoribus, calcare non torto inter alia distat. *D. Delavayi* FRANCH. bracteolis flori contiguis, calcaribus haud reflexis, petalis lateralibus multo angustioribus etc. differt. Simillimum etiam *D. Fargesii* FRANCH. differt caule glabro, foliis minus divisis, inflorescentia ramosissima, calcare curvato tantum.

Eine durch die Ausbildung des Spornes und der seitlichen Petalen und die Veränderlichkeit dieser sehr bemerkenswerte Pflanze. Nach diesen könnte sie in die Sektion *Kolobopetala* HUTH gestellt werden, doch hat sie ihre Verwandtschaft sicher nicht dort. Ob die fruchtende Nummer 5493 zur Art gehört, ist nicht ganz sicher, da nicht der geringste Blütenrest zum Vergleiche vorliegt. In allen anderen Teilen stimmt sie völlig überein, nur ist der Griffel bis zur Mitte rauhhaarig, was aber veränderlich sein könnte.

Aconitum L.

A. jucundum DIELS in Not. R. Bot. Gard. Edinbgh., VIII., 266 (1913) ** **var. *chloranthum*** HAND.-MZT.

Syn.: *A. chloranthum* HAND.-MZT. in Sitzgsanz. Ak. W. W., 1923, 134.

Differt a typo floribus viridibus.

NW-**Y.**: Zwischen Djinscha-djiang („Yangtse“) und Mekong, an Waldbächlein in dichtesten Bambusgebüschen der tp. St. an der Ostseite des Passes Akelo, 27° 19′, Sandstein, 3100 m, 30. VIII. 1915 (7909).

Species quoque e speciminibus nunc additis caule a basi dissite 4—5 foliato, foliorum lobis acuminatis, inflorescentia dense flavido plumoso-hirsuta, petalis saepe glabris gaudet.

Da meine Pflanze außer in der Blütenfarbe mit dem lilablütigen *A. jucundum* vollkommen übereinstimmt, kann ich sie jetzt nur als eine durch tiefsten Schatten erzeugte Varietät davon betrachten.

Die Abgrenzung der Art gegenüber *A. scaposum* FRANCH. ist mir nicht ganz klar. Zu *A. jucundum* wurden von den Edinburgher Botanikern Exemplare von Ober-Birma: Imaw Bum (J. W. K. 3613), vom Fengschuiling-Tale (FARRER 1290), FORRESTS Nummern 9259 und 18481 aus **Y.**, HOWELL 257 von Tengyüe, MAIRE 900/1913 vom Yo-schan und CUNNINGHAM 233 und 499 von **S.**: Dadjienlou (Tatsienlu) gestellt, die alle gut übereinstimmen, nur haben die vier letztgenannten die oberen Blattstiele nicht so sehr scheidenartig verbreitert (bei MAIRES Pflanze fehlen Blätter). In der Blattform gleicht dieser Art vollständig *A. scaposum* var. *hupehanum* RAP. in Növen. Közlem., VI., 168 (1907). Es unterscheidet sich dadurch und durch die senkrecht gestellten Blüten bedeutend vom echten *A. scaposum*, durch diese aber auch von *A. jucundum*, das sie, wie *A. scaposum*, horizontal, wie *Delphinium*, gestellt hat, und bildet vielleicht eine eigene Art.

A. Lycoctonum var. *circinatum* LÉVL. in Rep. sp. n. VII, 258 (1909) gleicht dieser im Original in Blattzipfeln, langer, abstehender Behaarung und horizontalen Blüten vollständig; *A. Cavaleriei* Lévl. et Vant. hat aber eine kürzere und krause Behaarung.

Dem *A. scaposum* Franch. steht mindestens am nächsten eine Pflanze aus Ober-Birma: Naung-Chaung Tal (Ward 1889).

** ***A. crassiflorum*** Hand.-Mzt. (Taf. VI, Abb. 6).

Subgen. *Paraconitum* Rap., sect. *Lycoctonum* DC.

Rhizoma descendens, longum, apice vel iteratim usque ad 2 cm incrassatum, fuscum, radices multos tenues edens, apice reliquiis petiolorum cauliumque mortuis ± comatum et foliis nonnullis cauleque singulo terminatum. Caulis e basi saepe geniculata erectus, 50 cm — ultra 1 m altus, usque ad 1 cm crassus, fistulosus, interdum sub racemo parce ramosus, superne dense et breviter flavo-hirsutus, inferne saepe glaber, foliis usque ad 4 valde dissitis obsitus. Folia ambitu pentagono-reniformia, usque ad 25 cm longa et paulo latiora, profundissime cordata sinu plerumque angusto, ad tertium vel fere quartum inferum, raro vix ad medium 7fida partibus ambitu late cuneatis obtusis fere ad $1/2$ trifidis, lobis parce et irregulariter dentato-incisis, lobulis omnibus late ovatis acutis, sinubus acutis saepe clausis; summa profundius subtripartita partibus angustis parcius fissis; herbacea, saturate viridia, supra dense, subtus praesertim ad nervos reticulatos prominuos longius laxiusque strigosa; petioli inferiores laminis subduplo usque 4^{plo} longiores, summi subnulli, evaginati, apicibus hirsuti. Racemus terminalis caulis $1/4$—$1/2$ occupans, rameales breviores, demum laxiusculi. Bracteae lanceolatae, pedunculis breviores longioresve, herbaceae. Pedunculi erecti, 5—12, rarius — 40 mm longi, ut axis hirsuti. Bracteolae subbasales, ligulatae, parvae. Flos perpendicularis, $2\frac{1}{2}$—3 cm altus, 12—15 mm latus, sordide violaceus, extus flavido-hirsutus. Cassis crasse cylindrica, 4—8 mm crassa, apice paulum inflata, basi declinata rectilinea in rostrum anguste triangulare acutum paululum decurvum producta. Sepala inferiora eo paululo breviora, intus sub apice longe aureo-barbata, 2 lateralia late et oblique obovata, undulato-rotundata, late et distincte unguiculata, 2 infima oblonga vel lineari-oblonga. Petala casside aequilonga vel paulo breviora, unguibus tenuibus, laminis liberis ad 5 mm longis angustis lingulatis rotundato-emarginatis, in calcaria longiora tenuia circinata productis. Stamina ad 1 cm longa, tertio infero sensim late alata, edentata. Ovaria 3, dorso dense vel parcissime hirsuta, in stylos tenues 3 mm longos contracta. (Folliculi seminaque ignota).

NW-**Y.**: An steinigen und kräuterreichen Stellen und in Tannenwäldern der ktp. St., 3750—4100 m, auf Kalk, Sandstein und Diabas auf dem Nguka-la sw von Dschungdien, 25. VIII. 1915 (7823), auf dem Patü-la ober Anangu se von hier, 16. VIII. 1915 (7691) und auf dem Berge Schusutsu ober Bödö s von hier, 5. VIII. 1914 (4487, Typus). Wahrscheinlich auch dieses in der tp. St. des Tales von Hsiao-Dschungdien gegen das Gebirge Piepun, 3600 m.

Proximum *A. scaposum* Franch. foliorum forma congruens differt lobis crebrius angustiusque dentatis, petiolis superioribus vaginatis, racemo saepe breviter et crispule piloso, pedunculis patentibus multo longioribus tenuioribusque, floribus horizontalibus, casside angustiore, conico-attenuata apiceque saepe valde incrassata, rostro eius frontem continuante saepeque deflexo, sepalis inferioribus saepe imberbibus, petalorum laminis pro calcaribus multo brevioribus. *A. jucundum* Diels praeterea foliis tenuibus lobis longe acuminatis differt.

A. brevicalcaratum (FIN. et GAGNEP.) DIELS foliis cum nostro congruens inter alia racemo densissimo, floribus multo minoribus, petalorum calcaribus brevissimis diversum est.

Die vorliegende Art ist von den genannten durch die angegebenen Merkmale sicher spezifisch verschieden. Ob die Sepalen konstant gebärtet sind, wird an mehr Material nachzuprüfen sein, denn sowohl bei *A. scaposum* als bei *jucundum* ist dieses Merkmal veränderlich.

A. excelsum RCHB. NW-S.: Gebirge um Sungpan (WEIGOLD). W-Hubei (FARGES; HENRY 5904, 5904 A, 6426, 6426 A; WILSON, VEITCH Exp. 1354, 1354a, 2118, 2146, 2146a).

WEIGOLDS Pflanze unterscheidet sich vom Typus durch behaarte Fruchtknoten, doch pflegt dies nicht konstant zu sein. Auch LIMPRICHTS Nr. 568 (als *A. laeve* ROYLE, das von RAPAICS in Növ. Közl., VI., 167 mit *excelsum* vereinigt wird, sich aber in der Tat durch die Petalen und meistens auch die Helmform bedeutend unterscheidet) gehört hieher, hat aber eine sehr kahle Infloreszenz. WILSONS Exemplare haben meist (aber nicht durchgreifend) die Petalen bedeutend kürzer als den Helm. Die Art ist dem *A. septentrionale* KOELLE sehr ähnlich, hat aber kurze, krause, nicht abstehende Behaarung, fast kahle Blätter und noch längere Helme.

A. brevicalcaratum (FIN. et GAGNEP.) DIELS in Not R. Bot. Gard. Edinbgh., V., 267 (1912). NW-Y.: Hochkrautfluren der ktp. St. des Yülung-schan bei Lidjiang, Kalk, 3700 m (4107). Gebüschränder der tp. St. ober Yisutsa bis gegen Daidsedien zerstreut, 2500—2900 m (10050) und auf dem Sattel Yenaping, 3300 m, am direkten Wege von Weihsi nach Djientschwan, Sandstein.

* ***A. bisma*** (HAM.) RAP. in Növ. Közl., VI., 164 (1907) (*A. palmatum* DON) ** var. ***taronense*** HAND.-MZT.

Caulis superne dense et tenuiter patenter pubescens. Rhachis (anthesi ineunte) stricta. Sepala inferiora extus parce pubescentia. Ovaria ut rhachis pubescentia. Petalorum calcaria distincta, recurva, saccata, laminae ovatae, 4 mm longae, bilobulae.

NW-Y.: In der tp. St. das birm. Mons. im Granitgerölle am Bache ober Schutsche am Taron (e Irrawadi-Oberlaufe), 27° 58′, 3000—3100 m, 9. VII. 1916 (9445).

Die Unterschiede in der Behaarung scheinen wenig wichtig zu sein, dagegen sind jene in den Petalen nicht unbedeutend. Diese erinnern an *A. Balfourii* STAPF, dem auch die Behaarung bis auf die kahlen Staubfäden entspricht. Diese und die ganz lockere, weitschweifige Infloreszenz verbieten jedoch eine Verbindung mit dieser Art. Sie steht erst im Beginn der Blüte, und die Achse wird später sogar sehr wahrscheinlich biegsamer. Ich getraue mich jedenfalls nicht, den Unterschied im Petalum als spezifischen zu werten.

A. Forrestii STAPF. NW-Y.: Bei Lidjiang, von Einheimischen (4111).

Der Autor vergleicht die Art mit *A. Souliei*, mit dem ich sie nicht für nächstverwandt halten möchte. Dies scheint mir vielmehr *A. Franchetii* zu sein, von dem sie sich durch fast sitzende Blätter und kürzere Petalensporen unterscheidet. Die noch nicht beschriebenen Knollen sind groß, dick rübenförmig, 2 cm dick, gefaltet, mit dicken, stark behaarten Wurzelfasern.

A. Franchetii FIN. et GAGNEP. NW-Y.: Tannenwälder der ktp. St. auf dem Nguka-la zwischen Dschungdien und Djitsung, Diabas, 3900—4100 m (7826). Wohl dasselbe in Gebüschen der Hg. St. unter dem Doker-la an der tibetischen Grenze, 4225 m.

Meine Pflanze ist etwas stärker behaart als der Typus, hat nämlich die seitlichen Kelchblätter außen in der Mitte spärlich behaart und innen ziemlich reichlich langhaarig, konstant einzelne Börstchen auf dem Nagel der Petalen und die Fruchtknoten etwas behaart.

A. tatsienense FIN. et GAGNEP. S.: Im tiefen Kalkschutte der Hg. St. unter dem Sattel Santante am Berge Saganai ober Muli, 4200—4375 m (7313).

Die Blütenstiele, bzw. Äste meiner niedrigen Pflanze sind nur einblütig, wohl infolge der hohen Lage des Fundortes. Der Helm ist niedriger und flacher als am Original, doch pflegt dies innerhalb nicht allzu enger Grenzen veränderlich zu sein. Er zeigt eine Mittelform zwischen diesem und einer später von den Autoren dazu gestellten Pflanze von Yargong, die aber auch durch viel schmälere Blattabschnitte abweicht und wohl nicht zur Art gehört, vielleicht vielmehr zur folgenden.

** ***A. Ouvrardianum***[1] HAND.-MZT. (Taf. V, Abb. 9).

Syn.: *A. tatsienense* W. W. SM. in Not. R. Bot. Gard. Edinbgh., XIV., 133, 134 („*tatsiense*“) (1924); XVII., 96 (1929), non FIN. et GAGNEP.

Subgen. *Tuberaconitum* RAP., Sect. *Euaconitum* C. A. MEY., subs. *Cammarum* (DC.) RAP.

Tubera longe ovoidea usque fusiformia, 2½—10 cm longa, 5 mm crassa, fusca, radicibus rigidis longis. Gemmae squamae triangulari-ovatae, brunneae, subcoriaceae. Caulis erectus, 25—90 cm longus, 3—6 mm crassus, sursum breviter et reflexe et in inflorescentia densissime et patenter flavido-pilosus, dense foliatus. Folia ambitu orbicularia, 6—9 cm diametro, ad basin vel 2 mm supra illam 5secta segmentis extimis bipartitis, omnibus late rhomboideis, remote 2—3 jugo pinnatipartitis, lobis inferioribus hic illic incisis, omnibus subdivaricatis linearibus acutis vel foliorum inferiorum obtusis, 1½—4 mm latis, laminis in his interdum tantum ad 15 mm latis; membranacea, intense viridia, in nervis supra impressis subtus prominulis tantum vel illis ubique minute strigillosa; petioli infimi laminis sub anthesi sensim marcescentibus duplo longiores, paulum dilatati, superiores sensim nulli. Racemus simplex vel subsimplex, multiflorus, densiusculus, inferne foliis normalibus, superne sensim simplicibus subulatis pedicellis pluries brevioribus bracteatus. Pedicelli patentes, demum patuli sursum arcuati, inferiores usque ad 8 cm, superiores sensim saepe paucos tantum mm longi, ut axis induti. Bracteolae inferiores supra medium insertae, $\pm$ foliaceae, superiores saepe apicales vel basales, subulatae. Flores intense coerulei vel violascentes vel albi et extus coerulescentes, 2 cm alti et 1½ cm lati usque 2—2½ cm alti et 2 cm lati, extus glabri, sepalis 4 inferioribus margine ciliatis et intus longe pilosis. Cassis navicularis, a latere vix semiorbicularis, subhorizontalis, $\pm$ 1 cm alta, margine inferiore paulum concava, in rostrum breve et latum, truncatum abiens. Sepala lateralia ea paulo breviora, late et oblique obovata, longitudine sua saepe latiora, rotundata, vix unguiculata; inferiora paulo breviora, elliptica vel oblonga, rotundata. Petala casside bre-

[1] Species missionario gallico P. OUVRARD, qui studiis meis ad fluvium Salwin bellum omittens opem quam maximam ferebat, gratiae signum dedicata.

viora, glabra, unguibus tenuibus, cucullis 3—4 mm longis apice infractis, calcaribus basi erectis dein revolutis 3 mm longis apice saccatis, laminis 4 mm longis ligulatis emarginatis. Stamina 7—8 mm longa, glabra, filamentis deorsum alatis edentatis vel uno alterove denticulato. Staminodia plus duplo breviora membranacea extus saepe adsunt. Ovaria 3—5, ± parce hirsuta, stylis aequilongis tenuibus. (Folliculi seminaque ignota).

NW-Y.: Wiesen, offene Matten und steinige Hänge der ktp. und Hg. St. des birm. Mons. in der Mekong—Salwin-Kette im Tale Schidsaru, 28° 9′, 6. VIII. 1916 (9702, Typus), auf dem Londjre-Paß, 28° 14′, VIII. 1921 (FORREST 19987, 19999), über dem See am Rücken Pongatong, und am Kakerbo (Kagurpu), IX. 1917 (FORREST 14784); auf Glimmerschiefer, 3800—4400 m. Salwin—Irrawadi-Kette am 28° 40′, VIII. 1919 (FORREST 19106).

Proximum *A. tatsienense* FIN. et GAGNEP. differt foliorum laciniis multo latioribus, caule superne griseo- et crispo-piloso, bracteis foliaceis, sepalis extus pilosis, petalorum unguibus pilosis, carpellis parcipilosis vel glabris.

In den an der Spitze ausgesprochen geknieten Petalen stimmt die Art mit *A. tatsienense* überein und kann deshalb nicht zu einer der FINET und GAGNEPAINschen Varietäten von *A. Napellus*, die übrigens keineswegs als solche weitergeführt werden können, gehören, denn dieses von den Autoren verwendete Merkmal wäre ihnen auch an dieser Pflanze sicher aufgefallen.

Ähnlich ist FORRESTS Nr. 14696 vom Beima-schan in der Yangtse—Mekong-Kette, hat aber behaarte Blüten, die seitlichen Sepalen schief zugespitzt, ja durch Rollung dieser Spitze fast geschnäbelt, die Petalen spärlich borstig. Sie gehört vielleicht zusammen mit LIMPRICHTS Nr. 2090 (als *chasmanthum* STAPF, was keineswegs richtig ist), die dieselben Kelchblätter, aber kahle, wohl eingekrümmte, aber nicht so deutlich gekniete Petalen hat. Ich kann diese Pflanzen nicht unterbringen, getraue mich aber nicht, nach den zwei Individuen eine neue Art aufzustellen. LIMPRICHTS Nr. 2210 hat stark behaarte Petalen und einen ganz anderen Sporn, fällt vielleicht mit der oben unter *tatsienense* erwähnten Pflanze von Yargong zusammen, die mir nicht mehr vorliegt.

A. rotundifolium KAR. et KIR. NW-S.: Gebirge um Sungpan (WEIGOLD).

** ***A. pulchellum*** HAND.-MZT. in Sitzgsanz. Ak. W. W., 1925, 219 (Taf. V, Abb. 7, 8).

Syn.: *A. multifidum* FIN. et GAGNEP. in Bull. Soc. Bot. Fr., LI., 516 (1904), non ROYLE.

Subgen. *Tuberaconitum* RAP., Sect. *Anthora* DC.

Tubera minuta, fusiformia, 6—25 mm longa, 2—6 mm crassa, spadicea, ubique radices validiusculas, ramosas, brunneo-pilosas edentes et apice squamis fuscis ovatis hic illic coronata. Folia radicalia e tuberibus juvenilibus tantum saepe gregariis caules nondum edentibus singula. Caulis basi gracillimus flexuosus saepeque geniculatus, dein tenuis strictus, teres, superne puberulus, simplex, raro inferne parce longiramosus ramis 3—4 floris, 7—50 cm longus. Folia paulum supra basin 2—4 et unum alterumve altius insertum, petiolis longissimis quam laminae $1\frac{1}{2}$—6^{plo} longioribus in vaginas vix dilatatis, in axilla una alterave radicem vaginam perforantem vel foliorum fasciculum gerunt; lamina cordato-orbicularis, 2—5 cm diametro, glabra vel supra parcissime pilosa et praesertim margine ciliata, crassiuscula, saturate viridis, fere ad basin tripartita, segmentis rhomboideo-cuneatis, marginibus anguste reflexis vix contiguis, lateralibus quam medium duplo latioribus eo paulo minus profunde bi- vel tripartitis, medio et illorum partibus ad medium circiter paucilobatis, lobis lanceolatis vel oblongo-lanceolatis, mucronulato-acutis, 2—4 mm latis, subdivergentibus; nervi primarii tantum subtus prominuli. Flores singuli, vel bini aequialti, vel 3, raro 12 laxe racemosi. Bracteae foliis similes, subsessiles et sessiles, in lacinias pauciores profundius partitae. Pedicelli stricti, erecti, 4—7 cm longi, albido-hirtelli, medio vel infra bracteolis foliaceis lineari-subulatis vel tunc fissis praediti. Flos intense coeruleus, $2\frac{1}{2}$—$3\frac{1}{2}$ cm altus, $1\frac{1}{2}$—2 cm latus. Sepala decidua, extus parce pubescentia, inferiora ovato-subrhombea, obtusa, lateralia multo maiora ex ungue brevi et lato oblique orbiculari-obovata; cassis navicularis, paulum reclinata, in rostrum vix producta, margine basali concava, medio 8—12 mm lata. Petala glabra, unguibus longissimis tenuibus sensim incurvis, calcaribus $1\frac{1}{2}$ mm longis saccatis $\pm$ recurvis, laminibus haec semicirculo continuantibus eisque subduplo longioribus anguste linearibus apice rhomboideo-dilatatis reflexis. Stamina 7 mm longa, glabra, filamentis ultra medium alis sensim attenuatis instructis. Ovaria 5, erecta, flavido-hirsuta; styli erecti, 2 mm longi, tenues, glabri. (Folliculi seminaque ignota.)

Hochstaudenfluren, steinige Wiesen, feuchte Felsen und Schutt der ktp. und Hg. St. auf Schiefer und Granit, 4000—4650 m. NW-Y.: Im birm. Mons. in der Mekong—Salwin-Kette auf dem Nisselaka, 28°, 26. VIII. 1916 (9959), in derselben Breite, VIII. 1917 (FORREST 14617), unter dem Doker-la, 28° 15′, 17. IX. 1915 (8074, Typus) und am Kakerbo, 28° 35′, VIII. 1918 (FORREST 16877). Gebirge ne von Dschungdien, IX. 1918 (F. 16897). Tibet: Tsarong, in der Salwin—Irrawadi-Kette, 28° 40′, IX. 1919 (F. 18960). S.: Berg Gonschiga bei Muli gegen Dschungdien, 6. VIII. 1915 (7499). Tscheto-schan bei Dadjienlou, 26. VIII. 1894 (SOULIÉ 2392: Hb. Paris).

Proximum *A. Hookeri* STAPF differt fibris radicalibus tenuissimis, caule plerumque breviore, petalorum tam calcaribus quam laminis multo brevioribus, illis ad gibberos leves reductis.

Die Art hat den Wuchs von *A. Hookeri*, mit dem sie aber nach STAPF keineswegs identisch ist. Ich finde nur im Pelatum einen greifbaren Unterschied, der allerdings gewichtig erscheint. In einer Blüte sind abnormerweise drei Petalen vorhanden. Verzweigt und mit einer zwölfblütigen Ähre versehen ist nur ein Stück von SOULIÉs sicher einheitlicher Aufsammlung. Mit *A. multifidum* ROYLE ist die Art nicht vergleichbar.

** ***A. napelloides*** HAND.-MZT. (Taf. V, Abb. 10).

Subgen. *Tuberaconitum* RAP., Sect. *Euaconitum* C. A. MEY., subs. *Napellus* (DC.) RAP.

Tubera fusiformia, 3—6 cm longa, ad 1 cm crassa, brunnea, demum longitudinaliter rugosa, fibris longis rigidulis. Squamae gemmae late triangulares, crustaceae, fuscae. Caulis erectus, 35—50 cm altus, 5— fere 10 mm crassus, teres, fistulosus, simplex, in racemo tantum retrorsum albido-puberulus, dense foliatus. Folia ambitu orbicularia, basi profunde cordata sinu clauso, inferiora 5 cm, superiora sensim ad 9 cm diametro, dein ad bracteas superiores vix simpliciores paulum decrescentia, ad 1—4 mm supra basin 5 partita partibus exterioribus paulo minus bipartitis, omnibus rhombeo-ovatis acutissimis, ad tertium inferum profunde trifidis lobis mediis 2—4jugo pinnatifidis, lateralibus bipartitis vel unilateraliter et parce pinnatifidis, lobulis maioribus hic illic incisis, omnibus longe ellipticis vel sublinearibus ± obtusiusculis mucronulatis 1½— ad 4 mm latis porrecto-patentibus, laminis nusquam ultra 1 cm latis, dilute viridia, submembranacea, supra parce et adpresse breviter margineque hic illic longius pilosula, nervis latiusculis paulum prominulis; petioli foliorum inferiorum sub anthesi marcidorum laminis subduplo longiores bractearumque superiorum sensim ½ cm tantum longi sed harum inferiorum floribus subaequilongi, omnes validiusculi, supra pilosuli, basi breviter sed distincte vaginantes. Racemus dimidium fere caulem occupans, praesertim superne densissimus, bracteis foliaceis summis quoque flores aequantibus. Pedicelli superiores 5 mm, inferiores usque ad 2 cm longi, erecti, ut axis pilosi. Bracteolae inferiores pedicellis subapicales foliaceae brevipetiolatae, superiores mediis insertae sensim lanceolatae submembranaceae. Flores coerulei, 2½—3 cm alti, 1½—2 cm lati, extus glabri vel ad cassidis marginem hirsuti, intus longe hirsuti, teneres. Cassis profunde navicularis, a latere semiorbicularis vel paulo altior, ± 1 cm lata, sensim sed distincte unguiculata, margine inferiore concava, rostro indistincto lato emarginato, subhorizontalis. Sepala marginibus ciliata, illa subaequilonga, lateralia, late et oblique obovata, longitudine latiora rotundata et undulata, latissime et brevissime unguiculata; inferiora elliptica, rotundata. Petala casside multo breviora, glabra, unguibus crassiusculis incurvis, cucullis 4 mm longis apice dorsi infractis, in calcaria crassa 3 mm longa recurva apice saccata productis, laminis 5 mm longis, late ovatis, emarginato-truncatis. Stamina 10 mm longa, filamentis latis, ad $^2/_3$ anguste alatis partim dentigeris. Ovaria 4—5, fusiformia, glabra vel basi tantum parcissime pilosa, in stylos tenuiusculos, 1½ mm longos attenuata. (Folliculi seminaque ignota.)

S.: An Bächlein und feuchten Stellen der Hg. St. des Berges Gonschiga ober Muli gegen Dschungdien, Glimmerschiefer, 4475—4600 m, 6. VIII. 1915 (7486)

Proximum *A. brachypodo* DIELS, quod differt foliorum laciniis multo angustioribus, calcaribus petalorum brevibus, ovariis velutinis. Habitus *A. firmi* RCHB., sed flores maiores et cassis humilior. Inter species asiaticas *A. Kusnezoffi* RCHB. haud dissimile.

Die Art würde jedenfalls unter *A. Napellus* im Sinne FINET und GAGNEPAINS fallen, doch entspricht ihr keine der von diesen beschriebenen Varietäten. Am nächsten kommt die var. *sessiliflorum*, hat aber eiförmige, gefärbte Brakteen und ungezähnte Staubfäden und sieht *A. brachypodum* viel ähnlicher.

LIMPRICHTS *A. Napellus* aus Tschili (565) gehört eher zu *A. soongaricum* (REG.) STAPF (= *A. karakolicum* RAP. nach Revision GÁYERS).

A. brachypodum DIELS in Not. R. Bot. Gard. Edinbgh., V., 268 (1912). NW-Y.: Bei Lidjiang, von Einheimischen (4109). Bei Dschungdien (SCHNEIDER 3715). S.: Rasen und steinige Stellen der Hg. St auf Kalk auf dem Berge Saganai ober Muli, 4300 m (7306) und auf dem Hwang-liangdse zwischen Yenyüen und Kwapi, 3900—4075 m (5512).

Die Exemplare der Nr. 4109 zeigen beträchtliche Variabilität in der Form des Helmes, der bald gleichmäßig kahnförmig, bald vorne beträchtlich vorgewölbt ist.

A. Duclouxii LÉVL. in Rep sp. n., VII., 99 (1909), e typo. (*A. ferox* FIN. et GAGNEP. in Bull. S. B. Fr., LI., 515, e specimine, non WALL. — *A. acaule* [FIN. et GAGNEP.] DIELS in Not. R. Bot. Gard. Edinbgh., V., 270 [1912]). **S.**: Offene steinige Stellen der tp. St. auf dem Passe zwischen Yenyüen und dem Yalung, 27° 22′, Sandstein, 3500—3640 m (5385). **Y.**: Beyendjing, in Wäldern des Betsaoling (TEN).

** ***A. huiliense*** HAND.-MZT. (Abb. 5, Nr. 2; Taf. VI, Abb. 3).

Subgen. *Tuberaconitum* RAP., Sect. *Euaconitum* C. A. MEY., subs. *Napellus* (DC.) RAP.

(Radix ignota.) Caulis e basi flaccidiore erectus, ad 60 cm altus, simplex, crassiusculus, teres, apice paulum, infra inflorescentiam tantum dense cinereo hirtello-velutinus, foliis c. 10, inferioribus deciduis (ignotis), sequentibus dissitis, superioribus subconfertis obsitus. Folia ambitu orbicularia, usque ad 8 cm diametro, ad summa 3½ cm diametientia sensim decrescentia, ad basin tripartita partibus lateralibus fere ad eam inaequaliter tripartitis; pars media ad tertium inferum triloba lobo medio ad dimidium trilobulato, lobis lateralibus versus basin inaequaliter bilobulatis lobulis anterioribus ut medii terminalis plerumque tri-, posterioribus ut medii laterales saepe bifidis; segmentorum lateralium partes segmento medio similiter sed extus simplicius fissae; lobuli ultimi elliptici et lineari-elliptici subdivaricati, 2—3 mm lati, obtusi, crasse apiculati; laminae nusquam ultra 1 cm latae, siccae rigidulae, marginibus revolutae, nervis subtus prominulis, glabrae vel summae utrinque parce et minute strigillosae; petioli foliorum peninfimorum laminis subtriplo longiores, ad folium summum sessile sensim decrescentes, inferiores sensim et agustissime, superiores haud vaginati. Racemus dense c. 12 florus. Bracteae inferiores foliaceae ad summas integras ovatas 1 cm longas sensim decrescentes, ut pedicelli rhachisque sed laxius velutinae. Pedicelli erecti, levissime sigmatoidei, summi 1½, inferiores sub fructu 3 cm longi, rigidi. Bracteolae iis supra medium insertae, oblongae, herbaceae. Flos coeruleus, extus ubique et sepalis lateralibus etiam intus pubescens. Galea fornicata, margine ventrali valde ascendente 2 cm longa et concava, ± 1 cm lata, antice inclinata et in rostrum triangulare 2—3 mm longum declinatum producta. Sepala lateralia oblique late obovata, ad 2 cm diametro, multivenosa; inferiora ovata, breviora. Petala glabra, unguibus tenuibus 2 cm longis, calcaribus ad gibbos levissimos reductis, cucullis 6 mm longis, laminis 5 mm longis truncato-bilobulis. Stamina 7 mm longa, filamentis deorsum in alas angustas apice minute dentatas dilatatis. Ovaria 5, dorso dense flavido-hirsuta; styli crassi ad 2 mm longi, superne glabri. (Folliculi seminaque ignota.)

S.: Krautige Stellen der tp. St. auf dem Lungdschu-schan bei Huili, Diabas, 3550 m, 17. IX. 1914 (5198).

Proximum certe *A. Duclouxii*, quod foliorum magis dissectorum distributione, petali calcare distincto differt.

Die Haare sind offenbar etwas klebrig, doch fand ich nur einen deutlichen Drüsenkopf und habe nicht den Eindruck, als ob solche immer abgebrochen wären, wenn auch die an der Spitze trichterförmig verbreiterte und gestutzte Form der Haare dies vortäuscht. An *A. Ouvrardianum* kommen ebensolche Haare vor.

A. chinense PAXT., Mag. of Bot., V., 3, tab. 3 (1838).

Syn.: *A. Fortunei* HEMSL. in Journ. Linn. Soc., Bot., XXIII., 20 (1886). *A. Bodinieri* LÉVL. et VANT. in Bull. Ac. int. Géogr. bot., XI., 45 (1902). *A. Kusnezoffii* var. *Bodinieri* FIN. et GAGN. in Bull. Soc. bot. Fr., LI., 508 (1904).

Buschwiesen der wtp. St. auf Kalk, Sandstein und Tonschiefer, 650—1400 m. **H.**: Hsikwangschan bei Hsinhwa (12722). Gipfel des Yün-schan bei Wukang, leg. R. PAUL (12537). **Kw.**: Nganping (SCHOCH 417). **NE-Y.**: Dschenfungschan im mittelchin. Fl. (MAIRE).

HEMSLEY wies schon im Journ. of Bot., XV., 206 (1876) darauf hin, daß der Name zum ersten Male von PAXTON veröffentlicht wurde. Seine Neubenennung ist daher überflüssig, denn der von ihm angeführte und ebenfalls mit Recht nicht hieher bezogene Name *A. sinense* SIEBD. ist erst 1843 als *A. chinense* SIEBD. et ZUCC., Fl. Jap. fam. nat., 76 erschienen, und dies ohne Beschreibung, nur mit Zitaten. In diesem Sinne ist der Name aber nie üblich geworden, so daß auch keine Gefahr einer Verwechslung besteht. Kultivierte Exemplare sind als *A. Wilsonii* HORT. mehrfach abgebildet (s. STAPF, Ic. Ind. Lond.), aber noch nie gültig beschrieben worden. Die Art ist nicht sehr nahe verwandt mit *A. Kusnezoffii* RCHB., das sich durch bedeutend kleinere Blüten mit niedrigerem Helm und kurze Sporen und Lippen der Petalen unterscheidet.

A. transsectum DIELS in Not. R. Bot. Gard. Edinbgh., V., 268 (1912). **NW-Y.**: Bei Lidjiang, von Einheimischen (4112).

** ***A. piepunense*** HAND.-MZT. (Abb. V, Nr. 3; Taf. VI, Abb. 6).

Subgen. *Tuberaconitum* RAP., Sect. *Euaconitum* C. A. MEY., subs. *Cammarum* (DC.) RAP.

Tubera dauciformia, 2—6 cm longa, 1—1½ cm crassa, fusca, rugosa, in radices longas, rigidas, ramosas abeuntia. Caulis strictus, ± 1½ m altus, basi 1—1½ cm crassus, fistulosus, plerumque pyramidato- et subpaniculato-ramosus, dense foliatus, sub anthesi inferne nudus, superne breviter et patenter flavido-pilosus. Folia ambitu orbicularia, usque ad 16 cm diametro, ad 2—5 mm supra basin 5partita partibus lateralibus in superioribus paulo altius contiguis, omnibus ambitu ovatis vel rhombeis, acutis usque acuminatissimis, infra medium tripartitis, parte media regulariter, partibus lateralibus ± unilateraliter 2—3jugo pinnatilobatis, lobis oblongis usque lanceolatis, obtusis vel acutiusculis, subpatentibus, maioribus nonnunquam dente uno alterove auctis, 2—6 mm latis, laminis nusquam ultra 25 mm latis, subchartacea, saturate viridia, supra praesertim in nervis parce curvulo-strigillosa, subtus glabra nervis valde prominuis; petioli infimi laminas minores subaequantes, ceteri sensim brevissimi, supra dense reflexo-pilosi, basi breviter incrassati haud vaginati. Racemi terminales ramealesque longi et densi, deorsum floribus longipedicellatis foliis normalibus bracteatis laxi, illi usque ad 50 flori, bracteis superioribus sensim subulatis pedicellis multo brevioribus. Pedicelli erectopatentes, validiusculi, summi 1 cm, infimi usque ad 9 cm longi, ut axis velutino-pilosi. Bracteolae circa medios sitae, subulatae, non ultra 4 mm longae, glabrae. Flores 2½ cm alti, 1½ cm lati, erecti, ± pallide coerulei, praeter sepala intus longipilosa lateraliaque margine longe ciliata glaberrimi. Cassis galeata, latitudine ± aequialta, rotundata, margine basali paululum concava paulum ascendente, in rostrum minutum patulum contracta. Sepala lateralia ea ± aequilonga, oblique late ovata, rotun-

Abkürzungsverzeichnis.

In den Standortsaufzählungen sind folgende Abkürzungen benützt:

F. = Fukien,

H. = Hunan,

Ki. = Kiangsi (Djianghsi),

Kw. = Guidschou („Kweitschou“),

S. = Setschwan (südwestlichster Teil),

Y. = Yünnan,

birm. Mons. = Nordost-birmanisch—west-yünnanesisches Monsungebiet,

mittelchin. Fl. = mittelchinesisch-mitteljapanisches Florengebiet in Yünnan, sonst = Guidschou, Hunan, Kiangsi, Fukien in dieser Sammlung (s. mein oben zitiertes Kärtchen in KARSTEN u. SCHENCK),

Hg. St. = Hochgebirgs- (alpine) Stufe,

ktp. St. = kalttemperierte (subalpine) Stufe,

str. St. = subtropische Stufe,

tp. St. = temperierte Stufe,

tr. St. = tropische Stufe,

wtp. St. = warmtemperierte Stufe.

* = neu für China,

** = neue systematische Einheit.

data, sensim et late unguiculata, isodiametrica; inferiora iis aequilonga, oblonga, saepe alterum sublineare, rotundata. Petala casside breviora, unguibus latiusculis, cucullis brevissimis latis, apice saepe ± infractis, in calcaria saccata recurvis, laminis 5 mm longis oblongis rotundatis. Stamina 5—6 mm longa, fila-

Abb. 5. 1 *Aconitum coriophyllum* Hand.-Mzt. 2 *A. huiliense* H.-M. 3 Blatt von *A. piepunense* H.-M. (4578). 4 *Delphinium jugorum* H.-M.(9712). $^{1}/_{4}$ nat. Gr.

mentis ultra medium alis partim latis et dentigeris dilatatis, antheris maiusculis fuscis. Ovaria 5, in stylos crassiusculos subduplo breviores attenuata. Folliculi lineares, ad 15 mm longi, 3 mm lati, ad stylos fere 4 mm longos rotundati. Semina crasse lenticularia, 2 mm diametro, ala lata circulari cincta et dorso squamata.

NW-Y.: Gebüschränder und Waldwiesen der ktp. St. auf Kalk, Sandstein und Tonschiefer an beiden Seiten des Gebirges Piepun se von Dschungdien

(„Chungtien"), 3400 bis 4025 m, von Alo gegen Bödö, 8. VIII. 1914 (4578, Typus), im Tale von Hsiao-Dschungdien gegen das Gebirge, und unter dem Passe Schulakadsa, 16. VIII. 1915 (7669). Vielleicht auch dieses unter dem Doker-la in der Mekong—Salwin-Kette, 28° 15', 4225 m.

Proximum *A. transsectum* DIELS differt pedunculis brevioribus, floribus maioribus extus ut ovaria petalaque pilosis.

Die Nr. 7669 hat die Petalennägel, bzw richtiger den Rücken des Nektariums an der Spitze deutlich gekniet, 4578 nur in zwei Blüten je ein Petalum so, alle anderen gerade.

** ***A. coriophyllum*** HAND.-MZT. in Sitzgsanz. Ak. W. W., 1925, 220. (Abb. 5, Nr. 1; Taf. VI, Abb. 4, 5).

Subgen. *Tuberaconitum* RAP., Sect. *Euaconitum* C. A. MEY., subs. *Cammarum* (DC.) RAP.

Tubera magna, cylindrica, ad 10 cm longa, ± 1 cm crassa, inferne abrupte contracta, grisea, levia, radicibus parcis rigidulis brunneo-longipilosis, squamis gemmae parvis triangularibus fuscis, caudicem erectum tenuem ad 8 cm longum, apice folia 1—3 et scapum supra folia basalia pauca inevoluta (vel abortiva) nudum vel foliis 1—2 parvis obsitum edentem proferunt. Folia orbicularia, profundissime cordata, 10—21 cm diametro necnon longitudine latiora, hibernantia (?), ad basin[1] in lobos 3, medium latissime cuneiformem, laterales reniformi-flabellatos divisa, lobo illo vix ad $^1/_3$ trifido, his ad $^1/_2$ vel paulo magis bi- vel trifidis, marginibus anterioribus parce et grosse lobulato-crenatodentatis, sinubus omnibus clausis; subcoriacea, in sicco lucidula, atroviridia, subtus olivacea, margine subtiliter ciliolata, glabrescentia, nervis supra tenuiter impressis subtus cum ramis paucis prominuis; petiolus crassus, laminam aequans usque duplo superans, puberulus, ima basi in vaginam parvam ovatam crasse costulatam dilatatus; caulina lobis divaricatis angustioribus et petiolis sensim brevissimis. Scapus erectus, 23—95 cm altus, simplex, 3—6 mm crassus, teres, fistulosus, dense hirtello-velutinus, tertio vel plus dimidio superiore racemo laxifloro simplici vel basi ramo brevi erecto aucto occupatus. Bracteae parvae, foliaceae, infimae breviter trilobae, superiores lanceolatae. Pedicelli erecti, validi, inferiores usque ad 2 et sub fructu ad 4 cm longi, summi sensim brevissimi. Bracteolae foliaceae, lanceolatae, parvae, superiores basi pedicellorum, inferiores valde alternantes. Flores viridulo-flavi (e nota ad vivum), 3—3½ cm alti, 1,5 cm lati. Sepala utrinque patule pilosa, inferiora vix 1 cm longa, ovato-oblonga, descendentia, lateralia oblique obovata, subtruncata, longitudine latiora; cassis valde ascendens, angusta, 2,2—2,4 cm longa, 8—9 mm lata, antice fornicata, linea basali paulum concava, in rostrum 2—3 mm longum acutiusculum subdeflexum contracta. Petala unguibus longis tenuibus parce longipilosis, calcare saccum brevem recurvum formante, lamina minuta emarginata. Stamina 7 mm longa, glabra, a medio deorsum sensim late alata, edentata. Ovaria 5, cum stylis tenuissimis, ± 2½ mm longis curvatis dense hirsuta. Folliculi 2 cm longi, 6 mm lati, pergameni, venosi, apice anguste truncati. Semina 3—3½ mm diametro, squamis membranaceis latis permultis.

[1] An einem Blatte reicht der eine Abschnitt nur bis gegen das untere Viertel, aber offenbar abnormalerweise, denn in seiner Bucht ist ein ganz kleiner Lappen angesetzt.

NW-Y.: In der wtp. St. se von Dschungdien am felsigen Steilhang der Schlucht des Djinscha-djiang („Yangtse-kiang") ober Loyü, 27° 13', Schiefer, 2600 m, 18. X. 1916 (12994).

Species toto habitu necnon casside ascendente *A. Lycoctonum* L. aemulans, proximum autem probabiliter *A. Souliei* FIN. et GAGNEP. Simile etiam *A. bullatifolium* LÉVL. e typo esse videtur caudice congruens, folio autem (unico tantum ± bene conservato) multo magis dissecto lobis multo angustioribus, indumento paulo breviore, floribus coeruleis, petali glabri calcare distincte revoluto laminaque multo longiore diversum.

Eine sehr auffallende Art, deren Verwandtschaft mit dem hier verglichenen *A. Souliei* jedenfalls auch keine enge ist. *A. bullatifolium* liegt nur mangelhaft vor, ein vollständiger 38 cm hoher Stengel und der Grund eines sehr kräftigen mit blühenden Ästen; danach ist es aber sicher nicht mit *coriophyllum* identisch.

A. Souliei FIN. et GAGNEP. NW-Y.: In der Mekong—Salwin-Scheidekette auf Glimmerschiefer und Granit, 28°—28° 15', in der ktp. und Hg. St. des birm. Mons., 3550—4375 m, in Hochstaudenfluren und steinigen Matten auf dem Si-la (9971) und Nisselaka, im Hochtälchen an der Ostseite des Schöndsu-la und unter dem Doker-la (8124), am Bächlein im Bambusunterwuchse des schattigen Waldes im nach Tibet führenden Tale Schidsaru (9711).

Die Exemplare Nr. 8124 blühen wie das Original gelb, 9971 grünlich gelb. Diese sind klein und wenigblütig, haben aber kahle Staubgefäße, behaarte Petalen und kurze Griffel, entsprechen also nicht ganz der var. *pusillum* FIN. et GAGNEP. Diese wird vom Ufer des Salwin angegeben, doch ist ihre Etikette nicht vom Sammler, sondern von FRANCHET geschrieben und stammt sie sicher vom Übergange dorthin. Meine Nr. 9711 blüht grün mit dunkelvioletten Antheren, was auf den tiefschattigen Standort zurückzuführen sein dürfte (s. oben *A. jucundum* var. *chloranthum*). Nach der Beschreibung und Abbildung fällt *A. ioschanicum* ULBR. in Bot. Jahrb., XLVIII., 616 (1913) offenbar als kleinste Form in die Variationsweite des *A. Souliei.*

A. stylosum STAPF in Kew Bull., 1910, 20. (*A. euryanthum* HAND.-MZT. in Sitzgsanz. Ak. W. W., 1925, 219). NW-Y.: Im Glimmerschieferschutte der Hg. St. des birm. Mons. am Osthange des Si-la zwischen Mekong und Salwin, 28°, 4200—4375 m (9978).

Das Originalexemplar ist aufgeklebt und insbesondere in der Behaarung und den geschrumpften Blüten nicht sehr gut erhalten, wodurch die Beschreibung Stellen enthielt, die mich die Art nicht erkennen ließen. Nach meinen Exemplaren, die ich später mit dem Typus völlig identisch fand, muß ich zur Beschreibung dieser breitblütigsten aller *Aconitum*-Arten folgendes ergänzen:

Caulis praesertim superne cum pedicellis sepalisque flavido hirtello-pubescens, in racemorum longiorum partibus inferioribus autem pilis retrorsum appressis. Pedunculi usque ad 10 cm longi. Flores atro violaceo-coerulei usque purpureo-violacei. Cassis 2½—3 cm longa, 10—12 mm alta; sepala lateralia 2—2½ cm longa. Petalorum calcaria breviter erecta, in saccos deflexos circinnata. Filamentorum alae apice dentatae. Ovaria dense hirsuta.

** *A.* ***Stapfianum***[1] Hand.-Mzt. (Taf. V, Abb. 11, 12).

Subgen. *Tuberaconitum* Rap., sect. *Euaconitum* C. A. Mey., subs. *Cammarum* (DC.) Rap.

Tubera ellipsoidea, 2½—4 cm longa, fusca, radicibus sparsis rigidis. Squamae gemmae triangulares, 1 cm longae, coriaceae, brunneae. Caulis ultra 2 m usque longus, volubilis, superne parce patenter vel etiam crispule pilosulus, purpurascens, ramosus, dissite foliatus, foliis inferioribus sub anthesi marcidis. Folia ambitu orbicularia segmento medio paulum producto subacuminata, usque ad 15 cm diametro, sursum ad brevipetiolata ambitu ovata et minus composita sensim decrescentia, ad 2—10 mm supra basin tripartita, partibus lateralibus paulo minus bipartitis, partibus omnibus ambitu rhombeo-ovatis marginibus inferioribus convexis, ad duas partes vel media longius et lateralibus inaequilateraliter paucijugo-pinnatipartitis, segmentis subdivaricatis, deorsum paucilobatis, lobulis omnibus ovatis acutis, laminis excepto apice partis integrae nusquam ultra 10 mm latis, supra intense, subtus subalbicanti-viridia, illic breviter strigillosa, hic in nervis prominulis parcissime sed longius hirta et marginibus anterioribus ciliata; petioli inferiores laminas aequantes, evaginati. Flores in racemo terminali ovoideo usque ad 10 floribus remotioribus axillaribus nonnunquam additis et in ramis praeter bracteas plerumque aphyllis pauciores. Pedicelli rigiduli, 2—6 cm longi, flexuosi, patentes, glabri, infimi foliis subnormalibus, superiores linearibus simplicibus bracteati, circa medium bracteolis subulato-linearibus vix 5 mm longis instructi. Sepala coerulea, extus glabra, inferiora 4 intus parce hirsuta et hic illic ciliata. Cassis ± profunde navicularis, a latere semiorbicularis vel altior et longitudine aequilata, margine inferiore ± 2½ cm longa paulum convexa ascendente in rostrum acutum declinatum vix distincte producta. Sepala lateralia orbicularia, ± 1½ cm diametro, vix unguiculata; inferiora late lanceolata, paulo breviora, acuta. Petala casside aequilonga, glabra, unguibus tenuibus, cucullis 4 mm longis 3 mm latis, apicibus paulum infractis, calcaribus ad 4 mm longis ± revolutis apicibusque saccatis, laminis aequilongis, latis, truncatis bilobulisque. Filamenta ad 1 cm longa, anguste alata, interiora dentata; antherae fuscae. Ovaria 4—5, fusiformia, glabra, in stylos duplo breviores crassos attenuata. (Folliculi seminaque ignota.)

NW-Y.: Gebüsche und Bambusdschungel der tp. St. an der Ostseite des Yülung-schan bei Lidjiang, 3000—3500 m, VI.—IX. 1914—1916, von Einheimischen (4108, Typus), VIII. 1910 (Forrest 6500), IX. 1910 (F. 6552), 1. IX. 1914 (Schneider 2329).

Foliis cum *A. Delavayi* Franch. praeter glabritiem maiorem congruens, quod autem differt floribus extus pilosis et casside multo altiore basi convexa et longirostri. *A. Bulleyanum* Diels, sub quo nomine in herbario Edinensi jacebat, differt foliis multo minus partitis, partibus multo latioribus, paulo enim ultra medium incisis, floribus 1½ cm tantum latis, magis violaceis (quod forsitan variabile), casside fere duplo altiore quam latiore. *A. contortum* Fin. et Gagnep. foliorum eadem forma ac praecedens his tenuioribus, racemis pauperis, bracteolis foliaceis, sepalis inferioribus latioribus, petalorum calcaribus brevioribus distat.

Eine recht kritische Pflanze, die ich aber ohne Zwang zu keiner bekannten

[1] Sagacissimo monographo *Aconitorum* indicorum aliorumque dedicatum.

Art stellen kann. Die Form des Helmes ist einigermaßen veränderlich. Sehr ähnlich ist FORRESTS Nr. 11310 von offenen Lagen in Gras und Gebüsch ne der Schleife des Djinscha-djiang, 3000 m. Sie hat aber die ganzen Kelchblätter außen locker kurz kraushaarig. Sie unterscheidet sich durch niedrigeren Helm von *A. villosum* var. *flexuosum* im Sinne FINET und GAGNEPAINS, das aber durch stets 2—3 mm weit zusammenhängende Blattlappen von REICHENBACHS Pflanze abweicht. Das echte *A. Bulleyanum*, das bisher nur im Originalexemplare vorliegt, kommt in den Blättern dem *A. contortum* sehr nahe, hat aber nicht dessen blattartige, sondern kleine lineale Brakteolen, viel schmälere untere Kelchblätter und einen durch seine hohe Form beträchtlich verschiedenen Helm. Am nächsten kommt es jedenfalls dem *A. Elwesii* STAPF, ist aber soviel wie kahl und hat allmählich verschmälerte Staubfadenflügel. Wegen der ganz verschiedenen Helmform ist die von RAPAICS in Növ. Közl., VI., 161 (1907) vorgenommene Vereinigung dieses mit *A. contortum* unannehmbar.

A. Delavayi FRANCH. **S.**: Zwischen Diabasfelsen der tp. St. unter dem Gipfel des Lungdschu-schan bei Huili, 3600 m (5301).

— — var. *leiocarpum* FIN. et GAGNEP. **Y.**: Beyendjing, in Wäldern bei Tieso (TEN 1388).

Die kleineren Exemplare des Typus sind aufrecht, nur wenig gebogen.

Wenn die nur sehr mangelhaft vorliegenden Blätter keinen Unterschied zeigen, so steht nach dem Originalexemplar das *A Mairei* LÉVL. in Rep. sp. n., XIII. 341 (1914) dieser Varietät sehr nahe, aber seine ganze Behaarung ist kürzer und kraus ausgedrückt und die Blüten sind nach Angabe des Sammlers violett, was aber wie bei *A. stylosum* z. B. veränderlich sein kann.

A. episcopale LÉVL. l. c. ist *A. Mairei* auch sehr ähnlich, hat aber wieder abstehende, spärlichere und sehr spärliche Behaarung, etwas kleinere Blüten von violetter und „bleu sombre“ (Brousse du Yo-chan, 3300 m, von LÉVEILLÉ noch nicht angeführt) Farbe, mit innen kürzer behaarten, nicht eigentlich gebärteten unteren und seitlichen Kelchblättern und längeren Petalensporen. In Form und Farbe der Blüten gleicht es wieder *A. Bulleyanum*. Zur Beurteilung der Konstanz dieser Unterschiede und des Wertes dieser Formen bedarf es eines viel größeren Materiales als jetzt vorliegt.

A. villosum RCHB. **Y.**: Zwischen Kalkfelsen der wtp. St. am Hsi-schan bei Yünnanfu, 2300—2400 m (SCHOCH 336)

Die Behaarung der Infloreszenz ist sehr kurz und kraus, bei der sibirischen Pflanze an den Blüten immer abstehend, doch möchte ich sie nach dem geringen Material nicht abtrennen.

Windende *Aconitum*-Arten, die ich in den Notizen nicht unterschieden habe, wurden ferner bemerkt in **S.**: In der wtp. St. bei Yimön n von Huili und bei Niutschang se von Yenyüen, in der tp. St. des Passes Sandao-schan ne von hier, in der ktp. beim Lagerplatze Guyi am Wege von Muli nach Yungning, und in **Y.**: Schalungschu über dem Djinscha-djiang n von Yünnanfu. Unter dem Passe sw von Yungning.

A. Hemsleyanum PRITZ. (Taf. V, Abb. 13—15). **NW-Y.**: Gebüsche am Bache in der tp. St. am Rande des birm. Mons. zwischen Tschada und Schatiama am Wege von Djitsung am Djinscha-djiang nach Kakatang unter Weihsi, 27° 22′, Sandstein, 2850 m (7870). Wald von Santschaho bei Fangyangtschang (DELAVAY: Herb. Paris).

Das Vorkommen dieser mittelchinesischen Art in W-Yünnan ist merkwürdig, steht aber nicht vereinzelt da. Alle Exemplare von hier besitzen, wie das Original, dünne, 5 mm lange, herabgekrümmte, an der Spitze aber nicht nur hakige, sondern kreisförmig eingerollte Petalensporen. In Hubei sind diese sehr veränderlich. Wilson, Arn. Arb. Exp. 1163 hat dieselben Sporen und noch schmälere und längere Kappen, diese und die Nägel abstehend behaart. Henry 6773 A und Farges 8 haben die Sporen ganz kurz und kugelig, ohne eigentlichen Stiel, und Henry 4997 sowie Wilson, Veitch Exp. 2568 stehen zwischen diesen Typen ungefähr in der Mitte. Alle wurden im Herbar Kew von Stapf schon zu dieser Art gestellt, sicher mit Recht, denn die Übereinstimmung in Blättern und allen anderen Merkmalen ist vollständig. Von Finet und Gagnepain wurden sie unter *A. volubile* Pall. var. *latisectum* Reg. angeführt. Souliés Nr. 1681 ist sehr mangelhaft und hat keine Blüten. Dem Typus des *A. Hemsleyanum* ist auch *A. Bulleyanum* Diels ähnlich, doch hat dieses alle Blätter gleich, während insbesondere an meiner vollständig vorliegenden Pflanze die Lappen der oberen Blätter weniger eingeschnitten, jene der unteren aber viel schmäler sind. In der Originalbeschreibung von *A. Hemsleyanum* fehlt jede Angabe über den Helm. Er ist hoch helmförmig, fast zweimal so hoch als breit, gerundet, mit ganz kurzem Schnabel und etwas konkavem, wenig aufsteigendem unteren Rande. Pritzel nennt die Art nächstverwandt mit *A. racemulosum* Franch. und dies wohl mit Recht, trotz des bedeutenden Unterschiedes in den Petalen. Rapaics stellt sie als Varietät zu *A. Sczukini* Turcz., das ich nicht kenne, und zitiert zu diesem als Synonyme *A. racemulosum* und *A. Cavaleriei* Lévl. et Vant., zwei untereinander weit verschiedene Pflanzen, deren zweite ein *Paraconitum* ist (s. oben S. 283), während die erste von Finet und Gagnepain, ebenso wie *A. Henryi* Pritz. und *A. cannabifolium* Franch. mit Unrecht zur Sect. *Lycoctonum* gestellt wurde.

A. coriaceum Lévl. hat die Petalen des langsporigen *Hemsleyanum*, aber stark behaarte Filamente und die Blätter am Grunde sehr breit keilförmig bis (die unteren) quer gestutzt, nicht tief herzförmig. Diesem, nicht dem folgenden, entspricht Bock und Rosthorn 902 (als *A. racemulosum*), doch sind hier die Stamina kahl, was jedenfalls weniger ins Gewicht fällt als der Unterschied im Petalum.

A. racemulosum Franch. ist dem letztgenannten äußerlich außerordentlich ähnlich, die Grundblätter sind auch breit und flach herzförmig, aber die Petalen sehr verschieden, von Finet und Gagnepain vollkommen richtig abgebildet. Der Helm ist allerdings einer der höchsten und schmalsten unter den Euaconiten, nämlich $2\frac{1}{2}$ cm hoch, oberwärts 8 mm breit, über dem etwas herabgebogenen spitzen Schnabel aber auf 6 mm zusammengezogen; der untere Rand ist 12 mm lang und konkav.

** ***A. bulbilliferum*** Hand.-Mzt. in Sitzgsanz. Ak. W. W., 1925, 220 (Taf. VIII Nr. 1).

Subgen. *Tuberaconitum* Rap., Sect. *Euaconitum* C. A. Mey., subs. *Cammarum* (DC.) Rap.

Tubera parva, crasse cylindrica, 1,5—3 cm longa, ubique radicibus longis rigidulis valde ramosis pallide brunneo-pilosis et apice squamis parvis siccis triangulari-ovatis obsita. Caulis tenuis, basi 3—5 mm crassus, rigidulus, fistulosus, valde volubilis, $1\frac{1}{2}$—$2\frac{1}{2}$ m longus, praeter ramulos floriferos simplex, superne tantum subtilissime pilosulus, crebre et aequaliter foliatus, foliis inferioribus mox marcidis, in axillis (superioribus tantum?) bulbillos saepe plures fuscos usque ad 6 mm longos sero deciduos edens. Folia cordato-ovata, usque ad 11 cm longa et 9 cm lata, membranacea, intense viridia, hic illic subtiliter pilosula, sinu basali profundo $\pm$ rectangulo, usque ad 6—10 mm supra basin tripartita; pars media anguste rhombeo-ovata, in caudam longam integram acutissimam sensim attenuata, marginibus inferioribus rectis imo concavis integris, anterioribus late lobulatis lobulis in maioribus grosse paucicrenato-dentatis dentibus mucronulatis; partes laterales divergentes, late et oblique cuneiformes, in foliis maioribus profunde bifidae parte anteriore in caudam attenuata, ceterum ut pars terminalis lobulato-crenatodentatae; nervi palmati, alii lobis mediani, alii in sinubus bifidi, cum illorum ramis paucis areolas elongatas perpaucas formantes, subtus valde prominui; petiolus lamina plus duplo brevior, flexuosus, tenuis, supra concavus et marginibus tenuibus erectis praeditus. Ramuli floriferi saepe secus totum caulem superiorem, usque ad 20 cm longi, racemos breves terminali similes laxiuscule 1—6 floros formant, raro flos unicus terminalis. Bracteae bracteolaeque medio pedicello 1½—4½ cm longo insertae folia minora referunt. Flos 4—4½ cm altus, 1,8—2 cm latus, coeruleus, extus glaber vel fere glaber, intus albido-pilosus. Sepala inferiora oblongo-obovata, lateralia duplo latiora, orbiculari-obovata, oblique subtruncata, multivenosa; cassis galeata, 2½— fere 3 cm alta, superne 1 cm crassa rotundata, margine basali valde ascendente, paululum concavo, ad 2½ cm longo, in rostrum a latere triangulare fere 1 cm longum protracta. Petala glabra, unguibus longis latiusculis paulum prorsus curvatis, cucullis ad 5 mm longis, calcaribus angulo recto insertis, fere 1 cm longis tenuibus circinatis apice saccatis, laminis latis c. 6—7 mm longis breviter bifidis lobis acutiusculis. Stamina vix 1 cm longa, glabra, alis filamentorum ultra medium in dentes breves productis, in exterioribus nonnullis integris antheras fere attingentibus. Ovaria 5, parva, glabra, in stylos breviores sensim attenuata. (Folliculi seminaque ignota.)

S.: Zwischen Diabasfelsen der tp. St. unter dem Gipfel des Lungdschuschan bei Huili, mit *A. Delavayi*, 3600 m, 17. IX. 1914 (5202).

In genere bulbillis abundis et inter species scandentes suae sectionis foliorum tenuium forma valde insigne. Proximum videtur *A. Hemsleyanum* PRITZ., quod differt foliis firmioribus inferioribus magis, superioribus minus partitis, bracteolis parvis subbasalibus, sepalis lateralibus extus setulosis, staminibus edentatis.

Oxygraphis BGE.

O. Delavayi FRANCH. NW-Y.: An moorig-schlammigen Stellen, auf Matten, auch in Wäldern der ktp. und Hg. St. des birm. Mons. auf Glimmerschiefer, 3400—4350 m. In der Mekong—Salwin-Kette am Si-la, herab bis Dotitong (8904), auf dem Nisselaka, besonders häufig beim Teiche Tsuka, 28°, und auf dem Schöndsu-la, 28° 4′ (8371). In der Salwin—Irrawadi-Kette im Tjiontson-lumba unter Tschamutong, und am Hange des Gomba-la gegen den See Tsukue, von Einheimischen (9893).

O. glacialis BGE. Schutt, humöse Stellen, feuchte Schneemulden, auch auf trockenem Boden und in niedrigen Lagen an Bächen, von der Hg. bis in die tp. St., auf Kalk, Sandstein und Schiefern, 3200—4650 m. **S.**: Tschahungnyotscha ober Ngaitschekou jenseits des Yalung n von Yenyüen (2633). Gonschiga sw von Muli. Paß Tschescha s von hier. **NW-Y.**: Ober Mudidjin bei Yungning (3189). Gebirge Waha dort. Osthang des Gipfels Ünlüpe im Yülungschan bei Lidjiang (6715). Rücken zwischen Haba und Dugwan-tsun se von Dschungdien (6859). Guha se und Nguka-la sw von hier.

O. tenuifolia W. E. Ev. in Not. R. Bot. Gard. Edinbgh., XIII., 172 (1921). **NW-Y.**: Sumpf der ktp. St. auf dem Nguka-la zwischen Djitsung am Djinschadjiang und Dschungdien, Tonschiefer, 4125 m (7752).

Die Blattspreite ist bei manchen Exemplaren eiförmig-elliptisch, bis zu 15 × 4 und 10 × 3½ mm, doch entsprechen andere ganz der Beschreibung. Petalen sind nicht mehr vorhanden.

Callianthemum C. A. MEY.

C. pimpinelloides (DON) HOOK. f. et THOMS. (*C. caschmirianum* CAMBESS.) **S.**: Steinige Stellen der Hg. St. des Berges Saganai bei Muli, Kalk, 4100 bis 4300 m (7305). Feuchte Stellen von Wiesen der tp. St. auf dem Liuku-liangdse, 27° 48′, zwischen Yenyüen und Kwapi, Kalk, 3450—3550 m.

Ranunculus L.

R. sceleratus L. Auf feuchtem Schlamm in Äckern, an Rainen und Kanälen in der str. bis zur tp. St., 1450—2800 m. **Y.**: Yünnanfu (193). Dingyüen. Setaohotjiao bei Beyendjing (TEN 49). **S.**: Tanfang im Seitentale des Djientschang gegen Huili. Ningyüen (1226). Lumapu jenseits des Yalung am Wege nach Yenyüen. Beidjeho bei Yenyüen (SCHNEIDER 1217). Seeufer bei Tschoso nächst Yungning (SCHN. 1601).

R. ficariifolius LÉVL. et VANT., e typo. (*R. yunnanensis* FINET et GAGNEP. in Bull. Soc. bot. Fr., LI., p. p. min., non FRANCH. — *R. Duclouxii* FIN. et GAGN., e typo. — *R. flaccidus* FINET in Journ. de Bot., 2. sér., I., 31 (1908), non HOOK. f. et THOMS., nec PERS. — *R. Bonatianus* ULBR. in Bot. Jahrb., XLVIII., 621 [1913] ex autore). Auf Schlamm an Bächlein der wtp. und tp. St., 2200—3000 m. **Y.**: Ober Djiunienping jenseits Fumin bei Yünnanfu (6127). **S.**: Südseite des Passes Linbinkou nw und bei Lanba e von Yenyüen. Unter dem Schao-schan se von Ningyüen gegen Schagoma (1358). Im Daliang-schan e von dort bei Alami (1469), Lolokou und zwischen Tjiaodjio und Lemoka (1589). Im W auf dem Wa-schan (WILSON, Veitch Exp. 3071) und Omi-schan (ebenso 4709). **Kw.**: CAVALERIE u. FORTUNAT 2270, 2271). W-Hubei (HENRY 5310; WILSON, Veitch Exp. 526).

Nuculae ellipsoideo-ovoideae, ± 1½ mm longae, rostro subtriplo breviore, crasso, recto, lateribus paulum compresso et tenuiter carinato, suturis paulum incrassatae, lateribus plerumque tuberculis brevibus densis asperae junioresque interdum parce setulosae.

Die drei reichlichen Originalexemplare des *R. Duclouxii* haben alle Früchte kahl und glatt, doch ist die Rauheit an den anderen mitunter sehr undeutlich und die Übereinstimmung sonst so vollständig, daß an der spezifischen Identität nicht gezweifelt werden kann. Die Merkmale der Frucht wie der vegetativen

Teile stellen diese Art neben die folgende, von der sie sich durch die viel größeren Ausmaße und im Umriß länglichen Blätter unterscheidet.

R. microphyllus Hand.-Mzt., nov. nom. (*R. flaccidus* Hook. f. et Thoms., non Pers.). NW-Y.: Schneewässer der Hg. St. des birm. Mons. im obersten Doyon-lumba in der Mekong—Salwin-Kette gegen den See Yigöru und an der Ostseite des Passes Tschiangschel in der Salwin—Irrawadi-Kette (9267) bei Tschamutong, Glimmerschiefer, 4000—4200 m. Im W auf dem Kualapo bei Hodjing (Delavay 730: Hb. Paris).

Im vorliegenden jungen Zustande sehe ich an den Früchten weder Behaarung noch Höcker, doch stimmt die Pflanze mit noch jüngeren himalaischen und den Limprichtschen Exemplaren überein. Der Name mußte leider geändert werden, da der im Index Kewensis fehlende viel ältere *R. flaccidus* Pers. in Usteri, Ann., XIV., 39 (1795) als gültig für eine Art der Sektion *Batrachium* angesehen wird (s. unten).

R. Dielsianus Ulbr. in Bot. Jahrb., XLVIII., 621 (1913). In Gebüschen auf Schiefer. S.: Beim Klosterstädtchen Muli, in der wtp. St., 2900 m (7355). NW-Y.: In der ktp. St. auf dem Passe zwischen Bödö (Peti) und Alo se von Dschungdien („Chungtien"), 4100 m (4525).

Ad descriptionem (etiam e typo) corrigenda: Folia superiora marginibus ciliata et inferiora saepe supra strigillosa. Pedicelli subadpresse pilosi. Sepala juvenilia dorso quoque pilosa.

Nr. 7355 ist fruchtend, 4525 kleiner und mehr aufrecht, blühend und mit jüngeren, nur ganz schwach behaarten Früchten, doch kommen solche auch an 7355 vor. Die Behaarung der Kelchblätter ist am Original kürzer als an meiner Pflanze, aber so veränderlich, daß eine Grenze nicht besteht. Die Art ist jedenfalls mit der vorigen verwandt, wenn auch nicht sehr nahe. Äußerlich dem Original nicht sehr ähnlich, aber durch meine Nr. 4525 mit ihm verbunden ist die folgende Varietät.

— — ** var. ***suprasericeus*** Hand.-Mzt.

Syn.: *R. hirtellus* Diels in Not. R. Bot. Gard. Edinbgh., VII., 147, non Royle.

Folia supra dense subsericeo-strigosa, subtus glabra; lobi fere omnes denticulis binis accessoriis instructi.

NW-Y.: Schattige Stellen an humusbedeckten Blöcken in Seitentälern am Osthange des Yülung-schan bei Lidjiang, 3000—3600 m, VII. 1906 (Forrest 2617, Typus). Offene feuchte Wiesen, wo? (Ward 635).

Die Pflanzen sind erst im Blütezustand; Früchte liegen nicht vor, aber die Fruchtknoten stimmen mit dem Typus. Von *R. hirtellus* Royle unterscheiden sie sich leicht durch schlaffe Stengel, verdickte Wurzeln, viel weniger geteilte Blätter und viel kleinere Blüten.

R. Polii Franch., e typo. (*R. sardous* Ulbr. in Rep. n. sp., Beih. XII., non Crtz.). (Taf. VI, Abb. 8, 9). Descriptio completa:

Annuus radicibus fasciculatis longiusculis crassis nec incrassatis, diffusus, praeter pilos parcissimos minutos adpressos pedicellorum glaberrimus. Folia radicalia rosulata, petiolis basi in vaginas brunneas breves latas dilatatis, 3—4 cm longis, multis autem in plantulas raro radicantes excrescentibus vel e laminae basi tales edentibus saepe pluries item proliferas, laminis ternatis c. $1\frac{1}{2}$ cm diametientibus, crassiusculis, atroviridibus, foliolis ambitu cuneatis basi longe et subpetiolato-angustatis vel terminali distincte petiolulato, circa medium vel profundius tri- vel lateralibus bi- vel irregulariter trifidis, medii lobis nonnullis brevius bifidis, omnibus late usque sublineari-ellipticis, acutis, vix venosis, sinubus acutis. Caules plures, 3—16 cm longi, crassiusculi, teretes, ramosi, foliis dissitis, inferioribus radicalia aequantibus, superioribus plerumque simpliciter tripartitis brevipetiolatis lobis sublinearibus. Pedicelli caule ramisque terminales, inferiores sympodii demum visu oppositifolii, 1—4 cm longi, sicci tenuiter striati, ebracteolati. Sepala 5, late elliptica, rotundata, brunnea, marginibus indistincte membranacea, paucivenosa, sub anthesi deflexa, decidua. Petala iis subduplo longiora, oblongo-elliptica, rotundata, 5 mm longa, crassa, aurea, extus tertioque infero intus atriora et venosa, marsupio nectarifero subbasali parvo margine vix libero. Stamina ± 30, 3 mm longa, filamentis ligulatis quam antherae lineari-oblongae, acutiusculae paulo longioribus et angustioribus. Ovaria c. 30, 3 mm longa, stigmatibus brevibus crassis revolutis. Nucularum capitulum globosum. Nuculae late semiellipticae, 3 mm longae, ventre subrectae, complanatae etsi crassiusculae, carinis ventralibus 3, dorsali una, ceterum leves, in rostra vix 1 mm longa apice hamata, lateraliter compressa contracta.

H.: Massenhaft auf schlammigem Sand am Flusse bei Tschangscha, str. St., 25—100 m (11520). Hubei: Lingti, feuchte Brachen zwischen Yientsewo und Paodatschou (Limpricht 1116).

Affinis videtur *R. ternatus* Thbg. (*R. Zuccarinii* Miq. — *R. coreanus* Lévl., e typo. — *R. Taquetii* Lévl. in Rep. sp. n., IX., 449 [1911], e typo. — *R. Polii?* Ulbr. in Rep. n. sp., Beih. XII, 378, non Franch.), qui differt radicibus grumoso-incrassatis nisi tenuissimis, vaginis angustis, foliis primordialibus saepe simplicibus ceterorumque lobis breviter dentatis, floribus maioribus, nuculis minoribus subglobosis indistincte carinatis. *R. sardous* Crtz. longe distat nec affinis est.

Die Art lag bisher nur im Herbar Drake del Castillo in einem einzigen, aber guten Individuum vor, das jetzt ins Pariser Hauptherbar übertragen wurde. Von Finet und Gagnepain wurde sie ganz übersehen. Franchets Angabe „carpella hispida" ist irreführend und kann nur für die ganzen Fruchtköpfchen gemeint sein. *R. Polii* ist durch seine Sprossung sehr merkwürdig. Blattstiele von normaler Stellung und mit normaler Blattscheide wachsen statt zu Spreiten zu ganzen Pflanzen aus. Wenn die Sprossung noch nicht eingetreten ist, so ist die Grenze zwischen einem zusammengesetzten Blatt und beblätterten Sproß oft kaum zu finden. Besonders Limprichts Pflanze zeigt teilweise scheinbar doppelt zusammengesetzte Blätter, aber die Teile sind oft nicht gegenständig, weshalb sie wohl auch so aufzufassen sind. Bei ihr wie beim Typus sind die Blattabschnitte breiter als an meiner, die aber beträchtliche Variabilität zeigt.

R. hirtellus Royle. W-Y.: Loping-schan und Yendsehai (Delavay: Hb. Paris).

Die einzigen chinesischen Exemplare, die mit den indischen gut stimmen, von Finet und Gagnepain richtig angeführt, während alle späteren Angaben anderer auf falscher Bestimmung beruhen.

R. propinquus C. A. Mey. in Ledeb., Fl. Alt., II., 332 (1830). (*R. acris* var. *propinquus* Maxim., Enum. pl. Mongol., I., 22 (1889). — *R. acer* Forb. et Hemsl. p. p. Fin. et Gagnep. p. p., non L. — *R. acer* ssp. *japonicus* Hultén, Fl. Kamtch., in K. Sv. Vetensk. Ak. Handlg., 3. ser., V., Nr. 2., 120 [1928] p. p.[1]). An Bächen, Lachen und Gräben der wtp. bis in die tp. St. auf Kalk und Sandstein. **S.**: Beidjeho bei Yenyüen, 2500 m (265). Sattel zwischen Tjiaodjio und Lemoka, 2250 m (1591). Im W auf dem Wa-schan s von Yadschou (Weigold), bei Dadjienlou (Cunningham 13). Im NW auf Gebirgen um Sungpan (Weigold). Im E (Farges). **Y.**: (Ducloux 2699, 3575, 3878, 4104; Tanant; Ducloux u. Bodinier 229). Yünnanfu (Maire 1910, 1923). Banlung-se, 2450 m, Lagu 2400 m, und Lupu, 3000 m (Maire). **Kw.**: Hwangtsaoba (Hsingyi-hsien) (Cavalerie 7996; Bodinier, gegen folgenden neigend). Nganschun (Cavalerie 4033). NE-Kansu (Potanin; Licent 6024, 6083). Schanhsi (Licent 1774, 1794, 5885). Tschili (Beauvais; Bodinier; Limpricht 2464; Licent 1648).

Sehr einheitlich und für das Gebiet bezeichnend. Meine Nr. 1591 kommt noch europäischen Formen von *R. acer* L. am nächsten.

R. japonicus Thbg. in Trans. Linn. Soc., II., 337 (1794). **H.**: Grasplätze der str. St. auf Sandstein bei Tschangscha, 30—100 m (11651). Im SW auf dem Yün-schan bei Wukang auf Tonschiefer zwischen 400 und 1420 m (Plt. sin. 10). **F.** (Latouche). Ingok (Chung 1330). Tschekiang: Taidschou (Ching 1307). Kiangsu (Poli; Bodinier). Schanghai (Schindler 261). Nganhui: Hwang-schan (Chien 1222). **Ki.** (David). **Kw.**: Kollegiumsberg bei Guiyang (Bodinier: Hb. Edinburgh). Hwangtsaoba (ebenso, det. Léveillé als *R. pensylvanicus*). Kwanghsi (Beauvais 199). **S.** (Farges; Wilson, Veitch Exp. 4711; Fang 912, 963, 1093, 6054; Soulié 105, 382, 837, 2000, 2001; Mussot 14; Limpricht 1223 als *R. lanuginosus* L.). W-Hubei (Henry 1232, 1988; Wilson, Veitch Exp. 165, 1345, 1345b, 2235). Zentr.-Schanhsi (Licent 5885). E-Kansu (Potanin).

Da der jüngere Name *R. japonicus* Langsdf. als Artname durchaus nicht eingebürgert ist, kann Thunbergs Name bestehen (s. Koidzumi in Bot. Mag. Tok., XXXIX., 314 [1925]), und zwar, wenn man diese Pflanze nicht auf Grund der abstehenden Behaarung von *R. propinquus* als Art getrennt halten will, für beide gemeinsam.

R. Labordei Lévl. et Vant. steht nach dem Original dem *R. japonicus* nahe, ist aber möglicherweise eine gute Art. Die unteren Blätter sind kaum über die Hälfte geteilt, oberseits dicht, unterseits sehr dicht lang behaart, ihre Lappen sind breit gerundet, nur oberflächlich gezähnt und übergreifen sich mit den Rändern etwas. Es ist nur eine reife nucula vorhanden, diese undeutlich berandet und mit noch kürzerem, fast fehlendem Schnabel.

* ***R. laetus*** Wall. (*R. acris* Fin. et Gagnep. in Bull. Soc. Bot. Fr., LI., 304 p. p. min., non L.). NW-**Y.**: Krautfluren der tp. St. des birm. Mons. im Saoa-lumba zwischen Mekong und Salwin, 28°, Glimmerschiefer, 3450 m, 17. VI. 1916 (8939). Dort am Si-la (Soulié 1194). Doker-la, Unterwuchs im Walde, 3000 m (Ward 654).

---

[1] Die mir aus Kamtschatka vorliegenden Pflanzen sind nämlich anliegend behaart.

Von *R. acer* L. verschieden durch bis in die Infloreszenz gleich ausgebildete, dünne Blätter und schmälere und längere Früchtchen mit längerem Schnabel. Beide Merkmale und das kriechende Rhizom unterscheiden ihn auch von *R. japonicus* THBG. *R. Stevenii* ANDRZ., als den ich meine Pflanze in Naturbilder aus SW-China, 224 anführte, hat ebenfalls festere Blätter und die grundständigen mehr als dreiteilig. Die chinesischen Exemplare sind abstehend behaart, doch liegen solche auch von Dugabela, Dara Panjohl, Hazara (DUTHIE) und von Simla (THOMSON) vor, während COLLETT, Fl. Siml., 10, die dortige Pflanze als anliegend behaart beschreibt. FINET und GAGNEPAIN identifizieren *R. laetus* mit *R cassius* BOISS. und geben Indien nicht als Vorkommen an, was mir unverständlich ist.

Aus dem NW-Himalaya: Massuri (HÜGEL 213) liegen von SCHUBE als *R. laetus* bestimmte gut fruchtende Exemplare vor, die aber mit diesem gar nicht übereinstimmen und die ich von dem für Indien noch nicht angegebenen *R. lanuginosus* L. nicht unterscheiden kann, wie auch einige nicht fruchtende Stücke von FALCONERS Nr. 47.

R. Sieboldii MIQ., e typo. FORB. et HEMSL. (*R. sardous* var. *monanthos* FIN. et GAGNEP. in Bull. Soc. Bot. Fr., LI., 302 [1904], e typo. — *R. japonicus* FIN. et GAGNEP., l. c., 308 p. p.; in LECOMTE, Fl. gén. d'Indo-Chine, I., 10 [1907], non LANGSDF. nec THUNBG. — ? *R. arcuans* CHIEN in Rhodora, XVIII., 190 [1916]). **H.**: Häufig in Gräben der str. St. bei Tschangscha, Sandstein, 30—100 m (11679). Hubei (HENRY 348, 1263, 4039; DELAVAY 2281). S-Schenhsi (DAVID). SE-Kansu: gegen Peilahsia (LICENT 5165). **Kw.** (BODINIER 2166; BEAUVAIS 11, 198). **S.** (FARGES 151 u. ohne Nr.; PRATT 81; DAVID). **Y.** (DELAVAY 2314 p. p.; DUCLOUX 615 p. p.). Indo-China (BALANSA 1523. Andere im Hb. Paris als *R. diffusus*).

Meine Pflanze entspricht dem Typus, der mir aus Leiden freundlichst zugeschickt wurde. Bei FINET und GAGNEPAIN fehlt die Art, die FORBES und HEMSLEY, nach ihren Angaben zu schließen, sicher richtig erkannten. Die als *R. sardous* var. *monanthos* beschriebene Pflanze ist im unteren Teile kahler als der Typus und die meisten anderen Exemplare und hat schmälere Blattabschnitte, nimmt darin eine Mittelstellung zwischen jenem und LICENTS Pflanze ein, die gestreckter ist, noch schmälere Abschnitte und längere Fruchtschnäbel hat. Die Stengel beider sind noch wenig entwickelt und die ersten Blütenstiele daher fast grundständig. Wenn jene ausgewachsen sind, biegen sie sich aber nieder und wurzeln an den Knoten ein. Nach der Beschreibung kann daher *R. arcuans* sehr gut die völlig entwickelte Pflanze darstellen. Mit *R. sardous* hat die gar nicht schwer kenntliche, aber doch so viel verkannte Art gar nichts zu tun. Sie steht vielmehr zunächst *R. diffusus* DC., dessen wabige Früchtchen sie auch hat, unterscheidet sich aber von dessen stärker geteilten Formen durch größere Ausmaße, zur Blütezeit zurückgeschlagenen Kelch, viel größere Früchtchen mit längeren und breiteren, geraden Schnäbeln, auch durch die oben nicht so sehr abstehende Behaarung.

R. diffusus DC. (*R. pseudoparviflorus* LÉVL. in Rep. sp. n., XIII., 281 [1914], e typo). **NW-Y.**: Am Bächlein im wtp. Regenmischwalde des birm. Mons. neben Bahan (Pehalo) am Salwin, 27° 58′, Glimmerschiefer, 2400—2600 m (9004). Schweli—Salwin-Kette, 25° 30′, feuchte Wiesen, 3000 m (FORREST

15684). Im W auf dem Loping-schan (DELAVAY 2074: Herb. Paris). Im NE in der tp. St. in feuchten Tälern hinter Dungtschwan, 2700 m (MAIRE 1095/1913) und Sümpfen auf dem Plateau Dahaidse, 3200 m (M. 460/1913, 1085/1913).

Meine Pflanze entspricht dem Typus mit sehr niederliegenden Stengeln, nicht bis zum Grunde geteilten Blättern und kleinen Blüten (= *R. hydrocotyloides* WALL.). Die Exemplare MAIREs sind mehr aufrecht und teilweise etwas stärker geteilt.

** ***R. vaginatus*** HAND.-MZT. (Taf. VI, Abb. 10, 11).

Sect. *Butyranthus* PRTL., subs. *Eubutyranthus* PRTL.

Perennis, rhizomate brevissimo, radices fasciculatas longas rigidulas nec incrassatas, caulem singulum necnon interdum foliorum paucorum fasciculum edente, totus dense parceve longe albo-strigosus. Caulis usque ad 6 cm longus, flacce erectus et imo arcuato-procumbens, striatus, dissite foliatus, ramis abbreviatis, pedicellis 1—2 sympodii partes terminantibus, plerumque autem valde abbreviatus, illo unico subbasali (an serius elongatus pluriflorus et interdum ad nodos radicans?). Folia ternata, petiolis tenuibus basi in vaginas breves latissimas, brunneo-scariosas, in auriculas obtusas productas dilatatis quam laminae longioribus, herbacea, intense viridia, ambitu late cordata, 1—4½ cm diametro; foliola petiolulis subnullis usque in foliolo terminali lamina vix duplo breviore, in lateralibus brevioribus, late obovata, terminale ad $^1/_3$—$^3/_4$ trifidum, lateralia interdum fere ad basin inaequaliter bi- vel etiam subtrifida praetereaque ± grosse et parce crenato-dentata, nervis praesertim subtus distinctis. Pedicelli 12—60 mm longi. Sepala 5, ovato-oblonga, rotundata, membranaceo-marginata, sub anthesi deflexa, decidua. Petala (5—) 6—8, iis paulo usque sesquilongiora, oblongo-elliptica, 5—12 mm longa, rotundata, aurea, extus ± 10 venosa, intus vix tertio usque fere dimidio infero atriora, marsupio nectarifero minuto in squamam conspicuam subquadratam liberam exeunte. Stamina c. 20—35, petalis duplo breviora, filamentis filiformi-linearibus quam antherae lineares obtusae duplo usque subtriplo longioribus. Receptaculum parcissime strigosum. Ovaria c. 10—15, in stylos aequilongos sensim attenuata, stigmatibus minutis reclinatis. Nuculae (nondum maturissimae) suborbiculares, ad 3 mm diametro, planae, late alatae, leves glabraeque, in rostra lata aequilonga, falcato-incurva, e basi 1 mm lata sensim attenuata, lateraliter compressa abrupte contracta.

S.: Auf Wiesen an Bachläufen der tp. bis in die wtp. St., auf Kalk und Sandstein, 2350—3300 . Auf den Rücken ober Fumadi über dem Woloho zwischen Yenyüen und Yungning, 15. VI. 1914 (3054). Im Daliang-schan (Lolo-Lande) e von Ningyüen bei Alami, 20. IV. 1914 (1468) und Sikwai, 24. IV. 1914 (1643, Typus). Wa-schan s von Yadschou, IV.—8. V. 1915 (WEIGOLD).

Characteribus *R. subpinnato* WALK. et ARN. a cl. FINET et GAGNEPAIN certe suo jure pro specie distincta sumpto proximus, multo autem minor, indumento non patente, nuculis late alatis, rostris multo longioribus excellens.

Es liegen nur junge Pflanzen vor, die später vielleicht bedeutend auswachsen würden. In der Größe ist die Pflanze recht veränderlich, doch bleiben alle Teile im gleichen Verhältnis zueinander. Als Schattenform scheint eine gestrecktere Pflanze mit weniger ausgebildeten, blassen Scheiden hieher zu gehören, die FORREST an offenen Stellen an Bächlein in Mischwäldern am Yülung-schan bei Lidjiang, 2700—3000 m im Juli 1914 sammelte (12454).

Seine Nr. 1047 (in Not. R. Bot. Gard. Edinbgh., VII., 74 als *R. japonicus* LANGSDF.) und die damit übereinstimmende 7594 von gleichen Stellen bei Tengyüe kommen *R. subpinnatus* WALK. et ARN. sehr nahe, haben aber glatte Früchte mit etwas längeren Schnäbeln und an den meisten Exemplaren die Blätter nicht bis zum Grunde geteilt.

** ***R. trigonus***[1] HAND.-MZT. (Taf. VI, Abb. 12, 13).

Syn.: *R. pensylvanicus* FRANCH., Plt. Delav., 20 (1889), non L. f.

R. japonicus FIN. et GAGNEP. in Bull. Soc. Bot. Fr., LI., 308 (1904) p. p., non LANGSDF, nec THBG.

Sect. *Butyranthus* PRTL., subs. *Eubutyranthus* PRTL.

Perennis, radicibus fasciculatis, crasse filiformibus, fibrosis, superne tantum parcissime et subadpresse usque totus densiuscule et patule hirtus. Caules pauci, 10—26 cm longi, crassiusculi vel tenuiores, teretes, multistriolati, geniculati vel flexuosi, praeter folia basalia complura ubique dissite paucifoliati, ex axillis plerisque ramosi et superne floriferi. Folia ambitu late ovata usque leviter reniformia, 1—3½ cm longa, ternata vel basalia nonnulla ad medium tantum trifida, segmenta cuneato-obovata, tunc petiolulata, medium ad tertium superum vel in inferioribus raro ad basin trifidum, lateralia inaequaliter bifida, discontigua; lobi omnes parce incisi, lobulis scil. dentibus omnibus ovatis obtusis; crassa vel tenuiora, atroviridia, distincte nervata; petioli tenues, laminis aequilongi, summi sensim brevissimi, infimi etiam quadruplo longiores, hi sensim anguste vaginati. Pedicelli 1— (infimi) 8 cm longi, sub fructu erectopatentes, validi, paulum sulcati, foliis normalibus et summi bracteis simpliciter trisectis lanceilobis necnon integerrimis fulti. Calyx sub anthesi reflexus, serius deciduus, sepalis 5, 3—4 mm longis, ovatis, rotundatis, brunneis, partim late membranaceo-marginatis. Petala 5 (—6), patula, anguste elliptica, 4—7 mm longa, rotundata, lutea (e nota ad vivum), crassa, dorso valde venosa, ungue haud distincto, squama membranacea transverse rectangulari nectarium valde superficiale tegente. Stamina c. 25, 2—3 mm longa, filamentis antice dilatatis antheras oblongas aequantibus vel interioribus duplo longioribus. Ovaria conniventia, acuta, stigmatibus apice reclinatulis. Capitulum fructiferum globosum, 6 bis 7 mm longum, densissimum. Rhachis brevistipitata, globosa, hirta. Nuculae oblique lenticulares, 3 mm longae et paulo angustiores, ventre quoque convexae, brevissime stipitatae, apice rectangulo tantum vel trigonum paribus lateribus sistente primum stigmate deciduo apiculatum, valde complanatae, carinis paulum incrassatis, costula intramarginali cinctae, glabrae et leviter foveolatae.

Y.: Feuchte Wiesen, Sümpfe und auf schlammigem Sand der wtp. und tp. St., 2000—2900 m. Möngdse (TANANT: Hb. Paris). Umgebung von Yünnanfu (Yünnan-sen), 29. III. 1899 (DUCLOUX 615 p. p.). Dapingdse ne von Dali, 20. IV. 1883 (DELAVAY 1515). Niendjia-se bei Dapingdse, 22. VIII. 1883 (D.). Ganhaidse unter dem Sattel des Heischanmen, 16. VII. 1886 (D. 2171). Mosoying bei Langtjiung, 1. V. 1884 (D. 10180). Im NW in der Ebene von Lidjiang, 11. VIII. 1914 (SCHNEIDER 3387). Im Becken von Yungning, 22. VI. 1914 (3141, Typus). **S.**: Raine auf Kalk bei Beidjeho nächst Yenyüen, 2500 m (2229).

---

[1] E rostri ambitu.

Affinis *R. diffuso* DC. et *subpinnato* WALK. et ARN., sed jam rostro fere deficiente distinctissimus. *R. Langsdorffii* SPRENG. nucularum forma tantum similis, his autem ecostulatis rostris tenuibus circinatis habitu foliisque toto coelo distat.

Die ausschließliche Berücksichtigung der Blüten- und Fruchtmerkmale durch FINET und GAGNEPAIN hat diese Autoren so Verschiedenes unter ihrem *R. japonicus* vereinigen lassen. Aber auch in der Frucht ist unsere Pflanze diesem viel weniger ähnlich als dem *R. chinensis* BGE., der aber als ⊙ Unkraut mit zerschlitzten Blättern und länglichen Fruchtköpfchen auch weit abweicht.

R. Langsdorffii SPRENG., Syst. Veg., II., 652 (1825). (*R. fibrosus* WALL. in HOOK. et THOMS., Fl. Ind., 37 [1855]. — *R. japonicus* LANGSDF.; FIN. et GAGNEP. p. p. min., non THUNBG. — *R. silerifolius* LÉVL., e typo. — *R. brachyrhynchus* CHIEN in Rhodora, XVIII., 189 [1916], e descr.). **Y.**: (DELAVAY 488, 2281, 2314; ORLÉANS). Yünnanfu (MAIRE 602, 680, 1926). Möngdse (HENRY 10725). Tengyüe (FORREST 8171; HOWELL 204, 206). Im NE bei Dungtschwan (MAIRE 31/1913, 551/1914). Im E in Gräben bei Sidsung auf Mergel der wtp. St., 1900 m (10139) und weiter in **Kw.** bis Tjiaolou.

Die vom Autor für *R. brachyrhynchus* in den Früchten angegebenen Unterschiede gegenüber *R. pensylvanicus* treffen auch für *R. chinensis* BGE. zu. Obwohl die Blätter nur mangelhaft beschrieben sind, handelt es sich aber nach dem Vorkommen offenbar nicht um diesen, sondern um *R. Langsdorffii*, den CHIEN nicht vergleicht. An meiner fruchtenden Nr. 10139 sind die Früchtchen auffallend breit geflügelt, was aber nur der großen Üppigkeit der ganzen Pflanze zuzuschreiben sein dürfte.

R. chinensis BGE. (*R. pensylvanicus* autt., non L.). Auf feuchtem Schlamm der str. und wtp. St., 1650—2100 m. **S.**: Raine und Kanäle bei Ningyüen (1224). **Y.**: Yünnanfu, auf kalkhaltigem Boden (55). Hier auf Wiesen der Hügel im N (SCHOCH 189).

R. pulchellus C. A. MEY. **S.**: Nasse Stellen der tp. St. bei Lanba im Lolo-Lande e von Ningyüen, Sandstein, 2700 m (1483). NW-**Y.**: Wiese von Ganhaidse bei Lidjiang und auf dem Sattel Gitüdü ober Anangu se von Dschungdien, 3150—3350 m, wenn diese Notizen nicht zur Varietät gehören.

— — ** **var. *geniculatus*** HAND.-MZT.

Caules e basi usque ad 15 cm longitudinis prostrata ad nodos radicante geniculato-ascendentes, foliis lanceolatis et integris usque flabellato-quinquefidis.

Feuchte Wiesen und in Tümpeln der tp. bis in die ktp. St. auf Kalk und Sandstein, 2800—3600 m. **S.**: Haimendschou am See von Yungning, 16. VI. 1914 (3088). NW-**Y.**: Bei Ngulukö nächst Lidjiang am Wege zum Moränenzirkus Saba, 30. VII. 1914 (4335). Unter dem Lagerplatze Mahaidse am Wege von dort nach Yungning, 27° 30′, 13. VII. 1915 (7037, Typus). Paß Yendsehai, um den See, 31. V. (DELAVAY). Sümpfe auf dem Kualapo bei Hodjing, 26. V. 1884, 4. VIII. 1885 (DELAVAY).

Varietas certe proxima var. ? *tibetico* MAX., Fl. Tang., 13 (1889), sed cum eius descriptione haud plane quadrans.

R. Felixii LÉVL. in Rep. sp. n., XII., 281 (1913), e typo. (*R. taliensis*

FRANCH. in sched., e typo. — *R. affinis* var. *flabellatus* FRANCH., Plt. Delav., 19 [1889]. FIN. et GAGNEP. in Bull. Soc. Bot. Fr., LI., 315 [1904]). Wiesen der tp. St. auf Kalk und Sandstein, 3100—3500 m. **Y.**: Berg Hungguwo bei Hsinyingpan zwischen Yungbei und Yungning (3278). **S.**: Hang des Rückens Daörlbi halbwegs zwischen Yungning und Yenyüen gegen das Dorf Hungga (2953).

Unterordnung unter *R. affinis* ist wegen der deutlich rübenförmigen („grumosa") Wurzelfasern und der Blattform, die ohne Übergänge dasteht, nicht möglich. Die Art ähnelt gewissen Formen von *R. hirtellus* ROYLE, unterscheidet sich aber ebenfalls durch die Wurzeln und die ungeteilten Grundblätter.

R. affinis R. BR. **var. *typicus*** FIN. et GAGNEP. in Bull. Soc. Bot. Fr. LI., 314, 315 (1904). **NW-Y.**: Bei Lidjiang, von Einheimischen (4093). Im NW an Glimmerschieferfelsen der Hg. St. des birm. Mons auf dem Passe Gondonrungu zwischen Mekong und Salwin, 28° 9′, 4475 m (9751).

— — **var. *ternatus*** FRANCH. **NW-Y.**: Bei Lidjiang, von Einheimischen (4097). Im Schutt am Kakerbo, 4550 m (WARD 796: Hb. Edinburgh) und ebenso bei Atendse (WARD 9, mit var. *typicus*). **Tibet**: Prov. Tsarong. Schlammiger Granitschutt der Hg. St. auf dem Doker-la, 4600 m (8149). **NW-S.**: Gebirge um Sungpan (WEIGOLD). Hieher auch LIMPRICHTS Nr. 2085 (als *R. polyrrhizus* STEPH.).

— — **var. *tanguticus*** MAXIM. **S.**: Zwischen Yenyüen und Yungning auf Kalk und Sandstein am Bache auf dem Rücken ober Funadi am Wolo-ho, tp. St., 3300 m (3053) und auf Modermatten des Rückens Daörlbi, ktp. St., 3775 m (2994). Gebirge ne von Muli (FORREST 21331). Im NW auf Gebirgen um Sungpan (WEIGOLD).

— — **var. *capillaceus*** FRANCH., Plt. Delav., 19 (1889). (*R. a.* var. *filiformis* FIN. et GAGNEP. in Bull. Soc. Bot. Fr., LI., 315 [1904] p. p.). **NW-Y.**: Bei Lidjiang, von Einheimischen (4094). Hier im Sumpfe beim Tümpel am Wege zum Moränenzirkus, tp. St., 3000 m. Wiesen der ktp. St. bei der Hütte Maoniubi am Berge Waha bei Yungning, auf Sandstein, 4030 m, und massenhaft auf dem Nguka-la sw von Dschungdien auf Diabas, 4125 m. **S.**: Paß Tschescha s von Muli, auf Kalk. Die Notizen jedoch vielleicht zur vorigen Varietät.

Die von FINET und GAGNEPAIN angeführten Pflanzen aus Setschwan haben mehrfach zusammengesetzte Blätter mit kürzeren Zipfeln und gehören eher zur var. *tanguticus*.

Da die sibirische Pflanze, die den Arttypus darstellt, sehr einheitlich ist und kaum mit einem chinesischen Exemplar vollständig übereinstimmt, hier aber sehr verschiedene Formen unter der Art vereinigt werden, muß es einer genauen und umfassenden monographischen Bearbeitung vorbehalten bleiben, festzustellen, ob und wie viele verschiedene Arten hier vorliegen. FORREST sammelte unter Nr. 14247 auf feuchten Matten der Mekong—Salwin-Kette am 28° 12′, 3700 m, im Juli 1917 zwei untereinander recht verschiedene Formen, die zu keiner beschriebenen passen, über die ich mir aber noch kein endgültiges Urteil bilden kann. Die eine, ohne Früchte, ähnelt sehr der var. *typicus*, ist auch großblütig, hat aber ein sehr weiches, ins Goldbraune spielendes Indument, wie ich es bei keiner *affinis*-Form gesehen habe; die andere ist kleinblütig, mit spärlichem, weißem Indument, dicken Wurzeln und am Grunde keilförmigen, über der Mitte dreilappigen Blättern, deren Lappen eiförmig und stumpf sind, der mittlere doppelt so groß wie die seitlichen, also ähnlich amerikanischen Formen (*validus* A. Gr.). Diese Blätter erinnern aber auch sehr an *R. pulchellus*, dem die Pflanze vielleicht näher kommt. Die Rhachis ist bei diesen beiden Formen kahl, doch findet man sie bei *R. affinis* oft fast so.

** *R. glareosus* Hand.-Mzt.

Syn.: *R. hirtellus* W. W. Sm. in Not. R. Bot. Gard. Edinbgh., XVII., 33, non Royle.

Sect. *Marsypadenium* Prtl., subs. *Epirotes* Prtl.

Rhizoma brevissimum, praemorsum, efibrosum, radices fasciculatas longissimas crassas vel crassiusculas fibrigeras et folia pauca et caulem singulum edens. Caulis 6—13 cm altus, inferne tenuissimus longe glaber et ut petioli foliorum radicalium longissime inter glaream flexuoso-ascendens, superne ut folia superiora calycesque crispule albido-pilosus, foliorum paucorum fasciculum et folium singulum vel fasciculum alterum floresque 1—2 gerens, e fasciculo inferiore saepe radicans seriusque propagatus. Folia ambitu orbicularia, 10—17 mm diametro, ad basin trisecta, segmento medio integro vel versus medium trifido, lateralibus inaequaliter bipartitis partibus saepe bifidis, omnibus ovatis obtusis hydathodibus latis immersis terminatis, carnosa, saturate viridia, purpurascenti-marginata, summa semel trisecta segmentis lanceolatis; petioli radicales angustissime vaginati, caulini in vaginas breves et latissimas apice truncatas membranaceas dilatati, summi sensim brevissimi. Pedicelli 5—20 mm longi. Flores 10—16 mm diametro, flavi. Sepala 5, late elliptica, rotundata, venosa, purpurascentia, circumcirca late membranaceo-marginata. Petala 5, iis subsesquilongiora, latissime obovata, longitudine latiora, nonnulla leviter emarginata, fovea nectarifera parva margine crassiusculo non producta. Stamina c. 20—25, petalis plus duplo breviora, filamentis quam antherae ellipticae vel oblongae paulo longioribus. Gynoeceum crasse ovoideum, rhachi glabra. Ovaria erecta, anguste ovoidea, in stylos breviusculos recurvos sensim attenuata. (Nuculae ignotae.)

NW-Y.: Atendse, Schutt, 4550 m, VII. 1911 (Ward 9 p. p.). Ebenso, Erdhalden, 6. VIII. 1913 (Ward 972, Typus). Beima-schan zwischen Djinschadjiang und Mekong, 28° 12′, 4200 m, VI. 1917 (Forrest 13981).

Proximus *R. affinis* R. Br. differt rhizomatis apice fibris comato, caulibus ramosioribus, vaginis angustioribus non truncatis, imprimis in foliis superioribus angustissimis, pedicellis longioribus, stylis longioribus rectis vel incurvis necnon indumento.

Obwohl *R. affinis* an gleichen Standorten ebenfalls an den unteren Stengelknoten einwurzeln kann, kennzeichnet die Summe der in der Verwandtschaft nicht unwichtigen Unterschiede die vorliegende Pflanze gut, und Übergänge liegen nicht vor.

** ***R. micronivalis*** Hand.-Mzt. in Sitzgsanz. Ak. W. W., 1920, 48 (Taf. VI, Abb. 14).

Sect. *Marsypadenium* Prtl., subsect. *Epirotes* Prtl.

Planta nana, 1—2 cm alta, praeter caulem glaberrima. Rhizoma crassum, breve, truncatum, radices plures longas, fusiformes, fibrillis longis tenuibus flexuosis obsitas emittens. Caulis unicus, simplex, basi vel fere ad florem usque vaginis emarcidis nigris involucratus, strictus, obsolete sulcatus, setulis albis nitidis, eius diametrum aequantibus, interdum crispulis dense et superne patenter pilosus. Folia basalia reniformi-orbicularia, lamina crassa, glaucescente, obsolete trinervia, 3—5 mm longa et lata, ad dimidium usque tri- vel quinquelobata lobis semiorbicularibus integris vel obscure paucicrenulatis, basibus saepe invicem se tegentibus, petiolo lamina aequilongo usque duplo longiore, basi in vaginam dilatato; folia caulina pauca, petiolis brevibus vaginis late ovatis auriculatis praeditis, summa subsessilia, ad basin fere trifida, lobis oblongis. Flos unicus, pedicellatus, pro tota planta maiusculus, 7—10 mm diametro. Sepala petalis adpressa, elliptica, 3—4 mm longa, $1\frac{1}{2}$—2 mm lata, obtusa, subscariosa, brunnea et nonnulla late albomarginata, distincte pauci-rectinervosa. Petala illis vix sesquilongiora, anguste obovata, obtusissima, flava, nervis paucis validis lateralibus arcuatis percursa, nectariis hippocrepiformibus, in foveis oblongis immersis. Stamina c. 12, filamentis latis brevibus uninerviis, antheris ovatis, illis angustioribus, decurrentibus. Receptaculum anthesi semiglobosum; ovaria c. 10—12, 1 mm longa, ovata, in rostra subaequilonga, tenuia, paulum recurva sensim attenuata. (Fructus maturi ignoti.)

NW-Y.: Schneetälchen der Hg. St. auf Kalk an der Westseite des Gebirges Piepun se von Dschungdien („Chungtien“), 4400—4650 m, 11. VIII. 1914 (4726).

Plantula pygmaea formam quandam perpusillam *R. nivalis* L. simulans, quae species, etsi semper pluries maior, dimensionum inter se proportione comparabilis differt folii loborum saepe angustiorum marginibus inter se remotis, caule et calyce brunneo-villosis. *R. affinis* R. BR. formae minimae imprimis varietati haud dissimiles differunt foliis tenuibus crebrius et magis aequaliter incisis, indumento nunquam setuloso, receptaculis jam in flore elongatis. Etiam *R. polyrrhizi* STEPH. formae parvae similes sunt, differunt autem glaberrimae vel apice tantum mollissime pilosae, foliis caulinis omnibus sessilibus vel subsessilibus in lobos longos fissis, radicibus multo crassioribus, filamentis multo angustioribus. *R. Maximoviczii* PAMP. (*R. involucratus* MAXIM.,[1] non LAP. — *R. similis* HEMSL., cfr. OSTENF. in HEDIN, S. Tibet., VI/3., 81) foliis basi non cordatis, superioribus auctis flores involucrantibus distat.

— — ** var. ***platypetalus*** HAND.-MZT. (Taf. VI, Abb. 15).

Planta maior, caule usque ad 4 cm alto, non involucrato, foliis usque ad 1 cm diametientibus, lobis grossius paucicrenatis, superioribus interdum ciliatis. Flos 10—17 mm diametro, petalis 4—8 mm latis, leviter obcordatis, sepala paulum superantibus. Stamina ultra 25.

NW-Y.: Bei Lidjiang („Likiang“), 1914—1916, von Einheimischen (4320). Im Rasen an der Baumgrenze auf Schiefer an der Westseite des Rückens zwischen Haba und Dugwan-tsun se von Dschungdien („Chungtien“), 4175 m, 22. VI.

[1] Zu meiner Bemerkung über diese Pflanze in Österr. Bot. Zeitschr., LXXIX., 31 sei ergänzt, daß die Früchtchen des Originals und aller Exemplare in Kew, wie l. c. vermutet, nicht reif sind, aber, soweit vergleichbar, vollständig mit den von mir beschriebenen der ZUGMAYERschen Pflanze übereinstimmen.

1915 (6886, Typus). In derselben Gegend, auf feuchten, steinigen Matten, 3940 m, VI., 1914 (FORREST 12555).

Die Verschiedenheit in den Petalen geht nicht oder doch nicht weit über jene zwischen *R. Maximoviczii* und *similis* hinaus, die in HOOKERS Icones, tab. 2586 ersichtlich ist, aber weder von HEMSLEY, noch von OSTENFELD hervorgehoben wird. Letzterer zieht die Arten auf Grund der Variabilität in den anderen von HEMSLEY verwendeten Merkmalen wohl mit Recht zusammen, und es ist möglich, daß es sich in den Blütenmerkmalen dort wie bei meiner Pflanze um Geschlechtsunterschiede handelt.

Zu den oben verglichenen Arten kann ich *R. micronivalis* keineswegs stellen, wenn auch ein LEDEBOURsches Exemplar von *R. polyrrhizus* aus dem Altai vorliegt, dessen Stengelblatt übereinstimmt. Es ist aber viel größer, ganz kahl und vierblütig.

R. yunnanensis FRANCH. (*R. Mairei* LÉVL. in Rep. sp. n., XII., 281 [1913], e typo). Wiesen und lichte Wälder der tp. St. auf Kalk, Sandstein und Diabas, 3000—3600 m. **Y.**: Bei Lidjiang, von Einheimischen (4096). Beyendjing („Peyentsin") (TEN 267 ex hb. Berlin). Dort auf dem Rücken des Betsaolin (TEN 1343). Im NW häufig zwischen Hsiao-Dschungdien und Alo (4607). **S.**: S von Muli und gegen Yungning überall. Ober dem Dorfe Hwangliangdse n von Yenyüen. Lungdschu-schan bei Huili.

LÉVEILLÉ hat l. c., XIII., 341 (1914) noch einen zweiten *R. Mairei* aufgestellt. Ein zweiter Bogen lag in seinem Herbar im Umschlag dieser Art mit einer mit der veröffentlichten stimmenden Standortsangabe, aber ohne Artnamen. Es ist *R. ficariifolius*, der aber mit seinen kleinen Blüten gar nicht auf die Beschreibung dieses zweiten *Mairei* stimmt.

R. hyperboreus ROTTB. **NW-Y.**: In der ktp. St. in Quellen auf dem Passe zwischen Bödö und Alo se von Dschungdien, Tonschiefer, 4100 m (4526), und im birm. Mons. in *Rhododendron*-Beständen um die Alm Dotitong am Si-la zwischen Mekong und Salwin, 28°, Glimmerschiefer, 3900 m (8903).

Die zweite Nummer stellt eine büschelige, aufrechte Form dar, wie sie auch von Hammerfest und von Ust-Kuda in Ost-Sibirien vorliegt.

R. flaccidus PERS (*R. trichophyllus* CHAIX). **NW-Y.**: In der ktp. St. im Moorsumpfe Djolo zwischen Dschungdien und Anangu, Kalk, 3550 m (7682), und im birm. Mons. im See Tsukue hinter dem Gomba-la in der Salwin—Irrawadi-Kette ober Tschamutong, 3825 m (9852).

— — var. ***paucistamineus*** (TAUSCH) SCHINZ et THELLG. Fl. d. Schweiz., 3. Aufl., II., 121 (1914). In Reisfeldern, Bächen und Tümpeln der wtp. und tp. St., 2200—3300 m. **NW-Y.**: Bei Lidjiang, von Einheimischen (4095). **S.**: Rücken ober Fumadi am Wolo-ho zwischen Yenyüen und Yungning, Kalk und Sandstein (3060).

— — ** var. ***Rionii*** (LAGG.) SCHZ. et THELLG., l. c., det. SAMUELSSON. **Y.**: Yünnanfu (SCHOCH 144).

Adonis L.

A. brevistyla FRANCH. (*A. Delavayi* FRANCH.). Gebüsche der wtp. und tp. St. auf Kalk und Schiefer, 2400—3100 m. **NW-Y.**: Ober Duinaoko e von Lidjiang (3446). Am Osthange des Yülung-schan hier (SCHNEIDER (1908).

S.: Feuchte Stellen ober Datscho bei Wali jenseits des Yalung n von Yenyüen (2573).

Thalictrum L.

T. reticulatum FRANCH. **Y.**: In der wtp. St. auf dem Hsi-schan bei Yünnanfu, Kalk, 2200—2300 m (SCHOCH 293). Überall in Hecken und an Waldrändern von hier bis Dali, 2000—2500 m (MELL). Beyendjing (TEN 208 ex hb. Berlin). Hier am Hsiao-Djing-ho (TEN 1257).

T. ichangense LEC. **E-Y.**: Besonnte Gebüsche im mittelchin. Fl. von Loping bis Bantjiao mehrfach, Kalk der wtp. St., 1500—1600 m (10164).

T. clavatum DC. ** var. ***acutifolium*** HAND.-MZT. in Sitzgsanz. Ak. W. W., 1926, 1.

Syn.: *T. tuberiferum* MAXIM. in Mél. biol., IX., 607 (1876).

T. clavatum FIN. et GAGNEP. in Bull. Soc. Bot. Fr., L., 605 (1903) p. p., non DC.

Valde floribundum, foliolis firmioribus, antice, scil. lobis mediis, anguste triangularibus acutiusculis. Stamina ad 8 mm longa, antheris oblongis, filamentis pallide violaceis. Styli oblongi.

SW-**H.**: Massenhaft im wtp. Laubhochwalde des Yün-schan bei Wukang, Tonschiefer, 600—1300 m (11173).

Da FINET und GAGNEPAIN *T. tuberiferum*, von dem ich jetzt Exemplare aus der Mandschurei sah, als Synonym zu *clavatum* stellen, hatte ich es bei der ersten Aufstellung der Varietät nicht in Betracht gezogen. Die Pflanze ist von diesem beträchtlich verschieden und kann vielleicht Artrecht beanspruchen, doch kann ich ihr Verhältnis zu dem früher aufgestellten *T. filamentosum* MAXIM. nicht feststellen und will sie daher unter dem Namen belassen, den sie als Varietät führen muß, wenn sie mit diesem nicht identisch ist.

T. Przewalskii MAXIM. **NW-S.**: Gebirge um Sungpan (WEIGOLD). Tschili: Hsiao-Wutai-schan (LIMPRICHT 2575 als *T. leuconotum* FRANCH.). Behwa-schan am Wege zum Trappistenkloster, 1685 m (LICENT 3120: Hb. Paris).

Die Pflanze ist nicht ganz kahl, wie MAXIMOWICZ sagt. Er bildet schon die Kelchblätter richtig am vorderen Rande gewimpert ab, und FINET und GAGNEPAIN beschreiben sie so. An WEIGOLDS Pflanze sind auch die Fruchtknoten ganz spärlich behaart. LIMPRICHTS mit Vorbehalt zu *T. leuconotum* gestellte Nr. 2928 ist ein *T. petaloideum* L. mit etwas größeren Blättchen als gewöhnlich, wie sie auch LICENTS Nr. 3093 teilweise zeigt. Seine anderen Nummern habe ich nicht gesehen.

T. javanicum BL. (*T. Lecoyeri* FRANCH.). Gebüsche, Waldwiesen und Hochstaudenfluren von der obersten wtp. bis zur ktp. St., 2550—3750 m, auf Sandstein, Tonschiefer und Kalk. **Y.**: Ober Yungbei. Zwischen Dsutoupo und Gwamaoschan am Wege von hier nach Yungning (3315). Dawan und auf dem Passe ober Duinaoko am Wege von Yungbei nach Lidjiang. Hier, von Einheimischen (4086). Auf dem Sattel vor dem Beschui, ober Tsasopie am Wege nach Yungning und wahrscheinlich dieses zwischen Tschatü und Waschwa. Westseite des Gebirges Piepun bei Dschungdien (phot.). In der ktp. St. des birm. Mons in bambusreichen Tannenwäldern an der Westseite des Passes

Tschiangschel zwischen Salwin und Irrawadi, Glimmerschiefer, 3500—3800 m (9379?, nur Blätter). Im NE in Tälern bei Dungtschwan (MAIRE) **S.**: Neben dem Städtchen Muli und auf der Waldwiese Gumadi darüber.

T. Fortunei MOORE. NW-**S.**: Gebirge (?) um Sungpan (WEIGOLD).

T. Atriplex FIN. et GAGNEP. NW-**Y.**: Bei Lidjiang („Likiang"), von Einheimischen (4083). Hieher auch LIMPRICHT 2205 (als *T. javanicum*). Dagegen ist seine als *T. Atriplex* veröffentlichte Nr. 1791 *T. leuconotum* FRANCH.

T. virgatum HOOK. et THOMS. Felsen und Gebüsche auf Kalk, Sandstein und Tonschiefer in der tp. bis in die wtp. St., 2550—3200 m. NW-**Y.**: Bei Lidjiang, von Einheimischen (4084). Hier n von Ngulukö. Schasao ober Liping w von Djientschwan. Zwischen Fongkou und Yungning und im angrenzenden **S.** bei Lidjia-tsun häufig. Dseia bei Muli.

Die Narben finde ich sowohl an HOOKERS Pflanze wie an meiner entgegen FINET und GAGNEPAINS Angabe (Bull. Soc. bot. Fr., L., 615) sitzend, beide völlig übereinstimmend und FRANCHETS var. *stipitatum* nicht haltbar.

T. alpinum L. * **var. *microphyllum*** (ROYLE) HAND.-MZT. (*T. microphyllum* ROYLE, Ill. Bot. Him., 51 [1839]).

Differt a typo nuculis longistipitatis stipitibus saepe iis subaequilongis demum a basi refractis (nec sessilibus vel subsessilibus stipitibus totis in semicirculum recurvis).

Gehängeschutt und geschützte humöse Stellen auf Kalk und Schiefer in der Hg. St. und bis in die ktp., 4100—4650. NW-**Y.**: Yülung-schan bei Lidjiang, von Einheimischen (4088). Kamm zwischen Haba und Dungwan-tsun (6914) und Westseite des Gebirges Piepun (4696) se von Dschungdien. Gebirge Waha bei Yungning. **S.**: Ober der Alm Bätö bei Muli.

Der chinesischen Pflanze entsprechende Formen fehlen in Europa. Aus dem Himalaya liegt mir an reichem Material keine einzige Frucht vor, doch beschreibt ROYLE seine Pflanze „carpellis stipitatis".

T. Esquirolii LÉVL. et VANT., teste EVANS e typo. (*T. tofieldioides* DIELS in Not. R. Bot. Gard. Edinbgh., V., 263 [1912], ex autore. — *T. nudum* LÉVL. et VANT. in sched.). **Y.**: Bei Lidjiang, von Einheimischen (4085). In der wtp. St. auf dem Laodjing-schan bei Yünnanfu, Kalk, 2200—2300 m (SCHOCH 163).

T. leuconotum FRANCH. **S.**: Hänge der ktp. St. auf Kalk am Rücken Daörlbi halbwegs zwischen Yenyüen und Yungning, 3400—3800 m (3001). Wahrscheinlich dieses auch weiter w auf den Rücken ober Woloho und herab bis in die wtp. St. bei Gaitiu, 2700 m, und in NW-**Y.**: Auf feuchten Wiesen unter San-tsun s Yungning, Südseite des Sattels Gwamaoschan halbwegs zwischen Yungning und Yungbei. Dawan w von hier.

Karpelle 3—4, sonst mit der Beschreibung völlig stimmend. Eine nähere Verwandtschaft mit *T. alpinum*, die der Autor vermutet, kann ich in der Pflanze nicht erkennen.

T. cultratum WALL. **Y.**: Hsi-schan bei Yünnanfu, auf Kalk in der wtp. St., 2200—2400 m (SCHOCH 292). Im NE in Hecken der Ebene von Dungtschwan, 2500 m (MAIRE). Im NW bei Lidjiang, von Einheimischen (4082). W-**S.**: Min-Tal von Maodschou bis Wöntschwan (WEIGOLD).

* ***T. glareosum*** Hand.-Mzt. in Sitzgsanz. Ak. W. W., 1925, 218.

Syn.: *T. platycarpum* Hook. et Thoms., Fl. Ind., 13 (1855) p. p. min.

T. cultratum subsp. *tsangense* Brühl in Ann. Calc. Bot. Gard., V/2., 72, t. 101, fig. 6, 7, 11, 15, 18 (1896).

Schlagintweitiella fumarioides Ulbr. in Notbl. Bot. Gart. Berl., X., 878 (1929).

Rhizoma longissimum, descendens, simplex, caulis crassitie, radices sparsas et apice fasciculatas longissimas tenues crebre fibrosas caulemque singulum vel alterum abortivum edens. Caulis erectus, flexuosus, 8—20 cm longus, basi fibris parcis et brevibus cinctus, breviter usque dimidius glarea immersus et nunc foliis nonnullis ad vaginas reductis obsitus, dein valde et patule longiramosus, dumulum formans, 1½—2½ mm crassus, pluricostulatus, sicut tota planta glandulis tenuibus sessilibus densiuscule adpersus. Folia dispersa, inferiora ramos, superiora pedicellos bracteantia, sensim paulumque decrescentia, ambitu ovata et inferiora triangulari-ovata, usque ad 4 cm longa, bipinnata, pinnis 3—4 jugis remotis longipetiolulatis, pinnulis 1—2 jugis biternatis vel superioribus ternatis, foliolis trilobis, his scil. lobulis ceterum integris, late ovatis, 1—2 mm longis, obtusis, crassiusculis, concolori-griseoviridibus, nervis inconspicuis; articuli nodulosi purpurascentes; stipellae nullae; petiolus supra basin dilatatam nervatam et late vaginato-membranaceo et saepe auriculato-alatam 3—5 mm longam 0—10 mm longus. Flores axillares singuli, pedicellis crassiusculis, usque ad 4 mm longis, nutantibus, flavi (nota ad pl. vivam). Sepala ovato-rotundata, 3 mm longa, antice erosula. Stamina c. 10—20, 6 mm longa, filamentis filiformibus sursum paululum dilatatis, quam antherae lineari-oblongae vix ½ mm latae subsensim longiuscule mucronatae sesquilongioribus. Ovaria usque ad 6, brevissime stipitata; stigmata sessilia, sagittato-pyramidata, ovariis maiora, valde papillosa. (Nuculae ignotae.)

In feinem Kalkschutt der Hg. St., 4250—4500 m. NW-**Y.**: Gebirge Waha bei Yungning, 20. VII. 1915 (7114, Typus). Beima-schan, VII. 1917 (Forrest 14454). **S.**: Sattel Santante ober Muli.

Stigmatibus staminibusque cum *T. foetido* L. tantum congruit, quod nunquam ramosum extremaque var. *glabra* Koch quidem foliolis valde venosis inflorescentiaque exserta, praeterea autem glabrum aut glanduloso-pilosum differt. *T. cultratum* Wall. antheris congruens floribus longipedicellatis, stylo distincto, stigmate angustiore differt multoque maius et simplicius est. *T. Atriplex* Fin. et Gagn. inflorescentia simile ceterum valde distat.

Die Unterschiede gegenüber *T. cultratum*, dem die Art jedenfalls am nächsten verwandt ist, sind zu groß und zu konstant, als daß ich sie mit Brühl diesem unterordnen könnte. Leider kann sein Name in dem neuen Range als Art nicht beibehalten werden. In Kew notierte ich, daß die von Hooker als „*T. platycarpum* n. sp.“ bezeichnete Nr. 13 Strachey und Winterbottoms hieher gehört, ferner von neuerem Material Rohmoo 220 und Mt. Everest Exp. 1922 380. In der Originalbeschreibung führen aber Hooker und Thomson schon zwei Standorte von Strachey und Winterbottom und einen von Strachey allein an, „—1½ pedalis. Folia subtus glanduloso-puberula. Pedicelli fructiferi elongati. Antherae muticae. Achaeniis breviter pedicellatis, stigmate recto apiculatis“ stimmt nicht auf unsere Pflanze, weshalb Brühl den Namen mit Recht auf seine var. *platycarpum* beschränkt. In der Abtrennung als eigene Gattung kann ich ULBRICH aber auch nicht folgen, da die starke Ausbildung der Narbe nur den Endpunkt einer in der Gattung *Thalictrum* recht langen Reihe darstellt und einzeln achselständige Blüten auch *Th. Atriplex* auszeichnen, das mit *glareosum* nicht nahe verwandt ist.

T. minus L. W-S.: Min-Tal von Sungpan bis Tietschi (WEIGOLD).

T. dipterocarpum FRANCH. Hecken, Hohlwegränder und etwas feuchte Gebüsche der wtp. St. Y.: Hsi-schan bei Yünnanfu, 2000—2100 m (SCHOCH 291; MELL). Im NE in der Ebene und den Tälern von Dungtschwan, 2500 m (MAIRE). In den Notizen von der folgenden Art nicht unterschieden. Wenn sie, wie es scheint, niedrigere Lagen bevorzugt, gehören folgende hieher: Hsiao-Magai n und Matou-schan ober Magai nw von Yünnanfu. Ober Houdjing und zwischen Tschuhsiung und Gwangdung an der Straße nach Dali. S.: Im Yalung-Gebiete unter Pudi, 27°, und jenseits gegen den Nganning-ho.

T. Delavayi FRANCH. Hecken und Gebüsche, Hochstaudenfluren und Wälder der tp. bis an die wtp. St. auf Kalk, Sandstein, Tonschiefer und Granit, 2750—3400 m. NW-Y.: Um Lidjiang, von Einheimischen (4087). Hier in der Ebene und überall an der Ostseite des Yülung-schan. Überall häufig zwischen Yungbei und Yungning. Zwischen Haba und Waschwa se von Dschungdien. Unter dem Doker-la in der Mekong—Salwin-Kette, 28° 15′. S.: Überall zwischen Duörlliangdse und Hungga im Becken von Yenyüen (2893).

Pulsatilla ADANS.

P. chinensis (BGE.) REG. (*Anemone ch.* BGE.). W-S.: Wa-schan s von Yadschou (WEIGOLD).

Jung, mit noch wenig entfalteten Blättern. Da in der weiteren Umgebung die Verwandtschaft noch nicht gefunden ist, vielleicht eine neue Art.

P. millefolium (HEMSL. et WILS.) ULBR. in Notbl. Bot. Gart. Berl., IX., 225. (*Anemone millefolium* HEMSL. et WILS.). S.: An Bächen und trockenen Stellen in der wtp. St. bei Hwalipu im Becken von Yenyüen, Kalk, 2500 m (2245) und an trockenen Hängen in der str. St. zwischen Wali und Datjiaoku am Yalung n von hier, Phyllit, 1750—2125 m (2531).

Anemone L.

A. baicalensis TURCZ. (*A. flaccida* F. SCHM., cfr. ULBRICH in Bot. Jahrb., XXXVII., 230—232). S.: In der untersten tp. und obersten wtp. St. auf Sandstein und Tonschiefer in einer tiefen Waldschlucht des Soso-liangdse im Daliang-schan e von Ningyüen, 2600—2800 m (1722) und an Bächlein bei Gwandien, 27° 46′, zwischen Yenyüen und Kwapi, 3000 m (2802). Im W auf dem Wa-schan s von Yadschou (WEIGOLD). SW-H.: Yün-schan bei Wukang, zwischen 400 und 1420 m (Plt. sin. 9).

A. Prattii HUTH in Bot. Jahrb., Beibl. 80., 4 (1905). ULBR. in Bot. Jahrb. XXXVII., 232. NW-Y.: In tp. Mischwäldern des birm. Mons. in der Mekong—Salwin-Kette im Tale vom Si-la nach Tseku, Granit und Schiefer, 3050—3200 m (8881).

Nach dem Rhizom und den schmalen Petalen hieher gehörig. Brakteen aber sehr klein und nicht so kahl. Meine Nr. 2802 und vielleicht auch 1722 und

FORREST 21495 scheinen aber doch Übergänge von *A. baicalensis* hierzu zu bilden.

A. Delavayi FRANCH. NW-Y.: Wtp. Kiefernwälder ober Akalü jenseits Ganhaidse bei Lidjiang, Sandstein, 2700—2800 m (6823). In der ktp. St. des birm. Mons. beiderseits des Passes Tschiangschel zwischen Salwin und Irrawadi, 27° 52′, Glimmerschiefer, 3500—3900 m (9308).

Die zweite Nummer hat sehr kleine Involukralblätter, aber sonst keinen Unterschied, so daß ich sie mit Rücksicht auf die analoge Variabilität der *A. baicalensis* nicht abtrennen kann.

A. exigua MAXIM., e typo. Bambusbestände der tp. St. **S.**: Nordhang des Berges Dadjin zwischen Yenyüen und dem Yalung, 27° 31′, Sandstein, 3200 bis 3400 m (2165). NW-Y.: Ober der Wiese Ndwolo am Yülung-schan bei Lidjiang („Likiang“), Kalk, 3500 m (198).

A. rivularis BUCH.-HAM. In Gebüschen, Föhrenwäldern, auf Wiesen und an Bächen und Wassergräben der wtp. und tp., selten bis in die str. und ktp. St., auf Kalk, Sandstein und Tonschiefer, 1260—3600 (—3900) m. **Y.**: Um Yünnanfu (385; SCHOCH 21). Schuitien s von Möngdse. Dingyüen. Zwischen Dawan und Gwanyilang w und unter dem Sattel Gwamao-schan n von Yungbei. Überall um Yungning. Ober Ngulukö bei Lidjiang, Dugwantsun, und Westseite des Gebirges Piepun (phot.), se und ober Mujendu e von Dschungdien. **S.**: Zwischen Yungning und Yenyüen am See von Tschoso, auf Rücken ober Fumadi (3064) und überall um Woloho. Beidjeho in der Ebene von Yenyüen (2234). N von hier ober Bakuwe bei Kwapi (2508) und jenseits des Yalung unter Ngaitschekou. Alm Bätö ober Muli (wenn die Notiz hieher gehörig). Zwischen Lumapu und Dugungpu am Wege von Yenyüen nach Ningyüen (SCHNEIDER 4101). Um Ningyüen (1775). Tjiaodjio im Lolo-Lande e von hier (1579). Im N auf Gebirgen um Sungpan (WEIGOLD). **Kw.**: Buschwiesen um Nganping und Gwanyinschan.

A. glaucifolia FRANCH. Steppen und offene Wälder der str. bis in die wtp. St. NW-Y.: Um Lidjiang, von Einheimischen (4079). Hier auf dem Hügel gleich ober der Stadt (3483). Wohl auch aus der Gegend und nicht von Hsiao-Dschungdien, 3600 m (SCHNEIDER 2359). N von Lidjiang gegenüber Ndaku (4384), bei Peia gegenüber Fongkou und Dsowa w Yungning.

STAPF ändert in Bot. Mag., tab. 9114 den Namen in *glauciifolia*, da die Blätter nicht glauk seien. Meines Erinnerns sind sie es aber in der Natur doch oft recht deutlich, auch läßt sich ii der Genetivendung ohneweiters in i zusammenziehen.

A. gelida MAXIM., e typo. (*A. rupestris* FRANCH., Plt. Delav., 8., non WALL.). Moorige Wiesen der tp. St. bis auf Matten der Hg. St., auf Glimmerschiefer, Sandstein und Kalk, 2700—4075 m. **S.**: Lanba im Lolo-Lande e von Ningyüen (1658). Im NE auf Gebirgen um Sungpan (WEIGOLD). NW-Y.: Ganhaidse und Ngulukö bei Lidjiang. Tungapi bei Hsiao-Dschungdien. Im birm. Mons. in der Salwin—Irrawadi-Kette beiderseits des Passes Tschiangschel (9262) und auf dem Passe Pangblanglong, 27° 52—58′.

Ein Originalexemplar im Herb. Kew ist nicht gerade dicht, aber lang haarig und hat oval-lanzettliche Blattzipfel, die von Herrn Prof. FEDTSCHANKO freundlichst verschaffte Zeichnung eines mittelgroßen der in Leningrad befindlichen zeigt breitere Blattabschnitte und reichlichere Behaarung. Da solche auch in Yünnan oft fast ganz fehlt, ist der Variationskreis derselbe wie im klassischen Gebiete und ein Unterschied, den ULBRICH in Notizbl. Bot. Gart. Berl., X., 875 (1929) vermutet, besteht nicht. *A. gelida* ist mit den folgenden Arten zunächst verwandt. MAXIMOWICZ sagt von der Blütenfarbe: „e sicco sordide ochrascens". Dies mag tatsächlich nur durch das Trocknen hervorgerufen sein oder sie mag ebenso variieren wie an anderen Arten. Ich sah in Yünnan keine gelbe *Anemone*, wohl aber alle aus dieser Gruppe blau und weiß wechselnd. Kommt sie gelbblütig vor, so gehört hieher sicher auch HOOKERS *A.* „*rupestris*" aus Sikkim (Fl. Brit. Ind., I., 9), die BRÜHL (Ann. R. Bot. Gard. Calcutta, V/II., 78 [1896]) nicht sah und zu seiner *A. obtusiloba* ssp. *saxicola* stellt. Sie ist aber ganz verschieden von dieser west-himalayischen Pflanze, wie sie in FALCONER 28 vorliegt. Er vermutet schon nahe Beziehungen zu *A. gelida*, und die von ihm zusammengestellten Unterschiede besagen tatsächlich soviel wie nichts.

A. obtusiloba DON var. ***coerulea*** ULBR. in Bot. Jahrb., XXXVII., 242 (1905). NW-**Y.**: Bei Lidjiang, von Einheimischen (4078). Auf Wiesen der ktp. St. auf Schiefer und Kalk. Vielleicht diese bei einer Hütte ober Dugwantsun se von Dschungdien, 4050 m. Paß Lenago zwischen Djinscha-djiang („Yangtse") und Mekong, 27° 45', 4050 m (8856).

Die typische großblütige (19—30 mm Durchmesser), breitblätterige Pflanze, die in China offenbar selten ist.

A. ovalifolia (BRÜHL) HAND.-MZT.

Syn.: *A. obtusiloba* FRANCH., Plt. Delav., 8 (1889), non DON.

A. obtusiloba ssp. III *ovalifolia* var. *α geochares* BRÜHL in Ann. R. Bot. Gard. Calcutta, V/II., 78, saltem p. p.[1]; tab. 106, fig. B., 8—11 (1896).

A. obtusiloba ssp. VI. *obtusiloba* (*typica*) BRÜHL l. c. p. p.

A. rupestris var. *lobata* BRÜHL l. c., 80; tab. 107, fig. A (1896).

A. obtusiloba ssp. 2 *micrantha* ULBR. in Bot. Jahrb., XXXVII., 242 (1905) p. p.

Ranunculus Bonatii LÉVL. in Rep. n. sp., VII., 383 (1909), e typo, non *Anemone Bonatiana* LÉVL. l. c. 98 (1909).

An humösen steinigen Stellen, in Gebüschen, auf Matten und oft massenhaft auf Wiesen und in lichten Föhrenwäldern in der tp., ktp. und Hg. St., auf Kalk, Sandstein und Schiefern, 2900—4720 m. NW-**Y.**: Überall um Yungning (3157). Um den Sattel Gwamaoschan halbwegs von hier nach Yungbei. Um Lidjiang, von Einheimischen (4080); hier ober Ngulukö (6671). Rücken zwischen Haba und Dugwantsun se von Dschungdien (6908). **S.**: Um Muli bei der Alm Bädö (7284), auf dem Passe Döko (7405), bis unter den Gipfel Gonschiga und am Südhange des Passes Tschescha (7179). Zwischen Yungning und Yenyüen ober Fumadi (3065), auf dem Daörlbi und gegenüber Hungga. Liukuliangdse (2277) und ober Gwandien n von hier. Paß Dsiliba im Daliangschan (Lolo-Lande) e von Ningyüen (1757). Im NW auf Gebirgen um Sungpan (WEIGOLD).

Über die Gruppe der *A. obtusiloba* herrschen sehr verschiedene Auffassungen.

---

[1] var. *β orthocaula* ist auch sehr ähnlich, aber gelbblütig.

Keiner von ihnen konnte ich mich bei der Bestimmung meiner Sammlung und der Revision jener unseres Museums, die durch die Entlehnung des ganzen Berliner Materials wesentlich unterstützt wurde, völlig anschließen. Die beste Einteilung hat meines Erachtens ULBRICH getroffen, der die Blütengröße als Grund voranstellt. Er nimmt aber nicht Rücksicht auf den Blattzuschnitt, obwohl FRANCHET, der die Unterschiede in der Blütengröße ebenfalls hervorhebt, auch mit Recht bemerkt, daß die Pflanze aus Yünnan (mit Ausnahme der erst von mir gesammelten echten *obtusiloba*) immer breit ovale oder „arrondies" Blätter habe, wenn dreizählige, die seitlichen Blättchen wesentlich kürzer als das endständige. Dieses Verhalten ist vollkommen konstant[1] und läßt die von ULBRICH vorgenommene Identifikation mit *A. micrantha* KLOTZSCH nicht zu, denn dessen Abbildung zeigt die gleiche Form wie die echte *obtusiloba*, und die kleinblütigen Exemplare aus dem NW-Himalaya stimmen damit überein. Der systematische Wert dieser ist mir nicht klar, denn ich habe zu wenig davon gesehen. ULBRICH kannte ebenso wie FINET und GAGNEPAIN (Bull. Soc. bot. France, LI., 62 [1904]) BRÜHLS Arbeit nicht. BRÜHL nimmt auf die Blütengröße gar keine Rücksicht und gibt sie bei *obtusiloba* ssp. VI *obt.* (*typica*) gar nicht an. Seine Einteilung erscheint daher weniger natürlich. Auch ist nicht ersichtlich, was für eine Pflanze aus Yünnan er dazu stellt. Doch konnte er *A. rupestris* WALL. teilweise aufklären und zeigen, daß sie nicht jene Pflanze ist, die HOOKER dafür hielt und auch ULBRICH unter diesem Namen anführte. Von dieser Art sagt BRÜHL, sie sei von allen *obtusiloba*-Formen auf den ersten Blick zu unterscheiden. Wenn man aber seine Abbildungen Taf. 106, Fig. B und Taf. 107, Fig. A 1 vergleicht, so sucht man wohl vergeblich nach einem greifbaren Unterschied. Diesen Abbildungen entsprechen nebst WALTONS Nr. 5 von Gyangtse u. a. meine Pflanzen vollkommen. WALLICHS Originale in Kew aber sind davon entschieden spezifisch verschieden und stellen BRÜHLS *A. rupestris* var. *β Wallichii* dar, von der var. *γ pusilla* BRÜHL nicht wesentlich abweicht. Gewisse Formen der *A. ovalifolia* stimmen in Blättern und Behaarung schon ganz mit *A. trullifolia* HOOK. f. et THOMS., aber diese blüht nach HOOKER sowohl als nach BRÜHL gelb. BRÜHLS ssp. *saxicola* gehört zur echten *obtusiloba*. Die Blütengröße gibt er nicht an, aber die hieher gestellte, vielleicht als Original zu betrachtende Nr. 28 FALCONERS ist großblütig.

A. coelestina FRANCH. Feuchte und trockenere Wiesen, Gesteinfluren, lichte Föhrenwälder und besonders in Modermatten in der tp. und ktp. St. auf Kalk, Sandstein und Tonschiefer, 2800—4200 m. NW-**Y.**: Ober Ngulukö und von da gegen Ganhaidse bei Lidjiang. Ober Dugwantsun se von Dschungdien. Berg Hoörl und gegen Miki bei Yungning. **S.**: Haimendschou von hier gegen Yenyüen (3085) und auf dem Rücken Daörlbi. Liuku-liangdse n von dort, 27° 48′ (2437).

A. trullifolia var. *holophylla* DIELS in Not. R. Bot. Gard. Edinbgh., V., 263 (1912) hat blaue und weiße Blüten und steht jedenfalls auch *A. coe-*

[1] FRANCHET hatte daher auch vollkommen Recht, wenn er eine Pflanze, die er für *A. discolor* ROYLE halten konnte, von seiner *obtusifolia* für verschieden erklärte, während *A. discolor* echte *obtusifolia* ist. Daß er seine Pflanze, die ich nicht gesehen habe, in Beziehung zu *A. flaccida* bringt, spricht aber dafür, daß sie gar nicht in die *obtusifolia*-Gruppe gehört.

lestina näher als *trullifolia*. In den Blättern gleicht ihr *A. trullifolia* var. *spatulata* BRÜHL in Ann. R. Bot. Gard. Calc., V/II., 77 (1896) (var. *Souliei* FIN. et GAGNEP. in Bull. Soc. bot. Fr., LI., 61 [1904]) allerdings vollständig.

A. vitifolia BUCH.-HAM. **var. *tomentosa*** ULBR. in Bot. Jahrb., XXXVII., 252 (1906). **Y.**: Schuttplätze in der wtp. St. beim Tempel Taihwa-se nächst Yünnanfu, 2200 m (SCHOCH 323).

A. japonica (THBG.) SIEBD. et ZUCC. **var. *genuina*** ULBR. in Bot. Jahrb., XXXVII., 253 (1905). Buschige Steppen, *Pteridium*-Wiesen, Hecken, kräuterreiche Stellen und an Bächen und Kanälen von der str. bis in die tp. St. auf Kalk, Sandstein, Schiefern und Granit. **H.**: 200—1300 m. Häufig um Hsikwangschan bei Hsinhwa (12674). Dort bei Lengschuidjiang. Zwischen Wangdjiapu und Djintie-se am Wege von Yungdschou nach Hsinning (11267). Im SW auf dem Yün-schan bei Wukang (12531). **S.**: Zwischen Djiangyi und Hokou und um Dschanggwandschung auf dem Hochlande von Huili. Schamenkou im Becken von Yenyüen. Ober Dugungpu am Wege von hier nach Ningyüen. Im NW um Sungpan und abwärts bis Maodschou (WEIGOLD). **Y.**: 1950—3300 m. Im E bei Tschangyi (SCHOCH 367). Taihwa-se bei Yünnanfu (SCHOCH 324). N von hier ober Hsinlung, unter Schalungschu gegen den Djinscha-djiang. Zwischen Gwangdung und Tschuhsiung. Lung-schan bei Beyendjing (TEN 1441). Im NE bei Dungtschwan (MAIRE). Im NW bei Lidjiang, von Einheimischen (4081). Hier überall am Osthange des Yülung-schan vom Beschui bis Lukudsche (4353). Bei Waschwa (4449) und beim Tempel Minyü se von Dschundien. Meti w von hier. Im birm. Mons. viel ober Londjre am Mekong, 28° 11′, um Bahan und auf dem Rücken Alülaka am Salwin, 27° 58′.

— — var. *tomentosa* MAXIM. NW-**S.**: Gebirge um Sungpan und abwärts bis Maodschou (WEIGOLD).

A. rupicola CAMBESS. **var. *glabriuscula*** HOOK. f. et THOMS. NW-**Y.**: Kalkschutt am Osthange des Gipfels Ünlüpe im Yülung-schan bei Lidjiang, Hg. St., 4050 m (3551; SCHNEIDER 3397, 3456).

A. demissa HOOK. f. et THOMS. Kiefernwälder, steinige Plätze, üppige Matten in der ktp. und Hg. St. bis in die tp. herab, auf Kalk und Glimmerschiefer, 3400—4450 m. NW-**Y.**: Ober Ngulukö (6672 **var. *villosa*** ULBR. in Bot. Jahrb., XXXVII., 267 [1905]) und in der Schlucht Lokü am Yülung-schan bei Lidjiang. Se von Dschungdien auf dem Kamme zwischen Haba und Dugwantsun, an der Westseite des Gebirges Piepun und auf der Matte Da-Niutschang ober Bödö. Im birm. Mons. auf dem Si-la (8929) und beim Teiche Tsuka in der Mekong—Salwin-Kette, 28°. **S.**: Paß Tschescha zwischen Muli und Yungning. Daörlbi halbwegs von hier nach Yenyüen, in seichten Senkungen der Modermatte massenhaft (2988).

Clematis L.

C. ranunculoides FRANCH. Gebüsche und oft charakteristisch in Steppen der str. und wtp. St. auf Kalk, Sandstein und Tonschiefer, 1250—2800 m. **Y.**: W Lufong an der Straße von Yünnanfu nach Dali. Hwadung n von Houdjing e des Dsolin-ho. Im NW bei Bödö (Peti) se von Dschungdien (4517). Yungning. Unter Weihsi. **S.**: Muli. Unter Piyi sw und ober Doloho s von hier. Überall um Yenyüen und in den Seitentälern des Yalung ne (5598) und se (5340) von hier, 27° 10—35'. Unter Bögowan n von Huili und s von hier bis Dungngan. Die Notizen vielleicht teilweise zur Varietät und zur sehr nahestehenden folgenden Art zu stellen.

— **var. *tomentosa*** FIN. et GAGNEP. **S.**: Ober Schihuiyao bei Huili (5134, annähernd). **Y.**: Fuß des Dsang-schan bei Dali (SCHNEIDER 2940).

C. pterantha DUNN. **Y.**: Gebüsche der wtp. St. zwischen Schidse und Luföng an der Straße nach Dali, häufig, Sandstein, 1700—2000 m (8597). Am Wege von Yünnanfu nach Suifu an leicht feuchten Stellen hinter Gungschan, 2600 m, auch an Rainen im Gebüsch bei Datschutang (MELL). Im NE auf Weiden der Hügel bei Dungtschwan, 2550 m (MAIRE).

C. Clarkeana LÉVL. et VANT. **S.**: Gebüsche der wtp. St. unter dem Passe Sandaoschan an einem Zuflusse des Yalung gegen Yenyüen, 27° 31', Sandstein, 2900 m (5580).

Beim Vergleiche mit dem Original fand Herr EVANS wohl kleine Unterschiede in der Blättchenform, Länge der Knospen und der Staubfadenhaare, hält meine Pflanze aber doch für dieselbe Art.

C. lasiandra MAXIM. Hecken, Gebüsche und Wälder der wtp. bis an die tp. St. auf Kalk, Sandstein und Schiefern. **NW-Y.**: 2300—2800 m. Unter Weihsi. Ober Mugwadso s von hier (10047) und bei Selüboto in der Mekong—Yangtse-Kette, 27° 30' (7877). Im birm. Mons. bei Bahan am Lu-djiang (Salwin), 27° 58' (8410). Im NE hinter Dungtschwan (MAIRE). **Kw.**: Yangtschang (CAVALERIE 7870). **H.**: 660—1200 m. Hsikwangschan bei Hsinhwa (12730). Im SW auf dem Yün-schan bei Wukang um den Tempel Gwanyin-go, leg. R. PAUL (12523).

C. pseudo-pogonandra FIN. et GAGNEP. **NW-Y.**: Waldwiesen der ktp. St. des birm. Mons. unter dem Doker-la an der Grenze von Tibet, Granit, 3600 m (8042).

C. Rehderiana CRB. in Kew. Bull., 1914, 150. (*C. nutans* ROYLE var. *thyrsoidea* REHD. et WILS. p. p.). **NW-Y.**: Um Lidjiang, von Einheimischen (4089). Hecken der tp. St. bei Dschungdien, Kalk, 3400 m (7731) und Hsiao-Dschungdien.

C. Veitchiana CRB. in Kew. Bull., 1914, 151. (*C. nutans* var. *thyrsoidea* REHD. et WILS. p. p.). **NW-S.**: Gebirge um Sungpan und abwärts bis Tietschi (WEIGOLD).

C. Buchananiana DC. * **var. *lasiosepala*** O. KTZE. in Verh. Bot. Ver. Brandbg., XXVI., 130 (1885). **S.**: Gebüsche der wtp. St. zwischen Samuping und Niutschang an einem w Zuflusse des Yalung gegen Yenyüen, 27° 21', Kalk, 2100—2400 m, 29. IX. 1914 (5348).

Die noch im Knospenzustande befindliche Pflanze stimmt sehr gut mit Exemplaren aus Khasia, 4—6000' (HOOKER f. u. THOMSON als *C. Buch.* var. γ), deren Blätter auch nicht immer kahl sind, was übrigens, wie schon HOOKER und THOMSON bemerkten, wenig Bedeutung hat. REHDER und WILSON (in Plt. Wils., I., 324) beziehen FINET und GAGNEPAINS Angaben der Art für China auf *C. nutans* var. *thyrsoidea* und stellen ihr Vorkommen hier in Abrede, doch können deren Angaben nun sehr gut wenigstens teilweise *Buchananiana* betreffen.

C. trullifera (FRANCH.) FIN. et GAGNEP. Gebüsche von der str. bis in die tp. St. auf Sandstein, Diabas und kristallinischen Gesteinen, 2100—3200 m. **Y.**: W Luföng an der Straße von Yünnanfu nach Dali. Im NW bei Guta am Landsang-djiang (Mekong), 28° 9′ (7988). Im NE bei Dungtschwan (MAIRE). **S.**: Ober Djifangkou am Lungdschu-schan bei Huili (5215). Unter dem Sandaoschan bei Yenyüen (5573).

C. florida THBG. **H.**: Gebüsche der str. St. auf Kalk, 200—350 m. Am Tsi-djiang bei Lengschuidjiang ober Hsinhwa (11957). Zwischen Wukang und Djütjitjiao (11997).

MAKINO nennt in Bot. Mag. Tok., XXVI., 81 (1912) die Pflanze *C. japonica* (HOUTT.) MAK. Ich kenne HOUTTUYNS Veröffentlichung nicht und kann daher nicht beurteilen, ob sie als gültig betrachtet werden kann; sonst wird ja der Autor meines Wissens nirgends zitiert. Jedenfalls widerspricht die Anwendung des Namens in diesem Sinne dem Verwechslungs- und Irrtümerparagraphen. Meine Pflanze stellt den ungefüllten phylogenetischen Typus dar (var. *Simsii* MAK., l. c.).

C. Delavayi FRANCH. **Y.**: Gebüsche und trockene Hänge von der str. bis in die tp. St. auf Kalk, Sandstein und kristallinischem Boden, 1400—3200 m. Ober Dschenmindö in einer Seitenschlucht des Djinscha-djiang („Yangtse") n von Yünnanfu (5656, annähernd **var. *spinescens*** BALF. f. in Not. R. Bot. Gard. Edinbgh., V., 262 [1912]). Zwischen Hoyenschan und Djiangyi nw von hier (5052). Guti bei Beyendjing (TEN 10). Im NW bei Lidjiang, von Einheimischen (4091). Um den Paß des Berges Lamatso zwischen Yungning und Dschungdien (7600) und unter Laba w davon.

Die Nummern 4091 und 5656 erinnern durch die kleinen Fiederblättchen (die seitlichen durchschnittlich 9 × 3 mm) schon recht sehr an *C. Limprichtii* ULBR., doch sind die seitlichen Blättchen immer einfach und ungeteilt.

— — **var.** inter ***spinescens*** BALF. f. et ***calvescens*** SCHNDR. in Bot. Gaz., LXIII., 518 (1917). **NW-Y.**: Talhang des Mekong unter Guta, 28° 9′, 2100 m (7982).

Wuchs und Blattgröße wie bei *spinescens*, Behaarung wie bei *calvescens*, von der aber der Autor so kleine Blätter nicht erwähnt, sondern bei der sie lappig-gezähnt sind. Auffallend sind die außergewöhnlich langen (5 cm) und langfederigen Schwänze der Früchte, und die Kahlheit der Blätter ist nicht im Einklang mit extremer Xerophilie. Eine übereinstimmende Form ist FORRESTS Nr. 18724.

C. lancifolia FRANCH. Steppen der str. St. auf Granit und Sandstein, 1200—1680 m. **S.**: Luanfenba zwischen Ningyüen und Dötschang im Djientschang („Kientschang") (1886). Ober Datiaoku am Yalung, 27° 10′ (5304). **Y.**: Unter Datiengai nw von Yüenmou.

C. Armandi FRANCH. **Y.**: Gebüsche der wtp. St. beim Dorfe am Fuße des Hsi-schan bei Yünnanfu, Kalk, 1900 m (337). Sehr häufig n von hier bis über das Becken Hsiaodsang und im NW bei Hsinyingpan und weiter n am Wolo-ho. Wenn diese Notizen dazugehören, auch in **S.** bei Kalaba nächst Yenyüen, bis 2800 m.

Die korymbösen Infloreszenzen der gesammelten Pflanze haben bis über 30 Blüten. FINET und GAGNEPAIN schreiben 3blütig, FRANCHET bildet aber schon eine 5blütige ab, und auch die Tafel 8587 des Bot. Mag. zeigt sie reichblütig.

C. uncinata CHAMP. SW-**H.**: Im tp. Laubhochwalde des Yün-schan bei Wukang, Tonschiefer, 1150—1300 m (12396). **Kw.**: Überall zwischen Gudschou und Liping und nach W, z. B. unter Badschai. E-**Y.**: Gebüsche in der wtp. St. des mittelchin. Fl. um Bantjiao bei Loping, häufig, Kalk, 1500—1800 m (10228).

C. Meyeniana WALP. SW-**H.**: Im wtp. Laubhochwalde des Yün-schan bei Wukang, Tonschiefer, 950—1175 m (11136). **Kw.**: Nganschun (CAVALERIE 7872).

C. Pavoliniana PAMP. Gebüsche der str. St. auf Kalk und Sandstein. **H.**: Überall zwischen Daolin und Lantien im Bezirke von Hsinhwa, 60—200 m (11728). Yün-schan bei Wukang (Plt. sin. 85). **Ki.**: Um Pinghsiang, c. 600 m (Plt. sin. 138). Luanmingpo zwischen Tjingan (Ki-an) und Ningdu (Plt. sin. 275). **Y.**: Beyendjing, Felsen bei Dsingschuidji (TEN 49).

C. chinensis RETZ. **H.**: Gebüsche der str. St. auf Kalk und Sandstein, 150—250 m. Überall zwischen Dungngan und Wangdjiapu am Wege von Yungdschou nach Hsinning (11278). Lengschuidjiang am Tsi-djiang ober Hsinhwa (12563).

C. graciliflora REHD. et WILS. **S.**: Gebüsche der ktp. St. bei der Alm Bädö ober Muli, Kalk, 3900 m (7375). **Y.**: In der wtp. St. bei Hsinlung jenseits des Pudu-ho n von Yünnanfu, 25° 34′, Sandstein, 2000 m (818?, steril).

C. montana BUCH.-HAM. Wälder, Gebüsche und Bambusbestände der wtp. und tp. St. auf Kalk, Sandstein und Diabas, 2100—3650 m. **Y.**: Yünnanfu (SCHOCH 23). Beyendjing (TEN 249). Paß Sanschischao und unter Heniuschao (8755) bei Hodjing („Hokin“). **S.**: Berg Dadjin zwischen dem Yalung und Yenyüen, 27° 31′ (2146). Gwandien n und ober Hungga w von hier. Schaoschan se von Ningyüen (1348). Soso-liangdse (1682) und unter diesem (1745) im Lolo-Lande e von hier. Unter dem Gipfel des Lungdschu-schan bei Huili.

— — var. ***grandiflora*** HOOK. **S.**: Trockene Hänge der tp. St. am Rücken Daörlbi halbwegs zwischen Yenyüen und Yungning, Kalk und Sandstein, 2900 bis 3600 m (2918). Wohl auch diese in **Y.**: mehrfach zwischen Yungning und Hsinyingpan, im NW am Westhange des Passes Lenago zwischen Djinschadjiang und Mekong, 27° 44′, massenhaft, und ebenso im birm. Mons. in den tp. Regenwäldern des Tjiontson-lumba unter Tschamutong gegen den Irrawadi.

— — ** var. ***sterilis*** HAND.-MZT.

Stamina pauca. Styli breves, parce plumosi. Flores mediocres. Foliola integra vel denticulo uno alterove tantum, ut in planta normali TENiana.

S.: Gebüsche der tp. St. auf dem Sandao-schan zwischen Yenyüen und dem Yalung, 27° 31′, Sandstein, 3150—3350 m, 12. V. 1914 (2215).

C. chrysocoma FRANCH. Steppen und Gebüsche der wtp. bis in die str. und ktp. St. auf Kalk, Sandstein und Phyllit, 2000—3150 m. **Y.**: Yünnanfu (SCHOCH 24); hier beim Tempel Tschangtschungschan-miao (SCHOCH). Zwischen Bupeng und Yünnanyi an der Straße nach Dali (MELL). Im NW bei Lidjiang, von Einheimischen (4092; GEBAUER). Im NE bei Dungtschwan (MAIRE). Rücken se von Yungning (3150). **S.**: Häufig bei Yenyüen bis gegen Schuitangdse (2866). Überall um Kwapi bis ober Oti und Datiaoku (2514). Dugungpu zwischen Yenyüen und dem Yalung, 27° 32′ (2129, **var. *sericea*** [FRANCH.] SCHNDR.) und Djiuba-se bei Hohsi zwischen diesem und Ningyüen. Mohadscho und Mundsalu bei Tjiaodjio im Lolo-Lande e von hier (1550).

Die Abtrennung der var. *sericea* (*C. Spooneri* REHD. et WILS.; s. SCHNEIDER in Bot. Gaz., LXIII., 516) scheint mir ganz künstlich, da Wuchs, Behaarung und Blütenfarbe in keiner Korrelation stehen.

— — **var.?** **NW-Y.**: Bei Lidjiang, wahrscheinlich am Yülung-schan, von Einheimischen (4090).

Ich möchte diese Pflanze mit sehr großen, nur ganz spärlich kurz borsteligen Blättern, aber dicht seidigen Fruchtknoten, die wohl SCHNEIDERS Nr. 1928 (s. l. c.) entspricht, eher für eine behaartfrüchtige *montana*-Form halten, vielleicht auch für einen Bastard, dagegen FORRESTS als „*montana* var. with silky achenes" verteilte Nr. 12044 vom Matschanggai-Tale zu *chrysocoma* stellen.

C. fasciculiflora FRANCH. **Y.**: Hartlaubgebüsche und trockene Eichen- und *Keteleeria*-Wälder der wtp. St. auf Kalk, Mergel und Sandstein, 2000 bis 2500 m. Yünnanfu (SCHOCH). Hier bei den Tempeln Djindien-se (105) und Tjiungdschu-se (5707) und bei Dschungduilung nächst Yanglin. Hsinlung jenseits des Pudu-ho und jenseits Sanyingpan, 26°, im N von hier. S von Möngdse unter dem nach Manhao führenden Passe. Taohwa-schan bei Beyendjing.

Ein ausgesprochener Winterblüher von prächtigem Dufte.

C. Fargesii FRANCH. **NW-S.**: Gebirge um Sungpan (WEIGOLD).

— — **var. *Souliei*** (FRANCH.) FIN. et GAGNEP. **NW-Y.**: Bambusdschungel der tp. St. am Bache ober dem Gehöfte Alo (4640) und im Tale von Hsiao-Dschungdien gegen das Gebirge Piepun se von Dschungdien, Kalk und Sandstein, 3350—3450 m.

C. apiifolia DC. **var. *obtusidentata*** REHD. et WILS. Gebüsche und Wälder der tp. St. auf Kalk, Sandstein und Tonschiefer. **Kw.**: Im SW zerstreut zwischen Dinghsiao und Tjiaolou, 1400—1700 m (10308). Im E ebenfalls zerstreut, so von Badschai gegen Duyün. **SW-H.**: Yün-schan bei Wukang, 650 bis 1200 m (12267).

C. Gouriana ROXB. **var. *Finetii*** REHD. et WILS. **Y.**: In der wtp. St., 1950—2800 m. Yünnanfu, in der Ebene und auf Hügeln (SCHOCH 244). Im NW an Hecken und Gräben von Lidjiang gegen Ngulukö, Kalk (3490), und jedenfalls am Mekong (MONBEIG). Im NE in der Ebene von Dungtschwan (MAIRE). Hieher vielleicht auch die oben auf *C. Armandi* bezogenen Notizen von Yungning und aus S.

C. brevicaudata DC. **W-S.**: Min-Tal von Sungpan bis Tietschi (WEIGOLD).

— — **var. *lissocarpa*** REHD. et WILS. **SW-H.**: Im wtp. Laubhochwalde des Yün-schan bei Wukang, Tonschiefer, 1300 m (12508).

— — var. *tenuisepala* MAXIM. **W-S.**: Min-Tal von Sungpan bis Tietschi (WEIGOLD).

C. glauca WILLD. **var. *akebioides*** (MAXIM.) REHD. et WILS. Hecken und Gebüsche, auch in Steppen und im Bachgerölle, in der wtp. bis zur ktp. St. auf Kalk und Sandstein, 2550—3750 m. **S.**: Mehrfach um Yenyüen (5418) bis unter Betiaoho. **NW-Y.**: Hsiao-Dschungdien (4601). Pino e Dschungdien und Sattel Gitüdü bei Anangu.

Circaeasteraceae

Circaeaster Maxim.

C. agrestis Maxim. NW-Y.: In der ktp. St. auf nacktem Schlamm im Moorsumpf Djolo zwischen Dschungdien und Anangu, Kalk, 3550 m (7679). Auf moosbedeckten Granitfelsen im birm. Mons. unter dem Doker-la an der tibetischen Grenze, 28° 15′, 3750 m (8035).

An Nr. 8035 kommen auch ganz kahle Früchte vor. Die Familie wurde von Hutchinson in Fam. Flow. Plts., I., 98 (1926) aufgestellt und offenbar richtig eingereiht.

Berberidaceae

Podophyllum L.

P. Emodi Wall. var. ***chinense*** Sprgue. in Bot. Mag., tab. 8850 (1920). NW-Y.: Humöse Stellen der ktp. St. an der Westseite des Kammes zwischen Haba und Dugwan-tsun se von Dschungdien, Tonschiefer, 4050 m (6860). Weihsi (Gebauer). Atendse am Mekong, beim Lamakloster, 3500 m (Gebauer).

** ***P. triangulum*** Hand.-Mzt. in Sitzgsanz. Ak. W. W., 1924, 163.

Rhizoma tenue, fere moniliforme, breve, aurantiacum, radicibus multis longis crassis. Caulis 40 cm altus, basi squama membranacea 3 cm longa praeditus, succosus, glaber, apice folium brevipetiolatum et umbellam sessilem trifloram gerens; folium alterum 11 cm infra illud insertum, petiolo crasso 4 cm longo. Laminae ± centrice peltatae, triangulae, ubique acutae, 18 et 23 cm longae, 9 cm latae, marginibus lateralibus convexis, alterius folii centrum versus paululum concavis, inferioribus obliquis concavis, omnibus ubique remote apiculato-denticulatis, herbacea, subconcolori-viridia, glaberrima; nervi palmati 3 maiores et 2 minores, illi nervos secundarios utrinsecus 2—3 in tertio vel quarto extero arcuatim anastomosantes et ramos paucos edentes, utrinque tenuiter prominui et subtus fulvescentes. Pedicelli 2—3½ cm longi, nutantes, dense albo-hirsuti, validi. Sepala 4, lanceolato-obovata, 1,5 cm longa uno multo minore, membranacea, striata, hirsuta, decidua. Petala nigropurpurea (e nota collectoris), obovata, rotundata, 24—31 mm longa. Antherae lineares, 8 mm longae, filamenta aequantes, polline aurantiaco. Ovarium crassum, in stylum crassum 1 mm longum, stigmate turbinato 2 mm longo terminatum sensim attenuatum.

SW-H.: Auf dem Yün-schan bei Wukang, Tonschiefer, zwischen 400 und 1420 m, IV. 1919 (Wang-Te-Hui in Plt. sin. 47).

Proximum certe *P. Delavayi* Franch. foliis tenuiter papyraceis suboppositis (forma diversis), flore unico, 15—20 mm longo, petalis rubescentibus, lineari-oblongis, subacutis distat.

Obwohl von der Pflanze nur ein Individuum vorliegt und Stellung und Form der Blätter in der Gattung wenig maßgebend sind, begründen die Unterschiede in der Blüte die Aufstellung einer eigenen Art,

** ***P. aurantiocaule*** HAND.-MZT. in Sitzgsanz. Ak. W. W., 1924, 163.

Rhizoma crassum, radicibus longis, crasse fibrosis. Caulis singulus, 18—48 cm altus, crassus, serius rigidus, bifolius, cum petiolis validis eum aequantibus 4—16 cm longis aurantiacus, multistriatus, glaber, basi squamis 3 latissimis, extima brevi, intima 5 cm longa, aurantiacis involutus sub fructu marcidis. Laminae ambitu rectangulares vel rhombicae vel suborbiculares, 15—26 cm latae et quarta usque fere dimidia parte breviores, centro vel excentrice peltatae, vix ad $^1/_3$ usque ultra $^2/_3$ 4—7 lobae, lobis ovatis, acutis, sinubus rotundatis late apertis usque clausis, toto margine mucronulis sat crebris et grossis denticulatae, herbaceae, subconcolori-virides, pilis brevibus et crassis primum fulvidis supra dense strigillosa demum glabra iisdemque margine permanenter dense ciliatae, subtus ad nervos praecedentis nervis similes furfuraceae. Umbella sessilis, altero petiolo paulum vel alte connata, 2—3 flora. Pedicelli tenues, arcuato-subdeflexi, 2—demum 6 cm longi, glabri. Sepala 5, late elliptica, 8 mm longa vel 10 mm longa binis duplo minoribus, membranacea, caduca, cremeo-flava (e nota collectoris). Petala obovata, 15 mm longa, sinuata, tenera, pallide carneo- (*Begoniarum* colore) rosea (e nota collectoris), caduca. Stamina iis plus duplo breviora, filamentis latis 2—2½ mm longis, antheris 4 mm longis obtusis, loculis ob connectivum triangulare deorsum divergentibus. Ovarium iis paululo longius, violascens, in stylum crassum vix 1 mm longum angustatum, stigmate planiusculo, ad 4 mm lato, multilobulato. Fructus immaturi globosi.

NW-**Y.**: In Bambusbeständen in der obersten tp. St. des birm. Mons. nahe der tibetisch-birmanischen Grenze an der Ostseite des Passes Tschiangschel zwischen Salwin und Irrawadi, 27° 52′, Glimmerschiefer, 3275 m, 3. VII. 1916 (9242 fr., Typus). Schweli—Salwin-Kette, 25° 30′, in schattigen Gebüschen, 2400 m, VII. 1913 (FORREST 11897, im Aufblühen), und zwischen Sträuchern auf moorigen Wiesen und an Gebüschrändern, 3300 m, V. 1924 (F. 24232, bl.).

Species caulibus petiolisque aurantiacis notabilis, affinis *P. Delavayi* FRANCH. foliorum lobis sinuatis, sepalis angustis fere 3 cm longis diverso, *difformi* HMSL. foliis vix lobatis, hydathodibus tantum denticulatis, pedicellis hirsutis et *versipelli* HCE. foliis dense serrulatis denseque pilosulis, floribus permultis purpureis discernendis.

Ich gehe wohl nicht fehl, wenn ich die verschiedenen Farbenangaben von FORRESTS Sammlern auf die an den betreffenden Exemplaren offenstehenden verschiedenen Blütenteile beziehe.

Diphylleia RICH.

D. Grayi F. SCHM. (*D. cymosa* DIELS in Bot. Jahrb., XXIX., 337, non MICHX.). NW.**Y.**: In tp. Regenmischwäldern des birm. Mons. im Tale von Tseku am Mekong zum Si-la, 28°, Granit und Schiefer, 3200—3500 m (8921).

Nandina THBG.

N. domestica THBG. **Kw.**: Felsen, (nur ?) auf Kalk, in der str. und wtp. St., 800—1200 m. Rücken beim Dorfe Falang in der Schlucht des Hwatjiao-ho am Wege von Dschenning nach Hwangtsaoba (10384). Am Flusse w von Tschingdschen. Um Guiyang (Kweiyang) überall zerstreut. Von Maotsaoping gegen Duyün. Angeblich in **H.** auf dem Yolu-schan bei Tschangscha, Sandstein, um 200 m.

Epimedium L.

E. sagittatum (SIEBD. et ZUCC.) MAXIM. (*E. sinense* SIEBD., e MIQ.; FRANCH.). **H.**: Zwischen Sandsteinfelsen der str. St. am Gu-schan bei Tschangscha, 250 m (11629).

** ***E. hunanense*** HAND.-MZT.

Syn.: *E. Davidii* var. *hunanense* HAND.-MZT. in Sitzgsanz. Ak. W. W., 1925, 131.

Sect. *Euepimedium* FRANCH.

Rhizoma repens, rigidum, castaneum cataphyllisque scariosis, ovato-orbiculatis usque ad 1 cm longis costa rigida percursis eiusdem coloris serius marcidis indutum, apice caulem singulum floriferum praecocem et folium singulum serotinum hiemans edens. Caulis ut petiolus radicalis demum c. 30 cm longus, rigidulus, glaber, folia 2 opposita petiolis 4—6 cm longis gerens paniculaque 11 cm longa sessili vel subsessili ramis infimis 2- vel subumbellato 3floris 10—16flora terminatus. Stipulae minutae, oblongae, brunneae. Folia omnia ternata, petiolulis mediis $3\frac{1}{2}$—$4\frac{1}{2}$, lateralibus 2—$2\frac{1}{2}$ mm longis. Foliola anguste ovata, caulina nuper expansa 6 cm longa, radicalia demum 12—14 cm longa, longitudine c. duplo angustiora, breviter acuminata, basi ad $^1/_7$ et lateralia oblique ad $^1/_4$ sagittata, sinu angusto, lobis obtusis et horum altero rotundato, altero acuminato, totis marginibus dense levissime denticulata dentibus longe et subpatenter aristatis; demum chartacea, supra olivacea, glabra, subtus papillis violascenti-glaucescentia primumque paululum pilosula demum strigula una alterave instructa. Bracteae ovato-lanceolatae, 2—3 mm longae, acutae, hic illic denticulatae, brunneae. Pedicelli tenues, patentes, 10—15 mm longi, apice incrassato paulum nutantes, pilis clavato-articulatis rarissimis. Flores cum calcaribus $3\frac{1}{2}$ cm diametro, flavi (e nota collectoris). Sepala late elliptica, 5 mm longa, rotundata, submembranacea. Petala tenera, laminis rotundato-quadratis, 8 mm longis, calcaribus demum patulis, inferne $2\frac{1}{2}$ mm crassis, apice fusco rotundatis. Stamina ad 5 mm longa, filamentis quam antherae triplo brevioribus eisque aequilatis, connectivis apiculatis. Ovarium in stylum aequilongum illa paulo superantem attenuatum.

SW-**H.**: Auf dem Yün-schan bei Wukang, Tonschiefer, zwischen 400 und 1420 m, IV. 1919 (WANG-TE-HUI in Plt. sin. 43).

Florum structura proximum *E. Davidii* FRANCH. differt his multo minoribus, pedicellis multo brevioribus, foliolis multo minoribus brevioribusque, plurimis biternato-compositis breviusque petiolulatis.

Auf dem von mir l. c. hervorgehobenen Unterschied in der Behaarung scheint in der Tat weniger Gewicht zu liegen, denn CAVALERIES Nr. 7857 von Nganschun, die sonst mit *E. acuminatum* übereinstimmt, hat die überwinterten Grundblätter unterseits dicht striegelhaarig, die jungen Blätter aber kahl.

E. membranaceum K. MEY. in Rep. sp. n., Beih. XII., 380 (1922). **S.**: Gebüsche und Bachränder der wtp. St. auf Sandstein, 2150—2450 m. Bei Wudadjing am Fuße des Lose-schan se von Ningyüen (1384). Sattel zwischen Tjiaodjio und Lemoka (1597) und ober Mundsalu bei Lemoka im Lolo-Lande e von hier.

Die Pflanze entspricht mit den zur Blütezeit dünnen Stengelblättern völlig dem Original. Grundblätter sind an diesem nicht vorhanden und werden vom Autor nicht erwähnt. Sie gleichen den Stengelblättern, überwintern und sind dann dünn papierartig. Von dem jedenfalls nächststehenden *E. acuminatum* FRANCH. unterscheidet sich die Art durch kürzere, unterseits und besonders am Grunde des Blättchenstieles behaarte Blättchen, spärlich drüsenhaarige Blütenstiele und 3—5 cm im Durchmesser haltende Blüten.

Leontice L.

L. robusta (MAXIM.) DIELS in Bot. Jahrb., XXIX., 337. (*Caulophyllum robustum* MAXIM.). SW-**H.**: Auf Tonschieferboden im wtp. Laubhochwalde des Yün-schan bei Wukang, 1350 m (12070).

Berberis L.

B. dictyophylla FRANCH. Gebüsche der tp. und Wiesen der ktp. St. auf Sandstein und Schiefern, 3000—3700 m. **Y.**: Dsang-schan bei Dali. Dji-schan ne von hier bei den Tempeln. Wiese Ndwolo am Yülung-schan bei Lidjiang. **S.**: Molien jenseits des Yalung n von Yenyüen, 28° 10′ (2561). Paß Linbinkou zwischen jenem und Yenyüen. Lagerplatz Guyi zwischen Muli und Yungning, Kalk, 3950 m (ob die folgende?).

B. diaphana MAXIM. In Gebüschen, an humösen Stellen von Wiesen der ktp. St. und in der Hg. St. Gebüsche bildend auf Schiefern, Granit und Sandstein, 3800—4300 m. NW-**Y.**: Westseite des Kammes zwischen Haba und Dugwantsun se von Dschungdien (6861) und wahrscheinlich diese ober Bödö ober 3200 m und an der Westseite des Gebirges Piepun dort. Im birm. Mons. in der Mekong—Salwin-Kette unter dem Doker-la (8117) und überall im obersten Doyon-lumba und Schidsaru, 28° 9—15′. In der Salwin—Irrawadi-Kette in Mengen zwischen den Pässen Pangblanglong und Buschao sw von Tschamutong. **S.**: Vgl. unter voriger Art.

B. pruinosa FRANCH. **Y.**: In Gebüschen und Kieferwäldern, oft an Kanälen in der wtp. bis in die tp. St. häufig, 1850—3300 m. Tsaopu jenseits Nganning am Wege von Yünnanfu nach Dali (8641). Sanyingpan n von dort (SCHNEIDER 402). Im NE bei Lagu (MAIRE). Im NW bei Lidjiang in der Ebene (6621) und ober Ngulukö, hier an Fichtenwaldrändern (6636), sowie ober Anangu se von Dschungdien.

— — var. ***centiflora*** (DIELS) HAND.-MZT.

Syn.: *Berberis centiflora* DIELS in Not. R. Bot. Gard. Edinbgh., V., 167 (1912), e typo.

Y.: An gleichen Stellen der wtp. St. auf Sandstein und Mergel, 1850—2100 m. Überall um Yünnanfu (38). Hsinlung jenseits des Pudu-ho n von hier (531). Tsaopu, neben dem Typus (8642).

Foliis epruinosis, subtus magis quam supra ochrascentibus a typo speciei differt. Pruina baccarum eadem ac in illo. Foliorum forma valde variabilis, ab obovata utrinque perpaucidentata ad lanceloatam (60 × 12 mm) utrinque ad 18 spinulosam.

Die Pflanze, deren Früchte von DIELS nicht beschrieben wurden und die sicher nur eine grünblätterige Varietät von *B. pruinosa* darstellt, unterscheidet sich von *B. phanera* Schndr. durch die ganz glatten Zweige, von *B. Julianae* Schndr. und *Bergmanniae* Schndr. durch das Fehlen des Griffels.

Die Art wurde ohne Unterscheidung der Varietät in der wtp. St. auf Kalk, Mergel, Sandstein und Tonschiefer an gleichen Stellen vielfach beobachtet nach E bis Huidjischao jenseits Yiliang, bei Fumin nw von Yünnanfu, jedoch nicht im westlichen Teile der Straße nach Dali (Talifu), ferner bis Djisö und Mujendu w von Yungning und Koma am Wege von Djitsung nach Weihsi und unter Yedsche am Mekong.

B. phanera Schndr. in Öst. bot. Zeitschr., LXVII., 22 (1918). **S.**: In der tp. St. am Lose-schan s von Ningyüen, Sandstein, 2900—3300 m (1438).

Die Zweige sind an meiner Pflanze nur sehr fein, aber doch deutlich, warzig.

B. Griffithiana Schndr. in Bull. Herb. Boiss., 2. sér., V., 408 (1905). (*B. Cavaleriei* Lévl. in Rep. sp. n., IX., 454 [1911]). Gebüsche der str, und wtp. St. auf Kalk und Sandstein, 180—1400 m. **Kw.**: Mehrfach zwischen Nganschun und Nganping (10446). **H.**: Zwischen Wangdjiapu und Djintie-se am Wege von Hsinning nach Dungngan häufig (11272). Um Hsikwangschan bei Hsinhwa (11825) nach E abwärts bis gegen Mingdjingtjüen.

Rehder identifiziert die beiden Arten in Journ. Arn. Arb., X., 189 nach Léveillés eigenem Vorgange. Nach dem allerdings recht mangelhaften Originalexemplar der *B. Griffithiana* ist dagegen nichts einzuwenden.

B. Ferdinandi-Coburgii Schndr. in Plt. Wils., I., 364 (1913). **Y.**: Trockene Gebüsche und Hecken der wtp. St. auf Kalk, Mergel und Sandstein, 1900—2400m. Überall auf dem Tschangtschung-schan (318) und bei Butji (Schneider 234) nächst Yünnanfu. An der Straße nach Dali häufig von Gwangdung über Schadschou (8582) bis Dschaodschou am Örl-hai. Dingyüen n von Tschuhsiung. Ursprung des Mönghwa-ho (Roten Flusses) (Rock 3037). Im NW am Mekong (Monbeig).

Baccae (adhuc indescriptae) crassae, 5—6 mm longae, rubrae, epruinosae.

***B.* sp.** **S.**: An einem Bachlauf in der str. St. am Hange des Lu-schan ober Gaoyao bei Ningyüen, Sandstein, 1650 m (1320).

Eine ziemlich dünnblätterige Art aus der Gruppe der *Wallichianae*, deren Klarstellung einem Monographen überlassen bleiben muß.

B. Grodtmanniana Schndr. in Öst. bot. Zeitschr., LXVII., 32 (1918). In Gebüschen und Bambusdschungel, auch in tiefem Waldesschatten der tp. St. auf Kalk und Sandstein, 3100—3500 m. **S.**: Um die Wiese Dapingdse zwischen Muli und Yungning (7184). **Y.**: Berg Hungguwo bei Hsinyingpan zwischen Yungbei („Yungpeh“) und Yungning (3275).

Baccae (adhuc indescriptae) angustiusculae, 5 mm longae, rubrae, epruinosae, stylo crassissimo brevissimo, stigmate discoideo lato.

B. sanguinea Franch. **S.**: In Wäldchen und Gebüschen, oft selbständig solche bildend, auf Sandstein und Diabas in der tp. und höheren wtp. St., 2500 bis 3600 m. Lungdschu-schan bei Huili (887). Lose-schan s (1439) und beiderseits auf dem Passe Dsiliba herab bis Lolokou (1488) und unter dem Rücken Soso-liangdse bei Sikwai (1743) im Lolo-Lande e von Ningyüen. Zwischen Yenyüen und dem Yalung ober Daliaopingdse am Berge Dadjin, 27° 31′ (2138) und ober Niutschang, 27° 20′. Ober Oti n von Yenyüen.

Die Zweige sind durchwegs sehr fein und ziemlich entfernt gekörnelt, ebenso am Pariser Original. Die Kelche sind deutlich rot, die offenen Blüten aber nach Notizen gelb.

B. pallens FRANCH., e typo. **Y.**: Um den Bach in der tp. St. auf dem Passe Sanschischao ober Hodjing zwischen Dali und Lidjiang, Sandstein, 3250 m (8736). **S.**: An trockenen Stellen der ktp. St. auf dem Sattel Daörlbi halbwegs zwischen Yenyüen und Yungning, Kalk, 3700—3800 m (2979).

B. Vernae SCHNDR. in Plt. Wils., I., 372 (1913). **NW-S.**: Gebirge um Sungpan (WEIGOLD).

B. Jamesiana FORR. et W. W. SM. in Not. R. Bot. Gard. Edinbgh., IX., 81 (1916), cfr. SCHNDR. in Öst. bot. Zeitschr., LXVII., 218. **NW-Y.**: Bei Lidjiang („Likiang"), von Einheimischen (3727). Hier in üppigen Gebüschen der tp. St. unter Ganhaidse, Sandstein, 2900—3100 m (6610). **S.**: Überall in Gebüschen der wtp. St. zwischen Duörlliangdse und Hungga auf der Hochfläche von Yenyüen, Kalk, 2750—2950 m (2890).

B. minutiflora SCHNDR. Ill. Handb. Laubhzkd., II., 914 (1912), e typo, cfr. Öst. bot. Zeitschr., LXVII., 221. **NW-Y.**: Bei Lidjiang, von Einheimischen (3726). **S.**: An feuchteren Stellen der tp. Wiesen auf dem Liuku-liangdse zwischen Yenyüen und Kwapi, 27° 48′, Kalk, 3450—3550 m (2285). Vielleicht auch diese auf dem Passe Santante bei Muli, 4400 m.

B. elegans (FRANCH.) SCHNDR. (*B. amoena* DUNN). **NW-Y.**: In offenen Wäldern und selbst Gebüsche bildend in der wtp. St. auf Kalk, 2600—2800 m. Auf dem Hügel ober Lidjiang (3481). Ober Sape und bei den Sinterterrassen von Bödö (Peti) se von Dschungdien. **S.**: Muli und Dseia.

SCHNEIDER verwendet in Öst. bot. Zeitschr., LXVII., 221 (1918) den Namen *B. amoena*, doch kann das ältere Homonym ohne bestimmten Autor („Hort.") nur als in der Synonymie erwähnt betrachtet werden und ist daher dieser Vorgang nach den geltenden Nomenklaturregeln nicht berechtigt.

B. leptoclada DIELS in Not. R. Bot. Gard. Edinbgh., V., 167 (1912). **NW-Y.**: In trockenen Wäldern der str. St. am Djinscha-djiang nw von Lidjiang von Bölö bis nach Ronscha an seinem Zuflusse, 27° 44—46′, Phyllit und Kalk, 2100—2200 m (8811).

SCHNEIDER vereinigt l. c., 222, diese Art mit *B. elegans* (*amoena*), ein Vorgang, dessen Berechtigung mein Material nicht beweist, allerdings auch nicht widerlegt. Die Infloreszenzen meiner Pflanze sind gegen Ende der Blütezeit bis 4 cm lang und einige Blütenstiele erreichen 14 mm.

B. Lecomtei SCHNDR. in Plt. Wils., I., 373 (1913), cfr. Öst. bot. Zeitschr., LXVII.,225. An Abhängen, in Gebüschen und an felsigen Stellen der tp. St. auf Kalk, Sandstein und Schiefer, 2900—3400 m. **Y.**: Auf dem Passe Dsuningkou ober Dienso zwischen Dali (Talifu) und Hodjing, 26° 24′ (6568). Ober Ngulukö bei Lidjiang (6691). **S.**: Sandao-schan zwischen Yenyüen und dem Yalung, 27° 31′ (2214). Molien jenseits dieses n von Yenyüen, 28° 10′ (2560).

Mit der Beschreibung stimmt nur die Färbung der Zweige nicht gut; sie ist aber recht veränderlich von hell gelbbraun bis rotbraun.

? *B. Henryana* SCHNDR. **S-S.**: Nantschwan (BOCK et ROSTHORN 962, nur steril, in diesem Zustande vollständig stimmend, aber von *B. Dielsiana* FEDDE kaum unterscheidbar).

B. aggregata SCHNDR. var. *Prattii* SCHNDR. in Plt. Wils., III., 443. (*B. Prattii* SCHNDR., l. c., I., 376 [1913]). NW-S.: Gebirge um Sungpan (WEIGOLD).

B. Wilsonae HEMSL. An Kalkfelsen und anderen dürren Orten, auch auf Tonschiefer, in der wtp. und bis an die str. St., 1880—2800 m. **Y.**: Yünnanfu (SCHOCH 8). Hier um Schilungba (113), auf dem Tschangtschung-schan, Laodjing-schan und ober Butji, im E auf dem Rücken von Magai gegen Sidsung. **S.**: Lemoka im Lolo-Lande e von Ningyüen (1569). Massenhaft im Schutt bei Pudi zwischen Huili und Yenyüen. Zwischen Datiaoku und Otang unter Kwapi n von hier. Die Notizen vielleicht auf die Varietät bezüglich, die letzte möglicherweise auf *B. elegans*. Im W im Min-Tal von Tietschi bis Maodschou (WEIGOLD). Ferner sehr fraglich in der tp. St. auf dem Sattel des Lungdschu-schan bei Huili, Diabas, 3400 m, und auf dem Passe Dsiliba e von Ningyüen, Sandstein, 3200 m.

— — **var. *subcaulialata*** SCHNDR. Felsige Stellen der wtp. St. auf Kalk und Sandstein. **S.**: Häufig zwischen Beidjeho und Kalapa bei Yenyüen, 2500 bis 2750 m (2260). **Kw.**: Schibanfang zwischen Nganschun und Nganping, 1400 m (11448).

Mahonia NUTT.

** ***M. taronensis*** HAND.-MZT. in Sitzgsanz. Ak. W. W., 1923, 181 (Abb. 6, Nr. 1, 2).

Arbuscula 1 m alta, debilis, ramulis 5 mm crassis, flavidis. Perulae crustaceae, ovatae, $1\frac{1}{2}$ cm longae, obtusae, spadiceae. Folia 18—42 cm longa, 5—7 jugo pinnata, rhachi terete, inferne lateribus sulcata; pinnae lanceolatae, inferioribus minoribus imisque subbasalibus nec remotis exceptis subaequales, 6—13 cm longae, $\pm$ 4^{plo} angustiores, subcaudato-acuminatae, basi sessili longe attenuatae, praeter caudam et $\pm$ quartum inferum serratae serraturis utrinsecus 12—20, 1—4 mm longis, porrectopatulis, tenuiter rigidule spinosis, tenuiter coriaceae, opacae, siccae supra olivaceo-virides, subtus fulvescentes; costa supra anguste et profunde sulcata et nervi secundarii hic paululum impressi utrinsecus 5—6 valde obliqui in media laminae latitudine confluentes ideoque seriem areolarum elongatarum in foliolis maximis indistinctam iterum areolatam formantes, extra illam crebrius ramosi subtus anguste sed argute prominui. Racemi umbellati 3—5, 5—8 cm longi, subsessiles, densiflori. Bracteae ovato-lanceolatae, 4—5 mm longae, patulae, persistentes. Pedicelli crassi, dimidio breviores, erectopatuli. (Flores ignoti.) Bacca globosa, 6 mm diametro, coerulea; stigma annulatum, sessile; semina 4, anguste curvato-ellipsoidea, 5 mm longa, fusca, nitidula.

NW-**Y.**: Im tp. Regenmischwalde des birm. Mons. an der birmanisch-tibetischen Grenze ober Schutsche am Taron (Djiou-djiang, e Irrawadi-Oberlaufe), 27° 55′, Granit, 2800—2900 m, 9. VII. 1916 (9447).

Simillima *M. Fortunei* (LINDL.) MLLF. foliolis angustioribus, pari infimo multo altius inserto, dentibus magis incisis, spinis porrectis, bracteis maioribus differt, *M. ganpinensis* LÉVL. (*Zemannii* SCHNDR.) quoque similis dentibus paucis stylisque distinctis distat.

In der Blattzähnung kommt die Art wohl der *M. Veitchiorum* (HEMSL. et WILS.) SCHNDR. am nächsten, doch hat diese das unterste Blättchenpaar sehr klein, unterseits undeutliches Nervennetz und auch nach TAKEDA (Not. R. Bot. Gard. Edinbgh., VI., 233) dicke Blättchen und nach dessen Abbildung (l. c., Tab. 23) und nach SCHNEIDERS (Mskr.) Einreihung ungleichseitigen, gerundeten Grund der Fiederblättchen, ist also nicht näher verwandt.

M. Bodinierii GAGNEP. in Bull. Soc. Bot. Fr., LV., 85 (1908). (*M. Léveilléana* SCHNDR. in Plt. Wils., I., 385 [1913]). **E-Kw.**: Im Walde an der Grenze der str.St. bei Yangyugai zwischen Badschai und Sandjio („Sankio"), Kalk, 600 m (10788).

Die beiden hier synonym gesetzten Arten beruhen auf der gleichen, auch mir vorliegenden, von SCHNEIDER verschriebenen Nummer.

** ***M. Schochii*** SCHNDR.

Humilis (e collectore), ramis $\frac{1}{2}$ cm crassis, flavoviridibus, nitidis, laxe foliatis. Folia 40 cm longa, 6—7 jugo pinnata, rhachi terete paucisulcata, foliolorum paribus $\pm$ aequidistantibus, infimo paulo remotiore 2—$3\frac{1}{2}$ cm supra petioli basin inserto, summo foliolo terminali approximato vel contiguo. Foliola anguste obovata, 7—14 cm longa, a medio praesertim deorsum sensim ad infima minuta decrescentia terminali maximo, longitudine plus duplo usque triplo angustiora, subaequilatera, longiacuminata, basi cuneata, exciso-serrata dentibus in marginibus anterioribus 3—4, in posterioribus 3—5, in foliis infimis paucioribus, ad 5 mm longis, longe et tenuiter spinosis, tenuiter coriacea, planiuscula, utrinque subaequaliter aurescenti-viridia; nervi 3 tenues, supra paulum incisi, subtus cum secundariis principalibus in dimidio anteriore 1—3 paribus sub angulo dimidio patentibus et cum lateralibus procul a margine arcuato-conjunctis eorumque ramis in dentes exeuntibus prominui; venularum rete laxum utrinque paulum prominulum. Stipulae petiolo paulum dilatato semiamplexicauli ad 1 cm adnatae, subulatae, 4 mm longae, rigidae. Racemi cum pedunculis brevibus 10 cm longi, glaberrimi, sub anthesi densissimi. Bracteae late ovatae, acutae, brunneae, subscariosae. Pedicelli 2 mm longi, crassiusculi. Flores flavi (e nota collectoris) globosi, ad 5 mm longi. Sepala ovata, rotundata, trinervia. Petala iis aequilonga et simillima, sed angustiora, sublinearia, apice breviter et contigue bifida, nectariis 2 minutis linearibus. Stamina petalis paulo breviora, filamentis antheris aequicrassis pauloque longioribus edentatis, connectivis truncatis. Ovarium uniovulatum (?), in stigma crassum $\frac{1}{2}$ mm longum sensim attenuatum.

W-Kw.: Mischwald der wtp. St. bei Langtai, 2000 m, Kalk, 14. X. 1916 (SCHOCH 410).

** ***M. huiliensis*** HAND.-MZT. (Abb. 6, Nr. 3, 4).

Trunci nodosi, dense annulati, juniores 6 mm crassi. Perulae ovatae, $1\frac{1}{2}$ cm longae, apicibus latis saepe laceratae, fibrosae, purpurascentes. Folia multa, 18—25 cm longa, 7—9 jugo pinnata, rhachi tenui supra sublateraliter profunde canaliculata subtusque leviter sulcata, internodiis antrorsum paulum decrescentibus, terminali 7—17 mm longo; pinnae ovato-lanceolatae, terminalis maxima, laterales sessiles mediae ea paulo minores superiores paulo et inferiores ad imas subbasales nec remotas, minutas, suborbiculares valde decrescentes, maiores 8 cm longae, $2\frac{1}{2}$ cm latae, omnes acuminatae, basi late rotundatae et laterales leviter falcatae paulum inaequales imaeque cordatae, remote et imprimis inferiores profunde, sed etiam superiores interdum subtrilobae utrinque 2—8-serratae serraturis patentibus spinosis, crasse coriaceae, supra nitidulae, siccae olivaceae rugulosae, subtus pallidius fulvescentes leves; costa nervorumque

2 basalium partes infimae supra leviter impressae, subtus cum his totis in media lamina fere ad apicem percurrentibus et cum secundariorum paribus 1—2 patulis conjunctis paulum prominuae. Racemi permulti, usque ad 18 cm longi, brevipedunculati, maiores inferne pyramidato-ramosi, densissimi. Bracteae ovato-oblongae, ± 3 mm longae, naviculares, rotundatae et obtusae, flavidae. Pedicelli iis paulo breviores, crassi, nutantes. Flores lutei (e nota ad vivum), 6 mm longi,

Abb. 6. *Mahonia.* 1, 2 Blatteile von *M. taronensis* HAND.-MZT. 3, 4 von *M. huiliensis* H.-M. 5 Blatt von *M. bijuga* H.-M. $^3/_5$ nat. Gr.

glaberrimi. Sepala exteriora triangularia, 1—1½ mm longa, interiora oblonga, ± 2½ mm lata, rotundata, inaequaliter 5nervia. Petala iis sexta parte longiora eaque inflexa obtuse bifida, trinervia, basi nectariis 2 angustis praedita. Stamina illis paulo breviora; filamenta antheris aequilonga et aequilata, edentata; connectivum subtruncatum, haud productum. Ovarium iis duplo brevior, ovulis 3, stylo indistincto ½ mm longo, stigmate crasso. (Bacca ignota.)

S.: An Grabenrändern und in Gebüschen der wtp. St. auf dem Sattel ober Dawanying bei Huili, Sandstein, 2100—2300 m, 22. X. 1914 (5632).

Proxima certe *M. longibracteata* TAK. differt bracteis sepalisque exterioribus acuminatis, nervis foliolorum (ex icone) supra impressis, foliolo terminali (e descriptione) basi longe cuneato (unico in icone obvio autem rotundato). *M. bracteolata* TAK. foliis certe simillima pedicellis autem multo longioribus bracteolatis stylisque ultra 1 mm longis magis distat.

** ***M. bijuga*** HAND.-MZT. (Abb. 6, Nr. 5).

Pumila, 25 cm alta, trunco 5 mm crasso, internodiis ± 1 cm longis, flavis, nitidis. Perulae ovato-lanceolatae, 1 cm longae, apice subulatae, coriaceae, flavae, demum longitudinaliter fissiles. Folia pauca, 14—20 cm longa, bijugo et unum quoddam unijugo pinnata, rhachide crassa, supra sublateraliter bisulca, internodio posteriore 2—4 cm et anteriore 1 cm longo, raro hoc nullo; pinnae lanceolatae et infimae ovatae, terminales 9—12 cm, infimae sensim 5 cm longae, illae (cum dentibus) longitudine triplo, hae vix $2\frac{1}{2}^{\text{plo}}$ angustiores, basi sessili acutae vel obtusae et laterales obliquae postice rotundatae, margine subundulato praeter caudam 2—$2\frac{1}{2}$ cm longam et partem basalem in maioribus 2—3 cm longam profunde sinuato-dentata, dentibus utrinsecus usque ad 9 patentibus, spinoso-aristatis, inclusis aristis 5 mm longis, modice coriaceae, nitidulae, siccae supra fulvescenti-virides, subtus pallidiores; costa supra sulcata, subtus praesertim deorsum prominua; nervi secundarii pauci valde obliqui ramosi areolarum series 2 ± indistinctas formentes subtus prominuli, supra ut venularum rete densum paulum lateque impressi; petiolus 2—$4\frac{1}{2}$ cm longus, basi breviter vaginatus. Racemi pauci, juveniles 3 cm longi, inferne laxi. Bracteae e basi ovata longe acuminatae, 4 mm longae, inferiores longiores et aristatae. Pedicelli vix 2 mm longi, nutantes. Flores 6 mm longi. Sepala exteriora lanceolata, 4 mm longa, interiora eis sesquilongiora, 2 mm lata, incomplete 5 nervia. Petala his aequilonga et paulo latiora, apice acute bifida et erosula, erecta, trinervia, nectariis 2 crasse ellipsoideis. Stamina (juvenilia) filamentis crassis edentatis quam antherae angustioribus pauloque longioribus, connectivis truncatis. Ovarium biovulatum, stylo brevissimo.

S.: Tannenwaldränder in der tp. St. des Lose-schan s von Ningyüen, Sandstein, 3300 m, 16. IV. 1914 (1430).

Foliis paucijugis distinctissima; etiamsi haec totius plantae teneritati attribuuntur, cum nulla alia quadrans. Specimen unicum.

M. lomariifolia TAK. in Not. R. Bot. Gard. Edinbgh., VI., 231 (1. 1917). (*M. Alexandri* SCHNDR. in Bot. Gaz., LXIII., 519 [VI. 1917]). In dichten Gebüschen wie offenen Wäldchen der wtp. St., auf Kalk, Sandstein und Tonschiefer, 2100—2900 m. S.: Zwischen Samuping und Niutschang am Zuflusse des Yalung gegen Yenyüen, 27° 21′ (5346). Zwischen Yenyüen und Yungning bei Sandjiatsun an einem Zuflusse des Wolo-ho (3080). Y.: Sanyingpan n von Yünnanfu, 26° (612). Im NW bei Bölo und unter Meti am Djinscha-djiang, 27° 42′, unter Tima unterhalb Weihsi (phot.) und bei Tsedjrong nächst Tseku am Mekong.

TAKEDA und SCHNEIDER zitieren die gleiche Nummer HENRYS. An meiner Nr. 612 sind die Früchte klein und Griffel kurz, doch sind jene auch bei 3080 aus der Originalaufsammlung der *M. Alexandri* nicht „ovoidea", sondern kugelig.

M. Bealii (FORT.) CARR. SW-H.: Im wtp. Laubhochwalde des Yün-schan bei Wukang, Tonschiefer, 900—1300 m (12094.)

M. flavida SCHNDR. in Plt. Wils., I., 382 (1913). **Y.**: In Gebüschen und Waldschluchten der wtp. St. auf Mergel, 1800—2000 m. Döge bei Hsiao-Magai n von Yünnanfu (408; SCHNEIDER 259 ** ***f. integrifoliola*** HAND.-MZT., foliolis integerrimis vel prope basin denticulis 2 minutis tantum). Hsinlung n von dort (SCHNEIDER 311).

M. dolichostylis TAK. in Not. R. Bot. Gard. Edinbgh., VI., 229 (1917). **Y.**: Gebüsche der wtp. St. unter dem Sattel Yunengo am direkten Wege von Yünnanfu nach Huili, 25° 55′, Sandstein, 2300 m (579).

Griffel höchstens $1\frac{1}{2}$ mm lang, aber sonst gut stimmend. — Mahonien vom Aussehen der beiden letztgenannten, die aber teilweise auch zu *M. huiliensis* oder anderen im Habitus gleichen Arten gehören können, sind verbreitet in **Y.**: Von Yünnanfu bis Datschwangkou n der Straße nach Dali an nicht zu trockenen Stellen, und weiter w zwischen Dingyüen und Schanyakou, sowie zwischen Tschuhsiung und Dali (Talifu), im S auf dem Passe zwischen Möngdse und Schuidien, und in **S.**: Houdsengai bei Dötschang, Lu-schan bei Ningyüen, und ober Oti am Yalung n von Yenyüen.

Nymphaeaceae

Nelumbo ADANS.

N. nucifera GÄRTN. (*Nelumbium speciosum* WILLD.). In Sümpfen der str. und wtp. St. gepflanzt, 1170—2250 m. **Y.**: Um den See bei Yünnanhsien (8565) se und anscheinend wild auch n von Dali (Talifu). Bei Biendjio und Djientschwan. **S.**: Am See von Ningyüen. **Kw.**: Im Stadtgarten von Guiyang („Kweiyang“).

Euryale SALISB.

E. ferox SALISB. **H.**: In Lachen und Teichen der str. St. auf Kalk und Laterit, 40—350 m. Tschangscha. Lantien unter Hsikwangschan. Zwischen Wukang und Gaoscha-se. Schitjidian-se. Zwischen Linling (Yungning) und Hsinning (11310).

Nuphar SM.

** ***N. sinense*** HAND.-MZT. in Sitzgsanz. Ak. W. W., 1926, 1.

Folia natantia cordato-ovata, 13—14 × $10\frac{1}{2}$—$11\frac{1}{2}$ cm, rotundata, sinu basali ad $^2/_5$ laminae penetrante acuto, lobis ovatis rotundatis vel subobliquis extus obtusis tantum, sicca pergamena, dilute viridia, supra dense granulata enervia, subtus praesertim versus marginem dense et minute sericeo-velutina partim glabrescentia, costa latiuscula paulum prominua et medio tenuiter sulcata, nervis basalibus utrinque 6 et costae lateralibus utrinsecus c. 8 furcatis et parce anastomosantibus tenuiter impressis; petiolus c. 55 cm longus, 3 mm crassus, papillosus, teres, paucisulcatulus, basi alis 4 mm latis membranaceis praeditus et utrinque pilosus. Pedunculus breviter emersus, $\pm$ anceps videtur. Flos luteus, 5—6 cm diametro. Sepala c. 8, obovata, c. 1,7 cm lata, late rotundata, sicca praeter margines cystolithis granulata. Petala crassa, late linearia, emarginata, 7 mm longa. Filamenta numerosissima, linearia, 1 cm longa; antherae lineares, 3,5—4 mm longae, reflexae; connectiva glandulis crassis terminata; pollinis grana 45—60 μ longa, lateribus exterioribus tantum longe erinacea. Ovarium crasse ovoideum, leve, cum stylo 3 mm longo, 4 mm crasso discoque stigmatico convexo ± 8 mm diametiente 13 mm longum, processu axili nullo; stigmata 13, costas crassas, 1 mm altas, inter se liberas et remotas, ultra disci tenuis marginem productas efficiunt. Capsula 2 cm crassa; semina ovoidea, ad 3 mm longa, pallide brunnea, nitida, rhaphe nigella, hilo ovato obliquo excavato.

H.: In Lachen der str. St. bei Tschangscha gegen den Gu-schan, Sandstein, 50 m, 23. IX. 1917 (11357).

Proximum *N. Borneti* LÉVL. et VANT. e typo differt foliis tenerrimis (submersis), floribus 2½—3 cm tantum diametientibus, petalis longitudine aequilatis rotundatis, staminibus exterioribus filamentis deorsum valde dilatatis et connectivis apice incrassatis in petala transeuntibus, antheris interiorum latioribus vix 2½ mm longis; ovario simile est. *N. luteum* (L.) SM. stigmatibus latis humilibus confluentibus disci crassi marginem non attingentibus valde, *N. japonicum* DC. quoque foliis emersis, stigmatibus latis contiguis longe distat.

Castalia SALISB.

(*Nymphaea* L. p. p.)

** ***C. crassifolia*** HAND.-MZT. (Abb. 7).

Syn.: *Nymphaea tetragona* KOM. in Act. Hort. Petrop., XXII., 218 (1904) p. p., non GEORGI.

Sect. *Castalia* SALISB. s. str.

Rhizoma longum, descendens, ad 3 cm crassum, radicibus densissimis longissimis simplicibus, crassiusculis, parce et tenuiter fibrosis, primum brunnescenti-, mox nigello crasse villosum, folia caulesque multa edens. Stipulae ovato-lanceolatae, membranaceae. Petioli pedicellique ½— ad 1 m longi, ± 1—3 mm crassi, hi fructiferi dense spirales. Folia late elliptica, 5½—11 cm longa et longitudine paululo usque quinta parte angustiora, rotundata, sinu basali ultra $^3/_8$ usque fere ad medium folium penetrante, angusto, lobis haud divergentibus, raro paululum productis apicibus obtusiusculis, plerumque extus latius rotundatis vel subtruncatis, coriacea, subtus saepe purpurascentia, costis 7—9 cum venarum reti laxo subtus tenuiter incisis, utrinque granulata. Flores 4½—6 cm diametientes, expansi. Calycis discus quadrangulus, 6 mm, sub fructu fere 1 cm diametro, toro cinctus; sepala 4, anguste ovata, 10—13 et sub fructu ad 20 mm lata, acuta vel crasse apiculata, viridia, enervia, angustissime membranaceo-marginata, pachycystis crebre et irregulariter elevato-striolata, sub fructu ad 4½ cm longa. Petala 10—15, exteriora sepalis aequilonga vel paululo longiora, obovata, obtusa et rotundata, alba. Stamina ad 40, iis duplo breviora, exteriora filamentis petaloideis obovatis, 8 mm longis, antheris 2 mm longis angustis, sensim transeuntia in interiora, quorum filamenta e basi anguste lineari dimidio superiore dilatata quam antherae flavae (e nota ad vivum) 3½ mm longae loculis paulum remotis praeditae paulo longiora et hic vix latiora; pollinis grana ellipsoidea, ± 20 μ longa, minute reticulato-foveolata. Ovarium depressum, griseum, carpellis 5—8 compositum, appendicibus totidem late angustiusve ovatis, obtusis vel acutiusculis, 4 mm latis vel angustioribus, carnosis, ad 1 mm supra basin insertis; stigma planum angulis radiisque totidem his tenuibus vix elevatis,

4 mm diametro, tota superficie papillosum. Fructus globosus, $2\frac{1}{2}$ cm diametro; semina crasse ellipsoidea, 3 mm longa, olivascenti-brunnea, levia, nitidula.

H.: In Lachen der str. St. bei Datopu zwischen Tschangscha und Hsiangtan, Sandstein, 40 m, 14. X. 1918 (12755, Typus). Mandschurei: Am Flusse Suifun (Güldenstädt). Prov. Kirin, Bezirk Ninguta, Tal Schitudensa, 13. VI. 1896 (Komarow 648).

Proxima *C. pygmaea* Salisb. in Sal. et Hook., Parad. Lond., 68 (1806) differt foliis tenuiter herbaceis, sinu basali profundiore aperto, lobis divergentibus acutioribus, floribus plerumque minoribus, pollinis granis subgranulatis. *C. acutiloba* (DC.) Hand.-Mzt. (*Nymphaea a.* DC., Prodr., I., 116 [1826]) iisdem foliis insuper sinuatis et stigmate 10—16 radiato distat. *C. tetragona* (Georgi) Laws. foliis tenuibus, calycis disco multo maiore, petalis in stamina non transeuntibus remotior est.

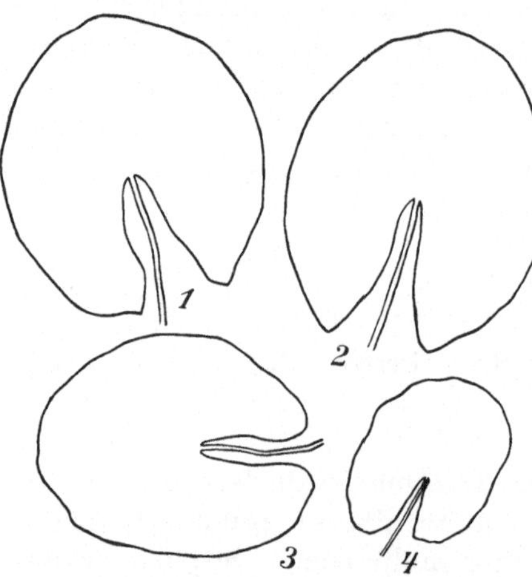

Abb. 7. Blätter von *Castalia crassifolia* Hand.-Mzt. (1, 2 H.-M. 12755. 3 Güldenstädt. 4 Komarow 648). 1/3 nat. Gr.

Nach Valle in Ann. Soc. zool.-bot. Fenn. Vanamo, VII., 304 (1927) ist *C. tetragona* in Ostasien durch *C. pygmaea* vertreten. Zu dieser gehört aber meine ebenso wie Komarows und Güldenstädts Pflanze entschieden nicht. *C. pygmaea* ist nach kultivierten Exemplaren beschrieben und China „forsan“ als Heimat angegeben. Ich sah jedoch wildgewachsene Exemplare nur aus Indien (*Nymphaea tetragona* II. *angusta* 2. *indica* Casp. in Ann. Mus. bot. Lugd.-Bat., II., 252 [1866]). Salisbury gibt nichts über die Textur der Blätter seiner Art an. In der Sammlung seiner Manuskripte im British Museum ist aber ein Blatt der Pflanze eingeklebt, das klein und sehr dünn ist und sehr weit vorgezogene Grundzipfel hat; seine Originalzeichnung der Blütenanalyse zeigt auch alle Übergänge von Blütenblättern zu Staubgefäßen.

Zu *C. crassifolia* scheinen nach flüchtigem Vergleiche des Materials in Kew auch folgende Exemplare aus Indien zu gehören: Falconer 107; Kuran river (Scortechini 128a), dann Tibet: Lhasa (Walton).

Papaveraceae

Eomecon Hce.

E. chionantha Hce. SW-**H.**: Im schattigen wtp. Laubhochwalde des Yün-schan bei Wukang, Tonschiefer, 850—1000 m (12091).

Hylomecon Maxim.

H. japonicum (Thbg.) Prtl. (*Glaucidium pinnatum* Fin. et Gagnep.). SW-**H.**: Yün-schan bei Wukang, zwischen 400 und 1420 m, Tonschiefer (Plt. sin. 2).

Dicranostigma Hook. f. et Thoms.

D. Franchetianum (Prain) Fedde. Kalk- und Phyllitsand der str. St., 1725—1850 m. **S.**: Am Ufer des Yalung unter Wali n von Yenyüen (2533). NW-**Y.**: Bei Ndaku über dem Djinscha-djiang n von Lidjiang, 27° 20′ (4398).

Die Stengel sind oberwärts oft sehr reich verzweigt und reichblütig. Fedde weist in Pflanzenr., IV/104, 211, auf einen Widerspruch zwischen Prains Beschreibung und seiner Beobachtung hinsichtlich der Bekleidung der Frucht hin. Ich finde sie an den Nähten mit spärlichen Drüsenhöckern eher als mit „prickles“ (Prain) oder „setae“ (Fedde) besetzt, die bald verschwinden.

Macleaya R. Br.

M. cordata (Willd.) R. Br. Im Gerölle von Talsohlen, in Gebüschen und an offenen Erdhängen in der oberen str. und der wtp. St., auf Tonschiefer, Quarzit, Sandstein und Kalk, 400—1300 m. W-**F.**: An Bächlein am Fuße des Tienhwa-schan w von Dingdschou (Plt. sin. 404). SW-**H.**: Zwischen Schandungschui und Wangdjiapu am Wege von Hsinning nach Dungngan. Yün-schan bei Wukang (12274). Am Wege von hier nach Dsingdschou gegen Hsüning und jenseits Moschi. **Kw.**: Zwischen Liping und Maliaotang. Mehrfach zwischen Badschai und Duyün (10769). Madjiadwen (10623) und Wongtschengtjiao bei Guiding. Zwischen Schatjitang und Gwanyinschan bei Guiyang („Kweiyang“) (10539).

Die var. *jedoënsis* wurde zuerst von Carrière an der von Fedde zitierten Stelle als *Bocconia jedoënsis* durch eine Feddes Charakteristik gerade entgegengesetzte tiefere Teilung der Blätter unterschieden und später von André so abgebildet. Dieser spricht auch von Unterschieden in Staubgefäßen und Ovula, ohne sie aber darzulegen. Er ficht Carrières Schreibweise an, da man „Yedo“ schreibe, doch ist dazu zu bemerken, daß dies eine französische Umschreibung des japanischen Namens ist und Carrière ihn lateinisch sehr gut mit J umschreiben konnte. Im übrigen enthält meine Nr. 12274 beide Formen in der Auffassung Feddes, der sich in den Angaben über die Behaarung widerspricht, und scheint es mir nicht möglich, die Varietät aufrecht zu erhalten.

Meconopsis Vig.

M. lyrata (Cumm. et Prain) Prain. (*M. compta* Prain, cfr. Ward in Gard. Chron., LXXIX., 306 et Ann. of Bot., XL., 539 [1926]). NW-**Y.**: Im Rasen der Hg. St. des birm. Mons. auf Granit und Glimmerschiefer in der Salwin—Irrawadi-Kette, 4050—4100 m. Westseite des Passes Tschiangschel, 27° 52′ (9066) und um die Pässe Buschao hinter dem Gomba-la bei Tschamutong (9286).

M. speciosa Prain. (*M. Ouvrardiana* Hand.-Mzt. in Sitzgsanz. Ak. W. W., 1922, 247). NW-**Y.**: Unter und zwischen Felsblöcken und in Schneetälchen auf Glimmerschiefer in der Hg. St. des birm. Mons., 4100—4400 m, in der Mekong—Salwin-Kette auf dem Si-la, 28° (8407) und am Westhange des Gondon-rungu, 28° 9′ (9556), und in der Salwin—Irrawadi-Kette am Passe Buschao hinter dem Gomba-la bei Tschamutong (9519).

Die von mir festgestellten Unterschiede gegenüber der Originalbeschreibung der damals nur unvollkommen bekannten *M. speciosa* haben sich nach reicherem

Material als unkonstant erwiesen, indem es zu den bis 9 cm langen, von Brakteen getragenen Stielen der in eine lockere Traube gestellten Blüten und den nur 4 Petalen meiner Pflanze alle Übergänge gibt. Die wenig entwickelte Nr. 9519 hat sogar einen sehr verkürzten Stengel.

M. rudis PRAIN. NW-Y.: In offenem und begrasten Kalkschutt der Hg. St. des Yülung-schan bei Lidjiang, 3625—4200 m, am Osthange des Gipfels Ünlüpe (3519) und unter der Gletscherzunge über der Schlucht Lokü (6816).

Die Notizen von Kalkfelsen und Schutt der Hg. bis in die tp. St., 3400 bis 4400 m, in NW-Y.: auf dem Gebirge Waha s von Yungning, beim Lamakloster von Dschungdien, im Tale von Hsiao-Dschungdien zum Gebirge Piepun und auf dem Berge Schusutsu se von dort, im birm. Mons. auf dem Maya in der Mekong—Salwin-Kette, 28° 4′, und in S.: um Muli bei der Alm Bädö, auf dem Gonschiga, und beim Lagerplatze Guyi am Wege nach Yungning gehören wahrscheinlich zu *M. Prattii* PRAIN in Bot. Mag., tab. 8619 (1915) oder teilweise zur folgenden Art.

M. horridula HOOK. f. et THOMS. var. ***racemosa*** (MAXIM.) PRAIN in Journ. As. Soc. Beng., LXIV/2., 313 (1896), cfr. Kew Bull., 1915, 152. S.: Steinige Stellen auf Kalk der Hg. St. des Berges Saganai ober Muli, 4100—4375 m (7326). NW-Y.: Gehängeschutt auf Kalk der Hg. St. an der Westseite des Gebirges Piepun se von Dschungdien, 4400 m (phot., nach brakteen- und fast blattlosen Stengeln deutlich als diese erkennbar). Hieher vielleicht noch einige der obigen Notizen.

LIMPRICHTS Nr. 1929 (als *M. racemosa*) ist *M. Prattii* PRAIN.

M. Forrestii PRAIN. Wiesen, Modermatten und andere humöse Stellen auf Kalk und Tonschiefer der tp. und ktp. St., 3400—4050 m. NW-Y.: Bei Lidjiang, von Einheimischen (4146). Westseite des Rückens zwischen Haba und Dugwantsun se von Dschungdien (6879). Ober Sandjiaho s von Yungning (3193). S.: Rücken Daörlbi halbwegs zwischen Yenyüen und Yungning (2996).

M. concinna PRAIN in Kew Bull., 1915, 163, det. G. TAYLOR. NW-Y.: Auf Kalk in der Hg. St., 4300—4500 m, auf Matten des Gipfels neben dem Passe zwischen Bödö und Alo se von Dschungdien (4540) und an steinigen Stellen auf dem Berge Waha s von Yungning (7097).

M. impedita PRAIN in Kew Bull., 1915, 162. NW-Y.: Gehängeschutt und grasige Stellen der Hg. St. des birm. Mons. auf Kalk, Glimmerschiefer und Granit, 4025—4600 m, in der Mekong—Salwin-Kette, 28° 4—15′, auf dem Schöndsu-la und Pongatong häufig (9621), zwischen dem See und Paß Yigöru, auf dem Doker-la (8132).

M. venusta PRAIN in Kew Bull., 1915, 164. (*M. leonticifolia* HAND.-MZT. in Sitzgsanz. Ak. W. W., 1920, 49). NW-Y.: Im Gehängeschutt, spärlicher in Schneetälchen, auf Kalk der Hg. St. an der Westseite des Gebirges Piepun se von Dschungdien, 4300—4650 m (4700).

Professor KNOLL stellte fest, daß der Wachsüberzug der Blattunterseite in kaltem 96%igem Alkohol nicht merklich löslich ist, wohl aber in kaltem Benzol, Xylol und Chloroform. Der Verdunstungsrückstand dieser Lösung wird trocken und schmilzt beim Erhitzen; bei darauffolgendem Abkühlen erstarrt er wieder unter Sichtbarwerden eines kristallinischen Gefüges.

M. Delavayi FRANCH. Steinige Grasplätze auf Kalk der ktp. bis in die

Hg. St., 3500—4100 m. NW-Y.: Osthang des Gipfels Ünlüpe im Yülung-schan bei Lidjiang (3518). Ober Dugwantsun se von Dschungdien. S.: Um Muli bei der Alm Bädö, auf dem Passe Tschescha, und beim Lagerplatze Tschako am Wege nach Dschungdien. Die nicht belegten Notizen jedoch vielleicht zu *M. concinna* PRAIN (s. oben) gehörig.

M. integrifolia (MAXIM.) FRANCH. NW-Y.: Grasige, steinige Stellen auf Kalk in der Hg. St. am Osthange des Gipfels Ünlüpe im Yülung-schan bei Lidjiang, 3800—4350 m (3542).

M. pseudointegrifolia PRAIN in Ann. of Bot., XX., 353 (1906). In Wiesen, Hochstaudenfluren, Modermatten der ktp. und Hg. St., auf Kalk, Tonschiefer und Glimmerschiefer, 3450—4300 m. NW-Y.: Rücken zwischen Haba und Dugwantsun se von Dschungdien (6877). Waha bei Yungning. Paß Lenago zwischen Djinscha-djiang („Yangtse") und Mekong, 27° 45′ (8852; GEBAUER). Im birm. Mons. in der Mekong—Salwin-Kette ober Rüschaton und im Saoa-lumba (9961) am Si-la, 28°; in der Salwin—Irrawadi-Kette im Tjiontson-lumba unter Tschamutong. S.: Bei Muli auf dem Berge Saganai, dem Passe Tschescha und ober dem Lagerplatze Tschako. Die nicht belegten Notizen vielleicht teilweise zur vorigen Art gehörig.

** ***M. Smithiana***[1] (HAND.-MZT.) TAYLOR, in litt.

Syn.: *Cathcartia Smithiana* HAND.-MZT. in Sitzgsanz. Ak. W. W., 1923, 182.

Subgen. *Polychaetia* (PRAIN) FEDDE, Sect. *Chelidonifoliae* PRAIN.

Herba biennis, tota pilis barbellatis fulvis patulis villosa, radicibus fasciculatis longis, caule singulo, crassiusculo, fistuloso, erecto, basi vaginis mortuis circumdato quasi bulboso, 1 m et ultra longo, toto remote foliato. Folia ampla, flaccida, saturate viridia, subtus subglaucescentia, unijugo pinnata, inferiora petiolis basi haud dilatatis laminam aequantibus rhachin duplo superantibus sub anthesi marcescentia, ad bracteas subsessiles ternatas et summas subintegras vix decrescentia; lobus terminalis 6—8 cm longus, inferiorum cordato-ovatus, superiorum cuneatus, profunde 3—5 lobus, lobulis rotundatis paucilobulatis; lobi laterales subduplo minores brevipetiolulati paucilobulati. Pedunculi graciles terminales et in parte superiore caulis axillares, flaccidi, usque ad 12 cm longi, uniflori nudi vel biflori bractea parva obsiti, pedicellis 2 cm longis. Calyx 1 cm longus, sepalis 2, herbaceis, orbicularibus, deciduis. Petala late obovata, 15 usque 17 mm longa et paululum angustiora, subemarginata, lutea, patula. Stamina c. 64, dimidio breviora, glabra, lutea, filamentis subulatis, antheris oblongis 1—$1^1/_4$ mm longis. Ovarium globosum, setis porrectis longe strigosum; stigma sessile, mitratum, magnum, c. 5 radiatum. (Capsula ignota.)

NW-Y.: Krautfluren in der tp. St. des birm. Mons. auf Glimmerschiefer, 3120—3400 m, in der Salwin—Irrawadi-Kette, 27° 55′, in den Wäldern des Tjiontson-lumba unter Tschamutong, 3. VII. 1916 (9254) und am Bache unter dem Passe Pangblanglong ober Schutsche.

Affines *M. chelidonifolia* BUR. et FRANCH. et *M. Oliveriana* FRANCH. et PRAIN differunt caule superne glabro, foliis fere bipinnatis superioribus glabrescentibus, sepalis ovarioque glabris. *Cathcartia villosa* HOOK. f. quoque similis

---

[1] Professori W. W. SMITH Edinburghensi, gratiam agens, quod mihi collectionem meam determinanti liberaliter opem ferat, dedicata.

foliis simplicibus, superioribus late sessilibus, floribus multo maioribus, staminibus 32 et ovario glabro differt.

Die Pflanze, die ich in Ermanglung von Früchten wegen der habituellen Ähnlichkeit anfangs zu *Cathcartia* gestellt hatte, wird von Herrn G. TAYLOR, der am British Museum an einer neuen Monographie von *Meconopsis* arbeitet, für nächstverwandt mit den Arten der Sektion *Chelidonifoliae* dieser Gattung gehalten, wogegen ich nun auch nichts einwenden kann.

Fumariaceae

Hypecoum L.

H. leptocarpum HOOK. f. et THOMS. NW-**Y.**: Auf Kalkgerölle in der tp. St., 2830—3400 m. Ngulukö bei Lidjiang (4241). Dschungdien und Tomulang.

Dicentra L.

(„*Diclytra*", „*Dielytra*" autt.)

? *D. macrantha* OLIV. **Y.**: Beyendjing halbwegs zwischen Tschuhsiung und Yungbei, an Felsen bei Lohanpin und in Feldern bei Setaohotjiao (TEN 45).

Blüten nach Angabe des Sammlers gelb, wie WILSONS Nr. 4714 nach HUTCHINSON in Kew Bull., 1921, 108. Blätter noch kaum entfaltet. Sonst stimmt alles Vergleichbare, und mittelchinesische Relikte sind gerade in der Gegend von Beyendjing nicht selten.

Dactylicapnos WALL.

D. lichiangensis (FEDDE) HAND.-MZT. (*Dicentra l.* FEDDE in Rep. sp. n., XVII., 199 [1921]). In Hecken der wtp. und tp. St. auf Kalk, Sandstein und Tonschiefer, 1850—3000 m. **Y.**: Ober Hsinlung n von Yünnanfu. An der Straße von hier nach Dali von Schödse w Luföng bis gegen Dschaodschou. Houdjing n von dort. Im NE unter Hungsi am Wege nach Suifu (MELL). Dungtschwan (MAIRE). Im NW zwischen Böscha und Ngulukö bei Lidjiang (4329), bei Losiwan und Dugwantsun am Wege von hier nach Dschungdien. Zwischen Dahota und dem Sattel Gitüdü e von hier an Brandstellen. **S.**: Wudjio und unter Piyi zwischen Muli und Yungning. Bei Yenyüen gegen den Sandaoschan.

Der Blütenbau entspricht an allen vorliegenden Pflanzen der Beschreibung des Autors, doch sind die Blätter an jener MELLS doppelt so groß. MAIRES Aufsammlung verbindet jedoch diese mit der Lidjianger Pflanze. Reife Kapseln sind nur an dieser vorhanden. Die bloß notierten Pflanzen könnten auch einer anderen Art angehören, doch ist dies aus geographischen Gründen nicht wahrscheinlich.

Corydalis VENT.

C. lofouensis LÉVL. **H.**: Bebuschte grasige Stellen der str. St. am Fuße des Yolu-schan bei Tschangscha, Sandstein, 60 m (11657).

Blüten grünlichgelb. Auffallend sind die senkrecht hängenden jungen Schoten, während die schon älteren der Originale sowohl von *C. lofouensis* als von *C. Balansae* PRAIN abstehen. Die von FEDDE in Rep. sp. n., XX., 52 u. 62, angegebenen Unterschiede in der Blüte dieser beiden Arten kann ich nicht finden. Ihre Farbe ist offenbar auch die gleiche wie bei meiner. Nur die Blätter sind bei *Balansae* größer, doch dürfte dies keinen Artunterschied ausmachen und die Pflanze so zu nennen sein.

C. racemosa THBG. (*C. Handel-Mazzettii* FEDDE in Rep. sp. n., XX., 60 [1924]. — *C. adunca* FEDDE, l. c., XXII., 220 [1926] p. p., quoad WILS., Veitch Exp. 132, non MAXIM.). **H.**: Gebüsche der str. St. auf Sandstein, 35—500 ? m. Am Liuyang-ho bei Tschangscha (11686) und von hier gegen W bis Wadsiping n von Hsianghsiang überall zerstreut. Lengschuidjiang zwischen Hsinhwa und Baotjing. Yün-schan bei Wukang (Plt. sin. 11).

FEDDE schreibt in Rep. XX., 296: „*C. Handel-Mazzettii* wurde wohl von HANDEL-MAZZETTI ohne genauere Besichtigung der Blüte nur auf seine (sic!) äußere Erscheinung hin, ebenso wie auch später von mir, für *C. racemosa* gehalten — —". Dies ist unzutreffend, denn FEDDE erhielt die Pflanze von mir unbestimmt und bestimmte sie ganz allein als *C. racemosa*, eine Bestimmung, die ich beim Vergleich mit japanischem Material bestätigen muß. Die von ihm l. c., XX., 61, 62, angegebenen Unterschiede bestehen nicht. Zum Pariser Exemplar meiner Nr. 11 bemerkte er, dieses sei nicht *C. Handel-Mazzettii!*

* ***C. flaccida*** HOOK. f. et THOMS., Fl. Ind., I., 260 (1855). **NW-Y.**: Kräuterfluren, an Waldbächlein und in bambusreichen Tannenwäldern der ktp. St. auf Glimmerschiefer im birm. Mons. in der Mekong—Salwin-Kette unter dem Passe Gondon-rungu im Tale Schidsaru, 7. VIII. 1916 (9757) und am Aufstieg vom Saoa-lumba zum Si-la, in der Salwin—Irrawadi-Kette am Westfuße des Passes Pangblanglong, 10. VII. 1916 (9522) und an der Westseite des Passes Tschiangschel, 5. VII. 1916 (9379), 27° 57'—28° 9', 3300—3900 m. Felsspalten auf dem Dsang-schan bei Dali, 4000 m, 29. VIII. 1886 (DELAVAY: Herb. Paris).

Meine Standorte wurden von FEDDE im Rep. sp. n. XXIII., 182 (1926) nach meinen Bestimmungen schon veröffentlicht.

C. triternata FRANCH., e typo. **Y.**: Beyendjing, in Wäldern bei Tieso (TEN 1410).

FRANCHETS Angabe „Petala exteriora alte cristata" ist nicht zutreffend, denn der Kamm ist auch am Original recht schmal, an TENS Exemplaren kaum merklich.

C. Davidii FRANCH. **NE-Y.**: Dungtschwan, 2600 m (MAIRE). Tal von Maliwan, 2550 m (MAIRE).

C. Clematis LÉVL. dürfte sich damit identisch erweisen.

** ***C. pterygopetala***[1] HAND.-MZT. in Sitzgsanz. Ak. W. W., 1925, 222.

Sect. *Eucorydalis* PRTL.

Radix perennis, brevis (?), fibris longissimis validis fuscis, petiolorum mortuorum fragmentis pallidis parce comata, folia 1—2 et caulem singulum, inferne 1 cm crassum, sulcatum, erectum, brunneum, metralem et altiorem, dissite et aequaliter foliatum, a folio secundo sursum paniculato-multiramosum, ob ramos erectos inferiores longissimos autem subcorymbosum edens. Folia ambitu latissime ovata, 8—12 cm longa, biternata, foliolis terminalibus tri-,

[1] e petalis exterioribus marginibus dilatato-alatis.

lateralibus pedatim quadrisectis, segmentis obovatis et oblique ellipticis, terminalibus nonnunquam fere ad basin tri- et lateralibus bifidis ceterum integerrimis, $1\frac{1}{2}$—$4\frac{1}{2}$ cm longis, breviter acuminatis, terminalibus basi longe attenuatis herbaceis, intense, subtus paululo pallidius, viridibus et hic praesertim ad nervos numerosos sublongitudinales in sicco valde conspicuos parce papilloso-furfuraceis; petioluli tenues, foliolis paulo usque quadruplo breviores; petioli deorsum sensim paulum dilatati, radicales folio saepe longiores, summi sensim subnulli. Racemi laxiusculi, terminales ad 8 cm longi, laterales breviores, multiflori. Bracteae lineari-lanceolatae, herbaceae, $^1/_4$—$\frac{1}{2}$ mm latae, pedicellos tenues 4—6 mm longos erectopatentes sub fructu refractos aequant. Flores horizontales, flavi, 20—22 mm longi. Sepala minuta, reniformia, eroso-lacera, membranacea, fugacissima. Petala exteriora unguibus brevibus, suborbicularia, a latere cum cristis angustis ultra apices productis acutis 3 mm alta, marginibus tenerrimis, superius in calcar lamina tertia parte longius, $1\frac{1}{2}$—$1^3/_4$ mm crassum a medio paulum sursum curvatum, paulisper attenuatum, apice rotundatum productum, inferius illo paululo longius, subdeflexum; lateralia aequilonga, laminis anguste oblongis ungues sursum paulum dilatatos aequantibus toto dorso cristis altis antice rotundatis auctis, basi auriculis 2 falcatulis, medio margine superiore appendice semiorbiculari instructa. Synandria dimidio inferiore subito dilatata; pollen lateritium. Stylus crassiusculus, $3\frac{1}{2}$ mm longus; stigma longitudine latius, quadrituberculatum, tuberculis mediis subulatis $\pm$ cohaerentibus, lateralibus rotundato-applanatis, processubus basalibus triangularibus. Capsula (unica evoluta) linearis, 12 mm longa, $2\frac{1}{2}$ mm lata, apice cordatula (saepe morbo quodam inflata subglobosa). Semina pauca, lenticularia, ad 2 mm diametro, nigra, levia, nitidissima, caruncula semilunata ochracea.

NW-Y.: Häufig in Krautfluren der tp. St. des birm. Mons. im Tjiontsonlumba in der Salwin—Irrawadi-Scheidekette unterhalb Tschamutong, Glimmerschiefer, 3120—3300 m, 3. VII. 1916 (9252).

Proxima *C. ochotensis* TURCZ. foliis subcongruens differt ramificatione pyramidali-thyrsoidea, petiolulis primariis divaricatis, segmentis obtusioribus, bracteis lanceolatis pedicellos superantibus, corolla firmiore paulo minore, petalis exterioribus longe lateque unguiculatis angustioribus, inferiore basi saccatulo, calcare decurvo, capsula apice rotundata, stigmate maiore quadrato. Florum structura congruit *C. triternata* FRANCH., sed foliis perfecte triternatis, foliolis divaricato-petiolulatis, petalis paulo angustioribus, siliquis clavatis habituque ob caules plures graciles longe distat. *C. yunnanensis* FRANCH. haud dissimilis differt gracilior pluricaulis, foliorum segmentis multo minoribus brevioribus, petalis exterioribus multo angustioribus, alte cristatis, capsulis latis.

Zu dieser Art gehört wahrscheinlich auch eine Pflanze von Tseku am Mekong, 2500 m, V. 1908 (MONBEIG: Herb. Paris), die ich aber nicht mit meiner vergleichen konnte.

C. yunnanensis FRANCH. NW-Y.: Bei Lidjiang, von Einheimischen (4145; SCHNEIDER 3425). In Tannenwäldern der ktp. St. an der Westseite des Gebirges Piepun, zwischen Bödö und Alo und ober Dugwan-tsun se von Dschungdien auf Kalk und Sandstein, 3700—4000 m. Im Tale von Tseku zum Si-la in der Mekong—Salwin-Kette auf Urgesteinen und Granit, 3200—3500 m (wenn nicht die folgenden). S.: Humöse Gebüsche der ktp. St. auf dem Pases

Daörlbi halbwegs zwischen Yungning und Yenyüen, Kalk, 3750—3800 m (2973; SCHNEIDER 1493).

Die Narbe zeigt eine beträchtliche Variabilität, bei meinen Pflanzen im Umriß rechteckig, bei Nr. 2973 mit abgerundeten, bei 4145 mit mehr als gleichseitig-dreieckig vorgezogenen unteren Ecken, beim Originalexemplar im Umriß halbkreisförmig mit fast horizontalen unteren Rändern und gerundeten oder stumpfwinkeligen oberen äußeren Ecken.

C. delphinioides FEDDE in Rep. sp. n., XXIII., 181 (1926). **NW-Y.**: Kräuterreiche Gebüsche der Berge bei Dschungdien (SCHNEIDER 3031, det. FEDDE).

Die Art steht der vorigen außerordentlich nahe, unterscheidet sich aber durch in einen Halbkreis gekrümmte (kaum „subsigmoidea") Korolle und das völlige Fehlen des Nektariums.

C. tongolensis FRANCH., e typo. **NW-Y.**: An Rändern von Bambusdschungeln der tp. St. bei Yungning unter dem nach Fongkou führenden Passe, Kalk, 3300 m (7062). Hieher oder zur vorigen die Notizen aus **S.**: Paß Tschescha s und Waldwiese Gumadi sw von Muli.

Der Name wird von FEDDE in Rep. sp. n., XX., 359 mit Vorbehalt als Synonym zu *C. sibirica* (L.) PERS. gestellt, die sich aber schon durch das stark gesackte untere Petalum unterscheidet.

** ***C. humicola*** HAND.-MZT. (Taf. VII, Abb. 15, 16).

Sect. *Eucorydalis* PRTL.[1]

Rhizoma breve, perpendiculare, radicibus fuscis, incrassatis, folia pauca caulesque 1—3 simplices, 25—50 cm altos validos erectos in sicco sulcatos edens. Folia radicalia exteriora petiolis quam laminae duplo longioribus, interiora longissimis, ternata, foliolis lateralibus breviter, terminalibus duplo longius petiolulatis, 15—30 mm longis, basi cuneatis, illis rotundatis, ultra $^{2}/_{3}$ usque fere ad basin -illis inaequaliter- tripartitis, partibus cuneiformibus 3- et exterioribus 2—5 lobis, lobis late obovatis, rotundatis, indistincte apiculatis, crassiuscule herbacea, supra atroviridia dissite papillosa, subtus paululum caesia, venis longitudinalibus valde conspicuis densis. Folia caulina interdum unum suprabasale petiolatum (ipsum destructum), cetera in dimidio superiore 2—3 dispersa, sessilia vel inferiora petiolis usque ad 3 cm longis, ambitu late ovato-cordata, ad basin trisecta, parte terminali ad medium c. trifida, partibus lateralibus obliquis irregulariter 2—6 sectis, lobis ceterumque radicalibus similia. Flores multi, dense racemosi, bracteis foliaceis, inferioribus trifidis, superioribus late lanceolatis fere 1 cm longis. Pedicelli erecti, inferiores ad 30, summi 7 mm longi. Sepala ovata, longe acuminata, 1 mm longa, inferne parce lacerata, ecoloria, fugacia. Corolla amethystina (e nota ad vivum), horizontalis, serius deflexa, 2 cm longa. Petala exteriora porrecta, subaequilonga, superius a latere lineare, 2 mm altum, calcare lamina aequilongo 2 mm crasso rotundato rectiusculo, inferius ad unguem latum quam lamina subduplo breviorem supra basin

[1] Die Wurzeln sind ausgesprochen verdickt, aber, soviel man an den nicht ganz vollständigen sehen kann, nicht eigentlich knollig. Sie erinnern dadurch etwas an die chinesischen hier zur Sectio *Capnogorium* gestellten Arten um *C. curviflora* MAX., die allerdings PRANTLs Diagnose dieser Sektion auch nicht entsprechen, vielmehr in keine seiner Fassung fallen.

in saccum usque ad $1^1/_2$ mm diametientem productum late rotundatum, utrumque crista brevi et alta rotundata apicem excedente instructum; lateralia iis $1\frac{1}{2}$ mm breviora, late cochleata, supra ungues latos laminis aequilongos minute biauriculata, crista dorsali laminae lineari lata, appendice vix semiorbiculari. Synandia e late ovato sensim subfiliformia. Stylus crassus, stigmate transverse latiore didymo, antice applanato, deorsum bicorni. Capsula juvenilis deflexa, lanceolata, stylo plusquam sesquilongior, pruinosa, c. 15 sperma.

S.: Humöse Stellen in Gebüschen der ktp. St. auf dem Rücken Daörlbi halbwegs zwischen Yengyüen und Yungning, Kalk, 3750—3800 m, 13. VI. 1914 (2967; Schneider 1510).

Proximae videntur *C. cheirifolia* Franch. bulbis crassissimis, foliis membranaceis glaucis, radicalibus parvis, segmentis suborbicularibus lateralibus subsessilibus, caulinis palmatisectis et *C. elata* Bur. et Fr. caule superne saepe ramoso, foliis caulinis ambitu reniformibus partibus terminalibus basi rotundatis, bracteis linearibus, petalorum exteriorum apicibus ultra cristas humiles longe mucronato-productis, inferioris sacco levissimo lato diversae.

C. gracilis Franch. An Gebüsch- und Bamusetenrändern, in steinigem Rasen, auch in Äckern in der (wtp.?), tp. und ktp. St., 2800—4050 m, auf Sandstein, Tonschiefer, Granit und Diabas. **Y.**: Zwischen Dsutoupo und Gwamaoschan zwischen Yungning und Yungbei (3297). Betsaolin bei Beyendjing (Ten 1345). Bei der Alm Oscha am Nguka-la zwischen Dschungdien und Djidsung (7761). Im birm. Mons. in der Mekong—Salwin-Kette ober der Alm Monütong am Doker-la und massenhaft um die Alm Dewatschratscho ober Tseku. **S.**: Lungdschu-schan bei Huili (5177).

C. adunca Maxim. (*C. odontostigma* Fedde in Rep. sp. n., XXI., 51 [1925]). **N-S.**: Gebirge um Sungpan (Weigold).

Bei der Beschreibung vergleicht Fedde seine *C. odontostigma* nicht mit *adunca*, aber l. c., XXII., 220 (1926) stellt er sie mit ihr, *C. stricta* und *albicaulis* in eine Gruppe. An der mir vorliegenden Originalnummer H. Smith 2231 finde ich die Narbe nur durch anklebende Pollenmassen gehörnt, nach Abfallen dieser aber trapezförmig mit glatten Rändern und konvexer Grundlinie. Auch sonst finde ich keinen Unterschied gegenüber der von ihm als *adunca* angeführten Nr. 150 Chings.

C. latiloba (Franch.) Hand.-Mzt. (*C. albicaulis* Franch. var. *latiloba* Franch., Plt. Delav., 51 [1889]. — *C. adunca* Fedde, Rep. sp. n., XXII., 220 p. p., non Maxim.). Kalkfelsen der str. und wtp. St., 1350—2250 m. **Y.**: In der Schlucht ober Hsintschwang bei Hwaping e von Yungbei. Im NW bei Jigo zwischen Djinscha-djiang („Yangtse") und Mekong, 27° 37′ (7864). **S.**: S ober Lumapu am Zuflusse des Yalung gegen Yenyüen, 27° 37′ (2054).

Differt a *C. albicauli* Franch. caulibus fere nullis, foliorum lobulis latioribus orbicularibus usque obovatis, 3— fere 20 mm longis, siliquis brevioribus 2 cm tantum longis, stylis longioribus 3—4 mm longis, stigmatibus longe bilobis divaricatis.

Die Unterschiede gegenüber *C. albicaulis* geben dieser Pflanze entschieden Artwert. Mit welchem Grunde sie Fedde, l. c., ohne sie gesehen zu haben, mit der schon im Wuchse ganz verschiedenen *C. adunca* Maxim. identifiziert, ist mir unbekannt.

C. Hemsleyana FRANCH. et PRAIN, e typo. **Y.**: Sandsteinschutt der wtp. St. bei Dschaoping ober Yungbei, 2675 m (3341). Im NW jedenfalls bei Tseku am Mekong (MONBEIG).

Die Kämme der äußeren Petalen sind an MONBEIGS Pflanze mehrfach höher als an meiner. In Anbetracht der Variabilität dieses Merkmals fällt wohl, wie ich sowohl in Kew als in Paris notierte, die von FEDDE in Rep. sp. n., XX., 52 nur mit der wenig ähnlichen *C. incisa* verglichene *C. heterodonta* LÉVL. mit *C. Hemsleyana* zusammen.

C. incisa PERS. **H.**: Gebüsche der wtp. St. auf Kalk bei Hsikwangschan im Bezirke Hsinhwa, 600 m (11752).

C. stenantha FRANCH., e typo. In der tp. St. NW-**Y.**: Wiese auf dem Sattel Hungschischao se von Dschungdien am Wege nach Lidjiang, Kalk, 3225 m (6856). **S.**: In bambusreichen Gebüschen ober Niutschang zwischen Yenyüen und dem Yalung, 27° 22′, Sandstein, 3000—3600 m (5414).

** ***C. radicans*** HAND.-MZT. in Sitzgsanz. Ak. W. W., 1925, 221. (Taf. VII, Abb. 13, 14).

Sect. *Capnogorium* (BERNH.) PRTL.

Glaberrima, intense viridis, paulum glaucescens. Rhizoma brevissimum, radicibus longis, ramosis, apice foliorum fasciculum sterilem et sub illo caulem singulum vel caules perpaucos flaccidos usque ad 15 cm procumbentes et radicibus foliorum axillis fasciculatis radicantes, dein geniculatos et erectos 20—50 cm altos, aequaliter sparsifoliatos, superne vel maiores jam a folio infimo longiramosos et racemiferos edens. Folia ambitu reniformia, 2½—4½ cm longa, ternata, foliolo medio ad basin tripartito vel in foliis maioribus bijugo-pinnatipartito, foliolis lateralibus inaequaliter bipartitis partibus sicut terminale divisis; laminae omnes ambitu ovatae, in lobos obovatos et cuneatos incisae et crebre inciso-dentatae, dentibus ½— fere 1 mm latis, porrectis, lanceolatis, acutissimis; petioluli foliolis aequilongi vel breviores; petiolus folio sesqui- usque 4plo longior, in foliis caulinis superioribus sensim brevis, in infimis in vaginam longam et angustam sensim dilatatus. Racemi densiusculi, 15—35 et sub fructu etiam ad 70 mm longi, multiflori. Bracteae foliaceae, brevistipitatae, trifidae, partibus angustioribus inciso-dentatis, summae simplices, pedicellis paulo breviores. Pedicelli gracillimi, erectopatentes necnon patentes, 5—12 mm longi. Flores 14—19 mm longi, violacei (e nota ad vivum). Sepala peltata, late ovata, 2 mm longa, membranacea, ad medium circiter irregulariter lacerata, nonnisi cum corolla decidua. Petala exteriora 3 mm alta, ad $\pm$ 1/3 trilobata, apice retusa et grosse mucronulata, erosula, cristis humilibus brevibus apices non attingentibus, superius in calcar eo paulo brevius anguste cylindricum 1½ mm crassum apice paululum elevato rotundatum productum, inferius eo paululo longius; interiora eis 1 mm breviora, unguibus petalo superiori fere totis adnatis, laminis rectangularibus, antice cochleatis rotundatis et minute apiculatis, superne appendice humili rotundato auctis, basi minute hamato-biauriculatis, toto dorso alte cristatis. Synandria petalis alte, i. e. superius ad ½, inferius ad 1/3, adnata, deorsum sensim et inferius minus late dilatatum, processubus plusquam dimidium calcar percurrentibus, apice longe clavatis. Ovarium lineare, in stylum 2½ mm longum, crassum attenuatum; stigma subquadratum, antice rotundatum, indistincte quadrituberculatum, basi minute biapiculatum. Siliqua nutans, linearis, 10—11 mm longa, 2 mm lata, atroviridis, in stylum contracta. Semina uniseriata c. 9, $1^1/_3$ mm diametro, nigra, nitidissima.

S.: Gebüschränder der ktp. St. unter dem Lagerplatze Tschako auf dem von Muli gegen Dschungdien ziehenden Rücken, Tonschiefer, 3950 m, 5. VIII. 1915 (7455).

Proxima videtur *C. petrophila* FRANCH. humilior, debilior, collo comata et foliolis pinnatifidis, dentibus obtusis, racemis oppositifoliis paucifloris, petalis integris, calcaribus duplo crassioribus diversa. *C. incisa* PERS. foliis etsi eorum partibus latioribus haud dissimilis, ut et praecedens crescendi modo, sepalis barbato-laceratis ceterumque longius distat.

C. petrophila FRANCH. Syn.: *C. Smithiana* FEDDE in Rep. sp. n., XX., 55 (1924). FEDDE stellt seine *C. Smithiana*, l. c., 63 mit *C. Sheareri*, *temulifolia* u. a. zusammen, denen sie keineswegs nahe steht, vergleicht sie aber nicht mit *C. petrophila*, die er l. c., XXV., 223 (1928) ausführlich beschreibt. Wenn man seine beiden Beschreibungen vergleicht, so findet man einen greifbaren Unterschied nur in den Folia bipinnatisecta der *Smithiana* und subtriternata der *petrophila*. Sie sind aber nach dem mir vorliegenden Exemplar von FORREST 10186 und meiner Pause des *petrophila*-Originals an beiden vollkommen gleich. Der kleine Unterschied in der Blütengröße besteht nicht, denn das Original hat ebenfalls 2,2 cm lange obere Petalen. Die kleinen Unterschiede in den Synandrien, den Nägeln der inneren Petalen und die hier 8, dort 10 Narbenpapillen können bei so vollständiger Übereinstimmung keinen größeren Wert haben. Auffallend sind die kurzen Filamentfortsätze bei *C. Smithiana*; bei *C. petrophila* sind sie nicht beschrieben und in meiner Zeichnung nicht zu erkennen. Unser Exemplar der ersten hat eine außerordentlich lockere grundständige Blütentraube und zwei schlaffe, in dichtere, die Blätter allerdings wesentlich überragende Trauben ausgehende Stengel, ähnelt also dem *petrophila*-Original hinreichend. Die Verwandtschaft ist bei *C. taliensis* FRANCH., von der sie durch die viel feiner zerteilten Blätter verschieden ist.

C. taliensis FRANCH. (*C. Bulleyana* DIELS in Not. R. Bot. Gard. Edinbgh., V., 256 [1911]. — *C. Schochii* FEDDE in Rep. sp. n., XVII., 128 [1921]). In Wäldern, Gebüschen, an Wassergräben und in feuchten Äckern auf Sandstein und kalkhaltigem Boden der wtp. St., 1800—2800 m. **Y.**: Am Hsi-schan bei Yünnanfu (326; SCHOCH 61). Hsinlung (506) und Sanyingpan n von hier. Im NE bei Dungtschwan (MELL). Hier bei Jöschuitang (MAIRE) und Djiangpien (M.). Im NW zwischen Dawan und Gwanyilang bei Yungbei (3434). Bei Lidjiang, von Einheimischen (4144). Hier am Osthang des Yülung-schan bis in die tp. St., 3200 m (SCHNEIDER 2265) und in der Schlucht Lokü bis 3400 m (SCHN. 2126). Am Mekong bei Tseku (MONBEIG: Herb. Paris). **S.**: Berge w von Dötschang (SCHNEIDER 747) und wahrscheinlich auch diese in der str. St. bei Dötschang im Djientschang und bei Lumapu vom Yalung gegen Yenyüen, 27° 40′, 1450 bis 1650 m.

— — ** var. ***ecristata*** HAND.-MZT.

Petala exteriora ecristata vel cristis humillimis tantum praedita.

Y.: An feuchtschattigen Sandsteinfelsen in einer Waldschlucht der wtp. St. bei Hsinlung jenseits des Pudu-ho n von Yünnanfu, 25° 34′, 2000 m, 10. III. 1914 (513, Typus). Im NW in der *Pteridium*-Wiese des birm. Mons. bei Nitscheluang und Schutsche am Taron (e Irrawadi-Oberlaufe), 27° 54′, wtp. St., Granit, 2000 m, 7. VII. 1916 (9435).

Im Original und nach der Beschreibung ist *C. Bulleyana* eine kompaktere, vielleicht etwas trockener gewachsene Form mit gezähnten Kämmen der äußeren Petalen, doch sind diese Merkmale nicht immer miteinander verbunden. MAIRES Pflanze von Djiangpien z. B. ist zart und hat die am stärksten gezähnten Kämme, und es gibt alle Übergänge. *C. Schochii* vergleicht ihr Autor mit *C. Sheareri* S. MOORE und *brunneovaginata* FEDDE, mit denen sie nicht näher verwandt ist, nicht aber mit *taliensis*, deren von mir gesammelte und von ihm als solche bestätigte Nr. 326 wahrscheinlich von demselben Reisfeldrain stammt wie SCHOCHS Pflanze und völlig mit ihr übereinstimmt. In der Varietät handelt es sich wahrscheinlich um eine besonders feuchtschattig wachsende Form. Das einzige Exemplar der Nr. 9435 ist weißblütig.

** *C. Weigoldii* FEDDE, Rep. sp. n., XVII., 408 (1921). **W-S.**: Wa-schan s von Yadschou, IV.—8. V. 1915 (WEIGOLD).

Von den vom Autor angegebenen Unterschieden gegenüber *C. mucronata* FRANCH. kann ich beim Vergleich mit WILSONS von ihm als diese bestimmter Nr. 265 jene in den Sepalen und dem Sporn nicht bestätigt finden; der Unterschied in den Brakteen ist allerdings sehr groß. Wie *C. Davidii* zum Vergleich herangezogen werden konnte, ist mir unverständlich.

C. Quantmeyeriana FEDDE in Rep. sp. n., XX., 295 (1924). **NW-S.**: Gebirge um Sungpan (WEIGOLD).

C. temulifolia FRANCH. **S.**: Im Schatten einer Waldschlucht am Sosoliangdse im Daliang-schan (Lolo-Lande) e von Ningyüen, tp. St., Sandstein, 2600—2800 m (1737; SCHNEIDER 1020).

C. Sheareri S. MOORE. **SW-H.**: Yün-schan bei Wukang, zwischen 400 und 1420 m (Plt. sin. 35). Selten an Grabenrändern unter Loudi halbwegs zwischen Hsianghsiang und Hsikwangschan, 90 m (ob die folgende Form?).

— — ** **f. *bulbillifera*** HAND.-MZT.

Foliorum axillae saepe bulbillis deciduis preditae.

H.: Feuchte Stellen im Hartlaubwalde der str. St. auf dem Yolu-schan bei Tschangscha, Sandstein, 31. III., 13. IV. 1918 (11610, Typus). **Ki.**: Lu-schan bei Kiukiang (HANCOCK 2: Hb. Kew). Tschekiang: Tientung-se bei Ningpo (SCHINDLER 446 p. p.: Hb. DELESSERT).

Bulbillen sind bei der verwandten *C. vivipara* FEDDE, Rep. n. sp., XXI., 48, 52, beschrieben, deren sonstige kleine Unterschiede gegenüber *C. Sheareri* aber meine Pflanze nicht zeigt. Auch unser Exemplar von *C. Esquirolii* LÉVL. weist Spuren solcher Bulbillen auf.

C. hamata FRANCH. (*C. fluminicola* W. W. SM. in Not. R. Bot. Gard. Edinbgh., IX., 99 [1916]). **NW-Y.**: In oft schlammigem Sande von Quellen der ktp. St. auf Kalk und Glimmerschiefer, 3800—3950 m. Westseite des Gebirges Piepun se von Dschungdien (4771). Im birm. Mons. in der Mekong—Salwin-Kette im Tale Schidsaru, das nach Tibet hinabführt, 28° 9′ (9704).

Die Identität ist besonders nach den von SOULIÉ später am Originalstandort gesammelten Exemplaren Nr. 2436 klar, die viel schöner präpariert sind als die Originalnummer 397, aber von FEDDE (Rep., XX., 359) unbegreiflicherweise als *C. sibirica* var. *intermedia* REG. bestimmt und als Originalexemplar von *C.*

tongolensis angesehen wurden. Im Pariser Herbar liegen ferner unter *C. Fedtschenkoana* REG. SOULIÉS Nummern 3071, 3447, 3548 und 3928, alle von S.: Dsamba-la zwischen Batang und Yaragong, die viel kürzere und rundere Blattabschnitte haben, aber sicher viel eher zu *C. hamata* als zu *Fedtschenkoana* gehören.

C. pseudohamata FEDDE in Rep. sp. n., XXII., 218 (1926), die vom Autor, l. c., XXIV., 240 (1928), wieder eingezogen und für die echte *C. hamata* erklärt wird, unterscheidet sich von dieser auffallend durch die langen und sehr spitzen Blattzipfel und die weit über die Spitzen der äußeren Petalen vorgezogenen, viel höheren Kämme, auch etwas durch den Bau der Narben. Nach dem vorliegenden Material kann ich sie nicht für dieselbe Art halten.

** ***C. polyphylla*** HAND.-MZT. in Sitzgsanz. Ak. W. W., 1925, 222 (Taf. VII, Abb. 12).

Sect. *Capnogorium* (BERNH.) PRTL.

Perennis, glaberrima, intense viridis, rhizomate nunc brevi et radicibus crassioribus longis parce fibrosis subfasciculatis obsito, nunc tenui et valde elongato, ramoso, hypophylla dupla sua longitudine inter se distantia ovata, 5—6 mm longa et apice radices tenuiores paucos gerente, ibi squamis paucis fuscis ovatis, acutis, subscariosis coronato et folia multa caulesque floriferos immixtos 1—4 edente. Caulis 6—18 cm longus, erectus et ascendens, simplex, tenuis, folium plerumque singulum subbasale vel in speciminibus maioribus medio insertum, raro nullum gerens. Folia herbacea, ambitu ovata, rotundata, 2—5 cm longa, tripinnata, pinnis primariis 3—4 paribus secundariisque inferioribus petiolulatis, pinnulis inferioribus nonnullis ad basin trifidis, superioribus basi breviter confluentibus, segmentis omnibus ellipticis vel lanceolatis $1\frac{1}{2}$—4 mm longis, acutis, integris; petioli laminas aequantes usque quadruplo superantes vel alte inserti iis breviores, basi anguste vaginati. Racemus brevis, densus, pedicellis superioribus farctis subcorymbosus vel fere capitatus, 6—15-florus, 3—5 cm latus. Bracteae foliaceae, pedicellos dimidios superantes, inferiores foliis similes etsi minus compositae, superiores flabellato-partitae laciniis longioribus. Pedicelli erectopatentes, 10—20 mm longi, tenuiusculi. Flores albi vel violaceo-rosei (e notis ad vivum), horizontales, 16—20 mm longi. Sepala viridula, vix $\frac{1}{2}$ mm longa, lanceolata vel lata et lacerata, aegre conspicua, serius decidua. Petali superioris lamina ovata, oblique ascendens, ungue lato multo brevior, reticulato-venosa, margine inferiore deorsum paulum convexo, crista integra semiorbiculari lamina aequilata i. e. $1\frac{1}{2}$— fere 2 mm alta; calcar tertia parte brevius, cylindricum $\pm$ 3 mm crassum, apice rotundatum, rectum vel vix falcatulum; petalum inferius eximie longius, lamina deflexa illi simili, ungue angusto, sensim attenuato; petala interiora illo paulo breviora, ungue filiformi sursum paululum dilatato, lamina hoc subbreviore oblonga, obtusa, superne auricula basali brevi obtusa et appendice semiorbiculari et toto dorso crista lineari aucta. Synandria a tertio supero subito dilatata; pollen lateritium. Ovarium lanceolatum, stylo crasso 3 mm longo; stigma $1\frac{1}{4}$ mm latum et brevius, lobis inferioribus triangularibus, superioribus angulisque lateralibus rotundatis. Capsula immatura nutans.

NW-**Y.**: Auf Glimmerschiefer in der Hg. St. des birm. Mons. zwischen Salwin und Irrawadi, im Rasen an der Ostseite des Passes Tschiangschel, 27° 52′, 3925 m, 4. VII. 1916 (9314) und am Hange des Gomba-la ober Tschamutong gegen den Paß Tsukue, über 4200 m, 15.—17. VIII. 1916, von Einheimischen (9884, Typus). Beima-schan zwischen Mekong und Djinscha-djiang („Yangtse"), 28° 12′, offene steinige Matten und auf Blöcken, 3900 m, VII. 1917 (FORREST 14497, 14497a).

Proxime affinis videtur *C. Govaniana* WALL., etsi non simillima, diversa enim foliis bracteisque multo maioribus, vaginis maximis persistentibus, calcaribus angustioribus etc.

C. pseudofluminicola FEDDE in Rep. sp. n., XIX., 283 (1924), e typo. NW-Y.: Mekong—Salwin-Kette, 3300—4025 m. Schutt und Felsen am 28° 12′ (FORREST 14451). Felskanten und -spalten und steinige Matten (F. 16686). Felsige Matten am Kakerbo, 28° 30′ (F. 14553).

Die Blüten der yünnanesischen Pflanzen sind nach dem Sammler tief orangegelb mit grünbraunen Enden, am Original (ob wirklich?) blau; sonst ist kein Unterschied zu finden. Die Ähnlichkeit mit *C. hamata* (*fluminicola*) finde ich recht gering. In den vegetativen Teilen kommt sie viel näher *C. tibetica* HOOK. f. et THOMS., in den Blüten *C. pachypoda* (FRANCH.) HAND.-MZT., die aber viel längere Sporen hat. Ihre sytematische Stellung dürfte sie ungefähr zwischen diesen beiden haben.

C. pachypoda (FRANCH.) HAND.-MZT. (*C. thibetica* HOOK. f. et THOMS. var. *pachypoda* FRANCH., Plt. Delav., 51 [1889]). Schutthänge und humöse Matten der Hg. und ktp. St. auf Kalk und Kalkschiefern, 3750—4730 m. NW-Y.: Osthang des Gipfels Ünlüpe im Yülung-schan bei Lidjiang (6719). Kamm zwischen Haba und Dugwan-tsun se von Dschungdien. S.: Ober der Wiese Dapingdse am Wege von Yungning nach Muli und gleich unter dem Gipfel Gonschiga sw von hier.

Die Unterschiede gegenüber *C. tibetica* HOOK. f. et THOMS. sind zu bedeutend und konstant, als daß die Pflanze als Varietät geführt werden könnte. Die Blüten erreichen 28 mm; die Kelche sind nicht immer ganz zerschlitzt.

C. melanochlora MAXIM. (*C. hamata* FEDDE in Rep. sp. n., XX., 296 [1924], non FRANCH. — *C. Binderae* FEDDE, l. c., XXIV., 240 [1928], e typo). N-S.: Gebirge um Sungpan (WEIGOLD).

Die Kelchblätter sind nicht immer schildförmig in der Mitte befestigt, sondern oft eng herzförmig auch bis zur Ansatzstelle eingeschnitten.

C. calcicola W. W. SM. in Not. R. Bot. Gard. Edinbgh., VIII., 184 (1914). NW-Y.: In steinigen Wiesen der großen Doline bei Lidjiang, 2900 m (SCHNEIDER 3014). Hier in buschigen Wiesen am Osthang des Yülung-schan, 3000—3300 m (SCHN. 2269, beide det. FEDDE).

— — **var. *szechuanica*** FEDDE in Rep. sp. n., XX., 286 (1924). Steinige Stellen, auch im tiefen Gehängeschutt, auf Kalk in der Hg. St., 4100—4500 m. NW-Y.: Berg Waha bei Yungning (7105). S.: Berg Saganai ober Muli (7310).

Die Standorte Matang in Setschwan (H. SMITH) und Moting in NW-Yünnan (ROCK) hält FEDDE in Rep., XXIII., 182, für identisch. Die Namen sind für den Chinesen aber so verschieden wie Hamburg und Himberg für uns, und die Orte liegen um ungefähr 3 Breitengrade auseinander, nicht in „schwer feststellbaren Grenzgebieten zwischen Yünnan und Setschwan".

C. trachycarpa MAXIM. NW-Y.: Granitschutt des Hanges des Doker-la an der tibetischen Grenze in der Mekong—Salwin-Kette, 4450—4600 m (8125).

Die Kämme sowie in geringerem Maße auch die vorgewölbten Ränder der äußeren Petalen sind hier mehr oder weniger hahnenkammartig gebuchtet.

C. Adrieni Prain (*C. pulchella* Franch., non Aitch. et Hemsl.). NW-Y.: Gehängeschutt aus Kalk und Granit in der Hg. St., 4050—4650 m. Westseite des Gebirges Piepun se von Dschungdien (4687). Yülung-schan bei Lidjiang (Schneider 3580). Im birm. Mons. in der Mekong—Salwin-Kette auf dem Maya, 28° 4′ (9647), an der Westseite des Gondonrungu und am Doker-la an der Grenze von Tibet (8131).

Üppige Exemplare, wie in Nr. 9647, haben die unteren Fiedern der Grundblätter so lang gestielt, daß das Blatt nicht mehr gefiedert, sondern nur „ternato-decompositum" genannt werden kann, doch sind alle Übergänge zum im Umriß länglichen, gefiederten vorhanden. Die Blattzipfel werden dort auch recht lang. Ob die Verwandtschaft, wie Fedde in Rep., XX., 287, meint, wirklich bei *C. trachycarpa* ist, scheint mir recht fraglich, denn die grundständigen Schuppen bilden einen gewichtigen Unterschied.

** ***C. Kokiana***[1] Hand.-Mzt. in Sitzgsanz. Ak. W. W., 1920, 52 (Taf. VII, Abb. 10, 11).

Sect. *Capnogorium* (Bernh.) Prtl.

Perennis, gracilis, glaucescens. Rhizoma brevissimum, radicibus numerosis fasciculatis, e partibus longe napiformi-incrassatis 2—4 cm longis et 2—4 mm crassis in fibras longas exeuntibus, et petiolorum et caulium partibus emarcidis tenuibus sparsis obsitum, gemmam minimam, caules floriferos complures, folia radicalia pauca emittens. Caulis e basi filiformi, tortuosa, fragili adscendens, 8—30 cm longus, tenuis, a medio ramis paucis brevioribus auctus. Folia crassa, basalia petiolis filiformibus 6—8 cm longis, caulina ad ramificationes vel raro singulum quoddam in parte simplici petiolis latis brevissimis subsessilia; omnia ternata, ambitu triangulari-ovata, 2—4,5 cm longa et lata, foliolis longe vel in superioribus brevius petiolulatis, triangulari-ovatis, pinnatis usque bipinnatis, segmentis subsessilibus, patulis, partim iterum pinnatifidis, ultimis terminalibus ad medium vel fere ad bases tri-, lateralibus bifidis, lobulis anguste lanceolatis usque (praecipue mediis) spathulatis, 2—5 mm longis, acutis. Racemi caule ramisque terminales, densi, primum subnutantes, fructiferi stricti laxiores, principales 12—30 flori. Bracteae infimae ternato-bipinnatisectae, foliis summis similes, ad summas paucas tantum lanceolato-lineares, denticulatas sensim decrescentes, omnes pedicellis 6—10 mm longis erectopatulis paulo breviores. Flores horizontales, mox penduli, 15—18 mm longi, coeruleo-violacei antice purpurascentes (e nota ad vivum). Sepala persistentia, minima, albo-membranacea, ovata et subintegra usque reniformia et palmato-lacerata. Petala exteriora obovata, explanata ad 5 mm lata, praesertim superius crasse apiculatum dorsoque humiliter cristatum, marginibus anterioribus reflexis, in calcar aequilongum cylindricum, 2 mm crassum, paulum sursum curvatum apiceque decurvulo-subsaccatum productum, inferius eo paulo longius, supra unguem lamina aequilongum sensim dilatatum vix plicatulo-constrictum; interiora superiore aequilonga eique unguibus angustis totis adnata, laminis

---

[1] Planta in honorem domini A. Kok, tunc missionis pentecostalis in oppido Lidjiang membri, de itineribus meis meritissimi, nominata.

his aequilongis, dimidio anteriore orbiculatis brevissime apiculatis, in posteriore superne appendice humili rotundato instructis, basi hamato-biauriculatis, dorso crista altissima lineari auctis. Synandria lanceolata, in tertio supero subito angustata, processubus dimidia calcaria percurrentibus tenuiter curvato-clavatis. Ovarium lineari-lanceolatum, stylo crasso subduplo breviore; stigma cruciato-reniforme, lobis basalibus acutis, margine superiore plano paulum pectinato. Siliqua pendula, linearis, 8—10 mm longa, versus 2 mm lata, brunnea, in stylum ± 2½ mm longum sensim attenuata; semina 6—10, nigra, levia, nitida.

NW-Y.: In festem Sandsteinschutt der ktp. St. auf dem Berge Schusutsu bei Bödö se von Dschungdien („Chungtien"), 3950—4000 m, 5. VIII. 1914 (4503).

Planta foliorum segmentis ultimis variabilibus, quoad affinitatem sat dubia. Habitu similes *C. trachycarpa* et *calcicola* radicibus haud distincte grumosis foliis ambitu ovatis, calcaribus angustis, capsulis brevibus valde distant.

Zu dieser hervorragend zierlichen Art gehört offenbar auch SOULIÉS Nr. 3543 aus W-S.: Dsamba-la zwischen Batang und Yaragong, 5040 m (Herb. Paris).

** ***C. appendiculata*** HAND.-MZT. (Taf. VII, Abb. 1, 2).

Sect. *Capnogorium* (BERNH.) PRTL.

Radices multae, fasciculatae, tenuius crassiusve grumosae, fusculae, longe et tenuiter fibrosae. Caules 1—4, 17—28 cm alti, basi filiformes, sursum gracillimi, simplices vel superne parce ramosi, hic alternatim 1—3 foliati. Folia basalia 2—5, petiolis tenuibus 4—8 cm longis, ternata, petiolulis tenuibus lateralibus subnullis usque 5 mm longis, terminali duplo longiore, foliolis 5—13 mm longis, terminali tripartito interdum usque ad basin, lateralibus bisectis vel binatis, partibus nunc brevipetiolulatis oblique bipartitis, omnibus basi late cuneata ± decurrentibus, lobis omnibus obovatis, 1—5 mm latis, integris vel cum crena una alterave, obtusis; caulina sessilia vel brevissime petiolata, ambitu triangularia, maiora ad $2^1/_2$ cm longa et lata, ut basalia composita, foliolis lateralibus autem plerumque sessilibus, lobis omnibus ultra ½ vel usque ad basin crebrius partitis, laciniis lanceolatis et partim linearibus, acutis, ½—2½ mm latis; omnia crassiuscula, nervis paucis longitudinalibus subtus paulum conspicuis, sicca atroviridia caulinaque ± glaucescentia. Racemi caulem ramosque terminantes 4—7 cm longi, laxiuscule multiflori. Bractea infima foliis caulinis par, ceterae paucis transeuntibus obovato-lanceolatae, pedicellis initio longiores, demum breviores, foliaceae. Pedicelli sub flore superiores 2, inferiores usque ad 12 mm longi, erectopatentes, sub fructu hi ad 20 mm longi, penduli, tenues. Flores horizontales, coerulei necnon partim albi, c. 15 mm longi. Sepala squamiformia, $^1/_5$ mm longa, interdum dentata, fugacissima. Petala exteriora ovata, lateraliter cum cristis antice altis ultra apices productis obtusis $1^1/_2$—$2^1/_2$ mm lata, marginibus inferioribus vix convexis, superius in calcar lamina aequilongum, cylindricum, $1^1/_2$—2 mm crassum, apice rotundatum saepeque paulum de- curvum productum, inferius eo aequilongum, a medio deflexum, basi calcare pendulo angusto ultra 1 mm longo fusco auctum; interiora 1½ mm breviora, unguibus suis sensim dilatatis apice paulum rotundatis aequilonga, ambitu appendice superiore tantum evoluto subrectangularia, antice rotundata, dorso humiliter cristata, basi utrinque minute hamato-auriculata. Synandria a medio deorsum sensim dilatata, per fere $^2/_3$ calcaris producta et hic longe clavata.

Ovarium sessile, oblongum, in stylum crassum aequilongum sensim angustatum; stigma didymum, lobis suborbicularibus inferne acutiusculis, toto margine papillosis. Siliqua juvenilis sublineari-oblonga, 7—8 mm longa, ad 2 mm lata, in stylum crassum subito attenuata.

S.: In steinigen Waldlichtungen der ktp. St. auf Kalk bei der Alm Bädö ober Muli, 3900 m, 29. VII. 1915 (7277, Typus). **NW-Y.**: Wiesen des Yülungschan bei Lidjiang, 20. VII. 1914, 3400 m (Schneider 3687), 3600 m (Schn. 1968 p. p.: Hb. Delessert); Wälder, 3800 m, 2. IX. 1914 (Schn. 2344).

Species petali inferioris calcare valde peculiaris, ceterum *C. oxypetalae* Franch. haud dissimilis, quae foliis omnibus minus compositis calcaribus crassioribus cristisque nullis vel subnullis quoque distat. Floribus *C. cheirifoliae* Franch. similis, qui autem calcaribus alteris carentes et maiores, cuiusque foliorum segmenta multo latiora et obtusissima.

Ähnlich ist auch Schneiders Nr. 2061 aus Gebüschen unter dem großen Gletscher am Osthange des Yülung-schan, 3400 m; sie hat denselben Sack des unteren Petalum, aber die Grundblätter fast dreifach dreizählig zusammengesetzt, von $4^1/_2$ cm Durchmesser, die Stengelblätter mit größeren Zipfeln, größere, zerschlitzte Kelchblätter und kürzere, breitere Früchte, die an aufrechten Stielen nicken, und die ganze Pflanze ist sehr glauk.

C. oxypetala Franch. **Y.**: Gebüsche und Bambusdschungel der tp. St. auf dem Berge Hungguwo bei Hsinyingpan zwischen Yungning und Yungbei, Kalk und Sandstein, 3100—3450 m (3280). **S.**: Bachufer zwischen Woloho und Gaitiu, 2800 m (Schneider 1584).

Stengelblätter am Original stets einzeln, an meiner Pflanze mitunter 2, scheinbar aber viel mehr, da an den schmächtigen Exemplaren viele Brakteen keine Blüten tragen. Narbe etwas verschieden, nämlich schmäler als sie Franchet zeichnet. Die unteren Brakteen zusammengesetzt, wie eine solche auch das Original zeigt; die anderen an meiner Pflanze wie auch an Originalexemplaren länger und schmäler als in seiner Abbildung.

C. curviflora Maxim. (*C. pachycentra* Franch.). Moderige, humöse und steinige Matten der tp., ktp. und Hg. St. auf Kalk und Sandstein, 3200—4725 m. **Y.**: Im Becken unter dem Sattel Gwamaoschan zwischen Yungning und Yungbei. Waha bei Yungning. Osthang des Gipfels Ünlüpe im Yülung-schan bei Lidjiang (6703; Schneider 1968 p. p.). Unter Losiwan am Wege nach Dschungdien, 2350 m (ob diese ?). Rücken ober Dugwan-tsun und Paß Hsiao-Niutschang ober Bödö se von hier. **S.**: Alm Bätö ober Muli bis gegen den Gipfel Saganai. Gleich unter dem Gipfel des Gonschiga sw von hier. Paß zwischen Woloho und Gaitiu am Wege von Yungning nach Yenyüen. Liuku-liangdse zwischen Yenyüen und Kwapi (2351).

** ***C. quadriflora*** Hand.-Mzt. (Taf. VII, Abb. 5—7).

Sect. *Capnogorium* (Bernh.) Prtl.

Radices multae, fasciculatae, crasse grumosae, fuscae, fibris tenuibus, longis. Caules 1—2, 7—25 cm alti, inferne filiformes flexuosi, superne erecti, tenues, simplices, sub apice unifolii. Folia basalia 1—3, petiolis filiformibus 2—6 cm longis, ternata, foliolis obovatis, 6—11 mm longis, integris vel breviter trilobis vel lateralibus inaequaliter bilobis, rotundatis et apiculatis, basi paulum angustata vel lateralium subrotundata sessilibus; folium caulinum in petiolo 3—5 mm longo erectopatente deflexum, trifoliolatum, foliolis anguste et lateralibus $\pm$ oblique obovatis, 12—20 mm longis, integris vel raro medio ad $^1/_3$ trifido, ceterum basalibus similibus etsi acutioribus; omnia crassiuscula, sicca intense viridia, nervis longitudinalibus compluribus tenuibus subtus subconspicuis. Racemus subumbellatus, 3—5 florus. Bracteae foliolis caulinis aequales, sed saepe infimae latiores et summae angustae. Pedicelli $\pm$ 1 cm longi, tenues. Flores horizontales vel nutantes, 16—18 mm longi (e sicco aurantiaci, e nota MONBEIGiana violacei; an apicibus violaceo-suffusi?). Sepala minuta, membranacea, reniformia, ad medium circiter plurilaciniata, fugacia. Petala exteriora late obovata, fornicata, lateribus 3½ mm alta, obtusa, cristis brevibus humillimis, superius in calcar lamina subaequilongum ubique 2½ mm crassum apice paulum decurvo rotundatum productum, inferius eo paulo longius, basi sacco globoso $^2/_3$ mm diametiente auctum; interiora illis aequilonga, laminis obovatis rotundatis quam ungues sensim dilatati paulo brevioribus, basi margine superiore obtuse auriculatis, toto dorso humiliter cristatis, appendicibus superioribus tantum evolutis semiorbicularibus. Synandria iis sesquibreviora, sensim attenuata, in dimidium calcar producta. Ovarium oblongum, in stylum subbreviorem crassum sensim attenuatum; stigma depressum, lobis deorsum triangularibus, superne trituberculatis, tuberculis interioribus conicis, ceteris depressis. Siliqua juvenilis ad 9 mm longa, 2½ mm crassa, pendula.

NW-Y.: Im b i r m. Mons. häufig auf Kalk und kristallinischem Gestein am Rücken Pongatong n des Schöndsu-la in der Mekong—Salwin-Kette, 28° 4′, 4025—4375 m, 4. VIII. 1916 (9661, Typus). Tseku, 3000 m, 1912 (MONBEIG: Herb. Paris).

Proxima videtur *C. trifoliolata* FRANCH., quae differt foliis glaucis, floribus partim plumbeo-coeruleis multo angustioribus calcaribus fere duplo tenuioribus.

Von *C. trifoliolata* liegt ein einziges Grundblatt vor, das viel kleiner ist als an meiner Pflanze und schwer vergleichbar. Die Unterschiede in den Blüten sind aber bedeutend. Meine Exemplare aus höherer Lage erreichen nur 18 cm Höhe, jene MONBEIGS sind größer, aber (mit Ausnahme der Blütenfarbe?) übereinstimmend.

** ***C. Mayae*** HAND.-MZT. (Taf. VII, Abb. 3, 4).

Sect. *Capnogorium* (BERNH.) PRTL.

Rhizoma brevissimum, radicibus fasciculatis longis rigidulis fuscis haud incrassatis sed fibras hic illic bulbulosas emittentibus, apice petiolis vetustis tenuibus flaccidis praeditum. Caules 1—2, 15—25 cm alti, tenues, erecti, simplices, medio circiter alternatim bifolii. Folia basalia 1—2, sub anthesi saepe deficientia, petiolis 6—11 cm longis a basi filiformibus, dein tenuibus, ternata, foliolis fere 2 cm longis, basi cuneatis, lateralibus brevissime, terminalibus paulo longius petiolulatis, fere ad basin tripartitis, lobis obovatis, 4—8 mm latis, obtusis et apiculatis; caulina sessilia vel subsessilia, 2—3 jugo imparipinnata, 2—5 cm longa, foliolis patentibus, cuneato-sessilibus, superioribus approximatis et imprimis his ad rhachin paulum decurrentibus, ceterum basalium lobis paribus etsi potius ellipticis; omnia crassiuscula, sicca saturate subtusque flavidulo-viridia, nervis longitudinalibus 3, raro sub 5, subtus latiuscule conspicuis. Racemus laxiuscule 4—10 florus, 2—6 cm longus. Bracteae ellipticae, 5—15 mm longae, raro infima biloba, paulum decrescentes, ceterum foliolis pares. Pedicelli 10—18 mm longi, summi paulo breviores, validiusculi, erectopatentes. Flores horizontales, 20—25 mm longi, (e sicco) lutei, antice rufescentes. Sepala minutissima, lata, ad basin in subulas lacerata, pallida, saepe persistentia. Petala exteriora late obovata, fornicata, lateraliter cum cristis brevibus sed altis 4—5 mm lata, acuminata, marginibus inferioribus paululum convexo-dilatatis, superius in calcar lamina paululo longius paulum attenuatum medio 2½ mm crassum paululum sursum curvatum apice rotundatum productum, inferius eo c. 2 mm longius, dorso basi rotundatum; interiora illis aequilonga, laminis quam ungues obovati deorsum sensim attenuati aequilongis basi acute biauriculatis, appendicibus 2 semiorbiculatis subaequalibus partem anteriorem orbicularem subaequantibus, dorso fere medium unguem usque cristata. Synandria sesquibreviora, inferne valde dilatata, supra medium sensim filiformia, ultra tertiam calcaris partem producta. Ovarium oblongo-lineare, stylo paulo longiore crassiusculo; stigma ambitu subquadratum, breviter bifidum, partibus deorsum longe triangulari-productis subcornutis, tuberculis 2 superioribus conicis obtusis, 2 parietalibus humilibus. (Siliqua ignota.)

NW-Y.: Im Rasen auf Kalk in der Hg. St. des birm. Mons. auf dem Berge Maya zwischen Mekong und Salwin, 28° 4′, 4050—4300 m, 3. VIII. 1916 (9632).

Proxima *C. cristata* MAX. differt radicibus grumosis, folio radicali saepe pinnatim secto (flore purpureo ?), cristis petalorum exteriorum apices excedentibus, superiore in calcar producta, petalis interioribus tricristatis. Inter species yünnanenses *C. Delavayi* FRANCH. habitu similis est, sed distat radicibus paulum inflatis, foliorum laciniis angustioribus, floribus angustioribus, cristis longioribus, imprimis autem ovariis multo brevioribus.

Nach dem vorliegenden Material muß ich meine Pflanze von *C. cristata* für verschieden halten, obwohl diese in der Ausbildung der cristae, wie viele andere Arten, ziemlich veränderlich ist (s. var. *pseudoflaccida* FEDDE in Rep sp. n., XXII., 28). In H. SMITHS Nr. 3133 liegt ein Stück mit durchwegs nur dreizähligen Blättern vor, und ihre Blütenfarbe ist sicher nicht purpurn, während ich die meiner Pflanze leider nicht vermerkte, die auch hellrosa oder violettlich sein könnte.

C. Delavayi FRANCH. NW-Y.: Im Gehängeschutt und auf steinigen Matten der Hg. St. auf Kalk, 3750—4650 m. Osthang des Gipfels Ünlüpe im Yülung-schan bei Lidjiang (3541). Hier an Gebüschrändern, 3400 m (SCHNEIDER 3619). Westseite des Gebirges Piepun se von Dschungdien (4688). Vielleicht hieher auch ein kleines Exemplar, ohne Stengelblatt und fast ohne Kamm auf dem oberen Petalum, aus dem birm. Mons. am Rücken Pongatong in der Mekong—Salwin-Kette, 28° 4′ (9650).

** *C. barbisepala* HAND.-MZT. et FEDDE in Rep. sp. n., XVII., 409 (1921). Sect. *Capnogorium* (BERNH.) PRTL.

Rhizoma tenue, rigidulum, longum, basibus petiolorum vetustorum squamatum et radicibus rigidulis longis subsimplicibus instructum, juxta gemmam terminalem folia 2 caulemque singulum edens. Caulis tenuis, erectus, simplex, usque ad 40 cm altus, folio altero longissime petiolato paululo supra basin, altero subsessili in parte summa obsitus. Folia radicalia 2 longissime petiolata et caulina ternata, 1½—3½ cm longa, foliolis terminalibus longius, lateralibus breviter petiolulatis, omnibus ambitu late obovatis, versus basin cuneatam breviterque decurrentem usque bi- vel tripartitis, lobis integris vel paucilobatis, lobulis omnibus late obovatis, rotundatis, minute apiculatis, vix infra 5 mm usque 15 mm latis; herbacea, saturate viridia, subtus paulum glaucescentia, nervis sublongitudinalibus multis tenuibus subtus conspicuis. Racemus ob pedicellos inferiores $\pm$ 2½, superiores 1,2 cm longos erectopatentes tenues subcorymbosus 4—10 florus. Bractea infima folium foliolis sessilibus praeditum referens, summae sensim lanceolatae $\pm$ 5 mm longae, integrae. Flores violacei, 2— fere 3 cm longi, nutantes. Sepala usque ad 6 mm longa, e basi latiore subulata et irregulariter longe barbato-fimbriata, intense violacea, submembranacea, persistentia. Petala exteriora rhombea, lateraliter ad 4 mm alta, marginibus denticulatis superioris rectangulo-auriculatis, cristis altissimis $\pm$ denticulatis, a medio dorso ultra apices productis, superius in calcar lamina aequilongum cylindricum 2 mm crassum paulum ascendens apiceque rotundato decurvum productum inferius illo 2 mm longius lamina quam unguis latus basi dorso rotundatus duplo longiore; interiora breviora, oblonga, unguibus angustiusculis laminis aequilongis, rotundata et apiculata, cristis linearibus in ungues productis, appendicibus superioribus semiorbicularibus. Synandria a medio deorsum sensim dilatata, processubus firmis dimidium calcar percurrentibus. Ovarium oblongum, in stylum crassum aequilongum angustatum; stigma ambitu transverse rectangulare, tuberculis inferioribus conicis, superioribus 4 iis fere aequalibus. (Siliqua ignota.)

NW-S.: Gebirge um Sungpan, VI.—VIII. 1914 (WEIGOLD, Typus). Dort auf bebuschten Wiesen auf dem Dongrergo, 4100 m, 8. VIII. 1922 (H. SMITH 3538).

Sepalis similiter ac in *C. incisa* PERS. formatis insignis, e FEDDE *C.* „*trifoliatae*" (*trifoliolatae* FRANCH.) valde affinis, quod autem non. Species valde peculiaris.

** ***C. hemidicentra*** HAND.-MZT. in Sitzgsanz. Ak. W. W., 1920, 86 (Taf. VII, Abb. 17, 18).

Sect. *Benecinctae* FEDDE in Rep. sp. n., XXV., 221 (1928).

Rhizoma perpendiculare, longum et 6—10 mm crassum, squamatum, simplex, radices tenues ubique edens. Caulis terminalis (semper?) unicus, fragilis, tenuis, usque ad 16 cm longus, sub glarea saepe fasciculato-foliatus et -ramosus et hucusque squamis multis dissitis, ovatis usque lanceolatis, basi amplexicaulibus, 5—10 mm longis obsitus, cum petiolorum partibus subterraneis saepe spiraliter flexuosus. Folia alterna, substrato adcumbentia, ternata, rarissime tripartita tantum, foliolis lateralibus articulato-sessilibus, foliolo medio subsessili vel brevistipitato, quam lateralia vix obliqua non vel vix maiore, omnibus late ovato-ellipticis, rotundatis vel rarius acutiusculis, 10—25 mm longis et tertio, raro duplo vel haud angustioribus, integerrimis, crasse carnosis, supra caesiis, subtus cerino-glaucis, nervis 3 longitudinalibus parce ramosis, subtus latiuscule prominulis; petiolus 3,5—12 cm longus, sicut pedunculus sursum incrassatus. Racemi caule ramisque terminales, raro uno alterove axillari accedente, pedunculis 4—11 cm longis, 4—8 flori, ob pedicellos tenuissimos erectopatulos, a summis 5 mm longis ad infimos usque ad 3 cm elongatos umbelliformes. Bracteae obovatae, infimae pedicellorum $^{2}/_{3}$ saepe superantes, summae ½ vix attingentes, utrinque cerino-pruinosae, ceterum foliolis similes. Flores pallide violacei, 22—27 mm longi, perpendiculariter nutantes. Sepala persistentia, 1—1,5 mm diametro, membranacea, vix lacerata. Petala exteriora rotundata, a lateribus 6 mm lata, prorsus patula fornicata, marginibus undulata, tergis cristis brevibus semiorbicularibus 1,5 mm altis, ultra apices in apiculos productis instructa, superius in calcar crasse cylindricum, basi 4 mm crassum, paululum attenuatum, lamina usque subsesquilongius, sursum curvatum, apice rotundatum productum, inferius superiore ad 2 mm longius, exunguiculatum, basi aequilata subsaccato-truncatum; interiora paulo breviora, laminis late ellipticis quam ungues angusti sesquibrevioribus, rotundatis et apiculatis, dorso humiliter tricristatis, appendice superiore rodundato humili, basi superiore obtuse auriculatis. Synandria late triangularia processubus calcaris maximam partem percurrentibus vix clavatis. Ovarium ellipticum, stylo sensim attenuato fere recto subtriplo longius; ovula pauca, biseriata; stigma semilunare, quadricuspidatum. (Siliqua ignota.)

NW-Y.: Im tiefen beweglichen Kalkschutt am Westhang des Gebirges Piepun se von Dschungdien, 4300—4650 m, 11. VIII. 1914 (4686, Typus; Schneider 2396).

Proxima *C. benecincta* W. W. Sm. differt minor, foliolis bracteisque maioribus, his lanceolatis, sepalis maioribus, petali inferioris ungue angusto haud saccato, petalis interioribus angustis exappendiculatis. Cum speciebus comparata et sequente sectionem distinctissimam formans, sectioni *Pes-gallinaceus* Irm. comparabilem.

** ***C. trilobipetala*** Hand.-Mzt. in Sitzgsanz. Ak. W. W., 1923, 114 (Taf. VII, Abb. 8, 9).

Sectio praecedentis.

Rhizoma 4 mm crassum, breviusculum, descendens, deorsum interdum partitum et radices tenues edens. Caulis singulus apicalis, ima basi paucisquamatus et supra interdum unisquamatus, ad 2½—6 cm aphyllus, debilis, simplex. Folia 2—4, ± approximata, ternata; foliolum terminale subpetiolulatum, rotundato-spathulatum, lateralia similia, basi saepe cordatula sessilia, ovato-orbicularia, raro altero bifido, omnia saepe transverse latiora, 6—25 mm longa, carnosa, supra obscure viridia, subtus cerino-glauca, nervis in lateralibus e basi, in terminali altius seiunctis tribus indistinctis, ceteris perpaucis; petioli crassi, laminas subaequantes usque iis 3^{plo} longiores. Racemus umbelliformis 2—4-florus, singulus vel altero axillari addito, pedunculo crasso brevi usque 3 cm longo. Bracteae sessiles, ovatae vel obovatae, 5—15 mm longae, breviter acutae, raro remotior quaedam latestipitata 2,5 cm longa, ceterum cum foliolis congruentes. Pedicelli tenues, 1,5—4 cm longi, erecti, fructiferi arcuato-recurvi. Sepala reniformia, 1 mm longa. albo-membranacea, toto margine ad tertiam vel dimidiam partem incisa, sero decidua. Flores horizontales, 18—22 mm longi, pallide rosei (e nota ad vivum). Petala exteriora expansa antice ad 8 mm lata, triloba, lobis late ovatis, medio fornicato-apiculato crista alta integra instructo, lateralibus paulo brevioribus rotundatis, superius in calcar aequilongum usque subsesquilongius cylindricum, 2 mm crassum, apice rotundato deflexum productum, inferius paulo longius basi saccatum; interiora iis aequilonga, ultra tertiam partem adnata, unguibus latis brevissimis, cochleata, antice 3 mm lata, impressa et apiculata, dorso alte tricristata, appendicibus humilibus rotundatis, laminae basi obtuse auriculata. Synandria deorsum dilatata, processubus tenuibus dimidio calcare longioribus. Ovarium ellipticum, ovulis 4—8, biseriatis, in stylum crassum eo sesquilongiorem, apice tantum incurvum attenuatum; stigma semilunare, basi subcordatum, grosse quadricuspidatum. Siliqua (juvenilis) late ovata, 4 mm longa, seminibus magnis.

S.: Humöse Stellen auf Kalk auf dem Gipfel Saganai ober Muli, Hg. St., 4525 m, 30. VII. 1915 (7339).

Differt a praecedente caule parce squamato, foliolis latioribus basi subcordatis, triplinerviis, floribus paucioribus subumbellatis horizontalibus minoribus, sepalis laceratis, petalis exterioribus trilobis, inferiore basi dilatato-saccato, calcare decurvo, interioribus longioribus biappendiculatis, synandriis angustioribus, ovario longiore.

Fedde beschrieb die Art im Rep. sp. n., XXV., 220 (1928) vermeintlich zum ersten Male, indem er meine oben zitierte Veröffentlichung übersah. Er stellt dazu auch Exemplare von Rock, die ich nicht sah, und Forrests Nr. 19725. Diese unterscheidet sich auffallend durch die schmäleren und anscheinend auch dünneren, grüneren Blättchen und Brakteen und fällt nicht in seine von mir übernommene Diagnose. Es ist wohl möglich, daß sie zur gleichen Art gehört, doch möchte ich dies noch nicht sicher behaupten. Mit dieser Nummer Forrests identisch ist seine Nr. 14314 von der Mekong—Salwin-Kette, 28° 12′.

C. decumbens Pers. (*C. edulioides* Fedde in Rep. sp. n., XX., 53 [1924]). **H.**: Gebüsche der str. St. am Fuße des Yolu-schan bei Tschangscha, Sandstein, 50 m (11535).

Fedde vergleicht seine *C. edulioides* mit *C. edulis*, von der sie in Wurzel, Stengel und Verteilung der Blätter ganz verschieden ist, und gibt gegenüber *C. decumbens* nur an, daß diese zarter sei. In der Tat ist sie vollständig identisch.

Capparidaceae

Gynandropsis DC.

G. pentaphylla (L.) DC. (*Pedicellaria p.* [L.] Schrk.). **Y.**: Beyendjing (Ten ex hb. Berlin 193). Äcker bei Biendjio (Ten 1238).

Polanisia Raf.

P. viscosa (L.) DC. (*P. icosandra* [L.] Wight et Arn.). **H.**: Häufig in Baumwolläckern bei Dungngan zwischen Yungdschou und Hsinning, Kalk der str. St., 150 m (11303).

Capparis L.

* ***C. micracantha*** DC., teste Marquand ex hb. Kew. **S-Y.**: In tr. Bambusbeständen und lichten Wäldern flußaufwärts gegenüber Manhao, Tonschiefer, 200 m, 1. III. 1915 (5828).

C. Bodinieri Lévl. in Rep. sp. n., IX., 450 (1911). (*C. subtenera* Crb. et Sm. in Not. R. Bot. Gard. Edinbgh., IX., 90 [1916]). In Hecken, Gebüschen und Buschwäldern der str. und wtp. St., auf Kalk, Sandstein und Tonschiefer, 950 bis 2200 m. Um Asandschai bei Möngdse (6042). Ober Hsiaolungtan und Hsiörl an der Eisenbahn. Datji w von Yiliang. Fuß des Hsi-schan bei Yünnanfu

(SCHOCH 1). Mehrfach zwischen Yaoschangai und Laoyagwan an der Straße von hier nach Dali (8652). Viel im Engpaß von hier gegen Langtjiung. Beyendjing (TEN ex hb. Berlin 106). Hier in der Schlucht unter dem Orte. Im birm. Mons. bei Tengkeng im Salwin-Tale, 25° 50′ (GEBAUER). **S.**: Ober Podjia an einem Zuflusse des Nganning-ho gegen Huili (1037). Ober Daschiban e von Ningyüen.

Cruciferae

Eutrema R. BR.

E. lancifolium (FRANCH.) O. E. SCHULZ in Pflzr., IV/105., 35 (1924). (*Goldbachia lancifolia* FRANCH.). NW-**Y.**: Bei Lidjiang, von Einheimischen (3816). Hier in der tp. St. am Dschungelrande unter der Schlucht Lokü auf Kalk, 3400 m (phot.). Im birm. Mons. in Hochkrautwiesen der ktp. St. im Saoa-lumba zwischen Mekong und Salwin, 28°, 3450 m, auf Glimmerschiefer (phot.).

E. yunnanense FRANCH. In schattigen Wäldern und Bambusgebüschen der wtp. und tp. St. auf Kalk, Sandstein und Tonschiefer. NW-**Y.**: Ober der Wiese Ndwolo im Yülung-schan bei Lidjiang, 3500 m (6676). **S.**: Soso-liangdse im Lolo-Lande e von Ningyüen, 2600 m (1715). Im W auf dem Wa-schan s von Yadschou (WEIGOLD). SW-**H.**: Yün-schan bei Wukang, unter 1420 m (Plt. sin. 33).

Von WEIGOLDs Exemplaren sind die größeren ziemlich stark behaart.

Torularia (COSS.) O. E. SCH.

T. humilis (C. A. MEY.) O. E. SCHULZ in Rep. sp. n., Beih. XII., 390 (1922). (*Sisymbrium humile* C. A. MEY.). W-**S.**: Min-Tal von Maodschou bis unter Wöntschwan (WEIGOLD).

— — f. ***hygrophila*** (FOURN.) O. E. SCHULZ in Pflzr., IV/105., 225 (1924). NW-**Y.**: Sandige Wälder im ehemaligen Gletscherbett oberhalb der Matte Saba an der Ostseite des Yülung-schan bei Lidjiang, Kalk der tp. St., 3350—3400 m (6810).

Kleine, 4—10 cm hohe Exemplare mit unverzweigten Wurzeln und Stengeln und kleinen, tief schrotsägigen Blättern, die ich nach dem mir vorliegenden Material nicht in die Variationsweite dieser Art gestellt hätte, doch werden sie von O. E. SCHULZ als diese Form bestimmt.

Braya STERNBG. et HPPE.

B. Forrestii W. W. SM. in Not. R. Bot Gard. Edinbgh., VIII., 119 (1913). **S.**: Kalkschutt der Hg. St. auf dem Gipfel Holoscha zwischen Yenyüen und Kwapi, 27° 48′, 4300—4325 m (2366).

Caules vix 2 cm alti foliaque densissime et breviter hirtella, calyx quoque saepe parce pilosulus; pedicelli saepe brevissimi.

Die Pflanze, deren Zugehörigkeit zur Art mir von Herrn Prof. SMITH bestätigt wurde, zeigt anscheinend beträchtliche Unterschiede gegenüber der Beschreibung, doch sind an FORRESTS Nr. 21333 die Blätter gewimpert, wenn auch nur spärlich, und die Schäfte wie an meiner behaart, an seiner Nr. 16468 aber die Behaarung überall schon so dicht wie an meiner, nur noch nicht so kurz.

B. oxycarpa HOOK. f. et THOMS. (*B. rubicunda* FRANCH.). **NW-Y.**: Steinige Matten der Hg. St. auf Kalk und Tonschiefer, 4000—4450 m. Osthang des Gipfels Ünlüpe im Yülung-schan bei Lidjiang (6705). Rücken zwischen Haba und Dugwan-tsun se von Dschungdien (6896).

Arabidopsis HEYNH.

A. Thaliana (L.) HEYNH. (*Sisymbrium Thalianum* [L.] J. GAY et MONN. — *Stenophragma Th.* [L.] ČEL.). **H.**: An sandigen Dämmen der str. St. am Hsiang-djiang bei Tschangscha, 30 m (11558).

Descurainia WEBB et BERTH.

D. Sophia (L.) WEBB ex ENGL. et PRTL., Nat. Pflzfam., III/2., 192 (1890). (*Sisymbrium S.* L.). **NE-Y.**: Kulturen der wtp. St. in der Ebene von Dungtschwan, 2500 m (MAIRE). **NW-S.**: Gebirge um Sungpan (WEIGOLD).

Erysimum L.

E. longisiliquum HOOK. f. et THOMS. **NW-Y.**: In der tp. St. auf Kalk. Gebüsche unter Mudidjin s von Yungning, 3000 m (3147). Trockene, steinige Plätze am Ostfuße des Yülung-schan bei Lidjiang, 2800 m (FORREST 5951, als *E. cheiranthoides* L.).

E. sinuatum (FRANCH.) HAND.-MZT. (*E. cheiranthoides* var. *sinuatum* FRANCH., Plt. Delav., 63 [1889], e typo). **Y.**: Im NW zwischen Atendse am Mekong und Pungdsera am Djinscha-djiang (ROCK 9258 als *E. bracteatum* W. W. SM.). Im NE in der Ebene von Dungtschwan, 2500 m (MAIRE). Tschili: Peking (WARBURG 6347).

Praeter notas ab autore indicatas ab *E. cheiranthiodi* differt pedicellis multo brevioribus, siliquis longioribus et angustioribus.

Roripa SCOP.

R. montana (WALL.) SMALL, Fl. SE. Un. St., ed. 2, 1336 (1913). (*Nasturtium monatnum* WALL.). In und an Gräben und sumpfigen Stellen auf Kalk, Sandstein und Tonschiefer der str. und wtp. St., 30—2500 m. **Y.**: Häufig bei Lidjiang (6629). Im NE bei Dungtschwan (MAIRE). **S.**: Ningyüen (1216). **SW-Kw.**: Nanmutschang am Wege von Dschenning nach Hwangtsaoba (10345). **H.**: Yün-schan bei Wukang (Plt. sin. 119). Häufig um Tschangscha (11682).

Die Nummern 10345 und Plt. sin. 119 haben die Schoten länger, schmäler und gerader, dabei aber kürzer gestielt als 6629 und 11682, die aber sicher nicht zu *R. indica* (DC.) HOCHR. gehören; 1216 hat noch keine entwickelt. In der Fl. Brit. Ind. sind die Angaben über die Schotenlänge dieser beiden Arten vertauscht. Die javanische „*indica*" (ZOLLINGER 276), ebenso wie jene von den Philippinen ist *R. montana.*

R. elata (HOOK. f. et THOMS.) HAND.-MZT. (*Barbarea elata* HOOK. f. et THOMS. — *Nasturtium barbareifolium* FRANCH. — *N. elatum* O. KTZE. ap. O. E. SCHULZ in Act. Hort. Gothobg., I., 158). **NW-Y.**: Bei Lidjiang, von Einheimischen (3812). Hier auf einer quelligen Wiese der tp. St. ober Ganhaidse, 3250 m. Häufig in Sumpfwiesen der tp. und ktp. St. zwischen dem Passe Da-Niutschang und dem Gehöfte Alo se von Dschungdien, Kalk und Tonschiefer, 3325—4000 m (4572).

Der Standort meiner Nr. 4572 sowie offenbar jene DELAVAYS sind ursprüngliche, während die Pflanze sowohl in Sikkim als in N-Setschwan nur um Dörfer gefunden wurde.

R. microsperma (DC.) HAND.-MZT. (*Nasturtium microspermum* DC., Syst. Nat., II., 199 [1821]. FORB. et HEMSL. — *N. sikokianum* FRANCH. et SAV. var. *axillare* HAYATA, Ic. Pl. Formos., III., 17 [1913], e descr.). In der str. St. H.: Feuchter Sand im Bette des Hsiang-djiang bei Tschangscha, 25 m (11522). S.: Ackerraine bei Dötschang („Tetschang“) im Djientschang, 1450 m (1136). — Taiwan: Taipefu (WARBURG 10000).

Die Blüten, die als weiß angegeben werden, sah ich immer heller oder dunkler gelb.

R. palustris (LEYSS.) BESS. (*Nasturtium palustre* DC. — *Roripa islandica* (OED.) SCHZ. et THELLG.). Sumpfwiesen, Gräben und Wegränder der wtp. und tp. St. auf Kalk und Sandstein, 1900—2800 m. Y.: Bei Yünnanfu (SCHOCH 71). Im NE bei Dungtschwan (MAIRE). S.: Am See von Tschoso bei Yungning (3114).

R. globosa (TURCZ.) THELLG. in Mém. Soc. Nat. Cherbg., sér. 4, XXXVIII., 276 (1911-12). (*Nasturtium globosum* TURCZ. FORB. et HEMSL.). NE-Y.: Kanalränder der wtp. St. in der Ebene von Dungtschwan, 2500 m (MAIRE).

Nasturtium R. BR.

N. officinale R. BR. Y.: In Bächlein der str. St. zwischen Hwangdjiaping und Biendjio ne von Dali (Talifu), Sandstein, 1700 m (6366).

Cardamine L.

C. polyphylla DON. (*C. macrophylla* WILLD. ssp. *polyphylla* [DON] O. E. SCHZ.). In Fichtenwäldern, humösen Gebüschen, Bambusdschungeln, Hochstaudenfluren und an Bächen durch die tp. und ktp. St. häufig, selten in der wtp., auf Granit, Glimmer- und Tonschiefer und Kalk. NW-Y.: 3000—4225 m. Ober Mudidjin s von Yungning. N von Tsasopie am Wege von hier nach Lidjiang. Yülung-schan, von Einheimischen (3820). Hier z. B. in der Schlucht Lokü (phot.). Berg Schusutsu bei Bödö. Ober Alo am Wege von hier nach Dschungdien. Nguka-la sw von hier. Im birm. Mons. in der Mekong—Salwin-Kette im Saoa-lumba, 28°, und unter dem Doker-la, 28° 15′, und in der Salwin—Irrawadi-Kette ober Schutsche und w des Sees Tsukue, von Einheimischen (9907), 27° 57—59′. S.: 3700—4400 m. Daörlbi halbwegs zwischen Yenyüen und Yungning (2964). Um Muli (ROCK 5506). Hier im SW bis auf den Gonschiga und im S beim Lagerplatz Guyi. Im N auf den Gebirgen um Sungpan (WEIGOLD). SW-H.: Yün-schan bei Wukang, wohl im wtp. Laubhochwalde, zwischen 1000 und 1400 m (Plt. sin. 13).

Das von SCHULZ verwendete Merkmal des langhaarigen Kelchblattrückens ist nicht konstant, sondern dieser ist oft kahl. Zahl, Form und Zähnung der Blättchen ist aber von der sibirischen *C. macrophylla* so konstant verschieden, daß ihre Artberechtigung meines Erachtens nicht bezweifelt werden kann.

** ***C. paucifolia*** Hand.-Mzt. (Abb. 8).

Sect. *Macrophyllum* O. E. Schz.

Rhizoma tenue, repens, radicibus tenuibus multis, caule singulo ascendente, 20—36 cm longo, plerumque ramoso, ± 2 mm crasso, glabro, paucisulcato, parte infima nudo, sursum foliis 4—6 aequaliter dispersis obsito terminatum. Folia ternata; foliola ovato-lanceolata usque late elliptica, longitudine subduplo—subtriplo angustiora, terminale 2—8 cm longum subsessile vel in petiolum fere 1 cm longum cuneato-attenuatum, lateralia in inferioribus paululo, in superioribus usque subtriplo minora basi margine posteriore producto obliqua, brevipetiolulata vel usque ad 5 mm in petiolum decurrentia, omnia irregulariter crenata crenis mucronulatis saepeque mediis maioribus sublobata, apice longius integro lato obtuso, membranacea, dilute viridia, ± dense setuloso-ciliata faciebusque sparsissime strigillosa; nervi pauci valde ascendentes subtus prominuli; petioli ± 1½ mm lati, inferiores laminis paululo, superiores sensim triplo breviores, evaginati. Racemi terminales 12—20 flori, sub anthesi corymbosi, dein laxi ramorumque pauperiores, ebracteati. Pedicelli 5 mm et sub fructu 1 cm longi, erectopatentes. Flores 11—12 mm longi, albi (e nota ad vivum). Sepala oblonga, petalorum $^2/_3$ aequantia, vix ultra 1 mm lata, rotundata, antice latiuscule membranaceo-marginata, tenuiter trinervia. Petala anguste obovata, rotundata, sensim breviter unguiculata. Stamina iis paulo breviora, antheris linearibus albis quam filamenta angusta sursum subulata ± duplo brevioribus. Ovarium cum stylo crasso indistincto iis aequilongum. Siliqua (immatura) erectiuscula, ad 5 cm longa, pedicello vix crassior, i. e. vix 1 mm lata, in stylum indistinctissimum $^3/_4$ mm longum vix angustata; stigma planum, hoc aequilatum. Semina c. 25.

Abb. 8. Blatt von *Cardamine paucifolia* Hand.-Mzt. $^1/_3$ nat. Gr.

Y.: In wtp. Wäldern zwischen Dawan und Gwanyilang bei Yungbei („Yungpeh"), Sandstein, 2400—2600 m, 3. VII. 1914 (3432).

In sectione foliis trifoliolatis excellens, a ceteris talibus speciebus valde diversa. Simillima est *C. scoriarum* W. W. Sm., quam ad *Cochleariae* sect. *Hilliellam* pertinere puto et quae differt rhizomate crasso descendente, caule valido multo altiore polyphyllo, foliis inferioribus bijugo-pinnatis, foliolis paulo acutius crebriusque serratis, pedicellis papilloso-velutinis, petalis roseis, antheris brevioribus crassioribus violaceis, siliquis multo brevioribus, stylis tenuioribus stigmatibus latioribus.

Die Schoten von *Cochlearia scoriarum* (W. W. Sm.) Hand.-Mzt. (*Cardamine scoriarum* W. W. Sm. in Not. R. Bot. Gard. Edinbgh., XI., 203 [1919]) sind viel kürzer und zeigen den dünnen Griffel auch im gleichen unreifen Zustande, weshalb ich kaum zweifle, daß die Pflanze nicht zu *Cardamine* gehört. H. Smiths Nr. 2110 stimmt mit dem Typus, nur sind ihre Blätter etwas kahler. An *C. pauciflora* sind mitunter winzige schüppchenförmige, mitunter konkauleszierende Brakteen und fadenförmige Brakteolen vorhanden, die mehr den Eindruck des Abnormalen machen.

C. calcicola W. W. Sm. in Not. R. Bot. Gard. Edinbgh., XI., 203 (1919).
Y.: Am Wegrande unter dem Passe Dsuningkou ober Dienso, 26° 24′, zwischen Dali und Hodjing, Kalk der tp. St., 3100 m (6564).

Ultra descriptionem originalem varians interdum 8 cm tantum alta, stolonibus flagelliformibus ultra 15 cm longis hic illic parvifoliis, caule saepe singulo usque ad 6 folio, inferne cum foliis radicalibus saepe integerrimis interdum dense villoso-hirto, foliis caulinis raro 1- vel 3 jugis, foliolis obovato-lanceolatis 3 mm latis usque reniformibus 1 cm latis et terminali lateralibus plus duplo maiore interdum brevipetiolulato, racemo florifero brevi corymboso. Flores albi, 7 mm longi. Sepala oblonga, ± 1½ mm lata, rotundata, brunnea, circumcirca latiuscule membranaceo-marginata, basi leviter saccata, dorso ± hispidula. Petala eis paulo plus duplo longiora, ex unguibus brevibus angustis sensim obovata, 3½—6 mm lata, rotundata vel emarginata. Stamina longiora calyce sesquilongiora, breviora iis duplo breviora, filamentis oblique fere ad 1 mm dilatatis, antheris ½ mm longis, basi hastatis, paulum rubellis.

C. violifolia O. E. SCHULZ. **H.**: Im Walde an der Grenze der str. und wtp. St. unter Tungdjiapai bei Hsikwangschan im Bezirke Hsinhwa, besonders an Kalkfelsen, 550 m (11886).

Mit dem nur im Blütezustand befindlichen Typus im Herb. Berlin stimmt meine fruchtende Pflanze in allem Vergleichbaren überein. Ihre Schoten sind samt den Stielen einseitswendig unter die Horizontale herabgekrümmt.

C. Limprichtiana PAX in Jahresber. schles. Ges., zool.-bot. Sekt., 1911, 27. Syn.: *C. Hickinii* O. E. SCH. in Rep. sp. n., XVII., 289 (1921).

C. yunnanensis FRANCH. In der tp. St., 2800—3400 m. **NW-Y.**: Im Regenmischwalde des birm. Mons. im Tale von Tseku zum Si-la in der Mekong—Salwin-Kette, 28°, auf Schiefer und Granit (8876). **S.**: Bebuschte Hänge des Passes Daörlbi halbwegs zwischen Yenyüen und Yungning, Sandstein (2936).

C. impatiens L. **NW-Y.**: In üppigen Wäldern der tp. und wtp. St. Ober Akalü jenseits Ganhaidse bei Lidjiang, Kalk, 3000 m (6831). Im birm. Mons. bei Bahan am Lu-djiang (Salwin), 27° 58′, Schiefer, 2400—2600 m (9030). **W-S.**: Wa-schan s von Yadschou (WEIGOLD). Gebirge um Sungpan (WEIGOLD).

C. glaphyropoda O. E. SCHULZ in Act. Hort. Gothobg., I., 159 (1924). **W-S.**: Min-Tal von Sungpan bis Tietschi (WEIGOLD).

C. flexuosa WITH. (*C. silvatica* L.). Ackerraine auf feuchtem Schlamm der wtp. St., 1900—2800 m. **Y.**: Bei Yünnanfu (56). Beyendjing (TEN 359). **S.**: Alami e von Ningyüen. Im W auf dem Wa-schan s von Yadschou (WEIGOLD).

— — approx. **subsp. *fallax*** O. E. SCHULZ in Bot. Jahrb., XXXII., 478 (1903). **H.**: Gebüsche der str. St. auf Sandstein am Fuße des Yolu-schan bei Tschangscha, 50 m (12803).

— — approx. **subsp. *debilis*** (DON) O. E. SCH. **H.**: Im feuchten Sande des Flußbettes des Hsiang-djiang bei Tschangscha, str. St., 25 m (11515).

Diese Form unterscheidet sich von ssp. *debilis* durch nicht dünne, sondern sogar auffallend fleischige Blätter und das Vorkommen in der Sonne; nach den übrigen Merkmalen müßte sie zu ihr gestellt werden.

C. lyrata BGE. **H.**: In der str. St. bei Tschangscha an überschwemmten Stellen gegen den Wayang-schan, Sandstein, 30 m (11650).

C. Griffithii HOOK. f. et THOMS. **NW-Y.**: An Bächen und in Sümpfen der tp. und ktp. St. auf Kalk, Schiefern und Granit, 3200—4050 m. Sattel Hungschischao am Wege von Lidjiang nach Dschungdien (6854). Nguka-la sw von hier. Im birm. Mons. in der Mekong—Salwin-Kette im Tale von Tseku zum Si-la,

28^0 (8908) und gemein im nach Tibet hinabführenden Tale Schidsaru, $28^0 9'$, und in der Salwin—Irrawadi-Kette im Tjiontson-lumba und w des Passes Tsukue hinter dem Gomba-la bei Tschamutong, von Einheimischen (9897).

C. multijuga FRANCH. NW-Y.: In Gräben der wtp. St. in der Ebene von Lidjiang, Kalk, 2425 m (3472; SCHNEIDER 1772).

— — var. ***gracilis*** O. E. SCHULZ in Rep. sp. n., XVII., 289 (1921). NW-Y.: Sümpfe der tp. St. bei Dschungdien gegen das Lamakloster, Kalk, 3400 m (7736).

Der Typus ist „quadripedalis" und nach O. E. SCHULZ in Bot. Jahrb., XXXII., 506, 60—110 cm hoch. Hier sind größere Ausmaße der Blättchen angegeben, als von FRANCHET, dessen Angaben jenen der Varietät entsprechen, in der es sich sicher nur um extreme Exemplare handelt; die mir vorliegenden Lidjianger Pflanzen stellen auch schon Übergänge dar. In der von SCHULZ 1921 offenbar schon fallen gelassenen Zuweisung als Subspecies zu *C. Griffithii* kann es sich nur um den Ausdruck einer Verwandtschaft handeln, nicht aber um systematische Zugehörigkeit.

** ***C. simplex*** HAND.-MZT. (Taf. VIII, Abb. 3).

Syn.: *C. granulifera* W. W. SM. in Not. R. Bot. Gard. Edinbgh., XVII., 22 (1929), non (FRANCH.) DIELS.

Sect. *Eucardamine* O. E. SCH.

Rhizoma repens, tenuissimum, levissime nodulosum, radicibus longis tenuibus dispersis, caule singulo, simplici, 15—35 cm alto, erecto, ad petiolorum pedicellorumque insertiones flexuoso, ± 1—1,5 mm crasso, fistuloso, paucicostulato, basi interdum parcissime setuloso terminatum. Folia basalia pauca sub anthesi saepe marcida et caulina 3—6 aequaliter dispersa 2—3 jugo imparipinnata, 1—2½ cm longa, foliolis inferiorum patulis late ovatis, 2—6 mm longis, obtusissimis, basi ad petiolulos laminis subaequilongos rotundatis, parcissime dentatis usque subtrilobis, superiorum sensim lineari-lanceolatis usque subfiliformibus, usque ad 1 cm longis, integris, acutissimis, crasse apiculatis, sessilibus, minus patentibus, omnibus laete viridibus, crassiusculis, vix nervosis, rarissime parce flavido-hirtellis; petioli erecti, basales laminas usque quintuplo superantes, summi sensim iis paulo tantum longiores, evaginati. Racemus laxiuscule 2—12 florus, ebracteatus, mox flexuosus. Pedicelli tenues, 8—15 et inferiores sub fructu usque ad 28 mm longi, erecti. Flores 9 mm longi, albi (e nota ad vivum). Sepala petalorum $^2/_5$ attingentia, ovato-elliptica, ultra 1½ mm lata, rotundata, circumcirca late membranaceo-marginata, ceterum flavida, tenuiter 5 nervia, basi leviter saccata. Petala ex unguibus brevibus angustiusculis sensim late obovata, 5 mm lata, rotundata. Stamina inter se subaequilonga, sepalis subduplo longiora, filamentis anguste linearibus sursum sensim breviter subulatis, antheris linearibus 1 mm longis, basi anguste sagittatis, pallidis. Ovarium cum stylo eo duplo breviore stamina aequans. Siliqua 3—3½ cm longa, 1 mm lata, erecta, ad basin pedicello aequilatam et in stylum crassum 2 mm longum sensim producta, valvis tenuissime plurinerviis apicibus acutis; stigma planiusculum, stylo latius. Semina c. 15—20, ellipsoidea, ad 1 mm longa, castanea.

NW-Y.: Sumpfwiesen der tp. St. ober Ganhaidse bei Lidjiang, Sandstein, 3200 m, 22. VII. 1914 (4310). Offene Stellen an Bächen am Osthange des Beima-schan zwischen Djinscha-djiang und Mekong, 28° 12', 3300 m, VI. 1917 (FORREST 13840).

Species proxima etsi habitu haud simillima *C. microzyga* O. E. SCH. differt humilior, foliolis 6—10 jugis, cum caule hirsutis, superioribus latioribus, sepalis latioribus apice denticulatis, filamentis (e ROCK 6462) oblique valde dilatatis, siliquis brevioribus 10 ovulatis. *Loxostemon granuliferus* (FRANCH.) O. E. SCH. foliolis multo longioribus inferioribus quoque linearibus plerisque trijugis, rhizomate, staminibus, siliquis brevioribus facile dignoscitur.

Loxostemon HOOK. f. et THOMS.

* ***L. pulchellus*** HOOK. f. et THOMS. (non DUNN in Journ. Linn Soc., Bot. XXIX., 465). NW-**Y.**: Im Glimmerschieferschutt der Hg. St. bis in die ktp. des birm. Mons., 4000—4375 m. In der Mekong—Salwin-Kette beim Teiche Tsuka, 28°, auf dem Rücken Pongatong, 4. VIII. 1916 (9684) und unter dem Gondon-rungu ober Tjionatong, 28° 9'. In der Salwin—Irrawadi-Kette zwischen den Pässen Pangblanglong und Buschao, 47° 58—59'.

Blätter ganz kahl im Gegensatze zum Typus, und Flügel der Filamente ligulaartig über den Grund der Antheren vorgezogen, die dann an ihrer Bauchseite ansitzen. Beim Typus sind nicht alle Filamente breit geflügelt, die Flügel am Grund der Anthere quer gestutzt. Beide Unterschiede scheinen im Rahmen der Variationsweite zu liegen. FORRESTS Nr. 16397 von der Mekong—Salwin-Kette am 28° 12' scheint mir Übergänge zur folgenden Art darzustellen, denn die Zahl ihrer Blättchen ist veränderlich. Vielleicht kommen auch Bastarde vor.

L. Delavayi FRANCH. (*Cardamine Franchetiana* DIELS). NW-**Y.**: In der Hg. St. auf Kalk, 4400—4650 m. Yülung-schan bei Lidjiang, von Einheimischen (3815). Feiner Gehängeschutt auf dem Waha s von Yungning (7113). Schneetälchen am Westhange des Piepun se von Dschungdien (4730).

L. repens (FRANCH.) HAND.-MZT.

Syn.: *Dentaria repens* FRANCH. in Bull, Soc. bot. Fr., XXXII., 5 (1885). *Cardamine tenuifolia* TURCZ. var. *repens* FRANCH., Plt. Delav., 55 (1889).

In Mischwäldern, an trockenen Hängen, in feuchten Gebüschen und Sumpfwiesen der wtp. bis ktp. St. auf Kalk und Phyllit, 2750—3800 m. **S.**: Kwapi am Yalung n von Yenyüen, 27° 53' (2788). Rücken Daörlbi halbwegs zwischen Yenyüen und Yungning (2998). **Y.**: Unter Mududjin (SCHNEIDER 1617) und bei Santsun s von Yungning.

Meine Nr. 2788 entspricht mit ihrem dünnen, nur sehr entfernt knotigen Rhizom DELAVAYS 65, während seine Pflanzen von Maogutschang größer und offenbar älter sind und die Rhizome gleichförmiger und stärker verdickt haben. Meine Nr. 2998 verbindet geringe Größe mit dicht knotigem Rhizom.

L. granuliferus (FRANCH.) O. E. SCHULZ in Rep. sp. n., Beih., XII., 390 (1922). (*Cardamine tenuifolia* TURCZ. var. *granulifera* FRANCH.). NW-**Y.**: Bei Lidjiang, von Einheimischen (3814).

Die Kombination SCHULZ' muß wohl auf diese Art bezogen werden, obwohl die l. c. so bestimmte Pflanze (LIMPRICHT 2047) nicht diese, sondern *L. Delavayi* ist. Die von DIELS in Not. R. Bot. Gard. Edinbgh., V., 204, angegebenen Unterschiede sind nicht stichhaltig, wie er auch l. c., 205, vermutet. Schon am

Berliner Exemplar von FORREST 4327 liegen auch breiter geflügelte Filamente vor. Die Unterschiede in den Kelchblättern sind an meinem Material gerade umgekehrt von der von DIELS nach den auch von mir gesehenen Exemplaren mit Recht gegebenen Darstellung, also nicht konstant. Die Arten konnte ich aber auch auf Grund des Pariser Materials nach folgenden Merkmalen gut auseinander halten, ohne Übergänge zu finden:

1. a) Foliola latitudine 4plo angustiora vel multo breviora, rotundata, crasse apiculata. Rhachis crassiuscula, exalata. Rhizoma brevissimum, dense ramosum, fasciculato-multicaule: 2.

b) Foliola longitudine 5plo angustiora vel multo longiora, infimis tantum interdum latissimis, acuta, crasse apiculata, lateralia 1—3 paria. Rhizoma repens, simplex vel laxe ramosum, caulibus singulis: 3.

2. a) Foliola 1—2 juga, Filamentorum nonnullorum alae ad antheras ipsas truncatae, saepe ad earum dorsa productae: *pulchellus.*

b) Foliola 4—5 juga, radicalia tantum interdum ternata. Filamentum infra antheram subulatum: *Delavayi.*

3. a) Foliola longitudine (infima interdum tantum 2plo) 5—18plo angustiora, tenuia, praesertim superiora secus rhachin alato-decurrentia: *repens.*

b) Foliola longitudine 20plo angustiora vel multo longiora, crassa, in rhachi vix marginata sessilia: *granuliferus.*

L. Smithii O. E. SCHULZ in Act. Hort. Gothobg., I., 161 (1924), von dem Wurzel und Blüte (Filamente) unbekannt sind, konnte ich hier nicht einreihen. Aus der Beschreibung scheint nur die krause (aber bei der Varietät fehlende) Behaarung der Blätter einen deutlichen Unterschied gegenüber *L. Delavayi* zu bilden.

Pegaeophyton HAY. et HAND.-MZT. in Sitzgsanz. Ak. W. W., 1922, 245.

Cruciferae, Trib. *Arabideae*, subtrib. *Cardamininae.*

Acaule, foliis rosulatis, floribus numerosis, basalibus, longipedicellatis. Sepala patentia, lateralia saccata. Petala late obovata, vix unguiculata, alba, coeruleo-suffusa. Glandulae nectariferae medianae semilunares magnae, ad latus exterius staminum longiorum sitae, laterales annulares, intus apertae. Filamenta simplicia, paulum dilatata. Ovarium sessile, ovatum, a dorso compressum; stylus brevissimus; stigma truncatum paulum emarginatum. Silicula carnosula, late obovata, saepe ob semina alterius seriei abortiva obliqua, a dorso valde compressa, anguste alato-marginata, in stigma breve cito contracta, septo carens, valvis paulum convexis, subplanis, nervo mediano tenui percursis et indistincte venosis. Semina usque ad 8 biseriata, saepe abortu uniseriata, compressa, pleurorrhiza.

Die auf *Braya sinensis* HEMSL. begründete Gattung hat mit der genannten, von der sie durch die breiten flachgedrückten Schötchen und das Vorhandensein medianer Honigdrüsen weit verschieden ist, auch verwandtschaftlich nichts zu tun, sondern wird schon durch den seitenwurzligen Keimling mit großer Wahrscheinlichkeit in die Gruppe der *Cardamininae* verwiesen, wenn auch die Lage der Myrosinschläuche an der neuen Gattung noch nicht gefunden wurde. Dort scheint sie den amerikanischen Gattungen *Leavenworthia* und *Platyspermum* zunächst zu stehen. Sollte jedoch das Vorhandensein von Leitbündel-Idioblasten nachgewiesen werden, wäre sie zu den *Arabidinae* (bzw. zu den besser von diesen zu trennenden *Alliariinae*) in die Nähe von *Physalidium* und *Graellsia* zu stellen, die freilich im Habitus stark abweichen. † A. Hayek.

P. scapiflorum (Hook. f. et Thoms.) Marq. et Shaw in Journ. Linn. Soc., Bot., XLVIII., 229 (1929). (*Cochlearia scapiflora* Hook. f. et Thoms. Franchet, Plt. Delav., 61. — *Braya sinensis* Hemsl. — *Pegaeophyton sinense* [Hemsl.] Hayek et Hand.-Mzt. in Sitzgsanz. Ak. W. W., 1922, 246). NW-Y.: In kalten Rieselquellen und Schneeschmelzwässern in der Hg. St. des birm. Mons. bis zur Baumgrenze, auf Glimmerschiefer und Granit, 4000—4400 m, meist massenhaft und fast allein. In der Mekong—Salwin-Kette auf dem Si-la (8434), dem Rücken Pongatong und im Tale Schidsaru, 28°—28° 9′. In der Salwin—Irrawadi-Kette im Tjiontson-lumba unter dem Passe Tschiangschel, und auf dem Passe Tsukue hinter dem Gomba-la (9493, s. Karsten u. Schenck, Vegbild., 17 R., Taf. 48) bei Tschamutong.

Arabis L.

A. pendula L. NW-Y.: Bei Yungning in Krautfluren der tp. St. jenseits des nach Fongkou führenden Passes, Kalk, 3225 m (7048).

A. paniculata Franch. Y.: In der wtp. und tp. St., zwischen Diabasfelsen ober den Tempeln auf dem Dji-schan ne von Dali, 3050—3350 m (6399). Beyendjing, in Äckern bei Guti (Ten 9). Im NE an Bachrändern in der Ebene, und auf Hügeln bei Dungtschwan, 2500 m (Maire).

A. alpina L. var. ***rubrocalyx*** Franch., Plt. Delav., 58 (1889). NW-Y.: Heidewiesen, trockene Föhrenwälder und offene Mischwälder der tp. St. gegen das Beschui bei Lidjiang, Kalk, 2950—3100 m (4169).

— — var. ***parviflora*** Franch., l. c. Y.: In der wtp. St. bei den Tempeln auf dem Hsi-schan bei Yünnanfu (Schoch). W-S.: Wa-schan s von Yadschou (Weigold).

Über Wert und Stellung dieser beiden Varietäten kann ein Urteil ohne eingehendes Studium der ganzen Verwandtschaft nicht gefällt werden.

Cheiranthus L.

C. acaulis Hand.-Mzt. in Sitzgsanz. Ak. W. W., 1925, 64.

Rhizoma longissimum, fusiforme, perpendiculare, (simplex vel?) fastigiato-multiramosum, cespites densos compactos vel inter glaream mobilem profundam laxos ramis ad 13 cm longis crassiusculis et petiolorum mortuorum partibus basalibus induratis stramineis nodoso-incrassatis formans. Folia rosulantia numerosa, spathulato-lanceolata, 1—3½ cm longa absque petiolo indistincto anguste alato basi paulum dilatato sub fructu lamina interdum subduplo longiore, obtusa, integra vel remotissime denticulata, crassiuscula, saturate viridia, utrinque pilis brevibus bifurcis albis adpressis laxe induta, costa nervisque paucis valde obliquis obsoletis tenuibus. Racemus sessilis, axi crassa usque ad 1 cm longa, pauci- usque ad 10 florus, ebracteatus. Pedicelli rigidi, erecti, sub flore 10—15, sub fructu ad 35 mm longi, sicut calyces 7—8 mm longi angusti aeque ac folia induti. Sepala oblonga, 2—2,5 mm lata, rotundata, basi saccata, pallida, apice saepe purpurascentia, circumcirca late membranaceo-marginata. Petala unguibus longe exsertis 1,5 mm latis, obovata, 16—20 mm longa, lutea (nota ad vivum), rotundata, undulata. Discus contiguus, ad latera staminum breviorum incrassatus. Stamina pallida, filamentis anguste alatis, antheris oblongo-linearibus, ad 2 mm longis, longiorum e calyce exsertis, breviorum inclusis. Ovarium oblongum, in stylum brevem attenuatum, pilis iisdem dense strigillosum, stigmate crasso plano. Siliqua subclavato-linearis, 2,5—4 cm longa, 2—2,5 mm lata, basi longe, apice breviter attenuata, paulum complanata, laxe strigillosa, stylo crassiusculo, 1—2 mm longo, stigmate vix latiore; septum tenue, cellulis epidermidis elongatis parietibus valde incrassatis et irregulariter sinuoso-excisis. Semina ad 10, ellipsoidea, 2,5—3 mm longa, funiculis rigidis aequilongis, castanea; embryo pleurorhizus.

S.: Im Kalkschutt der Hg. St., 4300—4375 m. Holoscha, 27° 48′, zwischen Yenyüen und Kwapi, 18. V. 1914 (2365). Unter dem Passe Santante ober Muli, 30. VII., 3. VIII. 1915 (7318, Typus).

Species caule deficiente insignis, ceterum floribus foliisque *C. Forrestii* (W. W. Sm.) Hand.-Mzt. similis.

Die blühenden Exemplare Nr. 2365 sind auf festem Boden gewachsen und viel niedriger rasig. Eine Infloreszenzachse ist dick und 1 cm lang. An einem älteren Knoten finden sich Fruchtreste, die ganz am Grunde einer verdorrten, ganz kurzen, aber abgebrochenen Achse entspringen. Die großen, lockeren, fruchtenden Exemplare Nr. 7318 zeigen nur ganz kurze Spindeln und ihre wohlausgebildeten Früchte sind von *C. Forrestii*, der ja mitunter auch gestaucht, aber doch nicht so kurz vorkommt, ganz verschieden. Sollte sich meine Nr. 2365 durch Auffindung von Früchten am Fundorte doch als *C. Forrestii* erweisen, so wäre als der Typus meiner neuen Art Nr. 7318 anzusehen, obwohl ich sonst nicht der Ansicht bin, daß ein Individuum oder eine Individuengruppe den Typus einer Art darstellt, sondern alles, was der Autor bei der Aufstellung dazuzieht.

C. Forrestii (W. W. Sm.) Hand.-Mzt. in Sitzgsanz. Ak. W. W., 1925, 65. (*Parrya F.* W. W. Sm. in Not. R. Bot. Gard. Edinbgh., VIII., 195 [1914]). NW-Y.: Im Kalkschutt der Moränen unter der Gletscherzunge ober der Schlucht Lokü an der Ostseite des Yülung-schan bei Lidjiang, Hg. St., 3625 m (6812; Schneider 2303).

Die Art gehört wegen der kleinen, langgestreckten, dick- und ziemlich glattwandigen Epidermiszellen der Scheidewand und des ganzen Habitus sicher zu *Cheiranthus* und nicht zu *Parrya*. Sie sind offenbar auch nicht septiert, könnten höchstens zum Typus mit gleichgerichteter Septierung gehören. Die Pflanze zeigt eine höchst auffallende Heterokarpie, indem die unteren Schoten durch Wachstumshemmung und Ausbildung nur des obersten Samens keulenförmige Schötchen von nur 7—12 mm Länge, aber vorne fast 3 mm Dicke darstellen.

Solms-Laubachia Muschl.

Nach Hayek wäre die Gattungsdiagnose folgendermaßen zu ergänzen, bzw. richtigzustellen: Glandulae nectariferae laterales binae, semilunares, stamina lateralia basi amplectentes, versus stamina mediana in processum linearem productae, glandulis generum *Hesperis* et *Matthiola* similes. Siliqua ovato-lanceolata, longe acuminata, levis, valvis disticte penninerviis, circumcirca late alatis, inter alas valvarum hiantes contracta, juvenilis imprimis margine breviter setosa, adulta glabra. Epidermidis cellulae oblongo-rectangulares. Semina plura, uniseriata, plano-compressa, pleurorhiza.

Alle von ihm untersuchten Blüten haben 6 normal ausgebildete Staubblätter, 4 längere mediane, 2 kürzere laterale. Natürlich ist es möglich, daß in einzelnen Fällen die lateralen Staubblätter abortieren und dann nur 4 (0 + 4) vorhanden sind, oder daß die medianen paarweise miteinander verwachsen, was dann wieder 4 (2 + 2) Staubblätter ergeben würde. Wenn in einem solchen Falle die lateralen abortieren, blieben nur 2 mediane Staubblätter über (0 + 2). Daß die medianen Staubblätter bei erhaltenbleibenden lateralen fehlen (also 2 + 0), hält er für ausgeschlossen. Daß ein Fehlen der lateralen Staubblätter eine Veränderung in der Gestalt der Honigdrüsen zur Folge haben dürfte, sei ja einleuchtend. Daß aber die Honigdrüsen so variabel wären, wie MUSCHLER angibt, hielt er für ausgeschlossen und seine Angaben auf unzureichendes Material oder ungenaue Beobachtung zurückzuführen.

Im System wäre die Gattung in die Tribus der *Alysseae* einzureihen, wo sie wegen der pleurorhizen Samen in die Nähe von *Parrya*, also zu den *Hesperidinae*, zu stellen wäre, falls sie Leitbündel-Idioblasten hat. Leider war es ihm nicht möglich, die Myrosinzellen nachzuweisen; sollten aber dieselben im Mesophyll liegen, so wäre sie zu den *Brayinae*, etwa neben *Leptaleum* zu stellen.

S. pulcherrima MUSCHL. in Not. R. Bot. Gard. Edinbgh., V., 206 (1912).
NW-Y.: Felsritzen und Gehängeschutt auf Kalk der Hg. St., 4100—4650 m. Ostseite des Gipfels Ünlüpe im Yülung-schan bei Lidjiang (6704). Waha bei Yungning (7108). Westseite des Gebirges Piepun se von Dschungdien (4678, teilweise f. ***angustifolia*** O. E. SCH. in Notbl. Bot. Gart. Berl., IX., 477 [1926]).

— — f. ***atrichophylla*** HAND.-MZT. in Sitzgsanz. Ak. W. W., 1925, 24.

Folia lineari-lanceolata, usque ad 50 × 3 et 80 × 2 mm, glaberrima; pedicelli tantum paulum hirsuti. Siliquae 13—26 mm longae.

S.: Kalkfelsen der Hg. St. auf dem Gonschiga sw von Muli, 4500 m, 6. VIII. 1915 (7503).

Siliquae speciei 70 × 7 usque 30 × 10 mm.

** ***S. minor*** HAND.-MZT. in Sitzgsanz. Ak. W. W., 1922, 246.

Surculis in trunco subterraneo erecto lignescente fere 1 cm crasso annulato columnaribus erectis, fasciculato-ramosis, foliorum vaginis emortuis dense involucratis, crassis cespites rigidos usque ad 10 cm altos formans. Folia lingulata, 3—5 mm longa, 1—1,5 mm lata, in petiolum aequilongum, late alatum, deorsum in vaginam rigidulam medio incrassatam, margine scariosam, ad 4 mm latam dilatatum cito angustata, crassiuscula, apice et saepe margine toto laxe longiciliata, subtus in nervo saepe brevius pilosa, ceterum glabra. Flores in ramulorum apicibus complures, pedicellis singulis, immersis, usque ad 4 mm longis, tenuibus, sicut calyces longiuscule albo-pilosis. Sepala erecta, lineari-oblonga, 5 mm longa, 1,5—2 mm lata, rotundata, viridia, margine membranacea. Petala roseoviolacea, 10—12 mm longa, ungue angusto in laminam aequilongam, obovatam, 4—5 mm latam, leviter emarginatam, margine undulatam sensim dilatato. Antherae oblongae, 1,7 mm longae; filamenta anguste linearia, breviora iis aequilonga, longiora duplo longiora. Disci glandulae indistinctae. Ovarium breviter cylindricum, cum stylo brevi vix angustiore et stigmate pene dilatato stamina breviora subaequans.

S.: Zwischen Kalkfelsen der Hg. St. auf dem Gipfel Holoscha, 27° 48', zwischen Yenyüen und Kwapi, 4325 m, 18. V. 1914 (2318).

Planta *S. pulcherrimae* MUSCHL., quae foliis 2—10^{plo} maioribus, sepalis fere duplo longioribus et triplo latioribus, basi convexiusculis, in apicem obtusum breviter angustatis, petalorum caeruleorum et violascentium dimidio maiorum lamina suborbiculari in unguem abruptius contracta, antheris late linearibus differt, tam similis, ut -fructibus quidem ignotis, ovario autem omnino congruente- de positione generica non dubitandum sit.

Draba L.

Bestimmt, bzw. revidiert von O. E. SCHULZ.

D. oreades SCHRENK. **NW-Y.**: Schutt und Schneetälchen der Hg. St. auf Kalk und Schiefern, 4000—4450 m. Yülung-schan bei Lidjiang, von Einheimischen (3817). Hier am Osthange des Gipfels Ünlüpe (6710). Kamm zwischen Haba und Dugwan-tsun se von Dschungdien (6958). Sattel des Gebirges Piepun, 4650 m (?, phot.). Im birm. Mons. um den See Pongatong in der Mekong—Salwin-Kette, 28° 6' (9688).

— — ssp. ***chinensis*** O. E. SCH. in Rep. sp. n., Beih. XII., 388 (1922). **NW-Y.**: Kalkfelsen in der Hg. St. des birm. Mons. auf dem Berge Maya in der Mekong—Salwin-Kette, 28° 4', 4300—4575 m (9639).

** ***D. piepunensis*** O. E. SCHULZ in Sitzgsanz. Ak. W. W., 1926, 96; in Pflanzenr., IV/105, 111 (1927). (Taf. VII, Abb. 19). **NW-Y.**: Gehängeschutt (Kalk) der Hg. St. am Westhange des Gebirges Piepun se von Dschungdien, 4500—4650 m, 11. VIII. 1914 (4712).

D. involucrata W. W. SM. in Not. R. Bot. Gard. Edinbgh., XI., 206 (1919). **NW-Y.**: Yülung-schan bei Lidjiang, von Einheimischen (3818). Massenhaft im Gehängeschutt (Granit) der Hg. St. des birm. Mons. gegen den Paß Buschao hinter dem Gomba-la ober Tschamutong, 4050—4100 m (9499).

D. jucunda W. W. SM., l. c., 207. **NW-Y.**: Die Schneetälchen der Hg. St. des birm. Mons. auf dem Rücken Pongatong in der Mekong—Salwin-Kette ganz ausfüllend, 28° 9', Granit, 4175—4375 m (9689).

** ***D. serpens*** O. E. SCHULZ in Sitzgsanz. Ak. W. W., 1926, 96; in Pflanzenr., IV/105, 178 (1927). **NW-Y.**: Im Schieferschutt der Hg. St. auf dem Kamme zwischen Haba und Dugwantsun se von Dschungdien, 4250—4450 m, 23. VI. 1915 (6961).

D. oreodoxa W. W. SM. in Not. R. Bot. Gard. Edinbgh., XI., 209 (1919). **NW-Y.**: Bei Lidjiang, von Einheimischen (3811).

** ***D. composita*** O. E. SCHULZ in Sitzgsanz. Ak. W. W., 1926, 97; in Pflzr., IV/105, 215 (1927), velut *lichiangensis* × *piepunensis* ***(oreodoxa* × *lichiangensis?)***.

Caudiculis ramosis usque ad 5 cm longis et 3 mm crassis divaricatis subcespitosa, radice primaria fusiformi. Caules multi, 6—12 cm longi, simplices, foliis 5—9 dispersis obsiti, racemis sub fructu 2 cm longis, laxis, inferne foliis paucis decrescentibus bracteatis terminati. Folia caulina oblongo-ovata,

5—8 mm longa, rosularum obovata, obtusa, integra vel paucidenticulata, ut caules pilis stellatis minutis subcanescentia, caulina superiora supra glabriora et partim simplicipilosa. Pedicelli 4—8 mm longi, patentes, paulum sursum arcuati. Flores sulphurei (e nota ad vivum), 5—5½ mm longi. Sepala late ovata, 2½ mm longa, parce hirta. Petala ex unguibus longiusculis obovata, emarginata, saepe inaequilatera. Stamina exteriora interdum antheris nullis, interiora filamentis omnibus vel binis ad apicem connatis, antheris plerumque $\pm$ rudimentariis. Ovarium glabrum, ovulis 7—8. Silicula orbiculari-ovoidea, 4—5 mm longa, seminibus abortivis, stylo 0,5 mm longo.

NW-Y.: Gehängeschutt der Hg St. an der Westseite des Gebirges Piepun se von Dschungdien, Kalk, 4300—4650 m, 11. VIII. 1914 (4683).

Die Deutung als Bastard zwischen einer gelb- und einer weißblühenden Art wird durch die Blütenfarbe und die verkümmerten Samen nahegelegt, obwohl der Pollen einer Blüte mit 6 gut ausgebildeten Antheren zwar spärlich, aber vollkommen normal ist. Aus zwei Arten mit blattlosem oder höchstens einblätterigem Schaft, die der Autor wohl hauptsächlich deshalb als Stammeltern ansieht, weil sie am Standorte gesammelt wurden, kann diese reichblätterige Pflanze aber meines Erachtens unmöglich hervorgegangen sein. Die Größe der Schötchen legt Beteiligung von *D. piepunensis* nahe, doch müßte, wenn diese wirklich gelb blüht, was noch nicht bekannt ist, der weißblütige Elter einen beblätterten Stengel haben; eine solche Art, die in Betracht kommen könnte, gibt es aber nicht. Reife Früchte von *D. oreodoxa* sind nicht bekannt und können sich als ebenso groß erweisen, wie bei *piepunensis*. Aus einer Kombination dieser mit *lichiangensis* läßt sich *Draba composita* derzeit meines Erachtens am besten erklären.

D. amplexicaulis FRANCH. NW-Y.: Krautfluren der ktp. St. des Berges Schusutsu bei Bödö (Peti) se von Dschungdien, Sandstein, 3750—4000 m (4500, mit ** **f. dolichocarpa** O. E. SCH. in Pflzr., IV/105, 181 [1927], velut var.).

D. surculosa FRANCH. W-Y.: Felsige Stellen auf dem Dsang-schan bei Dali (SCHNEIDER 3238). In der tp. St. des birm. Mons. in der Mekong—Salwin-Kette am Bache vom Si-la nach Tseku (8920, ** **f. elatior** O. E. SCH., l. c., 181) und in Hochkrautwiesen des Saoa-lumba, 28°, auf Granit und Schiefer, 3200 bis 3500 m.

D. yunnanensis FRANCH. Modermatten und felsige Wälder der tp. und ktp. St. auf Kalk, 3400—3775 m. NW-Y.: Ober Ngulukö am Yülung-schan bei Lidjiang (6643). S.: Daörlbi halbwegs zwischen Yenyüen und Yungning (2985; SCHNEIDER 1509).

— — var. ***gracilipes*** FRANCH. NW-Y.: Auf der üppigen Wiese Ndwolo in der ktp. St. des Yülung-schan bei Lidjiang (3570, mit ** **f. microcarpa** O. E. SCH., l. c., 183, velut var.) und darüber im Kalkschutt, 3500—4125 m. Waha bei Yungning, Hg. St., 4400 m. S.: Gleich unter dem Gipfel des Gonschiga sw von Muli, 4720 m.

** ***D. aprica*** O. E. SCHULZ in Sitzgsanz. Ak. W. W., 1926, 96; inPflzr., IV/105, 183 (1927). NW-Y.: Sonnige Kalkfelsen der tp. St. bei der heißen Quelle unter Baoschi bei Dschungdien („Chungtien"), 3400 m, 17. VIII. 1915 (7698).

D. lichiangensis W. W. SM. in Not. R. Bot. Gard. Edinbgh., XI., 208 (1919). NW-Y.: Felsen, Schutt und Schneetälchen auf Kalk und Schiefer der ktp. und Hg. St., 3825—4650 m. Bei Lidjiang, von Einheimischen (3819). Hier auf dem

Gipfel des Yao-schan bei Ganhaidse (6768). Kamm zwischen Haba und Dugwantsun (6957) und Westseite des Gebirges Piepun (4732) se von Dschungdien.

* ***D. altaica*** (C. A. MEY.) BUNGE **f. *pusilla*** (KAR. et KIR.) FEDTSCH. **S.**: In der Umgebung von Muli in der Hg. St. im Kalkschutt des Berges Saganai, 4450—4525 m, 30. VII. 1915 (7335) und an Marmorfelsen auf dem Gipfel Gonschiga, 4750 m, 6. VIII. 1915 (7462).

** ***D. Handelii*** O. E. SCHULZ in Sitzgsanz. Ak. W. W., 1926, 97; in Pflzr., IV/105, 266 (1927). **NW-Y.**: Granitfelsen der Hg. St. des birm. Mons. hinter dem Gomba-la ober Tschamutong gegen den Paß Buschao in der Salwin—Irrawadi-Kette, 4050—4100 m, 10. VII. 1916 (9502).

** ***D. granitica*** HAND.-MZT. in Sitzgsanz. Ak. W. W., 1925, 143. O. E. SCH. in Pflzr., l. c., 329.

Sect. *Drabella* DC.

Planta perennans, radice tenui elongata, paulum fibrosa, rosulis sterilibus paucis et caulibus floriferis multis laxe cespitosa, praeter flores fructusque pilis albis et stellatis 3—4 radiatis sessilibus et longioribus breviter bifurcis et simplicibus haud dense asprella. Caules flaccidi, 4—12 cm longi, interdum inferne patentiramosi, dissite 2—4 foliati. Folia rosularum et caulina obovata et late elliptica, 4—10 mm longa, obtusa, basi cuneata vel subrotundata, hic illic paucidenticulata, herbacea, intense viridia, sessilia vel subsessilia, nervis paucis valde obliquis inconspicuis. Racemi 2—4 flori, inferne laxissimi, $\pm$ glabri. Bracteae foliaceae, decrescentes. Pedicelli summi breves, infimi ad 10, sub fructu 15 mm longi, arcuato-nutantes. Sepala elliptica, $\pm$ $1^3/_4$ mm longa, rotundata, herbacea, latiuscule albo membranaceo-marginata. Petala alba, oblonga, $2^1/_2$— fere 3 mm longa, ad 1 mm lata, subemarginata, sensim et breviter unguiculata. Filamenta exalata, longiora petalis paulo breviora. Stylus $^1/_2$ mm longus, crassus, stigmate non dilatato. Silicula (immatura) lanceolata, 5 mm longa, 1 mm lata.

NW-Y.: Mit voriger (9497).

Similis *D. gracillimae* HOOK. f. et THOMS. annuae, flaviflorae. *D. obscura* DUNN annua, glabra, foliis petiolatis longius distat.

Da in die Bearbeitung im „Pflanzenreich" nur meine kurzgefaßte Originaldiagnose übernommen wurde, halte ich es für angezeigt, hier die vollständige Beschreibung zu bringen, während ich dies bei den anderen neuen Draben, deren Beschreibungen im „Pflanzenreich" zugänglicher sind als im Akademischen Anzeiger, nicht für nötig hielt.

* ***D. ellipsoidea*** HOOK. f. et THOMS. **NW-Y.**: In der ktp. St. am Zaune bei der Hütte Maoniubi auf dem Waha bei Yungning, Sandstein, 4050 m, 19. VII. 1915 (7090).

Brassica L.

B. juncea (L.) Coss. **NW-S.**: Um Sungpan (WEIGOLD). **Y.**: Wohl diese in der wtp. St. des Hochlandes überall viel gebaut.

Raphanus L.

R. sativus L. In der str. und wtp. St. überall kultiviert von 1000—2400 m in **S.** (Huili 789) und **Y.**

Die gesammelten Exemplare entsprechen keiner der beiden von BAILEY in Gent. herb., I., 24, abgetrennten Formen.

Lepidium L.

L. chinense FRANCH. (*L. capitatum* HOOK. f. et THOMS. var. *β chinense* (FR.) THELLG., D. Gattg. *Lep.*, 134 [1906]). **Y.**: Schuttplätze der Ebene um Yünnanfu, wtp. St., 1900 m (SCHOCH 85). **Kw.**: Guiyang (CAVALERIE 999).

Den von THELLUNG, l. c., angegebenen Unterschied gegenüber der folgenden Art in Umriß und Grund der Schötchen kann ich nicht finden.

L. apetalum WILLD. **S.**: Trockene Hänge der wtp. St. auf Kalk bei Maogoyendjing nächst Yenyüen, 2600 m (2224). **Y.**: Schuttplätze der wtp. St., 1900—2700 m. Um Yünnanfu (MAIRE 761 ex hb. Edinbgh.). Hsinyingpan zwischen Yungbei und Yungning (3235).

Die Pflanzen entsprechen, wie die allermeisten von THELLUNG zu dieser Art gestellten Exemplare wenigstens aus südlicheren Gegenden, dem *L. chitungense* JACOT in Rhodora, XXXII., 29 (1930), das ohne Kenntnis des WILLDENOWschen Originals nur nach dessen Beschreibung aufgestellt, bzw. abgetrennt wurde. Wie mir Herr Dir. DIELS mitteilt, ist das Originalexemplar mangelhaft, der Stengel aber nur am Grunde niederliegend, dann im weitaus größeren Teile aufrecht. Solche Stengel, die am Grunde im Kreise niederliegen, finden sich reichlich bei üppigen, vielstengeligen Exemplaren, wie KARO 231, während schmächtige straff aufrecht sind. Ganzrandige und tief eingeschnittene Blätter wechseln sehr oft in einer und derselben Aufsammlung, auch wenn sie deutlich eine Population darstellt. Ich möchte daher bei der Auffassung des ausgezeichneten Monographen bleiben.

Megacarpaea DC.

M. Delavayi FRANCH. **NW-Y.**: Felsen und steinige Stellen der ktp. und Hg. St. auf Kalk und Tonschiefer, 3750—4200 m. Osthang des Gipfels Ünlüpe im Yülung-schan bei Lidjiang (6720). Waha bei Yungning. Nguka-la sw von Dschungdien.

Cochlearia L.

** ***C. alatipes*** HAND.-MZT. (Abb. 9).

Sect. *Hilliella* O. E. SCHULZ in Notizbl. Bot. Gart. Berl., VIII., 544 (1923).

Rhizoma repens vel descendens, breve, crassum, radicibus densis longis et validis, dense fibrosis, raro folium unum alterumve, caules autem plures, alios erectos floriferos 50 cm — ad 1 m altos plerosque superne paniculato-ramosos, 3—6 mm crassos, pallidos, succosos, alios arcuatos stoloniformes vix tenuiores simplices edens. Folia in caulibus 8 et ultra, ubique aequaliter sparsa, in stolonibus paulo magis dissita, ternata vel inferiora bijugo-imparipinnata, summa foliolis lateralibus deficientibus simplicia; foliola ovato-rhombea, terminale lateralibus sesquimaius, 4½—12 cm longum, longitudine duplo angustius, subobtuse acuminata, terminale late sessile basi cuneatum, lateralia plerumque ad petiolulos brevissimos late alatos magis rotundata, marginibus praeter basin apicemque irregulariter crenato-dentatis et praesertim supra dimidium sublobatis, dentibus mucronatis, membranacea, atroviridia, marginibus brevissime hispidula et supra parcissime articulato-strigosa, costis latis nervisque 7—10^{nis} obliquis tenuibus in sicco subtus paululum prominulis; petioli inferiores folia aequantes, superiores sensim subnulli, praesertim medii late herbaceo-alati alis deorsum decrescentibus, evaginati; folium radicale (unicum praesens) ternatum, minus, petiolo exalato brevius, foliolis magis rotundatis, leviter crenatis, terminali longius petiolulato. Racemi caulem ramosque terminantes 6—30 flori, floribus paucis una florentibus dense cymosis (an semper?), bracteis omnino foliaceis citissime deciduis subduplo superatis, defloratis mox $\pm$ 5 mm inter se distantibus; pedicelli 3—9 mm longi, erectopatentes, crassiusculi. Flores albi (e nota ad vivum), 8 mm longi. Sepala petalis $\pm$ duplo breviora, elliptica, rotundata, flavida, late membranaceo-marginata, basi concava, tenuiter trinervia, erecta, caduca. Petala late obovato-cuneata, leviter emarginata, deorsum sensim attenuata. Disci glandulae 4, crasse ovoideae. Stamina longiora illorum $^2/_3$ attingentia, breviora his duplo breviora, omnia filamentis anguste alatis, antheris oblongis ad 1 mm longis, sagittatis, (e vivo) viridulis. Ovarium oblongum, cum stylo eo duplo breviore stamina breviora aequans; stigma capitatum, stylo crassius. Siliqua (juvenilis) pedicello apice in discum incrassato tenuior, oblongo-linearis, $2\frac{1}{2}$ mm longa, utrinque attenuata, nervis 2 percursa, stylo immutato; ovula c. 8.

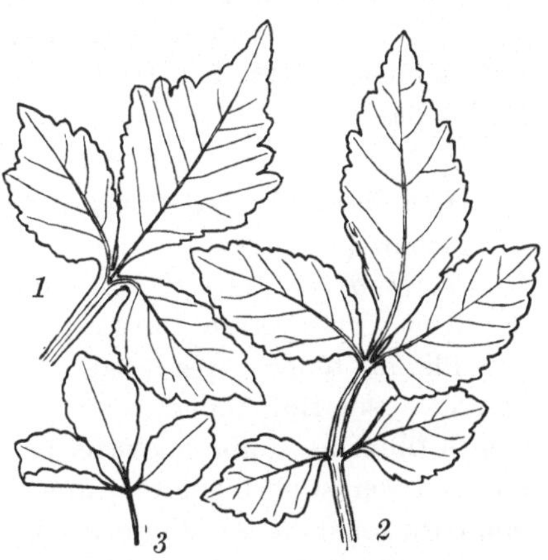

Abb. 9. *Cochlearia alatipes* Hand.-Mzt. 1 mittleres Stengelblatt. 2 unteres Stengelblatt. 3 Grundblatt (H.-M. 12097). $^1/_3$ nat. Gr.

SW-**H.**: Im wtp. Laubhochwalde des Yün-schan bei Wukang in dem ne des Tempels Gwanyin-go herabziehenden Graben, Tonschiefer, 1000 m, 12. VI. 1918 (1209, Typus). Kwanghsi: Binlung, Minschan in N-Ludschön an der Grenze von **Kw.**, 1500 m, 17. VI. 1928 (Ching 6044).

Proximae sine dubio *Cochlearia paradoxa* (Hce.) O. E. Sch., l. c., 546, foliis omnibus ternatis, petiolis exalatis, foliolis terminalibus 2—5 cm longis, pedicellis siliquarum 3—4 mm tantum longis, ovulis 1—7 diversa, et *C. scoriarum* (W. W. Sm.) Hand.-Mzt. (vide supra sub *Cardamine paucifolia*) simplicior, petiolis exalatis, racemis multo densioribus, pedicellis magis patulis, floribus roseis distans. *C. Henryi* (Oliv.) O. E. Sch. quoque siliculis simillima, ceterum longe distat. Sectionis suae species unica perennis videtur.

Hemilophia Franch.

H. pulchella Franch. NW-**Y.**: Gehängeschutt (Kalk) der Hg. St. am Osthange des Gipfels Ünlüpe im Yülung-schan bei Lidjiang, 4050 m (3552, mit var. ***pilosa*** O. E. Sch. in Rep. sp. n., XVII., 290 [1921]).

H. Rockii O. E. Schulz in Notizbl. Bot. Gart. Berl., IX., 476 (1926). **S.**: In tiefem Gehängeschutt der Hg. St. bis in offene steinige Wälder der ktp. auf Kalk am Berge Saganai ober Muli, 3900—4375 m (7273).

H. Rockii ** var. ***flavida*** HAND.-MZT. (*H. pulchella* var. *flavida* HAND.-MZT. in Sitzgsanz. Ak. W. W., 1925, 24).

Flores flavidi (e nota ad vivum). Caulis crispulo-puberulus.

S.: Kalkschieferschutt der Hg. St. unter dem Gipfel des Berges Gonschiga sw von Muli, 4700—4730 m, 6. VIII. 1915 (7484).

Dipoma FRANCH.

D. iberideum FRANCH. In steinigem Rasen und tiefem Gehängeschutt der Hg. und obersten ktp. St., 4000—4375 m. NW-**Y.**: Osthang des Ünlüpe im Yülung-schan bei Lidjiang (6709; SCHNEIDER 1837). Paß Lenago zwischen Djinscha-djiang und Mekong, 27° 44′. **S.**: Berg Saganai ober Muli (7315).

Die Fruchtklappen sind an der Lidjianger Pflanze (auch FORREST 5814) oft ganz kahl. Meine Pflanze von Muli stellt nicht ausgesprochen die übrigens kaum unterscheidenswerte **f. *pilosius*** O. E. SCH. in Notizbl. Bot. Gart. Berl., IX., 474 (1926) dar.

Thlaspi L.

T. arvense L. **Y.**: Beyendjing (TEN 336 ex hb. Berlin). Hier in Feldern bei Lungschan (TEN 1446).

T. flagelliferum O. E. SCHULZ in Sitzgsanz. Ak. W. W., 1926, 98.

Sect. *Apterygium* LEDEB.

Planta tenera, perennans, 4—6 cm alta, stolonifera, glaberrima. Folia basalia rosulatim congesta, ex axillis stolones decumbentes usque ad 10 cm longos filiformes foliis obovatis breviter petiolatis obsessos producentia, breviter obovata vel suborbiculata, apice rotundata vel obtusa, margine integra vel undulato-repanda, 4—8 mm longa, basi in petiolum tenuem, 8—12 mm longum contracta. Caulis erectus, filiformis, foliis 3—6 praeditus. Folia caulina ovata, acutiuscula, integra vel vix repanda, basi profunde amplexicaulia, 5 mm longa. Racemus initio corymbiformis, dein elongatus, 5—12 florus, flore imo interdum in axilla folii summi. Pedicelli 3—5 mm longi. Sepala 2 mm longa, erecto-patentia, basi aequalia, exteriora elliptica, obtusiuscula, interiora ovata, acutiuscula, omnia late hyalino-marginata. Petala alba, 4,5 mm longa, obovato-cuneata, apice subrotundata, subtiliter paucivenosa. Glandulae nectariferae laterales binae, semilunatae, cum appendice versus stamina media directa. Stamina 3,5 et 4 mm longa; antherae oblongo-ovatae 0,75 mm longae. Pistillum lanceolatum; ovarium ovulis 16, in stylum 1—1,5 mm longum subcurvatum attenuatum; stigma minutum, depresso-capitatum, stylo aequilatum. Siliculae (valde immaturae) in pedicellis 5—4 mm longis patentibus adscendentes, lanceolatae, basin versus attenuatae, apice obtusiusculae et stylo 1,5 mm longo coronatae, angustiseptae.

W-S.: Wa-schan s von Yadschou, IV.—8. V. 1915 (WEIGOLD).

Capsella MED.

C. Bursa-pastoris (L.) MED. **Y.**: Äcker der tp. St. zwischen Gwamao-schan und Dsutoupo zwischen Yungbei und Yungning, 2800—3000 m (3296). Yünnanfu (MAIRE 762). **W-S.**: Wa-schan bei Yadschou (WEIGOLD). Gebirge um Sungpan (W.). SW-**H.**: Yün-schan bei Wukang, zwischen 400 und 1420 m (Plt. sin. 38).

Bretschneideraceae

Bretschneidera HEMSL.

B. sinensis HEMSL. SW-H.: Im wtp. Laubhochwalde des Yün-schan bei Wukang häufig auf Tonschiefer, 950—1150 m (12130).

Capsula (adhuc ignota) pedicello erectopatulo vel paulum sursum curvato in turbinem 5 mm latum dilatato suffulta, crasse obovoidea 3,5 cm longa, pilis brevissimis refertis tenuibus brunneis velutina et albidis libriformibus sparsius induta, loculicide trivalvis, cortice brunneo dense verrucoso, exocarpio 2—3 mm crasso lignoso, horizontaliter fibroso, endocarpio et septis maturis membranaceis, illo castaneo, columella pergamena; semina 2 in quoque loculo, 12 mm longa, 8 mm crassa, rubra, levia, endospermio nullo; embryo erectus, rectus, cotyledonibus primum cohaerentibus magnis, radicula brevi. — Arbor 20 m alta, odore *Nasturtii officinalis*, foliis ultra 80 cm usque longis, foliolis 22 × 10 cm. Stamina et stylus deorsum (nec, ut ab autore e floribus delapsis indicatur, sursum) curvata.

Die am 19. VIII. 1918 von mir gesammelten reifen Früchte, deren Zugehörigkeit erst durch die von meinem Sammler im folgenden April gefundenen blühenden Exemplare festgestellt werden konnte, zerfallen vollkommen und die Klappen krümmen sich etwas nach rückwärts. Sie bestärken nach RADLKOFER (briefl. 27. II. 1921) seine Ansicht, daß die Pflanze eine eigene Familie darstellt, über deren Verwandtschaft er aber kein entschiedeneres Urteil abgeben konnte als die in Nat. Pflzfam., Nachtr. III, 209 (1908) gegebenen Erörterungen.

Tamaricaceae

Myricaria DESV.

M. germanica (L.) DESV. An Bächen und im Schotter und Sand der Flußbetten von der str. bis zur ktp. St., 1300—3800 m, auf Sandstein, Schiefern und Granit. NW-Y.: Dschaoping n von Yungbei. Yungning (3146). Piyi s von hier. Lidjiang, von Einheimischen (3865). Se von Dschungdien zwischen Lendo und Meidsiping, unter Laba, Da-Niutschang zwischen Bödö und Dschungdien und Westseite des Piepun se von hier. Weihsi, viel. Londjre über dem Mekong, 28° 11′. S.: Zwischen Mosoying und Gungmuying im Djientschang (SCHNEIDER 640). Tjiaodjio und Lemoka im Lolo-Lande (1561, ?, weil steril). Unter Bodjoho n von Yenyüen.

Mit REHDER (in Plt. Wils., II.,407) halte ich *M. bracteata* ROYLE, die von NIEDENZU in Nat. Pflzfam., 2. Aufl., nicht erwähnt wird, für spezifisch verschieden von *germanica*, aber diese ist sowohl im Himalaya als in China viel häufiger als jene. Sie entspricht hier den europäischen Exemplaren mit den breitesten, stark gewellten Hauträndern an den Brakteen.

M. rosea W. W. SM. in Not. R. Bot. Gard. Edinbgh., X., 52 (1917). NW-Y.: An Bachrändern, in Karfluren, auch auf übers Wasser gestürzten Baumstämmen kriechend in der ktp. St. des birm. Mons. auf Glimmerschiefer und Granit in der Mekong—Salwin-Kette, 3750—4200 m. Im nach Tibet hinabziehenden Tale Schidsaru, 28° 9′ (9701). Unter dem Doker-la an der tibetischen Grenze (8033).

Capsula (adhuc indescripta) anguste pyramidalis, ad 8 mm longa, valde glauca. Seminum rostra ½ mm longa, caudae c. 4 mm longae, pilis 3 mm longis, basi densissimis, rufescentibus.

Elatinaceae

Bergia L.

B. ammannioides Roxb. **H.**: Ausgetrocknete Reisfelder der str. St. zwischen Dungngan und Wangdjiapu am Wege von Linling (Yungdschou) nach Hsinning, Kalk, 150—250 m (11284).

Elatine L.

* ***E. ambigua*** Wight in Hook., Bot. Misc., III., 103 (1833). **Y.**: In Lachen beim Dorfe Sidian zwischen Yünnanfu und Schilungba, Sandstein, 1950 m, 19., 21. II. 1914 (175).

Droseraceae

Drosera L.

D. peltata Sm. var. ***lunata*** (Ham.) C. B. Clke. Heidewiesen und offene Wälder mit solchen als Unterwuchs in der wtp. und unteren tp. St. auf verschiedensten Gesteinen, meist in Menge. **Y.**: 2100—3300 m. Berge um Yünnanfu (Schoch 232). Djiaohsi n von hier gegen den Yangdse. Houdjing n der Straße nach Dali. Boloti und ober Dawan bei Yungbei. Sattel Gwamaoschan am Wege von hier nach Yungning (3316). Hier gegen SW. Um Lidjiang, von Einheimischen (3918). Hier auf dem Hügel ober der Stadt (3488) und bis zur Wiese Rüto n des Beschui. Ober Bödö, bei Alo und Dungapi auf dem Hochlande von Dschungdien. Im birm. Mons. ober Londjre am Mekong gegen den Doker-la und in der *Pteridium*-Wiese bei Bahan am Salwin, 28°. Zwischen Dali und Yungtschang (Gebauer). **S.**: Ebenso zwischen Dseia und Muli, unter Piyi sw von hier und bei Mabaho n von Yenyüen. **Kw.**: 900—1600 m. Im SW zwischen Ahung und Tjiaolou. Im E bei Maodunggai zwischen Liping und Gudschou. W-**Ki.**: Um Pinghsiang (Plt. sin. 168).

Violaceae

Viola L.

V. grypoceras A. Gr. **H.**: Steppen und Gebüsche der str. St. auf Kalk und Sandstein, 25—410 m. Überall um Tschangscha (11534), hier auch auf dem Gipfel des Gu-schan (11500). Ober Lantien gegen Hsikwangschan bei Hsinhwa (11809). Im SW in der wtp. St. im Laubhochwalde des Yün-schan bei Wukang, Tonschiefer, 1000 m (12379?, nur fruchtendes, mangelhaftes Exemplar). Mittel-**Y.**: Beyendjing, an Felsen bei Tienhwangtschai (Ten 53).

* ***V. Thomsoni*** Oud. in Ann. Mus. Lugd.-Bat., III., 74 (1867). (*V. grypoceras* var. *barbata* W. Becker in Rep. sp. n., Beih. XII., 440 [1922]). In der str.

und wtp. St. des birm. Mons. auf Schiefern, 1900—2300 m. NW-Y.: In dichtem Gebüsche einer Schlucht unter Lotonda am Mekong, 27° 39′, kristallinischer Boden, 7. IX. 1915 (7945). In der *Pteridium*-Wiese unter Föhren beim Sommerdörfchen Lussu bei Tschamutong am Salwin, 28°, Schiefer, 28. VI. 1916 (9136).

Die Art wird als stengellos und ausläufertreibend beschrieben, doch hat sowohl unser als auch das Berliner Originalexemplar nebst Ausläufern aufrechte beblätterte Stengel wie *V. grypoceras* und *V. silvestris* LAM. An meinem recht reichen Material findet sich gar kein Ausläufer und an vielen Stücken auch kein Stengel. Die Blätter sind teilweise etwas breiter, flacher herzförmig und dann gröber gekerbt-gesägt.

V. Henryi DE BSS. SW-H.: Im wtp. Laubhochwalde des Yün-schan bei Wukang unter dem Tempel Gwanyin-go, Tonschiefer, 1150 m (12185).

Sehr ausgezeichnet durch die sehr dünnen, nicht herzförmigen Blätter mit sichelförmig eingekrümmten Zähnen, die ihr im trockenen Zustande den Habitus einer *Pilea* geben. Die Stengel sind sicher keine aufrechten Ausläufer, wie W. BECKER in Beih. Bot. Centrbl., XXXIV/2, 426 (1917) für möglich hält, denn die Basen vorjähriger abgestorbener ebenso aufrechter sind an der Rhizomspitze vorhanden.

V. philippica CAV., Ic. et Descr. pl. Hisp., VI., 19 (1801) (*V. chinensis* G. DON) **ssp. *munda*** W. BCKR. in Bot. Jahrb., Beibl. 120, 175 (1917). Grabenränder, feuchte und trockene Wiesen und Gebüsche, sowie Brachäcker der wtp. bis in die tp. St. auf Kalk und Sandstein, 1800—3150 m. Y.: Yünnanfu (SCHOCH 140). Hier häufig in der Ebene (3847) und an Hängen (51). N von hier bei Hsinlung (505) und im Becken Hsiaodsang (3829) jenseits des Pudu-ho. Im NW bei Ganhaidse nächst Lidjiang (6600). S.: Bei Yenyüen gegen Duörlliangdse (2873). Im W auf dem Wa-schan bei Yadschou (WEIGOLD).

Die Variabilität geht über die von BECKER beschriebene hinaus, indem an Nr. 6600 die Blütenstiele kahl sind, wie an einem der von ihm zitierten Stücke von DELAVAYS Nr. 769, die auch gebärtete Petalen zeigt wie meine Nummern 51, 3829 und SCHOCHS, von BECKER bestätigte Pflanze.

— — **ssp. *malesica*** W. BCKR., l. c., 178 (*V. confusa* CHAMP. BSSEU. in Bull. Soc. bot. Fr., LVII., 259. BCKR. in Kew Bull., 1928, 383. — *V. stenocentra* HAY., e det. BECKERI in hb. Kew 1927). H.: In der str. St. auf Sandstein häufig in Steppen um Tschangscha (11511), auch auf dem Gipfel des Gu-schan (11499), 40—410 m.

Die beiden Nummern sind klein, recht stark behaart und haben recht kurze Sporen.

V. betonicifolia SM. H.: Häufig in Steppen der str. St. auf Sandstein um Tschangscha, 40—300 m (11592). Im SW auf dem Yün-schan bei Wukang auf Tonschiefer zwischen 400 und 1420 m (Plt. sin. 34).

— — **ssp. *nepalensis*** (GING.) W. BCKR. in Bot. Jahrb., Beibl. 120, 162 (1917). (*V. cespitosa* DON). An Gräben, Wiesenrändern, auf Gerölle, an Lachenrändern und an trockenen Hängen der wtp. und tp. St. auf Kalk und Sandstein, 1900—2820 m. Y.: Häufig um Yünnanfu (6088). Im NW bei Ngulukö nächst Lidjiang (8772). S.: Am See von Tschoso bei Yungning (3105). Huili (866).

Unterschiede der ssp. *nepalensis* gegenüber dem australischen Typus sind bei BECKER nicht angegeben und auch nicht aus seinen langen Erörterungen zu ersehen. Ihre Blätter sind breit oder vom Grunde nach aufwärts gleichmäßig verschmälert, an der Spitze aber breiter abgerundet, während der Typus, der der *V. phyteumifolia* DC. entspricht, sehr schmale oder am Grunde seitlich ausgezogen-verbreiterte Blätter hat, im extremsten Falle (MELL 925 aus Kwangtung) 82 mm lang und am Grunde 14, gleich darüber aber nur 8 mm breit.

** ***V. hunanensis*** HAND.-MZT. (Abb. 10, Nr. 2, 3).

Sect. *Nomimium* GING., subs. *Adnatae* W. BCKR.

Rhizoma tenuiusculum, plerumque breve, simplex, radicibus paucis validis pallidis parce et crassiuscule fibrosis, apice folia pauca scaposque 1—2 iis aequilongos usque duplo longiores, 4—12 cm longos, graciles, ut petalis exceptis tota planta glabros edens. Folia triangulari-ovata, basi cordata, 8—27 mm longa, exteriora pauca longitudine subaequilata, interiora ea usque ultra $2\frac{1}{2}^{\text{plo}}$ angustiora, anguste rotundata vel haec obtusa, marginibus lateralibus usque in lobos basales haud patentes anguste rotundatos rectis, sinu basali ad $^1/_5$—$^1/_6$ laminae penetrante aperto ad petiolum apice brevissime dilatatum rotundato, utrinque 8—9 crenata, crenis porrectis mucronulis minutis rufis inflexis terminatis anterioribus remotioribus levissimis, herbacea, sicca olivascenti-viridia, subtus paululum glaucescentia; petioli laminis ultra triplo, exteriores autem interdum haud longiores, tenues, angustissime marginati; stipulae 4—6 mm longae, angustae, ad $\pm\,^2/_3$ petiolis adnatae, membranaceae, flavidae vel viridulae, saepe rubello striolatae, partibus liberis lanceolato-subulatis integris vel parcissime brevifimbriatis. Bracteolae paulo supra, raro infra medium pedicellum insertae, alternae, $\pm$ 2—$2\frac{1}{2}$ mm longae, lanceolato-subulatae, ceterum stipulaceae. Flores albi, inodori (e nota ad pl. vivam), 8—10 mm longi. Sepala ovato-lanceolata 3—$3\frac{1}{2}$ mm longa, inaequilata, acuta, trinervia, anguste membranaceo-marginata, appendicibus laminis plus duplo usque quadruplo brevioribus, inaequaliter retusis vel partim oblique acutis, quam calcaria brevioribus. Petala anguste obovata, rotundata, integra vel erosula, inferum emarginatum, lateralia supra basin parce vel crebre brevibarbata; calcar rotundatum, $\pm$ 2 mm crassum et longum. (Capsula ignota.)

H.: In der str. St. bei Tschangscha auf Sandstein, an feuchten Rasenplätzen se der Stadt, 100 m, 30. III. 1918 (11553, Typus) und auf Grasplätzen gegen den Gu-schan, 50 m, 14. IV. 1918 (11632).

Proxima *V. inconspicuae* BL., quae differt foliis acutioribus, floribus violaceis, sepalis longis et angustis, appendicibus multo maioribus, calcare multo longiore angustioreque.

V. prionantha BGE. NE-**Y.**: Grasige Hügel und Täler um Dungtschwan, 2500 m. Ebene von Lagu, 2400 m. Kalkhügel von L., 2400 m. Dort am Fuße der Berge, 2400 m (alle MAIRE).

V. tienschiensis W. BCKR. in Rep. sp. n., XVII., 314 (1921). Brachäcker und Feldraine, feuchte Stellen und grasige Hänge der wtp. bis an die str. St. auf Kalk und Sandstein, 1800—2100 m. **Y.**: Hsiaodsang jenseits des Pudu-ho n von Yünnanfu (561). Bödschagwan am Hange der Schlucht des Djinschadjiang (722). Beyendjing (TEN 61, 369). **S.**: Huili (829). Im W auf dem Waschan s von Yadschou (WEIGOLD).

Nr. 561 hat die Blütenstiele teils ganz schwach, teils reichlich behaart, die Sporen mit einzelnen Börstchen oder ganz kahl, 829 ist ganz kahl bis auf die

Bärte der Petalen. Das Verhältnis zu *V. prionantha* ist mir nicht ganz klar, besonders in der Gegend von Dungtschwan. BECKER stellt folgende Pflanzen von dort zu *V. prionantha*: Ebene, 2500 m, Hecken der Ebene, Täler, 2500 m, da und dort in der Ebene (alle MAIRE), dann Tal von Lungdji, 500 m (MAIRE), allerdings nach seinen Bemerkungen nicht mit vollständiger Sicherheit. Vielleicht handelt es sich in *V. tienschiensis* nur um eine weniger xerophile Form derselben Art. Ähnliche Pflanzen wurden notiert in **Y.**: Hsingai bei Bintschwan und **S.**: Unter Gobankou bei Dötschang im Djientschang.

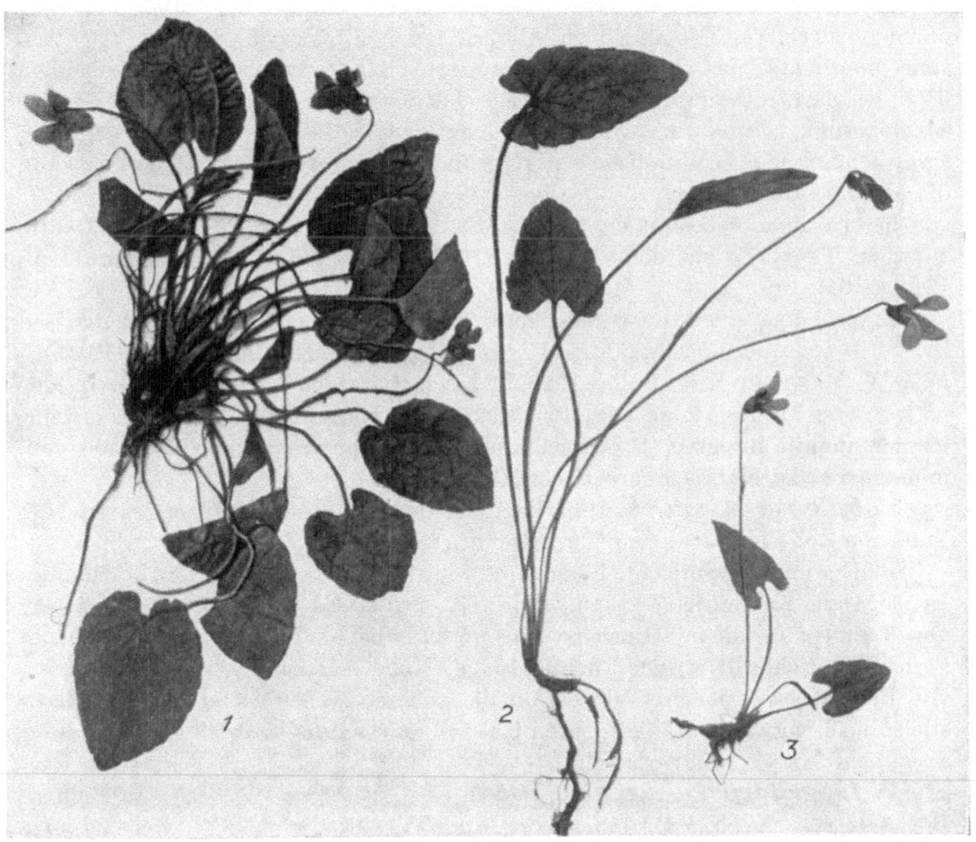

Abb. 10. *Viola*. 1 *V. bambusetorum* HAND.-MZT. 2, 3 *V. hunanensis* HAND.-MZT. 2 Nr. 11632, 3 Nr. 11553. Etwas verkl.

***V.* sp.** e subsect. *Adnatae*. NW-**Y.**: Schattige Stellen ober Londjre am Mekong gegen den Doker-la unter dem Lagerplatze Tschoschwa, 28⁰ 12′, Granit der wtp. St., 2700 m (8002).

Eine breitblätterige, tief herzförmige, stark gekerbte Pflanze, ähnlich *V. metajaponica* NAK., leider nur fruchtend.

** ***V. bambusetorum*** HAND.-MZT. (Abb. 10, Nr. 1).

Sect. *Nomimium* GING., subs. *Adnatae* W. BCKR.

In rhizomate brevissimo, pluricipite, radicibus longis rigidulis brunneis ramosis praedito, collo petiolis mortuis comato cespitosa, humilis, gracilis, praeter petala glaberrima. Folia numerosa, ovata, 2—2½ cm longa, acutiuscula, basi anguste sed ad $^1/_8$—$^1/_7$ tantum cordata, toto margine crenis utrinsecus ad 15 planissimis crenata, sinubus levissimis clausis, (viva crassiuscula?), obscure viridia, subtus violascentia nervis prominulis; petioli laminis longiores, angusti, apice brevissime dilatati demum ad 10 cm longi; stipulae versus 1 cm longae, fere ad dimidium adnatae, angustae, pallidae, partibus liberis lanceolatis, porrectis, parce et breviter glanduloso-fimbriatis ciliis summis tantum earum latitudinem aequantibus. Flores plures, pedicellis folia non superantibus, medio bracteolis oppositis parvis fere subulatis instructis, pallidi (albi?). Sepala oblongo-lanceolata, 3½ mm longa, obtusa, tenuiter trinervia, deorsum angustissime marginata, brevissime saccato-appendiculata. Petala obovato-oblonga, 6½ mm longa, rotundata, 2 lateralia dense et breviter vesiculoso-barbata; calcar subglobosum, rotundatum, vix 2 mm longum et crassum. Ovarium glabrum, stylo tenuiusculo basi indistincte geniculato $1^1/_4$ mm longo; stigma parvum, discoideum, apiculatum.

S.: In Bambusbeständen der tp. St. am Nordhange des Berges Dadjin zwischen Yenyüen und dem Yalung, 27° 31′, Sandstein, 3200—3400 m, 11. V. 1914 (2164).

E specimine unico, bono, descripta, characteribus subsectionis *Adnatae*, sed habitu floribusque minutis potius *V. Schneideri* similis. In subsectione *V. cordifolia* W. BCKR. in Kew Bull., 1929, 201, comparabilis videtur, e descriptione petiolis sub anthesi foliis aequilongis tantum, his profunde cordatis, stipulis longius adnatis integris (?), pedicellis pilosis, (floribus maioribus?), sepalis acuminatis, petalis glabris infero obcordato diversa.

V. bulbosa MAXIM. **S.**: An Bächlein der tp. St. bei Molien jenseits des Yalung n von Yenyüen, Schiefer, 3150 m (2551).

Blätter und Kelch reichlich borstelig, wie an LICENTs von BECKER bestimmter Nr. 3954 aus Kansu, jene so lang wie breit, also etwas breiter als die breitesten von LICENTs in dieser Hinsicht sehr veränderlicher Pflanze. Knollen nicht vorhanden (schlecht ausgegraben). Junge, lange Ausläufer wie an dieser und von BECKER beschrieben. Wie bei ihr die äußeren Nebenblätter mit den Blattstielen hoch verwachsen, die inneren fast frei, alle schmallanzettlich, ganzrandig, aber dicht borstig wimperhaarig.

V. tuberifera FRANCH. (*V. bulbosa* ssp. *tuberifera* W. BCKR. in Beih. z. Bot. Centrbl., XXXIV/2, 418 [1917]). **NW-Y.**: In der tp. St. Bei Lidjiang, von Einheimischen (3830). Hier am Yülung-schan an schattigen Plätzen an Bächen, 2700 m (FORREST 10064). Im birm. Mons. in Hochstaudenfluren unter dem Doker-la an der tibetischen Grenze, Granit, 3000 m (8056).

Blätter breit nierenförmig, in den Blattstiel breit keilförmig herablaufend. Nebenblätter frei, viel breiter und kahler als bei voriger, von der sie also beträchtlich verschieden ist. Zur Fruchtzeit, in der meine Pflanzen gesammelt wurden, besitzen sie 45 cm lange, an Nr. 3830 entfernt mit kleinen Blättern besetzte, an 8056 blattlose, verzweigte, ganz dünn fadenförmige Ausläufer, die nur 1 cm lang gestielte Früchte tragen. An FORRESTs in Blüte befindlicher, mit meinen zweifellos identischer Pflanze ist die aus fleischigen Nebenblättern bestehende Knolle vorhanden und der 13 cm lange Beginn eines Ausläufers. Mit Ausnahme dieses stimmt sie mit FRANCHETs Typus überein. Meine fruchtenden

Exemplare haben keine Knollen mehr, und es ist nicht erkennbar, wie sie verschwinden.

V. chaerophylloides (REG.) BCKR. v. ***Sieboldiana*** (MAX.) MAK., det. Nakai. (*V. pinnata* L. var. *S.* MAXIM. — *V. Sieboldiana* MAKINO). **Ki.**: Kuling, wild in Gärten (FABER).

V. moupinensis FRANCH. **S.**: In der tp. St. im Grunde einer Waldschlucht am Soso-liangdse im Daliang-schan (Lolo-Lande) e von Ningyüen, Sandstein, 2600—2800 m (1726). Grasige Hänge am Liuku-liangdse zwischen Yenyüen und Kwapi, 3450—3550 m, Kalk (2279; SCHNEIDER 1358). Im W auf dem Wa-schan s von Yadschou (WEIGOLD).

Die Beschreibung des Kelches durch BECKER in Beih. Bot. Centrbl., XL., 137, ist schlecht. Die Kelchblätter sind auffallend breit und gerundet, mit deutlichem Hautrand und breiten, gestutzten und gezähnten Anhängseln.

V. principis DE BSS., e typo. (*V. canescens* WALL. ssp. *lanuginosa* W. BCKR. in Beih. Bot. Centrbl., XXXIV/2, 256 [1917], e typo). **SW-H.**: Im wtp. Laubhochwalde des Yün-schan bei Wukang, manchmal unter Felsen, Tonschiefer, 850—1000 m (11160).

Von *V. canescens* morphologisch gut und geographisch vollständig geschieden und meines Erachtens unbedingt als Art zu behandeln.

V. Duclouxii W. BCKR. in Kew Bull., 1928, 249, e typo. **Y.**: In der wtp. St. des Taohwa-schan bei Beyendjing halbwegs zwischen Tschuhsiung und Yungbei, am steinigen Wegrande ober Tschischingai, Sandstein, 2400—2700 m (6242). Tschangtschung-schan bei Yünnanfu (DUCLOUX 3991). Laogui-schan bei Mile (NGOUÉOU in DUCL. 3992). Tonkin: Mt. Bavi, an senkrechten Felsen (BALANSA 3366, ein einziges Stück).

Corolla (adhuc indescripta) pallide violacea, postice plerumque purpureo-punctulata, glabra, petalis obovatis, 8—9 mm longis, anguste unguiculatis, rotundatis usque subemarginatis, infero subduplo breviore, retuso et apiculato itaque subtrilobo, calcare subgloboso, $\pm$ 2½ mm diametiente, rotundato.

V. Schneideri W. BCKR. in Rep. sp. n., XVII., 315 (1921). (*V. Davidii* FRANCH., Plt. Delav., 73, tab. 19 fig. B [1889]. W. BCKR. in Beih. Bot. Centrbl., XXXIV/2, 259, 419; non FRANCH., Plt. David. [1885]). **S.**: Feuchte Stellen bei Dötschang im Djientschang, 4. IV. 1914 (SCHNEIDER 739). Im W, 5000′ (WILSON, Veitch Exp. 3223). **NE-Y.**: Im mittelchin. Fl. bei Dschenfung-schan, 1400 m (DELAVAY 7, 2275, 2276; DUCLOUX 2206). Lungdji (D. 5092). Gulungtschang, 800 m (MAIRE). Weiden der Berge bei Yidscheho, 2700 m (MAIRE). ? Im Moos auf Steinen in einer feuchten Schlucht bei Hsinlung jenseits des Pudu-ho n von Yünnanfu (SCHNEIDER 330).

Variat foliis ½—2½ cm longis, utrinque 4—8 (—13 ?)-crenatis. Stolones non semper adsunt.

Daß FRANCHET später die yünnanensische Pflanze mit der von Muping identifizierte und jene als *V. Davidii* abbildete, hat BECKER verhindert, die Verwandtschaft dieser Art klarzustellen, obwohl er nach noch unveröffentlichten Bemerkungen in verschiedenen Herbarien schon zu richtigen Erkenntnissen darüber kam. Das Original von *V. Schneideri* ist viel besser gepreßt, als die Exemplare MAIRES, zeigt daher dickere (breitere) Ausläufer und Blütenstiele. Es ist wohl auch besonders schattig gewachsen und hat daher breitere Nebenblätter, als die Pflanzen aus NE-Yünnan, an deren Zugehörigkeit ich trotzdem nicht zweifeln kann. Weniger sicher ist mir diese für SCHNEIDERS Nr. 330, die BECKER als *V. Davidii* bestimmte. Ihre Blätter haben 8—13 Kerben jederseits, schließen also an die Zahl bei den anderen Exemplaren an und dürften, da sie überhaupt etwas größer sind, nur die Variationsweite der Art erweitern. Von *V. Davidii* unterscheidet sich *V. Schneideri* durch im Umriß längere, eng herzförmige, spitzliche, weniger tief gekerbte Blätter, grüne Nebenblätter, keine Spur von Stengelbildung und verhältnismäßig größere Blüten. Die echte

V. Davidii FRANCH. (*V. D.* var. *paucicrenata* W. BCKR. in Beih. Bot. Centrbl., XXXIV., 420 [1917]. — *V. sikkimensis* var. *debilis* W. BCKR., l. c., 260; in Rep. sp. n., Beih. XII., 440. — *V. Smithiana* W. BCKR. in Act. Hort. Gothobg., II., 287 [1926]) hat nierenförmige, tief wenigkerbige Blätter mit weit offener Grundbucht, bei gleichem Umriß allerdings mitunter mit einer spitzlichen Endkerbe, unscheinbare, breite, braune Nebenblätter und deutliche Stengel. Die Identität der oben zitierten Formen wurde von BECKER schon 1928 auf Herbaretiketten vermerkt. Von *V. Smithiana* liegen mir nur zwei abgetrennte Blätter vor, aber nach diesen und der Beschreibung habe ich keinen Grund, daran zu zweifeln. Eine dritte, bisher in den Herbarien mit *V. Fargesii* verwechselte Art sei hier beschrieben:

** *V. brunneostipulosa* HAND.-MZT.

Sect. *Nomimium* GING., subsect. *Serpentes* W. BCKR.

Planta robusta, glaberrima, estolonosa (semper?), exsiccando brunnescens. Rhizoma repens, longissimum, ± 1 mm crassum, rigidum, internodiis longis, radicibus subfasciculatis longis, tenuibus etsi rigidulis, pallidis, stipulis ad nodos persistentibus, caule subnullo vel usque ad 3 cm longo simplici erecto terminatum. Folia subrosulata vel in caule crebra, petiolis quam laminae longioribus, sursum anguste alatis, ovata, usque ad 5 cm longa, longitudine 3—4ta parte angustiora (infima quaedam 1,5 cm longa et lata), obtusa vel acutiuscula, basi truncata vel levissime et aperte cordata, utrinque 6—9 crenata, crenis planis antice crasse et adpresse ± apiculatis, infimis tantum nec semper mucronulatis, sinubus superficialibus angustis, raro in foliis junioribus clausis, crassiuscula, praesertim subtus dense purpureo-punctulata et hic ± albida; stipulae liberae, triangulares, ad 1 cm longae, tenuiter acuminatae, breviter glanduloso-fimbriatae, dense rufo vittatae, mox totae spadiceo-scariosae. Pedicelli foliis c. aequilongi, bracteolis supra medium oppositis lineari-subulatis, 5—8 mm longis, interdum inferne subsessili-glandulosis. Calyx 4—5 mm longus, sepalis ovato-lanceolatis vel lanceolatis, latiuscule marginatis, breviter et retuse apiculatis. Corolla ± 1 cm longa, petalis obovatis, undulatis vel retusis, e sicco albis, infimo breviore violaceo-maculato vel -venoso, calcare subgloboso, ad 2 mm diametiente, saepe rubro-punctulato. Stylus complanato-clavatus, stigmate discoideo, leviter bilobo.

NE-Y.: Im mittelchin. Fl. in Gehölzen bei Lungdji (DELAVAY 5092 p. p. min.), IV. 1894 (D. 5137: Herb. Paris, Berlin). Bachränder bei Kandseping, 750 m (MAIRE: ebenda, Typus). Kw.: Majo (CAVALERIE 3082: Hb. Paris). NE-S.: Dschenggu („Tchengkou") (FARGES 378 bis: Hb. Paris).

A *V. Davidii* differt multo robustior, rhizomate crasso, foliis elongatis *V. Schneideri* similibus, stipulis magnis, floribus maioribus. Ab hac rhizomate, caulescentia, stipulis valde diversa.

V. diffusa GING. Gebüsche, schattige Wälder und Gräben, Ackerraine und Mauern der str. und wtp. St. auf Sandstein und kristallinischem Boden, 40—2325 m. **NW-Y.**: Londjre über dem Mekong, 28° 11′ (8177). Unter Ngaiwa an diesem, 27° 28′. Häufig zwischen Sitjitong und Tjionatong am Salwin, 28° 5′, im birm. Mons. **S.**: Huili (834). Unter Gobankou bei Dötschang. **H.**: Tschangscha, am Yolu-schan (11571) und hinter der japanischen Bleifabrik (11631). **Ki.-F.**-Grenze: Dunghwa-schan zwischen Schitscheng und Ninghwa (Plt. sin. 295).

— — ssp. *tenuis* (BENTH.) W. BCKR. in Beih. Bot. Centrbl., XL/2, 116. (*V. tenuis* BENTH.). Tschekiang: Tientai-schan (FABER).

W. BECKER führt l. c. von diesem Standort und Sammler den Typus an.

V. triangulifolia W. BCKR. in Kew Bull., 1929, 202, e typo. **H.**: Am grasigen Hange eines Grabens in der str. St. zwischen dem Liuyang-ho und Hsin-ho bei Tschangscha, Sandstein, 50 m (11647). Im SW in der wtp. St. an moorigen Stellen der Buschwiesen auf dem Yün-schan bei Wukang, Tonschiefer, 1200—1400 m (12205).

Die Pflanze war bisher nur in dem einzigen schwachen Originalstück bekannt. Nach meinen und inbesondere den von meinem Sammler im April 1919 dazugekommenen üppigen Exemplaren ist die Beschreibung folgendermaßen zu erweitern: Rhizoma saepe brevissimum. Caules 5—40 cm alti. Folia inferiora usque ad $4\frac{1}{2} \times 3\frac{1}{2}$ cm, media ad $6{,}5 \times 3{,}2$ cm. Stipulae inferiores interdum fere 3 cm longae, lanceolatae, supra basin constrictae, parcissime denticulatae. Flores usque ad 10 mm longi, albi.

V. arcuata BL. (*V. distans* WALL.). **Y.**: In der tp. St. bei Yünnanfu an Bächlein und sumpfigen Stellen im NW, 2200—2300 m (SCHOCH 103). Häufig dort an Sumpfstellen zwischen Fumin und Lodse-Magai, Sandstein, 1800 bis 2500 m (6107). Beyendjing, in Wäldern bei Fangmapa (TEN 52). **W-S.**: Waschan s von Yadschou (WEIGOLD). **SW-H.**: Yün-schan bei Wukang, Tonschiefer zwischen 400 und 1420 m (Plt. sin. 264).

V. alata BURGERSD. (*V. excisa* HCE.). **H.**: In der str. St. bei Tschangscha auf Sandstein in einem Graben im SE, 50 m (11596), und in einer Waldschlucht des Yolu-schan, 100 m.

V. biflora L. * var. ***hirsuta*** W. BCKR. in Beih. Bot. Centrbl., XXXVI/2, 42 (1918). SPARE et FISCH. in Kew Bull., 1929, 251. **NW-Y.**: Bambusreiche Tannenwälder der ktp. St. des birm. Mons. in der Salwin—Irrawadi-Kette an der Westseite des Passes Tschiangschel, 27° 52′, 5. VII. 1916 (9386) und Mischwälder der tp. ober Schutsche, 27° 56′, Glimmerschiefer, 3100—3800 m. Wohl auch diese in der Mekong—Salwin-Kette unter dem Doker-la, 28° 15′.

Ausläufertreibend, wie der Typus auch vorkommt (Fl. exs. austro-hung. 3259). Die richtige Bewertung dieser und der folgenden Varietät ist noch fraglich. Standortsformen sind sie sicher nicht.

— — ** var. ***valdepilosa*** HAND.-MZT.

Folia praesertim supra, sed plerumque utrinque dense et longe albopilosa.

S.: Im Grunde der tiefen Doline bei Kalapa n von Yenyüen, tp. St., Kalk, 2800 m, 17. V. 1914 (2304).

V. Rockiana W. BCKR. in Rep. sp. n., XXI., 236 (1925). **NW-Y.**: Sandige Wälder der tp. St. im alten Gletscherbecken ober der Matte Saba an der Ostseite des Yülung-schan bei Lidjiang, Kalk, 3350—3400 m (6802). W.-Hubei: Fang (Wilson, Veitch Exp. 2066).

Die Nebenblätter gleichen bald jenen der *V. biflora* L., bald sind sie schmäler zugespitzt und spärlich gefranst. Kelchblätter kahl oder dicht gewimpert. Die Stellung der Blätter in der gleichen Höhe bedeutet keinen Unterschied, sondern kommt bei *V. biflora* ebenso vor. Wie sich die Art von *V. crassa* MAK. (*V. biflora* var. *crassifolia* MAK.), die W. BECKER in Beih. Bot. Centrbl., XXXVI/2, 47 auch für Tibet angibt, unterscheiden soll, ist mir bisher nicht klar.

V. szechwanensis W. BCKR. et DE BSS. **S.**: An Bächlein in der tp. St. bei Molien jenseits des Yalung n von Yenyüen, Schiefer, 3150 m (2554). Vielleicht auch diese in **Y.**: Lanyitji s Boloti zwischen Yungbei und Yungning, 3000 m, und bei der Hütte Maoniubi auf dem Waha hier, ktp. St., 4030 m, wenn es sich nicht um *biflora*-Formen handelt.

V. Delavayi FRANCH. Kiefernwälder, Heidewiesen und trockene Hänge der wtp. und tp. St., auf Kalk, Sandstein und Schiefer, 2200—3300 m. **Y.**: Haiyen-se bei Yünnanfu (SCHOCH 128). Dji-schan ne von Dali. Überall s von Yungning. Ganhaidse nw und ober Lukudsche (4350) n von Lidjiang. Im NE bei Dungtschwan, 2600 m (MAIRE) und Lagu, 2600 m (M.). **S.**: Becken von Yenyüen und häufig um Kwapi und Molien n von hier. Berg Dadjin zwischen Yenyüen und dem Yalung, 27° 31′ (2150).

V. urophylla FRANCH. **Y.**: Beyendjing, Örlschao (Sungpingschao) (TEN 1235). **S.**: Trockene Hänge der tp. St. am Rücken Daörlbi halbwegs zwischen Yenyüen und Yungning, Kalk und Sandstein, 2900—3600 m (2914, eine kleine Pflanze mit weniger deutlich geschwänzten Blättern von nur 15 × 12—15 mm, die vielleicht einen Übergang zur vorigen Art darstellt).

***V.* sp.** aff. *Delavayi*. **S.**: Steppen der wtp. St. auf den Hochebenen des Beckens von Yenyüen, Kalk, 2600—2950 m, zwischen Schuitangdse und Schidschön (2252) und zwischen Duörlliangdse und Hungga (2889).

Alle Blätter keilig verschmälert und keines gestutzt. Nr. 2252 ist kahl, 2889 dicht kurzhaarig. Das Material ist jung und spärlich.

Samydaceae

(*Flacourtiaceae*).

Xylosma FORST.

X. racemosum (SIEBD. et ZUCC.) MIQ. (*X. congesta* [LOUR.] MERR.) **var.** ***pubescens*** REHD. et WILS. In der str. und untersten wtp. St. auf Kalk, Sandstein und Schiefer. **Ki.**: Hangaodsu zwischen Ningdu und Tjingan (Ki-an), c. 800 m (Plt. sin. 497). **H.**: 50—400 m. In den Wäldchen um die Bauernhöfe von Tschangscha bis gegen Lantien im Bezirke Hsinhwa häufig, immer steril (11808). Hier gegenüber Lengschuidjiang. Im Walde des Dungtai-schan bei Hsianghsiang. Häuserwäldchen bei Wukang gegen Gaoscha-se (11698) und überall bis gegen Dungngan. Im SW in Wäldern bei Dsingdschou bis gegen Pukou häufig (11029). **Kw.**: Zwischen Felsen auf dem Sattel des Nanyo-schan bei Guiyang, 1250 m (10545). **Y.**: Feuchte Waldschluchten unter Beyendjing halbwegs zwischen Tschuhsiung und Yungbei (6280) gegenüber aufwärts bis gegen Midien (1500—2000 m).

Der von MERRILL (Journ. Arn. Arb., II., 179) vorgezogene LOUREIROsche Name kann nach den Nomenklaturregeln nicht verwendet werden, da er sich auf ein Gemisch aus ganz verschiedenen Pflanzen bezieht. Pflanzen mit ganz kahlen Zweigen sind auch in Japan selten, immerhin ist die Behaarung der mittel- und westchinesischen Pflanze stärker.

X. controversum CLOS. **Kw.**: Gebüsche der str. bis zur wtp. St. auf Kalk und Sandstein. Maotsaoping zwischen Duyün und Badschai, 800 m (10749). Sandjio am Du-djiang, 400 m (10800). **S-S.**: Nantschwan (BOCK u. ROSTHORN 805, 812, 1144, 1187).

Idesia MAXIM.

I. polycarpa MAX. **W-F.**: Tienhwa-schan w von Dingdschou, in einem Wäldchen auf Sandstein, c. 800 m (Plt. sin. 389).

Die Pflanze entspricht ungefähr der **var. *latifolia*** DIELS, die mir aber kaum abgrenzbar scheint.

— — **var. *vestita*** DIELS. In der wtp. St. **SW-H.**: Im Laubhochwalde des Yün-schan bei Wukang, Tonschiefer, 1300 m (11180). **Y.**: Buschwälder auf Sandstein, 2000—2450 m, ober Djiunienping jenseits Fumin bei Yünnanfu (6111) und zwischen Schanyakou und Hosaodien w des Dsolin-ho (6219).

Poliothyrsis OLIV.

P. sinensis OLIV. **Kw.**: In Laubwäldern der wtp. St. auf Kalk, Sandstein und Quarzit, 1100 m. Hügel in Lungli (10607). Hang w von Guiding. Schlucht bei Madjiadwen.

Stachyuraceae

Stachyurus SIEBD. et ZUCC.

S. chinensis FRANCH. **H.**: Hsikwangschan bei Hsinhwa, in Gebüschen (11763) bis Ngandjiapu überall, Kalk der wtp. St., 600—850 m.

Offenbar der dünnblätterigen, von REHDER in Plt. Wils., II., 285, aus Kianghsi und Hubei erwähnten Form entsprechend.

S. yunnanensis FRANCH. Hügelwälder auf Kalk der wtp. St. **E-Y.**: Bei Djindjischan nächst Loping im mittelchin. Fl., 1600 m (10188). **Kw.**: 1100 bis 1450 m. Nanmutschang zwischen Dschenning und Hwangtsaoba. Zwischen Wongtschengtjiao und Guiding e von Guiyang („Kweiyang"). **S-S.**: Nantschwan (BOCK u. ROSTHORN 1196, als *S. chinensis*).

— — **var. *obovatus*** REHD. in Journ. Arn. Arb., XI., 165 (1930). **NE-Y.**: Gebüsche bei Dschenfungschan in mittelchin. Fl., 800 m (MAIRE).

Diese blühende Pflanze hat ganz kurze Ähren, deren Spindel nicht 1 cm erreicht, und bis zu 3 mm lang gestielte Blüten. Die Blattoberfläche ist ganz glatt, doch kann die Pflanze nach dem Pariser Material ganz gut wirklich in die Variationsweite der Art fallen.

S. himalaicus HOOK. f. et THOMS. Gebüsche, besonders in Gräben und Schluchten durch die wtp. bis in die str. und tp. St. auf Sandstein und Glimmerschiefer, anscheinend selten auf Kalk, 1800—2900 m. **Y.**: Lugö nw und Hsinlung jenseits des Pudu-ho n von Yünnanfu (499). Dschaoping n von Yungbei.

Zwischen Ganhaidse und Yulo bei Lidjiang. Im S bei Schuitien zwischen Möngdse und Manhao (ob diese Art?). Am oberen Mekong (Monbeig). Im birm. Mons. am Salwin bei Bahan und im Doyon-lumba beim Lagerplatz Schingudoba, um Tjionatong, leg. Genestier (9951). **S.**: Im Djientschang am Houdsengai bei Dötschang, am Lu-schan, Schaoschan (1347) und ober Daschiban bei Ningyüen. Zwischen Yenyüen und dem Yalung bei Lumapu und zwischen Samuping und Niutschang. Fumadi ober dem Woloho zwischen Yenyüen und Yungning. Im S bei Nantschwan (Bock und Rosthorn 576, als *Prunus macrophylla* Siebd. et Zucc.?), durch weniger schräge Seitennerven abweichend.

Aus China liegt offenbar ein noch unbeschriebener *Stachyurus* im Pariser Herbar von folgenden Standorten vor: NE-**Y.**: Lungdji (Delavay, von Franchet als *chinensis* und *praecox* bestimmt). W-**S.**: Muping (David, von Franchet als *japonicus*). Hubei: Yitschang (Henry 3136 als *praecox* var.). Er steht jedenfalls zunächst *S. praecox* Siebd. et Zucc., dessen tiefrote Zweige er hat, doch sind die Blätter breiter, mit engerer sägiger Zähnung, und die Früchte kleiner.

Passifloraceae

Passiflora L.

P. cupiformis Mast. NE-**Y.**: Berge hinter Tjiaodjia, 3000 m (Maire).

P. Séguini Lévl. et Vant. SW-**Kw.**: Gebüsche der wtp. St. bei Daschuikou und Tingdaoyin am Wege von Dschenning nach Hwangtsaoba, Kalk, 1100 m (10411).

Von der vorigen Art nur durch die lang gehörnten Sepalen verschieden, die auch das von Herrn Evans nachgesehene Original zeigt.

Caricaceae

Carica L.

C. Papaya L. **Y.**: Kultiviert viel in der tr. St. bei Manhao am Roten Flusse, selten in der str. über dem Djinscha-djiang nördlich Hsintschwang bei Hwaping e von Yungbei und in Piendjio ne von Dali, 1600 m, hier vor 40 Jahren von den Missionären eingeführt (Ten 1231).

Begoniaceae

Begonia L.

Bestimmt von E. Irmscher.

B. Henryi Hemsl. (*B. Mairei* Lévl. — *B. Delavayi* Gagnep., cfr. Irmscher in Mitt. Inst. allg. Bot. Hambg., VI., 346 [1927]). An Erdabrissen, auf Phyllit, Kalk- und Sandsteinfelsen, besonders unter Gebüschen und in Wäldern der wtp. bis an die str. und tp. St., 1200—2900 m. **Y.**: Hsi-schan bei Yünnanfu (Schoch 283; Mell). Zwischen Yanggai und Hwadung e des Dsolin-ho (4959). **S.**: Zwischen Hokou und Fongsaying s von Huili. Podjio am Yalung am Wege von hier nach Yenyüen (phot.). Am Bach zwischen Lidsekou und Malade n von hier.

B. acetosella CRB. in Kew Bull., 1912, 153. S-Y.: Im Grunde von tr. Bambusbeständen bei Schuidien zwischen Möndgse und Manhao, Kalk, 1300 m (6039).

** ***B. Handelii*** IRMSCH. in Sitzgsanz. Ak. W. W., 1921, 24; in Mitt. Inst. allg. Bot. Hambg., VI., 348 (1927).

Sect. *Sphenanthera* DC.

Herba caule simplici brevi 4—10 cm longo ascendente crassiusculo foliorum cicatricibus densissime obsito superne solum foliato. Stipulae persistentes oblongo-ovatae 9—14 mm lg., 4—5 mm lt., acutae integrae glabrae; petiolus gracilis lamina aequilongus usque subduplo longior glaber; lamina membranacea subtus pallide viridis utrinque glabra vel subtus sub microscopio pilis minutis ferrugineis sparse obsita, ambitu ovata manifeste obliqua 10—17 cm lg., 6—11 cm lt., levissime dentata apice breviter acuminata basi valde asymmetrica, latere exteriore in lobum semiorbicularem 2—3 cm longum petiolum haud transgredientem producta margine interdum repande lobulata, latere interiore dimidio angustiore paulum cordata vel rotundato-contracta, nervis subtus prominulis ferrugineis extus basilaribus 3—4 et lateralibus 2—3, intus basilaribus 2 et lateralibus 1—2. Inflorescentiae cymosae pauciflorae pedunculis brevissimis vel subnullis et internodiis primariis 1,5—8 cm longis. Florum ♂ pedicelli 4—11 cm longi, sub lente minute ferrugineo-pilosi; tepala 4 rosea, 2 exteriora late ovata 3—5,5 cm longa et subaequilata, 2 interiora oblongo-ovalia 1,3—3 cm lg., 0,5—1 cm lt., obtusa; staminum ultra 100 filamenta basi vix connata, subaequilonga, 2—3,5 mm lg., antherae haud zygomorphae lineares vel lineari-cuneatae 2,5—3,5 mm lg., 0,7—0,8 mm lt. rimis subparallelis subaequilongis connectivo latiusculo apice rotundato-producto. Florum ♀ pedicelli 2,5—3 cm lg. ut masculi pilosi; tepala rosea 4, 2 exteriora ovata 3—4,5 cm lg., 2,2—3,5 mm lt., 2 interiora oblongo-ovalia 2—3,8 cm lg., 5—8 mm lt. obtusa; styli 4 graciles 5—6 mm lg., basi paulum (1 mm) connati ad $\frac{1}{2}$—$\frac{2}{3}$ longitudinis in ramulos 2 erectos tortos spiraliter breviterque papillosos 3,5—4 mm longos et 0,5 mm crassos fissi; ovarium turbinatum 6—9 mm lg. et lt. apterum subtetragonum 4-loculare placentis bipartitis utrinque ovuliferis.

Tonkin: In tr. Bambusbeständen des Tälchens Ngoikoden bei Phomoi nächst Laogai an der Grenze von **Y.**, kristallinischer Boden, 150 m, 2. II. 1914 (12).

Die Art ist in mehrfacher Beziehung bemerkenswert. Einmal ist der dickwandige Fruchtknoten, der von vier Griffeln gekrönt wird, vierfächerig, ein relativ seltenes Vorkommen bei dieser Gattung. Durch den flügellosen fleischigen Fruchtknoten erweist sie ihre Zugehörigkeit zur Sektion *Sphenanthera*. Ferner ist sie durch die Größe ihrer Blüten ausgezeichnet und stellt die größtblütige aller bekannten asiatischen Begonien dar. Allerdings schwanken die Maße der Tepalen, aber nicht an einem und demselben Individuum.

** ***B. calophylla*** IRMSCH. in Mitt. Inst. allg. Bot. Hambg., VI., 351 (1927).

Sect. *Platycentrum* (KLOTZSCH) IRMSCH.

Herba repens rhizomate tenui usque 6 cm longo, 0,4 cm crasso valde fibrilloso plerumque 2-foliato. Caules floriferi erecti, 13—20 cm longi, glabri, medio nodo prophylla dua oblonga glabra 4—5 mm longa caduca gerente instructi. Foliorum petiolus tenuis, lamina aequilongus, 9—20 cm longus, praecipue superne ferrugineo crispulo-pilosus; lamina in sicco membranacea, supra disperse, subtus nervis breviter pilosa, ambitu late ovata usque suborbicularis, 10—20 cm longa, aequilata vel paulum latior, basi oblique cordata, plerumque usque ad medium 8-fissa, laciniis ovatis, inferne decrescentibus, lateralibus obliquis, iterum lobatis, media bilobata, lateralibus modo extus unilobatis, lobis longe acuminatis usque 4 cm longis, medio 5 mm latis suffultis, margine duplicato-serrata, serraturis ciliolatis, nervis primariis 8 a basi palmatim im lacinias exeuntibus, iterum pinnato-nervatis. Inflorescentiae bisexuales 5-florae, flores 3 ♂ et 2♀ gerentes, cymas formantes, internodiis primariis brevissimis; bracteae oblongo-ovatae, acutae, 4—5 mm longae. Florum ♂ pedicelli 4—4,5 cm longi, glabri; tepala 4, alborosea, 2 exteriora late ovata, 2—2,7 cm longa, aequilata vel paulum latiora, extus medio sparsim longiuscule villosa, plerumque etiam undique minute (sub lente) setulosa, 2 interiora obovato-oblonga, 2—2,6 cm longa, usque ad 1 cm lata, glabra; staminum numerosorum filamenta columnae c. 2 mm longae insidentia, antheris aequilonga; antherae zygomorphae, ovales, 1,7—2 mm longae, connectivo obtusissimo valde (usque 0,6 mm) producto, rimis antheram aequantibus superne conniventibus instructae. Florum ♀ pedicelli 4—5 cm longi, glabri; tepala 5, inaequalia, extima late ovata 2,5 cm longa, 2,2 cm lata, obtusa, intima obovata, 2 cm longa, 0,7 cm lata; styli 2, 8—9 mm longi, 6 mm lati, usque ad medium in ramulos 2 erectos fascia papillosa bis spiraliter torta instructos fissi; ovarium subpendulum oblongum, 2-loculare, 10 mm longum, 5—6 mm latum, glabrum, valde inaequaliter 3-alatum ala maiore reversa subrectangulari margine superiore concava 16 mm longa, inferiore rotunda instructa, minoribus subtriangularibus medio 4 mm latis, omnibus basi capsulam usque 5 mm transgredientibus suffultum; placentae bifidae.

Ki.: Hangaodsu, Berg zwischen Ningdu und Tjingan („Ki-an"), an steinigen Stellen, VIII. 1921 (WANG-TE-HUI in Plt. sin. 490).

Diese Art erinnert an *B. pedatifida* LÉVL., jedoch unterscheidet sie sich mehrfach. Die Blätter sind bei unserer Art nur bis zur Mitte gespalten, die Blattabschnitte am Grunde nicht zusammengezogen und bis zum Grunde gezähnt; ferner ist der Blattstiel so lang wie die Lamina. Bei *B. pedatifida* geht die Blatteilung viel tiefer, die Abschnitte sind am Grunde zusammengezogen und nicht gezähnt; der Blattstiel ist mehrmals so lang wie die Lamina. Dann sind bei *B. calophylla* die Tepalen größer, denen in den ♂ Blüten die für *B. pedatifida* so charakteristischen Sklereiden völlig fehlen. Dafür sind die äußeren ♂ Tepalen mit zweifacher Behaarung versehen.

** ***B. digyna*** IRMSCH., l. c., 352.

Sect. *Platycentrum* (KLOTZSCH) IRMSCH.

Herba rhizomate repente brevi usque 1 cm crasso fibrilloso. Caules floriferi monopodiales, erecti vel ascendentes, 25—37 cm longi, sparsim crispulo-pilosi, 3—4-foliati, inferne interdum nodis radicantes. Foliorum petiolus plerumque lamina longior, 15—23 cm longus, 3—4 cm crassus, crispulo-pilosus; lamina in sicco membranacea, supra breviter disperse pilosa, subtus pilis brevibus nervis et nervillis insidentibus instructa, ambitu late ovata, 10—20 cm longa, aequilata vel paulum latior, basi cordata, distincte obliqua, usque ad medium 6—7-fissa, laciniis ovatis inferne decrescentibus, longiuscule acuminatis, lateralibus obliquis, iterum breviter 1—2-lobatis suffulta, margine duplicato-serratodentata, dentibus ciliolatis, nervis a basi palmatim exeuntibus, in latere extus spectante 3, introrsum 2, iterum pinnato-ramosis. Inflorescentiae axillares, bisexuales, cymas formantes, pauciflorae, pedunculo 18—20 cm longo crispulo-piloso instructae, internodiis primariis usque ad 1 cm longis; bracteae caducae. Florum ♂ pedicelli 2,5—3 cm longi, crispulo-pilosi; tepala 4, rosea, 2 exteriora late ovata, 1,7—2 cm longa, 1,8—2,1 cm lata, obtusa, extus pilis 1—1,3 mm longis brevioribus intermixtis densiuscule obsita, 2 interiora oblongo-obovata, 1,6—2 cm longa, 0,9—1,1 cm lata, glabra; staminum numerosorum filamenta columnae brevi 1,5 mm longae insidentia, 2—3 mm longa, antherae zygomorphae, cuneato-oblongae, 2 mm longae, connectivo obtuso $^1/_3$—$^1/_4$ antherae metiente et rimis superne subito conniventibus sese attingentibus antheris aequilongis suffultae. Florum ♀ pedicelli 1,7—2,1 cm longi, crispulo-pilosi; tepala 5, inaequalia extima ovata, 1,6 cm longa, 1,1—1,2 cm lata, obtusa, dorso pilis usque 1 mm longis obsita, intima oblongo-elliptica, 1,1 cm longa, 0,7 cm lata, glabra; styli 2, 6—6,5 mm longi, 4 mm lati, in ramulos 2 erectos 3,5—4 mm longos fascia papillosa bis spiraliter torta instructos fissi; ovarium paulum nutans ellipticum 2-loculare, 8—10 mm longum, 5 mm latum, longiuscule crispulo-pilosum, inaequaliter 3-alatum, ala maiore subrectangulari reversa margine superiore 1,5—1,7 cm longa, medio 0,9—1,2 cm lata, inferne extus rotundata, minoribus triangularibus, margine superiore 7—11 mm longa, margine laterali recta 13—15 mm longa, medio 4 mm latis, omnibus basi ovarium usque 3 mm transgredientibus suffultum; placentae bifidae.

W-F.: Steinige Stellen in tiefen Gräben am Tienhwa-schan w von Dingdschou („Tingchow"), Sandstein, VI.—VII. 1921 (Wang-Te-Hui in Plt. sin. 412).

Die Art erinnert in der Blattform etwas an *B. calophylla* Irmsch.; doch ist schon der morphologische Aufbau ein anderer. Die Caules floriferi stellen hier mehrfach beblätterte Monopodien mit axillären Blütenständen dar, dort stehen die Laubblätter am Rhizom und die Caules floriferi sind bis auf zwei kleine, schuppenförmige, gegenständige Blättchen nackt.

** ***B. lipingensis*** Irmsch., l. c., 353 (Taf. VIII, Abb. 4).

Sect. *Platycentrum* (Klotzsch) Irmsch.

Herba repens rhizomate tenui 2—3 cm longo, 3—4 mm crasso paucifoliato. Caules floriferi 7—18 cm longi erecti, glabri, plerumque medio unifoliati, rarius ramo florifero folio opposito instructi, saepius contra folium gemma folia pauca gerente subtus radicante suffulta. Foliorum basalium petiolus laminam superans, 5—13 cm longus, plus minusve crispulo ferrugineo-pilosus, caulinorum lamina brevior, 2—3 cm longus; lamina sicca membranacea, supra regulariter sparsim pilosa, subtus in nervis remote setosa, ambitu late ovata, 4—6 cm longa, subaequilata, basi distincte cordata, paulum obliqua, 5—6-partita, laciniis oblongo-ovatis, acuminatis, basi contractis, duplicato-serratis, serraturis ciliiferis instructis, fissuris rotundatis, nervis primariis 5—6 a basi palmatim in lacinias exeuntibus iterum pinnato-ramosis. Inflorescentiae axillares, pseudoterminales, raro praeterea ramo florifero terminali auctae, cymas paucifloras formantes, 6—12 cm longae. Florum ♂ pedicelli 1,5—2,3 cm longi, glabri; tepala 4, rosea, exteriora late ovata, 1,4—1,7 cm longa, aequilata, extus dupliciter pilosa, medio sparsim longiuscule villosa ac undique minute (sub lente) ferrugineo-pilosa, basi cordata, apice obtusissima, interiora obovata, 1—1,1 cm longa, 6—7 mm lata, glabra, basi cuneata; staminum numerosorum filamenta in columnam 1,5 mm longam connata, parte libera 1,5 mm longa, antherae zygomorphae, oblongo-obovatae, 1,2 mm longae, connectivo obtuso producto, rimis antheram aequantibus superne conniventibus et in sicco sese attingentibus instructae. Florum ♀ pedicelli 1,5 cm longi; tepala in flore juvenili 6; styli 2. Capsula juvenilis pendula, pedicello subito recurvo 1,3 cm longo instructa, oblongo-ovalis, 2-locularis, alis exclusis 8 mm longa, 4 mm lata, glabra, valde inaequaliter 3-alata, ala maiore subtriangulari 11 mm longa angulo libero rotundato, minoribus angustis medio 2 mm latis, omnibus basi capsulam transgredientibus suffulta; placentae bifidae.

An überronnenen Tonschieferfelsen der str. St. E-**Kw.**: Ober Tschaimou zwischen Gudschou und Liping, 600 m, 21. VII. 1917 (10909). SW-**H.**: Massenhaft in der Flußschlucht zwischen Dsingdschou und Moschi, um 370 m.

Der Caulis floriferus ist zweifellos ein Sympodium. Er trägt ein Blatt, aus dessen Achsel die Infloreszenz kommt, die sich in die Verlängerung des Haupttriebes stellt. Die dem Blatt gegenüberstehende Endknospe kommt nun entweder gar nicht zur Entwicklung oder treibt einen blütentragenden Sproß oder einen Laubsproß, der nach unten zu Wurzeln entwickelt.

Die Art ist mit *B. pedatifida* LÉVL. etwas verwandt, unterscheidet sich aber einmal durch den meist beblätterten oder verzweigten Caulis floriferus, die Blattgestalt und die zweifach behaarten äußeren Tepalen der ♂ Blüten, denen Brachysklereiden, die die genannte Art besitzt, völlig fehlen.

B. sinensis DC. (*B. Martinii* LÉVL. — *B. bulbosa* LÉVL.). Beschattete Felsen, dichte Gebüsche, Rasenplätze auf Kalk, Sandstein und Schiefer in der wtp. bis in die str. St., 1425—2800 m. **Y.**: Hsi-schan bei Yünnanfu (SCHOCH 282). An der Straße nach Dali zwischen Mungschipu und Beyin-se bei Gwangdung (4890). N von hier bei Houdjing (4941) und zwischen Yanggai und Hwadung (4960). Osthang des Dsang-schan bei Dali (Tali). (SCHNEIDER 3099). Im NW auf den Hügeln e von Lidjiang (SCHNEIDER 2241). Unter Hungschischao am Wege von hier nach Dschungdien (4810). Meti am Hange des Yangtse-Tales sw von hier. **S.**: Um Muli (7353). Tienba zwischen Huili und Yenyüen.

B. Evansiana ANDR. (*B. erubescens* LÉVL.). SE-**Ki.**: An einer steinigen Stelle unter dem Tempel auf dem Lienhwa-schan bei Ningdu, Quarzit, c. 800 m (Plt. sin. 459).

B. Labordei LÉVL. (*B. Harrowiana* DIELS in Not. R. Bot. Gard, Edinbgh., V., 166 [1912]). ***(B. Henryi × sinensis?).*** **Y.**: Bei Lidjiang, von Einheimischen (3728). Felsen bei Beyendjing (TEN 32) und Tieso (T. 31). Im NW an ziemlich trockenen Schieferfelsen in den tp. Regenmischwäldern des birm. Mons. am Salwin ober Bahan, 27° 58′ (9940) und wohl auch diese im Tale unter dem Gomba-la bei Tschamutong, 2650 m, verbreitet.

Die von IRMSCHER in Mitt. Inst. allg. Bot. Hambg., VI., 356—359 begründete Deutung als Bastard ist meines Erachtens deshalb noch mit Vorsicht zu betrachten, weil am oberen Salwin, wo ich *B. Labordei* neben *asperifolia*, aber an trockenerer Stelle fand, bisher keine der beiden als Stammeltern in Betracht kommenden Arten nachgewiesen wurde.

B. taliensis GAGNEP. in Bull. Mus. Hist. nat. Par., n. sér., XXV., 279

(1919). S.: Wälder und Gebüsche der wtp. St. ober Dahaitsun zwischen Yalung und Nganning-ho, 27°, Sandstein, 1800—2000 m (5259). Y.: Felsen bei Beyendjing (TEN 34) und Tjilamo-tsun (T. 33).

** ***B. asperifolia*** IRMSCH. in Mitt. Inst. allg. Bot. Hambg., VI., 359 (1927). Sect. *Begoniastrum* DC.

Herba rhizomate repente articulato articulis subturbinatis 1,2—1,5 cm longis et 1,5—2 cm crassis valde fibrillosis composito. Caules floriferi erecti vel ascendentes 14—40 cm longi, inferne sparsim crispulo-pilosi, plerumque 2-foliati, folio uno maximo 1—5 cm supra basin, altero multo minore supra medium oriente instructi. Folii subbasalis petiolus laminae aequilongus vel brevior, plerumque 13—20 cm longus, sparsim crispulo-pilosus; lamina in sicco membranacea, supra breviter setoso-pilosa, subtus pilis longioribus multo tenuioribus obsita, ambitu late ovata, 15—30 cm longa, 11—20 cm lata, superne 3—5-lobata, lobis latis longiusculis acuminatis, 1—6 cm longis, margine duplicato-serrata, serraturis ciliatis, apice longiuscule acuminata, basi valde oblique cordata, nervis nervo medio excepto extrosum 3, introsum 2 palmatim exeuntibus, iterum pinnatoramosis; folii superioris petiolus lamina multo brevior, 1—3 cm longus, crispulo-pilosus, lamina aequipilosa, oblongo-ovata, 3—10 cm longa, 1,3—5 cm lata, 1—2-lobata, duplicato-serrata, apice acuminata, basi cordata. Inflorescentiae terminales, ramo axillari auctae, bisexuales, cymas plurifloras primum flores ♂ evolventes formantes, pedunculo usque 10 cm longo glabro et internodiis primariis usque 2,5 cm longis, sequentibus brevissimis instructi; bracteae caducae, maiusculae, late ovatae 1,2—1,5 cm longae, 1—1,2 cm latae, obtusae, valde concavae. Florum ♂ pedicelli 1,5—2,5 cm longi, glabri; tepala 4, exteriora 2 suborbicularia, 1,1—1,3 cm longa, 1—1,2 cm lata, glabra, 2 interiora obovata, basi cuneata, 8—10 mm longa, 5—7 mm lata; androeceum haud zygomorphum; staminum numerosorum filamenta columnae 1 mm longae insidentia, antheris aequilonga, antherae zygomorphae, oblongae, 2—2,5 mm longae, curvatae, latere curvato intus spectantes, apice obtusae, connectivo vix producto et rimis distincte lateralibus superne paullum conniventibus instructae. Florum ♀ pedicelli usque 2,4 cm longi, glabri; tepala 5, inaequalia, extima suborbicularia, 7—11 mm longa, 6—9 mm lata, obtusissima, glabra, intima obovata, 5—6 mm longa, 3—4 mm lata; styli 3, 3 mm longi, fascia papillosa lunulari vix semel spiraliter torta instructi; ovarium ovale, 3-loculare, usque 7 mm longum et 5 mm latum, glabrum, inaequaliter 3-alatum, ala maiore subtriangulari longitudine margine superiore plerumque paulum concava 11—14 cm longa apice obtusa, margine inferiore convexa 15—19 mm longa, minoribus aequalibus margine superiore 4—5 mm longis, inferiore 11 mm longis, omnibus basi ovarium usque 1,8 mm transgredientibus suffultum; placentae bifidae. Capsula horizontaliter nutans, alis exceptis 9—10 mm longa, ala maiore triangulari margine superiore usque 17 mm longa, inferiore usque 24 mm longa instructa, ceteris alis multo angustioribus, omnibus capsulam usque 4 mm transgredientibus.

NW-Y.: Regenmischwälder der tp. St. des birm. Mons. im Doyonlumba am Salwin, auf Schiefer an nassen Felsen längs Bächlein ober Bahan, 27° 58′, 2700 m, 23. VIII. 1916 (9939) und am abgerissenen Wegrande hinter dem Rücken Alülaka, 28° 2′, 2600—3000 m, 24. IX. 1915 fr., 1. VIII. 1916 bl. (9599, Typus).

Die Art gehört in die Gruppe von *B. Evansiana—sinensis*; dafür spricht sowohl der Blütenbau als auch der beblätterte Caulis floriferus. Das Rhizom zeigt dieselbe Gliederung wie bei *B. Labordei* (9940), nur sind die einzelnen Glieder größer.

Actinidiaceae

(*Dilleniaceae* p. p.).

Actinidia Lindl.

A. melanandra Franch. Y.: Guti bei Beyendjing, in Wäldern (Ten 260).

A. purpurea Rehd. SW-H.: Im wtp. Laubhochwalde des Yün-schan bei Wukang, Tonschiefer, 1100 m (12212). NW-Y.: In der tp. St. zwischen Djinscha-djiang und Mekong in Gebüschen am Bache um Lienfu, Sitiantung und zwischen Tschada und Schatiama, 27° 22—34′, Sandstein, 2850 m (7873).

A. coriacea (Fin. et Gagnep.) Dunn. NE-Y.: Gebüsche von Dschenfung-schan im mittelchin. Fl., 750 m (Maire).

A. curvidens Dunn. (*A. callosa* Ldl. var. *Henryi* Max.). **Kw.**: Gebüsche und schattige Waldschluchten der wtp. St., 1100—1300 m, auf Kalk und Sandstein. Im SW am Wege von Hwangtsaoba nach Dinghsiao (10252). E von Guiyang bei Madjiadwen zwischen Guiding und Duyüen (10635). Weiter im SE zwischen Matang und Ludwan und weiter nach SW-H. bis jenseits Hsüning, 500—830 m, diese oder die sehr ähnliche folgende.

Die Art wurde von Stapf vorläufig nur im Herbar Kew wiederhergestellt. Die jungen Blätter dort haben Sternfilz. An meinen Exemplaren fehlen solche; sie befinden sich in fruchtendem Zustande. Vielleicht gehören sie zu *A. alnifolia* Stapf in sched.

A. venosa Rehd. SW-H.: Im wtp. Laubhochwalde des Yün-schan bei Wukang, Tonschiefer, 900—1300 m (11223). NW-Y.: Waldschlucht der wtp. St. unter Schuba zwischen Djinscha-djiang und Mekong, 27° 45′, Sandstein, 2600 bis 2800 m (8825). S.: Bambusreiche Gebüsche der tp. St. ober Niutschang zwischen Yenyüen und dem Yalung, 27° 22′, Sandstein, 3000—3200 m (5406).

Die fruchtende letzte Nummer hat die reifen Blätter unterseits deutlich glauk und mit gelblicher krauser Behaarung besonders um die sehr vortretenden Adern, wodurch die Blattunterseite an *A. chinensis* erinnert, die sich aber durch Sternhaare unterscheidet. Nr. 8825 ist im Blütezustand mit frischen Blättern, die ebenfalls etwas flaumig behaart sind, und scheint den Übergang zu 5406 zu vermitteln.

A. pilosula (Fin. et Gagnep.) Stapf in sched. herb. Kew. (*A. callosa* Lindl. var. *pilosula* Fin. et Gagnep. in Mém. Soc. bot. Fr., IV., 19, 20 [1907]. Dunn in Journ. Linn. Soc. Bot., XXXIX., 406 [1911]. — *A. Championi* var. *mollis* W. W. Sm. in Not. R. Bot. Gard. Edinbgh., XVII., 305 [1930], non Dunn). NW-Y.: Wtp. Regenmischwälder der wtp. und tp. St. des birm. Mons. neben (9042) und ober (9046) Bahan am Lu-djiang (Salwin), 27° 58′, Schiefer, 2400 bis 2700 m.

Die beiden Nummern sind voneinander beträchtlich verschieden. 9042 hat die Blätter unterseits grün, dicht kraushaarig, und ganz blaß grünlich-gelbliche ♂ Blüten, 9046 die Blätter unterseits glauk, nur an der Rippe und den Hauptnerven ebenso behaart, über die Farbe ihrer ♀ Blüten liegt keine Notiz vor. Die erste entspricht FORRESTS 18017, die mit der oben zitierten entschieden unzutreffenden Bestimmung veröffentlicht wurde, und ist nur etwas stärker behaart als seine 13910, die von STAPF zu *pilosula* gestellt wurde, deren stärkstbehaarte Form meine Pflanze daher sehr gut sein kann. Die zweite gleicht vollkommen SOULIÉS Typus im Herbar Kew, während das Pariser Exemplar nicht weich kraushaarig, sondern unterseits sehr zerstreut lang und weich borstig ist.

A. latifolia (GARDN. et CHAMP.) MERR. in Journ. As. Soc. Straits, LXXXVI, 330 (1922). (*A. Championi* BENTH.). W-**Ki.**: Um die Kohlengruben Pinghsiang, 600 m (Plt. sin. 205). **F.**-Grenze: Hwangdschu-ling zwischen Dingdschou und Ningdu, Tonschiefer, 800 m (Plt. sin. 370).

— — var. *mollis* (DUNN) HAND.-MZT. (*A. Championi* var. *mollis* DUNN in Journ. Linn. Soc. Bot., XXXIX., 407 [1911]) hat den Sternhaarfilz länger und zarter.

A. Henryi DUNN. ** **var. *polyodonta*** HAND.-MZT.

Folia juvenilia mox tergo costae tantum, sed rigidius quam in typo pilosa, argutius dentata, dentibus magis patentibus paulo magis inter se approximatis et denticulis accessoriis saepe setiformibus densatis.

Y.: Wtp. Buschwälder im Tale ober Djiunienping jenseits Fumin bei Yünnanfu, Sandstein, 2200—2450 m, 18. V. 1915 (6113).

Die Blütenstiele sind sehr kurz, tragen aber erst junge Knospen und werden sich wohl später strecken; sie sind ebenfalls länger behaart als am Typus, die Blütenknospen aber kahler als hier. *A. holotricha* FIN. et GAGNEP. muß auch nahestehen, hat aber viel längere Blattstiele und nur wimperzähnige Blattränder.

A. chinensis PLANCH. Wälder, Gebüsche und Buschwiesen der wtp. St. auf Kalk, Mergel, Sandstein und Tonschiefer. **H.**: Ober Tungdjiapai bei Hsikwangschan nächst Hsinhwa, 750—800 m (11831). Im SW auf dem Yün-schan bei Wukang, 1250 m (12081), und überall auf den Bergen am Wege von hier nach Dsingdschou. **Kw.**: Mehrfach zwischen Gudschou und Liping, 600—850 m (10953). Hänge zwischen Tjiaolou und Lungduwan am Wege nach Hwangtsaoba, 1600—1700 m (10328). E-**Y.**: Ober Djinsolo bei Loping an der Grenze des mittelchin. Fl., 1900 m (10205). Im NE auf Hügeln bei Tschehai, 2500 m (MAIRE). **S.**: Bachrand auf dem Sattel zwischen Tjiaodjio und Lemoka im Lolo-Lande e von Ningyüen, 2250 m (1602).

A. fulvicoma HCE. Gebüsche und Laubwälder der str. bis an die wtp. St. auf Schiefern, 350—800 m. SW-**H.**: Am Yün-schan bei Wukang unter dem Tempel Wuli-ngan und ober Lanhsinggwan (12182). Überall zwischen Hsüning und Ngaidso am Wege von Wukang nach Dsingdschou (11067). E-**Kw.**: Pingü am Du-djiang unter Sandjio (10840).

— — **var. *hirsuta*** FIN. et GAGNEP. **Kw.**: Schattige Gebüsche auf Sandstein und Mergel in der untersten wtp. St. bei Lungdsu (10571) und e Wongtschengtjiao zwischen Guiyang und Guiding, 1000—1100 m.

Nach den von den Autoren angegebenen Merkmalen im Gegensatze zu DUNN und SCHNEIDER vom Typus gut zu unterscheiden.

A. Davidii FRANCH. in Nouv. Arch. Mus. Par., sér. 2, V., 57 (1884), e typo. (*A. lanata* HEMSL. in Ann. Bot., IX., 146 [1895], e typo). **Ki.-F.**-Grenze:

Tiefe Schluchten des Dunghwa-schan zwischen Schitscheng und Ninghwa, c. 1000 m (Plt. sin. 352). **Kw.**: Pinfa (CAVALERIE 4346, det. GAGNEPAIN im Hb. Paris).

Die Strahlen der Stern- oder richtiger Büschelhaare sind so lang und kraus, daß diese leicht für einfache genommen werden, wie es FRANCHET tat.

Saurauia WILLD.

S. punduana WALL. **S-Y.**: In tr. Gebüschen bei Yaotou zwischen Möngdse und Manhao, Kalk, 1000 m (5988).

S. napaulensis DC. In feuchten Schluchten der str. St. auf Kalk, Granit und Schiefer. **Y.**: Ober Hsintschwang bei Hwaping e von Yungbei, 1400 m. Im S ober Schuidien zwischen Möngdse und Manhao bis 1650 m. Im NW im birm. Mons. in der Salwin—Irrawadi-Scheidekette um Niualo ober Tschamutong, 1950—2250 m, und am Irrawadi-Oberlaufe in der Seitenschlucht Naiwanglong, 1725—2125 m (9415) und in jener zwischen Nitscheluang und Schutsche. **S.**: Bandjiayin im Djientschang, 1300 m, und in den Seitentälern beiderseits des Yalung zwischen Huili und Yenyüen bei Lanba (5269) und von Schidsi-miao (5326) bis Dsaluping, 1350—1620 m. **SE-Kw.**: Am Du-djiang unter Sandjio, 350—400 m (10819).

Nr. 9415 hat die Blätter ganz kahl, nur mit kleinen Schuppen auf den Nerven, nur die ganz eingerollten jungen mit den üblichen borstigen Schülfern, und auch die Schossen ohne Borsten. Nr. 10819 ist ein Wasserschoß, der nach den dort auch blühend bemerkten Exemplaren wohl sicher richtig gedeutet ist und der von BRANDIS, Ind. Trees, 700 erwähnten kahlen Varietät mit vielen pfriemenförmigen Schuppen entspricht, während die Blattnerven entfernter stehen.

Die Samen liegen in einem nach feinsten Birnen duftenden Schleim. Mein Material wurde von Prof. K. SCHNARF zu seiner in Sitzgsber. Ak. W. W., math.-nat. Kl., CXXXIII., 17 (1924) veröffentlichten Untersuchung verwendet.

Theaceae

Thea L.

(*Camellia* L., cfr. REHDER in Journ. Arn. Arb., V., 238).

T. oleosa LOUR., Fl. Coch., 339 (1790). REHD. in Journ. Arn Arb., VIII., 175 (1927). (*Camellia drupifera* LOUR., l. c., 441 [1790]. — *C. oleifera* ABEL, Narr. Journ. China, 363 [1818]. — *Thea oleifera* REHD. et WILS. in Plt. Wils., II., 393 [1915]). Wild in üppigeren Wäldern und Gebüschen und ausgedehnt kultiviert besonders unter *Cunninghamia* und *Pinus Massoniana* auf Kalk, Sandstein und Tonschiefer in der str. und wtp. St., 50—1300 m. **H.**: Überall um Tschangscha (11393). Wenig zwischen Höngdschou und Yungdschou. Wild zwischen Djindien-se und Wangdjiapu am Wege von hier nach Hsinning. Überall auf den Höhen um Hsikwangschan und in Wäldern um Ngandjiapu. Yün-schan bei Wukang, e des Gipfels. Von hier über Dsingdschou bis an die Grenze von **Kw.** Hier auf dem Baotie-schan bei Gudschou. Von Badschai bis Guiyang („Kweiyang") überall. Hier auf dem Tschwenning-schan Massenunterwuchs des Tempelwaldes. Viel zwischen Nganping und Tschingdschen. Paß Djigungbei zwischen Dschenning und Muyu. Bei den Dörfern unter Hwangtsaoba (10305). NE-**Y.**: Im mittelchin. Fl. auf Bergen bei Dschenfungschan (MAIRE).

T. Grijsii (HCE.) O. KTZE. SW-**H.**: Im Laubhochwalde der wtp. St. des Yün-schan bei Wukang, Tonschiefer, 900—1100 m (12136).

T. Pitardii (COH. STUART) REHD. in Journ. Arn. Arb., V., 238 (1924). (*T. speciosa* PITD. ap. DIELS in Not. R. Bot. Gard. Edinbgh., V., 285 [1912], non KOCHS 1900. — *Camellia Pitardii* COH. STUART in Meded. Proefstat. Thee Buitenzg., XL., 68 [1916]. — *C. speciosa* MELCH. in Notbl. Bot. Gart. Berl., IX., 453 [1925]). Gebüsche und Föhrenwälder auf Sandstein und Kalk, besonders bezeichnend auf dürren Mergelrücken, aber auch in Erosionsgräben als Charakterpflanze des Hochlandes von **Y.** in der wtp. St., 1650—2900 m. Um Yünnanfu (SCHOCH), hier bis Schilungba (111). N von dort zwischen Döge und Hsiaodjia-tsun bei Hsiao-Magai (405), unter Loheitang (577), um Sanyingpan, auch auf dem Laoling-schan und bei Galaoma. An der Straße nach Dali bei Hsiangschuigwan (8666), ober Tienschengtang (8680) bis gegen Yünnanyi. N von ihr bei Lodse-Magai gegen Fumin (6153). Schanyakou bei Dingyüen, auf dem Taohwa-schan bei Beyendjing. Ober Dienso s von Hodjing. Im NE da und dort um Dungtschwan, 2700 m (MAIRE). **S.**: Rücken Luidaschu s von Huili. Bambusdschungel und Busch in der tp. St. des Lungdschu-schan hier, auf Diabas, 2700—3300 m. Houdsengai bei Dötschang im Djientschang, 2600 m.

Folia late elliptica usque oblonga, 2—9 cm longa et longitudine $1^3/_4$— ultra 3^{plo} angustiora, obtusissima usque caudata, crasse coriacea, crebre et argute denticulata. Flores interdum albi. Styli interdum 3. Drupa depresso-globosa, 2—2½ cm diametro, pariete 8 mm crassa subcarnosa, alutacea et subochraceo-furfuracea, non (vel tardissime?) dehiscens. Floret hieme et primo vere, interdum etiam autumno.

Nach dem auf dem Cambridger Kongreß angenommenen Grundsatz kann der Name *speciosa* nicht mehr verwendet werden. Die mir vorliegende Nr. 2597 von Tuschan, leg. CAVALERIE in herb. BODINIER (Edinburgh) entspricht mit ihren geschwänzten Blättern meiner 886. Außer der erwähnten Variabilität in den Blättern ist bemerkenswert, daß die Brakteolen und Kelchblätter kahl und dicht seidig vorkommen. Die Blätter sind scharf und dicht gezähnelt und die Unterseite ist mit entfernt stehenden helleren Papillen bedeckt, während bei der im Blütezustand oft sehr ähnlichen *T. oleosa* die Zähnung entfernter und mehr kerbig und oft nur im vorderen Teile des Blattes vorhanden ist und die Papillen der Unterseite kleiner und so dicht sind, daß sie selbst eine scharfe Lupe kaum unterscheiden läßt. Ein habitueller Unterschied, der mich *T. oleosa* sofort erkennen ließ, müßte in der Natur erfaßt und beschrieben werden.

T. fraterna (HCE.) O. KTZE. **H.**: Auf Sandstein in der str. St. des Yolu-schan bei Tschangscha im Hartlaubwalde (11503), besonders an den Bächlein (11530), so auch am kahlen Westhange, 70—300 m.

Hieher gehört offenbar auch FABERS Pflanze vom Tientai-schan, die KOCHS in Bot. Jahrb., XXVII., 585 zu *T. rosaeflora* (HOOK.) O. KTZE. stellt, und WARBURGS Nr. 6034, auf die KOCHS, l. c., deren var. *a. pilosa* begründete. *T. rosaeflora* hat nach der Originalbeschreibung größere Blüten als *T. Sasanqua* (THBG.) NOIS., also noch viel größere als *T. fraterna*.

** *T. Rosthorniana*[1] Hand.-Mzt. (Taf. VIII, Abb. 5).

Syn.: *T. euryoides* Kochs in Bot. Jahrb., XXVII., 585 (1900) p. p. Diels, l. c., XXIX., 472 (1901), non (Lindl.) Booth.

T. cuspidata Rehd. et Wils. in Plt. Wils., II., 390 (1915) p. p., non Kochs.

Camellia Rosthorniana Hand.-Mzt. in Sitzgsanz. Ak. W. W., 1924, 108.

Sect. *Theopsis* Coh. Stuart.

Frutex 1,3—3,3 m altus (e Wilson). Rami tenues, stricti, juveniles pallide brunnei cum petiolis albo-hirtelli, serius castanei, cortice in fibras desiliente. Gemmae anguste ovoideae, 5 mm longae, perulis ovato-lanceolatis purpurascentibus sursum subpatentibus, margine et medio dorso longiuscule albo-sericeis. Folia anguste vel late ovato-lanceolata, 7—11 × 25 usque 15—19 × 48 mm, in caudam brevem, latam, obtusam, saepe integram ± contracta, basi anguste latiusve cuneata, marginibus angustis cartilagineis pallidis anterioribus subremote crenulata vel subserrata crenis hydathodis purpureis mucronulatis; tenuiuscule coriacea, saturate viridia, praesertim subtus granulata, praeter costam utrinque prominulam subtus pallidam supra, rarius subtus quoque strigillosam glabra; nervi pauci porrectopatuli inconspicui vel subtus tenuiter prominui procul a margine arcuatim conjuncti; petiolus 1—2 mm longus, supra late excavatus. Flores singuli vel gemini axillares et terminales, nutantes, pedicellis 2 mm longis bracteis crustaceis involutis. Sepala late ovata, 2 mm longa et paulo latiora, crustacea et margine late scariosa, brunnea, subtilissime vel conspicue ciliata et dorso saepe parce sericea. Petala carnosula, alba, obovata, 8—12 mm longa et angustiora, glaberrima vel margine obscure ciliolata. Stamina breviter in fasciculos connata, glaberrima, corollam subaequantia. Ovarium glabrum; styli ultra dimidium vel fere ad apicem connati.

S.: Im S am Djin-schan bei Hwangtsaoping, im Walde (Bock u. Rosthorn 94) und am Hwangngai-schan auf Lichtungen (B. u. R. 1270, Typus). Im E: S. Wuschan (Wilson, Veitch Exp. 596, wenigstens das Wiener Exemplar).

Proxima *T. euryoides* (Ldl.) Booth pedicellis 5 mm longis dissite bracteatis, petalis 10—18 mm longis ciliatis et dorso saepe sericeis, filamentis altius in annulum connatis, foliis subtus sericeopilosis, petiolis 2—5 mm longis planoconvexis differt. Nostra ad *T. Forrestii* Diels vergit foliis a basi rotundata densius et minutius denticulatis, nervis (an semper) sub angulis acutis extus curvatis, sepalis latius rotundatis, pallide ochraceis, crassiusculis, anguste membranaceomarginatis, petalis tenuioribus (?) diversam. *T. fraterna* multo maior ceterum valde differt. Cum *T. cuspidata* nihil habet.

T. cuspidata Kochs. SW-H.: Im wtp. Laubhochwalde des Yün-schan bei Wukang, Tonschiefer, 1100 m (11155).

Die Blüten haben bis über 6 cm Durchmesser; ihre Größe wurde vom Autor offenbar falsch oder mangelhaft angegeben, nach Rehder, l. c., ist sie „etwas veränderlich", doch dies vielleicht auf Grund des fälschlich hieher gestellten Exemplares von *T. Rosthorniana*. Die Zähnung des Blattes ist nicht „undeutlich", sondern klein und dicht wie auch die Abbildung in Gard. Chron., ser. 3, LI, 261, deutlich zeigt.

[1] Legato Austriae ad Sinam jam diu de re botanica meritissimo etiam meos de illa labores benignissime juvanti gratiarum signum dedicata.

T. yunnanensis PITD. e DIELS in Not. R. Bot. Gard. Edinbgh., V., 284 (1912). Lorbeereichenwälder der wtp. und tp. St. auf Sandstein und Mergel, 2200—3000 m. **Y.**: Dji-schan ne von Dali (6380). Unter dem Sattel von Niugai nach Djientschwan. Von Dawanying gegen das Santschwanba bei Yungbei. Guti bei Beyendjing (TEN). **S.**: Dawanying bei Huili (1030).

Flores usque ad 6 cm diametro, autumno aperti. Fructus calyce persistente fulti, depresse globosi, 4—5½ cm lati, fusci, pariete ± carnosa, 7—10 mm crassa, apice tantum rimis 5 brevibus desilientes, septis submembranaceis, columella apice paulum dilatata. Semina 10, late trigono-ellipsoidea, ad 2 cm longa, fusca, opaca.

T. sinensis L. In der str. und unteren wtp. St. auf Sandstein und Kalk. **H.**: 50—850 m. Kultiviert hie und da um Tschangscha und jenseits Daloping, ober Lantien gegen Hsikwangschan bis Tschatien, auch verwildert (12728). Im SW in Gebüschen am Wege ober dem Tempel Wuli-ngan am Yün-schan bei Wukang (12275). Im S in Gebüschen ober Djindie-se zwischen Yungdschou und Hsinning (11249). **Kw.**: Viel wie wild im ganz dichten Buschunterwuchs des Waldes aus *Quercus variabilis* bei Wendwen n von Duyün („Tuyün"). Spärlich kultiviert und auch wie wild zwischen Guiyang („Kweiyang") und Gwanyinschan. Zwischen Nganschun und Nganping in Streifen zwischen Mais kultiviert. Im SW in Gebüschen zwischen Taipinggai und Tjidwen am Wege nach Hwangtsaoba, 1400 m (11338). **Y.**: Spärlich gebaut am Fuße des Tschangtschung-schan bei Yünnanfu, 2000 m. Im NE auf Hügeln bei Lungdji, im mittelchin. Fl., 600 m (MAIRE).

An manchen hier nicht als Kulturen bezeichneten Stellen macht der Teestrauch ganz den Eindruck wilden Vorkommens, inbesondere Nr. 11338 und bei Wendwen, doch müßte man der Frage weiter nachgehen, ob dies nicht eine Täuschung ist.

Gordonia ELLIS.

G. axillaris (DON) DIETR. (*G. anomala* SPRG. — *Thea speciosa* KOCHS). **Y.**: Hartlaubgebüsche der wtp. St. zwischen Hsiagwan und Dschaodschou s des Sees von Dali (Talifu), Sandstein, 2100 m (8560).

Griffel frei. Blätter besonders vorne reichlich, aber undeutlich gekerbt. Beides liegt in der Variationsweite der Hongkonger Pflanze.

** ***G. (?) hirta*** HAND.-MZT. in Sitzgsanz. Ak. W. W., 1921, 180.

Sect. *Nabiasodendron* PITD.

Frutex ramulis rigidis, cortice exteriore pallide ochraceo, hornotino cum petiolis costarumque tergis dense, annotino seriatim hirto, serius glabro supra interiorem spediceum fibroso desiliente. Gemmae parvae, fusiformes, dense strigoso-hirtae. Folia perennantia, exsiccando valde decidua, lanceolata, 6,5—12 cm longa et vix 2½- — ultra 4½plo angustiora, utrinque attenuata, in apicem angustum obtusum acuminata, margine angustissime cartilagineo praeter basin apicemque dentibus brevibus usque ½ mm patentibus rectangulis vel obtusis hydathodis nigropurpureis terminatis remotiuscule subregulariter dentata, pergamena, supra laete viridia nitida, subtus opaca laxe papillosa ochrascentia, utrinque dense granulata, supra praeter costam impressam pilosulam glabra, subtus densiuscule strigoso-pilosa, costa hic crassa elevata, nervis utrinsecus

7—10 irregularibus sub angulis ca. 45° patulis sat procul a margine anastomosantibus utrinque tenuissime prominulis, venulis inconspicuis. Flores versus apices ramulorum hornotinorum saepe subpaniculato compositorum 2—3 axillares singuli, pedunculis erectis clavatis crassis 2—5 mm longis plumbeopruinosis et $\pm$ velutinis suffulti. Bracteae numerosae, diu persistentes, imbricatae, longitudine latiores, extimae 4, intimae 10 mm longae, rotundatae vel apiculatae, coriaceae, intus brunneae glabrae, extus gilvo sericeo-velutinae; corolla 4—5 mera, alba, cum sepalis 3 aliquantum brevioribus, ceterum vix distinctis decidua, paulum carnosula, 4—4,5 cm diametro, petalis obovatis, obtusis vel leviter emarginatis, dorso praeter marginem late glabrum crasse sericeis. Stamina numerosissima pluriseriata, filamentis tenuibus intimis inferne paululum dilatatis, versus 1 cm longis glabris inter se liberis cum corolla brevissime connatis, antheris globosis vix 1 mm diametientibus. Ovarium ovatum, 3 mm longum basi sulcatum, triloculare, in stylum indivisum, crassum, 7—9 mm longum, ad tertiam partem sericeum attenuatum. Ovula (2?—) 3 in quoque loculo.

E-Kw.: Gebüsche an der Grenze der str. und wtp. St. zwischen Tschaimou und Dayung am Wege von Gudschou nach Liping, Tonschiefer, 600 m, 22. VII. 1917 (10930).

Species nova fructibus ignotis haud certe inserenda, habitu et indumento *Pyrenariarum* nonnullarum biovulatarum nec *Tutcheriarum* pluriovulatarum, stylo indiviso necnon habitu autem *Gordoniae* propior, praesertim *G. luzonicae* VID. haud dissimilis.

Schima REINW.

* ***S. khasiana*** DYER in HOOK., Fl. Brit. Ind., I., 289 (1874). **S-S.**: Nantschwan (BOCK u. ROSTHORN 929).

— — ** var. ***sericans*** HAND.-MZT. in Sitzgsanz. Ak. W. W., 1924, 108.

Folia basi longe attenuata, minus, interdum imo indistincte, serrata, subtus sparse, circa basin costae largius cum petiolis pilis singulis vel paucifasciculatis sericeo-pilosa, mox glabra. Pedicelli usque ad 2,2 et 4 cm longi. Bracteae (speciei adhuc indescriptae) 2, late obovatae, 12—18 mm longae, saepe subemarginatae, pallidae, utrinque breviter fasciculato-pilosae, ad alabastrum bene evolutum praesentes.

NW-Y.: Im str. und wtp. Regen-Laub- und Mischwäldern des birm. Mons. am Salwin auf Schiefer, 1900—2600 m, bei Bahan, 29. VII. 1916 (9585) und im Tale unter dem Gomba-la bei Tschamutong, 13. VII. 1916 (9569).

Ich bin nicht überzeugt, daß bei der Variabilität der Merkmale meine Pflanze mehr als eine Varietät darstellt.

S. Noronhae REINW. **NE-Y.**: Berge bei Dschenfungschan im mittelchin. Fl., 650 (MAIRE).

Stimmt in allen Merkmalen, besonders Nervatur und Körnelung der Blätter und den sehr langen Blütenstielen mit der javanischen Pflanze, nur sind die Blätter auffallend stark gekerbt.

S. crenata KORTH. in TEMMINCK, Verh. nat. Gesch. Ned. Bez., Bot. 143 (1842). (*S. superba* GARDN. et CHAMP. — *S. confertiflora* MERR. in Phil. Journ. Sci., Bot., XIII., 150 [1918]). **SE-Kw.**: In der str. St. im Laubwalde bei Pingü am Du-djiang unter Sandjio, Schiefer, 350 m (10853). W-**Ki.**: Um Pinghsiang, c. 600 m (Plt. sin 195). W-**F.**: Tienhwa-schan w von Dingdschou, Sandstein, c. 800 m (Plt. sin. 434).

Die chinesische Pflanze finde ich mit der javanischen vollkommen identisch. Auch die Merkmale von *S. confertiflora* gehen in meinem Material allmählich über, eine Erkenntnis, der auch MERRILL nach W. Y. CHUN mündlich beistimmt.

S. argentea PRITZ. (*S. Mairei* HOCHREUT. in Ann. Cons. bot. Genève, XX., 190 [1917]). Gebüsche und trockene Wälder der wtp. bis an die str. St. auf Kalk, Sandstein, Tonschiefer und kristallinischen Gesteinen. SW-**H.**: Yün-schan bei Wukang, 1000—1300 m (12349). **S.**: Unter Dabönkou am Lose-schan s von Ningyüen, 2200 m (1454). Zwischen Samuping und Niutschang an einem Zuflusse des Yalung gegen Yenyüen, 27° 21′, 2100—2400 m. **Y.**: 1825—2600 m. Beyendjing (TEN 315 ex hb. Berl.). Tieso (T. 275). Häufig von Hwangdjiaping bis Sunggwe zwischen Dali und Lidjiang (6437). Ketten zwischen Djientschwan und dem Mekong (FORREST 21461). Zwischen Hsiao-Weihsi und Gangpu an diesem überall (7940). Im NE bei Taipu (MAIRE ex. Arb. Arn. 123).

Die yünnanensische Pflanze hat Kelche und Blütenblätter kahler als das Original, jene mit nur 2—2,5 mm langen Zipfeln, die Blütenstiele bis 2,2 cm lang und oft viel dünner, die Blätter unterseits auch von Wachs weiß. Alle diese Unterschiede gehen jedoch allmählich in den Typus über, so daß auch *S. Mairei* in die Variationsweite fällt. Meine Nr. 12349 stammt von einem sehr alten Baum mit sehr dicken, nur 12 mm langen Blütenstielen und unterseits braunen Blättern. Die ebenfalls von einem älteren Baume stammende Nr. 6437 kommt ihr aber schon sehr nahe. BOCK und ROSTHORNS Nr. 258 gehört auch hieher, ein steriler Langtrieb, dessen Blätter 20 × 4,4 cm erreichen. Dagegen unterscheidet sich deren Nr. 630 wenigstens im Wiener Exemplar durch gezähnelte Blätter mit keineswegs eingesenkten Nerven, sieht also *S. khasiana* ähnlich. Da ihre Blätter aber gekörnelt sind, ist sie vielleicht als *S. khasiana* × *argentea* anzusprechen.

S. Wallichii (DC.) CHOISY. S-**Y.**: An Hecken der str. St. um Asandschai bei Möngdse, Kalk, 1350 m (6041).

Ternstroemia MUTIS
(*Taonabo* AUBL.).

T. gymnanthera (WIGHT et ARN.) SPRGUE. in Journ. of Bot., XLI., 18 (1923). (*T. japonica* autt., non THBG.). Besonders auf dürren Rücken den Hartlaubbusch zusammensetzend, aber auch in Buschwäldern und als Unterwuchs trockener Wälder in der wtp. bis in die str. St. auf Kalk, Sandstein und Mergel, 1650—2700 m. **Y.**: Yünnanfu, gegen den Tempel Tjiungdschu-se (SCHOCH 118) auf dem Hsi-schan und gegen Fumin (6095). E von dort häufig zwischen Yiliang und Tienschenggwan (10113). Überall gemein am Hauptwege bis zum See von Dali (Gwangdung 4869. Yünnanyi — Bupeng 8576) und n von ihm (Gwannandün — Dadschwangkou 6165) bis zum Dji-schan bei Hwangdjiaping. **S.**: Um Djinschuiho bei Huili. Ningyüen (1263) bis auf den Gipfel des Lu-schan.

— — **var. *Wightii*** (CHOISY) HAND.-MZT. (*T. japonica* var. *Wightii* [CHOISY] DYER. — *Cleyera gymnanthera* WIGHT et ARN. s. str.). **H.**: Im Laubhochwalde unter Tungdjiapai bei Hsikwangschan nächst Hsinhwa, an der Grenze der str. St., Kalk, 550 m (11879).

Anneslea WALL.

A. fragrans WALL. **Y.**: Feuchte Stellen der wtp. St. bei Lodse-Magai zwischen Fumin und dem Dsolin-ho, Sandstein, 1900 m (6164).

Adinandra JACK.

** ***A. acutifolia*** HAND.-MZT. in Sitzgsanz. Ak. W. W., 1922, 105.

Sect. *Symphiandra* SZYSZ.

Frutex elatus: rami patuli ramulis copiosis erectopatulis, validis primum cum foliis inexplicatis laxe albo-sericeis, annotinis glabris cortice opaco brunneo vel nigello parce et obscure lenticellato saepe longitudinaliter fissili tectis. Gemmae 5 mm longae, obovatae, perulis obovatis herbaceis dense sericeis, mucronulo purpureo glabro terminatis. Folia lanceolata vel obovato-lanceolata, inter 3,3 × 1,5, 4,5 × 2,4, 5 × 1,8 et 8,7 × 3,4, 11,8 × 2,7, 13 × 3,6 cm, in petiolum crassum, 2—6 mm longum, strigillosum, supra late excavatum cuneato-attenuata, ad apicem angustum acutissimum attenuata, hornotina pergamena, concolori-viridia, opaca, interdum hiemantia annotina coriacea, supra lucida, margine angustissime cartilaginea paulum recurvo integerrima vel superne remote et minutissime denticulata, locis apertis crassiora supra subtiliter rugulosa, umbrosis tenuiora supra idoblastis verruculosa, subtus sparse et in costa saepe dense breviter sericeo-strigillosa; costa utrinque prominula, sicca supra transverse rugosa; nervi tenues utrinsecus 6—12 irregulares, obliqui, saepe excurvi dein ramosi procul a margine arcuatim anastomosantes, cum venis maioribus paucis utrinque tenuiter prominui. Flores in axillis foliorum singuli vel gemini nutantes; pedicelli curvati, validi, sursum sensim incrassati, 10—13 mm longi, parce strigillosi, basi nonnulli bracteis herbaceis ovatis obtusis ± 1 mm longis sericeis fulti, summo apice bracteolis binis brunneis angustioribus usque ad 2 mm longis fugacibus cicatrices relinquentibus instructi. Sepala 5, orbicularia, exteriora interdum ovata acuta, carnosa, brunnea, dorso strigillosa, margine albociliata et glandulis cylindricis ± fimbriata. Corolla alba et ochrascens, fugacissima. Petala 5, 8 mm longa, late ovata, obtusa et acutiuscula, basi breviter connata, medio dorso sericea, margine pleraque erosula, conniventia. Stamina ima basi corollae adnata, inter se libera, 3—4,5 mm longa; filamentum e basi tenui ligulatum, 1—1,5 mm longum; anthera subsagittata, in connectivi appendicem brevem usque quam ipsa paulo breviorem attenuata, ventre breviter et dorso longius parce largiusve strigoso-pilosa. Ovarium triloculare, multiovulatum, albo-sericeum, in stylum crassum, conicum, primum 7 mm, mox ad 11 mm longum, basi parce longipilosum attenuatum; stigmata minuta connata. Fructus globosus, versus 1 cm diametro, ruber.

In der wtp. und str. St. **SW-H.**: Auf Tonschiefer im Laubhochwalde des Yün-schan bei Wukang, 29. VII. 1918 (12350, Typus) und in der Flußschlucht zwischen Dsingdschou und Moschi. **Kw.**: Gebüsche bei Badschai („Patschai"), Sandstein, 14. VII. 1917 (10759). Pinfa, an Bächen auf den Bergen, 27. IX. 1903, 14. IX. 1907, 31. VIII. 1912 (CAVALERIE 46, 1438, 1488: Hb. Paris).

Species *A. Milletii* (HOOK. et ARN.) BENTH., quacum a cl. MELCHIOR in Nat. Pflzfam., 2. Aufl., XXI., 144 suo jure *A. Drakeana* FRANCH. conjungitur, affinis, quae differt foliis jam annotinis crassis, obtusis vel obtuse et breviter acuminatis, pedicellis dimidio longioribus.

Die Blätter überwintern an der im Waldesschatten gewachsenen Nr. 12350, nicht aber an 10759 aus offenen Gebüschen; an dieser sind auch keine Blüten an vorjährigem Holze vorhanden.

** *A. glischroloma* HAND.-MZT. in Sitzgsanz. Ak. W. W., 1923, 96.

Sect. praecedentis (?).

Frutex et arbor ad 6 m alta (nota collectoris) ramulis elongatis validis, hornotinis cum petiolis costaeque dorso pedunculis calycibus stylis dense sordide hirtello-pubescentibus, mox glabratis, cortice griseo longitudinaliter plicatulo tectis. Gemmae fusiformes, 12—15 mm longae, dense hirtello-velutinae. Folia persistentia, oblonga, 8—14 cm longa, latitudine $2\frac{1}{2}$—$3\frac{1}{2}^{\text{plo}}$ angustiora, acuminata, basi cuneata, margine integerrimo subrevoluto pilis brunnescentibus ultra 1,5 mm longis hirto-tomentosa vetusta glabrescentia, supra atroviridia glabra, subtus pallidiora crebre et permanenter substrigosa; costa lata, supra in sicco paulum impressa, subtus prominua; nervi tenuissimi utrinsecus 8—12, paulum obliqui, procul a margine arcuato-anastomosantes, cum venis parcis utrinque prominuli; petiolus latus, 8—10 mm longus, supra paulum excavatus. Pedunculi singuli axillares, subdeflexi, validi, 7—9 mm longi; bracteolae caducae (e cicatricibus aderant). Sepala 5, late ovata, 6—7 mm longa, subacuta vel apiculata, intus glabra, ad fructum crustacea, interiora scarioso-marginata. (Petala staminaque delapsa.) Capsula calycem aequans, longius subsericeo-strigosa, quinquelocularis; stylus ad 1 cm longus, apice tantum glaber; semina atrobrunnea, subcompressa, hippocrepoidea, $\pm 1\frac{1}{2}$ mm diametro, nitida, granulata.

S-S.: Nantschwan (BOCK et ROSTHORN 229). Kwangtung: Sehr häufig im Walde sw des Passes Tsatmukngao bei Lienping ne von Kanton, kristallinischer Boden, 500—900 m, 11. VII. 1920 (MELL 679, Typus).

Species indumento valde peculiaris.

Eurya THBG.

E. ochnacea (DC.) SZYSZ. (*Cleyera o.* DC.) ** var. ***lipingensis*** HAND.-MZT. in Sitzgsanz. Ak. W. W., 1921, 180.

Folia praeter basin dentibus 2—4 mm inter se distantibus minutis obtusis in sinubus glandulis fuscis filiformibus adpressis praeditis subregulariter denticulata.

E-**Kw.**: Laubwald der tp. St. bei Dayung zwischen Gudschou und Liping, Tonschiefer, 700 m, 22. VII 1917 (10938)

Plantam corolla singula marcida inhaerente tantum notam, ceterum fructiferam, etsi speciei valde variabilis specimina omnia integrifolia video, velut speciem describere non audeo.

E. nitida KORTH. (*E. japonica* THBG. var. *nitida* DYER). Trockene Wälder und Gebüsche der str. und wtp. St. auf Kalk, Mergel und Sandstein. **H.**: Yoluschan bei Tschangscha, häufig, 80—300 m (11413). Hsikwangschan bei Hsinhwa, 600—800 m (11830). **Kw.**: Tschwenning-schan bei Guiyang 1100—1250 m. **Y.**: Yünnanfu (SCHOCH). Hier um den Tempel Tjiungdschu-se (5708). Lupiao an der Straße von hier nach Dali (8654). Osthang des Dsang-schan bei Dali, 2600 m (SCHNEIDER 3151; FORREST 4724, in Not. R. Bot. Gard. Edinbgh., VII., 263, als *E. acuminata*).

Einige Exemplare der Nr. 11413 haben die Zweige sehr fein papillös-samtig. Von *E. japonica*, die in Nganhui vorkommt (CHIEN 1197) ist die Art geographisch und morphologisch gut geschieden.

— — ** var. ***strigillosa*** HAND.-MZT.

Ramuli dense strigoso-pilosi. Folia subtus eodem modo sed laxius pilosa, sero calvescentia. Fructus (juniores) verruculoso-alutacei.

Y.: In der tp. St. zwischen Dali und Lidjiang im dichten Mischwalde bei Hsiangschuiho, Diabas, 2750 m, 24. V. 1915 (6453, Typus) und zwischen Sunggwe und Dengtschwan, 3000 m, 29. IX. 1914 (SCHNEIDER 2702).

Characteribus *E. Fangii* REHD. in Journ. Arn. Arb., XI., 165 (1930) appropinquatur, quae autem differt foliis multo minoribus subtus glabris, nervis lateralibus multo paucioribus, sepalis omnibus ciliolatis (in varietate nostra exterioribus tantum).

Die Behaarung der Zweige und Blätter ist sehr auffallend und auch sehr verschieden von dem oben erwähnten feinen Samt, der bei Typus mitunter vorkommt. Einseitige Behaarung der jungen Zweige, also wesentlich andere als hier, kommt bei *E. aurescens* vor. Die jungen Zweige sind rund, beim Typus meist kantig, aber nicht immer so. Die Chagrinierung der Früchte ist zwar unbedeutend, doch finde ich sie am Typus nur an WAWRAS Nr. 1308 aus Japan annähernd so. Die in der Behaarung gleiche *E. acuminata* ist durch die Blattform ganz verschieden.

E. aurescens (REHD. et WILS.) HAND.-MZT. (*E. japonica* THBG. var. *aurescens* REHD. et WILS. in Plt. Wils., II., 399 [1915]). **W-Y.**: In der tp. St. am Osthange des Dsang-schan bei Dali häufig mit Bambuseen, kristallinischer Boden, 2850—3600 m (8724; SCHNEIDER 2488, 2798; ROCK 3157). **W-S.**: Waschan bei Yadschou (WEIGOLD).

Die Pflanze, in der die Autoren schon eine gute Art vermuteten, steht in der Blattzähnung der echten *japonica* näher als *nitida*. Das ganze grobe Adernetz ist an trockenen Blättern oberseits tief eingesenkt. Die kleineren Blätter sind nur 2 cm lang. Kelche dunkel, am Rande sehr fein und kurz gewimpert.

E. acuminata DC. var. ***multiflora*** (DC.) BL. **E-Kw.**: Wälder der str. St. am Du-djiang unter Sandjio, Schiefer, 350—400 m (10826).

? *E. Henryi* HEMSL. **NE-Y.**: Berge von Dschenfungschan im mittelchin. Fl., 650 m (MAIRE).

Die vorliegende Pflanze ist ♂, während *E. Henryi* bisher nur ♀ bekannt ist. In allem Vergleichbaren stimmen beide überein. Die Kelche von MAIRES Pflanze sind ganz kahl, die Pollensäcke in 4 bis 6 Teile oft unregelmäßig und unvollständig quer gefächert, wie bei *E. arisanensis* HAY. und *E. Swinglei* MERR. in Phil. Journ. Sci., Bot., XII., 106 (1917). Sepalen und Petalen sind sehr breit und auch dadurch von *Swinglei* sehr verschieden, mit der die Blattform stimmt. Durch diese, nämlich den gerundeten Grund, durch behaarte Fruchtknotenrudimente und die gefächerten Antheren unterscheidet sie sich auch von *E. acuminata*.

In den vegetativen Teilen stimmen BOCK und ROSTHORNS Nummern 614 (steril) und 1271 (♀), die als *E. chinensis* veröffentlicht wurden, mit MAIRES Pflanze überein. Sie unterscheiden sich durch kahle Griffel von *E. Swinglei* und durch sehr breite, auf dem Rücken etwas behaarte Sepalen und eiförmig-lanzettliche, $2\frac{1}{2}$ mm lange, 1 mm breite Petalen und nicht bis zur Hälfte verwachsene Griffel von *E. Henryi*.

Guttiferae

Hypericum L.

H. chinense Osb. SE-**Ki.**: Am Bergfuße bei Yangtientan nächst Ningdu (Plt. sin. 356).

H. patulum Thbg. **Y.**: Häufig in Gebüschen der wtp. St. zwischen Alaodjing und Dsaodjidjing e des Dsolin-ho, Sandstein, 2000—2350 m (4926).

— — var. ***Henryi*** Bean. **Y.**: Gebüsche und Buschsteppen der wtp. St. auf Kalk, Mergel und Sandstein, 1850—2400 m. Yünnanfu (Schoch 3). Hier auf dem Hügel s des Tempels Djindien-se (13078) und um Schilungba (114). Unter Baodu zwischen Yungbei und Yungning (3215). **S.**: An Bächen und Gräben der str. St. bei Dötschang im Djientschang, Sandstein, 1450—1770 m (1195).

H. Hookerianum Walk. et Arn. **S.**: Steppenhänge der str. St. bei Ningyüen, Sandstein, 1600 m (1281). NW-**Y.**: Steinige Wiesen am Fuße des Yülung-schan bei Lidjiang (Schneider 2074). Jedenfalls am Mekong (Monbeig).

Pflanzen, die sich auf diese beiden sehr ähnlichen Arten verteilen, sind häufig in Hecken, *Pteridium*-Wiesen, Heidewiesen und Buschsteppen der wtp. bis an die str. und tp. St., in **S.**: 2100—3000 m. Lungdschu-schan bei Huili. Ober Niutschang am Wege von hier nach Yenyüen. Hier im Becken bis Hungga. Um Muli. **Y.**: 1700—3000 m. Um Hedjing am Dsolin-ho. Unter Piyi zwischen Yungbei und Yungning. Rand des Beckens von Lidjiang. Um Haba und Waschwa n von hier. Im NW zwischen Djinscha-djiang und Mekong bei Basulo, 26° 56′, Lutien und ober Donaku, 27° 20′. Im birm. Mons. um Bahan, auf dem Alülaka und bei Tschamutong am Salwin, 27° 28′—28° 3′. Im S am Aufstieg von Asandschai bei Möngdse gegen Schuidien. Im E von Yünnanfu bis Djitien und zwischen Kougai und Djiangdi. Von hier in **Kw.** bis jenseits Dschenning und auf dem Passe zwischen Guiding und Madjiadwen; um 1300 m.

* ***H. reptans*** Hook. f. et Thoms., Fl. Brit. Ind., I., 255 (1874). NW-**Y.**: In der tp. St. des birm. Mons. im Granitschutt am Bache ober Schutsche am Djiou-djiang (Taron, e Irrawadi-Oberlaufe), 3000—3125 m, 9. VII. 1916 (9436).

Die Blüten haben nur wenig über 3 cm Durchmesser; sonst stimmt die Pflanze aber vollkommen mit der sikkimesischen.

H. Ascyron L. An Gräben, in feuchten und buschigen Wiesen und Gebüschen der str. bis an die tp. St. auf Kalk, Sandstein und Schiefer. **H.**: 200—1400 m. Yolu-schan bei Tschangscha, leg. Brammer (11906). Überall bei Wukang (12270). **Kw.**: Unter Madjiadwen bei Guiding, 1050 m. **Y.**: 1750 bis 2725 m. Zwischen Hungngai und Yünnanhsien se von Dali. Santschwanba unter Yungbei (3367). Im NW in der NW-Ecke der Ebene von Yungning. Haba se von Dschungdien (4447). Im birm. Mons. bei Tjionatong am Salwin, 28° 12′. Hieher auch Limprichts Nr. 2646 (als *H. chinense* „Lam.“).

H. yunnanense Franch. NE-**Y.**: Bachränder bei Tschoudjiawan, 2500 m (Maire).

H. Faberi R. Kell. in Engl., Nat. Pflzfam., 2. Aufl., XXI., 179 (1925), nomen. **H.**: Buschsteppe der wtp. St. bei Hsikwangschan nächst Hsinhwa, Kalk und Sandstein, 700 m (12584). NE-**Y.**: Im mittelchin. Fl. auf Matten der Berge bei Dschenfungschan, 650 m (Maire).

Differt a *H. petiolulato* Hook. f. et Thoms. caulibus geniculato- vel fere procumbenti-ascendentibus, foliis in marginibus planis tantum hic illic nigro- nec usquam pellucido-punctatis, floribus 6—8 mm longis, sepalis obtusiusculis, parce nec semper nigro punctatis et interdum etiam striolatis, stylis longioribus, stamina enim aequantibus.

H. petiolulatum Hook. f. et Thoms. (*H. Thomsoni* R. Kell. in Bot. Jahrb., XXXIII., 552 [1904]) gibt Keller, l. c., für den Omei an (Scallan). Die Namensänderung ist überflüssig, weil die Pflanze nicht, wie er schreibt, *petiolatum*, sondern *petiolulatum* heißt. Indische Exemplare liegen mir nicht vor, aber die von Faber am Omei, 3000′, gesammelten (420, 422) unterscheiden sich von Hookers Beschreibung durch die unter voriger Art angegebenen Merkmale. Da Keller in Nat. Pflzfam., l. c., nun *H. petiolulatum* nur mehr für den Himalaya angibt, stellen wohl diese Pflanzen Fabers den Typus des noch nicht beschriebenen *H. Faberi* dar. In Bot. Jahrb., l. c., gab er aber *H. petiolulatum* auch von zahlreichen Standorten aus Schenhsi an. Mir liegt von dort nur Licents Nr. 2833 vor, die mit der Pflanze des Omei nicht stimmt, wohl aber mit Hookers Beschreibung der letztgenannten Art.

H. Seniavinii Maxim. (*H. lateriflorum* Lévl., e Bodinier 2708). SW-**H.**: Grashänge der wtp. St. des Yün-schan bei Wukang beim Tempel Gwanyin-go, Tonschiefer, 1200 m (12259).

Mit der ausführlichen Beschreibung völlig stimmend. Das Original konnte in Leningrad nicht gefunden werden. Bodiniers Nr. 2708 stellt ein gedrungeneres, sonst ebenfalls völlig übereinstimmendes Stück dar; die einseitige Ausbildung der Blütenzweige ist wohl als zufällig auf niedergelegten oder einseitig besonnten Stengel zurückzuführen.

H. monanthemum Hook. f. et Thoms. NW-**Y.**: Rasen der Hg. St. des birm. Mons. auf Kalk auf dem Maya in der Mekong—Salwin-Kette, 28° 4′, 4050—4300 m (9631).

Entspricht auch schon ungefähr der folgenden Varietät, hat aber nur wenige schwarze Punkte und keine solchen Streifen auf den Kelchzipfeln. Griffel nur in einer Blüte 3, sonst 4.

— — var. ***nigropunctatum*** Franch. NW-**Y.**: Waldschläge der tp. St. zwischen Alo und Hsiao-Dschungdien, Kalk und Sandstein, 3450 m (4605).

— — var. ***brachypetalum*** Franch. **Y.**: Bambusdschungel und Gebüsche der tp. St. auf dem Hungguwo bei Hsinyingpan zwischen Yungbei und Yungning, Kalk und Sandstein, 3100—3450 m (3273).

Wohl auch eine Form dieser Art am Bächlein ober der Wiese Ndwolo am Yülung-schan bei Lidjiang, 3700 m.

H. napaulense Choisy. (*H. Bodinieri* Lévl., e Bodinier 1517. — *H. Delavayi* R. Kell. in Bot. Jahrb., XLIV., 49 [1910]. — *H. monanthemum* Pax et Hoffm. in Rep. sp. n., Beih., XII., 438, non Hook. f. et Thoms.). An Bachläufen, Kanälen und in Äckern der str. und wtp. St. auf Sandstein und kristallinischem Boden, 1300—2500 m. **Y.**: Beyendjing (Ten 1195, 156 ex hb. Berol.).

Im NE in der Ebene von Dungtschwan (MAIRE). **S.**: Im Djientschang um Gungmuying und Schasung (1083) und bei Ningyüen (1285).

Die Exemplare fallen auf durch die reichliche Drüsenentwicklung, die an manchen so weit geht, daß noch die unteren Blätter am Grunde einen herabgeschlagenen Drüsenbüschel zeigen. Übereinstimmende Exemplare liegen aber aus den Nilgiries (BEDDOME) vor. Obwohl *H. Delavayi* als einjährig beschrieben und mit *H. mutilum* L. und *japonicum* verglichen wird, hat es mit diesen nichts zu tun, sondern ist es nach dem Originalexemplar, das mir aus dem Herbier BOISSIER freundlichst geliehen wurde, mit meiner Pflanze identisch. Die Staubfäden sind auch bei *nepalense*, das wie *Delavayi* in der 2 Auflage der Nat. Pflzfam. nicht vorkommt, nur sehr kurz verwachsen, und dieses Merkmal ist überhaupt kein sehr deutliches.

H. elodeoides CHOISY. **SE-Ki.**: Ackerränder auf dem Wuhwa-schan bei Ningdu, c. 800 m, Kalk (Plt. sin. 447).

Blätter länglich, beiderseits abgerundet. Das Original und die meisten indischen Exemplare haben sie spitz und zum Grunde verbreitert, doch gibt es mit meinen übereinstimmende auch dort.

H. trigonum HAND.-MZT. (Taf. VIII, Abb. 6).

Sect. *Euhypericum* BOISS., subs. *Homotaenium* R. KELL.

Rhizoma horizontale, breve (?), radicibus densis rigidulis rufis, caule singulo 25—40 cm alto, erecto vel breviter geniculato, tenui, terete, duro nec autem hiemante, rufo, simplici vel a basi racemose ramoso terminatum. Folia paribus ± 10, ± aequaliter dissitis, inferioribus magis approximatis mox marcidis, late trigono-ovata, interdum distincte acuminato-producta, 1—2½ cm longa et lata vel inferiora sensim oblonga ad 3 cm longa et triplo angustiora, acutiuscula vel obtusa, basi subcordato-truncata sessilia et haec rotundato-angustata brevissime petiolata, sicca subchartacea, facile brunnescentia, subtus paululum glaucescentia, glabra et integra, glandulis crassiusculis nigris globosis subtus conspicuis impellucidis dispersis, costa nervisque 4—5 valde prorsus arcuatis venarumque reti denso supra tenuiter impressis subtus prominuis. Inflorescentiae cincinnato-corymbosae, terminalis multiflora, rameales saepe ad florem unicum reductae. Bracteae sepalis similes, basi autem glandulis longistipitatis partim deflexis conferte fimbriatae. Sepala anguste ovata et partim oblonga, 6 mm longa, ± acuta et mucronata, interdum glandula terminata, herbacea, viridia, striis glandulosis paucis et crassis nigris, margine utrinque glandulis 5—6 nigris crassis crasseque breviter longiusve stipitatis porrectis fimbriata. Petala iis duplo longiora, anguste obovata, aurea, raro parce nigropunctata vel -striata. Stamina iis paulo breviora. Capsula ovoidea, 7 mm longa, densissime fulvido glanduloso-striata, stylis 3—4 liberis 5 mm longis crassiusculis, stigmatibus iis aequilatis.

NW-**Y.**: Sümpfe der tp. St. am Passe Akelo zwischen Djinscha-djiang („Yangtse") und Mekong, 27° 19′, am Wege von Djitsung nach Kakatang, Sandstein, 2900—3100 m, 30. VIII. 1915 (7920).

Speciei praecedenti affine videtur, sed foliis multo remotius dispositis, imprimis superioribus forma diversissimis, glandulis haud pellucidis, floribus multo maioribus differt. Foliis eorumque glandulis *H. erecto* THBG. haud dissimile est, sed regione florali valde differt.

H. perforatum L. **Kw.**: In der wtp. St. auf Kalk und Sandstein, 1100 bis 1500 m. Sumpfige Stellen bei Wandwen gegenüber Hwangtsaoba (10314). Heidewiesen bei Nganping und Guiyang. W-Hubei (Wilson, Veitch Exp. 509).

H. Sampsoni Hce. **H.**: Hie und da in feuchten Gebüschen der str. St. zwischen Dawan und Gwantjiling zwischen Baotjing und Hsinhwa, Kalk und Sandstein, 200—400 m (11981).

H. japonicum Thbg. In der wtp. St., auf Kalk, Sandstein und Tonschiefer, 600—1200 m. **H.**: Reisfelder um Hsikwangschan bei Hsinhwa (12669, **var. *Thunbergii*** R. Kell. in Bull. Herb. Boiss., 2, sér. VIII., 185 [1908]). Moorige Wiesen im SW am Osthange des Yün-schan bei Wukang (12398, **var. *Maximowiczii*** R. Kell., l. c.). **Kw.**: Zwischen Lungli und Lungdsu (10565, wie vorige Nummer). Reisfeldränder bei Gudschou.

— — * **var. *calyculatum*** R. Kell., l. c., 186. **S.**: Ackerraine der str. St. auf Sandstein bei Dötschang im Djientschang, 1450 m, 4. IV. 1914 (1130). **Y.**: In der wtp. St. im Tale unter Loheitang n von Lutschwan, 1900 m. Im NW in der str. St. des birm. Mons. in Föhrenwäldern bei Tschamutong am Salwin, Sandstein, 1900 m, 15. VIII. 1916 (9820).

Während die Unterscheidung der hier mit dem Typus angeführten Varietäten einigermaßen künstlich erscheint, ist *calyculatum* als perenne Pflanze mit stumpfen und breiten Kelchblättern sehr ausgezeichnet. Sie hat oft nur 2 Griffel, und findet sich auch in Nepal (Wallich) und den Naga Hills (Prain).

H. Lalandii Choisy. **Y.**: Quellsümpfe der wtp. St. auf Sandstein n der Karawanenstraße von Yünnanfu nach Dali bis Dingyüen mehrfach, und ober Dahwaschu bei Yungbei („Yungpeh"), 2200 m (3396).

Meine Exemplare sind ausgesprochen perenn und auch indische durchaus nicht immer ⊙.

Crassulaceae

Sedum L.

Von H. Fröderström.

S. primuloides Franch. **NW-Y.**: Felsblöcke und steinige Stellen auf Kalkkonglomerat in der tp. bis zur ktp. St. bei Lidjiang am Aufstieg zu dem nach Duinaoko führenden Passe und überall am Rande des Beckens jenseits Ngulukö bis auf den Gipfel Lojatso (12979), 2950—3625 m, oft ausgedehnte Polster bildend.

** ***S. pleurogynanthum*** Hand.-Mzt. in Sitzgsanz. Ak. W. W., 1922, 138.

Syn.: *S. primuloides* var. *pleurogynanthum* Fröd. in Act. Hort. Gothobg., V., Bih., 24., Fig. 25—32; Taf. I, Fig. 3 (1930).

Sect. *Rhodiola* (L.) Scop., subs. *Primuloides* Praeg.

Glaberrimum. Rhizoma breve, erectum, crassum, simplex vel pluriceps, caulibus persistentibus rigidis tenuibus dense indutum, foliorum numerosissimorum rosula sessili terminatum, radicibus paucis moniliformi-incrassatis. Folia rhombeo- usque sublineari-lanceolata, 6 × 2¼—11 × 1 mm, in petiolum indistinctum basi vix vaginantem sensim angustata, obtusa, plana, margine ± erosula. Caules numerosi, infrarosulares, stellatim expansi et paulum ascendentes, 7—20 mm longi, uniflori, praesertim sursum densiuscule foliati, foliis alternis erectopatulis quam rosularia duplo minoribus ceterum aequalibus nec basi productis. Sepala 5, 3,5 mm longa, e basi ovata 2 mm lata tenui rubella fere subulata, carinata, obtusa, erecta. Petala totidem, sesquilongiora, erecta, late ovata, obtusa, nervo excurrente mucronulata, margine erosula, alba, roseovenosa. Stamina 10, corollam subaequantia, filamentis ligulatis, sursum attenuatis, antheris ovoideis viridibus. Squamulae 5, quadratae. Ovaria 5, libera, angusta, erecta, cum stylis triplo brevioribus stamina aequantia.

S.: Schieferfelsen der Hg. St. auf dem Gipfel, der sich an der Gabelung des Kammes e des Gonschiga sw von Muli erhebt, 4450 m, 5. VIII. 1915 (7281).

Cum *S. primuloidi* Franch. cespites magnos formanti et foliorum forma et caulibus haud persistentibus diverso paucisque aliis subsectionem propriam sistens.

Die Unterschiede in Wuchs und Blattform sind nach meinen Beobachtungen so bedeutend, daß ich nicht den in diesem Werke nur in zwingenden Fällen eingeschlagenen Weg der Unterordnung gehen möchte, zumal da auch das Vorkommen dieser und der vorigen Pflanze ein recht verschiedenes ist. „Growing together with the head species" bei Fröderström, l. c., entsprang einer mißverständlichen Übersetzung meiner Bemerkung. Handel-Mazzetti

S. quadrifidum Pall. (*S. asiaticum* Wall. p. p. — *S. humile* Hook. f. et Thoms. p. p. — *S. atuntsuense* Praeg. in Not. R. Bot. Gard. Edinbgh., XIII., 71 [1921]. — *S. horridum* Praeg., l. c., 83). Schutt und steinige Matten der Hg. St. auf Kalk und Schiefer, 4000—4450 m. **S.**: Holoscha 'zwischen Yenyüen und Kwapi (2367). **NW-Y.**: Osthang des Gipfels Ünlüpe im Yülung-schan bei Lidjiang (6708). Kamm zwischen Haba und Dugwan-tsun se von Dschungdien (6913).

S. fastigiatum Hook. f. et Thoms. (*S. concinnum* Praeg., l. c., 75 [1921]. — *S. venustum* Praeg., l. c., 97). Felsen und steinige Stellen der Hg. St. bis in die ktp. auf Schiefer, 3900—4730 m. **NW-Y.**: Yülung-schan bei Lidjiang, von Einheimischen (3821). Kamm zwischen Haba und Dugwan-tsun se von Dschungdien (6921). Im birm. Mons. am Si-la in der Mekong—Salwin-Kette, 28° (8930, mit noch unentwickelten, von ganzrandigen, mamillösen, stumpfen Blättern eingefaßten Infloreszenzen). **S.**: Paß Döko und Gipfel Gonschiga sw von Muli.

S. linearifolium Royle. **var. *Balfouri*** Hamet in Not. R. Bot. Gard. Edinbgh., VIII., 140 (1913). (*S. trifidum* var. *Balfouri* et var. *Forresti* Ham., l. c., V., 119 [1912]. — *S. chrysanthemifolium* Lévl.). Kalk-, Sandstein- und Diabasfelsen der tp., ktp. und Hg. St., 3000?— über 4600 m. **Y.**: Gipfel des Betsaoling bei Beyendjing (Ten 1344). Im NW bei Lidjiang, von Einheimischen (3824). Berg Schusutsu bei Böde se von Dschungdien (4513). **S.**: Saganai ober Muli (7340) und Gonschiga sw von hier. Gipfel des Lungdschu-schan bei Huili (5201). Paß zwischen Niutschang und Yenyüen.

— — **var. *sinuatum*** (Royle et Edgew.) Hamet in Act. Hort. Gothobg. II., 394 (1926). (*S. trifidum* Wall., nom. nud. — *S. sinuatum* Royle et Edgew.). **NW-Y.**: Dürre Kalkfelsen der tp. St. bei der heißen Quelle unter Baoschi bei Dschungdien, 3400 m (7701).

S. roseum (L.) Scop. **var. *atropurpureum*** (Turcz.) Maxim. **NW-S.**: Gebirge um Sungpan (Weigold).

S. roseum ** var. ***sino-alpinum*** FRÖD.

Plantulae 12—20 mm altae, caudice brevi, erecto. Caules et floriferi et adhuc steriles dense foliati, apice mamillati. Folia oblongo-spathulata, pseudopetiolata, 5—8 mm longa, apice obtusa, margine integra et mamillata. Inflorescentia pauciflora, involucrata. Flores dioici, anisotetrameri. Sepala late lineari-subspathulata. Stamina petalis multo longiora. Ceterum ut formae arcticae (sibiricae et kamtschaticae) *S. rosei*.

NW-Y.: Zwischen Glimmerschieferfelsen der Hg. St. des birm. Mons. an der Westseite des Passes Gondon-rungu zwischen Mekong und Salwin, 28° 9′, 4300—4400 m, 7. VIII. 1916 (9752).

** ***S. euryphyllum*** FRÖD.

Sect. *Rhodiola* (L.) SCOP., subs. *Eu-Rhodiola* FISCH. et MEY.

Caudex breviter epigaeus, robustus, basi squamis foliaceis latis acutisque (c. 5 × 4 mm) cinctus. Caules semidesiccati persistentes (annorum praeteritorum) numerosi (15—30), erecti, 9—15 cm longi. Caules floriferi pauci (3—6), suberecti, robustiusculi, glabri, 14—17 cm longi. Folia caulina imbricato-alterna, summa conferta, inflorescentiam superantia, omnia basi breviter attenuata pseudopetiolata, deinde obovata vel fere orbicularia, integra vel minute crenata (denticulata), apice obtusa vel breviter apiculata, glabra, 17—26 × 12—18 mm (inferiora emarcida). Inflorescentia dense et late corymbosa, foliis summis protecta, c. 12 × 25 mm. Pedicelli scabridi, 1—2 mm longi, bracteis oblongis, 4—5 mm longis. Flores pentameri (vel interdum tetrameri ?). Sepala lanceolata vel oblonga, passim longitudine inaequalia, basi non producta, apice obtusa, 3—4 mm longa. Petala oblonga, basi paulum attenuata, apice obtusa, 6,5 ad 7 mm longa, rosea (videntur). Stamina 10 (vel 8 ?), c. 6 mm longa, epipetala 0,5 mm supra basin inserta. Squamae nectariferae oblique quadratae, ± emarginatae, c. 1 × 1 mm. Carpella sterilia (interdum ovula abortiva ferentia) erecta, basi 0,5 mm connata, semilanceolata, supra medium sensim attenuata, apice obtusissima, 5—5,5 mm longa.

NW-Y.: Bei Lidjiang (Likiang), von Einheimischen, 1914—1916 (3822).

Specimina pauca, caudicibus truncatis, floribus masculis tantum, itaque non satis dignoscendae. Modo crescendi et inflorescentia congesta involucrata affine videtur *S. crenulato* HOOK. f. et THOMS , quod C. B. CLARKE varietatem *S. roseo* SCOP. subjungit. Probabiliter specimini femineo a D[re]. H. SMITH in prov. Setschwan anno 1922 collecto respondens (cfr. Act. Hort. Gothobg., I., 23 [1924]) et cum eo conjunctum speciem satis notam formans. Utcumque est, haec species nova, quae ad *S. roseum* var. *atropurpureum* florae sinensis maxime appropinquat, signis sequentibus ab omnibus *Rhodiolis* differt: caulibus vetustis longis persistentibus, foliorum forma, partibus floralibus maioribus, carpellis sterilibus elongatis obtusisque.

S. purpureoviride PRAEG. in Journ. of Bot., LV., 39 (1917). Sümpfe, Bachränder, Krautfluren und steinige Matten der Hg. bis in die tp. St. auf Kalk, Schiefern und Diabas, 3120—4400 m. NW-Y.: Osthang des Gipfels Ünlüpe im Yülung-schan bei Lidjiang (3531). Ober Dugwan-tsun se und auf dem Ngukala sw von Dschungdien. Formation bildend auf dem Passe Lenago zwischen Yangtse und Mekong, 27° 45′. Im birm. Mons. im Tjiontson-lumba zwischen

Mekong und Salwin unter Tschamutong (9251). **S.**: Wahrscheinlich dieses beim Lagerplatz Guyi s und auf dem Gonschiga sw von Muli.

Die Bekleidung besteht bei 9251 nur aus spärlichen, bei 3531 aus sehr dichten Papillen. Ich möchte die zweite Nummer zu *S. roseum*, die erste eher zu *S. Kirilowii* stellen, weil eine wirkliche Pubeszenz fehlt.

S. Kirilowii Reg. (*S. longicaule* Praeg. in Journ of Bot, LV., 39 [1917]. — *S. robustum* Praeg. in Not. R. Bot. Gard. Edinbgh., XIII., 93 [1921]). **S.**: Matten und Ränder von Bambusbeständen in der ktp. St. des Hwang-liangdse zwischen Yenyüen und Kwapi, 27° 48′, Kalkschiefer, 3600—3900 m (5494 ♀). Im NW auf Gebirgen um Sungpan (Weigold).

Mit H. Smiths Nr. 1057 vollkommen stimmend.

S. crassipes Wall. ap. Hook. et Thoms. in Journ. Linn. Soc., Bot., II., 99 (1858). (*S. asiaticum* C. B. Cl. in Hook., Fl. Brit. Ind., II., 418 [1878], non [Don] DC.). **NW-Y.**: Feuchte Erdabrisse auf Glimmerschiefer der ktp. St. des birm. Mons. im Saoa-lumba zwischen Mekong und Salwin, 28°, 3600 m (8437).

Dons Diagnose der *Rhodiola asiatica*, die DC. nur abschrieb, stimmt genau mit *Sedum quadrifidum* Pall., nur sagt Don „floribus hermaphroditis". Im Berliner Herbar habe ich Wallichs Originalexemplare des *S. crassipes* und *asiaticum* genau untersucht. Seine Nr. 7239a (*asiaticum*) ist genau *S. quadrifidum*, aber 3239b (2 Bogen) steht habituell dem *S. crassipes* näher, während die Blüten getrenntgeschlechtlich sind. Das Originalexemplar des *S. crassipes* (7234) hat gesägte Blätter und große zwitterige Blüten, ganz mit dem jetzt kultivierten *crassipes* übereinstimmend. Die von Don untersuchten Exemplare stammen nicht, wie Maximowicz (Mél. biol., XI., 732 [1883]) glaubte, aus der Wallichschen Sammlung, sondern von Hamilton aus Nepal 1802—1803. Trotzdem scheint es mir klar, daß Don ein Exemplar des *S. quadrifidum* beschrieben hat. Vielleicht waren die Blüten wirklich zwitterig; aber es ist auch möglich, daß die Fruchtblätter ziemlich groß und steril waren, denn Don sagt nichts von Samen, sondern nur „ovaria 4". Entweder muß man also *S. quadrifidum* und *crassipes* als eine einzige Art (mit *S. asiaticum* als Zwischenstufe) betrachten, oder beide danach auseinanderhalten, daß *crassipes* normal gesägte Blätter und große zwitterige Blüten in dichten Körben hat nebst oberirdischen Wurzelstöcken, die sehr kurz sind, während *quadrifidum* dicke oberirdische Wurzelstöcke mit zahlreichen bleibenden Stengelfragmenten, ganzrandige kleine Blätter und kleine getrenntgeschlechtliche Blüten in wenigblütigen Dolden hat.

S. bupleuroides Wall. (*S. elongatum* Wall. — *S. bhutanense* Praeg. — *S. suboppositum* Max.?). **NW-Y.**: Im tp. Buschwalde ober Duinaoko e von Lidjiang, Kalk, 2900—3100 m (3455). Granitfelsen am Bache in der tp. St. des birm. Mons. ober Schutsche am Taron (Djiou-djiang, e Irrawadi-Oberlaufe), 27° 58′, 3000 m (9439).

— — **var. *discolor*** (Franch.) Fröd. (*S. discolor* Franch.). **NW-Y.**: Bei Lidjiang, von Einheimischen (3825).

Differt a forma genuina caudice graciliore, subrepente, foliis vulgo angustioribus, subimbricatis, inflorescentia pauciflora.

* ***S. rotundatum*** Hemsl. in Hook., Ic., t. 2469 (1896). **NW-Y.**: Gehängeschutt (Granit) der Hg. St. des birm. Mons. unter dem Doker-la an der tibetischen Grenze, 4450—4600 m (8137 ♀).

Mit H. Smiths 4359 vollkommen stimmend. Die ganze Art steht *S. bupleuroides* sehr nahe.

S. yunnanense Franch. (*S. valerianoides* Diels. — *S. yunnanense* var. *valerianoides* [Diels] Hamet in Not. R. Bot. Gard. Edinbgh., V., 117 [1912]). Wälder, Gebüsche, Felsen und Schutt auf Kalk, Sandstein, Diabas und Granit von der tp. bis in die Hg. St., 2800—4325 m. **Y.**: Dji-schan ne von Dali. Guti bei Beyendjing (Ten 1270). Zwischen Dsutoupo und Gwamaoschan am Wege von Yungbei nach Yungning (3312 ♂). Um Lidjiang, von Einheimischen (3823 ♂). Hier ober Ngulukö und überall bis zum Sattel Kaoku am Wege nach Yungning. Zwischen Bödö und Hsiao-Dschungdien. Unter dem Doker-la an der tibetischen Grenze. **S.**: Mehrfach um Muli bis unter den Paß Santante (phot.). Ober Niutschang se und bei Malade n von Yenyüen. Tschahungnyotscha jenseits des Yalung n von hier, 28° 15′ (2645, jung). Gipfel des Lungdschu-schan bei Huili (5196).

— — **var. *Henryi*** (Diels) Hamet in Not. R. B. G. Edinbgh., VIII., 145 (1913), nomen. (*S. Henryi* Diels. — *S. sinicum* Diels). **S.**: In der tp. St. auf den Rücken ober Fumadi am Wolo-ho zwischen Yenyüen und Yungning, Kalk und Sandstein, 3300 m (3021, jung).

— — **var. *Forresti*** Hamet in Not. R. Bot. Gard. Edinbgh., V., 117 (1912). **NW-Y.**: Bei Lidjiang, von Einheimischen (3826 ♀).

S. Telephium L. **H.**: Kalkfelsen der wtp. St. um Hsikwangschan bei Hsihwa, 700—740 m (12723).

S. Aliciae Ham. in Rep. sp. n., VIII., 266 (1910). (*Crassula A.* Hamet). **NW-S.**: Gebirge um Sungpan (Weigold).

S. indicum (Decne.) Hamet in Bull Soc. bot. Fr., LXXVI., 1099 (1929). (*Crassula indica* Decne. — *Sedum paniculatum* Wall. nom. nud. — *S. Cavaleriei* Lévl. — *S. Martini* Lévl. — *S. indicum* var. *genuinum* Hamet, l. c., 1105). **NW-Y.**: Bei Lidjiang, von Einheimischen (4622). Kalkfelsen der tp. St. gegen Tsasopie am Wege von hier nach Yungning, 3200 m (7020). Hausdächer in Hsiagwan bei Dali, wtp. St., 2050 m. **S.**: Granitfelsen der str. St. am Zuflusse des Yalung bei Dschenbaörl, 27° 5′, 1375 m (5283) und zwischen Ningyüen und Yenyüen. Wuschi-liangdse im Daliang-schan e von Ningyüen, 2200 m. Die Notizen vielleicht zur folgenden Varietät gehörig.

— — **var. *Forresti*** Hamet in Not. R. Bot. Gard. Edinbgh., V., 117 (1912). **Y.**: Kalk- und kristallinische Felsen der str. St. am Djinscha-djiang ober Lagatschang zwischen Yünnanfu und Huili, 1000—1100 m (743). Im NW am Mekong überall zwischen Hsiao-Weihsi und Tsedjrong, 27° 24′—28° 2′, 1800—2000 m (7968).

— — ** **var. *obtusifolium*** Fröd.

Planta 8—9 cm alta, ubique glabra. Rosula basalis densa, 4,5—5,2 cm diametro, foliis spathulato-oblongis, apice distincte obtusis, 8—12 × 3—3,5 mm. Caules floriferi 4—8,5 cm, foliis alternis, lineari-subspathulatis, apice subobtusis, 4,5—5 × 1—1,8 mm. Inflorescentia corymbosa, parva, pauciflora, 14—20 × 14—21 mm. Sepalorum pars libera satis longa, 3,5—4 mm. Petala 5 mm longa, erecta, rosea. Stamina 5. Squamae paulo latiores quam longiores: 0,6 × 0,7 mm. Carpella ad 5,2 mm longa, basi c. 1,5 mm connata, stylis apice incurvis, 1,9—2,5 mm longis.

NW-Y.: Sandsteinfelsen der str. St. bei Gwanyilang in der Schlucht des Djinscha-djiang e von Lidjiang, 2300 m, 3. VII. 1914 (3417).

Ad var. *densirosulatum* PRAEG. spectans, sed folia obtusa, inflorescentia laxa, squamae nectarii latiores.

S. ambiguum PRAEG. in Not. R. Bot. Gard. Edinbgh., XIII., 69 (1921). Phyllit- (und Kalk-?) felsen der str. St., 1725—2200 m. NW-Y.: Am Djinscha-djiang von Bölo bis Ronscha an seinem Zuflusse Djiu-tschu, 27° 44—46′ (8812). S.: Häufig zwischen Wali und Datjiaoku unter Kwapi n von Yenyüen (2532).

S. elatinoides FRANCH. NW-Y.: In Maisäckern der wtp. St. des birm. Mons. beim Sommerdorfe Lussu über dem Salwin, 28°, Schiefer, 2350 m (9114).

** ***S. correptum*** FRÖD. (Abbildung 11).

Sect. *Asiatica genuina orthocarpia*, grex *Filipes* FRÖD.

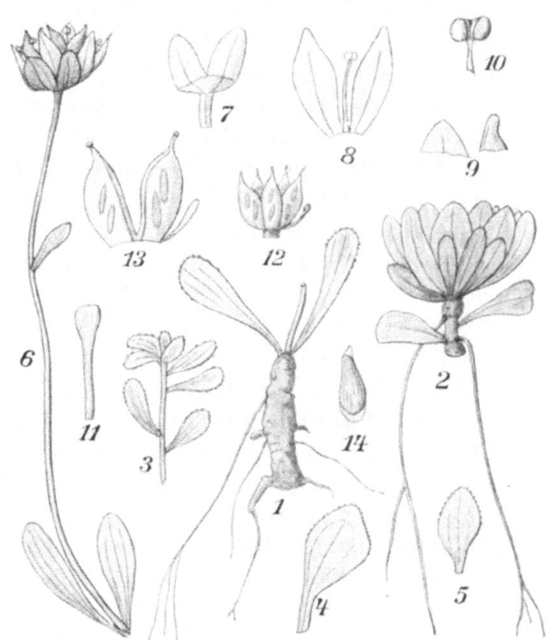

Abb. 11. *Sedum correptum* FRÖD. 1 Stämmchen. 2 Steriler Sproß. 3 Junger Stengel. 4, 5 Blätter des sterilen Sprosses. 6 Blütenstengel. 7 Sepalen. 8 Petalen. 9 Spitze des Petalums. 10 Anthere. 11 Honigschuppe. 12 Frucht. 13 Karpelle. 14 Same. 1—6, 12 3fach vergr.; 7, 8, 13 5fach vergr.; 9—11, 14 10fach vergr.

Perenne, nanum, valde cespitosum. Rhizoma lignosum, divisum, 6—10 mm longum, radiculas 6—8 mm longas emittens. Caules steriles (stolones) numerosi, confertissimi, demum plantulas crebre radicantes formantes, apice foliorum rosulam densam ferentes, 5—10 mm longi. Folia iis lateralia pseudopetiolata, spathulato-ovata, mamillata, obtusa, 4—6 mm longa, centralia minora, obovata vel orbicularia, mamillata. Rosulae cauli basalis folia pseudopetiolata, oblanceolata, 5,5—7 mm longa, mamillata. Caules juveniles (nondum floriferi) erecti 6—7 mm longi, glabri, alternifolii, foliis spathulato-oblongis, mamillatis. Caulis floriferus 2,5 cm longus, erectus, gracillimus, glaber, uniflorus. Folia eius attenuata, media (solum visa) oblanceolata, non producta, subobtusa, c. 3 mm longa, glabra. Flos isopentamerus. Sepala fere libera, lata, ovata, 1,5 mm longa, obtusa, basi non producta 0,8—1,1 mm lata, uninervia (?). Petala basi fere libera et paulum contracta, oblonga, 3 mm longa, medio 0,8—1,1 mm lata, apice obtusa, non mucronata, uninervia (?), (alba?). Stamina epipetala nulla; filamenta interpetala 2 mm longa, gracilia, basin versus paulum dilatata; antherae latae, 0,3—0,6 mm diametro, apice emarginatae. Squamae nectarii longissime lineari-subspathulatae, 1,5 mm longae, medio 0,1, apice 0,35 mm latae, obtusissimae. Carpella suberecta, subovata, basi lata et ad 0,25 mm connata, 3 mm longa inclusis stylis latis capitellatis 0,35 mm longis, basi 0,6—0,7, medio 1—1,1 mm lata, non gibbosa. Folliculi biseminati, placentis rite linearibus; semina suboblonga, striolata, glabra, apice et basi alata, 1 × 0,35 mm.

S.: An überhängenden Schieferfelsen der Hg. St. auf dem Kamme des Tschahungnyotscha ober Ngaitschekou jenseits des Yalung n von Yenyüen, 4150—4300 m, 27. V. 1914 (2674).

Quamquam non satis cognita, species modo crescendi valde insignis ad gregem *Filipes* FRÖD. referenda videtur. Foliorum forma et floris structura praecipue cum aliis speciebus huius gregis consentiens, sed ab omnibus satis dignoscenda. Probabiliter *S. elatinoidi* FRANCH. (et *S. Bonnieri* HAMET) affinis, modo vivendi autem ad regionem vere alpinam aptata. Utique ab aliis alpinis nanis (*Perpusillis* FRÖD.) certe aliena.

S. drymarioides HCE. var. ***stellariaefolium*** (FRANCH.) HAMET in Bull. Soc. bot. Fr., LXXI., 1221 (1924). (*S. stellariaefolium* FRANCH. — *S. Bodinieri* LÉVL. — *S. Esquirolii* LÉVL. — *S. urayense* HAY. — *S. viscosum* PRAEG. in Journ. of Bot., LVII., 57 [1919]). **NW-Y.**: Häufig an trockenen kristallinischen Felsen der str. St. bei Dschayin am Mekong, 27° 45′, 1925 m (7963). **Kw.**: Kalkfelsen der wtp. St., 1100—1400 m. Gegen Hwangtsaoba zwischen Taipinggai und Bolitien (10341). Hwanggoso. Nganschun. **H.**: Kalkfelsen um Hsikwangschan bei Hsinhwa, um 600 m.

S. mekongense PRAEG. in Not. R. Bot. Gard. Edinbgh., XIII., 89 (1921). **NW-Y.**: Kristallinische Abhänge der trockenen str. St. unter Lota am Mekong, 27° 50—55′, 1950 m (8464).

Originalexemplare habe ich nicht gesehen. Die vorliegende, von HANDEL-MAZZETTI bestimmte Pflanze unterscheidet sich aber in einigen Punkten von der Beschreibung. Die Blätter sind nämlich 5—8 mm lang, verschmälert, aber stumpf, nicht 8—9 mm lang, spitz und stachelspitzig, die Kelchzipfel c. 4 mm lang, stumpflich, am Grunde gespornt, nicht 3—4,5 mm lang, ungleich, stumpf oder bespitzt, die Kronblätter zu 0,5 mm verwachsen, c. 6 mm lang, mit einem die Spitze nicht überragenden Weichstachel, nicht frei, 4,5 mm lang, vom Weichstachel überragt, die epipetalen Staubgefäße 1—1,4 mm über dem Grunde eingefügt mit darüber 2,7—3 mm langen Filamenten, nicht grundständig mit 2—2,5 mm langen Filamenten, die Fruchtknoten aufrecht, mit den Griffeln 4,8—5,2 mm lang, nicht mit den Griffeln 2,5 mm und die Balgkapseln in der Mitte zusammenneigend. Ob sie zu *S. Pampaninii* HAM. in Malpighia, XXVI., 59 (1913) gehört, obwohl dieses kräftiger ist?

S. trullipetalum HOOK. f. et THOMS. **NW-Y.**: Granit- und Glimmerschieferfelsen von der tp. bis in die Hg. St. des birm. Mons. in der Mekong—Salwin-Kette, 28°—28° 15′, im Saoa-lumba, w des Passes Gondon-rungu und unter dem Doker-la (8094); 3450—4225 m.

S. oreades (DECNE. HAMET in Bull. Soc. bot. Fr., LVI., 571 (1909). **NW-Y.**: Grasplätze, Hochstaudenfluren und auf Kies an Bächen der Hg. St., 3825 bis 4250 m. Yülung-schan bei Lidjiang, von Einheimischen (3909). Im birm. Mons. in der Mekong—Salwin-Kette auf dem Schöndsu-la, 28° 4′ (9619), zwischen dem See und Paß Yigöru und unter dem Doker-la, 28° 15′ (8076). In der Salwin—Irrawadi-Kette um den See Tsukue hinter dem Gomba-la bei Tschamutong (9918).

S. Beauverdi HAMET. **S.**: In der tp. St. an Diabasfelsen unter dem Gipfel des Lungdschu-schan bei Huili, 3550—3650 m (945) und an steinigen Stellen in Gebüschen auf Sandstein ober Niutschang am Wege von hier nach Yenyüen, 3000—3200 m (5408).

S. Rosei HAMET. **S.**: Mit vorigem auf dem Lungdschu-schan (5195) und ober Niutschang (4793).

S. Forresti HAMET in Not. R. Bot. Gard. Edinbgh., V., 118 (1912). NW-**Y.**: Yülung-schan bei Lidjiang, von Einheimischen (3827). Wahrscheinlich auch dieses in der Hg. St. des Waha bei Yungning, Kalk, 4500 m, und in **S.**: Gleich unter dem Gipfel Gonschiga sw von Muli, Tonschiefer, 4730 m.

S. Raymondi FRÖD.

Sect. *Asiatica genuina orthocarpia*, grex *Tenuifolia* FRÖD.

Planta annua, nana, supra terram 15—30 mm longa, caules steriles non ferens, ubique glabra. Radix fibrosa, radiculis ad 30 mm longis. Caulis floriferus simplex, erectus, infra inflorescentiam 7—20 mm longus. Folia e basi numerosa (infima sicca), dense alterna, late lineari-oblanceolata vel oblonga, 4—9 × 1,5—3 mm, utrinque attenuata et apice acutiuscula, infra insertionem late obtuseque calcarata, calcare 0,4—0,5 × 0,4—0,7 mm. Bracteae angustiores, 3—3,5 × 1 mm. Inflorescentia ampla, dense corymbosa, planiuscula, 10—13 mm longa, ad 27 mm lata. Pedicelli 3—5 mm longi. Flores flavi (e nota ad vivum), aniso-pentameri. Sepala ovata vel ovato-oblonga, petalis fere aequilonga vel sub fructu longiora, 2,2—4,5 × 1,3—2,5 mm, paulum inaequalia, acutiuscula, basi breviter obtuseque calcarata, integra. Petala ad 0,2 mm connata, oblongolanceolata, 2,4—2,8×0,8—1,1 mm, infra medium paulum contracta et ad basin leviter dilatata, apice acutiuscula, nervo medio apicem non attingente. Stamina 10, petalorum apices non attingentia, inter se aequilonga; filamenta epipetala, 0,2—0,3 mm supra basin petalorum inserta, tota 1,4—1,8 mm longa; antherae ovato-reniformes, 0,5 × 0,4 mm, obtusae. Squamae nectarii lineares, 1—1,2 × 0,2 mm, supra medium levissime dilatatae, apice obtusiusculae, non emarginatae. Carpellorum pars connata 0,5—0,7 mm, pars libera 2—2,5 × 1,8 mm; styli 0,5—0,7 mm, leviter capitellati. Folliculi turgidi, late ovati, subdivergentes, nec autem gibbosi, polyspermi; placentae ligamentosae. Semina 8—11, ovatooblonga, 0,8—1 × 0,3—0,4 mm, breviter funiculata, testa minute mamillata, nucleum basi paulum superante.

NW-**Y.**: Glimmerschieferschutt der Abhänge der Hg. St. des birm. Mons. zwischen dem See und Paß Yigöru in der Mekong—Salwin-Kette, 28° 9′, 4150 bis 4300 m, 6. VIII. 1916 (9720).

Haec species ⊙, ad gregem *Tenuifolia* mihi referenda, *S. Francheti* GRANDE (*S. tenuifolio* FRANCH., non DC. nec STROBL) valde affinis et probabiliter eius forma alpina est, quamquam ab eo signis sequentibus differens: statura minore (non 10—20 cm longa), sepalis petalisque latioribus et paulo minoribus, filamentis epipetalis prope basin (non 1,5 mm supra basin) insertis, folliculis turgidis et late ovatis.

S. Moroti HAMET. **S.**: Wegrand an Kalkbergen bei Puörltu am Wege von Suifu nach Yünnanfu (MELL).

S. aizoon L. **Kw.**: Mergelfelsen der wtp. St. bei Tschingdschen, 1200 m (10498).

S. sarmentosum BGE. Kalk- und Sandsteinfelsen und im Gras an Dämmen. **H.**: Häufig in der str. St. von Tschangscha bis Lantien unter Hsikwangschan, 50—200 m (11745, ***S. lineare*** THBG. sehr nahekommend). Häufig um Hsikwangschan bei Hsinhwa, wtp. St., 600—700 m (11866). **Kw.**: Stadtmauer von Guiding, 1020 m (10627, wie 11745). **S.**: Feuchte Stellen zwischen Dsaluping und Gwanyinngai in der str. St. im Seitentale des Yalung gegen Yenyüen, 27° 19′, 1650 m (5356).

Der zartere Wuchs und die fast linealen Blätter nähern die bezeichneten Pflanzen sehr dem *S. lineare* THBG. Da im Blütenbau kein Unterschied zwischen den beiden Arten besteht, ist *S. sarmentosum* vielleicht nur als üppige kontinentale Form dieses aufzufassen.

S. multicaule WALL. **Y.**: Mauern, Dächer und Sandsteinfelsen der wtp. St., 1600—2800 m. Taihwa-se bei Yünnanfu (SCHOCH 326). Beyendjing (TEN 60). Lidjiang, von Einheimischen (3828). Haba se von Dschungdien (4444).

S. japonicum SIEBD. (*S. senanense* MAK.) **Ki.-F.**-Grenze: Steiniger Hang des Tungtien-schan am Dunghwa-schan zwischen Schitscheng und Ninghwa, c. 1200 m (Plt. sin. 333). **NW-Y.**: Trockene kristallinische Felsen in der str. St. des Mekong-Tales ober Guta, 28° 9′, 2100 m (7987). **W-S.**: Min-Tal von Tietschi bis Maodschou (WEIGOLD).

S. Alfredi HCE. (*S. lineare γ floribundum* MIQ. — *S. subtile α obovatum* FRANCH. et SAV. — ? *S. obtuso-lineare* HAY.). Raine, steinige Stellen und Felsen der str. bis an die wtp. St. auf Kalk und Sandstein. **H.**: 100—575 m. Loudi im Bezirke Hsianghsiang (11736). Häufig bei Ngandjiapu nächst Hsikwangschan (11952). Um Taohwaping zwischen Baotjing und Wukang (11989). Am Yünschan hier (Plt. sin. 110). **S.**: Überall zwischen Yenyüen und dem Yalung, 27° 31′, 2300—3000 m (5583).

Species habitu et foliorum forma variabilis, foliis autem semper spathulatis; haec nunc pseudopetiolata lamina oblongo-lanceolata apice attenuato-acutiuscula, nunc lineari-spathulata apice dilatata et profunde emarginata, ut in *S. Triactina* BERG.

S. Triactina BERG. in Nat. Pflzfam., 2. Aufl., XVIII a, 460 (1930). (*Triactina verticillata* HOOK. f. et THOMS. — *Sedum verticillatum* HAMET in Rev. gén. Bot., XXV., 92 [1916], non L.). **S.**: Kalkfelsen der ktp. St. an der Südseite des Passes Tschescha zwischen Muli und Yungning, 3800 bis 3950 m (7178).

S. bracteatum DIELS. **SW-H.**: Tonschieferfelsen am Bache im wtp. Laubhochwalde des Yün-schan bei Wukang, 1000—1200 m (12518).

** *S. leptophyllum* FRÖD. (Abb. 12).

Sect. *Asiatica genuina kyphocarpia*, grex *Bracteata* FRÖD.

Planta unica 17 cm longa, ubique glabra. Radix simplex, brevis, subcrassa, radiculas breves emittens (in humo putrido et muscis vegetans videtur), ad collum nec squamifera nec foliata. Caulis sterilis gracillimus, 8,5 cm longus, cicatricibus sparsis notatus et ad apicem folia nonnulla (6—7) subconferta ferens. Caulis floriferus e basi simplex et gracilis, prope basin foliis nonnullis siccis praeditus, deinde sparse cicatricatus et radiculas breves emittens, 3,3 cm supra basin trichotomus ibique conferte cicatricatus; pedunculi sparse foliati, minute mamillati. Folia omnia anguste lineari-lanceolata (subpetiolata), 4—25 × 0,8—2 mm, infra insertionem breviter obtuseque calcarata, supra medium levissime dilatata et mamillata, apice obtusa. Inflorescentia laxe corymbosa, sat multiflora, 8 cm lata, iterum dichotoma, flore centrali sessili, floribus lateralibus pedicellis c. 1 mm longis fultis. Bracteae flores valde superantes, foliis conformes, 6—19 mm longae. Calycis tubus 0,3—0,4 mm altus; sepala 5, semioblongo-triangularia, 0,8—1 mm longa, basi 0,4—0,5 mm lata, divergentia, apice obtusiuscula, tenuia, non mamillata, uninervia. Petala 5, anguste lineari-lanceolata, basi ad 0,5 mm connata, deinde 4—4,5 × 1,1—1,3 mm, basin versus non attenuata, integra, apice obtusiuscula et vix mucronata (incurvata), uninervia (?). Stamina 10, petalorum apices non attingentia; filamenta epipetala 0,6—0,7 mm supra basin inserta, deinde 2,5—2,7 mm longa; filamenta alternipetala e basi petalorum 3,3—3,5 mm longa; antherae oblongo-reniformes, 0,7—0,8 × 0,3—0,5 mm, apice acutiusculae. Squamae nectarii 3, subquadratae, 0,8—1 mm longae, ad basin 0,25, ad apicem 0,5—0,7 mm latae, leviter stipitatae, supra medium dilatatae, apice obtusae et minute emarginatae. Carpella 3, (immatura) lanceolata vel oblonga, basi paulum attenuata, subdivergentia, parte connata 1 ad 1,2 mm alta, libera leviter gibbosa ea aequilonga; styli 1—1,1 mm longi; placenta ligamentosa, 2—6-ovulata. (Semina matura desiderantur.)

Nganhui: Hwang-schan, auf Humus an beschatteten Felsen, VII. 1926 (Chien 1233).

Species insignis, ad species binas praecedentes et ad *S. hakonense* Mak. et *S. tetractinum* Fröd. in Act. Hort. Gothobg., VI., 103 (1931) multa gaudet affinitate, ab iis autem differt: 1) foliis anguste lineari-oblanceolatis obtusis, 2) flore aniso-pentamero, tricarpellato, 3) carpellis 2—6 spermis, ad medium connatis. Itaque quasi forma intermedia esse videtur inter *S. Triactina* et *hakonense*.

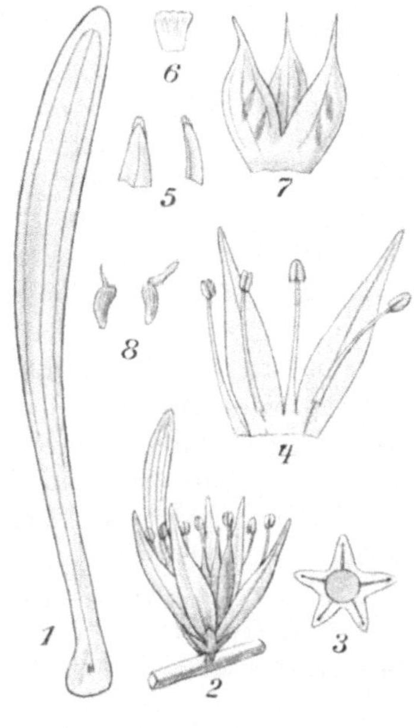

Abb. 12. *Sedum leptophyllum* Fröd. 1 Mittleres Blatt. 2 Blüte mit Brakteen. 3 Sepalen. 4 Petalen. 5 Petalenspitze. 6 Honigschuppe. 7 Karpelle. 8 Samen. 1, 2 3fach vergr.; 3, 4, 7 5fach vergr.; 5, 6, 8 10fach vergr.

S. Engleri Ham. S.: Gebüsche der str. St. auf Tonschiefer unter Muli, 2230—2600 m (7386). Y.: Schuipan-tsun bei Guti nächst Beyendjing, Wälder (Ten 1347).

S. leucocarpum Franch. (*S. variicolor* Praeg. in Journ. of Bot., LVII., 54 [1919]). S.: Ränder von Erosionsgräben in der wtp. St. bei Yenyüen, Kalk, 2600 m (5438). Felsen bei Muli, Tonschiefer, 2700 m (phot.). Y.: In der str. St. zwischen Dschaoping und Bödschagwan über dem Djinscha-djiang am direkten Wege von Yünnanfu nach Huili, 1600 m.

Bryophyllum Salisb.

B. pinnatum (L.) Kurz. (*B. calycinum* Salisb.). Y.: In der tr. St. bei Manhao s Möngdse, 200 m. Im W bei Tengkeng am Salwin, 25° 50′, 950 m (Ge-

BAUER). S.: In der str. St. des Djientschang unter Dötschang („Tetschang") häufig auf Mauern und an steinigen Stellen, kristallinischer Boden (1080), abwärts bis Panglingkou, 1150—1500 m.

Saxifragaceae

Astilbe BUCH.-HAM.

A. chinensis (MAX.) FRANCH. et SAV. An Bächen der tp. St. auf Schiefer und Sandstein, 2925—3250 m. **S.**: Bei Hosö im Bezirke von Muli in dem w von Yungning herabziehenden Tale (7513). Im NW auf Gebirgen um Sungpan (WEIGOLD). **NW-Y.**: Ober Dugwan-tsun se von Dschungdien (4800). Paß Akelo zwischen Djinscha-djiang und Mekong, 27° 19′, wenn hier nicht die von Dali bekannte *A. rubra* HOOK. f. et THOMS.

** ***A. austrosinensis*** HAND.-MZT.

Sect. *Compositae* Engl.

Rhizoma crassum, longe repens, radicibus densis et longis, tenuibus, apice squamis densissime et longe rufo-strigosis obsitum et foliis 1—2 cauleque singulo terminatum. Caulis 45 cm — ultra 1 m altus, validus, 2—4 folius, rufescens, preasertim inferne et ad bases petiolorum pilis patulis 3—6 mm longis complanatis rufis partim (praesertim brevioribus) minute glanduloso-capitatis ± dense hirsutus, quinto usque tertio supero panicula anguste pyramidali divaricato-laxiramea basi usque ad 25 cm lata pilis in ramis ½ mm tantum longis et primum pallidioribus plerisque glanduloso-capitatis densissime villoso-hirsuta obsitus. Folia biternata vel ternata, partibus ad trijugo-pinnatis, pinnis inferioribus interdum ternatis, omnibus ovatis vel oblongo- et terminalibus rhombeo- et late ovatis usque ad 10 cm longis, longe breviusve acuminatis, basi saepe inaequaliter rotundatis vel subcordatis vel praesertim terminalibus quam proximae maioribus late cuneatis, lateralibus sessilibus vel partim brevissime petiolulatis, marginibus argute et praesertim antice duplicato- et hic illic inciso-serratis, sicca rigidule herbacea, olivaceo-viridia, supra opaca, granulata, ± sparse strigoso-setulosa, subtus pallidiora, nitidula, in nervis cum venulis valde reticulato-prominuis patule breviter glanduloso-setosa; petioli validi, foliis ± aequilongi; petioluli medii foliola sua subaequantes, laterales iis duplo breviores; internodia pinnis ± duplo breviora, terminale multo brevius. Stipulae brunneo-membranaceae, triangulares, tenuiter acuminatae, praeter partes basales annuliformes caducae. Paniculae rami raro simplices, plerumque inferiores pyramidato-breviramosi. Bracteae naviculari-ovatae et -lanceolatae, ad 5 mm longae, subscariosae, apiculatae. Flores ad 3^{ni} glomerati, brevissime pedicellati. Sepala late elliptica usque oblonga, ± 1½—2 mm longa, rotundata, granulata, marginibus scariosis interdum parce ciliatis. Petala angustissime linearia, ± 5 mm longa, acuta, pallide rosea necnon alba, uninervia. Stamina iis paulo breviora. Capsulae secundo-erectae, sensim tenuiter rostratae, 5 mm longae.

SW-**H.**: Buschwiesen der wtp. St. auf dem Yün-schan bei Wukang, Tonschiefer, 1200—1400 m, 27. VI. 1918 (12226, Typus). **Ki.**: Lu-schan bei Kuling, 1100 m, VII.—VIII. 1908 (SCHINDLER 353). Nganhui: Hwang-schan, 27. VII. 1926 (CHIEN 1139). Kwangtung: An der Grenze von Hunan im schattigen

Walde des Mandse-schan, kristallinischer Boden, 950—1100 m, 26. VII.—1. VIII. 1915 (MELL 433), und auf dem Gaofung, Kalk, gegen 1000 m, 1915, von Einheimischen (MELL 404). N-Kwanghsi: N Ludschen, Min-schan bei Binlung, Moorland, 1500 m, gemein, 17. VI. 1928 (CHING 6047). N Linyen, Yoma-schan, 1350 m, unter Gehölz selten, 25. VIII. 1928 (CHING 7128).

Proxima speciei praecedenti, quae differt indumento tenuissimo crispo-tomentello eglanduloso et petalis intensius coloratis. *A. grandis* WILS. (*A. leucantha* KNOLL) indumento paniculae sparsiore et breviore et petalis brevioribus latioribus diversa est.

Die Pflanze vertritt *A. chinensis* ist ganz Süd-China und unterscheidet sich von ihr so konstant und beträchtlich, daß sie als Art gewertet werden muß. Wie mir Herr MARQUAND aus Kew mitteilt, ist die ungenau beschriebene Behaarung von *A. grandis* drüsenköpfig, woraus sich die obige Gleichstellung ergibt.

A. rivularis HAM. **Y.**: Alaodjing ne von Tschuhsiung, 2250 m (?). Im NW in der str. St. des birm. Mons. an Gebüschrändern bei Tschamutong am Salwin und abwärts bis Tjiontson häufig, Sandstein und Phyllit, 1700—1900 m (9825). Im NE an Bachrändern bei Maliwan, 2550 m (MAIRE).

A. virescens HUTCH. Ein der Beschreibung dieser Art entsprechendes Exemplar ohne Etikette liegt, von WILSON gesammelt, in unserem Herbar, nur hat es die Blätter nicht ganz kahl, sondern unterseits auf der Rippe und einigen Nerven mit kurzen, aber groben Borsten besetzt, die vielleicht in der Kultur verloren gehen.

Rodgersia A. GRAY.

R. aesculifolia BAT. Syn.: *R. platyphylla* PAX et HFFM. in Rep. sp. n., Beih. XII., 393 (1922), e typo.

Die von den Autoren angegebenen Unterschiede liegen durchaus in der Variationsweite der Art.

R. pinnata FRANCH. NW-**Y.**: Bei Lidjiang, von Einheimischen (3919). Hier in der tp. St. in Hochstaudenfluren gegen das Beschui (phot.), in Dolinen auf dem Rücken zwischen dem Lahsiba und Ahsi, Kalk, und am Bache ober Hsiangschuiho s von hier, Diabas, 2800—3300 m. Hang des Dsang-schan ober Dali. Im birm. Mons. an Bächen und in Hochstaudenfluren der tp. und ktp. St. auf Glimmerschiefer und Granit, 2700—3600 m, in der Mekong—Salwin-Kette unter dem Doker-la (phot.) und im oberen Doyon-lumba, 28° 4—15′, und in der Salwin—Irrawadi-Kette im Tjiontson-lumba und ober Schutsche.

Da die Art in den Aufzeichnungen nicht von der folgenden unterschieden wurde, könnten sich auch die Angaben von Dschadse sw von Yungning und Hosö w von hier, ober Dahota gegen den Paß Gitüdü, ober Haba gegen Tschatü und ober Bödö se von Dschungdien sowie aus **S.**: Ober Muli auf sie beziehen. Zwei unter dem Doker-la aufgenommene Lichtbilder zeigen gehäufte Fiedern, die aber nicht lang zugespitzt sind wie bei der aus dieser Bergkette beschriebenen *R. Henrici* FRANCH.

R. sambucifolia HEMSL. In feuchten und trockenen, auch mit Bambus gemischten Gebüschen und an offenen trockenen Stellen auf Kalk, Schiefern und Sandstein der wtp. und tp. St., 2100—3600 m. **S.**: Um Yenyüen auf dem Sandao-schan, ober Mabaho, unter Gwandien (2820) und um Kwapi und weiter n jenseits des Yalung ober Datscho bei Wali (2593). Am Wege von Yenyüen nach Yungning ober Duörlliangdse, um den Paß Daörlbi (2909; SCHNEIDER 3761) und ober Gaitiu. **Y.**: Laodjing-schan am Westufer des Sees bei Yünnanfu (SCHOCH 231). N von hier s Örldaoho und bei Schalungschu am direkten Wege nach Huili. Im E auf dem Rücken zwischen Sidsung und Loping. Im NE an Felsen der Berge hinter Dungtschwan (MAIRE). Im NW (ob nicht die vorige?) s von Yungning ober Mudidjin und n von Yungbei s des Sattels Gwamaoschan. Vgl. auch weiter unter der vorigen Art.

Bergenia MÖNCH

B. purpurascens (HOOK. f. et THOMS.) ENGL. in Nat. Pflzfam., III/2a, 51 (1890). In Tannenwäldern, unter Rhododendren, in Bambusbeständen, auf Humus zwischen Steinen, selten auf Matten in der ktp., selten bis in die tp. und Hg. St. auf verschiedensten Gesteinen, 3200—4200 m, meist **f. *Delavayi*** (FRANCH.) ENGL. et IRMSCH. in Not. R. Bot. Gard. Edinbgh., V., 147 (1912) (*B. Delavayi* [FRANCH.] ENGL. in Nat. Pflzfam., III/2a, 51; 2. Aufl., XVIIIa, 117). **NW-Y.**: Viel auf dem Dsang-schan bei Dali. Bei Lidjiang, von Einheimischen (3920). Hier z. B. auf dem Gipfel des Yao-schan ober Ganhaidse (6760) und bei Mahaidse am Wege nach Yungning. Kamm zwischen Haba und Dugwan-tsun se von Dschungdien. Paß Lenago zwischen Djinscha-djiang und Mekong, 27° 43′ (GEBAUER). Im birm. Mons. in der Mekong—Salwin-Kette am Si-la und Nisselaka, 28°, Schöndsu-la, und Doker-la, 28° 15′ (8108), und zwischen Salwin und Irrawadi im Tjiontson-lumba bis jenseits des Passes Tschiangschel, 27° 52′ (9263). **S.**: Um Muli bei der Alm Bädö und am Passe Tschescha. Gipfel Hwang-liangdse zwischen Yenyüen und Kwapi. Nordhang des Dadjin zwischen Yenyüen und dem Yalung, 27° 31′ (tiefster Fundort) (2163). Loseschan s von Ningyüen (1418).

Nach dem reichen Material im Herbar Kew besteht zwischen der indischen und der chinesischen Pflanze in Form und Kerbung der Blätter gar kein Unterschied, nur die durchschnittliche Größe ist verschieden, doch kommen übereinstimmend kleine Exemplare auch in China vor. *B. Delavayi* kann daher im besten Falle als forma unterschieden werden.

Saxifraga L.

S. pallida WALL. (var. *typica* ENGL. et IRMSCH.). Erdabrisse in Wäldern, steinige Matten und offene Krautfluren auf Kalk und Tonschiefer der Hg. bis in die tp. St., 3400—4250 m. **NW-Y.**: SE von Dschungdien bei Tomulang und an der Westseite des Rückens zwischen Bödö und Alo (4591). Osthang des Gipfels Ünlüpe im Yülung-schan bei Lidjiang (3539). **S.**: Bei Muli um die Alm Bädö und im Tale n des Passes Tschescha (7236).

S. pallidiformis ENGL. in Rep. sp. n., Beih. XII., 394 (1922). **NW-Y.**: Um Lidjiang („Likiang"), von Einheimischen (3903).

S. pseudo-pallida ENGL. et IRMSCH. in Bot. Jahrb., Beibl. 114, 40 (1914) **var. *typica*** ENGL. et IRMSCH., l. c. * **f. *bracteata*** ENGL. et IRMSCH., l. c. **NW-Y.**: In der Hg. St. des birm. Mons. auf dem Si-la zwischen Mekong und Salwin, Glimmerschiefer, 4400—4450 m, 27. VIII. 1916 (9968).

S. melanocentra FRANCH. NW-Y.: Matten der Hg. St. auf Kalk, 4000 bis 4300 m. Yülung-schan bei Lidjiang, von Einheimischen (3904). Gipfel neben dem Passe zwischen Bödö und Alo se von Dschungdien (4534).

** ***S. sulphurascens*** HAND.-MZT.

Sect. *Boraphila* ENGL., grex *Melanocentrae* ENGL. et IRMSCH.

Rhizoma brevissimum, radicibus fasciculatis tenuiusculis, foliorum rosulis 1—3 caulibusque totidem terminatum. Folia crassiuscula, lamina ovata vel triangulari-ovata, 3—10 mm longa, obtusa vel acutiuscula, ad petiolum breviorem latiusculum, basi vaginato-dilatatum late cuneato-attenuata usque — saepe inaequaliter — subtruncata, margine leviter vel grosse paucicrenata, obscure viridi, supra et margine pilis brevibus crassiusculis articulatis crispulis pallidis crebre induta, subtus granulata, nervis inconspicuis. Caulis erectus, 2½—8 cm altus, aphyllus vel circa medium foliis 2 sessilibus ceterum radicalibus simillimis obsitus, ut folia, sed tenuius longiusque et partim glanduloso-pilosus. Inflorescentia subcorymboso 1—4 flora, floribus lateralibus saltem inapertis nutantibus. Bracteae bracteolaeque (interdum praesentes) foliaceae, ovato-lanceolatae, sessiles, integrae. Pedicelli 5—13 mm longi, validiusculi. Hypanthium late turbinatum, 3 mm latum. Sepala late ovata, 2½ mm longa, obtusissima, crasse herbacea, anguste pallide marginata, granulata, glabra vel parcissime pilosa, nervis inconspicuis, hydathode lata purpurea immersa terminata, sub anthesi recurva. Petala suborbicularia, 4 mm diametro, in unguem brevem et latum rotundato-angustata, crassa, pallide sulphurea (e nota ad vivum), patula, nervis secundariis 2 paribus arcuatis marginem non attingentibus, in sicco granulata. Stamina iis paulo breviora, filamentis subulatis, antheris parvis pallidis. Ovarium depresso-conicum, olivaceo-viride, inferne disco undulato eiusdem coloris connatum, infra ½ partitum, stylis crassis vix ½ mm longis erectis, stigmatibus disciformibus eis aequilatis. (Capsula ignota.)

S.: Steinige Stellen ober Muli an offenen Stellen des ktp. Waldes bei der Alm Bädö, Kalk, 3900 m, 29. VII. 1915 (7275) und in der Hg. St. des Berges Gonschiga auf Tonschiefer bis hart unter den Gipfel, 4400—4730 m.

Proxima *S. melanocentrae* FRANCH., sed praeter ovarium pallidum in tota grege petalis unicoloriter sulphurascentibus egregia.

Die Pflanzen sind klein, aber der Habitus ist ausgesprochen von *S. melanocentra* und nicht von *pseudo-pallida*.

S. birostris ENGL. et IRMSCH. in Bot Jahrb., Beibl. 114, 38 (1914). W-S.: Wa-schan s von Yadschou (WEIGOLD). W-Hubei (WILSON, Veitch Exp. 2058).

S. macrostigma FRANCH. NW-Y.: Bei Lidjiang, von Einheimischen (3892, var. *typica* ENGL. et IRMSCH. in Pflzr., IV/117, 96 [1916], mit der kaum als Form zu wertenden **var. *gracillima*** E. et I. in Not. R. Bot. Gard. Edinbgh., V., 131 [1912]).

— — **var. *hypericoides*** (FRANCH.) ENGL. et IRMSCH., l. c., 132. (*S. hypericoides* FRANCH.). NW-Y.: Bei Lidjiang, von Einheimischen (3891). In der ktp. St. se von Dschungdien an Sandsteinfelsen des Berges Schusutsu ober Bödö (4507) und an steinigen Stellen auf Kalk am Patü-la ober Anangu (7688), 3750—4000 m.

— — **var. *aurantiascens*** ENGL. et IRMSCH., l. c., 132. NW-Y.: Bei Lidjiang, von Einheimischen (3893).

S. macrostigma var. ***Georgeana*** ENGL. et IRMSCH., l. c., 132. NW-Y.: Steinige Stellen auf Kalk der Hg. St. auf dem Waha bei Yungning, 4300—4500 m (7101).

Diese Pflanze zeigt mehrere sterile Blattrosetten. Auch 3892 und 3893 zeigen hier und da eine solche. Die Trennung der Reihen *Densifoliatae* und *Hirculoideae* ist daher keine ganz scharfe und *S. linearifolia* ENGL. wäre wohl natürlicher zur ersten zu stellen. Zu *S. macrostigma* gehören wohl auch die Notizen aus S.: Saganai ober Muli und vom Passe Döko weiter gegen SW.

S. macrostigmatoides ENGL. in Rep. sp. n., Beih. XII., 395 (1922), e typo. NW-Y.: Schneetälchen der Hg. St. des birm. Mons. um den See Pongatong in der Mekong—Salwin-Kette, 28° 6′, Glimmerschiefer, 4175 m (9686).

Die niedrige Pflanze erinnert im Wuchse wenig an die *Densifoliatae*. Die meisten Wimpern der Stengelblätter haben Drüsenköpfe, die an den oberen Blättern des Typus auch nicht fehlen.

** ***S. pardanthina*** HAND.-MZT.

Sect. *Hirculus* (HAW.) TAUSCH., grex *Turfosae* ENGL. et IRMSCH.

Rhizoma breve, radicibus multis fasciculatis, longis, tenuibus, caule singulo vel caulibus pluribus terminatum. Caulis 35—50 cm altus, erectus, simplex, tenuiusculus, fistulosus, praeter apicem glaber. Folia basalia nulla, caulina laxe, superne dissite dispersa, elliptica, inferiora pauca in petiolos latos laminis usque ad 6 × 3 et 7 × 2½ cm metientibus duplo breviores usque aequilongos cuneato-attenuata, cetera sensim sessilia valde decrescentia saepeque latiora, omnia rotundata vel summa acutiuscula, herbacea, sicca olivaceo-viridia subtus pallidiora, indistincte 7- et summa 3-nervia nervoque marginali tenui cincta, inferiora basi raro tantum et parcissime rufo-pilosa, summa interdum margine sessili-glandulosa vel parce glanduloso-pilosa. Inflorescentia thyrsoideo-racemosa, caulis $^1/_5$—$^1/_3$ occupans, ramis patentibus, inferioribus ad 6 cm longis, antice 1—3 floris, bracteis foliaceis, lanceolatis, ± 1 cm longis, glandulis crassis brevissime stipitatis nigropunctata. Pedicelli rigiduli, 12—40 mm longi. Hypanthium humile, angustum. Sepala 5, anguste ovata, 5 mm longa, rotundata, pallida, marginibus submembranacea, dorso parce ut pedunculi glandulosa marginibusque dense et multo tenuius glanduloso-ciliata, nervis 3 tenuibus vix $^2/_3$ percurrentibus, sub anthesi fructuque deflexa. Petala ovata, 6 mm longa, obtusissima, basi subcordata exunguiculata, crassa, undulata, nervis 3 liberis, tota maculis densissimis rotundis rubra, ecallosa. Stamina 10, petalis subaequilonga, antheris magnis atris, filamentis filiformibus. Ovarium crasse conicum, eis paulo brevius, stylis brevibus, crassissimis, erectis. Capsula crasse conico-cylindrica, cum stylis crassis erectopatentibus 2 mm longis 6—8 mm longa, stigmatibus oblongis, fere 1 mm longis.

S.: In der tp. St. der Berge zwischen Yenyüen und Kwapi, 27° 45′, auf Sandsteinerde am Wegrande gegenüber Tangetu und in Gebüschen unter Hwangliangdse, 3050—3250 m, 4., 6. X. 1914 (5475).

Species florum colore, inflorescentia thyrsoidea nec cymosa, pilis crispis fere (vel etiam omnino?) deficientibus valde insignis.

Daß Grundblätter vorhanden waren, ist nicht ausgeschlossen. In diesem Falle wäre sie in die grex *Hirculoideae* zu stellen, wo sie *S. glaucophylla* FRANCH. am ähnlichsten ist. Unter den *Turfosae* ist sie auch durch die sehr vergrößerten unteren Blätter ausgezeichnet, aber nach der Abbildung Fig. 18 J im Pflzenr., IV/117 *S. turfosa* ENGL. et IRMSCH. nicht unähnlich.

S. Moorcroftiana WALL. NW-Y.: Gebüsche und üppige Wiesen der ktp. St. an der Westseite des Gebirges Piepun se von Dschungdien, Kalk und Sandstein, 3550—3650 m (4651).

S. montana H. SMITH in Act. Hort. Gothobg., I., 9 (1924), det. autor. Schneetälchen, humöse und sumpfige Stellen und nasse Felsen der Hg. St. auf Kalk und Schiefer, 4250—4650 m. S.: Bei Muli unter dem Sattel Santante am Berge Saganai (7329), s des Lagerplatzes Tschako (7451) und auf dem Berge Gonschiga (7491). NW-Y.: Westseite des Gebirges Piepun se von Dschungdien (4727).

S. nigroglandulosa ENGL. et IRMSCH. in Not R. Bot. Gard. Edinbgh., V., 135 (1912). NW-Y.: Bei Lidjiang, von Einheimischen (3900). Im Rasen der Hg. St. des birm. Mons. am Hange des Doker-la an der Grenze von Tibet, Granit, 4450—4600 m (8156).

** ***S. quadricallosa*** HAND.-MZT.

Sect. *Hirculus* (HAW.) TAUSCH., grex *Hirculoideae* ENGL. et IRMSCH.

Foliorum fasciculis sterilibus sessilibus multorumque emortuorum residuis caulibusque floriferis pluribus cespites parvos duros humiles formans. Folia radicalia lanceolata vel fere elliptica, in petiolos lamina $\pm$ duplo longiores inferne anguste membranaceo-dilatatos et longe crispeque brunneo-ciliatos sensim angustata, cum his 6—15 mm longa, $^2/_3$—2 mm lata, apice ipso obtusa et mucrone scil. pilo rigidulo longissimo brunneo caducissimo terminata, crassa, nervis 3 sub apice conjunctis vix conspicuis. Caules erecti, 3—13 cm longi, tenuissimi, rigidi, fragiles, inferne purpurascentes, superne glandulis subglobosis nigris breviuscule stipitatis $\pm$ dense induti, inferne dense, superne sensim laxius foliati, 1—(rarius) 2 flori. Folia caulina sursum vix decrescentia, patentia, inferiora petiolato-angustata sub anthesi plurima mortua, superiora sensim sessilia, 4—10 mm longa, basalibus acutiora breviusque et glanduloso-mucronata, insertione praesertim inferiora pilis brunneis longissimis crispis minute glanduloso-capitatis et superiora interdum hic illic glandula marginali instructa, nervis lateralibus interdum ramosis usque ad 7 nervia, ceterum illis paria. Pedicelli scil. caulis pars nuda 1—2 cm longi, raro breviores. Flos mox erectus, hypanthio humillimo angusto. Sepala elliptica usque suborbicularia, 3 — ultra 4 mm longa et paulo usque sesquiangustiora, late rotundata, corollae adpressa, subherbacea, margine late decolorata vel purpurascentia, glandulis crassis breviter vel brevissime stipitatis nigropurpureis densissime fimbriata, nervis 3 subtilibus longe ante apicem confluentibus. Petala subexpansa, obovato-elliptica, 6 — fere 10 mm longa, rotundata, basi anguste subauriculato-truncata et breviter lateque unguiculata, aurea (e nota ad vivum), nervo alte trifido ramis mox bifidis secundariis inter se approximatis omnibus liberis, supra basin callis albis longe cylindricis utrinsecus 2 superpositis instructa. Stamina petala dimidia aequantia, filamentis deorsum paulum dilatatis, antheris parvis pallidis. Ovarium crassiuscule ovoideum, breviter bifidum, stylis tenuiusculis 1 mm longis suberectis, stigmatibus disciformibus eis latioribus. (Capsula ignota.)

NW-Y.: Granit- und Schieferblöcke der Hg. St. des birm. Mons. unter dem Doker-la an der tibetischen Grenze, 4225 m, 17. IX. 1915 (8085).

Affinis *S. tsangchanensi* FRANCH. cespitibus laxis foliis caulinis sparsis erectis linearibus, sepalis glabris vel longiciliatis, petalis bi- vel ecallosis diversae. Habitu similior videtur *S. linearifolia* ENGL. et IRMSCH., quae differt foliis sparse pilosis, sepalis minutis glabris, petalis minoribus trinerviis ecallosis. Cum hac *S. macrostigmatem* FRANCH. aemulat ± erosulatam omnibusque formis calycibus glabris petalisque minoribus diversam.

Die Verwandtschaft dieser und der hier verglichenen Arten dürfte tatsächlich bei *S. macrostigma* sein (vgl. oben unter dieser). Nebst den schon angegebenen Merkmalen unterscheidet sie sich von deren ihr am nächsten kommender var. *aurantiascens* durch noch größere Blüten und durch die kahlen Blätter. Vier Höcker auf den Kronblättern sollen nach ENGLER u. IRMSCHER in Pflzr. IV/117, 22 bei *S. diversifolia* WALL. vorkommen, doch ist diese Angabe im speziellen Teile nicht wiederholt, auch in den Abbildungen nicht bestätigt, und an meinen Exemplaren finde ich keine.

** ***S. triaristulata*** HAND.-MZT. in Sitzgsanz. Ak. W. W., 1923, 114.

Sect. *Hirculus* (HAW.) TAUSCH, grex *Hirculoideae* ENGL. et IRMSCH.

Surculis densissime foliatis foliis emortuis patulis persistentibus cespites densos saepe amplos formans. Folia fasciculorum erecto-patula, cum petiolo brevi basi dilatato longissime fuscobrunneo-fimbriato 6—10 mm longa, lineari-lanceolata, marginibus sparse vel crebre eglanduloso longifimbriatis revoluta, ± 1 mm lata, apice obtuso aristula brevi vel longissima, plerumque autem aristulis binis vel etiam pluribus contiguis additis terminata. Caules floriferi multi, 5—15 mm longi, pilis crispis longis fulvis eglandulosis dense induti, fere ad florem crebre foliati foliis praeter petiolos deficientes cum foliis surculorum congruentibus, dense ciliatis. Flos singulus, erectus. Sepala elliptica, 2—3 mm longa, 1—1,5 mm lata, obtusa, atroviridia, anguste membranaceo-marginata, glabra vel parce pilosa, nervis 3 inconspicuis, erecta. Petala aurea (e nota ad vivum), elliptica, breviter unguiculata, 5—6 mm longa, $2\frac{1}{2}$ mm lata, nervis 3 sub apice confluentibus vel evanidis. Stamina calycem superantia, filamentis deorsum paulum dilatatis, antheris minutis. Ovarium superum, magnum, stylis 2 mm longis crassis divaricatis, stigmatibus magnis, ellipsoideis. (Capsula matura ignota.)

S.: Rasen der Hg. St. des Berges Gonschiga sw von Muli gegen Dschungdien, Kalkschiefer, 4700—4730 m, 6. VIII. 1915 (7482).

Proxima *S. aristulata* HOOK. f. et THOMS. differt indumento praeter aristulas foliorum et villum caulis nullo, sepalis latioribus, petalis saepe 5 nerviis. *S. crinalis* FRANCH. indumento glanduloso longius distat.

** ***S. omphalodifolia*** HAND.-MZT. in Sitzgsanz. Ak. W. W., 1920, 53 (Taf. VIII, Abb. 8).

Sect. *Hirculus* (HAW.) TAUSCH, grex *Stellariifoliae* ENGL. et IRMSCH.

Rhizoma brevissimum, radicibus longissimis tenuibus nigris, squamis fuscis et partibus basalibus caulium vetustorum obsitum. Caules hornotini 1—2, simplices, e basi geniculata erecti, 12—30 cm alti, crassiusculi, fistulosi, ± anguloso-flexuosi, viriduli, ubique foliati et sicut petioli et bracteae et pedicelli et hic illic calyces pilis rubellis tenuibus patulis 1—$3\frac{1}{2}$ mm longis cellularum elongatarum seriebus pluribus compositis et glandulis minutis globosis fuscis terminatis hirti. Folia basalia nulla, caulina erecto- usque reflexo-patula, infima ceteris minora, reniformia, longitudine multo latiora, petiolis laminas aequantibus, media omnium maxima late cordata, 2—3½ cm longa et lata, sinubus basalibus ad $\frac{1}{7}$ — $\frac{1}{5}$ penetrantibus, latis, rotundis, petiolo dimidio circiter brevioribus, summa sensim minora, angustiora, brevipetiolata; lamina tenuiter herbacea, subtus pallida, in apicem ipsum obtusum paulum protracta, pilis caulinis aequalibus, sed eglandulosis ubique et ad margines confertius crebre vestita, nervis 7 paulum arcuatis subtus quam supra magis conspicuis palmatis et 2 proxime margini angustissime albescenti cincta, venis anastomosantibus supra tantum conspicuis; petiolus anguste alatus, apice cuneato-dilatatus. Inflorescentia cymoso-corymbosa, ad 10 flora, flore terminali solitario, ramis 1—3 floris; bracteae inferiores foliis similes, superiores sensim minores, ellipticae, sessiles, pauci- et partim penninerviae; pedicelli floribus c. triplo longiores, flaccidi. Flores erecti, 12 mm diametro. Hypanthium latiusculum. Sepala deflexo-patula, late ovato-elliptica, 3 × 2 mm, plana, rotundata vel retusa, late scarioso-marginata, subtiliter trinervia. Petala aurea (e nota ad vivum), erectopatula, ovata, illis duplo longiora, 2,5—3,3 mm lata, obtusa, basi angustato- vel partim truncato-breviunguiculata, supra unguem tenuiter trinervia, nervis non confluentibus, ecallosa. Stamina petalis breviora; filamenta deorsum paulum dilatata; antherae parvae, flavidae. Ovarium crasse ovoideum, stylis brevibus erectis calycem aequans. (Capsula ignota.)

Wälder der ktp. St. auf Kalk und Tonschiefer, 3800—4000 m. **NW-Y.**: An der Westseite des Rückens zwischen Bödö und Alo se von Dschungdien, 8. VIII. 1914 (4594, Typus). **S.**: Bei der Alm Bädö ober Muli, 29. VII. 1915 (7283).

Proxima *S. cardiophyllae* Franch. glabritie, foliis multo angustioribus, sepalis maioribus diversae. Foliis similis *S. diversifoliae* Wall. var. *Souliéanae* Engl. et Irmsch., sed folia multo latiora, inferiora valde decrescentia brevius petiolata, ceterum indumento et foliis basalibus deficientibus ab omnibus huius speciei formis valde diversa.

S. diversifolia Wall. **NW-Y.**: Um Lidjiang, von Einheimischen (3898). **S.**: Trockene Hänge der wtp. St. um Dindjia-tsun bei Huili, Sandstein und Diabas, 2500—2800m (5142). Ebenso in der tp. auf Sandstein und Kalk ober Niutschang se von Yenyüen und überall von Bodjoho bis ober Hwangliangdse n von hier, 2900—3400 m.

— — **f. *parviflora*** (Franch.) Engl. et Irmsch., p. p. (*S. d.* var. *p.* Franch.). **NW-Y.**: Offene grasige Stellen des ktp. Waldes des birm. Mons. unter dem Dokerla an der tibetischen Grenze, Granit, 3600 m (8041).

— — ? **var. *Souliéana*** Engl. et Irmsch. in Bot. Jahrb., XLVIII., 586 (1912). **NW-Y.**: Im Walde der tp.? St. ober Bödö se von Dschungdien, Sandstein (4562).

Ein einziges Stück, das wahrscheinlich ein kleines Exemplar dieser Varietät darstellt.

S. glaucophylla Franch. (*S. diversifolia* f. *parviflora* Engl. et Irmsch. in Pflzr., IV/117, 129 [1916] p. p., non Franch.). **Y.**: Erdabrisse auf Sandstein der tp. St. zwischen Hwadjiaoping und Dahota e von Dschungdien, 3000 m (7649). Bei Lidjiang, von Einheimischen (3899). Beyendjing (Ten 316 ex hb. Berlin). Betsaolin, in Wäldern (Ten).

Durch die am Grunde nicht herzförmigen Blätter von *S. diversifolia* f. *parvi-*

flora gut verschieden, wie mir Dr. Gagnepain nach dem Pariser Material bestätigt. Die Blätter sind bei meinen Exemplaren beider durchaus nicht sehr seegrün. *S. glaucophylla* scheint eine Mittelstellung zwischen *diversifolia* und *Moorcroftiana* anzunehmen, die einander doch näher stehen, als es in Englers System scheint.

S. nutans Hook. f. et Thoms. In der ktp. und Hg. St. auf Kalk und Tonschiefer, 3700—4250 m. NW-**Y.**: Steiniger Rasen am Osthang des Gipfels Ünlüpe im Yülung-schan bei Lidjiang (3535). Gegend von Dschungdien (Schneider 3663). Tannenwald ober Bödö gegen den Paß Hsiao-Niutschang. **S.**: Weidengebüsche am Südhang des Passes Döko oder Muli (7411).

S. hispidula Don. NW-**Y.**: Bei Lidjiang, von Einheimischen (2364). Wälder der ktp. St. auf Kalk und Tonschiefer an der Westseite des Gebirges zwischen Bödö und Alo se von Dschungdien, 3800—4000 m (4589).

S. brachypoda Don. NW-**Y.**: Tannenwälder mit Weidenunterwuchs in der ktp. St. des birm. Mons unter dem Doker-la an der tibetischen Grenze, Granit, 3800—4150 m (8120).

— — var. ***fimbriata*** (Wall.) Engl. et Irmsch. in Bot. Jahrb., XLVIII., 591 (1912). In Mischwäldern und an Felsen der tp. und ktp. St. auf Sandstein und Tonschiefer, 3000—4650 m. NW-**Y.**: Über Bödö se von Dschungdien (4555) und auf dem Berge Schusutsu dort (4512). Bei Lidjiang, von Einheimischen (3896). **S.**: Bei Muli am Gonschiga und gemein unter der Alm Bädö.

S. strigosa Wall. Steinige Stellen und buschige Wälder, besonders an Erdabrissen auf Sandstein, wie an Wegrändern, in der tp. bis an die wtp. St., 2600—3500 m. **Y.**: Paß Litiping bei Weihsi. Paß Balaschu w von Djientschwan. Um Lidjiang, von Einheimischen (3905). Ober Anangu se von Dschungdien. Taohwa-schan bei Beyendjing (Ten 227). Im NE auf Weiden der Berge um Dungtschwan (Maire). **S.**: Ober Djatsüla bei Muli. Ober Hwangliangdse n und bei Niutschang se von Yenyüen. Lungdschu-schan bei Huili, auf Diabas (5162)

S. gemmipara Franch. Wie vorige Art auf Sandstein und Diabas der wtp. bis an die tp. St., 2150—2900 m. **Y.**: Zwischen Djinscha-djiang und Mekong von Holo bis Jigo, und überall von Weihsi gegen Djientschwan bis Daidsedien. Um Lidjiang, von Einheimischen (3908). Ober Dali (Limpricht 1043 als *S. cinerascens*). Houdjing e des Dsolin-ho (4936). Yünnanfu (Cavalerie 4677). Im NE bei Dungtschwan auf dürren Kalkhügeln (Maire) und an Felsen der Gipfel (M.). **S.**: Dindjia-tsun am Lungdschu-schan bei Huili (5138). Zwischen Hokou und Fongsaying s von hier.

S. Balfourii Engl. et Irmsch. in Not. R. Bot. Gard. Edinbgh., V., 141 (1912). NW-**Y.**: Bei Lidjiang, von Einheimischen (3902).

S. filicaulis Wall. Kiefern- und Mischwälder, trockene Hänge und besonders massenhaft an abgerissenen Wegrändern der tp. bis zur wtp. St. auf Schiefer und Sandstein, 2200—3600 m. NW-**Y.**: Bei Lidjiang, von Einheimischen (3901). Ober Bödö se von Dschungdien (4553). Tseku am Mekong (Monbeig). **S.**: Gemein überall ober Muli. Ober Hosö in dem sw von hier e von Yungning hinabziehenden Tale (7550). Ober Schihuiyao am Lungdschu-schan bei Huili (5133). Formation bildend auf dem Passe zwischen Yenyüen und Niutschang.

S. cinerascens Engl. et Irmsch. in Not. R. Bot. Gard. Edinbgh., V., 142 (1912). NW-**Y.**: Bei Lidjiang, von Einheimischen (3897).

S. candelabrum FRANCH. Y.: Beyendjing, an Felsen bei Guti (TEN 1317). Im NW am Osthang des Gipfels Djinaloko im Yülung-schan bei Lidjiang, 4240 m (ROCK 10405, als *S. Bonatiana* ENGL. et IRMSCH. verteilt). Kalkfelsen der tp. St. bei Dschungdien neben dem Teiche unter dem Lamakloster, 3400 m (7748, var. ***patentiramea*** ENGL. et IRMSCH. in Bot. Jahrb., Beibl. 114, 43 [1914]), und bei Meti am Wege nach Djitsung, 3125 m (7789). Schiefer der wtp. St. ober Losiwan se von dort, 2450 m (4803). Unter Tima unterhalb Weihsi und an Tonschieferfelsen in der trockenen str. St. des Mekong-Tales bei Tsedjrong und zwischen Serä und Guta, 28⁰—28⁰ 8′, 2100—2600 m.

S. signata ENGL. et IRMSCH. in Not. R. Bot. Gard. Edinbgh., V., 143 (1912). NW-Y.: Bei Lidjiang, von Einheimischen (3910).

— — ** var. ***lancipetala*** HAND.-MZT.

Minor, 4—12 cm alta, sed usque ad 20 flora. Folia rosularia 7—10 mm longa laminis 1½—2 mm latis, caulina faciebus glabra, in sicco conspicue 9—13 nervia. Sepala lineari-lanceolata, 4 mm longa, ± 1¼ mm lata. Petala ovato-lanceolata, ± 5½ mm longa, vix 2 mm lata, in ungues angustos 1 mm longos attenuata, paulo supra tertium inferum valde bicallosa, aurea (e nota ad vivum), sed e sicco inferne paulo atriora et indistincte maculata.

NW-Y.: Dürre Kalkfelsen der tp. St. neben der heißen Quelle unter Baoschi bei Dschungdien, 3400 m, 17. VIII. 1915 (7700).

Als Blütenfarbe notierte ich goldgelb, was jedenfalls den Gesamteindruck wiedergibt. An einigen Petalen des durch Feuchtigkeit etwas beschädigten Herbarmaterials ist jedoch dunklere Färbung der unteren Hälfte zu erkennen, und hie und da sind auch dunkle Flecken besonders an der Rückseite sichtbar. ROCK notierte zu seiner Nr. 6427, die ebenso wie meine 3910 im trockenen Zustande die prächtige Zeichnung trägt, ebenfalls nur „deep yellow". Daher scheint mir meine Varietät doch nur eine schwächere Form dieser Art darzustellen.

S. sediformis ENGL. et IRMSCH., l. c., 144 (1912). NW-Y.: Bei Lidjiang, von Einheimischen (3895). Sandsteinfelsen der ktp. St. des Berges Schusutsu bei Bödö se von Dschungdien, 3750—4000 m (4510). S.: Diabasfelsen an der Grenze der ktp. St. am Gipfel des Lungdschu-schan bei Huili, 3600 m (5199).

S. Vilmoriniana ENGL. et IRMSCH. ** var. ***yungningensis*** HAND.-MZT.

Sat dense cespitosa caulibus floriferis usque ultra 30, ad 6 cm tantum longis. Pedicelli floribus 1—1½^{plo} tantum longiores. Folia usque ad 2 mm lata. Sepala 2—2½ mm longa, partim tantum ± reflexa, nervis confluentibus. Petala florum apertorum in sicco dorso praeter partem anteriorem purpurea, e nota ad vivum autem tantum lutea.

NW-Y.: Humöse und steinige Stellen der ktp. und Hg. St. auf Kalk auf dem Berge Waha bei Yungning, 4100—4500 m, 20. VII. 1915 (7091).

Es ist möglich, daß sich diese Pflanze später als eine gute Art erweisen wird, doch kann ich Wert und Konstanz der Unterschiede jetzt nicht beurteilen. Die Nerven der Kelchzipfel laufen auch an manchen Stücken der übrigens teilweise drüsenlosen Nr. 2046 LIMPRICHTS zusammen.

S. drabiformis FRANCH. NW-Y.: Bei Lidjiang, von Einheimischen (3894). Gehängeschutt auf Kalk der Hg. St. an der Westseite des Gebirges Piepun se von Dschungdien, 4600—4650 m (4703).

** *S.* **elatinoides** HAND.-MZT. in Sitzgsanz. Ak. W. W., 1923, 115.

Sect. *Hirculus* (HAW.) TAUSCH., grex *Sediformes* ENGL. et IRMSCH.

Cespites laxiusculos 1—2 cm altos formans, praeter cilia nonnulla alba eglandulosa foliorum et multa caulium floriferorum glabra. Surculi tenues, purpurascentes, flaccidi, inferne laxe, superne rosulato-foliati. Folia in petiolis latiusculis quam laminae usque plus duplo longioribus obovata, laminis 1—2 mm longis obtusis vel acutiusculis vel pilo stricto terminatis, carnosulis, saturate viridibus, inconspicue trinerviis. Caules floriferi multi, tenues, erecti, 4—10 mm longi, uniflori, foliis 1—3 obsiti superioribus subsessilibus. Sepala calyculato-erecta, late ovata, 2 mm longa, obtusa, fuscula, margine pallidiora, indistincte trinervia. Petala elliptica, 3—3,5 mm longa, sensim longe unguiculata, nervis 3 sub apice evanidis, flava (e nota ad vivum). Stamina calycem non superantia, filamentis anguste ligulatis, antheris minutis. Ovarium superum, magnum, in stylos crassos $^2/_3$—$^3/_4$ mm longos porrectos contractum, stigmatibus parvis.

S.: Nasse Schieferfelsen der Hg. St. auf dem Berge Gonschiga sw von Muli gegen Dschungdien, 4650 m, 6. VIII. 1915 (7490).

Proxima *S. crassulifoliae* ENGL. in Rep. sp. n., Beih. XII., 399 (1922), quae differt foliis glaberrimis, subtruncatis, caulibus floriferis glanduloso-pilosis, petalis brevius unguiculatis. Ceterae huius gregis species multo longius distant.

S. chrysanthoides ENGL. et IRMSCH. in Not R. Bot. Gard. Edinbgh., V., 145 (1912). NW-Y.: Kalkblöcke der Hg. St. am Hange unter dem Kare Schitako im Yülung-schan bei Lidjiang, 3750—4100 m (4263). Ober Bödö (9135, ein anderen Pflanzen beigemischtes Stückchen) und wahrscheinlich diese an der Westseite des Gebirges Piepun se von Dschungdien, 4350 m.

* ***S. Stella-aurea*** HOOK f. et THOMS. in Journ. Linn. Soc., II., 72 (1857). Glimmerschieferfelsen und zwischen solchen Blöcken in der ktp. und Hg. St. des birm. Mons. in der Mekong—Salwin-Kette, 28° 9′, im obersten Doyonlumba, 5. VIII. 1916 (9699) und an der Westseite des Passes Gondon-rungu, 7. VIII. 1916 (9745), 3800—4450 m, und wohl auch diese auf dem Si-la, 28°.

Nr. 9699 ist eine gestrecktere Pflanze mit fast 4 cm langen Blütenstengeln und Blüten von der Größe jener der *S. finitima* W. W. SM. in Not. R. Bot. Gard. Edinbgh., VIII., 133 (1913), der sie aber sonst nicht entspricht. Vielleicht stellt sie aber einen Übergang dar.

* ***S. flagellaris*** WILLD. in STERNBG., Rev., 25 (1810) **subsp. ***megistantha*** HAND.-MZT. in Sitzgsanz. Ak. W. W., 1923, 115.

Stolones multi, parce vel dense glanduloso-pilosi. Caulis 4—9 cm longus, flore singulo vel floribus 2—3 pedicellis 4—13 mm longis vel in ramis paucifoliatis ad 32 mm longis. Folia 1,3—5 mm lata, rosularia et caulina inferiora eglanduloso-longiciliata et aristata, superiora ubique dense glanduloso-pilosa. Hypanthium subnullum. Sepala 3,5—6 mm longa, 1,5— fere 3 mm lata. Petala latissime obovata, acuta vel rotundata, 8,5—11 mm longa, 6—8 mm lata, tenera.

S.: Humöse Stellen auf dem Berge Saganai ober Muli, Kalk der Hg. St., 4450 m, 30. VII. 1915 (7343).

Die weite Entfernung des Fundortes von dem übrigen Verbreitungsgebiete würde Abtrennung als Art nahelegen, aber es handelt sich doch nur um eine eigenartige Kombination der Merkmale, deren anderes Zusammentreffen bisher zur Aufstellung von Varietäten benützt wurde, und die Blütengröße grenzt auch an die schon bekannte Variationsweite der Art an. Wahrscheinlich besteht ein Zusammenhang mit dem Hauptareal durch SE-Tibet (MARQUAND u. SHAW in Journ. Linn. Soc. Bot., XLVIII., 177).

** ***S. muliensis*** HAND.-MZT. in Sitzgsanz. Ak. W.W., 1922, 138 (Taf. VIII, Abb. 7).

Sect. *Hirculus* (HAW.) TAUSCH, grex *Flagellares* ENGL. et IRMSCH.

E foliorum rosula caules singulos et stolones filiformes 4—20 cm longos apice radicantes et rosuliferos edens, tota pilis minute glanduliferis uniserialiter pluricellulatis partim pallidis partim fusculis parcius largiusve obsita. Caulis erectus, 1—4 cm altus, foliis erectis cum rosularibus congruentibus, superioribus autem longioribus dense obsitus. Folia lanceolata, caulina inferiora interdum in axillis rosulas brevistipitatas gerentia, $5 \times 1\frac{1}{2}$, $7 \times 1\frac{3}{4}$ — $14 \times 1\frac{1}{2}$—2 mm, crassiuscula, acuta, albo-aristulata, margine obsolete vel distinctissime breviter ciliolata, obsolete trinervia. Cyma 1—7 flora, densa, subcapitata. Pedunculi et pedicelli 3 mm non excedentes, validi, hi in hypanthium turbinatum dilatati. Sepala late oblonga, 2,5—3 mm longa, subobtusa, nervis 3 approximatis ad apicem confluentibus tenuissimis percursa, erecta. Petala erecta, rubella (?), spathulata, i. e. longe et late unguiculata, supra unguem ad latera callosa, obtusiuscula, illis vix longiora, nervo mediano crasso carinata, nervis lateralibus remotis tenuibus. Stamina florum functione ♀ valida, 1 mm longa, filamentis basi dilatatis. Ovarium disco crassissimo prominente undulato maxima parte obtectum, in stylos crassissimos 1 mm longos stigmatibus maximis terminatos attenuatum. Capsula vix accreta, stylis coronata.

S.: Humöse Stellen zwischen Felsblöcken und Rasenflecken auf Schiefer in der Hg. St. des Berges Gonschiga sw von Muli gegen Dschungdien 4625 bis 4725 m, 6. VIII. 1915 (7294).

Species inflorescentia densa insignis, foliis ciliatis *S. flagellari*, petalis minutis autem *S. microgynae* ENGL. et IRMSCH. similis. E serius descriptis *S. propagulifera* H. SM. et *S. angustata* H. SM. affines similesque sunt

S cernua L. NW-S.: Gebirge um Sungpan (WEIGOLD).

Dünne, aufrechte, 1—3 blütige Exemplare mit am Grunde keilig verschmälerten Stengelblättern mit langen dreieckig-lanzettlichen Zipfeln, wie sie jedoch ähnlich in Norwegen auch vorkommen.

S. humilis ENGL. et IRMSCH. in Not. R. Bot. Gard. Edinbgh., V., 124 (1912). NW-Y.: Yülung-schan bei Lidjiang, von Einheimischen, 4200 m (3907).

S. chionophila FRANCH. Kalkschutt und -felsen der Hg. St., 4450 bis 4650 m. NW-Y.: Westseite des Gebirges Piepun se von Dschungdien (4710). S.: Berg Gonschiga sw von Muli (7502).

S. Schneideri ENGL. in Notizbl. B. Gart. Berl., VII., 540 (1921). NW-Y.: Kalkmoränen der Hg. St. unter dem Gletscher hinter der Schlucht Lökü am Südfuße des Gipfels Satseto des Yülung-schan bei Lidjiang, 3625 m (6817).

* ***S. imbricata*** ROYLE, Ill. Him. Pl., 226 (1839). NW-Y.: Felsen der Hg. St., 4250—4575 m. Kamm zwischen Haba und Dugwan-tsun se von Dschungdien, Schiefer, 23. VI. 1915 (6910). Gipfel Maya im birm. Mons. in der Mekong—Salwin-Kette, 28° 4′, Kalk, 3. VIII. 1916 (9640).

** *S. ovatocordata* HAND.-MZT.

Sect. *Diptera* (BORKH.) RCHB.

Estolonosa. Rhizoma ignotum. Folia rosulata, juvenilia cum petiolis densissime et longissime rufo-villosa, adulta (annotina) ovata, 2—5 cm longa, obtusa, basi leviter sed anguste cordata, leviter 9—13 lobata, lobis subretusis subintegris vel latissime crenato 3—4 dentatis, margine inferiore subintegra vel simpliciter dentata, subchartacea, caesio-, subtus laete vel brunnescenti-viridia, supra parcissime, subtus densiuscule pilis longis rigidioribus basi fuscis strigosa, nervis palmatis c. 9 nonnisi versus lucem conspicuis, mediani secundariis utrinsecus c. 2, juniora maculis versus lucem fusculis densissimis in sicco granulatis et conspicuis; petiolus lamina aequilongus usque plus duplo longior, basi breviter vaginatus et pallide longeque pectinato-ciliatus, ceterum pilis basi rigidulis dein tenuissimis 5 mm longis purpurascentibus inarticulatis subdeflexo-patentibus densissime indutus. Caulis tenuis, c. 35 cm longus, iisdem pilis patulis atrioribus et in inflorescentia partim brevioribus minute glanduloso-capitatis laxius indutus, foliis parcis ad squamas lineares reductis. Inflorescentia laxe thyrsoidea, ad 8 cm lata, bracteis $\pm$ 3 mm longis linearibus acutis fuscis. Pedicelli 4—15 mm longi, brevius glanduloso-pilosi. Sepala ovata, 1½—2 mm longa, reflexa, obtusissima, glabra vel parcissime glandulosa, indistincte uninervia. Petala minora iis sesquilongiora, e basi breviter unguiculata suborbicularia, unum[1] maius lanceolatum, 1—1½ cm longum, apice ipso obtusum, nervis lateralibus ramosis 5—9 nerve, omnia unicoloria, alba (?). Stamina 3½—4 mm longa, filamentis leviter clavato-dilatatis, antheris minutis ochraceis. Discus vix ullus. Ovarium ad medium bifidum, stylis erectopatentibus tenuiusculis, stigmatibus discoideis eis latioribus. (Capsula ignota.)

W-S.: Wa-schan s von Yadschou, IV.—8. V. 1915 (WEIGOLD).

Foliorum forma cum *S. mengtzeana* ENGL. et IRMSCH. in Notizbl. Bot. Gart. Berl., VI., 36 (1913) tantum comparabilis, quae lamina coriacea grosse crenata, brevius ciliata, petalis magnis 2 trinerviis, staminibus longioribus differt.

Die Blütenstengel sind nicht im Zusammenhang mit den Rosetten gesammelt, aber die durch ihren festen Grundteil sehr charakteristischen Haare stimmen so vollständig überein, daß ich an der Zusammengehörigkeit der Teile nicht zweifeln kann. Auch in den Blütenständen finden sich Unterschiede gegenüber den zum Vergleich in Betracht kommenden Arten. *S. rufescens* BALF. f. und *flabellifolia* FRANCH. haben die Kelchblätter und die kleineren Petalen viel schmäler, ebenso *S. dumetorum* BALF. f., deren Infloreszenz auch viel schmäler ist mit ganz kurzen Blütenstielen. *S. stolonifera* MEERB. hat viel breitere Rispen, abstehende Sepalen, die kleinen Petalen spitz und größer, und 2 große.

S. rufescens BALF. f. in Trans. Bot. Soc. Edinbgh., XXVII., 74 (1916). (*S. sinensis* ENGL. et IRMSCH. in Pflzr., IV/117., 651 [1919]). An Bächen, in Wäldern, an Felsen und steinigen Stellen auf Kalk, Sandstein, selten Glimmerschiefer der ktp. bis in die wtp. St., 2100—3900 m. **Y.**: Batawan bei Beyendjing (TEN 19). Unter Dsutoupo n von Yungbei am Wege nach Yungning (3318). Hier jenseits des nach Fongkou führenden Sattels. Im NW am Yülung-schan bei Lidjiang, von Einheimischen (3906), z. B. ober der Wiese Ndwolo. Se von Dschungdien ober Bödö und auf dem Patü-la ober Anangu (7689). W von dort zwischen Blöcken im Tale des Djinscha-djiang ober Djitsung. Im birm. Mons.

[1] In uno quodam flore evidenter fasciato 3.

ober Tjionatong am Salwin, 28° 9′. Im NE auf Gipfeln bei Dungtschwan (MAIRE). **S.**: Gemein ober Muli, auch ober Dapingdse s von hier. Zwischen Lidsekou und Bodjoho n von Yenyüen.

Das Rhizom ist nicht bezeichnend knollig, wie BALFOUR beschreibt, sondern kommt auch lang kriechend vor. MAIRES Pflanze hat unterseits purpurne, anscheinend dickere Blätter und mehr ausgebreitete Rispe, entspricht aber wohl der von ENGLER von Dungtschwan angegebenen *S. sinensis* und stellt nur eine xerophilere Form dar. Ebenso ausgebreitet ist die Rispe meiner Nr. 7689. Diese erinnert in der Frucht etwas an BALFOURS Beschreibung seiner S. *imparilis*, l. c., 73, doch hat sie nicht deren übrige Merkmale.

S. geifolia BALF. f., l. c., 72 (1916). **NW-Y.**: Kalkfelsen der tp. St. bei Lidjiang unter dem nach Duinaoko führenden Passe, 3000—3100 m (3468).

Die meisten, aber nicht alle Blätter zeigen oberseits zwischen den Nerven große, etwas längliche weiße Flecken, wie sie von *S. dumetorum* BALF. f., l. c., 71, beschrieben sind, die aber durch Ausläufer, nicht knorpelige, gewimperte Blattränder u. a. abweicht. *S. geifolia* wurde von BALFOUR, l. c., 70, im Schlüssel versehentlich (W. W. SMITH brieflich) entgegen der Angabe der Beschreibung unter die ausläufertreibenden Arten gestellt.

S. stolonifera MEERB., Afbeeld. zelds. gew., XXIII (1775). (*S. sarmentosa* L. 1780). In der wtp. St. **H.**: Sandsteinfelsen an Bächlein bei Ngandjiapu nächst Hsikwangschan im Bezirke Hsinhwa, 575 m (11792). Im SW auf dem Yün-schan bei Wukang an Waldbächen und an kräuterreichen Grashängen beim Tempel Gwanyin-go, Tonschiefer, 1200 m (12046). **Y.**: Kalkfelsen am Hsi-schan bei Yünnanfu, 2200 m (SCHOCH).

SCHOCHS Pflanze und meine Nr. 12046 entsprechen der *S. Veitchiana* BALF. f., l. c., 75, die mir aber keinen höheren systematischen Wert zu besitzen scheint.

— — var. ***immaculata*** (DIELS) HAND.-MZT. (*S sarmentosa* var. *immaculata* DIELS in Bot. Jahrb., XXIX., 364 [1901]. — *S. Chaffanjoni* LÉVL. in Rep. sp. n., IX., 452 [1911], e typo). **W-Ki.**: Um die Kohlengrube Pinghsiang, c. 600 m (Plt. sin. 166). **Kw.**: Schattige Mergelfelsen unter Yiyatang bei Guiyang in der wtp. St., 1200 m (10494), und wohl auch die Var. im Schluchtwalde bei Madjiadwen e von hier und in **SW-H.** an gleichen Stellen überall zwischen Hsüning und Ngaidso, str. St., 450—550 m, auf Tonschiefer.

Wie mir Herr MARQUAND nach dem Exemplare in Kew freundlichst bestätigt, ist MEERBURGS Name in einem seltenen, erst in der lateinischen Übersetzung von 1789 verbreiteteren Werke vollkommen rechtsgültig veröffentlicht.

Tiarella L.

T. polyphylla D. DON. In schattigen Mischwäldern und offeneren Gebüschen, auch auf Sand an Bachrändern in der wtp. bis in die tp. St., auf Sandstein, Schiefern und Granit. **Y.**: Ober Djiunienping jenseits Fumin bei Yünnanfu, 2200—2450 m (6118). Unter Lanyitji bei Yungbei, 2800 m (3363). Im birm. Mons. im Tale vom Tseku zum Si-la in der Mekong—Salwin-Kette, 28°, 3050 bis 3200 m (8885). **S.**: Wudadjing, 2450 m (1388) und Laodschang am Lose-schan s von Ningyüen. **SW-H.**: Häufig auf dem Yün-schan bei Wukang, 850—1400 m (12059).

Chrysosplenium L.

C. macrophyllum Oliv. SW-**H.**: Tonschieferfelsen der wtp. St. im schattigen Laubhochwalde des Yün-schan bei Wukang ober dem Tempel Gwanyin-go, selten, 1350 m (11204).

C. Griffithii Hook. f. et Thoms. NW-**Y.**: Bei Lidjiang, von Einheimischen (3916). Hier auf üppigen steinigen Matten der Hg. St. am Osthange des Gipfels Ünlüpe im Yülung-schan, Kalk, 3700—4100 m (3512). Wohl auch dieses ober Hsiao-Niutschang zwischen Bödö und Alo und an der Westseite des Gebirges Piepun se von Dschungdien, 4400 m, und in **S.** gleich unter dem Gipfel des Gonschiga sw von Muli, 4730 m.

C. Forrestii Diels in Not. R. Bot. Gard. Edinbgh., V., 282 (1912). NW-**Y.**: Tannenwälder der ktp. St. des birm. Mons. an der Ostseite des Passes Nisselaka zwischen Mekong und Salwin, Glimmerschiefer, 28°, 3700—4100 m (8974), und wohl dieses mehrfach in derselben Kette bis zum Tale Schildsaru, das nach Tibet hinabführt, 28° 9′.

** ***C. oxygraphoides*** Hand.-Mzt.

Sect. *Alternifolia* Franch.

Singulare, estolonosum, radicibus fasciculatis, longis, a basi incrassatis fulvescentibus, foliis paucis scapoque inferne vaginis mortuis teneribus fuscis cinctis, glaberrimum. Folia late elliptica, sub anthesi nondum expansa, ad 7 mm longa (serius maiora?), circumcirca c. 17 crenata, crenis latis pronis, sinubus c. ½ mm profundis, crassa, saturate virida, subtus pallidora, evenosa, in petiolos laminis ± duplo longiores fere 2 mm latos anguste alatos inferne brevius longiusve vaginato-dilatatos cuneato-angustata. Scapus folia excedens, crassus, aphyllus, ad 4 cm longus. Cyma densissima, 1—2 cm diametro, bracteis multis obovatis patulis antice tantum crenatis ceterum foliaceis etsi pallidioribus calyce instar fulta et paulum excessa, bracteis intimis minutis oblongis integris. Flores sessiles, 8 mm diametro, tetrameri. Hypanthium late et breviter conicum. Sepala calyculato-erecta, ovata, obtusa, corollina, flava. Stamina 4 longiora ea fere dimidio excedentia, 4 breviora iis duplo breviora, omnia filamentis deorsum paululum dilatatis, antheris maiusculis pallidis. Ovarii pars libera fere tota bifida, partibus angustis, in stylos erectos tenues filamenta longiora aequantes attenuatis, stigmatibus minutis capitatis. (Capsula seminaque ignota.)

S.: Kalkschutt der Hg. St. am Gipfel Holoscha zwischen Yenyüen und Kwapi, 27° 48′, 4300 m, 18. V. 1914 (2363).

Plantula compacta habitu *Oxygraphidis glacialis* Bge., proxima *C. nudicauli* Bge., quod differt radicibus tenuibus, foliis reniformibus lobatis, bracteis multo maioribus, staminibus brevibus, et *C. Forrestii* praeter folia crenata tantum iisdem characteribus et magnitudine diverso.

Von der Pflanze liegt nur spärliches Material vor, doch ist sie durch die angegebenen Merkmale sehr ausgezeichnet. Der Stengel ist an dem einen vollständigen Exemplar deutlich seitenständig, an dem anderen aber ebenso deutlich von den jungen Blättern umgeben, wenn auch nicht genau zentral. Die Scheiden sind, soviel sich sehen läßt, keine selbständigen Organe, sondern Reste alter Blattstiele.

C. Henryi Franch. SW-**H.**: Nasse Stellen im wtp. Laubhochwalde des Yün-schan bei Wukang, Tonschiefer, 1180 m (12047).

Grundständige Blätter sind nur verwelkt vorhanden. Die Brakteen sind viel breiter als an Franchets Abbildung, nämlich breit rhombisch, bis zu 1 cm lang und 1,3 cm breit, doch gibt er an „vel suborbiculatis". Die Samen sind noch nicht beschrieben: Semina crasse ellipsoidea, spadicea, nitida, costa una valida, ubique setulis ecapitatis dense induta.

C. Davidianum Decne. Feuchte Stellen an Bächen, in Gebüschen, Bambusdschungeln, Wäldern und Wiesen in der tp. bis in die ktp. St. auf Kalk, Schiefer, Sandstein und Diabas, 2700—3600 m. **S.**: Soso-liangdse (1730) und Lolokou (1477) im Daliang-schan e von Ningyüen. Houdsengai bei Dötschang (1797). Liuku-liangdse n von Yenyüen (2273) und ober Ngaitschekou jenseits des Yalung dort. Ober Hungga und ober Fümadi am Wolo-ho (3070) zwischen Yenyüen und Yungning. Im W auf dem Wa-schan s von Yadschou (Weigold). **NW-Y.**: Bei Lidjiang, von Einheimischen (3915). Ober Hsiangschuiho zwischen Lidjiang und Dali, 26° 15′ (6469). Tschada am Wege von Djitsung nach Kakatang in der Yangtse—Mekong-Kette, 27° 22′.

C. nepalense Don. **NW-Y.**: Im Wasser von Quellen in den tp. Mischwäldern des birm. Mons. in dem vom Schöndsu-la in der Mekong—Salwin-Kette nach Londjre herabziehenden Tale, 28° 6′, Glimmerschiefer, 3500 m (8281).

— — var. ***yunnanense*** Franch. **Y.**: Um die Bäche auf dem Passe Sanschischao bei Hodjing, tp. St., Sandstein, 3250 m (8735) und im ktp. Walde des birm. Mons. im Tale Schidsaru in der Mekong—Salwin-Kette, 28° 9′, Glimmerschiefer, 3800—3850 m (9710).

** ***C. Guébriantianum***[1] Hand.-Mzt.

Sect. *Oppositifolia* Franch., series *Esulcata* Franch.

Dense gregarium, erectum, 1½—7 cm altum, estolonosum, glaberrimum. Caulis crassiusculus, simplex vel raro parce ramosus, a basi dissite et accrescenter oppositifolius. Folia late ovata, usque ad 6—9 mm longa et lata, late vel anguste rotundata, basi ad petiolum brevem et latum rotundata vel late cuneata, marginibus incrassatis parce lateque crenatis, crena apicali latissima, sinubus plerisque plicato-clausis, crassiuscula, sicca griseoviridia, nervis palmatis indistinctissimis. Cymae laxae, 1—3 cm latae, bracteis folia superiora omnino aequantibus, sed partim longitudine latioribus. Flores sessiles vel brevissime pedicellati, 2 mm diametro, tetrameri. Hypanthium obovoideum. Sepala late ovato-elliptica, longitudine subaequilata, rotundata, herbacea, viridia, patentia. Stamina 4, raro 2 vel 5 vel 8 (nunc partim staminodialia ?), filamentis tenuibus sepala dimidia vix aequantibus vel brevioribus, antheris ochraceis. Ovarium totum immersum, apice planum, stylis tenuibus vix ½ mm longis erectopatentibus, stigmatibus oblongis. Capsula obovoidea, 2—2½ mm longa, tota infera, membranacea, teres, paucicostulata. Semina ellipsoidea, ½ mm longa, castanea, nitida, unicostulata, dense et leviter foveolata.

S.: An Bächen der wtp. St. ober Nyuguba bei Tjiaodjio im Lolo-Lande e von Ningyüen, Sandstein, 2500 m, 22. IV. 1914 (1552) und wohl auch dieses in der tp. St. bei Lanba und im Walde des Soso-liangdse dort, 2700 m.

---

[1] Species dom. De Guébriant, episcopo Ningyüenensi, nunc Cantoniensi, de itineribus nostris in sua ditione merito dedicata.

Habitu congruens cum varietate praecedente, quae differt foliis flabellatis transverse latioribus marginibus non incrassatis antice tantum sed angustius crenatis, capsulis brevioribus late turbinatis partim emersis, seminibus levissimis.

Merkwürdig ist die verschiedene Zahl der Staubgefäße. In einer der zuletzt kommenden Blüten fand ich nur 2, in einer anderen nebst den episepalen nur ein intersepales entwickelt, in einer dritten 8 Filamente, von denen die meisten Antheren abgefallen waren, doch mögen einige von Anfang an als Staminodien ausgebildet sein.

C. Delavayi FRANCH. SW-**H.**: Yün-schan bei Wukang, Tonschiefer zwischen 400 und 1420 m (Plt. sin. 108).

Die Rippen der Samen sind glatt, nicht quer gerillt; sonst stimmt es mit Beschreibung und Abbildung überein.

Ribes L.

R. emodense REHD. in Journ. Arn. Arb., V., 161 (1924). (*R. himalense* DECNE., non ROYLE). NW-**Y.**: Im ausklingenden Mischwalde der ktp. St. des birm. Mons. an der Westseite des Si-la zwischen Mekong und Salwin, Glimmerschiefer, 3900—4100 m (8946) und häufig in den tp. Mischwäldern des Tjiontsonlumba vom Salwin gegen den Irrawadi, 2900—3100 m. Nach einem Lichtbild auch an der Westseite des Gebirges Piepun bei Hsiao-Dschungdien, Kalk, 3600 m.

R. moupinense FRANCH. In Bambusbeständen und offenen Wäldern der tp. St. auf Kalk, Schiefer und Sandstein. **S.**: Lolokou im Daliang-schan e von Ningyüen, 3100 m (1751). Molien jenseits des Yalung n von Yenyüen, 3150 m, und Daörlbi w von hier, 3700 m, an diesen beiden Orten vielleicht die var. **Y.**: Beyendjing, Motao-tsun bei Guti (TEN 170).

— — var. ***tripartitum*** (BAT.) JANCZ. (*R. tripartitum* BAT.). **Y.**: In einem feuchten Tale der tp. St. ober Hsiangschuiho zwischen Dali und Hodjing, 26° 15′, Diabas, 2900—3200 m (6468). Bei Lidjiang, von Einheimischen (3890). Hieher wahrscheinlich alle Notizen aus der tp. und ktp. St. bis 3950 m ober Hsiao-Niutschang und an der Westseite des Gebirges Piepun se von Dschungdien, sowie unter dem Sattel Schulakadsa an dessen Ostseite, und **S.**: Paß Tschescha s von Muli.

Die gesammelten Pflanzen des Typus blühen deutlich vor der Entfaltung der Blätter und haben lange Petalen, die mehr jenen des *R. setchuense* JANCZ. entsprechen, welches aber von ihm später als Varietät zu *moupinense* gezogen wurde; die Behaarung ist jedoch jene des Typus.

R. Vilmorinii JANCZ. **S.**: In der wtp. und tp. St. in Gebüschen, gerne um Bäche, auf Sandstein, 2400—3350 m. Lolokou im Daliang-schan e von Ningyüen (1475). S von Linkan am Houdsengai bei Dötschang („Tetschang") (1838). SW-Hang des Sandao-schan, 27° 31′ (2213) und wahrscheinlich auch dieses ober Niutschang, 27° 23′, zwischen Yenyüen und dem Yalung.

Die Nr. 2213 stimmt am besten mit ROCK 13954, die von REHDER mit von JANCZEWSKI bestimmten Exemplaren identifiziert wurde. Die Brakteen dieser ROCKschen Pflanze sind sehr breit und kurz, während meine darin besser der Originalbeschreibung entspricht. Meine Nr. 1475 hat sie noch länger. Die gut entwickelten Blätter dieser Pflanze gleichen jenen von ROCKS Nr. 14877 und jene meiner Nr. 1838 ROCKS 12534 und damit JANCZEWSKIS Abbildung von *R. humile*, während seine Originalabbildung von *R. Vilmorinii* eine wesentlich andere Form zeigt.

R. tenue JANCZ. W-S.: Wa-schan s von Yadschou (WEIGOLD).

Männliche Trauben ausgesprochen hängend, Filamente etwas länger als an WILSONS Pflanzen. Übereinstimmend mit LIMPRICHT 1260.

R. coeleste JANCZ. NW-S.: Gebirge um Sungpan (WEIGOLD).

* ***R. laciniatum*** HOOK. f. et THOMS. in Journ. Linn. Soc., II., 87 (1858). S.: In der ktp. St. des Tschahungnyotscha ober Ngaitschekou jenseits des Yalung n von Yenyüen, 28° 15′, Schiefer, 3600—3900 m, 27. V. 1914 (2634).

Blätter nebst purpurnen Drüsenbörstchen oberseits recht dicht und unterseits spärlicher mit fast schwarzen Sitzdrüsen bedeckt, außerdem dort hie und da ganz fein flaumig. Ein Originalexemplar zeigt an den keineswegs besonders zerschlitzten Blättern ganz dasselbe Indument, wenngleich spärlicher. Die Blütenstiele an den kurzen Trauben meiner ♂ Pflanze sind auffallend abstehend, dadurch auch von *R. glaciale* und *coeleste* verschieden. Die Infloreszenz des mir vorliegenden Originals ist leider nicht vergleichbar gut erhalten. Vielleicht gehören die unten unter *R. glaciale* anhangsweise angeführten Fundorte hieher.

R. glaciale WALL. In Hecken, Wäldern und feuchten Gebüschen von der oberen wtp. bis in die ktp. St. auf Kalk, Sandstein und Diabas, 2500—3825 m. Y.: Ober Hsiangschuiho zwischen Dali und Hodjing (6472). Guti bei Beyendjing (TEN 168, 253). Gipfel des Yao-schan ober Ganhaidse bei Lidjiang (phot.). Westseite des Gebirges Piepun und zwischen der Alm Oscha und dem Nguka-la bei Dschungdien. S.: Alm Bädö ober Muli. Zwischen Wudadjing und Luschue am Fuße des Lose-schan s von Ningyüen (1433).

Hieher stellt REHDER auch meine fruchtende Nr. 7069 aus NW-Y.: Im ktp. Walde um die Alm Maoniubi auf dem Waha bei Yungning, Sandstein, 4050 m, die er mit von JANCZEWSKI bestimmten WILSONschen Pflanzen aus Setschwan gut stimmend findet. Nach meinem übrigen Material und einem WALLICHschen Original kann ich sie aber nicht mehr in den Formenkreis dieser Art stellen. Ihre Blätter sind recht fest und gleichen in der Form ROCKS Nr. 14877 (s. oben unter *R. Vilmorinii*); sie sind oberseits recht reichlich drüsenborstig und oft außerdem ganz fein, fast samtig behaart; die Blattstiele tragen auffallend lange Drüsenbörstchen. Die sitzenden Trauben haben nur bis 3 Beeren; diese sind auffallend länglich, 8 mm lang, orangerot. Darin stimmen sie nur mit *R. humile* JANCZ., wo sie der Autor allerdings rotundata nennt, doch zeigt sie seine Photographie länglich und bis 8 mm lang. Die Blätter dieser Art, die mir Herr REHDER freundlichst schickte, sind aber sehr verschieden. Die ganze Verwandtschaft scheint mir einer Neubearbeitung bedürftig. Vielleicht gehören zu den erwähnten Pflanzen auch meine Notizen von oberhalb Bödö, 3200 m, und von der Westseite des Gebirges Piepun, hier in verbrannten Wäldern, 3750 m, se von Dschungdien.

R. luridum HOOK. f. et THOMS. NW-Y.: Tannen- und bambusreiche Mischwälder der ktp. St. auf Schiefern, 3600—4100 m. Paß Lenago zwischen Yangtse und Mekong, 27° 45′ (8832). Im Saoa-lumba (8941) und darüber am Hange des Nisselaka (8978) in der Mekong—Salwin-Kette, 28°, und jedenfalls auch dieses im Tjiontson-lumba am Zugange zum Irrawadi, 3100 m. Hieher auch FORRESTS Nummern 18335 und 21636 (als *R. glaciale*).

Die Früchte meiner Pflanze (8941) sind nicht schwarz, wie JANCZEWSKI angibt, sondern dunkelrot. Wilsons Nr. 100 halte ich nicht für *R. luridum*, sondern für eine *acuminatum*-Form.

R. acuminatum Wall. **var. *minus*** Jancz. in Mém. Soc. Phys. Hist. Nat. Genève, XXXV., 472 (1907). **S.**: Im tp. Mischwalde des Soso-liangdse im Daliang-schan e von Ningyüen, Sandstein, 2600—2800 m (1671). Im W auf dem Wa-schan s von Yadschou (Weigold).

Meine Pflanze ist auffallend durch die dichten Trauben mit rotbraunen Brakteen und ♂ Blüten, sowie durch die ziemlich langen Drüsenborsten der Blattstiele. Die Kelchzipfel sind 5nervig, wie bei *R. kialense* Jancz., doch ist die Bekleidung der Blätter anders, unterseits auf den Nerven kurz stieldrüsig, oberseits fehlend, die Brakteen sind nur drüsig-gewimpert, die Blüten kahl und die Kelchzipfel nicht zurückgeschlagen, sondern aufrecht. Einige dieser Merkmale erinnern an *R. Rosthornii* Diels, das aber deutlich gewimperte Blätter mit kürzeren Stielen hat und von Janczewski später als Varietät zu *glaciale* gestellt wurde, also ganz anderen Blattzuschnitt haben muß.

— — * **var. *desmocarpum*** (Hook. f. et Thoms.) Jancz., l. c. (1907). (*R. desmocarpum* Hook. f. et Thoms. in Journ. Linn. Soc., II., 87 [1858]). **NW-Y.**: Als epiphytischer Strauch auf Baumstämmen, längs deren er starke Wurzeln herabtreibt, in Wäldern der tp. und ktp. St., 3050—3600 m. Westseite des Nguka-la zwischen Dschungdien und Djitsung, 25. VIII. 1915 (7791). Westseite des Passes Lenago zwischen Djinscha-djiang und Mekong, 27° 45′, 7. VI. 1916 (8845). Überall in den Regenmischwäldern des birm. Mons. zwischen Mekong und Salwin im Tale von Tseku zum Si-la, 28°, 15. VI. 1916 (8875), beiderseits des Schöndsu-la und unter dem Doker-la, 28° 15′. Ob die Lichtbilder nichtepiphytischer Sträucher in der Sohle des Saoa-lumba und unter dem Doker-la diese Varietät oder den Typus der Art darstellen, kann ich nicht erkennen.

R. laurifolium Jancz. **NW-Y.** Als hängender epiphytischer Strauch auf Baumästen in den tp. Regenmischwäldern des birm. Mons. im Tjiontson-lumba unter Tschamutong vom Salwin gegen den Irrawadi, 2950 m (9189).

R. fasciculatum Siebd. et Zucc. **NE-Y.**: Ebene von Dungtschwan, 2500 m (Maire).

Die Pflanze zeigt nicht deutlich die Merkmale der var. *chinense* Maxim.

R. alpestre Decne. In der tp. und ktp. St., 2900—3800 m. **Y.**: Im feuchten Tälchen ober Hsiangschuiho, 26° 15′, zwischen Dali und Hodjing, Diabas (6473). In Menge in Hecken s von Dschungdien, Kalk. **S.**: Sw ober Muli. In Gebüschen auf Humus auf dem Rücken Daörlbi halbwegs zwischen Yenyüen und Yungning, Kalk (2974).

Parnassia L.

* ***P. trinervis*** Drude in Linnaea, XXXIX., 322 (1875). **NW-Y.**: In einem Quellsumpfe der tp. St. unter Baoschi bei Dschungdien („Chungtien"), Kalk, 3400 m, 17. VIII. 1915 (7705). Vielleicht diese in der Hg. St. des birm. Mons. auf dem Si-la und Nisselaka zwischen Mekong und Salwin, 28°, 4100—4400 m.

In der Form der Petalen ist diese Pflanze so verschieden von *P. Laxmanni* Pall., daß es mir nicht berechtigt erscheint, sie zu vereinigen, wie Nekrassowa in Bull. Soc. bot. Fr., LXXIV., 641 (1927) tut. Zu *P. trinervia* gehört als var. *viridiflora* (Bat.) Hand.-Mzt. die von Batalin unter diesem Namen als Art aufgestellte und von NEKRASSOWA, l. c., 641 als solche anerkannte Pflanze (*P. Laxmanni* var. *v.* [BAT.] FRANCH.), mit der *P. rumicifolia* BRIEG. in Rep. sp. n., Beih. XXII., 401, synonym ist. Sehr nahe kommt *P. trinervis* der *P. oreophila* HCE., in deren Variationsweite, wie ich an dem reichen Material H. SMITHS feststellen konnte und dieser nach seinen Beobachtungen in der Natur bestätigte, *P. setchuenensis* FRANCH. fällt. Der einzige durchgreifende Unterschied, den ich zwischen *trinervis* und *oreophila* finden kann, liegt in der Größe der Petalen; nur ein ganz schmächtiges Stück der zweiten liegt mir vor, das verwechselt werden könnte, sonst sind sie auch, wo sie zusammen vorkommen, wie um Sungpan in NW-Setschwan, von wo ich sehr reiches Material H. SMITHS sah, nicht zu verwechseln. *P. Laxmanni* PALL. (*P. subacaulis* KAR. et KIR.) steht der *P. oreophila* näher und unterscheidet sich von ihr u. a. durch das sehr tief stehende Stengelblatt.

* **P. nubicola** WALL. in WIGHT, Ill., I., 45 (1840) var. **cordata** DRDE. in Linnaea, XXXIX., 316 (1875). **S.**: In Kieferwäldern der tp. St. ober Doloho zwischen Muli und Yungning, Sandstein, 2900 m, 24. VII. 1915 (7194). **NE-Y.**: Felsen der Gipfel bei Dungtschwan, 2700 m (MAIRE). Wohl auch diese im NW bei Dungdien am Lantschouba zwischen Djientschwan und Weihsi, 2700 m, und beim Lagerplatze Djatsüla sw von dort, 3425 m.

** **P. cacuminum** HAND.-MZT.

Sect. *Nectarotrilobos* DRUDE.

Radices fasciculatae, tenues, longae. Folia basalia multa, laminis ovatis, 10—15 mm longis, obtusis, basi leviter cordatis, crassiusculis, subtus quam supra paulo pallidius viridibus, quinquenerviis, petiolis plerisque iis longioribus anguste marginatis basi in vaginas lineares pallidas purpureo-striatas, praesertim apice paucifimbriatas dilatatis. Caulis singulus, 2½—4 cm altus, validulus, haud procul infra apicem folio minuto foliis basalibus pari obsitus. Flos erectus, ad 1½ cm diametro. Sepala late oblonga, decurrentia, rotundata, supra unguem indistinctum breviter eroso-fimbriata, alba (e nota ad vivum), rubro-punctulata, 3—5 nervia, suberecta. Nectaria calyce dimidio subaequilonga, obcuneata, breviter triloba, lobo medio angusto, lobis lateralibus latissimis divergentibus plerisque leviter 2- vel 3 lobulatis, viridia, crassa. Stamina calycem vix excedentia, filamentis deorsum sensim dilatatis, antheris brevibus rotundatis. Ovarium breviter immersum, in stylum 1½ mm longum brevissime bifidum sensim attenuatum. (Capsula ignota.)

S.: Humöse Stellen über Kalk auf dem Gipfel Saganai ober Muli, 4450 bis 4500 m, 30. VII. 1915 (7338).

Differt a praecedente habitu humili, folio caulino alte inserto minuto, staminodii forma et colore. Proxima certe *P. pusilla* WALL. staminodii forma (cfr. Nat Pflzfam., 2. Aufl., XVIII a, Fig. 100 R) congruens e descriptione differt foliis minoribus, folio caulino ovato subpetiolato, petalis quam sepala 3—4plo longioribus. Habitus *P. kumaonicae* NEKR. haud dissimilis, sed petala longiora et fimbriata, stamina breviora, nectaria diversa.

P. mysorensis HEYNE (*P. affinis* HOOK. f. et THOMS.). Heidewiesen der wtp. St. auf Sandstein. **Y.**: Houdjing e des Dsolin-ho, 2150 m (4940). Gwanyin-tsun bei Beyendjing (TEN 1262). Im NE bei Hungsi am Wege nach Suifu, 2500 m (MELL). Im NW bei Lidjiang, von Einheimischen (3913). **S.**:

? Wahrscheinlich diese am Fuße des Lungdschu-schan bei Huili und in der tp. St. auf dem Passe zwischen Niutschang und Yenyüen und ober Mabaho n von hier, 2400—3600 m.

P. chinensis Franch. (*P. pusilla* Brieg. in Rep. sp. n., Beih. XII., 401. W. W. Sm. in Not. R. Bot. Gard. Edinbgh., XVII., 71, non Wall.). NW-**Y.**: Im Rasen und zwischen Felsblöcken auf Kalk und Glimmerschiefer in der Hg. St. des birm. Mons. zwischen Mekong und Salwin auf dem Maya, 28° 4′ (9633), zwischen dem See und Paß Yigöru und an der Ostseite des Gondon-rungu, 28° 9′ (9746); 4050—4400 m.

Hier sind die Petalen kaum gewimpert, sondern gegen den Nagel zu nur spärlich ausgefressen gezähnelt, einige deutlich gestutzt.

P. Farreri Ev. in Not. R. Bot. Gard. Edinbgh., XIII., 174 (1921). NW-**Y.**: An Moorgräben der ktp. St. des birm. Mons. bei der Alm Dotitong zwischen Mekong und Salwin, 28°, 3900 m (9986).

In den mehr oder weniger gekerbten Staminodien liegt kein wesentlicher Unterschied gegenüber der vorigen Art. Dagegen bilden einen solchen die breit gestutzten und dadurch auffallend genagelten Petalen. Doch ist es immerhin möglich, daß sich die Pflanze später als das dem oben charakterisierten entgegengesetzte Extrem in der Variationsweite der *P. chinensis* erweisen wird.

P. Delavayi Franch. In Wäldern, üppigen Wiesen, an Dschungelrändern und steinigen Stellen der tp. und ktp. St. auf Kalk, Sandstein und Eruptivgesteinen, 3000—3750 m. NW-**Y.**: Wiese Ndwolo im Yülung-schan bei Lidjiang (3571). Paß Gaogu am direkten Wege von hier nach Yungning. Paß sw von hier gegen Fongkou. Ober Bödö se (4559) und auf dem Nguka-la sw von Dschungdien. **S.**: Sw und beim Lagerplatze Dapingdse s von Muli. Lungdschu-schan bei Huili (5174).

P. brevistyla (Brieg.) Hand.-Mzt. (*P. Delavayi* var. *brevistyla* Brieg. in Rep. sp. n., Beih. XII., 400 [1922]. Nekrassowa in Bull. Soc. bot. Fr., LXXIV., 652 [1927]). NW-**S.**: Gebirge um Sungpan (Weigold).

Die von *P. Delavayi* auch durch verlängerte Blätter und fast verkehrtherzförmige Petalen verschiedene Pflanze, die auch reichlich von H. Smith gesammelt wurde, besitzt entschieden Artwert.

P. crassifolia Franch. **Y.**: Beyendjing, nasse Stellen am Lung-schan (Ten 1451).

P. Wightiana Wall. In Quellsümpfen, Moorwiesen und anderen nassen Stellen der wtp. und tp., selten der Hg. St. auf Kalk, Sandstein und Schiefer. **Y.**: Ober Alaodjing se von Tschuhsiung, 2200 m. Im NW bei Lidjiang, von Einheimischen (3914). Hier ober Ganhaidse (4313) und am He-schui. Yungning. Bödö se von Dschungdien. Dungtien zwischen Djientschwan und Weihsi und n von hier bei Döku. Im birm. Mons. auf dem Maya in der Mekong—Salwin-Kette, 28° 4′, über 4050 m (9637). **S.**: Hwayi w von Yungning, 3200 m. **Kw.**: Pingyi, 2100 m (Schoch 386). Maotsaoping zwischen Duyün und Badschai, 800 m (10757). Pinfa (Cavalerie 8177).

Von mir immer hellgelb blühend gesehen.

P. tenella Hook. f. et Thoms. Auf bloßer Erde (Kalk) von der tp. bis in die Hg. St., 3100—4525 m. **Y.**: Bei Lidjiang, von Einheimischen (3912). Kamm des Betsaoling bei Beyendjing (niedriger?) (Ten 1320). Um den Sattel des Berges

Lamatso zwischen Yungning und Dschungdien (7599). S.: Berg Saganai ober Muli, bis zum Gipfel.

P. yunnanensis FRANCH. In Hochwäldern und *Rhododendron*-Wäldern der ktp. und an Erdabrissen der Hg. St., auf Kalk und Tonschiefer, 3500—4200 m. NW-Y.: Osthang des Ünlüpe im Yülung-schan bei Lidjiang, von Einheimischen (3911; ROCK 5255 als *P. pusilla*). Unter dem Passe Hwayanggo am direkten Wege von Lidjiang nach Yungning (7023). Hier ober der Alm Maoniubi am Waha. Patü-la ober Anangu se von Dschungdien. S.: Sw ober Muli.

Die Petalen sind gegen den Grund kurz wimperzähnig, was der Autor nicht erwähnt. ENGLER gibt sie in Nat. Pflzfam., XVIIIa, 2. Aufl., 182 als weiß an, FRANCHET „albo-virescentia". Ich sah sie immer grün.

P. longipetala HAND.-MZT. in Sitzgsanz. Ak. W. W., 1923, 182 (Taf. VIII, Abb. 9).

Sect. *Saxifragastrum* DRD.

Rhizoma crassum, brevissimum, radicibus numerosissimis longis tenuibus, gemmam singulam vel gemmas paucas squamis ovatis carnosis 4—5 mm longis serius siccis flaccidis primum bulboso-cinctas edens. Caulis et folium e quaque gemma singula vel (folio nullo) illi bini, tenues, 4—10 cm longi, medio circiter folium unum sessile gerentes, uniflori. Folia reniformia, profunde cordata, sinu clauso, 2,5—5 cm longa et paulo latiora, basale petiolo tenui scapi vix tertium usque totum aequante fultum, caulinum saepe minutum, carnosula, saturate viridia, subtus pallidiora, margine nervo tenui cincto erosulo-aspera, nervis a basi 5—7 indistinctis lateralibus arcuatis. Calycis tubus late turbinatus, demum sepala semiorbicularia usque ovata 2—4 mm longa venosa margine tenui breviter ciliata aequans. Petala lanceolata, 13—20 mm longa, acutissima, herbacea, viridia (e nota ad vivum), longitudinaliter 5—7 venosa, margine denticulato et ad unguem indistinctum submembranaceum longius fimbriata. Stamina petalis 4plo breviora, antheris globosis, fuscis. Staminodia illis duplo breviora, stipite firmo ligulato, malleiformia, crenulata, fuscopurpurea. Ovarium depresso-ovoideum, quadrangulum, stylo 1,5 mm longo, stigmatibus 3 patulis.

NW-Y.: Im Walde der ktp. St. des birm. Mons. auf dem Kamme ober Tjionatong am Salwin gegen den Paß Tongong, unter Bambusen, 28° 7', Schiefer, 3600—3800 m, 8. VIII. 1916 (9767).

Species cum nulla nisi *P. tenella* HOOK. f. et THOMS. vero dissimillima comparabilis.

Die Art hatte ich in die Sectio *Nectarotrilobos* gestellt, doch paßt sie besser als größte in *Saxifragastrum*, da *P. yunnanensis* FRANCH. die Staminodien oft noch viel deutlicher gelappt hat. Die gewimperten Kelchblätter und längsten aller *Parnassia*-Petalen zeichnen sie sehr aus.

P. Petitmenginii LÉVL., teste W. W. SMITH, e typo. NE-Y.: Im mittelchin. Fl. auf Bergen bei Dschenfungschan (MAIRE).

Itea L.

I. chinensis HOOK. et ARN. E-Kw.: Laubwald der str. St. bei Pingü am Du-djiang unterhalb Sandjiang, Schiefer, 350 m (10846).

Die Blätter sind etwas gröber gezähnelt, als an der sonst übereinstimmenden Pflanze aus Kwangtung.

** ***I. oblonga*** Hand.-Mzt. in Sitzgsanz. Ak. W. W., 1921, 90 (Taf. VIII, Abb. 12).

Sect. *Sempervirentes* Engl.

Rami virgati, cortice spadiceo longitudinaliter plicatulo nitido. Stipulae caducissimae. Folia oblonga vel prorsus paululum dilatata, 28 × 70 — 38 × 87 et 37 × 100 mm, in basin ipsam obtusam et apicem saepe 5 mm protractum, in foliis infimis innovationum autem saepe rotundatum cuneato-contracta, glaberrima, coriacea, persistentia, supra papilloso-punctata, subtus paulo pallidiora, costa supra paulum impressa, subtus et nervis utrinsecus 4—6^{nis} arcuatis, juxta marginem angustissime incrassatum, a quarto infero remotiuscule spinuloso-denticulatum vix anastomosantibus et venis transversalibus crebris et venularum reti laxo utrinque prominulis; petiolus 12—18 mm longis, crassus, sursum plicato-sulcatus. Spicae axillares, singulae vel geminatae, patulae, 4—9 cm longae, laxiuscule 20—55 florae, graciles, rhachi ad 7—14 mm nuda et pedicellis patulis saepe geminatis 3—5 mm longis et bracteis subulatis illos aequantibus et bracteolis similibus et calycibus subtilissime patule puberulis. Sepala subulato-lanceolata; petala sesquilongiora, 3,5 mm longa, ligulato-lanceolata, obtusa, erecta, alba (e nota collectoris), dense papillosa; stamina glabra et stylus cum ovario hirsutus his paulo longiora. Capsula ignota.

W-**Ki.**: Um die Kohlengrube Pinghsiang, c. 600 m, Frühjahr 1920, leg. Wang-Te-Hui (Plt. sin. 146).

Proxima *Itea chinensis* H. et A. foliis latioribus, brevius et remotius denticulatis, spicis florentibus brevioribus, petalis 2,5 mm longis, *Itea omeiensis* Schndr. foliis multo maioribus ovariisque glabris differunt.

** ***I. glutinosa*** Hand.-Mzt. in Sitzgsanz. Ak. W. W., 1921, 91.

Sect. *Sempervirentes* Engl.

Arbuscula 3 m, ramulis robustis, olivaceo- usque castaneo-corticatis, glanduloso-verrucosis. Stipulae filiformi-subulatae, 5—6 mm longae, caducae. Folia lanceolato-elliptica, 39 vel 46 × 100 — 45 × 120 et 68 × 155 mm, basi rotundata, apice acuta vel breviter acuminata, coriacea, persistentia, supra sparse glandulosa, subtus paululum pallidiora, costa lata supra paulum impressa, subtus et nervis utrinsecus 6—7^{nis} arcuatis et venarum reti densiusculo pallide brunneis utrinque prominuis, margine valde indurato excepta parte basali dense et argute saepe irregulariter subspinoso-serrata; petiolus crassus 12—20 mm longus, plicato-sulcatus. Spicae axillares, raro geminatae, erectae et serius nutantes, 7—13,5 cm longae, densiuscule 40—65 florae, robustae; rhachis ad 1,5—3 cm nuda, cum pedicellis partim nutantibus plerisque ternis 2—3 mm longis et bracteis lanceolatis serius deciduis flores aequantibus vel superantibus et bracteolis minutis erosulis subulatis subbasalibus et calycibus subtilissime hirtella et glandulis densis magnis globosis sessilibus et subsessilibus rubris glutinosa. Sepala triangulari-lanceolata, 3—3,5 mm longa, acuta; petala illis non vel vix longiora, lanceolata, apice cucullata mucrone inflexo, erecta, alba, dense papillosa et margine interdum sparse glandulosa; stamina et stylus his breviora nec denique manifeste longiora glaberrima. (Capsula matura ignota.)

SW-**H.**: Selten an offenen buschigeren Stellen im obersten Teile des wtp.

Waldes des Yün-schan bei Wukang, Tonschiefer, 1250—1350 m, 17. VI.—20. VII. 1918 (12134).

Species indumento peculiari valde insignis.

I. ilicifolia OLIV. **Kw.**: Gebüsche bei Dschenyüen, Kalk, 800 m (SCHOCH 428).

I. yunnanensis FRANCH. (*I. ilicifolia* W. W. SM. in Not. R. Bot. Gard. Edinbgh., XVII., 397, non OLIV. — *I. mengtzeana* ENGL., Nat. Pflzfam., 2. Aufl., XVIIIa, 184 [1930]). Trockene Gebüsche und Wälder der str. und wtp. St. auf Kalk und Phyllit. **Y.**: 1100—2600 m. Zwischen Hsinlung und Hsiaodsang (SCHNEIDER 379) und bei Lagatschang am Djinscha-djiang (SCHN. 472) n von Yünnanfu. Beyendjing und Tieso (TEN 91, 101 ex hb. Berlin). Im NW bei Bödö se von Dschungdien (4516), Bolo w von Yungning. Mehrfach (FORREST 10096, 10654, 21328, 23059, 23251) bis ins birm. Mons. an der Mündung des Tjiontson-lumba in den Salwin, 27° 58′, und in die Salwin—Irrawadi-Kette am 28° 40′ (FORREST 19240). Im NE bei Swenwei (MAIRE ex Arb. Arn. 407). Im E häufig in Hügelwäldern von Djindjischan bei Loping (10197) ostwärts. **S.**: Häufig über dem Yalung bei Datjiaoku (2711) und ober Wali (SCHNEIDER 1387) n von Yenyüen, 1700—2400 m. **Kw.**: Charakterbaum der Wäldchen der Karstkegelberge um Hwangtsaoba und Dinghsiao und von Schuigaodji unterhalb Taipinggai über Nganschun bis Nganping. Dung-schan und Nanyo-schan bei Guiyang, 1100—1500 m.

Herr Unterdirektor F. GAGNEPAIN sandte mir eine Zeichnung des Originals dieser Art, die zeigt, daß FRANCHETS Angabe „racemi axillares“ und ENGLERS darauf beruhende Einreihung unzutreffend sind. Die Trauben stehen endständig an Hauptästen und an mindestens ein Laubblatt tragenden Seitenzweigen; nur an einem Exemplar von FORRESTS Nr. 10096 finde ich nebst endständigen auch eine seitenständige ohne deutliche Blattnarbe am Stiele. *I. yunnanensis* hat zum Unterschiede von der vorigen Art die Blätter über zweimal so lang als breit, nur einzelne 2 : 1, im Umriß spitz mit flacher Spitze, am wenig knorpeligen Rande dicht und kurz dornig gezähnt oder ganzrandig, die Seitennerven sehr schräg, die parallele Tertiärnervatur unterseits dünn vortretend. *I. ilicifolia* hat die Blätter unter doppelt so lang als breit, nur einzelne 1 : 2, im Umrisse gerundet oder mit kurzer zurückgeschlagener (trocken eingefalteter) Spitze, am stark knorpeligen Rande entfernt und buchtig starr dornig, die Seitennerven stärker abstehend und unterseits die entfernteren Tertiärnerven und die querbreiteren Maschen der Quartärnerven dicht netzig vortretend. Die Infloreszenz von *I. yunnanensis* ist dicht borstelig bis fast und an den Blüten ganz kahl. STAPF unterscheidet (Bot. Mag., t. 9090) von dieser Art *I. Bodinieri* LÉVL. in Rep. sp. n., IX., 457 (1911) durch Fehlen der Glauzeszenz, doch scheint dieses Merkmal im Herbar sehr veränderlich und die in Guidschou von mir in Mengen gesehene Pflanze ist im Leben ebenfalls sehr seegrün, war wohl von den dortigen Sammlern schlecht präpariert und ist von der yünnanesischen nicht verschieden.

Philadelphus L.

P. Henryi KOEHNE in Rep. sp. n., X., 126 (1911). **Y.**: In der wtp. St. auf dem Mangan-schan bei Yünnanfu, Sandstein, 2400 m (SCHOCH 148). Im NE an Felsen bei Dungtschwan, 2700 m (MAIRE, distr. BONATI 6229).

P. Henryi ** var. ***cinereus*** Hand.-Mzt.

Syn.: *P. cinereus* Hand.-Mzt. in Karst. u. Schenck, Vegbild., 20. R., H. 7 (nom. nud.).

Ramuli juveniles ± dense cinereo-hirtelli vel subvelutini. Folia subtus dense cinereo substrigoso-villosa, margine saepe grossius pauciserrata. Calyces in sepalis quoque ± dense cinereo-strigosi.

Y.: In Gebüschen, besonders um Bäche, in der wtp. St. auf Sandstein, 1700—2200 m. An der Straße von Yünnanfu nach Dali gegen Lühogai, 4. V. 1916 (8673) und weiter bis gegen Yünnan-hsien. N davon bei Aschantschwan unter Alaodjing, um Schayidjia e, 1. V. 1915 (6181, Typus) und ober Landjing w des Dsolin-ho, 4. V. 1915 (6198).

Die Pflanze entspricht offenbar Tens von Rehder in Journ. Arn. Arb., I., 197 erwähnter Nr. 195a, doch scheint es sich um eine für das mittlere Yünnan-Hochland bezeichnende Form zu handeln.

— — ** var. ***lissocalyx*** Hand.-Mzt.

Calyx glaberrimus. Folia tenuiter acuminata, crebre glanduloso mucronulato-denticulata. Inflorescentia valde floribunda, saepe inferne paniculata.

Y.: Gebüsche des Passes Dinschi-ling zwischen Hungngai und Dschaodschou s des Sees von Dali (Talifu), Kalk und Sandstein der wtp. St., 2000 bis 2400 m, 11. V. 1916 (8696).

Diese Form erinnert recht sehr an *P. nepalensis* Koehne, der aber dünnere Blätter ohne sichtbare Quernerven, und Behaarung unterseits nur im unteren Teile der Nerven hat. Wo dort solche vorhanden ist, finde ich sie auch borstelig, nicht, wie Rehder in Journ. Arn. Arb., I., 137, sagt, zottig (abgesehen von Domatien); auch oberseits kommen hier und da einzelne Börstchen vor, und die Kelche sind mitunter etwas rötlich. Dreiblütige untere Infloreszenzäste kommen auch bei *P. Delavayi* var. *trichocladus* vor, weshalb *P. paniculatus* Rehd. in Journ. Arn. Arb., XI., 159 (1930) doch nicht so sehr isoliert steht.

P. Delavayi L. Henry. **S.**: Bebuschte Hänge der tp. St. unter Yiwanschui halbwegs zwischen Yenyüen und Yungning, Sandstein, 2800—3400 m (2934).

— — var. ***calvescens*** Rehd. in Journ. Arn. Arb., I., 196 (1920); V., 236 (1924). **Y.**: Auf der üppigen steinigen Voralpenwiese Ndwolo am Yülung-schan ober Ngulukö bei Lidjiang, Kalk, 3550 m (3574). Beyendjing, Guti (Ten 346).

— — ** var. ***trichocladus*** Hand.-Mzt.

Ramuli hornotini crispulo-pilosi; ceterum indumentum typi.

NW-Y.: Im birm. Mons. in der nächsten Umgebung von Tjionatong ober Tschamutong am Salwin, vor 1916 leg. P. Genestier (9949, Typus). Salwin—Irrawadi-Kette, 28° 40′, gemischter Busch an Bächen, VII. 1919 (Forrest 19133). Tseku am Mekong (Monbeig).

Die Varietät, die ein eigenes Gebiet zu bewohnen scheint, kommt dem *P. tomentosus* Wall. sehr nahe, der jedoch kahle oder spärlich borstig behaarte Zweige und mehr gerundeten Blattgrund hat. Unter Monbeigs Exemplaren, die vom östlichsten Fundorte stammen, ist ein Zweig kahl und stellt die Verbindung mit dem Typus dar.

Die Art ist häufig in Gebüschen und dichten Buschwäldern, auch an Bächen in der tp. bis in die ktp. St., hier auch in Wiesen, auf denselben Unterlagen, 2750—3400 m. **Y.**: Dji-schan ne von Dali, 2500 m (ob diese ?). Hsiangschuiho von dort gegen Hodjing. Dschaoping n von Yungbei. Um Yungning. Ober Bödö, bei Alo und Hsiao-Dschungdien. Schuba zwischen Djinscha-djiang und Mekong, 27° 45′. **S.**: Um Muli. Ober Hungga w von Yenyüen und vielleicht auch ober Niutschang se von hier.

P. sericanthus KOEHNE **var.** ***kulingensis*** (KOEHNE) HAND.-MZT. (*P. incanus* KOEHNE var. *Sargentianus* KOEHNE f. *kulingensis* KOEHNE in Rep. sp. n., X., 127 [1912]). **Ki.**: Kuling (FABER).

Ein blühender Zweig der bisher nur fruchtend bekannten Pflanze. Kelchröhre nur spärlich borstig, wie die Blätter unterseits, ihre Zipfel außen kahl. Diese Einreihung, deren Möglichkeit KOEHNE schon andeutete, scheint mir die richtige zu sein.

Deutzia THUNBG.

D. setchuenensis FRANCH. Gebüsche und offene Stellen von Laubwäldern in der wtp. bis in die str. St. auf Kalk, Sandstein und Tonschiefer. **Kw.**: Um Guiding („Kweiting"), 1100 m (10618). **H.**: Häufig auf dem Yünschan bei Wukang, 400—1400 m (12085). Um Hsikwangschan bei Hsinhwa, 550—700 m (11901).

Alle Exemplare sind sehr kahl.

D. cinerascens REHD. in Plt. Wils., I., 146 (1912). SW-**Kw.**: Im str. Laubwalde am Südhange der Schlucht des Hwatjiao-ho am Wege von Dschenning nach Hwangtsaoba, Kalk, 580—950 m (10363).

D. crassifolia REHD., l. c., 148 (1912). Waldschlucht der wtp. St. bei Hsinlung jenseits des Pudu-ho n von Yünnanfu, 25° 34′, Sandstein, 2000 m (529). Im NE in Gebüschen bei Gulungtschang, 800 m (MAIRE).

D. Monbeigii W. W. SM. in Not. R. Bot. Gard. Edinbgh., XI., 205 (1919). NW-**Y.**: Mekong-Tal, 27° 30′—28° 20′, 1900—2200 m (GEBAUER).

D. Rehderiana SCHNDR. in Bot. Gaz., LXIII., 398 (1917). (*D. dumicola* W. W. SM. in Not. R. Bot. Gard. Edinbgh., XI., 204 [1919]). **Y.**: An der Straße von Yünnanfu nach Dali in Gebüschen der wtp. St. gegen Lühogai, Sandstein, 1850 m (8672).

** ***D. subulata*** HAND.-MZT.

Sect. *Eudeutzia* ENGL., ser. *Stenosepalae* C. SCHNDR.

Frutex valde floribundus, ramis tenuibus arcuatis glabrescentibus, supra plerumque rubescentibus, cortice tenerrimo deciduo, ramulis hornotinis laxe et minute squamato-stellatopilosis. Folia decidua, ovato-lanceolata, $3\frac{1}{2} \times 1$ usque $4 \times 1{,}8$ — 5×2 cm, obtusiuscule acuminata vel acutissima, basi late rotundata, margine mucronulis brevibus crebre serrulata vel partim integra, supra atroviridia pilis (4—) 5- (—6) radiatis cinereis subadpressis dense induta, subtus pilis densissimis longiuscule 9—11 radiatis subadpressis et radio longo centrali patulo praeditis albida, herbacea, costa nervisque utrinsecus 4—6 valde obliquis et prorsus longitudinalibus supra impressis subtus valde prominuis; petioli $1\frac{1}{2}$—$2\frac{1}{2}$ mm longi, marginati, densissime squamoso-stellipili. Ramuli floriferi basi perulis persistentibus coriaceis ut petioli indutis late et interioribus anguste ovatis his 5 mm longis cincti, brevissimi usque 5 cm longi, foliorum paribus 1—3 instructi. Cymae sessiles, densae vel laxiores, semiglobosae, bis trichotomae 9 florae vel ramo centrali aucto vel ramis e foliorum pari summo additis latitudine aequialtae et usque ad 22 florae, axibus aurantiacis laxiuscule et partim patule stellatopilosis. Bracteae lanceolato-subulatae et superiores subulatae, saepe longae. Pedicelli 3—8 mm longi. Calyx densissime albido stellato-hirsutus, lobis tubum aequantibus vel paulo superantibus e basi triangulari subulatis ± 3 mm longis paulo glabrioribus purpurascentibus. Petala vernatione induplicato-valvata, alba (e nota ad vivum), rhombeo-oblonga, 9—11 mm longa, acutiuscula, saepe crebre erosa, extus crebre stellipila. Stamina exteriora iis duplo breviora, alis bidentatis antherarum brevistipitatarum oblongarum ochrascentium apices non superantibus, interiora iis duplo breviora, alis integris acutis ultra antheras productis. Styli 3—5, stamina aequantes.

NW-Y.: Buschige Hänge der trockenen str. St. um Meidsiping und Losiwan am Nebenflusse Dschungdjiang-ho des Djinscha-djiang zwischen Lidjiang und Dschungdien häufig, Tonschiefer, 2000—2500 m, 21. VI. 1915 (6848, Typus) und wahrscheinlich diese an diesem selbst aufwärts bis in das Seitental w von Djitsung, 27° 35′, zerstreut und bei Laodselou n von Lidjiang. Jedenfalls am Mekong (MONBEIG). Ob diese hier bei Ngaiwa, 27° 30′?.

Proxima videtur *D. albida* BAT., quae differt reticulo nervorum subtus elevato, floribus subduplo minoribus, petalis latioribus, filamentis omnibus longe ultra antheras productis, his latioribus quam longioribus, stylis 3 brevissimis. Similis etiam *D. discolor* HEMSL. foliis longius petiolatis, serrulatis, indumento appressissimo squamato, sepalis latioribus, petalis rotundatis, filamentis etiam interioribus dentatis differt.

Vielleicht handelt es sich hier wenigstens teilweise um die von DIELS in Not. R. Bot. Gard. Edinbgh., VII., 42, 96, 291, als *D. discolor* für Yünnan angegebene Pflanze.

D. longifolia FRANCH. In üppigen Gebüschen, oft an Bächen, auch in Kiefernmischwäldern der wtp. und tp. St. meist häufig, auf Schiefern, Sandstein und anscheinend seltener auf Kalk, 2200—3400 m. **Y.**: Bei Yünnanfu auf den Bergen ober Daschao (13075) und dem Mangan-schan (SCHOCH 147). Taohwa-schan bei Beyendjing (6256). Paß Dinschiling se des Sees von Dali (8693). Djischan ne von hier. Ober Gwanyin-schan gegen Hodjing. Um Ngulukö (8759) und ober Toke (8785) bei Lidjiang. Ober Schuba. Im NW zwischen Djinscha-djiang und Mekong, 27° 45′ (8866). Im NE an Felsen bei Lupu (MAIRE). **S.**: Ober Bakuwe bei Kwapi (2501) und bei Gwandien (2814) n von Yenyüen. Sandao-schan (2209) und Nordhang des Dadjin (2155; SCHNEIDER 4133) e von hier. Im Daliang-schan e von Ningyüen ober Sikwai gegen den Soso-liangdse (1744) und auf dem Passe zwischen Tjiaodjio und Lemoka (1608).

— — ** **var. *xerophyta*** HAND.-MZT.

Frutex magis divaricatus, ramis tenuibus minus fistulosis. Folia in axibus elongatis ovata, ad 27 × 11 mm, in abbreviatis late ovata, plurima 14 × 8 usque 18 × 12 mm tantum, omnia basi rotundata, subtus tomento denso albido. Corolla vix ultra 8 mm longa. Staminum interiorum appendices antheras saepe non superantes.

S.: Felsige Stellen und trockene Hänge in der str. St. des Yalung-Tales am Zuflusse ne von Yenyüen bis ober Lumapu, Kalk, 1400—1950 m, 9. V. 1914 (2075, Typus) und von Datjiaoku, 29. V. 1914 (2710) bis gegen Otang, sowie ober Datscho bei Wali n von dort, Phyllit, 2125—2400 m.

Die Form der Blätter, die keineswegs mehr dem Namen der Art entsprechen, findet sich auch an manchen Trieben des Typus, doch sind sie hier meist viel größer. Die Verbindung der Unterschiede berechtigt zusammen mit dem Vorkommen zur Abtrennung einer Varietät.

D. calycosa REHD. in Plt. Wils., I., 149 (1912). **NW-Y.**: Im dichten Mischwalde der wtp. St. bei Hsiangschuiho zwischen Dali und Lidjiang, Diabas, 2750 m (6452) und darüber am Bache bis 3300 m, wenn nicht die vorige. Bei Lidjiang, von Einheimischen (13099).

— — ** **var. *brachytricha*** HAND.-MZT.

Pili radiis centralibus elongatis carentes; indumentum et foliorum et inflorescentiarum igitur accumbens nec villosum.

NW-Y.: Nahe der tibeto-birmanischen Grenze an offenen Stellen der wtp. Regenwälder des birm. Mons. im Tjiontson-lumba zwischen Salwin und Irrawadi unter Tschamutong, Granit, 2700—2800 m, 29. VI. 1916 (9170).

Diese Varietät geht in der Ausbildung der Behaarung noch über var. *macropetala* REHD. in Journ. Arn. Arb., I., 208 (1920), hinaus, zeigt aber nicht deren Blütenmerkmale.

D. grandiflora BGE. **W-S.**: Wa-schan s von Yadschou (WEIGOLD).

D. corymbosa R. Br. * **var. *Hookeriana*** C. SCHNDR. in Mitt. D. Dendr. Ges. 1901, 184. **NW-Y.**: In der *Pteridium*-Wiese der wtp. St. des birm. Mons. bei Bahan unter Tschamutong am Salwin, Schiefer, 2600 m, 20. VI. 1916 (9028) und in der tp. St. ober Schutsche am Taron (e Irrawadi-Oberlaufe), 3000 m.

Meine Pflanze geht in Dichte der Behaarung der Blattunterseite, Länge der Staubfadenzähne und Kürze der Kelchzipfel (abgerundet, breiter als lang) noch weit über die aus Sikkim beschriebene Varietät hinaus, doch liegt mir zu wenig Material vor, um behaupten zu können, daß es sich nicht um nach Osten ganz allmählich stärkere Ausprägung dieser Merkmale handelt, zumal da die Staubfadenzähne auch bei typischer *corymbosa* oft recht lang sind.

Cardiandra SIEBD. et ZUCC.

C. alternifolia S. et Z. **var. *Moellendorffii*** (HCE.) ENGL. in Nat. Pflzfam., 2. Aufl., XVIIIa, 201 (1930). (*Hydrangea Moellendorffii* HCE. in Journ. of Bot., XII., 177 [1874]. — *Cardiandra sinensis* HEMSL. in Gard. Chron., 3. ser., XXXIII., 82 [1903]). **Ki.**: Steinige Stellen am Hangaodsu zwischen Ningdu und Kian (Tjingan) (Plt. sin. 494). Kuling (FABER).

Hydrangea L.

H. umbellata REHD. in Plt. Wils., I., 25 (1911). **Ki.**: Kuling bei Kiukiang (FABER).

Cymae floriferae (adhuc ignotae) dense glomeratae, dense sordide strigosae, pedicellis ad 3 mm et florum radiantium perfectorum vel ♀ vel sterilium ad 1 cm longis. Sepala ovata, $^1/_2$ mm longa, obtusa, glabra vel medio dorso paucistrigosa. Petala obovato-oblonga, 3 mm longa, acutiuscula, glabra, flavida. Stamina iis subbreviora, antheris magnis, globosis, ochraceis. Styli 3, crassi, 1 mm longi, stigmatibus crassis semicircularibus.

H. yunnanensis REHD., l. c., 37 (1911). In Gebüschen besonders in

Erosionsgräben, selten in Laubwäldern, in der wtp. St. auf Schiefer, Sandstein und Kalk. Y.: 1700—2600 m. Um Hsinlung und ober Loheitang n von Yünnanfu. Aschantschwan unter Alaodjing e des Dsolin-ho. Ober Gwanfang unter Beyendjing. Im NE beim Abstieg nach Totsai am Wege nach Suifu (MELL). Tschehai (MAIRE). S.: 2100—2600 m. Dindjia-tsun am Lungdschu-schan bei Huili (5222). Viel s Yimen n von hier. Sehr häufig auf dem Houdsengai bei Dötschang (1201). Ober Daschiban se von Ningyüen. Zwischen Samuping und Niutschang se von Yenyüen. Kw.: Im SW zwischen Tjiaolou und Baling an der Straße nach Hwangtsaoba zerstreut, 1500—1700 m (10315). Im E bei Dayung zwischen Gudschou und Liping, 700 m (10943).

Die Form der reifen Kapsel ist ziemlich veränderlich; die Griffel sind an ihr gerade. Die Behaarung an MAIREs Pflanze ist sehr stark, doch ist ihr Grad an meinen Pflanzen sehr veränderlich.

** ***H. taronensis*** HAND.-MZT. in Sitzgsanz. Ak. W. W., 1925, 144 (Taf. VIII, Abb. 11).

Syn.: *H. yunnanensis* W. W. SM. in Not. R. Bot. Gard. Edinbgh., XVII., 276 (1930), non REHD.

Sect. *Euhydrangea* MAX., subs. *Petalanthae* MAX.

Fruticulus mollis, usque ad 1½ m altus, ramulis primum tenuibus parce puberulis, annotinis crassis teretibus cinereis, medulla lata repletis. Folia elliptica et subovato-elliptica, 6—14 cm longa et duplo vel paulo ultra angustiora, tenuiter acuminata, basi cuneata vel subrotundata et ipsa in petiolum tenuiusculum lamina 3—6plo breviorem plano-convexum supra brunneo-pubescentem brevissime et saepe inaequaliter decurrentia, margine praeter partem basalem crebre vel raro remote et versus apicem interdum grosse serrata hydathodibus crassis, tenuiter herbacea, supra saturate viridia praesertim versus marginem strigoso-pilosa et hoc ipso praesertim inferne ciliata, subtus dilutiora nonnisi in nervis venisque maioribus pilis brevibus curvatis brunnescentibus villosula vel glaberrima; nervi utrinsecus 6—8 superiores remotiores erectopatentes, arcuati, prope marginem praesertim anteriores anastomosantes, supra plani, subtus cum trabeculis et venis parce reticulatis paulum prominuli. Corymbi terminales breviter vel longe pedunculati umbellati vel internodio uno, cum pedunculis subtiliter brunneo-villosuli, foliis 1—2 bracteati vel toti nudi, demum 10 cm diametro, ramis primariis ad 3 cm longis. Pedicelli 2—5 mm longi, sursum glabrescentes, florum auctorum longiores. Calycis glabri tubus late campanulatus, dentes 5, ovati vel suboblongi, 1—1,5 mm longi, obtusissimi usque acutiusculi, herbacei. Petala 5, oblonga, ± 2½ mm longa, apiculo inflexo, sub anthesi deflexa, coerulea (e notis ad vivum). Stamina 10, petalis multo longiora, antheris oblongis coeruleis. Ovarium vix ultra ½ mm exsertum; styli (2—) 3—5, sub anthesi erectopatentes, 1½ mm longi, e basi lata tenuiusculi, vix curvati, stigmatibus vix decurrentibus non incrassatis. Florum radiantium saepe perfectorum sed petalis 4 staminibusque 5 tantum praeditorum sepala 3—5, cremeo-alba (e nota FORRESTiana), 5—20 mm longa, late elliptica, grosse pauciserrata, subtus in nervis strigillosa. Capsula crasse obovoidea, e calycis tubo paululum exserta, 3 mm longa, costata, stylis ad 2½ mm longis.

NW-Y.: Im tp. Regenmischwalde des birm. Mons. ober Schutsche am Taron (Djiou-djiang, e Irrawadi-Oberlaufe), 27° 55′, Granit, 2800—2900 m,

9. VII. 1916 (9455, Typus). Schweli—Salwin-Scheidekette, 25° 30′, Wälder und offene Gebüsche, 2730—3000 m, VII.—VIII. 1918 (FORREST 17615).

Proxima *H. yunnanensis* REHD. differt sepalis radiantibus integris, filamentis multo brevioribus, antheris ochraceis, ovarii parte libera quam calycis tubus duplo longiore, stigmatibus revolutis, *H. Davidii* FRANCH. praeterea calycis lobis longis angustis. In subsectione *Asperae* REHD. cui ovario fere infero approximatur, nullae speciei affinis est.

Meine der ursprünglichen Beschreibung zugrunde liegende Pflanze ist noch nicht aufgeblüht und trägt einzelne vorjährige Früchte. FORRESTS Exemplar befindet sich in voller Blüte und zeigt weitere Unterschiede gegenüber *H. yunnanensis*, so die tief gesägten vergrößerten Kelchzipfel, die an meinen wenig entwickelt sind und auf die ich anfangs kein Gewicht legte, die aber doch offenbar konstant sind. Auffallend ist, daß bei allen drei erwähnten Arten die den Schauapparat bildenden Blüten meist vollständig und oft auch fertil sind.

H. paniculata SIEBD. Gebüsche der wtp. bis in die str. St., gerne an Bächen, auf Kalk, Sandstein, Mergel und Tonschiefer, 400—1300 m. SE-**Ki.**: Gutsunschi bei Ningdu (Plt. sin. 442). SW-**H.**: Zwischen Ngaigumiao und dem Sattel Mawangngao sw von Hsinhwa. Yün-schan bei Wukang, in dem gegen NE herabführenden Tale (12527). Zwischen Ngäidso und Hsüning am Wege von hier nach Dsingdschou. **Kw.**: Zwischen Badschai und Maotsaoping (10773). Zwischen Lopu-se und Wendwen. Zwischen Guiyang („Kweiyang“) und Gwanyinschan (SCHOCH 423) und bei Gutscha w von dort (10478).

H. xanthoneura DIELS **var. *Wilsonii*** REHD. (*H. vestita* DIELS in Not. R. Bot. Gard. Edinbgh., V., 167, non WALL., teste W. W. SMITH). NW-**Y.**: Bei Lidjiang, von Einheimischen (3917; FORREST 6009). Hier in der tp. St. n von Tsasopie am kleinen Wege nach Yungning im Mischwalde auf Sandstein, 3350 m (phot.). Wahrscheinlich diese unter dem Passe von Yungning nach Fongkou, 3300 m, und auf dem Sattel Gitüdü bei Anangu se von Dschungdien, 3400 m.

Blätter unterseits an den Nerven und größeren Adern kurz striegelhaarig, wie an WILSON, Arn. Arb. Exp. 2184 und 2398.

** ***H. macrocarpa*** HAND.-MZT. in Sitzgsanz. Ak. W. W., 1925, 144.

Sect. *Euhydrangea* MAXIM., subs. *Heteromallae* REHD.

Frutex arboreus, ramulis crassis, cum corymbis petiolisque ochrascenti-tomentellis, annotinis glabrescentibus fuscobrunneis lenticellis magnis pallidis oblongis verrucosis, valde lignosis, medulla crassa repletis. Folia in ramulis hornotinis brevibus multa, ovato-oblonga, 12—22 cm longa et longitudine ± duplo angustiora, tenuiter acuminata, basi late truncata, leviter cordata, raro paululum attenuata, margine praeter partem truncatam venarum excurrentium mucronibus dense serrulata lamina hic illic tantum leviter sinuata, herbacea, supra in sicco brunnescentia, (juniora verosimiliter compacte) strigilloso-pubescentia, subtus cinereo villoso-tomentosa; costa nervique utrinsecus 7—9 infimi 1—2^{ni} horizontales ceteri sensim obliqui, superiores remotiores, prorsus curvati et prope marginem anastomosantes subplani supra densissime subtus laxius pubescentes et hic latiuscule prominuli; venae maiores subtus glabrescentes, rete densum, supra paulum conspicuum; petiolus crassiusculus, supra paulum sulcatus, lamina 3—4^{plo} brevior. Corymbus brevipedunculatus planiusculus, densus, sub fructu ± 16 cm latus, ramorum paribus 5 approximatis validis hic illic complanatis, inferioribus bracteis lanceolatis ad 2 cm longis subscariosis fimbriato-serratis supra glabris subtus tomentosis fultis, superioribus quoque hic illic bracteolis linearibus integris praeditis; pedicelli 2—5 mm longi, hic illic subnulli, florum radiantium autem usque ad 3½ cm longi. Receptaculum fructiferum brunneum, subglobosum, 2—3 mm longum, ad 4 mm latum, tenuiter costulatum, parcissime furfuraceo-pilosum; calycis lobi anguste triangulares, 1½—2 mm longi, conniventes, persistentes, rubescentes. (Petala staminaque ignota). Capsula e tubo c. 1 mm exserta, stylis 3, rarius 4 vel 5 crassis, rectis, vix 1,5 mm longis, stigmatibus decurrentibus. Semina fere 2 mm longa, spadicea, nitida, caudis papillosis. Florum marginalium (semper?) staminatorum sepala 4 inaequalia maiora ad 2 cm longa, late ovata, apiculata, reticulata, dorso in venis breviter strigosa.

S.: Buschige Laubwälder der tp. St. auf dem Lungdschu-schan bei Huili, Diabas, 3100—3350 m, 16. IX. 1914 (5156). Vielleicht auch diese ober Niutschang se von Yenyüen und auf dem Sandao-schan ne von hier.

Species capsulis in genere magnis insignis, proxima *H. Bretschneideri* Dipp., quae praeterea differt cortice castaneo desiliente, foliis nunquam cordatis semper multo glabrioribus, serraturis brevius aristatis, sepalis auctis glabris; *H. xanthoneura* eiusque var. *setchuanensis* Rehd. (*H. Giraldii* Diels, e Rehd. in Journ. Arn. Arb., V., 159) praeter corticem iisque characteribus distat. *H. mandarinorum* Diels e descriptione indumento similior ramis novellis strigosis, petiolis multo brevioribus parce strigosis, foliis minoribus basi rotundatis nisi attenuatis, cymis hic illic foliaceo-bracteatis strigulosis distat.

** *H. sungpanensis* Hand.-Mzt. (Taf. VIII, Abb. 10).

Sect. *Euhydrangea* Max., subs. *Heteromallae* Rehd.

Habitus ignotus. Ramulus crassiusculus, curvatus, fere totus medullosus, cortice brunneo cum petiolis sparsiuscule et tenuiter substrigoso-hirto. Folia oblongo-elliptica, 10—15 cm longa, longitudine 2—2½plo angustiora, breviter acuminata, basi cuneata, margine subpatenter late et mucronulato-serrulata, herbacea, supra atroviridia in nervis utrinsecus c. 8 tenuibus ceterumque parcissime strigillosa, subtus valde glauca papillis dissitis, ubique albide crispulo-hirta, costa nervisque brunnescentibus cum trabeculis prominulis venularumque reti denso atroviridi; petioli 2—4 cm longi, tenues. Inflorescentia late cymosa, supra foliorum minorum par (concaulescentia) brevistipitata, axi primaria 4 cm longa ramorum paribus 3 instructa, 25 cm diametro, axibus secundariis compresso-incrassatis trichotomis, bracteis linearibus ± 1 cm longis, floribus multis fasciculatis fasciculis ramulos breves terminantibus et secus longiores dissitis. Pedicelli 1—2 mm longi, cum axibus dense et breviter crispulo-hirti. Calyx turbinatus, ovario plus quam semiinfero, dentibus 5 triangularibus ad 1 mm longis pauloque angustioribus tubum aequantibus carnosulis, brunneus, glaber. Petala 5, ovata, 2½ mm longa, flava (?, e sicco), apice marginibusque inflexis, sub anthesi reflexa, dein decidua. Stamina 10, quorum 5 petalis aequilonga, cetera tertia parte breviora, quarto supero (an semper?) geniculata, antheris globosis flavidis. Ovarii pars exserta depresso-conica, 10costata; styli 3, liberi, contigui, crasse clavato-ellipsoidei, 1 mm longi, serius a dorso complanati, stigmatibus apices transverse ellipticos tantum occupantibus. Flores radiantes pauci staminei, pedicellis 2—3 cm longis, bracteolis 2 filiformibus instructis, sepalis 3 orbicularibus ad 2 cm dimetientibus flavidis (?), reticulato-venosis, glabris. (Capsula ignota.)

NW-S.: Gebirge um Sungpan, VI.—VIII. 1914 (WEIGOLD).

Species inflorescentia generi *Schizophragma* similis, stigmatibus non decurrentibus quoque excellens, ceterum *H. hypoglaucae* REHD. comparabilis, quae differt ramulis glabris, foliis ovatis, maioribus, argute serrulatis, basi rotundatis, ad nervos tantum, sed crasse strigosis, cyma convexa, staminibus longioribus, calycis tubo cupulari, stylis e cylindrico attenuatis, stigmatibus magnis reclinatis.

Eine merkwürdige Pflanze, die, nach dem vorhandenen Zweigstück zu schließen, vielleicht klimmt. Die sehr breite, gegen außen sehr lockere Infloreszenz erinnert an *Schizophragma*, doch haben die Strahlblüten 3 Kelchblätter und sind die Griffel frei. Diese erinnern am ehesten an jene von *Hydrangea aspera* und verwandten.

H. aspera DON. Offene Laubwälder und feuchte Gebüsche der str. bis in die tp. St. auf Kalk, Sandstein und Phyllit. **Y.**: Im NW bei Waschwa jenseits des Djinscha-djiang n von Lidjiang, 27° 30′, 2400 m (4461). Im birm. Mons. häufig bei Tschamutong am Salwin, 1700—2100 m (9548). Im NE auf Bergen bei Maschu, 3000 m (MAIRE 98 ex Arb. Arn.) und im mittelchin. Fl. bei Gulungtschang, 700 m (M.) und Dschenfungschan, 650 m (M.). **Kw.**: Überall zwischen Guiding und Duyün, 900—1300 m (10625), hier bei Madjiadwen gefüllt (10631).

— — var. ***velutina*** REHD. in Plt. Wils., I., 30 (1911). In Wäldern der unteren tp. bis in die str. St. auf Granit, Schiefer und Kalk, 1725—3100 m. **NW-Y.**: Unter dem Passe Hungschischao gegen Dugwan-tsun se von Dschungdien (6967). Wahrscheinlich auch am Abstiege vom Nguka-la bis gegen Djitsung sw von Dschungdien. Im birm. Mons. ober Bahan (Pehalo) am Salwin, 27° 58′ (9048) und wohl diese überall im Salwin-Tale bis ober Tjionatong und ins Doyonlumba bis 3400 m, sowie ober Lodjre am Mekong gegen den Schöndsu-la. Seitenschlucht Naiwanglong des e Irrawadi-Oberlaufes, 27° 53′ (9398). **S.**: Paß Linbinkou, 27° 46′, zwischen Yenyüen und Kwapi (2837).

Die indische *H. aspera* ist kurzhaarig und darunter stark papillös; bei längerer, krauserer Behaarung, wie sie die Varietät besitzt, schwinden die Papillen.

H. strigosa REHD. in Plt. Wils., I., 31 (1911). In Laubwäldern und Gebüschen der unteren wtp. St. auf Kalk, Sandstein und Tonschiefer. **H.**: Ngandjiapu bei Hsikwangschan, 700 m (12648) und jenseits des Sattels Duschu-ling am Wege von hier nach Hsinhwa. Im SW zwischen Ngaidso und Pukai am Wege von Wukang nach Hsüning, 600 m. **Kw.**: Um Guiding („Kweiting"), 1100 bis 1300 m (10624). **NE-Y.**: Im mittelchin. Fl. bei Dschenfungschan, 650 m (MAIRE) und 600 m, **f. *sterilis*** REHD. in Journ. Arn. Arb., XI., 160 (1930) (MAIRE).

Ich stimme GAGNEPAIN (in Not. Syst., III., 274) bei, daß in der Blattzähnung kein Unterschied zwischen *H. aspera* und *strigosa* besteht. *H. aspera* mit der für *strigosa* als typisch beschriebenen Zähnung liegt mir vor aus Indien (LOBB 239), auch ihre var. *velutina* zeigt mitunter solche Zähnung. Seinen Grundsatz, daß nur Unterschiede in den Blüten zu artlicher Abtrennung berechtigen, kann ich aber keineswegs billigen; die Unterschiede in der Behaarung sind sehr deutlich, sicher sogar meßbar, und offenbar so konstant, daß ich Rehders Bewertung beibehalten muß.

H. longipes Franch. **SW-H.**: An einer tiefschattigen, feuchten Stelle im wtp. Laubhochwalde des Yün-schan bei Wukang unter dem Tempel Gwanyingo, Tonschiefer, 1175 m, selten (12386).

Schattenform mit fast farblosem Nervennetz an den Blättern von 24 cm Länge und 16 cm Breite.

H. anomala Don. **SW-H.**: Im wtp. Laubhochwalde des Yün-schan bei Wukang, als niedriger Spalierstrauch, Tonschiefer, 1280 m (12058).

Schizophragma Siebd. et Zucc.

S. integrifolium (Franch.) Oliv. **Kw.**: Als Spalierstrauch an Kalkfelsen der wtp. St. Auf dem Sattel des Nanyo-schan bei Guiyang, 1250 m (10546). Tailaohsin unter Badschai, 1020 m. **NE-Y.**: Im mittelchin. Fl. (?) bei Gulungtschang, 800 m (Maire).

— — **var. *molle*** Rehd. in Plt. Wils., I., 42 (1911). **SW-H.**: Gemein als riesenhafte Liane in die höchsten Baumwipfel kletternd im wtp. Laubhochwalde des Yün-schan bei Wukang, 950—1300 m (11162).

— — **f.** inter **var. *molle*** et **var. *denticulatum*** Rehd., l. c. **SW-H.**- Spalierstrauch an bebuschten Tonschieferfelsen der wtp. St. unter dem Tempel Wuli-ngan am Yün-schan, 800 m (12008).

Diese Exemplare verbinden die Behaarung der erstgenannten mit der Zähnelung der zweiten Varietät. Die Blüten der Art riechen intensiv nach Trimethylamin.

** ***S. crassum*** Hand.-Mzt. in Sitzgsanz. Ak. W. W., 1922, 247.

Trunco ad 3 cm crasso, cortice griseo, supra toros suberosos fissili, lenticellis parcis magnis transverse ellipticis, radicibus adventivis densis et brevibus in arbores summas scandens, ramulis elongatis tenuibus purpureoviolaceo-corticatis, floriferis paniculaeque axibus crassissimis hornotinis dense brunnescenti hirtotomentosis annotinis nitidis glabrescentibus. Folia ramulorum elongatorum ovata, floriferorum orbiculari-ovata, (summi paris) 6,5—16 cm longa et longitudine paululum tantum angustiora, acumine brevi acutissimo, basi (praeter summa latissime rotundata) latissime cordata, toto margine nervulis excurrentibus subremote mucronulato-denticulata, crasse herbacea, supra atroviridia praeter costam nervosque planos brunnescenti-hirtellos pilosque ceteros sparsos glabra, subtus pallidiora dense griseo hirtello-velutina; costa nervique utrinsecus 8—10, inferiores subhorizontales, ceteri arcuato-porrecti subtus prominuli; trabeculae crebrae venularumque rete densum utrinque acriter prominula; petioli crassiusculi, laminae $^1/_7$—$^1/_4$ aequantes, brunneo-tomentosi. Paniculae pedunculis 3 cm haud excedentibus, ebracteatae, densae, 10—15 cm longae et latiores; rami primarii ad 7pares, divaricati, 2,5—4,5 cm supra basin dichotomi cum corymbis alaribus vel trichotomi et dein saepe ter dichotomi cum corymbis alaribus. Pedicelli 1,5—2 mm longi, bracteis minutis subulatis fulti, cum calycibus hirti. Dentes calycini vix $^1/_2$ mm longi, triangulares. Petala 2 mm longa, lanceolata, acuta, uninervia, alba, extus viridula (e nota ad vivum). Filamenta illis vix longiora, tenuia, antheris ½ mm diam. Stylus brevis, crassus, stigmate crasso columnari. Flores radiantes nulli. (Fructus ignoti.)

NW-**Y.**: In wtp. Regenmischwäldern des birm. Mons. im Salwin-Tale, 27° 57'—28° 3', 2300—2500 m. Neben Bahan (Pehalo) auf *Alnus nepalensis*, 25. VI. 1916 (8880), und viel weiter einwärts am Osthange des Doyon-lumba. Zwischen Hsiolamenkou und Lussu auf *Junglans regia* und weiter einwärts im Tjiontson-lumba viel auf *Torreya Fargesii*. Ober Schutsche am Taron (e Irrawadi-Oberlaufe).

Affine *S. integrifolio* Oliv., quod differt ramulis axibusque tenuibus, praesertim his nunquam tomentosis, foliis latitudine plus quam tertia parte longioribus, paniculae corymbiformis subplanae ramis semel, raro tantum bis dichotomis, petalis brevioribus obtusioribus, staminibus eis pluries longioribus, floribus marginalibus sepala singula valde aucta ostentantibus.

Pileostegia Hook. f. et Thoms.

P. viburnoides Hook. f. et Thoms. In der wtp. St. auf Tonschiefer, 650—1050 m. E-**Kw.**: Gebüsche am Bache ober Tschaimou zwischen Gudschou und Liping (10902). SW-**H.**: Epiphytisch (oder klimmend?) im Laubhochwalde des Yün-schan bei Wukang, selten (11134).

Dichroa Lour.

D. febrifuga Lour. In Gebüschen und schattigen Laubwäldern, besonders an Bächen und in üppigem Gekräute in der str. und wtp. St. auf Tonschiefer, Sandstein und Kalk, 150—1600 m. W-**F.**: Fuß des Tienhwa-schan w von Dingdschou (Plt. sin. 438). W-**Ki.**: Pinghsiang (Plt. sin 222). **H.**: Yolu-schan bei Tschangscha (11471). Yün-schan bei Wukang (12271) und weiter über Dsingdschou nach **Kw.**: Zwischen Gudschou und Liping. Madjiadwen zwischen Guiding und Duyün. Von Guiyang („Kweiyang") bis Gwanyinschan zerstreut (10599). Im SW bei Nanmutschang und bei Hsintscheng gegen Tjiaolou. E-**Y.**: Im mittelchin. Fl. bei Djinsolo nächst Loping (10218).

Pittosporaceae

Pittosporum Banks.

P. glabratum Lindl. In bambusreichen Gebüschen, Buschwäldern, Laub- und gemischten Hochwäldern der str. bis in die tp. St. auf Schiefern, Sandstein und Mergel, 60—3200 m. **Y.**: Im Tale ober Djiunienping jenseits Fumin bei Yünnanfu (6117). Guti bei Beyendjing (Ten 251). **S.**: Im Tale s von Linkan am Houdsengai bei Dötschang im Djientschang (1814). Ober Niutschang zwischen Yenyüen und dem Yalung, 27° 22' (5405). E-**Kw.**: Nandjing-schan bei Liping (10975). **H.**: Yün-schan bei Wukang (12498). Zwischen Daoling und Loudi überall (11726) und auf dem Dungtai-schan bei Hsianghsiang. W-**Ki.**: Um Pinghsiang (Plt. sin. 140).

— — var. ***neriifolium*** Rehd. et Wils. in Plt. Wils., III., 328 (1916). **S.**: Im wtp. Walde zwischen Molien und Tjiaolou jenseits des Yalung n von

Yenyüen, 28° 10′, Schiefer, 2700 m (2613). SW-**H.**: Im wtp. Laubhochwalde des Yün-schan bei Wukang, Tonschiefer, 950—1350 m (12150, mit Übergängen zum Typus).

P. truncatum PRITZ. **Y.**: Als hängender Strauch in Gebüschen über Kalk- und Sandsteinfelsen der wtp. St. zwischen Laoyagwan und Yaoschangai am Wege von Yünnanfu nach Dali mehrfach, 1800—2100 m (8650).

P. heterophyllum FRANCH. In Gebüschen und üppigen Buschwäldern der wtp. und str. St. auf Kalk, Sandstein und Schiefer, 1650—2800 m. **Y.**: Ober Hsingai gegen Bintschwan ne von Dali („Talifu") (6348). Guti bei Beyendjing (TEN 125). Im NW zwischen Bödö und Waschwa se von Dschungdien (4455). **S.**: Zwischen Djisö und Datu w von Yungning im Gebiete von Muli (7537). Zwischen Wali und Molien über dem Yalung n von Yenyüen (SCHNEIDER 2600).

Die Blätter werden auch recht dick lederig. Nr. 6348 hat sehr kurze Blütenstiele. Ob dadurch die Grenze gegen *P. humile* HOOK. f. et THOMS. verwischt wird, kann ich nicht beurteilen, da ich dieses nicht sah.

— — ** **var. *ledoides*** HAND.-MZT.

Folia anguste linearia, usque ad 50 × 3 mm, coriacea. Pedicelli non ultra 2½ mm longi.

Y.: Beyendjing, an Felsen (TEN 39).

Aus den von FRANCHET angegebenen Maßen könnte man die Blattform auch kombinieren, doch gibt er jene nur absolut an, und seine Abbildung stellt die von mir als typisch angesehene Pflanze dar, deren Heterophyllie oft recht gering ist. Da bei *P. glabratum* die Blütenstiele auch von weniger als halber Korollenlänge bis zu deren fast 2½facher veränderlich sind, ist auch dieser Unterschied offenbar nur individuell und stellt die Varietät eine Parallelform zu *P. glabratum* var. *neriifolium* dar. Die Blütenfarbe soll nach dem Sammler weiß sein, doch sind seine Angaben in dieser Hinsicht sehr unverläßlich.

P. floribundum WIGHT et ARN. In Gebüschen und trockenen Wäldern der wtp. St. **Y.**: Häufig um Meidsiping und Losiwan am Wege von Lidjiang nach Dschungdien, Schiefer, 2000—2500 m (6845). Yünnanfu (MAIRE ex hb. Edinbgh. 611, 1320). **Kw.**: Hügel bei Dodjie zwischen Duyün und Badschai, Kalk, 700 m (10727).

P. daphniphylloides HAY. in Journ. Coll. Sci. Tok., XXX/1, 34 (1911). **Y.**: Buschwald der wtp. St. bei Hsiaopudse e von Hedjing am Dsolin-ho, Sandstein, 2250 m (6189). Beyendjing, in Wäldern bei Guti (TEN 173, 247).

Nebst den von REHDER u. WILSON in Plt. Wils., III., 326, angegebenen Unterschieden gegenüber *P. napaulense* (DC.) REHD. et WILS. liegt wohl der wichtigste in der Blütengröße, die bei meinen Pflanzen mit HAYATAS Angabe (7 mm) übereinstimmt, während sie bei den voneinander übrigens schwer zu unterscheidenden *P. napaulense* und *floribundum* nur 4—5½ mm beträgt, und den längeren Blütenstielen (5—10 gegenüber 3—5 mm).

Tafelerklärung

Tafel V

Abb. 1. *Euphorbia luticola* HAND.-MZT. (H.-M. 11642).
„ 2. *Euphorbia porphyrastra* HAND.-MZT. (H.-M. 6368).
„ 3., 4. *Cinnamomum (?) pittosporoides* HAND.-MZT. 3 Habitus; 4 Blütenteile.
„ 5. *Delphinium autumnale* HAND.-MZT.
„ 6. *Delphinium coleopodum* HAND.-MZT. (H.-M. 4105).
„ 7, 8. *Aconitum pulchellum* HAND.-MZT. (H.-M. 8074). 7 Habitus; 8 Nektarium.
„ 9. *Aconitum Ouvrardianum* HAND.-MZT. (H.-M. 9702).
„ 10. *Aconitum napelloides* HAND.-MZT.
„ 11, 12. *Aconitum Stapfianum* HAND.-MZT. 11 H.-M. 4108; 12 Helm von FORREST 6552.
„ 13—15. Nektarien von *Aconitum Hemsleyanum* PRITZ. 13 WILSON, Veitch Exp. 2568; 14 Arn. Arb. E. 1163; 15 H.-M. 7870.

Habitusbilder $^1/_3$ nat. Gr.; 4 3fach vergr.; 8, 13, 14, 15 $^2/_3$ nat. Gr.

Tafel VI

Abb. 1. *Trollius micranthus* HAND.-MZT.
„ 2. *Trollius vaginatus* HAND.-MZT. (H.-M. 6885).
„ 3. Nektarium von *Aconitum huiliense* HAND.-MZT.
„ 4. Nektarium; 5. Blüte von *Aconitum coriophyllum* HAND.-MZT.
„ 6. Blüte von *Aconitum piepunense* HAND.-MZT. (H.-M. 4578).
„ 7. Blüte von *Aconitum crassiflorum* HAND.-MZT. (H.-M. 7691).
„ 8, 9. *Ranunculus Polii* FRANCH. (H.-M. 11520). 8 Habitus; 9 Frucht.
„ 10, 11. *Ranunculus vaginatus* HAND.-MZT. (10 H.-M. 1643, 11 H.-M. 1468).
„ 12, 13. *Ranunculus trigonus* HAND.-MZT. (H.-M. 3141). 12 Habitus; 13 Frucht.
„ 14. *Ranunculus micronivalis* HAND.-MZT.
„ 15. *Ranunculus micronivalis* var. *platypetalus* HAND.-MZT. (H.-M. 4320).

$^3/_4$ nat. Gr.; 9, 13 4fach vergr.

Tafel VII

Abb. 1, 2. *Cordydalis appendiculata* HAND.-MZT. 1 Habitus; 2 Blüte.
„ 3, 4. *Corydalis Mayae* HAND.-MZT. 3 Habitus; 4 Narbe.
„ 5—7. *Corydalis quadriflora* HAND.-MZT. (H.-M. 9661). 5, 6 Habitus und Grundblatt; 7 Narbe.
„ 8, 9. *Corydalis trilobipetala* HAND.-MZT. (H.-M. 7339). 8 Habitus; 9 Blüte.
„ 10, 11. *Corydalis Kokiana* HAND.-MZT. (H.-M. 4503). 10 Habitus; 11 Blüte.
„ 12. *Corydalis polyphylla* HAND.-MZT. (H.-M. 9884).
„ 13, 14. *Corydalis radicans* HAND.-MZT. 13 Habitus; 14 Blüte.
„ 15, 16. *Corydalis humicola* HAND.-MZT. (H.-M. 2967). 15 Blütenstengel; 16 Grundblatt.
„ 17. Blüte; 18. Narbe von *Corydalis hemidicentra* HAND.-MZT.
„ 19. *Draba piepunensis* O. E. SCH.

Habitusbilder ½ nat. Gr.; Blüten 1½fach vergr.; Narben c. 5fach vergr.

Tafel VIII

Abb. 1. *Aconitum bulbilliferum* HAND.-MZT.
,, 2. *Caltha gracilis* HAND.-MZT.
,, 3. *Cardamine simplex* HAND.-MZT. (H.-M. 4310).
,, 4. *Begonia lipingensis* IRMSCH.
,, 5. *Thea Rosthorniana* HAND.-MZT. (WILSON, Veitch Exp. 596).
,, 6. *Hypericum trigonum* HAND.-MZT.
,, 7. ♀ Blüte von *Saxifraga muliensis* HAND.-MZT.
,, 8. *Saxifraga omphalodifolia* HAND.-MZT. (H.-M. 4594).
,, 9. *Parnassia longipetala* HAND.-MZT.
,, 10. Griffel von *Hydrangea sungpanensis* HAND.-MZT.
,, 11. Randblüte von *Hydrangea taronensis* HAND.-MZT. (FORREST 17615).
,, 12. *Itea oblonga* HAND.-MZT.

Habitusbilder ½ nat. Gr.; 7 gegen 3fach vergr.; 10 6fach vergr.; 11 nat. Gr.

Manzsche Buchdruckerei Wien IX

Verlag von Julius Springer in Wien

Verlag von Julius Springer in Wien

Verlag von Julius Springer in Wien

Verlag von Julius Springer in Wien

Rosaceae

Neillia D. Don

* ***N. rubiflora*** D. Don. NW-Y.: In den tp. Mischwäldern des birm. Mons. in der Mekong—Salwin-Kette in dem vom Si-la nach Tseku herabführenden Tale, 28°, Granit und Schiefer, 3050—3200 m, 15. VI. 1916 (8884).

Der von Rehder in Plt. Wils., I., 434 angegebene Unterschied gegenüber *N. affinis* Hemsl. in der Kahlheit des Fruchtknotens ist nicht verläßlich, denn ein Wallichsches Original hat selbst noch die reife Kapsel stark behaart. Die Kelchröhre aber ist bei allen vorliegenden *rubiflora*-Exemplaren viel stärker behaart als bei *N. affinis*.

N. gracilis Franch. Buschwiesen, Gebüsche, besonders gerne an Bambusdschungelrändern in der tp. St., 3000—3500 m. S.: Um Yenyüen auf dem Sandaoschan, um Malade, Betiaoho und Mabaho, hier in Mengen, unter dem Passe gegen Dsaluping und ober Hungga (2960). Y.: Ober Sandjiaho und auf dem Sattel Gwamaoschan zwischen Yungning und Yungbei. Im NW bei Dahota und massenhaft auf dem Passe Hungschischao se von Dschungdien. Im NE bei Dungtschwan, 2600 m (Maire).

N. longiracemosa Hemsl. var. ***lobata*** Rehd. in Journ. Arn. Arb., I., 257 (1920). S.: In üppigen Gebüschen der tp. St. auf Sandstein und Tonschiefer, 2750—3400 m. Zwischen Yenyüen und dem Yalung um Djintienpu, 27° 31′ (2218), unter Malade und bei Gwandien, 27° 46′ (2812; Schneider 3558). Häufig unter Yiwanschui halbwegs zwischen Yenyüen und Yungning.

N. ribesioides Rehd. S.: Bei Kwapi n von Yenyüen, 27° 53′, im Mischwald der wtp. St., 2750 m (2783) und im trockenen str. Walde darunter bei Helugö, 2325 m (2462), Tonschiefer.

N. sinensis Oliv. In der wtp. St., 600—1300 m. SW-H.: Häufig in Gebüschen auf dem Yün-schan bei Wukang, Tonschiefer (12010). Kw.: Im *Cunninghamia*-Wald zwischen Duyün und Badschai, Sandstein (10776) und w von Liping.

— — var. ***hypomalaca*** (Rehd.) Hand.-Mzt. (*N. hypomalaca* Rehd. in Journ. Arn. Arb., XIII., 337 [1932]).

Folia subtus praesertim in nervis $\pm$ dense pilosa, plerumque quam in typo minora et inferne magis lobata. Calycis tubus quoque saepe parce longipilosus.

Y.: In der wtp. bis an die tp. St. Im NW am Bache zwischen Tschada und Schatiama in der Mekong—Yangtse-Kette, 27° 22′, Sandstein, 2850 m, 29. VIII. 1915 (7867). Jedenfalls am Mekong (Monbeig). S.: Am Bach bei Sikwai im Lolo-Lande e von Ningyüen, Sandstein, 2350 m, 24. IV. 1914 (1644). SE-Kansu: Gegen Gwandjiaho (Licent 5089). Gegen Hwei-hsien (L. 5100). Schenhsi: Weidseping (L. 2521).

Da diese Pflanze mindestens im ganzen Randgebiete der Art sich verbreitet erweist, möchte ich ihr keinen hohen systematischen Wert zusprechen.

Alle mir vorliegenden blühenden Exemplare von *N. sinensis* einschließlich der Varietät zeigen die Kelchröhre im unteren Teile mit groben sitzenden oder ganz kurz gestielten Drüsen besetzt, alle fruchtenden hier mit langen Drüsenborsten. Es hat daher den Anschein, daß jene zu diesen als Nebenwirkung der

Befruchtung auswachsen, in welchem Falle die Unterscheidung der f. *glanduligera* (Hemsl.) Rehd. in Journ. Arn. Arb., XIII., 299 (1932) nicht berechtigt ist.

N. thyrsiflora D. Don. NW-Y.: Im str. Regenlaubwalde des birm. Mons. unter Schutsche am Taron (Djiou-djiang, e Irrawadi-Oberlaufe), 27° 53′, Granit, 1725—2000 m (9424).

Spiraea L.

S. prunifolia Siebd. et Zucc. H.: Häufig in Steppen der str. St. auf Sandstein und Laterit um Tschangscha, 25—200 m (11524). Hier auch in Hecken hinter dem Yolu-schan (11529).

— — var. *hupehensis* Rehd. in Journ. Arn. Arb., I., 258 (1920) (*S. hypericifolia* L. var. *h.* Rehd. in Plt. Wils., I., 438 [1913]). Hubei (Limpricht 1152). F.: (Limpricht 736, beide als *S. prunifolia)*.

Die erstgenannte Pflanze Limprichts ist kahl, die zweite reichlich behaart. Die Verschiedenheit der Blätter von typischer *S. prunifolia* berechtigt zur Abtrennung als Varietät, wenn nicht als Art.

S. Martini Lévl. in Rep. sp. n., IX., 321 (1911). Rehd. in Journ. Arn. Arb., I., 258 (1920) (*S. fulvescens* Rehd. in Plt. Wils., I., 139 [1911]). In trockenen Gebüschen, Hochgrasfluren und Steppen der wtp. bis in die str. St., 1425 bis 2300 m. Y.: Häufig um Yünnanfu, um die Stadt und gegen N (Schoch 54), hier auf dem Tschangtschung-schan und ober Butji. Im SW von hier bei Schilungba (222), im E beim Tempel Djindien-se und über Schuitang und Yiliang bis jenseits Huidseschao. Weiter n bei Dasungschu im Becken Hsiaodsang (562) und überall zwischen Matouschan und Fumin. Im S ober Asandschai bei Möngdse. S.: Häufig ober Siwanho zwischen dem Yalung und Yenyüen, 27° 18′ (5335).

** ***S. compsophylla*** Hand.-Mzt. (Abb. 13, Nr. 1).

Sect. *Chamaedryon* Ser.

Frutex subdivaricatus, ramis gracilibus, angulatis, brunnescenti-puberulis, mox glabris, rufis. Folia ramulorum elongatorum pauca infima et floriferorum brevissimorum omnia spathulato-oblonga, usque ad 1 cm longa, obtusissima usque rotundata, integerrima, breviter et indistincte petiolata, illorum cetera sensim flabellata, haud longiora, sed longitudine aequilata, ad medium circiter trifida, lobis flabellato-subquadratis, rotundatis, breviter et lateralibus oblique trilobulatis et hic illic leviter paucidenticulatis, basi $\pm$ late cuneata, petiolis tenuibus tertiam laminae partem superantibus, brunneo-puberulis, omnia crassiuscula, decidua, supra dilute viridia glabra, nervis 3 venisque laxe reticulatis tenuissimis fuscis, subtus glauca, epapillosa, parce albido-puberula, glabrescentia, nervorum venarumque reti densiore et crasso. Gemmae minutae, crassae, dense et nitidule rufo-pilosae. Racemi simplices umbelliformes, subsessiles, usque ad 12 flori, pedicellis sub fructu ad 5 mm longis crassiusculis vinosis leviter pruinosis, glaberrimi; bracteae bracteolaeque parcae et breves, lineares. Flores ☿, tubo calycis turbinato 1 mm longo. Sepala triangularia, 1½ mm longa, 1 mm lata, erectopatentia, indurascentia. Stamina sepalis longiora, antheris pallidis. Discus pilosus, margine tenui non lobatus. Petala (pauca quae adhaerent) orbicularia, sepalis aequilonga. Folliculi suberecti, nitidi, 2½ mm longi absque stylis patentibus 1 mm longis, ad suturas pilosi.

NW-Y.: Kalkfelsen der tp. St. auf dem Berge Lamatso zwischen Yungning und Dschungdien, 3200 m, 12. VIII. 1915 (7608).

Speciei praecedenti similis, quae differt ramulis teretibus, foliis hibernantibus minus dimorphis nec tam incisis, indumento pallido. *S. virgata* FRANCH. etiam similis esse videtur, heterophylla autem non dicitur.

S. arcuata HOOK. f. In Tannen- und Weidenbeständen, auf Wiesen und an steinigen Stellen in der ktp. und bis in die tp. St., 3450—4200 m. NW-Y.: Yülung-schan bei Lidjiang, auf und über der Wiese Ndwolo (6678). Hier an der Ostseite (FORREST 5578). Sattel Gitüdü ober Anangu se von Dschungdien (7662) und Westseite des Gebirges Piepun hier. Unter dem Doker-la an der Grenze von Tibet (8107). S.: Um Muli auf dem Paß Tschescha, bei der Alm Bädö (7279) und unter dem Sattel Santante. Liuku-liangdse (2281) und Hwang-liangdse (5545) zwischen Yenyüen und Kwapi, 27⁰ 48′. Lungdschu-schan bei Huili (phot.).

Meine Pflanzen haben etwas reichlichere Blüten und etwas kleinere Früchte, oft auch kleineren Diskus als der Typus. Das Verhältnis des freien zum eingesenkten Teil der Frucht ist aber dasselbe.

S. alpina PALL. NW-S.: Gebirge um Sungpan (WEIGOLD).

S. chinensis MAXIM. H.: In der str. St. bei Tschangscha auf Sandstein in Schluchten im Hartlaubwalde des Yolu-schan, 70 m (11665) und in Gebüschen am Gu-schan, 100—400 m (11628). E-Kw.: Gebüsche an der Grenze der wtp. St. bei Maotsaoping zwischen Duyün und Badschai, Sandstein, 800 m (10745).

S. sinobrahuica W. W. SM. in Not. R. Bot. Gard. Edinbgh., X., 67 (1917). S.: Im str. Trockenwalde ober Helugö unter Kwapi n von Yenyüen, Tonschiefer, 2325 m (2463).

— — var. ***aridicola*** W. W. SM., l. c., 68. In Buschwäldern und an kahlen Hängen der str. St., 2000—2200 m. S.: Ober Datjiaoku am Yalung unter Kwapi, Phyllit (2750). NW-Y.: Häufig im Yangtse-Tale nw von Lidjiang, 27⁰ 20—30′, Schiefer (8792).

Auf die Varietät stimmt auch die Beschreibung von *S. tortuosa* REHD. in Plt. Wils., I., 445 (1913) mit Ausnahme der bei *S. sinobrahuica* keineswegs verbogenen Zweige vollständig.

** ***S. sublobata*** HAND.-MZT. (Abb. 13, Nr. 2, 3).

Sect. *Chamaedryon* SER.

Frutex ramis tenuibus elongatis strictissimis usque valde flexuosis, juvenilibus ± dense albido-pubescentibus, mox glabrescentibus pallide brunneis argute costatis, vetustis spadiceis teretibus cortice desiliente. Gemmae minutae, latae, pubescentes. Folia ovata, in ramulis floriferis 1—8 cm longis normalia 4—5, quorum inferiora breviora saepe obtusa, superiora saepe sublanceolata, acuta, omnia 1—5 cm longa, longitudine illa interdum paulo, haec usque ad $2\frac{1}{2}^{plo}$ angustiora, basi late cuneata usque truncata, a parte latissima antice remote et simpliciter pauciserrata, nonnulla sinubus mediis vel peninfimis profundius incisis subtriloba, raro denticulo uno alterove accessorio praedita vel nonnulla integra, herbacea, raro nonnulla hiemantia, juvenilia utrinque dense vel laxius flavescenti-sericea, mox parce et interdum in nervis tantum albido subvilloso-sericea vel supra glaberrima, hic sicca olivascentia, subtus papillis densissimis glaucescentia, nervis secundariis porrectis infimis vel peninfimis dimidium folium percurrentibus, ceteris 2—3 paribus, venulis utrinque dense reticulatis atrioribus; petiolus brevis usque ad 4 mm longus. Racemi simplices umbelliformes, plani, 10- — ultra 30 flori, laxiusculi, cum calycibus totis albido-pubescentes, ebracteati, pedicellis 1—2 cm longis, bracteolis parvis linearibus. Flores 1 cm diametientes, ☿, albi (e nota ad vivum). Calycis cupula subplana, intus dense hirta, sepala triangularia, ad 2 mm longa, apiculata, intus tomentella, sub fructu quidem erecta, demum decidua. Petala suborbicularia. Stamina c. 60, 6 mm longa, antheris ochraceis. Discus altus, distincte c. 20 lobus. Folliculi 2 mm longi, dense pubescentes absque stylis lineam dorsalem continuantibus 1 mm longis patentibus.

S.: In Gebüschen besonders an den Rändern von Tälchen in der wtp. bis in die tp. und str. St. auf Sandstein und Granit, 1450—2800 m. Gobankou am Houdsengai bei Dötschang („Tetschang") im Djientschang („Kientschang"), 6. IV. 1914 (1186, Typus). Hier abwärts bis nahe der Stadt Dötschang, 4. IV. 1914 (1152). Bei Ningyüen wahrscheinlich diese am Nordhang des Lu-schan und im Tale ober Hsitji. Wald des Soso-liangdse im Lolo-Lande e von dort (1668).

Proxima *S. flexuosae* Fisch., quae differt praesertim foliis laete viridibus epapillosis et stylis longis folliculi lineam ventralem continuantibus. *S. laeta* Rehd. stylis congruens ceterum simili modo et racemis glabris disco indistincto folliculis glabris distat. *S. cantoniensis* Lour. etiam affinis glabrior est et foliis epapillosis multo angustioribus et basi longe cuneatis. *S. papillosa* Rehd. e descriptione ramulis subglabris, foliis oblongis, inflorescentiis glaberrimis, stylis longissimis distat.

Die Pflanze hat auch eine gewisse Ähnlichkeit mit *S. Limprichtii* J. Krause in Rep. sp. n., Beih. XII., 404 (1922), einem Vertreter der *S. chamaedryfolia* L. in China, der sich von dieser durch die gleichen Merkmale unterscheidet wie *sublobata* von *flexuosa*, und auch keine kahlen Kelchzipfel hat. Interessant ist das Überwintern der Blätter in geschützter subtropischer Lage bei Nr. 1152, ein Verhalten, das auch andere Pflanzen des Gebietes zeigen, dann das nachträgliche Auftreten der Behaarung an den Kapseln, wohl durch gemeinsames Hinaufwachsen mit dem Diskus nach der Befruchtung.

Vielleicht ist Maires Nr. 539 ex Arb. Arn. aus NE-Y.: Dschuwen-tsen, Gebüsche der Hügel, 2550 m, die sich durch sehr geringe Behaarung unterscheidet, als Annäherung an *S. papillosa* aufzufassen.

S. Schochiana Rehd. in Journ. Arn. Arb., I., 259 (1920). **Y.**: Mischwälder der Hänge der wtp. St. nw von Yünnanfu, 2200 m, 14. V. 1916 (Schoch 84, Typus).

S. canescens Don var. ***glaucophylla*** Franch. NW-**Y.**: Im tp. Regenwalde des birm. Mons. im Tjiontson-lumba in der Salwin—Irrawadi-Kette unter Tschamutong, Granit, 3150 m (9193).

** ***S. teretiuscula*** C. Schndr. in Bot. Gaz., LXIII., 399 (1917). **S.**: Wäldchen und Gebüsche der tp. und wtp. St., 2500—3000 m. Berg Dadjin zwischen Yenyüen und dem Yalung, 27° 31′, 11. V. 1914 (2143). N von dort zwischen Kalaba und Liuku, 17. V. 1914 (Schneider 1256), bei Gwandien, 3. VI. 1914 (2810) und ober Kwapi (Schneider 3546, Typus).

Von Schneider irrtümlich zur Sect. *Chamaedryon* gestellt; sie gehört wie die mit ihr verglichene *S. canescens* zu *Calospira*.

S. Rosthornii PRITZ. (*S. Pratti* SCHNDR.). Gebüsche und offene steinige Stellen von Wäldern in der tp. und ktp. St., 3100—3900 m. **S.**: Nordseite des Passes Tschescha und Alm Bädö (7295) bei Muli. **Y.**: Ober Mudidjin s von Yungning (3174). Im NW auf Gebirgen um Sungpan (WEIGOLD).

S. japonica L. f. **var. *Fortunei*** (PLANCH.) REHD. Gebüsche der wtp. St., 1200—1400 m. **W-F.**: Tienhwa-schan w von Dingdschou (Plt. sin. 397). **Kw.**: Zwischen Guiyang und Gwanyinschan und mehrfach zwischen Nganschun und Tschingdschen (10442).

Auf der Rückseite der Nerven kommen im unteren Teile des Blattes auch einige Börstchen vor.

— — **var. *acuminata*** FRANCH. Gebüsche der wtp. St. SW-**H.**: Yün-schan bei Wukang, 500—1400 m, auf Tonschiefer (12009). **Y.**: Zwischen Yungbei und Boloti an Bachufern (SCHNEIDER 1676). Hier bei Dschaoping. Um Lidjiang („Likiang"), v. E. (3949). Hier an Bächen der Ebene (FORREST 5993). NW-**S.**: Gebirge um Sungpan (WEIGOLD).

Meine Nr. 12009 entspricht vollständig, auch in den unterseits bläulichen Blättern, der Originalbeschreibung, die stark behaarte SCHNEIDERsche Pflanze besser REHDERs Angaben über die Varietät in Plt. Wils., I., 452, doch bilden die Pflanzen von Lidjiang den Übergang. Sie könnten nach Beschreibung und einer von Herrn GAGNEPAIN angefertigten Zeichnung des einzigen Originalexemplars ohneweiters für *S. velutina* FRANCH. gehalten werden, wären nicht die Petalen mindestens doppelt so lang als die Kelchzipfel.

— — **var. *stellaris*** REHD. in Plt. Wils., I., 452 (1913). Felsen, Rasenplätze, Gebüsche und Mischwälder der wtp. St. **Y.**: 2150—2600 m. Tjiungdschuse (SCHOCH 184) und Taihwa-se (SCHOCH 227) bei Yünnanfu. Houdjing e des Dsolin-ho (4939). Im NE am Weg nach Suifu hinter Toyüen (MELL). Maliwan (MAIRE) und Dungtschwan (MAIRE). W-**S.**: Yadschou, Tal des Ya-ho zwischen Tientschwandschou und Dschuschiping (LIMPRICHT 1547).

Die von REHDER als nebensächlicheres Merkmal erwähnte sehr enge Sägung der Blätter verbindet alle diese Exemplare und unterscheidet sie von allen anderen. Früchte liegen leider keine vor. Die Varietät scheint auf trockenere Lagen beschränkt zu sein.

* *S. robusta* (HOOK. f. et THOMS.) HAND.-MZT. (*S. callosa* var. *robusta* HOOK. f. et THOMS. in sched. — *S. callosa* HOOK., Fl. Brit. Ind., II., 324 [1878], non THBG. — *S. velutina* C. SCHNDR. Ill. Handb. Laubhzkd., I., 472, non FRANCH.). W-**Y.**: Bergwiesen des Dsang-schan bei Dali (Talifu), 3200 m, 13. VIII. 1913 (LIMPRICHT 1093 als *S. bella*).

Mit der Pflanze aus Kasia vollkommen identisch. Von *S. velutina* FR. durch die unterseits kraus behaarten, papillösen, oberseits nur spärlich und nur auf den Nerven striegelhaarigen Blätter und die kahlen Fruchtknoten verschieden. Sehr nahe scheint auch *S. Teniana* REHD. in Journ. Arn. Arb., I., 259 (1920) zu stehen.

** *S. purpurea* HAND.-MZT.

Syn.: *S. japonica* var. W. W. SM. in Not. R. Bot. Gard. Edinbgh., XVII., 162, 330 (1929, 1930).

Sect. *Calospira* K. KOCH.

Frutex 1,20 m altus (e collectore). Ramuli medullosi, mox teretes et glabri, rufi vel subspadicei, dense foliati, in cymas amplas ramificati. Gemmae minutae, glaberrimae. Folia latius angustiusve ovata, 3—7 cm longa, longitudine 1½ usque 2½plo angustiora, obtusa vel acutiuscula, basi late truncata, marginibus dein longe parallelis, totis ± grosse duplicato-crenatis, anguste revolutis, crenis raro crasse acutiusculis, herbacea, glaberrima, sicca supra flavoviridia, subtus glaucescentia epapillosa, costa nervisque utrinsecus 6—8 sub angulis fere dimidiis patentibus antice tantum distinctius anastomosantibus fulvis cum venulis dense reticulatis valde prominuis; petiolus lamina ± 10plo brevior, tenuis, antice anguste alatus. Cyma eiusve partes longius pedunculatae densissima, extus foliis, intus hic illic bracteis longe linearibus bracteata, axibus ut pedicelli 2—4 mm longi griseo hirtello-velutinis. Flores ☿, ad 7 mm diametro, intense kermesini (e collectore). Calycis extus glabri vel puberuli cupula late turbinata, sepala ea aequilonga late angustiusve triangulari-ovata, apice intus albo-puberula. Petala orbicularia his c. sesquilongiora. Stamina c. 20, antheris fusco-violaceis petala vix excedentia. Discus latus, brevissime pubescens. Folliculi (immaturi) glabri, stylis 1½ mm longis, stigmatibus magnis.

W-Y.: In Dickichten und zwischen Felsen und Buschwerk im birm. Mons., 2800 m. In der Schweli—Salwin-Kette, 25° 30′, VII. 1913 (FORREST 12009, Typus, 15852). Nmaika—Salwin-Scheidekette, 26° 30′, (F. 18340).

Simillima praecedenti, quae differt foliis basi cuneatis, acute biserratis, subtus papillosis et hic saltem ad nervos villosulis, petiolis multo brevioribus, staminibus paulo longioribus, folliculis ventre pilosis. Sequenti quoque similis, quae jam floribus dioicis distat.

* ***S. bella*** SIMS. NW-Y.: In der Hg. St. des birm. Mons. am Hange des Gomba-la ober Tschamutong in der Salwin—Irrawadi-Kette gegen den See Tsukue, Glimmerschiefer, 3900 m, 15.—17. VIII. 1916, v. E. (9886). N von dort auf offenen steinigen Matten und an Bächen (FORREST 19052, als *S. japonica* var.).

Kaum zwei Spannen hohe Pflanzen mit endständiger Doldentraube und sehr breiten, kurz- und breitzähnigen Blättern, in allem Wesentlichen mit indischen Exemplaren stimmend.

S. Miyabei KOIDZ. **var.** ***pilosula*** REHD. in Plt. Wils., I., 455 (1913). NW-Y.: Bei Lidjiang („Likiang"), v. E. (3950). An Bächen der wtp. bis an die tp. St., 2600—2800 m, auf Diabas an der NW-Seite des Dji-schan ne von Dali (6433) und ober Hsiangschuiho s von Hodjing.

Die Knospen sind nicht so enorm lang wie beschrieben, aber ausgesprochen verlängert-spindelförmig. Zu einer anderen Art läßt sich die Pflanze nicht stellen, sondern stimmt mit ihr sonst völlig.

S. longigemmis MAXIM. S.: Feuchte Gebüsche der wtp. St. auf Schiefer ober Datscho bei Wali am Yalung n von Yenyüen, 28° 10′, 2400—2800 m (2582).

Sibiraea MAXIM.

S. angustata (REHD.) HAND.-MZT. (*S. laevigata* [L.] MAX. var. *angustata* REHD. in Plt. Wils., I., 455 [1913]). Wiesen und feuchte Stellen der tp. und ktp. St., mitunter ausgedehnte Gebüsche bildend, auf Kalk, 3350—3800 m. S.: Liuku-liangdse zwischen Yenyüen und Kwapi (2266). Daörlbi halbwegs zwischen Yenyüen und Yungning (2982). NW-Y.: Häufig im oberen Teile des Moränenzirkus Saba am Osthang des Yülung-schan bei Lidjiang (6795). Im birm. Mons. unter dem Londjre-Paß in der Mekong—Salwin-Kette, 28° 14′ (FORREST 19621).

Im Gebiete ist nur die Pflanze mit behaarten Infloreszenzen vorhanden; die Blattbreite geht an FORRESTS Nr. 19621 sogar über die bei *S. levigata* (L.) MAX. gewöhnlich hinaus, doch ist der Zuschnitt nie so gerundet wie bei dieser. Wenn auch im Norden hier und da ein kahles Exemplar vorkommt (REHDER, l. c., 456), so hat die Pflanze schon auf Grund des Merkmales der Blattspitze als alleinige Bewohnerin eines sehr großen Gebietes doch wohl Artrecht.

S. tomentosa DIELS in Not. R. Bot. Gard. Edinbgh., V., 270 (1912). NW-Y.: Felsige Stellen auf Kalk im großen Tale unter dem großen Gletscher am Osthange des Yülung-schan bei Lidjiang, selten, 3600 m (SCHNEIDER 2056).

Aruncus ADANS.

A. silvester KOSTEL. (*Spiraea Aruncus* L.). Gebüsche, an Bächen, in Hochstaudenfluren der tp., ktp. und wtp. St., 1800—3950 m. NW-Y.: Zwischen Yungbei und Yungning s des Passes Gwamaoschan und ober Mudidjin (3179). Bei Lidjiang, v. E. (3951). Hsiao-Niutschang und ober Alo se von Dschungdien. S.: Südseite des Passes Tschescha s von Muli (7172). Banschan zwischen dem Yalung und Nganning-ho, 26°. Im NW auf Gebirgen um Sungpan (WEIGOLD).

Bei allen yünnanesischen Pflanzen ist die Kleinheit der Blättchen bei starker Zerteilung auffallend, doch kommen ganz gleiche in Europa auch vor. Es lag nahe, zu untersuchen, ob die *Spiraea triternata* WALL. damit identisch ist, da HOOKER (Fl. Brit. Ind., II., 324) sagt, daß sich die indische Pflanze von der europäischen durch kleinere und zahlreichere Früchtchen unterscheide. An meinem Material liegen keine Früchte vor, doch haben Pflanzen von Djimil in Kleinasien und aus Polen (RACIBORSKI, Rosl. Polsk. 173) ebenso kleine wie die indischen, und 4 Früchtchen zeigen solche vom Rodtenstein bei Schwarzenberg.

** ***A. gombalanus*** HAND.-MZT. in Sitzgsanz. Ak. W. W., LX., 152 (1923). (Abb. 13, Nr. 3, 4).

Syn.: *Pleiosepalum gombalanum* HAND.-MZT., l. c., LIX., 139 (1922).

Suffruticulus 5—30 cm altus, rhizomate tenui subrepente, radices longas tenues parcas emittente, basi tantum ramosus et lignescens et vaginis petiolorum infimorum laminas minutas gerentium persistentibus lanceolatis et subovatis brunneis 5—7 mm longis obsito. Ramuli (quotannis singulus tantum florifer?) erecti, graciles, ob folia inferiora approximata folium superius autem singulum plerumque diminutum vel deficiens subscaposi, spicis densis 1,5—5 cm longis singulis vel perpaucis, infimis interdum axillaribus, in racemum compositis terminati, cum petiolis spicisque pilosuli. Petioli tenues, rigiduli, 1½—5½ cm longi. Foliola orbiculari-ovata, acuta usque retusa, basi retusa vel leviter cordata, raro cuneata, terminale vel lateralium alterum raro unilateraliter fissum, lateralia plerumque valde inaequalia margine anteriore producto, terminale 14—30 mm longum et latitudine paulo vel minime angustius, lateralia dimidio usque subduplo minora; toto margine argute duplicato- et fere lobulato-serrata, dentibus porrectis necnon incurvis, hydathodis nigellis terminatis; herbacea, viridia, subtus paulo pallidiora, ad nervos trabeculasque dense subsericeo-pilosula, supra mox glaberrima; costa nervique utrinsecus 7—8 erectopatuli stricti liberi supra anguste et profunde sulcati, subtus cum trabeculis geniculatis prominui; petioluli laterales 0—8 mm longi, terminalis 5—25 mm longus. Flores alterni, ☿. Pedicelli brevissimi, patuli, validi, pilosuli, vix 1 mm longi, saltem infimi bracteis scariosis coloratis glabris, versus 2½ mm longis fulti, omnes apice bracteola lineari florem aequante vel breviore instructi. Cupula subplana, extus glabra, versus 2 mm diametro, intus etiam inter ovaria brevipilosa. Sepala (4—) 6—7, patula, lanceolata, c. 1 mm longa, acuta, glabra, dorso partim carinata, interdum

Abb. 13. 1 *Spiraea compsophylla* HAND.-MZT. 2, 3 *S. sublobata* H.-M. (1186). 4, 5 *Aruncus gombalanus* H.-M. ½ nat. Gr.

nonnulla ad dentes reducta. Petala 5—6, caduca, lingulata, sepalis dimidio longiora, ad ½ mm lata, acutiuscula, longe et indistincte unguiculata, concava, rubra (e sicco et nota ad vivum). Stamina c. 20, cupulae margine subuniserialiter inserta, filamentis filiformibus 2 mm longis persistentibus, antheris globosis ¼ mm diametientibus, patula. Discus crassus, late annularis, versus marginem exteriorem radiatim plicatulus et serius irregulariter sulcatus. Ovaria 5 (—6), oblique ovata, in stylos breves et crassos, stigmatibus obliquis vix dilatatis terminatos sensim angustata; ovula (3 ?—) 6, biseriata. (Fructus maturi ignoti.)

NW-Y.: Grasige Stellen der Hg. St. des birm. Mons. am Hange des Gomba-la ober Tschamutong in der Salwin—Irrawadi-Kette gegen den See Tsukue, Glimmerschiefer; über 3900 m, 15.—17. VIII. 1916, v. E. (9696).

Species exiguitate, foliis simpliciter ternatis, floris partibus ultra numeros in *A. silvestri* obvios variantibus valde insignis.

Sorbaria (SER.) A. BR.

S. arborea C. SCHNDR. In Gebüschen, mitunter auf Waldlichtungen selbständig solche bildend, in der tp. St., 2700—3300 m. S.: Zwischen Yenyüen und Kwapi am Linbinkou (2838), bei Betiaoho (5448) und Mabaho. Im W im Min-Tal zwischen Sungpan und Tietschi (WEIGOLD). Y.: Im NE auf Gipfeln bei Tschedji (MAIRE ex Arb. Arn. 140). Im NW bei Meti sw von Dschungdien, bei Schuba und ober Aoalo zwischen Yangtse und Mekong, 27° 45', und häufig im birm. Mons. in der Mekong—Salwin-Kette unter dem Doker-la und im Doyon-lumba und gegen den Irrawadi im Tjiontson-lumba unter Tschamutong. In diesem Gebiete, aus dem kein Beleg vorliegt, aber vielleicht die sehr ähnliche *S. Lindleyana* (WALL.) MAXIM.

— — var. ***glabrata*** REHD. in Plt. Wils., I., 48 (1911). NE-Y.: Felsen der Berge um Dungtschwan, 2600 m (MAIRE).

Cotoneaster L.

C. disticha LGE. (*C. rotundifolia* WALL., e REHDER, Man. Cult. Tr. a. Shr., 354, non LOUD. nec SCHNDR., nomen confusum). NW-Y.: Sandsteinfelsen der ktp. St. des Berges Schusutsu bei Bödö se von Dschungdien, 3750—4000 m (4514). Hsiao-Dschungdien (FORREST 13753 als *C.* aff. *horizontali*). Mekong—Salwin-Kette, 26° 30' (F. 18188 als *C.* aff. *microphyllae*), 27° 30' (F. 19756). Schweli—Salwin-Kette, 25° 10' (F. 15811, 17612 als *C. horizontalis*). Nmaika—Salwin-Kette, 26° 20' (F. 18156).

C. sp. Y.: Laitoupu bei Beyendjing, in Wäldern und an Wegen, (TEN 306). Ein niederer Gitterstrauch, der nur eben aufblühend vorliegt und sich zu keiner bekannten Art stellen läßt, sehr auffallend durch die oberseits matten, chagrinierten Blätter mit stark eingeschnittenen, unterseits vorspringenden Nerven.

C. rubens W. W. SM. in Not. R. B. G. Edinbgh., X., 24 (1917). NW-Y.: In der Hg. St. des birm. Mons. auf dem Pangblanglong in der Salwin—Irrawadi-Kette ober Tschamutong, Glimmerschiefer, 3950—4100 m (9520). Kalkfelsen zwischen Djientschwan und dem Mekong, 3700 m (FORREST 21493 als *C.* aff. *acuminatae*, teste W. W. SM.).

C. acutifolia TURCZ. Trockene Hänge der tp. St. auf Kalk und Sandstein, 2800—3300 m. S.: Sandao-schan bei Yenyüen (2212). Ober Fumadi (3027) und bei Tschoso am Wege von hier nach Ningyüen. Y.: Um Lidjiang, v. E. (3959). Im NE am Laogou-schan, 2600 m (MAIRE ex Arb. Arn. 510).

FORRESTS Nr. 22331 hat reife, schwarze Früchte und entspricht in allem dem Typus, nicht den Varietäten. An meinen Pflanzen sind sie nicht so ganz reif, werden aber offenbar auch schwarz; sie gehören ebenfalls dem Typus an. FORRESTS nur blühende Nr. 15463 vom Gebirge ober Haba hat kleinere, stumpfere Blätter, ebensolche, weniger stark behaarte seine Nr. 21335, doch bildet seine Nr. 19664 den Übergang davon zum Typus.

C. acuminata LINDL. mit vollkommen reifen, schön roten Früchten, also ganz eindeutig, liegt in FORRESTS Nr. 22270 vor.

C. foveolata REHD. et WILS. in Plt. Wils., I., 162 (1912). S-S.: Nantschwan (BOCK u. ROSTHORN 989, als *C. acuminata*).

C. moupinensis FRANCH. NW-Y.: Bei Lidjiang im üppigen tp. Walde ober Akalü jenseits Ganhaidse, Kalk, 3000 m (6827). Hierher wahrscheinlich auch die Notiz aus dem birm. Mons. in der wtp. St. bei Dara unter Tschamutong am Salwin, Phyllit, 1925 m.

Die Bemerkungen SCHNEIDERS, der ursprünglich *C. moupinensis* für eine rotfrüchtige Art hielt, zu *C. mucronata* FRANCH. (in Rep. sp. n., III., 221) treffen bis auf den an der Blüte außen nicht zur Gänze seidigen Kelch so vollkommen auf meine Pflanze zu, daß ich vermute, die beiden Arten dürften zusammenfallen.

C. Francheti BOIS. Y.: Trockene Gebüsche und offene Wälder der wtp. bis an die tp. St., 2000—2900 m. Haiyen-se bei Yünnanfu (SCHOCH 98). E ober Gwangdung. Ober Landjing gegen den Schaoschan. Beyendjing (TEN 1176). Unter Heniuschao bei Hodjing (8753). Bei Lidjiang, v. E. (5542). Hier auf den Hügeln ober der Stadt (3482).

C. affinis LINDL. S.: Gebüsche der tp. bis in die str. St. auf Sandstein und Tonschiefer, 2325—3300 m. Sandaoschan zwischen Yenyüen und dem Yalung (2205). Ober Helugö bei Kwapi n von dort (2471).

— — var. ***obtusa*** (WALL.) DIPP., Laubhzkd., III., 418 (1893). NW-Y.: Gebüsche der trockenen str. St. am Mekong zwischen Nakontu und Tsedjrong, 27° 52′—28° 2′, überall, kristallinisches Gestein, 1950—2000 m (7966). Hier unter dem Doker-la (FORREST 14329 als *C. multiflora*).

Beide Pflanzen haben die reifen Früchte im trockenen Zustand schwarz und stimmen völlig mit jenen des NW-Himalaya. Sie gehören daher nicht zur folgenden Art. Meine Nr. 2205 ist eine stark behaarte, nur in Blüte vorliegende Form, die aber in diesem Zustande mit typischer *C. affinis* im Sinne SCHNEIDERS stimmt.

C. hebephylla DIELS in N. R. B. G. Edinbgh., V., 273 (1912) var. ***incana*** W. W. SM., l. c., X., 22 (1917). NW-Y.: Bei Lidjiang („Likiang"), v. E. (3958). Hier in Gebüschen in der wtp. St. ober der Stadt, in der tp. St. am Fuße der alten Moränen am Osthang des Yülung-schan, dann von Hsiao-Dschungdien gegen das Gebirge Piepun, ober Schuba zwischen Mekong und Djinscha-djiang und überall von Boloti gegen Yungning, 2650—3500 m. S.: Gebüsche der wtp. St. am Wolo-ho zwischen Yenyüen und Yungning, 2150—2800 m (3011). Niutschang se von Yenyüen. Paß Tschescha und Alm Bädö ober Muli, in der ktp. St., 3900 m.

C. turbinata CRB. in Bot. Mag., t. 8546 (1914). Y.: Im NW im Buschwald der str. St. am Yangtse nw von Lidjiang zwischen Djitsung und Bölo stellenweise, Phyllit, 2075—2150 m (8806). Zwischen Djientschwan und dem Mekong (FORREST 21979). Im Mekong-Tale, 28° 12′, (F. 14864). Im NE in Bergwäldern bei Lunyi-tsun, 3100 m (MAIRE, distr. BONATI 6248 B).

Die Herkunft der nur aus der Kultur bekannten Originale, die beide unabhängig voneinander aus Hubei stammen sollen, ist wohl nachzuprüfen. Nach der Beschreibung scheint *C. oligocarpa* SCHNDR. in Bot. Gaz., LXIV., 70 (1917) nur eine armfrüchtige Form davon zu sein.

C. glaucophylla FRANCH. Y.: Gebüsche und Eichen-Föhren-Mischwald der wtp. St. am Wege von Yünnanfu nach Dali häufig zwischen Schidse und

Luföng (8595) und weiter bis Dschaodschou gemein, Sandstein, 1700—2425 m. Ebenso ober Dienso s von Hodjing.

— — var. ***meiophylla*** W. W. SM. in Not. R. B. G. Edinbgh., X., 21 (1917). **Y.**: An trockenen Stellen auf Mergel an der Straße von Yünnanfu nach Dali zwischen Bupeng und Schadschou, 1900—2400 m (8676) und bei Tschuhsiung und anderwärts häufig.

C. pannosa FRANCH. Trockene Gebüsche der str. und wtp. St., 1650—2700 m. **Y.**: Jöschuitang (434), Sanyingpan und Djiaohsi n von Yünnanfu. Häufig zwischen Dingyüen und Dayao w des Dsolin-ho (6228). Beyendjing (TEN 131). Am Yangtse bei Sape n (4429) und Keluan nw von Lidjiang. **S.**: Gegenüber Ningyüen (1261) und auf dem Schao-schan se von dort (1346). Wahrscheinlich diese im Karstland n Kalaba bei Yenyüen.

Nr. 1346 hat fast kreisrunde Blätter, 1261 zeigt Übergänge zu solchen.

— — var. ***robustior*** W. W. SM. in Not. R. B. G. Edinbgh., X., 24 (1917). **S.**: Mehrfach an Schutthängen der wtp. und str. St. am Wege zwischen Lumapu und Dugungpu am Zuflusse des Yalung gegen Yenyüen, 27° 36′, 1800—2200 m (2111).

C. buxifolia WALL. var. ***vellaea*** FRANCH., cfr. REHD., Man. Cult. Tr. Shr., 361 (1927). **S.**: In der dürren str. St. des Djientschang („Kientschang“) zwischen Hwanglienpo und Hwangschuitang, Sandstein, 1500—1650 m (1883). Gebirge um Muli (FORREST 16382 als *C.* aff. *pannosa*).

C. microphylla WALL. Häufig als niederliegender Gitterstrauch auf Kalk- und Diabasfelsen und anderen steinigen Stellen, in offenen Wäldern, auf Heidewiesen und in Steppen der str. bis in die ktp. St., 1600—3800 m. **Y.**: Hänge nw von Yünnanfu (SCHOCH 115). Hang des Dsang-schan ober Dali. Massenhaft oberhalb Hodjing (8748). Im NW bei Lidjiang auf dem Hügel ober der Stadt (3487) und vielfach am Ostfuße des Yülung-schan (FORREST 5570, 22229). Bei Dschungdien auf Bergen im NE (FORREST 17066 als *C.* aff. *buxifolia*) und um den kleinen See. Zwischen Holo und Jigo am Wege von Djitsung am Yangtse nach Weihsi. Zwischen San-tsun und Mudidjin s von Yungning. Im birm. Mons. ober Punka bei Tjionatong am Salwin, 28° 8′. **S.**: Piyi sw von Muli. Daörlbi halbwegs zwischen Yungning und Yenyüen (2997). Zwischen Duörlliangdse und Hungga und bei Handschwang (2257) im Becken unter dieser Stadt. Ober Niutschang se von hier. Am Tschahungnyotscha jenseits des Yalung n von hier bis unter Molien herab. Im Djientschang oberhalb Bentukan (1903). Lemoka im Lolo-Lande (1563). Gipfelgrate des Lungdschu-schan bei Huili (911). Scheto (LIMPRICHT 1631 als *C. microphylla* var. *vellaea*).

Die Notizen könnten sich teilweise auf *C. disticha* beziehen. Viele der gesammelten Stücke stimmen vollständig mit WALLICHs Original, an dem mir allerdings keine so jungen Blätter vorliegen, daß sie, wie hier, oberseits noch behaart wären. Mein reiches Material der Nr. 8748 hat Blätter von verkehrteiförmig und fast kreisrund (9 × 6½ mm) bis länglich-lanzettlich (9 × 3 mm), unterseits bald schon in der Jugend nur spärlich behaart, aber nur teilweise durch die Farbe (wohl infolge Verpilzung oder Verwitterung) der **f. *melanotricha*** (FRANCH.) HAND.-MZT. (*C. buxifolia* f. *melanotricha* FRANCH., Plt. Delav., 224 [1890]) entsprechend, bald — mit Übergängen — dauernd filzig, der **var. *cochleata*** (FR.) REHD. et WILS., in Plt. Wils., I., 176 (1912) entsprechend, von deren Originalstandorte die Nummer stammt.

Pyracantha ROEM.

P. angustifolia (FRANCH.) C. SCHNDR., Ill. Handb. Laubhzkd., I., 761 (1906) (*Cotoneaster a.* FRANCH.). An trockenen Hängen und besonders im Bachgerölle und auf Alluvialschottern Hecken und Gebüsche bildend in der wtp. St., 1960—2500 m. **Y.**: Im NW gemein von Lidjiang bis gegen Hodjing und im Laschiba (8775). Hier in Gebüschen der Hügel (FORREST 22316 als *Crataegus* sp.). Koma zwischen Yangtse und Mekong, 27° 36′. Ob diese jenseits Fumin nw von Yünnanfu und zwischen Yünnanyi und Bupeng an der Straße von hier nach Dali? **S.**: Hwalipu bei Yenyüen (2242). Häufig bei Pudi am Wege von da nach Huili und von hier bis gegen Bögowan (1028) und Hokou. Sikwai im Lolo-Lande e von Ningyüen (1646).

FORRESTs zitiertes Exemplar besteht aus einem Langtrieb mit gelappten Blättern bis zu 24 × 17 mm Größe, wie sie an solchen Trieben auch bei *P. coccinea* vorkommen. Die kleinsten Blätter gleichen vollständig den an der Spitze gezähnelten, an blühenden Pflanzen mitunter vorhandenen.

P. crenato-serrata (HCE.) REHD. in Journ. Arn. Arb., XII., 72 (1931) (*Photinia cr.-s.* HCE. — *Pyracantha yunnanensis* [VILM.] CHITTDEN.). Häufig in trockenen Wäldern und Gebüschen, auch in Steppen, selten in feuchten Gebüschen, in der wtp. und str. St., 1500—2800 m. **Y.**: Überall um Yünnanfu (6073; SCHOCH 20). Hier am Hsi-schan (8636) und von Butji bis Sangtang (1987), weiter n im Becken Hsiaodsang. Mehrfach an der Straße von Yünnanfu nach Dali. Beyendjing und Mitien n von dieser. Ober Hodjing (8749). Ebene von Lidjiang. Zwischen Lendo und Meidsiping und bei Bödö nw von dort. Am Mekong aufwärts bis 27° 50′ (8467). Die Notizen im S ober Schuitien gegen Möngdse und im E zwischen Magai und Sidsung könnten auch zur folgenden Art gehören, ebenso noch wahrscheinlicher jene aus **Kw.**: Ahung und zwischen Nanmutschang und Taiping im SW. Nanyo-schan bei Guiyang und einzeln bis gegen Badschai, bis unter 1000 m. **S.**: Fumadi am Wolo-ho und Duörlliangdse zwischen Yenyüen und Yungning. Ober Datscho jenseits des Yalung n von Yenyüen (2579). Zwischen Dingyüen und Dötschang überall (1868).

Ich kenne nicht *P. Rogersiana* (JACKS.) STAPF in Bot. Mag., sub. t. 9099 (1925) (*P. crenulata* var. *R.* JACKS. in Gard. Chr., 3. ser., IX., 309 [1916]), aber nach dem vorliegenden Material von *P. crenato-serrata* ist sie von dieser wenigstens nicht geographisch geschieden.

P. atalantioides (HCE.) STAPF in Bot. Mag., tab. 9099 (1925) (*Sportella a.* HCE. — *Pyracantha Gibbsii* JACKS. in Gard. Chr., ser. 3., LX., 309 [1916]. — *P. discolor* REHD. in Journ. Arn. Arb., I., 261 [1920]). Trockene Wälder und Gebüsche, auch in der Buschwiese der wtp. und str. St., 200—1200 m. **Kw.**: Nanyo-schan bei Guiyang (Kweiyang) (10542). Dodjie zwischen Duyün und Badschai (10725). Tempel Yanggu-miao bei Gudschou (10878). Ob auch im w Teile der Provinz? Vgl. unter voriger, doch habe ich den auf dem Nanyo-schan gesammelten, allerdings besonders großblätterigen Zweig nicht für *Pyracantha* gehalten, also sicher nicht für vorige Art genommen und kommen beide Arten auch in W-Hubei gemeinsam vor. **H.**: Yün-schan bei Wukang (Plt. sin. 73). Hsikwangschan (11818) und Ngandjiapu (11793) im Bezirke Hsinhwa. Zwischen Daloping und Loudi.

Crataegus L.

C. scabrifolia (FRANCH.) REHD. in Journ. Arn. Arb., XII., 71 (1931) (*Pirus scabrifolia* FRANCH. — *Crataegus Henryi* DUNN). **Y.**: Gebüsche der wtp. St. auf Mergel, 1700—2100 m. An der Straße von Yünnanfu nach Dali zwischen Tsaopu und Laoyagwan zerstreut (8647) und von hier bis gegen Luföng (8659). Gegen Djitien am halben Wege nach Yiliang.

C. hupehensis SARG. (*C. Henryi* C. SCHNDR., Ill. Handb. Laubhzkd., I., 770 p. p., Fig. 435 i—l, non DUNN). **E-Y.**: Im feuchtschattigen Wäldchen bei Djinsolo nächst Loping, Kalk der wtp. St. des mittelchin. Fl., 1600 m (10214).

C. cuneata SIEBD. et ZUCC. (*C. kulingensis* PAX in Rep. sp. n., Beih. XII., 405, non SARG., e LIMPR. 87). Gebüsche und Buschsteppen der str. und wtp. St., 30—1300 m. **W-Ki.**: Um das Kohlenbergwerk Pinghsiang (Plt. sin. 141). **H.**: Häufig um Tschangscha (11672). Hier gegen den Liuyang-ho (11690). **Kw.**: Häufig um Badschai (10786) und Maotsaoping (10770). Duyün (10687). Zwischen Guiyang und Gwanyinschan. Zerstreut zwischen Nganping und Tschingdschen (10464).

Manche Blattnerven laufen auch in die Buchten aus.

C. chungtienensis W. W. SM. in Not. R. Bot. Gard. Edinbgh., X., 26 (1917). In der tp. St. auf Kalk. **NW-Y.**: Häufig von Dschungdien bis Beischaogo, 3400—3500 m (7775). **S.**: Am Bache bei Betiaoho zwischen Yenyüen und Kwapi, 27° 45′, 2900 m (5490).

C. oresbia W. W. SM., l. c. **NW-Y.**: Gebüsche der tp. St. unter Mudidjin bei Yungning, Kalk, 3000 m (3149).

Osteomeles LINDL.

O. Schwerinae C. SCHNDR. (*O. chinensis* LINGSH. et BORZA in Rep. sp. n., XIII., 386 [1914] e typo). Häufig in trockenen Gebüschen der wtp. bis in die str. St., 1440—2600 m. **Y.**: Hsiao-Magai n (396) und um Fumin nw (SCHOCH 59) von Yünnanfu. An der Straße von hier nach Dali um Gwangdung, Tschuhsiung und zwischen Schadschou und Butsangho. N von dieser überall bis ober Dienso s von Hodjing. Unter Datschang e von Yungbei. Im NW ober Dschoutang (4344) und bei Sape im Becken von Ndaku am Yangtse n von Lidjiang. Dsilidjiang e von hier. Belo an seinem Zuflusse w von Yungning. Londjre im Seitentale des Mekong gegen den Doker-la. Im S viel im Karstland s von Möngdse. **S.**: Von Dungngan gegen Huili. Am Steilhang n von Langgai. Um Yimön. Toka unter Kwapi n von Yenyüen, 27° 53′ (2395, **var. *microphylla*** REHD. et WILS. in Plt. Wils., III., 431 [1917]). Unter Muli.

CARDOT zieht in Bull. Mus. Par., XXVIII., 192 (1922) die Art zu *O. anthyllidifolia* LINDL., indem er sagt, sie sei nur eine kleinblätterige Form, hervorgerufen durch ein trockeneres Klima, da die anderen vermeintlichen Unterschiede nicht standhalten. Sie ist aber für dieses große Klimagebiet so bezeichnend und auch in der Kultur so konstant, daß ich sie beibehalten zu müssen glaube.

Chaenomeles Lindl.

C. lagenaria (Lois.) Koidz. in Bot. Mag. Tok., XXIII., 173 (1909) (*Cydonia l.* Lois. in Nouv. Duham., VI., 255 [1813?]). **Y.**: Kultiviert in der wtp. St. beim Tempel Djindien-se nächst Yünnanfu, 2050 m (360).

— — var. *Wilsonii* Rehd. in Plt. Wils., II., 298 (1915). **S-S.**: Nantschwan (Bock u. Rosthorn 8).

Docynia Decne.

D. Delavayi (Franch.) C. Schndr., Ill. Handb. Laubhzkd., II., 1001 (1912) (*Pirus D.* Franch., Plt. Delav., 227 [1890]. — *Eriolobus D.* Schndr., l. c., I., 727 [1906]. — *Cydonia D.* Card. in Bull. Mus. Par., XXIV., 63 [1918]). Trockene Wälder und Gebüsche der wtp. St. auf Sandstein und Mergel. **Y.**: 1800—2400 m. Ober Sugö nw von Yünnanfu (1994) und von da nach N über Loheitang (574) immer zerstreut bis zum Abstieg an den Yangtse. An der Straße nach Dali vor Tschuhsiung (Mell) und mehrfach zwischen Bupeng und Yünnanyi. Häufig besonders um Häuser um Schayidjia e des Dsolin-ho (6178). Hanio zwischen Dali und Lidjiang, 26° 8′. Im NE bei Tschehai, 2500 m (Maire ex Arb. Arn. 305). **S.**: Zwischen Djiangyi und Hokou s von Huili, 1800—1900 m (5089).

Cardot sagt, l. c., daß bei der kultivierten Pflanze nur ein Kern in jedem Fache reife, was den Unterschied zwischen *Pyrus* und *Cydonia* abschwächen würde. An meinem wild gewachsenen fruchtenden Material reifen aber mehrere Samen in jedem Fache. Samenanlagen sind in jedem Fache 6 bis 7 (einschließlich Cardots Beobachtung in Rev. Hort., nouv. sér., XVI., 131 bis 10). Discus sehr hoch und eng. Knospenlage quincunzial klappig. In allen diesen Merkmalen stimmt die Pflanze mit *D. indica* (Wall.) Decne. überein, von der Hooker und Thomsons Exemplare aus Kasia an aufgeschnittenen reifen Früchten die Eindrücke der Samen übereinander zeigen. Ihre Blüten konnte ich an Forrests Nr. 19372 untersuchen und fand 8 in zwei senkrechten Reihen stehende Samenanlagen in jedem Fach, die Staubgefäße wohl in mehreren Reihen, aber so gedrängt, daß sie einen dichten Kranz bilden. Wallich bildet (Plt. As. rar., t. 173) nur einen Längs- und einen Querschnitt durch die reife Frucht ab; der erste zeigt 3 Samenanlagen übereinander, die aber sehr gut nur jene einer Reihe sein können; auch auf dem zweiten ist wohl mit der braunen Schale neben dem Samenquerschnitt in zwei Fächern ein daruntergeschobener Same der anderen Reihe gemeint. Decaisnes Beschreibung und Zeichnung kann ich daher nur für unzutreffend halten. Die Gattung *Chaenomeles* unterscheidet sich von *Docynia* durch etwas niedrigeren Discus, viel mehr (28—34) ovula im Fach und in drei deutlich übereinander gelegenen Reihen angeordnete Staubgefäße, *Cydonia* aber durch ganz kurzen, schmalen Discus und gedrehte Knospenlage der Blüte, während ovula (c. 6—10 im Fach) und Androeceum mit *Docynia* übereinstimmen.

D. rufifolia (Lévl.) Rehd. in Journ. Arn. Arb., XIII., 310 (1932) (*Pirus rufifolia* Lévl. in Bull. Ac. Géogr. bot., XXV., 46 [1915]. — *Malus docynioides* Schndr. in Bot. Gaz., LXIII., 400 [1917]. — *Docynia d.* [Schndr.] Rehd. in Journ. Arn. Arb., II., 58 [1920]). **S.**: An Hängen bei Datjiaoku in der trockenen str. St. des Yalung-Tales unter Kwapi n von Yenyüen, Phyllit, 2125 m (2517).

Malus Mill.

M. pumila Mill. **Y.**: Gepflanzt in der wtp. St. im NW im Dorfe Selüboto zwischen Yangtse und Mekong, 27° 30′, Sandstein, 2580 m (7846). Im NE in der Ebene von Dungtschwan, 2500 m (Maire). **S-S.**: Nantschwan (Bock u. Rosthorn 745).

Meine Pflanze hat reife Früchte, typische, am Grund und an der Spitze eingedrückte Äpfel von 3 cm Durchmesser an 3 cm langem Stiel, Maires Pflanzen sind in Blüte mit nur 5—10 mm langen Stielen. Die Blätter sind an allen diesen am Grunde teilweise keilig verschmälert, und die Zähnung ist viel kleiner als bei unserer Pflanze, doch werden songarische Exemplare der var. *praecox* (Pall.) C. Schndr. ihnen darin ganz ähnlich, haben aber viel kleinere Früchte. Es ist sehr gut möglich, daß es sich um die von Cardot in Bull. Mus. Par., XXIV., 67 (1918) als *Pyrus micromalus* (Mak.) Card. angeführte Pflanze handelt, über deren Früchte er nichts sagt. *Malus micromalus* Mak. hat aber nach ihrem Autor Früchte von nur 1—1½ cm Durchmesser. Vielleicht ist es eine im Osten entstandene Kulturform von *M. pumila* oder eine Kreuzung. Die Blätter gleichen ganz jenen von *M. spectabilis* (Ait.) Borkh., doch sind die Blüten- und Fruchtstiele viel kürzer und viel dichter wollig. Man könnte mit Cardot an *spectabilis* × *pumila* var. *domestica* (Borkh.) C. Schndr. denken. Bock und Rosthorns Pflanze ist nur steril, hat gröbere Kerbzähnung, wie gewöhnlich bei *pumila*, aber die Blätter sind teilweise auffallend lang (bis 12 × 5 cm).

M. prunifolia (Willd.) Borkh. **var. *Rinki*** (Koidz.) Rehd. in Plt. Wils., II., 279 (1915) (*M. pumila* var. *Rinki* Koidz. in Journ. Coll. Sci. Tok., XXXIV/2., 87 [1913]. — *M. Ringo* Siebd.). **NW-Y.**: Im Dorfe Selüboto zwischen Yangtse und Mekong, 27° 30′, in der wtp. St., 2580 m, gepfropft auf dem vorigen (7847). Mugwadso am direkten Wege von Weihsi nach Djientschwan, 2630 m. Beyendjing, in Wäldern bei Schili-tsun nächst Guti (Ten 167?, nur blühend).

Apfel kirschrot, fast 2 cm lang, 1½ cm dick.

M. baccata (L.) Borkh. In Buschwäldern und an Bächen in der tp. St. 2450—3700 m. **S.**: Betiaoho zwischen Yenyüen und Kwapi (5491). Riesenhafte Bäume bei der Brücke ober Doloho zwischen Muli und Yungning (7189, appr. **var. *mandschurica*** [Max.] C. Schndr.). Gebirge e von Yungning (Forrest 21261, var. *mandschurica*?). **NW-Y.**: Unter Djingutang am direkten Wege von Weihsi nach Djientschwan (10029). W von hier (Forrest 22995). Ober Beischaogo sw von Dschungdien (7774). Ob diese viel auf dem Sattel zwischen Hungngai und Yünnan-hsien sw des Sees von Dali, 2120 m?

Nr. 5491 zeigt einige sehr schmale Blätter (bis 60 × 16 mm).

***M.* sp.** aff. *baccatae*. **S.**: In der tp. St. des Passes Linbinkou zwischen Yenyüen und Kwapi, 27° 46′, Kalk, 3000 m (2841).

Alle Blätter von der oben angegebenen Form, unterseits sehr dicht mit groben, braunen, etwas krausen Haaren bedeckt, anfangs auch oberseits so. Blühend, mit langen Kelchzipfeln, 2 Griffeln. Leider sehr beschädigtes Material.

M. theifera Rehd. in Plt. Wils., II., 283 (1915). Gebüsche und lichte Wälder der wtp. St. auf Tonschiefer, Mergel und Sandstein, 800—1350 m. **H.**: Tjiedjulien bei Hsikwangschan im Bezirke Hsinhwa (11954). Yün-schan bei Wukang, gegen den Gipfel (12146). **Kw.**: Gutscha bei Guiyang („Kweiyang") (10486).

Das Laub ist aromatisch-wohlriechend. Manche Blätter neigen zur Lappenbildung.

M. Halliana KOEHNE, Gattg. Pomac., 27 (1890) var. *obtusiloba* (CARD.) HAND.-MZT. (*Pirus H.* var. *o.* CARD. in Not. Syst., III., 345 [1914]). NE-Y.: Dungtschwan, im Stadtpark, 2500 m (MAIRE).

M. Sieboldii (REG.) REHD. in Plt. Wils., II., 293 (1915) (*M. toringo* SIEBD.). H.: Waldschluchten der wtp. St. bei Ngandjiapu nächst Hsikwangschan, Sandstein, 700 m (11787). Yün-schan bei Wukang, Tonschiefer, zwischen 400 und 1400 m (Plt. sin. 94). E-Kw.: Buschwald an der Grenze der str. St. bei Tschaimou zwischen Gudschou und Liping, Tonschiefer, 650 m (10904).

M. transitoria (BAT.) SCHNDR., Ill. Handb. Laubhzkd., I., 726 (1906). Y.: Trockene Hänge der wtp. St. bei Sanyingpan n von Yünnanfu, 26°, Sandstein, 2400 m (620).

** ***M. ombrophila*** HAND.-MZT. in Sitzgsanz. Ak. W. W., LXIII., 1 (1926).

Syn.: *M. Prattii* W. W. SM. in Not. R. B. G. Edinbgh., XIV., 132, non (HEMSL.) SCHNDR.

Sect. *Sorbomalus* ZAB., subs. *Yunnanenses* REHD. in Journ. Arn. Arb., II., 48 (1920).

Arbor ramulis hornotinis valde abbreviatis sericeis, annotinis vetustioribusque 2½—3 mm crassis purpureis glabris nitidis lenticellis paucis pallidis parvis, aetate fuscocinereis. Folia 5—10na subverticillata, inaequalia, ovata, usque ad 11 cm longa et 6,5 cm lata, acuminata, basi saepe obliqua truncata, raro rotundata vel hac ipsa paululum cordata, margine dense et argute duplicato-serrata hydathodibus crassiusculis, sicca matura rigidule herbacea, saturate viridia, supra glabra venulis impressis densis alutacea, subtus albide villoso-tomentella, praeter costam purpurascentem prominuam glabrescentia; nervi utrinsecus 8—10 sub 50—55° patentes paulum arcuati prope marginem soluti et anastomosantes et trabeculae crebrae arcuatae subtus demum prominui; venulae atrovirides hic prominulae; petiolus lamina 3—4^{plo} brevior, ± 1¼ mm crassus supra late sulcatus purpureus, sicut pedicelli dense villosus. Stipulae bracteaeque filiformi-lineares, ad 1 cm longae, brunneo-scariosae, parce ciliatae, partim deciduae. Pedicelli fructiferi (2—) 4—10^{ni} subumbellati, validi, 2—3 cm longi. Fructus subglobosus, absque calyce 12—13 mm longus, glabrescens, variolosus; calycis lobi persistentes, patentes, ovato-triangulares, 2½—3 mm longi, extus laxe villosi, intus antice tomentosi. Stamina 4 mm (et ultra?) longa. Styli 3, ad 2 mm connati, glabri.

NW-Y.: In den wtp. Mischwäldern des birm. Mons. in der Salwin—Irrawadi-Kette im Tjiontson-lumba unter Tschamutong, Granit, 2250—2650 m, 28. VI. 1916 (9119).

Proxima *M. Prattii* (HEMSL.) SCHNDR. differt foliis glabrioribus minutius dentatis, pedicellis jam sub anthesi parcissime tantum pilosis, fructibus multo minoribus. Indumentum *M. sikkimensem* (WENZ.) KOEHNE admonet foliis angustioribus serrulatis, pedicellis tenuioribus longioribus, calycis lobis deciduis diversam. *M. yunnanensis* formae non lobatae differunt foliis subtus permanenter lanatis, floribus subracemosis, fructibus exacte globosis, sepalis brevius triangularibus, sub fructu subglabris, stylis 5.

M. yunnanensis (FRANCH.) C. SCHNDR. in Rep. sp. n., III., 179 (1906). In Mischwäldern und um Bäche in der tp. St., 2800—3250 m. NW-**Y.**: Paß Sanschischao bei Hodjing (8737). Um Lidjiang, v. E. (3961). Hier im W der Stadt (FORREST 21197). Im birm. Mons. im Tale vom Si-la nach Tseku am Mekong (8452). **S.**: Bakuwe bei Kwapi n von Yenyüen, 27° 53′ (2502). Gwandien und Paß Linbinkou (2842) hier.

Pyrus L.
(„*Pirus*")

P. serotina REHD. in Proc. Amer. Ac. Sci., L., 231 (1915). SW-**H.**: Offene Stellen im wtp. Laubhochwalde des Yün-schan bei Wukang, Tonschiefer, 1250 bis 1350 m (12087). S-**S.**: Nantschwan (BOCK u. ROSTHORN 592 als *P. sinensis*).

Meine Pflanze wurde von REHDER bestimmt. Mir selbst lag kein authentisches Material vor. Die Grannenzähne sind jenen von *P. ussuriensis* MAX. nicht gleich, sondern viel kürzer und kräftiger. Die Pflanze kommt sehr nahe WILSONS für die Standorte Nanto und Patung gemeinsamer Nr. 109 der Veitch Exp., die REHDER nicht sah und die ich für *P. serrulata* REHD. halte. CARDOT stellt in Bull. Mus. Par., XXIV., 73 (1918) auch diese Nummer zu *serotina*, für die mir aber die Zähne doch viel zu kurz sind.

P. Calleryana DECNE. **H.**: Am Waldrand hinter der Schule am Yoluschan bei Tschangscha, str. St., Sandstein, 80 m (11555).

P. Pashia BUCH.-HAM. In Steppen, Gebüschen und lichten Wäldern in der wtp. St., 1800—2800 m. **Y.**: Gemein auf dem Hochland um Yünnanfu (144, 365), e über Yiliang bis gegen Magai, nach W besonders n der Straße nach Dali über Fumin (6130), Dingyüen und Beyendjing (TEN 47 ex hb. Berol.) bis Biendjio. Im NW bei Lidjiang, Hsinyingpan zwischen Yungbei und Yungning, Yedsche am Mekong. N von Yünnanfu bis Hsiaodsang. Im S zwischen Möngdse und Schuitien. Im NE in der Ebene von Dungtschwan (MAIRE). **S.**: Dseia und unter dem Kloster Muli. Ober Datscho bei Wali am Yalung n von Yenyüen (2580). Ober Schabinpu zwischen Yalung und Nganning-ho (2023). Am Lu-schan bei Ningyüen.

— — var. ***obtusata*** CARD. in Not. Syst., III., 346 (1914). Wie der Typus. **Y.**: Besonders gemein an der Straße von Yünnanfu nach Dali zwischen Bupeng und Schadschou (8677; LIMPRICHT 941). Tschuhsiung. **S.**: Huili (872) und s von hier bis Hokou (5087). Dahai-tsun bei Pudi.

Sorbus L.

S. caloneura (STAPF) REHD. in Plt. Wils., II., 269 (1915). SW-**H.**: In der wtp. St. auf dem Yün-schan bei Wukang, in dem e des Tempels Gwanyin-go herabziehenden Tale im oberen Teile epiphytisch auf *Prunus* sect. *Cerasus* sp. 1200 m (11227) und krummholzartig an Tonschieferfelsen an dessen Mündung ober dem Tempel Wuli-ngan, 900 m (11226). **Y.**: Beyendjing, in Wäldern bei Lungdji (TEN 336). Im NE im mittelchin. Fl. in Wäldern bei Lungdji, 700 m (MAIRE).

S. meliosmifolia REHD., l. c., 270 ist nach der Beschreibung und nach der wirklich auffallenden Ähnlichkeit der Blätter mit *Meliosma* eher LIMPRICHTS als *S. Zahlbruckneri* SCHNDR. veröffentlichte Nr. 1443.

** ***S. epidendron*** HAND.-MZT. in Sitzgsanz. Ak. W. W., LX., 135 (1923). Sect. *Aria* DC. (*Hahnia* [MEDIC.] SCHNDR.).

Frutex „scandens“ (nonne epiphyticus?) vel arbor usque ad 15 m alta (e FORREST), ramis crassiusculis, ⊙ spadiceis nitidis, primum ferrugineo-villosis, adultis griseis lenticellis crebris minutis ellipticis pallidis. Gemmae crasse oviformes, 7 mm longae, perulis exterioribus orbicularibus crustaceis spadiceis glabris nitidis, interioribus dense albo-sericeis, glutinosis. Folia rosulato-congesta, petiolis validis 5—14 mm longis, supra profunde sulcatis, obovata usque sublanceolato-elliptica, 80 × 41 — 125 × 71 — 165 × 57 et 68 mm, rotundata vel cito attenuata et breviter caudata, basi cuneata, margine praeter partem basalem dense et argute et versus caudam grossius et duplicato-serrata, dentibus demum latiusculis incurvo-subfalcatis, demum chartacea, supra in sicco atroviridia, nitidula, costa et nervis utrinsecus 10—12 valde obliquis rectis sicut ramificationes in dentes excurrentibus anguste sulcatis, trabecularum densarum venularumque reti prominulo, primum albo-araneosa, subtus pallide viridia, ± dense et praesertim in costa nervisque valde prominuis sicut petioli ferrugineo floccoso-villosa. Cymae semiglobosae, 5½—10 cm latae, densae, ± dense ferrugineo-villosulae, ramis in axi primaria alternantibus, inferioribus foliis bracteatis ad 1½—2½ cm simplicibus, sub fructu cum pedicellis 3—6 mm longis crassiusculis spadiceis, glabrescentibus, lenticellis ochraceo-striolatis. Calyx extus villosus, cupula 3—4 mm longa, lobis reflexis, ovato-oblongis, 1½ mm longis, rotundatis, intus glabris, deciduis. Petala anguste obovata, 4—5 mm longa, vix unguiculata, cremea (e FORREST), plurima intus praesertim versus apicem albo-villosa. Stamina iis sublongiora. Ovarium apice glabrum; styli 2 vel 3, liberi, glabri, illis subbreviores. Fructus globosus, 7 mm diametro, cicatrice annulari, in sicco coerulescens, lenticellis orbicularibus crebris notatus.

NW-Y.: Am Bache in der tp. St. zwischen Tschada und Schatiama am Wege von Djitsung am Yangtse nach Kakatang unter Weihsi, 27° 22′, 2850 m, 29. VIII. 1915 (7874, Typus). Offene Gebüsche der Hügel w von Lungfang, 2400 m (FORREST 26533). Mischwaldränder der Schweli—Salwin-Kette n von Hotou, 3150 m (FORREST 26319).

Species proxima est *S. rhamnoides* (DECNE.) REHD. in Plt. Wils., II., 278 (1915) foliorum forma dentibusque congruens, eorum glabritie, cymis laxis grossiuscule albo-pilosis, sepalis subglabris, petalis glaberrimis autem diversa. Indumentum est *S. ferrugineae* (WENZ.) REHD. l. c., 277, quae dentibus multo remotioribus simplicibus patentibus cymis simplicioribus paucifloris diversissima. *S. granulosa* (BERT.) REHD., l. c., 274 foliorum forma, glabritie, petiolis longis tenuibus distat. *S. astateria* (CARD.) HAND.-MZT. (*Pirus a.* CARD. in Not. Syst., III., 348 [1918]) indumento similis esse videtur, e descriptione differt foliis multo minoribus obtuse serratis paucinerviis.

Die Beschreibung der von mir nur mit noch nicht ganz reifen Früchten gesammelten Pflanze wurde hier nach FORRESTS blühenden Exemplaren ergänzt und auch hinsichtlich der Blattform etwas erweitert. Seine Nr. 26533 hat längere Blattstiele als die anderen, doch ist dies offenbar, wie z. B. bei *S. Folgneri* (s. unten), einigermaßen veränderlich. *S. rhamnoides* zeigt in FORRESTS Nr. 23255 an der Blattunterseite längs der Rippe zur Fruchtzeit auch eine Spur des Induments von *S. epidendron* und stellt vielleicht einen Übergang zu dieser dar.

* *S. ferruginea* (WENZ.) REHD., l. c. W-Y.: Im birm. Mons. zwischen Salwin und Schweli, 25° 30′, 3030 m, in offenen Gebüschen, IX. 1917 (FORREST 15814 als *Pyrus granulosa* BERT. [sphalm. „BENTH."]).

Fruchtend, von der mir nur blühend vorliegenden Originalpflanze nur durch größere Blätter, im Einklang damit gröbere Zähne und längere Blattstiele verschieden. Über diesen Unterschied siehe oben. Die sehr bezeichnende Form der Zähne ist ganz dieselbe.

S. thibetica (CARD.) HAND.-MZT. (*Pirus th.* CARD. in Not. Syst., III., 349 [1918]). NW-Y.: Westhang des Litiping bei Weihsi (FORREST 19461 als *P.* [sphalm. „*Prunus*"] *vestita*). Hierher wohl meine Notiz aus dem birm. Mons. im tp. Mischwalde am Westhange des Schöndsu-la zwischen Mekong und Salwin, 28° 4′, Glimmerschiefer, 3400—3650 m.

S. pallescens REHD. in Plt. Wils., II., 266 (1915), teste autore. S.: In der wtp. St. zwischen Dugungpu und Yenyüen (SCHNEIDER 1193) und zwischen Yenyüen und Hungga (SCHN. 3530). Y.: Beyendjing in Wäldern bei Guti (TEN 258, 324). Im NE in Wäldern bei Taipu, 2600 m (MAIRE ex Arb. Arn. 124) und auf den Bergen von Laokou (M. dto. 479). H.: Im Walde der wtp. St. ober Tungdjiapai bei Hsikwangschan, Sandstein, 700—800 m (11838, steril). Nach REHDER ferner hierher FORREST 10050, 10104, 21310 und ROCK 3280, 3283, 3495, 3853, 3927, 4034, 5104, 6176, 6185, 6441, 6757, 6758, 6759, 6761, 6763, 6766, 7791, 8511, 11480.

Flores (adhuc indescripti) in corymbis parvis densiusculis, vix 5 cm latis, albido tomentellis vel tomentosis, pedicellis usque ad 5 mm longis. Petala elliptica, ± 3 mm longa, intus villosa. Stamina stylique iis aequilonga, hi saepe 3, raro 4.

S. Hemsleyi (SCHNDR.) REHD., l. c., 276 (*Pyrus vestita* FRANCH., DIELS., non WALL., cfr. CARD. in Bull. Mus. Par., XXIV., 78). S.: In Laub- und Mischwäldern der tp. bis an die wtp. St. auf Sandstein und Tonschiefer. Döm bei Tjiaodjio im Lolo-Lande, 2600 m (1627). Um die Waldwiese Gumadi ober Muli, 3425 m (7438). Auf diese und die vorige Art verteilen sich die Notizen von Liuku n von Yenyüen, Yiwanschui w von hier, Hwayi w von Yungning und aus Y.: Ober Piyi s von Yungning. Viel im NW ober Haba se von Dschungdien. Im birm. Mons. am Steilhang zum Seitentale Naiwanglong des Taron (e Irrawadi-Oberlaufes).

Nervenpaare nur 8 bis 9, aber Blattform wesentlich verschieden von der folgenden.

S. Folgneri (SCHNDR.) REHD., l. c., 271. Gebüsche und Hartlaubwald der str. und wtp. St. H.: Dungtai-schan bei Hsianghsiang, 100 m (12742). Kw.: 660—1300 m. Zerstreut zwischen Liping und Gudschou. Dodjie zwischen Duyün und Badschai (10701). Gutscha (10484) und Tschwenning-schan bei Guiyang. S.: Am Bache auf dem Sattel zwischen Tjiaodjio und Lemoka im Lolo-Lande e von Ningyüen, 2250 m (1607).

Nr. 10701 hat 15 mm lange, verkahlende Blattstiele und unterseits kahle Nerven. Sie stimmt mit WILSON, Veitch Exp. 352, die in Plt. Wils. hierher gestellt wird, und mit seiner dort nicht erwähnten Nr. 646. 10484 leitet zum Typus hinüber. Diese Nummern werden sehr ähnlich der *S. Zahlbruckneri* SCHNDR., die aber verkahlende Blätter hat.

** ***S. nubium***[1] HAND.-MZT. in Sitzgsanz. Ak. W. W., LVIII., 147 (1921). (Abb. 15, Nr. 1, 2, auf S. 481).

Sect. *Aria* DC.

Arbor 15 m, ramis sterilibus elongatis tenuibus, floriferis brevibus crassis, hornotinis primum interdum tomentosis mox glabris, spadiceis, nitidis, annotinis et vetustis fuscis, lenticellis crebris, parvis, primum ellipticis, ochraceis, demum fuscis, inconspicuis. Gemmae 2—5 mm longae, crasse ovoideae, compressae, mox glabrae, castaneae. Stipulae filiformi-subulatae, glabrae, caducissimae. Folia decidua, late elliptica, 7—13 cm longa et 1½—2^{plo} angustiora, basi anguste plicata rotundata et in petiolum 1—2 cm longum supra sulcatum calvescentem, subtus permanenter albo-tomentosum breviter decurrentia, apice acuta vel brevissime acuminata, firma, margine dense sed haud grosse etsi hic illic duplicato-serrata, supra juvenilia floccosa mox glaberrima atroviridia nitida, subtus tomento tenui etiam in costa nervisque sero tantum detersili candida, his utrinsecus 11—14, inferioribus sub angulis obtusis, superioribus sub vix dimidiis abeuntibus in dentes his praesertim subdirecte percurrentibus, tenuibus, supra planiusculis fulvis, subtus prominulis, venulis supra leviter reticulatis, subtus praeter transversales interdum conspicuas occultis. (Flores ignoti). Cymae fructiferae 6—10 cm latae, 5—6 cm altae, densiusculae, parte basali foliis normalibus bracteatae, rhachidibus rufis, sub tomento detersili lenticellatis. Pedicelli crassiusculi, 2—7 mm longi. Fructus (nondum maturissimus) piriformis, 10—12 mm longus, parce lenticellatus, coeruleo-pruinosus, cicatrice calycis totius decidui parva. Calycis lobi ovati, acuti, 2 mm longi, extus tomentosi, intus glabri. Styli (e rudimento uno) 2.

SW-**H.**: In der wtp. St. häufig im oberen Teile des Laubhochwaldes des Yün-schan bei Wukang, Tonschiefer, 1250—1380 m, 8. VIII. 1917 (11182, Typus), 18. VI. 1918 (12147).

Species *S. Folgneri* affinis foliorum forma et magnitudine et petiolis brevissimis etsi eodem modo indutis vel, si longioribus, glabrescentibus et fructuum minorum forma (et colore?) diversae.

? ***S. hypoglauca*** (CARD.) HAND.-MZT. (*Pirus h.* CARD. in Not. Syst., III., 349 [1914]). NW-**Y.**: Bei Lidjiang, v. E. (3960).

Nur ein fruchtendes Zweigstück. Auffallend und mit der Beschreibung nicht ganz stimmend sind die zum breit, aber ungleichseitig gerundeten Grunde ausgesprochen verbreiterten, bis zur Mitte oder darüber ganzrandigen Blättchen. Mit einer anderen Art läßt sich das Stück nicht identifizieren.

S. Harrowiana (BALF. f. et W. W. SM.) REHD. in Journ. Arn. Arb., I., 263 (1920). NW-**Y.**: In den tp. Regenmischwäldern des birm. Mons. meist epiphytisch, 2700—3450 m, in den Seitentälern des Salwin Doyon-lumba (8340, s. KARSTEN u. SCHENCK, Vegbild., 17. R., Taf. 42) und Tjiontson-lumba, hier auch über Granitfelsen (9155) und jenseits am Hange des Passes Tschiangschel zum Irrawadi-Oberlaufe, 27° 52′—28° 3′. W von Tschamutong (FORREST 21806, 22622).

S. Rehderiana KOEHNE in Plt. Wils., I., 464 (1913). **S.**: Zwischen Kalaba und Liuku (SCHNEIDER 1266) und auf dem Tschahungnyotscha (SCHN. 1413)

---

[1] Yün-schan = mons nubium.

n von Yenyüen. NW-Y.: Im birm. Mons. in der ktp. St. am Si-la in der Mekong—Salwin-Kette, 28°, Glimmerschiefer, 3800—4250 m (8436). Doker-la an der tibetischen Grenze, 3300 m (FORREST 16731).

— — ** var. ***cupreonitens*** HAND.-MZT. in Sitzgsanz. Ak. W. W., LXII., 223 (1925).

Foliorum rhachides costarumque dorsa, corymborum axes, sepalorum margines supra pubem albam pulverulentam juventute (saltem) cupreo-sericea.

NW-Y.: An der Baumgrenze an der Westseite des Rückens zwischen Haba und Dugwan-tsun se von Dschungdien, Schiefer, 4175 m, 22. VI. 1915 (6883, Typus). Dichte Gebüsche in Schluchten auf der Bergkette von Sunggwei s von Hodjing, 3330 m (FORREST 21550). Mekong—Salwin-Kette am 28° 12′, in offenen Gebüschen, 3030 m (FORREST 14362).

Auch LIMPRICHTS Nr. 1911 zeigt in den Blütenständen Spuren der beschriebenen Behaarung. FORRESTS Nr. 25545 von der Mekong—Yangtse-Kette e von Aoa, 27° 25′, bildet den Übergang zum Typus; sie ist schon verblüht und behält diese Behaarung nur im Blütenstand. Nach der Diagnose scheint es nicht ausgeschlossen, daß *Pirus foliolosa* (sphalm. „*foliosa*“) var. *ambigua* CARD. in Not. Syst., III., 353 (1918) diese Pflanze darstellt, die dann diesen Varietätnamen zu führen hätte.

Zu dieser Art gehören vielleicht alle Notizen aus der ktp. St. in S.: Mehrfach um Muli, und in NW-Y.: Auf dem Waha bei Yungning, im birm. Mons. auch auf dem Nisselaka und dem Passe Tongong zwischen Mekong und Salwin und an der Ostseite des Tschiangschel von hier zum Irrawadi-Oberlaufe.

S. glabrescens (CARD.) HAND.-MZT. (*Pirus g.* CARD. in Not. Syst., III., 350 [1918], e descr.). NE-Y.: Bergwälder von Laokou, 2600 m (MAIRE ex Arb. Arn. 311).

S. oligodonta (CARD.) HAND.-MZT. (*Pirus o.* CARD. in Not Syst., III., 351 [1918]. — *Sorbus hupehensis* var. *obtusa* C. SCHNDR. in Bot. Gaz., LXIII., 403 [1917]. — *Pyrus Wilsoniana* W. W. SM. in Not. R. B. G. Edinbgh., XIV., 104 [1924], non *Sorbus Wilsoniana* SCHNDR.). S.: In der tp. St. des Passes Linbinkou zwischen Yenyüen und Kwapi, 27° 46′, Kalk, 3000 m (2840). Offene Gebüsche und Waldränder se von Muli, 3000—3350 m (FORREST 22177). NW-Y.: Yungning (SCHNEIDER 2811, 2905). Misch- und schattige Föhrenwälder an beiden Flanken des Yülung-schan bei Lidjiang, 2120 (?)—3330 m (FORREST 5550, 17054; SCHNEIDER 3912). Mischwald und -busch zwischen Djientschwan und dem Mekong, 3330 m (FORREST 22038). Ebenso in der Mekong—Salwin-Kette, 27° 36′, 2730—3033 m (F. 19645). Hierher wohl die meisten Notizen aus tp. Mischwäldern in S. zwischen Yenyüen und Yungning und Y.: zwischen Yungning und Yungbei auf Kalk und Sandstein.

Fructus (e FORREST) albi, rubro suffusi. Flores (adhuc indescripti, e FORREST 5550) pedicellis partim brevissimis glomerulati, extus glabri, calycis lobis late ovatis rotundatis, 1 mm longis, praeter marginem intus albo-villosum carnosis. Petala flavida (e collectore), ovata, 4 mm longa, rotundata, glabra (e sicco), sub anthesi reflexa. Stamina 2 mm longa, glabra. Ovarium apice hirtellum; styli 4—5, liberi, glabri, staminibus breviores.

Nach dem vorliegenden Material von der folgenden Art gut geschieden, und zwar nebst den Blattmerkmalen durch die spitzeren und kahleren Kelchzipfel.

S. hupehensis C. Schndr. (*Pirus mesogaea* Card., l. c., 352). **S.**: Laubwäldchen der wtp. St. bei Döm nächst Tjiaodjio im Lolo-Lande, Sandstein, 2600 m (1625) und wohl auch diese am Soso-liangdse dort. **Y.**: Beyendjing (Ten ex hb. Berol. 113).

S. Prattii Koehne var. *tatsienensis* (Koehne) Schndr. in Bot. Gaz., LXIII., 404 (1917) (*S. munda* Koehne. — *S. pogonopetala* Koehne). NW-**S.**: Gebirge um Sungpan (Weigold). NW-**Y.**: Beima-schan zwischen Yangtse und Mekong, 28° 18′, Mischbuschwald, 3030 m (Forrest 19583).

* ? *S. Wenzigiana* (Schndr.) Koehne in Rep. sp. n., X., 516 (1912). NW-**Y.**: In offenen Gebüschen und Mischwäldern des birm. Mons. in der Salwin—Irrawadi-Kette w von Tschamutong, 3000—3350 m, VI. 1922 (Forrest 21800).

Vom Typus verschieden durch etwas krautige Nebenblätter, meist 9paarige, nicht über 2½ cm lange Blättchen, die unterseits auch auf der Fläche rotbraun behaart sind, und innen kahle oder nur spärlich wollige Kelchzipfel, alles Unterschiede, die innerhalb der Variabilität der Arten zu liegen pflegen.

** *S. pteridophylla* Hand.-Mzt.

Sect. *Aucuparia* (Med.) Schndr.

Frutex 4—7 m altus (e collectore), ramulis tenuibus fuscis, vix 2—3 mm crassis, gemmis 3 mm longis, compressis, spadiceis, subglabris. Folia cum petiolo brevi demum 6—13 cm longa, rhachi tenui anguste herbaceo-alata, supra ad foliolorum insertiones glandulis fasciculatis parvis subulatis purpureis instructa, subtus fulvo-villosula glabrescente; foliola 9—13 juga, infimis summisque quam cetera paulo tantum minoribus, terminali brevipetiolulato quam sequentia maiore ovato-lineari acuto ceteris his maioribus, 15—28 mm longa, longitudine 4—6plo angustiora, obtusa, basi antice late cuneata postice rotundata, sessilia, dimidio anteriore tantum minute sed acutissime serrulata, rigidula, supra atroviridia glabra, subtus valde glauca, sub microscopio contigue papillosa, in costa rufo-villosula glabrescentia, margine ciliata, nervis lateralibus utrinsecus c. 10 tenuibus patentibus, venarum reti denso subtus leviter prominulo. Stipulae herbaceae, 3—5 mm longae, lanceolatae, integrae usque semiorbiculares et fissae. Cymae ramulis longis brevibusque terminales, compositae, sub fructu 4—8 cm latae, laxiusculae, multiflorae, rufovillosae, glabrescentes, axibus pedicellisque tenuibus lenticellis minutis sparsis, illis 0,5—7 mm longis. Fructus pallide rubri (e collectore), 5 mm diametro, sepalis conniventibus brevibus et latis glabris, carpidiis apice brevissime villosulis, stylis 3—5, 1½—2 mm longis. Stamina ad 2 mm longa. (Petala ignota.)

NW-**Y.**: Am Kakerbo in der Mekong—Salwin-Kette an der tibetischen Grenze, in offenen Mischwäldern und -gebüschen, 3030 m, VII. 1918 (Forrest 16682, Typus). Mischbuschwerk an felsigen Stellen in Gräben in der Mekong—Salwin-Kette, 28°, 2730—3030 m (Forrest 19506).

Species imprimis foliolis linearibus insignis, simillima *S. aestivali* Koehne, quae differt folii rhachide subglaberrima, foliolis 14—16 jugis pilosioribus, cymis glabris. *S. Vilmorinii* Schndr. etiam similis differt foliolis plurijugis lanceolatis basi acutis, fere ab hac serratis, subtus viridibus, stipulis membranaceis.

S. pteridophylla ** var. *tephroclada* HAND.-MZT.

Ramuli grisei. Indumentum plantae et floriferae et fructiferae griseum, crispum, pilis rufis strictis raro nonnullis. Foliola nonnulla margine anteriore infra tertium inferum serrata, papillis demum dissitis, sub anthesi supra sparse pilosa. Flores praeter ovarii apicem glabri. Petala ex ungue brevi ovata, 2—3 mm longa, erosula, reflexa (e collectore), cremeo-alba.

NW-Y.: Im birm. Mons. in Gebüschen und an Mischwaldrändern der Salwin—Irrawadi-Kette w von Tschamutong, 3330—3700 m, VI. 1922 (FORREST 21665, Typus). Ober-Birma: Gebüsche an felsigen Hängen der Westseite der Nmaika—Salwin-Kette, 26° 24′, 3330 m (F. 26875, 27331).

In den ausgesprochen linealen Blättchen und dem das oberste Paar an Größe übertreffenden Endblättchen sind Art und Varietät sehr einheitlich und nur mit *S. aestivalis* vergleichbar. Der auffallendste Unterschied der Varietät sind die ziemlich hell grauen Zweige, ein Merkmal, von dessen Bedeutung ich mir kein Bild machen kann. Mit der Aufstellung dieser Art und der unten folgenden ist gewiß über die yünnanesischen *Sorbi* aus dieser schwierigen Gruppe nicht das letzte Wort gesprochen. Die zahlreichen Nummern, die besonders von FORREST vorliegen, ermöglichen aber doch die Beschreibung gut umgrenzter, in den Merkmalen einheitlicher Typen, die eine Weiterarbeit erleichtern dürfte. Die aus Indien bekannten Arten wurden dabei selbstverständlich sorgfältig berücksichtigt.

Zu *S. foliolosa* (WALL. p. p.) SPACH (sensu HOOK., non HEDLUND, nec SCHNEIDER, nec KOEHNE) (*S. ursina* [WALL.] DECNE.) sehe ich mich veranlaßt, zu bemerken, daß ich CARDOT (in Bull. Mus. Par., XXIV., 83 [1918]) vollständig recht geben muß, wenn er HOOKERs Vorgang folgt; nur der Vorwurf an SCHNEIDER ist unberechtigt, da die Verwechslung von HEDLUND stammt. *Pirus foliolosa* WALL. ist nach der Beschreibung ein Gemisch. „Foliolis 7—8 jugis“ und „Rami lanugine nivea“ bezieht sich auf *S. Wallichii* HOOK., „Foliolis subtus ferrugineo-tomentosis“ auf *ursina*. Sein Bild zeigt kürzere Blättchen als beide haben, Sägezähne und Wimpern sind nicht gut unterschieden, die Blätter sind 8paarig bis auf ein 10paariges, die Farbe der Behaarung ist nicht zu erkennen. Vielleicht ist auch dieses Bild eine Kombination. HOOKER war der erste, der diese Mischart aufteilte, und seinem Vorgang muß man folgen. *S. foliolosa* liegt mir aus Ober-Birma in FORRESTs Nummern 27323 und 24547, in dieser mit größtenteils an der Spitze gerundeten Blättchen, vor.

S. Vilmorinii SCHNDR. Wälder und Gebüsche der ktp. bis in die tp. St., 3400—3900 m. NW-Y.: Bei Lidjiang, v. E. (3956, 4029). Unter dem Passe Dsuningkou s von Hodjing. Berg Hungguwo bei Hsinyingpan zwischen Yungbei und Yungning. Sattel Gitüdü ober Anangu und Berg Schusutsu ober Bödö se von Dschungdien. E von hier (FORREST 15075). Beischaogo sw von hier. S.: Um die Waldwiese Gumadi bei Muli (7437). Rücken Daörlbi halbwegs zwischen Yenyüen und Yungning (3002). Tschahungnyotscha jenseits des Yalung n von hier, 28° 15′ (2621). Lungdschu-schan bei Huili (ob diese?).

Alle Pflanzen zeigen im Gegensatze zum Original kaum eine braune, sondern fast nur weißliche Behaarung. Nr. 4029 hat bis zu 16paarige Blättchen, 2621 kahle Griffel, kann aber nur hierher gestellt werden. Von *S. foliolosa*, von der sie CARDOT, l. c., nicht trennen will, unterscheidet sich die Art durch kleine

Nebenblätter und viel schmälere Blättchen, von *S. microphylla* und *rufipilosa* durch viel größere, erst weiter vorne gesägte Blättchen und viel reichere, dichtere Blütenstände, von der ersteren auch durch weniger Blättchen.

* *S. rufipilosa* SCHNDR. in Bull. Herb. Boiss., 2. sér., VI., 317 (1906). NW-Y.: In offenen Gebüschen, 2730—3700 m. Berge nw von Dschungdien, (FORREST 16592). Doker-la in der Mekong—Salwin-Kette im birm. Mons. (F. 16685). Schweli—Salwin-Kette am 25° 30′, VI. 1917 (F. 15687) und 25° 50′ (F. 26775).

Wegen der nur 7—14paarigen Blättchen glaube ich diese Pflanzen, deren Blättchen nur unterseits auf der Rippe behaart oder auch ganz kahl und mitunter reichlicher und stärker gesägt und deren Griffel kahl sind, als kahlere Formen hierher und nicht zu *S. microphylla* (WALL.) DECNE. stellen zu müssen, für die HEDLUND in Kgl. Sv. Vet. Akad. Handlg., XXXV/1., 36 14 bis 17 Blättchenpaare angibt und die mir nicht vorliegt. Die Blüten sind teils cremefarbig (15687), teils rot (16592, 16685). Diese dürften CARDOTS *Pirus foliolosa* (sphalm. „*foliosa*") var. *rubriflora* (Not. Syst., III., 353 [1918]) entsprechen, sind aber von *foliolosa* durch die wenigen, großen Blüten sehr verschieden. Auf die Infloreszenz ist in der Gruppe noch zu wenig Gewicht gelegt worden.

— — * var. *stenophylla* KOEHNE in Rep. sp. n., X., 517 (1912). NW-Y.: Im birm. Mons. in Gebüschen in Seitentälern, 3000—3330 m, in der Mekong—Salwin-Kette, 26° 20′ (FORREST 18227) und in der Schweli—Salwin-Kette, 26° 20′, VI. 1919 (F. 18127). Hier an Felshängen in Schluchten, 25° 40′ (F. 24673). Ober-Birma (F. 24657, 26895).

Die Blätter dieser Pflanzen sind oberseits auf der Fläche, unterseits nur auf der Rippe spinnwebig behaart, wie beim Typus. Sie gleichen vollständig den von SCHNEIDER, l. c., erwähnten Pflanzen aus Sikkim, leg. HOOKER, wobei ich keinen Grund sehe, die im Herbar des Wiener Museums zusammengespannten Stücke als nicht einheitlich zu betrachten; nur an dem fruchtenden sind die Blättchen begreiflicherweise verkahlt. Wegen der Kleinheit der Blättchen stelle ich diese alle zur Varietät, obwohl auch rötliche Behaarung vorhanden ist. Die Angaben über den Typus bei SCHNEIDER (Blättchen 9—12 mm lang) und KOEHNE (bis 2,3 cm lang) widersprechen sich allerdings. FORREST 18127, 18227 und 24673 haben die Griffel kahl oder fast kahl, 24657 und 26895 behaart, wie beschrieben.

Durch die größeren, blattartigen Nebenblätter unterscheiden sich von diesen Pflanzen FORRESTS Nummern 15775 (wahrscheinlich von der Schweli—Salwin-Kette), 16669 vom Doker-la, 16732 vom Kakerbo n von dort, 25548 von der Mekong—Yangtse-Kette e von Aoa, 27° 25′, und 26899 aus Ober-Birma. Außer 15775 und 26899 haben sie beiderseits behaarte Blättchen, bei 16732 sind sie größer, bis 30 × 8 mm, bei 16669 ebenso, 12 bis 17paarig und fast eingeschnitten gesägt.

** *S. filipes* HAND.-MZT. (Abb. 14, Nr. 1, 2).

Syn.: *S. poteriifolia* HAND.-MZT. in Sitzgsanz. Ak. W. W., LXII., 223 (1925) p. p.

Sect. *Aucuparia* (MED.) SCHNDR.

Frutex 1,8—4,5 m altus (e collectore), ramulis tenuissimis ad 2 mm crassis, fuscis, parcissime lenticellatis, cum foliis cymisque prima juventute tantum parcissime fulvo-pilosis. Gemmae ovoideae, 3—5 mm longae, apice rufo-penicillatae. Folia cum petiolis brevibus 5—11 cm longa, rhachi tenui antice anguste alata glandulis minutis subulatis ad foliorum insertiones paucis; foliola 8—13 juga, dissita, in foliis maioribus distincte petiolulata, elliptica, utrinque sensim decrescentia, maiora 8—14 mm longa, longitudine $\pm$ duplo angustiora, obtusa usque subtruncata, basi cuneata et praesertim postice saepe subrotundata, terminali longe angustato acuto, a tertio infero vel supero $\pm$ grosse pauciserrata, herbacea, subtus pallidius quam supra viridia, epapillosa; nervi laterales c. 5^{ni}, arcuati, supra incisi, subtus cum venis paucis reticulatis atrius colorati. Stipulae subulatae, 2 mm longae, crassiusculae, purpureae. Cymae in ramulis brevissimis, laxissimae, compositae, i. e. foliis intermixtae, usque ad 12 florae, axibus pedicellisque subfiliformibus purpureis, illis 3—5 cm, his 6—20 mm longis. Calycis purpurei cupula pruinosa, sepala carnosula, triangularia, $1\frac{1}{2}$ mm longa, ad apicem intus fulvo-pilosa. Petala late ovata, 4 mm longa, breviunguiculata, rubra. Stamina ad 3 mm longa. Styli 3, eorum longitudine, basi parce albopilosi. Fructus ad 7 mm diametro, ruber (e collectore), coeruleo-pruinosus.

NW-Y.: Offene Gebüsche und Kiefernwälder am Kakerbo in der Mekong—Salwin-Kette an der tibetischen Grenze, 3030 m, VII. 1918 (FORREST 16704, Typus). Dort an buschbedeckten Felsen und Hängen in Gräben am Paß von Londjre, 28° 12′, 3030 m (F. 19547). Gebüsche und schattige Felsen in Seitentälern der Mekong—Yangtse-Kette am 27° 36′, 3030—3700 m (F. 20941).

Affinis sequenti, sed differt teneritate, foliolis multijugis dissitis parce et grosse serratis, stipulis magis herbaceis, cymis laxissimis.

Die Exemplare sind so einheitlich und im Habitus von jenen der folgenden Art, mit der ich sie anfangs vereinigte, so abweichend, daß ich darin nun eine eigene Art sehen muß.

** ***S. poteriifolia*** HAND.-MZT. in Sitzgsanz. Ak. W. W., LXII., 223 (1925), emend. (l. c. p. p.). (Abb. 14, Nr. 3, 4).

Syn.: *Pirus foliolosa („foliosa“)* var. *subglabra* CARD. in Not. Syst., III., 352 (1914), e descr.

Pyrus reducta W. W. SM. in Not. R. Bot. Gard. Edinbgh., XVII., 256 (1930), non DIELS.

Sect. *Aucuparia* (MED.) SCHNDR.

Frutex vix 10 cm—2,7 m altus, pedunculis cymisque et interdum rhachidibus costisque foliorum fulvido- vel fulvo-pubescentibus, ceterum glaberrimus. Ramuli 2—4 mm crassi, grisei, lenticellis perpaucis crassis notati. Gemmae late ovoideae, ad 6 mm longae, perulis apice ciliatis, interdum sub anthesi persistentibus. Folia cum petiolo brevi 5—10 cm longa, rhachi alis viridibus inferne erectis superne patentibus hic ad 1—1,5 mm dilatata; foliola 4—9 juga, elliptica, sursum ad impar finitimis $\pm$ aequale paulum et deorsum paulo longius decrescentia, sessilia vel partim brevipetiolulata, maiora 10—20 mm longa, longitudine tertia parte usque subtriplo angustiora, acutiuscula usque rotundata, basi obliqua late cuneata plerumque postice rotundata, margine toto vel a tertio infero serrata, serraturis utrinque $\pm$ 10, raro etiam hic illic duplicatis, mucronibus tenuibus saepe incurvis terminatis, supra obscure, subtus pallidius viridia, nitidula; nervi c. 5^{ni} obliqui venarumque rete laxum subtus conspicua. Stipulae filiformes vel lanceolatae nunc herbaceae, 2 mm longae, serius tantum deciduae vel saepius nullae. Cymae singulae usque ternae, in ramulis plerumque brevissimis cicatricibus dense annulatis, pedunculis 1—4,5 cm longis lenticellis pallidis striolatis, 3—8 florae, densae, bracteis filiformi-linearibus, 5 mm longis, fugacibus, pedicellis 1—8 mm longis. Calycis cupula late turbinata, 2 mm longa, lobi carnosuli, triangulares, 1—1,5 mm longi, sinubus latis seiuncti, glabri vel apice intus parce fulvo-villosuli. Petala ex unguibus brevibus et angustis late angulato-ovata, 4 mm longa, kermesina vel rosea. Stamina stylique ad 3 mm longa rubella, hi 3—5^{ni}, glabri vel basi parcipilosi. (Fructus ignotus.)

Abb. 14. 1, 2 *Sorbus filipes* HAND.-MZT. (FORREST 16704). 3, 4 *S. poteriifolia* H.-M. (2 H.-M. 9304, 3 FORREST 20266). ½ nat. Gr.

NW-Y.: In der ktp. St. des birm. Mons. auf Glimmerschiefer, 3500—3950 m. In der Salwin—Irrawadi-Kette beiderseits des Passes Tschiangschel, 27° 52′, 4. VII. 1916 (9304, Typus), beim See Tsukue hinter dem Gomba-la bei Tschamutong, v. E. 15.—17. VIII. 1916 (9911) und am 28° 24′, IX. 1921 (FORREST 20266). In der Mekong—Salwin-Kette am Kakerbo, 28° 35′, auf offenen steinigen Matten und zwischen Gebüsch, IX. 1918 (F. 17279). Ober-Birma: Felsen und steinige Wiesen an der Westseite der Nmaika—Salwin-Kette n von Tschimili, 3330—3700 m, VI. 1925 (F. 26820).

Proxima *S. reducta* DIELS in Not. R. B. Gard. Edinbgh., V., 272 (1912) e typo differt foliolis acutissimis, levius serratis, supra albo-pilosis opacis, nervis ad 10^{nis} cum venis supra impressis, inflorescentiis non lenticellatis parce albo-pilosis, sepalis intus albo-villosis, petalis barbatis, staminibus stylisque paulo brevioribus, his basi pilosis. *S. rufipilosa* SCHNDR. differt foliolis numerosioribus, floribus laxis, longipedicellatis, minoribus.

Die Art stellt sich gewissermaßen zwischen *S. foliolosa* einerseits und *S. rufipilosa* und *microphylla* anderseits. Sie ist in der Gruppe durch die geringe Zahl der Blättchen auffällig, gehört aber sicher nicht in KOEHNES 4. Gruppe (Plt. Wils., I., 477). Die Blütenfarbe von *Pirus foliolosa* var. *microphylla* erwähnt CARDOT nicht; nach dieser könnte auch seine var. *rubriflora* hierher gehören, für die er aber keine vom *foliolosa*-Typus abweichende Blättchenform angibt.

? ***S. unguiculata*** KOEHNE. **S.**: Um den Bach in der tp. St. beim Dorfe Lolokou im Daliang-schan e von Ningyüen, Sandstein, 3100 m (1480).

Steril und jung, aber zu keiner anderen zu stellen.

Rhaphiolepis LINDL.
(„Raphiolepis")

R. indica (L.) LINDL. **W-Ki.**: Um das Kohlenbergwerk Pinghsiang (Plt. sin. 123).

Eriobotrya LINDL.

E. japonica (THBG.) LINDL. In der str. und unteren wtp. St. **H.**: 25—400 m. Gepflanzt um die Bauernhöfe bei Tschangscha (11436). Auf dem Dschao-schan unter Hsiangtan. Im SW in der Schlucht zwischen Dsingdschou und Moschi. **Kw.**: 500—1500 m. Baotie-schan bei Gudschou (10892). In Wäldern der Karsthügel und an Hängen von Schluchten oft wild, bei Badschai, Dodjie und Madjiadwen, auf dem Tschwenning-schan bei Guiyang, zwischen Gwanling und Muyu und bei Ahung gegenüber Hwangtsaoba. **E-Y.**: Im mittelchin. Fl. im Laubwalde des Karsthügels bei Djindjischan (10196) und kultiviert bei Loping, 1600 m. **S.**: Gepflanzt in Gärten im Dorfe Yangliudschou bei Dötschang („Tetschang"), 1650 m (1198).

Nr. 10196 stellt einen üppigen, nicht blühenden Schoß dar mit 32 cm langen und 12 cm breiten, ganzrandigen Blättern mit fast 3 cm breitem, gestutztem Grunde.

** ***E. salwinensis*** HAND.-MZT.

Arbor parva, ramulis crassis apice subverticillato-foliatis et hic ut initio petioli et permanenter inflorescentiae rufo-pannosis, ceterum mox glabris et spadiceis. Folia obovato-lanceolata, 10—20 cm longa, longitudine sub 3—4^{plo} angustiora, breviacuminata, basi ad petiolum crassum 2—3 cm longum semiteretem cuneata vel nonnulla subrotundata, margine in quarto c. anteriore ± minute utrinsecus 4—10 dentata, crasse coriacea, supra olivacea mox glaberrima, nitidula, alutacea, subtus pallidiora haud contigue sed subpermanenter fulvido-villosa; nervi utrinsecus 14—20 obliqui supra vix incisi subtus cum venarum reti transverse elongato prominui. Panicula pyramidalis, subdivaricata, sub fructu ad 15 cm longa et lata, ramulis crassis. Flores in his spicati, sessiles, bracteolis binis ovatis 2 mm longis fulti. Calyx 5 mm longus, extus rufo-velutinus, cupula sepalis ovatis obtusis aequilonga. Petala praefloratione contorta, ex unguibus aequilongis ac latis in nonnullis fulvo-villosulis obovata, 5 mm longa, truncato-emarginata usque sat profunde biloba, cremeo-flava (e FORREST). Stamina iis subduplo breviora. Ovarium apice et styli 2 liberi tenues 2 mm longi basi dense rufo-villosa. Fructus globosus, c. 15 mm diametro, carnosulus, granulatus, spadiceus, basi apiceque tantum rufo-villosus, calyce reflexo filamentis stylis diu persistentibus. Semen plerumque unicum, 1 cm diametro, testa tenui castanea nitidula, cotyledonibus fuscis.

NW-Y.: Im str. Laubwalde des birm. Mons. am Ufer des Salwin um Tschamutong von Sitjitong bis unter Tjiontson, Phyllit und kristallinischer Kalk, 1625—1700 m, 13. VII., 17. VIII. 1916 (9573, Typus). Mekong—Salwin-Kette, in Gebüschen an Bächen der Seitentäler am 28° 12′, 2420 m (FORREST 16400 als *E. japonica)*.

Habitu proxima *E. japonica* valde differt indumento longiore mox griseo, foliis angustioribus acutioribus ad basin sessilem vel subsessilem sensim attenuatis tenuioribus, floribus multo maioribus, intus valde pilosis, petalis praefloratione quincuncialibus angustioribus (semper?) integris, stylis 5. *E. tengyuehensis* W. W. SM. differt foliis glabrescentibus, floribus pedicellatis, petalis maioribus, integris.

Eine endemische, sehr gut gekennzeichnete Art. Meine Exemplare sind in Frucht, FORRESTs in Blüte. Nach NAKAIs Übersicht in Journ. Arn. Arb., V., 67 müßte der sitzenden Blüten halber auch *E. bengalensis* (ROXB.) HOOK. f. verglichen werden, doch ist seine Angabe falsch. Mit Vorbehalt stelle ich zu *E. salwinensis* auch einen sterilen Trieb aus dem wtp. Regenmischwalde unter Lussu bei Tjiontson, 2300 m (9107), nach dem die Beschreibung folgendermaßen zu erweitern wäre: Ramuli petiolique glabrescentes. Petioli 1—1½ cm tantum longi. Folia infra medium usque serraturis ad 20, quarum maximae ad 4 mm longae, tenuiora, sicca supra lacunoso-reticulata. Stipulae lineares, herbaceae, margine parce glandulosae, ceterum glabrae.

** *E. ochracea* HAND.-MZT.

Frutex vel arbor ad 14 m alta, ramulis crassis primum ochraceo-tomentosis, sero glabrescentibus, fuscis, lenticellis minutis oblongis pallidis. Folia oblonga, (nondum matura) ad 11 cm longa, longitudine subtriplo angustiora, breviter caudata, basi late cuneata vel (demum omnia?) rotundata, subintegra vel a medio vel juvenilia mucronulis (deciduis?) tantum fere a basi ± dense et minute serrulata, serraturis incurvis, tenuiter herbacea, decidua, supra primum albido- et in costa ochraceo- vel tota ochrascenti-tomentosa, mox praeter illam glaberrima, atroviridia, subtus ochraceo- et in costa nervisque utrinsecus c. 10 valde obliquis usque ad marginem percurrentibus subferrugineo-tomentosa; petiolus lamina 6—11^{plo} brevior, crassiusculus, subferrugineo-tomentosus. Stipulae nullae. Panicula densa, ad 5 cm alta et lata, multiflora, cum calycibus subferrugineo-tomentosa, bracteis raris parvis, linearibus et subulatis, pedicellis 2—3 mm longis. Calycis intus glabri cupula inferne campanulata, superne aperta, ad 3½ mm longa, lobi triangulares ad 1½ mm longi, sub anthesi reflexi. Petala flavoviridia vel cremeo-alba vel flavida (e notis collectoris), late elliptica, 5 mm longa, rotundata, erosa vel emarginata, intus ochraceo-villosa, praefloratione quincunciali. Stamina 20, valde inaequilonga, longiora ad 7 mm longa. Ovarium dimidiae cupulae adnatum, glabrum; styli 2—3, 3 mm longi, brevissime connati, glabri. (Fructus ignoti.)

W-Y.: Im birm. Mons. Schattige Stellen an waldbedeckten Felsen in Gräben auf der Scheide zwischen dem Yungtschang-Tale und Pupiao, 2100 m, II. 1922 (FORREST 21076 als *Pyrus*, Typus). Mischbusch der Hügel um Lungfang, 2700 m (F. 26586). Ebenso in Seitentälern zwischen Mekong und Salwin n von Hotou, 25° 50′, 3000—3300 m (F. 26227).

Species foliis deciduis eorumque indumento peculiaris, ceterum inflorescentiis et floribus *Eriobotryae*, proxima *E. tengyuehensi* W. W. Sm., quae differt foliis persistentibus subglabris, floribus maioribus, ovario apice villoso, stylis alte connatis villosis.

E. Cavaleriei (Lévl.) Rehd. in Journ. Arn. Arb., XIII., 307 (1932) (*Hiptage C.* Lévl. in Rep. sp. n., X., 372 [1912]. — *Eriobotrya Brackloi* Hand.-Mzt. in Sitzgsanz. Ak. W. W., LIX., 102 [1922] var. *atrichophylla* Hand.-Mzt., l. c.).

Ramuli glaberrimi. Petiolus foliaque jam juvenilia glaberrima. Stipulae fugacissimae, 5—6 mm longae, lingulatae, obtusae, subscariosae. Panicula sessilis, lata, ovato-pyramidata, 9—12 cm longa et lata, laxiuscula, racemis pedunculatis 7—11, usque ad 10 floris, inferioribus saepe compositis constans, laxe pubescens. Pedicelli erectopatuli sicut axes crassi, 3—10 mm longi. Calycis tubus anguste turbinatus, ± 4 mm longus, appresse brunnescenti-tomentellus, lobi ± 2½ mm longi, triangulari-ovati, obtusi, utrinque pilosuli, margine barbellati, mox patuli. Petala late obovata, obsolete vel profunde emarginata, 8—10 mm longa et paulo angustiora, ungue lato brevissimo, alba, glabra. Stamina c. 20, 4—5 mm longa, antheris brunneis ellipticis 1 mm longis, disco late annulari inserta. Ovarium apice glabrum. Styli 2—3, crassi, 4 mm longi, dimidio infero longe albopilosi ± coaliti, superne tortuosi. Semina bina, 12 mm longa, brunnea, levia.

SW-**II.**: Im wtp. Laubhochwalde des Yün-schan bei Wukang, Tonschiefer, 950 m (12032) und 1300 m (12060). W-S. (Wilson, Arn. Arb. Exp. 2993: Hb. Berlin).

Der in Kwangtung mit jungen Früchten entdeckte nomenklatorische Typus der *E. Brackloi* (vgl. Beih. z. bot. Centrbl., XLVIII/2., 315) wurde von Rehder l. c. 308 zu *E. Cavaleriei* var. *Brackloi* (Hand.-Mzt.) Rehd. gemacht. Er unterscheidet sich durch Behaarung der Blattunterseite und Blattstiele und mitunter auch ganz spärliche an den jungen Zweigen. Die oben beschriebenen reifen Samen zeigt Wilsons als *Pirus Delavayi* ausgegebenes Exemplar[1] im Berliner Herbar, während meine Pflanzen blühend und eben verblüht gesammelt wurden.

E. obovata W. W. Sm. in Not. R. B. G. Edinbgh., X., 29 (1917). **Y.**: Im üppigen Laubwald der wtp. St. bei Hosaodien w des Dsolin-ho, Sandstein, 2000 m (6214).

Nur mit jungen Früchten, so daß die Merkmale der Petalen und Griffel sich nicht feststellen lassen. Die Blätter sind nicht alle verkehrt-eiförmig, sondern die meisten länglich, auch die jüngeren nur unterseits an der Rippe etwas bräunlich wollig. Der Zuweisung zu dieser Art widerspricht nichts, und zu einer anderen bekannten kann sie nicht gestellt werden.

E. prinoides Rehd. et Wils. in Plt. Wils., I., 194 (1912). **Y.**: Im Hartlaubbusch der wtp. St. bei Jöschuitang n von Yünnanfu, 1800 m (439) und in der str. St. zwischen Tschalaschao und Hwangtsaoschao unter Beyendjing überall (6323), auch im üppigen Walde am Flußufer (6314), 1725—1900 m.

---

[1] Nach Plt. Wils. ist *Docynia Delavayi* 2998; 2993 aber ist *Sorbus aronioides* Rehd.

Photinia Lindl.

P. serrulata Lindl. **H.**: In Laubwäldern der str. St. auf Kalk, 400—500 m. Bei Hsikwangschan zwischen Ngandjiapu und Lantien (11799) und unter Tungdjiapai und wahrscheinlich diese überall zwischen Wukang und Dungngan. NE-**Y.**: Hügel von Tschehai, 2550 m (Maire). Felsiger Hügel von Pikatang, 2550 m (M.).

— — var. ***congestiflora*** Card. in Not. Syst., III., 373 (1918) p. p. (quoad pl. glabras). **S.**: In der wtp. St. des Woloho-Tales zwischen Yenyüen und Yungning unter dem Dorfe Fumadi, Kalk, 2500 m (3015). **Y.**: Beyendjing (Ten ex hb. Berol. 104). Im NE in der Ebene von Tschehai, 2500 m (Maire ex Arb. Arn. 472).

Die Pflanze aus Hunan ist sehr kräftig, die diesjährigen Triebe sind bis in den unteren Teil der Infloreszenz und die Blattstiele oberseits seidenfilzig, die Blütenstiele verhältnismäßig kurz.

P. Franchetiana Diels in Not. R. B. G. Edinbgh., V., 272 (1912) (*P. serrulata* var. *congestiflora* Card. in Not. Syst., III., 373 [1918] p. p.). **Y.**: Ludse zwischen Hsiaodsang und Loheitang am kleinen Wege von Yünnanfu nach Huili, Kalk, 2150 m (575). Im W in der Schweli—Salwin-Kette am 25^0 (Forrest 17722 als *P. serrulata* vel aff.).

P. glomerata Rehd. et Wils. in Plt. Wils., I., 190 (1912). **Y.**: In der wtp. St. des zentralen Hochlandes in trockenen Gebüschen zwischen Dayao und Lienhwang, Sandstein, 1900—2100 m (6223). Im NE auf dem felsigen Hügel von Pikatang, 2550 m (Maire).

Forrests von Rehder bestätigte Nr. 21502 hat die Griffel fast ganz frei und die Blätter deutlicher gezähnt. Früchte liegen nicht vor, weshalb ich den von Cardot in Bull. Mus. Par., XXV., 400 (1919) angegebenen Unterschied gegenüber *P. Franchetiana* nicht feststellen kann, doch haben die vorliegenden Pflanzen behaarte Petalen, was bei dieser nicht der Fall ist. Von Pikatang gibt Cardot, l. c., 401 *P. Davidsoniae* Rehd. et Wils. an, zu der keine der beiden hier angeführten Pflanzen gehört.

Auf die drei behandelten Arten verteilen sich meine Notizen aus **Y.**: Hauptbestandteil des Hartlaubbusches bei Djiaohsi n von Sanyingpan. Zwischen Fumin und Lodse-Magai. Im NW in der tp. St. zwischen Ganhaidse und Akalü bei Lidjiang und in der str. am Djinscha-djiang von Schigu bis ober Keluwan viel und in seinem Seitentale zwischen Mujendu und Kodso e von Dschungdien ebenso. 1900—2900 m.

P. crassifolia Lévl., Fl. Kouy-Tch., 348, 349 (1915). Cardot in Bull. Mus. Hist. Nat. Par., XXV., 398 (1919) (*P. Cavaleriei* Lévl. 1912, non 1907). E-**Y.**: In Buschwäldern der wtp. St. des mittelchin. Fl. zwischen Loping und Bantjiao mehrfach, Kalk, 1500—1600 m (10161).

P. Davidsoniae Rehd. et Wils. in Plt. Wils., I., 185 (1912). E-**Kw.**: Im Bambusbestande an der Grenze der str. St. auf dem Hügel bei Dodjie zwischen Duyün und Badschai, als mächtiger Baum mit kräftigen Dornen am Stammgrunde und auch noch an den Zweigen, Kalk, 700 m (10721).

P. Bodinieri Lévl. SW-**Kw.**: Hwangtsaoba (Cavalerie 4275).

P. glabra (Thbg.) Maxim. E-**Kw.**: Überall in den Wäldern der wtp. St. zwischen Liping und Maotunggai, Mergel, 600—900 m (10952) und wohl diese überall in SW-H.: auf den Höhen zwischen Dsingdschou und Wukang. In der str. St. im Hartlaubwalde des Yolu-schan bei Tschangscha, Sandstein, 250 m (11696) und wohl diese ebenso auf dem Dungtai-schan bei Hsianghsiang. W-Ki.: Um Pinghsiang (Plt. sin. 152). Tschekiang: Titai-schan, 600—1200 m (CHING in WULSIN 1435). Kingyüan, 900—1200 m (ebenso 2474, beide als *P. serrulata*).

** ***P. consimilis*** HAND.-MZT. in Sitzgsanz. Ak. W. W., LIX., 103 (1922). Sect. *Euphotinia* SCHNDR.

Arbor elata vel humilis vel frutex 1,5 m tantum, praeter flores glaberrima vel in cyma parcissime pilosula. Ramuli stricti, elongati, cortice nigello, opaco, inconspicue lenticellato. Gemmae fusiformes, 5—7 mm longae, perulis exterioribus scariosis, anguste linearibus, acutis, glabris, interioribus brevioribus, intus albo-strigosis. Folia dispersa, persistentia, lanceolata, rarius oblongo-lanceolata, 60 vel 70 × 25, 95 × 36 — 113 × 32 et 115 × 36 mm, acuta vel paulum acuminata, basi breviter attenuata, toto margine incrassato densissime et minute porrecte glanduloso-serrulata, adulta rigide coriacea, supra demum cera tenui papillis densis semiglobosis secreta tecta, subtus laxius et humillime papillosa, exsiccando brunnescentia, glandulis parvis immersis densiuscule nigropunctata, costa supra anguste et profunde impressa, subtus valde prominua; nervi utrinsecus 10—16 sub angulis 50—60° abeuntes, paulum prorsus curvati, procul a margine arcubus angustis conjuncti cum nervis saepe intersitis brevioribus et trabeculis ± dissitis et venis laxe reticulatis supra inconspicui subtus late prominui; petiolus lamina $3\frac{1}{2}$—5^{plo} brevior, crassiusculus, supra anguste nec profunde sulcatus, marginibus erectis remote glanduloso-crenulatis et superne saepe glandulis subulatis obsitis. Cyma sessilis, 7—13 cm lata et paulo brevior, paniculato-composita, multi- et densiflora, pedunculis crassiusculis levibus florendi tempore ebracteatis. Pedicelli 2—7 mm longi, validi. Flores 8 mm diametro, albi. Calyx 2—2,5 mm longus, extus glaber, in dentes triangulares, acutos, $^2/_3$—$^3/_4$ mm longos, intus villosos fissus. Petala obovata, obtusa, 2—2,5 mm lata, in unguem brevem latiusculum sensim attenuata, intus hoc et versus margines inferiores albo-villosa. Stamina glabra, petalis paulo breviora, antheris pallidis $\frac{1}{2}$ mm diametientibus. Ovarium et stylorum 2—3 stamina subaequantium crassorum stigmatibus late disciformibus terminatorum pars inferior dense lanata. Fructus ellipsoideo-globosus, 5—10 mm longus, ruber, glaber, calyce persistente connivente et diu staminibus coronatus, seminibus perpaucis ellipsoideis 4 mm longis levibus rubris.

H.: In Wäldern der str. St. auf Sandstein, 25—250 m. Auf dem Dschao-schan zwischen Tschangscha und Hsiangtan, 21. X. 1917 (11382, Typus). Um die Bauernhöfe um Tschangscha (11472). Tschekiang: S. Yengtang (HU 90: Hb. Berlin). S von Pingyung (CHING in WULSIN 1992). Kwangtung (MELL 223). Kwanghsi: S-Nanning, Sifengda-schan (CHING 8232).

Proxima *Ph. prunifoliae* LDL. calycibus pedunculis pedicellisque albopilosis, his tenuioribus longioribus fructibus multo minoribus diversae. Simillima quoque *Ph. glabrae* (THBG.) MAX. praeter pedicellos eosdem foliis epunctatis praeditae forsitan his longius, saepe subcaudato-, acuminatis quoque diversae. *Ph. serrulata* LDL. et *Davidsoniae* REHD. et WILS. corollis glabris vel parcissime longipilosis quoque distant.

Die Früchte sind nur an CHINGS Pflanze über 6 mm lang und nach seiner Angabe grün.

P. lasiogyna (FRANCH.) SCHNDR., Ill. Handb. Laubhzkd., I., 707 (1906). Gebüsche und Wäldchen der wtp. bis an die str. St. auf Sandstein, Tonschiefer und Granit, 1960—2550 m. **Y.**: Guti bei Beyendjing (TEN 298). Im NE bei Hsiao-Wulung (MAIRE ex Arb. Arn. 530). **S.**: Huili (871). Djiuba-se zwischen Nganning-ho und Yalung, 27° 43′ (2011). Ober Helugö unter Kwapi n von Yenyüen (2464).

P. prionophylla (FRANCH.) SCHNDR. in Rep. sp. n., III., 153 (1906). **Y.**: Trockene Gebüsche der wtp. St. zwischen Dayao und Lienhwang w des Dsolin-ho, 1900—2100 m (6226, ad var. vergens), zwischen Lidjiang und Hodjing, bei Bödö se von Dschungdien, 2600 m (4518) und zwischen Mujendu und Kodso n von dort.

— — ** var. ***nudifolia*** HAND.-MZT.

Planta (adulta) glaberrima.

Y.: Gebüsche der wtp. St. zwischen Döge und Hsiaodjia-tsun bei Hsiao-Magai n von Yünnanfu, Mergel, 1800 m, 8. III. 1914 (404).

Der Typus hat die Blätter unterseits dauernd kurz filzig und die jungen Triebe ganz kurz und angedrückt so; die durch anfangs lockere und längere Behaarung, späteres Verkahlen der Blattunterseite gegen die Varietät neigende Nr. 6226 hat die jungen Triebe viel dicker rauhhaarig-filzig.

P. berberidifolia REHD. et WILS. in Plt. Wils., I., 191 (1912). **S.**: Trockene Laubwälder und Gebüsche der str. bis an die wtp. St., 2300—2400 m. Im Flußgebiete des Yalung n von Yenyüen ober Oti (2793) und unter Kwapi (2446) und ne von dort bei Lumapu (SCHNEIDER 1150).

P. loriformis W. W. SM. in Not. R. B. G. Edinbgh., X., 60 (1917). **Y.**: Im Hartlaubbusch der wtp. St., 1800—2200 m, häufig zwischen Yünnanfu und Fumin (6100) und bei Jöschuitang n von dort, 25° 26′ (443).

Die schon vom Autor hervorgehobenen verschiedenen Blattformen lassen sich an einem und demselben Strauche finden.

** ***P. stenophylla*** HAND.-MZT. (Abb. 15, Nr. 3).

Arbuscula praeter flores glaberrima, ramulis tenuibus spadiceis, serius brunneis, lenticellis orbicularibus mox dense verrucosis. Gemmae minutae, perulis subulatis. Folia lineari-lanceolata, 5—9 cm longa, longitudine 5—6plo et inferiora obtusa nonnulla 3½plo longiora, utrinque acuta, in petiolum ± 1 cm longum glauco-pruinosum lateraliter subcompressum, supra profunde sed anguste sulcatum decurrentia margine incrassato antice dense, postice laxius serrulata, serraturis incurvis nigro-mucronulatis, coriacea, perennia, sicca supra olivacea facile rufescentia costa anguste sulcata, subtus pallidiora costa pruinosa nervisque utrinsecus c. 20 sub 45° obliquis prope marginem conjunctis venarumque reti laxo argute prominuis. Cymae ramulis longis terminales, sessiles, c. 20 florae, sub fructu planae, 3—4 cm diametro, partim pruinosae, axibus elongatis erectis angulatis levibus, pedicellis 5—10 mm longis. Fructus turbinato-obovoideus, carnosus, egranulosus, e sicco coccineus, glaber, levis, sepalis incurvis triangularibus 1 mm longis carnosis, intus albo sericeo-villosis. (Petala ignota.) Stamina 20, 3½ mm longa. Ovarium dimidiae cupulae vel multo altius adnatum, facile solubile, parte libera dense albo-villosa apice semiglobosa sepalorum apices attingens, teniter crustaceum, biloculare, septo tenui medio incrassato, loculis costis humilibus parietalibus subseptatis; styli 2, basi liberi, dein ad medium c. coaliti, inferne villosi, (stigmatibus ignotis). Semina 4, ellipsoidea, rotundata, 5 mm longa, superne 1½ mm crassa, purpurea.

SE-**Kw.**: Im str. Walde am Dudjiang unterhalb Sandjio, Grauwacke, 350—400 m, 17. VII. 1917 (10827) und wahrscheinlich auch diese auf dem Nandjing-schan bei Liping, Mergel, c. 700 m. Sanhwa, sandiges Flußbett, 200—330 m (TSIANG 6374).

Foliis proxima speciei praecedenti, quae praecipue differt indumento et cymis amplis lenticellatis sicut in ceteris speciebus.

Abb. 15. 1, 2 *Sorbus nubium* HAND.-MZT. 3 *Photinia stenophylla* H.-M. (H.-M. 10827). ⅓ nat. Gr.

Die Früchte sind an meiner Pflanze schwärzlich rot, noch nicht ganz reif, die Samen durch (schwachen) Druck beim Pressen herausgedrückt, doch läßt sich an TSIANGS reifer Frucht ein spontanes Aufspringen nicht feststellen. Er gibt grüne Farbe an, doch ist diese offenbar durch Nachreifen jetzt nahezu korallenrot. Das Fehlen der Lentizellen im Blütenstande würde für Zugehörigkeit zu *Stranvaesia* sprechen, dagegen aber auch wieder das Fehlen eines Hohlraumes durch Klaffen der Scheidewände.

P. amphidoxa (SCHNDR.) REHD. et WILS. in Plt. Wils., I., 190 (1912). S-**S.**: Nantschwan (BOCK u. ROSTHORN 401, 1061, als *Pourthiaea arguta* LINDL. und var. *salicifolia* HOOK. f.).

— — ** **var. *amphileia*** HAND.-MZT.

Praeter perulas grosse sericeo-strigosas tota, incluso ovarii apice, glaberrima. Styli connati.

SW-**H.**: Im lichteren oberen Teile des wtp. Laubhochwaldes des Yün-schan bei Wukang, Tonschiefer, 1100—1300 m, 6.—8. VIII. 1917, 15. VI. 1918 fr., IV. 1919 WANG-TE-HUI bl. (11205).

Die offenbar schon reifen Früchte der Varietät sind braun, ohne Spur von roter Färbung, der innere Bau stimmt mit REHDER und WILSONS Beschreibung, im übrigen die ganze Pflanze mit var. *stylosa* CARD. in Not. Syst., III., 377 (1918).

** ***P. hirsuta*** HAND.-MZT.

Sect. *Pourthiaea* (DECNE.) SCHNDR.

Arbor ramulis tenuibus hornotinis cum petiolis sordide substrigoso-hirsutis, annotinis spadiceis lenticellis brunneis planis orbicularibus notatis, sero glabrescentibus. Gemmae compresso-ovoideae, acutae, longitudine petiolorum, hirsutae. Folia elliptica, 3—7½ cm longa, longitudine 2—2½^{plo} angustiora, breviter et late caudata, minora apiculata tantum, basi ad petiolum crassum 2—4 mm longum late cuneata, toto fere margine subremote serrulata serraturis subpatule mucronatis vix incisis hic illic inaequalibus, chartacea, decidua, sicca supra olivacea adulta glabra costa nervisque tenuiter incisis, subtus pallidiora costa ut hic illic lamina brunneo villoso-hirsuta cum nervis utrinsecus 5—6 sub 60° patentibus sensim prorsus arcuatis procul am margine in nervum arcuatum conjunctis pallida et tenuiter sed argute prominula, venarum reti laxo prominulo. Cymae sessiles, umbelliformes, 2—5 florae, bracteis subulatis, pedicellis ad 6 mm longis, sub fructu crassiusculis, cum calycibus brunneo-hirsutis. (Flores ignoti.) Sepala in fructu erecta, ovato-lanceolata, 2½—3 mm longa, apice subulato glabrescente. Fructus crasse ellipsoideus, 9 mm longus, paululo angustior, ruber, carnosus, glabrescens, pericarpio granulato, ovulis 3 semineque evoluto uno breviter ellipsoideo 5½ mm longo spadiceo levi.

H.: Im Hartlaubwalde des Yolu-schan bei Tschangscha, str. St., Sandstein, 100—300 m, 10. XII. 1917 (11416).

Foliis simillima *P. arguta* WALL. differt indumento albido, cymis compositis, pedicellis longioribus, fructibus minoribus etc. *P. villosa* (THBG.) DC., cuius var. *sinica* REHD. et WILS. quoad fructum similis est, indumento pedicellisque praecedentis, foliorum serratura multo densiore, sepalis latioribus quoque differt. *P. amphidoxa* indumento vix flavescente, foliis profundius densiusque serratis, nervis numerosioribus obliquis subtus concoloribus, pedicellis sepalisque praecedentium differt.

P. Benthamiana (HCE.) MAXIM. (*Stranvaesia B.* MERR. in Phil. Journ. Sci., Bot., XII., 105 [1917]. — *P. Calleryana* [DECNE.] CARD. in Not. Syst., III., 377 [1918], nomen; in Bull. Mus. Par., XXVI., 568 [1920]). **H.**: Am Rande der Waldschlucht hinter der Schule am Fuße des Yolu-schan bei Tschangscha, str. St., Sandstein, 70 m (11661).

Die Infloreszenzen meiner Pflanze sind kahler als an jener von Hongkong und nicht alle zuerst genau doldig verzweigt. Vielleicht stellt sie einen Übergang zur folgenden dar. MERRILL stellt l. c. die Art auf Grund der Früchte, die ich nicht sah, zu *Stranvaesia*. Es wäre aber wichtig, zu wissen, welches Merkmal ihn dazu bestimmte, da sehr verschieden beurteilt wird, was an der Frucht für die Zuteilung zu *Stranvaesia* maßgebend ist. Der Habitus und die warzige Infloreszenz sind aber ganz von *Photinia*.

P. Beauverdiana SCHNDR. SW-**H.**: Auf dem Yün-schan bei Wukang, zwischen 400 und 1400 m (Plt. sin. 54). Tschekiang (CHING in WULSIN 1754, 2556).

— — var. ***notabilis*** (SCHNDR.) REHD. et WILS. in Plt. Wils., I., 188 (1912). SW-**H.**: Im wtp. Laubhochwalde des Yün-schan bei Wukang, Tonschiefer, 1000—1150 m (11156). E-**Kw.**: Gebüsche bei Badschai, Sandstein, 950 m (10761).

An meiner Nr. 11156 ist auch die Infloreszenz nicht ganz kahl. Das Wiener Exemplar von WILSON, Veitch Exp. 1000 ist *P. villosa* (THBG.) DC. Die Kombination *P. laevis* (THBG.) DC. var. *villosa* (THBG.) KOIDZ. in Bot. Mag. Tok., XXXIX., 313 (1925) ist unberechtigt, weil schon DIPPEL 1893 *P. laevis* und *villosa* unter dem letzten Namen zusammenzog.

P. brevipetiolata CARD. in Not. Syst., III., 379 (1918). NE-Y.: Wälder von Lungdji im mittelchin. Fl., 700 m (MAIRE).

P. parvifolia SCHNDR., Ill. Handb. Laubhzkd., I., 711 (1906). REHD. in Journ. Arn. Arb., XIII., 305 (*P. subumbellata* REHD. et WILS. in Plt. Wils., I., 189 [1912]). In lichten Mischwäldern und Hartlaubwäldern der str. und wtp. St., 100—1350 m. E-Kw.: Tempel Yanggu-miao bei Gudschou (10874) und weiter gegen Liping zerstreut. H.: Von Dsingdschou bis über Ngaidso. Yün-schan bei Wukang, gegen den Gipfel (12135). Überall zwischen Daolin und Lantien im Bezirke von Hsianghsiang (11719). Yolu-schan bei Tschangscha (12840). W-Ki.: Um Pinghsiang (Plt. sin. 154).

Stranvaesia LINDL.

S. Davidiana DECNE. NW-Y.: Bei Lidjiang, v. E. (3945). In der Waldschlucht bei der Hütte Tsaopeng an der Westseite des Passes Yenaping w von Djientschwan („Kientschwan"), tp St., Sandstein-Konglomerat, 2900 m (10054).

S. scandens (STAPF) HAND.-MZT. (*Photinia s.* STAPF in Bot. Mag., CIL., sub t. 9008 [1924]). NW-Y.: Im wtp. Regenmischwalde des birm. Mons. im Doyon-lumba, einem Seitentale des Salwin, 28° 2′, als Kletterstrauch, 2500 bis 2700 m (8291).

A praecedente praeter habitum differt inflorescentiis amplis laxis, sparsiuscule brevipilosis, fructibus minoribus, vix 5 mm diametientibus.

Nach REHDER in Journ. Arn. Arb., VII., 29 (1926) gehört diese Artengruppe zu *Stranvaesia* und nicht zu *Photinia*. Die vorliegende Pflanze zeigt die (nur mehr sehr spärlich vorhandenen) Griffel zu zwei entgegen vier am Original.

S. nussia (HAM.) DECNE. (*S. glaucescens* LINDL.) var. ***oblanceolata*** REHD. et WILS. in Plt. Wils., I., 193 (1912). Ki.-F.-Grenze: Dunghwa-schan zwischen Schitscheng und Ninghwa, c. 1000 m (Plt. sin. 310).

Obwohl nur in Blüte, kann ich diese weitab von ihrem sonstigen Verbreitungsgebiete gefundene Pflanze für keine *Photinia* halten, weil dieser Gattung die goldige Behaarung der Petalen fremd ist, die alle Exemplare von *Stranvaesia nussia* zeigen. Daß sie mehr als eine Varietät darstellt (*S. oblanceolata* STAPF in Bot. Mag., CIL., sub tab. 9008 [1924]), scheint mir fraglich, da FORREST 15666 die fast kahle Infloreszenz mit sehr breiten Blättern verbindet und auch bei meiner die Blätter nicht schmäler sind, als an manchen indischen Exemplaren. Var. *angustifolia* (DECNE.) SCHNDR. hat, wie REHDER u. WILSON richtig vermuten, wollige Infloreszenzen.

Kerria DC.

K. japonica (L.) DC. Laubwälder und Gebüsche der wtp. St. SW-H.: Yün-schan bei Wukang, 880—1200 m (11149). S.: Bei Döm (1630) und am Bache unter dem Soso-liangdse (1537) im Lolo-Lande e von Ningyüen. Nordhang des Lu-schan hier. Y.: 2000—2600 m. Felsen des Hsi-schan bei Yünnanfu (SCHOCH 81). Hsinlung n von hier (SCHNEIDER 331). Dawanying zwischen Yungbei und Lidjiang. Im NW am Mekong unter Yedsche.

Rubus L.

R. Fockeanus S. KURZ. Gebüsche, schattige Wälder und oft massenhaft im Bambusdschungel in der tp. und ktp. St., 3100—3850 m. NW-Y.: Hungguwo bei Hsinyingpan zwischen Yungbei und Yungning (3281). Paß von hier nach Fongkou. Ober Ngulukö bei Lidjiang (phot.). Ober Dugwan-tsun und Anangu se von Dschungdien. Im birm. Mons. in der Mekong—Salwin-Kette ober Tseku gegen den Si-la (9990) und unter dem Doker-la und in der Salwin—Irrawadi-Kette beiderseits des Passes Tschiangschel überall. S.: Nordrücken des Passes Tschescha s von Muli (7225). Sattel zwischen Mabaho und Hwapolu nw von Yenyüen (5559). Lolokou im Daliang-schan e von Ningyüen (1750).

R. rubrisetulosus CARD. in Not. Syst., III., 289 (1914). NW-Y.: In Kiefernmischwäldern des birm. Mons. am Sattel Tschranalaka ober Tseku am Mekong, 28°, Granit und Schiefer der tp. St., 3200—3300 m (8887).

* ***R. potentilloides*** W. E. EV. in Not. R. B. G. Edinbgh., XIII., 179 (1921). NW-Y.: In tp. Regenmischwäldern des birm. Mons. in den Seitentälern des Salwin Doyon-lumba, 23. IX. 1915 (8339) und Tjiontson-lumba (9197), 27° 5'—28° 2', auf Schiefer und Granit, 3050—3450 m.

Die Blätter erreichen 15 mm Durchmesser.

* ***R. Hookeri*** FOCKE in Abh. Nat. Ver. Brem., IV., 198 (1874). NW-Y.: Im tp. Regenmischwalde des birm. Mons. ober Schutsche am Taron (Djioudjiang, e. Irrawadi-Oberlaufe), 27° 55', Granit, 2800—2900 m, 9. VII. 1916 (9448).

Die Bedeckung mit Borsten und Drüsen ist sehr spärlich; sonst stimmt die Pflanze mit FORREST 15834, 15900, 17570 und 25054, die auch darin der Beschreibung entsprechen, vollkommen überein.

** *R. polyodontus* HAND.-MZT.

Subgen. *Dalibardastrum* FOCKE.

Fruticulus caule ramisque tenuibus rigidulis teretibus, hoc longe prostrato, radicante, totus inclusis foliis calycibusque laxe hirsutus et aculeis longiusculis tenuibus paulum compressis ± recurvis ± dense obsitus. Rami erecti, 10—25 cm longi, aequaliter 4—5 folii. Stipulae liberae, ad 8 mm longae, brunneae, ad medium vel versus basin in lacinias c. 3 lineari-lanceolatas fissae, persistentes. Folia cordato-ovata, 2½—8 cm longa, marginibus lateralibus saepe ultra medium parallelis, vel his supra basin constrictis lyrato-subtriloba, acuta vel infima rotundata, sinu basali haud profundissimo ± angusto, ubique dense et argute serrato-dentata dentibus purpureo calloso-mucronulatis, sicca chartacea, pauca hiemantia, atroviridia; costa nervique utrinsecus 5—6 infimi patuli anteriores sensim erectopatentes subtus cum trabeculis rufuli et argute prominuli; venulae densiuscule reticulatae supra impressae subtus atriores; petiolus lamina sesqui- usque subtriplo brevior. Flores foliis superioribus 3—4 axillares, singuli vel summi gemini. Pedicelli ± 1 cm longi. Calycis cupula humilis, 7 mm lata; sepala ad 8 mm longa, e basi late ovata interdum appendiculata in caudam longiorem subfoliaceam integram contracta, intus antice tomentella. Petala obovata, ad 5 mm longa, rotundata, rosea, glabra. Stamina c. 30, 2 mm longa, filamentis latiusculis, glabra. Discus latissimus. Ovaria pauca, breviter hirta, stylis brevibus glabris. (Fructus ignoti.)

W-Y.: Im birm. Mons. in der Schweli—Salwin-Kette am 25° 20′ auf steinigen offenen Matten der Westseite, 2750 m, VIII. 1912 (FORREST 8910) und in schattigen Gebüschen und Mischwäldern, 3000 m, VIII. 1917 (F. 15838, Typus).

Proximus *R. Treutleri* HOOK. f., sed inter alia foliorum forma et floribus parvis roseis distinctus.

Die niederliegenden und wurzelnden Stengel nähern die Art dem Subg. *Chamaebatus* FOCKE, wo sie mit *R. pectinellus* MAX. vergleichbar ist, doch steht sie diesem jedenfalls ferner als *R. Treutleri* und dem dreizähligen *R. Hookeri* FOCKE. Die Originalnummer im Herbar Kew zeigt eine Vermehrung der Blütenteile durch Mittelbildungen zwischen Kelch- und Blütenblättern und verwachsene Staubgefäße.

* ***R. Treutleri*** HOOK. f., Fl. Br. Ind., II., 331 (1878). NW-Y.: Ober Schutsche am Irrawadi wie *R. Hookeri* (9454). Schweli—Salwin-Kette, 25° 20—30′, 2100—3000 m, 1912—1919 (FORREST 8880, 8895, 12069, 15902, 16070, 17542).

An meiner Pflanze, FORREST 16070 und 17542 fehlen Stacheln fast ganz, seine Nr. 15902 besitzt aber so viele wie der Typus.

R. tricolor FOCKE (*B. polytrichus* FRANCH.; FOCKE; non PROG.). Gebüsche an feuchten und trockenen, steinigen Stellen der wtp. und tp. St. auf Sandstein und Schiefer, 1800—3600 m. Y.: Hang des Dsang-schan ober Dali (8727). Gandeng-yakou bei Hsinyingpan n von Yünnanfu (5670). Zwischen Yiliang und Tangdji e von Yünnanfu. S.: Ober Niutschang zwischen Yenyüen und dem Yalung, 27° 22′ (5413).

R. amphidasys FOCKE, e typo (*R. Chaffanjoni* LÉVL. et VANT. 1902, e typo). In der wtp. St. Kw.: Im Bambushain des Hügels bei Dodjie zwischen Duyün und Badschai, 700 m (10720). SW-H.: Wald und Gebüsche ober dem Tempel Gwanyin-go auf dem Yün-schan bei Wukang, 1200—1250 m (12253). F.: Yenping, Tschaping, 730 m (CHUNG 2966).

Zur Blütezeit tragen fast alle Borsten zarte Drüsenköpfe, die später abfallen und an den Originalen zu beiden Namen nur mehr spärlich vorhanden sind. CARDOT bezweifelt in Bull. Mus. Par., XXIII., 275 die von FOCKE behauptete Identität des *R. Chaffanjoni*, besonders, da seine Sepalen nicht weichstachelig genannt werden können; diese Bezeichnung ist tatsächlich unglücklich, denn sie sind an allen Pflanzen krautig, oft fast fadenförmig verlängert und einige etwas zerschlitzt.

** *R. Tsangorum* HAND.-MZT.

Subgen. *Dalibardastrum* FOCKE.

Frutex (e CHUNG) ramis vix lignosis, basi perulis brevibus strigosis cinctis, 30—50 cm longis, aequaliter 3—6 foliis, ut stipulae et petioli et inflorescentia hirtis et glandulis partim longe partim brevius tenuiter stipitatis purpureis et saepe aciculis sparsis indutis. Stipulae liberae, 1 cm longae, in lacinias anguste lineares paucas subpalmatipartitae, serius deciduae. Folia inferiora orbicularia, superiora late ovata, 6—14 cm longa, apice triangulari brevissime acuminata, illa obtusa, basi profunde cordata, sinu angusto, leviter 3- vel 5 lobata, lobis latis obtusis, terminali ceteris maiore late ovato, toto margine leviter dentata, dentibus late ovatis, mucronulatis et subpenicillato-pilosis, herbacea, supra praesertim inferiora strigosa, glandulis brevissime stipitatis atropurpureis adspersa, subtus praesertim in nervis palmatis 5, secundariis 3nis venisque laxe reticulatis prominuis fulvidis hirta, in illis brevistipitato-glandulosa et interdum aciculata, venularum reti fusculo densissimo, superiora interdum praeterea tota facie tenuiter albido-tomentosa. Inflorescentia terminalis, umbellis 3 vel 4, 2—4 floris sessilibus vel pedunculatis, saepe foliis bracteatis consistens, ut rami, sed cum calycibus glandulis dense induta. Bracteae stipulis pares. Pedicelli 5—17 mm longi. Calycis cupula humilis, 5 mm diametro; sepala e basi triangulari-lanceolata herbaceo-mucronata, 7—12 mm longa, intus et marginibus extus tomentella, exteriora antice saepe profunde laciniata sub anthesi reflexa, dein erecta. Petala late obovata, 5 mm longa, candida (e CHUNG), glabra. Stamina 4 mm longa, filamentis subfiliformibus, glabra vel antheris apice sparse et breviter barbatis. Carpophorum minutum, hirsutum. Ovarium glabrum, stylis filiformibus, ad 6 mm longis. (Fructus ignoti.)

Tschekiang: Seton s. von Hsiadschu, 150—600 m, 30. V.—1. VI. 1924 (CHING in WULSIN 1723, Typus). F.: Yenping, Buongkang, Gebüsche am Wegrande, 900 m (CHUNG 3529). N-Kwangtung: Lungtou-schan, bei Lu (Cant. Christ. Coll. Hb. 12020).

Proximus *R. amphidasys* FOCKE differt multiflorus, indumento, foliis angustioribus, lobo terminali multo maiore, stipularum laciniis latioribus; *R. formosensis* O. KTZE., si a cl. HAYATA jure cum *R. randaiensi* suo identificatur, foliorum forma, stipulis latis subintegris, floribus brevipedicellatis.

Die Pflanzen gehören sicher nicht mehr in die Variationsweite der vorigen Art. CHUNGS Pflanze ist schwächer als der Typus, hat nicht filzige Blätter, weniger beblätterte Infloreszenz und weniger zerschlitzte äußere Kelchzipfel. Die Pflanze aus Kwangtung gleicht jenem, hat aber mehr Blüten und ebenfalls filzlose Blätter. Sie wurde als *R. formosensis* O. KTZE. ausgegeben, über den auch unten unter *R. Swinhoei* verglichen werden möge.

R. Henryi HEMSL. et KTZE. (*R. Mairei* LÉVL. in Bull. Ac. Géogr. Bot., XXII., 232 [1912], e typo). Gebüsche an Bächen und feuchten Stellen in der wtp. St. auf Sandstein und Schiefer, 2400—2775 m. S.: S ober Linkan am Houdsengai bei Dötschang im Djientschang (1203). Y.: Ober Weischa e von Yungbei. Beim Tempel Tanghwaschan auf dem Taohwa-schan bei Beyendjing (6243).

Alle Blätter einfach und ungelappt und die Blütenstände drüsenlos. Auch unser Exemplar von WILSON, Veitch Exp. 996 zeigt die von CARDOT in Bull. Mus. Par., XXIII., 277 erwähnten einfachen und nicht gelappten Blätter, aber auf einem und demselben Zweige mit tief dreiteiligen. Nur einige Kelche in einer der 3 Infloreszenzen dieses Zweiges tragen Drüsen, weshalb sich auch nach diesem Merkmal *R. bambusarum* FOCKE nicht, wie CARDOT meint, getrennt halten läßt.

R. malifolius FOCKE (*R. Limprichtii* PAX et HFFM. in Rep. sp. n., Beih. XII., 406 [1922], e typo). SW-H.: Im wtp. Laubhochwalde des Yün-schan bei Wukang, Tonschiefer, 850—1200 m (12041). NE-Y.: Im mittelchin. Fl. in Gebüschen bei Gulungtschang, 800 m (MAIRE).

Wohl der größte *Rubus*, bis 20 m hoch in die Baumwipfel kletternd, mit einem Stamm, der 2 cm dick wird. Früchte schwarz, kaum genießbar.

R. Swinhoei HCE. (*R. hupehensis* OLIV.). Schattige Wälder der wtp. St. auf Sandstein und Tonschiefer, 850—1300 m. SW-**H.**: Yün-schan bei Wukang (12031). **Kw.**: Mehrfach zwischen Duyün und Badschai. Madjiadwen se von Guiding („Kweiting") (10640).

Ebenfalls sehr hoch kletternd. Früchte sehr sauer. In Plt. Wils., I., 49 trennt FOCKE *R. hupehensis* wieder von *R. Swinhoei*, auf Grund des Überwinterns der Blätter beim zweiten. HENRYS Nr. 3931 im Herbar Kew, der Typus des ersten, hat stark dimorphe Blätter, nämlich am Langtrieb überwinterte unterseits filzige, ganz schwach gezähnelte, stark an *R. Henryi* erinnernde, welche die Abbildung wenig zum Ausdruck bringt, an dessen Blütenzweigen solche wie meine Pflanze und wie sie das Originalbild zeigt. Obwohl HANCE keine Nummer zitiert, ist sein Original offenbar OLDHAM 93, die das Wiener Museum als *R. Swinhoei* erhalten hat und mit *hupehensis* stimmt. HANCE sagt „in eodem ramulo cano-tomentosis", doch sind dies an unserem Exemplar nur die Stengelblätter. FORBES und HEMSLEY führen OLDHAM 93 unter *R. formosensis* O. KTZE. an, doch paßt dessen mangelhafte Beschreibung nicht zu der Pflanze. HAYATA identifiziert *R. formosensis* mit seinem *R. randaiensis*, was richtig sein könnte. Er trennt von *R. Swinhoei* einen *R. Kawakamii* und einen *adenotrichopodus* ab, die sicher in der üblichen Variationsweite der *Rubus*-Arten liegen. Einen *R. formosensis* MAX., den FOCKE erwähnt, gibt es nicht, sondern MAXIMOWICZ führt OLDHAM 93, von dem er ein Exemplar mit stachellosem Stengel hatte, mit Vorbehalt als *R. rugosus* WALL. an.

R. Fordii HCE., e typo (*R. hirtiflorus* CARD. in Not. Syst., III., 290 [1917], e descr. — *R. Prandianus*[1] HAND.-MZT. in Sitzgsanz. Ak. W. W., LVIII., 91 [1921]). **H.**: In Gebüschen der str. St. um die Dörfer Lengschuidjiang, Taohwaping, Wulipai etc. zwischen Hsinhwa und Wukang, Kalk, 200—350 m (11991).

Meine Pflanze hat nur ganz wenige Stachelborsten ohne Drüsenköpfe zwischen den dichten Drüsenborsten, stimmt sonst mit dem Original sowie mit CHINGS Nr. 5369 aus Kwanghsi überein. Da *R. Fordii* von FORBES und HEMSLEY mit *R. Hanceanus* O. KTZE. identifiziert wird, der nach CARDOT in Bull. Mus. Par., XXIII., 285 mit *R. reflexus* KER zusammenfällt, haben sowohl er wie ich die vorzüglich beschriebene Art verkannt. In der Bekleidung und in den hier und da gepaarten Blüten erinnert sie an die *Rufi*, doch hat sie ihre natürliche Stellung sicher bei den *Sozostyli*.

** ***R. doyonensis*** HAND.-MZT.

Subgen. *Malachobatus* FOCKE, sect. *Sozostyli* FOCKE.

Frutex altissime scandens, caulibus tenuibus teretibus fuscis albo-araneosis glabrescentibus, aculeis parcis brevibus falcatis basi latis instructis. Ramuli floriferi elongati, aequaliter usque ad 7folii, basi perulis imbricatis exterioribus triangularibus interioribus lanceolatis araneoso-sericeis cincti, subinermes, ut caules tomentosi et glandulis crasse stipitatis atrorubris subdiscoideis dense induti. Stipulae lanceolatae, ad 1½ cm longae, brunneo-membranaceae, medio tantum sericeae, liberae, in ramis saepe sub fructu persistentes. Folia ovata usque late cordato-ovata, 6—14 cm longa, paulo usque duplo angustiora, breviter usque longiuscule acuminata, basi late rotundata vel truncata vel sinu rectangulo

[1] Missionario P. PRANDI, gratus, quod in urbe Tschangscha collectiones meas ab avidis istis potestatibus sinensibus servavit, dedicatus.

usque ad 1 cm profundo cordata, plerumque leviter sinuata vel lobis superficialibus usque ad 12 acutiusculis instructa, toto margine breviter serrata, serraturis latis angustioribusve tenuiter mucronatis, hiemantia, sicca vix chartacea, supra glaberrima, subtus adpresse albo-tomentosa; costa nervique utrinsecus 7—9 valde obliqui subtus magis quam supra et cum trabeculis densiusculis prominui et illic glabri et rufi; petioli in caulibus 1—2 cm, in ramis etiam in foliis minoribus ad 2½ cm longi, graciles, praesertim supra tomentosi. Racemi terminales, 6—15 flori, 5— sub fructu ad 15 cm longi, cum calycibus adpresse tomentosi pratereaque sparse hirti et ut rami glandulosi, pedicellis singulis vel geminis 1,5— demum 4,5 cm longis patulis, bracteis stipulas referentibus necnon maioribus 2 cm longis et 5 mm latis. Calyx inapertus e cupula plana 6 mm lata conicus, sepalis lanceolatis sub anthesi ad 1 cm, sub fructu 12 mm longis patulis mucrone glabro caudatis, intus tomentosis, exterioribus lobis 1—2 auctis. Petala alba (e nota ad vivum), obovata, rotundata, sepalis paulo breviora, medio utrinque breviter sericea. Stamina iis breviora, filamentis glabris anguste linearibus, antheris pallidis apice breviter barbatis. Carpophorum humile, longe albohirsutum. Ovaria glabra, stylis ± 4 mm longis filiformibus stamina superantibus, stigmatibus aurantiacis magnis. Fructus globosi, c. 1½ cm diametro, nigri, succosi, nuculis reticulato-costatis, seorsim deciduis.

NW-Y.: Im wtp. Regenmischwalde des birm. Mons. im Doyon-lumba, einem linken Seitentale des Salwin, an Bäumen und Felsen kletternd, Schiefer, 2400—2700 m, bei Bahan, 27° 58′, 20. VI. 1916 (8992, Typus) und weiter einwärts, 28° 2′, 23. IX. 1915 (8287). Hierher wohl auch ein steriler Sproß aus dem Salwin-Tale, 2150—2400 m, XII. 1910 (Forrest 7383).

Proximus *R. Fordii* Hce. differt gracilior, foliis multo magis lobatis, indumento paniculae multo longiore et densiore, sepalis longe caudatis, petalis minoribus.

** *R. hemithyrsus* Hand.-Mzt.

Sect. praecedentis.

Frutex scandens 2—3 m altus (e collectore), ramis floriferis teretibus rigidis elongatis foliis c. 6 aequaliter obsitis, araneoso-lanatis, interdum cum petiolis costisque aculeis brevibus et latis hamatis obsitis. Stipulae liberae, lanceolatae, c. 7 mm longae, brunneae, deciduae. Folia late usque oblongo-ovata, 6—12 cm longa, longitudine sesqui- usque duplo angustiora, acuta vel breviter acuminata, basi truncata vel leviter cordata, toto margine crebre sed late mucronato-denticulata, herbacea, supra atroviridia glabra, venulis dense reticulatis prominulis, subtus adpresse albido-tomentosa, costa et nervis utrinsecus c. 10 valde obliquis infimis geminatis et extus ramosis et partim trabeculis crebris glabris subspadiceis prominuis; petiolus crassiusculus c. 1 cm longus. Panicula terminalis, laxa, pyramidalis, cum calycibus magis villoso-tomentosa, ramis 1—2 foliis summis axillaribus racemifloribus et pseudoracemo flores 2—4^{nos} fasciculatos gerente constans. Bracteae ovato-lanceolatae, ad 12 mm longae, brunneae, subglabrae, apice interdum paucidenticulatae, persistentes. Pedicelli 1½—3½ cm longi, validi. Calycis cupula planiuscula, 7 mm diametro; sepala anguste ovata, ad 1 cm longa, sensim breviter mucronata et extus apice paulum laciniata, intus praeter basin tomentosa, sub anthesi et postea patula. Petala late obovata, 8 mm longa, alba (e collectore), undulata, utrinque dense puberula. Stamina numerosa, 5 mm longa, antheris parce barbatis. Carpophorum hirsutum. Ovaria glabra; styli tenues, 7 mm longi, stigmatibus magnis. Fructus rubri (e collectore).

W-Y.: Auf und zwischen Sträuchern in Gebüschen der Nmaika—Salwin-Kette, 26° 40′, 2750—3000 m, VIII. 1919 (FORREST 18348).

Inter *Sozostylos* inflorescentia inferne ramosa insignis, eaque ad *Paniculatos* accedens, sed bracteae floresque omnino *R. malifolii* FOCKE, qui etiam tomentosus invenitur. Foliis *R. doyonensi* similis, sed minime lobatus.

Die nur einmal gesammelte Art ist jedenfalls den *Sozostyli* nächstverwandt, unter denen auch *R. preptanthus* FOCKE nach der Beschreibung keine ganz reine Traube hat.

R. lineatus REINW. NW-Y.: In den wtp. Regenwäldern des birm. Mons. bei Bahan (8991) und im Tjiontson-lumba am Salwin und im Naiwanglong am Taron (e. oberen Irrawadi) mehrfach, Schiefer und Granit, 2000—2600 m.

? ***R. cochinchinensis*** TRATT. S-Y.: Steinige Stellen der wtp. St. auf dem Passe zwischen Möngdse und Schuidien, Kalk, 2050 m (6049).

Die vorliegenden sterilen Triebe haben nur einfache Blätter; diese sind auch sehr ähnlich *R. Playfairianus* FOCKE, aber wesentlich schärfer gesägt. CARDOT spricht in Not. Syst., III., 299 den Verdacht aus, daß sich sein *R. Chevalieri*, der immer noch gelappte Blätter hat, zu *R. cochinchinensis* so verhalte, wie *R. Henryi* zu *R. bambusarum*. Bei den regelmäßig einfachblätterigen *Rubi* findet meine Pflanze nirgends Anschluß.

R. ichangensis HEMSL. et KTZE. E-Kw.: Im schattigen Walde der wtp. St. einer Schlucht bei Madjiadwen zwischen Guiding und Duyün (10647) und bei Maotsaoping e von hier, Sandstein, 800—1100 m.

R. Lambertianus SÉR. Offene Gebüsche der str. bis in die tp. St. auf Kalk. H.: 150—650 m. Zwischen Dungngan und Hsinning (11286). Um Wukang (12520) und auf dem Yün-schan hier. Hsikwangschan bei Hsinhwa (12617). Kw.: 800—1300 m. Unter Badschai. Im SW bei Tingdaoyin unter Taiping und von Baling bis gegen Hwangtsaoba, immer steril gesehen, vielleicht die folgende Varietät.

— — var. ***glaber*** HEMSL. E-Y.: In Gebüschen der wtp. St. des mittelchin. Fl. unter Tschaörl bei Loping, 1900 m (10209).

— — var. *paykouangensis* (LÉVL.) HAND.-MZT. (*R. paykouangensis* LÉVL. in Rep. sp. n., IV., 333 [1907], e typo).

Differt a typo ramulis et foliis infimis in nervis maioribusque venis et paniculis glandulis stipitatis fere 1 mm longis dense indutis.

Diese Form geht also in der Bekleidung offenbar noch über var. *glandulosus* CARD. in Not. Syst., III., 293 (1917) hinaus.

CAVALERIE 4391 von Kw.: Hwangtsaoba und 8127 von Majo, beide im Herb. Kew, unterscheiden sich von var. *glandulosus* durch unterseits auf den Nerven reichlich rauhhaarige, aber drüsenlose Blätter, also anscheinend auch mehr behaarte als bei var. *minimiflorus* (LÉVL.) CARD. in Bull. Mus. Par., XXIII., 281 (1917); ihre Blüten sind aber nicht auffallend klein, und sie müßten wieder einen neuen Varietätnamen bekommen, doch muß Beobachtung in der Natur zeigen, inwieweit diese Varietäten natürliche Einheiten sind. Weiter abweichend ist:

R. Lambertianus ** var. *mekongensis* HAND.-MZT.

Magnus, foliis ad 12 cm longis, stipulis bracteisque ad 17 mm longis, pedicellis ad 16 mm longis, calyce 10—11 mm longo, sepalis longius subulato-acuminatis petala superantibus. Indumentum var. *glabri* HEMSL., sed in panicula glandulis stipitatis paucis immixtis.

NW-Y.: Offene Lagen unter Gebüsch in der Mekong—Salwin-Kette am 26° 40′, 2450—2700 m, VII. 1919 (FORREST 18224).

Die (wenig ausgesprochenen) Merkmale der *Elongati* zeigt *R. Lambertianus* besser als andere von FOCKE zu ihnen, aber schon von CARDOT zu den *Paniculati* gestellte Arten.

** *R. Forrestianus* HAND.-MZT.

Folia vix distincte lobata, supra ± strigoso-hirta et setoso-glandulosa, subtus in nervis venisque hirta et in laminis crebre sessili-glandulosa. Rami, inflorescentiae, pedicelli, calyces ± dense hirti praetereaque imprimis hi dense sessili-glandulosi. Petala utrinque pilosa. Inflorescentiae breves. Pedicelli 4—7 mm longi. Ceterum a *R. Lambertiano* non diversus.

W-Y.: Im birm. Mons. an offenen Stellen unter Gebüsch im Schweli-Tale, 25° 10′, 1950 m, VII. 1912 (FORREST 8632). Zwischen und auf Büschen dort, 25° 20′, 2120 m, VIII. 1913 (F. 11996 Typus). Gebüsche an Waldrändern am Yangdsou-schan zwischen Schweli und Salwin, 25° 10′, 2400 m (F. 18509).

Indumento *R. ferocem* WALL. in mentem vocans.

** ***R. panduratus*** HAND.-MZT. (Abb. 16, Nr. 5).

Subgen. *Malachobatus* FOCKE, sect. *Pirifolii* FOCKE.

Frutex scandens, caulibus tenuiusculis teretibus breviter hirsutis ut ramuli petiolique costaeque dorsum aculeis sparsis parvis recurvis tenuibus sed validis obsitis. Ramuli floriferi 15—35 cm longi, ut petioli pilis sordidis ad 1 mm longis hirsuti et glandulis ellipsoideis stipitibus atropurpureis illos paulo superantibus insidentibus parcius induti, folia 5—11 ferentes. Stipulae liberae, parvae, in lacinias subfiliformes hirsutas palmatipartitae, deciduae. Folia hastato-lanceolata, 8½—16 cm longa, basi longitudine ± 4plo angustiora, supra medium sensim angustata, acutissima, basi late rotundata et sinu ± angusto 4—8 mm profundo cordata, marginibus supra basin tantum pandurato-constricta vel praeterea totis sinuatis utrinque levissime usque ad 6 loba et ubique minute et subremote serrata, sicca chartacea, obscure viridia, supra praeter costam hirsutam nervosque basales utrinque 2 ceteros secundarios utrinsecus 6—8 obliquos in dentes excurrentes hirtellos et in superioribus stipitato-glandulosos glabra, ad nervos venasque laxe reticulatos fulvidos prominuos argenteo-hirta et superiora lamina tenuiter griseo-tomentosa, margine iisdem pilis et glandulis ac caulis ciliata; petiolus validus, lamina 8—10plo brevior. Paniculae terminales late pyramidatae, divaricatae, folio summo saepe bracteante aequilongae, inclusis calycibus glandulis clavato-globosis nigris stipitibus purpureis usque versus 1 mm longis insidentibus densissimis viscidae. Bracteae stipulis similes, sed glabrae, fugaces. Pedicelli ad 1 cm longi. Calycis cupula plana, ± 3 mm diametro; lobi triangulari-lanceolati, 5 et sub fructu ad 10 mm longi, subulato-acuti, intus fusci superne tomentelli, extus purpurei et interiores anguste tomentoso-marginati, ad fructum erecti, dein reflexi. Petala nulla. Stamina 5 mm longa, filamentis filiformibus, antheris purpureis, glabra. Carpophorum parvum, planum, hirtum. Ovaria pauca, glabra, stylis tenuibus 4 mm longis. Fructus niger, succosus, calycem non excedens, totus deciduus; nuculae magnae, tuberculatae.

E-**Kw.**: Buschwald der wtp. St. ober Tschaimou zwischen Gudschou und Liping, Tonschiefer, 650 m, 21. VII. 1917 (10905).

Affinis *R. Parkeri* HCE., qui differt foliis latioribus, brevius petiolatis, tenuioribus, supra dense pilosis, dense et argute vel crenato-dentatis, tantum acutis. Foliorum forma *R. hastifolii* LÉVL. et VANT., qui indumento diversissimus.

Die Pflanze kann nach dem, was ich von *R. Parkeri* sah, nicht in die Variationsweite desselben gehören.

R. chaetophorus CARD. in Not. Syst., III., 293 (1917), e descr. Tonking: Laokai, 110 m (WILSON 2719).

* *R. acuminatus* SM. W-**Y.**: An Bäumen und Felsen, in offenen Wäldern und Gebüschen der Schweli—Salwin-Kette, 25° 6—30′, 2750—3000 m, VI. 1913, XI., IX. 1917 (FORREST 11759, 15976, 16013).

R. assamensis FOCKE (*R. bahanensis* HAND.-MZT. in Sitzgsanz. Ak. W. W., LX., 183 [1923]). W-**Y.**: Im wtp. Regenwalde des birm. Mons. neben Bahan am Salwin, 27° 58′, Schiefer, 2600 m (9582). Schweli—Salwin-Kette am 25° 12′ (FORREST 17669 als *R. paniculatus* SM.). Am alten Vulkan nw von Tengyüe, 2100 m (F. 8647). SW-**Kw.**: Schuimi-tsun bei Hwangtsaoba (Hsingyihsien) (CAVALERIE 4354: Hb. Kew).

An üppigen Exemplaren, deren Blätter bis 15×7 cm messen, zeigt die Rispe keineswegs schwanzartige Enden („anthurus"), so auch an dem mir vorliegenden Exemplar aus Kasia, weshalb die Art in die Sektion *Pirifolii* zu stellen ist. FOCKEs Beschreibung der Kelchbehaarung ist ungenau und wird auch andere die Art nicht erkennen lassen. Sie sei: Calyx albo-tomentosus et parce hirtus.

R. chroosepalus FOCKE (*R. mouyousensis* LÉVL., e typo). **H.**: Häufig im Walde der wtp. St. ober Tungdjiapai bei Hsikwangschan, Sandstein, 800 m (11840).

Die „Petala" des *R. mouyousensis* sind erfunden. An CAVALERIEs Nr. 8130 (ohne Fundort: Herb. Kew) ist der weiße Filz der Blattunterseite durch dichte längere Haare verdeckt, was dieser ein mehr graues Aussehen gibt.

R. Gentilianus LÉVL. **Kw.**: Trockene Gebüsche und üppige Mischwälder der wtp. St. auf Kalk, 1100—1250 m. Tschwenning-schan (10504) und Nanyoschan bei Guiyang. Sattel zwischen Muyu und der Brücke Baling-tjiao (10419).

** *R. salwinensis* HAND.-MZT. (Abb. 16, Nr. 6).

Syn.: *R. Parkeri* var. W. W. SM. in Not. R. B. G. Edinbgh., XVII., 166 (1929).

Subgen. *Malachobatus* FOCKE, sect. *Moluccani* FOCKE, ser. *Paniculati* FOCKE.

Frutex scandens, 1—2 m altus. Ramuli floriferi plurifoliati, aculeis paucis parvis latis hamatis, cum petiolis inflorescentiis, bracteis, calycibus foliorumque facie superiore dense et sordide villoso-hirsuti et glandulis purpureis tenuibus aequilongis hemisphaericis induti, raro inferne eglandulosi. Stipulae liberae, fugaces (desunt). Folia late cordato- et summa saepe truncato-ovata, 8—13 cm longa, supra medium rectangule acute nec profunde triloba, lobis paululum angulatis, terminali tenuiter acuminato, sinu basali usque ad sextam partem penetrante tunc angusto, ubique leviter et late dentata, dentibus crasse purpureo-mucronulatis et penicillato-pilosis, herbacea, supra atroviridia, venularum reti denso impressulo, subtus adpresse cano-tomentosa; costa nervique basales 4 extus ramosi secundariique utrinsecus c. 4 obliqui venarumque rete laxum hic rufa et prominua et dense hirta; petiolus validus, lamina plus duplo brevior. Panicula terminalis pyramidata, 10—25 cm longa, flexuosa et divaricata, ramis 1—2 infimis e foliorum axillis. Bracteae lineares, versus 1 cm longae, brunneae, versus apicem fissae, fugaces. Pedicelli 9—13 cm longi. Calycis cupula brevis, 7 mm diametro; sepala triangulari-lanceolata, 1 cm longa, sensim longe mucronata et multa antice pluriappendiculata, intus praeter basin villoso-tomentosa, sub anthesi patula, postea erecta. Petala oblonga, 3 mm longa, alba (e collectore) subacuta, apice dentata, glabra, erecta. Stamina tenuia, iis multo longiora, glabra. Carpophorum hirsutum. Ovaria glabra, stylis stamina subaequantibus, stigmatibus parvis. (Fructus ignoti.)

W-**Y.**: In offenen und schattigen felsigen Lagen des birm. Mons. in der Schweli—Salwin-Scheidekette am 25° 20′, 2420 m, VII. 1913 (FORREST 12034) und 2120 m (F. 12042) und 1917—1919 (F. 15925, Typus).

Species indumento *R. Parkeri* HCE., magis affinis autem *R. paniculato* SM., *R. viscido* FOCKE, *R. lanato* WALL., foliis supra glandulosis eorumque forma et a posterioribus inflorescentia distinctissima.

R. evadens FOCKE (*R. viburnifolius* FOCKE, non FRANCH.). **Y.**: Feuchte Gebüsche der wtp. St. zwischen Fumin und Lodse-Magai nw von Yünnanfu, häufig, Sandstein, 1800—2500 m (6109). Im W in der Schweli—Salwin-Kette, 2150--2700 m, an Mischwaldrändern, 25° 30′ (FORREST 17647) und in Gebüschen am Jangtsou-schan, 25° 10′ (F. 18136 als *R. paniculatus* SM.).

R. tephrodes HCE., e typo. **Kw.**: Gebüsche der wtp. St. zwischen Duyün und Maotsaoping mehrfach, 750—1000 m (10712). Vielleicht auch dieser an der Grenze von **H.** zwischen Liping und Dsingdschou und hier überall über Wukang bis Dungngan, von 450 m aufwärts.

Totus inclusis calycibus breviter glandulosus et setosus.

— — var. *ampliflorus* (LÉVL.) HAND.-MZT. (*R. ampliflorus* LÉVL., e typo).

Ramuli eglanduloso-setosi; panicula sparsissime tantum setosa.

— — ** var. ***setosissimus*** HAND.-MZT.

Tota planta inclusis nervorum dorsis et calycibus setis purpureo-brunneis ad 5 mm longis plurimis minute glanduloso-capitatis densissime induta. Folia inferiora demum subtus calvescentia.

SW-**H.**: Am Rande des wtp. Laubhochwaldes des Yün-schan bei Wukang, Tonschiefer, 1250 m, 9. VIII. 1918 (12399).

Partibus vegetativis *R. tricolori* FOCKE simillimus, sed inflorescentia diversissimus.

— — var. *Schindleri* (FOCKE) HAND.-MZT. (*R. Schindleri* FOCKE, e typo. — *R. megalothyrsus* CARD. in Not. Syst., III., 293 [1917], e descr. et loco).

Ramuli breviter setosi et glandulosi; panicula tomentosa tantum vel setis vel glandulis parcissimis.

Ki.: Kuling bei Kiukiang (CHUNG 4159). Kiukiang (SHEARER: Hb. Kew).

Von *R. tephrodes* lag mir das Originalexemplar des Berliner Herbars vor. Die Beschreibung der Rispe deutet CARDOT, l. c., 294, anders; sie ist noch nicht aufgeblüht, aber mit jener der zitierten Arten identisch; nur die Bekleidung ist veränderlich. Die von FOCKE behauptete Kleinheit, auf die CARDOT l. c. Bezug nimmt, ist am Exemplar nicht erkennbar und vom Autor nicht angegeben. Die von FORBES und HEMSLEY erwähnten Exemplare gehen in der äußerst spärlichen Drüsenbekleidung sogar über den Typus der var. *Schindleri* hinaus. Da die hier zusammengestellten Varietäten sicher nur Indumentvariationen einer einzigen Art sind, muß diese *R. tephrodes* genannt werden. Es ist viel mehr Material oder aber Beobachtung in der Natur nötig, um festzustellen, ob sie einigermaßen feste Ruhepunkte in der Variationsreihe darstellen oder auch nur künstlich festgehalten werden können. *R. ampliflorus*, auf den CARDOT, l. c., 294, Bezug nimmt, hat in Wirklichkeit die Griffel nur so lang wie den Kelch, die Stamina beträchtlich kürzer und die Petalen in der Länge zwischen beiden. *R. Schindleri*, von dem er in Bull. Mus. Par., XXIII., 286 in Anlehnung an FOCKES Schlüssel sagt, daß er von *R. setchuenensis* BUR. et FRANCH. nur durch Borsten an den Zweigen und durch weniger abfällige Nebenblätter verschieden sei, hat eine breitrispige Infloreszenz und größere Blüten als jener und gehört hierher.

** ***R. platysepalus*** HAND.-MZT. (Abb. 16, Nr. 3).

Subgen. *Malachobatus* FOCKE, sect. *Moluccani* FOCKE, ser. *Paniculati* FOCKE.

Frutex ramis hornotinis elongatis multifoliis cinereo villoso-hirsutis, aciculis rufis partim glanduliferis pilis aequilongis saepe immixtis et aciculis brevibus falcatis basi latis crebris vel subsparsis instructis, panicula terminatis, annotinis tenuiusculis subangulatis spadiceis glabrescentibus. Stipulae liberae, ad 1 cm longae, in lacinias multas lineari-subulatas ad basin palmatisectae, deciduae. Folia late ovata, 5—8½ cm longa et lata vel paulo angustiora, haud profunde 5 loba, lobis late rotundatis vel leviter 3- vel 5 lobulatis, lobulis acutiusculis, lobo terminali ceteris multo maiore longitudine sua paulo latiore, basi profunde cordata, sinu subrectangulo usque subclauso, toto margine dentibus latis apiculatis penicillato-pilosis haud profunde dentata, sicca chartacea, partim hibernantia, supra in nervis dense ceterum laxius et longe praetereaque subtilissime strigoso-pilosa, demum venulis impressis alutacea, subtus adpressissime cinereo-tomentosa, venis rufis argute prominulis autem laxius tantum sericea; nervi basales utrinque 2, costae secundarii 3^{ni} valde obliqui, dorso hic illic aculeati et interdum setiferi; petioli inferiorum laminis sesqui-, superiorum sensim 4^{plo} breviores, validi, ut rami induti. Panicula oblonga, 10—20 cm longa, apice pyramidalis, ramis patentibus inferne nudis dein paniculato-ramosis, subglomerato usque ad 20 floris, ramo infimo interdum abbreviato, tota ut rami induta, sed potius hirsuta, esetosa vel setis partim glanduliferis densis pilos superantibus, inferne foliis normalibus bracteata, bracteis ceteris stipulas referentibus, summis minus et potius pinnato-partitis. Pedicelli 5—10 mm longi. Calyx extus praeter margines latas sepalorum interiorum supra tomentum crasse flavide nitenti-sericeus et interdum glanduloso-setosus, intus tomentosus; cupula fere 5 mm longa; sepala late ovata, 5, demum 8 mm longa, acuta, nonnulla apice herbacea breviter et paucilobata, sub anthesi superne recurva, dein erecta. Petala alba (e nota ad vivum), late obovata, 4—5½ mm longa, pilosula. Stamina iis paulo breviora, filamentis deorsum sensim dilatatis, glabra vel antheris apice parce longipilosis. Carpophorum flavido-hirsutum. Ovaria numerosa, breviter albo-pilosa, stylis petala aequantibus demum superantibus glabris. (Fructus ignoti.)

S-H.: Gebüsche der str. St. bei Dungngan zwischen Yungdschou und Wukang, Kalk, 150 m, 17. VIII. 1917 (11302).

— — ** var. *gracilior* HAND.-MZT. Gracilior. Folia grossius dentata, subtus griseo-tomentosa, supra praeter setas glabra. Inflorescentia tota 27 cm longa; pedicelli ad 1 cm longi. Calyx sub anthesi 10 mm tantum longus, parcius hirsutus.

Kwanghsi: Lungdschou (MORSE 705: Herb. Kew).

Inter *Paniculatos* excellens indumento patulo, panicula conferta, calycibus magnis, sepalis latis longe sericeis. Quibus notis cum *R. fimbriifero* FOCKE congruens, cui certe maxime affinis, quamvis panicula valde diversus.

R. fimbriiferus FOCKE (*R. Monguilloni* LÉVL., e typo). H.: Gebüsche der str. St. bei Ngandjiapu nächst Hsikwangschan, 570 m und um Wukang (11101), Kalk, 360—500 m. F.: Fudschou (WARBURG 5703).

Die Originalnummer des *R. Monguilloni* wird schon von CARDOT in Bull. Mus. Par., XXIII., 282 unter *R. fimbriiferus* angeführt. „Rufo-setosi" der Beschreibung soll heißen „rufo-hirsuti".

Von *R. refractus* var. *latifolius* CARD. in Not. Syst., III., 291 (1917) lag mir ein kleines Exemplar der Originalnummer aus dem Herbar Kew vor. Zu *refractus* kann dieses meines Erachtens keineswegs gehören. Ich würde es als eine Schattenform von *R. fimbriiferus* deuten, von dem mir ein Schößling mit schon recht annähernder Blattform aus Kwangtung vorliegt (MELL 700). Alle anderen Unterschiede lassen sich auf Einfluß des Schattens zurückführen, so die schwächere Behaarung, das Abnehmen der (immer noch sichtbaren) Knoten am Grunde der Haare und die einfachere Infloreszenz mit längeren Blütenstielen und zum großen Teile fehlschlagenden Knospen. Nur das Vorhandensein von spärlichen Stieldrüsen auf den Brakteen spricht dagegen. Vielleicht ein Bastard.

R. calycacanthus LÉVL. (*R. Labbei* LÉVL., cfr. CARDOT in Bull. Mus. Par., XXIII., 282 [1917]). SW-Kw.: Trockene Gebüsche bei Hwangtsaoba, Kalk, 1400 m (10273).

** ***R. chrysobotrys*** HAND.-MZT. in Sitzgsanz. Ak. W. W., LX., 183 (1923). (Taf. IX., Abb. 1).

Subg. *Malachobatus* FOCKE, sect. *Moluccani* FOCKE, ser. *Rugosi* FOCKE.

Frutex supra alios frutices longe vagans, totus dense, in foliis praeter nervos laxius breviter brunneo-hirtus, caulibus tenuibus teretibus spadiceis, serius glabrescentibus, sicut rami 25—40 cm longi, 4—5 folii petiolique folia dimidia usque tota aequantes aculeis minutis recurvulis purpurascentibus tenuibus basi dilatatis sparse obsitis. Stipulae ambitu late ovatae, 15 mm longae, usque ad costam pinnatae, laciniis anguste linearibus acutissimis, remotis, infimis farctis, utrinsecus c. 5, patulis, deciduae. Folia cordato-ovata, 6—15 cm longa et paulo angustiora, apiculata, sinu basali aperto, saltem superiora $\pm$ obsolete sinuata 5—11lobulata lobis acutiusculis, toto margine dense et irregulariter et hic illic duplicato-serrulata, serraturis penicillato-hirtis, herbacea, decidua, supra atroviridia rugosa, subtus pallidius olivacea et primum etiam cinereo-araneosa; costa nervique utrinsecus basales 2 ceteri 3 sub angulis c. 30^0 stricti venaeque dense reticulatae supra pallidi subtus purpurascentes prominui; venularum rete densissimum, praesertim subtus fusculum. Paniculae terminales, fasciculis vel racemis uno alterove interdum elongato divaricato excepto valde abbreviatis etsi usque ad 6 floris praeter infimum saepe folio fultum vel paucos remotos farctis racemiformes ponderosae pendulae, 8—20 cm longae. Bracteae stipulas aequantes, superiores autem ad dimidiam tantum laminam subpalmato-laceratae. Pedicelli raro ad 7 mm longi. Calyces ubique fulvido-tomentosi et extus praeter margines sepalorum interiorum grosse aureo-sericei; cupula semiglobosa, 7—9 mm lata; lobi semper porrecti, lanceolati, 10—12 mm longi, apicibus viridibus exteriores trifurci vel paucipinnati. Petala alba (e nota ad vivum), anguste obcordata, erecta, 6 mm longa, longe unguiculata. Stamina subdimidio breviora, antheris parvis penicillatis. Carpophorum grosse aureo-sericeum. Carpella numerosa, glabra, stylis petala superantibus. (Fructus ignoti.)

NW-Y.: Im str. Regenlaubwalde des birm. Mons. in der Seitenschlucht Naiwanglong des Taron (e Irrawadi-Oberlaufes), 27° 53′, Granit, 1725—1900 m, 6. VII. 1916 (9411).

— — ** var. *lobophyllus* HAND.-MZT.

Folia longitudine subaequilata, sinuato-quinqueloba, lobis anterioribus c. rectangulis acutis vel obtusis, inferioribus obsoletis, sinu basali interdum clauso. Bracteae ad 23 mm longae. Pedicelli ad 1 cm longi. Petala 9 mm longa.

W-Y.: In der Schweli—Salwin-Kette an 25° 20′, 2150—2400 m, in offenen Lagen unter Gebüsch, VIII. 1912 (FORREST 8885) und an Rändern schattiger Gebüsche, VII. 1918 (F. 17618, Typus, als *R. reticulatus* var.).

Planta pulcherrima, haud dissimilis *R. Gardneriano* O. KTZE., qui foliis crassis persistentibus, inflorescentiis, petalis maioribus, antheris glabris differt. *R. reticulatus* WALL. albo-tomentosus, foliorum lobis iterum lobulatis, sepalis ovatis etc. diversus. *R. diffissus* FOCKE forsitan proximus indumento et foliis cum varietate congruens distat stipulis subintegris, bracteis deciduis, panicula ramis usque ad 2 cm longis praedita, ramo summo accessorio axillari 4 cm longo, calycibus 1 cm tantum longis, sepalis basi latioribus.

Von *R. diffissus* lag mir C. B. CLARKE 26749 B aus dem Herbar Kew vor. Ihre Blätter gleichen ganz FORREST 8885, die eine tiefe, geschlossene Grundbucht hat. Die Infloreszenz ist aber beträchtlich verschieden; die Brakteen sind, obwohl die Blüten noch kaum geöffnet sind, abgefallen. FOCKE sagt „sepala albida", was nicht zutrifft, sondern die Behaarung ist dieselbe, wie bei *R. chrysobotrys*. Die Cupula finde ich nicht besonders klein. Es bedarf genauerer Kenntnis der Sikkim-Pflanze, um zu erkennen, ob var. *lobophyllus* vielleicht zu ihr gehört oder meine Art mit ihr verbindet. Vorläufig scheint es mir wenig wahrscheinlich. Vielleicht gehört zur Varietät als wenig- und kleinblütige, verkahlte oder abgeschabte Form auch FORREST 8904 aus derselben Gegend wie 8885.

Zu *R. reticulatus* WALL. in HOOK., Fl. Br. Ind., II., 331 (1878) gehören als Form mit etwas kleineren Kelchen (9 mm lang) offenbar FORRESTs Nummern 8380 und 8721 aus W-Y.: w von Tengyüe und im Schweli-Tale, 25° 10′.

R. reflexus KER. E-Kw.: Mehrfach in Wäldern der wtp. St. zwischen Matang und Tschaimou am Wege von Gudschou nach Liping, Tonschiefer und Mergel, 600—900 m (10923).

Die nur wenig tief 3- bis 5lappigen Blätter mit breit eiförmigen Lappen weichen stark von FOCKEs Abbildung ab, doch liegen mir von Hongkong schon ganz ähnliche, aber auch fast ganz ungelappte vor. Nachdem nun die Art in Guidschou nachgewiesen ist, wird wohl *R. Esquirolii* LÉVL. damit identisch sein (vgl. FOCKE in Bibl. Bot., LXXII., 87).

R. reflexus ** **var.** ***orogenes*** HAND.-MZT.

Caules ramique laxius villoso-hirsuti. Folia usque ad 20 cm longa et 17 cm lata, leviter tantum lobata, lobo terminali latitudine ± aequilongo, leviter sinuato, subtus primum magis albido-tomentosa. Bracteae usque ad 25 mm longae, glabriores. Pedicelli 6—13 mm longi. Sepala ± 15 mm longa, apice hic illic lacerata, post anthesin erecta (ut in typo).

SW-**H.**: Bambusbestände der wtp. St. beim Tempel Gwanyin-go auf dem Yün-schan bei Wukang, Tonschiefer, 1190 m, 13. VII. 1918 (12288).

Auf den ersten Blick ist diese niedrige, aber kräftige Pflanze dem Typus wenig ähnlich, doch sind die Unterschiede nicht wesentlich. Das Indument ist auch beim Typus besser villoso-hirsutum als tomentosum zu nennen. Im Habitus und Blattform kommt die Varietät auch dem *R. pacificus* HCE. nahe, der aber viel kahlere Stengel und keine seidenborstige, in der Jugend goldgelbe Behaarung an den Kelchen hat wie *R. reflexus.*

R. multibracteatus LÉVL. et VANT., e typo (*R. clinocephalus* FOCKE). In Gebüschen der str. und wtp. St. auf Kalk und Grauwacke. E-**Y.**: Im mittelchin. Fl. Häufig bei Loping, 1600—1900 m (10206). Ober Djiangdi an der Grenze von **Kw.** Hier von 400 bis 1400 m. Überall um Nganschun und Nganping. Im SE unter Sandjio.

R. setchuenensis BUR. et. FRANCH. **S.**: Längs Bächen auf Schiefer und Sandstein in der wtp. bis in die str. und an die tp. St., 1300—2900 m. Am Houdsengai bei Dötschang (1202, ster., vielleicht die var.). Nordhang des Lu-schan bei Ningyüen. Alami im Daliang-schan e von hier. Mehrfach unter Schidsimiao über dem Yalung zwischen Huili und Yenyüen. **Y.**: An gleichen Standorten. Zwischen Hsinlung und Dasungschu n von Yünnanfu (SCHNEIDER 376). Zwischen Gwangdung und Schidse e von Tschuhsiung. Die Notizen vielleicht auf die var. bezüglich. Im NE in Gebüschen der Hänge bei Gulungtschang, 800 m (MAIRE). **Kw.**: Yangtschang, Gehölze und Schluchten (CAVALERIE 8135). W-Hubei: S. Wuschan (WILSON, Veitch Exp. 2447).

— — **var.** ***omeiensis*** (ROLFE) HAND.-MZT. (*R. omeiensis* ROLFE). **Y.**: Häufig an feuchten Stellen der wtp. St. zwischen Alaodjing und Dsaodjidjing e des Dsolin-ho, Sandstein, 2000—2300 m (4905).

Das erst im Aufblühen gesammelte Original von *R. omeiensis* hat auffallend große, 1 cm lange, nur bis über die Hälfte eingeschnittene Brakteen unter den Infloreszenzästen; bei meiner gleichzeitig fruchtenden und als Nachzügler blühenden Pflanze sind jene schon abgefallen. Der Blütenstand ist ärmer, aber seine Teile fast doppelt so groß als bei der Art; die Kelche sind 6— (zur Fruchtzeit) 8 mm lang. Die Sammelfrucht hat ± 10 mm Durchmesser. Die Mittelspitze des Blattendlappens ist bei meiner Pflanze stark vorgezogen.

R. rufus FOCKE, e typo. W-**Y.**: Schweli—Salwin-Kette, 25° 30′, 1800 bis 2100 m (FORREST 17778). Wo? (F. 15647).

Die zweite Nummer ist eine kleine Pflanze, deren diesjährige Stämme schon blühen, mit einer stark an *R. chrysobotrys* erinnernden Infloreszenz.

Bei der oben unter *R. tephrodes* erörterten Veränderlichkeit des Induments kann FOCKEs Serie *Rufi* nicht als eine natürliche Gruppe betrachtet werden.

R. irenaeus Focke (an *R. pacificus* Hce.?). Schattige Laubhochwälder der wtp. St. auf Tonschiefer und Sandstein, 1100—1300 m. SW-**H.**: Yün-schan bei Wukang (12148). **Kw.**: Madjiadwen zwischen Guiding und Duyün (10611).

Von *R. pacificus* liegen mir von Hemsley mit dem Typus identisch befundene Exemplare Shearers und Bullocks vom Originalfundorte vor. Die vom Autor nicht gesehenen Stipeln und Brakteen sind auch von ihnen schon abgefallen, doch ist Bullocks Pflanze in Blüte und in diesem Zustande von *R. irenaeus* nur durch im Umrisse schmälere und spitzere Blätter verschieden. Shearers Exemplar hat die Blüten am diesjährigen, dem Rhizom entspringenden Stengel, nicht, wie Focke sagt, an Ästen aus holzigem Stengel, jenes Bullocks ist unvollständig gesammelt, mit Blüten zu 5 an den Enden nebst zu 1—2 achselständigen; es zeigt auch einige gespaltene Kelchzipfel. Filz der Blattunterseite nur aschgrau, bei Shearers Pflanze wenig gelblich. Blütendurchmesser gegen 25 mm. Antheren an allen stark gebärtet. Mit diesen Exemplaren stimmt Chien 1010 aus Nganhui. Var. *ningpoënsis* Focke ist also nach der Beschreibung nicht verschieden. Es scheint mir sehr wahrscheinlich, daß *R. irenaeus* in die Variationsweite des *R. pacificus* fällt, doch ist zur Entscheidung auf die Auffindung von Brakteen am Originalfundort zu warten.

R. Buergeri Miq. SW-**H.**: Häufig im wtp. Laubhochwalde des Yün-schan bei Wukang, 800—1300 m (11176). W-Hubei: Paokang (Wilson, Veitch Exp. 953).

— — ** var. ***viridifolius*** Hand.-Mzt.

Folia subtus etomentosa, in nervis venisque maioribus tantum brevissime hirtella. Flores maiores, petalis ad 8 mm longis.

SW-**H.**: In Bambusbeständen der wtp. St. beim Tempel Gwanyin-go auf dem Yün-schan bei Wukang, Tonschiefer, 1190 m, 7. VIII. 1917, 13. VII. 1918 (12289, Typus). Kwangsi: N. Ludschen an der Grenze von **Kw.**, Miu-schan bei Binlung, in Gehölzen, 1500 m, 17. VI. 1928 (Ching 6061).

R. dolichocladus Card. in Not. Syst., III., 297 (1917), e descr. E-**Kw.**: Im Mischwalde der wtp. St. des Baotie-schan bei Gudschou, Mergel, 500 m (10882).

Die meisten Blätter sind nur dreilappig und einige ganz ungelappt. Nebenblätter bald abfällig, bald die untersten sogar nach Abfallen der Blätter noch stehen bleibend. Ist meines Erachtens mit *R. Buergeri* zunächst verwandt. Die auch an meiner Pflanze vorhandenen etwas verlängerten Blütenähren sind wohl nur Produkt üppigerer Entwicklung.

R. Bodinieri Lévl. et Vant. hat im Original am peitschenartigen Endteil des Stengels auch mehr abstehende Behaarung, die anliegenden Borstenhaare der Kelche viel spärlicher und viel kürzer als *dolichocladus* und etwas kleinere Blüten. Nur der Blütenboden ist rauhhaarig, nicht die Karpelle. Durch Brakteen, Nebenblätter, weniger gespaltene Kelchzipfel und kahle Antheren unterscheidet er sich von *R. Buergeri*.

** ***R. hunanensis*** Hand.-Mzt. (Abb. 16, Nr. 4).

Subgen. *Malachobatus* Focke, sect. *Moluccani* Focke, ser. *Pacifici* Focke.

Caules e rhizomate lignoso incrassato plures, erecti et 13 cm alti vel arcuato-prostrati et ultra 80 cm longi et ramosi, tenues, subherbacei, teretes, ipsi vel in ramis primo anno (vel etiam secundo?) floriferi, prima juventute sericeo-hirti, inferne squamis oblongis brunneo-membranaceis apice incisis dispersis obsiti, evoluti cum petiolis inflorescentiisque inclusis calycibus sparsiuscule et tenuiter hirti praetereaque saepe praesertim superne tenuiter rufulo et partim glanduloso-setosi aculeisque tenuiusculis ± reflexis sparsis instructi, aequaliter foliati. Stipulae liberae, c. 7 mm longae, brunneae, subpalmatipartitae laciniis subulatis, pilosae, partim diutius persistentes. Folia ambitu ovata usque late ovata, 4—10 cm longa, longitudine paulo usque tertia parte angustiora, acuta, basi haud profunde cordata, brevissime tantum et sinuato vel inferiora distincte et acute septemloba, lobo terminali maximo, toto margine late mucronulato-dentata, sicca chartacea, subconcolori-viridia, supra prima juventute dense, adulta sparsissime strigosa, subtus in nervis hic illic aculeatis cum venis maioribus laxe reticulatis fulvidis et argute prominuis demum parce et partim minute strigillosa vel glabra, dentibus penicillato-parcipilosis; petiolus gracilis lamina paululo brevior. Florum fasciculi inferiores in axillis foliorum caulinorum nonnullorum abortu uniflori, ceteri ad apices ramulorum in racemos laxos usque ad 7 cm longos inferne foliis 1—3 bracteatos compositi 2—3 flori, bracteis cum stipulis congruentibus, pedicellis 4—6 mm longis. Calycis carnosuli cupula pelviformis, 6 mm lata; lobi anguste triangulares, 5—6 mm longi, vix appendiculati, integri, intus et interiores marginibus angustis etiam extus tomentosi, sub anthesi antice recurvi, ceterum erecti. Petala anguste obovata, 5—6 mm longa, alba (e nota ad vivum), glabra, erecta, persistentia. Stamina iis breviora, filamentis filiformibus, glabra. Carpophorum planum, breviter hirtum. Ovaria pauca, glabra, stylis tenuibus stamina aequantibus. Nuculae fere 3 mm longae, subsiccae, oblique costatae, seorsim deciduae.

H.: Selten in Mischwäldern der str. St. um Hsikwangschan bei Hsinhwa, Kalk, 350—570 m, 14.—26. IX. 1918 (12644).

Es liegen nur 2 Exemplare vor, deren kleineres sich von dem großen durch völligen Mangel an Drüsenborsten, kürzere Haare und bis auf die Pinsel der Zähne ganz kahle Blätter unterscheidet. Die Pflanze hat viel Ähnlichkeit mit *R. Lambertianus*, der sich vor allem durch umfangreiche Infloreszenzen, dann aber auch durch strauchigen Wuchs, stärkere Stacheln, abfällige Nebenblätter, kürzere Blütenstiele und etwas kleinere Blüten mit stachelspitzigen, aufrechten Kelchzipfeln unterscheidet.

R. corchorifolius L. In Steppen, Hecken, Gebüschen und Wäldern der str. bis in die wtp. St., auf Mergel, Sandstein und Tonschiefer. **H.**: 25—1200 m. Gemein um Tschangscha (11531). Über Daloping nach W. Auf dem Yün-schan bei Wukang (Plt. sin. 18) bis zum Tempel Gwanyin-go. **Kw.**: 600—1700 m. Häufig zwischen Liping und Matang (10961). Zwischen Tschingdschen und Guiyang und im SW auf dem Rücken zwischen Tjiaolou und Lungduwan (10324).

In den Waldschluchten des Yolu-schan bei Tschangscha überwintern nicht selten einige Blätter.

R. trianthus FOCKE in Bibl. Bot., LXXII., 140 (1911). **Kw.**: An Bächlein der wtp. St. zwischen Schadsitang und Gwanyinschan bei Guiyang, Sandstein, 1300 m (10538). Nganhui: Hwang-schan, 1200 m (CHING 2978). W-Tschekiang: W von Wendschou, 250—450 m (CHING in WULSIN 1867).

* ***R. pentagonus*** WALL. ap. FOCKE in Bibl. Bot., LXXII., 145 (1911). **Y.**: Mischwälder und Gebüsche der tp. bis an die wtp. St. auf Schiefer, Granit und Diabas, 2700—3200 m. Hsiangschuiho zwischen Dali und Hodjing (6460). Kari-la (FORREST 13916). Djientschwan—Mekong-Kette am 26° 30′ (F. 21486,

als *R. alpestris* BL.). Wo? (F. 15744). Im birm. Mons. zwischen Mekong und Salwin im Doyon-lumba, 28° 2′ (8325) und im Tjiontson-lumba zwischen Salwin und Irrawadi unter Tschamutong (9172). Schweli—Salwin-Kette am 25° 30′, V. 1913 (FORREST 11871). Wo? (F. 10728).

Alle Pflanzen haben dreizählige Blätter und die Blüten zu 2 bis 5 in Dolden an den Zweigenden, mit 1 oder 2 Blättern als Brakteen oder (meine Nr. 9172) einige ohne solche. Sie entsprechen also auch darin WALLICHs Originalexemplar, während in FOCKEs Schlüssel dieses Verhalten nicht deutlich ausgedrückt ist. Meine Nummer 9172 hat außerdem hier und da eine akzessorische Blüte aus der obersten Blattachsel, was dann eine FOCKEs Abbildung von *R. alpestris* ähnliche Infloreszenz ergibt, keine Bewehrung bis auf ganz einzelne winzige Stacheln an den Blattstielen, breitere und dünnere Blättchen und etwas kleinere Blüten, ist offenbar eine Regenwald-Schattenform.

R. leucanthus HCE. ** var. ***etropicus*** HAND.-MZT.

Differt a typo foliolis maioribus, terminalibus usque ad 16 cm longis et 7 cm latis, herbaceis, densius et brevius serratis, serraturis 2—4 mm inter se distantibus, bracteis integris, petalis maioribus, 13—15 mm longis, nuculis ultra 300. Fructus aurantiaci.

SW-**H.**: In Gebüschen der wtp. St. auf dem Yün-schan bei Wukang ober dem Tempel Wuli-ngan und beim Tempel Gwanyin-go, Tonschiefer, 850—1190 m, 9. VIII. 1917 und 12. VI. 1918 (11163). N-Kwangtung: Lungtou-schan bei Iu, 5. VII. 1924 (Cant. Chr. Coll. 12094).

Typischer *R. leucanthus*, der das tropische China bewohnt, hat kleinere, stärker lederige Blätter mit entfernter und meist kerbigerer Sägung, oft gespaltene Brakteen, kleinere Blüten (Petalen 1 cm lang bei gleichen Verhältnissen) und nur ungefähr 60 Früchtchen. Sonst ist er aber so ähnlich, daß die vorliegende Pflanze zwar vielleicht später als eigene Art wird betrachtet werden, keineswegs aber wegen des Fruchtbaues zu den *Rosaefolii* gestellt werden können.

R. macilentus CAMB. (*R. trichopetalus* HAND.-MZT. in Sitzgsanz. Ak. W. W., LVII., 267 [1920]. — *R. minensis* PAX et HFFM. in Rep. sp. n., Beih. XII., 406 [1922], e typo). **Y.**: In einem feuchten Tale der tp. St. ober Hsiang-schuiho zwischen Dali (Talifu) und Hodjing, 26° 15′, Diabas, 2900—3200 m (6465). NE von Tengyüe (FORREST 24668). Wo? (F. 11927). **S.**: Bambusreiche Gebüsche der tp. St. ober Niutschang zwischen Yenyüen und dem Yalung, 27° 22′, Sandstein, 3000—3200 m (5400). Gebüsche der wtp. St. bei Wudadjing am Lose-schan s von Ningyüen, Sandstein, 2450 m (1390). Im W auf dem Wa-schan s von Yadschou (WEIGOLD).

Die Originalbeschreibung gibt die Petalen fälschlich als kahl an. Sie sind an allen Exemplaren behaart. Die von FOCKE angewiesene Stellung unter den *Pungentes* ist nicht natürlich. Die Blattkonsistenz, Bestachelung, bandförmigen Staubfäden und alles verweisen die Art entschieden zu den *Leucanthi*.

R. Delavayi FRANCH. In Föhrenwäldern, seltener in Gebüschen der wtp. St., 2000—2800 m. **Y.**: Ober Akalü jenseits Ganhaidse bei Lidjiang (6824). Dawan bei Yungbei (3376). Ober Djitsung am Yangtse (8808) und häufig zwischen Schogo und Selüboto am Wege von dort nach Kakatang unter Weihsi (7850). Im E bei Dschwandjiadjio nächst Sidsung (10155). Im NE auf Bergen bei Maliwan (MAIRE). **S.**: Fongsaying s von Huili (5094).

CARDOT stellt in Bull. Mus. Par., XXIII., 274 diese Art in die Untergattung *Cyclatis* (RAF.) FOCKE. Sie ist wohl einer der schwächsten strauchigen *Rubi*, aber die breiten Filamente und alle anderen Merkmale verweisen sie doch, wie FOCKE tat, auch meines Erachtens zu den *Leucanthi*.

R. eustephanos FOCKE. **H.**: In Gebüschen der wtp. St. ober Hsikwangschan bei Hsinhwa, Kalk, 650 m (11869). **F.**: Buongkang, Yenping, gemein in Gebüschen, 700 m (CHUNG 3524).

Die sehr üppigen Stengel meiner Pflanze sind stark kantig, doch zeigt solche auch HENRYS Original.

R. indotibetanus KOIDZ., Fl. Symb. or.-asiat., 65 (1930). **S.**: Dötschang im Djientschang, an Ufern (SCHNEIDER 788).

Stengel oberwärts kantig, aber auch an FORRESTS Nr. 11926 so, die von KOIDZUMI als *indotibetanus* bestimmt wurde. Außer durch runde Stengel soll sich diese Art von der vorigen durch Besitz von Stieldrüsen unterscheiden. FORREST 12224, der von KOIDZUMI als *R. eustephanos* bestimmt wurde, finde ich mit 11926 vollkommen identisch. Da nach ihm, l. c., 63, dieser auch drüsig vorkommt, ist mir die spezifische Verschiedenheit des *R. indotibetanus* noch sehr fraglich.

R. lutescens FRANCH. Üppige Wiesen und kräuterreiche Gebüsche der ktp. St., 3500—4200 m. **NW-Y.**: Yülung-schan bei Lidjiang, über der Wiese Ndwolo (4243). Dort an felsigen Stellen (SCHNEIDER 1799, 3433) und in Wäldern, 3200 m (SCHN. 3404). Unter dem Passe Hwayanggo am Wege von dort nach Yungning (7026). **S.**: Bei der Alm Bädö ober Muli und ober dem Lagerplatze Tschako sw von hier.

Auch für diese Art hat sicher FOCKE unter den *Pungentes* die richtige Stelle gefunden. CARDOT möchte sie in Bull. Mus. Par., XXIII., 274 zu *Cyclatis* stellen, doch ist meines Erachtens auf das biologische Merkmal der im ersten Jahre zur Blüte kommenden Stengel nicht allzu viel Gewicht zu legen. Vgl. oben unter *R. Delavayi*, *rufus* und *hunanensis*. KOIDZUMI beschreibt in Fl. Symb. or.-asiat., 66 (1930) *R. lutescens* fälschlich als „ut videtur procumbens“ und stellt ihn zu den *Rosaefolii*, wo er ihn als dem in der Tat ganz verschiedenen *R. Thunbergii* S. et Z. nahestehend erklärt.

R. amabilis FOCKE. **NW-S.**: Gebirge um Sungpan (WEIGOLD).

R. pungens CAMB. In der tp. St. **NW-Y.**: Sandige Wälder im Moränenzirkus ober der Matte Saba am Osthange des Yülung-schan bei Lidjiang, 3350 bis 3400 m (6808). Im birm. Mons. im Regenmischwald ober Bahan am Salwin, 27° 58′, 2700 m (9059). **S.**: In der Tiefe der Waldschlucht des Soso-liangdse im Daliang-schan e von Ningyüen, 2600—2800 m (1724). Omi (WILSON, Veitch Exp. 1869). W-Hubei: Fang (W., V. E. 4852).

Meine Nr. 9059, eine Regenwaldpflanze mit Bedrüsung, aber ohne Behaarung, mit 5—7zähligen, bis zu 9 × 4 cm großen Blättchen dürfte der von CARDOT in Bull. Mus. Par., XXIII., 298 gekennzeichneten Nr. 4852 WILSONS entsprechen, doch sind die Kelchzipfel nicht außergewöhnlich lang bespitzt, bei meiner Nr. 6808 dagegen mit einem fast 2 cm langen Anhang versehen. Nur Beobachtung in der Natur kann zeigen, ob und wie sich ungekünstelt Varietäten unterscheiden und begrenzen lassen.

R. stans FOCKE in Not. R. B. Gard. Edinbgh., V., 76 (1912), e typo (*R. testaceus* SCHNDR. in Bot. Gaz., LXIV., 73 [1917], e typo). Auf Wiesen, an Bächen, trockenen Hängen und oft massenhaft auf Waldschlägen in der tp. bis an die wtp. St., 2600—3650 m. **Y.**: NW-Seite des Dji-schan ne von Dali (6431). Bei Lidjiang („Likiang"), v. E. (3953). Hier auf dem Yao-schan bei Ganhaidse. Hungguwo ober Hsinyingpan zwischen Yungbei und Yungning. Ober Bödö se von Dschungdien. Zwischen Djinscha-djiang und Mekong bei Schatiama, Schuba und am Beima-schan (FORREST 13849). Wo? (F. 21997). Im NE auf Bergen ober Dungtschwan (MAIRE ex Arb. Arn. 170). **S.**: Unter der Alm Bätö bei Muli. Ober Duörlliangdse und ober Hungga w von Yenyüen. Liuku-liangdse am Wege von hier nach Kwapi (2287) und darunter (SCHNEIDER 1213). Molien jenseits des Yalung n von hier, 28° 10′ (2556). Ober Niutschang se von Yenyüen. Lanba im Lolo-Lande e von Ningyüen (1539).

FOCKES „folia subtus villosa" ist auch nach dem Original nicht zutreffend. Sie sind nur in nervis pubescentia et glandulosa.

R. biflorus BUCH.-HAM. Gebüsche, trockene Hänge, auch an Bächen der tp. und wtp. St., 1960—3300 m. **S.**: Häufig von Huili bis Bögowan (1026). Zwischen Yenyüen und dem Yalung, 27° 31′, um den Sandao-schan (2204), auf dem Dadjing bei Dugungpu (SCHNEIDER 4123) und um Tjintienpu (2219). Ober Oti am Hsiao-Djing-ho. NW-**Y.**: Ostfuß des Yülung-schan bei Lidjiang (SCHNEIDER 1981).

Mit dem Wiener Original von *R. niveus* WALL. zusammen befand sich ein Zweig eines zu den *Pungentes* gehörigen *Rubus* mit unterseits nur leicht graufilzigen Blättern und abhebbarer Griffelkappe. Er stimmt mit keiner der von FOCKE angeführten indischen Arten. Die Infloreszenzen sind etwas stieldrüsig. Sonst stimmt er gut mit seiner Beschreibung von *R. pedunculosus* DON (Bibl. Bot., LXXII., 190 unter *R. gracilis*) bis auf die Petalen, die so lang wie der Kelch sind und ganz jenen von *R. pungens* gleichen. Ich frage mich, ob es sich darin nicht um den echten *R. pedunculosus* DON handelt, dessen Blütenblätter der Autor nicht beschreibt. Man könnte das vorliegende gute Stück ungezwungen als einen *R. biflorus* × *pungens* deuten.

R. alexeterius FOCKE in N. B. G. Edinbgh., V., 75 (1911). NW-**Y.**: Gebüsche am Ostfuße des Yülung-schan bei Lidjiang, 3100 m (SCHNEIDER 1980).

R. micranthus DON. Trockene Hänge, auch in Erosionsgräben und an Mauern sowie in trockenen Wäldern der str. bis in die tp. St., 1300—3000 m. **Y.**: Sanyingpan n von Yünnanfu (678). Im S bei Möngdse (HANCOCK 7). Im NE bei Dungtschwan (MAIRE ex Arb. Arn. 162). **S.**: Häufig von Huili bis Bögowan (1025) und darunter bis an den Nganning-ho (1061). Lungdschu-schan (903). Dötschang (SCHNEIDER 698) und Ningyüen (1258) im Djientschang.

R. idaeopsis FOCKE hat mit *R. chinensis* FRANCH. (*R. stimulans* FOCKE) nicht die von CARDOT vermuteten Beziehungen. Mir lag aus Kew von HENRYS Nr. 10922 ein Bogen mit einem kleinblätterigen Ast (Endblättchen des obersten, größten Blattes c. 6½ cm lang) mit einer kleinen achselständigen, völlig drüsenlosen Infloreszenz und einem großblätterigen (größtes Endblättchen c. 13 cm lang) Ast mit fast ebensträußig-rispiger, 20blütiger, reichlich drüsiger Infloreszenz vor. Die Petalen sind in beiden Infloreszenzen gleich, ausgesprochen vom *niveus*-Typus, lang genagelt, die Platte breiter als lang; daß sie rot wären, ist nicht zu ersehen. Die Art kommt meines Erachtens *R. racemosus* ROXB. am nächsten, unterscheidet sich aber schon durch die viel schmäleren Kelchzipfel.

R. coreanus MIQ. In Gebüschen. **H.**: In der str. St. überall von Tschangscha bis Hsikwangschan bei Hsinhwa, 100—700 m (11817). Yün-schan bei Wukang (Plt. sin. 118). **Kw.**: Überall um Guiding („Kweiting"), 1000—1300 m (10629).

Von Nr. 118 liegen nur Schosse mit kurzen Blütenstandstielen und dreizähligen Blättern vor, die aber sicher zu dieser Art gehören. 10629 hat die Blätter der Schosse bis auf die untersten filzig wie var. *tomentosus* CARD., jene der Blütenzweige kahl.

* *R. opulifolius* BERT. **W-Y.**: Im birm. Mons. auf dem Yangtsou-schan in der Schweli—Salwin-Kette am 25° 40′, in offenen Gebüschen, 2750—3000 m, VII. 1919 (FORREST 18132 als *R. niveus* WALL. vel aff.).

Die Wiener Exemplare der Originalaufsammlung haben an Schößlingen alle Blätter 7zählig gefiedert, wie der hier vorliegende längere Blütentrieb. Petalen fehlen dort. An FORRESTS ebenfalls in Frucht befindlicher Pflanze steckte ein kleines kreisrund-breiteiförmiges, lang und schmal genageltes noch in einem Kelche.

R. parvifolius L. (*R. triphyllus* THBG.). **Ki.**: Um das Kohlenbergwerk Pinghsiang (Plt. sin. 178). SW-**Kw.**: Steppenhänge zwischen Dschenning und Muyu, Kalk und Sandstein der wtp. St., 800—1300 m (10413).

Es ist interessant zu sehen, daß auch diese Art mitunter am einjährigen Stengel blüht (s. *R. lutescens*).

** ***R. subtibetanus*** HAND.-MZT. in Sitzgsanz. Ak. W. W., LVII., 268 (1920). (Abb. 16, Nr. 1, 2).

Subgen. *Idaeobatus* FOCKE, sect. *Idaeanthi* FOCKE, ser. (minus naturalis) *Pinnatifidi* FOCKE.

Caules annotini longe arcuati, teretes, c. 1 m longi, 4 mm crassi, ligno tenui, medulla ampla expleti, cortice cinnamomeo epruinoso dense hirsuto et setis et aciculis valde inaequalibus, partim fuscis, paulum pronus curvatis, maioribus 5 mm longis densissime vel sparsius erinaceo. Ramuli floriferi hornotini perulis membranaceis late linearibus, in caudiculam fragilem contractis, ad 7 mm longis, intus glabris cinnamomeis, extus sericeis fulti, valde abbreviati, 5 cm non excedentes, tenues, sicut petioli foliorumque nervi maiores brevius et crispule hirsuti et sparsius aciculati, cum tota planta eglandulosi. Folia fasciculata 3—5, ramealia 1—2 remota vel nulla, unijugo- et (saepe imperfecte) bijugo-pinnata, petiolis sesqui- — duplo longiora, 2,5—9 cm longa. Stipulae imo petiolo adnatae, filiformi-lineares, 5 mm longae, dorso pilosae. Foliola remota, lateralia sessilia, ovata vel late elliptica, obtusa, basi subinaequaliter cuneata, terminale 5—10 mm longe petiolulatum iis triplo maius, rhombicum, acuminatum, omnia herbacea, supra laxe sericea obscure viridia, subtus praeter nervos valde obliquos folioli terminalis 5—6-, foliolorum lateralium 3—4-pares badios, sericeos brevissime niveo-tomentosa, marginibus circumcirca ad $^1/_4$ — ultra $^1/_3$ utriusque lateris incisa crenis rotundatis vel truncatis, acute paucidentatis. Cymae ramulis terminales 3—6 florae, planiusculae, interdum flore singulo vel cymula axillari auctae, bracteis subulatis. Calyx sub anthesi patulus, sicut pedicelli c. 5 mm longi basi aculeatus, sepalis ovato-lanceolatis, 4 mm longis, minutissime apiculatis, ut illi utrinque -sursum albido- velutinis. Petala erecta, calycem aequantia, alba, late et longe unguiculata, orbicularia, parcissime pilosula, marginibus undulata, venulosa. Stamina iis aequilonga, glabra, tenuia, antheris minutis, griseis. Discus latus, planus. Nuculae paucae, juniores sericeae; styli 2 mm longi, glabri.

S.: In der wtp. St. des Lolo-Landes e von Ningyüen, am Bächlein auf dem Sattel zwischen Tjiaodjio und Lemoka, Sandstein, 2250 m, 23. IV. 1914 (1615, Typus; SCHNEIDER 1000).

Proximus *R. thibetano* FRANCH. ramis minus aculeatis, foliis brevipetiolatis, foliolis plurijugis angustioribus magis incisis etc. diverso et *R. trijugo* FOCKE, qui differt caulibus inermibus, ramulis aculeis paucis brevibus latis hamatis praeditis, floribus paucioribus multo maioribus, petalis obovatis valde villosis, ovariis tomentosis. Habitus ex icone *R. Bonatianum* FOCKE admonet inflorescentia et aculeis autem diversissimum.

R. trijugus FOCKE in N. B. G. Edinbgh., V., 74 (1911), e typo. S.: Steinige Stellen der tp. St. ober Muli gegen den Paß Döko, Tonschiefer, 3700 m (7428).

Fruchtknoten filzig, wie am Typus. Pflanze aber kleiner, Blättchen bis 5paarig, mit breit keilförmigem Grunde. Am Original finden sich auch 4paarige. Hierher auch FORREST 15328, in Frucht, dem Typus entsprechend, 15447, eine kleine Form mit (wenig) bestacheltem Stengel, verkürzten Zweigen und längeren Blütenstielen und 10257, mit ebensolangen Blütenstielen mit einigen Stacheln.

R. euleucus FOCKE (*R. niveus* WALL., e typo, non THBG. — *R. Kinashii* LÉVL. et VANT.). W-Y.: Offene Gebüsche der Schweli—Salwin-Kette am 25° 30′, 2700 m (FORREST 11782). Auch FORREST 6973, 7267.

Mit dem Wiener Exemplar von WALLICH 734 (nach Ausscheidung des oben unter *R. biflorus* erwähnten Zweiges) vollkommen stimmend. Die Fruchtknoten, wie dort, nicht filzig, sondern langhaarig. Die Pflanze entspricht HOOKERS *niveus* proper (Fl. Br. Ind., II., 335). Die Art ist bei ihm wie bei FOCKE sehr kollektiv. Auch CARDOT setzt in Bull. Mus. Par., XXIII., 308 *R. niveus* gleich *gracilis* und gibt zum Unterschied von *R. Kinashii* die für *R. gracilis* s. str. zutreffende Charakteristik. Da er dort *R. Kinashii* auch für Sikkim angibt und *R. niveus* var. *microcarpus* HOOK., der vom Typus nicht als Art trennbar ist, damit identifiziert, kann kein Zweifel bestehen, daß jener mit *R. euleucus* zusammenfällt. Dieser Name wurde von FOCKE ausdrücklich zum Ersatz von *niveus* WALL. gegeben, das chinesische Exemplar nur mit Vorbehalt dazugestellt. *R. pedunculosus* DON kann nach der Beschreibung nicht diese Pflanze sein, sondern im besten Falle *R. gracilis*. Dieser hat bedeutend größere Blüten, die unteren einzelstehend, länger gestielt und nickend, weniger eingeschnittene Blätter und filzige Fruchtknoten.

* ***R. gracilis*** ROXB., Fl. Ind., II., 519 (1832), e descr. sua. W-Y.: Im birm. Mons. in der Schweli—Salwin-Kette, 25° 10—30′, 2750—3000 m, an Gebüschrändern und offenen Stellen an Bächen, VI. 1918 (FORREST 17540), in offenen Bambusbeständen (F. 17603) und auf dem Yangdsou-schan zwischen Felsen an Gebüschrändern (F. 18145 als *R. niveus* var.).

Stimmend mit HOOKERS Exemplaren aus Sikkim, 8—10000′, und THOMSON vom Him. bor.-occ., 7000′.

R. gracilis* ** var. *pluvialis HAND.-MZT. (Abb. 16, Nr. 7, 8).

A typo diversus inflorescentiis terminalibus plurifloris, breviter racemosis vel breviter paniculatis florumque axillarium loco saepe inflorescentiis parvis floribus partim minoribus. Quibus characteribus *R. euleuco* approximatur floribus multo minoribus in ramulis brevibus cymoso-confertis floribus axillaribus nullis et ovariis glabrioribus satis diverso.

Abb. 16. 1, 2 *Rubus subtibetanus* HAND.-MZT. (1615). 3 *R. platysepalus* H.-M. 4 *R. hunanensis* H.-M. 5 Blatt von *R. panduratus* H.-M. 6 *R. salwinensis* H.-M. (FORREST 15925). 7, 8 *R. gracilis* ROXB. var. *pluvialis* H.-M. (9151). $^1/_3$ nat. Gr.

NW-Y.: In Gebüschen, an Waldrändern und an kräuterreichen Stellen der tp. Regenwälder des birm. Mons. im Tjiontson-lumba in der Salwin—Irrawadi-Kette unter Tschamutong, Granit, 2700—2900 m, 29. VI. 1916 (9151, Typus). Wo? (FORREST 11780). N und nw von Tengyüe, 2750—3000 m (F. 24640) und 2120 m (F. 27187) und jenseits der Grenze in Ober-Birma, 2420 m (F. 24993).

Es handelt sich hier offenbar um eine Regenwaldrasse, die für ihr Gebiet bezeichnend ist. Die langen und üppigen Blütenzweige sind nicht im Zusammenhange mit den Stengeln gesammelt, außer an FORREST 11780, wo die obersten nur 26, bzw. 18 cm lang sind. Diese Pflanze bildet aber schon einen Übergang zum Typus. Die Varietät erinnert habituell an *R. Kuntzeanus* HEMSL., der aber durch viel umfangreichere Blütenstände, die Frucht einschließende Kelchzipfel, kreisrunde, genagelte, kahle Petalen, die kürzer sind als die Staubgefäße, und kahle Fruchtknoten abweicht. Ähnlich ist eine Pflanze des Nordwest-Himalaya (7—10000′ THOMSON; Chitral Rel. Exp. 16117), für die bei Auflösung des *R. niveus* WALL. s. l. kein Name besteht, die aber durch viel stärkere, hakige Stacheln und fast doldige Infloreszenzen abweicht.

— — ** var. *chiliacanthus* HAND.-MZT.

Syn.: *R.* aff. *purpureus* BGE. W. W. SM. in Not. R. B. G. Edinbgh., XVII., 166, 309 (1929, 1930).

Planta compacta, caulibus saepeque etiam ramulis floriferis aculeis crassis rectis usque ad 8 mm longis densissime confertis serius cum cortice deciduis indutis. Ovaria longius pilosa; styli quoque pilosi. Ceterum cum typo congruens.

W-Y.: VIII. 1917 (FORREST 15931, Typus). Offene steinige Hänge zwischen Schweli und Salwin, 25° 30—40′, 3050—3700 m (F. 18065, 24297, 24647, 25175).

Die Bestachelung erinnert an jene gewisser Triebe von *Ribes burejense* F. SCHM. An den Blütenzweigen ist sie in der Dichte sehr veränderlich und bei Nr. 24647 nicht mehr dichter als beim Typus. Auch diese Varietät scheint für ein kleines Gebiet bezeichnend zu sein.

R. subornatus FOCKE in Not. R. B. G. Edinbgh., V., 77 (1911). Y.: In der tp. St. des Dji-schan ne von Dali ober den Tempeln, Diabas, 3100 m (6397). Im NW auf Hügeln w von Lidjiang, 2900 m (SCHNEIDER 1894) und auf dem Gudu-schan (FORREST 20554).

Fruchtknoten bei meiner Pflanze und FORREST 20554 dicht striegelhaarig, wie vom Autor beschrieben, bei FORREST 13845 und SCHNEIDER ganz kahl. Sonst unterscheiden sich diese Pflanzen von dem mit filzigen Fruchtknoten versehenen *R. gracilis* ROXB., wie er in FORREST 17540, 17603 und 18145 vorliegt, nur noch durch die größeren Petalen. Meine Pflanze ist drüsenlos, was nach CARDOT bei der Art vorkommt, und hat die Blattoberseite dicht grau behaart. FORREST 20554 und SCHNEIDER 1894 haben einzelne 2paarig gefiederte Blätter, wie sie CARDOT in Not. Syst., III., 315 für seine var. *concolor* angibt, deren Kahlheit diese Pflanzen aber nicht haben. Wenn FOCKE von *R. gracilis* sagt: „verosimiliter a *Niveis* separanda est", so hat er nicht unrecht, da beide Arten jedenfalls von ihnen zu den *Euidei* hinüberleiten.

Zu *R. Hoffmeisterianus* KTH. et BOUCHÉ ist zu bemerken, daß auch beim Typus die Infloreszenz ausgesprochen traubig ist mit einigen entfernten Einzelblüten. Nebst der rauhen Behaarung trägt sie reichlich Stieldrüsen von verschiedener Länge, die aber nie die Haare überragen. Mit ihm stimmt FALCONER, Herb. L. E. Ind. Comp. 399, überein, nur sind hier die Drüsen etwas spärlicher, die Spitzen der Kelchzipfel etwas kürzer und die Petalen behaart.

R. foliolosus DON (*R. Bonatii* LÉVL. — *R. Mairei* LÉVL. in Rep. sp. n., XII., 283 [1913], e typo, non 1912. — *R. Boudieri* LÉVL. in Rep. sp. n., XII., 534 [1913]). Gebüsche, Hecken, an Gräben, Mauern, unter Felsen in der wtp.

St., 1850—2500 m. Y.: Um Yünnanfu. Schilungba (225). N von hier bei Hsinlung und Sanyingpan (677). Hungngai an der Straße nach Dali. Dingyüen und Mitien n von ihr. Zwischen Hodjing und Lidjiang. Unter Dawanying e von hier. Im S ober Asandschai bei Möngdse und bei Schuidien, hier in der str. St., 1300 m. Im NE bei Dungtschwan (Maire). S.: Unter Dungngan s von Huili (791). Überall im Becken von Yenyüen. Woloho.

Die Identifizierung des *R. Bonatii* II Lévl. beruht nur auf einem von Maire mit diesem Namen erhaltenen Exemplare. Die Originalbeschreibung stimmt ziemlich, aber, wie bei Léveillé gewöhnlich, nicht ganz damit.

R. Cockburnianus Hemsl., e typo (*R. Giraldianus* Focke, e typo). Wälder und üppige Gebüsche der tp. bis in die wtp. und ktp. St. auf Sandstein, Schiefern und Granit, 2400—4000 m. S.: Gwandien n von Yenyüen (2813). Ober Niutschang se von hier. Unter Hungga w von dort (2908). Y.: (Forrest 12856). Zwischen Djientschwan und dem Mekong (F. 23497). Unter Schuba zwischen Djinscha-djiang und Mekong, 27° 45′ (8822). Zwischen dem Nguka-la und der Alm Oscha sw von Dschungdien und ober Bödö se von hier. Im birm. Mons. unter dem Doker-la. Bei Bahan am Salwin, 27° 58′ (8996). Im NE auf Bergen um Dungtschwan (Maire ex Arb. Arn. 431). Wo? (Wilson 146 A kult. in Kew).

Die Nummern 2908 und 8996 entsprechen dem Typus von *R. Cockburnianus*, dessen Blättchen auch streckenweise deutlich doppelt gesägt sind, haben aber einige Endblättchen auch dreilappig und dreischnittig, wie das *Giraldianus*-Original. 2813 und 8822 haben fast lappig doppelsägige Blättchen, aber sie auch nur als Varietät von *R. Cockburnianus* zu trennen wäre künstlich, zumal da 2813 darin noch über den *Giraldianus*-Typus hinausgeht. Die anderen kleinen Unterschiede dieses liegen innerhalb der üblichen Variationsweite, wie die unterseits teilweise nur grauen Blätter, kürzer zugespitzten Kelchzipfel, etwas kleineren Blüten und schwächer behaarten Fruchtknoten. Bei 2908 haben diese übrigens auch nur einzelne Haare.

R. innominatus Moore. SW-Kw.: Schuimi-tsun bei Hwangtsaoba (Cavalerie 4362).

R. Kuntzeanus Hemsl. Gebüsche der wtp. St. H.: Hsikwangschan bei Hsinhwa, 500—700 m (11930). Unter dem Gipfel des Yün-schan bei Wukang, 1400 m. Kw.: Lungdsu zwischen Lungli und Guiding, 1050 m (10574) und mehrfach in der Gegend.

— — var. ***glandulosus*** Card. in Not. Syst., III., 311 (1917). Kw.: Gebüsche der wtp. St. zwischen Badschai und Maotsaoping häufig, Kalk und Sandstein, 700—1100 m (10772).

Die Varietät unterscheidet sich von *R. innominatus*, mit dem Focke in Plt. Wils., III., 424 die ganze Art vereinigt, nur durch die durchwegs nur dreizähligen Blätter.

R. ellipticus Sm. var. ***obcordatus*** (Franch.) Focke in Bibl. Bot., LXXII., 198 (1911). In Steppen und trockenen Gebüschen, auch an Hecken, in der wtp. und str. St. Y.: 1600—2400 m. Gemein um Hsinlung n von Yünnanfu (433) und an der ganzen Straße von hier nach Dali (Talifu). Dingyüen n von ihr. Im S ober Asandschai bei Möngdse. Im E bis ober Djiangdi in Kw. S.: 1300—2150 m. Berg Luidaschu s von Huili. Gemein im Djientschang bis Ningyüen (1282). Datung am Yalung. Die Notizen vielleicht teilweise zum folgenden.

R. pinfaënsis LÉVL. et VANT. 1904 (*R. fasciculatus* DUTHIE 1901. CARD. in Bull. Mus. Par., XXIII., 306, non P. J. MÜLL. 1858. — *R. ellipticus* subsp. *fasciculatus* FOCKE). W-Hubei: Nanto (WILSON, Veitch Exp. 32).

Fragaria L.

* *F. nipponica* MAK. in Bot. Mag. Tok., XXVI., 282 (1912). NW-Y.: Im Mekong-Tale zwischen 27° 30′ und 28° 20′, 1900—2200 m, 1914 (GEBAUER). W-Hubei, V., VIII., 1907 (WILSON, Arn. Arb. Exp. 102).

Die Pflanze kann auch nach LOSNANSKAJAS Schlüssel (in Bull. Jard. princ. U. R. S. S., XXV., 60 [1926]) nur zu dieser von ihr für China noch nicht angegebenen Art gehören, obwohl die Behaarung im oberen Teile der Blütenstiele anliegend ist. Zu ihr gehört offenbar der größte Teil der *F. vesca* im Sinne HOOKERS (Fl. Brit. Ind., II., 344) und CARDOTS (in Not. Syst., III., 228).

F. moupinensis (FRANCH.) CARD., l. c., 229 (1916). NW-Y.: Bei Lidjiang, 2900 m, v. E. (3929). Jedenfalls am Mekong (MONBEIG). S. (LIMPRICHT 1450 als *F. nubicola* LINDL.).

Durch etwas spärlichere und überall anliegende Behaarung unterscheiden sich eine von WEIGOLD in W-S.: Wa-schan s von Yadschou gesammelte Pflanze und die mit ihr identischen Nummern WILSONS, Veitch Exp. 3459 vom Gipfel des Wa-schan, in Lichtungen, und 3458 an freien Felsen, „16000′“. Untereinander verschiedene Pflanzen liegen ferner vor von NW-S.: Gebirge um Sungpan (WEIGOLD). Ohne Früchte lassen sich alle diese nicht sicherstellen.

F. nilgerrensis SCHLDL. var. ***Mairei*** (LÉVL.) HAND.-MZT. (*F. Mairiei* LÉVL. in Rep. sp. n., XI., 300 [1912]).

A typo speciei differt foliolis latissimis, breviter et densissime obtuse crenatis, subtus papillis ceriferis albidis, nuculis in axis foveis immersis inter se dissitis. Pili nonnulli in petalis in varietatis typo quoque adsunt.

Trockene Gebüsche und insbesondere Heidewiesen der wtp. St. auf Kalk, Sandstein und Diabas, 1960—2700 m. Y.: Hügel nw von Yünnanfu (SCHOCH 17). Sanyingpan n von hier (605). Überall auf dem Hochlande bis gegen Beyendjing. Dali (LIMPRICHT 934 als *F. vesca* L.). Im NW von Lidjiang kultiviert durch SÜNDERMANN. Im NE bei Dungtschwan (MAIRE). S.: Überall um Huili bis Bögowan (918). W-Hubei: Tschangyang (WILSON, Veitch Exp. 612).

Nach Herbarmaterial ist die Frucht der indischen Pflanze durch die ganz dicht gedrängt, also offenbar nicht in Gruben stehenden Nüßchen von der chinesischen sehr verschieden, weshalb ich sie nicht, wie CARDOT in Not. Syst., III., 228 für ganz identisch halten kann. Die Wachspapillen der Blattunterseite zeigen bei entsprechender Erhaltung auch die *nilgerrensis*-Originale, wenn auch weniger ausgebildet, ebenso die borstige Behaarung der Nerven hier.

Von den folgenden Vorkommen gehören wohl die tiefer gelegenen noch zu dieser Art, während sich die anderen nicht zuweisen lassen: NW-Y.: Yungning, unter dem Passe gegen Fongkou bis etwa 3450 m, ebenso im birm. Mons. ober der Alm Rüschaton ober Tseku. S.: S ober dem Lagerplatz Tschako sw von Muli bis 4000 m. Tschoso am See von Yungning. Molien jenseits des Yalung n von Yenyüen, darüber bei 3400 m massenhaft. Berg Dadjin zwischen Yenyüen und Ningyüen. Viel bei Lanba im Lolo-Lande e von hier.

Potentilla L.

P. fruticosa L. var. *parvifolia* (FISCH.) TH. WOLF in Bibl. Bot., XVI., 58 (1908), excl. syn. var. *ochreata* HOOK. NW-S.: Gebirge um Sungpan (WEIGOLD).

— — ** var. *subalbicans* HAND.-MZT.

Folia subtus dense et longe argenteo-sericea, textura et nervatione *P. fruticosae*, cuius etiam sepala, nec *P. arbusculae* D. DON (vide infra).

W-Kansu: Gegen den Hsinlung-schan und Maho-schan, 9. VII. 1918 (LICENT 4100).

Varietas *P. fruticosae* verae, varietati *albicanti* (REHD. et WILS.) HAND.-MZT. *P. arbusculae* analoga.

* ***P. arbuscula*** D. DON, Prodr. Fl. Nepal., 256 (1825), e typo. (*P. nepalensis* D. DON, l. c., 229, non HOOK. 1823. — *P. rigida* WALL. in LEHM., Rev. Pot., 19, t. 1 [1856], e typo in Mus. Vindob., e WOLF autem p. p. — *P. fruticosa* FRANCH., Plt. Delav., 210 [1890]. TH. WOLF in Bibl. Bot., XVI., 55 [1908] p. p. et alior., non L.). Auf Matten, in nassen Wiesen, Hochstaudenfluren, an Felsen und oft selbständig ausgedehnte Gebüsche bildend, in der Hg. und ktp., etwas seltener durch die tp. St., 3200—4730 m, selten herab bis gegen 2800 m. NW-Y.: Yülung-schan bei Lidjiang, am Osthang des Gipfels Ünlüpe und am Fuße im Moränenzirkus Saba und gegen das Beschui. Se von Dschungdien (FORREST 10518). Hier ober Dugwan-tsun, an der Westseite des Gebirges Piepun (4659), auf dem Passe Schulakadsa und bei der Alm Dsilu, gegen Bödö um den Paß Da-Niutschang und auf dem Berge Schusutsu (4511). In der NW-Ecke der Ebene von Yungning und auf dem Berge Waha dort. Gudu-schan nw von dort (FORREST 20515). Fehlt im birm. Mons. S.: Um Muli auf den Pässen Tschescha und Döko, hier reine ausgedehnte Gebüsche zwischen Weidematten bildend, auf den Bergen Gonschiga und Saganai bis auf die Gipfel, im SE von dort (FORREST 22171). Ober Hungga w von Yenyüen. Ober Liuku n von hier (2372) und auf dem Kamme des Tschahungnyotscha ober Ngaitschekou jenseits des Yalung, 28° 15′ (2652). Gipfel des Lungdschu-schan bei Huili (5193). Schenhsi: Da Wutai-schan an der Grenze von Tschili (SERRE 2076). Butan: Hokatschu (DUNGBOO 357). Sikkim: Sipukun (RIBU u. RHOMOO 5328). Japan: Nambu (TSCHONOSKI).

— — var. ***pumila*** (HOOK.) HAND.-MZT. (*P. fruticosa* L. var. *pumila* HOOK., Fl. Brit. Ind., II., 348 [1878]. TH. WOLF in Bibl. Bot., XVI., 59 p. p.). NW-Y.: Bei Lidjiang, v. E. (3931). Kalkfelsen der Berge im NE der Schleife des Djinscha-djiang, 3700—4000 m (FORREST 10577).

— — var. ***albicans*** (REHD. et WILS.) HAND.-MZT. (*P. fruticosa* L. var. *albicans* REHD. et WILS. in Plt. Wils., II., 302 [1915]). NW-Y.: Bei Lidjiang, v. E. (3930; FORREST 6046). Sandsteinfelsen der ktp. St. auf dem Berge Schusutsu bei Bödö, 3750—4000 m (4515). W-Hubei (WILSON, Veitch Exp. 2062).

— — var. *rigida* (WALLP. p.) HAND.-MZT. (*P. rigida* WALL. p. p. in LEHM., Rev. Pot., 19., t. 1 [1856], sensu TH. WOLF in Bibl. Bot., XVI., 57). NW-S.: Gebirge um Sungpan (WEIGOLD).

Blättchen teilweise 3-, teilweise 5zählig, sehr klein.

P. arbuscula differt a *P. fruticosa* foliolis crassis, subtus densissime et distinctissime reticulato-venosis glabris vel in nervis tantum, hic saepe longe denseque, sericeis, supra magis aequaliter et saepe densissime sericeis, sepalis exterioribus latis saepe profunde laceratis vel bisectis. In *P. fruticosa* foliola herbacea, venulis subtus multo laxioribus, sed nervis lateralibus distinctissimis, ubique ± pilosa, sepala exteriora angusta saepissime indivisa.

Th. Wolf hat insbesondere unter var. *pumila* die Pflanze des Himalaya, die durch das ganze gebirgige China mit Ausnahme des äußersten Nordens verbreitet ist, gut charakterisiert. Geographischer Gliederung war er grundsätzlich etwas abhold, und er hat aus China fast gar kein und aus Indien wohl auch zu wenig Material gesehen. Nach dem mir vorliegenden sind die Pflanzen dieser Gebiete von den nordischen (einschließlich der pyrenäischen und kleinasiatischen) durch die angegebenen Merkmale deutlich und konstant verschieden. Unser Originalexemplar vom Gossainthan zeigt breite, ungeteilte Außenkelchblättchen, doch neigen diese sehr zu Spaltung, die zu dem von Don beschriebenen zehn führt. Sie stimmt darin mit *P. davurica* Nestl. überein, die ich nicht am Standorte gesehen habe, doch halte ich nach meinen Beobachtungen *P. Veitchii* Wils. für eine gute Art, was wohl auch für jene zutreffen wird.

** × ***P. sulphurascens*** Hand.-Mzt. (***arbuscula*** D. Don × ***Veitchii*** Wils.).

Flores pallidissime sulphurascentes, magis campanulati quam in *P. arbuscula*, sed planiores quam in *P. Veitchii* forma illic crescente.

NW-Y.: In Hochstaudenfluren auf Kalk und Sandstein an der Westseite des Gebirges Piepun se von Dschungdien („Chungtien"), ktp. St., c. 4000 m, 11. VIII. 1914 (4658).

Da ich in der Natur die beiden als Stammarten angesehenen Pflanzen immer gut geschieden fand (s. oben) und nur einmal mit beiden gemeinsam diese ausgesprochene Mittelform, bin ich genötigt, sie als Bastard anzusehen. Ich habe den Pollen aller gesammelten Stücke untersucht und vollkommen fertil befunden. Doch ist er bei *Potentilla*-Bastarden, wie Wulff (Österr. Bot. Zeitschr., LIX., 415, 420 [1909]) nachgewiesen hat, oft um nichts steriler, als bei Arten.

P. Veitchii Wils. in Gard. Chron., 3. ser., L., 102 (1911) (*P. fruticosa* var. *V.* Bean, Tr. a. Shr. Brit. Isl., II., 223 [1914]. — *P. davurica* Nestl. var. *V.* Jesson in Bot. Mag., t. 8637 [1915]). An feuchten Hängen, in Gebüschen und Wäldern der ktp. St. bis an die Baumgrenze, 3900—4350 m. **S.**: Um Muli auf den Pässen Tschescha (7252) und Döko. Im NW auf Gebirgen um Sungpan (Weigold). **NW-Y.**: Yülung-schan bei Lidjiang, v. E. (3932, 3936; Schneider 1965). Berg Waha bei Yungning (7119). Se von Dschungdien um den Paß zwischen Bödö und Alo (4522) und an der Westseite des Gebirges Piepun. Sw von dort zwischen der Alm Oscha und dem Nguka-la. Paß Lenago zwischen Yangtse und Mekong, 27° 44′ (jung, ob *P. arbuscula*?). Im birm. Mons. zwischen Mekong und Salwin am Rücken Pongatong, 28° 6′, und unter dem Doker-la, 28° 15′.

Im Leben sind zwei Formen dieser Art auffällig verschieden, eine große mit etwas glockenförmigen, fast nickenden und eine mit, wie bei *P. arbuscula*, ganz flachen Blüten, ein Merkmal, das allerdings im Herbar nicht mehr erkennbar ist. Auf den Pässen Döko und Tschescha notierte ich beide nebeneinander. Der stark gerötete Kelch, der sie besonders zierlich erscheinen läßt, dürfte auch einen Unterschied gegenüber *P. davurica* Nestl. bilden. Rehder spricht in Journ. Arn. Arb., V., 200 (1924) von allmählichem Übergehen, doch dürfte dies nur an einer schmalen Verbreitungsgrenze der Fall sein.

P. bifurca L. NW-S.: Gebirge um Sungpan (WEIGOLD).

Ich finde an allen, auch von TH. WOLF bestimmten Exemplaren den Griffel ganz anders, als er ihn in Bibl. Bot., XVI., 66, Fig. 4a abbildet. Die Verwandtschaft mit den *Fruticosae* scheint mir sehr fraglich.

P. articulata FRANCH. Im Gehängeschutt und an steinigen Stellen der Hg. St. auf Kalk, 4200—4730 m. NW-Y.: Yülung-schan bei Lidjiang (3937). Waha bei Yungning (7110). Piepun se von Dschungdien (4685). S.: Gonschiga sw von Muli, gleich unter dem Gipfel.

P. eriocarpa WALL. (*P. eriocarpoides* var. *glabrescens* J. KRAUSE in Rep. sp. n., Beih. XII., 407 [1922]). Kalkfelsen der Hg. St. Y.: Yülung-schan bei Lidjiang, 3800 m (3940). S.: Paß Santante ober Muli, 4350 m.

Die vorliegende Pflanze entspricht nur im Außenkelch mehr oder weniger der var. *cathayana* SCHNDR. in Bot. Gaz., LXIV., 73 (1917), ihre Blättchen sind aber durchwegs gestielt. Die Blüten erreichen 33 mm Durchmesser. Die Notiz aus Setschwan gehört vielleicht zur Varietät.

— — var. ***tsarongensis*** W. E. Ev. in Not. R. Bot. Gard. Edinbgh., XIII., 178 (1921) (*P. eriocarpoides* J. KRAUSE in Rep. sp. n., Beih. XII., 408 [1922], excl. var.). Kalkfelsen der Hg. St., 3800—4300 m. NW-Y.: Im birm. Mons. auf dem Maya in der Mekong—Salwin-Kette, 28° 4′ (9628). S.: Südseite des Passes Tschescha s von Muli (7180). Im W w von Kwan-hsien (WILSON, Arn. Arb. Exp. 3135: Hb. Kew, eine Annäherungsform, sehr kahl, mit ganz kahlem Kelch, aber mit den tief zerschlitzten Blättchen).

Ein gutes Merkmal der Varietät sind die tief eingeschnittenen Blättchen, während der vom Autor angegebene Unterschied im Rhizom nicht konstant ist. Mehr als Varietätsrang kann sie nicht beanspruchen, zumal da KRAUSES Varietät sich von der typischen *eriocarpa* nicht unterscheidet.

Von *P. pteropoda* ROYLE, die nach TH. WOLF vollkommen verschollen war, liegt, FALCONERS Nr. 384 aus Gurhwal beigemischt, ein gutes Individuum im Wiener Museum, das der Originalbeschreibung und Abbildung vollkommen entspricht. Ein echter Filz ist, wie WOLF richtig vermutet, nicht vorhanden, aber die Blattunterseite ist unter den gelblichen Seidenhaaren auffallend bereift. Die äußeren und inneren Kelchblätter sind spitz, auch jene außen bereift. Der Blütenboden ist dicht und ziemlich kurz borstig. Griffel endständig, sehr dünn, 2 mm lang, unten nur sehr wenig verdickt, mit nicht verdickter Narbe. Fruchtknoten kahl. Nucula sehr schmal, kahl, glatt, etwas kürzer als der Griffel. Staubgefäße c. 20, mit recht dicken, 2 mm langen Fäden und kugeligen, dunklen Antheren. Wenn WOLFS Einreihung richtig ist, müßte die Pflanze mit ihren ganz kahlen Fruchtknoten einen Ausnahmsfall unter den *Trichocarpae* darstellen; im übrigen würde ihr Blütenbau nicht dagegen sprechen. Da ich *P. curviseta* HOOK. f. und *Collettiana* AITCH. nicht gesehen habe, kann ich mich darüber nicht weiter äußern. Unter den *Gymnocarpae* kann ich allerdings keinen Anknüpfungspunkt finden.

P. fulgens WALL. in LEHM., Rev. Pot., 54 (1856) (*P. splendens* WALL., non RAM. — *P. Martini* LÉVL., e typo). In offenen Heidewiesen und solchen als Unterwuchs trockener Wälder der wtp. und unteren tp. St. auf Kalk, 2200 bis 3300 m, oft massenhaft. Y.: Yünnanfu (MAIRE, ex hb. Edinbgh. 931). Gandeng n von hier, 25° 57′. Ober Alaodjing bei Gwangdung w von dort.

Zwischen Hsinyingpan und Boloti (3291) und unter Piyi am Wege von Yungbei nach Yungning. Ober Dienso s von Hodjing. Um Lidjiang (3480), Ngulukö und am Fuße des Yülung-schan (SCHNEIDER 3174) gegen das Beschui. Dungapi bei Hsiao-Dschungdien. Basulo zwischen Weihsi und Djientschwan. **S.**: Dindjiatsun am Lungdschu-schan bei Huili. Zwischen Samuping und Niutschang am Wege von hier nach Yenyüen. Überall zwischen Dahsingtschang und Lanba im Daliang-schan e von Ningyüen (1764; SCHNEIDER 1075). S ober Muli. **Kw.**: Hwangtsaoba (Hsingyi-hsien), c. 1300 m (CAVALERIE 4058). Nganschun, c. 1400 m (CAV. 3837).

P. fallens CARD. in Not. Syst., III., 232 (1916) (*P. peduncularis* var. *obscura* DIELS in Not. R. B. G. Edinbgh., VII., 131, non HOOK. f.). **NW-Y.**: Bei Lidjiang, v. E. (3941).

Nur hier und da einzelne Haare an der Spitze der jungen Karpelle. Mit den *Trichocarpae* hat sie, wie schon der Autor sagt, nichts zu tun. Die junge Infloreszenz erinnert sehr an jene von *P. leuconota* DON, doch entfernen sie der fast endständige Griffel und die (nur teilweise) etwas ausgerandeten Petalen von den *Anserinae*, wo sie DIELS suchte.

P. multifida L. var. *ornithopoda* (TAUSCH) TH. WOLF. **NW-S.**: Gebirge um Sungpan (WEIGOLD).

P. discolor BGE. **H.**: Häufig in Steppen der str. St. um Tschangscha, Sandstein, 40—300 m (11590).

P. Potaninii TH. WOLF, e typo. **NW-S.**: Gebirge um Sungpan (WEIGOLD). W-China, Heiden, 3280 m (WILSON, Veitch Exp. 3463: Hb. Kew).

Einzelne Blätter haben — auch am Original, das mir von Herrn Prof. TOBLER freundlichst geliehen wurde — 4 Blättchenpaare, nämlich ein kleines unter dem obersten eingeschoben (interrupte pinnatus) oder ein mitunter einzelnes Blättchen unter dem untersten.

P. Griffithii HOOK. f. (*P. Leschenaultii* var. *reticulata* FRANCH. — *P. sikkimensis* TH. WOLF. — *P. Potaninii* TH. WOLF p. p. min. [quoad pl. HENRY-anam]). In der wtp. und tp. St. auf Sandstein, 2100—3640 m. **Y.**: Etwas feuchte Wiese auf dem Rücken zwischen Dsaodjidjing und Hwadung e des Dsolin-ho (4992). Rasen zwischen Dahwaschu und Dawan bei Yungbei (3385, gegen die var. neigend, genau übereinstimmend mit HENRY 9663). Im W (FORREST 24344). Auf trockenen Matten der Hügel e von Tengyüe (F. 7609).

— — **var. *velutina*** CARD. in Not. Syst., III., 235 (1916), cfr. Bull. Mus. Hist. nat. Par., XXII., 402. In Steppen meist häufig, seltener in Gebüschen und an Bächen, in der wtp. bis in die str. St., 1600—2700 m. **Y.**: Um Yünnanfu (SCHOCH 99) und von hier an der Straße nach Dali bis Yünnan-hsien (8689; LIMPRICHT 926 als *P. discolor*) überall, ebenso n dieser um Dayao. Im NE bei Dungtschwan (MAIRE). **S.**: Um Ningyüen (1239; SCHNEIDER 852) und Hohsi im Djientschang, Dugungpu am Wege nach Yenyüen (2130) und um diese Stadt bei Hwalipu (2244) und unter Duörlliangdse (2873).

— — **var. *pumila*** (FRANCH.) HAND.-MZT. (*P. Leschenaultiana* var. *pumila* FRANCH., Plt. Delav., 212 [1890]). **NW-Y.**: In Kiefernwäldern der tp. St. am Fuße des Waha bei Yungning, Sandstein, 3200 m (7075).

? *P. Beauvaisii* CARD. in Not. Syst., III., 234 (1916). **Y.**: Umgebung von Yünnanfu (MAIRE ex hb. Edinbgh. 930: Hb. Kew). Im NE auf Matten der Hügel um Dungtschwan, 2550 m (MAIRE).

CARDOT kannte nur die oberen Teile der fruchtenden Pflanze, mit deren Beschreibung die vorliegenden Pflanzen stimmen. Die Blüten sind nach MAIRES Angabe weiß. Aus diesem Grunde und da bei üppigen *Griffithii*-Exemplaren die Nebenblätter am Stengel oft eingeschnitten sind, halte ich die Pflanze für nächstverwandt mit dieser, wenn nicht nur für eine sehr üppige Form dieser selbst. Die beim Exemplar von Yünnanfu sehr scharfen Rippen der bei jenen von Dungtschwan noch nicht ausgebildeten Nüßchen sind bei kleinen *Griffithii*-Formen auch angedeutet. Die Grundblätter entsprechen vollkommen großen dieser Art, doch neigen bei der Pflanze von Dungtschwan die unteren Fiedern zu Reduktion und stärkerer Teilung und verkahlen unterseits. CARDOT hält seine Art für nahe verwandt mit *P. Delavayi* FRANCH., doch ist es schon aus pflanzengeographischen Gründen sehr unwahrscheinlich, daß eine Verwandte dieser Lidjianger Hochgebirgspflanze bei Yünnanfu vorkommt.

P. poterioides FRANCH. Syn.: *P. Limprichtii* J. KRAUSE in Rep. sp. n., Beih. XII., 408 (1922), e typo. Die von TH. WOLF trotz FRANCHETS „cinereotomentosis" ebenso wie *P. Griffithii* trotz HOOKERS „white down" falsch eingereihte Pflanze wurde schon von CARDOT aufgeklärt, was KRAUSE übersah.

P. sischanensis BGE. Syn.: *P. multifida* J. KR., l. c., non L., e specim. Das Exemplar hat auffallend große, fiederig fünfzipfelige zweitoberste Fiederblättchen. Die von KRAUSE als *P. sischanensis* veröffentlichte, mir nur mangelhaft vorliegende Nr. 1354 LIMPRICHTS dagegen weicht von der Art beträchtlich ab, ist vielleicht ein Bastard oder eine neue verwandte Art.

P. chinensis SER. ** **subsp. *trigonodonta*** HAND.-MZT.

Folia magna, supra ut in typo glabra; foliolorum lobuli oblongi et ± obtusi usque lanceolato-triangulares et acuti, latitudine basali vix ultra duplo longiores, saepe paulum ultra dimidiam laminam tantum penetrantes, marginibus ± planis. Plantae elatae vel etiam abbreviatae, sed magnae, habitu *P. niponicae* TH. WOLF similes, sed calyce valde diversae.

Heidewiesen und offene Wälder der wtp. St., 1200—2800 m. **Y.**: Im NW zwischen Lidjiang und Ngulukö (4330). Beyendjing (TEN 137). Im NE bei Lagu (MAIRE). **Kw.**: Auf dem Dung-schan bei Guiyang, 2. VII. 1917 (10548, Typus) und bei Gwanyin-schan (SCHOCH 420). W-Hubei: VII. 1901 (WILSON, Veitch Exp. 2313). Badung (W., V. E. 1433). Schanhsi: Berge n von Taiyüen (LICENT 921). Schandung: Taingan (L. 6284).

Nach den Merkmalen läge es nahe, die Pflanze nur als eine üppige Form aufzufassen und niedrig zu bewerten, doch zeigen die kleinen als Varietät zu beschreibenden Pflanzen dieselbe Form der Fiederzähne und bewohnt die ganze Einheit ein sehr großes Gebiet, das von jenem der auf das nördlichste China beschränkten echten *P. chinensis* gut abgegrenzt zu sein scheint. Diese lag mir noch aus N-Schanhsi, ohne Standort (LICENT 161), vom Taipei-schan (PURDOM: Hb. Kew), NE-Kansu: Sanschilipu (LICENT 6086) und Schandung: Tschifu (FORTUNE) vor. TENS und MAIRES Exemplare sind die extremsten der Subspecies mit Zähnen von $3\frac{1}{2}$ mm Breite und Länge.

— — — — ** **var. *xerogenes*** HAND.-MZT.

Folia parva, supra versus lobulorum apices saepe penicillato-longipilosos tantum vel tota dense et breviter longiusve strigillosa, lobulis subspeciei. Planta humilis, ± diffusa, densius hirsuta.

Steppen der wtp. und str. St. S.: Zwischen Hwanglienpo und Hwangschuitang im Djientschang, Sandstein, 1500—1650 m, 7. IV. 1914 (1882, Typus). NE-Y.: Hügel und Hänge bei Dungtschwan, 2550 m (MAIRE).

Die Varietät entspricht der var. *velutina* der *P. Griffithii*.

P. multicaulis BGE. (*P. pensilvanica* MAXIM.; FORB. et HEMSL., non L. — *P. sericea* FORB. et HEMSL., non L. — *P. soongorica* TH. WOLF in Bibl. Bot., XVI., 159, p. p., non BGE., cfr. CARDOT in Bull. Mus. Hist. Nat. Par., XXII., 400). W-S.: Wa-schan s von Yadschou (WEIGOLD). N-Kansu: Zwischen Luoschan und Hsiamagwan (LICENT 3884). S-Schanhsi (L. 1813). Da-Wutai-schan an der Grenze von Tschili (SERRE 2144). Hier um Peking (SCHINDLER 99; CHIEN 178, 179, 180). Zwischen Tientsin und Peking an Wegen gemein (WARBURG 6584).

Auch das Wiener Museum besitzt ein Original von *P. multicaulis*, das CARDOTS Auffassung bestätigt. Die Art steht sehr nahe der *P. sibirica* TH. WOLF, doch ist der Kelch nur halb so groß wie bei dieser, die krausen Haare der Blattunterseite sind kürzer, an manchen Stücken auf die Buchten zwischen den Zähnen beschränkt und fast fehlend, dafür sind auf der ganzen Unterseite kleine, glänzende Drüsen verstreut, die auch bei *P. sibirica* nicht fehlen. Die Blattform entspricht deren var. *dissecta* TH. WOLF. LICENTS Nr. 3920 aus N-Kansu stellt sogar eine deutliche Mittelform dar, so daß man bei weiterer Artfassung daran denken könnte, die *P. sibirica P. multicaulis* zu nennen und nur als Subspezies zu unterscheiden.

P. Saundersiana ROYLE var. ***Jacquemontii*** FRANCH. NW-Y.: Bei Lidjiang, v. E. (13105). S.: Steinige Stellen in Waldlichtungen der ktp. St. bei der Alm Bädö ober Muli, Kalk, 3900 m (7282).

Blättchenzähne jederseits bis 7. TH. WOLF gibt 4 bis 5 an, doch hat auch DUTHIES von ihm bestimmte Nr. 5511 sogar bis 8. Zu den Unterschieden der Varietät gehört, daß mindestens die Außenkelchblättchen unter der Seide mehr oder weniger filzig sind.

— — ** var. ***subpinnata*** HAND.-MZT.

Foliola bina extima a ceteris usque ad 2 mm distantia, folium igitur conferte pinnatum. Dentes utrinque usque ad 8 ceteraeque notae varietatis *Jacquemontii*.

NW-Y.: Yülung-schan bei Lidjiang (Likiang), v. E., VI.—IX. 1914—1916 (3934, Typus). Hier auf offenen Matten des Osthanges, 3350 m, VI. 1910 (FORREST 5907). Im birm. Mons. an Glimmerschieferfelsen der Hg. St. zwischen den Pässen Gondon-rungu und Tongong zwischen Mekong und Salwin, 28° 9', 4300 m (9755).

Es erscheint zwar auf den ersten Blick wenig wahrscheinlich, daß am gefingerten Blatt der *P. Saundersiana* Fiederchen herabrücken, und man möchte an eine gedrängte Form von *P. Potaninii* TH. WOLF denken, bei der gelegentlich einige Fiedern wegfallen (var. *subdigitata* TH. WOLF). Daß bei TH. WOLF diese Arten in verschiedenen Gruppen stehen, stünde dem nicht entgegen, denn man vergleiche seine eigenen Bemerkungen dazu und jene CARDOTS in Not. Syst., III., 234 und Bull. Mus. Par., XXII., 401. *P. Potaninii* hat aber nicht den starken Seidenglanz der auch an der Oberseite der Blättchen reichlichen und hier vor deren völliger Entfaltung stark goldigen Behaarung, und viel kleinere Blüten, während diese hier oft über 2 cm Durchmesser erreichen. Auch kommt sie im Gebiete nicht vor, so daß nicht an einen Bastard gedacht werden kann, vielleicht aber an eine Annäherungsform.

P. Delavayi FRANCH. NW-Y.: Yülung-schan bei Lidjiang, 3700 m, v. E. (3935).

P. rhytidocarpa CARD. in Not. Syst., III., 236 (1916). Auf Matten, im Föhrenwaldunterwuchs, an steinigen trockenen wie an sumpfigen Stellen in der tp. St., 2800—3500 m. NW-Y.: Zwischen Yungbei und Yungning bei Boloti und häufig zwischen Piyi und Mudidjin (3186). Alm Maoniubi auf dem Waha, hier in der ktp. St., 4030 m. Ober Lidjiang, Hauptbestandteil der Heidewiesen um Ngulukö, im Nordteil des Beckens und ober Tsasopie am Wege nach Yungning. Latsa und von Hsiao-Dschungdien gegen das Gebirge Piepun (phot.) se von Dschungdien. S.: Am See von Tschoso bei Yungning (3115) und überall am Wege von hier nach Muli bis ober Dapingdse.

In den Aufzeichnungen habe ich die Art anscheinend nur auf Grund der Blütenfarbe von *P. Griffithii* unterschieden, bei der sie aber von dottergelb bis schneeweiß wechselt; daher könnten sie sich teilweise auf diese beziehen, vielleicht auch auf *P. concolor* (FRANCH.) ROLFE. Die gesammelten Exemplare sind niedrig, meh rausgebreitet, stark behaart, reich- und kleinblütig.

** ***P. hypargyrea*** HAND.-MZT. (Abb. 17, Nr. 1).

Sect. *Gymnocarpae* TH. WOLF, subsect. *Conostylae* TH. W., grex *Tanacetifoliae* TH. W.

In radice crassa, perpendiculari, subdauciformi, deorsum saepe ramosa singularis, axi indeterminata permultifolia caulibusque floriferis radiatim ascendentibus permultis. Folia ambitu cordato-orbicularia, 1½—2 cm diametro, ternata, foliolis late obovatis, terminali sessili vel petiolulo tenui usque ad 6 mm longo, ad tertium vel quartum inferum tripartito, lateralibus sessilibus vel subsessilibus fere ad basin bipartitis, partibus omnibus ad dimidium circiter flabellato- vel subpinnato et saepe duplicato-incisis, lobulis lanceolatis, porrectis, acutis, ½—1 mm latis, marginibus revolutis, herbacea, obscure viridia, supra pilis longis sordide albis substrigosis sparse induta, subtus tenuioribus et brevioribus densissimis argenteo-micantia, costis supra anguste sulcatis, subtus prominuis et glabrescentibus; petiolus lamina c. duplo longior, paulum sulcatus, strigosus, breviter vel ultra medium stipulis adnatis anguste brunneo scarioso-alatus. Stipularum auriculae anguste lineares, acutae, 5—6 mm longae, glabrae vel paulum ciliatae, herbaceae. Caules folia excedentes, usque ad 13 cm longi, tenues, rigiduli, strigosi, superne folio sessili ambitu late ovato subpalmatim partito ceterum cum foliis radicalibus congruente obsiti, subumbellato 2—4 flori, pedicellis ad 3 cm longis, bracteis folio caulino aequalibus. Calyx 9 mm diametro, sepalis interioribus 5 lanceolato-ovatis acutis extus parce setosis, intus versus apicem albo-villosulis, exterioribus aequilongis sed paulo angustioribus dorso paulo crebrius et margine sicut bracteae pilis toris insidentibus perparce ciliatis. Petala lutea (e nota ad vivum), late obcordata, 4 mm diametro, vix unguiculata. Stamina 20, 2 mm longa, filamentis filiformibus, antheris globoso-didymis fuscis. Discus latus, 10 lobus. Receptaculum breviter hirsutum. Carpella c. 10, stylis subterminalibus, crassis, ¾ mm longis, inferne leviter incrassatis. Nuculae tenuiter carinatae, ceterum leves.

NW-Y.: Glimmerschieferfelsen der Hg. St. des birm. Mons. zwischen Mekong und Salwin, 28° 9′, auf dem Passe Pongatong, 4. VIII. 1916 (9679) und dem Gondon-rungu, 4300—4475 m.

Differt a *P. dumosa* (FRANCH.) HAND.-MZT. foliolis ternatis, segmentis multo latioribus, subtus argenteo-sericeis.

Die Pflanze könnte nach den Merkmalen als Bastard *P. Saundersiana* × × *dumosa* aufgefaßt werden, doch sind die 11 gesammelten Exemplare einander vollkommen gleich und liegt auch sonst kein zwingender Grund dazu vor.

P. dumosa (FRANCH.) HAND.-MZT. (*P. coriandrifolia* var. *dumosa* FRANCH., Plt. Delav., 214 [1890], e typo).

A *P. coriandrifolia* DON differt foliis ambitu late ovatis, paulo tantum longioribus quam basi latioribus, pinnis ad 4 jugis tantum, pari infimo maiore et magis diviso a ceteris paulum remoto, quare folia minora ternata videntur, lobulis multo longioribus, petalis concolori-luteis.

Felsige Rücken auf Schiefer der Hg. St., 4150—4300 m. **NW-Y.**: Bei Lidjiang („Likiang") v. E. (3933). Dsang-schan bei Dali, 3200 m (?) (SCHNEIDER 3048). Im birm. Mons. auf dem Si-la in der Mekong—Salwin-Kette, 28° (9970). **S.**: Auf dem Tschahungnyotscha ober Ngaitschekou jenseits des Yalung n von Yenyüen, 28° 15′ (2655).

Wenn TH. WOLF in Bibl. Bot., XVI., 330 sagt, daß sich aus FRANCHETS Diagnose der Varietät kein Unterschied gegenüber der indischen *P. coriandrifolia* entnehmen läßt, hat er vollkommen recht. Die chinesische Pflanze zeigt sich aber in anderen Merkmalen sehr verschieden von jener, die im Umriß lineal-lanzettliche, 5—8 paarig gefiederte Blätter mit nach unten an Größe abnehmenden Blättchen und am Grunde der Petalen, soviel sich aus dem allerdings sehr alten mir vorliegenden Exemplar entnehmen läßt, anscheinend einen roten Fleck hat. Nach HAY in Gard. Chron., 3. Ser., LXXXIX., 492 (1931) sind ihre Blüten im Gegensatz zu HOOKERS Angabe überhaupt weiß mit tiefroter Mitte. *P. dumosa* bildet keine Polster, wie man aus FRANCHETS Beschreibung schließen könnte, sondern sie wächst wie *P. coriandrifolia* und die oben beschriebene *P. hypargyrea*.

P. stromatodes MELCH. in Notizbl. Bot. Gart. Berl. XI., 797 (1933). (Abb. 17, Nr. 2). **NW-Y.**: In der Hg. St. des birm. Mons. auf dem höchsten Kamme neben dem Passe Si-la in der Mekong—Salwin-Kette am 28°, auf Glimmerschiefer, 4400—4450 m, 27. VIII. 1916 (9967).

Pedunculi uniflori brevissimi usque 13 mm longi, densius et superne brevius strigosi, bractea lineari-lanceolata integra vel praeterea foliis 2 suboppositis in vaginis sessilibus in lacinias 3 partitis obsiti. Petala aurantiaca. Stamina 10, calycem dimidium aequantia. Proxima *P. dumosa* (FRANCH.) HAND.-MZT. differt haud pulvinata, dimensionibus omnibus multoties maioribus, foliis multo magis partitis, staminibus 20, filamentis longis.

Die Pflanze hatte ich als neu beschrieben, als mir bei der Korrektur MELCHIORS Arbeit bekannt wurde. Ich lasse die abweichenden Punkte meiner Beschreibung als Ergänzung zu seiner stehen. Insbesondere der grundverschiedene Wuchs und das Zusammenvorkommen unter ganz gleichen Verhältnissen auf dem Kamme südlich des Si-la verhinderten mich, in ihr nur eine reduzierte *P. dumosa* zu sehen. Die Unterschiede im Andröceum sind so groß, daß man in Betracht ziehen muß, ob die Art nicht in die Gattung *Sibbaldia* zu stellen sei, deren himalaische Arten ich nicht gut kenne. Es scheint mir aber sehr fraglich, ob diese Gattung überhaupt haltbar ist (s. unten), und die Verwandtschaft von *P. decandra* mit *dumosa* steht außer Zweifel. FORRESTS Nummern 27107 und 27322 aus Ober-Birma mit 15 bis 17 kurzen Staubgefäßen nehmen auch in Blättern und allen Größenverhältnissen eine gewisse Mittelstellung ein, doch könnten sie noch in die Variationsweite der *P. stromatodes* gehören, ohne einen direkten Übergang darzustellen.

P. supina L. **Y.**: Beyendjing, Äcker bei Setaohotjiao (TEN 46). Kw. Nganschun (CAVALERIE 4274).

— — **f. *discissa*** BECK. **S.**: Ackerraine der wtp. St. auf Sandstein bei Huili, 1960 m (846). **Y.**: Yünnanfu (MAIRE ex hb. Edinbgh. 1469, 2594).

— — approx. **var. *campestris*** CARD. in Not. Syst., III., 237 (1916). **S.**: Ackerraine der str. St. auf Sandstein bei Dötschang im Djientschang, 1450 m (1138).

CARDOT beschreibt die Blätter nicht, bezeichnet die Varietät aber als verwandt mit var. *ternata* PETERM. Die Blätter meiner Pflanze sind gefiedert, die anderen Merkmale passen aber sehr gut auf seine Varietät.

P. Kleiniana WIGHT. (*P. Wallichiana* DELILE nom. nud., non SER. — *P. Bodinieri* LÉVL., e typo). Besonders an Ackerrainen in der wtp. St. **Y.**: Yünnanfu (MAIRE ex hb. Edinbgh. 841). Schilungba bei Yünnanfu, 1900 m (197). Im Grund von Bambusbeständen der tr. St. bei Schuidien zwischen Möngdse und Manhao, 1300 m (6038). Jedenfalls im NW am Mekong (MONBEIG). **S.**: Huili, 1960 m (851). Im W auf dem Waschan s von Yadschou (WEIGOLD). **Kw.**: Pinfa (CAVALERIE 2259).

* ***P. anemonifolia*** LEHM. (*P. Wallichiana* p. p. et var. *robusta* FRANCH. et SAV.?[1]. TH. WOLF in Bibl. Bot., XVI., 412 [1908]). **H.**: An Dämmen und auf Schlamm in der str. St. auf Sandstein überall um Tschangscha, 23. IV. 1918 (11677) und gemein bis jenseits Guitouschi, 30—100 m.

Unterscheidet sich von *P. Kleiniana* nicht in Wuchs und Beblätterung, sondern durch dünnere Textur der Blätter und Kelche, lockeren, umfangreicheren Blütenstand mit dünnen, längeren Blütenstielen, spitze Kelch- und Außenkelchblätter, viel größere verkehrt herzförmige Petalen von goldgelber Farbe, die fast oder völlig doppelt so lang sind wie der Kelch und über doppelt so große, etwas längliche, am Konnektiv beiderseits dunkle Antheren. Aus Japan sah ich nur diese Art, und alle Angaben FORBES' und HEMSLEYS für *P. Kleiniana* aus Ost-China dürften zu ihr gehören.

P. macrosepala CARD. in Not. Syst., III., 238 (1914). NW-**Y.**: In üppigen Krautfluren der ktp. und Hg. St. des birm. Mons. in der Mekong—Salwin-Kette auf Glimmerschiefer, um 4000 m. In der Mulde am Abstieg vom Si-la ins Saoa-lumba, 28°, auf dem Schöndsu-la, 28° 4′ (9627) und am Kakerbo an der tibetischen Grenze (FORREST 17189 als *P. concolor* [FRANCH.] ROLFE).

P. Freyniana BORNM. **H.**: In Gebüschen der str. St. am Gu-schan bei Tschangscha, Sandstein, 250 m, 14. IV. 1918 (11626, approx. * **var. *grandiflora*** TH. WOLF in Bibl. Bot., XVI., 640 [1908]). W-Hubei: Tschangyang, in lichtem Wald (WILSON, Veitch Exp. 425). Djienschi (W., V. E., 881). **S.**: In feuchten Wiesen der tp. St. bei Lanba im Lolo-Lande e von Ningyüen, Sandstein, 2725 m

---

[1] An der von WOLF zitierten Stelle und überhaupt in der Enum. Pl. Jap. ist kein Varietätname zu finden.

(1760) und im Moor auf dem Schao-schan in der wtp. St. s von hier, 2650 m (1360). Wahrscheinlich auch diese in NW-Y.: Feuchte Wiesen der tp. St. unter Santsun s von Yungning, 3000 m.

P. fragarioides L. Steppen der str. und wtp. St. **H.**: Gipfel des Yolu-schan bei Tschangscha, 315 m (11533). Im SW auf dem Yün-schan bei Wukang zwischen 400 und 1420 m (Plt. sin. 31). W-S.: Wa-schan bei Yadschou (Weigold). Y.: Hsi-schan bei Yünnanfu, 2500 m (6060).

P. ambigua Camb. (*P. dolichopogon* Lévl. in Bull. Ac. Géogr. Bot., XXV., 44 [1915], e typo). Trockene Hänge der tp. und ktp. St. auf Sandstein, Glimmerschiefer und Granit, 2650—4000 m. NW-Y.: Ober Beischaogo bei Dschungdien (7773). Im birm. Mons. in der Salwin—Irrawadi-Kette in offenen *Artemisia*-Beständen im Tjiontson-lumba unterhalb Tschamutong (9137) und w des Sees Tsukue hinter dem Gomba-la, v. E. (9904). S.: Ober Hungga am Hange des Daörlbi halbwegs zwischen Yenyüen und Yungning (2949; Schneider 1525).

P. Hemsleyana Th. Wolf (*Fragaria filipendula* Hemsl.). An Rainen, Kanalrändern und Wegrändern in der str. und wtp. St., auf Sandstein und kalkhaltigem Boden, 1450—2500 m. Y.: Um Yünnanfu (58; Schoch 48). Sanyingpan n von hier (606). Im NE bei Dungtschwan (Maire). Im NW im Mekong-Tale (Gebauer). S.: Huili (Schneider 558). Dötschang im Djientschang (1127). Yenyüen (Schneider 4118). Dort bei Beidjeho (2230). Kw.: Pinfa (Cavalerie 8124). Wo? (Cav. 7910). Tschili: Peking (Hancock 23).

P. simulatrix Th. Wolf, e typo. S.: Im Grunde der tiefen Doline bei Kalaba n von Yenyüen, Kalk der wtp. St., 2800 m (2303).

Noch jung und nicht blühend, eine große, aber reichlich behaarte Schattenform. Th. Wolf setzte bei der Aufstellung seiner Art voraus, daß *P. Hemsleyana* einen erdbeerartig anschwellenden Fruchtträger habe. Dies trifft aber nicht zu, sondern er ist bei beiden Arten ausgesprochen trocken. *P. Hemsleyana* hat aber, auch am Original, immer viele der seitlichen Blättchen bis gegen den Grund zweispaltig, was bei *simulatrix* niemals der Fall ist. Auch besteht ein Unterschied in der Behaarung, die bei dieser besonders an den Blattstielen kraus und flaumig nebst langen, feinen, abstehenden Haaren ist, bei *Hemsleyana* aus ziemlich und an den Blattstielen besonders groben, geraden Seidenhaaren besteht. Ältere Pflanzen von *P. simulatrix* wurzeln an den Knoten ebenfalls ein (Serre 2135).

P. indica (Andr.) Th. Wolf (*Fragaria i.* Andr. — *Duchesnea fragarioides* Sm.). Raine der str. und wtp. St., 1450—2400 m. Y.: Beyendjing (Ten 48). Dingyüen und anderwärts verbreitet. S.: Am Yalung um Delipu. Dötschang im Djientschang (1126). Yenyüen. Im W am Wa-schan s von Yadschou (Weigold).

Die japanische Pflanze scheint durch einen ganz anderen Zuschnitt der Blättchen und stark skulpturierte Früchtchen abzuweichen.

P. anserina L. f. **incisa** Th. Wolf in Sitzgsber. böhm. Ges. Wiss., XXV., 39 (1903). NW-Y.: Feuchte Wiese in der tp. St. im Becken von Ganhaidse bei Lidjiang, Kalk, 3150 m (6602). Raine bei Yedsche am Mekong, str. St., 1950 m. S.: Moorige Wiese zwischen Tschoso und dem See von Yungning, 2800 m. Im NW um Sungpan (Weigold).

P. stenophylla (FRANCH.) DIELS in Not. R. Bot. Gard. Edinbgh., V., 271 (1912) (*P. Millefolium* LÉVL. in Bull. Ac. Géogr. Bot., XXIV., 281 [1914], e typo). Matten, oft Hauptbestandteil der Modermattenformation, Schneetälchen, selten im Schutt, in der ktp. und Hg. St., 3700—4400 m. NW-Y.: Yülung-schan bei Lidjiang, v. E. (3942; SCHNEIDER 1960). Rücken zwischen Haba und Dugwan-tsun (6878) und auf dem Gipfel neben dem Passe von Bödö nach Alo se von Dschungdien. Waha bei Yungning. Paß Lenago in der Yangtse—Mekong-Kette, 27° 45'. Im birm. Mons. in der Mekong—Salwin-Kette auf dem Rücken Tongong, 28° 9' (9775). S.: Alm Bädö und Paß Döko ober Muli.

Die var. *compacta* J. KRAUSE in Rep. sp. n., Beih. XII., 410 (1922) gehört nicht zu dieser Art, sondern dürfte der *P. tatsienluënsis* TH. W. entsprechen.

P. leuconota DON. In steinigen Krautfluren, auf Wiesen und Matten, besonders in der Modermatte der ktp. bis in die Hg. und tp. St., 3500—4250 m. NW-Y.: Osthang des Unlüpe im Yülung-schan bei Lidjiang (4268). Hsiao-Niutschang und Da-Niutschang zwischen Bödö und Alo und überall an der Westseite des Gebirges Piepun se von Dschungdien. Im birm. Mons. bei der Alm Dotitong am Si-la (8900), am Nisselaka, im Tale Schidsaru, besonders massenhaft n des Schöndsu-la (s. KARSTEN u. SCHENCK, Vegetbild., 17. R., Taf. 46), unter dem Doker-la in der Mekong—Salwin-Kette, 28°—28° 12'. S.: Daörlbi halbwegs zwischen Yungning und Yenyüen (2955) und Tschahungnyotscha ober Ngaitschekou jenseits des Yalung n von hier (2635).

** ***P. turfosa*** HAND.-MZT. (Abb. 17, Nr. 3).

Sect. *Gymnocarpae* TH. WOLF, subs. *Leptostylae* TH. W.

Radix demum crassa et deorsum ramosa, collo crasso, stipularum basibus persistentibus albo-lanato, folia rosularia caulesque saepe permulta edens. Folia prostrata, ambitu lineari-obovata, usque ad 8 cm longa, exteriora pauca bijugo-, cetera usque ad 11 jugo et hic illic interrupte pinnata (imprimis sub pari ultimo saepe cum foliolis diminutis integris), rhachi tenui ut petiolus brevis supra late concava, accumbenti-villosula glabrescente; foliola summa obovato-subrectangularia, cetera ovata, rotundata, deorsum sensim ad infima minutissima decrescentia, marginibus vix contigua, terminale sequentibus haud maius brevi-petiolulatum, lateralia basi obliqua sessilia, maiora ad 12 mm longa et paulo angustiora, toto margine dentibus utrinque usque ad 7 vix ad tertiam laminae partem et infimis paulo profundius incisis, marginibus convexis, paulum prorsus apiculatis, supra subpenicillato-pilosis serrata, ceterum supra ubique laxe, subtus ad costam prominuam pilosa, serius glaberrima, crassiuscula, obscure viridia, nervis supra anguste insculptis subtus fuscis vix prominulis. Stipulae latae, ad 15 mm longae, ad dimidium petiolo adnatae, scariosae, brunneae, auriculis aliae acutis, aliae obtusissimis, maiores margine hic illic dente magno praeditae, dorso praesertim in nervo eiusque ramis 2 longe et persistenter albo sericeo-villosae. Caules prostrato-ascendentes, sub anthesi foliis breviores, sub fructu partim longiores, tenues, 1—2 folii, 1—4 flori, laxe sericei et inferne magis villosi. Folia caulina et bracteae parcipinnata et ternatae, stipulis magis herbaceis glabris purpurascentibus. Pedicelli usque ad 4 cm longi, infra medium bracteolis suboppositis simplicibus trilobis estipulatis praediti. Calyx 7 mm diametro, sepalis subaequilongis, interioribus 5 ovatis acutis, exterioribus ellipticis paulo angustioribus interdum bipartitis, his utrinque, illis extus ad nervos strigosis et his intus versus apices villosulis. Petala lutea (e nota ad vivum), obcordata, calyce sesquilongiora. Stamina 20, 1 mm longa, antheris parvis, didymo-globosis. Discus vix ullus. Receptaculum breviter sericeum. Ovaria saepe permulta; styli subbasales, crassiusculi, paulum claviculati, iis sesquilongiores. Nuculae $1^3/_4$ mm longae, praeter carinam leves.

NW-Y.: Moorige Stellen der ktp. St. des birm. Mons. in der Mekong—Salwin-Kette, auf Glimmerschiefer, bei der Alm Dotitong am Si-la, 28°, 3900 m, 16. VI. 1916 (8899, Typus) und auf dem Schöndsu-la, 28° 4′, 3600—3950 m, 23. IX. 1915 (8373).

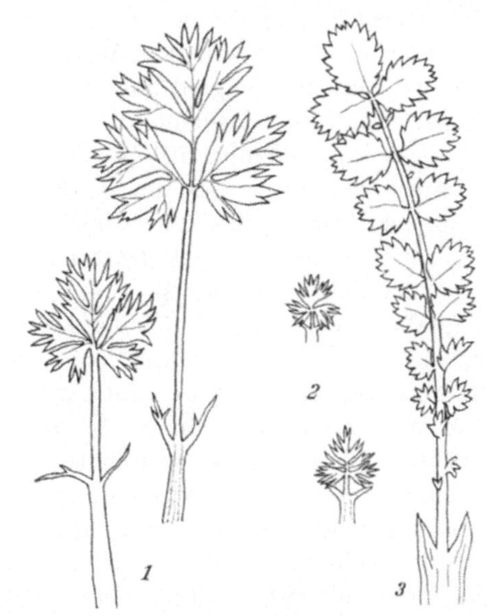

Abb. 17. Blätter von *Potentilla*. 1 *P. hypargyrea* HAND.-MZT. 2 *P. stromatodes* MELCH. (H.-M. 9967). 3 *P. turfosa* H.-M. (8899). Nat. Gr.

Proxima *P. microphyllae* DON var. *commutatae* HOOK. f., quae ut omnes huius speciei formae differt foliis non interrupte pinnatis, foliolis multo profundius et subradiato-incisis, nuculis rugosis et (excepta var. *glabriuscula* WALL.) indumento.

Da bei *microphylla*-Formen nicht annähernd so schwache Zähnung vorkommt, kann ich die Pflanze nicht für eine bloße Standortsform dieser halten.

* ***P. microphylla*** DON var. ***glabriuscula*** WALL. NW-Y.: In Schneetälchen der Hg. St. des birm. Mons. in der Mekong—Salwin-Kette auf Glimmerschiefer um den See Pongatong, 4. VIII. 1916 (9685) und im obersten Doyonlumba, 4175—4200 m, 28° 7′.

— — var. ***achilleifolia*** HOOK. f. NW-Y.: In derselben Kette an Kalkfelsen des Berges Maya, 28° 4′, 4050—4300 m, 3. VIII. 1916 (9629).

— — var. ***commutata*** (LEHM.) HOOK. f., Fl. Br. Ind., II., 353 (1878) (*P. commutata* LEHM., Nov. Stirp. Pug., III., 16 [1831]. — *P. microphylla* var. *latifolia* WALL. in LEHM., Mon. gen. Pot., Suppl., 6 [1835], nom. nud. TH. WOLF in Bibl. Bot., XVI., 683 [1908]). NW-Y.: Bei Lidjiang („Likiang"), VI.—IX. 1914—1916, v. E. (3943).

Sibbaldia L.

S. parviflora WILLD. (*Potentilla Sibbaldi* FRANCH., Plt. Delav., 210, non HALL. f.). NW-Y.: Schneetälchen und Bachgerölle der Hg. St. auf Granit, Schiefer und Kalk, 4000—4650 m. Yülung-schan bei Lidjiang, v. E. (3938). Westseite des Piepun se von Dschungdien (4721). Im birm. Mons. unter dem Doker-la an der tibetischen Grenze (8157) und am Hange des Gomba-la gegen den Paß Tsukue in der Salwin—Irrawadi-Kette, v. E. (9883).

Von *S. procumbens* L. durch die größeren und besonders breiteren Petalen konstant verschieden.

* ***S. perpusilloides*** (W. W. SM.) HAND.-MZT.

Syn.: *Potentilla perpusilloides* W. W. SM. in Rec. Bot. Surv. Ind., IV., 188 (1911). *Potentilla brachystemon* HAND.-MZT. in Sitzgsanz. Ak. W. W., LX., 184 (1923).

Surculis elongatis vagantibus ramosis tenuissimis lignescentibus cortice castaneo demum fusco desiliente tectis ad nodos vaginatis et radices singulas vel perpaucas longas emittentibus cespites laxos muscis intertextos formans. Folia ad apices ramulorum stipulis scariosis venosis brunneis ovatis 3 mm longis, his totis petiolo adnatis, illis apice obtuso liberis glabris vel margine longe ciliatis involutos conferta, minima, petiolis latiusculis persistentibus, glabris vel juvenilibus longe glanduloso-pilosis, 2—5 mm longis, ternata, crasse herbacea, atroviridia, glabra vel stricte longiciliata; foliola indistincte articulata, demum decidua, late obovata, 2—3,5 mm longa, subaequalia, rotundata, basi cuneata, lateralia deorsum dilatata brevissime, terminale saepe paulo longius petiolulata, grosse et saepe ad medium inciso 3—5- (lateralia etiam 2-)dentata, dentibus ovatis acutis. Flores singuli, terminales, subsessiles, hermaphroditi, pentameri. Calycis cupula planiuscula, extus laxe glanduloso-longivillosa; sepala interiora ovata, acuta, viridia, crassiuscula, apice indurata, reticulato-venosa, margine tantum setoso-ciliata, exteriora angustiora et tertia parte breviora ceterum aequalia, unum alterumve duplicatum. Petala late obovata, iis duplo longiora, 3—4 mm longa, rotundata, breviter unguiculata, alba, patula, decidua. Stamina 10 et pauciora (interdum 5), margine disci tenuis inserta; filamentum ½ mm longum, crassum, late ligulatum, ad apicem paululum attenuatum, connectivo ovato-triangulari crasso, anthera triangulari-orbiculari, quam filamentum paulo breviore. Ovaria c. 25 in receptaculo semigloboso, brevistipitata, stylis crassis basi paululum constrictis medio latere ortis paulum superata. Nuculae paucae evolutae, ellipsoideae, $1^1/_3$ mm longae, rotundatae, brunneae, opacae, stylo in tertio infero, demum deciduo.

NW-Y.: In der Hg. St. des birm. Mons. in der Salwin—Irrawadi-Kette im Rasen der Schneetälchen gegen den Paß Buschao hinter dem Gomba-la ober Tschamutong, Granit, 4050—4100 m, 10. VII. 1916 (9501).

Die Pflanze hatte ich auf Grund der von TH. WOLF zur Unterscheidung von *Potentilla* und *Sibbaldia* verwendeten Merkmale in die erste Gattung gestellt, wo ich allerdings keine nähere Verwandte fand. Die Beschreibung der SMITHschen Art ist kurz und beruht zum großen Teil auf Vergleich mit zwei in den Herbarien sehr seltenen Arten, so daß eine vollständige Beschreibung nicht überflüssig erscheint. Er ist (briefl. 5. V. 1931) der Ansicht, daß es sich nur um dieselbe Pflanze handeln kann, obwohl Vergleichsmaterial nur in Calcutta liegt. Über die Zuweisung zur Gattung *Sibbaldia* vgl. das unten Gesagte.

S. micropetala (D. DON) HAND.-MZT. in KARST. u. SCHENCK, Vegbild., 22. R., H. VIII., 6 (1932) (*Potentilla micropetala* D. DON, Prodr. Fl. Nepal, 231 [1825]. — *Sibbaldia potentilloides* CAMBESS. in Jacquem., Voy., IV., 54 [1844 ?]. — *Potentilla albifolia* WALL. in HOOK., Fl. Brit. Ind., II., 347 [1878]). In Heidewiesen, Waldlichtungen, steinigen Krautfluren der tp. bis in die Hg. und wtp. St., 2600—4100 m. Y.: Um Lidjiang, v. E. (3939). Hier am Osthang des Gipfels Unlüpe im Yülung-schan (4269), zwischen Ngulukö und Ganhaidse, auf dem

Passe ober Duinaoko und ober Gwanyilang am Wege nach Yungbei. Unter dem Passe Dsuningkou bei Dienso s von Hodjing. S des Passes Gwamaoschan zwischen Yungbei und Yungning und bei Sandjiaho s von hier (3199). S.: Dindjia-tsun am Lungdschu-schan bei Huili. Ober Hwangliangdse zwischen Yenyüen und dem Yalung, 27° 50′.

S. pentaphylla J. KRAUSE in Rep. sp. n., Beih. XII., 410 (1922). W-China, Felsen, 4550 m (WILSON, Veitch Exp. 3457: Herb. Kew).

Blüten ausgesprochen rötlich, sonst mit der Beschreibung völlig stimmend.

S. purpurea ROYLE. Matten und steinige Stellen der Hg. St., 4300 bis 4730 m. NW-Y.: Waha bei Yungning (7102). Osthang des Yülung-schan bei Lidjiang, 3400 m (?) (SCHNEIDER 3630). S.: Paß Döko und Berge Saganai und Gonschiga bei Muli.

** ***S. melinotricha*** HAND.-MZT. (Abb. 18).

Abb. 18. *Sibbaldia melinotricha* HAND.-MZT. $^2/_3$ nat. Gr.

Inferne patenter, superne magis accumbenti longe et sordide flavido strigoso-hirsuta. Rhizoma ad 1½ cm crassum, longum, radices longas robustas edens, petiolorum stipularumque residuis fuscis vestitum et partibus minus putrefactis strigoso-hirsutum, saepe breviter pluriceps, foliorum fasciculos saepe plures caulesque floriferos extrarosulares paucos edens, estolonosum. Folia ternata, foliolis sessilibus vel terminali brevissime petiolulato, late ellipticis, 13—25 mm longis, rotundatis, basi subrotundatis lateralibus obliquis, marginis horum interioris terminalisque parte inferiore integra, ceterum grosse serrata, dente terminali sequentibus multo minore, herbacea, subconcolori olivaceo-viridia, subtus crebrius quam supra et dentibus subpenicillato-pilosa; costa nervique utrinsecus c. 5 venularumque rete densum fusca et subtus prominua; petiolus gracilis, laminis 2—3^{plo} brevior; stipulae latae, petiolis longe breviusve adnatae, auriculis lanceolatis et triangulari-lanceolatis, 4—8 mm longis, acutis, hirsutae. Caules erecti, foliis ± aequilongi, medio vel altius unifolii, vel bifolii folio altero infra medium sito altero inflorescentiae approximato, foliis quam radicalia vix minoribus sed brevius petiolulatis, stipulis magnis late ovatis partim foliaceis et paucidentatis. Cyma densa, ad 6 flora, bracteis foliaceis summis tantum sensim subintegris quasi involucrata. Pedicelli ad 1 cm longi, tenues. Flores 5- et saepe 6meri, ☿. Calyx 6—6½ mm diametro, sepalis ovato-lanceolatis aequalibus vel exterioribus paulo angustioribus interdum fissis, crasse purpureo-apiculatis, intus glabris vel interioribus perparce villosulis. Petala atropurpurea, obcordato-orbicularia, 2½—3 mm diametro, vix unguiculata. Stamina 5—6, filamentis quam antherae globoso-didymae fuscae aequilongis vel paulo longioribus, crasse ligulato-subulatis, dorso planis. Discus latus crassusque, purpureus, late 5—6 lobatus. Receptaculum planum. Ovaria c. 20, stipitibus brevibus longe albo-strigosis, pilis autem non superata; stylus supra media vel altius insertus, nucula immatura paulo brevior, crassus, i. e. e parte basali brevi et angusta sensim incrassatus dein usque ad stigma haud incrassatum aequalis.

NW-Y.: Rasen der ktp. St. des birm. Mons. auf Glimmerschiefer und Granit, um 28°, 4050—4200 m, unter dem Passe Nisselaka gegen den Teich Tsuka in der Mekong—Salwin-Kette, 18. VI. 1916 (8964) und überall um die Pässe Buschao und Schualo in der Salwin—Irrawadi-Kette.

Florum colore cum praecedente tantum congruens, ceterum autem diversissima. Comparabilis forsitan cum *Potentilla pseudomicrantha* CARD., quae differt caulibus tenuibus bifloris aphyllis vel unifoliatis, petalis maioribus, albis (?).

Die Gattungszuweisung dieser Art macht noch größere Schwierigkeiten als jene der *S. perpusilloides* (s. oben). Nach den von TH. WOLF in Bibl. Bot., XVI., 15 verwendeten Merkmalen lassen sich die Gattungen *Sibbaldia* und *Potentilla* nicht auseinanderhalten, denn auch bei *Sibbaldia purpurea* und *micropetala* kommen mehr als 15 Früchtchen vor. Im Habitus entspricht *S. melinotricha* am ehesten den *Potentillen* aus der Gruppe *Fragariastum*; die vom Autor hierher gestellte *P. pseudomicrantha* hat auch kahle Früchtchen. Im Blütenbau stimmt die neue Art aber mit *Sibbaldia purpurea* fast völlig überein. Die Gattung *Sibbaldia* umfaßt aber im Habitus beinahe ebenso verschiedene Arten wie *Potentilla*. Anderseits zeigt keine ihrer Arten nähere Verwandtschaft mit einer bestimmten *Potentilla*-Art oder Gruppe, weshalb sie nicht als verarmte und teilweise zweihäusig gewordene Potentillen aufgefaßt werden können, was die kurzen, wenigstens am Grunde breiten Filamente, die bei keiner viel mehr als doppelte Länge der Antheren erreichen, nahelegen würden. *P. pentandra* ENGELM. hat besonders dünne Filamente, ebenfalls von mehr als doppelter Antherenlänge, die breiten Filamente von *P. micrantha* RAM. aber sind besonders lang. *Sibbaldia procumbens, parviflora, micropetala, perpusilloides* und *melinotricha* haben die einzelnen Früchtchen auf ansehnlichen, striegelhaarigen Stielchen, die wenigstens bei den beiden erstgenannten nach dem Abfallen der Früchtchen stehen bleiben. Bei *S. purpurea* fehlen sie aber vollständig, wie nach einigen Stichproben in der Gattung *Potentilla*. Hier könnte auch die Verwandtschaft von *S. purpurea* nur bei den *Fragariastra* gesucht werden, wo sie äußerlich mit *P. alba* L. verglichen werden kann, nicht aber im Blütenbau. Der Pollen von *P. melinotricha* ist fertil, und nach Vorkommen und Merkmalen liegt kein Verdacht hybrider Abstammung vor.

Coluria R. Br.

C. longifolia Maxim. (*C. elegans* Card., cfr. Evans in Not. R. B. Gard. Edinbgh., XVI., 134). NW-Y.: Bei Lidjiang, v. E. (3944). Hier an Kalkfelsen des Yülung-schan, 3600 m (Schneider 1959).

Geum L.

G. japonicum Thbg. var. ***chinense*** F. Bolle in Notizbl. Bot. Gart. Berl., XI., 210 (1931). Gräben, Gebüsche und Wälder der wtp. St. SW-H.: Yün-schan bei Wukang, häufig, 600—1400 m (12356). E-Kw.: Zwischen Liping und Gudschou. Um Duyün, 750 m (10685). NW-Y.: Im birm. Mons. im Doyon-lumba am Salwin, 28° 2', bis in die tp. St., 2475—3000 m (9602).

G. aleppicum Jacq. **var. *bipinnatum*** (Bat.) Bolle in sched. (*G. strictum* Ait. var. *b.* Bat. in Act. Hort. Petr., XIII., 93 [1893]). Gebüsche der wtp. und tp. St. auf Sandstein, 2675—3500 m. Y.: Hsinyingpan (3239) und Dschaoping (3340) zwischen Yungbei und Yungning. S.: Paß zwischen Yenyüen und Samuping.

Filipendula L.

F. vestita (Wall.) Maxim. in Act. Hort. Petr., VI., 248 (1879). NW-Y.: Sumpfwiesen der tp. St., auf Sandstein, 2700—3325 m. Bei Lidjiang, v. E. (3952). Hier über dem He-schui (4378). In der Nordwestecke der Ebene von Yungning. Haba, Alo und Paß Gitüdü se von Dschungdien. Basulo s von Weihsi.

Agrimonia L.

A. viscidula Bge. W-S.: Gebirge um Sungpan und im Min-Tal bis gegen Kwan-hsien herab (Weigold). Y.: Feuchte Gebüsche ober Houdjing e des Dsolin-ho, 2600 m (phot.). Dungtschwan, Matten der Berge, 2500 und 2600 m (Maire).

* ***A. zeylanica*** Moon in Hook., Fl. Brit. Ind., II., 362 (1878). Heidewiesen und buschige Hänge der wtp. bis an die tp. St., 2000—2900 m. Y.: Tschang-tschung-schan bei Yünnanfu (Schoch 138). Im NE auf Bergen bei Dungtschwan (Maire). S.: Unter Hungga am Westrande des Beckens von Yenyüen, 13. VI. 1914 (2902).

Die Pflanzen, mit sehr starker Behaarung, gerundeten Blättchen, großen Nebenblättern und dichten Ähren, stimmen sehr gut mit jenen aus Ceylon. Auch das mangelhafte Exemplar Griffith 2112 aus E-Bengalen scheint hierher zu gehören und die Verbreitungsgebiete zu verbinden.

Agrimonia ist häufig auf Matten und in Gebüschen in der angegebenen Höhenlage in Y.: N von Yünnanfu um Loheitang und Sanyingpan, im NW überall um Yungning, Haba se von Dschungdien, bei Tsedjrong am Mekong und im birm. Mons. überall um Bahan und im Doyon-lumba, um den 28°, in S.: Über dem Wolo-ho und bei Tschoso zwischen Yenyüen und Yungning, um Huili und im Djientschang. Kw.: Nganping, 1300 m. Wie sich diese Aufzeichnungen auf die beiden und vielleicht noch andere Arten verteilen, ist unklar.

Spenceria TRIMEN

S. ramalana TRIM. NW-Y.: Heidewiesen der tp. bis in die ktp. St., 2950 bis 3900 m. Gegen das Be-schui bei Lidjiang (4180). Unter der Lamase von Dschungdien. Hsiao-Dschungdien. Ober der Alm Guha und auf dem Passe Gitüdü ober Anangu e von hier.

Sanguisorba L.

S. officinalis L. (*S. longifolia* BERT. in Mem. Acad. Sci. Ist. Bologn., XII., 234 [1861]). Heidewiesen, trockene Buschwiesen, mesophile und Sumpfwiesen der str. bis in die tp. St. häufig. **Y.**: 1875—3325 m. Lung-schan bei Beyendjing (TEN 1449). Auf dem Sattel zwischen Dalu und Weischa e von Yungbei. Im NW um Yungning und Santsun s von hier, um Lidjiang, v. E. (3962), hier gegen das Be-schui (4209) und bis in das befeuchtete Sandfeld des alten Moränenzirkus Saba, Yüno jenseits Ndaku; zwischen Niugai und Djientschwan, Daidsedien am direkten Wege von hier nach Weihsi. Im NE bei Dungtschwan (MAIRE; distr. BONATI 6282). **S.**: Schamenkou (5433) und Hwapolu bei Yenyüen. Huili. Im NW um Sungpan (WEIGOLD). **Kw.**: E von Nganping, 1200 m (SCHOCH 419). **H.**: 150—1000 m. Zwischen Yungdschou und Hwamipu (11325) und überall gegen Wukang. Massenhaft um Hsikwangschan. **Ki.**: Sudschou (LIMPRICHT 240 als *S. tenuifolia* FISCH.).

Es lag nahe, zu untersuchen, ob bei dieser bemerkenswert eurytopen Pflanze besonders für die Exemplare von trockeneren Standorten, als bei uns üblich sind, nicht *S. longifolia* BERT. in Betracht kommt, die HOOKER, Fl. Brit. Ind., II., 363 ausführlich beschreibt, ohne aber Unterschiede gegenüber *S. officinalis* anzugeben. Die von BERTOLONI angegebenen (6 Blättchenpaare, viel längere, am Grunde nicht herzförmige Blättchen und zylindrische Ähre) halten aber nicht stand, denn unser *longifolia*-Original zeigt auch 4paarige Blättchen, europäische Pflanzen aber bis 8paarige, die auch hier bis über 3mal und an oberen Stengelblättern bis 4½mal so lang als breit werden und oft nur gestutzten und an diesen selbst spitzen Grund besitzen, während auch das *longifolia*-Original ihn fast herzförmig-gestutzt zeigt.

S. filiformis (HOOK. f.) HAND.-MZT. (*Poterium filiforme* HOOK. f., Fl. Brit. Ind., II., 362 [1878]). Nasse Wiesen, Moorstellen und Quellsümpfe der tp. bis an die wtp. und ktp. St., 2600—4050 m. NW-**Y.**: Bei Lidjiang, von Einheimischen (3963). Hier bei Ngulukö und Ganhaidse. Bei Dawan gegen Yungbei. S des Sattels Gwamaoschan am Wege von hier nach Yungning. Mutö und Santsun hier. Paß Litiping bei Weihsi. Baoschi und um den Paß Schulakadsa e von Dschungdien. **S.**: Paß Tschescha s von Muli. Um den See von Yungning. Rücken zwischen Fumadi und Bitji ober dem Wolo-ho am Wege von hier nach Yenyüen (3059). Paß Schao-schan se von Ningyüen (1361). Im Lolo-Lande e von hier auf dem Dsiliba und hinab bis Lanba (1533) und auf dem Sattel e Sikwai.

Rosa L.

R. cathayensis (REHD. et WILS.) BAIL., Gent. herb., I., 30 (1920) (*R. multiflora* THBG. var. *cathayensis* REHD. et WILS. in Plt. Wils., II., 304 [1915]). Gebüsche, Rasenhänge und an Bächen der str. bis in die wtp. St. **Ki.-F.**-Grenze:

Dunghwa-schan zwischen Schitscheng und Ninghwa (Plt. sin. 340). W-Ki.: Um Pinghsiang (Plt. sin. 176). H.: 50 bis über 400 m. Bei Tschangscha gegen Schaotangho (11703). Von Lantien bis zum Fuße der Berge von Hsinhwa häufig (11796). Yün-schan bei Wukang (Plt. sin. 62). Kw.: Nganschun (CAVALERIE 3806). S.: Bei Ningyüen gegen Dahsintschang (1776). Y.: In der Ebene von Yünnanfu, 1950 m (SCHOCH 31). Am Abstieg gegen Yiliang.

Die spezifische Abtrennung von *R. multiflora* halte ich für wohlbegründet.

R. Brunonii LINDL. NW-Y.: Waldschluchten der wtp. bis in die str. St. auf Sandstein und kristallinischen Gesteinen, 1900—2800 m. Unter Schuba in der Yangtse—Mekong-Kette, 27° 45′ (8821). Unter Lotonda an diesem, 27° 39′ (7944). Viel im birm. Mons. um Bahan im Salwin-Tale, 27° 58′.

R. glomerata REHD. et WILS. in Plt. Wils., II., 309 (1915). NW-Y.: In der tp. St. ober Djingutang am direkten Wege von Weihsi nach Djientschwan, Sandstein, 2900 m (10036).

R. Gentiliana LÉVL. et VANT. H.: Gebüsche und Heidewiesen der str. bis an die wtp. St., auf Sandstein und Tonschiefer, 50—700 m. Von Tschangscha zerstreut bis Daloping im Bezirke Ninghsiang (11714). Um Hsikwangschan bei Hsinhwa. Im SW auf dem Yün-schan bei Wukang (Plt. sin. 61).

— — ** f. ***puberula*** HAND.-MZT.

Foliola subtus et rhachis puberula, illa distinctius reticulata.

W-Ki.: Um das Kohlenbergwerk Pinghsiang, c. 600 m, Frühjahr 1920, leg. WANG-TE-HUI (Plt. sin. 149).

Blättchen auch an meinen Exemplaren der Art stets 5, in Breite variierend. Plt. sin. 61 stimmt am besten mit WILLMOTTS Abbildung, doch sind die Nebenblätter an keinem drüsenwimperig, wie sie sie abbildet, sondern nur mit der einen oder anderen kurzgestielten Drüse und mit Wimperhaaren besetzt. Daher wäre *R. cerasocarpa* ROLFE zu vergleichen, die aber der *longicuspis* ähnliche, fast lederige Blättchen haben soll, was hier nicht zutrifft. Auch Nr. 61 hat die Blattspindeln teilweise behaart, aber die Blättchen kahl.

R. lucens ROLFE in Kew Bull. 1916, 34 (*R. longicuspis* REHD. et WILS. in Plt. Wils., II., 313 [1915]. BYHOUWER in Journ. Arn. Arb., X., 88 [1929]; non BERT., cfr. CARDOT in Bull. Mus. Par., XXIII., 119, 120 [1918]). Hecken und Gebüsche, gerne an Bächen in der str. und wtp. (bis an die tp.?) St., 1450 bis 2750 (—3000?) m. Y.: Überall um Yünnanfu, auch im *Keteleeria*-Walde beim Tempel Djindien-se (103). N von hier häufig von Butji bis Sangtang (1988). Ebenso um Fumin nw von hier. An der Straße nach Dali um Tschuhsiung und häufig zwischen Schadschou und Lüho (8584), auch bei Yünnanyi. N von dieser bei Hsiaoschidschou, Mitien, Biendjio und Hwangdjiaping. Zwischen Dali und Langtjiung und weiter n um Gwanschan. Viel um Hsiangschuiho, Hodjing und Lidjiang. Ober Yüno jenseits Ndaku. Sehr häufig vom Passe Gwamaoschan bis unter Baodu am Wege von Yungbei nach Yungning. In der NW-Ecke des Beckens hier. Ostseite des Litiping e von Weihsi (FORREST 13875). S.: Ober Muli. Unter Yiwanschui halbwegs zwischen Yungning und Yenyüen. Häufig von Kwapi bis Datjiaoku n von Yenyüen (2756). Zwischen Wali und Molien (SCHNEIDER 4087). Dötschang (1150), Djiuba-se ober Hohsi und häufig um Ningyüen (1312) im Djientschang.

An meiner Nr. 1150 sowie SCHNEIDER 4087 ist die Griffelsäule ganz kahl. Einige der Notizen beziehen sich vielleicht auf *R. Soulieana.*

R. Soulieana CRÉP. Gebüsche, Hecken und offene Wälder der wtp. bis in die str. St., 1920—2750 m. **S.**: Ober Otang bei Kwapi n von Yenyüen (2744). Unter Fumadi am Wolo-ho zwischen Yenyüen und Yungning (3014). NW-**Y.**: Häufig in der Ebene von Lidjiang („Likiang“) (6626). Balo am Yangtse w von dort (8787).

Mit Ausnahme von Nr. 2744 entsprechen alle meine Pflanzen der Charakteristik CARDOTS, nach der die Blütenstiele — und auch die Kelche! — meist drüsig sind, wie auch REHDER u. WILSON in Plt. Wils., II., 314 für FORREST 2370 bemerken. FORRESTS Nr. 13837 und meine 2744 haben die von CARDOT beschriebene Blattform der DELAVAYschen Pflanzen. 6626 hat gefüllte Blüten.

R. microcarpa LINDL. (*R. Limprichtii* PAX et HFFM. in Rep. sp. n., Beih., XII., 413 [1922], e typo). In besonnten Gebüschen der str. und wtp. St. W-**Ki.**: Pinghsiang, c. 600 m (Plt. sin. 181). **H.**: Gemein von Tschangscha bis Hsikwangschan, 50—700 m (11961). Ebenso zwischen Wukang und Linling (Yungdschou). **Kw.**: Zwischen Sandjio und Guiyang überall gemein, ebenso zwischen Nganschun und Nganping, 1300—1400 m (10447). Pinfa (CAVALERIE 8131). NE-**Y.**: Im mittelchin. Fl. bei Dschenfungschan, 750 m (MAIRE).

R. Banksiae AIT. NW-**Y.**: Im Mekong-Tale zwischen 27° 30′ und 28° 20′, 1900—2200 m (GEBAUER).

— — var. ***normalis*** REG. Gebüsche und Hecken der wtp. St. **Y.**: 1800 bis 2100 m. Um Yünnanfu (SCHOCH 29; CAVALERIE 4687). Hier auf dem Hsischan (336). An der Straße von hier nach Dali gemein zwischen Tsaopu und Laoyagwan, zwischen Schadschou und Lüho (8583) und um Yünnanyi. N von ihr ebenso um Dingyüen und Dayao (6229). Sunggwe s von Hodjing. **Kw.**: (CAVALERIE 7322). Nganschun (C. 3943).

An meiner Nr. 6229 haben einige Kelchzipfel genau dieselben Fiedern wie *R. microcarpa*, die BYHOUWER aus Yünnan nicht angibt. Die Blütenstände stehen an den Enden längerer Zweige und sind mehrfach zusammengesetzt, aber aus reinen Dolden, nur hier und da mit einem entfernteren Blütenstiel. Von *R. microcarpa* unterscheiden sich die Pflanzen auch durch die genau elliptischen Blättchen, während sie bei jener eiförmig-elliptisch oder lanzettlich-elliptisch, an der Spitze immer länger verschmälert als am Grunde sind.

R. laevigata MICHX. Steppen, Buschwiesen und Gebüsche der str. bis in die wtp. St., 30—1100 m. W-**Ki.**: Um Pinghsiang (Plt. sin. 127). **H.**: Gemein um Tschangscha (11671) und Hsikwangschan. Yün-schan bei Wukang (Plt. sin. 80). **Kw.**: Von Liping über Sandjio, Duyün bis Guiding („Kweiting“) überall. Nur mehr spärlich bei Lungli (10608).

R. bracteata WENDL. SW-**H.**: In Gebüschen der str. St. um Wukang, Kalk, 300—360 m (12000), auch auf einer Mauer am Wege von hier gegen Dsingdschou (11098).

R. Roxburghii TRATT. f. ***normalis*** REHD. et WILS. in Plt. Wils., II., 319 (1915). In trockenen Gebüschen, auch an Kanälen in der str. bis in die wtp. St. SW-**H.**: Bei Wukang gegen Dsingdschou, 350 m (11094). SW-**Kw.**: Häufig um Hwangtsaoba, 1300—1800 m (10247). **S.**: Im Djientschang („Kientschang“) bei Dötschang (SCHNEIDER 719) und um Ningyüen gegen Dahsintschang (1774) und zwischen dem See und Hsitji (1308), 1650 m. Nantschwan (Bock u. Rosthorn 1126). Kui (Wilson, Veitch Exp. 1071). W-Hubei (W., V. E. 2723).

R. chinensis Jacq. **Y.**: Beyendjing, in Wäldern (Ten 31, 233). Im NW im Mekong-Tale am 27° 35′ (Gebauer).

R. odorata Sweet. In der wtp. St. **Y.**: Hecken und Wegränder in der Ebene von Yünnanfu, 1900 m (Schoch 30). **S.**: Gepflanzt bei Dawanying nächst Huili, in die höchsten Baumwipfel kletternd, 2200 m (1031).

— — **var. *gigantea*** (Coll.) Rehd. et Wils. in Plt. Wils., II., 338 (1915). **Y.**: Hecken und Gebüsche der wtp. St., 1800—2300 m. Zerstreut am Fuße des Hsi-schan bei Yünnanfu (6077). An der Straße von hier nach Dali zwischen Tsaopu und Laoyagwan, um Schadschou und Yünnanyi, ober Hsiaoschao bei Dschaodschou s des Sees von Dali (Talifu) (8562). Jenseits Fumin nw von Yünnanfu. Im E bei Huidjischao e von Yiliang.

R. Davidii Crép. **var. *elongata*** Rehd. et Wils. in Plt. Wils., II., 323 (1915). **NW-Y.**: Gebüsche der tp. St. bei Schatiama zwischen Djinscha-djiang und Mekong, 27° 21′, Sandstein, 2850 m (7900).

R. Biondii Crép. **NW-S.**: Gebirge um Sungpan (Weigold).

Blattspindel dicht flaumig, sonst mit Rock 12730 völlig stimmend und mit keiner anderen.

? ***R. Sweginzowii*** Koehne. **NW-Y.**: Bei Lidjiang, v. E. (3955).

In den von Rehder u. Wilson im Schlüssel verwendeten Merkmalen entspricht die Pflanze dieser Art, ist aber einblütig, ohne Braktee. Zu den *Pimpinellifoliae* gehört sie aber sicher nicht. Die Blättchen sind unterseits außer einigen Haaren auf der Rippe kahl, aber mit reichlichen kräftigen Stieldrüsen besetzt, wie sie auch an Rockschen Exemplaren mehr oder weniger ausgebildet sind. Auch *R. sertata* ist ähnlich, bekommt in Forrests Nr. 21205 ebenso große Blättchen und drüsenborstige Blütenstiele, hat aber einfache Sägung, während hier jeder Zahn mit meist zwei sekundären drüsenspitzigen Zähnchen versehen ist.

R. Moyesii Hemsl. et Wils. **S.**: In Gebüschen an Bächen in der tp. bis in die wtp. St. um den Paß Sandao-schan zwischen Yenyüen und dem Yalung, Sandstein, 2500—3300 m (2203). **NW-Y.**: Um Lidjiang, v. E. (5088).

R. sertata Rolfe in Bot. Mag., CXXXIX, t. 8473 (1913). Buschwiesen der tp. und ktp. St., 2750—3950 m. **NW-Y.**: Häufig zwischen Boloti und Hsinyingpan am Wege von Yungbei nach Yungning (3292). Ober Duinaoko und ober Ngulukö bei Lidjiang. Bei Yungning unter dem nach Fongkou führenden Paß. **S.**: SW ober Muli und beim Lagerplatze Guyi am Wege nach Yungning. Gaitiu zwischen Yungning und Yenyüen.

Die Notizen wohl teilweise auf die vorige Art bezüglich.

R. multibracteata Hemsl. et Wils. **NW-Y.**: In der wtp. St. besonders in Föhrenwäldern im Tale unter Schuba in der Yangtse—Mekong-Kette, 27° 45′, 2250—2850 m (8826).

Dürfte der von Byhouwer in Journ. Arn. Arb., X., 101 hervorgehobenen Nr. 16383 Forrests entsprechen, denn die Griffel sind sehr kurz. Stimmt sonst mit der mir vorliegenden Nr. 16383 A gut überein, ist nur etwas größer und lockerer.

R. Pratti Hemsl. **NW-Y.**: In der Wiese der tp. St. auf dem Sattel Hungschischao se von Dschungdien, Schiefer, 3225 m (6970).

Entspricht der Charakteristik von REHDER u. WILSON in Plt. Wils., II., 329 u. 340, wobei allerdings der Schlüssel nach den vielen seither erschienenen Bemerkungen über manche Arten dieser Gruppe nicht mehr standhält. Die meisten Blättchen sind breiter als in der Originalabbildung, doch wie dort auffallend schwach gesägt.

R. omeiensis ROLFE. Gebüsche und Buschwiesen, auch in Tannenwäldern der tp. und ktp., selten in die wtp. St., 2250—4200 m, oft häufig. **Y.**: Gipfel des Dji-schan ne von Dali. Zwischen Yungbei und Yungning auf dem Passe Gwamaoschan und ober Piyi. Im NW um Lidjiang, v. E. (3954, 3957). Hier auf dem Yao-schan (6741), am Osthang des Gipfels Ünlüpe im Yülungschan und ober Tsasopie am Wege nach Yungning. Bei Dschungdien unter der Lamase und se von hier an der Westseite des Piepun, auf dem Passe Schulakadsa und zwischen Bödö und Alo. Im birm. Mons. in der Mekong—Salwin-Kette unter dem Doker-la und im obersten Doyon-lumba. Im NE häufig jenseits Datschutang am Wege nach Suifu (MELL). **S.**: Unter dem Passe Döko sw von Muli (7425), beim Lagerplatze Guyi und jenseits Lidjia-tsun s von hier. Daörlbi halbwegs zwischen Yungning und Yenyüen (2969). Kalaba (ob folgende?), Liuku-liangdse, um Kwapi und unter Molien (SCHNEIDER 4089) n von hier. Nach E über den Sandao-schan bis Dugungpu (2128) und auf dem Passe ober Niutschang. Ob diese noch auf dem Dsiliba im Daliang-schan e von Ningyüen?

R. Mairei LÉVL. In Gebüschen der wtp. St., auf Sandstein, 1900—2700 m. Sanyingpan, 26° (603) und zwischen Manganschan und Yüenmou, 25° 36′, nw von Yünnanfu. Djischingai bei Beyendjing und wohl auch diese bei Hanio e von Langtjiung.

— — var. ***plurijuga*** SCHNDR. in Bot. Gaz., LXIV., 74 (1917). **S.**: Massenhaft im Bachgerölle an der Nordseite des Passes Schaoschan se von Ningyüen, 2200—2600 m (1344) und wohl auch die var. bei Yaotschangpo e von hier. Bedjia-tsun auf der Hochebene von Yenyüen, 2700 m (2877).

Dichotomanthes KURZ.

D. tristaniaecarpa KURZ. **Y.**: Trockene Gebüsche und Buschwälder der wtp. St., 1800—2200 m, häufig gegen Fumin nw von Yünnanfu (6099), um Schayidjia e des Dsolin-ho (6176) und zwischen Alaodjing und Gwangdung an der Straße nach Dali (4872).

Prunus L.

P. conadenia KOEHNE in Plt. Wils., I., 197 (1912). Mischwälder und Gebüsche der tp. bis in die ktp. St. auf Sandstein, Tonschiefer und Granit, anscheinend seltener auf Kalk, 2700—4000 m. **S.**: Nordhang des Berges Dadjin ne von Yenyüen (2161). Zwischen Kwapi und Liuku (SCHNEIDER 1306), Südhang des Linbinkou und um Ngaitschekou jenseits des Yalung n von dort. Am Wege von Yenyüen nach Yungning von Duörlliangdse ab überall in der Höhe häufig. Se von hier (FORREST 21445). Um die Waldwiese Gumadi ober Muli (7435). **NW-Y.**: Ober Mudidjin s und unter dem Passe sw Yungning. Zwischen dem Heschui und Lukudsche n Lidjiang. Alo, Westseite des Gebirges Piepun und zwischen der Alm Oscha und dem Nguku-la auf dem Hochlande von Dschungdien.

Im birm. Mons. in der Mekong—Salwin-Kette im Tale von Tseku zum Si-la, am Londjre-la (FORREST 21610 als *P. discadenia*) und massenhaft unter dem Doker-la. Im Tjiontson-lumba in der Salwin—Irrawadi-Kette unter Tschamutong.

Einige der Notizen, besonders von Lidjiang nordostwärts, werden zu *P. latidentata* KOEHNE gehören.

** *P. patentipila* HAND.-MZT.

Subgen. *Cerasus* (L.) PERS., Sect. *Cremastosepalum* KOEHNE in Plt. Wils., I., 226 (1912), subsect. *Phyllocerasus* KOEHNE, l. c., 227.[1]

Frutex 5—13 m altus, vivus acide foetidus (e collectore), partibus omnibus prima juventute pilis spadiceis longis et crassis articulatis caducis indutus, ramulis tenuiusculis hornotinis ut racemi et petioli et nervi in foliorum bractearumque dorsis dense flavido-hirsutis, mox griseis et glabris. Gemmae perulis exterioribus late ovatis crustaceis spadiceis glabris diu persistentibus, interioribus subherbaceis obovatis c. 12 mm longis pilosis et margine crasse fimbriatis, caducis. Folia coëtanea, elliptica vel obovato-elliptica, matura ad 11 cm longa et vix duplo angustiora, acuminata, basi ambitu rotundata ipsa truncata vel minute cordata, toto margine dense et partim duplicato-dentata, dentibus late ovatis mucronatis et glandula crassa capitata vel depressa rufa terminatis, praeter indumentum supra descriptum utrinque $\pm$ dense strigillosa, herbacea, subconcolori-viridia, nervis utrinsecus c. 10 patentibus arcuatis subtus fulvidis et prominuis, venularum reti denso supra tenuiter impresso subtus atroviridi; petiolus 1—1,5 cm longus. Stipulae lanceolatae, herbaceae, 8 mm longae, pilosae et ciliis crassis glandulis cylindricis demum spadiceis terminatis fimbriatae, nonnullae persistentes. Racemi elongati, sub anthesi 5, demum 8 cm longi, ad 10 flori, bracteis ovatis, 1, demum 2 cm longis, acutis, omnino foliaceis. Pedicelli 4—7— sub fructu 20 mm longi. Calycis cupula angusta, 4 mm longa, intus glabra; lobi ovato-triangulares, $2\frac{1}{2}$ mm longi, longe ciliati et utrinque parce tantum pilosi, mox reflexi. Petala late elliptica, rotundata, integra, pallide rosea, ut stamina stylusque infra medium pilosus 6 mm longa. Drupa immatura 7 mm longa, putamine anguste ovoideo reticulato.

NW-Y.: Gebüsche an Bächen an der Westseite des Litiping bei Weihsi, 2700—3000 m, VI. 1921 (FORREST 19431 fr., Typus). Im birm. Mons. im Mischbusch und Wald am Londjre-la in der Mekong—Salwin-Kette, 28° 14′, 3030—3200 m, V. 1922 (FORREST 21602, bl.).

Species affinis *P. discadeniae* KOEHNE, indumento valde peculiaris. *P. crossotolepis* CARD. in Not. Syst., IV., 26 (1920) ramis glabris, foliis ovatis minoribus simpliciter pilosis, glandulis eorum minutissimis, petiolaribus praesentibus, racemis brevibus paucifloris differt.

***P.* sp.** e subsect. praecedentis, ser. *Macradenium* KOEHNE, l. c., 227. **H.**: Waldschluchten der wtp. St. bei Ngandjiapu nächst Hsikwangschan im Bezirke von Hsinhwa, Sandstein, 700 m (11790).

Junge Zweige kahl. Blattstiele borstig behaart, unter der Spitze mit 2 großen sitzenden Drüsen. Blätter doppelt gesägt mit ansehnlichen kugeligen Drüsen,

[1] incl. subsect. *Phyllomahaleb* KOEHNE, l. c., 226, teste STAPF in Bot. Mag., CLIII, t. 9192 (1927).

beiderseits ziemlich dicht kurzborstig behaart. Nebenblätter braun, halb-handförmig dreiteilig, der innere Zipfel lineal, die äußeren kürzer und breiter und wieder etwas gespalten, mit sitzenden großen kugeligen Drüsen. Stimmt mit keiner beschriebenen Art, liegt aber nur steril vor.

** **P. nubium** HAND.-MZT.

Subgen. *Cerasus*, sect. *Cremastosepalum*, ser. *Heterocalyx* KOEHNE, l. c., subs. *Lobopetalum* KOEHNE in Plt. Wils., I., 227 (1912).

Frutex (?), ramulis glabris, annotinis griseobrunneis crassiusculis lenticellis sparsis orbicularibus pallidis. Gemmae 5—10 mm longae, perulis imbricatis glabris exterioribus fuscis, mediis castaneis orbicularibus sub anthesi persistentibus, intimis obovatis subherbaceis partim ad medium trifidis margine glandulis oblongis fimbriatis. Folia in apicibus ramulorum necnon in gemmis sessilibus primum subcomata, ovata, juvenilia ad 4 cm longa et 2 cm lata, caudato-acuminata, basi rotundata, margine praeter caudam duplicato-serrata serraturis late ovatis glandula magna depressa pallida sessili terminatis, concoloria, utrinque dense et breviter albido-hirtella, nervis utrinsecus c. 12 obliquis antice procul a margine in binos caudam percurrentes arcuato-conjunctis, venarum reti tunc subtus valde prominuo; petioli ad 8 mm longi, hirtelli, glandulis magnis planis binis sessilibus sub apice vel altera basi folii insidente. Stipulae lineari-subulatae, c. 5 mm longae, herbaceae, hirtellae et margine glandulosae. Inflorescentiae e gemmis solitariis singulae, subumbellatae, pedunculis 0—6 mm longis, 2—5 florae, bracteis herbaceis 2—4 mm longis flabellatis praesertim antice pectinato-incisis fimbriis glanduliferis, totae tenuiter et breviter hirtellae. Pedicelli 1 cm longi, validiusculi. Flores coëtanei, albi (e collectore). Calycis intus glabri cupula campanulata, c. $3\frac{1}{2}$ mm longa, lobi anguste ovati ea paululo breviores, subacuti, mox patuli et partim recurvi. Petala late ovata, c. 8 mm diametro, apice biloba, sinu angusto ad $1\frac{1}{2}$ mm alto, lobis rotundatis. Stamina c. 30, valde inaequalia, longiora 5 mm longa, antheris flavidis. Stylus ea aequans, crassus, ut ovarium glaber. (Drupa ignota.)

SW-**II.**: Auf dem Yün-schan bei Wukang, Tonschiefer, zwischen 400 und 1420 m, IV. 1919, lg. WANG-TE-HUI (Plt. sin. 1).

Proxima videtur *P. scopulorum* KOEHNE, l. c., 241, quae differt indumento villoso sparsiore, sepalis reflexis, petalis maioribus.

Obwohl die Kelchzipfel nicht deutlich zurückgeschlagen sind, kann ich die Art nur hierher stellen, denn in der Sect. *Pseudocerasus* findet sie nirgends einen Anschluß. Es ist leider nicht bekannt, ob es sich um eine wilde Pflanze handelt; einzelne Blüten sind halb gefüllt.

? **P. rufoides** C. SCHNDR. SW-**II.**: Yün-schan bei Wukang, Tonschiefer, zwischen 400 und 1420 m (Plt. sin. 78).

Meine Pflanze befindet sich in Blüte, erst etwas im Abblühen, gleichzeitig mit dem Austreiben der jetzt 3 cm langen, noch zusammengeklappten Blätter, das Original in Frucht, mit schon dem Verwelken nahen Blättern. Es hat die Blattoberseite dichter behaart als meine Pflanze, was veränderlich sein kann, und die Drüsen der unteren Blattzähne sind etwas dünner als an meiner, was durch späteres Eintrocknen entstanden sein kann. Alles Vergleichbare stimmt sonst gut überein. Ich beschreibe die Blüten daher hier mit einem gewissen Vorbehalt.

Flores subcoëtanei, 1—3^{ni} subumbellati e gemmis saepe ad apices ramulorum farctis, perulis late obovatis, ad 8 mm longis, spadiceis, nitidis, interioribus subherbaceis, villosis et glandulosis, pedunculum brevem includentibus vel saepe patentibus. Bracteae flabellatae, ad 4 mm longae, herbaceae, strigosae, margine anteriore pectinato-fimbriato, fimbriis glandulis tenuibus cylindricis terminatis. Calycis extus substrigoso-hirsuti cupula late campanulata, c. 3 mm longa; lobi lanceolati, ad 5 mm longi, reflexi. Petala obovata, 12—15 mm longa, pallide rosea (e collectore), anguste rotundata, brevissime vel ad 2 mm bifida, sinu angusto interdum cum lobulo interposito. Stamina ultra 40, valde inaequilonga, longiora petala subaequantia, antheris pallidis. Ovarium glabrum, stylo illis longiore, inferne parcissime longipiloso.

P. Conradinae KOEHNE. **Y.**: Beyendjing, in Gärten (TEN 69); hier in Wäldern bei Lungdji (TEN 315, 341). Hierher wohl die in der wtp. St. des Hochlandes von hier nach E über Dingyüen häufige Kirsche.

Nr. 69 hat Infloreszenzen mit 1½ cm langer Achse und fächerförmigen, etwas häutigen Brakteen von 4 mm Länge. Die Infloreszenz von WILSON, Arn. Arb. Exp. 11 ist ebenso groß, aber die Brakteen sind kleiner und abfällig. FORRESTS Nr. 14808 ist aber TENS Pflanze schon ähnlicher.

— — var. ***trichogyna*** CARD. in Not. Syst., IV., 30 (1920). **Y.**: Im wtp. Mischwalde unter den Tempeln des Hsi-schan bei Yünnanfu, Kalk, 1950—2200 m (341).

— — var.? **Y.**: In der wtp. St. an Waldrändern zwischen Sangtang und Hsiao-Magai n von Yünnanfu, 1800—1900 m (SCHNEIDER 254). Beyendjing, in Wäldern bei Guti (TEN 293).

Infloreszenzen reichlich borstelig behaart, an SCHNEIDERS Pflanze die Blütenstiele kurz und Blüten sehr klein, sonst nur mit *P. Conradinae* stimmend, die sehr veränderlich scheint.

P. serrula FRANCH. **S.**: Im tp. Mischwalde um die Wiese Gumadi ober Muli, Tonschiefer, 3425 m (7434).

E planta florifera cl. FORRESTII 13814 sub nomine „*P. serrula* var.“ edita probabiliter cum typo congruente petioli juveniles brevissime albo-villosuli; stipulae lineares, ad 1 cm longae, submembranaceae, glanduloso-fimbriatae. Flores coëtanei, singuli vel bini, pedicellis 9—15 mm longis glabris vel in eodem ramo subtiliter hirtellis. Calycis glabri cupula anguste campanulata, 5 mm longa, sepala ovata, 3 mm longa, acuta, glanduloso-fimbriata, mox patula et recurva. Petala alba (e collectore), elliptica, 8 mm longa, rotundata, erosula, dorso inferne pilosa. Stamina c. 30, 1 cm longa, antheris flavis. Ovarium glabrum; stylus tenuis, 1½ cm longus, inferne villosus.

P. campanulata MAXIM. **H.**: Nur ein Baum unter *Liquidambar* unterhalb des großen Tempels im Walde des Yolu-schan bei Tschangscha, str. St., Sandstein, 150 m (11616).

Hier entschieden frühblütig, Blüten am 10. III. ohne jede Spur von Blättern, entwickelte Blätter am 13. IV. gesammelt.

P. latidentata KOEHNE in Plt. Wils., I., 217 (1912). Wälder und Gebüsche der tp. St. auf Sandstein, 3100—3350 m. **S.**: Um den Bach bei Lolokou im Daliang-schan e von Ningyüen (1482?, jung). Sandao-schan ne von Yenyüen (2216). Um Lidjiang, v. E. (3946).

** ***P. mugus***[1] HAND.-MZT. in Sitzgsanz. Ak. W. W., LX., 152 (1923).

Subgen. *Cerasus* (L.) PERS., sect. *Pseudocerasus* KOEHNE, subsect. *Ceraseoides* (SIEBD. et ZUCC.) KOEHNE in Plt. Wils., I., 257 (1912), ser. *Oxyodon* KOEHNE, l. c., 228.

Frutex prostrato-ascendens, vix 1 m (usque ad 1,5 m e FORREST) longus, ramis crassis vel crassiusculis strictis, multis diu abbreviatis perulis persistentibus fuscescentibus cinctis, cortice fuscocinereo. Ramuli hornotini et petioli superiores dense albido-strigillosi, annotini pilorum residuis asperi et lenticellis sparsis crassis instructi. Perulae exteriores coriaceae, late ovatae, glabrae, interiores membranaceae, brunneae, obovato-lanceolatae, usque ad 1,5 cm longae, apice saepe laceratae et marginibus breviter glanduloso-fimbriatae et intus grosse albo-strigosae. Folia obovata, 1,5—6,5 cm longa et longitudine vix quarta parte — fere duplo angustiora, acuta, basi obtusa usque subrotundata, toto margine incise duplicato-serrata, serraturis ± angustis paulum prorsus curvatis, glandulis purpureis, praeter infimas saepe globosas subulatis terminatis, primariis ± 1,5 mm longis, herbacea, dilute viridia, subtus pallidiora, supra et surculorum superiora etiam subtus breviter et sparse albo-strigosa; costa supra subplana, subtus prominua hic illic fulvescens; nervi utrinsecus 7—12 latiusculi subpatuli procul a margine arcuato-anastomosantes et venae densiuscule reticulatae in sicco utrinque prominuli et atrius colorati; petiolus 5—6 (—15) mm longus, supra profunde sulcatus. Stipulae filiformi-lineares, 5—20 mm longae, subscariosae, remote glanduloso-fimbriatae. Pedicelli singuli vel gemini, pedunculis nullis, ebracteati, glabri, 1,5—3 et sub fructu —4 cm longi, sursum paulum incrassati et deflexi. Flores coëtanei. Calycis extus glabri cupula anguste campanulata, 8—10 mm longa, basi acuta, purpurascens; lobi oblongo-ovati, 2—3 mm longi, acuti vel obtusi, glanduloso-fimbriati, glabri vel intus albo-strigosi demum patentes. Petala alba vel rosea, suberecta, suborbicularia 6—10 mm diametro, antice erosula. Stamina c. 30, sepalis subduplo longiora, antheris pallidis. Ovarium et stylus crassus petala aequans glabra. Drupa 9 mm longa, acutiuscula, atrorubra, putamine sublongitudinaliter paucicostato (e FORREST 22875).

Krummholz bildend in der ktp. und Hg. St. des birm. Mons. auf Glimmerschiefer, 3700—4075 m. NW-Y.: In der Salwin—Irrawadi-Kette beiderseits des Passes Tschiangschel, 27° 52', 4. VII. 1916 (9289, Typus, s. KARSTEN u. SCHENCK, Vegetbild., 17 R., Taf. 43 [*Cerasus mugus* H.-M.)], beim See Tsukue hinter dem Gomba-la ober Tschamutong (9537), in dieser Gegend[2] (FORREST 21804, 22875) und weiter nördlich (F. 20238). Ober-Birma: Unter Gebüsch an felsigen Hängen in Seitentälern der Westseite der Nmaika—Salwin-Kette, 26° 24', 3400 bis 3700 m (F. 26861, 27285).

Species proximae *P. latidentata* KOEHNE et *trichostoma* KOEHNE, l. c., 216 differunt crescendi modo, petiolis pro foliis longioribus, his longioribus acuminatis, laminis subtus partim longipilosis, involucris deciduis, floribus praecocioribus, petalis subintegris, drupis maioribus.

---

[1] Habitu *Pini mugi (montanae)*, ex italico male intellecto saepe „*mughus*" scriptae.

[2] FORREST gibt für diese Nummer: „Tsarong, SE. Tibet", w. of Chamatong, 28° 18'". Tschamutong liegt am 28° 2' 30", und die Gegend westlich von dort gehört nicht zu Tibet. Seine Breitenangaben sind, wo sie mit Fundortsangaben verbunden sind, immer höher als in den vorliegenden Karten.

Nach der Beschreibung wäre es nicht ausgeschlossen, daß *P. latidentata* var. *Soulieana* CARD. in Not. Syst., IV., 31 (1920) dieselbe Pflanze darstellt, doch ist über den Wuchs nichts gesagt und sah ich *P. mugus* in der Mekong—Salwin-Kette nicht; auf dem Tschranalaka, dort kommt sie sicher nicht vor.

** ***P. crataegifolia*** HAND.-MZT. in Sitzgsanz. Ak. W. W., LX., 153 (1923). (Abb. 19).

Ser. praecedentis.

Frutex procumbenti-ascendens, usque ad 2 m altus, ramosissimus, ramulis crassis vel crassiusculis, multis diu abbreviatis dense gibberosis, cortice laxo fuscocinereo. Ramuli hornotini brunneo-corticati et saepe petioli setulis incurvis albidis induti, illi annotini pilorum residuis asperi, lenticellis grossis parcissimis. Gemmae fusiformes, 4 mm longae, glabrae, perulis spadiceis ab exterioribus crustaceis late ovatis obtusis ad interiores lanceolatas demum 1 cm longas brunneo-membranaceas, glanduloso-fimbriatas accrescentibus, sub anthesi deciduis. Folia latissime vel anguste, interdum obovato-, elliptica, 2—8 cm longa, longitudine $1\frac{1}{2}$—$2\frac{1}{2}^{plo}$ angustiora, acuta usque longe acuminata, basi cuneata, raro subrotundata, toto margine, imprimis autem antice, lobulata vel lobata, sinubus angustis ad $^1/_6$ — hic illic ultra $\frac{1}{2}$ utriusque lateris penetrantibus, lobis rotundatis usque acutissimis, duplicatim inciso-dentatis, dentibus paulum pronis glandulis purpureis subulatis crassiusculis terminatis, membranacea, saturate viridia, subtus paulo pallidiora, supra permanenter, subtus raro prima juventute setulis brevissimis albis praesertim in nervis asperula; costa supra angustissime sulcata, subtus prominula pallida; nervi utrinsecus 7—13 tenues patentes in lobos excurrentes ramis conjuncti et venae dense reticulatae in sicco utrinque prominuli; petiolus 4—9 mm longus, gracilis, purpurascens, supra anguste canaliculatus, glandulis binis sessilibus magnis annulatis plerumque autem laminae basi insidentibus. Stipulae filiformi-lineares, brunneae, 6—7 mm longae, glandulis subulatis remote longifimbriatae. Flores singuli vel gemini, pedunculo nullo, bracteis perulis interioribus similibus, pedicellis sub anthesi patentibus vel reflexis 5—15 mm, sub fructu erectis ad 35 mm longis, tenuibus, glabris. Flores coëtanei. Calycis cupula breviuscule campanulata 6—7 mm longa, basi turbinata, glabra, purpurascens; sepala late ovata, 2 mm longa, acutiuscula, venosa, ad margines submembranacea, glanduloso-denticulata, glabra vel intus albo longipilosa, erectopatentia. Petala alba vel basi rosea, erectopatula, obcordato-orbicularia, 6 mm diametro, eroso-denticulata. Stamina c. 30, sepalis plus duplo longiora, antheris pallidis. Ovarium et stylus crassius-

Abb. 19. *Prunus crataegifolia* HAND.-MZT. 1—4 fruchtend (8423), 5—7 blühend (8940) ½ nat. Gr.

culus petala subaequans glabra. Drupa globosa, 7 mm diametro, rubra, sapore acidissimo; putamen globosum, costis paucis, crassis, reticulatis.

NW-Y.: Tannenwälder oft zwischen Bambus, in der ktp. St. und als letzter Busch in der Hg. St. auf Schiefern, 3600—4225 m. Paß Lenago zwischen Djinscha-djiang und Mekong, 27° 45′, 7. VI. 1916 (8836). Im birm. Mons. in der Mekong—Salwin-Kette auf dem Si-la (8940) und beiderseits des Nisselaka, 28. IX. 1915 (8423, Typus), 28°, am Pongatong und Tongong, 28° 9′, und am Kakerbo, 28° 25′ (FORREST 14215 als *P. latidentata*).

Species foliis incisissimis peculiaris, affinis autem praecedenti.

P. sect. *Cerasus* **sp.** SW-**H.**: Im wtp. Laubhochwalde des Yün-schan bei Wukang im obersten Teile des ne des Tempels Gwanyin-go herabführenden Grabens, 1150 m (11212).

Steril, nach meiner Notiz eine Kirsche und keine *Padus*; auf ihm wächst *Sorbus caloneura*.

P. tomentosa THBG. Gebüsche und Buschwälder der str. und wtp. St. auf Sandstein, Phyllit und kristallinischen Gesteinen, 1500—2800 m. **Y.**: Unter Beyendjing. Baodu halbwegs zwischen Yungbei und Yungning (SCHNEIDER 1656). Kwapi (SCHN. 1314). Im NW zerstreut zwischen Djitsung und Bölo am Djinscha-djiang nw von Lidjiang (8805). Unter Schuba von dort gegen den Mekong (8819). An diesem unter Lotonda, 27° 39′ (7943). Im NE bei Belung-djing, 3000 (?) m (MAIRE ex Arb. Arn. 493). **S.**: Unter Muli (7387).

Alle diese Pflanzen sind steril oder im Fruchtzustande, MAIRES aber ganz wenig entwickelt, so daß sich die Varietät nicht bestimmen läßt.

— — var. *Souliei* KOEHNE in Plt. Wils., I., 269 (1912). **Y.**: Beyendjing, in Wäldern bei Guti (TEN 318). **S.**: Muli (FORREST 16262, Mittelstellung gegen var. *Kashkarowii* KOEHNE, l. c., einnehmend).

P. mira KOEHNE in Plt. Wils., I., 272 (1912). Laubwälder und Gebüsche der wtp. und tp. St. auf Kalk, Tonschiefer und Granit, 2150—3000 m. **S.**: An Bächen bei Bakuwe nächst Kwapi (2496). Von Woloho bis Fumadi zwischen Yenyüen und Yungning (3006). Ober Sili s Muli. **Y.**: Zwischen Yungning und Yungbei bei Möga nächst Hsinyingpan und am Bache bei Mudidjing. Im NW bei Meidsiping am Wege von Lidjiang nach Dschungdien. Ober Ronscha gegen Schuba in der Yangdse—Mekong-Kette. Ober Londjre am Wege zum Doker-la an der Grenze von Tibet (8062).

Die reifen Früchte (8062) haben reichlich Fleisch. Einige der Notizen könnten zur folgenden gehören.

P. Persica (L.) BATSCH. **Y.**: In der wtp. St. in Hecken zwischen Sangtang und Hsiao-Magai n von Yünnanfu (SCHNEIDER 242). Überall gepflanzt am Fuße der Berge um die Ebene von Yünnanfu, 1800—2000 m, besonders ober Tscheng-gung, Ende Februar in voller Blüte. Beyendjing (TEN in hb. Kopenhagen). Im Salwin-Tale bei Dschengga (GEBAUER). Im NW bei Ladsagu am Djinscha-djang nw von Lidjiang (phot.). Im S in tr. offenen Wäldern und Bambusbeständen flußaufwärts gegenüber Manhao, 200 m, wohl verwildert (5894). **S.**: In feuchten Gebüschen der wtp. St. ober Datscho jenseits des Yalung n von Yenyüen, 28° 10′, auf Schiefer, 2400—2800 m (2596) und im Tale s von Linkan am Houdse-ngai bei Dötschang, Sandstein, 2600 m (1207). Im S bei Nantschwan (BOCK u. ROSTHORN 172, als *P. Davidiana* FRANCH.). **Kw.**: Viel gepflanzt im SW bei

Hwangtsaoba. H.: Gebüsche der wtp. St. jenseits des Sattels Duschu-ling am Wege von Hsikwangschan nach Hsinhwa, Kalk, 650 m (11934).

Auch die offenbar spontanen Pflanzen Nr. 2596 und 11934 zeigen spitzen Blattgrund, unterseits fast kahle Rippe und stark skulpturierte Kernschale, also alle Unterschiede gegenüber *P. mira*. *P. Davidiana* FRANCH. unterscheidet sich leicht durch die spitzen Blattzähne, wenn auch die Stiellänge veränderlich ist; sie lag mir nur aus Nord-China vor.

** ***P. staminata*** HAND.-MZT.

Subgen. *Prunophora* (NECK.) FOCKE, sect. *Euprunus* KOEHNE.

Frutex magnus, ramis divaricatis inermibus, junioribus castaneis nitidis, cum perulis et pedicellis nonnullis brevissime et tenuissime hirtellis, vetustis crassis spadiceis glabris lenticellis minutis transverse ellipticis ochraceis. Gemmae ternae, interdum 4^{nae}, media foliifera saepe abortiva laterales floriferae, in apice ramulorum saepe ternae foliiferae, crassae, 3 mm longae, perulis imbricatis exterioribus late ovatis coriaceis spadiceis, interioribus sensim submembranaceis oblongis $\pm$ trifidis margine sessili-glandulosis, sub anthesi sensim deciduis. Folia vernatione convoluta, sub anthesi vix expansa vix $1\frac{1}{2}$ cm longa, oblonga, rotundata, basi sensim attenuata sessilia, toto margine crenulata crenis nonnullis glanduloso-apiculatis, atroviridia, basi albo-villosula, nervis lateralibus perpaucis obliquis. Stipulae lineares, ad 4 mm longae, brunneae, parce glandulosae. Flores subpraecoces, in umbellis sessilibus 1—3^{ni}, glabri, albi (e nota ad vivum). Pedicelli tenues, 4—5 mm longi. Calycis cupula turbinata, $2\frac{1}{2}$ mm longa, 3 mm lata, lobi late ovati, $1\frac{1}{2}$ mm longi, obtusi, virides, erecti, margine sessili-glandulosi. Petala patula, ex ungue brevi et angusto obovata, 4—5 mm longa, rotundata, integra. Stamina c. 30, valde inaequalia, longiora c. 7 mm longa, antheris ochraceis. Stylus c. $3^1/_2$ mm longus.

Y.: Gebüsche der wtp. St. im Becken Hsiaodsang und am südlichen Hange desselben jenseits des Puduho n von Yünnanfu, 25° 40′, Sandstein, 1750—1900 m, 11. III. 1914 (548).

E descriptione proxima *P. thibeticae* FRANCH., quae differt ramis erectis, foliis juvenilibus subtus secus nervum pilosis, stipulis pectinato-fimbriatis, pedicellis multo longioribus glabris, petalis minoribus (?, e FRANCHET vix 3 mm, e KOEHNE ad 4,5 mm longis). *P. salicina* LINDL. jam dimensionibus multo maioribus staminibusque quam petala brevioribus longius distat, eius var. *spinifera* (KOEHNE) HAND.-MZT. (*P. triflora* var. *sp.* KOEHNE in Rep. sp.. n., XI., 266 [1912]) autem comparetur, quamvis folia multinervia etc.

P. salicina LINDL. (*P. triflora* ROXB.). Gebüsche und Wälder, auch eingestreut an Rasenhängen von der str. bis in die tp. St. auf Sandstein. Y.: Zwischen Hoschaodien und Tjientschanggwan w des Dsolin-ho häufig, 2000 bis 2250 m (6210). Lungdji bei Beyendjing (TEN 343). Im NW um Lidjiang, v. E. (3947). Im NE bei Taipu, 2600 m (MAIRE ex Arb. Arn. 202). H.: 50—650 m. Hinter der Stadt Tschangscha (12805). Ngandjiapu (11788) und jenseits des Sattels Duschu-ling (11923) bei Hsikwangschan.

— — var. ***pubipes*** (KOEHNE) HAND.-MZT. (*P. triflora* var. *p.* KOEHNE in Plt. Wils., I., 280 [1912]. — *P. t.* var. *pubescens* CARD. in Not. Syst., IV., 33 [1923]). In der wtp. St. Y.: Um Hsinlung n von Yünnanfu, 2000 m (SCHNEIDER 315). S.: Gebüsche auf Sandstein ober Sikwai gegen den Soso-liangdse im Lolo-

Lande, 2400 m (1741) und wohl auch diese auf dem Sattel ober Mundsalu dort. In der tp. St. unter Hwangliangdse n von Yenyüen, Tonschiefer, 3025 m (phot., ob die var.?).

Die von mir gesehenen Früchte waren alle schlehenfarbig.

P. Simonii CARR. **H.**: Gebüsche und grasige Hänge der str. St. um Tschangscha, Sandstein, 50—250 m. Gegen den Liuyang-ho (11604), bei der Schule am Yolu-schan (11557), und am Gu-schan (11624). **W-Y.**: Tengyüe, gepflanzt (FORREST 21086 als *P. triflora* [sphalm. „*triloba*"]). Kwangtung: Lofou-schan, im Gehölz (Ho 60116).

Ganz niedrige Sträuchlein, nur blühend, teilweise gefüllt, mit Blättern, die in der Nervatur KOEHNES und SCHNEIDERS Charakteristik entsprechen.

P. Mume SIEBD. et ZUCC. **var. *pallescens*** FRANCH., Plt. Del., 197 (1890). Gebüsche der wtp. bis in die str. St., 1500—2800 m. **Y.**: Häufig auf dem Plateauland von Yünnanfu nördlich zwischen Hsiangtang und Hsiao-Magai (SCHNEIDER 251) und weiter bis zum Yangdse, westlich an der Straße nach Dali von Tschuhsiung ab und n von ihr von Gwannandün bis Hwangdjiaping. Im NW unter Hsinyingpan zwischen Yungbei und Yungning (3231), viel um Losiwan, zwischen Tschatü und Waschwa und bei Laba se und e von Dschungdien, unter Yedsche am Mekong und im birm. Mons. bei Tschamutong am Salwin. **S.**: Bei der Brücke unter Muli (phot.). Um den Wolo-ho zwischen Yungning und Yenyüen um Gaitiu und Sandjia-tsun (3074) und vom Dorfe Woloho bis Fumadi (3007; SCHNEIDER 1546). Häufig von Kwapi bis Datjiaoku n von Yenyüen, 27° 55′ (2754). Überall zwischen Hohsi und Dölipu sw von Ningyüen (2032). Yimön n von Huili und zwischen Hokou und Djiangyi sw von hier.

Die Nummern 2754 und 3007 und SCHNEIDER 251 stellen nur annähernd die Varietät dar.

— — **var. *cernua*** FRANCH., l. c., 198. **Y.**: Gebüsche der wtp. St. bei Dschungduilung zwischen Yünnanfu und Sungming, Kalk, 2000 m (8606).

P. Armeniaca L. **Y.**: In der wtp. St. gepflanzt, z. B. in Yünnanfu (SCHNEIDER 51) und Hsinlung n von hier, 2000 m (484).

P. perulata KOEHNE in Plt. Wils., I., 61 (1911) (*P. undulata* FRANCH., Plt. Del., 198, non HAM.). **Y.**: In trockenen Wäldern der wtp. St. ober Gwanyinschan zwischen Dali und Hodjing, Kalk, 2400 m (8743). **S.**: In der tp. St. in einer tiefen Doline bei Kalapa n von Yenyüen, Kalk, 280 m (2307).

P. venosa KOEHNE, l. c., 60. **NW-Y.**: In der Mekong—Salwin-Kette (FORREST 19557) und im birm. Mons. in der Salwin—Irrawadi-Kette (F. 19120 als *P. perulata*; ob von dieser spezifisch verschieden?).

P. phaeosticta (MAX.) HCE. **f. *lasiocalda*** REHD. in Journ. Arn. Arb., XI., 163 (1930). **SW-H.**: Im wtp. Laubhochwalde des Yün-schan bei Wukang, Tonschiefer, 1150 m (12809).

Zähnung an vielen Blättern sehr bedeutend, bis zu 7 vorwärts gerichtete dornige Sägezähne jederseits.

P. macrophylla SIEBD. et ZUCC. **SW-H.**: Wie vorige, 1180 m (12516). **Y.**: Beyendjing, in Wäldern bei Tieso (TEN 270). Im NW bei Lidjiang, v. E. (4051). In der str. St. e von Yungbei in der Schlucht ober Hsindschwang, Kalk, 1400 m (13013).

P. spinulosa SIEBD. et ZUCC. S-S.: Nantschwan (BOCK u. ROSTHORN 274). Nur steril, in diesem Zustande mit der japanischen Pflanze völlig stimmend. BOCK u. ROSTHORNS Nr. 610 ist ein *Symplocos*; daher wurde die Art von KOEHNE in Plt. Wils., I., 74 nur für Japan angegeben.

* ***P. cornuta*** (WALL.) STEUD., Nomencl., ed. 2, II., 403 (1941) (*Cerasus c.* WALL. in ROYLE, Ill., 207 [1839]). NW-**Y.**: Häufig in den tp. Mischwäldern des birm. Mons. auf Granit und Schiefer, 3200—3600 m. In der Mekong—Salwin-Kette, 28°, im Tale von Tseku zum Si-la, 16. VI. 1916 (8914) und im Saoalumba, 18. VI. 1916 (8980). In der Salwin—Irrawadi-Kette im Tjiontsonlumba, 27° 55′, im Tale unter dem Gomba-la, und am 28° 40′, VII.—IX. 1919 (FORREST 18877, 19002 als *P. undulata* HAM. und *brachypoda)*.

Auffallend ist das Wechseln der Bewimperung der Kelche in einem und demselben Blütenstande, bald drüsenborstelig, bald wimperig, bald beides zusammen.

P. brachypoda BAT. Wälder und Bambusbestände der tp. St., 2600 bis 3550 m. **S.**: Houdsengai bei Dötschang im Djientschang (1208). Linbinkou (2839) und Liuku-liangdse (2278) n von Yenyüen und zwischen Molien und Tiaolu weiter n jenseits des Yalung **Y.**: Beyendjing, bei Hwatjiao-tsun (TEN 202). Im NW unter dem Passe Dsuningkou s von Hodjing. Bei Lidjiang, v. E. (3948), hier ober der Wiese Ndwolo am Osthang des Yülung-schan (6673). Ober Piyi s Yungning.

Die Pflanzen entsprechen der Originalbeschreibung der Art, auch in der Variabilität der Behaarung, und zeigen die vom Autor angegebenen Unterschiede gegenüber *P. cornuta*; außerdem sind ihre Blätter viel schärfer zugespitzt als bei dieser.

P. pubigera (SCHNDR.) KOEHNE in Plt. Wils., I., 68 (1911). SW-**H.**: Auf dem Yün-schan bei Wukang, zwischen 400 und 1420 m (Plt. sin. 268).

P. Grayana MAXIM. SW-**H.**: Im wtp. Laubhochwalde des Yün-schan bei Wukang häufig, Tonschiefer, 1000—1200 m (12296).

Prinsepia ROYLE

P. utilis ROYLE. Hecken und Gebüsche, seltener in lichten Wäldern in der wtp., selten bis in die str. St., auf Sandstein und Tonschiefer, anscheinend selten auf Kalk, 1300—2850 m. **Y.**: Überall um Yünnanfu (41) und an der Straße von hier nach Dali. N von dieser bei Landjing w des Dsolin-ho. Unter Dawan bei Yungbei und bei Möga am Wege von hier nach Yungning. Im NW um Lidjiang in der Ebene und bei Ngulukö. Am Mekong bis Tseku. Im S von Möngdse bis Schuidien. **Kw.**: Von Hwangtsaoba bis gegen Guiyang (Kweiyang). **S.**: Dseia bei Muli, und Belo w von Yungning. Tschabatscha bei Yenyüen. Helugö unter Kwapi n von hier. Von Ningyüen bis über Schwanghsünba. Schagoma se von dort. Ober Linkan am Houdsengai bei Dötschang.

Connaraceae

Santaloides SCHELLENB.

S. caudatum (PLANCH.) O. KTZE., Rev. Gen., I., 155 (1891), det. SCHELLENBERG (*Rourea caudata* PLANCH.). **Y.**: Im tr. Regenwaldrest unter Yaotou zwischen Möngdse und Manhao, Tonschiefer, 650 m (5936).

Mimosaceae

(*Leguminosae* p. p.)

Albizzia Durazz.

S. Julibrissin (Willd.) Durazz. SW-**H.**: Zerstreut im wtp. Laubhochwalde des Yün-schan bei Wukang, 1100—1350 m (12265). SE-**Ki.**: An einem Graben am Fuße des Lienhwa-schan bei Ningdu (Plt. sin. 457). **Kw.** Am Fluß unter Madjiadwen bei Guiding (Kweiting), 1050 m, und an den Hügeln zwischen Hwangtsaoba und Tjiaolou, 1600 m, in der wtp. St.; hier vielleicht die folgende Art.

A. mollis (Wall.) Boiv. (*A. Julibrissin* var. *mollis* [Wall.] Benth.). An Flußufern, Bächen, Kanälen, aber auch viel in Galeriewäldern und zerstreut in trockenen Wäldern der str. und wtp. St., auch gepflanzt an Dörfern, 1300 bis 2800 m. **Y.**: Um Yünnanfu (Schoch 74); nach N über Hsiao-Magai, Hsiaodsang (5688) bis Örldaoho; nach W überall an der Straße nach Dali und n von ihr bis unter Beyendjing. Ober Dienso. Ober Yungbei. Unter Baodu. Am Dschungdjiang-ho bis ober Losiwan. Am Yangtse bei Ndaku, viel und oft riesenhafte Bäume von Schigu bis Keluan. Am Mekong unter Yedsche und ober Lota. Im birm. Mons. sehr viel am Salwin um Tschamutong bis unter Niualo. **S.**: Häufig im Djientschang von Ningyüen bis Dötschang (1899) und am Zuflusse gegen Huili (1062). Am Yalung nicht bis Otang ansteigend, bei Haidschelou ober Oti. Unter Fumadi bei Woloho. Tschoso am See von Yungning. Muli.

Die konstante Verbindung von breiteren Blättchen mit stärkerer Behaarung kann nicht als Anpassung gedeutet werden, sondern gibt der Pflanze Artwert. In meinen Notizen wurden die beiden Arten allerdings nicht unterschieden, und es ist möglich, daß einige der Fundorte zu *A. Julibrissin* gehören.

A. Lebbek (L.) Benth. **Ki.-F.**-Grenze: Hwangdschu-ling zwischen Dingdschou und Ningdu, Tonschiefer, c. 800 m (Plt. sin. 361).

A. Kalkora Prain. **H.**: In der str. St. im Hartlaubwalde des Dungtaischan bei Hsianghsiang, c. 200 m. An einem Bächlein bei Hsikwangschan nächst Hsinhwa, 530 m (11873).

A. bracteata Dunn, e typo. **Y.**: Im str. Savannenwald im Tälchen ober Lagatschang am Yangtse n von Yünnanfu, Kalk, 1000—1100 m (726). Vielleicht auch diese in ähnlichen Lagen in **S.**: Um den Yalung unter Pudi, um Yiwanschui und Gwanyinngai zwischen Huili und Yenyüen, bis 1700 m.

Acacia Willd.

A. Farnesiana (L.) Willd. **Y.**: In der str. St. ne von Dali (Tali) bei Tie-tsun auf Mergel (6339) und sehr bezeichnend auf Schuttkegeln um Piendjio. Matschang e von Yungbei. Im NE vor Djilipa am Weg von Yünnanfu nach Suifu, gepflanzt? (Mell). 1150—1650 m.

A. pennata (L.) Willd., sensu Prain in Journ. As. Soc. Beng., n. ser., LXVI., 510 (1897). **Y.**: Savannenwälder der str. St., 1000—1300 m. Am Yangtse n von Yünnanfu ober Lagatschang (737) und bei Tjiaoping. Am Dagwan-ho am Weg von Yünnanfu nach Suifu, 2000 m (Mell). Im tr. Teil flußabwärts gegenüber Manhao, 200—400 m (5909). **S.**: Gwanyintang im Djientschang, vielleicht folgende.

A. yunnanensis FRANCH. In trockenen Gebüschen der str. St. auf Phyllit, 1700—2200 m. NW-**Y.**: Laodselou n von Lidjiang. Zwischen Yumi und Sandjiatsun am Zufluß des Yangtse dort, 27° 45—50′ (7569). **S.**: Unter Kwapi am Yalung um Datjiaoku (2519; SCHNEIDER 4069) und bei Oti.

Legumen (adhuc indescriptum) usque ad 15 cm longum, 2— ad 3 cm latum, basi subpedunculato-angustatum, apice plerumque abrupte et longe acuminatum, planissimum, brunneum, inter semina hic illic paulum constrictum, margine trinerve.

A. Intsia (L.) WILLD., sensu PRAIN, l. c. E-**Kw.**: Wälder der str. St. auf Grauwacke am Flusse unter Sandjio (10815), auf Tonschiefer jenseits Tschaimou bei Gudschou, 700 m, und in SW-**H.** bei Dsingdschou, 350 m.

Papilionaceae

(*Leguminosae* p. p.)

Tamarindus L.

T. indica L. **Y.**: In der str. St. zwischen Yüenmou und Hailo ne von Yünnanfu, gepflanzt, Mergel, 1050—1350 m (5038).

Cercis L.

C. chinensis BGE. **Kw.**: Im wtp. Laubwalde eines Hügels am Wege von Nganping nach Ludischao, Kalk, 1300 m (10470).

Die Pflanze gleicht den von WILSON gesammelten und hat viel größere Blätter und Früchte, als alle, die mir aus Nord-China, Schanghai und Japan vorliegen. Blüten sah ich nur von diesen, so daß ich nicht weiter darüber urteilen will.

Bauhinia L.

B. densiflora FRANCH. Trockene Gebüsche, oft selbständig solche bildend, in der str. und unteren wtp. St., 1000—2350 m. **Y.**: Um Lunggai am Yangtse nw von Yünnanfu häufig (5068). Zwischen Bupeng und Yünnanyi se und bei Hwangdjiaping ne von Dali. Um Dsilidjiang e von Lidjiang (3411). **S.**: Bei Dsengo im Bereiche von Muli nw von Yungning (7565).

Folia saepe 2 cm tantum longa, vix ad $^1/_3$ biloba, supra crebre pilosa. Racemi minores ad 2 cm tantum longi subcapitati.

Die angegebenen Unterschiede gegenüber FRANCHETS Beschreibung zeigen, wie mir Herr Dr. GAGNEPAIN freundlichst mitteilt, schon Exemplare, die dem Autor vorlagen.

B. Faberi OLIV. In Steppen und Gebüschen der str. und wtp. St., 1500—2800 m. **S.**: Häufig im Djientschang zwischen Ningyüen (Lingyüen) und Dötschang (1872). Südlich ober Lumapu am Zuflusse des Yalung gegen Yenyüen, 27° 37′ (2074). Im Tale des Wolo-ho zwischen Yenyüen und Yungning (3012). **Kw.**: Bei Hsinpu jenseits Langtai an der Grenze von **Y.** (SCHOCH 378). Hier im NW jedenfalls am Mekong (MONBEIG).

— — **var.** ***microphylla*** OLIV. **S.**: Häufig zwischen Ningyüen und Dötschang (1321). Hierher auch LIMPRICHT 1619 (als *B. Bonatiana*).

Kahler als folgende. Kelch bei 1872 zweiklappig, wie bei dieser und wie er bei der ebenfalls kahlen *B. bryoniflora* FRANCH. vorkommt, die ebenso netzaderige, aber doch viel größere Blätter haben soll. Da die Blätter der Varietät besonders klein sind, dürfte die folgende nur das stark behaarte xerophilste Extrem von *B. Faberi* darstellen.

B. Bonatiana PAMP. Trockene Stellen der str. und wtp. St., 1000—2200 m. **Y.**: Haiyen-se bei Yünnanfu (SCHOCH 14). Ober Lagatschang am Yangtse n von hier (730). Häufig jenseits des Dsolin-ho gegen Dayao (6227).

Pflanzen, die sich auf die beiden sehr wenig verschiedenen Arten verteilen werden, spielen in den angegebenen Vorkommensverhältnissen eine große Rolle in **Y.**: bis Huidseschao e Yiliang; bis Tschuhsiung, Dali, und unterhalb Lidjiang; im Tale des Yangtse bis 27° 45′ und in seinem Seitentale bis Waschwa unter Bödö; am Mekong; in **S.**: am Yalung bis unter Oti; im Becken von Yenyüen; unter Muli.

B. yunnanensis FRANCH. Gebüsche und trockene Wälder der str. St., 1000—2200 m. **Y.**: Ne von Dali um Bintschwan und Biendjio (6352) und unter Beyendjing (6274; TEN ex hb. Berol. 103). Ober Hodjiayao bei Yungbei (3383). N Hsintschwang bei Hwaping e von hier. Ober Lagatschang am Yangtse n von Yünnanfu (731). **Kw.**: (CAVALERIE 7977). Im W bei Maoguhu (SCHOCH 406).

Petala usque ad $2\frac{1}{2}$ cm longa.

B. hupehana CRB. in Plt. Wils., II., 89 (1914). In Gebüschen der str. und unteren wtp. St., 200—1400 m. W-**Ki.**: Um das Kohlenbergwerk Pinghsiang (Plt. sin. 203, 259). **H.**: Lengschuidjiang am Tsi-djiang ober Hsinhwa (11505). Unter dem Tempel Wuli-ngan am Yün-schan bei Wukang (12018). **Kw.**: Im E zerstreut um Badschai. Im SW zwischen Taipinggai und Gwanling (10340). **S.**: Yadschou (LIMPRICHT 1540 als *B. glauca* WALL.). NE-**Y.**: Im mittelchin. Fl. bei Lungdji (MAIRE).

Descriptio amplificanda: Folia ad $^2/_5$ usque fere $^1/_2$ fissa (WILSON 834). Calycis tubus usque ad 20 mm longus. Petala ad 14 mm (W. item) et 18 mm longa. Legumen 4 cm (item) et 5 cm (11505) latum, venis transversalibus densissimis subparallelis.

Eine von CRAIB nicht erwähnte Pflanze von Hongkong (HANCE u. SIMPSON 687) stimmt mit diesen, aber die Hülsen sind schmäler (32 mm breit), zu jung, um die Aderung deutlich zu zeigen. *B. glauca* WALL. aus Buitenzorg zeigt außer den von CRAIB angegebenen Unterschieden nur sehr entfernt queraderige Hülsen von 34 mm Breite.

B. Esquirolii GAGNEP. in Not. Syst., II., 171 (1912) (*B. Mairei* HARMS in Rep. sp. n., XVII., 134 [1921]). **Y.**: An dürren Hängen der str. St. um Lunggai am Yangtse nw von Yünnanfu, kristallinischer Boden, 970 — gegen 1700 m (5064).

Die von HARMS angegebenen Unterschiede liegen deutlich innerhalb der Variationsweite.

B. Delavayi FRANCH. An Hängen der str. St., 1450—2100 m. NW-Y.: Am Yangtse e von Lidjiang (3400). **S.**: Am Yalung unter Oti n von Yenyüen (2795) und ober Lumapu ne von hier (2118).

Die Pflanzen aus Setschwan sind ganz jung und steril, aber schwerlich etwas anderes.

** ***B. hunanensis*** HAND.-MZT.

Sect. *Phanera* (LOUR.) DC.

Ramuli fusci, subangulati, rufo-puberuli, glabrescentes, cirris spiralibus scandentes. Gemmae globosae, ferrugineo-pubescentes. Folia ovata usque suborbicularia, 3 — ultra 10 cm longa, rotundata, subintegra vel sinu 2 mm tantum profundo lobis rotundatis, basi late cordata vel subtruncata, coriacea, fuscescentia, supra nitidula glabra, subtus breviter ferrugineo-sericea; nervi 7 supra conspicui, subtus prominui; venularum rete densum; petiolus lamina 6—7^{plo} brevior, crassiusculus, basi apiceque icrassatus, ferrugineo-pubescens. Racemi paniculati, ad 15 cm longi, subsessiles, densiuscule permultiflori, toti cum nervis petalorum leguminibusque immaturis brevissime flavido-subsericei. Bracteae subulatae, 1½ mm longae. Pedicelli patuli, 8—10 mm longi, tenues. Calycis tubus 1 mm longus; lobi 5, triangulares, eo duplo longiores, acuminati, post anthesin reflexi. Petala alba (e nota ad vivum), unguibus tenuibus 1 mm longis, limbis ovatis c. 2 mm longis basi subtruncatis. Stamina 2—3, filamentis subulatis 7—8 mm longis, antheris c. 1½ mm longis. Legumen submaturum in stipite c. 2 mm longo obovato-oblongum c. 7 cm longum, ± 2 cm latum basi attenuatum, apice obtusum rostro c. 2½ mm longo, crassiuscule marginatum, planum, glabrum, leviter reticulatum, seminibus 5—6.

H.: Gebüsche der str. St. auf Kalk und Sandstein. Lengschuidjiang am Tsi-djiang ober Hsinhwa, 200 m, 27. IX. 1918 (12699, Typus). Zwischen Linling (Yungdschou) und Hsinning an Hängen bei Schandungschui, 500 m, 15. VIII. 1917 (11262).

Species foliis brevissime tantum obtuseque bilobis valde insignis, proxime affinis probabiliter *B. Harmsianae* Hoss. siamensi foliis cordatis profundius fissis 9 nerviis, pedicellis brevibus diversae, minus autem *B. Championi* BENTH. parvi- et acutifoliae nisi acutilobae, petiolisque tenuibus quam laminae 3 — 4^{plo} tantum brevioribus, pedicellis usque ad 12 mm longis distinctae, *B. saxatili* CRB. etiam petalis breviunguiculatis ad 7,5 mm longis diversae, *B. comosae* CRB. costa mucronata, bracteis bracteolisque magnis petalis breviunguiculatis longius distanti.

Cassia L.

C. occidentalis L. NE-**Y.**: Kultivierter Boden der str. St. bei Tjiaodjia, 400 m (MAIRE).

C. Sophera L. In der tr. bis an die wtp. St., 200—1800 m. **Y.**: Manhao nahe der Grenze von Tonking. Am Yangtse n von Yünnanfu bei Lagatschang im Sand und massenhaft im Schutt der Hänge. Ebenso viel bei der Fähre von Matschang nw von hier. **S.**: Grabenränder bei Hsiaodün s von Huili (5107) und am Abstieg von hier nach Lagatschang.

C. Tora L. In der str. St., 1000—1350 m. **Y.**: S von Lunggai am Yangtse im Granitgerölle, und an Gräben zwischen Hailo und Yüenmou (5036). **S.**: Panglingkou am Nganningho zwischen Huili und Yenyüen.

C. mimosoides L. **var. *Wallichiana*** DC. **Y.**: Buschige Steppen und Ackergräben der wtp. St. zwischen Tschuhsiung und Gwangdung, 1800—2100 m (4818). Beyendjing (TEN 133). Im NW im Tale ober Mujendu e von Dschungdien, c. 2100 m (ob folgende var.?). **Kw.**: Hwangtsaoba (CAVALERIE 60: Hb. Stockholm). S-**H.**: Sandige Triften der str. St. überall zwischen Dungngan und Wangdjiapu w von Yungdschou, 150—250 m (11289).

C. mimosoides * var. ***dimidiata*** (ROXB.) BAK. Steppen der wtp. und str. St. **S.**: 1650—2000 m. Häufig zwischen Huili und Fongsaying 14. IX. 1914 (5118). Banschan am Wege von dort nach Yenyüen. Hwangfungying im Djientschang. **H.**: Hsikwangschan bei Hsinhwa, 700—800 m (12585). Tschili (LICENT 827, 6353, 6442).

Gleditsia L.

G. sinensis LAM. **S.**: Gebüsche der str. St. auf Sandstein und Schiefer, 1300—1450 m, an Grabenrändern bei Dötschang (1151) und am Yalung zwischen Delipu und Datung, 27° 43′ (2040).

G. macracantha DESF. **S.**: In der str. und wtp. St., 1300—2000 m. Hsiaomadschang s von Huili (814) und in dem n von hier zum Djientschang hinabführenden Tale (1059).

G. Delavayi FRANCH. **Y.**: In der trockenen str. bis in die tp. St. auf kristallinischem Boden und Sandstein, 1850—2500 m. Im NW am Mekong bei Ngaiwa und an seinem Zufluss bei Anadon unter Weihsi (10021). Zwischen Yungbei und Datschang. Im NE in der Ebene von Dungtschwan (MAIRE ex Arb. Arn. 476). und bei Yangling (MELL.).

Eine *Gleditsia* (oder mehrere?) ist auch in **Kw.** häufig an meinem ganzen Reisewege von Nganschun bis gegen Gudschou, 400—1400 m, wurde aber nicht gesammelt.

Pterolobium R. BR.

P. punctatum HEMSL. In Gebüschen der str. St., 150—1060 m. **H.**: Tschatang unter Hsikwangschan. Überall zwischen Dungngan und Wangdjiapu w von Yungdschou (11275). Zwischen Ngaidso und Meikou. **Kw.**: Tjiaoli bei Sandjio (10782). Maotsaoping zwischen Duyün und Badschai. Hwanggoso bei Dschenning (10423).

Die Bekleidung ist ziemlich veränderlich; 10782 und 11275 haben kahle Blättchen, 11423 hat beiderseits reichlich kurz angedrückt behaarte; WILSONS Pflanzen stehen gewissermaßen dazwischen, haben besonders an den Rippen und Rändern spärliche, aber längere Haare.

Caesalpinia L.

C. Morsei DUNN. **Y.**: In tr. Bambusdschungel und Savannenwald flußaufwärts gegenüber Manhao und am nächsten Zuflusse dort, Tonschiefer, 200 m (5896), wohl auch diese ober Yaotou, 1100 m. In der str. St. im Santschwanba gleich unter Yungbei, 1750 m. **S.**: An Gartenrändern im Djientschang („Kientschang") gegen Djiakouying bei Dötschang, 1450 m (1881).

C. Nuga AIT. (*C. chinensis* ROXB.). **E-Kw.**: Buschwälder der str. St., 600 bis 1000 m. Hänge unter Madjiadwen gegen Duyün (10681). Gegen Maotsaoping. S unter Badschai.

Blättchen auffallend verkehrt-eiförmig. Bei HANCE 327 nur einzelne so, die anderen ausgesprochen eiförmig, wie an FORTUNE A 123 und allen außerchinesischen Exemplaren.

C. Sappan L. **Y.**: Trockene Hänge der tr. St. bei Manhao nahe der Grenze von Tonking, Tonschiefer, 200 m (5774). Buschwald ober Hsiao-Lungtang an der Bahn, 1050 m.

C. sepiaria Roxb. Hecken, besonders an Dörfern in der str. und unteren wtp. St. **Y.**: 1100—2400 m. Möngdse. Unter Pohsi. Um Yünnanfu (Schoch 9; Maire). Im E um Loping. Magai. Um Gwangdung, Tschuhsiung, Beyendjing und Hwangdjiaping. Hungngai. Im NW zwischen Waschwa und Bödö. Im Mekong-Tale am 27⁰ (Gebauer). **S.**: Djiangyi sw von Huili. Ningyüen (1314). **Kw.**: Massenhaft z. B. um Hwangtsaoba. Badschai. **H.**: 40—400 m. Zerstreut von Tschangscha bis Wadsiping. Verbreitet im SW von Wukang (Plt. sin. 8) bis Dungngan.

Die kahlen und fast kahlen Pflanzen, wie sie in ganz China ausschließlich vorkommen, aber auch in Indien nicht ganz fehlen, könnte man als var. ***japonica*** (Siebd. et Zucc.) unterscheiden. Die wenigen Früchte dieser, die mir vorliegen (Faurie 3913; Chien 1150) zeigen auch einen wesentlich breiteren Flügel als jene des Typus.

Ormosia Jack

O. Henryi Prain *(O. mollis* Dunn*)*. In der str. St. auf Sandstein. **H.**: Im Hartlaubwalde des Yolu-schan bei Tschangscha selten unter dem Gipfeltempel, 200 m (11482). Ebenso auf dem Dungtai-schan bei Hsianghsiang. **S.**: Gebüsche um Mola über dem Nganning-ho nw von Huili, 1600 m (5249).

Sophora L.

S. viciifolia Hce. Gebüsche der str. und wtp. St., 1300—2500 m, meist häufig und besonders im Sand und Schotter von Flußbetten oft selbständig solche bildend. **Y.**: S von Möngdse bis Schuidien. Ober Pohsi. Um Yünnanfu (8637; Schoch 28). Magai bei Luliang, als recht dicker und hoher Baum. Um Hsiao-Magai und am Pudu-ho. Nach W bis unter Beyendjing. Im NW noch am Djinscha-djiang w von Lidjiang. Am Mekong bis 28⁰ 10′. Im NE bei Lagu, 2400 m (Maire). **S.**: An der Brücke unter Muli.

Gagnepain weist in Not. Syst., III., 20 (1914) nach, daß die Ausbildung der Dorne keinen Unterschied zwischen *S. Moorcroftiana* Benth. und der von ihm wie von Franchet als *S. M.* var. *Davidii* bezeichneten *viciifolia* darstellt, und tatsächlich sind die Pflanzen, die ich in Yünnan sah, alle sehr stark bewehrt. Aber die anderen von Hooker in Bot. Mag., t. 7883 angegebenen Unterschiede bestehen nach meiner Beobachtung zu Recht und darnach handelt es sich mindestens um sehr gute geographische Rasse.

S. glauca Lesch. Steppen, Buschwälder, auch an Quellen und Gräben in der str. und wtp. St., 400—2500 m. **Y.**: Unter Djiunienping jenseits Fumin (6147) und viel an der Straße von Yünnanfu nach Dali. Unter Yungbei. Im E bei Bantjiao e Loping. Im NE bei Lagu (Maire) und Tjiaodjia (M.). **S.**: Huili (865). Im Djientschang überall häufig von Schasung (1082) über Dötschang (1877) bis um Ningyüen (1240). Am Yalung am Wege von hier nach Yenyüen und unter Kwapi n von hier. Um den Wolo-ho.

Sowohl an meinen Pflanzen, als an solchen von „Nilghiri & Kurg“ (Hooker & Thomson) und anderen indischen finde ich die Beschreibung der Flügel durch Gagnepain in Not. Syst., III., 16 nicht zutreffend. Sie haben nur oberseits ein großes, gekrümmtes, spitzes Öhrchen.

S. flavescens AIT. In Steppen und an Bächen und Kanälen der str. und wtp. St. auf Sandstein und Roterde. **Y.**: 1600—2500 m. Schilungba bei Yünnanfu (SCHOCH 172). Ober Loping. Hungngai se von Dali. Santschwan s von Hodjing. Baodu zwischen Yungbei und Yungning. Im NE bei Mahung 3000 m (?) (MAIRE, distr. BONATI 7213). **S.**: Ningyüen (1274). Hin und wieder im Becken von Yenyüen. **Kw.**: 1200—1400 m, von Tschingdschen über Nganping nach SW viel.

S. japonica L. In der str. und wtp. St. **H.**: 350—600 m. Laubwälder bei Tungdjianpai und Tindjiatang nächst Hsikwangschan. Um die Dörfer der Ebene von Wukang zerstreut (11097). **Kw.**: Gebüsche an Bächen bei Liping (10993). **Y.**: Schanpudse zwischen Dabantjiao und Yanglin (SCHOCH 356). An Kanälen der Ebene von Yünnanfu (SCHOCH 229). Im NW bei Dsato am Djinscha-djiang nw von Lidjiang (7004). Im NE in der Ebene von Dungtschwan (MAIRE).

S. tonkinensis GAGN. in Not. Syst., III., 18 (1914). SW-**Kw.**: Kalkfelsrücken der str. St. bei Falang am Hwatjiao-ho, 900 m (10383).

Fruticulus expansus foliolis etiam ultra 15, subtus supra papillas crassas argenteo sericeo-tomentosis nitidissimis, floribus aureis.

Cladrastis RAF.

C. Wilsonii TAKEDA in Not. R. Bot. Gard. Edinbgh., VIII., 103 (1913). SW-**H.**: Am Rande des wtp. Laubhochwaldes des Yün-schan bei Wukang, Tonschiefer, 1190 m (12223).

C. sinensis HEMSL. **Y.**: Mischwälder an Bächen n von Yungbei, 2750 m (FORREST 22419).

Maackia RUPR.

M. tenuifolia (HEMSL.) HAND.-MZT. (*Euchresta t.* HEMSL. — *Maackia honanensis* BAIL., Gent. Herb., I., 32 (1920). Nach den Beschreibungen kann kein Zweifel an der Identität sein. Die freien Staubgefäße und die jetzt bekannte Frucht stellen die Art zu *Maackia*.

Piptanthus SWEET

P. tomentosus FRANCH. Auf Wiesen und an felsigen Stellen der oberen tp. und der ktp. St., 3050—3700 m. **Y.**: Dsang-schan bei Dali, Dji-schan ne von hier (6405). Beyendjing (TEN ex hb. Berol. 362). Unter dem Passe Dsuningkou s von Hodjing. Bei Lidjiang, v. E. (4048). Ober Dugwan-tsun se von Dschungdien. Ober Schuba zwischen Yangtse und Mekong. **S.**: Lungdschu-schan bei Huili (913). Lose-schan bei Ningyüen (1395). Liuku-liangdse zwischen Yenyüen und Kwapi (2370).

Thermopsis R. BR.

T. alpina (PALL.) LEDEB. Wiesen und andere Rasenplätze der oberen tp. und der ktp. St. auf Sandstein und Schiefer, 3300—4300 m. **S.**: Rücken des Dadjin zwischen Yenyüen und dem Yalung. 27° 31′ (2191; SCHNEIDER 4132). Ober Ngaitschekou jenseits des Yalung n von hier (2689). Ober Hungga w von dort. NW-**Y.**: Ober Bödö se von Dschungdien.

Die gesammelten Pflanzen sind in Blüte; es läßt sich daher nicht sagen, ob sie zur var. *yunnanensis* FRANCH. gehören, deren Merkmal in der Frucht liegt.

Crotalaria L.

C. ferruginea GRAH. W-Hubei (WILSON, Veitch Exp. 2468b).

— —* var. *pilosissima* BENTH. Y.: Beyendjing (TEN 157 ex hb. Berol.). Berge außerhalb Amidschou, 2600 m (ENANDER: Hb. Stockholm).

C. albida HEYNE. In Steppen und Gebüschen, auch an Rainen und Gräben der str. und wtp. St. Y.: 1800—2800 m. Yünnanfu (SCHOCH 348). Hsiao-Magai n von hier (461). Ober Beyendjing. Yüno ober Ndaku n von Lidjiang. S.: 1450—1900 m. Zwischen Djiangyi und Hokou sw von Huili (5079). Im Djientschang bei Dötschang (1122) und bis Ningyüen häufig (1869). H.: Hsikwangschan bei Hsinhwa, 600 m (12633). W-Hubei (WILSON, Veitch Exp. 2468a).

Die Angabe BAKERS „corolla glabrous" in Fl. Brit. Ind. ist falsch. WILSONS Pflanze und meine Nr. 12633 sind ⊙, so auch ein Exemplar aus Indien (HELFER) und eines aus Tschekiang (CHING 228). Nach der kurzen Beschreibung scheint *C. leiocarpos* VOG. damit zusammenzufallen.

C. yunnanensis FRANCH. Heidewiesen und offene Föhrenwälder der wtp. und tp. St. auf Sandstein, 2100—3000 m. Y.: Berge um Yünnanfu (SCHOCH 238). Zwischen Dschaoping und Boloti bei Yungbei (3355). Ngulukö bei Lidjiang (3506). Wahrscheinlich diese unter Laba e von Dschungdien und in S.: Ober Muli.

C. linifolia L. f. In der str. St. S.: Häufig an trockenen Gräben um den Nganning-ho nw von Huili, Sandstein, 1150—1700 m (5246). Kw.: Gebüsche bei Tjiaoli ober Sandjio, Kalk, 500 m (10801).

C. sessiliflora L. H.: Sandige Rasenplätze der str. St. auf Kalk und Granit, 300—600 m. Zwischen Hsinhwa und Wukang bei Lududsai (Laodao) (12553) und Niaoschuhsia. Hsikwangschan. W-Hubei (WILSON 2468).

C. capitata BENTH. Y.: Heidewiesen der wtp. St. auf dem Rücken zwischen Dsaodjidjing und Hwadung e des Dsolin-ho, Sandstein, 2600 m (4977). Beyendjing (TEN 152 ex hb. Berol.). Im NE zwischen Hungsi und Yitsche, 2700 m (MELL). Kw.: Pinfa—Lofu (CAVALERIE 2512).

C. tetragona ROXB. Trockene Hänge im tr. Y.: bei Manhao, Tonschiefer, 200 m (5772). Kw.: Hwangtsaoba, 1200 m (CAVALERIE 30: Hb. Stockholm).

C. medicaginea LAM. S.: Sand am Flusse in der str. St. bei Gungmuying unter Dötschang im Djientschang, 1260 m (5630). Y.: Amidschou, 1350 m (ENANDER).

Entgegen BAKER in Fl. Brit. Ind, II., 81 entschieden ⊙, wie viele indische Exemplare, z. B. Herb. WIGHT 631.

C. szemaënsis GAGNEP. in Not. Syst., III., 37 (1914). S.: Gebüsche der untersten wtp. St. zwischen Djiangyi und Hokou sw von Huili, Sandstein, 1800—1900 m (5091).

Ovarium totum albo sericeo-velutinum, praeterea ventre ciliatum, teste cl. GAGNEPAIN etiam in typo. Foliola ad 5½ cm longa et 2 cm lata.

Parochetus BUCH.-HAM.

P. communis BUCH.-HAM. Y.: Auf feuchtem Schlamm der Raine und an Bächlein der wtp. St., 1900—2600 m. Yünnanfu (54; SCHOCH 199). Hier bei Schilungba. Dsaodjidjing. Dingyüen. Djientschwan. Böscha bei Lidjiang (SCHNEIDER 2478).

Medicago L.

M. lupulina L. Raine der str. und wtp. St., 1650—2500 m. **Y.**: Yünnanfu (SCHNEIDER 94; SCHOCH 51). Im NE bei Dungtschwan (MAIRE). **S.**: Ningyüen (1230).

M. sativa L. **Y.**: Ruderal in der wtp. St. an der Stadtmauer von Yünnanfu, 1900 m (SCHOCH 104). Ebendort (MAIRE 779 ex hb. Edinbgh.) **W-S.**: Min-Tal von Sungpan bis Tietschi (WEIGOLD). Gebirge um Sungpan (W).

M. ruthenica (L.) LEDEB. **W-S.**: Min-Tal von Sungpan bis Tietschi (WEIGOLD). Gebirge um Sungpan (W.).

M. archiducis-Nicolai ŠIRJ. in Kew Bull. 1928, 270. **NW-S.**: Gebirge um Sungpan (WEIGOLD). Kansu: Terra Tangutorum (PRZEWALSKI als *M. ruthenica* var. *alpina* MAXIM., ined.).

Die Blütenfarbe gibt der Autor nicht an. WEIGOLDS Pflanze läßt sie nicht erkennen, scheint aber gelb gewesen zu sein; jene PRZEWALSKIS zeigt am Grunde der Fahne deutlich blaue Färbung.

Melilotus ADANS.

M. suaveolens LEDEB. **NW-Y.**: Feuchte Wiesen der obersten wtp. St. auf Sandstein, 2650—2750 m. Haba se von Dschungdien (4443). Walade im NW-Winkel der Ebene von Yungning. **NW-S.**: Gebirge um Sungpan (WEIGOLD).

M. indicus (L.) ALL. **Y.**: Ackerunkraut in der wtp. St. bei Yünnanfu (SCHOCH 51 p. p.; MAIRE 1936 ex hb. Edinbgh.).

Lotus L.

L. corniculatus L. s. str. Sumpfwiesen, Raine, Gebüsche, auch an steinigen Stellen in der wtp. und tp. St. **Y.**: 1900—3250 m. Yünnanfu (SCHOCH 37). Dingyüen. Überall um Ngulukö und Ganhaidse bei Lidjiang (4050). Dawan e von hier. San-tsun s von Yungning. Im NE bei Dungtschwan (MAIRE). **S.**: Tschoso am See von Yungning. Gegen Schamenkou und gegen Hungga bei Yenyüen. Oti über dem Yalung n von hier (2799). Huili (830). **Kw.**: E von Nganping, 1300 m. **H.**: Hsikwangschan bei Hsinhwa, hier auch in der str. St., 400—800 m.

Indigofera L.

I. linifolia RETZ. Im Sand, Bachgerölle und an Gräben der str. St., 1000—1710 m. **Y.**: Am Yangtse um Lunggai (5059) bis gegen Yüenmou (5024) und gemein überall zwischen Wumo und Matschang. **S.**: Am Yangdschu-ho zwischen Dungngan und Huili.

* ***I. enneaphylla*** L. Häufig in Steppen der str. St. zwischen Yüenmou und Hailo s von Lunggai, Mergel, 1050—1350 m, 10. IX. 1914 (5011).

I. scabrida DUNN. Bei Lidjiang, v. E. (4036). Berg bei Ami-dschou, 2600 m (ENANDER).

I. stachyodes LINDL. in Bot. Reg., t. 14 (1843). Trockene Gebüsche der wtp. St. auf Kalk, 1300—1700 m. **E-Y.**: Im mittelchin. Fl. mehrfach zwischen Loping und Bantjiao (10165) und durch **Kw.** überall bis e von Nganping.

Schwach, fast halbstrauchig, an den unteren Blättern mit nur 3 bis 7 Paaren von c. 20 mm langen und halb so breiten Blättchen. Die oberen, noch nicht entfalteten zeigen aber schon bis 21 Blättchenpaare von länglich-linealer Form, wie der Typus.

I. argutidens CRB. in Not. R. Bot. Gard. Edinbgh., VIII., 64 (1913) (*I. leptosepala* DIELS, non NUTT.). NE-Y.: Bei Lidjiang, v. E. (4038). Wahrscheinlich diese mehrfach in Föhrenwäldern der tp. St. um 3000 m, um Dugwantsun se von Dschungdien, vielleicht ober Kionra am Salwin. S.: Überall ober Muli.

Nebenblätter bis 12 mm lang.

I. Esquirolii LÉVL. in Rep. sp. n., XII., 190 (1913), teste REHDER e typo. Trockene Gebüsche der wtp. St. Kw.: 800—1500 m. Am Wege von Dschenning nach Hwangtsaoba um Taipinggai (10373) und bei Dwendjia nächst Hsintscheng (10316). E von Duyün. Y.: Nw von Yünnanfu ober Lodse-Magai gegen Fumin, 2000—2450 m (6152).

Die Pflanze blüht in Guidschou immer weiß, das Exemplar aus Yünnan aber rosa; einen anderen Unterschied kann ich nicht finden.

I. Balfouriana CRB. in Not. R. Bot. Gard. Edinbgh., VIII., 48 (1913). Gebüsche der wtp. St. auf Sandstein und Schiefer. Y.: Unter Midien gegen Beyendjing, 1950—2050 m (6332). S.: Ober Datscho jenseits des Yalung n von Yenyüen, 28° 10′, 2400—2800 m (2592).

Blättchen bis 9; manche bis 20 × 12 mm groß. Die ganze Behaarung dünner und krauser als beim Typus. Trauben bis 6 cm (beim Typus bis 5 cm) lang. Fahne, Flügel und Schiffchen ziemlich gleichlang (auch beim Typus).

I. elliptica ROXB., Fl. Ind., III., 380 (1832). Y.: An trockenen Hängen der tr. St. n ober Manhao, Tonschiefer, 200—650 m (5777).

I. rigioclada CRB. in Not. R. Bot. Gard. Edinbgh., VIII., 60 (1913), e typo. NW-Y.: Bei Lidjiang, v. E. (4528).

Blättchen bis 8 mm lang und 4½ mm breit. Blattstiel meist länger als der Ährenstiel, was aber auch beim Typus vorkommt.

I. ichangensis CRB., l. c., 55. In der wtp. St. SW-H.: Gebüsche unter dem Tempel Wuli-ngan am Yün-schan bei Wukang, Tonschiefer, 650—900 m (12017). E-Kw.: Selten in Wäldern bei Oudwan zwischen Gudschou und Liping, Mergel, 650 m (10971).

I. pendula FRANCH. Gebüsche und Laubwälder der wtp. und tp. St., 2200—3300 m. Y.: Auf dem Hochlande zwischen Tschintschanggwan und Dayao. Nordhang des Dji-schan ne von Dali. Um Lidjiang, v. E. (4034). Djinschuiho n von Yungbei. Überall um Yungning. Im NW am Djiu-tschu unter Ronscha. S.: Zwischen Duörlliangdse und Hungga im Becken von Yenyüen (2907) und von dort bis Yungning mehrfach.

I. Delavayi FRANCH. Y.: Gebüsche der str. St. auf Sandstein. Zwischen Hoyenschan und Djiangyi am Yangtse nw von Yünnanfu, 1400—1900 m (5050). Im NW ober Tschwadse n von Lidjiang, 27° 46′, 1900—2200 m (7627).

I. hendecaphylla JACQ. Y.: Steppenhänge der wtp. St. zwischen Yünnanyi und Yünnan-hsien se von Dali, Kalk, 2150 m (8564). Amidschou, 1350 m (ENANDER).

I. pseudotinctoria MATSUM. in Bot. Mag. Tok., XVI., 62 (1902). Gebüsche der str. und unteren wtp. St. auf Sandstein und Tonschiefer. **Y.**: Im NW zerstreut zwischen Djitsung und Bölo am Djinscha-djiang nw von Lidjiang, 2075—2150 m (8803). Yedsche am Mekong. Im NE stellenweise Charakterpflanze (ob nur diese??) am Wege von Yünnanfu nach Suifu (MELL). **S.**: Lu-schan bei Ningyüen, 2300 m (1928). Hierher wohl die Notizen aus **Kw.**: Wongtschengtjiao zwischen Guiding und Lungli und **H.**: 50—1400 m. Tschangscha, Hsikwangschan bei Hsinhwa und Yün-schan bei Wukang, in Buschwiesen.

I. reticulata FRANCH. **S.**: Steppen der str. St. s ober Lumapu zwischen Yenyüen und dem Yalung, 27° 37′, Kalk, 1950 m (2084).

? ***I. Potaninii*** CRB. in Not. R. Bot. Gard. Edinbgh., VIII., 60 (1913). **S.**: Am Bächlein auf dem Sattel zwischen Tjiaodjio und Lemoka im Lolo-Lande e von Ningyüen, Sandstein der wtp. St., 2250 m (1603). **Y.**: Im NW im Mekong-Tale, 27° 30′—28° 20′, 1900—2200 m (GEBAUER). Im NE bei Hungsi am Wege von Yünnanfu nach Suifu, 2400 m (MELL).

Alles mangelhafte Exemplare, 1603 in den Maßen gegen *I. szechuanica* CRB. neigend.

I. Mairei PAMP. Steppenhänge der str. und wtp. St., 1600—2600 m. **Y.**: Yünnanfu (MAIRE ex hb. Edinbgh. 495). Haiyen-se hier (SCHOCH 89). Im NE bei Djintschungschan, 2550 m (MAIRE ex Arb. Arn. 425) und 2600 m (M., distr. BONATI 6216, gemischt mit *I. pseudotinctoria* MATS.). **S.**: Jenseits des Sees von Ningyüen (13106) und vielleicht diese im Becken von Yenyüen und weiter mehrfach am Wege nach Yungning bis ober Woloho bis in die tp. St., 3300 m. **Kw.**: Häufig in Gebüschen zwischen Nganschun und Nganping, 1300—1400 m (10441) und wohl auch diese im SW von Tjiaolou bis Hwangtsaoba.

Blättchen sowohl in Guidschou als bei Yünnanfu bis 13.

I. Henryi CRAIB in Not. R. Bot. Gard. Edinbgh., VIII., 54 (1913). **Y.**: Laubwald beim Tempel Tjiungdschu-se bei Yünnanfu, Sandstein, 2200 m (SCHOCH 260).

I. Hancockii CRB., l. c., 53. Steppen der str. und wtp. St. auf Kalk und Sandstein, 1600—2550 m. **Y.**: Bei Lidjiang, v. E. (4037). Im NE bei Lagu (MAIRE) und Djintschungschan (M. ex Arb. Arn. 428). **S.**: Jenseits des Sees von Ningyüen (1319). S ober Lumapu ne von Yenyüen (4206).

I. atropurpurea BUCH.-HAM. **Kw.**: Gebüsche der wtp. St., 600—1500 m. An der Südseite des Hwatjiao-ho-Tales zwischen Dschenning und Hwangtsaoba (10358). Hwagong bei Langtai (SCHOCH 400). Im SE bei Gudschou unter dem nach Tschaimou führenden Sattel.

Blättchen ausgesprochen schmal eiförmig und im Umriß spitz, wie in Bot. Mag., Taf. 3065.

Psoralea L.

P. corylifolia L. **Y.**: Raine und Gebüsche der str. St. auf Mergel und Sandstein, 1150—1575 m. Dungdien bei Yüenmou (5009) und Wumo im Becken s des Yangtse nw von Yünnanfu. Beyendjing (TEN 313 ex hb. Berol.) und Hwangdjiaping (6376) ne von Dali.

Tephrosia Pers.

T. purpurea (L.) Pers. * var. ***maxima*** (L.) Bak. in Hook., Fl. Brit. Ind., II., 113 (1876). Steppen der str. St., 1000—1800 m. **Y.**: Zwischen Yüenmou und Yanggai nw von Yünnanfu, Mergel, 9. IX. 1914 (5005) und darunter bis gegen Lunggai auf Granit (phot.). **S.**: Datung am Yalung, 27° 41′.

Millettia Wight et Arn.

M. velutina Dunn in Journ. Linn. Soc., Bot., XLI., 149 (1912). Feuchte Gebüsche, Hecken und trockene Hänge der str. und wtp. St. auf Kalk, Mergel, Sandstein und Schiefer, 1250—2200 m. **Y.**: Schuidsai bei Djiangying ne von Dali (Talifu) (6442). Im E von Yiliang (10123) bis Djiangdi an der Grenze von **Kw. S.**: Zwischen Datung und Delipu am Yalung, 27° 43′ (2042).

M. pulchra (Colebr.) Kurz var. ***typica*** Dunn f. ***laxior*** Dunn, l. c., 151. **E-Y.**: In der wtp. St., 1600—1900 m. In Steppen der Hänge ober Hsiaodukou bei Yiliang (10119) und in trockenen Gebüschen der Berge zwischen Bantjiao und Djiangdi mehrfach (10234).

— — var. ***yunnanensis*** (Pamp. p. p.) Dunn, l. c., 152. **Y.**: Yünnanfu, in der wtp. St. an Tempeln und Kanälen der Ebene, 1900 m (Schoch 45).

M. oosperma Dunn, l. c., 157 (1912). SW-**Kw.**: im wtp. Walde unter Gwanling (früher Muyu), Kalk, 1150 m (10404).

Der längste Zahn der Kelchunterlippe ist nur 2 mm lang. Die sich erst öffnenden Blüten sind nur 6 mm, ihre Stiele nicht über 3 mm lang. Blättchenstiele nur 2 mm lang. Sonst völlig stimmend, so daß ich mich nicht getraue, die Pflanze abzutrennen.

M. reticulata Benth. **H.**: Gebüsche der str. St. auf Kalk, 150—200 m. Lengschuidjiang am Tsi-djiang ober Hsinhwa (12702). Schitjidian-se zwischen Yungdschou und Hsinning (11290). **Ki.**: Um Pinghsiang, c. 600 m (Plt. sin. 255). Im SE an felsigen Stellen am Wuhwa-schan bei Ningdu, c. 800 m (Plt. sin. 449).

Kelche an 449 schon ziemlich dicht pubeszent.

M. Dielsiana Harms. In üppigen Wäldern, trockenen Mischwäldern und in Gebüschen der str. und wtp. St., 600—2700 m. **Y.**: Taihwa-se bei Yünnanfu (Schoch 157). Ober Lagatschang in der Schlucht des Yangtse n von hier (748). Hosaodien e des Dsolin-ho (6217). Zwischen Hwangdjiaping und Piendjio ne von Dali (6367). Schidsilu ober Yungbei (3326). Wohl auch diese im birm. Mons. unter Niualo am Salwin, 28° 4′. Im E zwischen Loping und Bantjiao. **Kw.**: Im Karst um Nanmutschang und Taiping. Madjiadwen se von Guiding. SW-**H.**: Yün-schan bei Wukang (11196). W-**Ki.**: Um Pinghsiang (Plt. sin 208). W-**F.**: Fuß des Tienhwa-schan w von Dingdschou (Plt. sin. 408).

Die jungen Blätter glänzen an allen Exemplaren im getrockneten Zustande entgegen der Beschreibung sehr stark.

M. pachycarpa Benth. SW-**Kw.**: Wald der obersten str. St. ober der Brücke Baling-tjiao gegen Muyu, 800—1000 m (10422). **S.**: In der str. St. an Bächen bei den Dörfern Podjia und Dungdseling am s Zuflusse des Djientschang gegen Huili, 1550 m (1064). Nantschwan (Bock u. Rosthorn 744).

Craspedolobium HARMS
in Rep. sp. n., XVII., 135 (1921)

C. Schochii HARMS, l. c. **Y.**: Üppige Gebüsche der str. und wtp. St., 1550—2300 m. Bei Yünnanfu im Tale gegen den Mangan-schan (SCHOCH 261, Typus). N von hier an Bächen zwischen Hsiao-Magai und Hsiaodsang überall. Zwischen Luföng und Laoyagwan und von Bupeng bis Dschaodschou an der Straße von Yünnanfu nach Dali (8598). Überall viel zwischen Fumin und Schayidjia n von ihr. Im S am Aufstieg zum Sattel am Wege von Möngdse nach Manhao.

Die von mir gesammelten Pflanzen haben ganz reife Früchte, nach denen die Beschreibung ergänzt sei: Legumen ad 9 cm longum et 15 mm latum, dense fulvido sericeo-velutinum; semina ad 7, lenticularia, 5 mm diametro, badia, levia, nitida.

Wisteria NUTT.
(*Kraunhia* RAF.)

W. sinensis (SIMS.) SWEET. **H.**: Gebüsche der str. St. bei Tschangscha, Sandstein, 30—50 m (11605).

Brakteolen vorhanden, fadenförmig, bis zur Länge des Kelches, sehr abfällig. Kleinblütige, lockere Trauben kennzeichnen die wilde Pflanze.

** ***W. praecox*** HAND.-MZT. in Sitzgsanz. Ak. W. W. Wien, LVIII., 177 (1921).

Frutex scandens robustus, ramulis hornotinis hirtello-velutinis, vetustioribus glabris cortice cinereo longitudinaliter rimuloso. Gemmae crassae, 6—9 mm longae, perulis exterioribus latis, ovatis, coriaceis, spadiceis, glabris, interioribus herbaceis lanceolatis, fulvo-comatis vel reductis penicillatis. Ramuli folia floresque gerentes breves, crassi, saepe ramosi, gemmis onusti. Folia numerosa, approximata, sub anthesi conduplicata valde argenteo-micantia, post anthesin denique expansa, 14—20 cm longa, petiolo 2,5—3 cm longo, cum rhachide petiolulisque 2—4 mm longis hirtello; stipellae 2—3 mm longae, filiformes, longe ciliatae; foliola (4—) 5—6 juga, ovato-lanceolata, $\pm$ 5—5,5 $\times$ 2—2,5 cm, infima breviora, longe angustata, paulum acuminata, apice obtusissimo mucronulata, basi subaequali truncata vel subcordata, terminale longipetiolulatum angustatum, herbacea, subconcoloria, subtus dense, supra paulo laxius longiusque adpresse sericea, costa supra puberula vix sulcata, cum nervis utrinsecus 4—6 tenuibus valde obliquis arcuatis vix anastomosantibus utrinque prominula, venularum reti denso utrinque conspicuo. Racemi singuli, sessiles, patuli, densiuscule $\pm$ 30 flori, 12—16 cm longi; rhachis rigida et pedicelli (sub alabastris erecti) squarroso-patuli, 1½ mm crassi, floriferi et fructiferi 12—17 mm longi breviter hirtello-velutini. Bracteae racemos juveniles strobiloideo-comantes, longe ante anthesin deciduae, membranaceae, rubellae, venosae, late ovatae, acuminatae, c. 12 mm longae, extus et praesertim apice fulvo longipilosae. Bracteolae desunt. Calyx herbaceus, sericeo-velutinus, primum campanulatus, florifer cupularis, 7—9 mm latus, obliquus, supra fere rectangulo-gibbosus, infra in dentem medium 2—3 mm longum variabilem, triangularem vel apice vel totum subulatum et laterales breviores fere ad dimidiam longitudinem fissus, supra 4—5 mm longus, integer vel distincte bidenticulatus Corolla intense rosea vel rubroviolacea; vexillum orbiculare 2,2 cm diametro, emarginatum, brevissime unguiculatum;

alae paululum et carina aliquantum breviores tenuiter et longius unguiculatae, 7—8 mm latae, illae obtusae, basi acute auriculatae, haec rotundata apice sat profunde obtuse bidentata. Filamenta a flexione libera. Ovarium crasse velutinum; stylus parce longipilosus. Fructus juvenilis cum stipite brevi indistincto gilvo-tomentosus, curvatus, stylo coronatus.

H.: In offenen Wäldchen der str. St. bei Tschangscha, 100—150 m, auf Sandstein, zwischen Hsingaipu und dem Fluß, 10., 23. IV. 1918 (11678, Typus) und am Gu-schan, 14. IV. 1918 (11623). W-Hubei, IV. 1901 (WILSON, Veitch Exp. 2712: Mus. Wien). Nganhui: Nanking, an einem Tümpel, 6. IV. 1931 (CHEN u. TENG 3971).

Proxima *W. venusta* REHD. et WILS. differt pedicellis longioribus, floribus albis cum foliis coëtaneis, petiolis longioribus, foliolis maioribus acutissimis indumento diversis. *W. villosa* REHD. iisdem characteribus praetereaque indumento longius distat. *W. sinensis* et *floribunda* (WILLD.) DC. jam teneritate imprimis pedicellorum, foliis coëtaneis glabrescentibus, jam juvenilibus multo minus pilosis, foliolis basi angustatis vel vix rotundatis florumque colore magis discrepant.

Sesbania SCOP.

S. aculeata (WILLD.) PERS. An Gräben und im Sand von Bächen in der str. St. auf Mergel und Sandstein. Y.: Um den Yangtse nw von Yünnanfu zwischen Yüenmou und Hailo, 1050—1350 m (5022) und bei Hsintschwang, 1050 m. S.: Panglingkou am Yalung zwischen Huili und Yenyüen, 1150 m.

Colutea L.

C. Delavayi FRANCH. S.: An Hängen eines Tälchens der trockenen str. St. bei Datjiaoku unter Kwapi am Yalung n von Yenyüen, Phyllit, 2125 m (2713).

Caragana LAM.

C. Chamlagu LAM. H.: Gebüsche der str. St. bei Tschangscha gegen den Gu-schan, Sandstein, 60 m (11625). Y.: Ober Butji bei Yünnanfu in der wtp. St., 2000 m (SCHNEIDER 214). Im NE bei Dungtschwan (MAIRE, distr. BONATI 7286). W-S.: Wa-schan s von Yadschou (WEIGOLD).

C. brevifolia KOM. var.? NW-S.: Gebirge um Sungpan (WEIGOLD).

Blättchen meist lineallanzettlich, bis 1 cm lang, am Rand etwas behaart. Blütenstiele dichter weißlich behaart. Kelch etwas größer; seine Zähne auch auf der Fläche etwas behaart. Bumenkrone etwas größer, trüb gelb. Trotzdem noch *C. brevifolia* am ähnlichsten.

C. jubata (PALL.) POIR. NW-Y.: Gesteinfluren der Hg. St. auf dem Waha bei Yungning, Kalk, 4300—4500 m (7103). Bei Lidjiang, v. E. (4043). Atendse am Mekong, 3500—4200 m (GEBAUER).

C. Franchetiana KOM. NW-Y.: Lidjiang, v. E. (4044). Hier massenhaft in der tp. St. im Kies trockener Bachbetten bei Ngulukö, 2800—3000 m. Wohl auch diese viel im alten Seebecken von Hsiao-Dschungdien, 3400 m, und sonst mehrfach, doch können sich die Notizen auch auf andere Arten beziehen.

Das gesammelte Exemplar sicher die Art im Sinne REHDERS, der in Journ. Arn. Arb., XIII., 326 *C. Komarowi* LÉVL. damit identifiziert. Diese hat allerdings nicht den von KOMAROW beschriebenen und abgebildeten Zahn am oberen Rande der Flügel. Ein Original habe ich nicht gesehen.

C. Limprichtii HARMS in Rep. sp. n., Beih. XII., 417 (1922) hat einen stärker behaarten Kelch und schmälere Fahne, steht aber ihr sonst sehr nahe. Ihre Zweiblütigkeit dürfte wenig konstant sein.

C. bicolor KOM. S.: Trockene Stellen der tp. St. auf Tonschiefer, 3150 bis 3200 m. Ober Wadi bei Kwapi (2507) und bei Molien jenseits des Yalung (2550) n von Yenyüen.

Besonders auf Grund der Dorne und der schmalen Fahne hierher gestellt. Blüten sehr oft einzeln, aber immer auf mit Braktee versehenen pedunculus. Ein oberseitiger Zahn an den Flügeln in wechselnder Ausbildung vorhanden. Das aus Leningrad mir freundlichst geliehene Original von Fubian hat Blattspindel und Blütenstiele mehr anliegend behaart, ist aber in wenig vergleichbarem Entwicklungszustand.

C. Boisi C. SCHNDR. S.: Im trockenen str. Walde ober Helugö unterhalb Kwapi n von Yenyüen, Tonschiefer, 2325 m (2465).

Calophaca FISCH.

** ***C. polystichoides*** HAND.-MZT.

Caudex crassus, brunneus, caules multos usque ad 20 cm longos tunc breviter ramosissimos et prostratos c. 5 mm crassos cicatricosos et petiolis cum rhachidibus obtusis persistentibus fuscis cinctos edens. Folia 3—10 cm longa, 18—20 jugo pinnata; rhachis latiuscula, longiuscule albido- vel ferrugineopatentipilosa glabrescens; foliola sessilia, subcontigua usque imbricata, patula, oblique ovata vel subrectangularia, 2—6 mm longa, longitudine sesqui- usque triplo angustiora, rotundata saepeque minute emarginata, basi truncata inferne producta, subcoriacea, supra atroviridia nitidula sicca rugulosa, subtus glauca, glabra vel raro margine revoluto parcissime pilosa, costa subtus distincta, nervis indistinctis; petiolus 5—30 mm longus rhachi par. Stipulae oblongo-lanceolatae, 7— demum 20 mm longae, flavido-subscariosae, basi lata petiolo alte adnatae, longe ciliatae. Flores axillares solitarii. Bracteae late lanceolatae, ut pedunculi 5—6 mm longi supra medium articulati longe albido-pilosae, ceterum stipulis similes. Bracteolae binae plerumque supra articulationem, lineari-lanceolatae, c. 5 mm longae. Calycis tubus 1 cm longus, 3—5 mm latus, obliquus, basi excepta glabrescens; dentes triangulares, 4—5 mm longi, longe ciliati. Corolla lutea; vexilli c. 25 mm longi limbus suborbicularis, extus pilosulus, sensim in unguem aequilongum attenuatus; alae c. 22 mm longae, oblongae, rotundatae; carina paulo brevior, obtusa. Legumen cylindricum, 17 mm longum, 4 mm latum, acuminatum, lignosum, brunneum, glabrum, endocarpio albo-spongioso fissili, stylo 1 cm longo sparse piloso.

Felsen und steinige Matten der Hg. bis zur tp. St. NW-Y.: Bei Lidjiang, jedenfalls am Yülung-schan, 1914—1916, v. E. (4045, Typus). Beima-schan zwischen Yangtse und Mekong, 28° 18′, 4380 m (FORREST 20716). Ne von Atendse, 4250—4520 m (F. 20069). S.: Lungdschu-schan bei Huili, Diabas, 3600—3675 m (959, vorjährige Reste).

Proxima *C. crassicaulis* (BENTH.) KOM. in monte Yülung-schan etiam obvia (FORREST 10165) differt dense pilosa, foliolis 7—12 jugis aequalibus basi rotundatis, propter internodia longiora vix vel haud imbricatis, oblongo-ellipticis, mucronulatis, tenuioribus, pedunculis ad 3 cm longis, bracteolis subulatis versus 1 cm longis, legumine hirsuto.

Gueldenstaedtia FISCH.

G. Delavayi FRANCH. (*Astragalus Cavaleriei* LÉVL. in Bull. Ac. int. Géogr. Bot., XXIV., 50 [1915], e typo). Raine, Heidewiesen und Föhrenwälder der wtp. und str. St., 1450—2700 m. **Y.**: Lidjiang (6620). Im E e von Yiliang. Im NE (MAIRE, distr. BONATI 7132). Bei Lagu (M.). **S.**: Dötschang im Djientschang (1111). Im Becken von Yenyüen (2231). Oti und Datjiaoku über dem Yalung n von hier. Im W auf dem Wa-schan s von Yadschou (WEIGOLD, ob *pauciflora* [PALL.] FISCH. ?).

G. diversifolia MAXIM. Gebüsche und Heidewiesen der tp. St., 2800 bis 3400 m. **S.**: Zwischen Yenyüen und Yungning unter Yiwanschui am Daörlbi (2928) und ober Fumadi am Woloho (3066). Ober Dapingdse zwischen Muli und Yungning. Im NW auf Gebirgen um Sungpan (WEIGOLD). **NW-Y.**: Duinaoko e von Lidjiang. Viel bei Dugwan-tsun und Dungapi se von Dschungdien. Diese aber vielleicht folgende Art.

G. yunnanensis FRANCH. **NW-Y.**: Ngulukö bei Lidjiang, auf Kalk in der tp. St. auf Sumpfwiesen (4238) und an felsigen Stellen (6688), 2820—3400 m.

G. coelestis (DIELS) SIMPS. in Not. R. Bot. Gard. Edinbgh., VIII., 263 (1915) (*Astragalus c.* DIELS, l. c., V., 244 [1912]). **NW-Y.**: Wiesen der ktp. St. auf Kalk. Ndwolo am Yülung-schan bei Lidjiang, 3500 m (6681) und Mahaidse n von hier, 3675 m.

Astragalus L.

A. sinicus L. In der str. und wtp. St., 200—2100 m. **H.**: Häufig auf Grasplätzen um Hsikwangschan bei Hsinhwa (11956). Im SW bei Wukang (Plt. sin. 82). **Y.**: An Rainen und Gräben um Yünnanfu (199; SCHOCH 58). Im S vom Passe s Möngdse hinab bis Yaotou. **S.**: An Bächen bei Ningyüen (1286) und bei Lugweyinba im Lolo-Lande e von hier.

A. complanatus R. BR. ** *var. eutrichus* HAND.-MZT.

Folia ad 4 cm tantum longa. Foliola subtus densius et longius quam in typo et partim patenter pilosa. Pedunculi foliis multo longiores. Calycis tubus glabrior. Alae plerumque carina multo breviores.

NE-Y.: Ufer des Niulan-djiang, 2400 m, VIII (MAIRE: Mus. Wien, Typus). Lagu, 2400 m, IX. 1910 (MAIRE).

Das Vorkommen dieser nordchinesischen Art in NE-Yünnan ist sehr interessant, steht aber keineswegs vereinzelt da. Der Typus der Art hat auf der Unterseite der Blättchen fast schuppige Behaarung. Das Längenverhältnis der Flügel zur Fahne ist bei ihm auch einigermaßen veränderlich. Die Pflanze von Lagu ist in der Behaarung nicht so extrem, wie der Typus der Varietät.

A. tanguticus BAT., e descr. **NW-S.**: Gebirge um Sungpan (WEIGOLD).

A. Prattii SIMPS. in Not. R. Bot. Gard. Edinbgh., VIII., 244 (1915). Auf nackter Sandsteinerde der tp. und ktp. St., 3000—4000 m. **S.**: Paß zwischen

Yenyüen und dem Yalung, 27° 22′ (5386). Bei Muli unter der Alm Bädö und am Rücken n des nach Yungning führenden Passes Tschescha (7224). NW-Y.: Se von Dschungdien unter Baoschi bis jenseits des Passes Schulakadsa viel. Zwischen Alo und Hsiao-Dschungdien, hier auf Holzschlägen und trockeneren Wiesen auch auf Kalk, mit rötlichen Blüten (4613), während sonst dunkelviolett.

Stengel bis 15 cm lang. Blättchen 10 × 2 bis 9 × 5 und 14 × 6 mm, bei den beiden ersten Nummern oft spitzlich. Köpfe auch 6blütig. Fruchtknoten kahl, beim Typus in jüngerem Zustande weiß schuppenhaarig. Blütenfarbe war bisher nicht angegeben. Alle meine Pflanzen könnten in allen Merkmalen als zwischen *A. Prattii* und *A. camptodontoides* SIMPS., l. c., 240, aber dem ersten näherstehend angesehen werden.

A. dolichochaete DIELS, l. c., V., 245 (1912), e typo. NW-Y.: Üppige Wiesen der tp. St. am Be-schui bei Lidjiang, Kalk, 2950 m (4201).

Meine Pflanze nimmt in allen Merkmalen, auch in den ganz spärlichen, dicklichen, später verschwindenden Härchen der Fruchtknoten, eine Mittelstellung gegen *A. lichiangensis* SIMPS. ein.

A. sutchuenensis FRANCH. NW-S.: Gebirge um Sungpan (WEIGOLD).

Sehr kleine Exemplare, aber ohne wesentlichen Unterschied gegenüber WILSON, Veitch Exp. 383a, der von SIMPSON hierher gestellt wird.

A. nigrescens FRANCH. Trockene Stellen der wtp., tp. und ktp. St. auf Kalk, 2400—3800 m. Y.: Im NW im ehemaligen Seebecken Gaba bei Lidjiang (4210). Im NE am Wege von Yünnanfu nach Suifu bei Hungsi (MELL) und e von Dungtschwan (MAIRE).

A. polycladus FRANCH. NW-S.: Gebirge um Sungpan (WEIGOLD).

A. tataricus FRANCH. NW-Y.: Steiniger Rasen der Hg. St. auf Kalk am Osthange des Gipfels Unlüpe im Yülung-schan bei Lidjiang, 3700—4250 m (13107). NW-S.: Gebirge um Sungpan (WEIGOLD).

WEIGOLDs Pflanze hat die Blättchen bis 11paarig, mein einziges Individuum die Kelchzähne nicht 1 mm lang, beide haben ungefähr 16 Blüten in der Traube. Sonst stimmen sie mit Pflanzen aus Tschili und Schanhsi gut überein und können zu keiner anderen bekannten Art gestellt werden.

** **A. muliensis** HAND.-MZT. (Taf. IX., Abb. 3).

Sect. *Hemiphragmium* BGE.

Radix crassa, saepe plures fasciculatae, apice multiceps, perennis, multicaulis. Caules 30—60 cm longi, subdebiles, tenues, superne crassiores et quadranguli, pauciramosi, glabrescentes. Folia dispersa, ad 10 cm longa; foliola 5—8 paria cum impari, opposita vel alterna, subremota, elliptica vel oblongo-ovata, 5—25 mm longa, longitudine 2—3^{plo} angustiora, rotundata vel subemarginata, basi obtusa vel anguste rotundata, herbacea, supra glabra, subtus sparse et longe albido-strigosa costa paulum prominula nervis paucis obliquis; petioluli brevissimi, dense fusco-hirti; petioli inferiores saepe rhachi dimidia longiores, superiores brevissimi, ut illa angulati, parce et breviter hirti. Stipulae liberae, lineari-lanceolatae, c. 5 mm longae, acutissimae, pilosulae. Racemi plures, axillares, pedunculis ad 15 cm longis, laxiuscule multiflori (abnormaliter cum ramo quodam), rhachi superne ut pedicelli 1—3 mm longi dense fusco-villosa. Bracteae e basi latiore anguste lineares, ad 5 mm longae, ciliatae, persistentes. Bracteolae nullae. Calyx campanulatus tubo 4 mm longo, 2 mm lato, dentibus ventre approximatis subulatis 2 mm longis, extus dense et adpressiuscule fusco-villosulus, intus parce setulosus. Corolla 1 cm longa, flava (?), antice violascens; vexilli limbus erectus, obcordatus, ungue lato aequilongus; alarum eo paulo breviorum limbi oblongi, rotundati, basi superne cum appendice rotundato, ungue lato aequilongi; carinae iis brevioris limbus rotundatus, supra unguem latum eo aequilongum convexus. Stamina diadelphia. Ovarium stipitatum, dense et adpresse primum albo-pilosum, stylo crasso, glabro. Legumen juvenile ellipsoideum stipite longe exserto, planum, utrinque acutum, dense et adpresse fusco-pilosum, uniloculare, ovulis numerosis.

S.: Gebüschränder der ktp. St. unter dem Lagerplatze Tschako sw von Muli auf dem gegen Dschungdien führenden Rücken, Tonschiefer, 3950 m, 5. VIII. 1915 (7454).

Proximus in sectione videtur *A. Davidii* FRANCH. multo minor et glabrior, racemis brevibus, calycis dentibus brevissimis etc. Ob flores leviter tantum violaceos cum sect. *Cenantro* BGE. quoque comparandus, ubi *A. tongolensis* ULBR. similis videtur, qui caulibus crassis, stipulis bracteisque magnis, glabritie etc. differt.

A. Hancockii BGE. Syn.: *A. saxicola* ULBR. in Rep. sp. n., Beih. XII., 423 (1922), e typo. Die Angabe von zweischenkeligen Haaren ist falsch.

** ***A. dumetorum*** HAND.-MZT.

Sect. *Hemiphragmium* BGE.

Radix perennis, longa et crassa, multiceps, caules numerosos ascendentes, 45—90 cm longos, ramosos, superne angulatos, glabros edens. Folia dispersa, brevipetiolata, 10—17 cm longa; foliola 12—16 paria, opposita vel alterna, densiuscula, decrescentia, elliptica vel ovato-oblonga, 5—18 mm longa, triplo angustiora, rotundata et minute mucronulata, basi obtusa vel rotundata, supra glabra, subtus costa margineque longiuscule albo-pilosa, nervis ad 10 paribus irregularibus; petioluli 1—3 mm longi, brunneo-hirti. Stipulae liberae, ovatae, acuminatae, 1—2 cm longae, margine parce ciliatae. Racemi axillares, foliis ± aequilongi, dense multiflori, pedunculis duplo breviores, ut calyces fusco-strigosi. Bracteae lanceolatae, 5—7 mm longae, glabrae. Pedicelli 1—3 mm longi. Bracteolae nullae. Calyx campanulatus, tubo 2—3½ mm longo, duplo angustiore, dentibus tubum subaequantibus vel aequantibus, e basi triangulari lanceolatis. Corolla flava (e sicco), 8—10 mm longa; vexillum obovatum, emarginatum, subporrectum, in unguem duplo breviorem angustatum; alae eo paulo breviores, limbo elliptico ungue aequilongo basi cum auricula rotundata; carina iis aequilonga et similis. Stamina diadelpha. Ovarium stipitatum, glabrum. Legumen juvenile oblique ellipsoideum, longe acuminatum, semibiloculare, ovulis paucis.

S.: Steinige Gebüsche der ktp. St. an der Nordseite des von Muli gegen Dschungdien führenden Rückens, Tonschiefer, 3900 m und in der Jakmatte auf dem Passe Döko dort, 4350 m, 4. VIII. 1915 (7426).

Proximus videtur *A. monadelphus* BGE., qui e typo differt foliolorum jugis paucioribus, stipulis bracteisque latioribus, obtusis, ciliatis, staminibus monadelphis, legumine patule albo-piloso.

Trotz der ausgesprochen gelben Blütenfarbe dürfte diese Art hierher gehören und nicht zu *Diplothecae* BGE., wo sie mit *A. kialensis* SIMPS. zu vergleichen wäre, der aber nach der Beschreibung viel kleiner, mit kurzen Traubenstielen und grau behaart ist.

? *A. Przewalskii* BGE. NW-S.: Gebirge um Sungpan (WEIGOLD).

Es liegen die oberen Teile zweier Individuen vor, die voneinander beträchtlich abweichen. Das eine hat am Stengel weiße Haare, 6paarige, bis 18 mm lange, längliche, stumpfe Blättchen, abstehend behaarte Blütenstandstiele, breit lanzettliche Brakteen und bis 2 mm lange Blütenstiele; das andere schwarzhaarigen Stengel, ungefähr 15paarige, lanzettliche, meist spitze Blättchen, ziemlich angedrückt behaarte Blütenstandstiele, lineale Brakteen und 3 mm lange Blütenstiele. Das Original, das mir aus Leningrad freundlichst geliehen wurde, steht ungefähr zwischen diesen beiden. Seine Blütenfarbe ist nicht mehr erkennbar; hier ist sie gelblich.

A. yunnanensis FRANCH. NW-Y.: Steinige Rasenflecke der Hg. St. auf Kalk, 3750—4500 m. Osthang des Gipfels Ünlüpe im Yülung-schan bei Lidjiang (3516). Waha bei Yungning (7096). Die Pflanzen vom Beima-schan (FORREST 14412, 19587) nähern sich schon der folgenden Art.

A. tatsienensis BUR. et FRANCH. NW-S.: Gebirge um Sungpan (WEIGOLD). NW-Y.: Offene, trockene, steinige Matten der Mekong—Yangtse-Kette, 27° 36′, 4250 m (FORREST 19688).

** *A. Weigoldianus* HAND.-MZT.

Sect. *Phaca* (L.) BGE., subs. *Skytropos* N. D. SIMPS. in Not. R. B. Gard. Edinbgh., VIII., 255 (1915).

Caulis brevissimus, cataphyllis squamosis obsitus. Folia rosulata, 4—8 cm longa, petiolo 2—3,3 cm longo, ut rhachis angulato, sparsissime et longe albopiloso; foliola 6—10 juga, sessilia, opposita, marginibus subcontigua, late ovata, 3—6½ mm longa, paululo angustiora, rotundata et emarginata, basi truncatorotundata, crassiuscula, supra glabra, subtus in costa prominula parcissime et longe albo-pilosa, nervis 6—7 jugis obliquis subconspicuis. Stipulae lanceolatae 3—7 mm longae, quadruplo angustiores, liberae, viridulae, longe ciliatae. Scapus terminalis, c. 8½ cm longus, sparse albo- et fusco longipilosus. Racemus 2 cm longus, densus, rhachi dense nigro-pilosa. Bracteae lanceolatae, 5—6½ mm longae, calycis tubum ± aequantes, membranaceae, utrinque pilosae. Flores c. 12, nutantes, pedicellis 1—1½ mm longis, dense nigro-villosulis, bracteolis nullis. Calycis pilis longiusculis nigris adcumbentibus densiuscule vestiti tubus anguste campanulatus, c. 4½ mm longus; dentes lanceolato-subulati, c. 3 mm longi. Corolla violacea (partim albida?); vexillum 14 mm longum, limbo ovato, emarginato, in unguem latiusculum breviorem sensim attenuato; alae eo subaequilongae, oblongae, ungue tenui longiauriculato aequilongo; carina 15 mm longa, 4 mm alta, lamina supra unguem tenuem ea aequilongum breviter auriculata. Ovarium stipite aequilongo tenui glabro, oblongum, adpresse et longe albo- et fusco-sericeum, stylo superne nudo, stigmate dilatato.

NW-S.: Gebirge um Sungpan, 1914 (WEIGOLD).

Species proximae *A. skytropos* BGE. et *Licentianus* HAND.-MZT. in Österr. Bot. Zeitschr., LXXXII., 247 (1933) alis carina aequilongis valdeque indumento differunt.

** *A aurantiacus* HAND.-MZT.

Subgen. *Phaca* (L.) BGE., sect. *Hemiphaca* BGE.

Erectus, ad 65 cm altus, caulibus ramosis, striatis, adpresse et ut tota planta pilis basifixis albis vel nigris $\pm$ dense puberulis, glabrescentibus. Folia $1\frac{1}{2}$—4 cm longa, 7 jugo et summa 2 jugo imparipinnata, petiolo ad 5 mm longo; foliola elliptica vel obovata, 6—13 mm longa, emarginata et brevissime mucronata, basi obtusa vel subrotundata subsessilia, subtus densius quam supra breviter albido sericeo-puberula. Stipulae triangulares, 1—2 mm longae, membranaceae, basi connatae. Pedunculi axillares, 11—26 cm longi; racemi elongati, densi laxioresve, multiflori. Bracteae anguste triangulares, 2 mm longae, membranaceae, sparse pilosae. Pedicelli 1—$1\frac{1}{2}$ mm longi. Calyx subcampanulatus, obliquus, tubo $1\frac{1}{2}$ mm longo, dentibus brevioribus, inter se remotis, subulatis. Corolla aurantiaca (carina violascente? e sicco), 4—7 mm longa; vexilli limbus orbiculari-obcordatus, in unguem brevem subito attenuatus; alae eo breviores, oblongae, inaequaliter bilobae, auricula rotundata supra unguem angustum; carina iis paulo brevior, lata, margine ascendente et horizontali aequilongis, rotundata, supra unguem tenuem rotundato-auriculata. Stamina diadelpha. Ovarium brevistipitatum, glabrum, stylo longiusculo, stigmate dilatato. Legumen inflatum, 4 mm longum, 3 mm crassum, profunde didymum, semibiloculare, 4 ovulatum.

NW-S.: Min-Tal von Sungpan bis Tietschi, 20.—25. VIII. 1914 (WEIGOLD). W-Kansu: Hsinlung-schan und Maho-schan, 9. VII. 1918 (LICENT 4111, Typus), 10. VII. 1918 (L. 4254).

Habitu necnon colore florum simillimus *A. melilotoidi* PALL. affinibusque, qui differunt foliolis multo paucioribus. *A. puberulus* LED. e descriptione differt foliolis c. 9 jugis plurimis linearibus, racemis laxioribus, floribus paucioribus ad 9 mm longis, vexillo alisque pallide violaceis. *A. dependens* BGE. e typo multo brevior et a nro. nigropiloso 4111 indumento crasso subpaleaceo, pedunculis ad 5 cm racemis 4 cm tantum longis, alarum emarginaturis $^3/_4$ mm profundis diversus.

* **A. frigidus** (L.) A. GR. NW-Y.: An der Baumgrenze der Westseite des Piepun se von Dschungdien, Sandstein, 4200 m, 11. VIII. 1914 (4675). Wohl dieser ebenso auf dem Berge Schusutsu ober Bödö se dort, 4000 m. Vielleicht auch im birm. Mons. auf dem Schöndsu-la und Pongatong zwischen Mekong und Salwin.

Blüten werden beim Trocknen schwärzlichgrün. Sonst kein Unterschied gegenüber der Art, die bisher nur bis zur Mandschurei herab angegeben ist.

A. Englerianus ULBR. in Bot. Jahrb., XXXVI., Beibl. 82, 60 (1905); L., Beibl. 110, 14; in Notizbl. Bot. Gart. Berl., VIII., 88. S.: Gebüsche der wtp. St. bei Dindjia-tsun am Fuße des Lungdschu-schan bei Huili, Sandstein, 2400—2600 m (5220). W-Y.: Tengyüe (SCHNEIDER 2664).

Meine Pflanze ist lockerer und etwas kahler und hat etwas längere Blütenstiele als der Typus und trüb gelbe Blüten. Der Kelch ist auch hier recht lang und reichlich grau nebst bräunlich behaart und die Flügel sind etwas kürzer als die Fahne.

A. graveolens HAM. Syn.: *A. Bodinieri* LÉVL. in Bull. Ac. Géogr. bot., XXIV., 49 (1915), e typo. Die Angabe für Tschili (LIU in Bull. Pekg. Soc. Nat. Hist., II., 114) bezieht sich auf *A. complanatus* R. BR.

A. acaulis BAK. (*A. pseudoxytropis* ULBR. in Rep. sp. n., Beih. XII., 420 [1922], e typo). NW-Y.: Bei Lidjiang, v. E. (4042).

A. crassifolius ULBR., l. c., 421. NW-Y.: Offene steinige Matten der Mekong—Salwin-Scheidekette, 28° 12′, 3700 m (FORREST 14650).

Legumen (adhuc ignotum) sessile, oblique ovoideum, 12 mm longum, 7 mm crassum, apice latere ventrali subtruncatum, basi rotundatum, ventricosum, stylo 3—4 mm longo, violaceo-suffusum, pilis brevibus accumbentibus albis et nigris mixtis sparsiuscule indutum, biloculare, seminibus 4 reniformibus c. 3 mm diametro, fuscis.

FORRESTS fruchtende Pflanze stimmt in allem Vergleichbaren genauestens mit dem blühenden Typus. Warum ULBRICH die Verwandtschaft dieser Art, nachdem er die einfachen Haare gesehen hat, bei *Cercidothrix* sucht, ist unbegreiflich. Meines Erachtens gehört die Art zur Sektion *Hypoglottis* BGE., wo sie trotz der zweifächerigen Hülse *A. rigidulus* BENTH. am ähnlichsten ist.

A. bhotanensis BAK. in HOOK., Fl. Brit. Ind., II., 126 (1876). SIMPS. in Not. R. Bot. Gard. Edinbgh., VIII., 262 (*A. brachycephalus* FRANCH. — *A. hamulosus* LÉVL., e typo). In der wtp. St., 1900—2150 m. Y.: Yünnanfu (BODINIER 41). Schilungba hier (196). Hsinlung n von hier. Im NE in der Ebene von Dungtschwan (MAIRE). S.: Im Flußgeschiebe bei Tjiaodjio im Lolo-Lande e von Ningyüen (1640). Kw.: Hsingyi (BODINIER 1580).

— — ** var. ***montigenus*** HAND.-MZT.

Robustissimus, caulibus ad 1 m altis, foliolis ad 3 cm longis, racemi rhachi ultra 1 cm longa, floribus flavis vel violaceo-purpureis (e notis ad vivum), calycis longius densiusque sordide brunneo-pilosi dentibus pro tubo longioribus.

NW-Y.: Äcker der tp. St. zwischen Dsutoupo und Gwamaoschan am Wege von Yungbei nach Yungning, Sandstein, 2800—3000 m, 29. VI. 1914 (3299). Buschige Hochstaudenfluren der ktp. St. unter dem Passe Hwayanggo, 27° 29′, am direkten Wege von Lidjiang nach Yungning, Tonschiefer, 3500—3700 m, 12. VII. 1915 (7027, Typus).

A. scaberrimus BGE. W-S.: Wa-schan s von Yadschou (WEIGOLD).

Ein sehr bemerkenswertes Vorkommen dieser nordchinesischen Pflanze, von der ich an reichlichem Material große Veränderlichkeit beobachtete. *A. Giraldianus* ULBR. kann ich nach der Beschreibung nicht davon unterscheiden, obwohl ihn SIMPSON, der ihn sah, getrennt hält. Die von ULBRICH so bestimmten Nummern 19 und 100 SCHINDLERS sind *A. scaberrimus*.

Oxytropis DC.

O. yunnanensis FRANCH. Gehängeschutt und Matten auf Kalk. NW-Y.: Yülung-schan bei Lidjiang, auf den Moränen über der Matte Saba bis in die tp. St. herab, 3350—3650 m (6796). Westseite des Gebirges Piepun se von Dschungdien, Hg. St., 4300—4650 m (4694). Waldgrenze auf dem Berge Waha bei Yungning. S.: Unter der Alm Bädö bei Muli.

O. melanocalyx BGE. (?, ohne Früchte). NW-S.: Gebirge um Sungpan (WEIGOLD). Identisch mit LIMPRICHT 1979 (als *O. montana* L.).

O. kansuënsis BGE. NW-S.: Gebirge um Sungpan (WEIGOLD). Hierher auch LIMPRICHT 1684 (als *O. ochroleuca* BGE.).

Nach BUNGE sehr veränderlich, doch dürfte auch LICENT 4521 zu seiner weißlich seidigen Form gehören; es ist aber auch *O. ochrocephala* BGE. in Betracht zu ziehen, die schon nach ihm vielleicht zur sect. *Mesogaea* gehört.

O. Moellendorffii BGE. Syn.: *O. Limprichtii* ULBR. in Rep. sp. n., Beih. XII., 423 (1922), e typo. BUNGE kannte die Hülse nicht. ULBRICH reiht die Art auf Grund dieser in die richtige Sektion ein. Das Verhältnis der weißen Haare zu den schwarzen am Kelch ist recht veränderlich. An manchen Stücken von SERRE 2002 wiegen die weißen weitaus vor. Auch sind ihre Blätter stärker behaart als seine Nr. 605 und LIMPRICHTS Pflanze.

Glycyrrhiza L.

G. pallidiflora MAXIM. An Bächen und Hängen der untersten tp. bis in die obere str. St., 1875—2900 m. **S.**: Wali am Yalung n von Yenyüen (2600). Daschuitang im Becken von Yenyüen. Am Wege von hier nach Yungning um Gaitiu und Sandjia-tsun (3071) und gegen Tschoso. **Y.**: Ebene von Yungning. Hsinyingpan s von hier. Tienwei bei Djientschwan. Yüno bei Ndaku n von Lidjiang. **S.**: Hosö w von Yungning.

Hedysarum L.

Clavis analytica *Hedysarorum* herbaceorum sinensium. (Sect. *Gamotion* BAS.).

1. a) Flores erecti, rubri, sessiles vel brevissime pedicellati. Vexillum carina aequilongum vel longius. Alae ea tertia parte breviores, latae. Carina lata, angulo recto. Legumen pilis complanatis paleaceis obsitum praetereaque interdum aculeatum: *1. Gmelini.*

b) Flores patentes vel penduli. Alae angustae. Carina angulo inferiore maiore quam recto. Legumen glabrum vel pilis veris tenuibus obsitum: 2.

2. a) Alae vexillo duplo breviores. Hoc carina multo brevius. Legumen dense aculeatum denseque hirtum, exalatum. Foliola parva: *2. brachypterum.*

b) Alae vexillo longiores vel paulo breviores. Legumen plerumque $\pm$ alatum, inerme: 3.

3. a) Vexillum alis carinaque paulo longius. Haec 3 mm alta, margine inferiore recto vel paululum convexo, superiore paulum convexo. Flores rosei, densissimi, $\pm$ 15 mm longi, inferiores penduli. Pedicelli calycis tubo c. duplo breviores. Calyx basi latus, superne rotundatus et glabrior et coloratus; dentes inter se subaequales: *12. inundatum.*

b) Vexillum carina brevius. Legumen (quale e China notum) glabrum. Calycis dens infimus dentibus mediis triangularibus fere vel ultra duplo longior, linearis, non acuminatus. Racemi laxi pedicellis filiformibus: 4.

c) Vexillum carina brevius. Legumen pilosum. Calycis dentes subaequales aut, si tam inaequales, omnes antice subulati: 6.

4. a) Foliola 3—6 paria. Leguminis articuli trigoni, 6—7 mm lati, ventre fere recti vel leviter angulati, angulo dorsali angustissime tantum rotundati. (Flores ignoti): *.7 trigonomerum.*

b) Foliola 7—11 paria. Leguminis articuli elliptici, subaequilaterales, usque ad 5 mm lati: 5.

5. a) Flores pallide flavi: *6. esculentum.*
b) Flores rosei: *3. alpinum.*
6. a) Calycis dentes sinubus rotundis inter se valde remoti, antice subulati. Caulis tenuis et rigidus, interdum ramosus. Racemi longi, pedicellis filiformibus. Legumen appresse brevipilosum, c. 5 mm latum, laxe reticulato-venosum: 7.
b) Calycis dentes sinubus angustis contigui, subaequilongi. Caulis simplex crassior, aut brevis et tenuis: 9.
7. a) Calycis dentes inter se aequales, tubo sesquilongiores. Foliola 3—10 paria. Flores rosei, c. 15 mm longi: *4. Smithianum.*
b) Calycis dens infimus ceteris multo longior. Foliola (foliis summis exceptis) 8—10 paria: 8.
8. a) Flores pallide flavi, c. 17 mm longi: *8. polybotrys.*
b) Flores rosei, c. 15 mm longi: *5. chinense.*
9. a) Foliola 15—23 paria, ovato-linearia. Racemi laxi. Pedicelli filiformes. Flores flavi, c. 17 mm longi. Calyx basi subacutus. Indumentum breve et adcumbens: *9. thiochroum.*
b) Foliola ad 16 paria tantum: 10.
10. a) Flores flavi. Calyx basi oblique rotundatus; tubus $3\frac{1}{2}$—$4\frac{1}{2}$ mm longus. Foliola ovata usque ovato-lanceolata, 10—24 mm longa. Indumentum longiusculum, laxum: *10. limitaneum.*
b) Flores rosei usque atropurpurei (albinis exceptis): 11.
11. a) Caulis fistulosus, $3\frac{1}{2}$—7 mm crassus, usque ad $1\frac{1}{4}$ m altus. Foliola 2—4 cm longa. Bracteae ultra 1 cm longae. Corolla 18—30 mm longa, carina $4\frac{1}{2}$—6 mm alta. Legumen 8 mm latum: *11. fistulosum.*
b) Planta multo minor et tenerior. Foliola non ultra 19 mm longa. Bracteae maximum 1 cm longae. Legumen non ultra 5 mm latum: 12.
12. a) Pili imprimis calycis et longiores leguminis 1 mm longi. Flores (18—) 20—25 mm longi. Pedicellus versus $\frac{1}{2}$— maximum $\frac{2}{3}$ calycis tubi aequans. Vexillum alis $\pm$ brevius, quam carina multo brevior. Carina margine superiore paulum convexa, ambitu igitur subregulariter clavata. Racemi densi, rhachi brevi: 13.
b) Pili maximum paulo ultra $\frac{1}{2}$ mm longi. Flores usque ad 21 mm longi, glabri. Carina margine superiore recta vel paulum concava, ambitu igitur sursum curvata videtur. Racemi laxiores: 15.
13. a) Flores inferiores penduli, racemus igitur saepe longiusculus videtur, multiflorus et superne densissimus. Corolla glabra. Carina $4\frac{1}{2}$, raro ad $5\frac{1}{2}$ mm lata, margine superiore distincte convexo et angulo inferiore plerumque late rotundato. Foliola 9—13 paria: *15. tanguticum.*
b) Flores patuli, non ultra 7. Foliola usque ad 7 paria: 14.
14. a) Corolla glabra. Carinae 6—8 mm latae angulus inferior plerumque paulum ultra 90°, margo superior rectiusculus. Foliola utrinque laxius densiusve sericea: *16. pseudastragalus.*
b) Alae apice ciliatae. Carinae forma *H. tangutico* similior. Foliola subtus tantum in costa pilosa et margine ciliata: *17. blepharopterum.*
15. a) Foliola maximum ad 9 paria. Pedicelli calycis tubo aequilongi, raro summi paulo breviores. Carinae angulus inferior paulum ultra 90°: *18. tuberosum.*

b) Foliola in foliis maioribus 10—16 paria, oblongo-elliptica. Carina 3—4½ mm lata, angulo superiore angustissime tantum rotundato, inferiore variabili, sed paulo tantum infra 135°. Corollae habitus *H. obscuri (hedysaroidis)*: 16.

16. a) Pedicelli calycis tubum dimidium ± aequantes. Bracteae saepe suborbiculares. Alae et vexillum carina subaequilongae, imo illae paulo longiores: *14. Limprichtii.*

b) Pedicelli calycis tubum totum ± aequantes, sub fructu autem calycem totum (in var. *rigido* longiores). Bracteae vulgo angustiores. Vexillum carina multo (usque ad sesqui-) brevior, alis brevior vel longior: *13. sikkimense.*

Es war insbesondere die Unsicherheit, die sich in der Bestimmung verschiedener Pflanzen als *H. tongolense* durch seinen Autor selbst zeigte, welche mich veranlaßte, das ganze leichter erreichbare chinesische Material der krautigen *Hedysarum*-Arten zu revidieren, und ich bin dafür außer den schon im Vorwort genannten Herbarleitern auch den Herren Direktoren SAVICZ in Leningrad und SAMUELSSON in Stockholm sehr dankbar. Die unten gegebene Gliederung der meiner Arbeit fernerliegenden Gruppe des *H. alpinum* ist allerdings nur als vorläufige anzusehen. Vor allem ist in der Natur oder an sehr großem Material gleicher Populationen zu beobachten, ob Kahlheit und Behaarung der Hülsen und gelbe und rote Blütenfarbe wechseln. Vorläufig kann ich dies nicht annehmen, obwohl *H. hedysaroides* (L.) SCHZ. et THELLG. entschieden kahl und behaart variiert und seine var. *pseudo-Phaca* BVD. et RUDIO nach Bull. Soc. bot. Genève, 2. s., XX., 483 ebensoviel blaßrosa wie gelblich vorkommt.

1. H. Gmelini LEDEB. in Mém. Ac. sci. St. Pétbg., V., 551 (1812). Schenhsi (POTANIN nach FEDTSCHENKO in Act. Hort. Petr., XIX., 278 [1902], var. *adscendens* LEDEB.). N-Kansu (LICENT 3817).

2. H. brachypterum BGE. Tschili: Swenhwa (BUNGE).

3. H. alpinum L., Sp. pl., 750 p. p. (1753) (*H. sibiricum* POIR., sensu LEDEB., Fl. Ross., I., 707 [1842]. — *H. elongatum* FISCH. ap. BASINER in Bull. phys.-math. Ac. St. Petbg., IV., 311 [1845], nach dem Index des Separatums der vollständigen Arbeit [1846] eine willkürliche Namensänderung für *H. alpinum*, das er im Text nicht erwähnt). China (PURDOM: Herb. Kew).

*4. ** H. Smithianum* HAND.-MZT.

Caulis tenuis, rigidulus, elatus, saepe ramosus. Folia superiora ad 9 pari pinnata (inferiora desunt); foliola ovato-lanceolata, usque ad 37 mm longa, obtusa, minute mucronato-apiculata, herbacea, subtus ut tota planta laxiuscule et breviter adpresse pilosa, nervis ad 20 paribus subirregularibus. Stipulae, quales adsunt, lanceolatae, ad 1 cm longae, liberae, brunneo-membranaceae. Racemi breviuscule pedunculati, laxissimi, multiflori. Bracteae lanceolatae, membranaceae, pedicellis tenuibus c. 4 mm longis duplo breviores. Bracteolae subulatae, calycis tubo duplo breviores. Calycis tubus 3—3½ mm longus, basi latiuscule rotundatus; dentes inter se aequales, eo sesquilongiores, sinubus rotundis inter se valde remoti, antice subulati. Corolla rosea, c. 15 mm longa; vexillum alaeque angusta, subaequilonga; carina longior, 3—4½ mm alta, marginibus rectis divergentibus, angulo inferiore ± 120°. Legumen appresse brevipilosum, c. 5 mm latum, laxe reticulato-venosum.

Schanhsi: Bezirk Tschiehsiu, Hochgebirgswiesen auf dem Mienschanye, 2300 m, 3. X. 1924 (H. SMITH 7853). Von dort kult. in Göteborg.

Durch die Ausbildung des Kelches kommt die Pflanze am nächsten *H. polybotrys* var. *euodontum*, doch kann sie der Blütenfarbe halber nicht damit vereinigt werden.

5. *H. chinense* (FEDTSCH.) HAND.-MZT. (*H. alpinum* L. var. *chinense* FEDTSCH. in Act. Hort. Petr., XIX., 257 [1902] p. p.). N-S.: Honton, 13. VIII. 1885 (POTANIN).

Die Unterscheidungsmerkmale sind aus dem Schlüssel, Punkte 3c, 6a, 7b und 8b, zu entnehmen. Das fruchtende Exemplar vom 14. VIII. 1885 ist durch Kelch und kahle Hülse verschieden vom blühenden Typus. Solange die Blütenfarbe jenes nicht bekannt ist, muß ich es für identisch halten mit der folgenden bei Sungpan von WEIGOLD gesammelten Pflanze, deren Blütenfarbe auch nicht angegeben und nicht erkenntlich ist, und beide zu *H. esculentum* stellen.

6. *H. esculentum* LEDEB. (*H. alpinum* FEDTSCH., l. c., 253 p. p. — *H. a.* var. *japonicum* FEDTSCH., l. c., 255, 259, nom.). NW-S.: Gebirge um Sungpan (WEIGOLD, vorausgesetzt, daß die Blüten gelb sind).

Unter der angegebenen Voraussetzung mit japanischen Pflanzen, die MAXIMOWICZ so bezeichnete, identisch. LEDEBOURS Art ist auf GMELIN begründet, dessen recht grobe Abbildung die Kelchzähne allerdings gleich darstellt, nur an einer Blüte den obersten länger, was nicht zutreffen kann. Das einzige mir vorliegende sibirische Exemplar (von Irkutsk) hat alle Kelchzähne sehr kurz, aber den untersten dreimal so lang wie die anderen. Diese sind auch beim chinesischen Typus kurz dreieckig, die Blättchen eilanzettlich, die Hülsenglieder 4—4½ mm breit. Das folgende ist offenbar eine Form tieferer Lagen.

— — ** var. *taipeicum* HAND.-MZT.

Foliola plerumque latiora, elliptica. Calycis dentes longiores, medii enim tubo c. aequilongi dente infimo plerumque duplo tantum breviores, summi illis saepe breviores, pilosiores. Legumen ad 6 mm latum.

Schenhsi: Taipei-schan, 1910 (PURDOM: Hb. Kew); dort vom Fuße bis zur Mitte, VIII. 1893 (GIRALDI, Hb. BIONDI 1579); in der ersten Zone und am Fuß, 10.—20. VIII. 1894 (G., Hb. B. 618). Fuß des Pingngan-schan beim Taipei-schan, VIII. 1896 (G., Hb. B. 1578, Typus).

7. ** *H. trigonomerum* HAND.-MZT.

Herba ultra 50 cm alta, glabriuscula, caulibus tenuibus, rigidulis, subsimplicibus. Folia longiuscule petiolata, 8—13 cm longa; foliola 3—6 paria, remota, elliptico- usque ovato-oblonga, 12—25 mm longa, longitudine subduplo — subquadruplo angustiora, apice rotundata, basi late cuneata vel rotundata, brevipetiolulata, nervis secundariis 8—13^{nis} patentibus prominuis. Stipulae minutae. Racemi fructiferi c. 4 cm longi in pedunculis tenuibus longioribus, laxe multiflori, pedicellis 5—8 mm longis filiformibus. Calycis dens infimus dentibus mediis triangularibus c. duplo longior, linearis, obtusus. (Corolla ignota.) Leguminis glabri articuli ad 4, trigoni, 6—7 mm lati, ventre fere recti vel leviter angulati, angulo dorsali angustissime tantum rotundato.

Kansu: Drakana, Wiese, 15. VIII. 1930 (HUMMEL, HEDIN Exp. 4969: Hb. Stockholm).

Diese durch die Form der Hülsenglieder sehr ausgezeichnete Pflanze muß auch erst durch Auffindung der Blüten näher bekannt werden.

8. ** *H. polybotrys* Hand.-Mzt.

Differt a sequente caule interdum ramoso, tenuiore et rigidiore, ad 1,2 m alto, foliolis 6—12 paribus, calycis basi latioris ore magis obliqui dentibus superioribus breviter triangulari-subulatis inter se distantibus, infimo iis duplo longiore tubum dimidium tantum aequante. Leguminis articuli usque ad 5, suborbiculares, ad 5 mm lati, anguste alati, laxe adpresse brevipilosi, laxe reticulati.

W-China, Felsen, 2580 m, selten, VIII. 1903 (Wilson 3430). Kansu: Kardjingkou bei Alt-Taodschou, 3100—3400 m, 26.—31. VIII. 1923 (Ching: Hb. Kew, Typus). Bei Liangtang (Meyer 1734). Dschoni, 2730 m (Purdom 1051). Dalo-schan, trockene Hänge, 2800 m (Hummel, Hedin Exp. 3955). Im Tale Jowa, Berghänge (ebenso 4926). Oberes Tebbu-Land, Drakana, längs Bach, 2950 m (Rock 14607).

— — var. *euodontum* Hand.-Mzt.

Calycis dentes longi, inter se minus diversi, infimus tubo paulo usque dimidio longior.

N-Schenhsi: Gwanyin-schan, 20. VII. 1898 (Giraldi 4083). Laoyinschan bei Dsulu (G. 4216). Djifung-schan, IX. 1899 (G. 4086, Typus).

9. ** ***H. thiochroum*** Hand.-Mzt.

Caules floriferi e radice crassa perpendiculari multi, erecti vel geniculato-erecti, usque ad 75 cm alti, simplices, rigidi, angulati et striati, indumento ut totius plantae brevi et adcumbente albido, inferne cataphyllis siccis lanceolatis. Folia sessilia vel brevipetiolata, usque ad 11½ cm longa, (11—) 15—20 (—23), jugo imparipinnata, rhachi glabra vel subglabra. Foliola partim alterna, ovato-oblonga usque ovato-linearia, 10—20 mm longa, $\pm$ 4 mm lata, rotundata vel obtusa, brevissime mucronulata, basi rotundata, sicca chartacea obscure viridia, glabra vel subtus in costa paucipilosa, hac cum nervis 13—16^{nis} obliquis supra paulum impressa subtus prominula, petioluli c. 1 mm; longi, pilosuli. Stipulae oblongo-lanceolatae, saepe basi liberae, sursum ad ½ c. connatae, apicibus acutis, membranaceae, pilosae. Pedunculi folia aequantes, pilosi. Racemi usque ad 28 cm longi, laxiusculi, densius pilosi. Bracteae lanceolatae, 3—6 mm longae, brunneo-membranaceae, pilosulae. Pedicelli tenues, calyce subaequilongi, floriferi 3½—5 mm longi. Bracteolae subulatae, herbaceae, c. 1½ mm longae. Calycis campanulati basi subacuti tubus 2—2½ mm longus; dentes contigui, triangulari-lanceolati, acuti, paulum inaequales, infimus tubo aequilongus. Corolla sulphurea, c. 17 mm longa; vexillum oblongum, carina angustius, c. 12 mm longum, emarginatum, ungue lato indistincto; alae anguste oblongae, carina paulo longiores, auricula filiformi ungue quam limbus triplo breviore aequilonga; carina antice 3 mm alta, oblique truncata, apice rotundato breviter emarginata, margine inferiore paululum convexo, superiore rectiusculo, supra unguem tenuem breviter auriculata. Legumen juvenile densissime et brevissime indutum.

Gebüsche und üppige Wiesen der tp. und ktp. St. NW-Y.: Westseite des Gebirges Piepun se von Dschungdien, 3550—3650 m, 10. VIII. 1914 (4652, Typus). S.: Unter der Alm Bädö bei Muli, 3100—3500 m (7268).

Proximum *H. astragaloides* BENTH. differt foliolis ad 14 jugis maioribus et latioribus, subtus densius pilosis, bracteis bracteolisque longioribus, pedicellis brevioribus, calycis dentibus angustioribus et longioribus, corolla maiore, alis vexillo brevioribus.

10. ** *H. limitaneum* HAND.-MZT.

Caules floriferi e radice crassa perpendiculari multi, erecti, 17—40 cm alti, ad 4 mm crassi, simplices, pleni, multistriati, indumento ut tota planta longiusculo laxo albido. Folia sessilia vel brevipetiolata, usque ad 14 cm longa, 5—13 jugo imparipinnata. Foliola partim alterna, ovata usque ovato-lanceolata, 10—24 mm longa, longitudine 1½—5^{plo} angustiora, ± acuta vel rotundata, brevissime mucronulata, basi rotundata vel obtusa, sicca chartacea, supra glabra, subtus saepe violascentia, hic in costa densius pilosa, hac cum nervis 15—17^{nis} ± obsoleta; petioluli ad 1 mm longi. Stipulae oblongae, usque ad 2½ cm longae, ± alte connatae, apicibus acutis, brunneo-membranaceae. Pedunculi foliis subaequilongi. Racemi laxiusculi 3½—8 cm longi. Pedicelli calycis tubo ± aequilongi. Bracteolae subulatae, herbaceae, tubum calycinum ± aequantes. Calycis campanulati, basi oblique rotundati, densius pilosi tubus 3½—4½ mm longus; dentes lanceolati, acuti, paulum inaequales, infimus tubo usque ad sesquilongior. Corolla pallide flava, 17—21 mm longa; vexillum oblongum, carina c. quinta parte brevius illaque angustius, alis paulo brevius, integrum vel leviter emarginatum, ungue lato, indistincto; alae anguste oblongae, auricula filiformi ungue quam limbus c. 2½^{plo} breviore aequilonga; carina antice 3½ usque 5½ mm alta, ± oblique truncata, apice paulum pronus curvato anguste rotundata breviterque emarginata, margine inferiore recto, superiore deorsum paulum concavo, supra unguem tenuem breviter auriculata. Ovarium dense et breviter appresse pilosum. (Legumen ignotum).

NW-Y.: Im birm. Mons. in der Mekong—Salwin-Kette auf offenen steinigen Matten an Bachrändern, 3030—3330 m, 28° 12′, VII. 1917 (FORREST 14430, Typus). Dort am Kakerbo an Steilhängen, 4520—4800 m (WARD 836). Wo? Schutt, 3970 m, 27. VI. 1913 (W. 584).

Proximum *H. astragaloides* BENTH. differt foliolis usque ad 30 mm longis, alis vexillo brevioribus, legumine marginibus tantum fulvido-strigoso.

Der Unterschied in der Behaarung der jungen Frucht ist sehr bedeutend, zumal da außer der Verteilung der Haare ihre Farbe eine andere ist. Die blühende Pflanze zeigt nur geringfügige, aber wahrscheinlich konstante Unterschiede. Die Verbreitungsgebiete liegen so weit auseinander, daß ich spezifische Verschiedenheit für wahrscheinlich halte, die vielleicht durch größere Unterschiede in den noch nicht bekannten reifen Früchten bestätigt wird.

11. ** *H. fistulosum* HAND.-MZT.

Caules floriferi e radice crassa perpendiculari multi, erecti, usque ad 1,25 m alti, 3½—7 mm crassi, fistulosi, simplices, multicostulati, ut inflorescentia crispule cinereo-pubescentes. Folia sessilia vel brevipetiolata, usque ad 22 cm longa, (3—) 10—11 jugo imparipinnata; foliola partim alterna, ovato-oblonga usque ovato-lanceolata, 2—4 cm longa, usque ad 12 mm lata, rotundata usque acuta, breviter mucronulata, basi rotundata vel obtusa, herbacea, subtus breviuscule adcumbenti-pilosa, costa nervisque c. 16^{nis} supra leviter impressis subtus prominulis; petioluli c. 1 mm longi. Stipulae oblongae, ad 3 cm longae, ± alte connatae, apicibus acutis, brunneo-membranaceae. Pedunculi foliis breviores, validi. Racemi 2—13 cm longi, laxiuscule multiflori. Bracteae lanceolatae vel subulatae, ad 13 mm longae, brunneo-membranaceae. Pedicelli tenues, calycis tubo aequilongi. Bracteolae subulatae, membranaceae, calycis tubo longiores vel duplo breviores. Calycis campanulati basi superne truncato-rotundati tubus 3—6 mm longus, dentes triangulari-lanceolati, acuti, paulum inaequales, infimus tubo aequilongus vel paulo longior. Corolla purpurascenti-rosea, apice saepius violacea, carina interdum partim flavida, 18 usque versus 30 mm longa; vexillum oblongum carina angustius, alis subaequilongum, ungue lato indistincto; alae anguste oblongae, carina paulo breviores, auricula filiformi ungue quam limbus 2½plo breviore aequilonga; carina (4½—) 5—6½ mm alta, oblique truncata, apice obtuso breviter emarginata, margine inferiore paululum convexo, superiore rectiusculo, supra unguem tenuem, limbo c. duplo breviorem breviter auriculata. Legumen articulis 1—3, ellipticis, utrinque aequaliter angustatis c. 8 mm latis, membranaceis, nervis 2 irregulariter longitudinalibus et transversis marginem attingentibus 1—5 laxe reticulatum, pilis brevissimis sparse indutum, anguste alatum.

Im birm. Mons. in Gebüschen, an Waldrändern, in Schluchten, an Felshängen und auf steinigen Matten der Hg. bis in die tp. St., 2420—3830 m. In NW-Y.: Westseite der Schweli—Salwin-Kette, 25° 20′, VIII. 1912 (FORREST 8997, 9136, fr. Typus, F. 15935); 25° 30′ (F. 17621); 25° 48′ (F. 24731). Schweli-Tal, 25° 20′, IX. 1913 (F. 11981). Nmaika—Salwin-Kette, 26° 20′ (F. 18184). Hier in Ober-Birma: N des Djimili, 26° 40′ (FORREST 26815, bl. Typus). Djimili (FARRER 1174). Tschaotschi-Paß (F. 1931).

Proximum *H. cachemirianum* BENTH. differt indumento sparsiore longiore patulo, foliolis ad 13 jugis, saepe supra quoque pilosis, subtus saepe fuscis, subsessilibus, racemis confertis, carina usque ad 3½ mm tantum alta, vexillo ea alisque longiore, legumine 9—14 mm lato articulis utrinque late rotundatis latius alatis, densius pilosis densiusque reticulatis, nervis marginem attingentibus utrinque c. 12.

12. H. inundatum TURCZ. in Bull. Soc. Nat. Mosc., XV., 781 = Fl. Baic.-Dah., I., 337 (1842) (*H. obscurum* var. *inundatum* [TURCZ.] FEDTSCH. in Act. Hort. Petrop., XIX., 236 [1902]. — *H. o.* var. *connatum* FEDTSCH., l. c., saltem quoad pl. sinensem). Schanhsi und Tschili: Wutai-schan (HANCOCK 34; NYSTRÖM: Hb. Stockholm; CHANET 606; SERRE 2001, 2197). Hsiao-Wutai-schan (LIMPRICHT 2553; COWDRY 1701; MEYER 1178).

H. inundatum, von dem mir ein Original vorliegt, ist auf Blütenmerkmale begründet, die sich an recht reichem Material konstant erweisen, var. *connatum* ohne Korrelation damit auf Fruchtmerkmale, von denen dies keineswegs behauptet werden kann. Auch an Exemplaren aus den Alpen findet man nämlich sein Merkmal durch die ganze Hülse oder nur streckenweise ausgebildet, besonders schön z. B. auch bei CALLIER, Fl. Siles. exs. 22. KRYLOWS Typus vom Tannu-ola zeigt es aber auch nicht durchgehends. Eine systematische Einheit kann also darauf nicht begründet werden. Die chinesische Pflanze habe ich nicht gesehen, doch kann über ihre Zugehörigkeit kaum ein Zweifel sein.

13. ***H. sikikmense*** BENTH. (*Astragalus Mairei* LÉVL. in Bull. Ac. int. Géogr. Bot., XXIV., 49 [1915], e typo). Y.: Trockene Gebüsche und offene steinige Matten der Hg. bis in die tp. St., 3300—4500 m. Im NW am Osthang des Yülung-schan bei Lidjiang (Forrest 2744, 5823, 6210; Schneider 1947, 3170); hier an der Ostseite des Gipfels Ünlüpe (3529). Lopin-schan (Delavay). Ober dem Passe Yendsehai (D.). Die Notizen vom Lagerplatz Mahaidse n von Lidjiang, vom Berg Schusutsu und der Matte Da-Niutschang zwischen Bödö und Dschungdien wahrscheinlich hierher. Atendse (Ward 983). Kakerbo in der Mekong—Salwin-Kette (W. 852). **S.**: Paß Tschescha s von Muli und Berg Gonschiga sw von hier bis 4720 m vielleicht zu folgender Art.

Blättchen am Typus höchstens bis 13 paarig. Andere Merkmale sind etwas veränderlich. Kelchzipfel in Sikkim gleichlang der Röhre, in China ebenso oder kürzer oder länger, auch breiter oder schmäler. Behaarung der Kelchröhre oft schwach. Flügel $^3/_4$ des Schiffchens oder nur wenig kürzer als dieses. Fahne bald nur wenig kürzer, bald nur $^2/_3$ dieses. Der untere Winkel des Schiffchens veränderlich, aber, wie der obere, immer entschieden schärfer als bei *H. tongolense.*

— — ** var. ***rigidum*** Hand.-Mzt.

Radix simplex, dauciformis, caules fasciculatos, tenues, strictos, usque ad 40 cm altos edens. Foliola 12—15 paria, anguste elliptica, longitudine c. triplo angustiora. Pedicelli floriferi calyce toto subaequilongi, fructiferi eo usque subduplo longiores.

NW-**Y.**: Yülung-schan bei Lidjiang, 1914—1916, v. E. (4041, Typus). Offene Gebüsche am Ostfuße desselben, 17. VII. 1914, 3200 m (Schneider 1852), 3400 m (Schn. 3381), 3000—3500 m (Schn. 2915). Ebendort (Rock 4494).

Diese auffallende Varietät dürfte mit Standortsverhältnissen im Zusammenhang stehen.

Für *H. sikkimense* ist nicht das von Bentham hervorgehobene und von Fedtschenko verwendete Merkmal des gezähnelten Hülsenflügels maßgebend, denn dieser kommt bei *H. hedysaroides* ebenso, eigentlich nur gewellt, vor. Dieses hat das Schiffchen vom selben Typus wie *sikkimense*, aber es wird etwas breiter; seine Fahne ist im allgemeinen länger, die Blüten und die Blättchen sind größer, die Frucht ist immer viel schwächer behaart, insbesondere aber ist der Kelch stark gebuckelt, daher am Grunde breiter, oben gefärbt und kahl, sein Saum schief und seine Zähne sind ungleich. Die Wurzel ist, wie beim typischen *sikkimense* und allen verwandten Arten, reich verzweigt, aus rübenförmigen Teilen zusammengesetzt.

14. H. Limprichtii Ulbr. in Rep. sp. n., Beih. XII., 426 (1922). W-**S.**: (Pratt 651). Umgebung von Tatsienlu (Cunningham 186). Tongolo (Soulié 311, 2527). Dawo (Limpricht 1790).

Sehr nahe der vorigen Art, die ebenso rasenbildend vorkommt, aber durch die im Schlüssel angegebenen Merkmale zu unterscheiden und geographisch getrennt.

15. H. tanguticum Fedtsch. (*H. tongolense* Ulbr. in Bot. Jahrb., L., Beibl. 110, 19 [1913], e typo). NW-**S.**: Gebirge um Sungpan (Weigold; H. Smith 2559, 2685, 3281). Umgebung von Tatsienlu (Pratt 32, 602; Cunningham 373; Soulié 494; Wilson 3449, 3762; Limpricht 1816, 2273, beide als *H. obscurum*). Tongolo (Soulié 381, 2529). Kansu (Rock 12623, 13063; Hummel, Hedin Exp. 4181, 4251). NE-Tibet (Rock 14171). NW-**Y.**: Im Buschgürtel, auf Alpenmatten, steinigen Stellen, Schutt und Felsen der Hg.

St., 3900—4520 m. Beima-schan zwischen Yangtse und Mekong, 28° 12′ (FORREST 14434, 19592). Atendse (WARD 28, 969). Berge von Moting (ROCK 10328). Im birm. Mons. in der Mekong—Salwin-Kette ober Tseku (MONBEIG), am 28° 12′ (FORREST 14283, 14899), am Kakerbo (WARD 858) und hierher wohl meine Notiz aus dem Tale Schidsaru, 28° 9′. Zwischen Salwin und Irrawadi am 28° 40′ (FORREST 18884).

Die Form des Schiffchens, die hängenden Blüten und die durch die lange, dichte Behaarung dunkel graugrüne Farbe der Kelche und dadurch beschopften Brakteen lassen die Art leicht erkennen. In der Originalbeschreibung des *tanguticum* deutet nur die Angabe langer Behaarung auf sie hin; die vom Autor zitierte Pflanze PRATTs stellt die Bestimmung sicher. In der ebenso mangelhaften Beschreibung des *H. tongolense* kann sich „racemus longus" nur auf den pedunculus beziehen, der aber an PRATT 32 auch kurz vorkommt. Auffallend ist die trocken fast schwarze Blütenfarbe der meisten yünnanesischen Pflanzen. Nur WARD gibt einmal „weiß" an, doch ist sie jetzt etwas rosa. Die gleiche dunkle Farbe zeigt aber auch HUMMEL 4181, deren Blättchen 24 mm Länge erreichen und spitz sind.

16. H. pseudastragalus ULBR. in Rep. sp. n., Beih. XII., 427 (1922) p. p. W-S. (LIMPRICHT 1748). NW-Y.: Schutt und steinige Matten, 3700—5000 m. Beima-schan zwischen Yangtse und Mekong, 28° 18′ (FORREST 14091, 19612). Atendse (WARD 976). Wo? (WARD 175).

Foliola usque ad 7 paria. Racemus subcapitatus, usque ad 7 florus.

Von den beiden verschiedenen, von ULBRICH vereinigten Pflanzen behalte ich, da er keine als Typus bezeichnet, den Namen für die verbreitetere. Die andere trenne ich ab als:

17. ** *H. blepharopterum* HAND.-MZT. (*H. pseudastragalus* ULBR., l. c. p. p.).

De characteribus confer clavem p. 560 sub 14 a).

W-S.: Dawo, steinige Matten des Ressirma, 4800 m (LIMPRICHT 1940: Herb. Breslau, Hb. Berlin).

18. H. tuberosum FEDTSCH. Typus: Radix tenuis, articulis in bulbos breves incrassatis. Planta gracilis. Foliola 1—5 paria, elliptica. Flores usque ad 12. Calyx 4½—6 mm longus. Corolla 14—16 mm longa; carina 3—5 mm lata, angulo superiore obtuso tantum vel anguste rotundato. Legumen (haud maturissimum) 4—4½ mm latum, margine angusto, dentato, parce pilosum, certe serius glabrescens.

Kansu (PRZEWALSKY; HUMMEL, HEDIN Exp. 4151, 4252, 4398, 4473, 4859). E-Tibet (ROCK 14347).

— — ** var. *speciosum* HAND.-MZT.

Radix articulis validis longis dauciformibus composita. Planta parva, sed robusta. Foliola 5—9 paria, late obovata usque orbicularia. Calyx 7—10 mm longus. Corolla 16—21 mm longa; carina 5—6 mm lata, angulo superiore latiuscule rotundato. Floris habitus igitur *H. pseudastragalus* appropinquatur. Legumen 7 mm latum, angustiuscule et crasse alatum, articulis usque ad 4, subsparse et brevissime adpresse pilosum.

NW-S.: Gebirge um Sungpan (WEIGOLD VI.—VIII. 1914; H. SMITH 2475, 2838, 3143). Matang (H. SM. 4364). SW-Kansu (ROCK 13010; HUMMEL, HEDIN

Exp. 4574). E-Tibet: Amnyi-Matschen Gebirge, zwischen Schutt an Hängen hoher Berge e von Drutschnira im Hiatschen-Tale, 4300—4450 m, VII. 1926 (ROCK 14423, Typus).

Wenn man auch in den kleinen Knollen des *H. tuberosum* nur eine der Zartheit der ganzen Pflanze entsprechende schwächere Ausbildung der Rübenwurzeln der ganzen Artengruppe sehen kann, war ich doch geneigt, die Varietät für eine eigene Art zu halten, da sowohl sie, wie der Typus an einer ansehnlichen Anzahl von Exemplaren einheitlich und scharf geschieden schienen. Aber die Nr. 12675 ROCKS aus Zentral-Kansu: Lienhwa-schan, nimmt in allen Merkmalen eine klare Zwischenstellung ein und hat vollkommen fertilen Pollen, kann also nicht als Bastard angesprochen werden. Auch zeigt seine Nr. 13010 eine mittlere Ausbildung der Wurzeln. Genaue Kenntnis der Standorte wird wohl das Verhältnis der beiden Formen aufklären.

Aeschynomene L.

A. indica L. E-Kw.: Häufig in der str. St. in Quellsümpfen am Flusse unter Sandjio, Grauwacke (10836) und zerstreut bis Liping, 340—700 m.

Smithia AIT.

S. ciliata ROYLE (*S. Cavaleriei* LÉVL., e typo). **Y.**: Tieso bei Beyendjing (TEN 265 ex hb. Berol.). **S.**: Schattige Gebüschränder der wtp. St. bei Lutschang nächst Huili, Sandstein, 1900 m (5116).

S. blanda WALL. in WIGHT et ARN., Prodr. Fl. pen. Ind. or., 221 (1834). (*S. yunnanensis* FRANCH. — *S. Bodinieri* LÉVL., e typo). Gräben der wtp. St. auf Sandstein, 1900—2100 m. **Y.**: Yünnanfu (CAVALERIE 36: Hb. Stockholm). Ober Dsaodjidjing e des Dsolin-ho (4923). **S.**: Huili (5165).

Die Identität der *S. yunnanensis* wurde mir von H. GAGNEPAIN freundlichst bestätigt.

Arachis L.

A. hypogaea L. **Y.**: Ruderal in der tr. St. bei Manhao, 200 m (5880).

Zornia GMEL.

Z. diphylla (L.) PERS. Trockene Hänge der str. St. auf Schiefern und Mergeln, 1250—1750 m. **Y.**: Wuding nw von Yünnanfu. Am Abstieg zum Yangtse n von hier zwischen Djiaoping und Bödschagwan. **S.**: Zwischen Datung und Delipu am Yalung, 27° 41′ (5601).

Desmodium DESV.

Bestimmt von A. K. SCHINDLER

D. triflorum (L.) DC. **Y.**: In Steppen der str. St. zwischen Bintschwan und Piendjio ne von Dali überall, 1600 m (6349).

D. microphyllum (THBG.) DC. (*D. parvifolium* DC.). In Buschsteppen, Grassteppen, auch unter Föhren und an Rainen von der tr. bis durch die wtp. St. **H.**: Überall um Tschangscha, von 50 m aufwärts. **E-Kw.**: Häufig um Liping, 600—700 m (10996) und zerstreut bis Duyün. **S.**: 1300—2600 m. Überall um Huili (858) und im Djientschang von Gungmuying (1088) über Dötschang (1125) bis Ningyüen (1272). **Y.**: 200—2600 m. Yünnanfu (53; SCHOCH 114). Dingyüen und zwischen Hungngai und Yünnan-hsien e von Dali. Lidjiang. Unterhalb Laba e von Dschungdien. Im E bei Loping. Im NE bei Lagu (MAIRE). Im S von Möngdse bis Manhao.

D. gangeticum (L.) DC. **S-Y.**: Trockene Hänge der tr. St. bei Manhao, Tonschiefer, 200—400 m (5768). **S.**: Steppenhänge der str. St. bei Ningyüen, Sandstein, 1600 m (1269).

D. Griffithianum BENTH. **Y.**: Häufig an feuchten Stellen der wtp. St. zwischen Alaodjing und Dsaodjidjing e des Dsolin-ho, Sandstein, 2000—2300 m (4908). Im NE im Tale von Djintschungschan, 2500 m (MAIRE). **Kw.**? (CAVALERIE 1372).

D. podocarpum DC. **SW-H.**: Mehrfach in Gebüschen der str. St. zwischen Hsüning und Ngaidso am Wege von Wukang nach Dsingdschou, Schiefer, 400 bis 550 m (11070). **W-S.**: Min-Tal n von Kwan-hsien (WEIGOLD).

D. racemosum (THBG.) DC. **SW-H.**: Häufig in Gebüschen der wtp. St. auf dem Yün-schan bei Wukang, Tonschiefer, 900—1300 m (11145). **W-S.**: Kwan-hsien (WEIGOLD).

D. fallax SCHINDL. in Bot. Jahrb., LIV., 55 (1916). **SW-H.**: Im wtp. Laubhochwalde des Yün-schan bei Wukang, Tonschiefer, 900—1150 m (11100). **NW-Y.**: Buschwälder der str. St., 1800—2100 m, auf Schiefer am Yangtse unter Tjibi, 27° 35′ (7845) und häufig am Mekong.

D. Oldhamii OLIV. **SW-H.**: Rasenhänge der tp. St. beim Tempel Gwanyin-go auf dem Yün-schan bei Wukang, Tonschiefer, 1210 m (12511).

D. laxiflorum DC. **NW-Y.**: Trockene Hänge bei Baörlgai, 650 m (MAIRE).

D. tiliifolium (D. DON) WALL. **NW-Y.**: Bei Lidjiang, v. E. (4040?, ohne Früchte). Vielleicht hierher auch eine junge Pflanze aus **S.**: An Quellen in der wtp. St. am Lu-schan bei Ningyüen, Sandstein, 2000 m (1954).

— — f. ***rhabdocladum*** (FRANCH.) SCHINDL. in Rep. sp. n., XXII., 265 (1926) (*D. rhabdocladum* FRANCH.). **Y.**: Beyendjing (TEN ex hb. Berol. 109). **S.**: In der wtp. St. bei Dugungpu an einem Zuflusse des Yalung gegen Yenyüen, 27° 35′, Sandstein, 2225 m (2120?, ohne Früchte, daher nicht sicher) und wohl dasselbe bei Gwandien ober Oti n von hier, 2900 m.

— — var. *Potaninii* SCHINDL., l. c., 266. **W-S.**: Min-Tal von Sungpan bis Maodschou (WEIGOLD).

D. yunnanense FRANCH. **Y.**: Savannenwälder und buschige Steppen der str. St., 1000—1800 m. Im Becken um den Yangtse ne von Yünnanfu selten zwischen Yüenmou und Yanggai (5002) und häufig um Lunggai und bis Djiangyi (5070), auch gegen Yungbei unter Weischa. Unter Beyendjing (6278).

D. cinerascens FRANCH. Gebüsche der tp. und besonders an üppigeren Stellen in der wtp. St., 2000—3200 m. **Y.**: Landjing-schan bei Yünnanfu (SCHOCH 234?, ohne Früchte). Zwischen Gwangdung und Tschuhsiung. Mehrfach zwischen Hsinyingpan (3232?, steril), Yungbei und Lidjiang. Hier, v. E. (4035). Im NW zwischen Haba und Waschwa und ober Dahota se von Dschungdien, um die Pässe des Berges Lamatso halbwegs von hier nach Yungning (7601, stärker behaartes Exemplar). Am Yangtse und Djiu-tschu bis Ronscha. Im birm.

Mons. um Tjionatong ober Tschamutong am Salwin leg. GENESTIER (9955, ohne Früchte, daher unsicher). Im NE Tschedji (MAIRE ex Arb. Arn. 141) und Dschuwen-tsun (ebenso 528). S.: Am See von Yungning. Um den Wolo-ho. Unter Hungga w von Yenyüen (2906) und bei Hwangliangdse n von hier. Ober Datscho jenseits des Yalung n von hier, 28° 10′ (2586?, steril).

D. praestans G. FORR. in Not. R. Bot. Gard. Edinbgh., X., 28 (1917), det. W. W. SMITH. NW-Y.: In der trockenen str. St. des Yangtse-Tales e von Lidjiang, 1450—2100 m (3409).

** ***D. Handelii*** SCHINDL. in Sitzgsanz. Ak. W. W., LXII., 234 (1925).

Sect. *Dollinera* (ENDL.) BENTH.

Frutex ramosus, ramis rubro-brunneis, lenticellatis, juvenilibus lineatis, velutino-canescentibus. Stipulae anguste triangulares, striatae, extus pilosae, ad 9 mm longae, plerumque caducae. Folia trifoliolata, petiolo ad 27 mm longo ut rami piloso, rhachi ad 12 mm longa, stipellis subulatis ad 4 mm longis; foliola supra laxe adpresse pilosa, subtus dense albo-villosa et reticulata, margine saepe leviter repanda, terminalia rhomboideo-ovata, breviter acuminata et longe mucronata, ad 70 mm longa et ad 47 mm lata, lateralia minora, basi rotundiora obliqua. Racemi terminales, breviter pedunculati, ad 15 cm longi, recti, rhachi laxe villosa. Bracteae lanceolatae, extus pilosae, ad 4 mm longae, caducae; secundariae minores caducae. Pedicelli tenues, laxe et longe patenter villosi, sub anthesi bracteas vix superantes, ad 5 mm longi, fructiferi ad 8 mm longi. Bracteolae lanceolatae, vix 2 mm longae, mox caducae. Calyx laxe longivillosus, c. 5 mm longus, ultra dimidium 4 fidus, lobis obtusiuculis, postico latiore et longiore breviter bifido, lateralibus paulo brevioribus, antico acutiore intermedia longitudine. Corolla violacea, c. 15 mm longa, carina 13 mm longa. Legumen pilis albis villosum, marginibus patenter crebre albo-ciliatum, superiore vix, inferiore ad $^1/_3$ constrictum, articulis 4—7, subdimidiato-orbicularibus, basi apiceque dorsi leviter convexis, medio dorso subrectis ad leviter impressis, 5—7 mm longis et c. 4 mm latis.

SW-S.: Kalkschutt der str. St. ober Lumapu am Zuflusse des Yalung gegen Yenyüen, 1750 m, 10. V. 1914 (2113).

D. callianthum FRANCH. Gebüsche der unteren tp. und wtp. bis in die str. St., 1750—3100 m. Y.: Im NW bei Haba se von Dschungdien (4419). Im NE bei Lungtan (MAIRE). S.: Ober Lumapu mit vorigem (2114). Ngaitschekou jenseits des Yalung n von Yenyüen, 28° 10′ (2681). Hosö im Gebiete von Muli, w von Yungning (7517).

Bis auf die letzte Nummer ohne Früchte, aber sonst völlig übereinstimmend.

D. floribundum (G. DON) SWEET. Buschwälder und -wiesen der wtp. St. auf Tonschiefer und Mergel, 900—1100 m. SW-H.: Yün-schan bei Wukang (12536). E-Kw.: Rücken Maodunggai zwischen Gudschou und Liping häufig (10914).

Dendrolobium BENTH.

D. triangulare (RETZ.) SCHINDL. in Rep. sp. n., XX., 279 (1924) det. SCHINDLER. Kw.: Auf Kalk am Wegrand bei Maoguho, 1500 m (SCHOCH 404). Lofu (CAVALERIE 3675).

Catenaria BENTH.

C. caudata (THBG.) SCHINDL. in Rep. sp. n., XX., 275 (1924) (*Hedysarum caudatum* THBG., Fl. jap., 286 [1784]. — *Desmodium laburnifolium* [POIR.] DC.), det. SCHINDLER. Gebüsche und kräuterreiche Stellen der str. und wtp. St. **H.**: 350—600 m. Hsikwangschan bei Hsinhwa (12634). Zwischen Wukang und Gaoscha-se (12544). Zerstreut zwischen Dsingdschou und Hsüning (11060). **Y.**: An Bächlein am Nordwesthange des Dji-schan ne von Dali, 2600—2800 m (6434).

Uraria DESV.

Bestimmt von A. K. SCHINDLER

U. lagopodioides (L.) DC. SW-**Kw.**: Steinige Steppen der str. St. auf Kalk bei Falang in der Schlucht des Hwatjiao-ho, 850 m (10389).

* ***U. cochinchinensis*** SCHINDL. in Rep. sp. n., XXI., 14 (1925). **Y.**: Trockene Hänge der tr. St. bei Manhao am Roten Flusse, Tonschiefer, 200—400 m, 2. III. 1915 (5877).

U. sinensis (HEMSL.) FRANCH. Steppen, selten an Rainen der str. und wtp. St. auf Sandstein und Urgesteinen, 1450—2850 m. **Y.**: Ober Matouschan bei Magai nw von Yünnanfu (13047). Im NW ober Yüno bei Ndaku n von Lidjiang und zwischen Yedsche und Nakontu am Mekong. Im NE hinter Dungtschwan, bei Banpiengai, Wulungmo und Hsiaowulung (alle MAIRE). **S.**: Im Djientschang („Kientschang") bei Dötschang (1128), Bentukan (1901) und Ningyüen (1270).

U. hispida (FRANCH.) SCHINDL. in Rep. sp. n., XXII., 254 (1926) (*Desmodium hispidum* FRANCH.). **S.**: An trockenen Gräben der str. St. unter Banschan zwischen dem Yalung und Nganning-ho, 26° 57′, Sandstein, 1200—1500 m (5245).

Kummerowia SCHINDL.

in Rep. sp. n., X., 403 (1912)

K. striata (THBG.) SCHINDL., l. c. (*Hedysarum striatum* THBG., Fl. jap., 289 [1784]. — *Lespedeza striata* [THBG.] HOOK. et ARN.), det. SCHINDLER. Sandige Triften der str. St. S-**H.**: Überall zwischen Dungngan und Wangdjiapu am Wege von Yungdschou nach Hsinning, 150—250 m (11288). **Kw.**: Pinfa (CAVALERIE 360). **S.**: Am Flusse bei Gungmuying unter Dötschang, 1260 m (5628).

Lespedeza L. C. RICH.

Bestimmt von A. K. SCHINDLER

L. pilosa (THBG.) SIEBD. et ZUCC. Gebüsche, Buschsteppen und Reisfelderraine der str. St., 50—500 m. **H.**: Um Tschangscha. Schitjidian-se zwischen Yungdschou und Hsinning (11318). Im SW von Dsingdschou bis Yangliutang (2980).

L. tomentosa (THBG.) SIEBD. (*L. villosa* PERS.). **H.**: Buschsteppe der wtp. St. bei Hsikwangschan, 600—700 m (12609) und in der str. St. am Flußufer bei Lengschuidjiang ober Hsinhwa, 200 m.

L. dahurica (LAXM.) SCHINDL. in Rep. sp. n., XXII., 274 (1926) („*daurica*") (*Trifolium dahuricum* LAXM. in Nov. Comm. Ac. Petrop., XV., 560, t. 30, fig. 5 [1771]. — *L. trichocarpa* [STEPH.] PERS.). Steppen, Heidewiesen und Ränder von Erosionsgräben in der str. und wtp. St., 2050—2600 m. **S.**: Yenyüen (5442). Im W im Min-Tal von Tietschi bis Maodschou (WEIGOLD). **Kw.**: Nganschun (CAVALERIE 4027). **NW-Y.**: Am Zuflusse des Yangtse unter Laba e von Dschungdien (7629). Zwischen Tseku und Tsedjrong am Mekong, 28° (10005). Basulo s von Weihsi.

L. Forrestii SCHINDL. in Rep. sp. n., X., 406 (1912). Charakterpflanze im Heidewiesenunterwuchs der Föhrenwälder der tp. St., 2850—3400 m. **Y.**: Lanyitji bei Yungbei („Yungpeh") (3354). Um Lidjiang, v. E. (4039). Hier ober Duinaoko und am Be-schui. Ober Bödö se und bei Hwadjiaoping e von Dschungdien. Am Aufstiege vom Lantschouba gegen Djientschwan. **S.**: Um Muli überall massenhaft.

L. virgata (THBG.) DC. Buschwiesen und Gebüsche der wtp. St. auf Tonschiefer und Mergel. **SW-H.**: Yün-schan bei Wukang, 1400 m (12405). **Kw.**: Mehrfach zwischen Tschaimou und Matang am Wege von Gudschou nach Liping (10919). Nganping (CAVALERIE 119).

L. formosa (VOG.) KOEHNE, Deutsche Dendrol., 343 (1893) (*Desmodium formosum* VOG. in Nov. Act. Ac. Leop.-Car., XIX., Suppl., 29 [1842]. — *Lespedeza viatorum* CHAMP.). Trockene Hänge und Mischwälder der str. und wtp. St. auf Sandstein, Tonschiefer und Diabas. **Ki.**: An Bächen am Fuße des Hangaodsu zwischen Ningdu und Tjingan („Ki-an"), 500 m (Plt. sin. 498). **Ki.-F.**-Grenze: Hwangdschu-ling zwischen Dingdschou und Ningdu, c. 800 m (Plt. sin. 375). **NW-Y.**: Bei Lidjiang, v. E. (4032). Ober Dschoutang n von hier, 2200—2450 m (4346). Am Bache bei Basulo s von Weihsi, 2700 m (10045). **S.**: Luguho am Zuflusse des Yalung gegen Yenyüen, 27° 11', 1300 m (5323).

L. Davidii FRANCH. Charakterpflanze der Buschwiesen der str. und wtp. St. auf Sandstein und Tonschiefer, 50—1420 m. **H.**: Um Tschangscha, leg. A. BRAMMER (12830) und von hier über Hsinhwa (s. KARSTEN u. SCHENCK, Vegetationsbild., 14. R., Taf. 12a) bis auf den Yün-schan bei Wukang (11113). Zwischen Yangliutang und Hsüning am Wege von hier nach Dsingdschou (11058). **Kw.**: Zwischen Guiyang (Kweiyang) und Gwanyinschan (10535).

L. floribunda BGE. **NW-Y.**: Gebüsche der trockenen str. St. ober Yedsche am Mekong, kristallinisches Gestein, 1950 m (7960). **W-S.**: Min-Tal von Sungpan bis Tietschi (WEIGOLD).

L. fasciculiflora FRANCH. (*L. Monnoyeri* LÉVL., Cat. Pl. Yun., 158 [1916]. REHD. in Journ. Arn. Arb., XIII., 328 [1932]. — *L. floribunda* var. *fasciculiflora* [FRANCH.] SCHINDL. in Rep. sp. n., XXIII., 354 [1927]). In der wtp. St. **Y.**: Im NW in Föhrenwäldern zwischen Haba und Waschwa se von Dschungdien, 2600—3000 m (4437). Im NE auf kahlen Hügeln bei Lagu, 2450 m (MAIRE). **S.**: Ränder von Erosionsgräben bei der Stadt Yenyüen, 2600 m (5440).

L. sericea (THBG.) MIQ. Steppen, Reisfeldraine, an Wegen und Kanälen der str. und wtp. St., 50—2600 m. **H.**: Verbreitet um Tschangscha. Hsikwangschan bei Hsinhwa (12592). **Kw.**: Pinfa (CAVALERIE 166). **S.**: Ningyüen (1795). Häufig um Huili. Zwischen Kupesu und Schamenkou im Becken von Yenyüen. **Y.**: Yünnanfu, auch bei Schuitang (SCHOCH 212). Tschangyi (SCHOCH 371). Zwischen Tschuhsiung und Gwangdung (4838). Beyendjing (TEN 199 ex hb. Berol.). Im NE bei Dungtschwan (MAIRE) und Lagu (M.). N von Yilungsi (MELL). Im NW. Im Seitentale des Yangtse bei Djitsung, 27° 35'.

Campylotropis BGE.

Bestimmt von A. K. SCHINDLER

C. yunnanensis (FRANCH.) SCHINDL. in Rep. sp. n., XI., 338 (1912). Trockene Gebüsche der str. und unteren wtp. St. **Y.**: 1900—2800 m. Unter Midien gegen Beyendjing e von Dali (6331). Häufig im NW am Yangtse ober Schigu, 26° 50'—27° 2' (8512). Ober Londjre am Mekong, 28° 10'. **S.**: Ober Lumapu am Zuflusse des Yalung gegen Yenyüen, 27° 40', 1750 m (2106?, mangelhaft). **H.**: Lengschuidjiang am Tsi-djiang ober Hsinhwa, 200 m (12704).

C. Esquirolii SCHINDL., l. c. **Y.**: In der str. St. im Tälchen ober Lagatschang in der Schlucht des Djinscha-djiang n von Yünnanfu, 1000—1100 m (706) und im NW häufig in Wäldern am Mekong, 27° 35'—50', 1900—2000 m (8469).

C. macrocarpa (BGE.) REHD. in Plt. Wils., II., 113 (1914). **Y.**: An einem Kanal bei Tschangyi ne von Yünnanfu, 1950 m (SCHOCH 369). **W-S.**: Kwanhsien (WEIGOLD). Min-Tal von Sungpan bis Tietschi (W.).

C. polyantha (FRANCH.) SCHINDL. in Rep. sp. n., XI., 340 (1912) (*Lespedeza eriocarpa* DC. var. *polyantha* FRANCH., Plt. Delav., 168 [1890]). Steppen und trockene Gebüsche, Charakterpflanze in der wtp., seltener herab in die str. St., 1500—2750 m. **Y.**: Gemein um Yünnanfu (279; SCHOCH 10), ober Yiliang, abwärts bis gegen Pohsi. Zwischen Hsiao-Magai und Sangtang (393). Nach W mehrfach über Laoyagwan, Tschuhsiung, Hungngai und Yünnan-hsien bis se von Dali. Hsinyingpan zwischen Yungbei und Yungning (3243). Im NE bei Dungtschwan (MAIRE ex Arb. Arn. 462), Schedjia (ebenso 330), Banpiengai (MAIRE) und am Ufer des Djinscha-djiang, 400 m (M.). **S.**: Huili (859) und s von da (796) über Dungngan kaum unter 1500 m herab. Ningyüen (1246). Lugweyingba im Lolo-Lande. Ober Lumapu vom Yalung gegen Yenyüen (2061). Toka bei Kwapi (2397) und von hier hinab bis Datjiaoku (2755). **Kw.**: Hwangtsaoba. Nanyo-schan bei Guiyang.

C. capillipes (FRANCH.) SCHINDL., l. c., 341 (*Lespedeza c.* FRANCH.). **Y.**: Trockene Hänge der str. St. ober Dschenmindö in der Schlucht des Djinscha-djiang n von Yünnanfu, 1800 m (5655). Gebüsche der wtp. St. um Niugai und Tienwei zwischen Dali und Lidjiang häufig, 2300—2500 m (8538).

C. *Wilsonii* SCHINDL., l. c., 343. **W-S.**: Min-Tal von Tietschi bis Maodschou (WEIGOLD).

C. sp. **S.**: Trockene Hänge der str. St. auf Phyllit im Yalung-Tale von Datung bis ober Delipu, 1250—1500 m (5604, nur blühend) und zwischen Otang und Tjiaoscha unter Kwapi häufig, 2000—2375 m (2521, steril). Ähnliche kleinblätterige, silberglänzend fast filzige Pflanzen auch in **Y.**: Im Savannenwalde ober Tschalaschao bei Beyendjing und am oberen Yangtse unter Gwanyilang, bei Ndaku und zwischen Ahsi und Schigu.

C. Delavayi (FRANCH.) SCHINDL. in Rep. sp. n., XI., 426 (1912) (*Lespedeza D.* FRANCH.). Steppenhänge der str. St., 1000—1600 m. **Y.**: Tälchen ober Lagatschang am Djinscha-djiang n von Yünnanfu (746). Bintschwan. Viel bei Hwangdjiaping ne von Dali. **S.**: Zwischen Delipu und Dawanpu am Yalung, 27° 43' (2037, 5610).

C. hirtella (FR.) SCHINDL., l. c., 428 (*Lespedeza h.* FRANCH.). Steppen und Gebüsche der wtp. bis in die tp. St. auf Sandstein, 2100—3000 m. **Y.**: Um Lidjiang, v. E. (4033). Von Yungbei bis Boloti (3330). Beyendjing (TEN ex hb. Berol. 350). Im NE hinter Dungtschwan (MAIRE), bei Hsiao-Wulung (M.) und Banpiengai (M.). Hsi-schan bei Yünnanfu (MELL) und stellenweise Bestände bildend am Wege von hier nach Dschaotung (MELL).

C. velutina (DUNN) SCHINDL. in Rep. sp. n., XX., 286 (1924) (*Lespedeza v.* DUNN). S-**Y.**: Tropische Hochgrasflur unter Yaotou zwischen Möngdse und Manhao, Kalk, 1000 m (5933). Bahnstation Hsindjiadu („Sinkiatou") (SCHNEIDER 21).

C. Bonatiana (PAMP.) SCHINDL., l. c., XI., 429 (1912) (*Lespedeza B.* PAMP.). **Y.**: Gebüsche und Mischwälder der wtp. St. auf Sandstein, 2000—2350 m. Haiyen-se bei Yünnanfu (SCHOCH 297). Zwischen Alaodjing und Dsaodjidjing e des Dsolin-ho häufig (4934).

C. trigonoclada (FRANCH.) SCHINDL., l. c., 430 (*Lespedeza t.* FRANCH.). Gebüsche der wtp. St., selten in die str., auf Sandstein, selten auf Kalk, 1650 bis 2300 m. **Y.**: Yünnanfu, auf dem Hsi-schan (MELL) und anderen Bergen im W (SCHOCH 270). N von hier zwischen Tschwangdse und Hsiao-Magai (5697) und im Becken von Hsiaodsang. Zwischen Tschuhsiung und Gwangdung (4857). Niugai zwischen Dali und Lidjiang. **S.**: Zwischen Djiangyi und Hokou bei Huili. Lumapu über dem Yalung, 27° 39′.

Dalbergia L. f.

D. Cavaleriei LÉVL., Fl. Kouy-Tch., 230 (1914). REHD. in Journ. Arn. Arb., XIII., 330 (1932). SW-**Kw.**: Savannenwald der str. St. an der Südseite der Schlucht des Hwatjiao-ho am Wege von Dschenning nach Hwangtsaoba, Kalk, 580—950 m (10352).

Proxima *D. Millettii* BENTH., quae in prov. Tschekiang quoque crescit (CHING 1660); differt habitu erecto, foliolis subtus parce et paniculis dense subtiliter albo-pilosulis, bracteis bracteolisque (raro in illa quoque) persistentibus, ovario glabro.

Meine offenbar am Originalstandort gesammelte Pflanze wurde von Herrn EVANS in Edinburgh mit dem Typus identisch befunden. *D. mimosoides* FRANCH. und *D. stenophylla* PRAIN stehen ihr durch dichtere Behaarung, größere und breitere Blättchen, abfällige Brakteen und Brakteolen, schmälere Fahne (hier die ganze Blüte seitlich deckend) und kahlen Fruchtknoten ferner.

D. stenophylla PRAIN. **S.**: Laubwald der str. St. unter Kwapi über dem Yalung n von Yenyüen, Phyllit, 2300—2500 m (2445).

D. mimosoides FRANCH. Gebüsche der wtp. und str. St., 1900—2600 m. **Y.**: Bei Yünnanfu hinter dem Tschangtschung-schan und gegen Yiliang. Unter Djiunienping jenseits Fumin (6148). Im Becken Hsiaodsang (5671). Zwischen Dsaodjidjing und Hwadung e des Dsolin-ho (4963). Unter Beyendjing gegen Mitien. **S.**: Unter Muli (7380).

Die Blättchen werden schließlich ganz kahl, aber nach Form und Größe der Hülsen handelt es sich um diese Art, während 2445 steril ist, schon die jungen Blätter ganz kahl hat und sicher zur vorigen Art gehört; ob aber beide scharf geschieden sind?

D. Hancei Benth. W-Ki.: Um Pinghsiang, c. 600 m (Plt. sin. 206).

D. Dyeriana Prain. Gebüsche und Laubwälder der wtp. St., 600—1100 m. H.: Tungdjiapai bei Hsikwangschan (11898). Yün-schan bei Wukang (Plt. sin. 57). W-Hubei (Wilson, Veitch Exp. 1776). Auch in Tschekiang (Ching 1902, 2035).

D. yunnanensis Franch. Gebüsche der str. St. Y.: Schlucht des Djinscha-djiang e von Lidjiang, 1450—2100 m (3407). S.: Delipu am Yalung, 27° 40′, 1500 m (2026). SW-Kw.: Djiangdi an der Grenze von Yünnan, unter Föhren (10255).

Nr. 2026 hat den einen Kelchzahn oft größer und spitz, wie die folgende, die, wie schon King ausspricht, vielleicht nicht als Art haltbar ist; an vielen Blüten aber sind alle typisch gleich und gerundet.

* ***D. Collettii*** Prain in Journ. As. Soc. Beng., LXVI/2, 445 (1897) p. p.; in Ann. R. Bot. Gard. Calc., X/1, 53. Y.: Trockene Hänge der wtp. St. ober Gwannandün bei Lodse w von Yünnanfu, Sandstein, 1800 m, 29. IV. 1915 (6158).

D. hupeana Hce. Laubwälder der wtp. St. auf Kalk. Kw.: Ober der Brücke Baling-tjiao gegen Muyu-se, 800—1000 m (10420). Nanyo-schan bei Guiyang, 1200 m (10541). S.: Nantschwan (Bock u. Rosthorn 573). W-F.: An Wasser am Fuße des Tienhwa-schan w von Dingdschou (Plt. sin. 424).

Derris Lour.

D. marginata (Roxb.) Benth. H.: Gebüsche der str. St. bei Wukang gegen den Yün-schan, 360—400 m (12026) und bei Tschatang zwischen Hsikwangschan und Lantien, 190 m. Ki.-F.-Grenze: Hwangdschu-ling zwischen Dingdschou und Ningdu (Plt. sin. 366).

Alle chinesischen hierher gestellten Pflanzen haben durch etwas kürzere Blütenstiele dichtere Infloreszenzen als die indischen. Solange keine Früchte davon vorliegen, kann man nicht sagen, ob sie nicht der *D. trifoliata* Lour. näher stehen, die sich durch meist nur 3, oft kürzer bespitzte und dickere Blättchen unterscheidet, aber eine Strandpflanze sein soll.

D. scabricaulis (Franch.) Gagnep. in Not. Syst., II., 367 (1913) (*Millettia s.* Franch.). Y.: Gebüsche der wtp. St. um Hsiangschuigwan bei Luföng an der Straße von Yünnanfu nach Dali, Sandstein, 1650 m (8663).

Schiffchen vorne borstelig, oft sehr spärlich so, am Typus kahl; seine Blättchen am Grunde unter rechtem Winkel abwärts geöhrelt, was in Gagnepains Charakteristik nicht paßt, aber mit dem Typus übereinstimmt. Die Behaarung der Blüte erinnert an die sonst sehr verschiedene *D. elliptica* Benth. Ching 5698 aus Kwanghsi hat die Blättchen unterseits behaart, die Blüte vorne noch mehr, nämlich auch an der Fahne behaart, stimmt sonst überein.

Vicia L.

V. sepium L. Raine, Wegränder, auch an Bächlein in der wtp. St. Y.: Yünnanfu (Schoch 204). Hier bei Schilungba (201). S.: Sattel zwischen Tjiaodjio und Lemoka im Lolo-Lande, 2250 m (1598). Kw.: Überall am Wege von Hwangtsaoba bis e Guiyang, über 1100 m.

V. sativa L. Y.: In der wtp. St. an Reisfeldrainen bei Schilungba nächst Yünnanfu, 1900 m (181). Im NE bei Dungtschwan, 2500 m (Maire).

V. Faba L. Gepflanzt als Winterfrucht in Wechselwirtschaft mit Reis, trocken oder beinahe ebenso naß, schon anfangs Februar blühend, besonders in **Y.** in der wtp. und oberen str. St., 1400—2500 m, ebenso in **S.** Auch in Hubei bei Yodschou, 30 m.

V. unijuga A. BR. Gebüsche der tp. und wtp. St., 1800—3150 m. **Y.**: Zwischen Tschuhsiung und Gwangdung (4855). Se von Yungning (3155). **Kw.**: Pingyi (SCHOCH 382). „Tinlan“ (CAVALERIE 3801). **S.**: Huili (5126). Im NW um Sungpan (WEIGOLD).

V. pseudo-Orobus FISCH. et MEY. **Y.**: Im NW in Gebüschen der trockenen str. St. überall zwischen Hsiao-Weihsi und Gangpu am Mekong, kristallinischer Boden, 1825—1950 m (7939). Im NE in der Ebene von Dungtschwan, 2500 m (MAIRE). SW-**Kw.**: Hsingyi-hsien (Hwangtsaoba) (CAVALERIE 45: Herb. Stockholm).

V. amoena FISCH. **Y.**: Beyendjing (TEN 195 ex hb. Berol.). Grasige Stellen der Hügel bei Toyün am Wege von Yünnanfu nach Suifu (MELL).

V. tridentata BGE. Wiesen, gerne an Bächen, Äcker, Gebüsche, Waldschläge der tp. St., 3000—3300 m. **S.**: Ober Wadi bei Kwapi n von Yenyüen (2506). Molien jenseits des Yalung n von hier (2552). Ober Fumadi (3067) und ober Yiwanschui am Wege von Yenyüen nach Yungning. Im NW auf Gebirgen um Sungpan (WEIGOLD). NW-**Y.**: Um Lidjiang, v. E. (4049). Mudidjin bei Yungning (3202). Dugwan-tsun se von Dschungdien (6971).

FRANCHET weist in Plt. Delav. 176 darauf hin, daß die yünnanesische Pflanze stumpfe, nicht ausgerandete Blättchen hat; in der Tat kommen sogar spitze daran vor und niemals ausgerandete. Spitze Blättchen finden sich aber auch in Tschili (LICENT 112, 135). Das entgegengesetzte Extrem sind am gestutzten Vorderrand 5—7zähnige (KENG 2898 von Nanking).

V. cracca L. Gebüsche, Äcker und Hecken der str. und wtp. St. **S.**: Ningyüen, 1650 m (1303). Podjia gegen Huili, 1500 m. Im NW um Sungpan (WEIGOLD). NE-**Y.**: Ebenen von Dungtschwan und Lagu, 2500 m (MAIRE). **Kw.**: Zwischen Gwanling und Muyu (10410) und überall bis Nganping, 1050 bis 1400 m. W-Hubei (WILSON, VEITCH Exp. 253).

V. dichroantha DIELS in Not. R. Bot. Gard. Edinbgh., V., 246 (1912), e typo. Heidewiesen und offene Wälder der tp. St., 2800—3500 m. NW-**Y.**: Ngulukö bei Lidjiang (3501). Piyi s von Yungning (SCHNEIDER 1643). Ober Yungbei. Ober Bödö. Von Hsiao-Dschungdien zum Gebirge Piepun, 3600 m (vielleicht aber die folgende). **S.**: Unter Bitji über dem Wolo-ho zwischen Yenyüen und Yungning (3084). Zwischen Lumapu und Meidsipu im Yalung-Tale, in der str. St., 1600 m (vielleicht die folgende).

V. Mairei LÉVL. in Bull. Ac. Géogr. bot., XXV., 50 (1915), e typo (*V. tenera* GRAH. var. *yunnanensis* FRANCH., Plt. Delav., 177 [1890]). **S.**: In der str. St., 1400—1700 m. Häufig im Steppenunterwuchse der Föhrenwälder unter Puti zwischen Yalung und Nganning-ho, 27° 4′, Tonschiefer (5274). An Mauern bei Daschiban nächst Ningyüen, Sandstein, 1600 m (1336). Siehe auch unter voriger.

Zu *V. tenera* kann die Pflanze schon wegen der nicht blauen, sondern ockergelben Blüten nicht gestellt werden. Auch ihre Größe und die Kelchzähne unterscheiden sie bedeutend. Zum Original notierte MAIRE „fl. bleues“, aber am gut gepreßten Exemplar ist diese Farbe, die sich bei Wicken meist gut hält, nicht zu erkennen und die Angabe daher zu bezweifeln. Veränderlich sind Größe und Form der Blättchen (16 × 4—6 mm bei 5274, 22 × 4 mm bei 1336 bis 70 × 7 mm am *Mairei*-Original). Von *V. dichroantha* ist sie durch kahlen Kelch mit viel kürzeren Zähnen verschieden. Der Fleck auf der Krone scheint bei dieser nicht konstant zu sein; meine und SCHNEIDERs Pflanzen, die eine vom Originalfundort, zeigen ihn nicht.

** ***V. nummularia*** HAND.-MZT. (Taf. IX, Abb. 4).

Sect. *Cracca* RIV.

Perennis, caule tenui quadrangulo 40—80 cm longo, inferne ramosissimo, sparse piloso. Folia sessilia vel subsessilia, cirrho tenui simplici vel bifurco terminata; foliola 8—12 vel in infimis 4, remota, valde alterna, raro opposita, elliptica, 4—13 mm longa, longitudine sesqui- — vix ultra duplo angustiora, summa saepe diminuta et latiora, rotundata vel subtruncata, tenuiter mucronata, basi rotundata vel late cuneata, chartacea, sicca olivacea concoloria, supra glabra dissite papillosa, subtus ad costam cum nervis 7—12 jugis obliquis ad marginem anastomosantibus venisque laxe reticulatis utrinque valde prominuam hic illic parce pilosa, petioluli c. 1 mm longi, densiuscule pilosi. Stipulae lanceolatae, 3—4½ mm longae, rigidulae, basi auricula simili vel multo breviore sub angulo recto patente. Racemi axillares in pedunculis 2½—4 cm longis, ut rhachis pedicellique c. 1½ mm longi pilosulis. Flores 6—9, laxiusculi, flavi. Bracteae subulatae, ½—¾ mm longae, dense pilosae, caducae. Calycis tubus campanulatus, c. 2 mm longus, parce pilosus; dentes triangulari-lanceolati, inferiores eo usque subaequilongi, superiores breviores. Vexillum c. 9 mm longum, emarginatum, lamina quam unguis ea latior breviore; alae eo subaequilongae, obtusae, supra unguem lamina subbreviorem longe auriculatae; carina iis aequilonga, lamina paulum ascendente obtusa, supra unguem ea longiorem rotundato-auriculata. Ovarium glabrum, stylo superne pilosulo. (Legumen ignotum.)

NW-**Y.**: Steppen der str. St. unter Laba an einem w Zuflusse des Djinscha-djiang („Yangtse") n von Lidjiang, 27°47′, Sandstein, 2050—2300 m, 13. VIII. 1915 (7634).

Species foliolorum forma racemisque paucifloris inter flavifloras insignis.

V. tetrasperma (L.) SCHREB. Grasige Stellen, besonders an Rainen oft massenhaft in der str. und wtp. St. **Y.**: Schilungba bei Yünnanfu, 1900 m (182). **S.**: 1450—1960 m. Um Huili (850), Dungngan und Dötschang (1134). **H.**: Tschangscha, 30—100 m (11676). W-Hubei: Djienschi (WILSON, VEITCH Exp. 1293).

V. hirsuta (L.) GRAY. NE-**Y.**: Ebene von Dungtschwan, 2500 m (MAIRE). Hubei: Yitschang (WILSON, V. E. 123).

Lens MILL.

L. culinaris MED. (*Ervum Lens* L. — *Vicia pisicarpa* LÉVL., e typo). W-Hubei (WILSON, VEITCH Exp. 482).

Lathyrus L.

L. pratensis L. **Y.**: Wiesen, besonders etwas feuchte, der tp. St. zwischen Dsutoupo und Gwamaoschan am Wege von Yungning nach Yungbei, Sandstein, 2800—3000 m (3304). Im NW an Bewässerungsgräben in der Ebene von Dungtschwan, 2500 m (MAIRE). NW-**S.**: Gebirge um Sungpan (WEIGOLD).

L. palustris L. **Y.**: Yünnanfu (SCHOCH, annähernd die var.). Im NW in Gebüschen der tp. St. ober Mudidjing bei Yungning, 3100—3400 m (3182).

— — **var. *linearifolius*** SER. **Y.**: Gräben und Raine auf kalkhaltigem Schlamm in der wtp. St., 1900—2350 m. Yünnanfu (6070). Hier bei Schilungba (194). Hodjing.

Abrus L.

A. precatorius L. **Y.**: Unter einem Granitfelsen in der str. St. bei Dschungpo nächst Magai nw von Yünnanfu, 1100 m (5037).

Amphicarpaea ELL.

A. Edgeworthii BENTH. **H.**: Gebüsche der str. und wtp. St. um Hsikwangschan bei Hsinhwa, Kalk, 400—700 m (12568).

Zwischen der himalaischen und chinesisch-japanischen Pflanze kann ich keinen Unterschied finden, auch nicht den von BAKER in HOOK., Fl. Brit. Ind., II., 181 angedeuteten, aber nicht beschriebenen in den Brakteen. Üppige Exemplare haben oft größere und stumpfere Blättchen, doch kommen solche sehr annähernd auch in Indien: Simla (THOMSON) vor. Pflanzen aus Tschili (CHANET 601; LICENT 10005) haben große und spitze und WILSON 1669 kleine und sehr spitze Blättchen, seine Nr. 1669a von Tschangyang hat wieder etwas stumpfere.

Dumasia DC.

D. villosa DC. (*Apios Martini* LÉVL., Fl. Kouy-Tch., 225 [1914], e typo). **Y.**: Gebüsche der wtp. St. bei Dsaodjidjing e des Dsolin-ho, Sandstein, 2025 m (4897). **NE-Y.**: Unterholz bei Banlung-se, 2500 m (MAIRE).

Meine Pflanze mit schwarzvioletten Blüten hat sehr lange und lockere Trauben, MAIRES Pflanze viel kürzere mit goldgelben Blüten, während MARTIN (BODINIER 1825) angibt: gelb, zuletzt schwarz werdend. All dies kommt in Indien auch vor, wo auch am Grunde gestutzte Seitenblättchen häufig sind. Die Verschiedenheit der *D. hirsuta* CRB. in Plt. Wils., II., 116 (1914), die kurze Trauben hat, ist mir daher sehr fraglich.

D. Forrestii DIELS in Not. R. Bot. Gard. Edinbgh., V., 247 (1912). **NW-Y.**: Bei Lidjiang, v. E. (4046). Gebüsche der trockenen str. St. zwischen Guta und Serä am Mekong, 28° 7—9′, kristallinischer Boden, 2100—2500 m (7999).

Brakteen bei der zweiten Pflanze nur 4 mm lang, aber doch noch sehr verschieden von jenen der verschiedenen Formen von *D. villosa*. Haare des Stengels an beiden Nummern meist gelblich, nicht schwarz. *D. bracteosa* GAGNEP. in Not. Syst., III., 191 (1915) ist nach der Beschreibung höchstens etwas kahler, aber wohl systematisch nicht verschieden.

D. cordifolia BENTH. **Y.**: Beyendjing (TEN ex hb. Berol. 213).

Shuteria WIGHT et ARN.

S. ferruginea (GRAH.) BAK. Trockene Hänge, buschige und bessere Wälder der wtp. und tp. St., 2200—3450 m. Taihwa-se bei Yünnanfu (SCHOCH). Zwischen Dsaodjidjing und Hwadung e des Dsolin-ho. Im NW um Lidjiang, v. E. (4047). Hier ober Duinaoko (3452) und häufig nach N bis gegen Minying. Ober Bödö. **S.**: Ober Schihuiyao (5129) und am Lungdschu-schan (5143) bei Huili. Ober Muli.

S. Pampaniniana HAND.-MZT. (*S. vestita* WALK. et ARN. var. *villosa* PAMP. in N. Giorn. Bot. Ital., n. ser., XVII., **31** [1910]). **Y.**: Kanaldämme, Steppenhänge und Gebüsche der wtp. St. auf Sandstein und Schlamm, 1900 bis 2300 m. Umgebung von Yünnanfu (CAVALERIE 49: Hb. Stockholm). Hier unter dem Tempel Tjiungdschu-se (8614), bei Butji (1979) und am Tschangtschungschan. Unter Hsinlung jenseits des Pudu-ho n von hier (492). NW-Kwangsi: Tanlan, 500 m, selten in offenen Gebüschen (CHING 6550).

Die Pflanze ist entschieden als eigene Art anzusprechen, für die der Varietätname am wenigsten bezeichnend ist.

Glycine L.

G. Soja SIEBD. et ZUCC. SW-**H.**: Gebüsche der str. St. um Niaoschuhsia zwischen Hsinhwa und Wukang, Granit, 380 m (12557).

G. Max (L.) MERR., Interpr. Rumph. Hb. Amb., 274 (1917) (*Phaseolus Max* L., Sp. pl., 725 [1753]. — *G. hispida* [THBG.] MAXIM.). **Kw.**: Schattige Gebüsche der wtp. St. bei Lungdsu zwischen Guiding und Lungli, Sandstein, 1050 m (10572).

Erythrina L.

E. arborescens ROXB. Gebüsche, gerne in Tälchen der wtp. (und str.?) St. auf Sandstein und Schiefern, (1400? —) 1600—2600 m, oft gepflanzt, aber auch wild häufig. **Y.**: Im Tale gegen den Mangan-schan bei Yünnanfu (SCHOCH 288). Dao-tsun bei Fumin nw und Loheitan n von hier. Zwischen Schedse und Dadsi-se und jenseits des Passes ober Hungngai an der Straße nach Dali. Häufig zwischen Alaodjing und Dsaodjidjing e des Dsolin-ho (4928). Am Kanal zwischen Dali und Langtjiung. Okananpo ober Djiping e von hier, in Menge. Im NW bei Lidjiang, zwischen Anadon und Hsiao-Weihsi und im birm. Mons. bei Bahan und Meradon am Salwin, 27° 58′. Im E in Hecken der Ebene von Loping. **S.**: Zwischen Hokou und Fungsaying und bei Dungngan s von Huili. Tsaodsanba und Lomikou im Yalunggebiete, hier aber vielleicht die folgende Art.

E. stricta ROXB. Dürre Hänge der tr. und str. St. auf Urgesteinen, 200—1400 m. **Y.**: Manhao. An der Bahn bei Pohsi und viel um Dalungtang. In der Schlucht des Djinscha-djiang n von Yünnanfu zwischen Homöndschang und Bödschagwan (694) und ober Lagatschang. **S.**: Gungmuying im Djientschang. Schidsi-miao in einem Seitental des Yalung gegen Yenyüen (s. KARSTEN u. SCHENCK, Vegetatbild., 20. R., Taf. 40). Vielleicht hierher auch einige Notizen von der vorigen Art.

Apios BOEHM.

A. Fortunei MAXIM. (*A. Cavaleriei* LÉVL., e typo). Gebüsche der str. St. auf Kalk, 400—700 m. E-**Kw.**: Am Bache bei Dodjie zwischen Duyün und Badschai (10732). Unter Badschai und bei Liping. SW-**H.**: Hsinning s von Wukang.

Die Ausbildung der Kelchzähne ist recht veränderlich, wenn auch nicht so sehr, wie bei *A. Delavayi* (s. unten).

A. carnea (WALL.) BENTH. **Y.**: Gebüsche der wtp. und oberen str. St. auf Schiefer und Sandstein, 1900—2600 m. Taihwa-se bei Yünnanfu (SCHOCH

313). E des Dsolin-ho zwischen Dsaodjidjing und Hwadung (4964) und weiter abwärts gegen Yanggai. Beyendjing (TEN ex hb. Berol. 254). Am Dschungdjiangho nw von Lidjiang (6999). W von Djitsung am Yangtse.

A. Delavayi FRANCH. Gebüsche und Mischwälder, gerne an Bambus oder zwischen Felsen, in der str., wtp. und tp. St. auf Sandstein und Schiefer, 1450—3500 m. **NW-Y.**: Haba (4418) und ober Bödö (4552) se von Dschungdien. **S.**: Muli (7345). Hosö sw von hier. Tsaodsanba zwischen Yalung und Nganningho, 26° 57′ (5243).

Foliola interdum angusta, 75 × 18 et 45 × 7 mm, interdum 7. Calycis dentes laterales in eodem racemo partim adsunt, partim desunt scil. cum inferioribus omnino connati.

— — ** var. ***pteridietorum*** HAND.-MZT. in Sitzgsanz. Ak. W. W., LXII., 224 (1925).

Flores pallide violacei. Foliola variabilia, usque ad 120 × 47 mm. Carina circinata et vexillum latum speciei.

NW-Y.: Im birm. Mons. in der wtp. St. auf Schiefer, 2000—2800 m. Regenmischwald bei Bahan, 20. VI. 1916 (8990) und massenhaft in der *Pteridium*-Wiese gegenüber auf dem Rücken Alülaka am Salwin, 27° 58′. Ebenso bei Schutsche am Djiou-djiang (e Irrawadi-Oberlaufe).

A. macrantha OLIV. **Kw.**: Schattige Waldschlucht der wtp. St. bei Madjiadwen zwischen Guiding und Duyün, Sandstein, 1100 m (10639).

Cochlianthus BENTH.

C. montanus (DIELS) HARMS in Rep. sp. n., XVII., 136 (1921) (*Mucuna montana* DIELS in Not. R. Bot. Gard. Edinbgh., V., 247 [1912]). **NW-Y.**: Bei Lidjiang, v. E. (4031). Hier am Ostfuße des Yülung-schan, 3000 m (SCHNEIDER 1985).

Mucuna ADANS.

? ***M. macrobotrya*** HCE. **Ki.-F.**-Grenze: Steinige Stellen am Tungtienschan zwischen Schitscheng und Ninghwa, 1200 m (Plt. sin. 334).

Mit diesjährigen, dünnen, beiderseits ganz zerstreut angedrückt weiß borsteligen Blättern und mit vorjährigen Früchten, die 4—5 Samen enthalten, sonst völlig den etwas jüngeren von HANCE 10176 (als *M. Championi*) gleichen, die aber mit ihren fast kahlen Blättern und borstigen Früchten nicht deren Beschreibung entspricht, sondern eher jener der *macrobotrya* HCE., von der sie nur durch kleinere Blüten abweicht. Die Blättchen jener Nummer sind jedoch lederig und im Umriß gerundet und kurz und stumpf bespitzt, jene meiner Pflanze dreieckig-eiförmig. Ohne Blüten läßt sich nicht weiter darüber urteilen.

* ***M. macrocarpa*** WALL. BAK. in HOOK., Fl. Brit. Ind., II., 186 p. p. (excl. pl. kasiana) (*M. coriocarpa* HAND.-MZT. in Sitzgsanz. Ak. W. W., LXII., 224 [1925]). **NW-Y.**: Kletternd an Bäumen der str. St. des birm. Mons. in der Marmorschlucht des Salwin ober Tschamutong, 1700 m, 13. VII. 1916 (9562). Hierher auch FORREST 14844 und 18448.

Daß mir ursprünglich nur die durch die holzigen Früchte wesentlich verschiedene Pflanze von Kasia zum Vergleich vorgelegen hat, verleitete mich zur Aufstellung der *M. coriocarpa*. Die Pflanze von Sikkim im Herbar Kew ist aber mit meiner vollkommen identisch. Von der Originalpflanze aus Nepal liegt dort nur eine Umrißskizze einer kleinen Frucht, von jener aus Kasia keine Blüte.

* ***M. bracteata*** (Roxb.) DC. **Tonking**: Laogai an der yünnanesischen Grenze, in feuchten Hochgrasfluren, 150 m, 2. II. 1914 (8). Im tr. **Y.** massenhaft an der Bahn aufwärts bis Wantang. Unter Yaotou ober Möngdse, Urgestein, bis 800 m.

Die Behaarung der Blattunterseite stimmt mit der Beschreibung von Kurz in Journ. R. Asiat. Soc. Beng., XLII/2, 231 und einem Exemplar aus Assam (Masters). Die abfälligen Brakteen der Traube sind aber viel größer als die stehen bleibenden ihres Stiels. Die Blüten stimmen mit der Beschreibung Kurz'. Sie sind fast schwarz, und ihr schwerer Aasgeruch dringt bis in den fahrenden Zug.

M. calophylla W. W. Sm. in Not. R. B. G. Edinbgh., XII., 216 (1920), e typo. **Y.**: Trockene Gebüsche der wtp. St. auf Sandstein, 1700—2100 m. Sehr spärlich zwischen Hsiangschuigwan und Daschao bei Luföng (8669) und ober Gandjiaschan bei Hedjing am Dsolin-ho (6190). Berg w von Biendjio, eine Blüte von P. Degenève mir gezeigt.

Racemi in pedunculis brevibus tenuibus, ad 6 cm longi, ad 20 flori, bracteis lanceolatis ad 1 cm longis caducissimis. Vexillum ovatum, acutiusculum, integrum vel breviter bilobum. Carina eo subduplo longior, anguste navicularis, acuta, leniter curvata, medio 6 mm lata. Flores inodores. Dies zur Ergänzung der Originalbeschreibung, der nur zwei abgelöste Blüten zugrunde lagen. Die Vermutung Harms', daß die Art wegen des allerdings unberechtigten Vergleiches mit *M. montana* zu *Cochlianthus* gehören könnte, trifft nicht zu.

Galactia Boehm.

G. tenuiflora (Willd.) Walk. * **var. *latifolia*** Bak. in Hook., Fl. Brit. Ind., II., 192 (1876), e descr. **Y.**: Dürre Hänge der str. St. um Lunggai am Yangtse nw von Yünnanfu, kristallinischer Boden, 970—1100 m, 11. IX. 1914 (5065).

Pueraria DC.

P. yunnanensis Franch. (*Derris Bonatiana* Pamp.). Gebüsche, Gerölle und felsige Stellen der str. und wtp. St., 1650—2200 m. **Y.**: Zwischen Schanyakou und Hosaotien bei Dingyüen w des Dsolin-ho (6218). Ober Dschaodschou bei Dali gemein und unter Beyendjing ne von hier. Im NE bei Mahung, 3000 m (?) (Maire). **S.**: Dorf Luschan bei Ningyüen (1307). Am Wege von hier nach Yenyüen s ober Lumapu (2059) und massenhaft bei Meidsepu.

P. peduncularis Grah. **Y.**: Gebüsche und Buschwälder der wtp. St. auf Mergel und Sandstein, 1850—2700 m. Mehrfach zwischen Gwangdung, Alaodjing und Schedse e von Tschuhsiung (4873). Zwischen Hwadung und Yanggai n von dort. Ober Schidsilu bei Yungbei (3322). Im NE bei Dungtschwan (Maire).

P. bicalcarata Gagnep. in Not. Syst., III., 201 (1916). Gebüsche der tp. bis an die wtp. St. auf Schiefer und Sandstein, 1500—2000 m. **Y.**: Unter Beyendjing. Im NW bei Ladsagu am Djinscha-djiang n von Lidjiang, 27° 10′ (6998). Im E e ober Yiliang wahrscheinlich diese. **S.**: An Quellen am Lu-schan bei Ningyüen (1953, steril, aber wahrscheinlich diese).

P. edulis PAMP. in N. Giorn. Bot. It., n. s., XVII., 28 (1910). **Y.**: Üppige Gebüsche der wtp. St. zwischen Tschuhsiung und Gwangdung, Sandstein, 1800 bis 2100 m (4851) und wohl sicher diese in **S.**: In der str. St. zwischen Podio und Yowanschui über dem Yalung, 27° 10′, c. 1500 m.

Brakteolen hier nicht spitz; Kelch kürzer als der Autor angibt. Im übrigen die ergänzenden Bemerkungen GAGNEPAINS in Not. Syst., III., 204 zu vergleichen.

P. Thunbergiana (SIEBD. et ZUCC.) BENTH. (*P. hirsuta* [THBG.] C. SCHN., non KURZ). Wälder und Gebüsche der wtp. und str. St., 400—1420 m. **Ki.**: Hangaodsu zwischen Ningdu und Tjingan („Ki-an") (Plt. sin. 485). **H.**: Hsikwangschan bei Hsinhwa. Wukang, hier auf dem Yün-schan ganze Bäume überdeckend (12383) und noch in der Buschwiese des Gipfels. Zwischen Ngaidso und Pukai am Wege nach Dsingdschou. **Kw.**: Im E massenhaft am Flusse unter Sandjiang, w unter Badschai. Lopu-se, Wendwen und Gudong zwischen Duyün und Guiding (10673). Wahrscheinlich auch diese weiter w massenhaft bei Wongtschengtjiao jenseits Guiding. **W-S.**: Min-Tal n von Kwan-hsien (WEIGOLD). **NE-Y.**: Banlung-se, 2700 m (MAIRE, distr. BONATI 6442).

Die Flügel meiner Nr. 12383 haben je 2 Öhrchen, was zeigt, daß die von GAGNEPAIN unbedingt bevorzugten Blütenmerkmale auch veränderlich sein können.

P. alopecuroides CRB. Im tr. **Y.** bei Manhao an trockenen Hängen, in Wäldern und Hochgrasfluren häufig, Tonschiefer, 200 m (5748, 5756).

Der Fruchtknoten ist an meiner Pflanze, sowie die reife Frucht ganz dichtborstig, beim Typus, wie mir Herr MARQUAND freundlichst bestätigt, nur im unteren und mittleren Teil behaart, doch ist die Übereinstimmung sonst vollständig.

Canavalia DC.

***C.* sp.** Im tr. **Y.** in Bambusdschungeln und offenen Wäldern flußaufwärts gegenüber Manhao, Tonschiefer, 200 m (12700, nur eine Frucht).

Cajanus DC.

C. Cajan (L.) MILLSP. in Field Col. Mus. B., II., 53 (1900) (*C. indicus* SPRENG.). **Y.**: In der str. am Bache bei Yidjiatschwang ober Hwangdjiaping ne von Dali, Mergel, 1700 m (6425). Im NE an Felsen bei Monggu, 500 m (MAIRE).

Dunbaria WIGHT et ARN.

D. villosa (THBG.) MAXIM. (*D. subrhombea* [MIQ.] HEMSL.). **SW-H.**: Häufig in der str. Buschwiese zwischen Yangliutang und Hsüning w von Wukang, Schiefer, 400—600 m (11057).

— — ** var. ***peduncularis*** HAND.-MZT.

Foliola usque ad 4½ cm lata et longa. Pedunculi usque ad 8½ cm longi. Flores inferiores interdum gemini, usque ad 23 mm longi.

Y.: Üppige Gebüsche der wtp. St. zwischen Tschuhsiung und Gwangdung, Sandstein, 1800—2100 m, 5. IX. 1914 (4858).

Da sonst keine Unterschiede gegenüber dem Typus festzustellen sind und auch eine Pflanze C. N. CHUNS von Nanking (2347) bis 1½ cm lange Traubenstiele und 4 cm lange Rhachis hat, handelt es sich wohl nur um eine üppigere Rasse.

MERRILL nennt in Philipp. Journ. Sci., XV., 242 (1919) die *D. conspersa* BENTH. *D. rotundifolia* (LOUR.) MERR. Das unter diesem Namen ausgegebene Exemplar CLEMENS 3191 ist aber *D. villosa*.

Atylosia WIGHT et ARN.

(*Cantharospermum* WIGHT et ARN.)

A. mollis BENTH. **Y.**: Trockene Hänge der tr. St. bei Manhao s von Möngdse, Tonschiefer, 200 m (5771).

A. scarabaeoides (L.) BENTH. **Y.**: Gebüsche der str. St. bei Homendschang am Yangtse n von Yünnanfu, 900 m (SCHNEIDER 440).

Rhynchosia LOUR.

R. volubilis LOUR. Hecken und Gebüsche der str. bis in die wtp. St. auf Kalk, 290—700 m. **H.**: Hsikwangschan bei Hsinhwa (12577) und häufig zwischen Wukang und Hwagbetjiao (12549). W-Hubei (WILSON, VEITCH Exp. 1416).

R. Craibiana REHD. in Plt. Wils., II., 118 (1914). Steppen, Gebüsche und Felsen der str. und wtp. St., 1350—2650 m. **Y.**: Tschangtschung-schan bei Yünnanfu (SCHOCH 132). Amidschou (ENANDER: Hb. Stockholm). Im NW bei Haba se von Dschungdien (4415) und gemein am Mekong von Yedsche bis Nakontu. Im NE bei Banpiengai (MAIRE). **S.**: Gegen Dahsintschang bei Ningyüen (1777). Rücken Luidaschu s von Huili.

Besonders an SCHOCHs Pflanze ist der untere Kelchzahn länger und die Traube reichblütiger als am Typus. Sie könnte fast als Übergang zu *R. himalensis* BENTH. angesehen werden, aber sie hat die (nicht sehr verschiedene) Blattform von *Craibiana*.

R. Dielsii HARMS. **Kw.**: Pinfa (CAVALERIE 206 p. p.).

R. minima (L.) DC. **Y.**: Im Sand der str. St. bei Ndaku am Yangtse n von Lidjiang, Kalk, 1850 m (4400). Bidjigwan am Fuße des Hsi-schan bei Yünnanfu, c. 2000 m (ENANDER: Hb. Stockholm).

Flemingia ROXB.

* ***F. fruticulosa*** WALL., sensu PRAIN in Journ. As. Soc. Beng., LXVI., 436 (1898). **Y.**: In der tr. und str. St. Tonschieferfelsen am Roten Flusse bei Manhao, 200 m (5864). Sand unter Hsinlung gegen den Pudu-ho n von Yünnanfu, 1580 m, 9. III. 1914 (431). Im NE an Wegrändern bei Tjiaodjia, 400 m (MAIRE). **Kw.**: Lofu (CAVALERIE 7968).

F. macrophylla (WILLD.) O. KTZE. e PRAIN l. c. 440 in syn.; ap. MERRILL in Lingn. Sci. Journ., V., 98 (1927) (*Crotalaria m.* WILLD., Sp. pl., III., 982 [1803]. — *Flemingia congesta* ROXB.). Trockene Urgesteins- und Sandsteinhänge der str. St., 900—1700 m. **Y.**: Zwischen Homöndschang und Bödschagwan in einer Seitenschlucht des Yangtse n von Yünnanfu (698). **S.**: Danfang unter Bödschagwan n von Huili.

* ***F. semialata*** ROXB., sensu PRAIN, l. c., 439 (*F. congesta* ROXB. var. *semialata* [ROXB.] BAK.). **S.**: Schattige Gebüsche der str. St. bei Dschenbaörl an einem w Zuflusse des Yalung, 27° 5′, Tonschiefer, 1375 m, 23. IX. 1914 (5279).

* ***F. latifolia*** Benth. in Miq., Plt. Jungh., 246 (1853?) (*F. congesta* Roxb. var. *lat.* Bak. in Hook., Fl. Brit. Ind., II., 229 [1876]). **Y.**: Sandsteinhänge der str. St. zwischen Hwaping und Hsingai am Yangtse nw von Yünnanfu, 1400 bis 1800 m, 1. XI. 1916 (13023). Im birm. Mons. in offenen Gebüschen und Matten der Schweli—Salwin-Kette, 25° 30′, 2730 m, IX. 1913 (Forrest 11767, 16064).

Alle diese Pflanzen haben kurze Infloreszenzen, lassen sich aber wegen der langen Kelchzähne nicht zu *F. ferruginea* Grah. stellen.

F. prostrata Roxb., sensu Prain in Journ. As. Soc. Beng., LXVI., 439. **E-Kw.**: Wiesenhänge des Baotie-schan bei Gudschou, str. St., Mergel, 300—500m (10898).

Stark an *F. Grahamiana* Wight et Arn. erinnernd, aber der untere Kelchzahn doppelt so lang, als die anderen.

F. yunnanensis Franch. **Y.**: In der wtp. St. auf Hügeln e von Yünnanfu, 1900 m (Schoch). **S.**: Steppenhänge der str. St. bei Ningyüen 1600 m (1277).

Die Art steht *F. sericans* Kurz und *F. nana* Roxb. nahe, die sich aber durch dicke, rote Drüsen und lange Trauben unterscheiden, während hier die der Behaarung eingemischten Drüsen sehr klein und kohlschwarz sind. Außerdem hat die zweite die jungen Blätter unterseits silberig-seidig; von *F. sericans* sah ich keine.

Phaseolus L.

P. minimus Roxb. **S-H.**: Gebüsche der str. St. bei Dungngan zwischen Yungdschou und Hsinning, Kalk, 150 m (11300).

* ***P. calcaratus*** Roxb., Fl. Ind., III., 289 (1832). **NW-Y.**: Überall in Gebüschen der str. St. zwischen Hsiao-Weihsi und Gangpu am Mekong, kristallinischer Boden, 1825—1950 m, 6. IX. 1915 (7937).

P. aconitifolius Jacq. **Y.**: Felssteppe der str. St. auf Granit zwischen Hwanggwayüen und Hailo s des Yangtse nw von Yünnanfu, 1000—1060 m (5073).

Vigna Savi

V. vexillata (L.) Benth. Gebüsche und Buschwiesen der str. und wtp. St. **Y.**: 1900—2650 m. Yünnanfu (Schoch). Im NW bei Waschwa (4451), Haba und gegenüber Ndaku (4417) se von Dschungdien. Dsowa w von Yungning. Im NE am Fuße der Berge hinter Lagu (Maire). **S.**: Unter Muli (7381). Im Min-Tale von Maodschou bis unter Wöndschwan (Weigold). W-Hubei: Fang (Wilson, Veitch Exp. 2710). **H.**: 250—1100 m. Überall zwischen Hsinhwa und Baotjing (12561). Yün-schan bei Wukang (12566).

— — var. ***yunnanensis*** Franch., Plt. Delav., 183 (1890). Trockene Wiesen der str. und wtp. St. auf Sandstein und Phyllit, 1600—2600 m. **Y.**: Rücken zwischen Dsaodjidjing und Hwadung e des Dsolinho (4985). Im NW überall um Hsiao-Weihsi am Mekong. **S.**: Zwischen Podjio und Yowanschui am Yalung, 27° 10′.

Dolichos L.

D. Henryi Harms in Rep. sp. n., XVII., 137 (1921). **Y.**: Im tr. Regenwaldrest unter Yaotou zwischen Möngdse und Manhao, Tonschiefer, 650 m (5944).

Meine Pflanze ist ebenso stark behaart wie *D. Junghuhnianus* Benth. Blütenstiele nicht über 4 mm lang. Blüten rosa.

** ***D. appendiculatus*** HAND.-MZT. (Taf. IX., Abb. 2).

Caulis tenuis, sarmentosus, ramosus, ultra metralis, sparse flavido-pilosus, dissite foliatus. Folia ternata, petiolis 3½—6 cm longis, stipellis lanceolatis petiolulos laterales c. 2 mm longos dense hirtos aequantibus; foliola late rhombeo-ovata, lateralia paulum obliqua angustioraque, 25—48 mm longa, acuta vel brevissime acuminata, terminale in petiolulo 12—15 mm longo, basi late cuneatum, lateralia saepe subrotundata, herbacea, viridia, supra ubique subtus praesertim ad venas dense reticulatas tenuiter albido-strigosa, trinervia nervis secundariis ad 4^{nis}. Stipulae ovato-lanceolatae, c. 6 mm longae, acutae, submembranaceae, ciliatae, 7 nerviae. Racemi axillares, pedunculis petiolis $\pm$ aequilongis, laxiuscule ad 10flori, rhachi pedicellisque 2½—4 mm longis densiuscule subrecurvo-hirtellis. Bracteae lanceolatae, 1½—2 mm longae. Pedicelli inferiores interdum usque ad 4 fasciculati, nonnulli glandulam axillarem gerentes. Bracteolae 2, bracteis similes. Calycis tubus oblique urceolatus, 1—1½ mm longus et latus, minute pubescens vel subglaber, indistincte nervatus; dentes breves, late triangulares, breviter ciliati, superiores ad $^{2}/_{3}$ connati. Corolla violacea (e nota ad vivum), c. 12 mm longa; vexillum suborbiculare, emarginatum, in unguem limbo quadruplo breviorem angustatum et supra illum acute auriculatum, intus cristis 2 2 mm longis, bipartitis, parte inferiore costam oblique in auriculam marginis exeuntem, superiore lobulum oblongum formante; alae eo aequilongae, oblongo-obovatae, supra unguem 2½—3^{plo} breviorem auriculatae; carina c. 8 mm longa, obtusa, leviter incurva, margine aspera. Ovarium brevistipitatum, brevipilosum, stylo dilatato glabro, stigmate penicillo pilorum partim longorum retrorsorum instructo. (Legumen ignotum.)

NW-**Y.**: Steppen der str. St. n von Lidjiang („Likiang") am Zuflusse des Yangtse unter Laba, 27° 47′, Sandstein, 2050—2300 m, 13. VIII. 1915 (7636).

Affinis *D. falcato* KLEIN, qui differt pedunculo breviore, corolla flava, calyce ovarioque glabris etc.

Thymelaeaceae

Wikstroemia ENDL.

W. nutans CHAMP. ** var. ***brevior*** HAND.-MZT. in Sitzgsanz. Ak. W. W. LVIII., 92 (1921).

Differt a typo foliis deciduis saepe alternis, pedunculis brevissimis usque 7 mm tantum longis sub anthesi rectis, serius tantum (an semper?) nutantibus, racemis quoque abbreviatis subcapitatis, floribus alboroseis (e collectore).

SW-**H.**: Yün-schan bei Wukang, zwischen 400 und 1420 m, IV. 1919, WANG-TE-HUI (Plt. sin. 5, Typus). **Ki.**: Berge bei Haodu-schi zwischen Tjingan („Ki-an") und Ningdu, anfangs IV. 1921, derselbe (Plt. sin. 273). Schangyu (HU 896: Herb. Berlin).

Auch der Typus zeigt mitunter wechselständige Blätter. Es handelt sich wohl um eine nördlichere oder Gebirge bewohnende Form, zumal da MELL 790 aus N-Kwangtung den Übergang zum Typus bildet.

W. indica (L.) C. A. MEY. Steppen und Wiesen der str. St., 150—400 m. S-**H.**: Schitjidian-se zwischen Yungdschou und Hsinning (11297). **Kw.**: Baotie-schan bei Gudschou (10895). Tsingai (CAVALERIE 1261).

W. stenophylla PRITZ. (*W. rosmarinifolia* H. WINKL. in Rep. sp. n., Beih. XII., 441 [1922], e typo). W-S.: Min-Tal von Tietschi bis Maodschou (WEIGOLD).

W. lichiangensis W. W. SM. in Not. R. B. G. Edinbgh., VIII., 136 (1913). NW-Y.: Gebüsche am Yülung-schan bei Lidjiang, 3200 m (SCHNEIDER 3427). Wälder bei Piyi s von Yungning (SCHN. 1642).

W. Delavayi LECTE. in Not. Syst., III., 129 (1914). NW-Y.: Im offenen Walde der wtp. St. auf dem Hügel ober Lidjiang, Kalk, 2600—2800 m (3485). Wahrscheinlich diese in ähnlichen Lagen von 1850 m aufwärts ober Ndaku und Fongkou n von hier. Tschuhsiung und Gwangdung, auf Sandstein.

Rispenspindel meiner Pflanze nicht ganz kahl. Blüten nur 8 mm lang mit kaum 1½ mm langen Zipfeln, gelb.

W. canescens (WALL.) MEISN. Y.: Gebüsche und Hartlaubwälder der str. bis in die tp. St., 2000—3000 m. Fuß des Hsi-schan bei Yünnanfu (SCHOCH 161). Im NW unter Mudidjin bei Yungning (3148). Unter Londjre am Mekong, 28° 11′ (8011). Im E östlich von Yiliang wohl diese viel von 1700 m aufwärts. W-Hubei (WILSON, Veitch Exp. 381).

W. leptophylla W. W. SM. in Not. R. B. G. Edinbgh., XII., 229 (1920) ** var. ***atroviolacea*** HAND.-MZT. in Sitzgsanz. Ak. W. W., LX., 135 (1923).

Foliis saepe alternis, firmioribus, supra in sicco atroviridibus, utrinque distincte nervosis, paniculis multis, corymbosis, singulis e spicis usque 12 compositis, perianthio extus atro brunneoviolaceo fere nigro, intus viridiflavo, tubo 10 mm longo a typo probabiliter minus xerophilo differt.

NW-Y.: Gebüsche der wtp. St. auf Kalk, 2440—2650 m. Haba se von Dschungdien, 2. VIII. 1914 (4420) und ober Tschwadse w der Schleife des Yangtse n von Lidjiang, 27° 47′.

W. dolichantha DIELS in N. R. B. G. Edinbgh., V., 286 (1912). S.: Hänge der str. St. zwischen Datung und Meidsepu am Yalung, 27° 40′, Granit, 1250 bis 1500 m (5605). NW-Y.: Lidjiang?, 2800 m (SCHNEIDER 2218).

** ***W. alba*** HAND.-MZT. in Sitzgsanz. Ak. W. W., LVIII., 180 (1921).

Fruticulus glaberrimus versus 1 m altus, multiramosus, truncis robustis cortice brunneo longitudinaliter plicato tectis, ramulis gracillimis erectopatulis elongatis nitidis, hornotinis flavidis, senioribus purpurascentibus. Folia opposita sempervirentia paribus 1½—3 cm inter se distantibus, ovata, 12—32 mm longa et 1½—2^{plo} angustiora, acuta, basi late cuneata vel rotundata vel truncata, tenuiter chartacea, exsiccando brunnescentia, opaca, subtus pallidiora, margine tenui, costa nervisque utrinsecus 6—8 sub angulis dimidiis patulis paulum arcuatis vix anastomosantibus tenuibus venulisque paucis supra vix subtus argute prominulis. Spicae in paniculas amplas laxas foliatas compositae, erectae, sessiles vel pedunculis usque ad 25 mm longis fultae, rhachide 5— (fructifera) 55 mm longa, laxiuscule 10—45 florae, pedicellis subnullis usque ½ mm longis. Flores gracillimi, erectopatuli, albi, pentameri, 8—11 mm longi, tubo ca. $^3/_4$ mm crasso, limbi lobis carnosis 1—1,5 mm longis, late ellipticis, obtusis, margine undulatis. Antherae lineares, 1 mm longae, albae, alterae 5 tertio supero, alterae 5 sub fauce insertae. Disci squama unica, membranacea, linearis, 1 mm longa. Ovarium piriforme, stipite 1 mm longo, apice puberulum, stylo brevissimo, stigmate magno globoso. Fructus ovatus, 3 mm longus, brevissime stipitatus, castaneus, apice setulosus.

H.: In einem Wäldchen der str. St. unweit Tsiyang, Kalk, 100 m, 24. VIII. 1917 (11338, Typus). **Ki.**: Hsinfung (Hu 1121: Hb. Berlin). Guidji (Hu 1287, ebendort). Hiezu folgende briefliche Mitteilung Herrn Rehders: „Zu *W. alba* zog ich zwei Pflanzen von Tschekiang: Hongyong, Kiawa (Ching 3296) und Taischun (Keng 246). Die erste war mir erst wegen ihrer anscheinend 4zähligen Blüten zweifelhaft, ich fand aber dann bei genauerer Untersuchung, daß, obwohl das Perianth 4lappig war, zehn Staubgefäße vorhanden waren, und zwar bei allen drei Blüten, die ich untersuchte. Man muß dies wohl mit Verwachsung zweier Lappen erklären, aber mir ist ein solcher Fall in der Gattung noch nicht vorgekommen."

Habitu necnon colore florum *W. trichotomae* (Thbg.) Mak. tetramerae et foliis superioribus angustioribus et ovariis fructibusque longipedicellatis diversae. *W. effusa* Rehd. et Wils. et *W. gracilis* Hmsl. foliorum forma et floribus flavis sericeis etc. longius distant.

** ***W. androsaemifolia*** Hand.-Mzt. in Sitzgsanz. Ak. W. W., LX., 135 (1923). (Abb. 21, Nr. 4 auf S. 615.)

Fruticulus ad 40 cm altus, robustus, ramosissimus, praeter gemmas minutas albo-hirtas glaberrimus, truncis et ramis crassis, fuscis, cicatricibus foliorum densissime decussatorum gibberosis, juvenilibus subalato-quadrangulis, internodiis 2— raro 10 mm longis. Folia sessilia, patula, elliptica vel marginibus breviter parallelis lineari-elliptica, 11 × 21 vel 22 × 32 — 22 × 36 et 21 × 46 mm, rotundata vel breviter angustata, basi late rotundata cordatula semiamplexicaulia, coriacea, saltem 2 annos persistentia, nervis utrinsecus 5—8 saepe furcatis valde obliquis et venis multis in sicco utrinque argute prominuis. Spicae terminales pedunculis crassis erectis 1—3 cm longis, simplices vel divaricatim pauciramosae, rhachidibus incrassatis, densissimae, multiflorae, 2—5 cm longae. Pedicelli crassi, ½ — ad 1 mm longi, divaricati. Flores (lutei, si bene reminiscor), 13 mm longi, pentameri, 1,5 mm crassi, lobis oblongis 1,5 mm longis, rotundatis. Antherae lineares, 1,5 mm longae, pallidae, filamentis brevissimis. Ovarium 4 mm longum, strigoso-hirsutum; stylus brevissimus, stigmate globoso. Disci squama unica, membranacea, linearis, fere 1 mm longa, retusa.

NW-**Y.**: Dürre Kalkfelsen der tp. St. zwischen den Sätteln des Berges Lamatso w des Nordendes der Schleife des Yangtse n von Lidjiang, 3200 m, 12. VIII. 1915 (7613).

Species crassitie et foliorum forma valde insignis, forsitan *W. scytophyllae* Diels affinis, quae foliis oblanccolatis nervis obsoletis, spicis solitariis differt.

Daphne L.

D. Genkwa Siebd. et Zucc. **H.**: Häufig in Steppen der str. St. um Tschangscha (11560) und über Daloping und Hsianghsiang bis Hsikwangschan bei Hsinhwa, 50—600 m.

D. tangutica Max. (*D. Wilsonii* Rehd. ex aut. in Journ. Arn. Arb., IX., 97. — *D. szechuanica* H. Winkl. in Rep. sp. n., Beih. XII., 445 [1922] e typo). **S.**: An Bächlein der tp. St. bei Molien jenseits des Yalung n von Yenyüen, 3150 m Schiefer (2549). **Y.**: Offene Stellen der wtp. St. bei Hsiangschuiho zwischen Dali und Lidjiang, Diabas, 2750 m (6463).

Meine Pflanzen liegen nur mit Früchten vor, sind daher nicht ganz sicher.

D. odora THBG. var. ***atrocaulis*** REHD. in Plt. Wils., II., 545 (1916). H.: Gebüsche der str. St. auf Sandstein, 150—650 m. Yolu-schan (11469) und Gu-schan bei Tschangscha. Hsikwangschan bei Hsinhwa (11861). W-Hubei: Tschangyang (WILSON, Veitch. Exp. 313). E-S.: Kui (W. 1814).

D. papyracea WALL. (*D. cannabina* WALL.). Y.: Yünnanfu (SCHOCH).

— — var. ***Duclouxii*** LECTE. in Not. Syst., III., 216 (1916). NW-Y.: Gebüsche und Wälder der str. und wtp. St. auf kristallinischem Boden, 1950 bis 2500 m. Ober Losiwan se von Dschungdien (4802). Am Mekong überall ober Yedsche (7962) und zwischen Guta und Serä (7989), 27°7—43'. Sicher ebenfalls hier (MONBEIG).

— — var. *crassiuscula* REHD. in Plt. Wils., II., 546 (1916). Y.: Beyendjing, Wälder bei Guti (TEN 174, 255).

D. Feddei LÉVL. in Rep. sp. n., IX., 326 (1911). REHD., l. c., 547. Y.: Wald des Hsi-schan bei Yünnanfu, wtp. St., 2000 m (SCHNEIDER 186). Im NE im Gebüsch von Lannyi-tsun (MAIRE) und an Felsen der Berge bei Hsiao-Wulung (M. ex Arb. Arn. 302), 2600 m. Im W an Bächen der Hügel zwischen dem Yangtschang-Tale und Pupiao, 1850 m (FORREST 21082 als *D. payracea* var.).

D acutiloba REHD., l. c., 539 (1916). Y.: Beyendjing, in Wäldern bei Guti (TEN 184) und Schuiban-tsun hier (TEN 155).

D. retusa HEMSL. (*D. Limprichtii* H. WINKL. in Rep. sp. n., Beih. XII., 444 [1922] e typo). S.: Feuchtere Stellen der Wiesen der tp. St. auf dem Liukuliangdse zwischen Yenyüen und Kwapi, 27° 48', Kalk, 3450—3550 m (2282). NW-Y.: Bei Lidjiang, v. E. (3864).

D. aurantiaca DIELS in Not. R. Bot. Gard. Edinbgh., V., 285 (1912). NW-Y.: Felsen und offene Stellen von Wäldern in der tp. und ktp. St., 3400 bis 3900 m. Ober Ngulukö am Yülung-schan bei Lidjiang (6646; SCHNEIDER 1787). Ober Bödö se von Dschungdien (4557). Gebirge von Dschungdien (SCHNEIDER 2171, 3107).

Der Stamm meiner einem Felsen aufliegenden Pflanze 6646 ist 25 mm dick und stellenweise flachgedrückt (12 × 20 mm). Nach einer in Berlin hergestellten Analyse von SCHNEIDER Nr. 3107 hat die Pflanze 3 stiftförmige Diskusdrüsen von verschiedener Länge, wäre also zu *Wikstroemia* zu stellen, doch scheint mir dieses Merkmal sehr wenig Gewicht zu haben. Diese Pflanze ist wesentlich kleiner als die ursprünglich beschriebene, mit der die anderen stimmen.

** ***D. clivicola*** HAND.MZT.

Frutex humillimus (depastus?), radice palari crassa et longa, ramis rosulato-erectis 5—8 cm longis, superne sericeo-strigillosis, dense alternifoliis. Folia anguste cuneato-oblonga, 9—17 mm longa, longitudine 4½—5plo angustiora, rotundata vel subtruncata, saepe emarginata, basi in petiolum c. 1½ mm longum angustata, margine anguste recurvo, subcoriacea, viridia, subtus paulo pallidiora, partim hiemantia (?) et purpurascentia, supra glabra, subtus praesertim ad costam late prominuam marginemque superiorem saepe parce strigosa. Flores terminales 1—3, lutei (e nota ad vivum), pentameri, perianthii tubo c. 5½ mm longo, lobis 1,6—2 mm longis oblongis rotundatis. Stamina filamentis brevibus infra medium tubum affixa. Discus 1 mm longus, irregulariter sinuato-lobatus. Ovarium c. 2 mm longum, obovoideum, stylo brevissimo, stigmate capitato.

S.: Am abgerissenen Wegrande auf Sandstein der tp. St. gegenüber Tangetu zwischen Yenyüen und Kwapi, 3250 m, 4. X. 1914 (5480, Typus). Trockene, steinige Hänge und Felsen der Berge se von Muli, 3700 m (FORREST 22428 als *D. calcicola* W. W. SM. vel aff.).

Proxima et habitu omnino congruens *D. calcicola* W. W. SM. differt glaberrima, foliis oppositis, floribus tetrameris.

Edgeworthia MEISSN.

E. chrytantha LINDL. SW-H.: Gepflanzt in der str. St. an den Hängen des Sattels zwischen Tschangpudse und Hwangbetjiao zwischen Hsinhwa und Wukang, Kalk, 360 m (12555).

E. Gardneri (WALL.) MEISSN. **Y.**: In einem feuchten Tale der wtp. St. ober Weischa e von Yungbei, Sandstein, 2600 m (13009).

Infloreszenzstiele hier bis 3 cm, in Sikkim bis 4½ cm lang. Blätter meiner Pflanze nur sehr schwach behaart, dadurch sehr an die folgende erinnernd, nicht überwinternd, wohl wegen der Lage des Fundortes. Blüten am 30. X. erst im Aufblühen, ihre Behaarung anliegend (ob später abstehend?).

E. albiflora NAK. in Journ. Arn. Arb., V., 82 (1924). **S.**: In der str. St. des Djientschang in dem nach Huili führenden Seitentale, 1300—1750 m (1058).

Infloreszenzstiel bis 3½ cm lang. TENS Angaben über Blütenfarben sind unverläßlich. Seine Nr. 132 ex hb. Berol. hat innen entschieden gefärbte Blüten. Die überwinternden, auf der Fläche nicht immer ganz kahlen Blätter und die abstehende Behaarung der Blüten mögen immerhin Merkmale geben, doch sind auch diese an mehr Material nachzuprüfen.

Stellera L.

S. Chamaejasme L. Charakterpflanze der Steppen, auch als Föhrenwaldunterwuchs, an steinigen Stellen und auf Matten, selten Moorboden von der str. bis durch die tp. St. auf Kalk und Sandstein, 1650—3675 m. **S.**: Überall um Ningyüen. S von hier bis auf den Schao-schan (1362). Um Tjiaodjio und Lemoka im Lolo-Lande (1558). Houdsengai bei Dötschang (1854). Lumapu und Berg Dadjin zwischen dem Yalung und Yenyüen, 27° 31′ (2133). Kalaba und um Kwapi und Oti n von hier. Rücken um den Wolo-ho. Rücken n des Passes Tschescha zwischen Muli und Yungning, in der ktp. St. bis 3875 m (7222, siehe Bemerkung). Im NW auf Gebirgen um Sungpan (WEIGOLD). **Y.**: Überall um Yünnanfu (SCHOCH 32, mit der Varietät). S von Möngdse gegen den Paß am Wege nach Manhao. Hungngai se von Dali. S von Yungning bis zum Gwamao-schan. Im NW um Lidjiang, v. E. (3863) bis zum Lagerplatz Mahaidse am Wege nach Yungning. Dugwan-tsun und um Bödö und Latsa se von Dschungdien. Im Mekong-Tal bei Yingpangai, 26° 30′ (GEBAUER).

— — **var. *angustifolia*** DIELS in Not. R. Bot. Gard. Edinbgh., VII., 88 (1912). **Y.**: In der wtp. St. bei Yünnanfu (SCHOCH 32 p. p.). **S.**: Ebenso zwischen Dungngan und Dschanggwandschung s von Huili (SCHNEIDER 519). In der str. St. bei Luanfenba zwischen Ningyüen und Dötschang in Steppen (1888) und bei Meidsipu am Yalung am Wege von dort nach Yenyüen, 1500 m.

Im Gebiete immer goldgelb mit Ausnahme der Nr. 7222, die an einer nassen Wiesenstelle wuchs und ganz hell weißlichgelbe Blüten hat; sie kommt aber dort auch an trockenen Stellen mit solchen bis gegen 3500 m herab vor, während etwa 200 m tiefer die goldgelbe Pflanze herrscht. Nach STAPF in Bot. Mag., unter Taf. 9028 dürfte diese eine eigene Art darstellen, doch hat die indische Pflanze nach HOOKER, Fl. Brit. Ind., V., 196 ebenfalls gelbe Blüten und jene von Tatsienlu nach WILSON in Plt. Wils., II., 551 weiße und verschiedene andere Farben.

Elaeagnaceae

Hippophaë L.

H. rhamnoides L. An trockenen Hängen sowohl als an Bächen oft häufig in der tp. St., 2850—3550 m. **S.**: Wudio und Doloho im Gebiete von Muli. **NW-Y.**: Mudidjin s von Yungning (SCHNEIDER 1630). Gitüdü bei Anangu, ober Pino und zwischen Alo und Hsiao-Dschungdien (4638) se von Dschungdien.

Elaeagnus L.

E. umbellata THBG. Laubwälder, Gebüsche und an Bächen in der wtp. St. **S.**: 1850—2750 m. Huili (877). Dungngan s von hier (790). Yimön n von dort. Sikwai (1648) und Döm (1628) im Lolo-Lande. Wudadjing s von Ningyüen. Kalaba bei Yenyüen (2261). Hieher auch LIMPRICHT 1230 und 411, diese aus Kiangsu, beide als *E. pungens* THBG. **Y.**: Ebene von Dungtschwan (MAIRE). Beyendjing (TEN 141, ex hb. Berol. 387). Bei Lidjiang, v. E. (3779).

— — ** **var. *siphonantha*** (NAKAI) HAND.-MZT. (*E. siphonantha* NAK. in Sitzgsanz. Ak. W. W., LXI., 85 [1924]).

Corollae tubus 8—10 mm longus, lobi 4—5 mm longi.

H.: Waldschluchten des Yolu-schan bei Tschangscha, str. St., 70 m, auf Sandstein, 21. IV. 1918 (11663).

SERVETTAZ gibt für die Kronenröhre von *E. umbellata* 5—10 mm Länge an. Die Pflanze fällt also in den Rahmen der auch in der Form derselben recht veränderlichen Art. Ich sah allerdings sonst nur Exemplare mit höchstens 8 mm langer Röhre, aber dies grenzt schon an die Varietät an, in der ich nur eine in den Blüten besonders üppig entwickelte Pflanze sehen kann.

Die meisten meiner Pflanzen sind wohl zur **var. *parvifolia*** (WALL.) SCHNDR., Ill. Handb. Laubhzkde., II., 411 (1909) zu stellen, aber die sichtbaren Merkmale dieser, nämlich Sternhaare auf der Blattoberseite und der Innenseite der Perianthzipfel, finden sich auch an japanischen Pflanzen, die übrigen angeblichen Merkmale sind überhaupt nicht zu finden und auch die Verwendung jener zur Abgrenzung von Varietäten scheint mir keiner natürlichen Gliederung zu entsprechen.

E. lanceolata WARBG. **E-Kw.**: Reichlich in der Überschwemmungszone am Ufer des Flusses unter Sandjiang, str. St., Grauwacke, 300—400 m (10862). **H.**: Wohl diese ebenso, aber spärlich bei Lengschuidjiang ober Hsinhwa am Tsi-djiang, 190 m. **Y.**: Gebüsche der wtp. St. bei Sidian am Wege von Yünnanfu nach Schilungba, Sandstein, 1950 m (179).

E. sarmentosa REHD. in Plt. Wils., II., 417 (1915). **Y.**: Bei Houdjing in der wtp. St. e des Dsolin-ho, Sandstein, 2150 m (4938).

Blüten wenig größer als bei HENRY 11309, die REHDER anhangsweise erwähnt, aber sonst mit dem Typus (HENRY 11439) besser stimmend.

E. viridis SERVETT. S.: Gebüsche an Rändern von Erosionsgräben der str. St. bei Dötschang im Djientschang, Sandstein, 1450 m (1149).

Die Perianthröhre ist 3—5 mm lang und der Saum ist silberweiß, beides entgegen der Beschreibung des Autors am Original ebenso.

— — var. ***Delavayi*** LECTE. in Bull. Mus. Par., XXI., 166 (1915). NW-Y.: Bachufer der wtp. St. bei Lidjiang, 2800 m (SCHNEIDER 1777).

E. Delavayi LECTE. in Not. Syst., III., 156 (1915). NW-Y.: In einem Haine der wtp. St. ober Londjre am Wege zum Doker-la, Granit, 2700 m (8003).

E. glabra THBG. ssp. ***eu-glabra*** SERV. in Beih. Bot. Centrbl., XXV/2, 74 (1909). H.: Waldränder der str. St. am Yolu-schan bei Tschangscha, Sandstein, 150 m (11410).

E. Bockii DIELS. Y.: Mehrfach in Steppen der wtp. St. zwischen Bidjigwan und Schilungba bei Yünnanfu, Mergel, 1950—2100 m (143). S-S.: Nantschwan (BOCK u. ROSTHORN 167).

Die zahlreichen Notizen aus Y. und S. lassen sich nicht genauer zuweisen. Bemerkenswert ist, daß *Elaeagni* nicht über die wtp. St., nicht über 2850 m, ansteigen.

** ***E. bambusetorum*** HAND.-MZT.

Frutex ramis virgatis fuscis squamis centro fusculis dense obtectis, superne foliis annotinis totaque longitudine ramulis valde abbreviatis folia sub anthesi multo minora floresque gerentibus obsitis. Folia evoluta lanceolato-elliptica, 7—8 cm longa, longitudine triplo angustiora, breviter acuminata, basi anguste rotundata, coriacea, supra in sicco atroviridia paulum brunnescentia glabra, subtus pilis stellatis breviter multiradiatis centro brunnescentibus appresse tomentosa et grisea, juvenilia squamis nonnullis ferrugineis illos superantibus maculata; nervi 7—10 jugi obliqui ad marginem arcuati cum costa supra impressi subtus prominui; petiolus ad 1 cm longus, crassiusculus, supra leviter sulcatus, dense squamatus et hic illic stellipilus. Folia ramulorum minora latitudine saepe sesquilongiora tantum, sub anthesi supra quoque dense stellato-tomentosa, subtus magis argenteo-nitidula. Flores in ramulis usque ad 12^{ni}, subsessiles, c. 11 mm longi, squamis substellato-fimbriatis argenteis paucisque ferrugineis densissime tecti, intus glabri; tubus subcylindricus 5 mm longus, crassus, quadrangulus, non constrictus, basi rotundatus; lobi triangulares, 3 mm longi, interdum 2 inter se alte connati. Filamenta glabra, antheris oblongis faucem superantibus 1½ mm longis aequilonga. Stylus c. 6 mm longus, superne tomentellus.

S-Y.: Bambusbestände der str. St. ober Schuidien zwischen Möngdse und Manhao, Kalk, 1800 m, 8. III. 1915 (6056).

Species indumento insignis et inter ceteras stellipilas sequenti tantum comparabilis, quae diversissima.

** ***E. Schnabeliana***[1] HAND.-MZT. in Sitzgsanz. Ak. W. W., LVIII., 181 (1921). (Taf. IX, Abb. 11).

Arbor subinermis ramis divaricatis, flexuosis, partim pendulis, annotinis usque triennibus squamis griseis adpressis obtectis, hornotinis brevissimis ferru-

[1] Domino R. SCHNABEL, in urbe Tschangscha negotiatori, quippe qui maxima munificentia permultos illos nummos, quibus collectiones meae patriam mitterentur, mutuo dedit, gratiam agens dedicata.

gineo-squamatis, vetustis calvis nigello-corticatis. Folia decidua, patula, petiolis 3—5 mm longis, crassiusculis, supra late sulcatis, cum pedicellis dense vel cum dorso laminae juvenilis et costae adultae supra squamas griseas punctatim ferrugineo-squamatis, late obovata usque obovato-oblonga, 17 × 15, 21 × 12 usque 26 × 18 et 31 × 17 vel 20 mm, apice late rotundata usque truncata vel emarginata, basi late cuneata vel rotundata, rarius truncata, membranacea, opaca, sicca dilute viridia, supra pilis minutis fasciculato-stellatis densis nec invicem se tegentibus (semper?) persistentibus cinerea, subtus iisdem pilis breviores adpresse stellatos tegentibus pluristratis albida et squamis dispersis sero (omnibus?) deciduis ferrugineo-punctata, costa supra paulum impressa, subtus elevata, nervis utrinsecus 4—5 subpatulis, raro subtus paulum prominulis. Flores in ramulis nondum elongatis multi aggregati, in axillis foliorum inferiorum saepe delapsorum superiorum nondum evolutorum singuli, mox penduli, ochracei, extus squamis subdiscoloribus obducti ferrugineo-punctati. Pedicelli 3 mm longi, sursum in perianthii tubum supra ovarium 1,5 mm longum anguste ellipsoideum paulum constrictum et sensim late infundibuliformem 5 mm longum, ore ad 2 mm latum, intus glabrum incrassati; limbus paulum dilatatus, 2,2 mm longus, vix patens, ad dimidium in lobos triangulares fissus, intus stellatipilosus. Antherae lineares, 1,3 mm longae, purpureae, inclusae. Stylus tenuis, 4,5 mm longus, glaber, stigmate ligulato circinato. (Fructus ignotus.)

H.: In der str. St. in Gebüschen bei Tschangscha unweit des Flusses gegen den Südfuß des Yolu-schan, Sandstein, c. 30 m, 6. XII. 1917 (11412).

Affinis forsitan *E. Tutcheri* DUNN foliis supra nitidis maioribus, nervis utrinque conspicuis, perianthii tubo basi rotundato diversae. Ceterae species stellipilae comparabiles (*E. stellipila* REHD., *Grijsii* HCE.) etsi mihi non visae etiam ramulis floribusque sic indutis differunt et *E. mollis* DIELS et *Matsumurae* MAK. ceterum longe distant.

Lythraceae

Rotala L.

R. indica (WILLD.) KOEHNE (*Ammannia peploides* SPRENG.). **S.**: In Reisfeldern der str. und wtp. St. ober Lanba am Yalung, 27° 8′, 1450 m (5270) und zwischen Banschan und Pudi se von da überall, 1700—2000 m (5254). **Y.**: Lachen ausfüllend beim Tempel Djindien-se nächst Yünnanfu, 2000 m (384?, steril). **H.**: Massenhaft in Reisfeldern um Hsikwangschan und der Umgebung, 300—600 m.

R. rotundifolia (HAM.) KOEHNE (*Ammannia r.* HAM.). An Bächen, Bewässerungsgräben, in Sümpfen und nassen Äckern der str. und wtp. St. auf Sandstein und kristallinischem Boden. **Y.**: 1750—2650 m. Yünnanfu gegen NW (SCHOCH 53). An der Straße von hier nach Dali gemein bis Hungngai. Dingyüen n von dieser. Beyendjing (TEN 91). Dawan (3390) und im Santschwanba bei Yungning. **S.**: 1300—2000 m. Huili (916), Dötschang (1085) und Ningyüen. Hangdschou am Wege von hier nach Yenyüen. **Kw.**: Nganschun (CAVALERIE 4279). **H.**: Guitouschi bei Tschangscha. **W-Ki.**: Um Pinghsiang (Plt. sin. 175).

Ammannia L.

A. auriculata Willd. var. ***arenaria*** (Humb., Bonpl., Kth.) Koehne in Bot. Jahrb., I., 245 (1880) **f. *persica*** Koehne l. c. **Y.**: Reisfelder der str. und wtp. St. zwischen Hsiao-Magai und Hsiaodsang n von Yünnanfu häufig, 1550—2000 m (5690).

A. baccifera L. ssp. ***baccifera*** (L.) Koehne, l. c., 260. **S.**: Überall in Reisfeldern der wtp. St. zwischen Banschan und Pudi am Wege von Huili nach Ningyüen, Sandstein, 1700—2000 m (5252) und im Becken von Yenyüen, 2550 m (phot.).

Lythrum L.

L. Salicaria L. var. ***vulgare*** DC., Prodr., III., 82 (1828). Sumpfstellen der wtp. St. **Y.**: Beyendjing (Ten 87). Zwischen Yanglin und Yilung, 2000 m (Schoch 359). Im NW bei Bödö se von Dschungdien, Kalk, 2500 m (4460, **subvar. *glabricaule*** Koehne in Bot. Jahrb., I., 327 [1881]). **S.**: Yenyüen, 2550 m (ohne Beachtung der Var.). **Kw.**: Zwischen Duyün und Maotsaoping, 700 m, ebenso.

— — var. *tomentosum* DC., Prodr., III., 82 (1828) (*L. tom.* DC., Cat. Hort. Monsp., 123 [1813]). **Y.**: Sumpfige Stellen bei Beyendjing (Ten 88). **W-S.**: Min-Tal von Maodschou bis unter Wöntschwan (Weigold).

Woodfordia Salisb.

W. fruticosa (L.) Kurz. (*W. floribunda* Salisb. — *Lonicera androsaemifolia* Lévl., Fl. Kouy-Tch., 62 [1914], e typo). **S-Y.**: Trockene Hänge der tr. und str. St. auf Tonschiefer n von Manhao, 200—650 m (5746) und an der Bahn um Amidschou und aufwärts bis über Pohsi, 1200 m.

Lagerstroemia L.

L. indica L. **Y.**: Im W an Hängen zwischen Dali und Yungtschang, 1800—2000 m (Gebauer). Im NW an der Grenze der str. St. zwischen Djitsung am Djinscha-djiang und Schogo in seinem w Seitentale, 27° 34—38′, an Dörfern anscheinend nur gepflanzt mehrfach, Schiefer, 2100—2200 m (7834). **W-S.**: Kwan-hsien (Weigold). **E-Kw.**: Yangyugai unter Badschai, gepflanzt. Gebüsche bei Pingtschaso nächst Liping, Tonschiefer, 600 m (10987). **H.**: In der str. St., 150—600 m. In der Überschwemmungszone des Flusses zwischen Dsingdschou und Lianglitang auf eine Strecke bezeichnend. Zerstreut auf dem Hügellande von hier bis Hsüning. Häufig im Karstland um Dungngan und Schitjidian-se w von Yungdschou (11292). **SE-Ki.**: Am Flusse bei Dayuping nächst Ningdu (Plt. sin. 441).

Orias Dode.

O. excelsa Dode. **S-S.**: Nantschwan (Bock u. Rosthorn 298).

Nach Pilger u. Krause in Engl. u. Prtl., Nat. Pflzfam., Nachtr. IV., 213 (1915) ist die Gattung von *Lagerstroemia* kaum zu trennen.

Sonneratiaceae

(Blattiaceae)

Duabanga BUCH.-HAM.

* ***D. grandiflora*** (ROXB.) WALP., Rep., II., 114 (1843) (*Lagerstroemia g.* ROXB., Fl. Ind., ed. CAREY, II., 503 [1832]. — *D. Sonneratioides* HAM. in Trans. Linn. Soc. Lond., XVII., 178 [1835]). **Y.**: In der tr. St. an der heißen Quelle bei Manhao nahe der Grenze von Tonking, Tonschiefer, 200 m, 28. II. 1915 (5784).

Combretaceae

Combretum LOEFL.

* ***C. Wallichii*** DC., Prodr., III., 21 (1828). **Y.**: Gebüsche der wtp. St. in der Schlucht des Passes Dinschi-ling ober Hungngai se von Dali (Talifu), Kalk, 2100—2200 m, 11. V. 1916 (8698).

Kelchzipfel etwas kürzer und breiter als beim Typus, sonst im vorliegenden blühenden Zustande übereinstimmend.

** ***C. incertum*** HAND.-MZT.

Sect. *Eucombretum* C. B. CLKE.

Frutex pendulus (vel habitu scandente 5 m altus), ramulis junioribus complanatis, brunneis, lepidotis, serius teretibus cinereis. Folia opposita vel alterna, oblongo-elliptica, elliptica vel ovata, 2½—8½ cm longa, longitudine sesquiusque triplo angustiora, brevissime et late obtuse acuminata vel rotundata (vel acute acuminata), basi rotundata vel ad petiolum ipsum cuneata, chartacea, sicca (viridia vel) flavescentia, utrinque squamis minutis teneris virescentibus densiuscule obsita, nervis utrinsecus 6—9 obliquis cum trabeculis laxis subtus magis quam supra prominulis, in illorum axillis griseo-barbellata; petiolus 4—6 mm longus, crassiusculus, supra sulcatus, lepidotus. Racemi axillares singuli (interdum cum terminali paniculam formantes), 2—5 cm longi in pedunculis 4—20 mm longis, lepidoti et parce subtilissimeque velutini. Bracteae filiformi-lineares, 2—3½ mm longae. Flores partim 2—3^{ni} fasciculati, sessiles, inaperti ad 4 mm longi, tetrameri, lepidoti. Ovarium ellipsoideum, calyce subaequilongum. Calyx c. 2 mm longus, tubo urceolato, intus basi longe flavescenti-sericeo, lobis eo subaequilongis triangularibus obtusiuscule acuminatis. Petala ovato-deltoidea, sepalis c. 3^{plo} breviora. Stamina 8. Stylus cylindricus, c. $2^1/_4$ mm longus. (Fructus in stipite 1½ mm longo, lanceolatus, 18—19 mm longus et cum alis 4 latis scariosis purpurascenti-brunneis c. 22 mm latus, minutissime albido-lepidotus et hic illic minute fulvo-glandulosus.)

S-**Y.**: Im tr. Trockenwalde bei Schuidien zwischen Möngdse und Manhao, Kalk, 1300 m, 7. III. 1915 (6033, Typus in Knospen). Kwanghsi: N-Ludschen an der Grenze von **Kw.**, Miu-schan bei Yindung, 800 m, im Wald als parasitischer Strauch selten, 20. VI. 1928 (CHING 6199, verblüht). W-Pose, Bakoschan, an Felsen im Gebüsch, gemein, 920 m, 14. IX. 1928 (CHING 7433, fruchtend).

Bei dem Mangel an Unterschieden in den in verschiedenen Stadien vergleichbaren Teilen halte ich die erwähnten Pflanzen für zusammengehörig, doch habe ich die nach CHINGs Exemplaren beschriebenen Merkmale in Klammern gesetzt. Über die Verwandtschaft läßt sich bei dem wenigen, was über die Gattung aus China überhaupt bekannt ist, noch nichts Näheres sagen.

Terminalia L.

T. Franchetii GAGNEP. in Not. Syst., III., 287 (1917) (*T. triptera* FRANCH. 1896, non STAPF 1895. — *T. micans* HAND.-MZT. in Sitzgsanz. Ak. W. W., LX., 97 [1923]). In trockenen Wäldern und Gebüschen und an dürren Hängen freistehend, manchmal als ansehnlicher Baum (viel größer als in KARSTEN u. SCHENCK, Vegetatb., 20. R., Taf. 37 A) in der str. St. auf Sandstein und Schiefern, 1000—2375 m. **Y.**: Am Yangtse zwischen Homöndschang und Bödschagwan n von Yünnanfu (766), häufig um Langgai (5067), unter Weischa e von Yungbei, um Dsilidjiang, Fongkou, am w Zuflusse bei Mujendu e von Dschungdien, um Ndaku, ober Ahsi und Djitsung. Ne von Dali unter Schuidsai (6447), zwischen Hwangdjiaping und Piendjio (6362) und bei Koutschou (Tieso) bei Beyendjing (TEN 219). **S.**: Im Yalung-Gebiete zwischen Datiaoku und Podjio, 27° 10′ (5317), ober Helugö bei Kwapi (2474) und hier abwärts bis Datjiaoku (2513). Dsengo im Gebiete von Muli w von Yungning.

** ***T. intricata*** HAND.-MZT. in Sitzgsanz. Ak. W. W., LX., 97 (1923) (Taf. IX, Abb. 7, 8).

Arbor parva torulose ramosissima, ramulis saepe tortuosis, hornotinis puberulis vel dense pubescentibus, mox glabris, cortice griseo, sero paulum fissili. Gemmae minutae, ovoideae, sericeae. Folia crebra, herbacea, orbiculari-obovata, 1,5—4 cm longa, apiculata vel emarginata, margine integerrimo incrassato saepe violascente, basi rotundata vel latissime cuneata vel paulo altius biglanduloso, rarius eglanduloso, juvenilia praesertim subtus laxe crispule pubescentia mox glaberrima utrinque granulata; costa nervique utrinsecus 6—10 prorsus arcuati subplani utrinque conspicui; venularum rete densissimum subtus conspicuum; petiolus tenuis flexuosus, lamina $3\frac{1}{2}$—5^plo^ brevior, supra paululum sulcatus. Spicae crebrae, singulae ramulis terminales, erectae, 2,5—5,5 cm longae, sessiles, laxiflorae, axibus et ovariis sericeo-villosulis; flores inferiores saepe distantes, pedicellis usque ad 3 mm longis, foliis bracteati, ceteri sessiles, ebracteati. Ovarium erectum, 2,5 mm longum; calyx stipite deciduo 1,5 mm longo fultus, scutelliformis, 4 mm diametro, extus parce puberulus, intus longe hirsutus, lobis fere ad $\frac{1}{2}$ connatis, caudato-acuminatis; stamina 3,5 mm longa glabra; antherae flavae, profunde cordatae, $^{2}/_{3}$ mm diametro, rotundatae; stylus glaber illis brevior. Fructus patuli, 7—8 mm longi, suberosi, alis 3, rarius 2 vel 4 vel 5 basi latioribus et $\pm$ rotundatis, inter se subaequalibus, apice angustatis acuminati, $\pm$ 5 mm diametro, breviter sericeo-pubescentes.

NW-**Y.**: Im str. Buschwald des Steilhanges über dem Ufer des Yangtse nw von Lidjiang oberhalb Möga, 27° 28′, Schiefer, 2050 m, 2. VI. 1916 (8593, Typus). Dort weiter n unter Bangdsera, 28° 6′, 2700 m (FORREST 13872).

Proxima *T. Franchetii* GAGN. differt omnibus partibus maioribus laxis, indumento longiore, denso, sericeo, micante, sero evanido, foliis ellipticis vel ovatis, glandulis in petiolis sitis, nervis prominulis, petiolis crassioribus rigidis, spicis paniculatis densis inclinatis, calyce brevius stipitato, fructu crasso 5—6 mm longo cum alis antice quoque rotundatis aequilato. Cum hac specie seriem propriam ob flores omnes ☿ et calyces stipitatos generi *Anogeisso* approximatam sistit.

Myrtaceae

Psidium L.

P. Guayava L. **Y.**: Im Sand am rechtseitigen Zuflusse ober Manhao, tr. St., Tonschiefer, 200 m (5921). Mehrfach gepflanzt in der str. St. ober Hsindschwang gegen Hwaping (Djiuyaping) e von Yungbei, Kalk, 1300—1450 m (13020).

Eugenia L.

E. Millettiana HEMSL., cfr. Sp. MOORE in Journ. of Bot., LXIII., 283. E-**Kw.**: Häufig in der str. St. im Überschwemmungsgebiete des Du-djiang von Gudschou bis Sandjio und seiner Zuflüsse über diesem Orte, Grauwacke, 300—450 m (10811).

Blätter von 37 × 19 mm an demselben Zweige bis 50 × 10 mm. Die Gründe GAGNEPAINS in Bull. Soc. Bot. France, LXIV., 94, die Gattung *Syzygium* nicht abzutrennen, scheinen mir stichhaltig. Die Art steht jedenfalls *E. cuneata* (WALL.) DUTHIE nahe, die aber etwas kleinere Blüten und besonders kürzere Staubfäden hat.

E. microphylla ABEL (*E. sinensis* HEMSL.). Kiefern- und Hartlaubwälder auch in Gebüschen an Bächen in der str. und wtp. St. auf Sandstein, Tonschiefer und Mergel, 50—900 m. **H.**: Überall um Tschangscha (11398). Dungtai-schan bei Hsianghsiang. W-**Kw.**: Häufig zwischen Gudschou und Liping (10954). SE-**Ki.**: Lienhwa-schan bei Ningdu (Plt. sin. 466).

Punicaceae

Punica L.

P. Granatum L. Gemein in Hecken, an Mauern und sonst um die Dörfer in der str. und untersten wtp. St. **Y.**: 1550—2000 m. Dschenmindö über dem Yangtse n von Yünnanfu (722). Laoyagwan, Luföng und Hungngai an der Straße von hier nach Dali. Hedjing, Landjing und unter Beyendjing n von ihr. Ahsi und Schigu w von Lidjiang. Hier, v. E. (4150). Luschan im Salwin-Tale (GEBAUER). **S.**: Ebenso, im ganzen Djientschang, so bei Ningyüen (1268), und Yalung-Tale. **Kw.**: Guiyang und sonst gemein.

Blüten bei 1268 mitunter orangegelb.

Melastomataceae

Melastoma L.

M. normale D. DON. Steppenhänge, Buschwiesen und offene Wälder von der tr. bis in die wtp. St., 200—1400 m. S-**Y.**: Gegenüber Manhao nahe der Grenze von Tonking (5846). **Kw.**: Zwischen Dschenning und Muyu (10414). Rücken e Nganping. Im SE bei Pingü unter Sandjio (10845).

Die Angabe dieser Art für Neu-Pommern durch RECHINGER in Denkschr. Ak. Wiss. Wien, LXXXIX., 144 (1913) beruht auf falscher Bestimmung.

M. dodecandrum Lour. (*M. repens* Desr.). Buschwiesen und besonders an heidewiesenartigen Plätzen der str. und wtp. St. auf Kalk und Mergel, 360 bis 900 m. SW-**H.**: Von Dungngan und Gaoscha-se über Wukang nach **Kw.**: Über Liping, Gudschou (s. Karsten u. Schenck, Vegetatb., 14. R., Taf. 11) bis Tjiaoli ober Sandjio gemein. Um Duyün bis Lopu-se und Maotsaoping (10697). **Ki.**: Pinghsiang (Plt. sin. 226).

In diesem Falle scheint, obwohl kein Originalexemplar vorliegt, wohl sichergestellt zu sein, welche Pflanze Loureiro meinte, obwohl einen aufrechten Stengel, den er beschreibt, nur ganz junge Pflanzen zeigen.

Osbeckia L.

O. chinensis L. Steppen der str. St. **Ki.**: Fuß des Hangaodsu zwischen Ningdu und Tjingan, 500 m (Plt. sin. 499). **H.**: 50—350 m. Um Tschangscha (11371), zwischen Ludu und Schilischan s von Hsinhwa und zwischen Yungdschou und Schitjidian-se (11317). W-**Y.**: Bei Tengyüe, 1800 m (Schneider 2612).

O. capitata Benth. **Y.**: Buschsteppe der wtp. St. zwischen Tschuhsiung und Gwangdung, Sandstein, 1800—2100 m (4831). **S.**: Ebenso in der str. und wtp. St., 1300—2000 m, zwischen Huili und Fungsaying (phot.), unter Yowanschui am Yalung, 27° 10′, und zwischen Mosoying und Gungmuying im Djientschang.

O. stellata D. Don. SW-**H.**: Buschwiese der str. St. an Hängen w von Hsüning zwischen Wukang und Dsingdschou, Schiefer, 400 m (11062). NE-**Y.**: Tantu, Hänge der Sandsteinberge am Flusse (Mell).

Mells Pflanze, sowie eine von demselben Sammler aus Kwangtung (704) sind ausgezeichnet durch abstehende Behaarung der Stengel und Äste, wodurch sie etwas an die folgende Art erinnern, 704 auch durch sehr stark behaarte Blätter.

O. crinita Benth. **Kw.**: Buschwiesen der wtp. St., 700—1400 m. Häufig zwischen Guiyang und Guiding (10534). Gegen Liping. NE-**Y.**: Djinkoutang, 2500 m (Maire).

Ein Unterschied gegenüber der indischen Pflanze, auf Grund dessen Gagnepain in Not. Syst., II., 308 die var. *yunnanensis* (Franch.) Cogn. in DC., Monogr. Phan., VII., 324 (1891) aufrecht erhalten will, besteht nicht, denn auch Hookers Pflanze aus Sikkim hat 2 cm lange Petalen. Gagnepain zieht die Art mit der vorigen zusammen. Sie lassen sich aber doch gut unterscheiden, wenngleich nicht alle von Clarke angegebenen Unterschiede standhalten (s. unter voriger). Ein gutes Merkmal der *O. crinita* ist auch die goldgrüne Blattunterseite, deren Farbe sich im Herbar lange hält.

Oxyspora DC.

O. paniculata (Don) DC. S-**Y.**: Im str. Bambusdschungel zwischen Möngdse und Manhao abwärts bis ober Yaotou (6057), 1100—1700 m. Tschaping (Wilson 142). Im W bei Dschengga am Salwin, 26° 10′ (Gebauer). **S.**: Abhänge der str. St. am Nganning-ho ober Gungmuying 1300 m (1107).

Blastus LOUR.

** ***B. spathulicalyx*** HAND.-MZT. in Sitzgsanz. Ak. W. W., LIX., 107 (1922).

Sect. *Thyrsoblastus* DIELS in Bot. Jahrb., LXV., 105 (1932).

Frutex ramis tenuibus vix complanatis, pallide griseobrunneis, hornotinis cum petiolis gemmisque dense et breviter ferrugineo-furfuraceis et sparse aureo lepidoto-glandulosis. Folia ovato-lanceolata, 6—14,5 cm longa, longitudine duplo — fere 4^{plo} angustiora, longe acuminata, basi late subcordata et supra petiolum minute cordata, toto margine dentibus minutis et latis aequidistantibus purpureo-mucronulatis crebre denticulata, herbacea, opaca, supra glabra, subtus dense et minute flavo lepidoto-glandulosa; nervi 5, rarius 7, exteriores a margine subremoti, interiores supra quoque intra tertium exterum currentes, supra tenuissime sulcati, subtus cum trabeculis horizontalibus creberrimis supra paulum prominulis argute elevati; venularum rete densissimum utrinque fuscum valde conspicuum, valde pellucidum; petioli quam laminae 4—8^{plo} breviores, teretes, supra anguste sulcati. Cymae subumbellatae, 2—12 florae, pedunculis decussatis 5—22 mm longis tenuibus erectopatulis furfuraceo-pilosulis et lepidoto-glandulosis, in paniculas terminales inferne tantum bracteatas compositae. Pedicelli graciles, ancipites, 2—4 mm longi. Calyx oblongo-obovoideus, cum pedicellis parce lepidoto-glandulosus et $\pm$ furfuraceo-puberulus; tubus 4 mm longus; lobi in fructu patuli, spathulati, 3 mm longi, apice rotundati vel anguste emarginati, basi $1/2$, apicem versus 1 mm lati. Ovarium apice glandulis magnis brevistipitatis obsitum; stylus 13 mm longus, glanduloso-puberulus. Petala dilute rosea (e nota ad vivum, serius delapsa). (Stamina ignota). Capsula piriformis, glabrescens, calycem aequans, quadricostulata et quadrisulcata; semina pallide brunnea, anguste ovoidea, apicibus fusca, $^2/_3$ mm longa.

E-Kw.: Waldränder der wtp. St. um Dayung und Matang zwischen Gudschou und Liping, Tonschiefer und Mergel, 600—900 m, 22. VII. 1917 (10913).

Proximus *B. Dunnianus* LÉVL. in Rep. sp. n., IX., 449 (1911), cfr. GUILLAUMIN in Bull. Soc. Bot. France, LX., 91, differt e typo trabeculis distantioribus et magis irregularibus, paniculis multo densioribus ramis inferioribus plerumque quaternis, pedicellis sub fructu ad 3 mm tantum longis, stylo multo minore eglanduloso, sepalis irregulariter orbicularibus crispis basi latis.

Meine frühere Angabe über gelbe Blütenfarbe dieses beruht auf dem Druckfehler „jaunes“ für „jeunes“ bei GUILLAUMIN.

Bredia BLUME
ampl. DIELS in Bot. Jahrb., LXV., 108

** ***B. gracilis*** (HAND.-MZT.) DIELS, l. c., 110 (1932).

Syn.: *Fordiophyton gracile* HAND.-MZT. in Sitzgsanz. Ak. W. W., LXIII., 3 (1926).

Herba ♃, rhizomate longe repente saepe ramoso, ubique radices longas et tenues et caulem subterminalem vel alterum in ramo edente. Caulis gracilis, erectus, 20—40 cm longus, simplex vel parce breviramosus, cum inflorescentia subtiliter puberulus. Folia 3—6 paria, versus apicem caulis conferta, paulum inaequalia et inaequilonge petiolata, ovata, usque ad 16 cm longa et longitudine tertia parte usque triplo angustiora (infimis et summis saepe diminutis et rotundatis), acuminata, basi aequali breviter cordata vel paulum inaequali subrotundata, margine remote mucronulato-denticulata et minute ciliata, succoso-herbacea, sicca membranacea obscure viridia, supra parce et subtiliter puberula, subtus glabra; costa nervique basales vel bini ad 7 mm suprabasales utrinque 2—3 extimi supra medium indistincti, arcuati, supra tenuiter sulcati, subtus in sicco prominui; trabeculae c. 12—15^{nae} tenues, obliquae, utrinque prominulae; petiolus lamina aequilongus usque 8^{plo} brevior, angustissime alatus, supra interdum parce furfuraceo-setosus. Cyma terminalis subumbellata 5—12 flora raro flore axillari addito, pedunculo 2—4 cm longo, bracteis minutis vel deficientibus raro una alterave lineari foliacea usque ad 7 mm longa, pedicellis ad 1 cm longis. Calycis cupula turbinato-campanulata, 4 mm longa, 8-, raro 10 costulata, minute puberula et interdum parcissime glanduloso-hirta; lobi 4, raro 5, in margine truncato minuti, mucronuliformes vel triangulares, ad 1 mm longi, persistentes. Petala 4, raro 5, purpurea (e nota ad vivum), ex ungue brevi oblique et late ovata, 8—9 mm longa, acuta. Stamina 8, raro 10 et tunc 2 antheris parvis vacuis forma autem immutatis staminodialia, 4 maiora 10—11, 4 minora 7—8 mm longa, antheris albidis (e vivo) in sicco ochraceis omnium filamentis linearibus aequilongis, fusiformi-conicis, sursum paululum incurvis, infra loculos gibberibus ventre 2, dorso 1 praeditis. Ovarium liberum, truncatum, margine membranaceo $\pm$ glanduloso-ciliatum; stylus $\pm$ 10 mm longus, glaber vel inferne glanduloso-pilosulus, superne crassiusculus.

SW-**H.**: Im wtp. Laubhochwalde des Yün-schan bei Wukang, Tonschiefer, 1150—1300 m, 4.—8. VIII. 1918 (12380).

Proxima e DIELS *B. Cavaleriei* (LÉVL.) DIELS, l. c., 110, differt multo magis pilosa, calycis cupula setulis decurvis instructa, staminum appendicibus 2 anticis sursum versis, postico decurvo.

Bemerkenswert, aber an anderen Melastomaceen auch schon beobachtet, ist der Wechsel von Tetra- und Pentamerie an der Pflanze.

** ***B. longiloba*** (HAND.-MZT.) DIELS in Bot. Jahrb., LXV., 111 (1932).

Syn.: *Fordiophyton gracile* var. *longilobum* HAND.-MZT. in Sitzgsanz. Ak. W. W., LXIII., 3 (1926).

Differt a praecedente caule laxe setuloso, foliis densius denticulatis, calycis lobis e basi triangulari subulatis, 2—2½ mm longis, antheris paulo magis inaequalibus, minoribus enim maiorum ³/₄ tantum aequantibus.

Ki.: Steinige Stellen auf dem Hangaodsu zwischen Ningdu und Tjingan („Ki-an"), VIII. 1921, WANG-TE-HUI (Plt. sin. 493).

B. Cavaleriei (LÉVL.) DIELS, l. c., 110 (*Barthea C.* LÉVL. in Rep. sp. n., VIII., 61 [1910]. — *Fordiophyton C.* GUILL. in Bull. Soc. Bot. Fr., LX., 275 [1913]). SW-**Kw.**: Hwangtsaoba (CAVALERIE 4571).

Die Beobachtung, daß an diesem Exemplar, das von DIELS mit Vorbehalt zu dieser Art gestellt wird, die Kelchzipfel sehr veränderlich sind, teils schmal und länglich, größtenteils aber breit dreieckig, hatte mich veranlaßt, in Analogie *B. longiloba* nur als Varietät aufzustellen. Immerhin mag man die anderen Unterschiede als spezifische gelten lassen.

Sarcopyramis WALL.

S. nepalensis WALL. **NW-Y.**: In den tp. Mischwäldern des birm. Mons. auf Schiefer und Granit, 2800—3450 m. Am Salwin im Doyon-lumba, (s. KARSTEN u. SCHENCK, Vegetatb., 17. R., Taf. 41 B) (8297) und im Tale unter dem Gomba-la ober Tschamutong (9536). Am Abstieg zum Irrawadi vom Passe Tschiangschel, 27° 52′ (9358). **E-Kw.**: Feuchtschattige Stellen der wtp. St. auf Mergel bei Liping gegen Gudschou, 650 m (10944). **SW-H.**: Besonders an Bambusdschungelrändern auf dem Yün-schan bei Wukang, Tonschiefer, 1150—1400 m (11184).

Zuletzt hat DIELS in Bot. Jahrb., LXV., 111 auf die Verschiedenheit gewisser mittelchinesischer Exemplare von himalaischen und west-yünnanesischen hingewiesen. Dazu ist zu ergänzen, daß allerdings auch dort 22 cm hohe vorkommen (11184) und hier unterseits purpurne Blätter (9358). Im Leben fielen mir die Blütenblätter auf, die im Osten eher größer (an 11184 bis 15 mm lang) und mehr rosa (ins Karminrote) als rot sind, vielleicht auch zarter als im Westen.

Fordiophyton STAPF.

F. Fordii (OLIV.) KRASS. **Ki.**: Berg Hangaodsu zwischen Ningdu und Tjingan, grasige Stellen des Gipfels, über 1000 m (Plt. sin. 479).

Oenotheraceae.

(Onagraceae)

Jussieua L.

J. suffruticosa L. An Gräben und im Sand von Bächen in der tr. und str. St., 200—2000 m. **Y.**: Manhao (5902). Mehrfach zwischen Hwaping und Jenhogai e von Yungbei. **S.**: Bögowan n von Huili. Mehrfach zwischen Panglingkou und Tsaodsanba am Wege von hier nach Yenyüen (5242).

J. repens L. **H.**: In Gräben, Lachen und überschwemmten Reisfeldern der str. St., 40—150 m. Um Tschangscha (12750). Häufig zwischen Yungdschou und Hwamipu (11327).

Ludwigia L.

L. prostrata ROXB. **H.**: Häufig in Reisfeldern der str. St., 60—500 m, zwischen Höngdschou und Tsiyang (11339) und von Wukang über Dsingdschou bis an die Grenze von **Kw.** (11007).

Die Atemwurzeln siehe in KARSTEN u. SCHENCK, Vegetatb., 14. R., Taf. 10b.

Epilobium L.

E. hirsutum L., det. SAMUELSSON. An Gräben und Sumpfstellen der wtp. St. **Y.**: 2000—2800 m. Unter dem Tempel Tjiungdschu-se bei Yünnanfu (SCHOCH 257). Paß zwischen Dschaodschou und Hungngai s von Dali. Beyendjing (TEN 84, 350, 1184). Im NW ober Mujendu und ober Bödö e, bzw. se von Dschungdien. **S.**: Huili, 1900 m (5164). W-Hubei (WILSON, Veitch Exp. 1415, 2654, beide var. ***villosum*** HSSKN. f. ***parvifolium*** HSSKN.).

* ***E. parviflorum*** Schreb., det. Samuelsson. **H.**: Feuchte Stellen der str. St. bei Schandungschui zwischen Yungdschou und Hsinning, Kalk, 500 m, 15. VIII. 1917 (11263).

E. Forrestii Diels in Not. R. Bot. Gard. Edinbgh., V., 254 (1912), det. Samuelsson. **Y.**: In der wtp. St. auf Sandstein an Bächen des Mangan-schan bei Yünnanfu, 2300 m (Schoch 149) und in einem Quellsumpf bei Schanyakou w des Dsolin-ho, 2000 m (6211).

E. sinense Lévl., det. Samuelsson. **Y.**: Beyendjing, an nassen Stellen (Ten 1185).

E. cephalostigma Hsskn. **SW-H.**: Gebüsche und kräuterreiche Stellen der wtp. St. auf dem Yün-schan bei Wukang häufig, Tonschiefer, 600—1300 m (11233).

E. tanguticum Hsskn., e descr. **Y.**: Häufig an feuchten Stellen der wtp. St. zwischen Alaodjing und Dsaodjidjing e des Dsolin-ho, Sandstein, 2000 bis 2300 m (4904).

***E.* sp. n.?** **SW-H.**: Yün-schan bei Wukang, Tonschiefer, zwischen 400 und 1420 m (Plt. sin. 56).

Keine der Haussknecht bekannten Arten. Solange nicht die *Epilobium*-Typen Léveillés, die sich nicht in seinem Herbar in Edinburgh befinden, erreichbar oder als verschollen zu betrachten und seine Aufstellungen unberücksichtigt zu lassen sind, ist es nicht angebracht, neue Arten aus schwierigen Gruppen aufzustellen, eine Ansicht, auf Grund der auch Herr Prof. Samuelsson seine Arbeit an der Gattung aufgegeben hat.

E. sikkimense Hsskn. in Österr. Bot. Zeitschr., XXIX., 52 (1879). Auf steinigen Matten und besonders an Bächen häufig in der tp., ktp. und Hg. St., 3350—4300 m. **NW-Y.**: Osthang des Gipfels Unlüpe im Yülung-schan bei Lidjiang (3515). Sattel Hsiao-Niutschang ober Bödö, zwischen Alo und Hsiao-Dschungdien (4637) und an der Westseite des Gebirges Piepun se von Dschungdien. **S.**: Bei Muli auf dem Berge Saganai (7308) und dem Passe Tschescha. Im NW auf Gebirgen um Sungpan (Weigold, ohne Blüte, daher fraglich).

Meine Nr. 7308 ist kahler und hat kleinere Blüten, übrigens mangelhaft präpariert.

* ***E. Royleanum*** Hsskn., l. c., 55. **Y.**: In einer etwas feuchten Wiese der wtp. St. auf dem Rücken zwischen Dsaodjidjing und Hwadung e des Dsolin-ho, Sandstein, 2600 m, 8. IX. 1914 (4988). Bei Lidjiang, v. E. (3161).

* ***E. pannosum*** Hsskn., l. c., 54. **Y.**: Beyendjing, Sümpfe bei Nigumo (Guti) (Ten 69). Bei Lidjiang, 1914—1916, v. E. (3995, **f. *pilosum*** Hsskn., Monogr. Epil., 209 [1884]).

E. japonicum Hsskn. **Ki.**: Grasige Stellen am Gipfel des Hangaodsu zwischen Ningdu und Tjingan, über 1000 m (Plt. sin. 482, det. Samuelsson). W-Hubei (Wilson, Veitch Exp. 1324). **NW-Y.**: Waldschläge der tp. St. bei Hwadjiaoping und Dahota e von Dschungdien, Sandstein, 3000—3100 m (7646).

E. himalayense Hsskn. **Y.**: Quellen in der wtp. St. ober Dahwaschu bei Yungbei („Yungpeh“), Sandstein, 2200 m (3391).

Chamaenerion ADANS.

C. angustifolium (L.) SCOP. (*Epilobium a.* L.). Föhrenwälder und steinige Stellen anderer Wälder und massenhaft an Brandstellen und anderen Waldlichtungen auf weite Strecken in der tp. bis in die ktp. St., 2700—4000 m. **Y.**: Yungning (3156) und bei Dschadse w von hier. Um Dugwantsun, Bödö, Anangu, Alo und am Piepun se von Dschungdien. Im birm. Mons. unter dem Doker-la und im Tale unter dem Gomba-la bei Tschamutong, v. E. (9863). **S.**: Sandaoschan und ober Hwangliangdse bei Yenyüen. Ober Muli. Im NW bei Sungpan (WEIGOLD). Hubei: Fang (WILSON, Veitch Exp. 1381).

Circaea L.

Clavis analytica *Circaearum* sinensium.

1. a) Discus nullus. Petala biloba, lobis divergentibus. Fructus unilocularis, clavato-fusiformis: 2.

b) Discus nullus. Fructus bilocularis, piriformis vel globosus, glochidiis longis et rigidis. Folia minute et sat crebre repando-denticulata vel subintegra: 4.

c) Discus annulum crassum protrusum formans. Fructus bilocularis, piriformis vel subglobosus, glochidiis longis et strictis. Folia minute et ± crebre repando-denticulata, rarius subintegra: 5.

2. a) Folia minute et sat crebre repando-denticulata, ovata, basi rotundata vel leviter cordata. Glochidia fructus rigida et longa. Inflorescentia patule glanduloso-, cetera crispo-pubescentia: *3. repens.*

b) Folia remote et argutius repando-denticulata vel dentata. Glochidia brevia et mollia: 3.

3. a) Planta glaberrima vel inflorescentia paulum glandulosa vel folia tantum appresse pilosa; haec late ovata, basi distincte cordata: *1. alpina.*

b) Caulis crispule et inflorescentia saepe glanduloso-pilosa. Folia late ovata usque sublanceolata, basi subacuta usque subcordato-truncata: *2. imaicola.*

4. a) Planta ± crispo-pubescens vel inflorescentia glabra. Folia ovata, basi rotundata vel subtruncata. Petala haud profunde obcordata. Fructus piriformis in pedicello eo aequilongo usque sesquilongiore: *4. glabrescens.*

b) Pili totius plantae recti, patuli vel subpatuli, teneri, glandulosi breves et eglandulosi pauci multive. Folia late ovata. Petala profunde obcordata. Fructus globosus, pedicello sublongior: *5. cordata.*

5. a) Folia late ovata, basi rotundata. Planta glabra vel sparsissime crispo-pilosa. Petala minuta, integra vel anguste emarginata vel subtriloba. Fructus piriformis, pedicello tenui, eo ± duplo longiore: *6. erubescens.*

b) Folia anguste ovata usque lanceolata. Planta densius et crispe aut parce et patenter pilosa. Petala maiora, biloba. Fructus subglobosus: 6.

6. a) Folia anguste ovato-lanceolata, basi cuneata. Planta breviter crispe (i. e. recurvo-) pilosa. Pedicellus fructu paululo longior: *7. mollis.*

b) Folia anguste ovata usque ovato-lanceolata, basi rotundata. Planta multo glabrior, pilis brevibus, patentibus, minute glanduloso-capitatis. Pedicellus tenuior, fructu sesqui- usque duplo longior: *8. quadrisulcata.*

Daß GAGNEPAIN, der in Bull. Soc. bot. France, LXIII., 42 (1916) eine Übersicht der Gattung gab, nicht die Arbeiten von ASCHERSON und MAGNUS und ČELAKOVSKÝ verwendete, diese aber nicht das Merkmal des Diskus beachteten, veranlaßte mich, die Gattung unter Berücksichtigung aller Merkmale zu revidieren und die Unterschiede der chinesischen Arten oben im Schlüssel darzulegen.

1. C. alpina L. erreicht China vielleicht noch im Norden und Südwesten. Das eine der zwei Exemplare von SERRE 2598 (= Herb. LICENT 9452) aus Tschili: Paita bei Hsüenhwa kommt ihr in allen Merkmalen mindestens ganz nahe, während das andere zur folgenden Art gehört. In NE Ober-Birma sammelte FORREST am Djimili Zwergexemplare von *C. alpina* (24965). Eine analysierte Blüte daraus hat 3 Staubgefäße und 3 Narben. In Japan mehrfach (FAURIE 2629, 2632 und zwei japanische Sammler).

GAGNEPAIN vereinigt mit Unrecht mit dieser Art *C. intermedia* EHRH., von der ich ein Original sah und die ich öfter lebend fand. Ich muß den Ausführungen ASCHERSONS und MAGNUS' in Bot. Zeitg., XXVIII., 763 (1870) und ČELAKOVSKÝS in Österr. Bot. Zeitschr., XX., 48 (1870) völlig beistimmen und nur hinzufügen, daß sie auch keinen vorstehenden Diskus hat.

2. **C. imaicola** (ASCH. et MAGN.) HAND.-MZT. (*C. alpina* var. *imaicola* ASCHERS. et MAGN. in Bot. Zeitg., XXVIII., 74 [1870]. — *C. alpina* FORB. et HEMSL. in Journ. Linn. Soc., XXIII., 310 et aut. sin. fere omnium). Matten, feuchtschattige Stellen, besonders in Wäldern, Gebüschen und Bambusdschungeln, feuchte alte Mauern und feuchte Felsen der wtp. und ktp. St. **Y.**: 2200—3950 m. Dali (FORREST 4748). Im NW bei Lidjiang (FORREST 2922, 6332, 6338, 22399; SCHNEIDER 3232). Hier am Wege nach Yungning zwischen Tsasopie und dem Hwanyanggo (7029). Hochland von Dschungdien (FORREST 10860). Hier bei Tomulang. Atendse (WARD 1057). Tseku am Mekong (MONBEIG). Mekong—Salwin-Kette am 27° 36′ (FORREST 19644) und am Kakerbo (WARD 918). Yünnanfu (MAIRE 203, 2364; DUCLOUX 539). Im NE am Dahai (MAIRE 997/1913). **S.**: Muli, 2800 m (7358). Ober Dindjia-tsun am Lungdschu-schan bei Huili, 2700 m (ob eine var.?). Tatsienlu (PRATT 650). Tongolo (SOULIÉ 364). Bejü—Batang (LIMPRICHT 2202 als *C. lutetiana*). W-China (WILSON, Veitch Exp. 4462, 5167). Nganhui: Hwang-schan (CHIEN 1221). Schanhsi: Tai-schan (CLEMENS 1450). Schenhsi: Tsinling-schan (LIMPRICHT 2717). Tschili: Paita bei Hsüenhwa (SERRE 2598 = Herb. LICENT 9452, p. p.). Mandschurei (GÜLDENSTAEDT; KOMAROW 1138). Aus Indien sah ich folgende Exemplare: WALLICH. Herb. WIGHT 989. E. Bengal (Hb. GRIFFITH 2231). Kasia, 1600—2100 m (HOOK. f. u. THOMS.). NW-Himalaya, 2100—3000 m (THOMSON; STOLICZKA; DUTHIE 18038). Nilgiris (lg.? 94). N. u. Kurg (THOMSON).

— — ** var. *angustifolia* HAND.-MZT.

Folia fere lanceolata, basi acuta, 37×16 et 22×13—30×8 mm.

NE-**Y.**: Zwischen Moosen an Felsen der Berge hinter Dungtschwan, 2700 m (MAIRE 613/1913, 1005/1913, Typus, 295/1914 und ohne Nr.: Hb. Edinburgh).

— — **var. Mairei** (LÉVL.) HAND.-MZT. (*C. Lutetiana*, Race *erubescens* var. *Mairei* LÉVL. in Bull. Ac. Géogr. Bot., XXII., 219 [1912]).

Fructus pili scil. glochidia purpurascentes. Folia latiora.

Y.: Gebüsche und Mischwälder, auch feuchte alte Mauern in der wtp. St., 1850—2600 m. Yünnanfu (MAIRE 1213, 2365). Hier beim Tempel Haiyen-se auf Sandstein (SCHOCH 306). Lannyi-tsun bei Lulan (LO in DUCLOUX 1060). Rücken zwischen Dsaodjidjing und Hwadung e des Dsolin-ho, Sandstein (4969). Beyendjing (TEN 124). Guti dort (TEN 1277, 1314). Täler von Hodjing und Lidjiang (FORREST 562). Osthang des Yülung-schan bei Lidjiang, 3000 m (F. 6261, annähernd). Im birm. Mons. im Mingkwong-Tal, 25° 20′ (F. 8637). Bahan (Pehalo) am Salwin, 27° 58′, auf Schiefer (9577).

Obwohl ich kein von LÉVEILLÉ bezeichnetes Exemplar gesehen habe, da auch seine *Circaea*-Originale in Edinburgh fehlen, beziehe ich den Namen ohne Zögern auf diese Form, da er die roten Haare der Kapsel erwähnt, die bei keiner anderen *Circaea* vorkommen. *C. imaicola* bewohnt ein sehr großes Gebiet allein und die beiden Varietäten kleine Gebiete, bzw. Stufen und vielleicht auch Standorte innerhalb desselben.

3. * ***C. repens*** WALL. ap. ASCHERS. et MAGN. in Bot. Zeitg., XXVIII., 762 (1870). Y.: Bei Dali (Talifu), 2400 m (SCHNEIDER 3098). Schutt der Gipfel hinter Dungtschwan, 2800 m, IX. 1910 (MAIRE). Matten des Fengschui-ling, 1800 m, (M. 341/1913). Lupu (TEN in DUCLOUX 1421).

Von den von ASCHERSON und MAGNUS angegebenen Unterschieden gegenüber *C. lutetiana* L. kann ich nur jenen der einfächerigen und einsamigen Frucht bestätigen. Dazu kommt das von ihnen nicht bemerkte Fehlen des Diskus. Die Narben sind an nebeneinander stehenden Blüten desselben Individuums oft sehr verschieden ausgebildet. Zweilappige finden sich an *C. repens* leg. THOMSON und einer ohne Sammlerangabe (WALLICH ?), ungeteilte an *C. lutetiana* z. B. von Hasslemölla (HAMMAR in FRIES, Herb. norm.). Die anderen Unterschiede treffen an von ASCH. u. MAGN. revidierten indischen Exemplaren nicht zu.

4. ** *C. glabrescens* (PAMP.) HAND.-MZT. (*C. cordata* var. *g.* PAMP. in N. Giorn. Bot. Ital., n. ser., XVII., 677 [1910]). E-S.: Dschengkou (FARGES 171). Hubei (HENRY 4851; SILVESTRI 1571, Typus). Tschangyang (WILSON, Veitch Exp. 1481). Nganhui: Hwang-schan, Tanling (STEWARD 7137).

Ohne Früchte, nur mit Blüten, dürfte die Art von *C. repens* nicht zu unterscheiden sein; doch muß dies Beobachtung im Leben zeigen, denn kleine Unterschiede, die an einzelnen herausgegriffenen Blüten festgestellt werden, besagen nichts.

5. ***C. cordata*** ROYLE. NW-Y.: Gebüsche der wtp. St. zwischen Losiwan und Ladsagu am Wege von Lidjiang nach Dschungdien, Schiefer, 2000—2300 m (4813). Im W vielfach, nach S bis Tengyüe (FORREST 2754, 8331, 15875, 24798; HOWELL 224). Tseku (SOULIÉ). **Kw.** (CAVALERIE). Duyün (TSIANG 5804). SW-H.: Im wtp. Laubhochwalde des Yün-schan bei Wukang, Tonschiefer, 1100—1300 m (12317). W-Hubei (WILSON, Veitch Exp. 1545). W-China (ebenso 4461). Nganhui: Hwang-schan (CHIEN 1281). Tschili (CHANET 418, 690).

6. *C. erubescens* FRANCH. et SAV., Enum. Pl. Jap., II., 370 (1879) (*C. Delavayi* LÉVL. GAGNEP. in Bull. Soc. bot. Fr., LXIII., 42, (Abb. 20). Offene Stellen, feuchte Orte und in tiefem Schatten. Tschekiang: Tientai-schan (CHIAO: Hb. Univ. Nankg. 14465). **Kw.**: Duyün, Maotsunling, 500 m (TSIANG 5785) und Yünfou-schan, 730 m (Ts. 5998). Lungli Berge (CAVALERIE 3840).

Die Abbildung der Variabilität der Blütenblätter der chinesischen und der japanischen Pflanze zeigt die Hinfälligkeit des zur Unterscheidung verwendeten Merkmales besser, als jede Erörterung.

7. ***C. mollis*** Siebd. et Zucc., e typo. Feuchte Gebüschränder und andere feuchte und schattige Stellen, auch felsige Hänge. **Y.**: In der wtp. St., 1800 bis 2400 m. Gwangdung halbwegs zwischen Yünnanfu und Dali (4893). Houyendjing n von dort. Mehrfach im W bis Tengyüe (Forrest 1054, 8286, 8736), im S bis s des Roten Flusses (Henry 9733, 9733 B). E Ober-Birma: Htaogao (Forrest 24829). **Kw.** (Tsiang 8597). N Kwanghsi (Ching 6879). Hubei (Henry 5102). N-Kwangtung (Mell 468, 722). N-F. (Ching 2276).

Abb. 20. Petalen von *Circaea erubescens* Fr. et Sav. 1—3 vom Amaki-san (japanischer Sammler: Univ. Wien), 4—7 Tsiang 5785

8. *C. quadrisulcata* (Max.) Franch. et Sav., Enum. Pl. Jap., I., 169 (1875) (*C. lutetiana* L. f. *q.* Max., Prim. Fl. Amur., 106 [1859]). Tschili: Paita bei Hsüenhwa, 18. VII. 1930 (Serre in Hb. Licent 9523 p. p.). Sonst in Japan und in der Mandschurei bis zum Altai.

Die Unterschiede gegenüber voriger sind deutlich und offenbar konstant.

** × *C. hybrida* Hand.-Mzt. (*cordata* × *mollis*).

Pili breves et curvulo-crispi, in inflorescentia tantum interdum nonnullis longis patentibus immixtis. Characteres ceteri *C. cordatae*, sed folia angustiora. Pollen valde sterile. Fructus multi uniloculares (semisteriles).

NW-**Y.**: Tseku am Mekong, VIII. 1912 (Monbeig 101: Herb. Edinburgh). Mekong—Salwin-Kette, 28° 10′, schattige Gebüsche, 2730 m, IX. 1914 (Forrest 13254: Hb. Ed., Typus). Tschili: Paita bei Hsüenhwa (Serre in hb. Licent 9523 p. p.).

Die Pflanze aus Tschili stimmt ganz mit jener Forrests überein. Da von dort nicht *C. mollis*, sondern nur *cordata* und *quadrisulcata* vorliegen, würde man an einen Bastard dieser beiden denken. Wahrscheinlich ist aber *mollis* dort auch zu finden.

Hydrocaryaceae

Trapa L.

Bestimmt von H. Glück

T. bicornis *Osb.* ** var. ***quadricornuta*** Glück.

Cornua fructus inferiora 2 quoque evoluta, superioribus minora.

H.: Tschangscha, Früchte am Markt gekauft (11347).

T. incisa Siebd. et Zucc. ** var. ***quadricaudata*** Glück.

Fructus quadricornutus.

An seichteren Stellen der Seen der str. und wtp. St., 1610—2070 m. **S.**: Ningyüen (1922, ** f. ***tuberculata*** Glück fructu inter cornua quadrituberculato, und f. ***laevigata*** Glück, fructu praeter cornua levi). **Y.**: Dali (8552).

T. Maximowiczii Korsh. in Act. Hort. Petrop., XII., 336 (1892). Reisfelder, Lachen und Teiche der str. St. **H.**: 50—350 m. Tschangscha, z. B. gegen den Gu-schan (12818). Schitjidian-se zwischen Yungdschou und Hsinning (11311). Lengschuidjiang am Tsi-djiang ober Hsinhwa (11978). Zwischen Wukang und Gaoscha-se (12546). E-**Kw.**: Häufig bei Liping gegen Gudschou, 600—700 m (10972).

Halorrhagidaceae

Halorrhagis FORST.

H. micrantha (THBG.) R. BR. In Steppen und besonders an nackten Stellen von Heidewiesen. Charakterpflanze in der str. und wtp. St. auf Sandstein, 50—1700 m. **H.**: Tschangscha (11373). Im SW zwischen Hsüning und Lianglitang. **Kw.**: Maotunggai zwischen Liping und Gudschou. Maotsaoping e von Duyün. Nanmutschang und zwischen Tjiaolou und Lungduwan (10329) am Wege von Dschenning nach Hwangtsaoba.

Myriophyllum L.

M. spicatum L. Seichte Stellen der Seen und in Lachen in der str. bis an die tp. St. **Y.**: Dali, 2070 m. **S.**: Im See von Yungning, 2800 m. Überall in jenem von Ningyüen, 1625 m (1926). **H.**: Viel um Wukang, 360 m.

Hippuridaceae

Hippuris L.

H. vulgaris L. Auf nassem Schlamm in der tp. St., 2800—3400 m. **S.**: Am See von Yungning (3118). NW-**Y.**: Dschungdien.

Malvaceae

Abutilon ADANS.

** ***A. paniculatum*** HAND.-MZT.

Frutex 1½—2½ m altus (e notis collectorum), totus stellato-tomentosus, ramis tenuibus teretibus. Folia dispersa, cordato-ovata vel -obovata, in caudam longam contracta, ad 13 cm longa, longitudine sesqui- usque duplo angustiora, praeter caudam inferiora leviter, superiora argutius dentata, herbacea, supra viridia laxe et rigidius tomentosa, subtus tomento molliore cinerea; nervi 7—9- secundariique 3—4 pares subtus prominui; petiolus lamina 3—5^{plo} brevior. Stipulae lineari-lanceolatae, 1½—2 cm longae. Inflorescentia pyramidato-paniculata ampla, inferne etiam in ramis foliata, floribus racemosis ad 10^{nis}, subochraceo-tomentosa. Bracteae lineari-lanceolatae, superiores saepe maiores obovatae, 12—15 mm longae, ad ½ in lobos $\pm$ 3, subulatos fissae. Pedicelli usque ad 2 cm longi, versus apicem articulati. Calyx 7—10 mm longus, plerumque infra medium 5 lobus, lobis ovatis acutis saepe per paria longe cohaerentibus unicostatis, intus albido-villosus. Petala latissime obovata, subemarginata 1,7 cm longa, pallide aurantiaca vel (e FORREST) cremeo-rosea. Columna staminalis dense hirsuta, filamentis liberis duplo longior. Carpella 10, ovata, rotundata, 4 mm longa, praeter basin hirsuta.

S.: Feuchte Gebüsche der wtp. St. bei Muli gegen Dseia, Tonschiefer, 2650—2750 m, 26. VII. 1915 (2756, Typus). Berge von Muli, 3000m (FORREST 16833).

Species inflorescentia et bracteis valde distincta, probabiliter *A. polyandro* (ROXB.) SCHLECHTD. affinis.

A. indicum (L.) DON. An Gräben und im Bachsande der tr. und str. St. auf Tonschiefer und Mergel, 200—1350 m. **Y.**: Am nächsten w Zufluß gegenüber Manhao (5899). Zwischen Yüenmou und Hailo s des Yangtse nw von Yünnanfu (5019). **Kw.** (CAVALERIE 7906 p. p.).

** ***A. roseum*** HAND.-MZT. (Abb. 21, Nr. 2).

Herba ⊙ 80 cm — multum ultra 1 m alta, tota praeter folia tenuiter et patenter cinereo-pilosa, caule usque ad 12 mm crasso basi lignescente et retilucato-corticato. Folia orbicularia et superiora ovata, usque ad 20 cm longa et lata, pauca duplo angustiora, breviuscule caudato-acuminata, basi anguste cordata, repando-dentata, plerumque dentibus binis auctis subtriloba, membranacea, viridia, supra substrigoso- subtus dense et minute stellato-pilosa; nervi 9 secundariique 3—6 pares tenues; petiolus lamina aequilongus, raro duplo brevior. Stipulae deciduae. Corymbi terminalis et axillares in paniculam amplam compositi, inferne foliis decrescentibus bracteati, ad 7 flori, saepe flore axillari in pedicello ad 7 cm longo aucti. Pedicelli ceteri ad 4 cm longi, tenues, medio articulati. Bracteae ultimae lineari-lanceolatae, c. 6 mm longae, deciduae. Calyx 12 mm longus, infra medium vel ad quintum inferum 5 lobus, lobis ovatolanceolatis, intus densius pilosus. Petala obovata, 25—28 mm longa, rosea (e nota ad vivum), inferne tantum ciliata et intus stellato-pilosa. Columna staminalis basi parcissime hirsuta, filamentis liberis pluries longior. Carpella 7, hirsuta, aristis binis brevibus subpatentibus.

NW-Y.: Hochgekräute der str. St. ober Schigu w von Lidjiang am Wege nach Gwanschan, Kalk, 2200 m, 16. X. 1915 (8522).

Species floribus paniculatis eorumque colore insignis.

A. sinense OLIV. **S.**: In der str. St. am s Zuflusse des Djientschang gegen Huili, 1300—1750 m (1048). **Kw.** (CAVALERIE 7906 p. p.).

** ***A. Gebauerianum*** HAND.-MZT. (Abb. 21, Nr. 1).

Frutex, ramulis tenuiusculis apice comato-foliatis et inflorescentiae juvenilis florem primum apertum gerentibus, totus breviter cinereo stellato-tomentosus. Folia cordato-ovata, 4½— ad 7 cm longa, longitudine subduplo angustiora, longe caudato-acuminata, leviter et crebre crenata, subtus in nervis 9 secundariisque 3—4^{nis} venisque elevato-reticulatis partim longius pilosa; petiolus lamina 2—2½^{plo} longior. Stipulae fere subulatae, c. 5 mm longae, caducissimae. Pedicelli 1 cm longi, versus apicem articulati. Calyx 20—25 mm longus, versus tertium vel quartum inferum 5 lobus, lobis lanceolatis apice fere subulatis trinerviis, intus velutinus. Petala cuneato-obovata, 4—4½ cm longa, (colore ?), certe inferne rubescentia, glabra. Columna staminalis glabra, filamentis liberis brevibus racemum ea breviorem formantibus. (Fructus ignotus).

W-Y.: Im birm. Mons. bei Tengkeng im Salwin-Tale, 25° 50′, 950 m, II. 1914 (GEBAUER).

Althaea L.

A. rosea (L.) CAV. **S.**: In der str. St. bei Ningyüen, gebaut? (1961).

Malva L.

M. verticillata L. **Y.**: Ruderal in der Ebene von Yünnanfu, 1900 m (SCHOCH 125). Beyendjing, in Äckern (TEN 14). Im NW im Hochgekräute der tp. St. an der heißen Quelle unter Baoschi bei Dschungdien, Kalk, 3400 m (7721).

M. silvestris L. **W-S.**: Min-Tal von Sungpan bis Tietschi (WEIGOLD).

Sida L.

S. humilis WILLD. **Y.**: In Gebüschen der Hänge der str. St. zwischen Homöndschang und Bödschagwan in der Seitenschlucht des Yangtse-Tales n von Yünnanfu, kristallinischer Boden, 1200 m (768).

S. mysorensis WALK. et ARN. **Y.**: In tr. Bambusbeständen und Savannenwäldern flußaufwärts gegenüber Manhao, Tonschiefer, 200 m (5833).

S. rhombifolia L. **Y.**: In der wtp. St. bei Yünnanfu an Wegrändern in der Ebene, 1900 m (SCHOCH 236) und bei Bidjigwan, 2100 m (ENANDER: Hb. Stockholm).

— — var. *obovata* (WALL.) MAST. **Y.**: Beyendjing, Äcker bei Tieso (TEN 21). Amidschou, 1350 m (ENANDER).

— — var. ***retusa*** (L.) MAST. **Y.**: Trockene Hänge der tr. und str. St. auf kristallinischem Boden, 200—1350 m. Lagatschang am Yangtse n von Yünnanfu (723). Amidschou (ENANDER). Manhao nahe der Grenze von Tonking (5761).

S. cordifolia L. **Y.**: An Gräben der str. St. zwischen Yüenmou und Hailo s des Yangtse nw von Yünnanfu, Mergel, 1050—1350 m (5021).

Urena L.

U. lobata L. var. ***scabriuscula*** (DC.) MAST. **S.**: An Gräben der wtp. St. zwischen Djiangyi und Hokou s von Huili, Sandstein, 1800—1900 m (5080). **Kw.**: Wegrand zwischen Yangdoho und Yanglung, 1800 m (SCHOCH 397). Hwadjiang und Tinfan (CAVALERIE 1869). **SW-H.**: Mehrfach in Gebüschen um die Bäche in der str. St. um Schilischan zwischen Hsinhwa und Wukang, Schiefer und Granit, 330 m (12556). **W-Ki.**: Um Pinghsiang (Plt. sin. 256).

— — var. ***tomentosa*** (BL.) MIQ. **Y.**: An Gräben der str. St. zwischen Yüenmou und Hailo s des Djinscha-djiang nw von Yünnanfu, Mergel, 1050 bis 1350 m (5030).

Petalen dieser Pflanze 32 mm lang. Außenkelch vom Kelch vollkommen frei, so auch bei allen anderen. Blätter sehr kurz gestielt, die untersten vorliegenden 1 m unter der Stengelspitze 2½ mal länger als ihr Stiel.

Hibiscus L.

H. syriacus L. **Y.**: In der wtp. St. beim Dorfe Alaodjing e des Dsolin-ho, 2000 m, v. E. (4895). **S.**: Zwischen Hokou und Fongsaying s von Huili. **Kw.**: Um Dörfer zwischen Guiyang und Wongtschengtjiao gepflanzt, 1100—1250 m (10604), weiter e unter Madjiadwen viel, auch wild. **H.**: An Bächen in der str. St. überall von Wukang bis Lududsai, Kalk, 300—360 m (12539) und viel am Flußufer bei Lengschuidjiang ober Hsinhwa. **W-Ki.**: Pinghsiang (Plt. sin. 241). **Ki.-F.**-Grenze: Wegrand am Fuße des Hwangdschu-ling zwischen Dingdschou und Ningdu (Plt. sin. 368).

H. paramutabilis Bail., Gent. herb., I., 109 (1922) (*H. saltuaria* Hand.-Mzt. in Sitzgsanz. Ak. W. W., LXII., 251 [1925]). **SW-H.**: Im str. Laubhochwalde der Flußschlucht bei Moschi nächst Dsingdschou, Tonschiefer, 400 m, 1. VIII. 1917 (11049).

Nach dem Exemplar Du Bois-Raymond 758 vom Originalfundorte und einem von H. Prof. Bailey freundlichst übersandten Samen seiner Pflanze konnte ich die Identität feststellen. Seine Beschreibung ist folgendermaßen zu ergänzen: Folia late et hic illic sinuato-dentata. Pedicelli crassi et cum bracteolis calycibus capsulis supra tomentum stellatum setis ochrascentibus 2—3 mm longis densissime hirsuti. Semina pilorum ruforum 4 mm longorum rectorum annulo denso cincta.

H. venustus Bl. **S.**: In der str. St. im Bachgerölle des w Zuflusses des Yalung zwischen Meidsepu und Lumapu, 27° 40′, Kalk, 1500—1650 m (5590). **Y.**: Beyendjing (Ten 1436).

Blüten rosa. Im Bot. Mag., Taf. 7183, sind sie hellgelb abgebildet. Zollinger gibt sie bei seiner javanischen Pflanze I 3670 = 553 aber rosa an.

H. sp. **Y.**: Im tr. trockenen Buschwalde bei Schudien zwischen Möngdse und Manhao häufig, Kalk, 1200—1400 m (6001).

Mit geöffneten, dicht und lang gelblich borstigen Früchten. Kelch- und Außenkelchzipfel wenige, breit eiförmig, groß, jene stark dreinervig, zu zerbrochen für weitere Feststellungen. Nach Beschreibung und Abbildung war ich geneigt, an *H. Mesnyi* Pierre zu denken, doch schreibt mir Herr Unterdirektor Gagnepain nach Vergleich einer Probe mit diesem, daß die Samen wohl recht ähnlich seien, aber *H. Mesnyi* sich durch einen Kelch von mehreren Zentimeter Länge und lederiger Beschaffenheit mit groben Sternhaaren und eine holzige Kapsel unterscheide. Auch ist es nicht wahrscheinlich, daß diese Art aus Cochinchina hier vorkommt. Für Neubeschreibung ist das Material zu unvollständig.

H. Rosa-sinensis L. **Y.**: Trockene Hänge der tr. St. bei Manhao, Tonschiefer, 200 m (5770). **S.**: Beim Dorfe Yibaschan unter Dötschang im Djientschang, kristallinischer Boden der str. St., 1400 m (1120).

H. Trionum L. Äcker, Gärten und Gebüsche der wtp. St. **Y.**: 1900 bis 2800 m. Yünnanfu (Schoch). Dabantjiao (Schoch 352). Zwischen Dengtschwan und Dali (Schneider 2733). Beyendjing und Tieso (Ten 28, 1248). Im NW zwischen Sape und Haba se von Dschungdien (4408). **W-S.**: Min-Tal von Maodschou bis unter Wöntschwan (Weigold). **Kw.** (Cavalerie 1113).

H. mutabilis L. **H.**: In der str. St., 130—200 m, auf Kalk. An der Überschwemmungsgrenze am Tsi-djiang bei Lengschuidjiang ober Hsinhwa (12708). Seitenbach unter Lantien e von Hsikwangschan.

H. cancellatus Roxb. In der str. St. auf Mergel und Sandstein, 1050 bis 1825 m. **Y.**: An Gräben und zwischen Felsen zwischen Yüenmou und Hailo nw von Yünnanfu (5033). Wuding dort. Beyendjing (Ten 98) und mehrfach w von dort. **S.**: Babadien jenseits des Yalung am Wege von Huili nach Yenyüen. Hangdschou w von jenem, 27° 37′.

H. Abelmoschus L. **W-Y.**: An Abhängen im birm. Mons. an der Grenze w von Tengyüe (Gebauer).

H. sagittifolius Kurz in Journ. As. Soc. Beng., XL/2., 46 (1871) **var. *septentrionalis*** Gagnep. in Fl. gén. Indo-Ch., I., 435 (1910) (*H. Es-*

quirolii Lévl. in Rep. sp. n., XII., 184 [1913], e loco class.). SW-**Kw.**: Steinige Steppe der str. St. ober Falang in der Schlucht des Hwatjiao-ho am Wege von Dschenning nach Hwangtsaoba, Kalk, 850—1100 m (10390).

Zunächst *H. Abelmoschus*, aber perenn, Außenkelch gleich lang mit dem Kelch, 2 cm lang, Blüte meiner Pflanze feuerrot.

H. Manihot L. W-**F.**: An Bächen am Fuße des Tienhwa-schan w von Dingdschou, Sandstein (Plt. sin. 405, var. ***palmatus*** DC. = var. *typicus* Hochreut. in Ann. Cons. bot. Gen., IV., 154 [1900]).

— — var. *pungens* (Roxb.) Hochreut., l. c., 155. **Y.**: Beyendjing, in Wäldern (Ten 1357).

Gossypium L.

* ***G. obtusifolium*** Roxb. in G. Don, Gen. Syst., I., 487 (1831). **S.**: Trockene Hänge der str. St. halbwegs zwischen Hsintschwang und Loloping am Yangtse w von Huili, Sandstein, 1075 m, 3. XI. 1916 (13033) und im angrenzenden **Y.**: an Hängen zwischen den Feldern bei Maliu-se zwischen Jenhogai und Datiengai, 1200 m, und ähnlich bei Wumo, 1150 m.

Wenigstens am ersten Fundorte sicher wild als reichverzweigter Strauch.

Bombacaceae

Bombax L.

B. malabarica L. Im tr. und str. Savannenwald und vielfach einzeln stehend in trockensten Lagen auf Sandstein und Schiefern, 200—1700 m. **Y.**: Manhao und Möngdse. Pohsi. Am Yangtse n von Yünnanfu (699). Weiter sw bis Dungtien ober Yüenmou, Piendjio und Tie-tsun bei Bintschwan. Unter Weischa e von Yungbei. **S.**: Am Yalung um Datung und Dölipu, 27° 41′, und am Ngannin-ho von Panglingkou bis gegen Dötschang.

Tiliaceae

Corchorus L.

C. capsularis L. NE-**Y.**: Am Wege von Yünnanfu nach Suifu, vor Hwangdjiang als Feldfrucht gebaut (Mell).

C. olitorius L. NE-**Y.**: Bach von Dalangti, 400 m (Maire).

Tilia L.

? ***T. Tuan*** Szysz. **Y.**: Wälder der tp. St. an der Ostseite des Dji-schan ne von Dali, Sandstein, 2900 m (6385).

Sterile Zweige mit ziemlich jungen Blättern, die sehr Bock u. Rosthorn 335 (als *Corylopsis* n. sp.) gleichen.

** ***T. obscura*** Hand.-Mzt. (Abb. 21, Nr. 3).

Arbor ramulis nodosis fuscis glabris disperse foliatis. Folia oblique late ovata vel suborbicularia vel subdeltoideo-ovata, 8—12 cm longa, obtusa vel anguste rotundata et in acumen breve et angustum contracta, basi truncata vel altero latere late et leviter cordata, versus apicem paucidenticulata, ceterum integra, herbacea, atroviridia, utrinque glabra vel pilis rarissimis supra stellatis, subtus in nervis simplicibus et barbulis axillaribus instructa; costa nervique basales 3, secundarii 3—5 pares obliqui purpurascentes utrinque prominuli; venularum rete densissimum cum trabeculis laxis purpurascens utrinque conspicuum; petiolus lamina duplo usque fere quadruplo brevior, tenuis. Stipulae fugacissimae (delapsae). Cymae axillares in pedunculis 4—6 cm longis. Bractea basalis, huic ultra medium vel plerumque multo altius sed vix ultra medium suum connata, linearis, vix 1 cm lata, obtusa, flavida, cymam longe superans, primum parce stellato-pilosa. Cyma c. 10—15 flora, juvenilis ad 15 mm lata, bracteis bracteolisque ligulatis 2—3½ mm longis, glabra. Pedicelli tunc ad 3 mm longi. Sepala triangularia, extus dense et intus laxe tomentosa. Petala in alabastro orbicularia, glabra. Staminodia nulla. Stamina numerosa, ut ovarium glabra.

SW-**H.**: Yün-schan bei Wukang, auf Tonschiefer zwischen 400 und 1400 m, IV. 1919, WANG-TE-HUI (Plt. sin. 55).

Foliorum forma et colore glabritieque valde insignis.

? ***T. nobilis*** REHD. et WILS. in Plt. Wils., II., 263 (1915). **S.**: Mischwald der tp. St. unter Ngaitschekou jenseits des Yalung n von Yenyüen, 28° 10′, 2850 m (2678).

Nur ziemlich junge, sterile Zweige, die am besten hierher passen.

T. chinensis MAX. Gebüsche, offene Föhrenwälder und Mischwälder, oft mit viel Bambusunterwuchs, auch an Bächen in der tp. St., 2800—3400 m. **S.**: Ober Fumadi am Wolo-ho zwischen Yenyüen und Yungning (3043). **Y.**: Ober Dschadse w und ober Mudidjin s von Yungning (3206). Gwamaoschan am Wege von hier nach Yungbei. Um Lidjiang, v. E. (3862). Hier um Ngulukö (3503) und in der Schlucht Lokü an der Ostseite des Yülung-schan. Im NW unter dem Tempel Minyü se und unter Meti sw von Dschungdien.

In der Blattgröße sehr veränderlich, von durchschnittlich 7 cm bis durchschnittlich 13 cm Länge.

T. paucicostata MAX. **Y.**: Wälder der wtp. St. auf Sandstein und Tonschiefer, 2100—2900 m. Zwischen Tjitiaowan und Landji am Wege von Yungning nach Yungbei (3216). Guti bei Beyendjing (TEN 326). Ober Gwanyinschan sw von Lidjiang. Dugwan-tsun se von Dschungdien. Unter Ronscha am Zuflusse des Yangtse, 27° 45′. Die Notizen vielleicht zur Varietät.

— — **var. *yunnanensis*** DIELS in Not. R. Bot. Gard. Edinbgh., V., 285 (1912). NW-**Y.**: Hartlaubwald der str. St. unter Londjre am Mekong, 28° 11′, kristallinisches Gestein, 2100—2200 m (8016).

** ***T. endochrysea*** HAND.-MZT. in Sitzgsanz. Ak. W. W., LXIII., 2 (1926).

Arbor 10 m alta, lata, densa. Ramuli graciles, cortice nigello, mox glabro. Folia late ovata, 6—12 cm longa et paulo angustiora, breviter acuminata, basi ramulorum infima aequalia et angulo recto cordata, superiora obliqua et truncato-subcordata, margine praesertim anteriore grosse et remote sinuato- et hic illic lobato-dentata, dentibus crassissime mucronulatis, pergamena, sicca brunnescentia, supra glabra, subtiliter alutacea, subtus in vivo albo-, in sicco ochrascenti tenuiter et compacte stellato-tomentosa et nervorum axillis breviter brunnescenti-barbata; costa nervique basales 2—4 extus a basi valde ramosi, cum illius secundariis 3—4^{nis} valde obliqui, stricti, supra paulum, subtus argute prominuli; trabeculae laxae subtus magis prominulae; petiolus laminam dimidiam subaequans, sursum tomentosus ceterum mox glabrescens. Pedunculus 4½—7 cm longus, cum cyma bracteaque utrinque stellato-pubescens serius subglabrescens. Bractea ei ad 1—1,5 cm adnata, ad 3—5 mm supra eius insertionem angustato-decurrens, lingulato-linearis, cymam subaequans, 11—20 mm lata, obtusissima vel rotundata, herbacea, laxe reticulato-venosa. Cyma composita, laxiuscula, haud divaricata, 5—15 flora, ad 5 cm lata, pedicellis crassiusculis 7—8 mm longis. Alabastra 6 mm longa, costata. Sepala in flore 9—10 mm longa, ovato-cymbiformia, crassa, extus albido pulverulento-tomentosa, intus ad latera conduplicata pilis 2 mm longis aureo-fulvis totam faciem obtegentibus densissime barbata. Petala ad 12 mm longa, anguste oblongo-navicularia, carnosula, flavescentia, paulum fragrantia (nota ad vivum), margine deorsum albosericeo-ciliata. Staminodia petaloidea, petalis dimidiis maiora. Stamina valde inaequalia, longissima ad 5 mm longa, antheris sagittatis, $^2/_3$ mm longis. Ovarium pulverulento-tomentosum, stylo crasso, ad 6 mm longo, stellato-pubescente.

SW-**H.**: Yün-schan bei Wukang, am Waldrande in der wtp. St. auf dem Rücken sw über dem Tempel Gwanyingo, ein einziger Baum, Tonschiefer, 1350 m, 30. VII. 1918 (12352).

Species et foliis grosse dentatis pergamenis et calycis indumento valde peculiaris.

Grewia L.

G. biloba G. Don (*G. glabrescens* Benth. — *G. parviflora* Bge. var. *glabrescens* [Benth.] Rehd. et Wils. in Plt. Wils., II., 371 [1915]). Gebüsche der str. bis an die wtp. St. SW-**H.**: 350—850 m. Unter dem Tempel Wuli-ngan am Yün-schan bei Wukang (12500). Zwischen Dsingdschou und Pingtschaso (11002) und nach E bis Lianglitang häufig. **Y.**: Zwischen Hoyenschan und Djiangyi n von Langgai am Yangtse (5054). Beyendjing (Ten 145 ex hb. Berol.). Sanguschui dort (Ten 1183). Dort überall zwischen Gwanfang und Tschalaschao (6304). Tie-tsun und unter Bintschwan ne von Dali, an trockenen Stellen (6337, der var. ***parviflora*** [Bunge] Hand.-Mzt. [*G. parviflora* Bge.] genähert).

— — var. ***microphylla*** (Max.) Hand.-Mzt. (*G. parviflora* Bge. var. *m.* Maxim. in Act. Hort. Petr., XI., 81 [1890]). **S.**: Trockene Hänge der str. St. des Yalung-Tales zwischen Datung und Delipu, Schiefer, 1300 m (2043).

* ***G. humilis*** Wall. in G. Don, Gen. Syst., I., 549 (1831), det. Burrett. **Y.**: Ränder austrocknender Wassergräben in der str. St. bei Yüenmou nw von Yünnanfu, Mergel, 1350 m, 9. IX. 1914 (5000). Beyendjing (Ten 1252).

* ***G. urenifolia*** (Pierre) Gagnep. in Lecte., Fl. gén. Indo-Chine, I., 538 (1911). **Y.**: Trockene Hänge der tr. St. bei Manhao s von Möngdse, Tonschiefer, 200 m, 28. II. 1915 (5760).

Nach den ungelappten Blättern stelle ich die Pflanze hierher. Infloreszenzstiele sehr kurz, was Burrett als Merkmal der folgenden anführt, mit der er sie jedenfalls mit Recht für sehr nahe verwandt erklärt. Die von Gagnepain beschriebene schwalbenschwanzartige Narbe dieser sieht man nicht in Pierres Abbildung und auch nicht an Chings Nr. 5200 aus Kwangsi.

G. abutilifolia Juss. **Y.**: Im tr. Savannenwalde flußabwärts gegenüber Manhao, Tonschiefer, 200—400 m (3119).

Colona CAV.

C. floribunda (WALL.) CRB. in Kew. Bull., 1925, 21 (*Columbia f.* [WALL.] KURZ). **Y.**: Mit voriger (5907).

Triumfetta L.

T. Bartramia L. (*T. rhomboidea* JACQ.). **Y.**: An Bächen in der str. St. um Lunggai am Djinscha-djiang nw von Yünnanfu, kristallinischer Boden, 1000 m (5061). **Tonking**: Bahndamm bei Laogai, 150 m (26).

T. pilosa ROTH. **S.**: Häufig an grasigen Stellen der str. St. auf Granit und kristallinen Gesteinen, 1200—1450 m. Im Djientschang unter Dötschang (1092). Unter Lanba w des Yalung, 27° 8′ (5302).

T. tomentosa BOJ. **Y.**: Außerhalb Amidschou, 2600 m (ENANDER). Kulatscha (Guti) bei Beyendjing (TEN 1288; ex hb. Berol. 233).

T. annua L. **Kw.**: Gebüsche bei Gudschou gegen Tschaimou, Sandstein, 350 m (10912). **Y.**: Beyendjing (TEN ex hb. Berol. 186). Dort in Wäldern (T. 231). Gwanyin-tsun bei Bintschwan (T. 67).

Sterculiaceae

Eriolaena DC.

E. malvacea (LÉVL.) HAND.-MZT. (*Sterculia m.* LÉVL. in Rep. sp. n., XII., 185 [1913]. — *Eriolaena sterculiacea* LÉVL., Fl. Kouy-Tch., 405 [1915], nom., e W. W. SM. in litt.). **Y.**: In einer Hecke der wtp. St. e ober Yaoschangai an der Straße von Yünnanfu nach Dali, Mergel, 1800 m (8649).

Differt ab *E. spectabili* (DC.) PLANCH. foliis suborbicularibus obtusis nec ovatis acuminatis, supra laxe tomentellis subtus densissime tomentosis, petalis albis (e nota ad vivum) nec sulphureis (e MASTERS in Fl. Brit. Ind., I., 371).

Nach freundlicher Mitteilung Herrn Prof. SMITHS ist die Pflanze aus Ober-Birma (LACE) und wahrscheinlich auch jene von Manipur mit dieser identisch. Nach WALLICHS Typus, der Originalabbildung und HÜGELS Nr. 2805, 3861 und 4144 weicht *E. spectabilis* insbesondere in der Blattform beträchtlich ab.

Corchoropsis SIEBD. et ZUCC.

C. crenata SIEBD. et ZUCC. **H.**: In Gebüschen der wtp. St. auf Kalk um Hsikwangschan bei Hsinhwa, 550—700 m (12593). W-Hubei (WILSON, Veitch Exp. 1700, 2450).

Pterospermum SCHREB.

* ***P. truncatolobatum*** GAGNEP. in Not. Syst., I., 84 (1909). **Y.**: Im tr. Savannenwald flußaufwärts gegenüber Manhao, Tonschiefer, 200 m, 1. III. 1915 (5852).

Die aufgesprungene und entleerte Frucht meiner Pflanze ist 5 cm dick und nicht höckerig. Tafel 22, Fig. A der Fl. gén. Indo-Chine stellt offenbar eine recht junge dar.

Sterculia L.

S. Henryi HEMSL. **Y.**: Im tr. Savannenwald bei Schuidien zwischen Möngdse und Manhao, Kalk, 1300 m (6024).

Blüten hier nicht über 1 cm lang, aber der Unterschied gegenüber *S. coccinea* ROXB. in der Zartheit und der einfachen Traube ist auffallend. Blätter bis 40 × 12 cm. Die noch ungeöffneten Früchte 3 cm lang, 1 cm breit, kurz geschnäbelt, lederig, dicht rostbraun filzig.

Firmiana MARS.

F. simplex (L.) F. W. WIGHT (*Sterculia platanifolia* L. f.). Misch- und Laubwälder der str. und wtp. St., 50—1400 m. **W-F.**: An einem kleinen Fluß am Fuße des Tienhwa-schan w von Dingdschou (Plt. sin. 426). **W-Ki.**: Um Pinghsiang (Plt. sin 231). **H.**: Gepflanzt in Tschangscha. Viel auf den Hügeln bis gegen Hsikwangschan. Im SW zwischen Dsingdschou und Moschi. **Kw.**: Baotie-schan bei Gudschou (10887). Dung-schan bei Guiyang. Überall auf den Hügeln an den Dörfern von Nganschun (10429) bis gegen den Hwatjiao-ho.

F. maior (W. W. SM.) HAND.-MZT. in Sitzgsanz. Ak. W. W., LX., 96 (1923) (*Sterculia platanifolia* var. *maior* W. W. SM. in Not. R. B. G. Edinbgh., IX., 130 [1915]). **Y.**: In einem Wäldchen der str. St. ne von Dali gegenüber Piendjio unter dem nach Hwangdjiaping führenden Sattel, Kalk, 1750 m (6360).

Floribus roseis quoque a praecedente differt.

Elaeocarpaceae

Elaeocarpus L.

* ***E. subsessilis*** HAND.-MZT. (Abb. 21, Nr. 5).

Sect. *Dicera* MAST.

Frutex 3 m altus (e CHUNG) vel arbor, ramulis mox glabris, spadiceis, lenticellis crebris orbicularibus ochraceis, superne saepe subcomato-foliatis, inferne racemos gerentibus. Folia oblanceolata vel obovato-lanceolata, (2½—) 5— ultra 16 cm longa, longitudine 2½—4^{plo} angustiora, breviter et obtuse acuminata, in petiolum vix 5 mm longum longe angustata, praeter basin leviter crenata, chartacea, decidua, dilute viridia, glabra, nervis 12—16 jugis arcuatis procul a margine anastomosantibus, venis laxiuscule reticulatis subtus argute prominulis. Racemi sessiles vel subsessiles, 4—8 cm longi, densiuscule multiflori, albido-pubescentes; pedicelli 5—7 mm longi. Sepala 5, lanceolata, obtusa, 4,5 mm longa, margine densius pubescentia. Petala alba, glabra, 6 mm longa, $^2/_3$—$^3/_4$ flabellatim ad 20 fida laciniis anguste linearibus, caducissima. Stamina ad 30, c. 2½ mm longa; antherae filamentis triplo longiores, cylindricae, rotundatae, tenuissime hirtellae, apice paulo longius parcipilosae. Discus pentagonus. Ovarium ovoideum, dense cinereo-pubescens, biloculare, stylo 5—7 mm longo laxius pubescente. (Fructus ignotus.)

SW-**H.**: Im str. Schluchtwald bei Moschi und Pukou e von Dsingdschou, Tonschiefer, 400 m, 31. VII.—1. VIII. 1917 (11048, Typus, 11047 monstr.). **S-S.**: Nantschwan, 1891 (BOCK u. ROSTHORN 551, ster.). **F.**: Yenping, in einem

Abb. 21. 1 *Abutilon Gebauerianum* HAND.-MZT. 2 *A. roseum* H.-M. 3 *Tilia obscura* H.-M. 4 *Wikstroemia androsaemifolia* H.-M. 5 Blattzweig von *Elaeocarpus subsessilis* H.-M. (11048). $^{1}/_{3}$ nat. Gr.

Graben bei Schisunkeng, 650 m (CHUNG 2853). Tschekiang: Berge von Ningpo (FABER 1566).

Proxima videtur *E. Henryi* HCE., quae differt floribus minoribus et antheris non penicillatis, et *E. glabripetalae* MERR. petalis multo minus laceratis diversae.

Die weit verbreitete Art ist offenbar neu. Die Unterschiede gegenüber

E. Henryi zeigt sie nach der Beschreibung und der Nr. 12453 des Cant. Christ. Coll., die ich danach für *E. Henryi* halte, denn mit der Beschreibung von *E. kwangtungensis* Hu, als die sie ausgegeben wurde, stimmt sie gar nicht; die junge Nr. 12585 dürfte auch zu jener gehören. Fabers Pflanze hat keine Petalen mehr.

E. japonica Siebd. et Zucc. S-S.: Nantschwan (Bock u. Rosthorn 391).

Sloanea L.

S. sinensis (Hce.) Hemsl. in Hook., Ic., sub t. 2628 (1900). **Ki.-F.**-Grenze: In tiefen Schluchten des Dunghwa-schan zwischen Schitscheng und Ninghwa, c. 1000 m (Plt. sin. 353).

S. Hemsleyana (Ito) Rehd. et Wils. in Plt. Wils., II., 361 (1915). S-S.: Nantschwan (Bock u. Rosthorn 1181).

S. Forrestii W. W. Sm. in Not. R. Bot. Gard. Edinbgh., XIII., 182 (1921), teste autore. NW-Y.: Im str. Laubwalde des birm. Mons. um Tschamutong am Salwin häufig bis unter Niualo, kristallinischer Kalk, 1700—2150 m (9554).

Linaceae

Anisadenia Wall.

A. pubescens Griff. In schattigen Gebüschen, auch in *Pteridium*-Beständen unter Föhren in der str. und wtp. St. auf Schiefern, 1950—2300 m. Unter Tjibi am Yangtse nw von Lidjiang (7844). Ober Hsiao-Weihsi am Mekong (8480). Im birm. Mons. bei Lussu am Salwin, 28° (9134).

Reinwardtia Dum.

R. trigyna (Roxb.) Planch. An Gräben der str. und unteren wtp. St., 600—2200 m. **Y.**: Yünnanfu (Schoch). Zwischen Homöndschang und Bödschagwan über dem Yangtse n von hier (777). Ober Djiping ne von Dali. Tengkeng im Salwin-Tal (Gebauer). Im NE bei Schangpadse (Maire). **S.**: S von Dungngan bei Huili. Im W am Wa-schan (Weigold).

R. tetragyna (Colebr.) Benth. **E-S.** (Limpricht 1165 als *R. trigyna*).

Tirpitzia Hallier

T. sinensis (Hemsl.) Hallier in Beih. Bot. Centrbl., XXXIX/2, 5 (1921) (*Reinwardtia s.* Hemsl. — *Tirpitzia candida* Hand.-Mzt. in Sitzgsanz. Ak. W. W., LIX., 248 [1922]). **Kw.**: In trockenen Gebüschen auf Kalk in der str. und besonders im Karstlande der wtp. St., 660—1400 m. Im E s unter Badschai und am Flusse zwischen Badschai und Maotsaoping. Im SW viel zwischen Muyu und Gwanling und Nanmutschang und Taiping. Hwangtsaoba (10275).

Ovarium interdum quinqueloculare ovulis 10, stylis 5. Calyx (etiam in typo) interdum levis.

Die von mir l. c. angegebenen, von Hallier der Beschreibung und Abbildung entnommenen Unterschiede erwiesen sich bei Vergleich des Originals als hinfällig. Eine von Prof. H. Winkler untersuchte Blüte meiner Pflanze zeigte vier gut ausgebildete Griffel, einen seitlichen viel kürzeren Griffel mit kleinerer

Narbe und an einer Anthere die eine Hälfte etwas, die andere stark verkümmert und das Konnektiv zu einem Griffel mit Narbe verlängert, so daß die Blüte sechs Griffel und sechs Narben hatte.

Linum L.

L. usitatissimum L. **S.**: Gebaut in der wtp. St. im Becken von Yenyüen, 2600 m.

L. perenne L. **NW-Y.**: Heidewiesen und offene Föhren- und Mischwälder der tp. St. von Ngulukö bei Lidjiang gegen das Be-schui, Kalk, 2950—3100 m (4174).

L. stelleroides Planch. **H.**: Buschsteppen der wtp. St. um Hsikwang-schan bei Hsinhwa, 600—800 m (12583).

Oxalidaceae

Oxalis L.

O. corniculata L. In Steppen und offenen Wäldern besonders auf bloßer Erde, auch in Flußalluvien, an Ackerrändern und Kanälen in der str. und wtp. St., 30—2600 m. **H.**: Häufig um Tschangscha (11673). **S.**: Ningyüen (1233). Lemoka e von hier. Um Yenyüen. Im W im Min-Tal von Tietschi bis Maodschou (Weigold). **Y.**: Yünnanfu (52; Schoch 113). Überall auf dem Hochland nach N bis hinab zum Yangtse, nach W bis Bintschwan.

Weigolds Pflanze hat keine Früchte, die übrigen gehören dem Typus an. Die var. *viscidula* Wiegd. in Rhodora, XXVII., 121 (1925) findet sich mehrfach in N-China, aber auch in Kwanghsi (Ching 5452 p. p.).

O. Acetosella L. **NW-Y.**: In der Hg. St. des birm. Mons. w des Sees Tsukue hinter dem Gomba-la in der Salwin—Irrawadi-Kette ober Tschamutong, Glimmerschiefer, 4000 m, v. E. (9906).

O. Griffithii Edgew. et Hook. f. In Wäldern, um Bäche und in schattigem Bambusdschungel auf Sandstein und Glimmerschiefer, 2850—3100 m. **NW-Y.**: Schatiama zwischen Yangtse und Mekong, 27° 21′ (7901). Im birm. Mons. massenhaft im Tjiontson-lumba sw von Tschamutong **S.**: Lolokou im Daliang-schan e von Ningyüen (1479).

Knuth nennt im Pflanzenr., IV/130, 230 im Schlüssel die Blüten hellviolett; in der Diagnose erwähnt er keine Farbe. Hooker beschreibt sie als weiß, und so sind sie an meiner Nr. 1479 und Forrest 17803. Die Farbe dürfte veränderlich sein, wie bei *O. Acetosella*; auch *O. hupehensis* Knuth zeigt an 2 von den 4 Stücken von Wilson 264 weiße Farbe, und Franchet u. Savatier beschreiben *O. japonica* als vielleicht auch weiß. Rosa Petalen, aber von merkwürdiger Form, sehr breit, mehrlappig, hat Limpricht 1277.

O. leucolepis Diels in Not. R. Bot. Gard. Edinbgh., V., 223 (1912), e typo. **NW-Y.**: Wälder der ktp. St. an der Westseite des Kammes zwischen Bödö und Alo se von Dschungdien, 3800—4000 m (4592) und wohl diese in gleicher Lage zwischen der Alm Oscha und dem Passe Niutschang se von hier. Im birm. Mons. auf morschem Holz von *Picea* und *Tsuga* in den tp. Mischwäldern des Tjiontson-lumba zwischen Salwin und Irrawadi unter Tschamutong, 2950 m (9177).

Die Rhizomschuppen sind besonders an Nr. 9177 nicht so auffallend weiß und nicht verschieden von Formen von *O. Acetosella*. Bezeichnend sind, wie auch DIELS hervorhebt, die schmalen, tief gespaltenen Petalen. KNUTHs Vermutung, die Pflanze könnte mit seiner (jüngeren) *O. hupehensis* oder mit *O. Griffithii* zusammenfallen, ist ganz unbegründet. Zu *O. leucolepis* gehört offenbar auch WILSONs etwas mangelhaft vorliegende Nr. 2384 aus W-Hubei.

Biophytum DC.

B. Thorelianum GUILL. var. ***sinense*** GUILL. **Y.**: Tonschieferfelsen der tr. St. am Flusse bei Manhao s von Möngdse, 200 m (5866). **S.**: Hokiang (FABER 323).

Die Exemplare sind stengellos und fast stengellos, wie ein Teil der vorliegenden von HANCE 4834. Ein Teil der Blättchen verkahlt schließlich vollständig.

Geraniaceae.

Geranium L.

G. ocellatum CAMB. Äcker der wtp. St., 1700—1900 m. **Y.**: Dadji jenseits des Pudu-ho n von Yünnanfu (480). Beyendjing (TEN 43, 380). **S.**: Dudjiaba bei Huili.

G. Robertianum L. **Y.**: Im NW in Gebüschen der trockenen str. St. zwischen Nakontu und Tsedjrong am Mekong überall, 27° 52'—28° 2', kristallinischer Boden, 1950—2000 m (7965). Im NE an Felsen bei Djintschungschan, 2550 m (MAIRE).

G. eriostemon FISCH. **NW-S.**: Gebirge um Sungpan (WEIGOLD).

G. melanandrum FRANCH., e typo. **NW-Y.**: Alpine Matten des Gipfels neben dem Passe Hsiao-Niutschang zwischen Bödö und Dschungdien, Kalk, 4300 m (4533). **S.**: Wahrscheinlich dieses in der Gesteinflur an der Baumgrenze ober Muli, Kalk, 4200 m.

G. Delavayi FRANCH. **Y.**: Beyendjing, in Wäldern am Betsaoling (TEN 1368) und bei Sanpinschao (T. 1237). Im NE auf Weiden der Gipfel bei Dungtschwan, 2650 m (MAIRE) und in leicht schattigem Busch hinter Gungschan, 2600 m (MELL). **S.**: Buschige Laubwälder der tp. St. am Lungdschu-schan bei Huili, 3100—3350 m, Diabas (5152). In der ktp. St. s des Lagers Tschako sw von Muli, Tonschiefer, 4000 m.

Petalen um 8 mm lang, also kleiner als nach der Originalbeschreibung und mehr *G. chinense* KNUTH in Pflzenr., IV/129, 577 (1912) (*G. platypetalum* FRANCH., non FISCH. et MEY.) ähnlich, aber schwarzrot. Nach dieser Farbe und der zweigestaltigen Behaarung stelle ich die Pflanzen zu *G. Delavayi.*

** ***G. calanthum*** HAND.-MZT. in Sitzgsanz. Ak. W. W., LXII., 224 (1925). (Taf. IX, Abb. 1).

Sect. *Reflexa* KNUTH.

Rhizoma demum longum, radicibus fasciculatis crassissimis longis, apice squamis ovatis scariosis brunneis comatum et folia nonnulla caulemque 1 vel paucos 20—30 cm longos (et longiores?) simplices vel pauciramosos praesertim ad nodos sicut petioli dense retrorsum albo-strigillosos edens. Folia 2—3 paria, ut basalia ambitu cordato-orbicularia, 4—6 cm diametro, fere ad basin palmatim 5 partita lobis anguste rhomboideis marginibus contiguis, exterioribus ± bipartitis et omnibus paulum ultra medium pinnatisectis, lobulis oblongis acutis 1½—2 mm latis infimis maximis saepe iterum lobulatis, sinubus angustis acutis, herbacea, saturate concolori-viridia, supra ubique sparse, subtus sparsius et in nervis dense nitidulo-strigillosa; costa nervique lobulis 2—3ni subtus latiuscule prominuli; petioli foliorum inferiorum laminis usque 5plo longiores, superiorum sensim brevissimi. Stipulae ovatae, ad 1 cm longae, acutae, apice saepe lacerae, scariosae, castaneae, subglabrae. Pedunculi ad 12 cm sensim 2 cm tantum longi, erecti, recurvo-pilosi saepeque praeterea sicut pedicelli gemini sub anthesi apice nutantes postea refracti 1—2 cm longi calycesque longe et tenuiter (interdum parcissime tantum) albo glanduloso-pilosi. Bracteae saepe plures, filiformes. Sepala reflexa, post anthesin autem campanulata, oblongo-ovata, 8—9 mm longa mucrone ± 1½ mm longo, anguste membranaceo-marginata, apice subtiliter crispulo-barbellata, nervis tenuibus 3—5 nunc exterioribus inter se approximatis. Petala iis aequilonga, obovata, 5 mm lata, rotundata, reflexa, alba (e nota ad vivum), ungue brevissimo et margine inferiore dense albo-barbata. Stamina 1 cm longa, glabra, basi paulum dilatata, antheris cordato-ellipticis ad 2 mm longis fuscis. Ovarium dense stylusque stamina aequans lineatim appresse albo-pilosa; stigmata 2 mm longa.

S.: Offene steinige Stellen des ktp. Waldes bei der Alm Bädö ober Muli. Kalk, 3900 m, 29. VII. 1915 (7289).

Species proximae *G. refractum* Edgew. et *G. refractoides* Pax et Hffm. in Rep. sp. n., Beih. XII., 430 (1922) lobis lobulisque foliorum obtusioribus et illud floribus multo maioribus, hoc petalis angustioribus stipulisque latioribus differunt. *G. batangense* Pax et Hffm., l., c., bracteis lanceolatis vel linearibus, petalis 1½ cm longis roseis distat.

** ***G. pinetorum*** Hand.-Mzt.

Sect. *Reflexa* Knuth.

Rhizoma descendens, c. 2 cm crassum, apice squamis lanceolatis fuscis comatum et folia pauca caulemque singulum vel plures 30—60 cm altos, erectos, ramosos, angulatos, ut petioli inflorescentiaeque dense et patenter albo glanduloso-pilosos edens. Folia c. 4 paria, ut basalia cordato-orbicularia, 6—14 cm diametro, ad basin palmatim 5 partita; partes anguste rhomboideae, acuminatae, vix contiguae, ²/₃ anterioribus 2—3 jugo pinnatipartitae sinubus obtusis laminis nusquam 1 cm latis, lobis irregulariter pauci- et inferioribus ad 10 lobulatis, lobulis ovato-lanceolatis, 3—9 mm longis, acutis, herbacea, saturate subconcolori-viridia, supra sparsius et breviter, subtus in nervis prominuis dense et longe strigoso-pilosa; petioli graciles, inferiorum ad 30 cm longi, summi sensim nulli. Stipulae ovatae vel ovato-lanceolatae, ½—2 cm longae, liberae, subulato-acuminatae, brunneae, glabrae vel parcipilosae. Pedunculi 2—6½ cm longi, summi ex axillis bractearum tantum, biflori et nonnulli triflori. Bracteae subfiliformes, 4—8 mm longae. Pedicelli erecti post anthesin deflexi, 1½—3½ cm longi. Sepala oblonga, ad mucronem 1 mm longum anguste rotundata, 7—8 mm longa, subtiliter sericea et ciliata et glanduloso-pilosa, anguste membranaceo-marginata, trinervia. Petala violacea (e sicco), obovata, late rotundata, c. 9 mm longa, reflexa (?), supra unguem brevissimum parce et longiuscule ciliata. Filamenta sparse ciliata vel glabra; antherae parvae, oblongae. Ovarium sericeum, stylo glabro, stigmatibus 2 mm longis.

Y.: Föhrenwaldhänge der wtp. und tp. St. zwischen Dschaoping und Boloti n von Yungbei, Sandstein, 2700—3000 m, 30. VI. 1914 (3353). Wahrscheinlich auch dieses im NW in Fichtenwäldern und auf Wiesen bis in die ktp. St. auf Kalk bei Alo (phot.), Latsa und auf dem Patü-la se von Dschungdien, 3350—3900 m.

Foliis *G. Forrestii* KN. simile, quod his minoribus minusque compositis ceterumque indumento valde differt. Nec *G. calanthum* supra descriptum longe distat.

Die noch im Zusammenhang befindlichen Petalen der Herbarexemplare sind aufrecht-abstehend und bilden eine Blüte wie bei *G. yunnense*; die abgefallenen aber zeigen einen umgeschlagenen Nagel, und der Habitus ist ganz von Arten der *Reflexa*. Die Veränderlichkeit der Behaarung bei *G. calanthum* legt die Vermutung nahe, daß mehr Material Zusammenziehungen nötig machen wird. Heute kann man aber die hier beschriebenen Arten noch zu keinen anderen stellen.

G. kariense R. KNUTH in Pflzr., IV/129, 577 (1912), e typo. NW-Y.: Bambusdschungelrand der tp. St. bei Yungning unter dem nach Fongkou führenden Passe, Kalk, 3300 m (7063). S.: Wahrscheinlich dieses in der ktp. und Hg. St. bei Muli auf dem Passe Tschescha und auf dem Gonschiga am Bache und bis unter den Gipfel, 4700 m, hier auf Tonschiefer.

* ***G. polyanthes*** EDGEW. et HOOK. f. in Fl. Brit. Ind., I., 431 (1874). NW-Y.: In dichten Wäldern und Kräuterfluren der ktp. St. des birm. Mons. an der Ostseite des Schöndsu-la zwischen Mekong und Salwin, 3700—3850 m, 22. IX. 1915 (8253) und am Ostfuße des Passes Pangblanglong zwischen Salwin und Irrawadi, 3300 m, 10. VII. 1916 (9525), 27° 58′—28° 4′, Glimmerschiefer.

G. dahuricum DC. s. l. NW-S.: Gebirge um Sungpan (WEIGOLD).

G. Pylzowianum MAX. NW-S.: Ebendort (WEIGOLD).

Scheint auch durch größere Blüten vom folgenden verschieden zu sein. Hierher anscheinend auch FORREST 19889 aus NW-Y.: Salwin—Irrawadi-Kette, 28° 20′.

G. Stapfianum HAND.-MZT. (*G. Forrestii* STAPF in Bot. Mag., CLI., sub tab. 9092 [1926], non KNUTH 1912). NW-Y.: Bei Lidjiang, v. E. (3796). Wahrscheinlich dieses auf einem Waldschlag an der Westseite des Piepun se von Dschungdien, Kalk, 3700 m. S.: Offener Wald der ktp. St. bei der Alm Bädö ober Muli, 3900 m, Kalk (7271).

G. Franchetii R. KN. in Pflzr., IV/129, 177 (1912), e typo. Y.: Auf Kalk in der wtp. St., 2100—2200 m. Tschangtschung-schan bei Yünnanfu (SCHOCH 90). Im E in Föhrenwäldern des Beling-schan bei Loping (10143).

Stipulae und bracteae „glabrae“ trifft auch beim Typus nur teilweise zu; viele sind gewimpert und manche zur Gänze borstelig.

G. yunnanense FRANCH. NW-Y.: Bei Lidjiang, v. E. (3797). Gebüsche der ktp. St. am Passe zwischen Bödö und Alo se von Dschungdien, Tonschiefer, 4100 m (4523).

Die erste Nummer hat die Filamente nur unten borstig, die zweite den Griffel weit hinauf und wesentlich länger borstig als der Typus, die Blattabschnitte ein wenig schmäler und die Blüten noch größer, fast 2 cm lang.

G. Limprichtii LINGSH. et BORZA in Rep. sp. n., XIII., 387 (1914). NW-**Y.**: Häufig in offenen Föhren- und Mischwäldern der tp. St. jenseits des Be-schui bei Lidjiang, Kalk, 2950—3200 m (7013).

Behaarung sowohl des Kelches als der Blütenstiele etwas länger als beim Typus. Blüten etwas größer, 13 mm lang. Griffel etwas weniger hoch hinauf behaart. Von *G. yunnanense* verschieden durch verwachsene Nebenblätter, ausgebreitete Petalen, nur am Grunde behaarte Filamente und oben nur schmal hautrandige Kelchblätter.

G. hispidissimum (FRANCH.) KNUTH in Pflzr., IV/129, 183 (1912) (*G. strigosum* var. *h.* FRANCH., Plt. Delav., 113 [1889]). NE-**Y.**: Matten der Berge bei Dungtschwan, 2600 m (MAIRE).

G. strigosum FRANCH. (typ. = var. *gracile* FRANCH. — *G. strictipes* R. KN., l. c., 581 [1912]). Gebüsche, Föhrenwälder, auch Steppen und Hochstaudenfluren der oberen wtp. und tp. St., 2600—3600 m. **Y.**: Zwischen Dschaoping und Boloti n von Yungbei (3358) und weiter n gegen Hsinyingpan. Im NW um Lidjiang, v. E. (3798). Hier ober Duinaoko (3461) und zwischen Ngulukö und dem Be-schui. Zwischen Yungning und Lidjia-tsun (phot.). Im NE hinter Gungschan am Wege von Yünnanfu nach Suifu (MELL). **S.**: Überall zwischen Duörlliangdse und Hungga (2888) und bei Schuitangdse (2830) im Becken von Yenyüen. Ober Niutschang se von hier (5410).

Wie KNUTH schon vermutet, kann kein Zweifel sein, daß *G. strictipes* mit *G. strigosum* var. *gracile*, das FRANCHET in Plt. Delav. als den Typus seiner Art erklärt, zusammenfällt und daher zu streichen ist.

G. nepalense SWEET. Äcker, Raine, Matten, feuchte Stellen, auch Gebüsche der wtp. bis in die tp. St., 1700—3100 m. **Y.**: Yünnanfu (57; SCHOCH 91), Beyendjing (TEN 38), Dungtschwan (MAIRE), Lagu (M.) und überall gemein bis n Yungning und zum Paß Akelo zwischen Yangtse und Mekong n von Weihsi. **S.**: Ebenso um Huili, im Djientschwan und am Yalung. Haimendschou am See von Yungning (3089). Im W am Wa-schan (WEIGOLD) und im Min-Tal von Sungpan bis unter Wöntschwan (W.). **Kw.**: Überall gemein bis Badschai, 800—1600 m.

Im Gebiete immer weißblütig.

** *G. Christensenianum*[1] HAND.-MZT. (Taf. IX, Abb. 2).

Sect. *Striata* KNUTH.

Rhizoma descendens, collo parvisquamatum, folia pauca caulemque quotannis singulum simplicem 17—40 cm altum validum aequaliter foliatum cum petiolis inflorescentiis calycibus breviter et tenuiter eglanduloso- et longe glanduloso albo-pilosum edens. Folia subcordato- vel orbiculari-triangularia, 2—5 cm diametro, ad $^3/_4$ tripartita, partibus rhomboideo-obovatis, discontiguis, acutis, media subtriloba, lateralibus versus $^2/_3$ inaequaliter bilobis, lobis parce et grosse crenato-serratis serraturis late ovatis acutiusculis ad 4 mm longis, utrinque et subtus in nervis reticulatis prominuis longius strigosa, herbacea, subconcolori-atroviridia; petioli laminis $1\frac{1}{2}$—2^{plo} longiores, summi tantum

[1] Dri C. CHRISTENSEN Hafniensi, qui mihi collectionem TENianam determinandam commisit, pulchram hanc speciem dedico.

breves. Stipulae ovato-lanceolatae, liberae, 6—10 mm longae, apice subulatae, brunneae, patentipilosae. Pedunculi 2—7 cm longi, biflori. Bracteae caudato-lanceolatae, 4—8 mm longae, ceterum stipulis similes. Pedicelli 1—1½ cm longi, vix graciles. Sepala ovato-oblonga, ad mucronem 2—3 mm longum anguste rotundata, cum eo 10—14 mm longa, anguste membranaceo-marginata, trinervia. Petala erectopatentia, ad 2 cm longa, alba (e collectore), rotundato-obovata, supra unguem brevem et indistinctum pilosa et ciliata. Stamina calyce aequilonga vel longiora, fusca, filamentis inferne dilatatis ultra medium usque hirsutis, antheris ellipsoideis ad 2 mm longis. Fructus anguste fusiformis, striatus, patenter glanduloso-pilosus, in rostrum parce pilosum attenuatus, stigmatibus demum 5 mm longis.

Y.: Beyendjing, in Wäldern des Betsao-ling, 25. IX. 1919 (Ten 1392).

Species certe *G. Wallichiano* D. Don proxima, quod differt imprimis eglandulosum et stipulis connatis.

Erodium L'Hér.

E. Stephanianum Willd. W-S.: Min-Tal von Tietschi bis Maodschou (Weigold).

Eine der zahlreichen nordchinesischen Pflanzen, die in die Trockentäler West-Setschwans hinabgehen. Knuths Angabe für Süd-China ist falsch, denn Chanet sammelte nur im Norden.

Malpighiaceae.

Hiptage Gaertn.

H. benghalensis (L.) Kurz in Journ. As. Soc. Beng., XIV., 36 (1879) (*H. Madablota* Gaertn.). Y.: Tr. Savannenwälder und Bambusbestände flußaufwärts gegenüber Manhao s von Möngdse, Tonschiefer, 200 m (5814).

H. minor Dunn. Y.: Trockene Hänge der tr. St. bei Manhao, an *Bombax* kletternd, 200 m (5762). In der str. St. sehr häufig im Buschwald an der Bahn bis unter Hsindjiadu, 1350 m.

Zygophyllaceae.

Tribulus L.

T. terrestris L. Im Sand der Flüsse, auch in festem Schlammsand in der str. St., 1050—1725 m. Y.: Zwischen Yüenmou und Hailo nw von Yünnanfu (5014). Ndaku und Tschwadse am Yangtse n von Lidjiang. S.: Wali am Yalung n von Yenyüen (2719).

Nr. 5014 hat sehr große Blüten mit 1 cm langen Petalen, und nur 2 Dorne an der Frucht ausgebildet. Sie ist aber recht kahl und entspricht nicht *T. lanuginosus* L.

Rutaceae.

Xanthoxylum L.

(„Zanthoxylum")

X. acanthopodium DC. Gebüsche der wtp. bis in die str. und ktp. St. auf Sandstein und Schiefern, 1650—3000 m. **Y.**: Yünnanfu, Tal gegen W (SCHOCH 268). Ober Dsaodjidjing gegen Hwadung e des Dsolin-ho (4996). Landjing w dieses. Djiping ne von Dali. **S.**: Otang unter Kwapi n von Yenyüen (2524), Gwandien w von dort und Ngaitschekou jenseits des Yalung.

X. simulans HCE. (*X. Bungei* PLANCH. et LIND., nom. nud., non HCE.). **S.**: Gebüsche an Bächen in der wtp. St. des Passes Sandao-schan ne von Yenyüen, Sandstein, 2300—2800 m (2202). **W-Ki.**: Um Pinghsiang, c. 600 m (Plt. sin. 225).

X. podocarpum HEMSL. (*Fagara podocarpa* ENGL. in Nat. Pflzfam., III/4., 118 [1897]). **H.**: Gebüsche der str. St., 160—700 m. Wuschandien zwischen Loudi und Lantien (11743) und in der Waldschlucht von hier gegen Ngandjiapu (11801). Hsikwangschan bei Hsinhwa (11899). Im SW zwischen Dsingdschou und Pingtschaso (10999).

Meine blühende Nr. 11743 zeigt keine Petalen; die Überstellung zu *Fagara* ist daher unbegründet.

X. dimorphophyllum HEMSL. var. ***spinifolium*** REHD. et WILS. in Plt. Wils., II., 126 (1914). Gebüsche und Wälder der Karsthügel der wtp. St. auf Kalk, 1300—1550 m. **Kw.**: Nanyo-schan bei Guiyang. Ahung ne von Hwangtsaoba. **E-Y.**: Im mittelchin. Fl. bei Bantjiao nächst Loping (10224).

X. alatum ROXB. Gebüsche, gerne an Weg- oder Erosionsgräbenrändern, auch einzeln an Steppenhängen in der wtp. und str. St. **Y.**: 1300—2450 m. Überall um Yünnanfu (333). Hier bei Dabantjiao (SCHOCH 351). Asandschai s Möngdse. N der Straße nach Dali bis gegen Beyendjing. Im NW sicher am Mekong (MONBEIG) und im birm. Mons. bei Schutsche am e Irrawadi-Oberlauf. **S.**: Huili (1029) und überall häufig nach N (1042) ins Djientschang über Dötschang (1142). Datung am Yalung. **Kw.**: Gemein nach E bis unter Badschai, 800 m. **SW-H.**: Yün-schan bei Wukang (Plt. sin 15).

— — var. ***planispinum*** (SIEBD. et ZUCC.) REHD. et WILS. in Plt. Wils., II., 125 (1914). **E-Y.**: Hügelwald in der wtp. St. des mittelchin. Fl. bei Djindjischan e von Loping, 1600 m (10187). **H.**: Gebüsche der str. St. bei Tschangscha, 50 m (11595).

Fagara L.

F. odorata (LÉVL.) HAND.-MZT.

Syn.: *Evodia odorata* LÉVL. in Rep. sp. n., IX., 458 (1911) e REHDER in litt. *Zanthoxylum odoratum* LÉVL., l. c., XIII., 266 (1914).
Fagara gigantea HAND.-MZT. in Sitzgsanz. Ak. W. W., LVIII., 151 (1921).
Zanthoxylum giganteum (H.-M.) REHD. in Journ. Arn. Arb., VIII., 151 (1927).
Sect. *Macqueria* TRIANA et PLANCH., subsect. *Paniculatae* ENGL.

Arbor 15 m alta trunco crasso spinis brevibus rectis gibberibus tectiformibus saepe dissilientibus ad 1 cm altis et duplo latioribus longioribusque insidentibus ubique obsito, coma lata densa, ubique glandulis ad folia alteris magnis valde pellucidis alteris minutis punctata, praeter ramulos corymborum ultimos unilateraliter papilloso-puberulos glaberrima, citriodora, exsiccando brunnescens. Ramuli 1 cm crassi, spinis conicis ad 2 mm longis acutis densiuscule obsiti, dense foliati. Folia interdum opposita, ad 50 cm et ultra longa, petiolis 8—10 cm longis crassis, teretiusculis, 4—7- (summo etiam 1-) jugo pinnata cum impari raro deficiente; foliola usque ad 8 mm longe petiolulata,[1] petiolulis supra sulcatis, oblongo-ovata, 9,5 × 5,5 vel 4,5 — 17 × 7 cm, infima paulo minora et latiora, basi antice latiora rotundata, postice cuneata magis decurrentia, apice acuta usque oblique apiculata, coriacea, paulum undulata quo sicca altero latere plicata, supra vernicoso-nitidissima, subtus pallida opaca, margine angustissime incrassato hic illic reflexo remote et minute crenulata et glandulis crassis subtus prominuis seriatis obsita, costa supra sulcata, subtus cum nervis lateralibus c. 15—20^{nis} tenuibus valde inaequalibus patulis dein prorsus curvatis et prope marginem anastomosantibus prominua et brunnea, venularum reti laxo conspicuo. Corymbi in axillis foliorum summorum singuli pedunculis 7—10 cm longis crassis sursum ancipitibus cuneato-incrassatis plus quam sexies saepe trichotome ramosis fulti, in inflorescentiam densam myriantham terminalem ultra 30 cm latam 20 cm longam planiusculam compositi. Pedicelli sub floribus apertis (an omnibus?) ± 1 mm longi. Bracteae et sepala 5 sublibera $^3/_4$ mm longa ovato-triangularia, turgida margine plano angusto. Petala 5, libera, virentiflava, anguste ovata, 2 mm longa, cucullata, obtusa vel cum apiculo incurvo. Filamenta 5, crassa, sursum attenuata, 3 mm longa; antherae rotundatae, fere 1 mm longae et latae; connectivum siccum saltem nigellum. Discus parvus 5 lobus. Carpella 3, anguste ovata, $^3/_4$ mm longa, variant libera stigmatibus cuneato-capitatis et (in floribus functione ♂?) tota connata stigmatibus in torum lobatum connexis. (Fructus ignoti.)

SW-**H.**: Im wtp. Laubhochwalde des Yün-schan bei Wukang im Oberlaufe des ober dem Tempel Wuli-ngan mündenden Grabens, Tonschiefer, 1150—1200 m, 8. VIII. 1918 (12327).

Species arboreae adhuc notae et indicae et sinensis foliolis plurijugis angustioribus, corymbis omnibusque partibus laxis gracilibus etc. valde differunt.

Ich möchte vorläufig, wie Engler, die Gattung *Fagara* getrennt halten, obwohl Rehder sie mit der vorigen vereinigt und dies (brieflich) damit begründet, daß er bei dieser die Kelchblätter für ausgefallen betrachtet, wodurch sich die Stellung der Staubgefäße zu den Tepalen ergibt. Die unregelmäßige Ausbildung und die Kleinheit der Kelchblätter z. B. bei *F. stenophylla* weise auf Neigung zur Rückbildung hin, und sonst bestehen keine Unterschiede. Meines Erachtens bedarf es noch der Feststellung, ob die *Fagara*-Arten untereinander natürliche Verwandtschaft erkennen lassen oder mit *Xanthoxylum*-Arten zusammen natürlichere Gruppen bilden.

* ***F. tomentella*** (Hook. f.) Hand.-Mzt. (*Zanthoxylum tomentellum* Hook. f., Fl. Brit. Ind., I., 493 [1875]) ** **var. *mekongensis*** Hand.-Mzt.

Foliola oblongo-elliptica, usque ad 7½ cm longa, rotundata et minute acuminata vel terminale breviter obtuse caudatum, coriacea, sicca nervis venisque supra saepe impressis. Paniculae fructiferae usque ad 11 cm longae.

---

[1] Impar interdum longitudine rhachidis internodiorum petiolatum, sed tum ob torum basi suae proximum ultimum foliolorum par obsoletum.

NW-Y.: Zerstreut in Wäldern der trockenen str. St. am Mekong zwischen Lota und Tseku, 27° 55′—28°, kristallinischer Boden, 1950—2000 m, 10. VI. 1916 (8871) und im birm. Mons. in der Salwin-Schlucht ober Tschamutong auf kristallinischem Kalk.

Die Pflanze zeigt das gleiche Indument wie der Typus, der aber kleinere, schmälere, spitze und meist geschwänzt-zugespitzte Blättchen hat. Sie sind auch an abgetrennten, anscheinend überwinterten Blättern dünner und haben keine eingesenkten Nerven. „Cymes" sind seine Infloreszenzen nach den vorliegenden Fragmenten auch nicht. Er soll ein kleiner aufrechter Baum sein, was von meiner Pflanze nicht notiert und nicht erinnerlich ist. Solange Blüten der chinesischen und ♀ der indischen nicht bekannt sind, kann ich sie nicht als verschiedene Arten betrachten.

F. dissita (HEMSL.) ENGL. in Bot. Jahrb., XXIX., 422 (1900). **Kw.**: Gebüsche der wtp. St. bei Tschingdschen, Mergel, 1200 m (10453).

F. echinocarpa (HEMSL.) ENGL., l. c. **H.**: Gebüsche der str. St. bei Schandungschui zwischen Yungdschou und Hsinning, Kalk, 400 m (11264).

F. cuspidata (CHAMP.) ENGL. in Nat. Pflzfam., III/4., 118 (1897). **SW-H.**: Im wtp Laubhochwald des Yün-schan bei Wukang, Tonschiefer, 1190 m (12321). **W-Ki.**: Um Pinghsiang, c. 600 m (Plt. sin. 158).

F. Chaffanjoni (LÉVL.) HAND.-MZT. (*Zanthoxylum C.* LÉVL. in Rep. sp. n., XIII., 266 [1914], e typo).

Frutex scandens monoicus ramulis tenuibus glabris vel sicut rhachides hic illic subtiliter et sparse hirtellis et aculeis tenuibus retrorsis flavidis 1½ usque 6 mm longis rectis vel curvatis in his saepe stipellaribus munitis. Folia alterna in petiolis 2—3 cm longis, 16—17 cm longa; foliola opposita vel alterna, usque ad 11, ovato-lanceolata, usque ad 6½ cm longa, longitudine 2½—4^plo^ angustiora, ± longe et obtuse caudato-acuminata, basi cuneata vel anguste subrotundata, adpresse crenulata, tenuiter coriacea, atroviridia, glabra, nervis utrinsecus c. 10 paulum obliquis ante marginem anastomosantibus cum venis laxiuscule reticulatis utrinque prominuis, praeter glandularum seriem marginalem impellucida; petioluli 1—4 mm longi. Paniculae subglobosae, laxae, divaricatae, ramulis terminales et axillares, sub anthesi c. 2 cm, sub fructu ad 5 cm longae, glabrae vel hic illic hirtellae; bracteae minutae, triangulares; pedicelli tunc 1½—3 mm, sub fructu usque ad 15 mm longi, tenues. Sepala minutissima, late ovata. Petala oblonga, 3 mm longa. Stamina iis sesquilongiora, antheris globosis, apiculatis. Ovarium depressum. Mericarpia sessilia, globosa, 4—5 mm diametro, reticulato-rugulosa, apiculata; semina nigra, nitidissima.

Kw.: Guiyang, auf dem Kollegiumsberg (CHAFFANJON 2171: Hb. Edinb.). Laubwald des Hügels bei Schibanfang nächst Nganschun, Sandstein der wtp. St., 1400 m (10433). Pinfa (CAVALERIE 640 p. p.).

Eine besonders durch die langen Fruchtstiele und die nur randständigen Drüsenpunkte sehr ausgezeichnete Art. Der blühende Typus hat nur ein vollständiges zweipaariges Blatt, alle anderen sind unvollständig. Bei der guten sonstigen Übereinstimmung halte ich die 3 Aufsammlungen für zusammengehörig und gebe eine vollständige Beschreibung.

F. stenophylla (HEMSL.) ENGL. in Bot. Jahrb., XXIX., 422 (1900). **Y.**: Gebüsche der wtp. St., 2200—2400 m. Häufig um die Tempel Hwading-se und Taihwa-se bei Yünnanfu (6080?). Ober Dsaodjidjing gegen Hwadung e des Dsolin-ho (4995). Beyendjing, in Wäldern bei Guti (TEN 129). Im NW überall am Yangtse bis ober Djitsung und wohl auch ober Anangu se von Dschungdien in der tp. St., 3100 m.

Meine Pflanzen, besonders 6080, haben breitere Blättchen. Diese, am 11. IV. gesammelt, hat diesjährige Sprosse noch nicht entwickelt, aber einzelne axilläre kleine offenbar Nachzüglerinfloreszenzen. Axilläre sind aber nebst den terminalen bei der Art immer häufig. 4995 ist steril. Dieselbe Pflanze wie 6080 ist BOCK u. ROSTHORN 381 (als *F. khasiana*, zu der sie sicher nicht gehört). Diese fruchtende Pflanze entspricht der Bemerkung in Plt. Wils. über jene HENRYS. Andere fruchtende Exemplare habe ich nicht gesehen.

F. multijuga (FRANCH.) HU in Journ. Arn. Arb., VI., 142 (1925). **Y.**: Hecken, Gebüsche und Buschwälder der wtp. bis an die str. St., 1300—2400 m. Häufig um Fumin (6141) und bis in das Becken Hsiaodsang (571) bei Yünnanfu. Zwischen Djitien und Dadji e von hier. Asandschai bei Möngdse und s von dort gegen den Paß. Häufig an der Straße nach Dali zwischen Gwangdung und Tschuhsiung (4850) und weiter bis jenseits Hungngai. Taohwa-schan (6254) und Mitien bei Beyendjing.

F. micrantha (HEMSL.) ENGL. in Bot. Jahrb., XXIX., 422 (1900). **H.**: Wälder der str. St. auf Kalk, 200—580 m. Hsikwangschan bei Hsinhwa (12689). Wangdjiapu zwischen Yungdschou und Hsinning (11281).

F. schinifolia (SIEBD. et ZUCC.) ENGL. in Nat. Pflzfam., III/4, 117 (1896). Gebüsche der str. St. auf Silikaten, 450—600 m. SW-**H.**: Ostfuß des Yün-schan bei Wukang (12525). E-**Kw.**: Zwischen Tschaimou und Dayung am Wege von Gudschou nach Liping (10931).

Evodia FORST.

** ***E. impellucida*** HAND.-MZT.

Sect. *Tetradium* (LOUR.) ENGL.

Arbuscula ramulis spadiceis, ut rhachides et inflorescentiae sed laxius hirtello-velutinis mox glabrescentibus, lenticellis minutis et sparsis. Folia cum petiolis 4—7 cm longis 15—37 cm longa, 3—6 jugo imparipinnata; foliola opposita, in petiolulis tenuibus ad 3 mm longis, lanceolata et infima sensim elliptica vel ovata, 4—12 cm longa, longitudine illa 4^{plo} angustiora, longiuscule caudato-acuminata, basi cuneata vel paulum oblique subrotundata, terminale in petiolulum 1 cm longum longe angustatum, obsoletissime et remote et inferiora distinctius crenulata, herbacea, supra glabra vel sparse et minutissime strigillosa, subtus papilloso-glauca et in costa nervisque 8—14^{nis} patentibus prope marginem flexuoso-anastomosantibus subtus tenuiter prominuis parce pilosula, glandulis pellucidis marginalibus tantum. Inflorescentia terminalis sessilis, semiglobosa, ad 10 cm lata, cymis in pedunculis crassiusculis teretibus 2—4 cm longis pluribus composita (florifera ignota), pedicellis fructiferis c. 5 mm longis. Mericarpia 4, complanato-obovoidea, ad 5 mm longa, lignescentia, longitudinaliter costulata, parcissime hirtella; semina oblique ovoidea, spadicea, nitida, laxe reticulata.

NW-**Y.**: Im str. Regenlaubwald des birm. Mons. in der Seitenschlucht Naiwanglong des Taron (e Irrawadi-Oberlaufes), 27° 53′, Granit, 1900 m, 6. VII. 1916 (9393).

Habitu *E. fraxinifoliae* HOOK. f., sed i. a. laminis impellucidis diversa. Proxima *E. coloratae* DUNN, quae differt foliolis longius (8 mm et terminali 2—3 cm) petiolulatis, subtus haud glaucis, paniculis latioribus laxis, axibus pedicellisque tenuibus, his sub fructu 6—10 mm longis, foliis valde pellucido-glandulosis.

E. rutaecarpa (JUSS.) BENTH. **Y.**: Beyendjing, in Wäldern bei Tieso (TEN 271). Im NW in den wtp. Mischwäldern des birm. Mons. im Doyonlumba am Salwin, 28° 2′, bis in die tp. St., Schiefer, 2600—2900 m (9605).

Meine Pflanze ist merkwürdig durch die vollkommen sitzende Infloreszenz.

E. Bodinieri DODE. **Kw.**: Gebüsche der wtp. St., 750—1400 m, gemein zwischen Nganschun und Nganping (10440), um Guiding, und zwischen Duyün und Gudong (10690).

Blättchen nicht lanzettlich, sondern teilweise sogar breit elliptisch, sonst mit WILSON 3573 stimmend. Die Blättchenform variiert bei allen Arten.

** ***E. compacta*** HAND.-MZT.

Sect. *Tetradium* (LOUR.) ENGL.

Arbuscula citriodora (e nota ad vivum), ramulis spadiceis ut petioli rhachidesque brevissime strigillosis. Folia cum petiolis 3½—6½ cm longis tenuiusculis 22—34 cm longa, 2—3 jugo imparipinnata. Foliola oblongo- et inferiora ovato-elliptica, 6—15 cm longa, longitudine 2—3^{plo} angustiora, longiuscule acuminata, basi paulum oblique angustata subsessilia, terminale petiolulo ad 2 cm longo, integra, sicca chartacea, supra parce et minute et in nervis densius strigillosa, subtus pallidiora lamina glabra, costa albido-pilosa, nervis 6—12^{nis} patentibus prope marginem ramoso-anastomosantibus venularumque reti laxo hic prominulis, crebre et grosse pellucido-punctata. Panicula terminalis, pedunculo 2—3 cm longo crasso, breviter pyramidalis, compactissima, sub fructu ad 5 cm diametro, axibus dense brunnescenti-velutinis. Bracteae ± ovatae, minutae, pilosae. (Flores ignoti.) Fructus in pedicellis c. 3 mm longis, rubri (e nota ad vivum). Mericarpia 5, subcomplanato-obovoidea, c. 5 mm longa, rugosa. Semina nigra, nitidissima, obsolete reticulata.

SW-**H.**: Im wtp. Laubhochwalde des Yün-schan bei Wukang beim Tempel Gwanyin-go, Tonschiefer, 1190 m, 20. VII. 1918 (12320).

— — ** var. *meionocarpa* HAND.-MZT.

Foliorum rhachides foliolaque subtus in venis hirtella. Mericarpia 3—4 mm tantum longa.

Nganhui: Hwang-schan, 25. VII. 1926 (CHIEN 1029).

Proxima *E. rugosa* REHD. et WILS., quae teste cl. REHDER differt ramulis pedunculisque rufo-tomentosis, foliolis plerumque minoribus magis approximatis magis coriaceis nervis supra impressis subtus villosis.

E. hupehensis DODE. **H.**: Gebüsche der str. St. bei Lengschuidjiang oberhalb Hsinhwa, Sandstein, 200 m (12564).

Boenninghausenia RCHB.

B. albiflora (HOOK.) RCHB. An Bächen, Gräben und anderen feuchten Stellen der wtp. bis an die tp. St. **Y.**: 1700—3000 m. Hsi-schan. Bei Yünnanfu (SCHOCH 294). Beyendjing (TEN 109). Bödö (4464) und Losiwan se von Dschungdien. Meti sw von hier. Im birm. Mons. im Naiwanglong am Irrawadi-Oberlaufe, 27° 53′. Im NE bei Dungtschwan und Maliwan (MAIRE). **S.**: Banschan zwischen Huili und Yenyüen. Muli. Im W bei Kwan (WEIGOLD). **Ki.**: Fuß des Hangaodsu zwischen Ningdu und Tjingan (Plt. sin. 500).

NAKAI trennt in Bot. Mag. Tok., XXXVI., 25 (1922) die japanische Pflanze als *B. japonica* (SIEBD.) NAK. ab, ohne Unterschiede anzuführen. Solche sind auch tatsächlich nicht vorhanden, und SIEBOLD hat nur *Ruta albiflora* ohne Beschreibung oder Bemerkung.

B. sessilicarpa LÉVL. in Rep. sp. n., XII., 282 (1913) (*B. albiflora* var. *brevipes* FRANCH. in Bull. Soc. Bot. Fr., XXXIII., 450 [1886]). Steppen, auch in trockenen Gebüschen und Wäldern der wtp. bis an die str. St. **Y.**: 2200—2800 m. Yünnanfu (CAVALERIE 84: Hb. Stockh.). Hier auf dem Hsi-schan (SCHOCH 295; MELL). Beyendjing (TEN 120). Ober Schidsilu bei Yungbei (3320). Lidjiang, v. E. (3925). Hier auf dem Hügel über der Stadt (3486), am Osthang des Yülung-schan (FORREST 5819) und bei Duinaoko. Haba se von Dschungdien. Im NE bei Maliwan und Sandjia (MAIRE). **S.**: 1950—2850 m. Im Lolo-Land e von Ningyüen. Lumapu (2083) und Dugungpu am Wege von hier nach Yenyüen. Kwapi n von hier. Ober Muli. Auch in Kasia, 1600—1800 m (HOOKER u. THOMSON nebst *albiflora*) und E-Bengalen (GRIFFITH 1206).

In China ist die Pflanze von der vorigen gut geschieden, nicht nur durch das Fruchtmerkmal, sondern auch durch die sternförmig offene, nicht glockenförmige Blüte und das Vorkommen an trockenen Stellen. Das Blütenmerkmal ist allerdings im Herbar schwerer zu erkennen, aber in meinen Aufzeichnungen hielt ich die Pflanzen immer getrennt. In Indien sind sie vielleicht weniger scharf geschieden, denn dort kommt glockenblütige *albiflora* auch mit recht kurzen Merikarpstielen vor.

Toddalia JUSS.

T. asiatica (L.) LAM., Illustr., II., 116 (1793) (*T. aculeata* PERS.). **SW-H.**: Häufig in Gebüschen von Dsingdschou bis Lianglitang, Schiefer der str. St., 400—500 m (11055). **Kw.**: Pinfa (CAVALERIE 7595). **Y.**: Wälder bei Guti nächst Beyendjing (TEN 295).

Skimmia THBG.

S. japonica THBG. **NW-Y.**: Im Regenmischwald des birm. Mons. in der wtp. und untersten tp. St. auf Schiefer und Granit im Doyon-lumba (8289) und besonders unter Bambus im Tjiontson-lumba (9140) bei Tschamutong am Salwin, 2500—2950 m. Schweli—Salwin-Scheide, 25° 30′ (FORREST 22190, 24143).

FORRESTs Pflanzen wie meine 8289 haben recht lange und zugespitzte Blätter, meine bis $4\frac{1}{2} \times 18$ cm, solche auch Ho 60188 vom Lofou-schan in Kwangtung. 8289 liegt mit ausgesprochen roten, stark bereiften Früchten vor. 9140, sicher dieselbe Art, entspricht vollständig OLDHAMs Pflanze aus Nagasaki. Sie kommt auch der *S. Wallichii* HOOK. f. et THOMS., die nach GAMBLE in Journ. Linn. Soc. Bot., XLIII., 492 rote Früchte haben soll (nach ihm in Kew Bull., 1917, 302 aber grünliche), sehr nahe, welche offenbar die Verbindung mit *S. Laureola*

(DC.) SIEBD. et ZUCC. darstellt, da ja ein Unterschied in der bei *S. japonica* nicht konstanten Zahl der Blütenteile nicht besteht. Mit *S. Reevesiana* FORT. (*S. Fortunei* MAST.) hat sie nichts zu tun.

S. arborescens T. ANDERS. ap. GAMBLE in Journ. Linn. Soc., Bot., XLIII., 491 (1916). **Y.**: Beyendjing (TEN ex hb. Berol. 393, 395). Wälder bei Guti dort (TEN 185, 186). Offene Gebüsche im Schweli-Tal, 25° 30′, 2120 m (FORREST 11930). Mischwälder der Schweli—Salwin-Scheide, 25° 20′, 2420 bis 2730 m (F. 11931). Wo? (F. 24010).

TEN 395 hat etwas dickere Blätter mit bis zu 12 Nervenpaaren. Früchte liegen nicht vor. Die Beschreibungen GAMBLEs von *S. arborescens* und *S. Wallichii* in Journ. Linn. Soc., Bot., XLIII., 491 (1916) stehen in grobem Widerspruch mit seinen Bemerkungen im Kew Bull., 1917, 302. Daher sei hier folgendes bemerkt: In Wien finden sich 3 Bogen von WALLICH 6357 A, die GAMBLE, l. c. 301 als die erste Aufsammlung von *S. Laureola* bezeichnet; zwei davon, nach der allerdings nicht originellen Etikette schon 1820 gesammelt, sind *S. Laureola*. Nur auf diese kann sich DE CANDOLLES „Folia exacte *Daphnes Laureolae*" beziehen. Das dritte Exemplar aber (ohne Früchte) und ein blühendes von WALLICH ohne Nummer haben die Merkmale von *S. Wallichii*, aber bis 1 cm lange Blattstiele. Die Form der Spreite entspricht sehr gut seiner Abbildung, die aber keinen deutlichen Stiel zeigt und vielleicht Kombination ist. Mit diesen beiden Bogen stimmt HOOKER und THOMSONs als *S. Laureola* var. *Wallichii* ausgegebene Pflanze von Kasia. Die Früchte dieses Exemplares scheinen grün zu bleiben, wie GAMBLE, l. c. 302, angibt. Diesen Pflanzen stehen jene, die ich auf Grund der noch längeren Blattstiele zu *S. arborescens* stellen muß, sehr nahe; sie haben außer diesem Unterschied eigentlich nur etwas dünnere Blätter, die durchaus der Charakteristik l. c. 302 entsprechen. Es sind dies mehrere Exemplare aus Sikkim, 2120—3030 m (HOOKER) und Darjiling (leg. ? 704). Sie haben keine Früchte.

S. melanocarpa REHD. et WILS. in Plt. Wils., II., 138 (1914) p. p., mit schwarzen Früchten, keineswegs der Beschreibung der *S. arborescens* entsprechend, liegt vor aus Sikkim: Tonglu, 3030 m (KURZ). Damit stimmt GRIFFITH 1194 vom E-Himalaya, nur mit ganz jungen Blüten.

Glycosmis CORREA

* ***G. mauritiana*** (LAM.) TANAKA in Bull. Soc. bot. Fr., LXXV., 708 (1928) (*Limonia m.* LAM., Enc. méth., Bot., III., 517 [1789]). **Y.**: Wälder der tr. St. bei Manhao s von Möngdse, Tonschiefer, 200—400 m, 28. II., 1. III. 1915 (5796).

Für diese Art teilweise recht großblätterig (Blättchen bis 18 × 5 cm), aber sonst mit TANAKAs Angaben (Bot. Notis. 1928, 156) und indischem, von ihm revidiertem Material stimmend.

Micromelum BLUME

M. pubescens BL. **Kw.**: Pinfa (CAVALERIE 7355).

Clausena BURM.

C. excavata BURM. f. **Y.**: Gebüsche der str. St. bei Asandschai nächst Möngdse, Kalk, 1600 m (6046).

Saftige Triebe mit noch ganz jungen Blütenständen; Blättchen bis 20paarig.

C. Dunniana Lévl. in Rep. sp. n., XI., 67 (1912), det Evans, e typo. (*C. Willdenowii* et *C. excavata* Lévl., Fl. Kouy-Tch., non Wight et Arn., scil. Burm., teste Evans.) **Kw.**: Trockene Wälder und nackte Felskanten der str. St. auf Kalk, 700—900 m. Falang in der Schlucht des Hwatjiao-ho (10386). Dodjie zwischen Duyün und Badschai (10723).

Species affinis *C. dentatae* (Willd.) Roem. (*C. Willdenowii*) et *C. suffruticosae* Wall., sed stylo brevi insignis, a priori praeterea foliolis coriaceis, a posteriori glabritie foliolisque paucioribus distincta.

Citrus L.

C. maxima (Burm.) Merr., Int. Herb. Amb., 296 (1917) (*Aurantium maximum* Burm. — *Citrus Decumana* Lour.), det. Tanaka. **Y.**: Gepflanzt in der tr. St. bei Manhao, 200 m (5851). **S.**: Ebenso in der str. St. bei Dötschang im Djientschang, 1450 m (1164). **E-Kw.**: Anscheinend ebenso bei Tjiaoli ober Sandjio (10802) und unter Sandjiang. **SW-H.**: Ngaidso. Wukang (Plt. sin. 68).

Behaart ist nur 10802; ihre Blattstiele sind nicht über 8 mm breit; die Frucht ist 11 cm dick mit nur 3 cm dicker Pulpa. Die anderen Nummern sind kahl wie viele von Tanaka bestimmte Exemplare.

C. sinensis Osb., R. Ostind. Ch., 250 (1765) f. **E-Kw.**: Bei Tjiaoli (10803) und unter Sandjiang, 360—500 m, mit voriger.

Frucht kugelig, 3½ cm dick, mit 6—8 mm dicker Schale, dunkelgrün. Eine Pflanze mit grüner, sehr höckeriger Schale auch in **S.**: In der str. St. am Yalung von unterhalb Lanba bis Podjio, 1180—1300 m, gepflanzt, 27° 10′.

* ***C. junos*** (Siebd.) Tanaka, Sieb. Sens. Tor. Hyakun. Kin. Ronbunshu, 165 (1925) sec. Ind. Kew. (*C. medica* L. var. *Junos* Siebd., Pl. Oec. Jap., 59 [1827], nom. nud.), det. Tanaka. **Y.**: In der wtp. St. bei Dinschiling nächst Hungngai se von Dali, Sandstein, 2400 m, 11. V. 1916 (8695).

Fortunella Swingle

F. margarita (Lour.) Swingle in Journ. Wash. Ac. Sci., V., 170 (1915) (*Citrus m.* Lour.), det. Tanaka. **H.**: In Gärten der Insel bei Tschangscha, str. St., 30 m (12770).

Simaroubaceae

Picrasma Bl.

P. quassioides (D. Don) Benn. Gebüsche und Laubwälder der wtp. St. auf Sandstein und Tonschiefer. **Y.**: 1650—2400 m. Ober Djiunienping jenseits Fumin bei Yünnanfu (6124). Um Hsiangschuigwan bei Luföng an der Straße von hier nach Dali (8665). Ober Gwanyinschan sw von Lidjiang. **SW-H.**: Yün-schan bei Wukang, 900—1300 m (11228).

Die von Engler in Pflzenr., 2. Aufl., 19a, 388 angegebenen Unterschiede zwischen diesem und *P. ailanthoides* (Bge.) Planch. finde ich nicht bestätigt.

Ailanthus DESF.

A. sutchuensis DODE (*A. altissima* [MILL.] SWGL. var. *s.* (DODE) REHD. et WILS. in Plt. Wils., III., 449 [1917]). **Y.**: Im NW in der trockenen str. St. am Yangtse nw von Lidjiang bei Tedye, 1930 m (8788) und am Mekong ober Guta, 28° 9′, 2100 m (7981). Im NE in der Ebene von Dungtschwan in der wtp. St., 2500 m (MAIRE).

Mit Rücksicht auf die eigene, weite und geschlossene Verbreitung und die deutliche Verschiedenheit möchte ich die Pflanze als Art betrachten.

A. Vilmoriniana DODE. **S.**: In der wtp. St. im Tale des Wolo-ho zwischen Yenyüen und Yungning mehrfach, Kalk, 2100—2600 m (2950). Im S bei Nantschwan (BOCK u. ROSTHORN 807, 1276).

2950 ist ein junger, dicht und kurz bestachelter Trieb; Blättchen 13paarig, schmal, fast sitzend, was von DODE nicht beschrieben wird und in der Abbildung nicht zu ersehen ist. Mit dem reifen Exemplar von WILSON 388, dem auch die von RHEDER und WILSON erwähnte Behaarung völlig fehlt, hat diese Nummer wenig Ähnlichkeit, dagegen stimmt damit gut das nicht ganz vollständige Blatt von BOCK u. ROSTHORN 1276.

Ailanthus, die sich auf beide Arten verteilen werden, wurden verzeichnet in **Y.**: Um Yungbei, Ladsagu nw und Hewa gegenüber Fongkou am Yangtse n von Lidjiang durch die wtp. St. bis 2900 m und am Mekong überall. **S.**: Zwischen Dseia und Muli und bei Djisö sw von hier. Im E um die Dörfer zwischen Yiliang und Magai. **Kw.**: Überall um Nganschun. Im E unter Sandjiang, 400 m.

Burseraceae

Garuga ROXB.

G. Forrestii W. W. SM. in Not. R. Bot. Gard. Edinbgh., XIII., 162 (1921). **NW-Y.**: In der trockenen str. St. am Yangtse um Dsilidjiang e von Lidjiang, 1450—2100 m (3406).

Meliaceae

Toona ROEM.

T. ciliata ROEM. (*Cedrela Toona* ROXB.). **Y.**: In der str. St. bei Tie-tsun (6340), Piendjio und Hwangdjiaping ne von Dali, um 1600 m. Im NE bei Tjiaodjia, 400 m (MAIRE).

— — var. ***pubescens*** (FRANCH.) HAND.-MZT. (*Cedrela Toona* var. *pubescens* FRANCH. in Bull. Soc. bot. Fr., XXXIII., 449 [1886]. — *C. mollis* HAND.-MZT. in Sitzgsanz. Ak. W. W., LVII., 266 [1920]). In der str. St. 1000—1450 m. **Y.**: Ober Lagatschang am Yangtse n von Yünnanfu (740). **S.**: Häufig zwischen Gungmuying und Loyao unter Dötschang im Djientschang (1101).

Die ausgewachsenen Blätter der Nr. 1101, die erst nachträglich in Wien eintraf, haben die gleiche Textur wie der Typus. Filament und Ovarium erweisen sich als behaart, wenn auch oft nur sehr spärlich.

Cipadessa BL.

C. cinerascens (PELLEGR.) HAND.-MZT. (*C. fruticosa* BL. var. *cinerascens* PELLEGR. in Lecte., Fl. gén. Indo-Chine, I., 784 [1911]. — *C. baccifera* [ROTH] MIQ. var. *sinensis* REHD. et WILS. in Plt. Wils., II., 159 [1914]. — *C. sinensis* [R. et W.] HAND.-MZT. in KARST. u. SCHENCK, Vegetb., 20. R., H. 7, in textu [1930], nomen). Schattige Gebüsche und offene Wälder der tr. und str. St., 200—1575 m. **Y.**: Flußaufwärts gegenüber Manhao (5820). Am Pudu-ho n von Yünnanfu (SCHNEIDER 301). **S.**: Bei Dschenbaörl an einem w Zuflusse des Yalung, 27° 5′ (5281).

Munronia WIGHT

M. Henryi HARMS in Ber. D. Bot. Ges., XXXV., 77 (1917). Gebüsche der wtp. St. auf Kalk, 1400—1600 m. **E-Y.**: Im mittelchin. Fl. bei Loping (10219). **SW-Kw.**: Felskante bei Hwangtsaoba (10295).

Melia L.

M. Azedarach L. In der str. und wtp. St. überall um die Häuser gepflanzt in **H.**: Tschangscha bis Widin, 50—80 m. **Y.**: 200—2600 m. Möngdse, Yünnanfu und bis Dschaoping n Yungbei, aber ober Lagatschang am Yangtse n von Yünnanfu (747) und im buschigen Unterwuchs der Föhrenwälder bei Lisuyen e von Yiliang offenbar auch wild. **S.**: Überall um Huili (1053) bis Ningyüen.

Die fruchtend gesammelte Nr. 747 entspricht *M. Toosendan* SIEBD. et ZUCC., die sich nach REHDER und WILSON nicht getrennt halten läßt.

Dysoxylum BL.

D. procerum (WALL.) HIERN. **Y.**: In einem tr. Regenwaldrest flußabwärts gegenüber Manhao, Tonschiefer, 200 m (5922).

Walsura ROXB.

W. trijuga (ROXB.) KURZ. (*Heynea t.* ROXB.). **Y.**: Buschwald der wtp. St. unter Djiunienping jenseits Fumin bei Yünnanfu, 1900—2200 m (6143).

Polygalaceae

Polygala L.

P. Tatarinowii REG. Wegränder, Gräben und Steppen der wtp. St., 2050—2600 m. **Y.**: Ober Dsaodjidjing e des Dsolin-ho (4925). Tieso bei Beyendjing (TEN 1340). Im birm. Mons. neben Bahan am Salwin, 27° 58′ (9584). **S.**: Überall um Yenyüen. **SW-Kw.**: Hwangtsaoba (CAVALERIE 4394).

* ***P. cardiocarpa*** KURZ in Journ. As. Soc. Beng., XLI., 293 (1872). **S.**: Überronnene Kalkfelsen der str. St. zwischen Dsaluping und Gwanyinngai an einem w Zuflusse des Yalung, 27° 19′, 1650 m, 29. IX. 1914 (5357).

Samen 1 mm lang, ziemlich dicht mit großen Höckern versehen. Kapsel ohne Flügel 1½—1¾ mm lang; Flügel fast halb so breit wie die Kapselhälfte. Nähert sich also vielleicht etwas der *P. isocarpa* CHOD. 1914 (*P. Lacei* CRB. 1916).

P. caudata REHD. et WILS. in Plt. Wils., II., 161 (III. 1914) (*P. comesperma* CHOD. in Bot. Jahrb., LII., Beibl. 115, 71 [IX. 1914]). **Kw.**: Pinfa (CAVALERIE 889).

P. arillata HAM. (*P. wistariifolium* CHOD. in Bot. Jahrb., LII., Beibl. 115, 70 [1914]). **Y.**: In üppigen Wäldern und Gebüschen von der str. bis in die untere tp. St., 700—3000 m. Unter der Taihwa-se bei Yünnanfu (SCHOCH 216). Bölu ober Magai nw von hier. Beyendjing (TEN ex hb. Berol. 121). Zwischen Dawan und Gwanyilang w von Yungbei (3437). Um Yiliang ober Ngulukö (Holzprobe) und ober Akalü jenseits Ganhaidse (6825). Bei Liping gegen Djientschwan. Im birm. Mons. bei Bahan (9012), Hsiolamenkou und häufig bei Tschamutong (9552) am Salwin. Im NE bei Taipu (MAIRE ex Arb. Arn. 121), Lungdji und Dschenfungschan (M.).

Von WILSON 1274, dem Typus von *P. wistariifolia*, zeigt nur das eine der Wiener Stücke die bis zum Grunde zweiteilige crista, das andere die gewöhnliche der *P. arillata*. Jenes könnte als Annäherung an *P. fallax* HEMSL. aufgefaßt werden, aber ich glaube, daß REHDER u. WILSON recht haben, wenn sie es bei *arillata* lassen, deren crista überall etwas veränderlich ist. Kahle und gewimperte Früchte wechseln an Exemplaren aus Kasia, gewimperte finden sich auch in Sikkim, und in der Traube stimmen viele indische Exemplare damit überein.

P. fallax HEMSL. **W-F.**: An einem Bächlein am Tienhwa-schan w von Dingdschou, Sandstein (Plt. sin. 411).

CHODAT stellt die Art als Synonym zur vorigen, und auch REHDER und WILSON neigen hiezu. Die Crista finde ich aber doch wesentlich verschieden und die Trauben viel dichter, als jemals bei jener, oft teilweise endständig und teilweise nickend, was beides bei jener auch vorkommt. Sie sind nicht so lang, wie bei *P. aureocauda* DUNN.

P. persicariaefolia DC. (var. *Wallichiana* [WIGHT] CHOD.). Steppen und Hochgrasfluren der str. St., 1350—2300 m. **Y.**: Ober Matouschan bei Magai (13045). Im NW unter Laba am Zuflusse des Yangtse e von Dschungdien (7635). Beyendjing (TEN 1312). **S.**: Überall zwischen Schidsimiao und Siwanho am Zuflusse des Yalung se von Yenyüen (5329).

P. crotalarioides HAM. Buschsteppen der wtp. St., 1825—1900 m. Ober Dingyüen gegen Landjing (6200) und gegenüber Piendjio ne von Dali.

P. sibirica L. Steppen der wtp. und str. St., 1800—1950 m. **Y.**: Zwischen Sangtang und Hanyen n von Yünnanfu (2003). **S.**: S ober Lumapu über dem Yalung zwischen Yenyüen und Ningyüen (2090).

— — **var. *megalopha*** FRANCH. in Bull. Soc. bot. Fr., XXXIII., 417 (1886). Ebenso, 1600—2550 m. **S.**: Bei Ningyüen (1250). **NE-Y.**: Dungtschwan (MAIRE).

Nr. 2090 zeigt niederliegende holzige Stämme, die aus Seitenknospen Blatt- und Blütenstengel treiben, wohl durch das Abbrennen der Steppe hervorgerufen. Die als häufig an der Straße von Yünnanfu nach Dali notierte Pflanze könnte auch zu *P. japonica* gehören.

P. tenuifolia WILLD. **W-Ki:**. Um das Kohlenbergwerk Pinghsiang (Plt. sin. 159).

Blätter ziemlich breit, bis 38 × 6 mm, vollständig kahl, sehr lang zugespitzt. Die kleinen Blüten in langen, lockeren Trauben stellen sie zu dieser gut geschiedenen Art. Habitus von *P. monopetala* Camb., aber die Merkmale nicht. Ähnlich, aber auch in der Blüte behaart, ist Licent 4253 aus W-Kansu: Hsinlung-schan und Maho-schan. Auch *P. stenophylla* Hay. muß ähnlich sein, soll aber endständige Trauben (bei meiner nur scheinbar so), stumpfe oder nur spitze Blätter und kahlen Stengel haben.

P. japonica Houtt. Steppen und Raine der str. bis in die wtp. St., 50—1300 m. **H.**: Tschangscha (11561). Yün-schan bei Wukang (Plt. sin, 20). W-Hubei (Wilson, Veitch Exp. 215). **S.**: Dötschang (1140) und ober Bentukan (1902) im Djientschang. **Y.**: Yünnanfu (Schoch 347).

** ***P. sibirica*** × ***japonica?***

Habitus et inflorescentiae *P. japonicae*; filamenta autem libera et longa.

NW-**Y.**: Bei Lidjiang, v. E., 1916 (8769 Typus). SE-Kansu: Hwangdjiaho (Licent 5079). S-Schanhsi: Fongmenkou (L. 1725). Tschili: Paita bei Hswenhwa, 1015 m (L. 9766).

Salomonia Lour.

S. cantoniensis Lour. E-**Kw.**: Im Schlammsand am Fluß bei Pingü unter Sandjiang, str. St., 350 m (10854).

Anacardiaceae

Mangifera L.

M. indica L. **Y.**: Mehrfach als Riesenbaum in tr. Savannenwäldern bei Manhao s von Möngdse, Tonschiefer, 200 m (5857).

Spondias L.

S. axillaris Roxb. (*Poupartia Fordii* Hemsl.). **H.**: In der str. St. am Bach bei Tangtiaotjiao zwischen Loudi und Hsinhwa, Kalk, 150 m (11738) und bei Wukang (Plt. sin. 60).

Pegia Colebr.

P. nitida Colebr. in Trans. Linn. Soc., XV., 364 (1827) (*Robergia hirsuta* (Roxb., Fl. Ind., II., 455 [1832]. — *Tapirira extensa* Hook. f.). **Y.**: Gebüsche der tr. St. bei Yaotou zwischen Möngdse und Manhao, Kalk, 1000 m (6043).

Pistacia L.

P. chinensis Bge. Offene Wälder, Gebüsche, Hecken, oft einzeln stehend, auch in Erosionsgräben und an Dörfern in der wtp. und str. St., 300—2750 m. **Y.**: Unter Sangtang n von Yünnanfu (395). Überall an der Straße von hier nach Dali bis Tschuhsiung. N von ihr häufig bei Fumin, um Beyendjing und Mitien. Zwischen Datschang und Dalu e von Yungbei. Hsinyingpan n von hier. Zwischen Dali und Langtjiung. Ober der Brücke von Dsilidjiang. Ladsagu nw von Lidjiang. Im E überall um Yiliang. Bantjiao bei Loping. **S.**: Huili (874), Ningyüen (1259). Im Yalung-Tale am Wege nach Yenyüen und n von hier bis Datjiaoku. Im S bei Nantschwan (Bock u. Rosthorn 1201). SW-**Kw.**: Auf den Hügeln ober Djiangdi gegen Hwangtsaoba. **H.**: Viel um Laodao zwischen Hsinhwa und Wukang.

P. weinmannifolia Poiss. In Föhrenmischwäldern und Laubbuschwäldern, oft selbständig macchienartige Gebüsche bildend in der str. und wtp. St., 1300—2800 m. **Y.**: Gemein auf dem Plateau und in seinen Tälern, am Beida-ho herab bis gegen Pohsi, z. B. bei Hsiao-Magai (399), Beyendjing (Ten ex hb. Berol. 49), auf dem Taohwa-schan hier (6252), am Yangtse aufwärts bis ober Djitsung, am Mekong (Gebauer) bis Londjre unter dem Doker-la. Im birm. Mons. nur spärlich unter Tjionatong am Salwin, 28° 7'. Im E bis Tienschenggwan e von Yiliang noch viel. **S.**: Über Dötschang (1154) bis Ningyüen (1255). Am Yalung bis Datjiaoku n von Yenyüen, 28° 2' (2752), doch nicht im Becken von Yenyüen. Woloho w von hier. Anscheinend isoliert bei Dadsui am See von Yungning. Unter Muli.

Cotinus Adans.

C. Coggygria Scop. **NW-Y.**: Felsen und trockene Stellen der str. und wtp. St., 2000—2500 m. Unter Duinaoko e von Lidjiang (12997). Sape und Bödö nw von hier.

— — var. ***pubescens*** Engl., Bot. Jahrb., I., 403 (1883). **Y.**: Seitenschlucht des Yangtse zwischen Homöndschang und Bödschagwan n von Yünnanfu, str. St., 900—2000 m (708).

Noch viel stärker behaarte Exemplare kommen bei Baden in Niederösterreich vor.

C. nana W. W. Sm. in Not. R. Bot. Gard. Edinb., IX., 101 (1916). **NW-Y.**: Bei Lidjiang, v. E. (3705). Hier bei Ndaku, sicher in der str. St. (Schneider 2188).

Rhus L.

R. punjabensis Stew. appr. * var. ***pilosa*** Engl. in Mon. Phan., IV., 378 (1883). **NW-Y.**: Am Bach der wtp. und tp. St. zwischen Koma und Schatiama in der Mekong—Yangtse-Kette, 27° 22—36', Sandstein, 2300—2850 m, 28., 29. VIII. 1915 (7872). Im birm. Mons. ober Schutsche am e Irrawadi-Oberlauf.

Blättchen 4—5paarig, daher nicht zu var. *sinica* Rehd. et Wils. zu stellen.

R. Potaninii Max. Gebüsche und Wälder der wtp. bis in die str. St. auf Granit, Sandstein und Tonschiefer, 1600—2250 m. **S.**: Unter Djiuba-se zwischen Yalung und Nganning-ho, 27° 43' (2010). **Y.**: Beyendjing und zwischen Hosaodien und Tientschanggwan se von hier häufig (6208).

Nr. 2010 ist noch etwas stärker behaart als nach der Originalbeschreibung und auch an den jungen Zweigen so, entgegen Rehder u. Wilsons Angaben in Plt. Wils., II., 177. Blättchen oft 4paarig, manche gesägt, an 6208 bis 58 × 16 mm, an 2010 von 55 × 30 mm ab, an jener sitzend, an dieser 1 mm lang gestielt. Das Wiener Exemplar von Wilson 1177 gehört entschieden zu *R. punjabensis* var. *sinica*. Das Verhältnis dieser Arten ist noch nicht genügend geklärt. Früchte meiner Pflanzen liegen nicht vor.

R. trichocarpa Miq. **H.**: Wälder und Gebüsche der str. und wtp. St. 140—1350 m. Um Hsikwangschan bei Hsinhwa überall (11757). Yün-schan bei Wukang (12308).

R. semialata Murr. Laubwälder und Gebüsche, in trockenen Gebieten gerne an Bächen und in Erosionsgräben, in der wtp., seltener str. St. **Y.**: 1900 bis 2500 m. Yünnanfu, nach E bis jenseits Yiliang, nach W überall bis Dali, zum Nordende der Yangtse-Schleife und Bödö se von Dschungdien (4457). Im birm. Mons. bei Meradon unter Bahan am Salwin, 27° 58'. Im NE im mittelchin. Fl. bei Dschenfung-schan, 650 m (Maire). **S.**: 1280—2600 m. Dseia bei Muli. Gaitiu zwischen Yungning und Yenyüen. Datung am Yalung ne von hier. Ober Gaoyao bei Ningyüen (1323). **E-Kw.**: Unter Sandjiang, 400 m. **H.**: 500—1400 m. Hsikwangschan bei Hsinhwa (12607). Viel auf dem Yün-schan bei Wukang.

— — var. ***Roxburghii*** (Decne.) DC. **Y.**: Trockene Hänge der tr. St. bei Manhao, Tonschiefer, 200—400 m (5876).

R. Delavayi Franch. Trockene Wälder und Gebüsche, auch einzeln an Hängen der unteren wtp. und str. St., 1600—2600 m. **Y.**: Häufig zwischen Yiliang und Tienschenggwan e von Yünnanfu (10112). Im NE um Dungtschwan (Maire). **S.**: Lu-schan bei Ningyüen (1958). Datjiaoku unter Kwapi n von Yenyüen (2515).

— — var. ***quinquejuga*** Rehd. et Wils. in Plt. Wils., II., 184 (1914). In der wtp. St. **Y.**: Hänge w von Yünnanfu, 2100 m (Schoch 192, annähernd). Wangdjiatschwang bei Beyendjing (Ten 1199). **SW-Kw.**: Hwangtsaoba, 1400 m (10282, annähernd).

Tens Fund zeigt, daß die Varietät auch in der Originalgegend der Art vorkommt, durch Kahlheit allerdings nicht ganz typisch ausgebildet.

R. sylvestris Siebd. et Zucc. **W-Ki.**: Um Pinghsiang, c. 600 m (Plt. sin. 147).

R. verniciflua Stokes (*R. vernicifera* DC. p. p.). **SW-H.**: Zwischen Dsingdschou und Wukang ober Pukai bis gegen den Paß, wild und gepflanzt in der wtp. St., 600—730 m (11092). Gepflanzt auf dem Yün-schan bei Wukang, 1200 m. **S.**: Hsiaoschudien am Zuflusse des Yalung gegen Yenyüen, 27° 31', 2600 m (2221). **NW-Y.**: In der wtp. und str. St. überall an Bächen im Laschiba bei Lidjiang, 2550—2600 m (8778) und sehr häufig am Yangtse bei Ahsi w von hier, 1900 m.

R. succedanea L. **S.**: Gebüsche der str. St. unter Muli, 2230—2600 (7385) und wahrscheinlich diese im angrenzenden **Y.**: Ebenso von Mujendu bis ober Laba am Zuflusse des Yangtse e von Dschungdien.

Diese fruchtende Nummer stimmt am besten von allen chinesischen Pflanzen in Wien einerseits mit der japanischen, also der Linnéschen Pflanze, anderseits mit Wallich 992, von der wir 3 blühende Bogen haben. Engler zitiert diese Nummer unter var. *himalaica* Hook. f., die Rehder und Wilson mit Recht für *R. verniciflua* erklären.

* ***R. Griffithii*** Hook. f., Fl. Brit. Ind., II., 12 (1876), e typo. **E-Y.**: Häufig in üppigen Wäldern der wtp. St. zwischen Magai und Sidsung, 1900 bis 2250 m, 9. VI. 1917 (10127).

Mit den kurzgestielten Blättchen mit dichten Nerven entspricht die Pflanze auch ganz gut vielen japanischen und chinesischen Exemplaren (Oldham 185, Taquet 162, Henry 3629, 4648, 4893, Ching in Wulsin 1799, Chung 2866, Chien 1103), die als *R. sylvestris* gehen, aber von Siebolds sowie Englers Beschreibung und den Originalexemplaren abweichen. Die Blätter von *R. Griffithii* sind aber vollkommen kahl und die (jüngeren) Blütenstände nur ganz kurz rauhhaarig. Früchte, in denen diese von *R. sylvestris* ganz verschieden ist, liegen nicht vor.

** *R. Teniana* HAND.-MZT.

Sect. *Trichocarpae* ENGL.

Frutex (?) dioicus ramulis tenuiusculis spadiceis, albide vel flavescenti-velutinis glabrescentibus, parce et minute lenticellatis, disperse foliatis. Gemmae minutae, ochrascenti-tomentellae. Folia 12—21 cm longa, brevipetiolata, ad 7jugo pinnata, rhachi alis foliaceis 3—4 mm latis instructa; foliola sessilia pleraque opposita, ovato- vel elliptico-lanceolata, 2—8 cm longa, anterioribus maioribus, longitudine 3—4^{plo} angustiora, acuta vel nonnulla subrotundata vel emarginata, basi subaequali cuneata vel angustissime rotundata sessilia vel subsessilia, chartacea, margine cartilaginea subtus papillis subdissitis glaucescentia, supra densiuscule, subtus in nervis tantum minutissime strigillosa et hic crebre sed indistincte (glanduloso- ?) punctata; costa nervique 6—20^{ni} obliqui subtus prominui; trabeculae imperfectae hic fusculae. Paniculae terminalis necnon axillares, parvae et densae, rotundatae, dense et brevissime substrigilloso-pilosae. Bracteae lanceolatae, inferiores usque ad 7 mm longae; bracteolae minutae. Pedicelli 1—2 mm longi, suberecti. Calyx carnosulus, subtiliter ciliatus et pilosulus, lobis triangulari-ovatis acutis. Petala eo plus duplo longiora, ovato-oblonga, 2 mm longa, flava (e collectore et sicco), rotundata, intus substrigoso-pilosa. Ovarium inferne dense pilosum. (Stamina fructusque ignota).

Y.: Beyendjing (TEN ex hb. Berol. 146, Typus). Hsiao-Djing-ho dort in Wäldern, 13. X. 1919 (TEN 1181).

Species proxima et simillima *R. Wilsoni* HEMSL., quae e typo differt foliolis supra strigosis, subtus hirsutis epunctatis, sed parce et subtiliter glanduloso-papillosis, calyce glabro vel paulum glanduloso, raro parcissime ciliato.

Solange die Lücke zwischen den weit entfernten Fundorten der beiden Arten nicht durch verbindende Formen ausgefüllt ist, kann man sie nicht vereinigen.

Dobinea HAM.

D. Delavayi BAILL. (*Podoon D.* BAILL.). Steppen und Gebüsche, auch zwischen Felsen in der tp. bis in die obere str. St., 1800—2575 m. **Y.**: Haiyen-se bei Yünnanfu (SCHOCH 130). Ober Matouschan bei Magai nw von hier. Zwischen Yanggai und Hwadung e des Dsolin-ho (4958). Beyendjing (TEN 1259). Tjitiaowan unter Landji zwischen Yungning und Yungbei (3210). Bei Lidjiang, v. E. (3813). Gwanyilang am Wege von hier nach Yungbei. Überall um die Schleife des Yangtse bis Belo w Yungning und Laba e Dschungdien (7637). **S.**: Zwischen Dseia und Sili bei Muli. Unter Fumadi am Wolo-ho (3017). Unter Kwapi n von Yenyüen (SCHNEIDER 1434). Hangdschou ne von hier. Unter Djinschuiho bei Huili und zerstreut zwischen Hokou und Fongsaying s von hier (5105).

Der knollige, holzige Steppenpflanzenwurzelstock riecht nach Koniferenharz.

Sapindaceae

Sapindus L.

S. Delavayi (FRANCH.) RADLK. in Sitzgsber. bayer. Ak. Wiss., XX., 233 (1890) (*Pancovia D.* FRANCH.). In buschreichen Eichenwäldern. Savannenwäldern, Erosionsgräben und viel um Dörfer in der str. und unteren wtp. St.,

1500—2350 m. **Y.**: Um Yiliang e von Yünnanfu (10109). Überall zwischen Tschalaschao und Hwangtsaoschao unter Beyendjing (6322). Unter Datschang bei Yungbei (13006). Losiwan zwischen Lidjiang und Dschungdien. Im NE im Tal von Jöschuitang (MAIRE). **S.**: Gegenüber Ningyüen (1256). Meidsipu über dem Yalung sw von hier.

Koelreuteria LAXM.

K. paniculata LAXM. **S.**: Im trockenen str. Walde ober Helugö unter Kwapi im Yalung-Gebiete n von Yenyüen, Tonschiefer, 2325 m (2467).

K. bipinnata FRANCH. det. RADLKOFER. **W-Kw.**: Im Dorfe Maoguho, 1500 m (SCHOCH 405).

K. integrifoliola MERR. in Philip. Journ. Sci., XXI., 500 (1922). **H.**: In den str. Hügelwäldchen, 75—350 m, zerstreut zwischen Gaoscha-se und Lududsai n von Wukang, 23. VIII. 1918 (12552) und bei Lengschuidjiang (12552a) und Tangdjiakou am Tsi-djiang ober Hsinhwa und viel um Tangschi ober Hsianghsiang.

An einzelnen Blättchen kommen ganz einzelne Zähnchen vor. Die Größe der Blättchen ist auch auffallend für die von der vorigen doch nur schwach geschiedene Art.

Dodonaea L.

D. viscosa (L.) JACQ. var. ***vulgaris*** BENTH., Fl. Austral., I., 476 (1863) f. ***Burmanniana*** (DC.) RADLK. in Fl. Brasil., XIII/3., 646 (1900) (D. BURM. DC., Prodr., I., 616 [1822]). det RADLK. In Savannenwäldern, Gebüschen und einzeln an trockenen Hängen und im Sand, seltener im Eichen-Föhren-Mischwald in der str. und untersten wtp. St., 900—2300 m. **Y.**: Häufig um den Yangtse von Bödschagwan n von Yünnanfu (707) über Lunggai bis Tschwadse am Nordende der Lidjianger Schleife und Sape (4426) nw von Lidjing. Hier, v. E. (3966). In den Niederungen und Seitentälern südlich bis zwischen Yanggai und Hwadung e des Dsolin-ho (4954), Hedjing an diesem, ober Mitien und Bintschwan ne von Dali. Im Santschwanba unter Yungbei. **S.**: Gegen Huili bis zum Rücken Luidaschu und Hokou und über dem Yalung zwischen Liyüen und Sandawan nw von Huili.

** *Eurycorymbus* HAND.-MZT.

in Sitzgsanz. Ak. W. W., LIX., 104 (1922).

Sapindaceae — Dyssapindaceae anomophyllae — Harpullieae.

Arbor eglandulosa. Folia magna, incomplete pinnata. Inflorescentia terminalis, corymbosa, decomposita, semiglobosa, ramulis ultimis cincinnatis. (Flores ignoti). Sepala 5, aequalia, parva. Discus annularis, tenuis, aequilatus. Ovarium triloculare; ovula in loculis bina, ad anguli centralis basin collateraliter inserta, apotropa; micropyle extrorsum infera. Capsula parva, profunde coccato-lobata, loculicida, cocco plerumque unico, rarius binis evolutis, tertia parte connatis, rotundis, crustaceis, sicut inflorescentia extus velutinis, rima mediana vel aliquantum laterali totis dehiscentibus. Semen unum pro cocco evolutum, globosum, erectum, glabrum, testa tenui durissima. Embryo circinnato-convolutus, radicula dorsali fere longitudine seminis testae duplicatura immersa. Pericarpii cellulae quaedam saponiniferae.

Genus monente cl. RADLKOFER inter *Conchopetalum* RADLK. et *Harpulliam* ROXB. ponendum, capsula parva coccato-lobata, ovulis basalibus nec medio nec supra medium insertis, embryone circinnato insigne. Qui in genere *Arfeuillea* PIERRE similis est, quod autem capsula membranacea, semine piloso, indumento (praeter speciem unam in *Harpullia* quoque obvio) fasciculato-stellato longius distat.

** ***E. austrosinensis*** HAND.-MZT., l. c. (Taf. IX, Abb. 5, 6).

Ramuli crassiusculi, hornotini spadicei, leves, cum petiolis rhachidibusque crispulo-puberuli. Folia dispersa, decidua, incomplete 4—10jugo pinnata, petiolo brevi cum rhachide 10—36 cm longo, basi incrassato, supra terete vel hac sursum subangulata. Foliola oblonga vel lineari-oblonga, raro ovato-oblonga (infima 45×21) 88×25 et 90×30 — 100×25 et 125×33 mm, basi cuneata $\pm$ obliqua latere anteriore latiora, apice acuminata, margine subintegra vel remote crenato-serrata, serraturis incurvo-mucronulatis, sinubus angustissimis acutis, sicca viridia, praeter nervos utrinque prominulos utrinsecus (8—) 12—18 sub angulis 50—70^0 abeuntes paulum curvatos alios in sinus percurrentes ramis cum aliis ante marginem anastomosantes costamque puberulos glabra; venae laxe reticulatae subtus prominulae, pallidae; venulae dense reticulatae subtus et saepe supra fusculae; petioluli 1,5—2,5 mm longi, marginibus erectis, supra costati. Inflorescentia 15—18 cm lata, corymbis longipedunculatis densis 5—8, inferioribus ex axillis foliorum summorum ortis, divaricate ramosis, terminali sequentibus superato composita, brevissime albido hirtello-velutina, ramulis saepe oppositis, ultimis paucifloris; bracteae inferiores deciduae, superiores lanceolatae, 2—3 mm longae, velutinae. (Flores ignoti). Sepala (pauca quae remanent) $1^1/_4$ mm longa, oblonga, obtusa, apiculata, velutina. Discus undulato-lobatus et hic illic incisus. Stamina floris fertilis (num semper?) 7, brevissima, tenuissima, antheris globosis. Capsulae cocci subglobosi, paulum elongati, 7 usque 8 mm longi, pallidi, extus densissime et brevissime velutini. Semen nigrum, leve, nitidum, 4—5 mm diametro, hilo cinnabarinum, costa indistincta longitudinali percursum.

SE-**Kw.**: Gebüsche der wtp. St. ober Tschaimou zwischen Gudschou und Liping, Tonschiefer, 600 m, 21. VII. 1917 (10907, Typus). N-Kwangtung: An Bächen am Lungtou-schan e von Siudsao (Schaotschou), Granit, v. E., 29. IX. 1917 (MELL 17). Kwanghsi: Tsinlung-schan in N-Linyen, 1050 m (CHING 6810). Nach MERRILL in Lingn. Sci. Journ., VII., 313 (1931) auch in Fukien und Taiwan.

Delavayi FRANCH.

D. yunnanensis FRANCH. (*D. toxocarpa* FRANCH., monstr. ab autore correctum). **Y.**: Savannenwälder der str. St., 1000—1960 m. Ober Lagatschang am Yangtse n von Yünnanfu (738). Ne von Dali unter Beyendjing (6279) bis ober Tschalaschao (s. KARSTEN u. SCHENCK, Vegetatb., 20. R., Taf. 38) und bis unter Schuidsai bei Djiangying.

Flores pallide rosei, fragrantissimi.

Aceraceae

Acer L.

A. fulvescens Rehd. in Plt. Wils., I., 84 (1911). **NW-Y.**: Im tp. Walde auf dem Paß Akelo zwischen Yangtse und Mekong, 27° 19′, Sandstein, 3150 m (7914). NE von Atendse (Forrest 19856, als *A. cappadocicum* var. *sinicum*). Behaarung gleicher Art wie beim Typus, aber zur Fruchtreife (an Forrests sterilem Stück im Juli) nur am Grunde der Blätter und am oberen Teil ihrer Stiele und der Fruchtstiele vorhanden. Die großen Früchte und durchwegs dreilappigen Blätter, sowie die jener von *A. pictum* Thbg. gleiche Rinde entfernen die Art von *A. cappadocicum.*

A. cappadocicum Gled. ssp. ***sinicum*** Rehd. in Plt. Wils., I., 85 (1911) (sub var.). Trockenwälder der str. St. und an Bächen und in Gebüschen der wtp. bis an die tp. St., 2100—2900 m. **S.**: Bakuwe bei Kwapi (2503) und unter Betiaoho n von Yenyüen. Ober Sili bei Muli und wahrscheinlich dieser bei Hwayi sw von hier. **Y.**: Hwatjiao-tsun bei Guti nächst Beyendjing (Ten 131). Im NW am Stauweiher bei Ngulukö nächst Lidjiang (821), am Yangtse von Bölo bis Ronscha an seinem Zuflusse, 27° 44—46′ (8814).

A. amplum Rehd., l. c., 86. **SW-H.**: Im wtp. Laubhochwalde des Yünschan bei Wukang, Tonschiefer, 1100—1350 m (12075).

A. robustum Pax. **NW-Y.**: In der wtp. St. in der Schlucht unter Lutien e von Weihsi, Tonschiefer, 2600 m (8502). Hierher auch Forrest 20700 und 20701 als *A. Oliverianum* vel aff. Früchte nur an F. 20700, stimmen gut mit Wilson 339.

A. Maximowiczii Pax. **S.**: In der tp. St. des Daliang-schan e von Ningyüen um den Bach bei Lolokou, Sandstein, 3100 m (1474).

A. Oliverianum Pax. **S.**: Gebüsche der wtp. St. am Schao-schan se von Ningyüen, Sandstein, 2200—2700 m (1349).

A. caesium Wall. **S.**: An feuchteren Stellen in der tp. St. des Liukuliangdse, 27° 48′, zwischen Yenyüen und Kwapi, Kalk, 3450—3550 m (2276).

A. sinense Pax (*Liquidambar Rosthornii* Diels, e typo). **SW-H.**: Im wtp. Laubhochwald des Yün-schan bei Wukang, Tonschiefer, 1100 m (11170).

— — var. ***concolor*** Pax in Pflzenr., IV/163, 22 (1902). **SW-H.**: Ebendort, im Graben ne des Tempels Gwanyin-go, 1150 m (12323).

A. Wilsonii Rehd., det. Rehder. Wälder der wtp. St. auf Tonschiefer. **SW-H.**: Yün-schan bei Wukang, 1100—1300 m (12074; Plt. sin. 12). **SE-Kw.**: Zwischen Tschaimou und Dayung w von Liping (10932).

A. caudatum Wall. var. ***Georgei*** Diels in Notizbl. Bot. Gart. Berl., XI., 212 (1931). **NW-Y.**: Im birm. Mons. zwischen Mekong und Salwin, 28°, in tp. Mischwäldern im Tale vom Si-la nach Tseku, 3200—3500 m (8919) und in den ktp. ober Bahan waldbildend, 3700—3800 m (8416), unter dem Doker-la (phot.). Im Tal unter dem Gomba-la bei Tschamutong, v. E. (9931) und im Tjiontson-lumba dort (phot.). **S.**: Am Hang des Daörlbi halbwegs zwischen Yenyüen und Yungning, 3500 m (2954).

Die reifen Teilfrüchte sind an Nr. 9931 15—19 mm, an Nr. 8416 30 mm lang.

A. Buergerianum MIQ. var. ***ningpoënse*** (HCE.) REHD. in SARG., Tr. a. Shr., I., 179 (1905). **H.**: Hügelwälder der str. St. ober Djintie-se zwischen Yungdschou und Hsinning, 400 m (11256) und zerstreut um Loudi w von Hsianghsiang, 100 m. Spärlich am Yün-schan bei Wukang bis 1180 m (12140).

A. Paxii FRANCH. Gebüsche, Hartlaubgehölze, Savannenwälder, auch in üppigeren Schluchtwäldern in der str. bis in die wtp. St., 1800—2550 m. **Y.**: Jöschuitang (435) und Hsiaodsang n. von Yünnanfu. Unter Beyendjing von Gwanfang bis gegen Hwangtsaoschao (6312). Im NW zwischen Djientschwan und dem Mekong (FORREST 23218 als *A. oblongum* var.); von Lendo bis gegen Meidsiping se von Dschungdien. **S.**: Unter Yiwanschui über dem Wolo-ho zwischen Yungning und Yenyüen (2933). Von Datjiaoku bis ober Helugö unter Kwapi n von hier, 28° 2′ (2459).

A. oblongum WALL. **H.**: Wälder der str. St. auf Schiefer und Sandstein, 150—400 m. Yolu-schan bei Tschangscha. Im SW bei Dsingdschou gegen Pukou (11013) und häufig längs des Flusses zwischen Ngaidso und Meikou am Wege von dort nach Wukang (11083).

A. laevigatum WALL. **Y.**: Beyendjing, an Felsen bei Gwankou (TEN 17).

A. Fabri HCE. var. ***rubrocarpum*** METC. in Lingn. Sci. Journ., XI., 206 (1932), det. autor. **Kw.**: Schattiger Schluchtwald der wtp. St. bei Madjiadwen zwischen Guiding und Duyün, Sandstein, 1100 m (10644).

* *A. Hookeri* MIQ. Arch. Néerl. Sc. ex. et nat., II., 471 (1852). **Y.**: Wälder bei Guti nächst Beyendjing (TEN 250).

Diese Pflanze entspricht vollständig jener aus Sikkim, vielleicht auch seine Nr. 300 von dort mit zurückgerollten Blatträndern, während alle zur folgenden Art gestellten aus Yünnan und SW-Setschwan sich durch dichtere und schärfere Zähnung ihr nähern, aber doch noch beträchtlich zurückbleiben.

A. Davidi FRANCH. Laub- und Mischwälder und üppigere Gebüsche der wtp., selten bis in die tp. und str. St. **S.**: 2400—2960 m. Kalapa (2300), unter Kwapi (2393) und ober Datscho jenseits des Yalung (2594) n von Yenyüen. Ober Duörlliangdse und unter Yiwanschui w von hier. Ober Sili bei Muli. **Y.**: Ebenso. Piyi und Djinschuiho zwischen Yungning und Yungbei. Dschadse w von dort. Beyendjing (TEN es hb. Berol. 369). Sattel zwischen Djiangying und Djiping s von Hodjing. Zwischen Schadschou und Bupeng w von Tschuhsiung. Im NW bei Dugwan-tsun se von Dschungdien. Tseku am Mekong (MONBEIG). Ober Londjre dort. Im NE bei Taipu (MAIRE ex Arb. Arn. 120) und Laogu (M. ebenso 507, 518). SW-**H.**: Moschi bei Dsingdschou, 400 m (11046). Yün-schan bei Wukang, spärlich ober dem Tempel Gwanyin-go, 1200—1350 m (11181).

— — var. ***horizontale*** PAX in Pflzenr., IV/163, 79 (1902). **H.**: Gebüsche der wtp. St. um Hsikwangschan bei Hsinhwa, 700 m (11777).

A. Grosseri PAX. Gebüsche und Bambusbestände der tp. St., 2900 bis 3500 m. **S.**: Ober Kalaba (2295) und ober Hungga bei Yenyüen und bei Gwandien nw von hier. Auch SCHNEIDER 959, 1462, 1499 nach REHDER briefl. **Y.**: Guti bei Beyendjing (TEN 321). Ober der Wiese Ndwolo am Yülung-schan bei Lidjiang (6677). Auch SCHNEIDER 1909, 3338.

A. Grosseri var. ***Forrestii*** (Diels) Hand.-Mzt. (*A. Forrestii* Diels in Not. R. Bot. Gard. Edinbgh., V., 165 [1912]). NW-Y.: Bei Lidjiang, v. E. (3741). In Tannenwäldern der ktp. St. am Nguka-la sw von Dschungdien, Diabas, 3750—3800 m (7799). Auch Schneider 3281, 3338a nach Rheder.

Nach Rehder entspricht *A. Forrestii* Diels dieser kahlen Form mit lang ausgezogenen, dem Mittellappen fast gleichen Seitenlappen.

A. laxiflorum Pax. var. ***longilobum*** Rehd. in Plt. Wils., I., 94 (1911). (*A. taronense* Hand.-Mzt. in Sitzgsanz. Ak. W. W., LXI., 84 [1924], teste Rehder). NW-Y.: Tannenwälder der ktp. St. des birm. Mons. am Westhange des Passes Tschiangschel zwischen Salwin und Irrawadi, 27° 52′, Glimmerschiefer, 3500 m (9385).

Während die stärkere oder schwächere Ausbildung der seitlichen Blattzipfel wenig Bedeutung hat, besagt der braune Filz der Nerven und Blattstiele meines Erachtens doch spezifische Verschiedenheit. Pax erwähnt ihn im Schlüssel auf S. 33, nicht aber in der Diagnose seiner Art, und Fabers Original zeigt ihn, wenn auch im vorgeschrittenen Stadium schon im Abnehmen.

* ***A. Wardii*** W. W. Sm. in Not. R. Bot. Gard. Edinbgh., X., 8 (1917) (*A. mirabile* Hand.-Mzt. in Sitzgsanz. Ak. W. W., LXI., 84 [1924]; LXII., 225). NW-Y.: In den wtp. und tp. Regenmischwäldern des birm. Mons. ober Bahan (9056), im Doyon-lumba, 23. IX. 1915 (8286) und Tjiontson-lumba am Salwin, 27° 58′—28° 2′, Schiefer, 2500—2700 m. Anscheinend dieser auch viel e ober Tjionatong bis 3500 m und am Hang des Passes Tschiangschel gegen den Irrawadi-Oberlauf.

Ad descriptionem addenda: Folia decidua, lobis anguste ovatis basi subconstrictis, lateralibus quam terminalis duplo usque pluries minoribus porrectopatulis, omnibus in caudas ipsos subaequantes quin etiam superantes subintegras filiformi-lineares acutas antice saepe subdilatatas attenuatis, sinubus angustis acutis, evoluta subremote lobulato-biserrata, basi aperte subcordata raro subtruncata, sinu ad basin ipsam costae auriculato-clauso, rigidula, subtus primum setulis glandulosis purpureis parce adspersa; nervi basales 3 quorum laterales arcuati, secundarii 6—10^ni^ et mediani —15^ni^ rectiusculi sub c. 70° patentes pallidi, cum venularum reti denso transverse elongato utrinque tenuiter prominuli; petiolus tenuis, laminam absque caudis $\pm$ aequans, fulvescens. Racemi ♀ ramulis brevibus 4-, raro 2foliis terminales, singuli, simplices, pedunculis gracilibus strictis ipsos subaequantibus vel duplo brevioribus. Pedicelli oppositi, 4—6pares, porrectopatuli, 10—16 mm longi. Bracteae diu persistentes, lanceolatae, acutae, 3—6 mm longae, herbaceae, purpurascentes. Samarae (juniores) cum alis medio latissimis acutiusculis ad 1,5 mm longae, purpureae, primum parce albido-hirsutae.

Daß der Autor die Art mit *A. sinense* verwandt erklärte, ließ sie mich verkennen. Meines Erachtens steht sie *A. Maximowiczii* zunächst und unterscheidet sich durch dickere Blätter mit ganzrandiger, viel längerer Schwanzspitze, zahlreiche, fast waagrechte Nerven, lange Blütenstiele und stehenbleibende Brakteen, steht den übrigen *Macrantha* jedenfalls ferner, als diese untereinander.

? ***A. tetramerum*** Pax appr. var. ***tiliifolium*** Rehd. in Plt. Wils., I., 96 (1911). S.: In einer tiefen Doline in der tp. St. bei Kalapa n von Yenyüen, Kalk, 2800 m (2309).

Von der Beschreibung abweichend durch im Umriß stumpfliche, am ganzen Rande etwas gelappte Blätter und unterseits spärlich kupferfarben behaarte Nervenwinkel und Blattstiele. Sterile Langtriebe, die sich nirgends anders unterbringen lassen.

A. Franchetii PAX. (*A. Schoenermarkiae* PAX var. *oxycolpum* HAND.-MZT. in Sitzgsanz. Ak. W. W., LVII., 269 [1920]; LXI., 85 [1924]). Laub- und Mischwälder und besonders bambusreiche Gebüsche der tp. bis in die ktp. St., 2600 bis 3775 m. **S.**: Soso-liangdse im Daliang-schan e von Ningyüen (1685). Ober Djifangkou am Lungdschu-schan bei Huili (5316). Ober Niutschang se von Yenyüen (5392) und ober Hungga w von hier. **NW-Y.**: Südhang des Passes Schulakadsa und Westhang des Nguka-la bei Dschungdien.

Die Varietät könnte unter *A. Franchetii* auf Grund der kaum gezähnten Blätter aufrecht erhalten werden, doch stimmt HENRY 6456 darin überein. *A. Schoenermarkiae* unterscheidet sich nur durch die stark bärtigen Kelchblätter (deren Form bei *A. Franchetii* sehr veränderlich ist) und kurze Blütenstiele. Mit „tomentosa" sagt PAX von der Blattbehaarung dieses zu viel; sie fehlt oft fast völlig.

A. Henryi PAX. **SW-H.**: Im wtp. Laubhochwalde des Yün-schan bei Wukang, Tonschiefer, 1000—1300 m (12053).

Hippocastanaceae

Aeculuus L.

A. Wilsonii REHD. in Plt. Wils., I., 498 (1913). **SW-H.**: Häufig um die Bäche im wtp. Laubhochwalde des Yün-schan bei Wukang, Tonschiefer, 950 bis 1160 m (11138).

Gänzlich unzutreffend ist die Verbreitungskarte von PAX in HANNIG und WINKLER, Pflzareale., 2. R., 8, die *Aesculus* bis in den Ordos und an den Mekong einzeichnet.

Sabiaceae

Sabia COLEBR.

S. Swinhoei HEMSL. **W-Ki.**: Um Pinghsiang, c. 600 m (Plt. sin. 130). W-Hubei (WILSON, Veitch Exp. 184).

Wegen der sehr lang zugespitzten Petalen halte ich die Pflanzen für diese und nicht für *S. gracilis* HEMSL., obwohl jene manchmal an der Spitze eingeschlagen sind.

S. Schumanniana DIELS. Gebüsche, gerne an Bächen und Erosionsgräben in der wtp. bis an die str. St., 1700—2300 m. **S.**: Lu-schan bei Ningyüen (1937). Sattel zwischen Tjiaodjio und Lemoka im Lolo-Lande (1614). Danfang am Zufluß des Nganning-ho gegen Huili (1066). **Y.**: Selten um die Tempel Taihwa-se und Hwading-se bei Yünnanfu (6082).

Blattspitze bald scharf, bald gerundet.

S. yunnanensis FRANCH. **Y.**: Guti bei Beyendjing (TEN 347). Im NW in der tp. St. bis 3300 m am Dji-schan und ober Hsiangschuiho ne von Dali, jenseits Ganhaidse, bei Lidjiang und bei Tschada zwischen Mekong und Yangtse, 27° 22′, wohl diese.

S. emarginata LECTE. **SW-H.**: Yün-schan bei Wukang, zwischen 400 und 1420 m (Plt. sin. 87).

Die Ausrandung der Kelchzipfel ist unregelmäßig und nicht immer vorhanden, aber ihre Länge und runde Form sind bezeichnend. Petalen bis 5 mm lang. Antheren 0,5—0,6 mm lang.

? ***S. latifolia*** REHD. et WILS. in Plt. Wils., II., 195 (1914). **S.**: In einer tiefen Doline der tp. St. bei Kalapa, 27° 40′, n von Yenyüen, Kalk, 2800 m (2301).

Steril, nur die Blätter behaart wie beschrieben, Sprosse kahl.

Meliosma BL.

M. Henryi DIELS. **Kw.**: Im wtp. Mischwalde des Tschwenning-schan bei Guiyang, Sandstein, 1100—1250 m (10512).

M. cuneifolia FRANCH. Mischwälder und Gebüsche, besonders üppigere und bambusreiche, in der tp. St., 2675—3400 m. **Y.**: Beyendjing (TEN 276). Dschaoping n von Yungbei (3343). Im NW am Be-schui (4226), He-schui und viel ober Tsasopie n von Lidjiang, am Mekong (MONBEIG) und im birm. Mons. unter der Alm Doschiratscho zwischen Mekong und Salwin, 28°. **S.**: Unter Hungga (2903), ober Naoliangdse und bei Gwandien (2809) nw von Yenyüen. Ober Niutschang se von hier (5394).

M. Stewardii MERR. in Philip. Journ. Sci., XXVII., 164 (1925). **SW-H.**: Im wtp. Laubhochwalde des Yün-schan bei Wukang, Tonschiefer, 900—1150 m (11139).

Blätter nach REHDER briefl. am Grunde etwas mehr keilförmig als beim Typus.

M. pendens REHD. et WILS. in Plt. Wils., II., 200 (1914). **H.**: Gebüsche der wtp. St. bei Tiedjulien nächst Hsikwangschan, Sandstein, 800 m (11955).

M. pungens (WALL.) HOOK. (*M. yunnanensis* FRANCH.). **Y.**: Wälder der wtp. St. auf Schiefer und Sandstein, 2000—2600 m. Hsinlung n von Yünnanfu (SCHNEIDER 323). Um Beyendjing bei Guti (TEN 259), Schuiban-tsun (T. 148), Dschenmo (T. 214). Dalungtan zwischen Piendjio und Hwangdjiaping (T. 208). Im NW ober Losiwan se von Dschungdien (4804). Im birm. Mons. bei Bahan am Salwin, 27° 58′ (9011).

Nr. 4804, sowie FORREST 13860 und TEN 148 haben ganzrandige Blätter und entsprechen *M. yunnanensis* FRANCH., deren Typus auch nach GAGNEPAIN (briefl.) keinen anderen Unterschied zeigt. Da schon ROYLE erwähnt, daß *M. integrifolia* WALL. in sched. auf demselben Baume vorkommt, zögern wir nicht, FRANCHETS Art einzuziehen.

** ***M. pannosa*** HAND.-MZT. in Sitzgsanz. Ak. W. W., LVIII., 179 (1921). Sect. *Simplices* WARBG.

Arbuscula praeter foliorum faciem superiorem ramosque veteres floresque tota brunneo-pannosa, ramis crassis rectis, cortice pallide brunneo longitudinaliter fissili, lenticellis sparsis orbicularibus aurantiacis. Folia dispersa, sempervirentia, patula, cuneato-lanceolata, 8—20 cm longa et 3—4plo angustiora, acuta, in petiolum crassum 7—20 mm longum, teretiusculum longe attenuata, margine praeter partem inferiorem nervis in dentes ultra 1 mm longos vel fere ad mucrones reductos erectopatulos excurrentibus remote interdum subsinuato-dentata, pergamena, supra atroviridia opaca minute foveolato-reticulata juvenilia tantum puberula, subtus sub tomento cera granulata glauca, costa et nervis utrinsecus 12—15 regularibus patulis prorsus curvatis supra sulcatis subtus longius atriusque pannosis cum venis laxe reticulatis prominulis. Paniculae terminales interdum plures, pyramidatae, raro hic illic etiam reductae laterales, 20—35 cm longae, 14—22 cm latae, rhachide erecta et ramis inferioribus erectopatulis superioribus squarrosis crassis, saepe ultra ½ foliis paulum decrescentibus bracteatae; rami maiores bis patule ramosi. Flores sessiles, plerumque terni glomerati, secus axes ultimi ordinis spicas lobatas formantes, flavidi, 3 mm diametro, lana bracteolarum vix 1 mm longarum immersi. Sepala elliptica, obtusa, 1,5 mm longa, membranacea, extimum villosum, cetera glabriora et subglabra; petala glabra, 3 exteriora rotunda, longitudine latiora, obtusa vel obtusiuscula, interiorum quidque ad subulas 2 filamentis breviores reductum. Staminodia petalis exterioribus tertio breviora iisque adnata. Filamenta lorata, vix 1 mm longa, nutantia, connectivo tenere anguste cupulari, loculis subglobosis rimis apicalibus dehiscentibus. Ovarium glabrum; stylus subulatus, petalis aequilongus. Fructus globosus, niger, 1,5 mm diametro.

Mischwälder der str. und wtp. St. auf Sandstein, Mergel und Grauwacke, 300—830 m. **E-Kw.**: Dodjie zwischen Duyün und Badschai, 12. VII. 1917 (10704). Einmal zwischen Sandjiang und Gudschou. Zerstreut zwischen Matang und Liping. **SW-H.**: In der Schlucht zwischen Dsingdschou und Moschi.

Similis *M. rigidae* SIEB. et ZUCC. multo minus tomentosae. *M. glomerulata* REHD. et WILS. differt foliis longissime acuminatis, tomento tenui laxo, axibus gracilibus ebracteolatis, *M. subverticillata* REHD. et WILS. indumento diverso etc. *M. pilosa* LECTE. pilis strictis, griseis, in panicula multo sparsioribus.

M. Fordii HEMSL. **E-Kw.**: Wälder der str. St. am Flusse unter Sandjio, Grauwacke, 350—400 m (10829).

** ***M. paupera*** HAND.-MZT. in Sitzgsanz. Ak. W. W., LVIII., 150 (1921). (Taf. X, Abb. 26, 27.)

Sect. *Simplices* WARBG.

Arbor ramulis gracilibus, cortice brunneo parce strigoso, bienni glabro sparsissime lenticellato longitudinaliter plicatulo et in ligulas secedente. Gemmae minutissimae, hirtae. Folia in axium cuiusque anni partibus superioribus dispersa, persistentia, anguste cuneato-oblanceolata, 36 × 9 vel 55 × 11 — 20 vel 27 × 135 mm, longe acuminata longiusque in petiolum tenuem 7—13 mm longum, strigoso-hirtum, supra late sulcatum attenuata, pleraque margine angustissime incrassato in dimidio superiore in dentes utrinque 1—4 latissimos minute mucronatos vel ad mucronulos reductos repanda, tenuiter coriacea, exsiccando brunnescentia, supra glabra lucidula elevato-reticulata, subtus pallidiora opaca costa (supra impressa) et nervis utrinsecus 7—10 tenuibus valde arcuatis ante marginem anastomosantibus parce strigoso-hirtis argute prominuis, venularum reti laxo in lamina initio saepe sparse strigosa prominulo.

Stipulae subulatae, ± 1,5 mm longae, diu persistentes, hirtae. Paniculae terminales, laxe virgatae, 7—10 cm longae, ramis tenuibus raro inferioribus pauciramosis et axillaribus longis flexuosis brevius ramosis auctae. Rhachides et pedicelli brevissimi usque calyces subaequantes semper sparsi et bracteae et bracteolae illis aequilongae laxiuscule strigilloso-hirtelli.[1] Calyx c. $^3/_4$ mm longus, sepalis ovatis, margine submembranaceo ciliolatis. Corolla alba (e CHING), calyce vix ultra sesquilongior; petala exteriora spathulato-orbicularia, cucullata, toto margine erosula, interiora basi filamentis adnata eisque paulo longiora latioraque, apice erosulo subdivaricate obtuse biloba. Stamina petalis exterioribus dimidiis paulo longiora, sterilia lata bicucullata apicibus acutis, fertilia antheris subdivaricatis connectivo parvo cymbiformi suffultis. Ovarium globosum, in stylum brevem sensim acuminatum. Drupa gobosa, 3 mm diametro, glabra.

E-**Kw.**: Wälder der str. St. am Flusse unter Sandjio, Grauwacke, 350 bis 400 m, 17. VII. 1917 (10820, Typus). Kwanghsi: Dunglu 60 km n von Lüdschen, selten in Gebüschen, 500 m, 3. VI. 1928 (CHING 5642).

. Proxima *M. Fordii* paniculis amplis divaricate ramosis densissime strigillosis et foliis integris multinerviis diversae.

M. Kirkii HEMSL. et WILS. SW-**H.**: Im wtp. Laubhochwalde des Yünschan bei Wukang, Tonschiefer, 1000—1350 m (12235).

M. Oldhami MAX. Syn.: *M. sinensis* NAK. in Journ. Arn. Arb., V., 80 (1924). Ich finde WILSON, Arn. Arb. Exp. 3038 und HENRY 5863 entgegen NAKAIS Angaben beiderseits auf den Blattflächen ± behaart und unterseits in den Achseln bärtig, ebenso WILSON, Veitch. Exp. 463, dann aber CHING 1751 aus Tschekiang und Tso 1041 aus Kiangsu so reichlich behaart, daß die gut ausgebildeten Achselbärte weniger abstechen. Auch auf der Oberseite kahl sind Cant. Christ. Coll. 12673 und Tso 21156, beide aus N-Kwangtung, als *M. sinensis* ausgegeben. Die Abtrennung dieser Art ist daher mindestens ganz künstlich.

Balsaminaceae

Impatiens L.

I. Balsamina L. Hecken und Gräben, feuchte Gebüsche und auf alten Flußalluvien der str. und wtp. St. **Y.**: 1830—2700 m. Hedso bei Gwangdung zwischen Yünnanfu und Dali (4886). Ngulukö (3492) und Schigu (8514) bei Lidjiang. W-**Ki.**: Pinghsiang (Plt. sin. 254). W-**F.**: Tienhwa-schan bei Dingdschou (Plt. sin. 396).

I. chinensis L. SE-**Ki.**: Graben am Fuße des Lienhwa-schan bei Ningdu, Quarzit (Plt. sin. 469).

** ***I. pseudo-Kingii*** HAND.-MZT.

Herba subglaberrima (radice ignota), caule simplici vel ramoso, ultra 30 cm alto, striato. Folia opposita, superiora aggregata et subsessilia, inferiora in petiolos breves longe decurrentia, ovata vel oblonga, 10—15 cm longa, longitudine plus duplo usque subquadruplo angustiora, longe acuminata, dense crenata setulis interjectis, praesertim in nervis 7—10^{nis} obliquis arcuatis papilloso-

[1] Hic illic morbo quodam pilis inflatis pluricellularibus confertis induti.

aspera; glandulae stipulares scuti- vel digitiformes. Pedunculi in axillis superioribus plurimis, foliis aequilongi vel breviores, 8—13 cm longi, superne racemose et densiuscule ad 12flori; pedicelli 13—18 mm longi, omnes bracteis minutis ovatis acuminatis caducis fulti. Flores (e nota ad vivum) albi, pallide roseo et fauce flavo signati, 3 cm longi, rhaphidibus inspersi. Sepala 2, ovata vel late ovata vel rotundata, 8 mm longa, mucronata, basi obliqua vel subrotundata. Vexillum orbiculare, 9 mm diametro, costa anguste carinata; alae sessiles, 2 cm longae, lobo basali rotundato basi cuneato, distali eo subaequilongo[1] infra medium dolabriformi dein angustato apice ipso obtuso; labelli limbus late infundibularis, 2 cm latus et longus, rostratus, in calcar rectum 5 mm longum, tenue subito exiens. Capsulae fusiformes, acuminatae, 2—2½ cm longae, oligospermae.

NW-**Y.**: Feuchte Gebüsche der wtp. St. des birm. Mons. am Waldrand unter Bahan am Salwin, 27° 58', Schiefer, 2400 m, 25. IX. 1915 (8408).

I. Kingii Hook. f. proxima differt foliis distantioribus basi abrupte angustatis grosse crenatis, floribus paucioribus, sepalis 4, labello rotundato apiculato tantum, calcare curvato.

I. Duclouxii Hook. f. SW-**H.**: Im wtp. Laubhochwalde des Yün-schan bei Wukang, Tonschiefer, 850—1250 m (11147).

Durch die, teilweise allerdings dichter und kaum grob, gekerbten Blätter der vom Autor angeführten, aber nicht benannten Varietät entsprechend.

I. rubro-striata Hook. f., Ic. Plant., t. 2954 (1911). **Y.**: Mischwald der wtp. St. beim Tempel Haiyen-se nächst Yünnanfu, Sandstein, 2200 m (Schoch 310).

** ***I. holocentra***[2] Hand.-Mzt. (Taf. IX, Abb. 21, 22).

Herba ♃ erecta, 40—55 cm alta, caule simplici vel ramoso, striato. Folia alterna et superiora aggregata, ovato- vel oblongo-lanceolata, 7—12 cm longa, longitudine 3—4^{plo} angustiora, acuminata, basi in petiolum usque ad 3½ cm longum angustata, summa subsessilia, dense crenata setulis interjectis his infimis remotis et glanduligeris, membranacea, nervis 6—7^{nis} arcuatis indistinctis. Pedunculi in axillis summis, 5—6 cm longi, graciles, apice racemose 4—6flori; pedicelli tenues, 8—10 mm longi, omnes bracteis ovato-lanceolatis 1—2 mm longis acuminatis fulti. Flores 2—2½ cm longi, flavi (e sicco), rhaphidibus inspersi. Sepala 4, exteriora 2 late ovata, 2—3 mm longa, crasse mucronulata, basi subcordata, plana, submembranacea; interiora minutissima, linearia, mucronata. Vexillum angustum, 7 mm longum, ecarinatum, tenuiter apiculatum; alae sessiles, 11 mm longae, lobo basali ovato basi paulum angustato apice triangulari, distali subaequilongo, lanceolato, acuminato; labelli angusti limbus valde obliquus margine anteriore 10 mm longus, longe et tenuiter rostratus, infra insertionem in calcar rectum eo triplo longius crassum breviacuminatum productus. Filamenta ligulata; antherae rotundatae, connatae. Ovarium fusiforme, ovulis c. 20.

NW-**Y.**: Im str. Regenlaubwalde des birm. Mons. in der Seitenschlucht Naiwanglong des Taron (Djiou-djiang, e Irrawadi-Oberlaufes), Granit und Schiefer, 1725—2150 m, 6. VII. 1916 (9405).

[1] Sequens cl. Hooker lobum basalem a basi alae totius ad suum apicem, lobum distalem a sinu inter lobos sito ad suum apicem metio.

[2] E labio fere toto calcar efficiente.

Proxima *I. angustiflora* Hook. f., e Kasia, differt foliis angustioribus, minute crenatis, crassioribus (carnosis), alis multo profundius lobatis lobo distali obtuso, labello breviter apiculato calcare subfiliformi. *I. citrina* Hook. f. calcare insuper curvato, foliis latioribus, alarum lobis latis rotundatis longius distat.

** ***I. bahanensis*** Hand.-Mzt. (Taf. IX, Abb. 14—16).

Herba ○ radicibus fulcrantibus brevibus, glaberrima, caule erecto ad 1 m alto simplici vel ramoso, inferne ± succulento nodis incrassato. Folia alterna, inferiora valde remota petiolis usque ad 5 cm longis, summa ± aggregata subsessilia, ovata, 5—9 cm longa, longitudine triplo angustiora, acuminata, basi angustata raro subrotundata, dense crenata setulis interjectis infimis saepe remotis et glandulosis, subtus paulo pallidius viridia, nervis 6—7^{nis} tenuibus valde arcuatis. Glandulae stipulares subulatae capitatae vel late lineares rotundatae, 1—5 mm longae. Pedunculi axillares, 8—13 cm longi, gracillimi, dimidii vel $^3/_4$ racemo laxe multifloro occupati et saepe flexuosi; pedicelli capillares, 10—15 mm longi, patentes, nonnulli geminati, omnes bracteis linearibus 1—2 mm longis fulti. Flores expansi 1 cm lati, rosei (e nota ad vivum), rhaphidibus inspersi. Sepala 2, minutissima, late ovata, obliqua, falcata, longe mucronata. Vexillum late ovatum, 3 mm longum, cucullatum, ecarinatum, viride; alae sessiles, 6 mm longae, lobo basali orbiculari, distali paulo longiore obovato rotundato; labelli angusti limbus navicularis, margine anteriore 4 mm longo, ore horizontali acuminato, in calcar ad 1 cm longum tenue obtusum incurvatum attenuatus. Filamenta gracilia, curvata; antherae rotundatae, connatae. Ovula c. 6. Capsula anguste fusiformis, 15 mm longa, acuminata.

NW-Y.: Im wtp. Regenmischwalde des birm. Mons. neben Bahan am Salwin, 27° 58′, Schiefer, 2600 m, 29. VII. 1916 (9587).

Proxima *I. racemosa* DC. differt bracteis sepalisque claviculatis, floribus flavis, alis appendiculatis.

I. siculifer Hook. f. Wälder, feuchte Stellen, auch an Mauern in der wtp. und tp. St. SW-H.: Yün-schan bei Wukang, 800—1300 m (11229). E-Kw.: Nandjing-schan bei Liping, 750 m (10482). Y.: Taihwa-se bei Yünnanfu (Schoch 311) und wohl diese mehrfach auf dem Hochland nach NW bis gegen Magai. S.: Lungdschu-schan bei Huili (5148).

— — var. ***porphyrea*** Hook. f. SW-H.: Grashänge beim Tempel Gwanyin-go auf dem Yün-schan, Tonschiefer, 1210 m (12510).

Nr. 10482 ist ein wenigblütiges Exemplar, wie Ching 6066 und 6902 aus Kwanghsi. Schoch 311 hat länger zugespitze Kelchblätter und Brakteen, die zudem stehen bleiben; sie entspricht darin der folgenden Art, die aber größere Blüten hat. Meine Exemplare der Varietät haben den Sporn an den beiden geöffneten Blüten im trockenen Zustand fast gerade.

I. loulanensis Hook. f., Ic. Pl., t. 2953 (1911). Gebüsche der wtp. St. um 2600 m. Y.: Rücken zwischen Dsaodjidjing und Hwadung e des Dsolin-ho (4971). Im NE im Gehängeschutt bei Dungtschwan (Maire). S.: Wohl diese ober Niutschang se von Yenyüen.

Obwohl Kelch und Fahne mehr *I. cyathiflora* Hook. f. gleichen, stelle ich meine Pflanze wegen der rosenfarbenen Blüten nicht dazu. Die Farbe von *loulanensis* ist allerdings nicht angegeben, und bei der vorigen Art z. B. ist sie veränderlich; meine Pflanze mag zwischen diesen Arten stehen.

I. uliginosa FRANCH. **Y.**: Sümpfe und andere nasse Stellen der wtp. St., 1750—2500 m. Mangan-schan bei Yünnanfu (SCHOCH 284) und gemein auf dem Hochland gegen NW. In Mengen s des Sees von Dali. Zwischen Dali und Yungtschang (GEBAUER). Djientschwan n von dort (8525). Im NE bei Dungtschwan (MAIRE).

Ein Exemplar von 8525 hat den abgeköpften Stengel sehr reich verzweigt.

** ***I. purpurea*** HAND.-MZT.

Herba ⊙ glaberrima vel superne parce stipitato-glandulosa, radicibus fulcrantibus brevibus, caule succoso erecto 40—70 cm alto simplici vel ramosissimo. Folia alterna et ad apices subcomosa, inferiora petiolis usque ad 4½ cm longis, superiora subsessilia, elliptica vel lanceolato-elliptica, 5—12 cm longa, longitudine 2—3^{plo} angustiora, breviter caudato-acuminata, basi angustata, dense crenata, mucronulis interjectis, membranacea, nervis 6—9^{nis} arcuatis; glandulae stipulares scutiformes. Pedunculi axillares, 4—6 cm longi, racemose (2—) 4—6 flori; pedicelli graciles, 1—2½ cm longi, omnes bracteis late ovatis vel orbicularibus, ± 3 mm longis, mucronatis fulti. Flores cum calcare incurvo 4—5 cm longi, purpurei (e nota ad vivum), rhaphidibus nullis. Sepala 2, late ovata, 4—5 mm longa, mucronata, basi subcordata. Vexillum cucullatum, orbiculare, 8—9 mm longum, mucronulatum, costa carinata; alae sessiles, 2 cm longae, lobo basali obovato-rotundato, distali aequilongo, lanceolato; labelli limbus obliquus, infundibularis, 1½ cm longus, margine anteriore 13 mm longo, mucronatus, in calcar angustum acutum infra medium valde incurvum attenuatus. Filamenta ligulata; antherae connatae, rotundatae. Capsulae immaturae erectae, anguste cylindricae, breviter acutae, seminibus c. 15.

NW-**Y.**: Gebüsche der tp. St. unter Djingutang am Wege von Weihsi nach Djientschwan, Sandstein, 2450—2650 m, 17. IX. 1916 (10030).

Proxima *I. pinetorum* HOOK. f. in Not. R. Bot. Gard. Edinbgh., VIII., 339 (1915), quae differt bracteis longioribus petalisque omnibus longius acuminatis, labelli infundibulo multo minore et angustiore, calcare serius recto. *I clavicuspis* HOOK. f. differt imprimis bracteis lanceolatis caducis, floribus albis rubrosignatis, alis sesquimaioribus, lobo distali duplo longiore.

I. clavicuspis HOOK. f. in Not. R. Bot. Gard. Edinbgh., VIII., 337 (1915) ** var. ***brevicuspis*** HAND.-MZT.

Bracteis sepalisque breviter acuminatis tantum a typo differt.

NW-**Y.**: Im tp. Regenmischwalde des birm. Mons. an der Westseite des Passes Tschiangschel zwischen Salwin und Irrawadi, 27° 52′, Granit, 2800 bis 3450 m, 5. VII. 1916 (9357, Typus). Auch FORREST 26759.

I. radiata HOOK. f. In Gebüschen und an Bächen der wtp. und tp. St. auf Sandstein und Schiefer, 2400—3200 m. **Y.**: Lukudsche n von Lidjiang (4363). Im NE bei Dungtschwan (MAIRE). **S.**: Muli (7352). Hosö w von Yungning. Sattel ober Hwapolu n von Yenyüen. Dindjia-tsun am Lungdschu-schan bei Huili (5218).

I. desmantha HOOK. f. NW-**Y.**: Bei Lidjiang, v. E. (3729). Etwas steinige Stellen in Tannenwäldern der ktp. St. des Nguka-la sw von Dschungdien, Diabas, 3900—4100 m (7822).

** ***I. rectangula*** HAND.-MZT. (Taf. IX, Abb. 10—13).

Herba ⊙ glaberrima, radicibus fulcrantibus magnis, caule erecto, 30—40 cm alto, ramoso. Folia ubique alterna superioraque aggregata et subsessilia, inferiora petiolis usque ad 4½ cm longis, ovata vel ovato-lanceolata, 4—16 cm longa, longitudine 2—3^{plo} angustiora subcaudato-acuminata, basi angustata, dense crenata setulis interjectis, membranacea, nervis 5—10^{nis}; glandulae stipulares cuspidiformes, c. 1 mm longae. Pedunculi axillares, 9—12 cm longi, graciles, rigiduli, racemose multiflori; pedicelli capillares, 12—20 mm longi, omnes bracteis setaceis vel lanceolatis 1—1½ mm longis fulti. Flores ad 1½ cm expansi, sulphurei (e nota ad vivum), rhaphidibus nullis. Sepala 2, e basi semicordata oblique ovata vel subsigmoidea, ad 2 mm longa, antice viridia. Vexillum subquadrato-orbiculare, 6 mm longum, leviter emarginatum, concavum, carina humili antice ± rectangula auctum; alae sessiles, 8—10 mm longae, lobo basali brevi rotundato, distali duplo longiore late vel anguste dolabriformi obtuso, auricula dorsali plusquam semiorbiculari; labelli limbus cymbiformis, margine anteriore 8 mm longo acumine viridi, tubus calcar sub angulo recto ei insertum basi 3 mm crassum, 3½ cm longum, sensim attenuatum, apice capitatum, medio incurvum vel juvenile circinatum formans. Filamenta linearia; antherae parvae, rotundatae. Capsulae fusiformes, apiculatae, seminibus ad 10.

NW-Y.: Im str. Walde des birm. Mons. zwischen Tjiontson und Pipiti unter Tschamutong am Salwin, Tonschiefer, 1700 m, 17. VIII. 1916 (9836).

Similis speciei sequenti, sed vexillo cristato et labelli tubo toto calcar multo longius efformante diversa. Longius distat *I. stenantha* HOOK. f. Capsula *I. Thomsoni* HOOK. f. valde similis.

I. gracilipes HOOK. f., Ic. Pl., XXX., t. 2956 (1911). NW-Y.: Wälder der tp. St. des birm. Mons. unter dem Doker-la zwischen Mekong und Salwin, 28° 15′, Granit, 3000 m (8048).

Bis 80 cm hoch. Brakteen breiter; Sporn teils gerade, teils herabgekrümmt, kürzer als in der Originalzeichnung, Unterschiede, die innerhalb der in der Gattung üblichen Variationsweite liegen.

I. crassicaudex HOOK. f. NW-Y.: Hecken der tp. St. bei Anangu se von Dschungdien, Sandstein, 3000 m (7658).

Leider durch Feuchtigkeit beschädigtes Material, dessen Blüten man nicht aufkochen kann. Alles Erkennbare stimmt mit Abbildung und Beschreibung, nur war die Pflanze gegen 1 m hoch.

I. margaritifera HOOK. f. NW-Y.: Tannenwälder, Regenwälder und besonders häufig in Hochkrautfluren und abgestorbenem Dschungel von der wtp. bis in die ktp. St. auf Diabas, Schiefer und Granit, 2600—3800 m. Nguka-la sw von Dschungdien (7798). Im birm. Mons. in der Mekong—Salwin-Kette unter dem Doker-la (8183) und überall im Doyon-lumba hinab bis neben Bahan (9586), 27° 58′—28° 15′.

I. polyceras HOOK. f. in Not. R. Bot. Gard. Edinbgh., VIII., 340 (1915). NW-Y.: Im wtp. Regenmischwalde des birm. Mons. bei Bahan am Salwin, Schiefer, 2400—2600 m (8998).

Blüten weiß, violett punktiert. Identisch mit MONBEIGschen Exemplaren in Kew und Wien, die von HOOKER dazu gestellt wurden und deren Blüten sicher nicht orange waren. Der Typus in Edinburgh hat keine Angabe über die Blütenfarbe und läßt sie nicht erkennen. Ausbildung der Hörner veränderlich.

I. Forrestii HOOK. f. in Not. R. Bot. Gard. Edinbgh., VIII., 339 (1915). **S.**: Buschige Laubwälder der tp. St. am Lungdschu-schan bei Huili, Diabas, 3100—3350 m (5146).

Blüten kleiner als am Typus, nämlich bis zum Bug des Spornes unter 3 cm lang, hell violett. Kelchblätter gerundet, mit unter dem Ende aufgesetztem langem Weichstachel, Fahne in ein Horn vorgezogen. Vom ähnlichen *I. loulanensis* HOOK. f. durch die Flügel verschieden.

I. arguta HOOK. f. et THOMS. **Y.**: Gräben und feuchte Gebüsche der wtp. St., 1850—2650 m. Zwischen Yünnanfu und Dali bei Gwangdung (MELL). Houyendjing ne von hier. Im birm. Mons. im Regenwald des Tjiontson-lumba zwischen Salwin und Irrawadi, 27° 58′ (9120).

— — var. ***Bulleyana*** HOOK. f., Ic. Pl., XXIX., t. 2875 (1908). **Y.**: Mangan-schan (TEN 1309) und Otaluanho (T. 1311) bei Beyendjing. Im NW an Bächen und Buschhängen der wtp. und tp. St. von Meidsiping bis Dugwan-tsun se von Dschungdien häufig, 2000—3200 m (4799) und in einer feuchten Mulde des Berges Lamatso neben dem Nordende der Yangtse-Schleife (7619).

I. taliensis LINGSH. et BORZA in Rep. sp. n., XIII., 388 (1914) gehört nach der Beschreibung in den Formenkreis von *I. arguta* oder *Abbatis* HOOK. f., entspricht in der Beschreibung des vorderen Lappens der Flügel dem zweiten. Das mir vorliegende Exemplar ist unvollständig.

** ***I. commelinoides*** HAND.-MZT. (Taf. IX, Abb. 6—9).

Herba ⊙ (?), debilis, caule 20—40 cm longo, longe procumbente et nodis radicante, ramoso, superne sparse setoso et rhaphidibus insperso, disperse foliato. Folia alterna, ovata vel subrhomboidea, 2½—6 cm longa, longitudine subsesqui- usque triplo angustiora, acuta vel paulum acuminata, basi in petiolum latiusculum usque ad 2 cm longum ± angustato-decurrentia, haud profunde dentata dentibus infimis remotis subulatis, toto margine ciliolato-aspera, herbacea, subtus paulo pallidius viridia, supra ad nervos 5—7^{nos} e basi patente arcuato-obliquos hic illic setulosa. Pedunculi axillares, uniflori, 2—3 cm longi, hispiduli, versus apicem bracteolis lanceolatis 3—5 mm longis instructi. Flores ampli, expansi ad 2,3 cm lati, atrorubri (e nota collectoris), rhaphidibus inspersi. Sepala 2, late ovata, 5 mm longa, membranacea, mucronata, basi rotundata. Vexillum orbiculare, 1 cm longum, cucullatum, carina dorsali angusta, viridi, late mucronata; alae unguiculatae, 12—14 mm longae, lobis suborbicularibus, distali paululo maiore, sinu levi contiguis; labelli limbus amplus, late infundibularis, margine anteriore 15 mm longo, mucronulatus, in calcar filiforme c. 1½ cm longum incurvum vel spiraliter involutum sensim attenuatus. Filamenta alis angustis corollinis instructa; antherae longe et tenuiter apiculatae. Ovarium fusiforme. (Capsula ignota).

SE-**Ki.**: Steinige Stellen auf Kalk am Wuhwa-schan bei Ningdu, c. 800 m, 21.—23. VII. 1921, WANG-TE-HUI (Plt. sin. 450).

Species distinctissima, quamquam repens, vix *I. procumbenti* FRANCH. arctius affinis.

** ***I. thiochroa*** HAND.-MZT. (Taf. IX, Abb. 17—20).

Herba ⊙ glaberrima, caule succulento, 30—50 cm alto, simplici vel a basi ramosissimo. Folia alterna, petiolis usque ad 2½ cm longis, ovata vel ovato-lanceolata, 5—8 cm longa, longitudine 2—3^{plo} angustiora, breviacuminata, basi late cuneata et breviter angustata, dense crenata crenis mucronulatis, membranacea, nervis 7—8^{nis} patentibus dein arcuatis. Pedunculi axillares, 3—6 cm longi, gracillimi, 2—3 flori; pedicelli capillares, 1—2 cm longi, omnes bracteis linearibus 1—5 mm longis fulti. Flores sulphurei (e nota ad vivum), expansi 1 cm lati, rhaphidibus inspersi. Sepala 2, late ovata vel orbicularia, 3 mm longa, crasse mucronata. Vexillum cucullatum, 4 mm longum et latum, praeter margines membranaceas viride, carina lata medio et prope apicem obtusum in cornua 2, posterius latius, producta; alae sessiles, 9 mm longae, lobo basali late obovato rotundato vel emarginatulo, distali aequilongo vel sesquilongiore late semiobovato, apice anguste rotundato dorso vel utrinque denticulo aucto; labelli limbus navicularis, apiculatus, margine anteriore verticali 7 mm longo, sub angulo ± recto in calcar tenue 10—12 mm longum involutum contractus. Filamenta ligulata, connata, rectangule curvata; antherae rotundatae, connectivis apiculatae. Ovarium fusiforme, striatum. Capsula erecta, anguste fusiformis, 16—18 mm longa, seminibus c. 6.

NW-Y.: Gebüsche am Bache der tp. St. zwischen Tschada und Schatiama am Wege von Djitsung am Yangtse nach Kakatang über dem Mekong, 27° 22′, Sandstein, 2850 m, 29. VIII. 1915 (7871). Vielleicht diese auch häufig im Mekong-Tale von dort aufwärts.

Proxima certe *I. Fargesii* FRANCH., quae differt petiolis longioribus, bracteis ovato-lanceolatis, sepalis dorso carinatis, alis 14 mm longis lobo distali longiore angusto subacuto dorso profunde exciso, filamentis rectis, antheris rotundatis. *I. infirma* HOOK. f. et *membranifolia* FRANCH. certe longius distant.

** ***I. taronensis*** HAND.-MZT.

Herba ♃ rhizomate repente, radicibus longis tenuiusculis, caule simplici, erecto, 15—35 cm alto, tenuiusculo, inferne aphyllo, superne accrescenti- et subverticillato-foliato. Folia alterna, subsessilia, oblongo-ovata vel lanceolata, 4½—10 cm longa, longitudine 2—4^{plo} angustiora, longe acuminata, basi angustata, dense vel grosse et saepe duplicato-crenata, mucronibus vel glandulis tantum interjectis infimis saepe remotis, supra praesertim in nervis 6—8^{nis} patentibus arcuatis furfuraceo-aspera, subtus interdum purpurascentia. Pedunculi foliis superioribus axillares, erecti, gracillimi, 2—4 cm longi, 1—2 flori, pedicellis filiformibus 10—14 mm longis, bracteis ovato-lanceolatis 3 mm longis fultis. Flores ad 3 cm longi, purpurei (e nota ad vivum), rhaphidibus inspersi. Sepala 4, exteriora 2 ovata, 2 mm longa, apice mucronata, basi valde obliqua, submembranacea; interiora 2 minutissima, linearia, apice glandulosa. Vexillum orbiculare, 5—6 mm longum, concavum, ecarinatum; alae 15 mm longae, sessiles, lobo basali patente, triangulari, anguste rotundato, distali longiore, anguste lanceolato, acuto, saepe breviter bifido, auricula dorsali humillima; labelli limbus longe infundibularis, ore valde obliquo 7 mm longo mucronulatus, in calcar breve et tenue, rectum vel paululum curvatum apice globulosum sensim attenuatus. Filamenta linearia; antherae rotundatae.

NW-Y.: Im wtp. Regenmischwalde des birm. Mons. nahe der birmanisch-tibetischen Grenze ober Schutsche am Taron (e Irrawadi-Oberlaufe), 27° 55′, Granit, 2400—2800 m, 9. VII. 1916 (9470).

Floribus aliisque notis *I. Prainii* HOOK. f. admonere videtur.

Von 2 Blütenstielen zeigt der obere anscheinend 2 Brakteolen, von denen die eine verkümmert ist; es handelt sich aber wohl um eine Braktee und einen rudimentären Ansatz eines dritten Blütenstieles.

** ***I. microcentra*** HAND.-MZT.

Herba ♃, rhizomate repente, ramoso, caules plures ascendentes tenues, 25—30 cm altos simplices vel ramosos edente. Folia alterna, inferiora minuta et fugacia, superiora subverticillata, subsessilia, elliptica, 6—9 cm longa, longitudine 2—3^{plo} angustiora, obtusa vel breviter et obtuse acuminata, basi attenuata, grosse crenata, mucronulis brevibus interjectis, membranacea, in nervis 6—8^{nis} arcuatis supra asprella; glandulae stipulares fusiformes. Pedunculi ex axillis superioribus, ad 3 cm longi, erecti, 1—2 flori; pedicelli breves; bractea ovata, 2 mm longa, concava, mucronata. Flores parvi (inaperti), rhaphidibus inspersi. Sepala 2, oblongo-ovata, 3—4 mm longa, viridia, crasse apiculata, basi obtusa saepe obliqua. Vexillum late ovatum, angustissime carinatum, mucronatum, viride; alae sessiles, inferne latae, lobo basali amplo, distali angustiore et longiore; labelli limbus infundibularis, ore valde obliquo rostrato tubo aequilongo, in calcar rectum, fere totum subglobulosum attenuatus. Filamenta ligulata; antherae obtusae.

NW-Y.: Bambusdschungel der tp. St. des birm. Mons. an der Ostseite des Passes Tschiangschel zwischen Salwin und Irrawadi, 27° 52′, Glimmerschiefer, 3275—3350 m, 3. VII. 1916 (9244).

E descriptione forsitan *I. arctosepalae* HOOK. f. affinis.

Die Pflanze ist, obwohl noch nicht aufgeblüht, durch den ganz kurzen, fast auf ein eiförmiges Säckchen reduzierten Sporn leicht kenntlich und auch mit keiner der neueren indischen Arten vergleichbar.

I. corchorifolia FRANCH. S.: Buschwälder der wtp. und tp. St. ober Dindjia-tsun am Lungdschu-schan bei Huili, Diabas, 2900—3100 m (5163). Ober Niutschang am Weg von hier nach Yenyüen.

Innere Kelchblätter mit Hörnern. FRANCHET hat diese, die, wenn die Hörner fehlen, wohl in Gänze sehr zart sind, nicht gesehen, sondern die Brakteole als drittes Kelchblatt beschrieben. HOOKER sagt: Alle Sepalen sehr veränderlich.

I. lasiophyton HOOK. f. NE-Y.: Dungtschwan, in feuchten Tälern der Hochebenen, 2600 m, und an Felsen der Berge, 2700 m (MAIRE).

I. leptocaulon HOOK. f. Kw.: Schattige Waldschlucht der wtp. St. bei Madjiadwen zwischen Guiding und Duyün, Sandstein, 1100 m (10634).

I. blepharosepala PRITZ., e typo. SW-H.: Im wtp. Laubhochwalde des Yün-schan bei Wukang, Tonschiefer, 1000—1350 m (11158).

Das Originalexemplar hat nur Knospen. Geöffnete Blüten sind durch die flachen, 1 cm langen und breiten Flügel, die zusammen der Fahne an Oberfläche genau gleichkommen, sehr ansehnlich; der Sporn ist dann bis über 3½ cm lang und oft gerade. Die Wimperung der 2 Kelchblätter ist am wenigsten bezeichnend; sie fehlt mitunter ganz; meist sind sie nur am breiteren Rande spärlich ausgeschweift-gezähnt.

I. Delavayi FRANCH. NW-Y.: Bei Lidjiang, v. E. (3730). Im birm. Mons. in der Mekong—Salwin-Kette in den tp. Regenmischwäldern ober Londjre (8284) und im oberen Doyon-lumba, 2800—3300 m, Granit, 28° 6′. S.: Buschige Laubwälder der tp. St. des Lungdschu-schan bei Huili, Diabas, 3100—3350m (5147).

I. Delavayi ** var. ***subecalcarata*** HAND.-MZT.

Calcar brevissimum, saepe subnullum. Flores speciminum rosei.

S.: Steinige Gebüsche der Hg. St. an der Nordseite des Passes Döko sw von Muli, Tonschiefer, 4200—4300 m, 4. VIII. 1915 (7420).

I. xanthocephala W. W. SM. in Not. R. Bot. Gard. Edinbgh., XII., 206 (1920). S.: Offene, steinige Stellen des ktp. Waldes bei der Alm Bädö ober Muli, Kalk, 3900 m, 29. VII. 1915 (7270).

Differt a descriptione caule ad 16 cm alto, inferne saepe opposite ramoso, foliis alternis, usque ad 23 mm longis et 15 mm latis, basi saepe truncatis et anguste cordatis. Flores inferiores in axillis foliorum normalium, sulphurei, purpureo-maculati. Bracteola calyci adpressa ovata, herbacea, paulum carinata, crasse breviapiculata, sepalis exterioribus sesquibrevior. Vexillum leviter emarginatum. Ich glaube trotz dieser Unterschiede, daß die Pflanze zu dieser Art gestellt werden muß.

I. dicentra FRANCH. SW-H.: Yün-schan bei Wukang, zwischen 850 und 1250 m, leg. H. PAUL (12503).

Kelchblätter ganzrandig; sonst gleich WILSON 1052, die von HOOKER hierher gestellt wird, aber entgegen der Beschreibung und Abbildung am Grunde gerundete Blätter und nur den unteren Flügellappen in einen Faden ausgezogen hat.

I. Lecomtei HOOK. f. NW-Y.: Hochkrautfluren im tp. Regenmischwalde des birm. Mons. zwischen Salwin und Irrawadi in dem von Schöndsu-la nach Londjre herabziehenden Tale, Glimmerschiefer und Granit, 3000 m (8200).

Aquifoliaceae

Ilex L.

I. micrococca MAX. ** var. ***polyneura*** HAND.-MZT.

Folia (praeter infima) nervis utrinsecus 12— versus 20. Pedicelli fructiferi usque ad 5 mm longi.

Y.: Semao, X. 1899 (WILSON 2696). Im NW in den wtp. Regenwäldern des birm. Mons. unter Bahan am Salwin häufig, (8407), gegenüber im Tjiontsonlumba, 28. VI. 1916 (9121, Typus), und in der Seitenschlucht Naiwanglong des e Irrawadi-Oberlaufes (9349), Granit und Schiefer, 2250—2650 m. W von Tschamutong (FORREST 21663). Ohne Fundorte (F. 25170, 26652).

Der Unterschied in den Nerven (beim Typus der Art nur bis 8 jederseits) ist auffallend und mit eigener Verbreitung verbunden.

I. kwangtungensis MERR. in Journ. Arn. Arb., VIII., 8 (1927) ** var. ***pilosior*** HAND.-MZT.

Partes hornotinae omnes (praeter petala) dense et initio flavide hirtellae. Inflorescentiae ad 15 florae. Flores pentameri immixti.

W-F.: Tienhwa-schan w von Dingdschou, Sandstein, c. 1000 m, VI.—VII. 1921, WANG-TE-HUI (Plt. sin. 400).

Daß die Pflanze sich von MERRILLS Art nur durch stärkere Behaarung unterscheidet, wurde von METCALF festgestellt und von REHDER bestätigt. Nach diesem (briefl.) gehören auch Hongkg. Herb. 2475 aus Fukien und CHING 2142 aus Tschekiang hierher, sind aber etwas schwächer behaart. Noch extremer ist:

I. kwangtungensis ** var. *pilosissima* HAND.-MZT.

Folia subtus ramulique cymaeque densissime et paulo longius curvulo-pilosa, illa longius ovato-lanceolata, usque ad 125 × 32 mm, crassius coriacea, sicca supra olivacea nervis minus insculptis.

Kwanghsi: Sefeng-Da-schan, S-Nanning, 620 m, gemein im Gehölz, 27. X. 1928 (CHING 8265, Typus). Ebenso, selten, 21. X. (CH. 8081).

I. pedunculosa MIQ. W-Hubei (WILSON, Veitch Exp. 2700b, f. *genuina* LOES. 2700, 2699, 2031a, f. *continentalis* LOES.).

I. purpurea HASSK. (Typus, = **var. *Oldhamii*** [MIQ.] LOES.). Gebüsche und Hartlaubwälder, selten in üppigeren Mischwäldern der str. bis in die wtp. St., 100—1250 m. **Ki.-F.**-Grenze: Schehsing-schan zwischen Schitscheng und Ninghwa (Plt. sin. 327). **H.**: Bei Tschangscha auf dem Yolu-schan (11415) und hinter ihm (11525). Schitjidianse zwischen Yungdschou und Hsinning (11291). Zwischen Taohwaping und Lungtanpu bei Wukang (11987). **Kw.**: Dodjie zwischen Duyün und Badschai (10730). Tschwenning-schan bei Guiyang (10524). Pinfa (CAVALERIE 1066). W-Hubei (WILSON, Veitch Exp. 2700a).

Die Nummern 10524 und 10730 gehen durch bis 12 mm lange pedunculi und bis 17 mm lange pedicelli, die erste auch durch fast 3 cm lange petioli über die von LOESENER angegebenen Maße hinaus. Ich glaube aber, daß *I. suaveolens* (LÉVL.) LOES. in Ber. Deutsch. Bot. Ges., XXXIII., 541 (1914) (*Celastrus s.* LÉVL. in Rep. sp. n., XIII., 263 [1914]), dem diese entspricht und von dessen Originalfundort sie stammt, höchstens Varietätswert beanspruchen kann, da ihre Blüten 4- bis 6zählig variieren.

I. yunnanensis FRANCH. Gebüsche und Wälder der wtp. und unteren tp. St. auf Sandstein und Granit, 2300—2950 m. **NW-Y.**: Gegenüber Weihsi (8497). Unter Schuba n von hier. Im birm. Mons. unter Bambus im Tjiontson-lumba unter Tschamutong (9141). **S.**: Soso-liangdse im Daliang-schan e von Ningyüen (1669).

I. Forrestii COMBER in Not. R. B. G. Edinb., XVIII., 46 (1933) (*I. malabarica* REHD. in Journ. Arn. Arb., IX., 87 [1928], non BEDD.). **Y.**: Gebüsche der wtp. St., 1700—2000 m. Hwagung bei Fumin nw von Yünnanfu (6093). Zwischen Hsiangschuigwan und Daschao am Wege von hier nach Dali (8670). Im NE auf dem Berg von Schedjiagai, 2600 m (MAIRE ex Arb. Arn. 526).

I. Aquifolium L. **var. *chinensis*** LOES. **Kw.**: Gebüsche der wtp. St. bei Maotsaoping zwischen Duyün und Badschai, Sandstein, 800 m (10744, det. REHDER). **H.**: Gebüsche der str. St. beim Tempel am Gu-schan bei Tschangscha, Sandstein, 250 m (11501?).

Die fruchtende Nr. 11501 gleicht in der Blattform WILSON, Veitch Exp. 1803, hat aber kürzere, nur bis 6 mm lange Blattstiele und unterseits vorspringende Seitennerven, wodurch sie *I. dipyrena* nahe kommt, doch haben die reifen, lederbraunen Früchte 4 Kerne. WILSONS Pflanze liegt nur blühend vor. Die nur kurzen Zähne, wie sie die meisten Blätter meiner Pflanze haben, und kurzen Fruchtstiele (± 3 mm lang) kommen bei unserem *I. Aquifolium* auch vor. Schon die Fruchtfarbe unterscheidet sie aber sicher spezifisch.

I. intermedia LOES. W-Hubei (WILSON, Veitch Exp. 1803a = 1096). Fructus (adhuc indescripti) in pedicellis 7—11 m longis, subtilissime et sparse puberulis, globosi, 5—6 mm diametro, e sicco badii, stigmatibus sessilibus depressis; pyrenae 5, obtuse triëdricae, ventre rectiusculae, c. 2 mm longae et paulo angustiores, dorso tenuiter tricostatae, rugulosae, brunneae.

I. dipyrena WALL. Wälder der wtp. und tp. St., 2400—3500 m. **Y.**: Sanyingpan n von Yünnanfu, 26⁰ (616). Hsiangschuiho zwischen Dali und Lidjiang (6459). Im NW ober Losiwan zwischen Lidjiang und Dschungdien, bei Kaku ne von Weihsi, Tsedjrong am Mekong und im birm. Mons. unter dem Doker-la (8047) und im Doyon-lumba am Salwin. Im NE bei Schedjia (MAIRE ex Arb. Arn. 525). **S.**: Soso-liangdse im Daliang-schan (1667). Ober Kalaba bei Yenyüen.

— — var. ***paucispinosa*** LOES. in Nov. Act. Acad. Leop.-Car., LXXXIX., 283 (1908). Gebüsche und Wälder, auch an Bächen in der wtp. und tp. St. auf Sandstein und Schiefer, 2600—3100 m. **S.**: Döm bei Tjiaodjio (1631) und Lolokou (1473) im Lolo-Lande e von Ningyüen. Nordhang des Berges Dadjin jenseits des Yalung sw von hier (2162). E von Yungning (FORREST 20644 als *I. Pernyi*). W-Hubei: S. Wuschan (WILSON, Veitch Exp., 803, 1028).

Wie mir Sir WILLIAM mitteilte, wurden viele chinesische sogenannte *I. dipyrena* einschließlich meiner Nr. 1667 mit *I. bioritsensis* HAY. identisch befunden. Da das mir vorliegende Material keinen Unterschied von der himalaischen Pflanze erkennen läßt, muß ich auf die während des Druckes erschienenen Darlegungen COMBERS in Not. R. B. Gard. Edinb., XVIII., 41 verweisen.

I. Georgei COMBER in N. R. B. G. Edinb., XVIII., 50 (1933) (*I. Pernyi* FRANCH. var. *manipurensis* LOES. in Nov. Act. Ac. Leop.-Car., LXXVIII., 279 [1901]). **NW-Y.**: An Bächlein im dichtesten Bambusdschungel der tp. St. am Passe Akelo zwischen Yangtse und Mekong, 27⁰ 19′, Sandstein, 3100 m, 30. VIII. 1915 (7911). In der ktp. St. des birm. Mons. unter *Rhododendron* in Tannenwäldern an der Ostseite des Passes Tschiangschel zwischen Salwin und Irrawadi, 27⁰ 52′, Glimmerschiefer, 3400 m (9214). Kamm der Schweli—Salwin-Kette, 25⁰ 40′, 3350—3700 m (FORREST 18006).

♂ Blüten bei FORRESTS Pflanze in voller Entwicklung, fast sitzend, mit 2 Brakteolen, bei meiner 9214 schon verblüht und samt ihren 3—3½ mm langen Stielen, die in der Mitte die Brakteolen tragen, abfallend. Kelchzipfel ganz kahl, Kronzipfel ebenso oder mit ganz spärlichen, ganz kurzen Wimpern. Von *I. Pernyi* FRANCH. auch durch den lang keiligen Blattgrund und die dadurch weit von ihm entfernten untersten Zähne wie die oberseits stark glänzenden, jung getrocknet tief gerunzelten Blätter sicher artlich verschieden. Da der Typus von WATT unvollständig ist und die Pflanze in Manipur nicht wiedergefunden wurde, hielt Sir WILLIAM die Identifizierung nicht für ratsam und ließ die chinesische Pflanze als *I. Georgei* beschreiben. Das recht gute Wiener Exemplar läßt aber keinen Unterschied erkennen, und geographische Gründe sprechen auch für Identität.

I. cornuta LINDL. et PAXT. **H.**: Gebüsche, Hartlaubwälder und buschreiche Föhrenwälder der str. St., 50—400 m. Hinter Tschangscha und gegen den Gu-schan (11627). Dungtai-schan bei Hsianghsiang. Von Yungdschou (11326) über Dungngan bis jenseits Wukang gegen Dsingdschou (11093).

I. latifolia THBG. W-Hubei: Paokang, selten (WILSON, Veitch Exp. ohne Nummer).

I. corallina Franch. **Y.**: Waldschluchten und Hartlaubbusch der wtp. St., 1800—2000 m. N von Yünnanfu bei Jöschuitang (467), Hsinlung (489) und Hsiaodsang. Lagatschang am Yangtse (Schneider 4045). Beyendjing (Ten 192, ex hb. Berol. 398). Schuiban-tsun bei Guti (T. 157).

— — ** var. ***aberrans*** Hand.-Mzt.

Folia 3—11 cm longa, dentibus spinas tenues ½— fere 1 mm longas efformantibus ± remote obsiti, petiolis quam laminae interdum plus 16plo brevioribus, nervis magis patentibus quam in typo.

Y.: In einer Waldschlucht bei Jöschuitang n von Yünnanfu gegen Dungtschwan, 25° 26′, Kalk, 1800 m, 9. III. 1914 (469, Typus). Im NW in einem feuchten, üppigen Wald der str. St. bei Bolo n der Lidjianger Schleife des Yangtse, 27° 47′, Kalk, 2100 m, 10. VIII. 1915 (7582).

Die Merkmale sind an den beiden Nummern nicht in gleicher Weise verbunden; 7582 hat die längeren Zähne, aber normale Blattstiele. Eine annähernd analoge Abweichung zeigt auch *I. ficoidea* Hemsl. in Chings Nr. 8220 aus S-Kwanghsi.

** ***I. ferruginea*** Hand.-Mzt. (Taf. IX, Abb. 24).

Subgen. *Euilex* Loes., Sect. *Microdontae* Loes., Subsect. *Repandae* Loes.

Arbor ramulis tenuibus, costulatis, ut petioli, pedicelli, calyces in sicco ferrugineis et dense subferrugineo hirtello-velutinis, aequaliter foliatis. Folia ovata et superiora ovato-elliptica, 2½— ultra 5 cm longa, longitudine sesquiusque 2½plo angustiora, breviter et obtuse acuminata, basi obtusa vel late rotundata et inferiora truncata, margine anguste cartilagineo remotiuscule crenato-serrulata apicibus incumbentibus, hiemantia, coriacea, in sicco praesertim subtus ferruginea, opaca, costa supra demum subimpressa, utrinque dense et lamina subtus parce et ad dentes densius flavido-hirtella; nervi ± 8ni sub 60—75° abeuntes supra demum insculpti, subtus tenuiter prominui, patentes, versus marginem laxe reticulati; petiolus lamina ± 10plo brevior, crassiusculus, supra sulcatus. Inflorescentiae ♀ axillares, solitariae; pedunculus 3—7 mm longus, (1?—) 3 florus, pedicelli sub fructu eo ± aequilongi, tenuiusculi. (Flores ignoti). Calyx fructifer c. 4 mm diametro, lobis 4—5, late triangularibus, acutiusculis, c. 1 mm longis. Drupa globosa, 5—8 mm diametro, atrorubra, nitida, stigmatibus depressis; pyrenae 4—6, subtriëdricae, versus 3 mm longae, dorso carinatae, brunneae, opacae.

Y.: Waldschlucht der wtp. St. bei Jöschuitang n von Yünnanfu gegen Dungtschwan, 25° 26′, Kalk, 1800 m, 9. III. 1914, mit der vorigen Art und ihrer Varietät (468).

Characteribus prope *I. szechuanensem* Loes. ponenda, sed certe *I. corallinae* proxime affinis, quae differt glabritie, cymis fasciculatis, foliis minus ferrugineis, nervis magis obliquis supra quoque prominulis, pedicellis multo brevioribus, floribus 4 meris, calycis minoris lobis rotundatis, drupa minore.

I. ficoidea Hemsl., ad *I. Buergeri* Miq. vergens. **H.**: Hartlaubwald der str. St. am Yolu-schan bei Tschangscha, Sandstein, 150 m (11609).

Identisch mit einer Pflanze aus N-Kwangtung (Sunyatsen Univ. 50283). Durch (schwache) Behaarung der Infloreszenz und vortretende Nervatur von typischer *I. ficoidea* abweichend. Hierher wahrscheinlich auch die fruchtende Nr. 7487 Chings aus Kwanghsi.

I. ficoidea ** **var. *brachyphylla*** HAND.-MZT. (Taf. IX, Abb. 23).

Folia elliptica, 3½—8½ cm longa, longitudine subduplo — vix triplo angustiora, obtuse caudata, densiuscule et leviter crenulata nec cauda integerrima, opaca, nervis utrinque tenuiter prominuis, venis laxe reticulatis quoque paululum prominulis.

SW-**H.**: Im wtp. Laubhochwalde des Yün-schan bei Wukang, Tonschiefer, 1250—1300 m, 18. VII. 1918, IV. 1919 WANG-TE-HUI bl. (12810).

Der Mangel an Glanz und die vortretenden Nerven können als weniger hartlaubartige Ausbildung mit dem Vorkommen im Nebelwalde zusammenhängen. Die Merkmale zwingen zum Vergleich mit *I. corallina*, die aber eiförmige Blätter hat, nur selten einzelne elliptische eingemischt, ohne Schwanzspitze, mit entfernterer Kerbung, oberseits mit Glanz und unterseits rötlicher Färbung, hier sehr vortretender Rippe.

* ***I. Buergeri*** MIQ. in Versl. Med. K. Ac. Wet., 2 s., II., 83 (1868) **var. *subpuberula*** (MIQ.) LOES. in Nov. Act. Ac. Leop.-Car., LXXVIII., 331 (1901) (*I. subpuberula* MIQ., l. c., 84). **H.**: Häufig im str. Hartlaubwalde des Yolu-schan bei Tschangscha, Sandstein, 100—300 m, 10. XII. 1917, 21., 29. III. 1918 (11414, 11546). N-**F.** (CHING 2231). W-Tschekiang (CHING 1848). **Y.**: Beyendjing (TEN ex hb. Berol. 400). Hier in Wäldern bei Guti (T. 191).

I. triflora BL. (*I. crenata* var. *scoriarum* W. W. SM. in Not. R. Bot. Gard. Edinbgh., X., 41 [1917], teste autore) var. *Lobbiana* (ROLFE) LOES. NW-**Y.**: Unterholz bei Lungdji im mittelchin. Fl., 700 m (MAIRE). Eine andere Pflanze MAIREs von Dschenfungschan, 760 m, dürfte ziemlich var. *Sampsoniana* LOES. entsprechen.

I. Wilsoni LOES., e typo (*I. memecylifolia* CHAMP. var. *plana* LOES., e typo). SW-**H.**: Im wtp. Laubhochwalde des Yün-schan bei Wukang, Tonschiefer, 900—1300 m (12063, 12124).

Die ♀ Blüten werden von großen Fliegen, aber auch etwas von Bienen besucht. Die ♂ Nr. 12124 entspricht dem Typus von *I. Wilsoni*, die ♀ 12063 der hier synonym gesetzten Varietät. Wenn auch LOESENER diese (briefl.) nur für eine Annäherungsform an *I. Wilsoni* halten will, scheint sie mir doch von *memecylifolia* zu weit verschieden.

I. pubescens HOOK. et ARN. (*I. trichoclada* HAY., teste REHDER). **Ki.-F.**-Grenze: Dunghwa-schan zwischen Schitscheng und Ninghwa, c. 1000 m (Plt. sin. 341). W-**Ki.**: Pinghsiang (Plt. sin. 185).

* ***I. intricata*** HOOK. f. NW-**Y.**: In Wäldern der ktp. St. des birm. Mons. bis in die tp. auf Glimmerschiefer, 2800—3500 m, im Doyon-lumba zwischen Mekong und Salwin, 28° 4′, 23. IX. 1915 (9617) und an der Ostseite des Passes Tschiangschel zwischen Salwin und Irrawadi, 27° 52′ (9217).

I. Delavayi FRANCH. In der tp. St., 2700—3600 m. **Y.**: Mit Bambus am Dsang-schan ober Dali, kristallinischer Boden (8721). Moutao-tsun bei Guti nächst Beyendjing, in Wäldern (TEN 171). **S.**: Gebüsche am Lungdschuschan bei Huili, Diabas (888).

I. dubia (DON) BRITT., ST., POGG. **var. *hupehensis*** LOES. in N. Act. Ac. Leop.-Car., LXXVIII., 488 (1901) (*I. aculeolata* NAKAI in Bot. Mag. Tok., XLIV., 13 [1930]). **H.**: In der str. St. auf Sandstein und Tonschiefer, 100— über 400 m. Hartlaubwald des Yolu-schan bei Tschangscha (11344). Häufig um

Daloping zwischen Loudi und Ninghsiang (11725, Typus von *I. aculeolata*[1]). Yün-schan bei Wukang (Plt. sin. 70). **W-Ki.**: Um Pinghsiang (Plt. sin. 167).

Die scharfen Härchen in der Furche der Rippe, auf die NAKAI seine Art begründet, sind bei der Pflanze immer mehr oder weniger ausgebildet.

I. macrocarpa OLIV. (*Diospyros Bodinieri* LÉVL., e typo). Gebüsche, Laub- und Mischwälder der str. und wtp. St. **H.**: Überall zwischen Hsinning und Dsingdjiangtjiao, 300—350 m (11244). Hsikwangschan bei Hsinhwa, 600—700 m (11779). **Kw.**: Charakterpflanze auf den Hügeln um Nganschun, 1400 m (10436).

Celastraceae

Evonymus L.

(„Euonymus")

E. yunnanensis FRANCH. Buschwälder und Macchie, auch einzeln als Baum in der wtp. St., 1700—2350 m. **Y.**: Am Abstieg von Yünnanfu nach Fumin (SCHOCH 11). Überall n von dort bis Jöschuitang (438). Viel an der Straße nach Dali bis Gwangdung und n von ihr zwischen Gwannandün und Dadschwangkou (6170). **S.**: Selten s von Huili (794).

Variat foliis oppositis, floribus usque ad 22 mm diametientibus. Fructus (adhuc indescripti) in genere maximi, obconici, 2½ cm longi, apice vix 15 mm lati levissime lobati, *E. myrianthae* fructibus similes, valvis intus ochraceis, seminibus parvis castaneis.

** ***E. ternifolia*** HAND.-MZT. (Taf. IX., Abb. 9).

Arbuscula (?) glaberrima, ramulis crassiusculis costulatis, serius teretibus griseis et lenticellis obsolete verrucosis. Folia alterna saepissime terna subverticillata, subsessilia, linearia vel nonnulla lineari-elliptica vel -obovata, 2—5 cm longa, longitudine 6—12^{plo} angustiora, $\pm$ rotundata et raro emarginata, basi longe attenuata, margine reflexo remote et leviter crenulata, coriacea, hiemantia, atroviridia, supra serius glauca, subtus pallidiora, costa subtus prominula, nervis 5—6^{nis} anastomosantibus aegre conspicuis; stipulae lanceolato-subulatae, ad 2 mm longae, spadiceae, caducae. Flores dioici, in cymis 2—5 floris. Pedunculi tenues, 1—2 cm longi; pedicelli 5 mm longi, erectopatentes, parte inferiore bracteolis 2 subulatis 1 mm longis instructi. Flores 4 meri (♂ ignoti), ♀ 8—10 mm diametro. Sepala late triangularia, brevissima. Petala orbicularia, flavida. Discus orbicularis. Staminodia brevia et crassa. Stylus ¾ mm longus, crassus. Capsula juvenilis subglobosa, 5 mm diametro, apice breviter lobata.

S.: Fumadi in der wtp. St. über dem Wolo-ho zwischen Yenyüen und Yungning, Kalk, 2800 m, 14. VI. 1914 (3018).

Proxima certe *E. linearifoliae* FRANCH. e descriptione alternifoliae, foliis calloso-denticulatis, floribus pentameris. *E. nana* M. a B., *lichiangensis* W. W. SM. aliaeque angustifoliae longius distant.

E. grandiflora WALL. Wälder und Gebüsche, auch an Bächen und anderen feuchten Stellen in der wtp. bis in die tp. St. **Y.**: 1950—3000 m. Hsischan bei Yünnanfu (348, 6083) und in der Ebene gegen Fumin (SCHOCH 12).

---

[1] NAKAI schreibt „2710". Dies war 2410, eine vorläufige Tagebuchnummer.

Beyendjing (TEN ex hb. Berol. 35). Guti (T. 164) und Daschuikou (T. 305) dort. Im NW um Weihsi. Tientou e von hier (8500). Am Mekong (MONBEIG) aufwärts bis zum Lagerplatz Luna ober Londjre. **S.**: Häufig am See von Yungning, 2800 m und unter Muli (wenn nicht *E. yunnanensis*). **H.**: In der str. und wtp. St., 200—700 m. Zwischen Dungngan und Schitjidian-se (11295). Hsikwangschan bei Hsinhwa (11778).

— — f. ***salicifolia*** STAPF in Bot. Mag., CLIII., t. 9183 (1927). **NW-Y.**: Ober Lanba e von Dschungdien (7657). Djitsung am Yangtse sw von hier. **S.**: Yenyüen (2872; SCHNEIDER 4115). Ober Datscho jenseits des Yalung n von hier (2587).

E. radicans (MIQ.) SIEBD. (*E. japonica* THBG. var. *r.* MIQ.). **Kw.**: Im Laubwald des Hügels bei Schibanfang nächst Nganschun, wtp. St., Sandstein, 1400 m (10434).

— — ** **var.** ***alticola*** HAND.-MZT.

Frutex, saepe e rupibus pendens, vel (e TEN) arbor ad 6 m alta. Folia elliptica vel obovato- vel lanceolato-elliptica, 3—6½ cm longa, longitudine subduplo usque subtriplo angustiora, obtusa, saepe minute apiculata, brevipetiolata, tenuiter coriacea, hiemantia, annotina supra valde glauca, nervis supra tantum tenuiter prominuis. Cymae parvae, densissimae. Flores capsulaeque typi.

Y.: Gebüsche der wtp. St., 1800—1950 m. Sidian am Wege von Yünnanfu nach Schilungba, 19., 21. II. 1914 (178, Typus). Gegen Fumin an einem Bache (SCHOCH 346). Lupiao w von Nganning. Schayidjia e des Dsolin-ho (6180). Dschu-tsun bei Beyendjing (TEN 309).

E. Fortunei (TURCZ.) HAND.-MZT. (*Elaeodendron*? *F.* TURCZ. in Bull. Soc. Nat. Mosc., XXXVI/1., 603 [1863], e typo. — *Evonymus kiautschovica* LOES. 1902) **var.** ***patens*** (REHD.) HAND.-MZT. (*E. patens* REHD. — *E. kiautschovica* var. *p.* [REHD.] LOES. in Plt. Wils., I., 486 [1913]). **Kw.**: Gebüsche der wtp. St. überall zwischen Madjiadwen und Gudong bei Duyün (10668) und häufig um Guiyang (10550) und gegen Nganping, 1000—1200 m.

Die in Plt. Wils., l. c., nur mit Vorbehalt hierher gestellte Nr. 557 WILSONS halte ich für *E. Dielsiana*.

***E.* sp. S.**: Buschwald der wtp. St. im Tälchen s von Linkan am Houdsengai bei Dötschang im Djientschang, Schiefer, 2400 m (1813).

Nur blühend, am ehesten vergleichbar mit *E. hupehensis* LOES. var. *brevipedunculata* LOES., aber Zweige ockergelb, später schwärzlich, überwinterte Blätter gelblich, verhältnismäßig schmäler, nur die Nerven unterseits weniger scharf vorspringend, Stiel 15 mm lang, Blüten 9 mm im Durchmesser mit auffallend kurzen Filamenten. Einzelne poröse Warzen an den Zweigen, wie bei *E. japonica*, zu der die Pflanze aber schon der kurzen Filamente halber nicht gehört.

E. theifolia WALL. **Y.**: Im dichten Mischwalde der wtp. St. bei Hsiangschuiho zwischen Dali und Hodjing, Diabas, 2750 m (6450).

* ***E. tingens*** WALL. in ROXB., Fl. Ind., ed. CAREY, II., 406 (1832). **Y.**: Wälder der wtp. und tp. St., 2250—3350 m. Dji-schan bei Dali, 21. V. 1915 (6406). Im NW ober Tsasopie n von Lidjiang. Unter Hungschischao se von Dschungdien (6850). Im birm. Mons. im Tjiontson-lumba zwischen Salwin und Irrawadi unter Tschamutong (9118).

E. myriantha HEMSL. (*E. Rosthornii* LOES.). Wälder der wtp. St. auf Mergel und Tonschiefer, 650—1200 m. **SW-H.**: Yün-schan bei Wukang (11197). **E-Kw.**: Ludwan zwischen Gudschou und Liping (10969). **S-S.**: Nantschwan (BOCK u. ROSTHORN 720).

E. Dielsiana LOES. **Ki.**: Um Pinghsiang (Plt. sin. 204). **Ki.-F.**-Grenze: Wäldchen am Dunghwa-schan zwischen Schitscheng und Ninghwa, c. 1000 m (Plt. sin. 350). **Kw.**: Trockenwald des Hügels bei Dodjie zwischen Duyün und Badschai, Kalk der wtp. St., 700 m (10731). **NE-Y.**: Im mittelchin. Fl. in Wäldern bei Lungdji, 700 m (MAIRE).

— — ** var. ***euryantha*** HAND.-MZT.

Cymae robustae, divaricatae, usque ad 13 florae. Flores maiores, 15 mm diametro, e collectore virides, sed sicci flavidi.

SW-H.: Yün-schan bei Wukang, zwischen 400 und 1400 m, Tonschiefer, IV. 1919 WANG-TE-HUI (Plt. sin. 513).

Einen Übergang dazu, mit ähnlichen Infloreszenzen, aber kleineren Blüten, bildet offenbar WILSON, Veitch Exp. 2033 von Fang. Da aber noch keine Blüte so weit entwickelt ist, daß die Lappung des Fruchtknotens sichtbar wäre, ist die Zuweisung nur eine vorläufige.

E. centidens LÉVL. in Rep. sp. n., XIII., 262 (1914). REHD. in Journ. Arn. Arb., XI., 164. **W-S.**: Omei, 1500 m, 1887 (FABER als *E. Thunbergiana* var. *oblongifolia*).

Fruchtlappen zurückgekrümmt, also sehr ähnlich jenen von *E. alata*, aber Blätter ganz anders. Nach REHDER briefl. zeigen dies die sterilen Karpelle des Typus, den wir nur blühend haben, ebenfalls, während die fertilen kurz und rund, ähnlich *E. Dielsiana*, sind.

** ***E. euscaphis*** HAND.-MZT. in Sitzgsanz. Ak. W. W., LVIII., 148 (1921). (Taf. IX, Abb. 10).

Frutex elatus (?), sub fructu glaberrimus. Rami oppositi, gracillimi, erectopatentes, teretes, pallide brunnei vel olivacei, triennes lenticellis paucis fuscis notati. Gemmae minutae, crasse ovatae, 1,5—2 mm longae, perulis herbaceis, late ovatis, acuminatis, apicibus scariosis nigris squarrosis. Folia opposita vel hic illic alterna, paribus 6—22 mm inter se distantibus, 1—2 summis in annum persistentibus, elongato-lanceolata, 4—9,5 cm longa et 3—$4^{3}/_{4}$plo angustiora, sensim longe acuminata, basi obtusa usque rotundata, pergamena, margine tenui dense et argute serrata et duplicato-serrata, dentibus $\pm\,^{1}/_{3}$ mm longis, saltem superioribus apice incurvis, plerumque margine interiore glandula tenui atra praeditis, concoloria (sicca brunnescentia subopaca decidua), costa et nervis utrinsecus 7—12 tenuibus inaequaliter obliquis subflexuosis, sat procul a margine anastomosantibus, cum venis supra dense reticulatis utrinque prominuis; petioli 3—5 mm longi, subgraciles, semiteretes, inter alas angustissimas concavi sed costa prominua carinati. Cymae in ramulis hornotinis numerosae, pedunculis 8—13 pedicellisque 4—6 mm longis basi articulatis tenuibus, oblique patulis, (3 florae ?), fructus 2, rarius singulos maturantes. Calyx 3 mm diametro, herbaceus, lobis 4 vix semiorbicularibus margine paulum callosis. Capsula profunde 4 loba, centro 3 mm alta, lobis rarissime omnibus, saepe tantum unico bene evolutis, erectopatulis, 5—7 mm longis, oblique oblongis, turgidis, rotundatis, fuscis, coriaceis, longitudinaliter nervosis, ab apice dissilientibus; semen magnum 3,5 mm longum, arillo flavo (?), anguste fisso.

SW-H.: Wald der str. St. bei Lianglitang se von Dsingdschou, Schiefer, 450 m, 1. VIII. 1917 (11031).

Fructus *Euscaphidem japonicam* admonentes omnino *Ev. alatae*, cui ceterum nullo modo similis est. Proxima *E. centidens* LÉVL., quae differt foliis latioribus argute et erectopatenter serrulatis, nervis subtus prominulis, capsulae lobis crassioribus, arillo scarlatino.

E. acanthocarpa FRANCH. Wälder der tp. und wtp. St. auf Sandstein und Schiefern. **Y.**: 2000 bis über 3000 m. Beyendjing (TEN 196, 319). Im NW ober Bödö (4556) und häufig zwischen Meidsiping und Losiwan (6847) se von Dschungdien. Im birm. Mons. im Tale vom Schöndsu-la nach Londjre über dem Mekong, 28° 6′ (8197). Im NE bei Taipu (MAIRE ex Arb. Arn. 153) und Laokou (ebenso 516).

— — var. ***sutchuenensis*** FRANCH. ap. LOES. in Bot. Jahrb., XXIX., 439 (1900). SW-H.: Im wtp. Laubhochwalde des Yün-schan bei Wukang, 900—1000 m (11211).

Meine Pflanzen sind Lianen, oft von riesenhaften Ausmaßen (s. KARSTEN u. SCHENCK, Vegetatb., 14. R., Taf. 15 als *E. aculeatus* HMSL.). TEN und MAIRE geben „Strauch“ und „Baum“ an.

E. subsessilis SPRAGUE f.? S-S.: Nantschwan (BOCK u. ROSTHORN 1183).

Zweige dicht warzig, sonst mit der Beschreibung stimmend.

E. lanceifolia LOES., e typo. NW-Y.: Bei Lidjiang, v. E. (3689). Hier in Mischwäldern am Osthange des Yülung-schan, 2700—3300 m (FORREST 5610, 5826 als *E. Hamiltoniana* WALL.). **Kw.**: Nganschun (CAVALERIE 3824).

WILSON 765 (diese, nur blühend, noch am ehesten), 891 und 1105 kann ich nicht für diese Art halten, sondern nur für *E. Vidalii* FRANCH. et SAV. var. *Koehneana* (LOES.) KOIDZ. in Bot. Mag. Tok., XXX., 333 (1916) (*E. yedoënsis* KOEHNE var. *K.* LOES. in Plt. Wils., I., 491 [1913]).

E. lichiangensis W. W. SM. in Not. R. Bot. Gard. Edinbgh., X., 33 (1917). NW-Y.: Bei Lidjiang, v. E. (8768). Hier in üppigen Gebüschen der tp. St. unter Ganhaidse, Sandstein, 2900—3100 m (6603).

E. oresbia W. W. SM., l. c., 34 (*E. pachyclada* HAND.-MZT. in Sitzgsanz. Ak. W. W., LVIII., 147 [1921]; LXI., 20). In der tp. St., 3250—3550 m. NW-Y.: Gebüsche unter Lawo bei Dschungdien (7722). S.: An Bächen und feuchteren Wiesenstellen auf dem Liuku-liangdse zwischen Yenyüen und Kwapi (2284) und zwischen Lolokou und dem Dsiliba im Lolo-Lande e von Ningyüen (1504).

E. Semenowii REG. et HERD. in Bull. Soc. Nat. Mosc., XXXIX/1., 557 (1866). S.: Dichte Gebüsche der wtp. St. bei Muli, Schiefer, 2900 m (7356).

Sterile, dicht buschige Zweige, welche die blasigen Warzen fast überall und viel stärker zeigen als FORRESTS blühende Nr. 21338 aus derselben Gegend, WILSON 3126 und eine von HOSIE zwischen Tatsienlu und Tschengdu gesammelte fruchtende Pflanze, die sonst völlig übereinstimmen. Diese letzte, als und mit *E. cornuta* HEMSL. erhalten, hat Korkflügel an den älteren Zweigen. Solange Blüten aus Turkestan nicht bekannt sind, ist die Identifizierung aus geographischen Gründen mit Vorsicht aufzufassen. Die mir vorliegenden Pflanzen von hier haben breitere Blätter als alle chinesischen.

E. phellomana LOES. NW-S.: Gebirge um Sungpan (WEIGOLD).

Schon an den diesjährigen Zweigen korkige, aufspringende Kanten, die aber im zweiten Jahre noch nicht zu eigentlichen Flügeln auswachsen. Damit übereinstimmend zwei Pflanzen aus W-Hubei, beide gemischt mit *E. Vidalii* var. *Koehneana* ausgegeben, Veitch Exp. 1061 fruchtend, und Arn. Arb. Exp. 353 blühend. Beide zeigen auch an den mindestens dreijährigen Ästen nur geringe und unregelmäßige Korkwucherungen. Zu einer anderen Art können sie nicht gestellt werden.

E. alata (THBG.) REG., Tent. Fl. Ussur., 40 (1861) (*E. Thunbergiana* BL.). **H.**: Gebüsche der str. St. ober Lantien gegen Hsikwangschan, 200 m (11755).

— — **var. *aptera*** REG., l. c., 41. REHDER in Journ. Arn. Arb., VII., 201. **H.**: In der str. St. unter Daloping gegen Loudi im Bezirke Hsianghsiang, 160 m (11727). Yün-schan bei Wukang, über 400 m (Plt. sin. 37).

E. sanguinea LOES. **var. *camptoneura*** LOES. NW-**Y.**: Auf Schiefer, in Gebüschen der str. St. zwischen Guta und Serä am Mekong, 28° 7—9', 2100 bis 2500 m (7998) und in der ktp. St. des birm. Mons. an Wald- und Bambusetenrändern am Schöndsu-la, 3600—3950 m (8358). W-Hubei (WILSON, Veitch Exp. 541, 707).

E. Monbeigii W. W. SM. in Not. R. Bot. Gard. Edinbgh., X., 34 (1917). NW-**Y.**: Wälder der str. und wtp. St. auf Sandstein und kristallinischem Boden, 1950—2800 m. Zerstreut am Ufer des Mekong zwischen Lota und Tseku, 27° 55'—28° (8872). Schlucht unter Schuba zwischen Mekong und Yangtse, 27° 45' (8816).

Fructus (adhuc indescriptus) globosus, 8 mm altus, cum alis triangularibus anguste rotundatis patentibus viridibus ad 2 cm diametro.

** ***E. Forrestii*** COMBER ined. NW-**Y.**: In bambusreichen Tannenwäldern der ktp. St. des birm. Mons. an der Westseite des Passes Tschiangschel zwischen Salwin und Irrawadi, 27° 52', Glimmerschiefer, 3500—3800 m, 5. VII. 1916 (9388).

Diese Art, sowie Aufklärungen über die 3 folgenden werden von den Edinburgher Botanikern veröffentlicht werden.

E. amygdalifolia FRANCH., teste EVANS., e typo (*E. taliensis* LOES.). **Y.**: Mit Bambus in der tp. St. des Dsang-schan bei Dali, kristallinischer Boden, 2850—3600 m (8725). Beyendjing, in Wäldern bei Guti (TEN 320).

E. clivicola W. W. SM. in Not. R. Bot. Gard. Edinbgh., X., 31 (1917), teste EVANS. NW-**Y.**: In dichten Wäldern der tp. und ktp. St. des birm. Mons. zwischen Mekong und Salwin, 3200—3850 m, im Tale vom Si-la nach Tseku (8912) und an der Ostseite des Schöndsu-la n von dort (8252).

Blüten purpurn. Früchte an 8252 teils 5-, teils ohne Spur eines fehlgeschlagenen Faches 4zählig, und dies in einem Blütenstande.

E. porphyrea LOES., l. c., VIII., 2 (1913). **S.**: Trockene Gebüsche der tp. St. ober Kalapa n von Yenyüen, 27° 40', Kalk 2900—3200 m (2296).

E. quinquecornuta EVANS ined. **S.**: Buschige Laubwälder der tp. St. am Lungdschu-schan bei Huili, Diabas, 3100—3350 m (5158).

***E.* sp.** **S.**: An überhängenden Schieferfelsen in der tp. St. zwischen Molien und Ngaitschekou jenseits des Yalung n von Yenyüen, 3000 m (2609).

Sterile, kriechende, dünne, dicht, aber nicht sehr deutlich warzige Triebe mit eiförmig-lanzettlichen, entfernt und grob wellig gekerbten, ziemlich kurz gestielten Blättern. Kann in die *japonica*- oder in die *acanthocarpa*-Gruppe gehören.

Celastrus L.

C. angulatus MAX. Gebüsche der wtp. St. **H.**: Hsikwangschan bei Hsinhwa, 550—700 m (11897). **Kw.**: Zerstreut zwischen Nganping und Tschingdschen, 1200—1300 m (10454). **Y.**: Ober Hsinlung n von Yünnanfu, 25° 34′, 2050 m (5692).

C. glaucophyllus REHD. et WILS. in Plt. Wils., II., 347 (1915). **Y.**: Im dichten Walde der wtp. St. bei Hsiangschuiho zwischen Dali und Hodjing, Diabas, 2750 m (6451). Beyendjing, Wälder bei Guti (TEN 323). Zwischen Djientschwan und dem Mekong (FORREST 22235 als *C.* aff. *gemmatae*).

Meine Pflanze hat die Blätter recht scharf, wenn auch klein, gesägt.

C. spiciformis REHD. et WILS., l. c., 348. SW-**H.**: Yün-schan bei Wukang, Tonschiefer, zwischen 400 und 1420 m (Plt. sin. 113).

Flores ♂ (adhuc indescripti) sepalis semiorbicularibus, erectis, margine papilloso-ciliatis, petalis viridibus (e collectore), oblongis, ad 3 mm longis, tertio infimo reflexis, filamentis 2½ mm longis, antheris orbicularibus, pallidis.

C. Rosthornianus LOES., e typo. Gebüsche, seltener in dichten Wäldern der wtp. bis in die str. St. **S.**: 1650—2800 m. Dorf (1305) und Berg (1929) Luschan bei Ningyüen. Schao-schan se von hier (1338). Unter Djiuba-se sw von hier (2008). Ober Danfang im Seitentale des Djientschang gegen Huili (1067). Yenyüen (SCHNEIDER 4112). Kwapi (2482) und ober Datscho bei Wali (2584) n von hier. Im W bei Wentschwan (LIMPRICHT 1401 als *C.* aff. *Loeseneri* REHD. et WILS.). **H.**: 550—600 m. Hsikwangschan bei Hsinhwa (11762, 12632). Yün-schan bei Wukang (Plt. sin. 114).

Die Pflanzen aus Hunan (det. REHDER) haben bis 11 × 7½ cm große Blätter und 5 mm lange ♂ Blüten; 114 zeigt nebst achselständigen Cymen zu langen Trauben zusammengestellte, wie die Originalabbildung, weshalb die Art in REHDER und WILSONS Schlüssel (Plt. Wils., II., 354) nicht günstig steht.

C. gemmatus LOES. Gebüsche, an Bächen und zwischen Blockwerk der wtp. St. **Y.**: Hinter dem Tschangtschung-schan und ober Daschao (13074) bei Yünnanfu. Beyendjing (TEN 248). **S.**: 2200—2700 m. Schao-schan se von Ningyüen (1831?, jung, steril). Sattel zwischen Tjiaodjio und Lemoka e von hier (1595). Im S bei Nantschwan (BOCK u. ROSTHORN 1030). SW-**Kw.**: Tjidwen bei Nanmutschang, 1400 m (10336). **Ki.-F.**-Grenze: Dunghwa-schan zwischen Schitscheng und Ninghwa (Plt. sin. 299). W-**F.**: Tienhwa-schan w von Dingdschou, c. 800 m (Plt. sin. 399). E-Kansu (POTANIN).

Die Notizen aus NW-**Y.**: Yungning, Hsinyingpan, Bödö, Dugwan-tsun, Tsondio am Yangtse und unter Yedsche am Mekong, bis 3000 m, beziehen sich wahrscheinlich auf diese Art.

Gymnosporia WIGHT et ARN.

G. Royleana (ROYLE) LAWS. in HOOK., Fl. Brit. Ind., 1., 620 (1875) (*Celastrus Royleanus* et *C. spinosus* ROYLE, Ill., I., 167 [1839], nom. nud. — *C. spinosus* ROYLE in BOISS., Fl. orient., II., 11 [1872], non *Gymnosporia spinosa* [BLCO.] MERR. et ROLFE 1908). In der str. bis an die wtp. St. in trockenen Gebüschen, aber auch in üppigeren Wäldern jener, 1300—2300 m. **Y.**: Zwischen Tschalaschao und Hwangtsaoschao unter Beyendjing (6316). Piendjio (6353), Hwangdjiaping (TEN 162) und häufig unter Djiangying ne von Dali. Am Yangtse zwischen Homöndschang und Bödschagwan n von Yünnanfu (773), bei Hsintschwang w von Huili und Fongkou n von Lidjiang. In und über der Ebene Santschwanba bei Yungning (13003). **S.**: Unter Lumapu im Yalung-Tale, 27° 40′ (2096).

Tripterygium Hook. f.

T. hypoglaucum (Lévl.) Hutch. in Kew Bull., 1917, 275 (*Aspidopteris hypoglauca* Lévl. in Rep. sp. n., IX., 458 [1911]). Gebüsche und an freier stehenden Bäumen in der wtp. St. auf Mergel, Sandstein und Tonschiefer. **Y.**: 2000 bis 2500 m. Yünnanfu (Maire ex hb. Edinb. 1990). Berge e von hier (Schoch 267). Galaoma n von hier, 26° 5′. Zwischen Alaodjing und Dsaodjidjing (4931) und ober Yüenmou (phot.) e des Dsolin-ho häufig. Sattel zwischen Datiengai und Dapogwan nw von dort. Häufig von Hungngai bis Schadschou se von Dali (8579; Mell). **S.**: Zwischen Liyüen und Sandawan nw und bei Ngaigogo unter Bögowan n von Huili. **SW-H.**: Ober dem Tempel Gwanyin-go am Yün-schan bei Wukang, 1230 m (11110).

Die Art nach der neuesten Auffassung Loeseners in Festschr. Deutsch. Bot. Ges., L a., 10 (1932). Das einzige Exemplar von *T. Wilfordii* Hook. f., das mir (ohne Früchte) vorliegt (Faurie 75), hat die Blätter allerdings gar nicht striegelhaarig.

Staphyleaceae

Staphylea L.

? ***S. Forrestii*** Balf. f. in Not. R. Bot. Gard. Edinbgh., XIII., 183 (1921). **Y.**: Buschwald der wtp. St. im Tälchen ober Djiunienping jenseits Fumin bei Yünnanfu, Sandstein, 2200—2450 m (6120).

Blühend und mit junger Frucht, vom beschriebenen fruchtenden Typus verschieden durch nur bis 3½ cm lange Blattstiele und bis 7 mm lange Blütenstiele. Blütenstand eine große, endständige, bis zu 25 cm lange Rispe, deren untere Zweige teilweise in den Achseln vorjähriger Blätter stehen. Blüten ganz hell rosa. Sepalen eiförmig, ungleich, das längste 8 mm lang, abgerundet, fein gewimpert. Petalen gleich, etwas länger als dieses, spatelförmig, gerundet, in der unteren Hälfte fein gewimpert. Filamente unten gewimpert. Gynoeceum der Gattung.

S. holocarpa Hemsl. **S-S.**: Nantschwan (Bock u. Rosthorn 455).

Turpinia Vent.

T. arguta (Lindl.) Seem. **W-Ki.**: Um Pinghsiang, c. 600 m (Plt. sin. 136). Blütenstand abweichend von der Hongkonger Pflanze an manchen Stücken ganz fein abstehend behaart, an anderen nur papillös.

Euscaphis Siebd. et Zucc.

E. japonica (Thbg.) Dipp., Handb. Laubhzkd., II., 480 (1892) (*Sambucus j.* Thbg., Fl. Jap., 125 (1784). — *Euscaphis staphyleoides* Siebd. et Zucc.). Gebüsche und Mischwälder der wtp. und str. St., 150—1400 m. **W-Ki.**: Pinghsiang (Plt. sin. 155). **H.**: Daloping im Bezirke von Ninghsiang (11715). Hsikwangschan bei Hsinhwa (11827). Yün-schan bei Wukang (Plt. sin. 115). Überall zwischen Hsüning und Ngaidso (11066). **Kw.**: Tschwenning-schan bei Guiyang (10515). Nganschun (CAVALERIE 4444). Hwangtsaoba (C. 4383).

Hippocrateaceae

Salacia L.

** ***S. sessiliflora*** HAND.-MZT. in Sitzgsanz. Ak. W. W., LIX., 56 (1922). Sect. *Tontelieae* MIERS.

Frutex glaberrimus valde ramosus, ramis saepe oppositis vel fasciculatis, erectopatulis, hornotinis gracilibus fuscis levibus, vetustioribus cortice badio longitudinaliter plicato et lenticellis concoloribus parvis orbicularibus dense verruculoso tectis. Folia opposita vel subopposita, biennia, tenuiter coriacea, oblonga, 4—14 cm longa, longitudine triplo vel subtriplo angustiora, ramulorum inferiora obtusa, superiora obtuse acuminata, basi rotundata, margine angustissime incrassato integra (nonnulla in CHING 5602) vel remote et obsolete crenulata hic illic conspicue obtuse denticulata sinubus versus 1 mm altis, sicca olivacea, utrinque $\pm$ nitida, subtus densissime depresse papillosa; costa latiuscula supra anguste sulcata vel serius carinata et nervi utrinsecus 7—9 patentes sensim valde arcuati inferiores crebre anastomosantes superiores ipsi sat procul a margine arcuato-conjuncti, interjectis multis brevibus horizontalibus cum trabeculis sparsis paulum obliquis anastomosantibus, cum venis rete utrinque $\pm$ prominuum subtus laxum supra densum formant. Petioli crassi, 4—10 mm longi, saepe tortuosi, supra profunde sulcati marginibus conniventibus. Flores in apicibus innovationum annotinarum et tuberculis e ligno vetustiore erumpentibus saepe glomeratis pauci fasciculati, perulis persistentibus subcoriaceis ferrugineo-fimbriatis suffulti, subsessiles et in pedicellis crassis usque ad 2 mm longis, luteoli. Sepala ovata, obtusa, paulum ultra 1 mm longa, margine breviter et dense albo- vel brunnescenti-fimbriata. Petala recurva, oblonga, obtusa, $1^3/_4$ mm longa, carnosula, nonnulla tridentata vel subtriloba. Disci squamae lineares, sepalis tertia parte breviores. Filamenta 3, late ligulata, disco usque ad eius apicem adnata, breviter libera et recurva; antherae albidae, reniformes, $^1/_3$ mm diametro. Ovarium $^2/_3$ mm longum, disco supra et infra obsolete quinquelobo inhaerens; stylus e basi conica crasse subulatus, $^1/_3$ mm longus.

SW-**Kw.**: Trockene Gebüsche der wtp. St. auf einer Kalkfelskante bei Hwangtsaoba, 1400 m, 15. VI. 1917 (10293). N-Kwanghsi: Tsepo n von Lüdschen, Gehölz, 370 m, 2. VI. 1928 (CHING 5602).

Similis *S. oblongae* WALL. petalis multo maioribus pallide marginatis foliis magis coriaceis tuberculatis, *S. Roxburghii* WALL. pedicellis longioribus foliis caudatis integris vel tenuiter serratis ramulis levibus, *S. membranaceae* LAWS. ob pedicellos breves comparabili foliis papyraceis tenuissime reticulatis integris praeditis. Calycis indumentum tale est quale in *S. verrucosa* et *macrosperma* WIGHT describitur, quarum autem prior pedicellis multo longioribus posterior praeterea ramulis levibus instructa est. Ceterae species non considerandae sunt.

Die in der Gattung wichtige Anzahl der Ovula (2 oder 8 im Fach) festzustellen, bemühte ich mich an den sich eben erst öffnenden Blüten leider vergeblich.

Icacinaceae

Mappia Jacq.

M. pittosporoides Oliv. Trockene und felsige Stellen der str. bis an die wtp. St., meist auf Kalk. **H.**: Jenseits des Passes Duschu-ling bei Hsikwangschan, 650 m (11936). **S.**: 1300—1950 m. Unter Bögowan am Zuflusse des Djientschang gegen Huili (1047). Unter (2093) und s ober Lumapu (2072) im Seitentale des Yalung, 27° 37—40′. Im S bei Nantschwan (Bock u. Rosthorn 199, 846, 1244).

** *Mappianthus* Hand.-Mzt.
in Sitzgsanz. Ak. W. W., LVIII., 150 (1921)

Iodeae Engl.

Frutex scandens pilis rigidulis cystolithis asperatis strigosus, foliis oppositis vel hic illic suboppositis, coriaceis, integris, ramo uno alterove aphyllo in cirrhum robustum incrassatum exeunte. Cymae ♂ tantum notae ad nodos singulae, foliis collaterales, breves, robustae, divaricatae, pauciflorae. Calyx brevis, cupularis, obsolete quinquelobus. Corolla in familia magna, campanulato-infundibularis, ad $^1/_3$ usque hic illic ultra $^2/_3$ in lobos 5 intus pubescentes fissa, carnosa. Discus nullus. Stamina 5, libera, corolla paulo breviora, glaberrima, filamentis basi tenuiusculis, sursum in connectiva sensim dilatatis, antheris lineari-lanceolatis medio dorso affixis, loculis introrsis contiguis. Gynoecii rudimentum basi quinquelobatum, stylo crasso obtuso.

Genus habitu *Iodis* Blume, florum etsi non barbatorum forma autem *Mappiam* imitans, filamentis glabris in connectiva sensim dilatatis insigne, ovariis ignotis propter characteres anatomicos praeter hadroma circumcirca aequale cum *Iodeis* congruentes huc ponendum. Florum structura proximum *Stemonuro* Bl. (*Gomphandrae* Wall.), quae arbores erectae petalorum costa prominente et filamentis valde dilatatis.

** ***M. iodoides*** Hand.-Mzt., l. c. (Taf. IX, Abb. 3).

Rami juveniles brunnei, angulosi, cum inflorescentiis densissime strigosi, seniores teretes, cinerei, glabrescentes, cortice suberoso-plicato, lenticellis parvis semiglobosis pallidis sat crebris. Folia oblonga, 7,5—13 cm longa et ± $2\frac{1}{2}^{\text{plo}}$ angustiora, basi anguste plicata obtusa, apice in caudam rotundatam, costa rigida supra anguste sulcata excurrente mucronulatam, 5—10 mm longam angustata, coriacea, supra (sicca) olivacea subglabra, subtus ochrascentia, sparsiuscule strigillosa et laxe papillosa, nervis utrinsecus 5 (—6) obliquis, arcuatis, juxta marginem paulum incrassatum integrum anastomosantibus, subtus cum costa argute prominuis, venis transversalibus sparsis et venularum reti denso utrinque argute prominuis, subtus saepe rufis; petiolus crassiusculus, curvatus, 6—10 mm longus, teres, supra tenuiter sulcatus. Cymae secus ramos totos, pedunculis crassiusculis 2—8 mm longis, 2—4 cm latae, plerumque quinquies divaricate dichotomae, superne cum floribus alaribus, axibus pedunculos aequantibus, densissime strigosae; pedicelli subnulli usque vix ½ mm longi. Bracteae et bracteolae minutissimae, subulatae, saepe obsoletae. Calyx vix 1 mm longus, ad 2 mm diametro, herbaceus, intus glaber, lobulis acutiusculis. Corolla in alabastro obtusa, sulphurea, fragrans, 4,5—5 mm longa, fauce ultra

2 mm diametro, lobis apice breviter patulis, apiculo incurvo terminatis, intus pilis breviusculis crassis teneribus pubescentibus, extus densissime strigosa. Filamenta (sicca) aurantiaca; antherae ochraceae, ultra 1 mm longae. Gynoeceum rudimentarium dense strigoso-hirtum, stylo crasso apice truncato, dimidia stamina aequans. Fructus rubello-flavus, dulcis (e Tsiang).

SW-**H.**: Im Laubhochwald der str. Schlucht des Flusses bei Moschi se von Dsingdschou, Tonschiefer, 400 m, 1. VIII. 1917 (11039, Typus). **Kw.**: Pingdschou, in lichten Gehölzen, 15. IX. 1930 (Tsiang 7142). Kwanghsi: Miu-schan bei Intung in N-Lüdschen an der Grenze von **Kw.**, 900 m, im Gehölz selten, 20. VI. 1928 (Ching 6195).

Iodes Blume

I. vitiginea Hance. ** **var.** ***levitestis*** Hand.-Mzt. in Sitzgsanz. Ak. W. W., LVIII., 150 (1921).

Putamen levissimum nec lacunosum. Ovarii rudimentum floris ♂ hirtum (ut in typo speciei). *I. rugosa* Gagnep. ex eadem ac mea ditione nihil cum ea habet.

SW-**Kw.**: In der str. St. im Tale des Hwatjiao-ho am Wege von Dschenning nach Hwangtsaoba auf Kalk unter Tingdaoyin, 1100 m (10374 fr., Typus) und bei der Brücke, 580 m (10349 ♂), 20. VI. 1917. **Y.**: Bambusdschungel und Savannenwald der tr. St. flußaufwärts gegenüber Manhao s von Möngdse, Tonschiefer, 200 m, 1. III. 1915 (5843, steril, ob die var.?).

Gagnepain stellt in Fl. gén. Indo-Chine, I., 844 (1911) die Art als schwächer behaarte Varietät zu *I. ovalis* Bl., mit der er auch *I. tomentella* Miq. zusammenzieht. Seine Beschreibung bezieht sich auf diese. Nach Koorders, Exc.-Fl. v. Java, II., 532 sind die Früchte von *I. ovalis* noch nicht bekannt. Ihre Blattbehaarung ist aber eine ganz andere. *I. tomentella* ist darin *I. vitiginea* ähnlicher, aber viel weicher und abstehender behaart; die Früchte stimmen überein, aber die Blütenstände sind viel umfangreicher.

Hosiea Hemsl. et Wils.

H. sinensis (Oliv.) Hemsl. et Wils. SW-**H.**: Gebüsche der wtp. St. am Bache um den Tempel Gwanyin-go auf dem Yün-schan bei Wukang, Tonschiefer, 1180—1350 m (12077).

Coriariaceae

Coriaria L.

C. terminalis Hemsl. * var. ***xanthocarpa*** Rehd. et Wils. in Plt. Wils., II., 171 (1914). NW-**Y.**: Hochstaudenfluren und Bachgerölle in der tp. St. des birm. Mons. auf Schiefer und Granit, 3000—3150 m, 27° 58′—28° 2′, im Doyon-lumba am Salwin, 23. IX. 1915 (8313) und ober Schutsche am Taron (e Irrawadi-Oberlaufe) (9446).

Die zweite Nummer hat noch keine Früchte, wird aber aus geographischen Gründen auch zur Varietät gehören.

C. sinica MAX. Gebüsche und trockene Wälder, oft auch in trockenen Bachbetten meist gemein, selten in üppigeren Schluchtwäldern und in *Pteridium*-Wiesen in der wtp., seltener der str. St. **Y.**: 1300—2900 m. Überall um Yünnanfu (101, 1981, 6096, 13063) und auf dem Hochland über Tschuhsiung und Beyendjing (TEN 142, ex hb. Berol. 26) bis Hsinyingpan zwischen Yungbei und Yungning, ober Yüno n Ndaku und ober Losiwan se von Dschungdien, hier als ansehnlicher Baum. An der Bahn ober Pohsi. Schuidien s von Möngdse. Nach E über Loping bis Djiangdi. **S.**: Ebenso, aber spärlicher, bis Bögowan n von Huili, über Pudi bis Datung am Yalung. Kwapi und ober Datscho bei Wali. Woloho zwischen Yenyüen und Yungning. Muli. Lu-schan bei Ningyüen. Im S bei Nantschwan (BOCK u. ROSTHORN 173). **Kw.**: Viel spärlicher. Unter Taipinggai bis gegen Dschenning. Zwischen Nganschun und Nganping. Nanyo-schan bei Guiyang. Um Guiding und Madjiadwen. **H.**: Hsikwangschan bei Hsinhwa (11767) bis hinab nach Tangtiaotjiao, 150—650 m.

Nach den dünnen Griffeln und grünlichen jungen Zweigen (diese nicht an allen vorhanden) hierher gestellt. Die Frucht finde ich entgegen REHDER und WILSON eher größer als bei *C. nepalensis* WALL. Nach den dicken Griffeln wäre zu dieser MAIRE ex Arb. Arn. 307 aus NE-**Y.**: Täler und Hügel von Lagu, 2400 m zu stellen, aber ich stimme jenen Autoren bei, daß die Verschiedenheit sehr fraglich ist.

Rhamnaceae

Paliurus MILL.

P. orientalis (FRANCH.) HEMSL. p. p., em. REHDER in Journ. Arn. Arb., XII., 75 (1931) (*P. sinicus* C. SCHNDR. in Plt. Wils., II., 211 [1914]). Trockene Stellen der str. St., 1000—1300 m. **Y.**: Ober Lagatschang am Yangtse n von Yünnanfu (750). Beyendjing, Wälder bei Guti (TEN 348). **S.**: Zwischen Datung und Delipu am Yalung, 27° 43′ (2041).

P. ramosissimus POIR. NE-**Y.**: Laowatan im mittelchin. Fl., häufig (MELL.). S-**S.**: Nantschwan (BOCK u. ROSTHORN 599).

Ziziphus JUSS.

Z. mauritiana LAM., Enc. méth., Bot., III., 318 (1789) (*Z. Jujuba* [L.] LAM. 1789, non MILL. 1768). **Y.**: Gebüsche der str. St. auf Mergel, Sandstein und kristallinischen Gesteinen, 1050—1500 m. Am Yangtse zwischen Homöndschang und Bödschagwan n von Yünnanfu (769), im Flugsand bei Langgai, und von hier s über Yüenmou (5039) bis Dungdien, auch gepflanzt. Zwischen Hsingai und Matschang w von Huili.

* ? ***Z. glabrata*** HEYNE in ROTH, Nov. Pl. Sp., 159 (1821). **S.**: Dürre Gebüsche der str. St. auf Sandstein bei Dötschang im Djientschang, 1450 m, 4. IV. 1914 (1153).

Sterile, ziemlich reichlich bewehrte Triebe, die ich mit blühenden aus Kwanghsi (CHING 5395) für identisch halten muß, die ebenfalls ganz einzelne Dorne haben, sonst mit indischen Exemplaren stimmen.

Z. sativa GAERTN. (*Z. Jujuba* MILL. 1768, non (L.) LAM. 1789, cfr. REHD. in Journ. Arn. Arb., III., 220 [1922]). Trockene Hänge, Buschwälder, auch viel gepflanzt an Dörfern, 1060—2500 m. **Y.**: Ober Beyendjing (6230, var. ***inermis*** [BGE.] SCHNDR.). Hungngai se von Dali. Unter Datschang e von Yungbei. Ober Tschoutang bei Ndaku n von Lidjiang. Im E ober Hsiaodukou bei Yiliang (10121). **S.**: Ningyüen (1266). Um den Yalung am Wege von hier nach Yenyüen und unter Oti und Kwapi n von hier, sowie bei Lanba zwischen Huili und Yenyüen. **Kw.**: Hwanggoso, häufig.

Die Verwendung des Namens *Z. Jujuba* für diese Art verbietet Art. 51/4 der Nomenklaturregeln.

Z. montana W. W. SM. in Not. R. Bot. Gard. Edinbgh., X., 78 (1917), e typo. **S.**: Gebüsche der trockenen str. St. im Yalung-Gebiete n von Yenyüen, 2400—2600 m, ober Otang (2747) und ober Oti. **Y.**: Beyendjing, Wälder bei Guti (TEN 199).

Z. incurva ROXB. **Y.**: Feuchte Gebüsche der wtp. St. auf Sandstein bei Schuidsai nächst Djiangying ne von Dali, 2200 m (6441). Hierher auch FORREST 26621.

Durch weniger und etwas größere Blüten in kurz gestielten Cymen und länger zugespitzte Blätter vom *Z. yunnanensis* SCHNDR. verschieden.

Chaydaia PITARD

** ***C. crenulata*** HAND.-MZT. in Sitzgsanz. Ak. W. W., LVIII., 149 (1921). (Taf. IX, Abb. 166).

Syn.: *Berchemiella c.* (H.-M.) HU in Journ. Arn. Arb., VI., 142 (1925).

Frutex procerus, usque ad 7 m et interdum scandens (e CHING), ramulis glabris cinereis serius densissime et minute brunneo-lenticellatis. Gemmae minutissimae, ovatae, acutae, fuscae. Folia decidua, e basi rotundata subaequali lanceolata, sensim ± acuminata, 6—12 cm longa, longitudine vix 2½— ultra 3^{plo} angustiora, ramulorum infimis minoribus et apice ipso obtusis necnon emarginatis, toto margine minute crenulata, glaberrima, pergamena, dilute viridia, supra nitida, subtus subopaca sparse papillosa, costa supra anguste et profunde sulcata, nervis utrinsecus 5—10, infimis exilioribus subbasalibus, omnibus valde obliquis prorsus arcuatis secus marginem evanescentibus summis ad apicem ipsum percurrentibus, supra cum venis imprimis transversalibus prominulis, subtus cum costa argute prominuis, venis et venularum reti arctissimo hic atrius coloratis; petioli semiteretes, supra paulum sulcati, 4—8 mm longi; stipulae persistentes, subulatae, 2—3 mm longae, fuscae. Inflorescentiae terminales necnon ex axillis summis, 6—11 cm longae, simplices vel basi ramis paucis elongatis debilibus infimis interdum ex axillis foliorum normalium ortis auctae, totae cum bracteis et ± calycibus subtilissime velutinae. Fasciculi 10—15 flori, sessiles, inter se paulum distantes, bracteis 7—20 mm longis stipulatis, brevipetiolatis, lineari-oblongis, obtusissimis, ceterum foliis similibus, anthesi acropetale caducis suffulti. Pedicelli ± 2—5 mm longi, crassiusculi. Flores ☿. Alabastra utrinque acuta, aequilonga ac lata. Calyx ad dimidium in lobos 5 triangulares, 1 mm longos, acutos, intus phaeo-vittatos carinatos et medio appendiculatos, in flore erectos fissus, cupula tota disco crasso margine rotundato-decemlobo expleta. Petala calycis lobos subaequantia, ex ungue brevi lato orbiculari-obcordata, conduplicata, antheras filamentis late triangularibus insidentes ovatas 1/2 mm longas, acutiusculas, a latere complanatas cingunt. Ovarium crasse conicum, 1/2 mm longum, plumbeum, uniloculare, biovulatum; stigmata 3, ovato-conica, subsessilia. Fructus ovoideus, immaturus ad 8 mm longus, sesqui- usque subduplo angustior, brunneus, exocarpio longitudinaliter plicatulo.

Kw.: Gebüsche der wtp. St. bei Badschai, Sandstein, 950 m, 14. VII. 1917 (10758, Typus). Kwanghsi: Tannga e von Hudji, 550 m, in Gebüschen selten, 12. VII. 1928 (Ching 6407). Baimadschen bei Linyen. Gebüsche, gemein, 900 m, 4. VIII. 1928 (Ching 6683, 6691 fr.).

Etsi foliorum margo magis cum *Rhamnella* congruit et unacum notis indumenti hanc speciem a *Chaydaia tonkinensi* Pitd. et *Wilsonii* Schndr. amovet, tamen ob inflorescentiam certe *Chaydaia* est.

Die von Hu auf Grund meiner Beschreibung vorgenommene Überstellung zu *Berchemiella* Nak. ist nicht in jener, sondern in dem unverständlichen Latein Nakais begründet; auch nach Koidzumi (mündl.) gehört meine Pflanze nicht dazu. Ich sehe aber auch keinen Grund zur Abtrennung der Gattung *Berchemiella* und noch weniger zu ihrer Vereinigung mit *Berchemia*, die Koidzumi in Bot. Mag. Tok., XXXIX., 21 (1925) vornimmt.

Berchemia Neck.

B. racemosa Siebd. et Zucc., die Schneider erst 1920 in Gent. Herb., I., 35 für China angibt, liegt vor aus Tschili: Pingschan, Hänge von Huhuschui (Chanet 656). **F.**: Fudschou (Warburg 5970) und Kwangtung: Loktschong Bezirk (Tso 20613).

B. floribunda (Wall.) Brongn.: **Y.**: Mangan-schan bei Yünnanfu (Schoch). Im NE in Hecken bei Baörlgai, 750 m (Maire).

Der auffallende Unterschied zwischen Schneiders Gruppen in Plt. Wils., II., 218 in den Knospen liegt weniger in ihren Spitzen, denn jene von *B. Giraldiana* sind auch zugespitzt, als in ihrem in der ersten Gruppe gestutzten, in der zweiten runden Grund, der vielleicht mit der Ausbildung des Diskus zusammenhängt. *B. floribunda* hat die Blattunterseite über der Wachsschicht besonders längs der Adern dunkel gepunktet (drüsig?).

B. Giraldiana C. Schndr. Gebüsche der wtp. St. **Y.**: 1800 m. Unter Sangtang (398) und im Becken Hsiaodsang (554) n von Yünnanfu. **S.**: Lu-schan bei Ningyüen, 2300 m (1932). **SW-H.**: Wald des Yün-schan bei Wukang, 1170 m (12351).

Die Exemplare aus Yünnan, blattlos und mit verkümmerten vorjährigen Früchten, und jenes aus Setschwan mit wohlentwickelten solchen, aber ohne Knospen und mit jungen Blättern, die noch keine Papillen ausgebildet haben, sind fraglich. Hierher wohl einige der Notizen unter *B. yunnanensis.*

B. Huana Rehd. in Journ. Arn. Arb., VIII., 166 (1927). **H.**: Zerstreut in Gebüschen der str. und wtp. St. auf Kalk, 100—900 m, um Hsikwangschan bei Hsinhwa (11776) und herab bis Loudi, 5.—6. V. 1918 (12833).

B. hypochrysa C. Schndr. in Plt. Wils., II., 214 (1914). **Y.**: Beyendjing, Guti (Ten 263 p. p.). Im NW bei Lidjiang, v. E. (3964).

B. yunnanensis Franch., teste Gagnepain, e typo (*B. pycnantha* C. Schndr. in Ptl. Wils., II., 215 [1914]). **S.**: Gebüsche an Rändern von Erosionsgräben in der str. St. bei Dötschang im Djientschang, 1450 m (1144). Feuchte Gebüsche der wtp. St. ober Datscho am Yalung n von Yenyüen, 2400—2800 m (2578). NE-**Y.**: Hecken und Gebüsche der Hügel bei Dungtschwan, 2550 m (MAIRE). **Ki.**: Am Wege bei Tjingan (Plt. sin. 270).

Die Notizen, nach denen *Berchemia* von diesem Typus auf dem ganzen Hochland von **Y.** gemein ist im E bis Daschan e von Yiliang und im NW bis Yungning und ober Mujendu w des Nordendes der Yangtse-Schleife, und in **S.** bei Muli vorkommt, beziehen sich wohl teilweise auf *B. Giraldiana* und *floribunda*.

Das Fehlen der folgenden Art ähnelnder Pflanzen im Gebiete dieser veranlaßte mich, Herrn Dr. GAGNEPAIN zu fragen, ob sich die Angabe der Nervenzahl durch FRANCHET auf eine Blatthälfte beziehe, da seine Beschreibung sonst vollkommen auf *B. pycnantha* stimmt, worauf er mir dies und die völlige Identität freundlichst bestätigte. Die *B. flavescens* Sikkims ist damit anscheinend auch identisch. Eine Probe des WALLICHschen Originals dieser Art, die mir H. Direktor HILL freundlichst sandte, zeigt 13 Nervenpaare. Die vom Autor hervorgehobene, schließlich eintretende gelbe Färbung ist an dem alten Material nicht mehr zu erkennen. Sonst stimmt sie mit jener aus Sikkim, die sicher keine gelbe Färbung hat, überein. FABERS von SCHNEIDER erwähnte Nr. 199 habe ich nicht gesehen.

B. polyphylla WALL. (*B. yunnanensis* C. SCHNDR. in Plt. Wils., II., 216, non FRANCH. var. *trichoclada* REHD. et WILS., l. c., 217 [1914]. — *B. trichoclada* [R. et W.] HAND.-MZT. in Sitzgsanz. Ak. W. W., LVIII., 149 [1921]) ** **var. *trichophylla*** HAND.-MZT.

Folia quoque subtus dense pilosa.

E-**Y.**: Gebüsche der wtp. St. des mittelchin. Fl. mehrfach von Loping bis Bantjiao, Kalk, 1500—1600 m, 12. VI. 1917 (10162).

— — ** **var. *leioclada*** HAND.-MZT. (*B. trichoclada* var. *leioclada* HAND.-MZT., l. c. — *B. yunnanensis* SCHNDR., l. c., non FRANCH.).

Planta tota glaberrima.

S-**Y.**: In str. Gebüschen bei Asandschai s von Möngdse, 1350—1700 m (6044). SW-**H.**: Gebüsche der str. St. überall von Dsingdschou bis Pingtschaso, 350—600 m (11000).

Die Art ohne Berücksichtigung der Behaarung überall zerstreut in **Kw.** e von Guiding und in SW-**H.** um Wukang bis Dungngan und Gaoscha-se.

Die Feststellung dieser Pflanze in S-Yünnan veranlaßte mich, *B. polyphylla* zu vergleichen. Ich erhielt dazu aus Kew LACES Nr. 3204 vom Maymyo-Plateau. Sie ist in der Tat völlig identisch, nur spärlich behaart, besonders in der Infloreszenz; die Haare sind vom gleichen Typus. Die größeren Formen von *B. lineata* (L.) DC. (KRONE aus Kwangtung; FORTUNE 139) sind im Habitus ähnlich, haben aber fast sitzende Blätter und wesentlich schmälere Knospen. *B. sinica* C. SCHNDR. in Plt. Wils., II., 215 (1914) hat dünnere und glanzlose Blätter. Das Wiener Exemplar von WILSON 3385 gehört hierher.

Von dieser verschieden ist eine Pflanze aus Tschekiang (CHING 1456, 1783) durch viel länger und dünner bespitzte Knospen, sehr spitze Kelchzipfel und kürzere, wenngleich ebenfalls dünne Blattstiele. Sie dürfte in die Variationsweite der * *B. formosana* C. SCHN., l. c., 220 fallen. In SCHNEIDERS Schlüssel ist etwas ausgefallen.

Rhamnella Miq.

R. Martini (Lévl.) Schndr. in Plt. Wils., II., 225 (1914) (*Rhamnus yunnanensis* Heppeler in Notizbl. Bot. Gart. Berl., X., 343 [1928]). Trockene Gebüsche und Wälder der str. und wtp. St. SW-**Kw.**: Felskante bei Hwangtsaoba, 1400 m (10285) und bei der Karstquelle von Ahung ne von hier. **Y.**: Tschang-tschung-schan bei Yünnanfu, 2200 m (Schoch 136). **S.**: Ober Otang unter Kwapi n von Yenyüen, 27° 57', 2600 m (2742).

R. Forrestii W. W. Sm. in Not. R. Bot. Gard. Edinbgh., X., 62 (1917). NW-**Y.**: Gebüsche und trockene Wälder der str. und wtp. St., 2100—2650 m. Haba se von Dschungdien, 2. VIII. 1914 (4416). Von Bölo am oberen Yangtse bis Ronscha am Tjiu-tschu, 27° 43—46' (8809).

Nicht ganz kahl, sondern mit äußerst feiner, abstehender Behaarung, wie auch Forrest 20516 und an manchen Stellen F. 14300, die beide etwas gröbere und dunklere Blätter haben.

Sageretia Brongn.

S. subcaudata C. Schndr. in Plt. Wils., II., 228 (1914). Hand.-Mzt. in Sitzgsanz. Ak. W. W., LVIII., 148 (1921). **H.**: Gebüsche der wtp. St. um Hsikwangschan bei Hsinhwa (12649) und zerstreut in die str. St. bis Loudi, 100—750 m. S-**S.**: Nantschwan (Bock u. Rosthorn 844?, steril).

Descriptio floris: Bracteae et bracteolae crustaceae, triangulari-subulatae, ad 1 mm longae, extus tomentellae, intus glabrae, purpureo-brunneae. Flores singuli vel 2—3^{ni} glomerulis saepe confluentibus, ochracei, late urceolati. Calyx extus crispule pubescens, $\pm$ 1,5 mm longus, lobis triangularibus, supra glabris, petalis glabris obovatis saepe emarginatis sesquilongior. Filamenta petalis inclusa; antherae albidae $1/_3$ mm longae, triangulari-ovatae, acutae.

** ***S. latifolia*** Hand.-Mzt.

Frutex scandens, inermis, ramulis juvenilibus ut petioli fulvo-tomentosis, dein $\pm$ glabrescentibus, cinereis, costatis. Folia subopposita, late ovata vel elliptico-ovata, 2—8 ½ cm longa et subaequilata usque duplo angustiora, basi leviter cordata vel subtruncata vel rotundata, apice breviter et late acuminata vel acutiuscula tantum, margine minute serrulata, sicca chartacea, decidua, supra cinereo-tomentella mox nervis tantum floccosa sublucida atroolivacea, densissime reticulata subtus adpresse fulvido-tomentosa vix sponte calvescentia; costa nervique 6—8^{ni} obliqui antice paulum arcuati supra anguste impressi, subtus ut trabeculae tenuiter prominui; venularum rete hic pallidum; petiolus ½—1 ½ cm longus, crassus. Paniculae axillares et terminales, sub fructu amplae, pyramidales, bis ramosae, 20—40 cm longae, laxae, fulvido-pubescentes, dein glabrescentes. Flores sessiles. Calyx pubescens, sepalis anguste triangularibus ad 1 mm longis. Petala persistentia iis multo minora. Antherae obtusae. Fructus globosus, c. 5 mm diametro, fuscus, carnosus.

Y.: Buschwald der untersten wtp. St. bei Dschung-tsun e des Dsolin-ho, Sandstein, 1650 m, 30. IV. 1915 (6174).

Proxima certe *S. omeiensi* C. Schndr. quae e descriptione differt indumento cano nervis subtus glabrescentibus.

Die Unterschiede gegenüber der mir nicht zugänglichen *S. omeiensis* sind nach der Beschreibung gering, aber auch pflanzengeographische Gründe sprechen für Verschiedenheit.

S. compacta DRUMM. et SPRAGUE. **Y.**: In der wtp. St. im *Keteleeria*-Walde beim Tempel Djindien-se nächst Yünnanfu, Mergel, 2050 m (362). Beim Dorfe Yanglin (SCHOCH 357). Sangtang n von Yünnanfu. Im NW im Mekong-Tale, 28° 12′ (FORREST 14720) und am Yangtse ober Keluwan sw von Dschungdien und bei Mujendu an seinem Zuflusse e von Dschungdien. **S.**: Wohl diese in der str. St., 2300—2600 m. Muli. Otang unter Kwapi n von Yenyüen. Kwanghsi: Ludschen (CHING 5338). W-Hubei: Paokang (WILSON, Veitch. Exp. 409).

FORRESTs Pflanze ist etwas kahler als jene von Yünnanfu.

S. paucicostata MAX. Syn.: *S. tibetica* PAX et K. HOFFM. in Rep. sp. n., Beih. XII., 436 (1922), e typo, sicher nach der Variationsweite der besser bekannten Arten.

S. theezans (L.) BRONGN. Trockene Hänge der str., selten der wtp. St., 900—3000 m. SW-**Kw.**: Falang in der Schlucht des Hwatjiao-ho (10382). **Y.**: Zwischen Djitien und Datji se von Yünnanfu. Unter Djiunienping jenseits Fumin (6150). Ober Lagatschang am Yangtse n von Yünnanfu (728). Im NW an diesem von Schigu w von Lidjiang aufwärts gemein. Ober Londjre am Mekong, 28° 11′ (8176).

Blätter bald groß (4 cm lang), ausgerandet, bald klein und rund oder spitz, an Pflanzen aus Kwangtung (KRONE) auch nur um 2 cm, bei WILSON 3341 nur um 1½ cm lang. Nerven an 6150 jederseits bis 6. Nr. 8176 sehr kahl, nur mit ganz spärlichen Filzhaaren, ohne Börstchen.

— — * var. ***tomentosa*** C. SCHNDR. in Plt. Wils., II., 228 (1914). Trockene Stellen der str. bis in die wtp. St., 1300—2350 m. **S.**: Zwischen Datung und Delipu am Yalung, 27° 43′, 8. V. 1914 (2045). **Y.**: Tie-tsun ober Bintschwan e von Dali (6338, annähernd). Im NW in der Yangtse-Schlucht e von Lidjiang (3404). Djiho n von Hodjing.

Bei Nr. 6338 überdeckt der Filz die sammtig-borstelige Behaarung, die zu allerletzt allein übrig bleibt. 3404 zeigt nur die Filzhaare reichlich, so auch ein Exemplar aus Kunawar (THOMSON *Sag.* 5). 2045 hat die Blüten teils achselständig, teils in dichten Ähren, doch fehlen ihr endständige Rispen. Nordchinesische Pflanzen (LICENT 1155, 1170, 2012) haben ebenfalls beide Haartypen und oft nur 3 Nerven jederseits, erinnern dadurch an *S. paucicostata* MAX. LICENT 2031 wieder hat bis zu 6 Nervenpaare. Zur Abgrenzung der genannten Art, sowie zur Beurteilung der *S. Chaneti* (LÉVL.) C. SCHNDR., l. c. und eventuellen Abtrennung einiger der kleinblätterigen Formen als eigene Arten bedarf es noch viel größeren Materials. Einen Übergang zur folgenden Art scheint FORREST 19899 darzustellen; sie hat gleichzeitig noch reduziertere Infloreszenzen als meine Nr. 2045.

S. pycnophylla C. SCHNDR. in Plt. Wils., II., 226 (1914). NW-**Y.**: Gebüsche an der Grenze der str. und wtp. St. zwischen Bödö und Waschwa se von Dschungdien, Kalk, 2500 m (4452). In derselben Gegend (FORREST 20556 als *S. theezans*).

Blätter ± schmal eiförmig. Wenn man die gleiche Veränderlichkeit der Blattform annimmt, wie sie *S. theezans* zeigt, entschieden hierher gehörig. Von dieser verschieden durch dickere, viel weniger netzaderige, glanzlose Blätter. *S. horrida* PAX et HFFM. in Rep. sp. n., Beih. XII., 436 (1922) ist eine gute, durch völlig ganzrandige Blätter ausgezeichnete Art.

Rhamnus L.

R. Henryi C. Schndr. in Plt. Wils., II., 244 (1914), teste Rehder e typo. NW-Y.: Im str. Regenwalde und Buschwerk des birm. Mons. auf Schiefer und Granit, 1725—2150 m, unter Niualo ob Tschamutong am Salwin (9568) und in der Seitenschlucht Naiwanglong des Irrawadi (9396).

R. crenatus Siebd. et Zucc. Gebüsche der str. und wtp. St., 50—1300 m. H.: Tschangscha, um Wukang und Dsingdschou gemein durch Kw.: bis Guiyang und zerstreut zwischen Nganping und Tschingdschen (10463).

R. Esquirolii Lévl. in Rep. sp. n., X., 473 (1912). C. Schndr. in Plt. Wils., II., 233. Kw.: Schattige Gebüsche und Wälder der wtp. St. auf Sandstein, 800—1200 m. Zwischen Guiyang („Kweiyang") und Gwanyinschan (10600). Madjiadwen se von Guiding (10650). Maotsaoping zwischen Duyün und Badschai (10747). S-S.: Nantschwan (Bock u. Rosthorn 221).

** ***R. nigricans*** Hand.-Mzt. in Sitzgsanz. Ak. W. W., LXII., 234 (1925). (Taf. IX, Abb. 5).

Subgen. *Eurhamnus* Dipp.

Frutex magnus, dioicus, ramulis tenuibus minute lenticellatis, foliorum cicatricibus elevatis, junioribus cum panicularum rhachidibus crassis brevissime hirtello-velutinis. Folia dispersa, inaequalia, praesertim inferioribus minoribus, elliptica, 2—11 cm longa, longitudine tertia parte usque plus duplo angustiora, interdum obliqua, breviter caudata, basi rotundata, margine fulvo-cartilagineo reflexo crebre serrulato-crenata hydathodibus minutis inflexis, sicca chartacea, nigricantia, pauca hiemantia, supra nitidula et minute granulata, subglabra, costa valde, nervis 6—7^{nis} valde obliquis proxime margini arcuato-anastomosantibus vix, trabeculis venisque $\pm$ transverse laxe reticulatis demum anguste impressis, subtus omnibus paulum prominuis et hic illic cum lamina albido-pubescentibus; petiolus lamina $\pm$ 7^{plo} brevior, teres, supra anguste et profunde sulcatus puberulus. Stipulae fugacissimae (vel ad pulvini auriculas minutissimas reductae?). Florum ad 6natorum viridium glomeruli sessiles in paniculas spiciformes raro breviter pauciramosas rariusque folium parvum unum alterumve gerentes brevistipitatas foliis axillares singulas densas vel interruptas 1½—8 cm longas compositi. Bracteae minutae, triangulares, fugacissimae. Pedicelli crassiusculi, usque ad 1½ mm longi, sicut calyces ad 4 mm diametientes, infra dimidium in lobos 5 anguste triangulares fissi puberuli. Petala lobis subduplo minora, oblonga, carnosula. Stamina flava, iis breviora, filamentis tenuibus antheras orbiculares aequantibus. (Flores ♀ fructusque ignoti.)

Y.: Üppiger Schluchtwald der str. St. zwischen Tschalaschao und Hwangtsaoschao unter Beyendjing, Kalkschiefer, 1800 m, 15. V. 1915 (6311, Typus). Im birm. Mons. in Gebüschen an Bächen in der Schweli—Salwin-Scheide, 25° 48', 2730 m, VII. 1924 (Forrest 24734).

In affinitate vix extricata *R. nepalensis* Wall. indumento paniculisque compactis insignis. Simillimus iis *R. Esquirolii* Lévl., sed stipulis bracteisque deciduis et foliis diversissimo modo crenatis. *R. paniculiflorus* Schndr. differt foliis subintegris vel minute et indistincte dentatis, pedicellis ad 4 mm longis.

R. paniculiflorus C. Schndr. in Plt. Wils., II., 233 (1914). SW-Kw.:

Dürre Gebüsche der wtp. St. auf einer Kalkfelskante bei Hwangtsaoba, 1400 m (10291). **F.**: Fudschou (WARBURG 5965).

Blattstiele nicht immer ganz kahl.

? ***R. Bodinieri*** LÉVL. in Rep. sp. n., X., 473 (1912). SCHNDR. in Plt. Wils., II., 246. SW-**Kw.**: Dürre Gebüsche der wtp. St. unter Tingdaoyin über dem Hwatjiao-ho, Kalk, 1100 m (10365, steril).

R. Hemsleyanus C. SCHNDR., l. c., 234 (1914). NW-**Y.**: Kalkfelsen in den tp. Wäldern am Yülung-schan ober Ngulukö bei Lidjiang, 3400 m (6649).

R. Rosthornii PRITZ. **S.**: Häufig in Gebüschen der str. St. zwischen Ningyüen und Dötschang im Djientschang, Sandstein, 1500—1650 m (1878). **Y.**: Überall gemein in Hecken an der Straße von Yünnanfu nach Dali, wtp. St. (MELL). Im NE in der Ebene von Dungtschwan, 2500 m (MAIRE ex Arb. Arn. 178). Wohl dieser beinahe reine Bestände bildend auf rotem Sandstein unter Loheitang n von Wuding.

Nicht immer kahl, sondern BOCK u. ROSTHORN 512 hat besonders an Blattstielen und Blattoberseite spärlich und sehr kurz dieselbe dünne abstehende Behaarung, die an MELLs Pflanze reichlich ausgebildet ist. Blattstiel auch am Typus bis 6 mm lang, an demselben Zweig sehr wechselnd. Von WILSON, Arn. Arb. Exp. 872 (von zwei verschiedenen Fundorten) gehört das Wiener blühende Exemplar hierher, das fruchtende Stück aber zum folgenden. Ob sie auf Grund der Blattform wirklich spezifisch verschieden sind, scheint mir sehr fraglich.

R. Leveilleanus FEDDE in Rep. sp. n., X., 272 (1911) (*R. Cavaleriei* LÉVL. 1911, non 1910). Dornbusch an felsigen Stellen der wtp. und oberen str. St. auf Kalk, 1750—2000 m. SW-**Kw.**: Gaotscha w von Hwangtsaoba (10260). E-**Y.**: Zwischen Schuitang und dem Yangdung-hai se von Yünnanfu (10110). **S.**: Ober Lumapu am Zuflusse des Yalung von Yenyüen, 27° 37′ (2058).

R. leptacanthus C. SCHNDR. in Plt. Wils., II., 236 (1914) (*R. Gilgianus* HEPP. in Notizbl. B. G. Berl., X., 343 [1928], e typo). NW-**Y.**: Üppige Gebüsche der tp. St. um den Sattel des Berges Lamatso w des Nordendes der Lidjianger Schleife des Yangtse, Kalk, 3200 m (7596).

Fructus (adhuc indescriptus) subglobosus, 4—5 mm diametro, fuscus. Semina oblique ellipsoidea, rotundata, brunnea, toto dorso sulco angusto longitudinali percursa.

R. leptophyllus C. SCHNDR. Gebüsche und Hartlaubwälder der str. und wtp. St. auf Sandstein, Tonschiefer und kristallinischem Boden. **H.**: 100 bis 300 m. Yolu-schan bei Tschangscha. Dungtai-schan bei Hsianghsiang (12741). **S.**: Schasung unter Dötschang im Djientschang, 1450 m (1081). Nantschwan (BOCK u. ROSTHORN 245 als *R. tinctorius* W. et KIT.). NE-**Y.**: Ebene und Hügel von Dungtschwan, 2500—2600 m (MAIRE).

— — var. ***scabrellus*** REHD. in Journ. Arn. Arb., IX., 93 (1928). SW-**H.**: Im wtp. Laubhochwalde des Yün-schan bei Wukang, Tonschiefer, 850—1300 m (12042).

* ***R. virgatus*** ROXB., Fl. Ind., II., 351 (1824). Trockene Wälder und Gebüsche, oft aber auch an Bächen, selten an Steppenhängen in der wtp. und tp., seltener bis in die str. St., 1700—3400 m. **Y.**: Hsi-schan bei Yünnanfu (8633). Djiunienping jenseits Fumin (6151). Gemein an der Straße nach Dali. Im NW

an der Ostseite des Yülung-schan bei Lidjiang, V. 1910 (FORREST 5576). Um Dschungdien und ober Anangu se von hier (7696). Im birm. Mons. zwischen Schweli und Salwin, 25° 20′ (FORREST 17508). Im E überall e von Yiliang. **S.**: Ober Helugö (2472) und massenhaft bei Datiaoku unter Kwapi n von Yenyüen, 28° 2′. Ober Gaoyao bei Ningyüen (1317).

Blätter an 2472 beiderseits reichlich kurzhaarig, ebenso im NW-Himalaya, 4—7000′ (THOMSON). Stärkere Zweige fast kirschrot an 1317, ebenso bei Simla (ANDERSON 415). WALLICH 4260 B hat die jungen Zweige nur sehr schwach behaart. *R. leptophyllus* var. *milensis* C. SCHNDR. in Plt. Wils., II., 250 (1914) ist mit langen Blattstielen beschrieben, mag aber beide Arten verbinden.

R. lamprophyllus C. SCHNDR. **SW-H.**: Im schattigen wtp. Laubhochwalde des Yün-schan bei Wukang, Tonschiefer, 850—1300 m (12033).

R. utilis DECNE. Gebüsche der str. bis in die wtp. St., 60—1100 m. **H.**: Überall zwischen Daolin und Daloping nw von Hsianghsiang (11718). Lintji bei Hsikwangschan. Zwischen Dungngan und Hsinning. Yün-schan bei Wukang (Plt. sin. 261). **Kw.**: Gemein um Badschai, Duyün, Madjiadwen. Tschwenning-schan bei Guiyang (10555). **S-S.**: Nantschwan (BOCK u. ROSTHORN 557 als *R. crenatus* S. et Z.).

NB.: Die Angabe von *R. chlorophora* „KOEHNE“ (statt DECAISNE) für Yünnan durch HEPPELER in Arch. d. Pharm., 1928, 175 ist falsch; das Exemplar ist ein *Ilex*.

Hovenia THBG.

H. dulcis THBG. Wälder der wtp. bis an die str. St., 550—1350 m. **W-F.**: Tienhwa-schan w von Dingdschou (Plt. sin. 402). Unter Tungdjiapai bei Hsikwang-schan. Yün-schan bei Wukang (12186). **Kw.**: Überall zwischen Gudschou und Liping (10951) und überall bis unter Madjiadwen se Guiding. Häufig um die Dörfer zwischen Dschenning und Muyu (10412). **Y.**: Auf dem Markt in Yün-nanfu verkauft (8602), angeblich aus Kulturen bei Djüdjing.

Vitaceae

Vitis L.

** ***V. Chungii*** METC. in Lingn. Sci. Journ., XI., 102 (1932). **W-Ki.**: Um das Kohlenbergwerk Pinghsiang, c. 600 m, Frühjahr 1920 WANG-TE-HUI (Plt. sin. 160).

Ad descriptionem addenda: Folia ramulorum inferiora saepe late ovata („lanceolata“ in speciminibus meis nulla nuncupanda), minima illa 2½ cm tantum longa. Paniculae rhachis papilloso-puberula.

Die Verwandtschaft der Art möchte ich einerseits bei *V. pentagona*, anderseits bei *V. Wilsonae* VEITCH in Gard. Chr., ser. 3., XLVI., 236 (1909); REHD. in Journ. Arn. Arb., XIII., 339 (*V. reticulata* PAMP., non [THWAIT.] LAWS.) und *V. Balansaeana* PLANCH. suchen, keineswegs bei der merkwürdigen, auch von FABER bei Ningpo gesammelten *V. Hancockii* HCE., mit der sie METCALF durch den Vergleich mit der mir unbekannten *V. Tsoii* MERR. in Beziehungen bringt.

V. pentagona Diels et Gilg **var. *bellula*** Rehd. in Plt. Wils., III., 428 (1917). **H.**: In der wtp. St. in Gebüschen bei Hsikwangschan, Sandstein, 600 m (11924) und im Laubhochwalde des Yün-schan bei Wukang, Tonschiefer, 820—1150 m (11151; Plt. sin. 267).

Plt. sin. 267 hat unterseits aschgrauen Filz, mehr ausgeschweifte Zähnung und hier und da zwei schwache Seitenlappen, erinnert dadurch an var. *honanensis* Bail., in Gent. Herb., I., 36 (1920).

V. parvifolia Roxb. (*V. flexuosa* Thbg. var. *p.* [Roxb.] Planch. in Bull. Soc. Bot. Fr., XXXIII., 458 [1886]). Gebüsche und Buschwälder der str. und wtp. St. **Y.**: 1000—2350 m. Unter Djiunienping jenseits Fumin bei Yünnanfu (6137). Ober Lagatschang in der Yangtse-Schlucht n von hier (729). Häufig an der Straße nach Dali und n von ihr um Piendjio und Hwangdjiaping. Im NW bei Ladsagu zwischen Lidjiang und Dschungdien. **S.**: S ober Lumapu am Yalung, 27° 37′ (2082). Seitental des Djientschang am Wege nach Huili (1041). Sikwai im Lolo-Lande e von Ningyüen (1647). **H.**: Um Hsikwangschan (11754) und bis Tschangscha, 50—700 m.

Die viel entferntere, geschweiftere Zähnung und der mehr dreieckige Umriß der stets kleineren Blätter unterscheiden die Art gut von *V. flexuosa* Thbg. Diese hat in China die Blätter unterseits auf den Nerven bald stark schülferig rauh, bald nur spinnwebhaarig, bald beides gemischt und meist kleiner gezähnelt, als viele japanische Pflanzen, doch kommen übereinstimmende dort vor (Hakone, leg Tschonoski). Die mittelchinesische *V. parvifolia* ist etwas stärker behaart als jene aus Yünnan und dem Himalaya, die aber auch nicht, wie Planchon sie nennt, „glaberrima“ ist. Sie wurde auch von Faber (wo?, stark gemischt erhalten), von Wilson bei Batung (Veitch Exp. 344) und von Tso (553) in Kiangsu gesammelt.

V. bryoniifolia Bge. Trockene Hänge, Hecken und Gebüsche der str. und wtp. St., 1400—2600 m. **S.**: Lu-schan bei Ningyüen (Schneider 874), Unter Delipu am Yalung sw von hier (Schn. 1390). **Y.**: Im NW bei Lidjiang, v. E. (13093). Am Aufstieg von Langtjiung zum Sunggwe-Paß (Forrest 19392). Wo? (Maire 827/1914). Im NE bei Dungtschwan (Maire ex Arb. Arn. 377; distr. Bonati 6201). Tschoudjiadsetang (M., d. B. 7269 B).

Mit Licent 1744 aus Mittel-Schanhsi und mit der Originalbeschreibung stimmend. Von *V. Thunbergii* Siebd. et Zucc. durch spärliche, aber grobe Haare, die manchmal, besonders auf den Rippen, von braunen Spinnwebhaaren überzogen sind, wesentlich verschieden.

? ** ***V. parvifolia*** Roxb. × ***bryoniifolia*** Bge. **Y.**: Hang des Mangan-schan bei Yünnanfu, Sandstein der wtp. St., 26. V. 1916 (Schoch 27).

Ausgesprochen zwischen beiden Arten stehend. Ob vielleicht wenig eingeschnittenblätterige *V. bryoniifolia*?

V. lanata Roxb. Dürre Gebüsche, Gehängeschutt, aber auch häufig in üppigen Buschwäldern, manchmal an Bächen in der str. und wtp. St., 750 bis 2800 m. **Y.**: Unter Beyendjing. Um Yungbei bis Duinaoko und Dschaoping. Im NW über dem Yangtse bei Dschadse w von Yungning, Ladsagu nw von Lidjiang und unter Meti sw von Dschungdien. Am Mekong unter Yedsche und zwischen Tsedjrong und Serä. Im E überall e von Yiliang und im mittelchin. Fl. häufig zwischen Bantjiao und Djiangdi (10232). Im NE bei Baörlgai

(MAIRE). S.: W von Yungning bei Djisö und Datu im Gebiete von Muli (7535). Unter Yiwanschui am Wolo-ho. Ober Lumapu am Zuflusse des Yalung gegen Yenyüen, 27° 40′ (2107) und im Tale von Siwanho s von dort. Schao-schan se von Ningyüen (1340) und ober Sikwai gegen den Soso-liangdse im Lolo-Lande (1738).

Nr. 2107 war ich geneigt, zu *V. trichoclada* DIELS et GILG zu stellen, da der Filz besonders der jüngeren Blätter mehr weiß ist. Alle andern Exemplare haben ihn jetzt braun, doch notierte ich die Pflanze immer als unten weißfilzig, so auch MAIRE bei seinem Exemplar. 2107 hat aber die Blätter stärker gezähnt, als typische *trichoclada*, und teilweise Lappung angedeutet. Die Nummer stimmt mit einer von FABER (wo?) gesammelten Pflanze und WILSON, Veitch Exp. 851 p. p. (gemischt mit *V. pentagona*) von Nanto überein. Die Grenze der beiden Arten scheint etwas verwischt zu sein.

** ***V. adenoclada*** HAND.-MZT. in Sitzgsanz. Ak. W. W., LXII., 145 (1925).

Frutex magnus scandens, ramulis longis, junioribus succosis teretibus et cinereo-araneosis et setis glandulosis fuscopurpureis persistentibus indutis, vetustis brunneis. Cirrhi hic illic ramis oppositi vel paniculae ramum infimum substituentus simplices vel bifidi. Folia late cordata, antice paulum sinuata vix subtrilobata, 7,5—13 cm longa et aequilata vel paulo angustiora, acuta vel breviacuminata, sinu basali aperto, circumcirca late sinuato-denticulata, herbacea, saturate viridia, supra primum araneoso-floccosa, subtus tenuiter et compacte primum ochrascenti- demum cinereo-tomentosa; costa nervique basales utrinque 2 extus valde ramosi illiusque secundarii 5—6^{ni} obliqui supra rubescentes, subtus paulum prominui et glabriusculi tomento crassiore et ochrascente autem marginati; petiolus inferiorum laminae $^2/_3$, superiorum $^1/_4$ aequans. Paniculae juveniles ad 8 cm longae, anguste pyramidatae, axibus ochraceo-tomentosis, bracteis subglabris, brunneo-scariosis, lanceolatis, ad 3 mm longis, alabastris fasciculatis.

H.: Gebüsche der wtp. St. bei Hsikwangschan nächst Hsinhwa, Kalk, 600 m, 13. V. 1918 (11819).

Proxima *V. trichoclada* DIELS et GILG glandulis deficientibus differt. Quae *V. Romaneti* ROM. admonent foliis subtus praeter floccos araneosos pilis longis et strictis vestitis diversam.

Da Auftreten von Drüsen bei anderen Arten nicht bekannt ist, muß die Pflanze derzeit als Art betrachtet werden.

V. Piasezkii MAX., teste REHDER. **H.**: Gebüsche der wtp. St. auf Kalk bei Hsikwangschan, 650 m (11765).

Auffallend durch viele 5zählige Blätter an Stielen von Spreitenlänge, mit lanzettlichen, nur bis 1½ cm breiten, sehr spärlich ausgeschweift gezähnten Blättchen mit teilweise gerundetem Grunde an bis 1 cm langen Stielchen, doch bilden nach REHDER (briefl.) WILSONS Nr. 1070 (das Wiener Exemplar kaum!), HENRY 6479 und ein Fruchtexemplar von WILSON 126a den Übergang zu den bekannten Formen.

V. Davidi (ROM.) FOËX. In Gebüschen der wtp. St., 600—1000 m. **H.**: Überall um Hsikwangschan (11935). **Kw.**: Ebenso zwischen Duyün und Gudong (10688).

V. vinifera L. **E-Kw.**: Gepflanzt in der str. St. bei Gudschou, 300 m.

Tetrastigma (Miq.) Planch.

T. obtectum (Wall.) Planch. in Bull. Soc. Bot. Fr., XXXIII., 458 (1886) **var. *pilosum*** Gagnep. in Not. Syst., I., 323 (1910). An Bäumen und Felsen kletternd in der str. und wtp. St., 1700—2600 m. **Y.**: Massenhaft zwischen Dali und Langtjiung. Im NW im birm. Mons. bei Bahan (9022) und Tjionatong, leg. P. Genestier (9947) am Salwin. **S.**: Zwischen Banbiengai und Schenhsienling im Seitentale des Djientschang gegen Huili (1039).

— — **var. *trichocarpum*** Gagnep., l. c. **S.**: An bebuschten Kalkfelsen der str. St. s ober Lumapu im Seitentale des Yalung, 27° 37′, 1950 m (2063).

T. yunnanense Gagnep., l. c., 270 **var. *triphyllum*** Gagnep., l. c., 271 **f. *hirtum*** Gagn., l. c., 322 (1910). **Y.**: Kalkfelsen der wtp. St. bei den Tempeln am Hsi-schan bei Yünnanfu, 2250 m (354).

— — — — **f. *glabrum*** Gagnep., l. c., 322. **Y.**: Kalkfelsen am Pudu-ho zwischen Magai und Hsinlung n von Yünnanfu (Schneider 306).

Die Art offenbar auch in **Y.**: Bei Aschantschwan unter Alaodjing e des Dsolin-ho, gegenüber Dawan zwischen Yungbei und Lidjiang und in **S.**: Bei Ningyüeń.

T. planicaule (Hook.) Gagnep., l. c., 319 (1910). **S-Y.**: Im tr. Regenwalde ober Yaotou zwischen Möngdse und Manhao, Kalk, 1150 m (6016).

T. serrulatum (Roxb.) Planch. in Bull. Soc. Bot. Fr., XXXIII., 432 (1886). Gebüsche und trockenere Mischwälder der wtp. St. auf Sandstein und Phyllit, 2300—2800 m. **NW-Y.**: Unter Schuba zwischen Yangtse und Mekong, 27° 45′ (8817). **S.**: Kwapi n von Yenyüen (2776). Lu-schan bei Ningyüen (1927). Im W am Omei-schan (Faber).

Wird von Gagnepain, l. c., 315 unter die Arten mit nicht gehörnten Petalen gestellt; ich muß aber auch nach allen indischen Exemplaren, auch solchen Nummern, die er zitiert, Planchons Angabe bestätigen, daß sie mehr oder weniger gehörnt sind. Nr. 1927, im Mai an geschützter Stelle gesammelt, hat noch reichlich überwinterte Blätter.

* ***T. dubium*** (Laws.) Planch. in DC., Mon. Phan., V., 437 (1887) (*Vitis dubia* Laws. in Hook., Fl. Brit. Ind., I., 661 [1875]). **S-Y.**: In tr. Bambusbeständen und Savannenwäldern flußaufwärts gegenüber Manhao, Tonschiefer, 200 m, 1. III. 1915 (5861).

Da die Petalen entgegen Gagnepains Angabe in Not. Syst., I., 265 auch an unserem ♂ Zweig von Hooker 41 behaart sind, ist die Verschiedenheit seines *T. Henryi* fraglich. Die Blütenstiele meiner ebenfalls ♂ Pflanze sind kaum länger als die Korollen, an Hookers Pflanze mindestens zweimal so lang, also wie sie vom ♀ *T. Henryi* beschrieben werden. Hookers blühender Zweig hat genau dieselben gekerbten Blättchen wie meiner, der beiliegende sterile die von Lawson beschriebenen fast eingeschnitten gesägten.

Parthenocissus Planch.

P. tricuspidatus (Siebd. et Zucc.) Planch. **H.**: An Felsen und Bäumen kletternd in der str. bis an die wtp. St., 140—650 m. Bei Daloping gegen Loudi im Bezirke Hsianghsiang (11735). Hsikwangschan (11867) und Lengschuidjiang (12714) bei Hsinhwa.

Die Kombination *Psedera Thunbergii* (SIEBD. et ZUCC.) NAKAI in Bot. Mag. Tok., XXXV., 2 (1921) ist auf Seitenpriorität begründet, die nicht gilt.

** ***P. suberosus*** HAND.-MZT. (Taf. IX, Abb. 25).

Caulis adpresse scandens, cirrhis discorum ope adhaesivis, vetustior alis suberosis usque ad 5 mm altis in segmenta rectagula vel quadrata striata articulatis praeditus. Ramuli ad pulvinos folia 2 inflorescentiamque gerentes reducti. Folia late obovata, 6—17 cm longa, longitudine quinta parte angustiora, tertio anteriore triloba, lobis triangularibus acuminatis medio ceteris duplo maiore, basi sinu c. rectangulo cordata, postice undulato- tantum, antice leviter et remote mucronulato-dentata, supra puberula, subtus dense et praesertim ad costas 3 nervosque secundarios c. 4^{nos} venasque late reticulatas argute prominulos brunneo-pubescentia, sicca chartacea, badia, subtus pallidiora; petiolus lamina sesqui- usque subtriplo brevior, crassiusculus, cum panicula densissime ut costae indutus. Stipulae lanceolatae, ad 1 cm longae, brunneo-scariosae, subglabrae. Paniculae petiolis longiores, subsessiles, longitudine aequilatae, laxae, divaricatae. Bracteae 2 mm longae, stipulis similes. Bracteolae minutae, subtriangulares. Pedicelli 1—2 mm longi, sursum incrassati. Calycis limbus brevis, margine submembranaceus, truncatus, leviter 5crenatus, ut pedicelli glaber. Corolla in alabastro ellipsoidea, 3 mm longa.

Kw.: In der wtp. St. am Bache unter Madjiadwen se von Guiding („Kweiting") an einem *Cunninghamia*-Stamm kletternd, 1050 m, 9. VII. 1917 (10663).

Proximus praecedenti, qui differt caulibus exalatis, foliis ambitu latioribus nonnisi in costa et albide furfuraceis, petiolis multo longioribus et tenuioribus, calycis limbo lobato, alabastris maioribus.

P. Henryanus (HEMSL.) GRAEBN. in Bot. Jahrb., XXIX., 464 (1900). **S.**: An Steilhängen der wtp. St. kriechend auf dem Sattel zwischen Tjiaodjio und Lemoka im Lolo-Lande, Sandstein, 2250 m (1604).

P. himalayanus (ROYLE) PLANCH. **NW-Y.**: In der tp. St. in offenen Mischwäldern bei Lidjiang gegen das Be-schui, 2950—3100 m (4181). Im birm. Mons. in der Mekong—Salwin-Kette unter der Alm Doschiratscho (phot.), unter dem Doker-la, im oberen Doyon-lumba und auf dem Rücken Alülaka, 3000—3200 m, 28°—28° 12'.

— — ** var. ***vestitus*** HAND.-MZT.

Ramuli juveniles, petioli, foliola utrinque et praesertim subtus in nervis densissime subfurfuraceo brunneo-pilosa.

NW-Y.: Üppige Wälder der wtp. St. um Dschunggo zwischen Dschungdien und Djitsung, Kalk, 3000 m, 25. VIII. 1915 (7784).

P. laetevirens REHD. in Mitt. Deutsch. Dendrol. Ges., 1912, 190, det. REHDER. **E-Kw.**: Gebüsche der wtp. St. zwischen Tschaimou und Dayung am Wege von Gudschou nach Liping, Tonschiefer (10925) und weiter gemein bis Moschi jenseits Dsingdschou in SW-**H.** in der str. St., 350—600 m.

P. heterophyllus (BL.) MERR. in Phil. Journ. Sci., XI., 129 (1916) (*Ampelopsis heterophylla* BL., Bijdr., 194 [1825]. — *Cissus Landuk* HASSK. in Flora, XXV., Beibl. 2, 39 [1842]), det. REHDER. **H.**: Wälder der wtp. bis an die str. St. als riesenhafte Liane oder auch nur auf dem Erdboden kriechend, 550 bis 1200 m. Ngandjiapu (11950) und unter Tungdjiapai (12628) bei Hsikwangschan. Yün-schan bei Wukang (12279).

Die ungeteilten oberen Blätter sind schmal eiförmig, nicht nierenförmig wie bei der typischen Pflanze, die Blättchen der anderen langgestielt, doch scheint es darin Übergänge zu geben (CHING 6195 und 6567 aus Kwanghsi, jene mit unterseits schülferig-borstigen Nerven), wie auch in der Form der oberen Blätter (TSIANG 5458 aus Guidschou).

Ampelopsis MICHX.

A. brevipedunculata (MAX.) KOEHNE in Mitt. Deutsch. Dendrol. Ges., 1893, 400. REHDER in Journ. Arn. Arb., II., 174 (*A. heterophylla* [THBG.] S. et Z., non BLUME) **var. *vestita*** REHD., l. c., 176 (1921) (*A. heterophylla* var. *v.* REHD. in Plt. Wils., I., 579 [1913]). Gebüsche der wtp. St., 600—900 m. **H.**: Hsikwangschan bei Hsinhwa (12600). **E-Kw.**: Mehrfach zwischen Tschaimou und Matang w von Liping (10920).

— — **var. *kulingensis*** REHD. in Gent. Herb., I., 36 (1920). **SW-H.**: Kräuterreiche Grashänge der wtp. St. beim Tempel Gwanyin-go auf dem Yünschan bei Wukang, Tonschiefer, 1200 m (12292).

A. micans REHD. in Mitt. Deutsch. Dendrol. Ges., 1912, 188. Buschwälder und Gebüsche der wtp. bis in die tp. St. **Kw.**: 900—1500 m. E von Guiyang (SCHOCH 422, det. REHDER). Von hier überall bis gegen Hsintscheng am Wege nach Hwangtsaoba. **Y.**: 1600—3000 m. Im E häufig auf den Karstbergen zwischen Bantjiao und Djiangdi (10231). Im NW über dem He-schui n von Lidjiang (s. KARSTEN u. SCHENCK, Vegetatb., 22. R., Taf. 45a, als *A. brevipedunculata*). **S.**: Bei Djisö und Datu w von Yungning im Bezirke von Muli, 2600—2800 m (7536).

A. tomentosa PLANCH. **Y.**: Steppen der str. St. ober Yidjiatschwang bei Hwangdjiaping ne von Dali, Mergel, 1650 m (6436).

A. Delavayana PLANCH. **Y.**: Gebüsche und Hecken der str. und wtp. St., 1600—2400 m. Yünnanfu (MAIRE ex hb. Edinbgh. 1546). Hier bei Schilungba (SCHOCH 168). Im E bei Yiliang (10108). Santschwanba unter Yungbei (3370). Zwischen Hodjing und Sunggwe (SCHNEIDER 2711). Im NW ober Ahsi w von Lidjiang (8780).

— — var. *Gentiliana* (LÉVL. et VANT.) HAND.-MZT. (*Vitis G.* LÉVL. et VANT. — *Ampelopsis heterophylla* [THBG.] S. et Z. var. *G.* [LÉVL. et VANT.] GAGNEP. in Plt. Wils., I., 100 [1911]) gehört hierher, wenn man *A. Delavayana*, wie es REHDER in Journ. Arn. Arb., VIII., 169 (1927) sicher mit Recht tut, als Art betrachtet. In der Mitte befestigte bräunliche Haare kommen var. W-Hubei (WILSON, Veitch Exp. 1425). **Kw.**: Tseheng (TSIANG 9378). Kwanghsi (CHING 6325). N-Kwangtung: Siudsao (Cant. Christ. Coll. 13008).

A. aconitifolia BGE. var. ***glabra*** DIELS et GILG in Bot. Jahrb., XXIX., 465 (1900) (*A. mirabilis* DIELS et GILG, l. c. — *A. aconitifolia* var. *palmiloba* [CARR.] REHD. in Plt. Wils., III., 427 [1917]). Wälder und Gebüsche der wtp. St. auf Sandstein und Mergel, 500—850 m. **H.**: Hsikwangschan bei Hsinhwa (11862). **E-Kw.**: Überall zwischen Matang und Liping (10491).

Die zweite Nummer entspricht in manchen Blättern bis auf einzelne längere Blattstiele genau der *A. mirabilis*, die sicher in die Variationsweite der Varietät gehört.

A. japonica (THBG.) MAK. in Bot. Mag. Tok., XVII., 113 (1903) (*Paulinia j.* THBG., Fl. Jap., 170 [1784]. — *Ampelopsis serjaniifolia* BGE.). Wie vorige. **H.**: Hsikwangschan (11863). **Kw.**: Zwischen Matang und Liping (10946).

An Exemplaren von 10946 entsprechen die unteren Blätter dieser, die oberen der *A. aconitifolia*. Es kommt an *japonica*-Exemplaren öfter vor, daß die oberen kleinen, nur einfach dreizähligen Blätter den Flügel des Blättchenstieles nicht abgesetzt haben. An einem meiner Exemplare zeigen dies auch große obere Blätter. Solche Formen sind aber doch so selten, daß ich die Arten nicht zusammenziehen möchte. Vielleicht spielt auch Kreuzung eine Rolle, wie gerade hier.

A. cantoniensis (HOOK. et ARN.) K. KOCH, Hort. Dendr., 48 (1853) (*Vitis c.* HOOK. et ARN.). **E-Kw.**: In Gebüschen der wtp. St. zwischen Gudschou und Liping, Tonschiefer und Mergel, 600—850 m (10918).

A. Watsoniana WILS. in Plt. Wils., III., 427 (1917). **SW-H.**: Gebüsche am Waldrande des Yün-schan bei Wukang ober dem Tempel gegen den Gipfel, Tonschiefer der wtp. St., 1200—1300 m (11186).

Cayratia JUSS.

(*Columella* LOUR.)

C. japonica (THBG.) GAGNEP. in Not. Syst., I., 343 (1911) (*Vitis j.* THBG.). Wälder und Gebüsche der wtp. St., 600—1300 m. **SW-H.**: Häufig auf dem Yün-schan bei Wukang (12294). **Kw.**: Liping (phot.). Von Madjiadwen über Guiding und Guiyang bis Tschingdschen (10455).

Alle mit ♀ Blüten, ohne ♂ und Früchte. Daher kann ich sie nur auf Grund des langen mittleren Blättchenstieles und der bei 10455 ziemlich festen Blättchen hierher und nicht zu *C. tenuifolia* (HEYNE) GAGN. stellen.

C. oligocarpa (LÉVL. et VANT.) GAGNEP., l. c., 348, 359 (1911) (*Vitis o.* L. et V.). Gebüsche und Mischwälder der wtp. bis in die str. St. **Y.**: Tschangtschungschan-miao bei Yünnanfu, 2200 m (SCHOCH). **S.**: Unter Pudi zwischen Nganning-ho und Yalung, 27° 5′, 1500 m (phot.). **H.**: Yün-schan bei Wukang (Plt. sin. 96). Unter Tungdjiapai bei Hsikwangschan 600 m (11900).

C. cardiospermoides (PLANCH.) GAGNEP., l. c., 348 (*Ampelopsis c.* PLANCH.). **Y.**: Beyendjing (TEN 1201). Im NW in der str. St. der Yangtse-Schlucht e von Lidjiang, 1450—2100 m (3402).

Cissus L.

C. repens LAM. ** var. ***sinensis*** HAND.-MZT.

Planta ubera, foliis ad 20 cm longis, subtus saepe purpureis, cymis ad 11 cm latis in pedunculis 8—15 cm longis, umbellatim 5radiatis, radiis ter usque quater dichotomis, floribus ad 10^{nis} in racemos breves sessiles compositis cum alaribus in furcis ultimis, pedicellis ad 4 mm, sub fructu ad 5 mm longis.

SW-H.: Gebüsche der wtp. St. um den Tempel Wuli-ngan am Yün-schan bei Wukang, Tonschiefer, 650—950 m, 8.—12. VII. 1918 (12244, Typus). Kwanghsi: Tsinlung-schan, N-Linyen, unter Gehölz, 1370 m, 18. VIII. 1928 (CHING 6970). **Kw.**: Yaojen-schan bei Sanhwa, 700 m (TSIANG 6269).

Eine Riesenform, interessant dadurch, daß fast an derselben Stelle eine analoge von *Momordica cochinchinensis* (Lour.) Spr. gefunden wurde (*M. meloniflora* H.-M.). Auffallend sind in den reichlicher zusammengesetzten Infloreszenzen die kürzeren Blütenstiele, die beim Typus der Art meist 7 mm, zur Fruchtzeit 10 mm lang sind. Mediofixe Haare sind auch beim Typus entgegen Gagnepains Angabe in Not. Syst., I., 350 vorhanden.

Alangiaceae

Alangium Lam.

A. Faberi Oliv. SW-**H.**: Im Laubhochwalde der str. Flußschlucht bei Moschi nächst Dsingdschou, Tonschiefer, 400 m (11051). **Kw.**: Im wtp. Mischwalde des Tschwenning-schan bei Guiyang, Sandstein, 1150—1250 m (10516). Die zweite Nummer hat aus gerundetem Grunde schmal lineallanzettliche Blätter von 15 cm Länge und 1 cm Breite.

A. chinense (Lour.) Rehd. in Plt. Wils., II., 552 (1916) (*Stylidium c.* Lour., Fl. Coch., 220 [1790]. — *Marlea begoniifolia* Roxb.). Laubwälder, üppige Buschwälder, seltener in mageren Gebüschen in der oberen str. und der wtp. St., aber im W selten durch diese ganze. W-**F.**: Tienhwa-schan w von Dingdschou (Plt. sin. 410). **H.**: 400—1350 m. Mehrfach um Hsikwangschan. Um Hsinning und Dungngan. Yün-schan bei Wukang (12245). **Kw.**: 350—1400 m. Überall um Sandjiang, Sandjio, Madjiadwen und über Nganschun bis unter Taiping. Hwangtsaoba (10292). **S.**: 1700—2800 m. Dahai-tsun zwischen Nganning-ho und Yalung. S ober Lumapu in dessen Seitentale gegen Yenyüen, 27° 37′ (2060). Ober Dseia bei Muli. Um Djisö und Datu (7541) w von Yungning. **Y.**: 1550 bis 2400 m. Unter Djiunienping jenseits Fumin bei Yünnanfu (6145). E von Gwangdung. Ober Datiengai, Schayidjia, Landjing und w von Dayao. Unter Beyendjing (phot.). Hier bei Teti nächst Guti (Ten 261). Im NW am Yangtse bei Ladsagu nw von Lidjiang und unter Meti sw von Dschungdien. Unter Schuba zwischen ihm und dem Mekong. Im birm. Mons. bei Meradon unter Bahan und bei Lussu unweit Tschamutong am Salwin.

A. tomentosum (Blume) Hand.-Mzt. (*Diacicarpum t.* Bl., Bijdr., 657 [1825]. — *Alangium begoniifolium* [Roxb.] Baill. ssp. b *t.* [Bl.] Wang. in Pflzenr., IV/220 b., 21 [1910], an totum? — *A. chinense* [Lour.] Rehd. var. *t.* [Bl.] Merr. in Phil. Journ. Sci., XXI., 505 [1922]. — *A. Handelii* Schnarf in Sitzgsanz. A. W. W., LIX., 107 [1922]. Melchior in Notizbl. Bot. Gart. Berl., X., 827 [1929]). SW-**H.**: Im wtp. Laubhochwalde des Yün-schan bei Wukang, Tonschiefer, 1100—1180 m (12246). W-Hubei: Tschangyang (Wilson, Veitch Exp. 2232). Nganhui: Hwang-schan (Chien 1039).

Ab *A. chinensi* differt habitu arboreo usque ad 20 m alto, foliis nunquam lobatis plerumque basi cordatis praesertim subtus breviter et in nervis longius ferrugineo-pilosulis demum calvescentibus, petiolis longioribus crassioribus eodem modo pilosis, floribus 18—28 mm longis, filamentis brevibus utrinque et connectivis intus pilis strigosis longis aureobrunneis dense vestitis, stigmatibus fere ad basin quadripartitis marginibus recurvis.

Die in der Originalbeschreibung des *A. Handelii* angegebenen Unterschiede wurden von Melchior l. c. auf Grund größeren Materials auf die hier dargelegten reduziert. Er stellt schon die Identität mit *Diacicarpum tomentosum* als möglich hin. Das Original dieses, das mir aus Leiden freundlichst geliehen wurde und auch die von BLUME nicht beschriebenen Blüten hat, zeigt in der Tat diese nur etwas länger behaart, aber sonst keinen Unterschied. Seine Blätter sind 18 × 8 bis 17 × 9½ cm groß, was schon dem von MELCHIOR angegebenen Verhältnis 7 × 4 entspricht. Auf dem Yün-schan ist es von *A. chinense* auch durch die duftenden Blüten verschieden, doch beobachtete ich dieses in Yünnan auch duftend. Mein Material gab Anlaß zur Untersuchung von SCHNARF in Sitzgsber. Ak. Wiss. Wien, math.-nat. Kl., CXXXI., 199 (1922), auf Grund der ich die Familie im Gegensatz zu WANGERIN und WETTSTEIN nebst den Nyssaceen wieder neben die *Cornaceae* stelle.

A. platanifolium (SIEBD. et ZUCC.) HARMS in Engl. et Prtl., Nat. Pflzfam., III/8., 261 (1898) (*Marlea platanifolia* S. et Z.). S-S.: Nantschwan (BOCK u. ROSTHORN 327 als *Acer Lobelii* TEN. var. *indicum* PAX).

Nyssaceae

Camptotheca DECNE.

C. acuminata DECNE. **H.**: Mischwälder der str. St., 50—550 m. Von Höngdschou über Yungdschou bis Hsinning (11245) verbreitet. Unter Tungdjiapai bei Hsikwangschan. Zerstreut zwischen Wukang und Pukai. SW-**Kw.**: Gebüsche der wtp. St. zwischen Nanmutschang und Tjidwen, 1400 m (10339, det. REHDER, Trieb einer jungen Pflanze mit entfernt gezähnten Blättern).

Cornaceae

Torriccellia DC.

T. angulata OLIV. var. ***intermedia*** (HARMS) HU in Journ. Arn. Arb., XIII., 336 (1932) (*T. intermedia* HARMS). Gebüsche der str. und wtp. St. **H.**: 200—900 m. Häufig um Hsikwangschan (11773), nach E hinab bis Mingdjingtjüen. **Kw.**: 800—1300 m. Von Badschai bis Madjiadwen se von Guiding. Von Nganping bis Tschingdschen. **Y.**: 600—1975 m. Djiangdi an der Grenze von Guidschou. Unter Loheitang n von Wuding. Im NE im Tal von Tietschangkou (MAIRE). **S.**: 1300—1850 m. Hsiao-Dschangdschung s von Huili (811). Am s Zuflusse des Djientschang gegen Huili unter Bögowan (1054).

Helwingia WILLD.

1. ***H. japonica*** (THBG.) DIETR. (*H. rusciflora* WILLD.). Wälder und Gebüsche, gerne in feuchten Tälern und mit Bambus, in der wtp. St. S-**H.** (SIN 228). **S.**: 2600—3200 m. Soso-liangdse im Daliang-schan e von Ningyüen (1676). Ober Niutschang se von Yenyüen (5395). Im W auf dem Wa-schan s von Yadschou (WEIGOLD). **Y.**: Ebenso. Im NE bei Belung-tsun (MAIRE 879/1914), im Tale von Hodjikou (M. 481/1914), bei Mahung (M., distr. BONATI 2700 B) und auf Bergen bei Laokou (M. ex Arb. Arn. 520). Tsetschuping bei Tjiaodjia

(TEN in DUCLOUX 1292). Ober Hsiangschuiho zwischen Dali und Hodjing (6466). Ostseite des Dsang-schan bei Dali (FORREST 4608, 7180, 29114). Zwischen Djientschwan und dem Mekong (F. 21942; ROCK 8619). Im NW bei Lidjiang, v. E. (3762). Hier an der Ostseite des Yülung-schan (FORREST 5758, 10060; ROCK 5895) und an der Westseite zwischen Akalü und Ganhaidse. Wohl diese ober Anangu se und ober Meti sw von Dschungdien, hier bis in die tp. St., 3550 m. Wo? (WARD 641). Im birm. Mons. am Doker-la in der Mekong—Salwin-Kette (FORREST 14600). Ober-Birma: Htaogao (WARD 1579). Höchst wahrscheinlich bis Butan: Duke-la, Yimpu (COOPER 2684). In Mittel- und Ost-China an vielen Fundorten.

— — var. *hypoleuca* HEMSL. in Plt. Wils., II., 570 (1916). Schenhsi (GIRALDI 6030 als *H. himalaica*).

Nach WANGERIN in Pflzenr., IV/229, 35 unterscheidet sich *H. japonica* von *H. himalaica* und *H. chinensis* durch gewimpert-ästige Nebenblätter. HOOKER und THOMSON beschreiben aber diese für *H. himalaica* genau so wie WANGERIN für *japonica*. In der Tat erweist sich dieser Unterschied als nicht konstant und ist er außerdem meist unsichtbar, da die Stipeln sehr bald abfallen. Ich unterzog daher die chinesischen Helwingien auch an der Hand des Berliner und Edinburgher Materials einer genaueren Revision. Die Spärlichkeit von Angaben über die Fruchtfarbe, die große Veränderlichkeit mancher Arten und das geringe Material, das mir aus Indien vorlag, erschwert endgültige Erkenntnisse, doch dürfte die Mitteilung einiger Beobachtungen von Nutzen sein.

H. japonica ist die verbreitetste und dabei konstanteste Art. Die stets sommergrünen Blätter sind ± elliptisch, meist 1½- bis 2½mal so lang als breit, mit kurzer Spitze von höchstens ¼ ihrer Länge; doch kommen schmälere und längere Blätter (bis 1 : 3½) im ganzen Gebiete vor: S-Tschekiang (KENG 361), ähnlich CARLES von Kiukiang, dann meine 3762. Diese können nur reine *H. japonica* sein, während HWANG 115 von Nantschwan, die mit KENGs Pflanze gut übereinstimmt, durch eine der anderen dortigen Arten beeinflußt sein könnte. Der Rand ist dicht gesägt, die Sägezähne sind allerdings oft nur aufgesetzte Grannen, mitunter aber sind ihre Ränder zwischen den Grannen zu hohen, runden Kerben vorgewölbt (FANG 2197 von Kwan-hsien, aber ganz ähnlich FABER von Ningpo und REIN von Schikoku). Nerven jederseits bis 6, lang, vorwärts gebogen und nur dort am Rande selbst etwas zusammenlaufend; weitmaschiges Adernetz unterseits deutlich vortretend. Die Stipeln sind an dem reichen Material von Nantschwan teils einfach, teils zerschlitzt. Stiele der ♂ Blüten nicht sehr dünn, 2½—4 mm lang. Blüten 2 mm lang, trocken sattgrün oder ins Purpurne; Antheren ⅓—½ mm lang. Frucht in Japan und Mittelchina schwarz. Angaben darüber aus Yünnan nur bei MAIRE 481/1914, FORREST 10060 („schwarzpurpurn“), 14600 und 21942, erkennbar bei ROCK 5895.

2. ***H. himalaica*** HOOK. f. et THOMS., sensu REHD. in Plt. Wils., II., 571. In Gebüschen an trockenen Stellen sowohl als in Regenwäldern der wtp. und tp. St., 1600—3300 m. **Y.**: Yünnanfu (MAIRE ex hb. Edinbgh, 131, 287, 622, 626, 1716, 1966). Hier häufig um die Tempel Taihwa-se und Hwading-se am Hsischan (6081). Dadjingtou bei Tieso nächst Beyendjing (TEN 126, 127). Weischa e von Yungbei (TEN 369). Ostseite des Dsang-schan bei Dali (FORREST 4609 als *H. chinensis*, 4610). Im S bei Möngdse (HENRY 9032, 9032 A, 9032 c) und Semao

(H. 11992). Im birm. Mons. um Tengyüe (FORREST 7554, 9828). Im NW zwischen Mekong und Salwin, 28° (F. 20395) und 28° 12′ (F. 14646). Am Salwin bei Tjionatong (9778) ober und Bahan (9037) unter Tschamutong. Wo? (FORREST 29073). Im NE bei Dungtschwan (MAIRE, distr. BONATI 3880 B) und Luputi bei Tjiaodjia (TEN in DUCLOUX 1294). NE Ober-Birma: Djimili zwischen Nmaika und Salwin (FORREST 24967, 25408, 29726). S.: Rücken Luidaschu s von Huili (803). SW-Kw.: Gaotscha w von Hwangtsaoba (10259). W-Hubei (CHUN 3741, 3869, nach REHDER briefl., 8. II. 1933).

Ob die chinesische Pflanze wirklich mit jener aus Sikkim identisch ist, kann nicht ohne Kenntnis der Fruchtfarbe dieser entschieden werden. REHDER sagt in Plt. Wils., l. c. „apparently red", W. W. SMITH schreibt mir: nach seiner Erinnerung jedenfalls sehr dunkel. Literaturangaben darüber gibt es nicht, und ich konnte sie an keinem Exemplar erkennen. In China ist die hierher gestellte Pflanze außerordentlich veränderlich; meine sicher zusammengehörige Aufsammlung 6081 zeigt elliptische Blätter kaum über zweimal so lang als breit und an saftigen, ebenfalls blühenden Trieben lineale, bis 10mal so lange mit gerundetem Grunde,[1] dazwischen Mittelformen. Fast dieselbe Veränderlichkeit zeigen MAIRES Aufsammlungen aus der Gegend von Yünnanfu. Auch von Dali liegen in FORREST 4610 ♂ Exemplare vor, deren Blätter meinen breitesten entsprechen, und in 4609 ♀, die nur wenig breitere haben als meine schmalsten. Am besten entsprechen den Sikkim-Exemplaren HENRY 9032 A und 9032 c; 9032 zeigt starke Veränderlichkeit der Blattspitze, die in Sikkim als Träufelspitze von $^1/_4$—$^1/_5$ der ganzen Blattlänge ausgebildet ist, aber es ist natürlich nicht gesagt, daß die mir von dort vorliegenden, recht einheitlichen 5 Bogen die ganze dortige Variationsweite zeigen. Schon die vorliegende Pflanze aus Kasia (CLARKE 43409) verbindet mit dem Umrisse jener von Sikkim eine Spitze von nur $^1/_7$ der Blattlänge. Je schmäler die Blätter, desto undeutlicher wird die Spitze, so auch bei FORREST 7554, 9828, 24967 und HENRY 11992 B. FORREST 29726 hat dabei die am tiefsten eingeschnittenen Zähne mit Vorderrändern bis gegen 4 mm. Dieser wieder entspricht im Blattumrisse, aber nicht in ihren kleineren Zähnen TENS Nr. 126. Die Seitennerven sind oft jederseits mehr als 6, unter größeren Winkeln abgehend, wenig gebogen, und treten vor dem Rande zu einem mehr oder weniger deutlichen Längsnerven zusammen. Im n Teile des Verbreitungsgebietes, schon von Yünnanfu und Dali an, werden die Nerven undeutlicher, so besonders bei 9037 = 9778 = FORREST 20395 (etwas schmalblättriger), 14646, die bis auf die letzte sonst ganz gleich HENRY 9032 sind, und bei den schmalblätterigen FORREST 24067, 25408, TEN 127 und meiner 803. Ob sich diese Formen ohne Blüten oder Früchte in allen Fällen von *H. chinensis* unterscheiden lassen, ist fraglich, denn die Blattzähnung ist (9037) nicht immer dichter, noch beginnt sie erst weiter oben. WILSONS Pflanze habe ich nicht gesehen. Die Blätter überwintern, bleiben aber nicht bis zur Fruchtreife stehen, sind dann papierartig mit wenig knorpeligen Rändern. Ganz ungespaltene Nebenblätter finden sich am selben Zweige mit gespaltenen, z. B. bei HENRY 9032 (Hb. Edinbgh.). Stiele der ♂ Blüten haarförmig, 2— fast 5 mm lang. Blüten 1½ bis

---

[1] Gleichartige Triebe der *H. chinensis* (HENRY 6719 B: Hb. Berlin) haben ebenfalls besonders schmale Blätter.

$1^3/_4$ mm lang, trocken purpurn. Antheren $^1/_4$—$^1/_3$ mm Durchmesser. Etwas größere Antheren, gegen ½ mm lang, und Früchte ohne erkennbare oder angegebene Farbe haben BODINIER 2233 und CHAFFANJON 2232 aus **Kw.**: Kollegiumsberg bei Guiyang „ebenso bei Dschenning und Duschan" und eine ohne Fundort und Nummer von CAVALERIE. Sie haben dünne Blütenstiele und gehören daher wohl hierher und nicht zur nächsten.

3. ***H. crenata*** LINGELSH. in Rep. sp. n., Beih. XII., 453 (1922) (*H. chinensis* f. *oblanceolata* CHIEN in Sinensia, II., 102 [1932]). Gebüsche und Waldränder der wtp. St., 650—1400 m. **H.**: Um Hsikwangschan bei Hsinhwa (11868). Yün-schan bei Wukang (Plt. sin. 121). **Kw.**: Tungdse (TSIANG 4966). **S.**: Nantschwan (BOCK u. ROSTHORN 633 als *H. chinensis*). Kikiang (FANG 1334). Omei (F. 2620). Yangdse-ling bei Kwan (LIMPRICHT 1286 a).

Blätter elliptisch-lanzettlich bis verkehrt-lanzettlich und lineallanzettlich, 60 × 16, 65 × 25 — 100 × 18 und 170 × 50 mm, zugespitzt bis fast geschwänzt, fast vom Grunde ab oder von weit darüber nur ziemlich entfernt und durch aufgesetzte Spitzchen oder dicht und mehr eingeschnitten scharf gesägt oder gekerbt, überwinternd, dann lederig mit schmalem, hellem Knorpelrand; Nerven meist mehr als 6paarig, schräg, vor dem Rande anastomosierend, unterseits ± vortretend. Stiele der ♂ Blüten 2—4 mm lang, ziemlich dick; diese fast 2—3½ mm lang, grün, trocken hellbraun. Antheren gegen ½ bis gut $^3/_4$ mm lang. Frucht schwarz. Der Name ist für die Art am wenigsten bezeichnend, denn die jüngeren Blätter des Originals zeigen bespitzte Zähne, und die Variabilität darin ist dieselbe wie z. B. bei *H. japonica*. Der Umfang dieser Art ist sicher revisionsbedürftig. Meine Pflanzen und jene TSIANGS sind identisch, und nichts spricht gegen ihre Identifizierung mit der mir vorliegenden LIMPRICHTS. Bei Hsikwangschan notierte ich schwarze Früchte. Die anderen stelle ich mehr deshalb hierzu, weil sie sich bei den anderen Arten nicht unterbringen lassen, der kurzen ♂ Blütenstiele und hellen Blüten mit größeren Antheren halber FANG 1334, die fruchtende BOCK u. ROSTHORN 633, die in manchen Blättern dieser gleicht, an anderen viel reicher gesägt ist und auch deshalb nicht zu *chinensis* gehören kann, und FANG 2620 der offenbar schwarzen Früchte wegen.

4. H. chinensis BAT. Blätter lanzettlich bis lineallanzettlich oder fast eiförmig-lanzettlich, mit deutlicher, aber meist breiter, ganzrandiger Schwanzspitze, von weit über dem Grunde an entfernt und mitunter nur durch aufgesetzte Spitzchen gesägt, doch bis zu 14 Zähnen jederseits, so FANG 2022 von Kwan, auch HENRY 5282; die überwinterten lederig mit deutlichem Knorpelrand; Nerven weder an diesjährigen, noch an vorjährigen sichtbar. Blütenstiele dünn, purpurn, lang, von 5 mm aufwärts. Blüten trocken fast purpurn, 1½ bis 2 mm lang. Antheren $^1/_3$ mm lang. Frucht nach WILSONS Angaben und auch nach BOCK u. ROSTH. 2563 unzweifelhaft schwarz. Nur WILSON 172, deren Farbe in Plt. Wils. nicht erwähnt ist, scheint nach dem Herbarexemplar eher rot zu sein, aber die Pflanze gehört sicher mit BOCK u. ROSTH. 2563 zusammen.

? *H. chinensis* × *japonica*. W-Hubei (WILSON, Veitch Exp. 632 p. p.: Hb. Edinbgh.). Ein sehr merkwürdiger ♂ Zweig mit überwinterten Blättern von breit elliptischer Form (6—7 × 3 cm) mit sehr scharfer Zähnung. Der fruchtende auf demselben Bogen ist *H. japonica*. Blütenstiele 5—7 mm lang.

Aucuba Thunbg.

A. chinensis Benth. f. ***angustifolia*** Rehd. in Plt. Wils., II., 573 (1916). SW-**H.**: Yün-schan bei Wukang, Tonschiefer (Plt. sin. 6). **Kw.**: Pinfa (Cavalerie 613).

Cornus L.

C. controversa Hemsl. Laubwälder der wtp. St. auf Schiefer und Sandstein. SW-**H.**: Häufig auf dem Yün-schan bei Wukang, 900—1300 m (12429). **S.**: Unter Döm bei Tjiaodjio im Lolo-Lande e von Ningyüen, 2600 m (1632). NW-**Y.**: Unter Wondalo am Yangtse, 27° 33′, 2250 m (8799).

C. oblonga Wall. Gebüsche und Trockenwälder der str. und unteren wtp. St., 1500—2500 m. **Y.**: Unter Hsinlung (485) und im Becken Hsiaodsang (5672) n von Yünnanfu. Im E mehrfach zwischen Loping und Bantjiao (10163); zwischen Lungli und Malung (Schoch 362). Im NW zwischen Guta und Serä am Mekong, 28° 7—9′ (7992). **S.**: Ober Helugö bei Kwapi im Yalung-Becken n von Yenyüen (2469).

C. Monbeigii Hemsl. **Y.**: Gebüsche und trockene Waldschluchten der wtp. St., 2600—2800 m. Im NW unter Schuba zwischen Yangtse und Mekong (8823). Im NE am Laokou-schan (Maire ex Arb. Arn. 514).

Meine Pflanze hat den Blütenstand schwächer und anliegender behaart als der Typus und jene Maires.

C. macrophylla Wall. (*C. brachypoda* C. A. Mey., cfr. Rehder in Journ. Arn. Arb., IX., 100). Wälder und üppigere Gebüsche der wtp. und tp. St. **H.**: Häufig um Hsikwangschan, 500—700 m (11859). **Kw.**: Dung-schan, Tschwenning-schan und Gutscha (10480) bei Guiyang, 1100—1300 m. **S.**: Gwandien zwischen Yenyüen und Kwapi, 3000 m (2808). Notizen, auch aus **Y.**: Unter Beyendjing, um Lidjiang, Dschungdien, Weihsi und s von Yungning können sich auch auf die vorige oder *C. controversa* beziehen.

C. paucinervis Hance. Gebüsche, gerne an Bächen und Flußufern, hier oft lange überflutet, in der str. bis in die wtp. St., 350—1730 m. **Kw.**: Im SE unter Sandjio. Überall um Guiding („Kweiting") (10630). Nganschun (Cavalerie 7937). **Y.**: Djiangdi an der Grenze von Kw. (10240). Fumin bei Yünnanfu (6105). Im NE bei Lungdji (Maire).

C. chinensis Wang. **S.**: Bambusreiche Gebüsche der tp. St. ober Niutschang zwischen Yenyüen und dem Yalung, 27° 22′, Sandstein, 3000—3200 m (5398). NW-**Y.**: Tseku am Mekong (Monbeig).

Die Kelchzipfel finde ich entgegen Wangerins Angabe an dem mir vorliegenden verblühten Exemplar von Wilson, Veitch Exp. 552 nur ± schmal dreieckig und ± ½ mm lang. An Monbeigs blühender Pflanze sind sie noch kleiner, mögen aber später noch heranwachsen. Durch kürzere, höchstens 1 cm lange Blattstiele weicht ein steriler Zweig aus S-**S.**: Nantschwan (Bock u. Rosthorn 185) ab.

C. Kousa Buerg. **Kw.**: (Cavalerie 7829).

C. hongkongensis Hemsl. NE-**Y.**: Im mittelchin. Fl. in Wäldern bei Dschenfungschan, 750 m (Maire). **Kw.**: (Cavalerie 3099). Kwanghsi: Tsinlung-schan in N-Linyen, 1420 m (Ching 6997). Tschekiang (Ching 1725, 2470).

Die von Hemsley angegebenen Punkte kann ich nicht sehen. Ein gutes Merkmal sind die ganz kurzen, bräunlichen Haare der Blattunterseite.

C. hongkongensis ** var. *gigantea* HAND.-MZT.

Folia late elliptica usque obovato-lanceolata, 10 × 4½—15 × 5½ et 14 × 8 cm. Bracteae saepe orbiculares, retuso-subemarginatae et apiculatae, ad 4 cm longae et paulo latiores.

NE-**Y.**: Wälder des mittelchin. Fl. bei Gulungtschang, 800 m, V. 1910 (MAIRE) und Lungdji, 700 m (M., Typus).

C. capitata WALL. Trockene und üppige Gebüsche und Wälder der wtp., selten und nur an Bach- und Flußufern in der str. und bis in die tp. St. **Y.**: 1900—2700 m (siehe unten!). Um Yünnanfu und spärlich n von hier von Hsinlung über Loheitang (5669) bis Sanyingpan (608). Um Fumin, Houyendjing und Landjing. Hsinyingpan (3236) bis Piyi s von Yungning. Im NW ober Gwanyinschan, bei Lidjiang (3476), Akalü und zwischen Tschatü und Waschwa nw von hier. Ober Mujendu e von Dschungdien. Viel im Tal von Weihsi und am Mekong von 27° 35—50′ (8471; GEBAUER). Hier auf dem Sattel Tschranalaka ober Tseku bis 3300 m. Im birm. Mons. bei Bahan und Tschamutong am Salwin. Im E sehr viel auf den Rücken zwischen Sidsung und Yadjitang. Im NE bei Tschehai (MAIRE). **S.**: 2400—2800 m. Kalaba bei Yenyüen (2308). Ober Datscho jenseits des Yalung n von hier (2576). Über dem Wolo-ho zwischen Yenyüen und Yungning. **Kw.**: Madjiadwen zwischen Guiding und Duyün, 1100—1300 m (10613). **H.**: 400—1400 m. Einzeln bei Pukou w von Dsingdschou. Gemein auf dem Yün-schan bei Wukang (12179). Zerstreut um Hsikwangschan bei Hsinhwa (11835). **Ki.**: Hangaodsu zwischen Ningdu und Tjingan (Plt. sin. 496, 503).

Annäherungen an die Brakteenform von *C. Kousa* BUERG., wie von REHDER in Plt. Wils., II. 579 erwähnt, sind nicht selten. Die Früchte haben einen Anklang an Himbeergeschmack.

Araliaceae

Tetrapanax K. KOCH

T. papyrifer (HOOK.) K. KOCH. In üppigen Gebüschen, auch im Gehängeschutt in offenen Wäldern der str. bis in die wtp. St., 200—1100 m. **H.**: Dschaoschan zwischen Tschangscha und Hsiangtan (11380). Ngandjiapu und Tindjiatang bei Hsikwangschan. **Kw.**: Madjiadwen und Wongtschengtjiao (10588) bei Guiding, anscheinend alles wilde Vorkommen.

Schefflera FORST.

S. Delavayi (FRANCH.) HARMS in Bot. Jahrb., XXIX., 486 (1900) (*Heptapleurum D.* FRANCH. — *S. megalobotrya* HARMS). Laub- und Mischwälder gerne in Schluchten und Erosionsgräben der wtp. St. **Y.**: 1600—2400 m. Hsinlung und ober Loheitang n von Yünnanfu (502). Zwischen Fumin und Lodse-Magai. Im NW ober Gwanyinschan. Um Djitsung am Yangtse, 27° 34′. Im E im mittelchin. Fl. am Rande der Ebene von Loping. **Kw.**: 500—1150 m. Zwischen Lungli und Wongtschengtjiao. Häufig um Madjiadwen (10662) und nach E überall bis Tjiaoli ober Sandjio. Bei Gudschou gegen Liping. SW-**H.**: Yün-schan bei Wukang, 1150 m (12251).

S. Delavay ** var. ***ochrascens*** HAND.-MZT. in Sitzgsanz. Ak. W. W., LXI., 120 (1924).

Tomentum ochraceum.

Y.: Feuchte Gebüsche der wtp. St. e des Dsolin-ho auf dem Rücken ober Dsaodjidjing gegen Hwadung, 2400 m, 8. IX. 1914 (4994, Typus). Im NW im birm. Mons. im str. Walde am Salwin ober Tschamutong, 1700 m, 13. VII. 1916 (9553) und wohl auch diese in einer Waldschlucht zwischen Hsiolamenkou und Lussu ober Tjiontson dort.

Die nur durch die Farbe des Filzes verschiedene Pflanze betrachtete ich als Varietät, obwohl mir keine Übergänge vorlagen. Inzwischen hat METCALF solche gesehen und durch die Identifizierung mit *S. discolor* MERR. in Lingn. Sci. Journ., VII., 318 (1931) nachgewiesen, daß sie weiter verbreitet ist (Journ. Arn. Arb., XII., 271 [1931]). *S. megalobotrya* fällt entschieden in die Variationsweite.

* ***S. khasiana*** (C. B. CLKE.) VIG. in sched. (*Heptapleurum khasianum* C. B. CL. in HOOK., Fl. Brit. Ind., II., 730 [1879]). NW-**Y.**: Im str. Regenlaubwalde des birm. Mons. in der Seitenschlucht Naiwanglong des Djioudjiang (e Irrawadi-Oberlaufes), 27° 53′, Schiefer und Granit, 1725—2150 m, 6. VII. 1916 (9401).

Knospen größer, so groß wie bei *S. Wallichiana* (WALK. et ARN.) HARMS in Nat. Pflzfam., III/8., 38 (1898), aber behaart, wie für *S. khasiana* beschrieben, doch sind Exemplare aus Kasia (HOOKER f. u. THOMSON) kahl. Die Verschiedenheit der beiden ist also sehr fraglich.

S. dumicola W. W. SM. in Not. R. Bot. Gard. Edinbgh., XII., 221 (1920), e typo (*S. stenomera* HAND.-MZT. in Sitzgsanz. Ak. W. W., LXI., 119 [1925]). NW-**Y.**: Gebüsche der wtp. und tp. St. auf Sandstein, Glimmerschiefer und Granit, 2600—3200 m. Zwischen Tschada und Schatiama (7866) und unter Schuba zwischen Yangtse und Mekong. Im birm. Mons. ober Londjre gegen den Schöndsu-la, auf dem Rücken Alülaka und ober Tjionatong zwischen Mekong und Salwin, 28°—29° 9′.

Variat foliolis vix 2 cm longis nervis subtus prominulis et panicula subsessili 40 cm longa 30 cm lata superne tantum parce stellato-pilosa.

S. elliptica (BLUME) HARMS in Nat. Pflzfam., III/8., 39 (1898) (*Sciadophyllum ellipticum* BL., Bijdr., 878 [1826]. — *Schefflera venulosa* [WIGHT et ARN.] HARMS, l. c.). **Y.**: Im S in Hecken der str. St. um Asandschai bei Möngdse (6047) und an der Bahn aufwärts bis Hsiörl; 1300 m. Im NW im str. Laubwalde des birm. Mons. zwischen Tjiontson und Pipiti unter Tschamutong am Salwin, epiphytisch (9833).

Gilibertia RUIZ et PAV.
(*Dendropanax* DECNE. et PLANCH.)

** ***G. intercedens*** HAND.-MZT.

Arbuscula ultra 10 m alta (e collectore), ramulis tenuibus, teretibus, brunneis, aequaliter et crebre foliatis, lenticellis raris minutis. Folia late elliptica usque ovato-lanceolata vel oblique bi- vel usque ad quintum inferum trifida, 5—20 cm longa, tunc longitudine plus sesqui- usque quadruplo angustiora, nunc lobis erecto-patentibus lineari-lanceolatis longitudine 2—4plo angustioribus, sinubus anguste rotundatis, acuminata, raro innovationum infima obcordata, omnia basi cuneata vel rotundata vel subtruncata, margine integra vel mucronulis remote serrulata, tenuiter coriacea, sicca utrinque olivaceo-viridia vetustiora supra pruinosa, glandulis intestinis aurantiacis pellucidis crassis; nervi basales 3 exterioribus rectis in foliis indivisis saepe vix dimidiam laminam percurrentibus, secundariis 6—18^{nis} obliquis omnibus cum venarum reti laxo utrinque tenuiter sed argute prominuis; petiolus lamina aequilongus usque 6^{plo} brevior. (Cetera ignota.)

Ki.-F.-Grenze: Selten am Dunghwa-schan zwischen Schitscheng und Ninghwa, c. 1000 m, Anfang V. 1921, WANG-TE-HUI (Plt. sin. 319). Wäldchen bei Luanschipai am Hwangdschu-ling zwischen Dingdschou und Ningdu, Tonschiefer, Mitte VI. 1921, WANG-TE-HUI (Plt. sin. 376, Typus).

Planta sterilis caute proposita, quasi inter *G. dentigeram* HARMS et *G. trifidam* (THBG.) MAK. (*G. sinensem* NAK. p. p., excl. descr.[1]) posita. Quae prior differt venularum reti densissimo multo magis prominuo, posterior foliis multo minoribus lobis brevibus et latis, venis subtus minus prominuis.

Diese Art möchte ich mit Vorbehalt aufgestellt wissen, da sie nur steril bekannt ist. Deshalb ist mir auch ihr Verhältnis zu *G. pellucido-punctata* HAY. aus Formosa unklar, doch hat diese nur bis 9 cm lange Blätter, auch im anscheinend überwinterten Zustande von viel dünnerer Konsistenz (WILSON 9773).

G. dentigera HARMS, teste autore. **SW-H.**: Im wtp. Laubhochwalde (12309) und an seinem Rande (12407) auf dem Yün-schan bei Wukang, Tonschiefer, 1200—1300 m. **F.**: Schisunkeng bei Yenping, 650 m (CHUNG 2855).

Blätter dicht mit dicken etwas durchscheinenden orangeroten Drüsenpunkten. Griffel von unter der Mitte ab frei. HARMS beschreibt verschiedengeschlechtige Blüten aus einer Dolde. An meiner Pflanze sind die Enddolden fertil, die seitlichen (rein?) ♂, bei der Varietät jedoch ebenfalls ☿ oder gemischt.

— — ** var. ***anodonta*** HAND.-MZT.

Folia integerrima.

SE-Ki.: Wäldchen am Lienhwa-schan bei Ningdu, Quarzit, c. 700 m, VII.—VIII. 1921, WANG-TE-HUI (Plt. sin. 465, Typus). Nganhui: Hwangschan, 26. VII. 1926 (CHIEN 1090).

Da auch andere Arten, z. B. *G. parviflora* (CHAMP.) HARMS ganzrandig und gezähnt variieren und schon HARMS „selten ungezähnt" angibt, stelle ich diese Pflanzen wegen des dichten und beiderseits sehr scharf vorspringenden Adernetzes und der fast freien Griffel hierher.

G. membranifolia (W. W. SM.) HAND.-MZT. (*Nothopanax membranifolius* W. W. SM. in Not. R. Bot. Gard. Edinbgh., X., 53 (1917), teste EVANS. — *Gilibertia myriantha* HAND.-MZT. in Sitzgsanz. Ak. W. W., LX., 184 [1923]). **NW-Y.**: In den wtp. Regenmischwäldern des birm. Mons., 2100—2700 m, auf Schiefer und Granit, Doyon-lumba, 23. IX. 1915 (8303, Typus von *G. myriantha*) und bei Bahan (8984) am Salwin, 27° 58′—28° 2′. Bei der Seilbrücke in der Seitenschlucht Naiwanglong des e Irrawadi-Oberlaufes, 27° 52′.

---

[1] Ausführlicheres über diese wird in meinen „Plantae Mellianae Sinenses" in Beih. z. Bot. Centrbl. folgen.

Ob pedicellos inarticulatos *Gilibertia* est, proxima *G. Listeri* (KING) HAND.-MZT. in Sitzgsanz. Ak. W. W., LX., 185 (1923), quae differt foliis maioribus praesertim latioribus crassioribus paucidentatis vix caudatis et umbellis pauci-floris. Ad descriptionem SMITHianam addenda: Folia in annum persistentia, usque ad 21 cm longa, longitudine 3—4^{plo} angustiora, cauda saepe fere $^{1}/_{3}$ folii metiente; nervi a basi 3, laterales recti medium marginem attingentes, cum secundariis 3—4^{nis} arcuatis et venarum reti laxiusculo nervoque tenuissimo submarginali subtus tenuiter sed argute prominui supra pallidi; petiolus usque ad $^{3}/_{4}$ laminae metiens. Paniculae ramis et ramulis abbreviatis terminales, floribundae, sub anthesi densae, ad 12 cm, sub fructu ad 20 cm diametro, axibus gracilibus, primaria interdum brevi racemose, secundariis plerumque opposite et superne verticillatim saepe bis divaricato-ramosis. Bracteae parvae, triangulari-lanceolatae. Umbellae c. 6—10 florae, flore uno alterove remoto; pedicelli demum usque ad 13 mm longi. Petala intus carinata, demum reflexa. Stamina iis aequilonga, antheris (e nota ad vivum) roseis. Styli $^{1}/_{3}$—½ mm longi. Fructus globosus, 4 mm diametro, stylis a medio liberis divaricatis.

Hedera L.

H. sinensis TOBL., D. Gattg. Hed., 80 (1912) (*H. himalaica* TOBL., l. c. 67 var. *sinensis* TOBL., l. c., 79. — *H. nepalensis* K. KOCH, Hort. Dendrol., 284 [1853] var. *sinensis* [TOBL.] REHD. in Journ. Arn. Arb., IV., 250 [1923]). An Felsen, in Gebüschen und dichten Wäldern in der wtp. bis in die str. St. **Y.**: 1650—2750 m. Sidian bei Yünnanfu (173). Hsinlung n von hier. Landjing w des Dsolin-ho. Beyendjing (TEN 297; 367 ex hb. Berol.). Hsiangschuiho zwischen Dali und Hodjing (6457). Im NW am Mekong, 27° 30′—28° 20′ (GEBAUER). Im birm. Mons., 2500—3000 m, ober Londjre gegen den Doker-la und bei Bahan am Salwin vielleicht *H. nepalensis*. **S.**: 2350—2800 m. Djisö und Datu im Gebiete von Muli w von Yungning (7540). Kwapi n von Yenyüen. Sikwai im Lolo-Lande e von Ningyüen (1645). **H.**: 300— über 700 m. Yün-schan bei Wukang (Plt. sin. 104). Hsikwangschan bei Hsinhwa (11753).

Von der indischen Pflanze meines Erachtens morphologisch wie geographisch genügend geschieden, um als Art aufgefaßt zu werden.

Brassaiopsis DECNE. et PLANCH.

B. Hainla (HAM.) SEEM. **Y.**: In der wtp. St. auf Kalk in der Schlucht am Aufstiege von Hungngai zum Passe Dinschi-ling s von Dali sehr selten, 2100 m (8694).

* ***B. palmata*** (ROXB.) KURZ, For. Fl. Brit. Birma, I., 537 (1877) (*Panax palmatum* ROXB., Fl. Ind., II., 74 [1824]). **NW-Y.**: Im wtp. Regenmischwalde des birm. Mons. bei Bahan am Salwin, 27° 58′, Schiefer, 2400—2600 m, 20. VI. 1916 (8993).

** ***B. papayoides*** HAND.-MZT. in Sitzgsanz. Ak. W. W., LXI., 120 (1924).

Sect. *Palmatae* HARMS.

Arbuscula 2½ m vel aliquantum altior, trunco subsimplici medulloso graciliusculo apice ± 3 cm crasso et subverticillatim multifolio, pallido, cum petiolis primum spadiceo-furfuraceo et aculeis parvis crassis laxe obsito, cicatricibus fere 3 cm latis semiorbicularibus centro orbis excisis et gemmam sterilem ovoideam 4 mm longam furfuraceam gerentibus dense notato. Folia ambitu orbicularia, 23—54 cm diametro et multo maiora, basi late et ± profunde cordata, ad $^2/_3$—$^3/_4$ radiatim 7—9partita partibus marginibus se tegentibus ovato- vel obovato-ellipticis, acutis vel obtusis usque ultra dimidiam latitudinem irregulariter paucilobatis lobis porrectopatulis rotundatis usque acutissimis, toto margine cartilagineo remote serrulata, coriacea, dilute pallide viridia, opaca, juvenilia et in costis diutius subtus spadiceo-tomentella, adulta glaberrima; costae nervique dissiti et inaequales crassi utrinque prominui; venularum rete laxissimum subtus tenuiter prominulum; petiolus laminae $^2/_3$ usque totam aequans, teres, 4—6 mm crassus, basi incrassatus et triangulari-dilatatus. Stipulae in ligulam ad 1 cm longam ± conjunctae. Paniculae complures, juveniles cum floribus totis spadiceo-tomentellae, 6—16 cm longae, axibus crassissimis, bracteis coriaceis ovato-navicularibus usque ad 2 cm longis intus glabris margine anguste membranaceis, ramis paucis erectopatulis usque ad 2 cm longis umbellam terminalem et maioribus paucas inferiores subsessiles gerentibus. Flores ad 100, pedicellis crassis vix 2 mm longis bracteis subulato-linearibus aequatis vel superatis densissime subcapitati. Ovarium turbinatum, 1½ mm longum. Calycis 1—1,5 mm longi limbus membranaceus, scutellatus, lobis 5 late ovatis. Corolla in alabastro crassa, conum obtusum basi 1½ mm latum 10 sulcatum formans. Antherae 5, tunc $^2/_3$ mm longae.

Waldschluchten und Hochgrasdschungel der tr. und str. St., 400—1300 m. S-**Y.**: Hinter Manhao s von Möngdse, 28. II. 1915 (5793). Hier aufwärts bis ober Yaotou (phot.). An der Bahn bis Lu-tsun. **Kw.**: Am Hwatjiao-ho am Wege von Dschenning nach Hwangtsaoba, 20. VI. 1917 (10348).

Species pulchra proxima certe praecedenti, quae foliorum partibus indivisis, pedicellis longioribus et, etsi mea junior nec bene comparabilis, etiam ex icone WALLICHiano inflorescentia certe diversissima distat.

B. hispida SEEM. NW-**Y.**: In str. Wäldern des birm. Mons., 1725 bis 2150 m, in der Seitenschlucht Naiwanglong des e Irrawadi-Oberlaufes (9345) und in der Salwin-Schlucht ober Tschamutong.

B. palmipes G. FORR. in Not. R. Bot. Gard. Edinbgh., X., 12 (1917). NW-**Y.**: Im wtp. Regenmischwalde des birm. Mons. ober Schutsche am Taron (e Irrawadi-Oberlaufe), 27° 55′, Granit, 2800—2900 m (9453).

Kahler als der Typus.

B. glomerulata (BL.) REG. in Gartenfl., XII., 275 (1863) (*Aralia g.* BL., Bijdr., 872 [1826]. — *Hedera floribunda* WALL. in G. DON, Gen. Syst., III., 394 [1834]. — *Brassaiopsis f.* SEEM., Rev. Nat. Ord. Hed., 19 [1868]. — *B. speciosa* C. B. CL., non DECNE. et PLANCH.). SW-**Kw.**: Dürre Gebüsche der wtp. St. auf einer Kalkfelskante bei Hwangtsaoba, 1400 m (10277).

? * ***B. Hookeri*** C. B. CLKE. in HOOK. f., Fl. Brit. Ind., II., 737 (1879). NW-**Y.**: In str. Regenwäldern des birm. Mons. bei der Seilbrücke in der Seitenschlucht Naiwanglong des e Irrawadi-Oberlaufes und am Bache unter Schutsche dort (phot.), unerreichbar, eine Riesenpflanze, wohl diese Art.

Nothopanax Seem.

N. Delavayi (Franch.) Harms in Bot. Jahrb., XXIX., 488 (1900) (*Panax D.* Franch.). Misch- und Laubwälder, besonders aber im Lorbeereichenwald, dann in üppigeren Gebüschen gerne in Gräben und Schluchten in der wtp. St., mitunter in Menge, 2100—3000 m. **Y.**: Taihwa-se (Schoch 325), Hsi-schan und gegen Fumin bei Yünnanfu. Sanyingpan n von hier (615). Um Datschwangkou und Schayidjia e des Dsolin-ho überall. Beyendjing (Ten ex hb. Berol. 17). Einzeln zwischen Yünnanyi und Bupeng se von Dali. Mehrfach zwischen Yungbei und Boloti (phot.). Daschan zwischen Yungning und Baodu. Zwischen Bödö und Waschwa (4456) und ober Losiwan se von Dschungdien. Ober Tschwadse e und um Dschunggo (7787) sw von hier. Zwischen Mekong und Yangtse zwischen Kakatang und Tima unter Weihsi und unter Dsumbalo, 27° 46′. Serä am Mekong, 28° 7′. Im E auf den Rücken zwischen Sidsung und Magai wenig. **S.**: Rücken Luidaschu s von Huili. Houdsengai bei Dötschang. Lu-schan bei Ningyüen (1930). Dugungpu am Wege von hier nach Yenyüen. Unter Yiwanschui über dem Woloho. Djisö und Datu im Gebiete von Muli w von Yungning (7539, s. Karsten u. Schenck, Vegetatb., 20. R., Taf. 42b).

Nr. 1930 neigt anscheinend schon gegen *N. Rosthornii* Harms, dagegen ist Limpricht 876 *N. Delavayi*. In der Zahl der Blättchen liegt kein Unterschied zwischen diesen Arten, denn auch *N. Delavayi* hat oft 7, die Form und Zähnung aber ist bei *N. Rosthornii* eine ganz andere; auch seine breite, zusammengesetzte Rispe ist auffallend, doch hat meine Nr. 4456 auch je zwei seitliche Dolden an den wegen des jungen Stadiums noch nicht sparrigen Rispenästen, die aber vielleicht später absterben, denn öfter tragen längere Doldenstiele von *N. Delavayi* zwei Brakteen in der Mitte. Gelappte Blätter, wie bei *N. Davidii*, kommen hier nie vor, wohl aber einfache.

** ***N. latifolius*** Hand.-Mzt. in Sitzgsanz. Ak. W. W., LXI., 121 (1924).

Arbuscula ramosa, paniculis et gemmis tantum valde juvenilibus ferrugineo furfuraceo-pilosis, ceterum glaberrima. Ramuli 5 mm crassi, atrovirides, lenticellis sparsis pallidis ellipticis, dense foliati. Folia persistentia, partim simplicia ovata vel ovato-lanceolata, partim bifida vel profunde tripartita, raro ternata partibus eadem forma, 5—15 cm longis et 3—5½^{plo} angustioribus, caudato-acuminatis, acutis, sursum plicatis et recurvis, basi acutis, margine cartilagineo et recurvo praeter caudas partesque inferiores subremote crenato-serrata serraturis mucronibus validis usque ad 1 mm longis ± appressis terminatis, coriacea, supra atro-, subtus pallidius viridia, opaca vel nitidula; costae crassae nervique 10—15^{ni} tenuissimi obliqui in nervum 2 mm ante marginem currentem conjuncti utrinque prominuli; venularum rete densum supra late impressum, subtus tenuissime prominulum atrius; petiolus lamina in foliis simplicibus interdum fere 5^{plo} brevior usque — in ternatis — illa subduplo longior, paulum ultra 1 mm crassus, teres, supra angustissime sulcatus. Paniculae ramulis terminales singulae, strictae, oblongae, 10—21 cm longae, brevistipitatae, rhachi crassiuscula, ramis numerosis alternis patulis validis umbellis 8—15 floris terminatis et mediis saepe umbellas paucas brevipedunculatas inferiores ferentibus; bracteae minutae, triangulares et lanceolatae, brunneo-scariosae, fugacissimae. Pedicelli validi, 2—4 mm longi. Ovarium 1,5—2 mm longum, late campanulatum; calycis dentes minuti, remoti, triangulares. Petala pallida, 2 mm longa, late ovata, obtusiuscula. Antherae pallidae, ad 1,5 mm longae (filamentis nondum evolutis). Fructus compressus, 3—4 mm longus et latior, basi subcordatus. Stylopodium tenue, planum, ad 2 mm latum; styli 2 mm longi, paulum ultra medium connati, tenuiusculi, superne revoluti.

NW-**Y.**: Busch- und Laubwälder der str. und wtp. St. des birm. Mons., 1700—2400 m, am Salwin unter Bahan, 25. IX. 1915 (8409, Typus), gegenüber zwischen Hsiolamenkou und Lussu, und häufig bei Tschamutong, 13. VII., 15. VIII. 1916 (9550) bis unter Tjionatong am Salwin, 1919 (FORREST 19273 als *N. Delavayi*).

Proximus *N. Davidii* foliorum forma congruens venularum reti nullo, pedicellis longioribus, floribus multo minoribus differt; *N. Delavayi* eadem venatione instructus foliis nunquam fissis sed 1—7^{natis}, foliolis multo angustioribus, pedicellis tenuibus quamvis interdum haud multo longioribus diversus est.

N. Davidii (FRANCH.) HARMS in Bot. Jahrb., XXIX., 488 (1900). HAND.-MZT. in Sitzgsanz. Ak. W. W., LXI., 121 (*N. Bockii* HARMS, e typo). **Kw.**: In der wtp. St. im Laubwalde des Hügels bei Gudong zwischen Duyün und Badschai, Sandstein, 1000 m (10679). NE-**Y.**: Wälder bei Lungdji im mittelchin. Fl., 700 m (MAIRE).

Das Wiener Exemplar der BOCK u. ROSTHORNschen Pflanze hat ungeteilte Blätter bis 4 cm breit und ist von *N. Davidii*, wie ich schon 1924 l. c. bemerkte, nicht verschieden.

Acanthopanax MIQ.

** ***A. longipes*** HAND.-MZT.

Sect. *Eleutherococcus* (MAX.) HARMS.

Frutex magnus, scandens, inermis, ramis glabris, tenuiter striatis, brunneis, lenticellis minutis conspersis, ad nodos non incrassatos verticillato-foliatis. Folia digitatim 3—5 foliolata, petiolis 4—11 cm longis quam laminae longioribus, antice fulvido villoso-hirsutis; foliola oblongo-obovata vel lanceolata, 4—8 cm longa, longitudine 2—4^{plo} angustiora, longiuscule acuminata, basi ad petiolulos ½—1 cm longos angustata vel exteriora rotundata, biserrulata serraturis mucronatis leviter incurvis et setoso-ciliatis, herbacea, decidua, supra densiuscule fulvido furfuraceo-strigosa, subtus pallidius viridia, tenuius et praeterea in costa nervisque 5—12^{nis} obliquis ante marginem arcuato-conjunctis densissime et fulvido crispo-pilosa, venularum reti densissimo supra valde impresso, subtus atroviridi. Stipulae ad vaginas angustas fulvo-barbatas reductae. Umbellae ramis brevioribus longisve apicales, 2—4^{nae} umbellatae, pedunculis glabris terminali 10—15, lateralibus 4½—8 cm longis, omnes fertiles, illa versus 100 flora, hae minores, globosae, densissimae. Bracteae minutae, lanceolatae, ciliatae. Pedicelli 5— versus 15 mm longi, graciles, glabri. (Flores ignoti.) Fructus globosus, 5—6angulatus, 5 mm diametro, e sicco nigropurpureus, calycis lobis minutis triangularibus carnosis, stylis crassis 1 mm longis totis connatis.

NW-**Y.**: Gebüsche an Bächen an der Grenze der tp. und wtp. St. zwischen Yangtse und Mekong auf Sandstein und Schiefern, 2600—2850 m, von Tschada bis ober Schatyama, 27° 22′, 29. VIII. 1915 (7865) und unter Lutien e von Weihsi.

Umbellis sectionem *Cephalopanax* Baill. revocans, sed glabris; affinis certe *A. leucorrhizo* (Oliv.) Harms, cuius formae pilosae differunt pedunculis multo brevioribus pedicellisque multo longioribus.

A. Simonii Sim.-Louis in C. Schndr., Ill. Handb. Laubhzkd., II., 426 (1909). SW-**H.**: Gebüsche der wtp. St. am Bächlein beim Tempel Gwanyin-go auf dem Yün-schan bei Wukang, Tonschiefer, 1180 m (12488).

Da die sitzenden oder fast sitzenden Blättchen offenbar für die Art am bezeichnendsten sind, gehören hierher Bock u. Rosthorn 287, 441 (dieser als *A. Henryi* [Oliv.] Harms) und 939, die erste und letzte steril als kahle Formen.

* ***A. cissifolius*** (Griff.) Harms in Nat. Pflzfam., III/8., 50 (1897) (*Aralia cissifolia* Griff. ap. Seem., Revis. Nat. Ord. Hed., 91 [1868]). NW-**Y.**: In gemischten Föhrenwäldern der tp. St. des birm. Mons. auf dem Sattel Tschranalaka ober Tseku am Mekong, Granit und Schiefer, 3200—3300 m, 15. VI. 1916 (8888).

Sepalen und Petalen oft 6, jene gewimpert, diese an der Spitze verdickt und in der Knospe eingekrümmt. Stamina 6. In der anscheinend funktionell ♂ Knospe 5 zu einem Kegel mit zentralem Hohlraum vereinigte Griffel (oder Diskusbildung?).

A. Wilsonii Harms in Plt. Wils., II., 560 (1916). NW-**Y.**: Gebüsche und Wälder, gerne an felsigen Stellen, in der tp. St., 3000—3400 m. Ober Mudidjin s von Yungning (3178). Ober Ngulukö (6645) und in der Schlucht Lokü am Osthang des Yülung-schan bei Lidjiang. Viel bei Dugwan-tsun se von Dschungdien.

A. gracilistylus W. W. Sm. in Not. R. Bot. Gard. Edinbgh., X., 6 (III. 1917), e typo (*A. Hondae* Matsuda in Bot. Mag. Tok., XXXI., 333 [1917 certe serius]). **Ki.-F.**-Grenze: Steiniger Hang des Schehsing-schan am Dunghwa-schan zwischen Schitscheng und Ninghwa, c. 1200 m (Plt. sin. 332). Tschekiang (Ching in Wülsin 1393, 1791). Kiangsu (Tso 2113). **H.**: Gebüsche der str. St. um Lantien zwischen Loudi und Hsinhwa, 130—200 m (11742). **Kw.**: Gebüsche der wtp. St., 1000—1200 m, zwischen Lopu-se und Wendwen n von Duyün und bei Tschingdschen (10456). W-Hubei: Tschangyang (Wilson, Veitch Exp. 1030, 1119). NE-**Y.**: Hecken und Gebüsche der wtp. St., 2400 bis 2800 m. Mahung (Maire). Ebene von Lagu (M. ex Arb. Arn. 450).

Die beiden Nummern Chings und meine 332 bestehen aus Langtrieben mit ausschließlich dreizähligen Blättern und nur einzeln achselständigen Dolden. Da dies wahrscheinlich mit der Ausbildung der Triebe zusammenhängt, möchte ich darauf keine Varietät begründen. Was die von Matsuda angegebenen Unterschiede seines *A. Hondae* gegenüber *A. spinosus* (L. f.) Miq. anbelangt, so finden sich an Maximowiczs Pflanzen von Yokohama gegen 60 Blüten in der Dolde, also noch mehr, als bei *Hondae*, und auch die eine oder andere seitliche an Infloreszenzstielen, was sicher nur zufällig ist; diese sind nicht nur 3, sondern bis 5 cm lang. Dagegen hat meine von Nakai als *A. Hondae* bestimmte Nr. 10456 nur ungefähr 10blütige Dolden an 2½—4 cm langen Stielen, Wawra 782 von Schanghai, der mit seinen ganz kurz gestielten Dolden und scharfen Blattzähnen mit zwischenstehenden Borsten jedenfalls *A. Hondae* entspricht, hat die Dolden von 12blütig aufwärts. Die Griffel variieren an dieser Nummer von nahezu frei bis ½ mm lang verwachsen, ebenso an meiner 11742, an 10456 bis 1 mm lang verwachsen. Auch der Typus von *A. gracilistylus* hat sie an einer Frucht 1 mm lang verwachsen, an allen anderen ganz frei. An diesem findet sich auch eine Frucht mit 3 Griffeln, ebenso an Wilson 1119. *A. gracilistylus* soll nach Nakai in Journ. Arn. Arb., V., 4 (1924) durch sehr kurze Doldenstiele ausgezeichnet sein, nach seinem Autor aber sind sie 3—5 cm lang, was zutrifft. Meine Nr. 11742 (*A. gracilistylus* nach Nakai, l. c.) und 10456 (*A. Hondae* nach ihm, l. c.) stellen zweifellos dieselbe Art dar. Maires Pflanzen verbinden sie mit jener Wawras. Da *A. spinosus* ebenfalls mit stumpfen sowohl als zugespitzten Blättchen vorkommt, bleibt als Unterschied nur jener in der Blattzähnung, der allerdings deutlich und konstant ist. *A. nodiflorus* Dunn unterscheidet sich nach dem Typus von *A. gracilistylus* dadurch, daß er nebst den Borsten auf den Adern dieselbe Behaarung der ganzen Blattunterseite hat, wie *A. villosulus* Harms, kleinere, obwohl schon gut ausgebildet, nur 3 mm lange Früchte und dickere, im freien Teil $1^1/_4$ mm lange Griffel.

A. trifoliatus (L.) Merr. in Philip. Journ. Sci., I., Suppl., 217 (1906) (*A. aculeatus* [Ait.] Seem.). Gebüsche der str. und wtp. St. **H.**: 150—250 m. Hartlaubwald des Dungtai-schan bei Hsianghsiang (12740). Bei Lengschuidjiang gegen Hsikwangschan (12717). E-**Kw.**: Tientang am Flusse unter Sandjio, 320 m (10866). **S.**: Häufig zwischen Mosoying und Huili, 1400—2300 m (5639). **Y.**: 1600—2000 m. E von Schayidjia e des Dsolin-ho. Im E ober Yiliang und bei Sidsung. Im NE in der Ebene von Lagu (Maire).

A. ternatus Rehd. in Journ. Arn. Arb., II., 124 (1920). NW-**Y.**: Gebüsche der trockenen str. und wtp. St. am Mekong von Lota-Tanschan bis Tsedjrong, 1950—2050 m, 27° 55′—28° 2′ (7973) und zwischen Yangtse und Mekong unter Lutien e von Weihsi, 2600 m, und an der Mündung des Tales von Schuba in den Djiu-tschu, 2250 m. Der Originalfundort ist jedenfalls Tseku (nicht „Tsin-kon").

Foliola in surculis sterilibus saepe profunde et lobato duplicato crenato-serrata.

A. evodiifolius Franch. (*Evodiopanax e.* [Fr.] Nakai in Journ. Arn. Arb., V., 8 [1924]). S-**S.**: Nantschwan (Bock u. Rosthorn 996).

— — **var. *gracilis*** W. W. Sm. in Not. R. Bot. Gard. Edinbgh., X., 6 (1917), e typo. Wälder der tp. bis in die wtp. St., 2500—3500 m. NW-**Y.**: E ober Ganhaidse bei Lidjiang (6728). Im birm. Mons. im Doyon-lumba zwischen Mekong und Salwin, 28° 2′ (8329). **S.**: Ober Ngaitschekou jenseits des Yalung n von Yenyüen, 28° 10′ (2630).

— — **var. *ferrugineus*** W. W. Sm., l. c. NW-**Y.**: Mischwälder der tp. St. des birm. Mons. im Saoa-lumba zwischen Mekong und Salwin, 28°, 3500 bis 3600 m (8984).

Die Art ohne Beachtung der Varietäten in gleichem Vorkommen bis 3700 m in **Y.**: Berg Hungguwo bei Hsinyingpan zwischen Yungbei und Yungning. Tsasopie n von Lidjiang. Ober Dschadse sw von Yungning. Westseite des Passes Yenaping zwischen Djientschwan und dem Lantschou-ba. Zwischen Meti und dem Nguka-la sw von Dschungdien. Ober Aoalo bei Yedsche am Mekong. Im birm. Mons. ober Tjionatong n von Tschamutong am Salwin und im Tjiontsonlumba sowie jenseits am Abstieg zum Taron (e Irrawadi-Oberlaufe). **S.**: sw ober Muli und s viel ober Dapingdse am Wege nach Yungning.

Die Var. *gracilis* variiert an einem Individuum mit 2 bis 4 Griffeln (FORREST 5607) und an meiner 2630 (= SCHNEIDER 1427) mit 1 bis 5 Blättchen. NAKAI ist daher im Unrecht, wenn er in Journ. Arn. Arb. V., 8 die Varietät aus der Gattung ausschließen will, deren Diagnose durch „Arbores glabrae. Inflorescentia glabra" die var. *ferrugineus* ausschließen würde. Deutliche Kelchzähne sind oft vorhanden. Die Steinkerne sind auch z. B. bei *A. Giraldii* HARMS und *leucorrhizus* (OLIV.) HARMS an den Seiten nicht gefurcht und am Rücken gerundet. Ihre Dicke hängt von ihrer Zahl ab. Seine Aufspaltung der Gattung *A.* ist daher unberechtigt. Er leugnet l. c., 9 auch von HARMS nicht behauptete Unterschiede zwischen *Eleutherococcus* und *Acanthopanax*, trennt aber die Gattungen auf Grund der Zahlenverhältnisse des Ovariums, die nach seiner eigenen Angabe einander übergreifen.

Kalopanax MIQ.

K. septemlobus (THBG.) KOIDZ. in Bot. Mag. Tok., XXXIX., 306 (1925) (*Acer septemlobum* THBG., Fl. Jap., 161 [1784]. — *Kalopanax ricinifolius* [SIEBD. et ZUCC.] MIQ.). Mischwälder und Gebüsche der str. und durch die wtp. St., 50—2900 m. **H.**: Um Tschangscha ganz einzeln bei Bauernhöfen. Wadsiping. Dungtai-schan bei Hsianghsiang. Von Tangdse bis Hsikwangschan bei Hsinhwa (12629) zerstreut. Um Lengschuidjiang. **Kw.**: Unter Madjiadwen bei Guiding. Im SW von Taipinggai (10346) bis jenseits Hwangtsaoba besonders um die Dörfer. Langtai (SCHOCH 408). **NW-Y.**: Ober Tjiaotou an einem Seitenbache des Dschungdjiang-ho se von Dschungdien (6840). Unter Meti sw von hier. Lienfu zwischen Yangtse und Mekong, 27° 34′. Unter Kakatang bei Weihsi. Ururu am Mekong, 27° 57′, im Sand (10015). Im birm. Mons. unter Niualo und bei der Seilbrücke von Wuli ober Tschamutong am Salwin.

— — var. *Maximowiczii* (V. HTTE.) HAND.-MZT. (*K. M.* V. HTTE. — *K. ricinifolium* var. *M.* NAK. in Journ. Arn. Arb., V., 13 [1924]). **S-S.**: Nantschwan (BOCK u. ROSTHORN 1130).

— — var. *magnificum* (ZAB.) HAND.-MZT. (*K. ric.* v. *m.* ZAB. in Gartenwelt, XI., 535 [1907], sensu NAKAI, l. c., 12). **NE-Y.**: Wälder bei Gulungtschang, 800 m (MAIRE).

Infloreszenz an den blühenden Nr. 10015 und 12629 durchaus nicht weniger zusammengesetzt als an der japanischen Pflanze, sondern mehr als an vielen von hier. Obere Blätter der blühenden, 20 m hohen Bäume von 12629 sehr kurz gelappt, jene der sicher dazugehörigen sterilen Triebe aber bis unter die Hälfte in schmale Zipfel geteilt, an 10015 aber die Zipfel der Folgeblätter wie in Japan. Es liegt also keine geographische Gliederung vor und die var. *chinensis* NAK., l. c., 13 (1924) ist nicht unterscheidbar.

Pentapanax SEEM.

P. Henryi HARMS ** **var.** ***Larium*** HAND.-MZT. (*P. Larium* H.-M. in Sitzgsanz. Ak. W. W., LXI., 121 [1924]).

Differt a typo pedicellis sub anthesi ad 4 mm tantum longis, sepalis c. $^1/_3$ mm longis late ovatis rotundatis, petalis ad $1\frac{1}{2}$ mm tantum longis, stylis 5 vel paucioribus, subliberis.

NW-Y.: Gebüsche an Bächen und Wälder der wtp. und unteren tp. St. auf Sandstein und Granit, 2600—3200 m. Zwischen Mbädjü und Schatiama am Wege von Djitsung am Yangtse nach Kakatang über dem Mekong, 27° 22—28', 29. VIII. 1915 (7875). Ober Londjre vom Mekong gegen den Doker-la an der tibetischen Grenze massenhaft, 19. IX. 1915 (8176, Typus). Wohl auch diese unter Londjre in der str. St., am Yangtse unter Musödso, 2000 m, und unter Schuba zwischen ihm und dem Mekong.

Die Unterschiede gegenüber *P. Henryi* erwiesen sich als zu gering zur Aufrechterhaltung der Art, zumal da dieser von FORREST auch typisch im Gebiet gesammelt wurde. Jener in den freien Griffeln gilt zwar als generischer zwischen *Pentapanax* und *Aralia*, doch scheinen mir diese beiden Gattungen überhaupt schwer trennbar. Man vergleiche das oben unter *Acanthopanax gracilistylus* Gesagte.

P. yunnanensis FRANCH., e typo. Y.: Trockene Hänge und Felsen der unteren wtp. und str. St., 1700—2100 m. Ober Hwangduho bei Yünnanfu (13086). Zwischen Wumadjia und Tienschenggwan und um Dschwandjiadjio ober Sidsung e von Yiliang. Wohl diese auf einer alten Brücke bei Hsiangschuigwan an der Straße nach Dali und zwischen Datschang und Dalu e von Yungbei. Yidjiatschwang unter Djiangying ne von Dali (6424).

P. Leschenaultii (DC.) SEEM. NW-Y.: Um Lidjiang, v. E. (3735). Hier im üppigen tp. Walde ober Akalü jenseits Ganhaidse, Kalk, 3000 m (6832).

** ***P. truncicolus*** HAND.-MZT. in Sitzgsanz. Ak. W. W., LXI., 200 (1924). Frutex epiphyticus, ramis 4—8 mm crassis, glabris, dilute brunneis, angulatis, elongatis disperse, floriferis comato-paucifoliatis. Gemmae crasse ovoideae, 7—9 mm longae, perulis latissime ovatis exterioribus coriaceis rufovelutinis interioribus oblongis tenuibus glabris demum 12 mm longis. Folia 2- et pauca 1-jugo imparipinnata, cum petiolo dimidio c. breviore tenui teretiusculo demum glabro supra glauco-pruinoso basi in vaginam parvam triangularem breviter ligulatam rufo-velutinam margine membranaceo ± laceratam dilatato 12—40 cm longa; foliola petiolulis brevissimis usque ad 7 mm terminali usque 5 cm longis, articulis et costae parte inferiore subtus rufo-villosulis hac demum glabra, elliptica, 5— (demum) 14½ cm longa, longitudine ± duplo angustiora, breviter acuminata, basi saepe paululum inaequali late rotundata vel subcordata, margine anguste cartilagineo interdum subtiliter crenulata, herbacea, decidua, utrinque intense subtus pallidius viridia; costa nervique 6—8[ni] irregulares patentes arcuati prope marginem soluti venularumque rete laxum utrinque tenuiter et argute prominui. Inflorescentiae terminales 4—12 fasciculatae, pedunculis 2½— (demum) 11 cm longis rigidis sicut pedicelli hirtellis, umbellis verticillatis 2—7[nis] in pedunculis divaricatis 1½— (demum) 3½ cm longis compositae. Flores 8— ad 30[ni], pedicellis 5—8 mm longis, validis, bracteatis. Ovarium ± glaucum. Calycis limbus truncatus, margine angustissime membranaceus, integer, raro inconspicue sinuatus. Corolla brevis, calyptrata, pallida, tota desiliens. Antherae pallidae, filamenta corollamque aequantes. Fructus globosus, baccatus, spadiceus, 3½ mm diametro, stylis crassis totis connatis ¾ mm longis, stigmate magno, plano. Semina semilenticulata, fusca, nitida.

Epiphytisch im tp. und wtp. Regenmischwalde des birm. Mons., 2300 bis 3250 m. Zwischen den Almen Doschiratscho und Rüschaton ober Tseku am Mekong. Auf *Acer* im Doyon-lumba, 23. IX. 1915 (8321, Typus) und zwischen Hsiolamenkou und Lussu und weiter einwärts im Tjiontson-lumba, 29. VI. 1916 (9161) unter Tschamutong am Salwin.

Valde affinis *P. parasitico* (DON) SEEM. foliolis non acuminatis firmis multo minoribus basi acutioribus subtus glaucis, venulis supra densissime reticulatis et stylis longioribus diverso.

Der von DELAVAY in Yünnan gesammelte *P. parasiticus* ist von meiner Pflanze verschieden und wohl mit der indischen Art identisch.

Aralia L.

A. atropurpurea FRANCH. Offene und dichtere Wälder der tp. St. auf Kalk, 2750—3300 m. **Y.**: Beyendjing (TEN). Guti (TEN 1279). Im NW überall jenseits des Be-schui n von Lidjiang (7025). Bei Yungning jenseits des nach Fongkou führenden Passes. Berg Lamatso w des Nordendes der Yangtse-Schleife hier. **S.**: Ober Muli.

** *A. dumetorum* HAND.-MZT.

Sect. *Genuinae* HARMS in Bot. Jahrb., XXIII., 15 (1896).

Herba ♃, radice longissima, dauciformi, caule tenui, ad 50 cm alto, dissite et decrescenter paucifoliato. Folia ambitu late triangularia, ad 17 cm longa, inferiora biternata, jugis lateralibus saepe bijugo-pinnatis pinnula infima altera interdum bifoliolata, summum semel ternatum; foliola remota, petiolulis 8—20 et terminali ad 45 mm longis, late cordata, 2—4½ cm longa, subito ± longe acuminata, crebre duplicato-serrata serraturis mucronatis, herbacea, supra laete viridia subtus canescentia, illic etiam lamina, hic nervis tantum 5—7 palmatis et venarum reti laxo prominuis albido furfuraceo-setosa; petiolus ad 4 cm longus. Stipulae semiovatae, ad 4 mm longae, fimbriatae. Panicula terminalis longipedunculata, umbellis axillaribus singulis pedunculatis additis, umbellis paucis in pedunculis ad 2½ cm longis constans, parce pilosa. Bracteae lanceolatae ad 5 mm longae, umbellares subulatae, c. 1 mm longae, rigidulae. Pedicelli 12—18, ad 7 mm longi. Calycis lobi triangulares, c. ⅓ mm longi, albo-marginati. Petala ovata iis plus duplo longiora, grisea (e collectore). Stylopodium breviter et late conicum; styli 5, liberi, ½ mm longi, crassiusculi, erecti. Fructus deest (e collectore niger).

NE-**Y.**: Unterholz der wtp. St. bei Maliwan, 2600 m, Juli (MAIRE).

Species inter herbaceas distinctissima, affinis *A. Henryi* HARMS, *atropurpureae* FRANCH., *cordatae* THUNBG.

** ***A. apioides*** HAND.-MZT. (Taf. XI, Abb. 7).

Sect. *Anomalae* HARMS im Bot. Jahrb., XXIII., 12 (1896).

Herba rhizomte crasso, horizontali, radicibus longissimis et crassis dense obsito, caulem singulum 1,20 m altum, crassum, succosum, glabriusculum, basi squamis ovatis submembranaceis, ad 2 cm longis cinctum edente. Folia dispersa, decrescentia, inferiora petiolis usque ad 18 cm longis, summa sensim sessilia, biternata, ambitu late ovata, ad 60 cm longa; partes primariae petiolulis longis et crassis medio quam laterales plus duplo longiore, secundariae paulo brevioribus, remote ad 4jugo pinnatae foliolis plurimis ternato-compositis, ± longe et tenuiter petiolulatis. Foliola ultima late angusteve ovata, 1—3½ cm longa longitudine sesqui- usque plus duplo angustiora, praesertim terminalia longe acuminata, inferiora saepe obtusa, basi saepe oblique cordata usque obtusa, dense et duplicato lobato-serrata, dentibus plerisque setoso-acuminatis, membranacea, laete viridia, supra ubique, subtis praesertim in nervis cum venulis dense reticulatis prominulis breviter brunnescenti furfuraceo-pilosula. Stipulae in vagina brevissima et lata saepe evolutae, lanceolatae. Inflorescentiae cymoso-paniculatae, et axillares longipedunculatae et terminales, hae ter subumbellato-compositae, breviter et dense brunnescenti crispulo-pilosae; bracteae minutae, filiformi-lanceolatae. Pedicelli ad 10^{ni} umbellati, 1—4 mm longi, pilis brevissimis sursum curvatis, ad ovarium incrassato-articulati. Sepala vix ½ mm longa, triangulari-ovata, obtusa. Petala triangulari-ovata in alabastro apice leviter imbricata et tenuiter papillosa, purpurascentia. Stamina 5, antheris cordatis (filamentis nondum evolutis). Stylopodium sublobatum; styli 3—5, liberi, stigmatibus crassis. Ovarium 3—5 loculare.

NW-Y.: Hochkrautfluren der tp. St. des birm. Mons. im Saoa-lumba zwischen Mekong und Salwin, 28°, Glimmerschiefer, 3500—3600 m, 18. VI. 1916 (8979).

Proxima certe *A. Henryi* HARMS foliis ter vel quater ternatis, foliolis late crenato-serratis, indumento setoso, inflorescentia multo minore, pedunculis plerumque bifloris diversae.

** ***A. caesia*** HAND.-MZT.

Sect. *Arborescentes* HARMS in Bot. Jahrb., XXIII., 16 (1896), ut sequentes.

Frutex inermis, ramosus, ramis ad 5 mm crassis angulatis cinereis cicatricibus trigonis depressis dispersis, ut tota planta praeter pilos stipulares stipellaresque albidos glaberrimis. Panicula terminalis sessilis subglobosa ad 30 cm longa, laxissima, ut ramuli juveniles bini ei collaterales abbreviati et subverticillatim vel ad 9 cm longi et disperse foliati petiolique tota caesio-pruinosa basique perulis late ovatis ad 6 mm longis coriaceis brunneis sero deciduis cincta. Folia remote 2—3 jugo pinnata, 5—16 cm longa; foliola infima saepe in petiolulis ad 3 cm longis et ternato-composita, sequentia interdum 3—4 verticillata, summa sessilia, terminale sessile vel in petiolulo ad 15 mm longo, omnia ovata usque orbicularia, 2½—5 cm longa, brevissime cuspidata, basi rotundata plicata, tot margine subremote et minute cartilagineo-denticulata, subcoriacea, supra atroviridia, subtus dense papillosa glauca; costa nervique 4—6^{ni} arcuati tenues utrinque prominuli; venularum rete densissimum utrinque prominulum, supra albidum et ± asperulum, subtus atroviride; petiolus tenuis, teretiusculus, lamina aequilongus, basi brevissime dilatatus et crispulo-ciliatus. Paniculae rami alterni, summi tantum 3- vel 4^{ni}, elongati, antice tantum subverticillato-pauciramosi. Bracteae lanceolatae, scariosae, c. 5 mm longae. Pedunculi 1,5—4 cm longi. Umbellae 7—18 florae. Bracteolae numerosae, bracteis aequales. Pedicelli 4— (sub fructu) 12 mm longi, ad ovarium articulati ebracteolati. Calycis lobi 5, inter se remoti, semiorbiculares, vix ad ½ mm longi, pallide marginati. (Petalorum staminumque nullum vestigium superest.) Stylopodium depressum. Styli 5, liberi, 1 mm longi, erecti, in fructu persistentes et patentes. Fructus globosus, 6 mm diametro, in sicco 5costatus, fuscus, coeruleo-pruinosus. Semina 5, semilenticularia, 3½ mm longa, pallida, opaca.

NW-**Y.**: Gebüsche und offene Föhrenwälder der wtp. St. zwischen Sape und Haba se von Dschungdien, Sandstein, 2400—3000 m, 2. VIII. 1914 (4410).

Inter *Aralias* certe *A. yunnanensi* FRANCH. proxima, quae differt foliis bipinnatis (pinnis anterioribus plerumque ternatis tantum cum foliolis alaribus), foliolis evolutis ovatis, sensim acuminatis, dense et argute serratis, subtus epapillosis nec distincte glaucis, venularum reti hic paulo, supra multo laxiore, bracteolis ovarium cingentibus. Affinitas naturalis autem cum *Pentapanace yunnanensi* FRANCH. mihi videtur, qui satis diversus.

Nach den freien Griffeln muß man diese schöne, zierliche Pflanze zu *Aralia* stellen, doch ist dieser Unterschied auch nach HARMS in Nat. Pflzfam., III/8., 55 nicht durchgreifend. Meines Erachtens hat sie ihre natürliche Verwandtschaft bei gewissen *Pentapanax*-Arten, mit deren keiner bekannten sie aber identisch ist.

** ***A. staphyleina*** HAND.-MZT. (Taf. XI, Abb. 6).

Praecedenti affinis, sed differt notis sequentibus: Arbuscula ramosa (e nota ad vivum). Panicula subsessilis, ad 25 cm longa, paulo angustior et densior, paulum vel non pruinosa, foliorum fasciculo uno collateralis. Folia ternata vel bijugo-pinnata, ad 9 cm longa, petiolo aequilongo vel breviore. Petioluli ad 3 mm longi, terminalis ad 2 cm longus. Foliola paulo longius acuminata, basi saepe truncata, densius cartilagineo-denticulata, sicca brunnescentia, utrinque dense papillosa haud glauca; venularum rete subtus tantum et minus prominuum et hic saepe asperulum. Paniculae rami saepe supra medium alterne pauciramosi; pedunculi ad 2 cm longi. Umbellae ad 25florae, pedicellis ad 15 mm longis, paulum infra florem articulatis et bracteolatis. Flores polygami? Petala e basi subcordata ovato-oblonga, 2½ mm longa, rotundata, demum reflexa. Stamina iis breviora, antheris 1 mm longis, ochraceis. Stylopodium breviter conicum. Fructus vix maturus 3 mm diametro, fuscus, vix pruinosus.

NW-**Y.**: Spärlich in dichten Gebüschen der tp. St. an der NE-Seite des Sattels des Berges Lamatso w des Nordendes der Lidjianger Yangtse-Schleife, Kalk, 3200 m, 12. VIII. 1915 (7603).

Wenn diese und die vorige Art in allen Stadien bekannt sein werden, werden sich ihre Beziehungen vielleicht als so eng erweisen, daß man sie nicht spezifisch getrennt halten kann. Nach dem jetzt vorliegenden Material muß man dies aber entschieden tun.

A. yunnanensis FRANCH., e typo. **S.**: Zwischen Kalkfelsen in der str. und wtp. St., bei Handschwang im Becken von Yenyüen, 2600 m (2256) und s ober Lumapu am Wege von hier nach Ningyüen, 27° 37′, 1950 m (2066).

A. chinensis L. Gebüsche, kaum über die str. St. hinauf, auf Sandstein und Granit. **H.**: 500—550 m. Bei Hsikwangschan gegen Tindjiatang (12682). Sattel Mawangngao zwischen Hsinhwa und Lududsai (12560). S-**S.**: Nantschwan (BOCK u. ROSTHORN 257). NE-**Y.**: Im mittelchin. Fl. bei Dschenfungschan, 650 m (MAIRE).

Blättchen an BOCK u. ROSTHORNS Pflanze bis 21 × 11½ cm.

— — **var. *nuda*** NAK. in Journ. Arn. Arb., V., 32 (1924). SW-**H.**: Gebüsche der str. St. zwischen Ngaidso und Hsüning am Wege von Wukang nach Dsingdschou, Schiefer, 400—550 m (11068) und wohl diese in E-**Kw.**: Mehrfach zwischen Gudschou und Liping, 600—900 m.

Nach NAKAI, l. c., 31 soll die ganze *A. chinensis* sitzende Blättchen haben; diese Pflanze hat sie aber gestielt.

— — ** var. ***dasyphylloides*** HAND.-MZT. (An *A. dasyphylla* FORB. et HEMSL., non MIQ.?).

Foliola sessilia, supra dense flavido-strigosa, subtus papilloso-glauca et pilis patentibus vel paulum crispatis flavidis ubique dense et demum in nervis tantum densissime et in venis sparsius hirsuto-tomentosa. Pedicelli calyce aequilongi.

H.: Gebüsche der wtp. St., 600—800 m. Bei Hsikwangschan nächst Hsinhwa, 16. IX. 1918 (12662). Unter dem Tempel Wuli-ngan und in dem nach NE hinabführenden Tale am Yün-schan bei Wukang, 12. VII., 20. VIII. 1918 (12528). Kwangtung: Mandse-schan an der Grenze von Hunan gegen Guiyang, 1915 (MELL 556, Typus).

Durch die kurzen Blütenstiele, die auch an MELLs fruchtendem Typus nicht länger werden, erinnert die Pflanze sehr an *A. dasyphylla* MIQ., die aber nach einem Original und weiteren Pflanzen aus Sumatra (HAGEN) und Java (LOBB) noch starrere und an den Nerven anliegende Behaarung hat. Die übrigen stark behaarten *chinensis*-Formen (f. *canescens* [FRANCH. et SAV.] C. SCHNDR.) z. B. aus Japan (REIN), Sendai (JISIBA) und China (WILSON, Veitch Exp. 1338) haben alle dünnere und krause Behaarung und längere Blütenstiele. Einen Übergang zur neuen Varietät bildet WILSON, Veitch Exp. 1606 aus W-Hubei durch die Behaarung dieser, aber längere Blütenstiele, und meine 12682 durch die umgekehrte Kombination. Diese Pflanze WILSONs entspricht dem Typus von *A. Planchoniana* HCE., die also nicht, wie NAKAI, l. c., 32 sagt, so gänzlich verschieden ist. Auch *A. Searelliana* DUNN hat viel längere Blütenstiele. Die Hongkonger *A. spinosa*, die LINNÉs Typus von *A. chinensis* entsprechen wird, beschreiben DUNN u. TUTCHER mit Fruchtstielen viel länger als Frucht und BENTHAM mit fast ½′ langen. NAKAI stellt in Journ. Arn. Arb., V., 32 einige Fundorte und Nummern von mir und SCHOCH zu *A. chinensis*. Jene sind vorläufige, hinfällige Nummern, unter denen ich die Dupla an das Arnold Arboretum geschickt hatte, beziehen sich aber wie SCHOCH 408 auf *Kalopanax* und sind von ihm bei diesem ebenfalls angeführt.

A. stipulata FRANCH. Waldränder und Waldlichtungen, Gebüsche, gerne an Bächen, in der tp., selten durch die wtp. St., 2100—3300 m. Djinschuiho n von Yungbei. Im NW ober Akalü jenseits Ganhaidse bei Lidjiang und am He-schui n von hier (4381), ober Anangu se von Dschungdien, unter Meti sw von hier und im birm. Mons. auf dem Sattel Tschranalaka ober Tseku (10009) und ober Londjre am Wege zum Doker-la. Im NE (MAIRE, distr. BONATI, mit verwechselter Etikette: Hb. Stockholm). **S.**: Hwayi im Gebiete von Muli w von Yungning. Unter Yiwanschui über dem Wolo-ho. Um Betiaoho und Malade (5449), unter Hwangliangdse, ober Oti und jenseits des Yalung bei Molien n von Yenyüen. Schao-schan se von Ningyüen (1342) und Mundsalu im Lolo-Lande e von hier. Zwischen Liyüen und Sandawan in der Kette des Lungdschu-schan nw von Huili.

Nebenblätter hat auch *A. chinensis*, und bei *A. stipulata* sind sie in der Größe veränderlich.

** ***A. echinocaulis*** HAND.-MZT. (Taf. XI, Abb. 8).

Arbuscula simplex, 3 m alta (e nota ad vivum), trunco tenui, aculeis acicularibus spadiceis 7—14 mm longis patulis vel subreflexis densissime et sursum laxius echinato, cicatricibus parvis vaginis persistentibus fusco-cinctis notato, foliis apice $\pm$ approximatis. Folia ambitu triangulari-ovata, 35— ultra 50 cm longa, bipinnata, glaberrima, petiolo lamina triplo breviore usque c. aequilongo, ut rhachides teretiusculo; pinnae 2—3-, pinnulae usque ad 4jugae cum impari, illae foliolo inferiore basali addito; foliola sessilia et inferiora brevissime petiolulata, ovata usque lanceolata, 4—11½ cm longa, longitudine 2—4^{plo} angustiora, longiuscule acuminata, basi late rotundata usque oblique cuneata, breviter et densius remotiusve et interdum mucronulato tantum serrulata, sicca demum subchartacea, supra saturate viridia, subtus valde glauca, costa nervisque 6—9^{nis} arcuatis utrinque tenuiter prominuis, venularum reti denso supra impresso, subtus atroviridi. Stipulae in vaginis angustis, lanceolatae, usque ad 1 cm longae, spadiceae, setoso-ciliatae. Panicula terminalis singula, subsessilis, 30—50 cm longa et lata vel paulo angustior, brunneo furfuraceo-hirsuta, axi primaria glabrescente, apice umbellatim inferne alterne vel partim opposite vel umbellatim bis vel ter composita. Bracteae ovato-lanceolatae, ad 10 mm longae. Pedunculi 2—5 cm, pedicelli 15—30^{ni} 5—20 mm longi. Bracteolae lanceolatae, usque ad 4 mm longae, sub flore nullae vel pilis complanatis substitutae. Flores 5meri. Calyx subturbinatus, lobis ovato-triangularibus ½ mm longis persistentibus, praeter cilia brevia horum glaber. Petala oblongo-ovata, 2 mm longa, alba, apicibus viridula (e nota ad vivum). Filamenta iis duplo longiora; antherae subrectangulares, pallidae. Fructus globosi, quinquecostati, 2—3 mm diametro, fusci, stylis 5 liberis, 1—1½ mm longis, crassiusculis, reflexis.

SW-**H.**: Gebüsche in der wtp. St. des Yün-schan bei Wukang, Tonschiefer, 1180—1250 m, 9. VII. 1918 (12254, Typus). W-**Ki.**: Um das Kohlenbergwerk Pinghsiang, c. 600 m, Sommer 1920, Wang-Te-Hui (Plt. sin. 228).

Proxima sine dubio *A. chinensi* L., quae nunquam ita armata, umbellis lateralibus multo minus evolutis, pedicellis multo brevioribus, filamentis brevioribus. Habitus potius *A. spinosae* L., americanae, sed folia subtus multo pallidiora et glaberrima.

Die Bestachelung ist höchst auffallend und kommt nirgends ähnlich vor.

** ***A. undulata*** Hand.-Mzt. (Taf. XII, Abb. 6).

Arbuscula ramosa 6 m alta (e nota ad vivum), ramis 2 cm crassis, brunneis, lenticellis maximis ochraceis pustulatis, aculeis parvis brunneis conicis sparse armatis, cicatricibus triangularibus maximis vaginis diu persistentibus fuscis marginatis, foliis apicibus approximatis. Folia ambitu ovata, 60 cm longa necnon multo maiora, bipinnata, glaberrima, petiolo longo ut rhachis nodis incrassata et fragilis terete; pinnae 3—4-, pinnulae usque ad 5jugae cum impari, illae foliolo inferiore basali addito; foliola petiolulis brevissimis et inferiora terminaleque usque ad 2 cm longis, ovata usque sublanceolata, 7½—12½ cm longa terminalibus maximis, longitudine 2—3^{plo} angustiora, longe acuminata, basi saepe inaequali $\pm$ rotundata, margine leviter undulata mucronulis raris instructa, crassiuscula, supra in sicco brunnescentia, subtus papilloso-glauca, nervis c. 9^{nis} obliquis strictis versus marginem arcuato-conjunctis utrinque tenuiter sed argute prominuis, venularum reti denso supra impresso, subtus fusculo. Stipulae in petiolorum vaginis brevibus et latis, parvae, lanceolato-subulatae. Panicula terminalis singula, erecta, ramis in axi crassissima c. 10 cm longa inferne paucis sparsis et apice c. 5 umbellatis composita; rami ad 40 cm longi, dimidio superiore breviter racemoso-ramosi, ramulis brunneo furfuraceo-hirtis umbellam maiorem terminalem pluresque minores laterales ante anthesin subsessiles farctas gerentibus. Bracteae lingulatae, usque ad 17 mm longae, subrotundatae, brunneo-submembranaceae, ± ciliolatae. Bracteae umbellares numerosae alabastra ± aequantes, acutiores. Pedicelli crassi, nunc ad 1½ mm longi, item pilosi. Sepala late ovata, ½ mm longa, acuta. Petala in alabastro minuto lata, apice subimbricata. Styli 5, liberi. (Flos apertus fructusque ignoti.)

SW-**H.**: Gebüsche der wtp. St. beim Tempel Gwanyin-go auf dem Yünschan bei Wukang, Tonschiefer, 1190 m, 14. VIII. 1918 (12454).

Species foliolorum margine, inflorescentia, bracteis valde peculiaris, similis *A. hypoleucae* Presl e Philippinis. Inflorescentia *A. elatae* (Miq.) Seem. (cfr. Rehder in Journ. Arn. Arb., VII., 243) foliolis diversissimae.

Diese sehr merkwürdige Pflanze liegt leider nur in sehr jungem Entwicklungszustand vor.

***A.* sp. S.**: Gebüsche der wtp. St. auf dem Lu-schan bei Ningyüen, Sandstein, 2300 m (1940).

Dünne, offenbar junge, sterile Bäumchen, reichlich behaart, reichlich mit ziemlich dünnen, teilweise etwas gekrümmten und bis 1½ cm langen Stacheln bis auf die Blattrippen, mit langen, linealen Nebenblättern.

Panax L.

P. Schin-seng Nees, Ic. Med., Suppl. I., t. 70, c. analysi (1833) (*P. Ginseng* C. A. Mey.). SW-**H.**: Im wtp. Laubhochwalde des Yün-schan bei Wukang, Tonschiefer, 1000—1300 m (12098).

P. bipinnatifidus Seem. **Y.**: Dichte Mischwälder und Bambusbestände, gerne an Bächen, in der tp. bis an die wtp. St. auf Diabas, Glimmerschiefer und Sandstein, 2750—3350 m. Hsiangschuiho zwischen Dali und Lidjiang (6461). Im NW ober Ganhaidse bei Lidjiang (4319) und im birm. Mons. an der Ostseite des Passes Tschiangschel zwischen Salwin und Irrawadi, 27° 52′ (9233).

Die Art jedenfalls im Sinne Franchets in Journ. de Bot., X., 303. 5 und 7 Blättchen an demselben Stück wechselnd. Wurzel konstant wie dort beschrieben, ganz anders als an *P. pseudo-Ginseng* Wall. Die schmal- und langblätterigen indischen Pflanzen aus Kasia und manche aus Sikkim dürften von diesem verschieden sein, doch liegen von ihnen keine Wurzeln vor.

Umbelliferae

Meine Umbelliferen hatte Herr H. Wolff in Berlin zur Bestimmung übernommen, konnte diese aber nicht vollenden und blieb sich, wie seine Bemerkungen zeigten, über manches im unklaren. Eine große Liste von Fragen hat Herr Dozent Dr. Markgraf in freundlichster Weise beantwortet, soweit dies aus Wolffs Hinterlassenschaft in Berlin möglich war, wofür ihm hier bestens gedankt sei. Anderes erledigte ich selbst, so gut ich es in einer so schwierigen Familie, in der insbesondere eine zweckmäßige Beschreibung der Blätter große Schwierigkeiten macht, ohne besondere Einarbeitung tun konnte.

Hydrocotyle L.

** ***H. Handelii*** Wolff.

Caulis e rhizomate tenui perenni repente ascendens, 10—15 cm altus, tenuis, glaber. Folia radicalia et caulina inferiora sparsa, superiora saepe opposita, ambitu cordato-reniformia, ad medium angulo recto vel maiore excisa, 4—7½ cm diametro, ad medium vel plusquam $^2/_3$ 5loba lobis lateralibus interdum fere ad medium bipartitis, omnibus longitudine c. duplo angustioribus marginibus ad medium circiter parallelis integris vel remotissime denticulatis, dein ± acutis lobulato-crenatis vel obsolete trilobatis, sinubus ± acutis, herbacea, subtus paulo pallidiora, supra brevissime et densiuscule strigillosa, subtus glabrescentia; petiolus lamina aequilongus usque plus duplo longior. Pedunculi axillares et summi oppositi, filiformes, flaccidi, petiolis usque plus duplo longiores, glabri. Pedicelli ad 20, capillares, aequales, sub fructu ad 7 mm longi. Bracteae minutae, confertae. Fructus e basi cordata breviter reniformis vel reniformi-ellipticus, 2 mm latus, $1^1/_4$ mm longus, brevissime hispidulus, stylopodio conico breviter sed manifeste rostratus; styli reflexi eo longiores.

Y.: Schattige Gebüsche der wtp. St. auf dem Sattel Sandjigu ober Hsinlung jenseits des Pudu-ho n von Yünnanfu, Sandstein, 2350 m, 1. X. 1914 (5694).

Proxima *H. burmanicae* Kurz, quae differt glabritie et pedicellis multo brevioribus.

H. javanica Thunbg. (*H. chinensis* [Dunn] Craib in Kew Bull., 1911, 58). Wiesen, besonders unter *Pteridium*, und Ackerränder der wtp. und tp. St. des birm. Mons. auf Schiefer, Sandstein und Granit, 1900—3000 m. Bahan, Rücken Alülaka (8405) und Tschamutong am Salwin. Schutsche am Djiou-djiang (e Irrawadi-Oberlaufe).

Craib sagt l. c.: „These three species *H. chinensis*,[1] *H. Hookeri* and *H. siamica* form a very natural group distinguished from *H. javanica* by their solitary generally long peduncled umbels.“ Thunbergs Abbildung, deren Kopie ich Herrn Direktor Diels verdanke, entspricht aber dieser var. *chinensis*, weshalb *H. javanica* sensu Craib als Art *H. nepalensis* Hook. zu heißen hat.

H. nepalensis Hook. 1823 (*H. polycephala* Wight et Arn. 1834). **E-Kw.**: Feuchtschattige Stellen der wtp. St. im Walde des Nandjing-schan bei Liping, Mergel, 750 m (10976).

H. sibthorpioides Lam. (*H. rotundifolia* Roxb.). In Lachen, Flußalluvien, an Bächen und feuchten Felsen und in Sumpfwiesen der wtp. St. **Kw.**: 1100—1450 m. Zwischen Lungli und Lungdsu (10568). Nanmutschang (10344). **S.**: 2000—2500 m. Schihuiyao am Lungdschu-schan bei Huili (917). Niuguba (1551) und Lemoka im Lolo-Lande. Unter Molien jenseits des Yalung n von Yenyüen. **Y.**: Ebenso. Djiaohsi n von Yünnanfu. Im NE bei Dungtschwan (Maire). Im NW ober Mujendu n von Lidjiang.

Centella L.

C. asiatica (L.) Urb. in Fl. Brasil., XI/1., 287 (1879) (*Hydrocotyle a.* L.). An Rainen, Gräben, auch an trockenen Stellen an Wegen in der str. und wtp. St.,

[1] Darüber als *H. javanica* var. *chinensis* Dunn erwähnt. Herbarname?

1300—2200 m. Y.: Von Yünnanyi überall bis gegen Yünnanfu. Hwangdjiaping ne von hier (6375). Häufig s von Huili (5123).

Dickinsia Franch.

D. hydrocotyloides Franch. (*Cotylonia bracteata* Norm. in Journ. of Bot., LX., 167 [1922]). Im birm. Mons. zwischen Salwin und Irrawadi, 27° 52′, in tp. Regenmischwäldern des Tjiontson-lumba unter Tschamutong, Granit, 3150 m, 2. VII. 1916 (9198) und in bambusreichen Tannenwäldern der ktp. St. an der Westseite des Passes Tschiangschel, Glimmerschiefer, 3500—3800 m (9378).

Sanicula L.

S. orthacantha Sp. Moore. SW-H.: Im wtp. Laubhochwalde des Yünschan bei Wukang, Tonschiefer, 1000—1300 m (12054). NE-Y.: Unterholz bei Lungdji im mittelchin. Fl., 700 m (Maire).

Die Unterschiede zwischen dieser und *S. Henryi* Wolff in Pflzenr., IV/228., 55 (1913) sind mir nicht klar geworden. Wolff beließ meine Bestimmung der 1918 gesammelten dunkelblauen Exemplare 12054 als *S. orthacantha*, änderte aber jene der von Wang-Te-Hui 1919 dazu gesammelten mit „weiß-violetten" oder „weißen und violetten" Blüten, was sich im Chinesischen nicht unterscheiden läßt, in *Henryi*. Ich halte beide Aufsammlungen für zusammengehörig.

S. serrata Wolff, l. c., 56. S.: Im Grunde einer Waldschlucht der tp. St. am Soso-liangdse im Daliang-schan e von Ningyüen, Sandstein, 2600—2800 m (1723). Im W auf dem Wa-schan s von Yadschou (Weigold).

S. coerulescens Franch., det. Wolff. Y.: Beyendjing, sumpfige Stellen bei Dsinschuidji (Ten 352).

S. hacquetioides Franch. Wälder und feuchte Wiesenstellen der tp. St., 3400—3600 m. S.: Liuku-liangdse zwischen Yenyüen und Kwapi (2274) und ober Ngaitschekou jenseits des Yalung n von dort (2686). NW-Y.: Bei Lidjiang, v. E. (3853).

S. astrantiifolia Wolff in Rep. sp. n., XXVII., 308 (1930). Wälder und Gebüsche, auch zwischen Felsblöcken in der wtp. und tp. St. Y.: 2100—3200 m. Yünnanfu (Maire 508, 1253). Hier unter dem Tempel Taihwa-se, 9. VII. 1916 (Schoch 217). Hier bei Dadjingtou nächst Tieso bei Beyendjing (Ten 1411). Im NW in der Ebene von Lidjiang (Likiang) (3475). Westseite des Yülung-schan (Forrest 12701). Bödö se von Dschungdien. Ober Meti sw von hier (7794). SW-Kw.: Gaotscha w von Hwangtsaoba, 1750 m (10265).

Proxima *S. elata* Ham. differt foliis usque vel fere ad basin ipsam divisis.

Die nach Wolffs Tode veröffentlichte, nicht von ihm verfaßte Beschreibung stimmt mit seiner in meinen Händen befindlichen gut überein, weshalb sich eine Wiederholung erübrigt. Sie nimmt leider, wie fast alle von Fedde in gewiß verdienstvoller Weise posthum veröffentlichten, keinen Bezug auf die nahestehenden Arten. Diese ist *S. elata* mit dem oben angegebenen Unterschied.

S. elata Ham. (*S. europaea* L. var. *β e.* [Ham.] Wolff in Pflzenr., IV/228., 63 [1913]). NW-Y.: Im Regenlaubwalde des birm. Mons. auf Schiefer und Granit in der wtp. St. des Rückens Alülaka bei Tschamutong am Salwin, 2850 m

(8400) und in der str. St. der Seitenschlucht Naiwanglong des Irrawadi, 27° 53′, 1725—2150 m (9406).

Chaerophyllum L.

C. **sp.** ? **S.**: Dichte Gebüsche der wtp. St. bei Muli, Sandstein, 2800 m (7346). Nur blühend. Habitus ähnlich den Sikkim- und Kasia-Exemplaren von *C. villosum* WALL., aber ganz kahl, Dolden bis 20strahlig, offenbar alle Blüten fertil, Petalen mit langer, eingerollter Spitze und gefärbtem Nerv, und Fruchtknoten im selben Stadium viel kürzer.

Anthriscus PERS.

A. nemorosa (MARSCH. a BIEB.) SPRENG. Wälder, Hochkrautfluren und humöse Gebüsche der wtp. bis in die ktp. St. **S.**: 3750—4000 m. Paß Daörlbi halbwegs zwischen Yenyüen und Yungning (2968). Im NW auf Gebirgen um Sungpan (WEIGOLD). NW-**Y.**: 3000—3450 m. Bei Lidjiang, v. E. (3857). SW-**H.**: Yün-schan bei Wukang, unter 1400 m (Plt. sin. 66).

Ich stelle die Pflanzen zu *A. nemorosa* im Sinne von HULTÉN in K. Sv. Vet. Akad. Handlg., VIII/1., 154, zumal da sie auch das von THELLUNG in HEGI, Ill. Fl. Mitteleur., V/2., 1025 verwendete Merkmal des Blättchengrundes zeigen, muß aber bemerken, daß auch aus Nord-Europa behaarte Formen von *A. silvestris* (L.) HOFFM. vorliegen und die Form der Hüllchenblätter hier wie in China sehr veränderlich ist.

Osmorrhiza RAF.

O. Claytonii (MICHX.) C. B. CLKE. (*Myrrhis C.* MICHX., Fl. Bor.-Amer., I., 170 [1803]), det. WOLFF. NW-**Y.**: Im Gekräute der Waldschlucht der tp. St. bei Yungning jenseits des nach Fongkou führenden Passes, 3225 m (7049). Wahrscheinlich diese ober Tseku am Mekong gegen den Si-la und mehrfach im birm. Mons.

Torilis ADANS.

T. Anthriscus (L.) GMEL. **Y.**: Äcker, Brachen und Wegränder der wtp. St., 1900—2900 m. Ebenen von Yünnanfu (SCHOCH 68; MAIRE ex hb. Edinbgh. 2270) und Dungtschwan (MAIRE). Im NW massenhaft ober Londjre zwischen Mekong und Salwin, 28° 10′.

T. scabra DC. **H.**: Gebüsche der wtp. St. bei Hsikwangschan nächst Hsinhwa, Kalk, 600 m (11816).

Coriandrum L.

C. sativum L. **S.**: Ackerränder der str. St. bei Ningyüen, Sandstein, 1650 m (1296).

Physospermopsis WOLFF

P. Delavayi (FRANCH.) WOLFF in Notizbl. Bot. Gart. Berl., IX., 278 (1925) (*Arracacha D.* FRANCH.). NW-**Y.**: Bei Lidjiang, v. E. (3846).

Pleurospermum HOFFM.

Bestimmt von H. WOLFF

P. linearilobum W. W. SM. in Not. R. Bot. Gard. Edinbgh., VIII., 342 (1915). NW-Y.: Gebüsche und offene Föhrenwälder der wtp. St. zwischen Haba und Sape se von Dschungdien, Sandstein, 2500—3000 m (4413).

P. aromaticum W. W. SM., l. c., 341. NW-Y.: Bei Lidjiang, v. E. (3851).

** ***P. Handelii*** WOLFF. (Taf. XII, Abb. 1).

Planta 30—45 cm alta, graciliuscula, glaberrima. Radices crassae; caudex 2 cm longus, 4—13 mm crassus, parce fibrosus. Caulis basi 2½—4 mm crassus, erectus, teres, striatus, medullosus, paucifolius, ramosus, ramis interdum oppositis vel subverticillatis. Folia basalia cum petiolis angustis 1—2 cm longe et anguste vaginatis quam laminae usque triplo longioribus usque ad 15 cm longa, ambitu triangulari-lanceolata, basi ad 2½ cm lata, 5—6jugo subtripinnatisecta; pinnae imae petiolulis usque 3 mm longis, late triangulares, 3jugo pinnulatae; pinnulae petiolulatae vel sessiles, regulariter vel irregulariter in segmenta 5—7 lineari-lanceolata acuta colorato-mucronulata ± 3 mm longa 1 mm lata pinnatim partita; pinnae superiores bipinnatisectae, sessiles, summae trilobae vel -sectae. Folia fulcrantia petiolis distinctius amplexicauli-vaginatis, a foliis basalibus vix diversa, summa in vaginis linearibus sessilia, minora et simpliciora. Umbella terminalis in pedunculo 10—15 cm longo, ♀, 15—25 radiata; laterales in pedunculis longioribus et tenuioribus plerumque opposite bifoliis, radiis paucioribus, ☿. Involucri phylla 5—10, foliacea, obovato-lanceolata, 2—4½ cm longa; radii tenues, inaequilongi, umbellae centralis ad 6—12 cm longi, umbellarum lateralium usque 2½ cm longi. Involucellorum phylla rhombea, anguste albo-marginata, antice subpalmato pinnatipartita, umbellulis ± aequilonga. Pedicelli c. 15—30, inaequilongi, usque 10 mm longi. Petala alba (e nota ad vivum), suborbicularia, 1 mm longa, longiunguiculata. Antherae atropurpureae. Styli ½ mm longi. (Fructus maturus ignotus.)

NW-Y.: In der Hg. St. des birm. Mons. w des Sees Tsukue hinter dem Gomba-la in der Salwin—Irrawadi-Kette ober Tschamutong, Glimmerschiefer, 4000—4100 m, 15.—17. VIII. 1916, v. E. (9903).

P. Lindleyanum (KLOTZSCH) WOLFF (*Hymenolaena Lindleyana* KLOTZSCH) differt foliorum segmentis ultimis obovatis vel oblongis latioribus sed brevioribus, involucri phyllis longe petiolatis latioribus cuneatim albo-marginatis.

P. decurrens FRANCH. NW-Y.: In Bambusbeständen der tp. St. überall vom Be-schui bis Lukudsche an der Ostseite des Yülung-schan bei Lidjiang, Sandstein, 3100—3300 m (4360).

P. Davidi FRANCH. Hochstaudenfluren und Tannenwälder der ktp. St., 3500—4250 m. S.: Alm Bätö ober Muli. NW-Y.: Bei Lidjiang, v. E. (3852). Ober Dugwan-tsun, unter dem Paß Schulakadsa und an der Westseite des Gebirges Piepun (4664) se von Dschungdien. Im birm. Mons. unter dem Doker-la und am Gondon-rungu zwischen Mekong und Salwin und im Tjiontson-lumba von hier gegen den Irrawadi.

P. Govanianum (WALL.) BENTH. S.: Rasen der ktp. St. auf dem Hwangliangdse, 27° 48′, zwischen Yenyüen und Kwapi, Kalkschiefer, 3900 m (5517).

P. foetens FRANCH. Steinige Stellen, besonders im Gehängeschutt (Kalk) der Hg. St., 3800—4720 m. NW-Y.: Osthang des Gipfels Ünlüpe im Yülungschan bei Lidjiang (3553). Berg Waha bei Yungning. Gipfel ober dem Paß Hsiao-Niutschang ober Bödö. S.: Paß Santante ober Muli. Gonschiga sw von hier, bis unter den Gipfel.

Trachydium Lindl.

T. spatuliferum W. W. Sm. in Not. R. Bot. Gard. Edinbgh., VIII., 210 (1914). NW-Y.: Bei Lidjiang, v. E. (3840).

T. rubrinerve Franch., det. Wolff. S.: Felsen und steinige Stellen der tp. St. des Lungdschu-schan bei Huili, Diabas, 3300—3625 m (5212).

T. chloroleucum Diels in Not. R. Bot. Gard. Edinbgh., V., 290 (1912), det. Wolff. NW-Y.: Bei Lidjiang, v. E. (3844).

** ***T. fuscopurpureum*** Hand.-Mzt.

Radix ♃ subdauciformis, collo fusco-fibroso et -squamato foliorum rosulam vel caulem unicum 1 cm longum crassiusculum basi ceterumque paucifolium et apice foliorum rosulam gerentem edens. Folia in petiolis quam laminae usque subduplo longioribus sensim et anguste albo-marginatis, ovata, 1½—2½ cm longa, obtusa, 4jugo pinnata, pinnis subsessilibus subcontiguis ovatis, bijugopinnatis vel superioribus ternatis, pinnulis subflabellato-incisis, lobulis porrectis lanceolatis ½—2 mm latis apice breviter subulatis fusculis, ut tota planta glaberrima, laete viridia. Umbella centralis usque ad 6radiata in pedunculo paucifolio usque ad 2½ cm longo tenui umbellulaeque e rosula usque ad 15 in pedunculis inaequilongis ½—7½ cm longis. Bracteae bracteolaeque c. 6, flores superantes, rhombicae, ad medium cuneatae integrae, dein plerumque bijugopinnatipartitae segmentis paucilobis, lobulis ceterumque foliis aequales. Umbellae centralis radii breves usque ad 1½ cm longi. Pedicelli ad 20^{ni}, usque ad 5 mm longi, crassiusculi. Ovarium urceolatum, costatum, hic illic granulatum. Sepala brevissima, rotundata et partim obsoleta. Petala ex ungue conspicuo subrhombeo-orbicularia, ad 1½ mm longa, apice inflexo obtuso longiore vel breviore, fuscopurpurea, carnosula, costa saepe intus alba. Stamina purpurea, ½ mm longa. Stylopodium latum, depressum; styli brevissimi, brunnei, erecti. (Fructus ignoti.)

NW-Y.: In der Hg. St. des birm. Mons. zwischen Salwin und Irrawadi w des Sees Tsukue hinter dem Gomba-la ober Tschamutong, Glimmerschiefer, 4000—4100 m, 15.—17. VIII. 1916, v. E. (9900).

Proximum *T. purpurascens* Franch. e typo differt praeter foliorum lobulos ultimos paulo angustiores longioresque, extus curvatos, sed vix distincte diversos: petalis late ovatis apice angustissime rotundato saepe paulum plicatis aspectu subemarginatis minime autem inflexis, albis nisi medio viridulis.

Die Pflanze wurde von Wolff als *T. purpurascens* bestimmt, dann aber als *T. nanum*?, womit er vielleicht *Pleurospermum nanum* Franch. zu *Trachydium* überstellen wollte. Der Vergleich mit einem von Herrn Direktor Humbert mir freundlichst geliehenen Stück des Typus von *T. purpurascens* ergab die oben angegebenen Unterschiede, die, was die Blüten anbelangt, jedenfalls gewichtig sind. Nur die Doldenstrahlen, Hülle, Griffelpolster und Antheren sind bei diesem rot. Die Beschreibung von *Pleurospermum nanum* stimmt nicht auf meine Pflanze.

Sinolimprichtia WOLFF

S. alpina WOLFF in Rep. sp. n., Beih. XII., 448 (1922), det. autor. NW-Y.: Felsige Stellen der Schlucht Lokü an der Ostseite des Yülung-schan bei Lidjiang, Kalk, 3600 m (SCHNEIDER 2304).

Ein den Hüllchenblättern gleiches Hüllblatt kommt vor.

Bupleurum L.

B. longicaule WALL. Y.: Wiesen der wtp. Ebene bei Yünnanfu, 1900 m (SCHOCH 185). Im NW in der tp. St. in Gebüschen im Moränenzirkus an der Ostseite des Yülung-schan bei Lidjiang, 3400 m (6775, det. WOLFF) und in üppigen Wiesen und an kräuterreichen Hängen an der Westseite des Gebirges Piepun se von Dschungdien, 3500—3600 m (4783) auf Kalk.

SCHOCH 185 und meine 4783 sind nicht genau einer Varietät zuzuweisende Formen mit ziemlich breiten unteren Blättern, was der var. *Franchetii* BSSEU. entsprechen würde, aber kleinen Hüllen. 6775 erinnert an *B. yunnanense*, über das ich kein Urteil fällen will, da mir aus dem ganzen Formenkreise zu wenig Material vorliegt.

** ***B. Handelii*** WOLFF.

Sect. *Eubupleura* BRIQ., subsect. *Nervosa* GODR., em. WOLFF.

Radix lignosa, elongata; caudex 1 cm longus, residuis foliorum emortuorum obtectus. Caulis stricte erectus, teres, minute striatus, simplex, paucifolius, 25 cm altus. Folia in sicco tenuiter coriacea, anguste colorato-marginata, inferiora conferta sensim in petiolum basi subito et breviter sed late vaginatum angustata, lanceolata, leviter falcata, acute acuminata, eximie 7—9 nervia, nervis lateralibus leviter ad apicem versus curvatis, extimis in margine ipso currentibus, nervulis venisque omnino inconspicuis, usque 10 cm longa, ad 1 cm lata; caulina inferiora minus manifeste petiolata, late lanceolata, 10—12 nervia, usque 12 cm longa, 1½—2 cm lata; superiora sessilia, ovato-lanceolata, obtusiuscula, basi 15-, apice 5 nervia, 2½ cm longa, 1 cm lata; summa sensim minora, nervis numerosioribus percursa. Umbella solitaria; involucri phylla 2, foliis summis similia, inaequalia, usque 2 cm longa; radii 7, inaequilongi, sub anthesi 10 cm[1] longi; involucellorum phylla 7—8, late ovata vel ovato-rotundata, breviacuminata vel obtusa, 5—8 nervia cum nervulis brevibus subnumerosis.

NW-Y.: Bei Lidjiang („Likiang"), v. E., 1914—1916 (3855).

2 Exemplare, das von WOLFF beschriebene, durch Schimmel etwas beschädigte und ein von mir dazugestelltes. Die Verwandtschaft wurde vom Autor nicht angegeben. Mir scheint die Art *B. commelinoideum* BSSEU. am nächsten zu kommen.

B. yunnanense FRANCH. NW-Y.: Bei Lidjiang, v. E. (3856, det. WOLFF e typo). Hier im tp. Buschwalde ober Duinaoko, Kalk, 2900—3100 m (3450).

B. falcatum L. subsp. ***marginatum*** (WALL.) WOLFF in Pflzenr., IV/228., 133 (1910) (*B. marginatum* WALL. in DC., Prodr., IV., 132 [1830]), det. WOLFF. Y.: Sandsteinschutt der wtp. St. bei Dschaoping n von Yungbei, 2675 m (3348).

[1] Wohl verschrieben für mm. Die Blütenstandanalyse wurde vom Autor versehentlich nicht zurückgeschickt und ist in Berlin nicht auffindbar.

Beyendjing (TEN 206 ex hb. Berol.; 1255). Buschwald am Hsi-schan bei Yünnanfu (MELL).

— — * var. ***stenophyllum*** WOLFF, l. c. **Y.**: Yünnanfu, 1915—1916 (SCHOCH). Wälder bei Beyendjing (TEN 143).

B. tenue HAM., det. WOLFF. Matten und buschige Föhrenwälder, auch in etwas feuchten Wiesen der wtp. St. auf Sandstein. **Y.**: 2000—2600 m. Zwischen Dsaodjidjing und Hwadung e des Dsolin-ho (4987). Beyendjing (TEN 261 ex hb. Berol.). Hier bei Dadjintou nächst Tieso (T. 1335). Im NE um Dungtschwan (MAIRE). **S.**: Fongsaying s von Huili (5096). **Kw.**: Nganschun (CAVALERIE 4102).

* ***B. Candollei*** WALL., det. WOLFF. **NW-Y.**: *Pteridium*-Wiesen der wtp. bis an die tp. St. des birm. Mons. auf Schiefer und Granit, 2000—2800 m, auf dem Rücken Alülaka unter Tschamutong am Salwin, 24. IX. 1915 (8406) und bei Schutsche am Taron (e Irrawadi-Oberlaufe), 27° 54′ (9485).

Die älteren Angaben der Art für China beziehen sich nach BOISSIEU in Bull. Soc. Bot. Fr., LIII., 425 auf *B. longicaule* var. *Francheti* BSSEU., l. c. (1906).

Apium L.

A. graveolens L. **NW-Y.**: Bei Lidjiang, v. E. (3860).

Trachyspermum LINK.

T. scaberulum (FRANCH.) WOLFF (*Carum s.* FRANCH. — *Pimpinella scaberula* BOISSIEU in Bull. Soc. Bot. Fr., LIII., 428 [1906]. WOLFF in Pflzenr., IV/228a., 274 [1927]), det. WOLFF. **NE-Y.**: In der wtp. St. am Fuße von Mauern in der Ebene von Dungtschwan, 2500 m (MAIRE) und im Gras und Gebüsch zwischen Datschutang und Dschödse am Wege von Yünnanfu nach Suifu, 2400 m (MELL).

Cryptotaenia DC.

C. canadensis (L.) DC. **subsp. *japonica*** (HASSK.) HAND.-MZT. (*C. japonica* HASSK. — *C. canadensis* var. *j.* [HASSK.] MAK. in Bot. Mag. Tok., XXII., 175 (1908). WOLFF in Pflzenr., IV/228a., 112). An Gräben, Bächen und feuchten Waldstellen in der str. und wtp. St., 370—1300 m. **H.**: Hsikwangschan bei Hsinhwa. Überall zwischen Wukang und Dungngan und bis Dsingdschou. Yün-schan. **Kw.**: Von Liping bis Madjiadwen se von Guiding. Um Guiding (10619) und bei Lungdsu (10575).

Meines Erachtens beansprucht die Pflanze, die WOLFF „nicht einmal als Unterart“ behandelt, entschieden mindestens den Rang einer solchen.

Carum L.

C. carvi L., det. WOLFF. **NW-S.**: Gebirge um Sungpan (WEIGOLD).

C. coloratum DIELS in Not. R. Bot. Gard. Edinbgh., V., 287 (1912), det. WOLFF. **W-Y.**: Bergwiesen bei Dali, 3000—3300 m (SCHNEIDER 2495).

WOLFF stellt die Pflanze in Pflzenr., IV/228a., 164 (1927) zu *Sinocarum*, einer Gattung, die noch nicht gültig aufgestellt ist, obwohl FEDDE 4 von WOLFF im Manuskript hinterlassene Arten derselben veröffentlichte.

Pimpinella L.

P. Candolleana WIGHT et ARN. Trockene Wälder, Heidewiesen und üppige, mitunter etwas feuchte Wiesen der wtp. und tp. bis in die str. St. vielleicht nur auf Sandstein, 1650—3450 m. **Y.**: Zwischen Dsaodjidjing und Hwadung e des Dsolin-ho (4991). Überall e von Hungngai an der Straße von Dali nach Yünnanfu. Beyendjing (TEN 96, 115). Im NW ober dem He-schui (4366) und ober Laodselou (7035) n von Lidjiang, unter Latsa se (4627) und unter Meti sw von Dschungdien. Im NE auf Bergen bei Dungtschwan (MAIRE). **S.**: Yangliudschou bei Dötschang im Djientschang (1197).

WOLFF war sich über diese Gruppe sehr im unklaren. Meine Pflanzen sind sicher mit *P. Candolleana* identisch. Dagegen sprechen auch keine pflanzengeographischen Gründe. Über das Verhältnis von *P. coriacea* (FRANCH.) DE BOISS. und *P. yunnanensis* (FRANCH.) WOLFF kann ich mich nicht aussprechen. Meine Pflanzen stimmen nicht zu den Beschreibungen dieser beiden, die WOLFF auf den Etiketten versuchsweise angab.

P. Rockii WOLFF in Rep. sp. n., XXVII., 191 (1929), det. WOLFF. NW-**Y.**: Bei Lidjiang, v. E., VI.—IX. 1914—1916 (3848).

Da die vorliegenden Pflanzen mit der Beschreibung gar nicht gut stimmen und in Berlin kein Original vorhanden ist, wandte ich mich nach Washington und erhielt von Herrn WALKER die Auskunft, daß ROCKS Nummern in 4633, 4669 und 5025 richtigzustellen sind und auch diese Pflanzen höchstens die obersten Blätter 3paarig gefiedert haben, die unteren oft alle einfach herzförmig oder teilweise dreizählig. Exemplare von mir haben auch die oberen nur dreizählig, aber mit schmalen Abschnitten. Die nicht angegebene Verwandtschaft ist mit *P. Candolleana*, und zwar eine sehr enge. *P. Rockii* ist eine weiche, weniger xeromorphe Pflanze mit weit aufgetriebenen Blattscheiden.

P. diversifolia (WALL.) DC., det. WOLFF. NW-**Y.**: Üppige Wälder der tp. St. des birm. Mons. unter dem Doker-la an der tibetischen Grenze, Granit, 3200—3500 m (8045). SW-**H.**: Gebüsche der wtp. St. beim Tempel Gwanyin-go auf dem Yün-schan bei Wukang, Tonschiefer, 1190 m (12431).

— — ** **var. *stolonifera*** HAND.-MZT.

Ex axillis foliorum caulinorum inferiorum ternatorum deciduorum stolones usque ad 2 m longos ad nodos apiceque radicantes et folia paulo minora ternata edentes profert. Folia radicalia ternata, superiora bijugo-pinnata. Fructus latus, didymus, basi cordatus.

S.: Bambusreiche Gebüsche der tp. St. ober Niutschang zwischen Yenyüen und dem Yalung, 27° 22′, Sandstein, 3000—3200 m, 30. IX. 1914 (5401). NW-**Y.**: Im tp. Regenmischwalde und Hochstaudenfluren des birm. Mons. zwischen Mekong und Salwin unter dem Schöndsu-la gegen Londjre, 22. IX. 1915 (8283, Typus) und jenseits gegen das Doyon-lumba, Granit, 3100—3300 m, 28° 6′.

** ***P. silvatica*** HAND.-MZT.

Sect. *Tragoselinum* (MILL.) DC., subsect. *Spuriopimpinella* DE BOISS., em. WOLFF.

Radix brevis, fusiformis, ⊙. Caulis singulus, flacce erectus, ad 1,2 m altus, ad 5 mm crassus, fistulosus, multistriolatus, sparse puberulus, totus disperse foliatus et pyramidato-ramosus. Folia ambitu triangularia, 6—14 cm longa, ternata vel biternata, inferiora petiolis laminas aequantibus inferne anguste vaginatis, superiora sensim in vaginis angustis 1 cm longis sessilia, membranacea, supra praeter nervos glabra, subtus parce pilosula; foliola latius angustiusve ovata, 2—5 cm longa, ambitu ± acuta, basi terminalia cuneata, lateralia valde obliqua extus truncata vel cordata, paucijugo illa subpinnati-, haec magis palmatipartita, lobis parce crenato-serratis vel -lobulatis, lobulis ultimis ovatis ad 4 mm longis ± acutis; foliorum fulcrantium segmenta ± lanceolata. Umbellae terminales pedunculis tenuibus ad 2 cm longis, ♀, laterales vix 1 cm longis, ☿, cum illis subtilissime puberulae. Involucrum involucellumque nulla. Radii 3—5, ± inaequilongi, 5—16 mm longi. Pedicelli 5—8, 1—6 mm longi. Sepala nulla. Petala oblongo-obovata, 1 mm longa, sensim unguiculata, alba (e nota ad vivum), lobulo parvo inflexo emarginata. Antherae parvae, pallidae. Stylopodium latum, depressum; styli eo paulo longiores eique adpressi. Fructus valde juvenilis minutus latitudine aequilongus, basi subtruncatus.

S.: Im tp. Walde bei der Wiese Gumadi s des Passes Tschescha im Bereiche von Muli, Tonschiefer, 3425 m, 4. VIII. 1915 (7439).

Affinis *P. Heyneanae* Wall. facile distinguendae; foliis sat similis *P. acuminatae* (Edgew.) C. B. Cl. ceterum valde diversae; haud dissimilis quoque *P. flaccidae* C. B. Cl., cuius folia inferiora valde differunt.

P. purpurea (Franch.) De Boiss. in Bull. Soc. Bot. Fr., LIII., 428 (1906). NW-Y.: Bambusdschungelränder und kräuterreiche Regenwälder der tp. St., 2700—3300 m. Bei Lidjiang, v. E. (3839). Bei Yungning unter dem nach Fongkou führenden Passe (7064). Im birm. Mons. im Tjiontson-lumba zwischen Salwin und Irrawadi unter Tschamutong (9149).

Stimmt mit Forrest 15881, 18301 und 26884 und mit der Originalbeschreibung und zeigt dieselbe Vergleichbarkeit mit *P. acuminata*. Die beiden ersten dieser Nummern wurden von Norman, die dritte von Wolff als *P. purpurea* bestimmt. Ein Teil meiner Nr. 7064 entspricht jedenfalls der von Franchet erwähnten schlitzblätterigen Form. 9149 stimmt so gut, daß sie ohneweiters als Albino angesehen werden kann. Die größten Blättchen erreichen 8 cm Länge. Die Länge der Petalennägel ist etwas veränderlich. Wolff, der auch kein Original gesehen hat, notierte: „Hat weder mit *Carum* noch mit *Pimpinella* zu tun." Ich sehe dafür umsoweniger Grund, als Früchte nicht vorliegen.

P. rubescens (Franch.) H. Wolff in sched. (*Hydrocotyle r.* Franch.), det. Wolff, e typo. NW-Y.: Auf der üppigen, steinigen Voralpenwiese Ndwolo an der Ostseite des Yülung-schan bei Lidjiang, Kalk, 3600 m (4247).

„Ob diese Pflanze wirklich zu *P.* gehört, lasse ich vorläufig noch unentschieden. Früchte zu jung." (Wolff).

Acronema Edgew.

A. chinense Wolff in Act. Hort. Gothobg., II., 309 (1926). S.: Kalkschieferfelsen der ktp. St. des Hwang-liangdse zwischen Yenyüen und Kwapi, 27° 48', 3850 m, 5. X. 1914 (5535).

** ***A. muscicolum*** Hand.-Mzt. (*Pimpinella muscicola* Hand.-Mzt. in Sitzgsanz. Ak. W. W., LXII., 226 [1925]. — *Acronema tenerum* Wolff in Pflzenr., IV/228a., 320 p. p. et excl. descript. [1927], non [Wall.] Edgew.). (Taf. XI, Abb. 5).

E bulbo ovoideo 5—10 mm longo in radicem longam tenuissimam parce fibrosam exeunte unicaulis, 3—14 cm alta, glaberrima. Caulis tenuis, ascendens vel totus erectus, praesertim prope basin 2—5folius. Folia ambitu cordato-orbicularia, radicalia mox marcida, vix ad medium lobata, cetera trisecta, 8—25 mm diametro, partibus sessilibus vel petiolulis quam laminae brevioribus fultis, cuneato-orbicularibus, maioribus ad medium trilobis necnon hic illic crenato-incisis, herbacea, concolori-laeteviridia; costa nervique pauci tenues in sicco utrinque $\pm$ prominuli; petiolus inferiorum lamina subtriplo usque longior et basi paulum dilatatus, superiorum sensim illa vix longior et totus in vaginam herbaceam late ellipticam venosam navicularem interdum apice auriculatam dilatatus. Umbella terminalis 1½—3 cm diametro in pedunculo 1—4 cm longo, interdum altera parva et brevipedunculata ex axilla summa, radiis 4—7, involucro involucellisque nullis. Umbellulae 4—7florae; pedicellis inaequalibus 2—4 mm longis tenuibus. Ovarium urceolatum, complanatum, latitudine c. aequilongum. Petala e basi ovata longissime filiformia, 2 mm longa, valde papilloso-aspera, stellatim patentia, alba (e nota ad vivum, an erronee?, atropurpurea enim videntur). Antherae vix ½ mm longae, filamentis tenuissimis. Stylopodium crassum; styli tenues, vix $^1/_4$ mm longi, erectopatentes. (Fructus maturus deest.)

NW-**Y.**: Auf moosbedeckten Diabasfelsen der ktp. St. in Tannenwäldern des Nguka-la sw von Dschungdien („Chungtien"), 3750—3800 m, 25. VIII. 1915 (7807, Typus). NW-Himalaya (Herb. Berlin, e H. WOLFF).

Species foliorum forma in genere valde peculiaris, ea *A. Handelii* tantum similis.

WOLFF identifizierte *Pimpinella muscicola* mit *Acronema tenerum*, hat aber später meine ursprünglich nach der Beschreibung gemachte und 1928 bei einem Besuche in Kew bestätigte Feststellung der Verschiedenheit ebenfalls in Kew anerkannt, indem er mir am 20. IX. 1928 schrieb: „Nachdem ich das reichhaltige Material von *A.* des Hb. Kew durchgesehen habe, mußte ich zu meinem größten Erstaunen feststellen, daß solche Pflanzen, wie sie seinerzeit von ihm als typisches *A. tenerum* verteilt wurden, im Hb. Kew gar nicht vorhanden sind. Die Pflanze des Berliner Herbars und Ihre *P. muscicola* decken sich und ich werde diese wieder aufleben lassen müssen." Seine Beschreibung bezieht sich aber fast nur auf *A. tenerum*, weshalb nach seiner Arbeit jedermann *A. muscicolum* nochmals als neu beschreiben würde.

** ***A. Handelii*** WOLFF in Pflzenr., IV/228a., 322 (1927). NW-**Y.**: Wälder der ktp. St., 3800—4050 m. Um die Alm Maoniubi auf dem Waha bei Yungning, 19. VII. 1915 (7070). Ostseite des Kammes zwischen Bödö und Alo se von Dschungdien, 8. VIII. 1914 (4588, Typus).

Nr. 7070 zeigt auch einfache, nur bis zur Mitte 5lappige Blätter, doch ist die Verbindung mit den vom Autor beschriebenen doppelt dreizähligen bei Nr. 4588, deren Blättchen sogar bis zu $^4/_5$ eingeschnitten sind, eine nahezu lückenlose. Daß 7070 zu *muscicolum* gehören könnte, wie WOLFF vermutet, glaube ich nicht, denn auch die jungen Früchte sehen beträchtlich verschieden aus.

A. Hookeri (C. B. CL.) WOLFF, l. c., 323, det. WOLFF. **Y.**: Beyendjing, Wälder des Betsaoling (TEN 1402). Im NE an Felsen der Berge bei Dungtschwan, 2700 m (MAIRE).

Wolff war sich über die Verschiedenheit des *A. paniculatum* (Franch.) Wolff nicht klar. Maires Pflanze halte ich für zweifelloses *Hookeri*, während die allerdings noch nicht ganz reifen Früchte jener Tens besser der Beschreibung von *paniculatum* entsprechen.

Aegopodium L.

** ***A. Handelii*** Wolff.

Radix parva, perpendicularis, longifibrosa. Caulis erectus, leviter flexuosus, teres, glaber, multistriatus, latissime fistulosus, remote foliatus et c. a medio longiramosus, ramis erectopatentibus ± ramulosis. Folia basalia sub fructu nulla, caulina ambitu triangularia, ad 20 cm longa, biternata, petiolulis tenuibus primariis laminas dimidias c. aequantibus, secundariis praesertim lateralibus brevioribus; laminae ambitu late triangulares, postice ad rhachin, antice ad medium ad 4jugo pinnatipartitae vel media primum subternatisecta; lobi ovati, decurrentes, porrectopatentes, anguste lobulato-serrati, lobulis ultimis 1—3 mm longis acutiusculis, membranacea, concolori-viridia; petioli inferiores laminis breviores, inferne succosi, basi vaginis brunnescentibus 1 cm latis ad 1½ cm longis rotundato-auriculatis praediti; folia summa sensim minora et minus composita in vaginis talibus sessilia; omnia in marginibus et ± in nervis asprella. Umbellae in pedunculis usque ad 13 cm longis, c. 10 radiatae, involucro nullo. Radii 7— sub fructu 40 mm longi, subaequilongi, arcuato-ascendentes, intus asperi. Involucelli phylla nulla vel perpauca, subfiliformia, pedicellis fructiferis breviora. Pedicelli 10—20, 3— demum 6 mm longi. Flores polygami. Sepala nulla. (Petala staminaque desunt.) Fructus ovoideus, 2½—2¾ mm longus, a latere compressus, stylopodio partim usque ad basin partito; styli 1¼ mm longi, tenues, reflexi. Carpophorum rigidum, apice breviter bifidum; juga tenuissima, vix conspicua.

SW-H.: Im schattigen wtp. Laubhochwalde des Yün-schan bei Wukang, Tonschiefer, 850—1150 m, 7. VIII. 1917 (11146).

Die Beschreibung stammt von Wolff, wurde von mir ergänzt, besonders der unleserliche Teil über die Blätter eingefügt. Über die Verwandtschaft liegt keine Angabe vor. Sie dürfte bei *A. Henryi* Diels sein.

Pternopetalum Franch. 1885

(*Carum*, sect. *Cryptotaeniopsis* Franch. in Bull. Soc. Philom. Par., 8. ser., VI., 119 [1894]. — *Cryptotaeniopsis* Dunn 1902)

P. Davidi Franch. (*Cryptotaeniopsis D.* Wolff in Pflzenr., IV/228a., 175 [1927]). S.: Am Bächlein in der tp. St. bei Laodschang am Lose-schan s von Ningyüen, Sandstein, 2550 m (1456). Im W auf dem Wa-schan s von Yadschou (Weigold).

Die Petalenbasis finde ich an *P. vulgare* (Wilson 617) genau so ausgebildet, wie hier. Die Vereinigung der Gattungen ist daher nur zu berechtigt, nur hat Wolff leider übersehen, daß dann *Pternopetalum* der gültige Name ist, was eine Menge Umbenennungen zur Folge hat, die sich nicht vermeiden lassen, da, wie ich von Herrn Prof. Harms höre, keine Absicht besteht, *Cryptotaeniopsis* als nomen conservandum zu erklären.

P. molle (Franch.) Hand.-Mzt. (*Carum m.* Franch. — *Cryptotaeniopsis mollis* Dunn), det. Wolff. **Y.**: Zwischen Moosen in feuchten Waldschluchten bei Hsinlung jenseits des Pudu-ho n von Yünnanfu, 2000 m (Schneider 336).

P. nudicaule (De Boiss.) Hand.-Mzt. (*Cryptotaeniopsis nudicaulis* De Boiss.) ** **var. *esetosum*** Hand.-Mzt.

Folia totaque planta glaberrima, ceterum cum Cavalerie 2113 congruens.

SW-**H.**: Im schattigen wtp. Laubhochwalde des Yün-schan bei Wukang, Tonschiefer, 900—1200 m, 9. VIII. 1917, 12. VI. 1918 (11224, Typus). N-Kwanghsi: Yüantang-schan bei Lüdschen, tiefschattiger Graben, recht gemein, 570 m, 6. VI. 1928 (Ching 5711, Blattzähne seichter). Dschufen-schan dort, 1200 m, im Gehölz selten (Ching 5903 p. p., nur Grundblattrosette mit etwas stärker eingeschnittenen Zähnen).

P. Delavayi (Franch.) Hand.-Mzt. (*Carum D.* Franch. — *Cryptotaeniopsis D.* Dunn), det. Wolff. **Y.**: Gebüsche und Bambusdschungel der tp. St. auf dem Hungguwo bei Hsinyingpan zwischen Yungbei und Yungning, 3100—3450 m (3276). Im NW bei Lidjiang, v. E. (3858).

** ***P. subalpinum*** Hand.-Mzt. (Taf. XI, Abb. 1).

Rhizoma filiforme, hic illic bulboso-incrassatum, radicibus longis tenuibus. Caules 1 vel 2, aphylli vel medio c. unifolii ramoque brevi florifero, glabri. Folia rosularia ambitu ovata, 12—24 mm longa, 2—4jugo pinnata; foliola remota, brevipetiolulata, late ovata, inferiora saepe ternatim vel bijugo pinnatim composita, omnia 2—4 mm longa, obtusa vel rotundata, basi late cuneata vel pleraque truncata, margine subflabellatim et leviter vel partim usque ad medium 3—8 dentata, dentibus ovatis apiculatis, trichomanoidea, atroviridia, margine aspera, nervis subtus prominulis; petiolus lamina subaequilongus vel duplo longior, vagina suborbiculari vel ovata rotundata, 2—6 mm longa, pallida; folium caulinum minus, ceterum conforme relationeque vix brevius petiolatum. Umbellae radii 7— ad 20, valde inaequilongi, partim brevissimi, partim ad 1,6 cm longi, erecti. Involucrum nullum. Umbellulae (1—) 2 (—3) florae, flore altero subsessili, pedicello alterius usque ad 2 mm longo. Involucelli phylla subulata, longitudine pedicelli. Sepala minutissima, triangularia. Petala oblongo-ovata, ½ mm longa, alba (e nota ad vivum), extus purpurascentia, acumine brevi inflexo. Antherae pallidae. Fructus immaturus obovoideus; stylopodium semiglobosum; styli brevissimi, recurvi.

NW-**Y.**: Im ktp. Tannenwald des birm. Mons. an der Ostseite des Passes Nisselaka zwischen Mekong und Salwin, 28°, Glimmerschiefer, 3700—4100 m, 18. VI. 1916 (8975).

Species certe affinis *P. trichomanifolio*, sed multo minus dissecta, sepalis minutis statione quoque insignis.

Die übrigen Arten sind die folgenden (*Cr.* = *Cryptotaeniopsis*):

P. asplenioides (De Boiss.) Hand.-Mzt. (*Cr. a.* De Boiss.).

P. botrychioides (Dunn) Hand.-Mzt. (*Cr. b.* Dunn).

P. cardiocarpum (Franch.) Hand.-Mzt. (*Carum c.* Franch.).

P. cuneifolium (Wolff) Hand.-Mzt. (*Cr. cuneifolia* Wolff).

P. delicatulum (Wolff) Hand.-Mzt. (*Carum d.* Wolff).

P. filicinum (Franch.) Hand.-Mzt. (*Carum f.* Franch.).

P. gracillimum (WOLFF) HAND.-MZT. (*Cr. gracillima* WOLFF).

P. kiangsiense (WOLFF) HAND.-MZT. (*Cr. kiangsiensis* WOLFF 1927, e typo. — *Cr. decipiens* NORM. 1929, e typo).

P. leptophyllum (DUNN) HAND.-MZT. (*Cr. leptophylla* DUNN).

P. Mairii (DIELS) HAND.-MZT. (*Cr. M.* DIELS).

P. Rosthornii (DIELS) HAND.-MZT. (*Pimpinella R.* DIELS).

P. Tanakae (FRANCH. et SAV.) HAND.-MZT. (*Chamaele? T.* FR. et SAV.).

P. trichomanifolium (FRANCH.) HAND.-MZT. (*Carum t.* FRANCH.).

P. viride (NORM.) HAND.-MZT. (*Cr. viridis* NORM.).

P. vulgare (DUNN) HAND.-MZT. (*Cr. vulgaris* DUNN).

P. Wolffianum (FEDDE) HAND.-MZT. (*Cr. Wolffiana* FEDDE).

P. sinense (FRANCH.) HAND.-MZT. (*Carum sinense* FRANCH.).

Sium L.

** ***S. frigidum*** HAND.-MZT. (Taf. XI, Abb. 2—4).

Radix anguste dauciformis, ⊙?, caudicem anguste fistulosum erectum ad 4 cm longum in nodis radicibus tenuibus praeditum, limo immersum, apice foliorum rosulam caulemque singulum vel ad 3 gerentem edens. Caulis 5—15 cm altus, inferne ad 2 mm crassus, fistulosus, teres, tenuiter striatus, prope basin vel medio monophyllus nunc saepe angulo dimidio furcatus. Folia ambitu oblonga vel lanceolata, 1—4 cm longa, remote 3—6jugo pinnata; foliola sessilia vel infima brevipetiolulata summa magis approximata, late ovata usque lanceolata, 2—10 mm longa, oblique bipartita vel subtripartita, lobis obtusis vel acutiusculis leviter et parce crenato-serratis, basi cuneata vel anguste rotundata, crassiuscula, nervis tenuibus subtus conspicuis, ut tota planta glabra; petiolus lamina ± aequilongus, ut rhachis crassus, vagina inferiorum brevi et angusta, straminea, summorum saepe pinnulis paucis linearibus tantum praeditorum et subsessilium sensim late obovata, inflata, rotundata, ad 1 cm longa. Umbellae in pedunculis scil. ramis 2—7 cm longis, plerumque 3radiatae; involucri phyllum unum lineare, foliaceum, integrum vel denticulatum, usque ad 1 cm longum; radii aequales, 5—20 mm longi, tenues. Umbellulae 4—9florae, pedicellis inaequilongis, 2—8 mm longis, tenuibus; involucelli phylla nulla vel 1—2, subulata, pedicellis breviora. Sepala minutissima, triangularia. Petala late elliptica, ungue subnullo, 1 mm longa, plana vel apice rotundato inflexo, alba (e nota ad vivum), nervo intus carinato. Antherae maiusculae, pallidae. Fructus late ellipsoideus vel subglobosus, c. 2 mm diametro, basi minute cordatus, a latere leviter compressus, jugis dorsalibus 5^{nis}, commissuralibus 4^{nis} rotundatis paulum prominuis; fasciculi fibrovasales in jugis primariis, dorsales 3, commissurales 2; vittae dorsales 2 in jugis secundariis, laterales utrinque 2—3, latae, commissurales 4, minores. Carpophorum indivisum. Semen ventre planum. Stylopodium minutum; styli ½ mm longi, patentes.

NW-**Y.**: Im Schlamm von Mooren der ktp. St. Djolo zwischen Anangu und Dschungdien, 3550 m, 16. VIII. 1915 (7684) und Nguka-la sw von hier, 4125 m.

Species peculiaris, huic generi tantum attribuenda, etsi characteribus nonnullis aberrantibus et ad *Pimpinellam* vergentibus.

Die Pflanze war von WOLFF wegen mangelhaften Fruchtmaterials unbestimmt gelassen worden, doch fand ich solches, das eine Beschreibung ganz gut zuläßt, zumal da die anderen Merkmale schon auffallend genug sind.

** *Macrochlaena* HAND.-MZT.

Radix ♃, descendens, superne crassa fibris radicalibus fasciculatis, mox longe attenuata vel divisa, interdum foliorum paucorum fasciculum juxta caulem singulum edens. Caulis 1— ultra 1½ m altus, basi 12 mm crassus, teres, minute striatus, latissime fistulosus, aequaliter foliatus, superne gracilior, ramosus, ramis erectopatentibus. Folia basalia in petiolo brevissime vaginato quam laminae usque pluries longiore, caulina in petiolis laminis usque duplo brevioribus anguste vaginato-marginatis amplexicaulibus, omnia ambitu ovato-triangularia, ad 23 cm longa, 3—5 jugo pinnata; foliola inferiora petiolulis ad 3 cm longis, superiora sensim nullis, terminalia petiolulis 0—3 cm longis, saepe perfecte et superiora imperfecte ternata, omnia ovata, 3—12 cm longa, acuta, in radicalibus obtusa, basi oblique rotundata vel subcordata, terminalia cuneata, ± irregulariter et hic illic sublobato crenato-serrata, sparse, ad marginem dense setuloso-aspera, membranacea, atroviridia, superiora decrescentia pinnis saepe remotis petiolis paulo latius vaginatis, fulcrantia raro ad vaginas reducta. Umbellae plures, pedunculis 8—21 cm longis. Involucri phylla 5, lanceolata, 2½—4 cm longa, acuminatissima, intus et margine ± lato in sicco flavida, multinervosa. Radii c. 20 et umbellarum lateralium 12, tenues, ad 6 cm longi, interiores breviores. Involucelli phylla 5, latius angustiusve elliptica, 6—10 mm longa, ± acuta, longe mucronata, pallida, medio plurinervia, minute ciliata, mox reflexa. Pedicelli 12—35, capillares, inaequales, 4—8 mm longi. Ovarium longitudine latius, papilloso-glaucum, margine undulatum, sepalis nullis. Petala alba (e nota ad vivum), obovata vel angustius subspathulata, ± 2 mm longa, exunguiculata, apice late rotundata vel subtruncata, plana vel paulum undulata, nervo in sicco fuscopurpureo. Filamenta petalis aequilonga; antherae pallidae, ⅓ mm diametro. Stylopodium breviter conicum, ovarii marginem excedens; styli crassiusculi, 1 mm longi, erectopatentes. Fructus juvenilis suburceolatus, longitudine sublatior, dense papilloso-glaucus, jugis dorsalibus 3 latis obsoletis, (fasciculis fibrovasalibus?), vittis parvis intrajugalibus praetereaque lateralibus 5^{nis}.

** ***M. glaucocarpa*** HAND.-MZT. (Abb. 22, Nr. 1—3).

Characteres generis.

SW-**H.**: Hochstaudenfluren im wtp. Laubwalde des Yün-schan bei Wukang, Tonschiefer, 1200—1350 m, 9.—13. VIII. 1918 (12422).

Über diese höchst auffallende Pflanze war sich WOLFF, der die Beschreibung teilweise entworfen hat, völlig im unklaren. In den Hüllen und Hüllchen, nicht aber im lockeren Habitus erinnert sie an *Pleurospermum*, doch stimmen weder die Ölgänge noch der Embryo, der, allerdings in ganz jungem Zustande, keine Krümmung zeigt, mit den *Smyrnieae* überein. Danach gehört sie in die *Carinae*, innerhalb welcher sich ihre Stellung noch nicht genauer angeben läßt. Die intrajugalen Ölstriemen weisen auf die *Ammineae heteroclitae*, wo sie überhaupt nur mit *Trinia* vergleichbar wäre, die ihr ganz unähnlich ist. Wenn man eine *Amminea genuina* mit besser ausgebildeten intrajugalen Ölstriemen annimmt, wird man am ehesten die wirkliche Verwandtschaft treffen in der Nähe von

Sium. Manches erinnert an *Ligusticum*, doch bleiben die Fruchtrippen sicher ganz schwach, und die Striemen sind viel spärlicher. Wenn ich hier eine neue Gattung aufstelle, geschieht es nicht nur, weil ich nicht wüßte, bei welcher bekannten sich die Pflanze ohne Zwang einreihen ließe, sondern weil ich recht überzeugt bin, daß die Kenntnis der reifen Frucht ihre Selbständigkeit bestätigen wird.

Seseli L.

S. yunnanense Franch. S.: In str. Hochgrasfluren ober Siwanho zwischen dem Yalung und Yenyüen, 27° 18′, häufig, Kalk, 1425—1750 m (5333).

S. Mairei Wolff in Rep. sp. n., XXVII., 301 (1927). Im Steppenuntergrund von Föhrenwäldern der wtp. und str. St., 1400—2700 m. Y.: Beyendjing (Ten 128). Im NW ober Tschwadse zwischen Yungning und Dschungdien (7622). S.: Häufig unter Pudi zwischen Yalung und Nganning-ho, 27° 4′ (5271).

Blattabschnitte bis 18 mm breit. In der Teilung gehen meine Pflanzen nicht, wie es nach Wolffs Bemerkung scheinen könnte, über die Diagnose hinaus, sondern sie stimmen mit Forrest 15179 genau überein. Ich frage mich aber, ob die Art nicht in die Variationsweite der vorigen fällt.

S. Delavayi Franch., det. Wolff. Y.: Steppen der wtp. St. bei Djiangyi s Huili in Setschwan, Sandstein, 1925 m (5058).

** *Haploseseli* Wolff et Hand.-Mzt.

Apioideae — Ammineae — Seselinae.

Radix crassa, ♃, apice fibris rigidulis foliorum mortuorum dense comata, folia rosulata multa caulemque singulum vel plures edens. Caulis 30— ad 80 cm altus, tenuiusculus, teres, minute striatus, cum umbellis glaber, parcissime foliatus, longe pauciramosus. Folia basalia cum petiolo brevissimo usque laminam aequante 4½—22 cm longa, simplicia, suborbicularia usque oblanceolata, rotundata usque acuta, basi late cuneata vel longe alato-decurrentia, margine, basi saepe excepta, dense serrulata vel denticulata vel crenato-denticulata, dentibus mucronulatis, praetereaque dense setuloso-ciliolata, crasse vel tenuius coriacea, costa utrinque prominula, nervis numerosis valde obliquis excurvis in rete laxiusculum subtus conspicuum solutis; petiolus latus, complicatus, basi longe et anguste vaginatus. Folia caulina et fulcrantia sessilia, lanceolata, medio interdum grosse serrata. Umbellae perpaucae, longissime pedunculatae. Involucri phylla c. 5, lanceolata, integra vel superne pauciserrata, foliacea, radiis 2— 3^{plo} breviora. Radii 7—14, valde inaequales, usque ad 7 cm longi, tenues, sursum curvati. Involucellorum phylla 3—5, exteriora tantum evoluta, pedicellis c. aequilonga, involucralibus similia, sed membranaceo-marginata, rubescentia. Pedicelli 10—20, valde inaequales, usque ad 7 mm longi. Sepala nulla. Petala alba (e nota ad vivum), suborbicularia, 2 mm longa, plana, obtusa vel acutiuscula vel breviacuminata. Antherae magnae, purpurascentes. Stylopodium depressum; styli brevissimi et crassi, patentes. Fructus juvenilis e basi subcordata late ovoideus, antice truncatus, ubique granulatus, jugis primariis 5^{nis}, secundariis 4^{nis}, omnibus humilibus rotundatis, vittis maximis in jugis secundariis et binis ad commissuram, minutis singulis et binis intersitis. Embryo versus commissuram convexus.

** ***H. alepidioides*** Wolff et Hand.-Mzt. (Taf. XII, Abb. 2—4).

Characteres generis supra descripti.

S.: Zwischen Yenyüen und Kwapi, in Gebüschen der tp. St. zwischen Tangetu und Hwangliangdse, 27° 45', 3300 m, 4. X. 1914 (5483) und in Steppen der wtp. St. e von Kalapa, 27° 40', 2700—2800 m, zerstreut, 7. X. 1914 (5562, Typus), Kalk.

Wolff wollte die Pflanze *Handelia* nennen, doch ist dieser Name schon vergeben. Er vergleicht sie mit einer Spezies *eryngioides*, doch sind seine Bemerkungen nur teilweise zu entziffern. Ich konnte nicht ausfindig machen, worauf diese beruht. Seine Beschreibung trägt eine Nummer 86c, womit er die Gattung der rauhen Früchte wegen neben *Trachydium* stellen wollte. Dagegen spricht aber der von ihm nicht untersuchte Embryo. Der Fruchtquerschnitt und Habitus erinnert an *Seseli*, doch mögen schon die einfachen Blätter generische Abtrennung begründen.

Oenanthe L.

O. stolonifera DC., det. Wolff. Y.: Sumpf der wtp. St. jenseits des Sattels Balaschu bei Djientschwan zwischen Dali und Lidjiang, 2700 m (10058).

Kleinblätterig, mit dreikantigem Stengel.

O. Rosthornii Diels, e typo. SW-H.: Kräuterreiche Grashänge der wtp. St. beim Tempel Gwanyin-go am Yün-schan bei Wukang, Tonschiefer, 1200 m (12384).

O. linearis Wall., e typo. SW-Kw.: Sumpfstellen in der wtp. St. bei Nanmutschang, Sandstein, 1450 m (10342).

O. rivularis Dunn. Kw.: Sumpfstellen und Reisfeldränder der wtp. St. um Guiding überall häufig, 1000—1300 m (10617).

O. sinensis Dunn, det. Wolff. Y.: Im NW in der tp. St. mehrfach an kräuterreichen Stellen an Bächen um Yungning (7158), bei Lidjiang, v. E. (3859), hier in Quellen über dem Be-schui (4373), Sandstein, 2750—3100 m. Im NE in der wtp. St. um Dungtschwan, 2500 m (Maire).

3859 und 4373 sowie Rock 5868, ebenfalls von Lidjiang, haben die Blätter nur 2—3paarig einfach gefiedert mit fast fadenförmigen, nur 5—10 mm langen Fiedern, nach H. Dr. Markgrafs freundlicher Mitteilung so auch Maire 456/1914, Schneider 2229, 2365 und Forrest 6456. Sie stellen wohl sicher Franchets „*O. Hookeri*" dar (in Bull. Soc. philom. Par., sér. 8., VI., 130). Diese Art unterscheidet sich von ihnen nur durch die aufgeblasenen Blattspindeln. Einzelne Blätter wie oben gekennzeichnet finden sich aber auch an Henrys Typus von *O. sinensis* (4089).

O. Dielsii De Boiss., det. Wolff. SW-H.: Gebüsche der wtp. St. unter dem Tempel Gwanyin-go am Yün-schan bei Wukang, Tonschiefer, 1180 m (12834).

— — var. *stenophylla* De Boiss. in Bull. Ac. Géogr. Bot., XVI., 185 (1906) (*O. caudata* Norm. in Journ. of Bot., LXVII., 147 [1929]). NE-Y.: Kulturen bei Dungtschwan, 2500 m (Maire).

Foeniculum Mill.

F. vulgare Mill. Y.: Ruderal an der Stadtmauer und Wegrändern bei Yünnanfu, 1900 m (Schoch 108).

Selinum L.

S. tenuifolium Wall. (*Ligusticum Limprichtii* Wolff in Rep. sp. n., Beih., XII. 452 [1922], e typo). Wälder, steiniger Rasen und Hochstaudenfluren der tp. und ktp. St., 3100—4200 m. NW-Y.: Bei Lidjiang, v. E. (3837). Hier zwischen dem Be-schui und Lukudsche (4358) und am Osthang des Gipfels Ünlüpe. Westseite des Gebirges Piepun se von Dschungdien (4665).

Das eine Exemplar von 3837 hat manche Hüllchenblätter ein- bis fast zweipaarig gefiedert und ein solches Hüllblatt, die längeren Kelchzähne besonders lang, stimmt aber sonst überein. Wolff blieben die Pflanzen unklar. Drude sagt in Nat. Pflzfam., III/8., 211: „*S. t.* dagegen erscheint nach dem Fruchtcharakter als echte *Angelica*.“ Dies scheint mir wenig wahrscheinlich, aber ich habe keine Früchte gesehen und kann mich daher über die Stellung der Art nicht weiter äußern.

Ligusticum L.

L. sinense Oliv. NW-Y.: Tannenwälder der ktp. St. am Nguka-la sw von Dschungdien, Diabas, 3900—4100 m (7824).

L. silvaticum Wolff in Act. Hort. Gothobg., II., 315 (1926). NW-Y.: In der ktp. St. des birm. Mons. in Tannen-Weidenbeständen unter dem Doker-la an der tibetischen Grenze, Granit, 3800—4150 m, 17. IX., 1915., (8105).

Die Teilung der gleich gestellten Blätter ist etwas stärker, die Abschnitte sind etwas schmäler und neigen mehr zum Herablaufen; sonst mit dem Typus gut stimmend.

L. angelicifolium Franch., det. Wolff. NW-Y.: Bei Lidjiang, v. E. (3838). Im tp. Walde ober Alo se von Dschungdien, 3350—3475 m (4634).

L. calophlebicum Wolff in Rep. sp. n., XXVII., 310 (1930). Trockenwiesen und offene Wälder der tp. und ktp. St. auf Kalk, 2950—3900 m. NW-Y.: Bei Lidjiang, v. E. (3845). Hier gegen das Be-schui, 18. VII. 1914 (4172, det. Wolff). S.: Alm Bädö ober Muli (7297).

Nr. 3845 wurde von Wolff mit Vorbehalt zu *L. involucratum* Franch. gestellt, das nach der Beschreibung nur durch stärkere Behaarung abweicht, während meine Pflanzen nur papillös-rauhe Dolden- und Döldchenstiele und kahle Fruchtknoten haben. In der Blatteilung sind diese untereinander stark verschieden und entspricht 3845 jedenfalls Franchets Art.

L. capillaceum Wolff in Rep. sp. n., XXVII., 311 (1930), det. Wolff. S.: Matten und Dschungelränder der ktp. St. auf dem Hwang-liangdse zwischen Yenyüen und Kwapi, 27° 48′, Kalkschiefer, 3600—3900 m, 5. X. 1914 (5511).

L. hispidum (Franch.) Wolff (*Trachydium h.* Franch), det. Wolff. NW-Y.: Bei Lidjiang, v. E. (3842). S.: Steiniger Rasen der tp. St. am Lungdschuschan bei Huili, Diabas, 3100—3400 m (5159).

L. modestum Diels in Not. R. Bot. Gard. Edinbgh., V., 289 (1912). NW-Y.: Bei Lidjiang, v. E. (3841, det. Wolff). S.: Steinige Waldlichtungen der ktp. St. bei der Alm Bädö ober Muli, 3900 m (7290). Matten der Hg. St. auf dem Passe Döko sw von hier, 4350 m (7408), und sicher dieses bis knapp unter den Gipfel des Gonschiga hier, 4720 m.

Für 7290 hatte Wolff eine Beschreibung unter dem Namen *L. Handelii* n. sp. angefertigt, aber dann dazu bemerkt: „Ob = *L. modestum*?“. In der Tat finde ich sie nur durch kürzere Blattzipfel verschieden, doch variieren diese an 3841 ziemlich und bis nicht weit davon, auch bald kahl, bald borstelig. Einzelne Hüllblätter kommen vor. 7408, von ihm unbestimmt gelassen, halte ich für eine besonders kurze Hochgebirgsform.

L. scapiforme Wolff in Rep. sp. n., XXVII., 308 (1930). NW-Y.: Bei Lidjiang, v. E., 1914—1916 (3843).

***L.* sp.** NW-Y.: Gehängeschutt (Granit) der Hg. St. des birm. Mons. am Doker-la an der tibetischen Grenze, 4450—4600 m, 17. IX. 1915 (8134).

***L.* sp.** S.: Steinige Stellen (Diabas) in der tp. St. des Lungdschu-schan bei Huili, 3300—3630 m, 17. IX. 1914 (5208).

Beides sehr charakteristische Pflanzen, aber spärlich und ohne reife Früchte.

** ***Haplosphaera*** Hand.-Mzt.
in Sitzgsanz. Ak. W. W., LVII., 143 (1921)

Umbella simplex, involucro polyphyllo, floribus brevipedicellatis omnibus ♀. Sepala distincta. Petala late ovato-elliptica, cucullata, apice acuto longe inflexo. Filamenta brevia. Discus depressus, pulviniformis, margine obsolete lobatus, transverse sulcatus et hic stylos breves, crassos, paulum divergentes, ad stigmata haud incrassatos cingens. Fructus (immaturus!) obovato-obconicus, carpophoro nullo (?). Mericarpia pentagona, aequicrassa ac lata; juga 5, undulato-subalata, dorsale ceteris paulo maius, commissuralia distantia; valleculae latae, jugis secundariis nullis; vittae valleculares ternae, raro singulae vel binae (an in fructu maturo conspicuae?); endocarpium cellulis parenchymaticis mollibus compositum; exocarpium leve, glabrum; endospermium liberum, ovoideum.

Genus disci structura et umbella simplici *Saniculoidearum*, sed vittis in valleculis locatis nec intrajugalibus et habitu omnino *Apioidearum* praeditum, affine forsan *Ligustico*, cuius subgen. *Haloscias* partes vegetativae quoque aemulant, vel etiam *Melanosciadio* Bsseu., quod genus a cl. Wolff incertae sedis dictum praecipue umbellis compositis, calycis dentibus obsoletis, vittis numerosioribus, (carpophoro?) differt.

** ***H. phaea*** Hand.-Mzt., l. c. (Abb. 22, Nr. 4—7).

Herba ♃, 40—90 cm alta, glaberrima. Rhizoma saepe crassum et ramosum, descendens, longum, collo vaginis emortuis saepe purpurascentibus sparse squamatum, folia singula vel bina et caules 1—2 erectos, 3—5 mm crassos, simplices, teretes, multistriolatos, molliter fistulosos, bi- — quadrifoliatos emittens. Folia radicalia et caulina subbasalia longipetiolata; petiolus lamina aequilongus vel sesquilongior, crassiusculus, canaliculatus, vagina amplexicauli, elongato-triangulari vel breviter ovata et subauriculata; lamina ambitu triangulari-ovata, 9—15 cm longa et interdum paulo latior, ternata, herbacea, viridis, subtus pallidior, margine scaberula, venulis laxiusculis subtus valde conspicuis; foliola longipetiolulata, ternata vel perfecte vel imperfecte biternata saepe quasi bijugo-pinnata, segmentis ultimis lateralibus ovatis basi obliquis, terminalibus rhombeis longe cuneatis, omnibus $1,5 \times 3$ vel 3×4 usque 5×8 cm, crebre et irregulariter inciso-crenatis dentibus apiculatis. Folia summa pedunculos sparsos erectos 4—32 cm longos fulcrantia in vaginis inflatis 2—4 cm longis, $\pm$ 1 cm latis sessilia, ceterum praeter segmenta angustiora, sparsius et profundius dentata inferioribus similia. Umbella subglobosa, 1,5—2 cm diametro, dense c. 100-

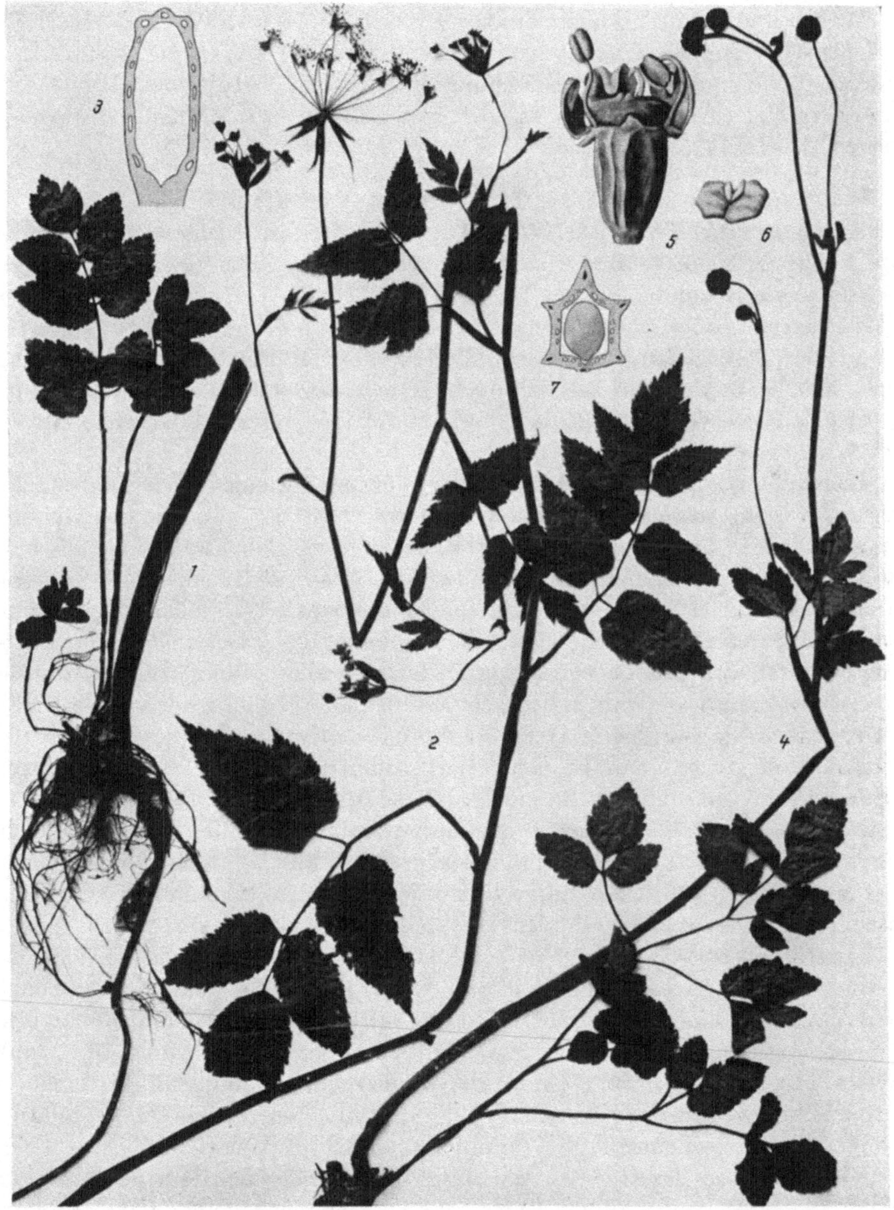

Abb. 22. 1—3 *Macrochlaena glaucocarpa* HAND.-MZT. 4—7 *Haplosphaera phaea* H.-M (H.-M. 7452). 3, 7 Fruchtknotenhälften quer. 5 Blüte im ♂ Stadium. 6 Griffelpolster im ♀ Stadium. 1, 2, 4 $^1/_4$ nat. Gr. 5, 6 5 f. vergr.

flora. Bracteae numerosae, deflexae, subulato-lineares, flores aequantes, raro una alterave maior et paulum incisa. Pedicelli crassi, stricti, $\pm$ 3 mm longi. Flores 3 mm diametro, sepalis minutis, ovato-triangularibus, acutiusculis, petalis purpureobrunneis, antheris griseis, stylis denique 0,4 mm longis; fructus immaturi ad 3 mm longi, 1,7 mm lati.

Wälder und Gebüschränder der ktp. St., 3800—4000 m. NW-Y.: Bei Lidjiang, v. E. (3854). Hier am Yülungschan (SCHNEIDER 2137). Westseite des Rückens zwischen Bödö und Alo se von Dschungdien, 8. VIII. 1914 (4596, Typus). S.: Unter dem Lagerplatze Tschako auf dem von Muli gegen Dschungdien ziehenden Rücken 5. VIII. 1915 (7452).

Angelica L.

A. scaberula FRANCH. NW-Y.: An Gräben und in Hochstaudenfluren der wtp. und tp. St., 2500—3100 m. Bödö se von Dschungdien (4467). Schatiama zwischen Yangtse und Mekong, 27° 21′ (7899). Im birm. Mons. unter dem Doker-la an der tibetischen Grenze.

Mit der Beschreibung und beim Vergleich mit *A. glauca* EDGEW. gut stimmend, nur die Rauhheiten bei 7899 nicht immer ausgebildet und die Hülle nur bis dreiblätterig. WOLFF stellt die Pflanze zu *Gomphopetalum* TURCZ.

** ***A. oncosepala*** HAND.-MZT.

Radix longa, ramosa, c. 6 mm crassa, foliorum fasciculos caulesque singulos edens. Caulis erectus, 30—40 cm longus, teres, basi c. 5 mm crassus, minute striatus, simplex, densiuscule et nodis barbato-hirsutus. Folia radicalia longissime, caulina sensim brevius petiolata, ambitu late ovata, 9—12 cm longa, ternata, petiolulis lateralibus 3—10 mm longis; foliola late ovata, 2½—5 cm longa, terminale interdum ad medium trilobum, lateralia saepe inaequaliter biloba, omnia ± breviter acuminata, basi late cuneata usque leviter cordata, ubique duplicato et hic illic lobulato crenato-serrata, saturate et subtus paulo pallidius viridia, herbacea, supra sparsiuscule brevissime strigosa, subtus in nervis venisque albo-hirsuta, venularum reti denso utrinque conspicuo; petioli hirsuti, foliorum superiorum vaginis sensim latioribus et brunneis, rotundato-auriculatis, ciliatis instructi. Pedunculi terminalis et e foliorum caulinorum omnium axillis, usque ad 20 cm longi, validi, hirsuti. Involucrum nullum vel phyllo singulo lineari 5—8 mm longo constans. Radii 9—12, 1 cm longi, partim duplo longiores et demum ad 5 cm longi, crassiusculi, intus ut pedicelli dense et brevissime hirtelli. Involucelli phylla 3—5, lineari-lanceolata, margine aspera, exteriora umbellulis duplo longiora, usque ad 2 cm longa, herbacea. Pedicelli c. 20^{ni}, inaequales, 2 — demum 5 mm longi. Sepala lanceolato-linearia, peripherica usque ad 1¾ mm longa, umbellulae centrum spectantia minora, apice incurva, acutissima. Petala alba (e nota ad vivum), elliptica, exunguiculata, ad 1½ mm longa, emarginata, lobulo inflexo longo et acuto. Antherae rubellae. Fructus valde juvenilis longitudine c. aequilatus; stylopodium late conicum; styli ⅔ mm longi, crassi, divaricati.

NW-Y.: Rasen der Hg. St. des birm. Mons. zwischen dem See und Paß Yigöru in der Mekong—Salwin-Kette, 28° 9′, Glimmerschiefer, 4200—4300 m, 6. VIII. 1916 (9713).

Species imprimis sepalis insignis, probabiliter *Heracleo Wallichii* DC. affinis a cl. WOLFF in herbario Berolinensi ad *Angelicam* posito, monente cl. MARKGRAF glabritie, foliolis maioribus pluriparibus, oblongis diverso.

Pterocyclus KLOTZSCH.

P. angelicoides KLOTZSCH, det. WOLFF. NW-Y.: Dolinen im tp. Walde sw von Yungning, 3150 m (3163). S.: Matten und Dschungelränder der ktp. St.

auf dem Hwang-liangdse zwischen Yenyüen und Kwapi, 27° 48′, 3600—3900 m (5503).

P. rivulorum (DIELS) WOLFF (*Angelica r.* DIELS in Not. R. Bot. Gard. Edinbgh., V., 288 [1912]), det. WOLFF. NW-Y.: Üppige Wiesen der tp. und ktp. St., 3450—3550 m. Unter Latsa se von Dschungdien (4629). Im birm. Mons. im oberen Saoa-lumba zwischen Mekong und Salwin, 28° (9963).

***P.* sp.** NW-Y.: Bei Lidjiang, v. E. (3850).

Gleich einem von WOLFF als *Angelica Forrestii* DIELS bestimmten Exemplar in Edinburgh. Er identifiziert diese aber mit *Pterocyclus angelicoides*, von der meine Pflanze durch etwas weniger zusammengesetzte Blätter mit breiteren Abschnitten und schmäleren Scheiden verschieden ist. Nur blühend.

Ferula L.

F. Kingdon-Wardii WOLFF in Rep. sp. n., XXVII., 326 (1930), e typo. NW-Y.: Gebüsche der wtp. St. auf dem Berge Hoörl bei Yungning, Sandstein, 3100 m, 20. VI. 1914 (3135).

Die Stengelblätter und die von mir sicher mit Recht als dazugehörig gesammelten Grundblätter eines sterilen Büschels sind auf den ersten Blick so verschieden voneinander, daß diese von WOLFF fälschlich als *Pleurospermum discolor* WOLFF bestimmt, allerdings später mit einem ? versehen wurden. Umriß, Teilungstypus, Färbung, Konsistenz und Aderung zeigen aber schon die Zusammengehörigkeit, und die alleruntersten, bei meinem fruchtenden Exemplar schon fehlenden Stengelblätter des eben erst aufblühenden Originals vermitteln zwischen jenen meiner Pflanze. Die Beschreibung ist zu ergänzen: Folia basalia 30 cm longa et lata, petiolo 16 cm longo rhachidibusque valde succulentis, partibus ultimis ad 4 cm longis, obtusiuscule lobato-pauciserratis. Caulis sub fructu versus 1 m altus. Umbella terminalis sequentesque lateralibus superatae, usque ad 14 cm latae. Involucri involucellorumque phylla saepe angustiora quam in typo, ovato-lanceolata, illa decidua. Fructus maturus ellipsoideus, ad 13 mm longus et duplo vel plus duplo angustior, valde compressus, jugis 5^{nis} latis depressis angusteque carinatis, commissuralibus anguste carinato-alatis, vittis dorsalibus 4^{nis}, commissuralibus 2^{nis}, crassis, longitudinem percurrentibus.

F. olivacea (DIELS) WOLFF in herb. Berolin. (*Peucedanum olivaceum* DIELS in Not. Roy. Bot. Gard. Edinbgh., V., 290 [1912]), det. WOLFF. NW-Y.: Sandige Wälder und felsige Stellen auf Kalk in der tp. St. an der Ostseite des Yülung-schan bei Lidjiang, 3100—3400 m, ober Ngulukö (6686) und über dem Moränenzirkus Saba (6806).

***F.* sp.** S.: Trockene Hänge der tp. St. auf Tonschiefer ober Wadi bei Kwapi n von Yenyüen, 27° 53′, 3200 m (2511).

Blätter weniger zusammengesetzt, Blattscheiden viel schmäler, Dolden und Döldchen ärmer und Petalen viel schmäler als bei der vorigen, der sie jedenfalls nahesteht. Jung und unvollständig.

Peucedanum L.

P. praeruptorum DUNN. H.: Buschsteppen der wtp. St. um Hsikwangschan bei Hsinhwa, 600—800 m (12608).

P. medicum DUNN. **Ki.**: Wiese auf dem Gipfel des Hangaodsu zwischen Ningdu und Tjingan („Ki-an"), über 1000 m (Plt. sin. 487).

** ***P. pubescens*** HAND.-MZT. (Taf. XII, Abb. 5).

Herba ♃, radicibus fasciculatis brevibus et crassis, collo brevifibroso. Caulis singulus 30—70 cm altus, teres, rigidulus, fistulosus, tenuiter striatus, dense hirtello-puberulus, dissite foliatus, superne ramo unico vel subcorymbose iteratim ramosus. Folia basalia pauca, petiolis laminas aequantibus vel longioribus, breviter vaginatis, crassiusculis, caulina sensim paulum decrescentia petiolis brevioribus totis anguste vaginatis, ambitu late triangularia, 3—8 cm longa et lata vel paulo latiora, trisecta; segmenta late ovata, obtusa, basi subsessili subtruncata vel praesertim centrale infra medium subpetiolulato-contractum, tripartita et ± subpalmato-lobata, lobis ovatis, late et grosse pauciserratis vel crenatis, chartacea, pallide viridia, utrinque praesertim ad nervos venasque reticulatas prominulas dense et brevissime setulosa. Umbellae in pedunculis 3—8½ cm longis, validis, densae, ut illi dense hirtellae. Radii c. 10, validi, subaequilongi, 1—2 cm longi. Involucri phylla 5—9, foliacea, divaricato-pauciloba vel lanceolata vel subulata, radiis duplo breviora. Pedicelli involucellique phylla numerosa, illi 1— demum 3 mm longi, crassi, haec iis plerumque longiora, lineari-lanceolata, herbacea. Sepala conspicua, subulata, Petala late obcordata, alba (e nota ad vivum), lobulo lamina 1 mm longa subaequilongo inflexo angustissimo. Fructus immaturus oblongo-ovoideus, 2—3 mm longus, compressus, breviter hirtus, glabrescens; juga filiformia, commissuralia marginem formantia; vittae valleculares 2—3^{nae}, commissurales 6; stylopodium parvum; styli tenues, 1 mm longi, reflexi.

Y.: Trockene Hänge der wtp. St. zwischen Matouschan und Bölu ober Magai e des Dsolin-ho, Sandstein, 1900—2000 m, 9. XI. 1916 (13043).

Proximum e descriptione *P. Delavayi* FRANCH. differt glabritie, bracteis integris, radiis longioribus, foliis basalibus multo maioribus alio modo divisis.

Die Blätter von *P. Delavayi* müssen nach dem Vergleich mit *P. rigidum* BGE. anders geteilt sein, obwohl ihre Beschreibung wenig Unterschied erkennen läßt. Jene meiner Pflanze erinnern stark an *Physospermopsis Delavayi* (FRANCH.) WOLFF.

* ***P. sikkimense*** C. B. CLKE., det. WOLFF. **S.**: Häufig in üppigen Grasfluren der str. St. am Zuflusse des Yalung gegen Yenyüen, 27° 10—20′, 1250 bis 1700 m, 27.—29. IX. 1914 (5339).

Letzte Abschnitte der Grundblätter oft eiförmig, 3½ × 2 cm. Obere Blätter aber wie an der Sikkim-Pflanze.

P. decursivum (MIQ.) MAX. **H.**: Buschsteppen und -wiesen der str. und wtp. St., 300—800 m. Gu-schan bei Tschangscha (11360). Häufig um Hsikwangschan bei Hsinhwa.

Heracleum L.

H. lanatum MICHX. **NW-Y.**: Hochstaudenfluren in Lichtungen der tp. Mischwälder des birm. Mons. im Doyon-lumba zwischen Mekong und Salwin, Schiefer, 3150 m (9613).

Die Art sicher im Sinne Hulténs in K. Sv. Vet. Ak. Handlg., VIII/1., 167 (1929).

H. nepalense Don. NW-Y.: Hochgekräute der ktp. St. an der Westseite des Gebirges Piepun bei Dschungdien, 3900—4200 m (4661).

Mein Material zeigt einige Variabilität, darunter Grundblätter von der geringen Teilung der Hookerschen Pflanze aus Sikkim, also geringerer als Wallichs Typus, aber mit den kurzen Abschnitten dieses. Dieselbe Pflanze ist anscheinend *H. rubricaule* Wolff ined. (Rock 5631), die mir nur jung, blühend, mit sehr zerbrochenen Blättern vorliegt.

** ***H. yungningense*** Hand.Mzt.

Radix ♃, descendens, ramosa. Caulis ultra 1 m altus, basi c. 1 cm crassus, fistulosus, multicostulatus, glaber, disperse foliatus. Folia infima ambitu late ovata, ad 40 cm longa et latiora, bijugo-pinnata; pinnae ambitu late et oblique ovatae, inferiores petiolulo lamina c. duplo breviore, superiores brevipetiolulatae, trijugo-pinnatisectae, segmentis infimis unilateraliter sectis, lobis omnibus ovato-lanceolatis late decurrentibus crenato-serratis, subtus paulo pallidius viridia, supra ubique sparse, subtus in venis maioribus margineque brevissime furfuraceo-hirta; petiolus lamina brevior, basi breviter et anguste vaginatus. Folia superiora sensim minora, in vaginis ovatis apice rotundatis herbaceis complicatis sessilia, lobis angustioribus remotius serratis, summa trisecta segmentis bijugo-pinnatipartitis. Pedunculi terminalis et axillares, hi illum superantes usque ad 44 cm longi, crassi, furfuraceo-puberuli. Umbellae 13—25 radiatae. Involucri phylla nulla vel pauca filiformia ad 1 cm longa; radii subaequilongi, ad 10 cm longi, ut pedicelli intus dense furfuraceo-hispiduli. Umbellulae 20—40-florae, pedicellis 5 — demum 20 mm longis; involucelli phylla pauca, filiformia, iis breviora. Sepala minutissima. Petala alba, exteriora radiantia, ad medium bifida, ad 5 mm longa et lata, lobis angustis rotundatis divaricatis, lobulo inflexo parvo obtuso; interiora valde reducta. (Stamina —?, an planta dioica?). Fructus ellipticus, immaturus 4—6 mm longus, compressus, sparse furfuraceo-pilosus, jugis 5^{nis} filiformibus, vittis dorsalibus 4^{nis} angustis, infra medium productis, commissuralibus 2^{nis}, marginibus anguste alatis; stylopodium breve; styli $\pm$ 1 mm longi, suberecti.

NW-Y.: Bei Yungning im Gekräute der Waldschlucht jenseits des nach Fongkou führenden Passes, tp. St., Kalk, 3225 m, 16. VI. 1915 (7050).

Proximum certe *H. acuminatum* Franch. e descriptione differt foliis glabris, involucelli phyllis partim elongatis, sepalis lanceolatis ovario aequilongis.

H. scabridum Franch., e descr. S.: Gebüsche der tp. St. gegenüber Tangetu n von Yenyüen, 27° 45′, Sandstein, 3250 m (5477).

H. candicans Wall., det. Wolff. NW-Y.: Bei Lidjiang, v. E. (3849).

Franchets Bemerkungen entsprechend, d. i. mit wesentlich breiteren Blattlappen als in Indien.

* ***H. obtusifolium*** Wall. S.: In Erosionsgräben der str. St. an den Hängen gegenüber Ningyüen, 1650 m, 11. IV. 1914 (1253). Felsen der tp. St. auf dem Passe Linbinkou zwischen Yenyüen und Kwapi, 3000 m (2860).

Wolff schwankte zwischen diesem und dem vorigen und gibt in Act. Hort. Gothobg., II., 328 *H. candicans* von Ningyüen an. Meine Pflanzen entsprechen nach der Beschreibung entschieden viel besser *H. obtusifolium*. Weißfilzige

Pflanzen sind im Gebiete zwischen den angeführten Fundorten beider verbreitet und gehen bis in die ktp. St. am Yülung-schan und ober Bödö, 3900 m.

Daucus L.

D. Carota L. **Y.**: Beyendjing (TEN 1). An Rainen in der str. St. um Hwangdjiaping ne von Dali, 1600 m. **Kw.**: Sehr viel auf Wiesen der Hügel um Guiyang und Nganping, 1100—1400 m.

Tafelerklärung

Tafel IX

Abb. 1. *Rubus chrysobotrys* HAND.-MZT.
„ 2. Fahne von *Dolichos appendiculatus* HAND.-MZT.
„ 3. *Astragalus muliensis* HAND.-MZT.
„ 4. *Vicia nummularia* HAND.-MZT.
„ 5. Teil des Fruchtstandes; 6. Blättchen von *Eurycorymbus austrosinensis* HAND.-MZT. (H.-M. 10907).
„ 7. Blühender; 8. Fruchtender Zweig von *Terminalia intricata* HAND.-MZT. (H.-M. 8593).
„ 9. *Evonymus ternifolia* HAND.-MZT.
„ 10. *Evonymus euscaphis* HAND.-MZT.
„ 11. *Elaeagnus Schnabeliana* HAND.-MZT.

Habitusbilder nat. Gr.; 2 2fach vergr.

Tafel X

Abb. 1. Blatt von *Geranium calanthum* HAND.-MZT.
„ 2. *Geranium Christensenianum* HAND.-MZT.
„ 3. *Mappianthus iodoides* HAND.-MZT. (H.-M. 11039).
„ 4. *Chaydaia crenulata* HAND.-MZT. (H.-M. 10758).
„ 5. *Rhamnus nigricans* HAND.-MZT. (H.-M. 6311).
„ 6—9. *Impatiens commelinoides* HAND.-MZT.
„ 10—13. *Impatiens rectangula* HAND.-MZT.
„ 14—16. *Impatiens bahanensis* HAND.-MZT.
„ 17—20. *Impatiens thiochroa* HAND.-MZT.
„ 21, 22. *Impatiens holocentra* HAND.-MZT.
„ 23. *Ilex ficoidea* HEMSL. var. *brachyphylla* HAND.-MZT.
„ 24. *Ilex ferruginea* HAND.-MZT.
„ 25. *Parthenocissus suberosus* HAND.-MZT.
„ 26, 27 *Meliosma paupera* HAND.-MZT. (H.-M. 10820).

Habitusbilder $^1/_3$ nat. Gr. 7, 10, 15, 19 Fahnen; 8, 11, 14, 17, 18, 21 Flügel; 9, 12, 16, 20, 22 Lippen; 13 Kelchblätter; nat. Gr. 27 Staubgefäß und inneres Petalum, 30fach vergr.

Tafel XI

Abb. 1. *Pternopetalum subalpinum* HAND.-MZT.
„ 2—4. *Sium frigidum* HAND.-MZT.
„ 5. *Acronema muscicolum* HAND.-MZT.
„ 6. *Aralia staphyleina* HAND.-MZT.
„ 7. Teilblättchen von *Aralia apioides* HAND.-MZT.
„ 8. Stamm-, Blatt- und Infloreszenzteile von *Aralia echinocaulis* HAND.-MZT. (H.-M. 12254).

Habitusbilder $^2/_3$ nat. Gr.; 4 Merikarpquerschnitt 30fach vergr.

Tafel XII

Abb. 1. *Pleurospermum Handelii* WOLFF.
„ 2—4. *Haploseseli alepidioides* WOLFF et HAND.-MZT. (2 H.-M. 5562; 3 H.-M. 5483).
„ 5. *Peucedanum pubescens* HAND.-MZT.
„ 6. Teilblättchen von *Aralia undulata* HAND.-MZT.

Habitusbilder $^3/_7$ nat. Gr.; 4 Querschnitt des jungen Merikarps, 25fach vergr.

Verlag von Julius Springer in Wien

1
2
3
4
5
6
7
8
9
10
11
12
13
14
15
16
17
18
19
20
21
22
23
24
25
26
27

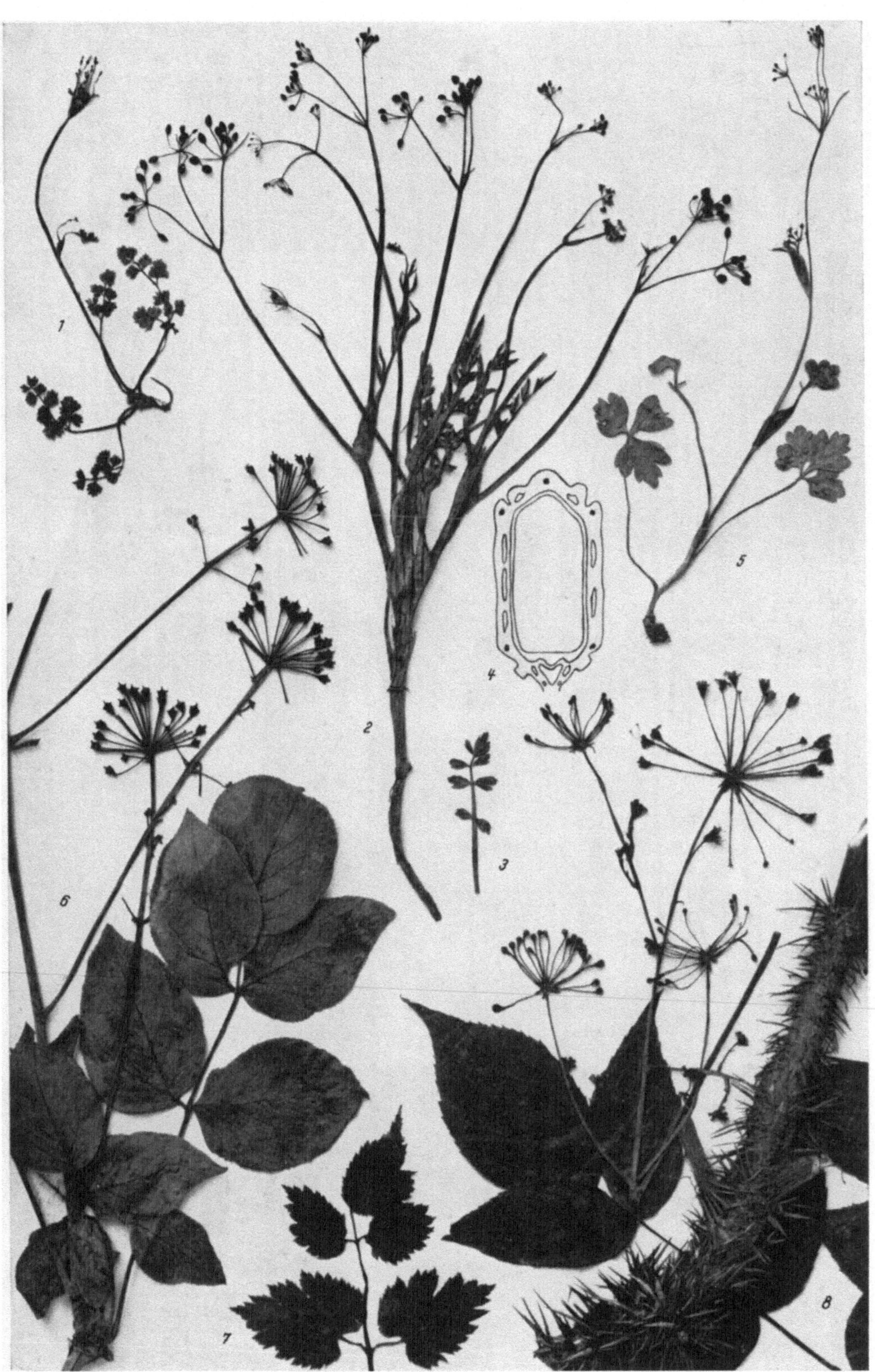
1
2
3
4
5
6
7
8

Verlag von Julius Springer in Wien